Elektrische Vollbahnlokomotiven

Ein Handbuch für die Praxis sowie für Studierende

von

Dr. techn. **Karl Sachs**

Ingenieur der A.-G. Brown, Boveri & Cie., Baden (Schweiz)

Mit 448 Abbildungen im Text
und 22 Tafeln

Springer-Verlag Berlin Heidelberg GmbH

1928

Anfahrdiagrammen gebracht. Durchwegs habe ich dabei der Rechnung mit kartesischen Koordinaten den Vorzug gegeben und auf die Benutzung der heute so beliebten nomographischen Verfahren verzichtet. Diese sind für den Gebrauch in der Praxis zweifellos von Wert, für den Gebrauch für Studierende aber wenig empfehlenswert, da sie vom physikalischen Zusammenhang abstrahieren.

Allgemein habe ich mich bei der Behandlung des Stoffes davon leiten lassen, keine Konstruktion oder Schaltung zu bringen, ohne sie zu erklären. Bei Verfolgung dieses Zieles erwiesen sich prinzipielle oft nur schematische Skizzen bzw. elementare Schaltbilder am zweckmäßigsten. Wo es hingegen nötig schien, habe ich vollständige Schnittzeichnungen verwendet. Dadurch konnte ich auf die Wiedergabe photographischer Reproduktionen (Autotypien) fast vollständig verzichten, die in Werbeschriften und Preislisten eher am Platze sein mögen. Ganz besonders wichtig schien es mir, die Patentliteratur ausgiebig anzuziehen, da sie gewissermaßen morphologisch die Entwicklung der einzelnen Konstruktionen, Schaltungen usw. festhält, namentlich in Verbindung mit dem zumeist möglich gewesenen Vermerk, wo jeweils das betreffende Patent benützt wurde. Außerdem dürften die Hinweise auf die Patentliteratur für Nachschlagezwecke gelegentlich willkommen sein.

Am Schlusse des Buches glaubte ich als eine Art Anhang einige Beschreibungen ausgeführter Lokomotiven aufnehmen zu sollen. Hier die richtige Auswahl zu treffen, damit alle Stromsysteme, die bedeutendsten Bahnverwaltungen und Konstruktionsfirmen und schließlich doch auch möglichst viele der wichtigsten Bauformen und Konstruktionen gleichmäßig vertreten sind, war bei der Notwendigkeit, sich zu beschränken, eine kaum restlos befriedigend zu lösende Aufgabe. Hier waren Konzessionen unvermeidlich, übrigens auch in der Art, daß die Verwendung reproduzierter Photographien stärker in den Vordergrund treten mußte. Für diese mögen die beigegebenen Tafeln mit den vollständigen Schnittzeichnungen der beschriebenen Lokomotiven entschädigen. Deren Gesamtschaltungsschemata, die gleichfalls in Form von Tafeln vorhanden sind, bilden gewissermaßen die Ergänzung und Zusammenfassung der im Text enthaltenen Elementarschaltungen.

Die, wie ich glaube und hoffe, doch einigermaßen umfassende Behandlung des Gesamtgebietes der elektrischen Vollbahnlokomotiven wäre unmöglich gewesen ohne die überaus reichliche Unterstützung von Seiten nahezu aller auf diesem Gebiete in Europa wie in Amerika tätigen Konstruktionsfirmen, die im Zusammenhang namentlich genannt sind und denen ich auch an dieser Stelle meinen wärmsten Dank sagen möchte.

Sehr zu Dank verpflichtet bin ich ferner einer Reihe von Bahnverwaltungen wie den Schweizerischen Bundesbahnen, der Deutschen Reichsbahn-Gesellschaft (Gruppenverwaltung Bayern und Eisenbahnzentralamt), den Österreichischen Bundesbahnen, den Ferrovie dello Stato (Italienische Staatsbahnen), den „Chemins de fer de Paris à Lyon et à la Méditerranée" und den „Chemins de fer du Midi".

Bei der Erledigung der Korrekturen hat mich Herr Dipl.-Ing. Th. Tschopp weitgehend unterstützt, wofür ihm auch an dieser Stelle bestens gedankt sei.

Schließlich danke ich auch der Verlagsbuchhandlung Julius Springer für ihr freundliches Entgegenkommen, ihre unermüdliche Hingabe an die Sache und die traditionsgemäß vortreffliche Ausstattung des Buches.

Rund dreißig Jahre sind seit der Inbetriebsetzung der ersten elektrischen Vollbahnlokomotive von nur 300 PS an der Burgdorf-Thun-Bahn verstrichen, gewaltig ist die Entwicklung, die seither bis zu neuzeitlichen elektrischen Lokomotiven von bis zu 5000 PS geführt hat. Bedeutende Bahnverwaltungen haben ihr Gesamtnetz oder einen großen Teil desselben auf elektrischen Betrieb umgestellt. Und doch müssen wir hoffen, das Meiste noch vor uns zu haben. — Wenn meine Ausarbeitung anregend und befruchtend auf die konstruktive und schaltungstechnische Durchbildung der elektrischen Vollbahnlokomotive wirkt und dadurch der elektrischen Zugförderung diesseits wie jenseits des Ozeans auch für die kommenden Jahre die Weiterentwicklung zu sichern mithilft, die sie als technisch und volkswirtschaftlich edelste Anwendungsform elektrischer Triebkraft verdient, dann betrachte ich den Zweck dieses Buches als erfüllt.

Baden (Schweiz), im Februar 1928.

K. Sachs.

Inhaltsverzeichnis.

Erster Abschnitt.

Zugkraft und Leistung.

Zweiter Abschnitt.

Der mechanische Teil (Wagenteil).

Dritter Abschnitt.

Die elektrische Ausrüstung.

Erster Teil. **Gleichstromlokomotiven.**

Zweiter Teil. **Lokomotiven für einphasigen Wechselstrom.**

Dritter Teil. **Lokomotiven für dreiphasigen Wechselstrom.**

Vierter Teil. **Umformerlokomotiven.**

Vierter Abschnitt.

Beschreibung ausgeführter Lokomotiven.

Verzeichnis der Tafeln.

Abkürzungen.

1. Konstruktionsfirmen.

AEG	= Allgemeine Elektricitäts-Gesellschaft, Berlin.
A. S. E. A.	= Allmänna Svenska Elektriska Aktiebolaget, Västerås.
B. B. C.	= A. G. Brown, Boveri & Cie., Baden (Schweiz); Brown, Boveri & Cie., A. G. Mannheim-Käfertal.
B. E. W.	= Bergmann-Elektricitäts-Werke A. G., Berlin.
„CEMSA“	= Società per Costruzioni Elettromeccaniche di Saronno.
F. G. L.	= Felten & Guilleaume-Lameyerwerke A. G.
G. E. Co.	= General Electric Co., Schenectady.
L. H. L. A. G.	= Linke-Hofmann-Lauchhammer A. G., Breslau.
M. F. O.	= Maschinenfabrik Oerlikon, Oerlikon b. Zürich.
M. S. W.	= Maffei Schwartzkopff Werke, Berlin-Wildau.
P. E. A. G.	= Pöge Elektrizitäts A. G., Chemnitz.
S. A. A. S.	= S. A. des Ateliers de Sécheron, Genève.
S. A. C. M.	= Société Alsacienne de Constructions Mécaniques, Belfort und Grafenstaden.
S. L. M. W.	= Schweizerische Lokomotiv- und Maschinenfabrik, Winterthur.
S. S. W.	= Siemens Schuckertwerke A. G., Berlin-Siemensstadt.
S. u. H.	= Siemens & Halske A. G., Berlin-Siemensstadt.
Ö. S. S. W.	= Österreichische Siemens Schuckertwerke, Wien.
U. E. G.	= Union Elektricitäts-Gesellschaft.

2. Bahnverwaltungen.

D. R. G.	= Deutsche Reichsbahn-Gesellschaft.
FF. SS.	= Ferrovie dello Stato (Italienische Staatsbahnen).
S. B. B.	= Schweizerische Bundesbahnen.
Ö. B. B.	= Österreichische Bundesbahnen.
Rh. B.	= Rhätische Bahn.
B. L. S.	= Berner Alpenbahngesellschaft Bern-Lötschberg-Simplon.
B. T. B.	= Burgdorf-Thun-Bahn.
P. O.	= Compagnie du Chemin de fer de Paris à Orléans.
P. L. M.	= Chemins de fer de Paris à Lyon et à la Méditerranée.
Ch. M. & St. P.	= Chicago, Milwaukee & St. Paul Rd.
N. Y. N. H. & H.	= New York, New Haven & Hartford Ry.

3. Zeitschriften.

a) deutsche.

A. f. E.	= Archiv für Elektrotechnik, Berlin.
ETZ	= Elektrotechnische Zeitschrift, Berlin.
El. Bahnen	= Elektrische Bahnen, Charlottenburg.
E. K. B.	= Elektrische Kraftbetriebe und Bahnen, München.
Organ Fortschr. Eisenbahnwes.	= Organ für die Fortschritte des Eisenbahnwesens, München.
Z. V. d. I.	= Zeitschrift des Vereins Deutscher Ingenieure, Berlin.
Z. E. Z.	= Zentralblatt für den elektrischen Zugbetrieb, Berlin.

b) österreichische.

E. u. M.	= Elektrotechnik und Maschinenbau, Wien.
Z. f. E.	= Zeitschrift für Elektrotechnik, Wien.
Z. Ö. I. A. V.	= Zeitschrift des Österr. Ingenieur- und Architektenvereins, Wien.

c) schweizerische.

Bull. S. E. V.	= Bulletin des Schweizerischen Elektrotechnischen Vereins, Zürich.
Schweiz. Bauzg.	= Schweizerische Bauzeitung, Zürich.

d) französische.

R. G. E.	= Revue Générale de l'Électricité, Paris.
B. S. F. E.	= Bulletin de la Société Française des Électriciens, Paris.
R. G. C. F.	= Revue Générale des Chemins de fer et des Tramways, Paris.
Gén. Civil	= Le Génie Civil, Paris.
Techn. Mod.	= La Technique Moderne, Paris.

e) englische.

El.	= The Electrician, London.
Eng.	= The Engineer, London.
Engg.	= Engineering, London.
J. I. E. E.	= Journal of the Institution of Electrical Engineers, London.

f) italienische.

R. T. F. I.	= Rivista Tecnica delle Ferrovie Italiane, Rom.

g) belgische.

B. A. I. C. C. F.	= Bulletin de l'Association Internationale du Congrès des Chemins de fer, Bruxelles.

h) amerikanische.

El. W.	= Electrical World, New York.
E. R. J.	= Electric Railway Journal, New York.
R. E. E.	= Railway Electrical Engineer, New York.
P. A. I. E. E.	= Proceedings of the American Institute of Electrical Engineers, New York.
J. A. I. E. E.	= Journal of the American Institute of Electrical Engineers, New York.
Gen. El. Rev.	= General Electric Review, Schenectady.
E. J.	= The Electric Journal, Pittsburgh.

4. Patente.

D. R. P.	= Deutsches Reichspatent.
D. R. G. M.	= Deutsches Reichsgebrauchsmuster.
Ö. P.	= Österreichisches Patent.
F. P.	= Französisches Patent.
Schweiz. P.	= Schweizerisches Patent.
E. P.	= Englisches Patent.
It. P.	= Italienisches Patent.
U. S. A. P.	= Amerikanisches Patent.

5. Vereinigungen und Vorschriften.

VDE	= Verband Deutscher Elektrotechniker.
VDI	= Verein Deutscher Ingenieure.
S. E. V.	= Schweizerischer Elektrotechnischer Verein.
A. E. I.	= Associazione Elettrotecnica Italiana.
S. F. E.	= Société Française des Electriciens.
U. S. E.	= Union des Syndicats de l'Electricité.
I. E. E.	= Institution of Electrical Engineers.
A. I. E. E.	= American Institute of Electrical Engineers.
I. E. C.	= Internationale Elektrotechnische Commission.
A. I. C. C. F.	= Association Internationale du Congrès des Chemin de fer.
R. E. M.	= Regeln des VDE für die Bewertung und Prüfung elektrischer Maschinen.
R. E. T.	= Regeln des VDE für die Bewertung und Prüfung von Transformatoren.
R. E. B.	= Regeln des VDE für die Bewertung und Prüfung von elektrischen Bahnmotoren und sonstigen Maschinen und Transformatoren auf Triebfahrzeugen.
R. E. A.	= Regeln für die Bewertung und Prüfung von Anlassern und Steuergeräten.
T. V.	= Technische Vorschriften des Vereins Deutscher Eisenbahnverwaltungen.

Einleitung.

Die Umstellung bestehender Dampfbahnen auf elektrischen Betrieb, sei es von einzelnen durch ihre Verkehrs- und Neigungsverhältnisse besonders geeigneten Einzelstrecken, sei es von ganzen zusammenhängenden Vollbahnnetzen, bildete in der Vorkriegszeit ausschließlich eine Frage der Rentabilität. Bei deren Berechnung standen auf der einen Seite die Betriebskosten mit den vorhandenen Dampflokomotiven einschließlich einer vergleichsweise nicht sehr erheblichen Erneuerungsquote dem Aufwand für Verzinsung und Amortisation des für die Anlagen des elektrischen Bahnbetriebes (Kraftwerke, Unterwerke, Leitungen und Fahrzeuge) erforderlichen Kapitals zuzüglich der Erzeugungskosten der elektrischen Energie auf der anderen Seite gegenüber. Drei Faktoren sind es, die das Ergebnis des wirtschaftlichen Vergleichs in der Hauptsache beeinflußten, und zwar der Kohlenpreis, der Kapitalzinsfuß und die Verkehrsdichte. Während bei den ersten beiden Größen in der Vorkriegszeit überall mit praktisch gleichen und konstanten Werten gerechnet werden konnte, wurde für den künftigen elektrischen Betrieb eine stetige natürliche Steigerung der in tkm ausdrückbaren Verkehrsdichte vorausgesetzt, die dem Wesen der elektrischen Energieerzeugung gemäß eine mindestens ebenso stetige Verbilligung der Erzeugungskosten für die Einheit der elektrischen Arbeit mit sich bringen mußte.

Nur in ganz bestimmten besonders günstigen Fällen hat dieser nach rein kaufmännischen Gesichtspunkten durchgeführte Vergleich in der Vorkriegszeit den elektrischen Betrieb finanziell vorteilhafter erscheinen lassen, zumeist erwies sich der Dampfbetrieb als billiger, und in einigen wenigen Fällen konnte Gleichheit der Kosten beider Betriebsformen ermittelt werden. Die vollständig geänderten Verhältnisse der Nachkriegszeit haben die Größe der drei genannten Faktoren in sehr verschiedener Weise beeinflußt und damit deren Einfluß auf das Ergebnis der Rentabilitätsrechnung sehr zugunsten des elektrischen Betriebes verschoben. Denn innerhalb der allgemeinen Verteuerung haben die Kohlenpreise zunächst eine so unverhältnismäßige Steigerung erfahren, daß trotz Zinsfußerhöhung und trotz teilweise erheblichem Verkehrsrückgang der elektrische Betrieb sich vor allem dort vorteilhafter erwies, wo die Möglichkeit der Erzeugung elektrischer Energie mittels Wasserkraft gegeben war und den Bezug von Bahnkohle überhaupt auszuschalten gestattete.

Am aufschlußreichsten sind in dieser Richtung die aus dem Jahre 1922 stammenden Untersuchungen der Schweizerischen Bundesbahnen[1]), die in der Ermittlung eines „Paritätspreises“ der Tonne Kohle gipfeln, bei welchem für ein bestimmtes Netz die Kosten der Zugförderung mit Dampflokomotiven gleich hoch sind wie bei Betrieb mit elektrischen Lokomotiven. Je nachdem der Kohlenpreis über den Paritätspreis steigt oder unter diesen sinkt, sind die Fahrdienstkosten beim elektrischen Betrieb kleiner oder größer als beim Dampfbetrieb. Dieser Paritätspreis wird dabei berechnet aus den Kosten der Verzinsung, Amortisation, Erneuerung und des Unterhaltes der Dampflokomotiven und der Mengen des von ihnen verbrauchten Brennmaterials, den Kosten der Verzinsung, Tilgung, Erneuerung und des Unterhaltes der elektrischen Lokomotiven, den Kosten der von diesen Lokomotiven verbrauchten elektrischen Energie, der Ersparnis an Personal für die Führung der elektrischen Lokomotiven im Vergleich zu den Dampflokomotiven, sowie aus den Kosten der beim elektrischen Betrieb nötigen Einrichtungen für die Heizung der Personenzüge. Das in Abb. 1 graphisch dargestellte Ergebnis der Rechnung zeigt zunächst allgemein, daß mit zunehmender Verkehrsleistung der Paritätspreis sinkt oder m. a. W. je verkehrsreicher eine Strecke ist, um so tiefer liegt der Kohlenpreis, oberhalb welches der elektrische Betrieb billiger ist als der Dampfbetrieb. Umgekehrt ist die Elektrifizierung ausgesprochen verkehrsarmer Strecken nur bei hohen Kohlenpreisen wirtschaftlich zu rechtfertigen. Im besonderen lehrt die Rechnung zunächst (Kurve *I*), daß für die Gotthardstrecke Luzern-Chiasso allein bei einem Verkehr wie im Jahre 1913 (100%) der Paritätspreis

[1]) Bericht der Generaldirektion der S. B. B. an deren Verwaltungsrat vom 29. August 1922. — Siehe Dr. A. Schrafl: Schweiz. Wasserwirtsch. Jg. 1922/23, S. 217.

lesen: Die Leistungs- und Belastungsgrenzen einer Dampflokomotive sind von der Beschaffenheit der Strecke unabhängig und durch die Leistungsfähigkeit des Kessels, also durch die größtmögliche Dampferzeugung und durch das Reibungsgewicht (s. u.) ein für allemal gegeben. Letzteres kommt bei Anfahrt und bei langsamer Fahrt zunächst allein in Betracht, bis die Kesselleistung allein zur Geltung kommt. Die Dampflokomotive kann im wesentlichen als eine Maschine konstanter Leistung angesprochen werden. Bei sehr hohen Geschwindigkeiten nimmt die Leistung infolge zunehmender Drosselverluste in den Dampfkanälen, bei niedrigen Geschwindigkeiten infolge Anwendung hoher Füllungsgrade, also hohen Dampfverbrauches infolge unzureichender Dampfdehnung etwas ab. Da die Leistung das Produkt aus Zugkraft und Geschwindigkeit ist, nimmt also erstere (Abb. 3) von ihrem durch die Reibungsgrenze bestimmten Höchstwert, der sich vom Stillstand (Anfahrt) nur über einen vergleichsweise kurzen Geschwindigkeitsbereich aufrechterhalten läßt, in Abhängigkeit der Geschwindigkeit nach einer hyperbolischen Funktion ab. Die Dampflokomotive vermag auch während längerer Zeit bei geringer Geschwindigkeit große Zugkraft, bei hoher Geschwindigkeit geringere Zugkraft zu entwickeln, sie vermag also allgemein ihre Zugkraft innerhalb weiter Grenzen zu ändern, ohne daß eine Überlastung eintritt. Beim Befahren von Steigungen sinkt die Geschwindigkeit selbsttätig bei gleichzeitigem Anwachsen der Zugkraft so lange, bis der Gleichgewichtszustand erreicht ist. Allerdings nimmt auch dabei der Wirkungsgrad infolge der großen Füllung etwas ab.

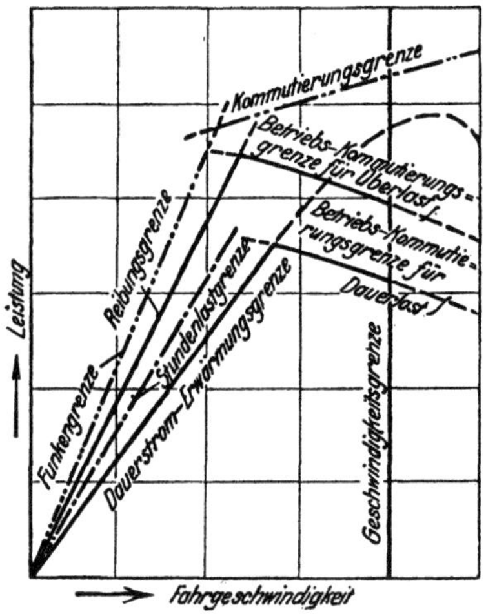

Abb. 5. Leistungsgrenze einer Einphasen-Lokomotive.

Wesentlich anders liegen die Verhältnisse bei der elektrischen Lokomotive[1]). Was zunächst deren Leistungsgrenzen anbelangt, so ist allgemein entsprechend der Dauerleistung und der während einer bestimmten Zeit zulässigen Überlastung der Lokomotivmotoren, die ihrerseits wieder durch die maximal zulässigen Temperaturerhöhungen der verwendeten Baustoffe bestimmt ist, zwischen den Leistungsgrenzen für Dauerlast und für Überlast zu unterscheiden. Da nun die Dauer- und Überlast bestimmenden Faktoren der Größe nach wesentlich verschieden sind, wenn die Lokomotivmotoren Motoren mit oder ohne Kollektoren sind, müssen hier die Verhältnisse getrennt für Einphasen- und Gleichstromlokomotiven und für Lokomotiven mit Induktionsmotoren (Drehstrom- und Phasenumformerlokomotiven) untersucht werden.

1. Bei Einphasenlokomotiven wird vom Stillstand ausgehend die Klemmenspannung an den Motoren und damit die Drehzahl derselben mehr oder weniger stetig gesteigert. Da nun die Erwärmung der Motoren bei kleinen Drehzahlen in der Hauptsache durch die Kupferverluste bedingt ist, die eine Funktion der Stromstärke und damit des Drehmomentes sind, so nimmt im unteren Geschwindigkeitsbereich die durch die Erwärmung begrenzte Leistung ebenfalls proportional der Umlaufzahl zu. Die Dauerstrom-Erwärmungsgrenze der Motoren, die praktisch geradlinig vom Koordinatenursprung aus ansteigt (Abb. 5), bildet hier also die Leistungsgrenze der Lokomotive. Erst bei höheren Fahrgeschwindigkeiten und Leistungen biegt die Kurve unter Einfluß der Eisenverluste im Rotor und der Bürstenreibungsverluste vom geradlinigen Verlauf etwas ab. Dieser Leistungsbereich wird jedoch praktisch nicht ausgenutzt, da die Klemmenspannung mit Rücksicht auf die Kommutierung über die sogenannte Betriebskommutierungsgrenze nicht gesteigert werden darf. Diese wird bei Lokomotivmotoren mit Rücksicht auf die durch die Erschütterungen erschwerten Kommutationsbedingungen unter der für ortsfeste Maschinen geltenden Kommutierungsgrenzkurve angenommen, die man überdies zum Unterschied gegenüber letzterer hier mit steigender Motordrehzahl fallend annimmt. Schließlich unterliegt auch die Leistung der elektrischen Lokomotive einer Geschwindigkeitsgrenze, die aber nicht wie bei der Dampflokomotive durch das Triebwerk, sondern durch die Fliehkraftbeanspruchung der Motoranker (Drahtbandagen, Kollektorlamellen) bestimmt wird. Mit Rücksicht auf die beim Schleudern der Radsätze auftretenden Überdrehzahlen wird die Geschwindigkeitsgrenze (betriebsmäßige Höchstgeschwindigkeit) so angesetzt, daß bei den dabei auftretenden mechanischen Beanspruchungen noch etwa eine 10 bis 15fache Sicherheit vorhanden ist.

---

[1]) Siehe Dr. A. Wichert: Z. V. d. I. 1922, S. 1080 und El. Bahnen 1926, S. 270.

In dieser durch die Fliehkraftbeanspruchung bedingten Höchstgeschwindigkeit bzw. in dieser hieraus resultierenden Bindung liegt der wesentlichste Unterschied in der Charakteristik der elektrischen Lokomotive mit Kollektormotoren schlechtweg gegenüber der Dampflokomotive, die jedoch, wie unten noch näher erläutert wird, nicht als Nachteil der ersteren gegenüber der letzteren zur praktischen Auswirkung kommt. Aus den auf diese Art festgelegten Dauerleistungsgrenzen der elektrischen Lokomotive lassen sich ohne weiteres die zugehörigen Zugkräfte ermitteln (Abb. 6).

Die die Überlastungsfähigkeit der Einphasenlokomotive im unteren Geschwindigkeitsbereich kennzeichnende Stundenerwärmungsgrenze, die Belastungen entspricht, bei denen die Motoren nach einer Stunde die zulässige Übertemperatur erreichen, ist ebenfalls eine anfänglich gerade Linie durch den Ursprung, deren Ordinaten bei modernen Einphasenlokomotiven mit künstlich belüfteten Motoren 20 bis 30% über jenen der Dauererwärmungsgrenze liegen. Bei Anfahrt und starken Steigungen ist entsprechend der Viertel- und Halbstundenleistung noch eine höhere Belastung zulässig, deren Begrenzung im allgemeinen die Reibungsgrenze im unteren Geschwindigkeitsbereich und im oberen die in die Kommutierungsgrenze übergehende Funkengrenze bildet. Die Reibungs- oder Adhäsionsgrenze (s. u.) liegt bei modernen elektrischen Lokomotiven bei rund $^1/_5$ des Reibungs- oder Adhäsionsgewichtes gegenüber der Grenze von $^1/_6$, die Strahl[1]) für Dampflokomotiven angibt. Die Betriebs-Kommutierungsgrenze kann bei kurzzeitiger Überlast gleichfalls etwas höher angenommen werden, während die Geschwindigkeitsgrenze selbstredend für Überlast die gleiche ist wie für Dauerlast.

Damit sind nun auch die Leistungsgrenzen für Überlast bestimmt, aus denen wieder die entsprechenden Lokomotivzugkräfte abgeleitet werden können (Abb. 6).

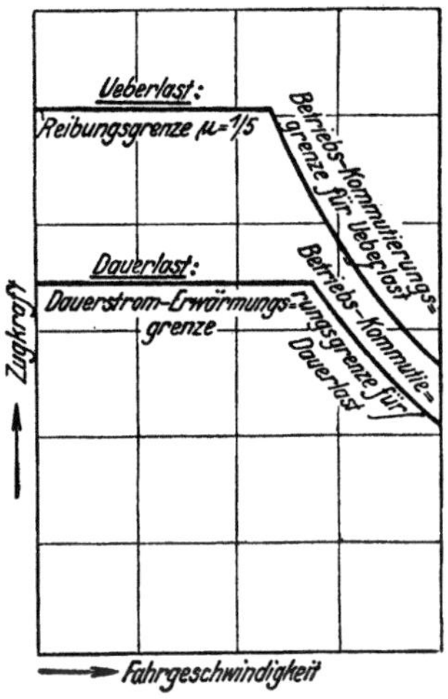

Abb. 6. Verlauf der Zugkräfte einer Einphasen-Lokomotive.

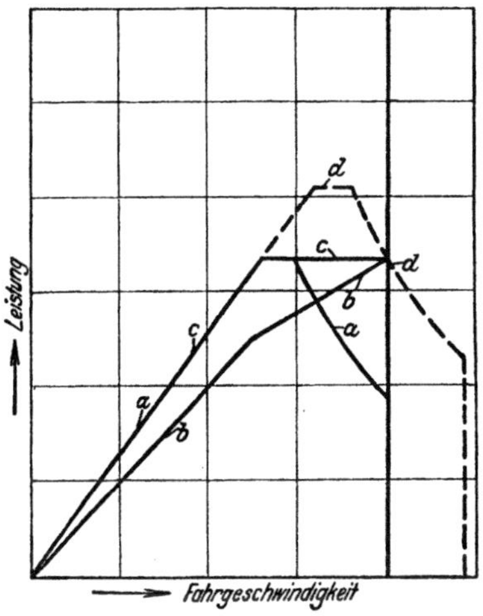

Abb. 7. Verschiedenartige spezifische Dauerleistungsgrenzen ausgeführter Einphasen-Lokomotiven gleicher Höchstleistung.

Wie nun aus Abb. 6 abgelesen werden kann, kann also die Dauerzugkraft durch Steigerung der Klemmenspannung über einen vergleichsweise großen Geschwindigkeitsbereich konstant gehalten werden, d. h. die Einphasenlokomotive ist im Gegensatz zur Dampflokomotive im wesentlichen eine Lokomotive konstanter Dauerzugkraft. Nach den Normen der Deutschen Reichsbahn- Gesellschaft soll die im Prüffeld nachzuweisende Dauerzugkraft ihrer Einphasen-Lokomotivmotoren bis zu einem Geschwindigkeitswert von 60 bis 70% der Höchstgeschwindigkeit ausgeübt werden. Nach diesem geradlinigen Anstieg der Leistung soll diese entweder bis zur Höchstgeschwindigkeit konstant bleiben[2]), wobei die Zugkraft hyperbolisch bis zur Höchstgeschwindigkeit abnimmt (Kurve *c* in Abb. 7) oder wenn eine weitere Steigerung der Klemmenspannung aus Kommutationsrücksichten nicht möglich ist, bei ein und derselben Klemmenspannung bis zur Höchstgeschwindigkeit nach der Seriecharakteristik abnehmen (Kurve *a* in Abb. 7). Lokomotiven mit Motorcharakteristiken nach *a* oder *c* (Abb. 7) sind namentlich für Strecken mit rasch wechselndem Gefälle die geeignetsten Maschinen. Ausgesprochenen Talschnellzuglokomotiven könnte allenfalls eine Charakteristik gemäß Kurve *b* (Abb. 7) gegeben werden, und zwar im wesentlichen durch passende Dimensionierung der Motoren bei gleichzeitiger Wahl einer besonders kleinen Zahnradübersetzung. Diese Verlegung der höchsten Dauerleistung in die Gegend der Höchstgeschwindigkeit führt zu spezifisch schweren unnatürlich langsamlaufenden Motoren und hat zwangsläufig zur Folge, daß bei gelegentlicher Überlast (Bergfahrt) die größte Leistung ebenfalls erst bei einer verhältnismäßig hohen Ge-

[1]) Z. V. d. I. 1913, S. 256.

[2]) Im Betrieb fordert die D. R. G. Unveränderlichkeit der Leistung nur bis 90% der Höchstgeschwindigkeit.

schwindigkeit unter Einbuße an Zugkraft bei den geringeren Geschwindigkeiten erreicht wird. Betriebstechnisch ist jedenfalls eine Charakteristik nach Kurve *c* (Abb. 7) am vorteilhaftesten, die sowohl für Gebirgsstrecken wie für Strecken im Flachland ziemlich gleich gut geeignet ist.

Wollte man nun eine Einphasenlokomotive zur Bewältigung gleicher Betriebsleistungen für die gleiche Dauerzugkraft einer Dampflokomotive entwerfen, so käme man zu der in Abb. 2 strichpunktiert eingezeichneten Kurve. Die Anfahrzugkraft der elektrischen Lokomotive würde nun zur Dauerzugkraft werden und ihre Leistung, ihr Gewicht und ihr Preis würde sehr hoch ausfallen. Abb. 5 und 6 geben aber den Fingerzeig zur rationellen Bemessung der betriebstechnisch gleichwohl der Dampflokomotive gleichwertigen Einphasenlokomotive. Im praktischen Bahnbetrieb wird eben die große Anfahrzugkraft nicht dauernd benötigt. Bei der elektrischen Lekomotive macht man sich daher in viel höherem Maße als bei der Dampflokomotive die zeitliche Überlastungsfähigkeit der Motoren zunutze und kann dann die Dauerleistung entsprechend herabsetzen.

Die Überlastung der Motoren ist wie erwähnt begrenzt durch die Erwärmung und die Kommutierung, und zwar ist sie der letzteren wegen bei höheren Geschwindigkeiten geringer als bei kleinen Geschwindigkeiten. Die D.R.G. schreibt beispielsweise heute vor, daß die Anfahrzugkraft im Bereiche von 0 bis 25% der Höchstgeschwindigkeit die Dauerzugkraft mindestens um 80%, wenn möglich aber um 100% übertreffen muß. Bei 55% der Höchstgeschwindigkeit soll die Überlastbarkeit mindestens 30%, wenn möglich 50% betragen. Eine im Führerstand neben dem Amperemeter angebrachte Tabelle gibt dem Führer die während einer bestimmten Zeit zulässigen Überlastungen in Form von Überströmen an. Außerdem wird versucht, an den Stellen der Motoren, die erfahrungsgemäß am wärmsten werden, Thermoelemente oder besser Detektoren in Form von bifilaren Widerstandsspulen aus Platindraht einzubauen und diese mit einem im Führerstand untergebrachten Voltmeter bzw. Ohmmeter mit Temperaturskala zu verbinden, das den jeweiligen Erwärmungszustand der Motoren dauernd zu überwachen gestattet[1]).

Der Umstand, daß die Erwärmung der Motoren mit der Dauer der Überlastung steigt, zwingt dazu, diese Dauer durch rasche Anfahrt und schnelleres Befahren von Steilstrecken abzukürzen[2]). Der hierdurch erzielte Zeitgewinn gestattet andererseits die Höchstgeschwindigkeit herabzusetzen und daher das Übersetzungsverhältnis zu vergrößern. Man kann also mit kleinerem Motordrehmoment (also kleinerer Stromstärke) die gleiche Zugkraft am Radumfang erzielen und somit auch die Motorleistung entsprechend kleiner wählen.

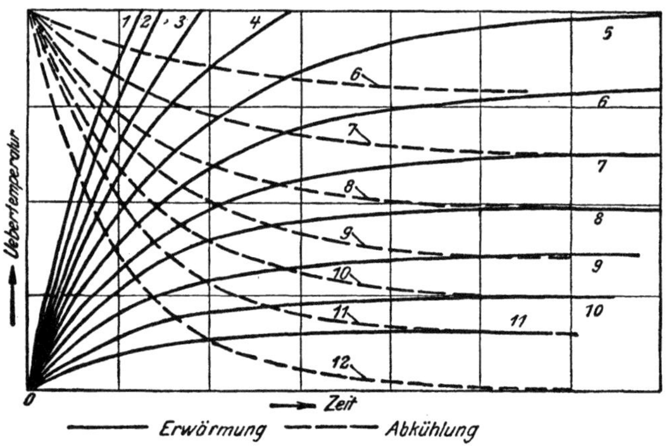

Abb. 8. Erwärmungs- und Abkühlungskurven für künstlich gelüftete Lokomotivmotoren.
(Die mit gleichen Nummern bezeichneten Kurven gelten für gleiche Stromstärken).

Die Ermittlung der Belastungsgrenzen der elektrischen Lokomotive ist hier gleichbedeutend mit der Berechnung der Zuglast, welche auf einer bestimmten Strecke befördert werden kann unter der Bedingung, daß die höchstzulässigen Erwärmungsgrenzen nicht überschritten werden. Hierfür reichen die einfachen Angaben über Dauerleistung und Überlastbarkeit der Motoren oder der rechnerisch ermittelte quadratische Mittelwert der Stromstärke über die ganze Fahrtdauer nicht aus. Namentlich letzteres auf ganz geschlossene Motoren mit großer Zeitkonstante zugeschnittene Verfahren kann bei den künstlich belüfteten Lokomotiv-

[1]) O. Michel: Temperaturgrenzen und Temperaturmessung bei Vollbahnmotoren. El. Bahnen 1925, S. 9.

[2]) Es ist also unrichtig, wenn immer wieder behauptet wird, daß Lokomotiven mit Kollektormotoren schlechtweg unter Ausnützung des Reihenschlußcharakters derselben auf der Steigung langsam, in der Ebene aber schnell fahren. Es ist im Gegenteil, wie oben gezeigt wurde, mit Rücksicht auf die beste Ausnützung der Motoren viel vorteilhafter, wenn diese mit der Überstromstärke, wie sie der durch die Größe der Steigung und des Zuggewichtes eindeutig bestimmten Zugkraft entspricht, möglichst kurze Zeit belastet, d. h. daß die Steigungen ganz im Gegensatz zum Betrieb mit Dampflokomotiven mit möglichst unverminderter Geschwindigkeit durchfahren werden. Die Leistung als Produkt aus Zugkraft und Geschwindigkeit ist dabei natürlich entsprechend größer und muß eben vom stromliefernden Kraftwerk bewältigt werden. Es kann nicht Sache des Bahnbetriebes sein, auf das Kraftwerk Rücksicht zu nehmen, d. h. diesem zu Liebe auf die für die Lokomotivmotoren und auch sonst zugförderungstechnisch vorteilhafteste Betriebsform zu verzichten.

motoren mit Zeitkonstanten von 30 bis höchstens 60 Minuten zu ganz fehlerhaften Resultaten führen. Hier führt nur eine genaue Nachrechnung der Erwärmung auf Grund gemessener Erwärmungs- und Abkühlungskurven der Motoren zum Ziele, die für den im Betrieb erfahrungsgemäß am heißesten werdenden Motorteil in Form der Abb. 8 bei den verschiedenen Stromstärken (Belastungen) vorliegen mögen[1]). Das Verfahren besteht nun darin, daß für jeden Streckenabschnitt zuerst die erforderlichen Zugkräfte mit der Geschwindigkeit und der Zeitdauer der Belastung und hierzu an Hand der Motorcharakteristiken die von den Motoren aufgenommene Stromstärke und darüber an Hand der Erwärmungs- und Abkühlungskurven Abb. 8 der Verlauf der Temperatur eingetragen wird. Die Erwärmungen und Abkühlungen,

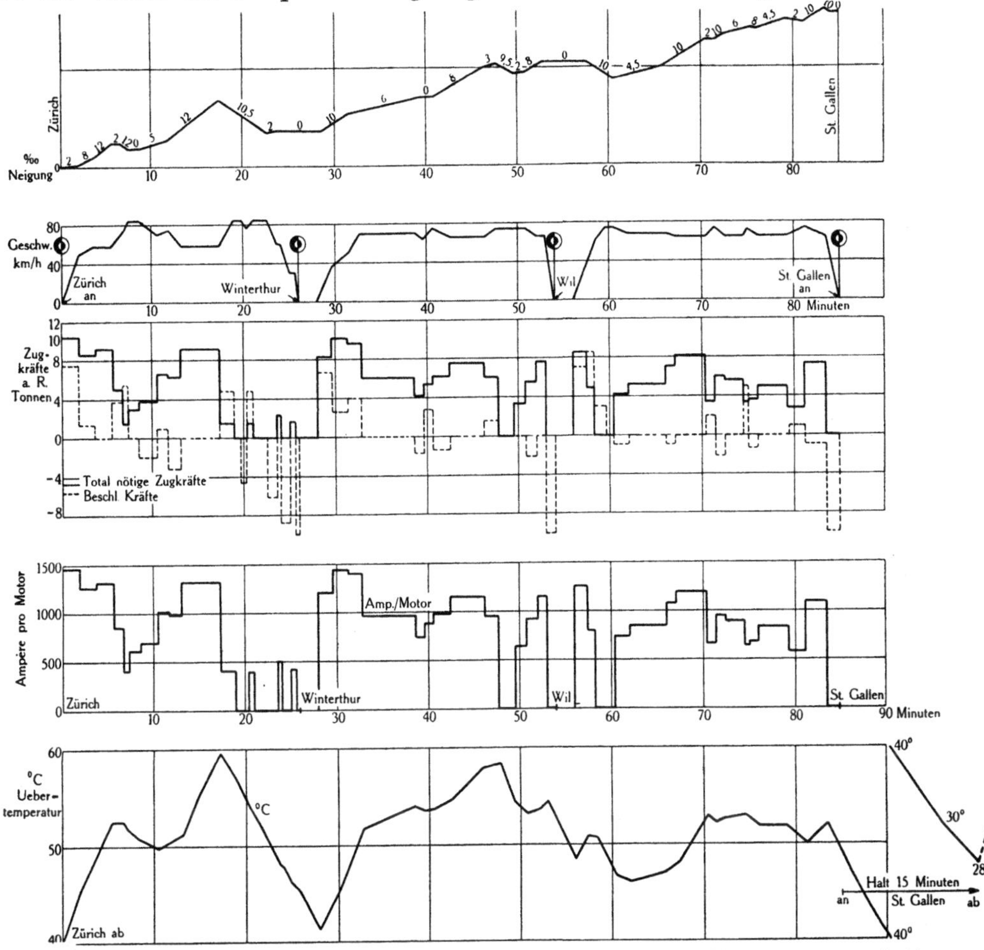

Abb. 9. Berechnetes Temperaturdiagramm auf Grund gemessener Erwärmungs- und Abkühlungskurven für die Motoren der 2 C_0 1-Lokomotive (Reihe 10601) der S. B. B.
(Fahrt mit einem Zug von 572 t Gewicht auf der Strecke Zürich—St. Gallen.)

die sich für die verschiedenen Streckenabschnitte ergeben, werden nun einfach aneinandergereiht (Abb. 9). Wird an irgendeiner Stelle die höchste zugelassene Übertemperatur, z. B, 75°, erreicht, so ist das zugrunde gelegte Zuggewicht gerade das größtmögliche, das also die gesuchte Belastungsgrenze für die betreffende Strecke darstellt. Bleibt die Temperatur des heißesten Motorteils erheblich unter dem zulässigen Grenzwert, so kann die Anhängelast etwas größer angenommen werden, wobei in erster Annäherung mit einer Änderung der Erwärmung mit der $1{,}5^{\text{ten}}$ Potenz des Zuggewichtes gerechnet werden kann. Die mittlere Fahrgeschwindigkeit geht dabei gleichzeitig etwas herunter.

Aus Abb. 9 geht zunächst wieder hervor, daß die Belastungsgrenzen einer bestimmten Einphasenlokomotive im Gegensatz zu denen einer Dampflokomotive nicht zu- sondern abnehmen wenn die Fahrgeschwindigkeit herabgesetzt wird. Umgekehrt bewirkt jede zusätz-

[1]) Dabei braucht nur ein Paar der in Abb. 8 dargestellten Erwärmungs- und Abkühlungskurven 1 bis 11 wirklich gemessen sein, die übrigen können aus diesen nach dem von Dr. O. Szilas angegebenen Verfahren (E. u. M. 1913, S. 1065) mit großer Annäherung auf graphischem Wege ermittelt worden sein.

liche Belastung, die bei der Dampflokomotive lediglich einen Geschwindigkeitsabfall nach sich zieht, bei der elektrischen Lokomotive eine zusätzliche Erwärmung. Es wäre daher grundsätzlich möglich, durch Einschaltung von Abkühlungspausen an Stellen der Strecke, an denen die Motoren ihre Höchsttemperatur erreicht haben, also durch Herabsetzung der mittleren Fahrgeschwindigkeit die Belastungsgrenze auf der ganzen Strecke zu erhöhen, was mindestens im Güterzugsdienst möglich sein sollte. Die Zuhilfenahme einer Schiebelokomotive auf größeren Steigungen ist eine ähnliche Maßnahme, über deren Notwendigkeit am besten jeweils auf Grund der Angaben des erwähnten Fernthermometers entschieden werden kann[1]).

Man kann nun auf Grund der bisherigen Feststellungen die Haupteigenschaften der Einphasenlokomotive mit denen der Dampflokomotive bei gleichen Zuglasten vergleichen, indem man (Abb. 10) die Leistungsgrenzen für beide Lokomotiven zunächst unter Annahme gleicher höchster Dauerleistung übereinander zeichnet. Aus Abb. 10 kann nun unmittelbar folgendes abgelesen werden:

Bei ausgesprochenen Gebirgsstrecken mit stark wechselnden Steigungen und Gefällen kann die hier zunächst betrachtete Einphasenlokomotive bei der Bergfahrt, wenn diese

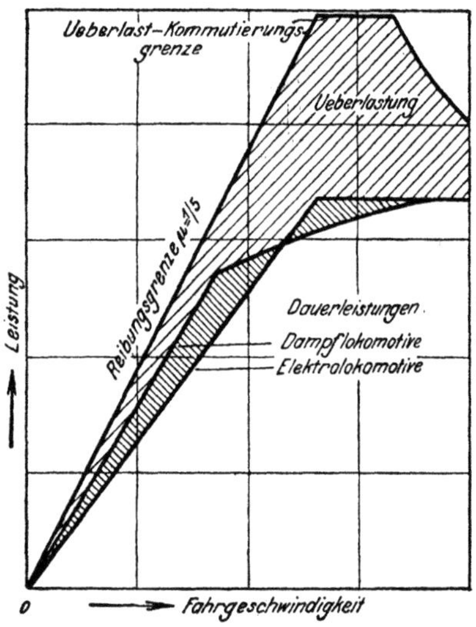

Abb. 10.
Gleiche Dauerhöchstleistung bei gleicher Höchstgeschwindigkeit.

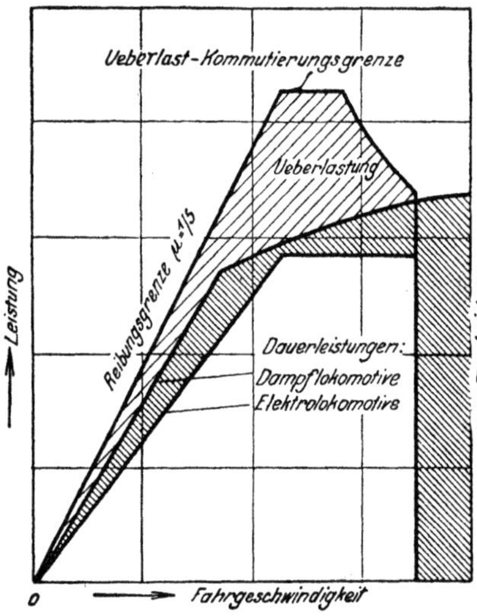

Abb. 11.
Gleiche Belastungsmöglichkeit im Mittelgebirge.

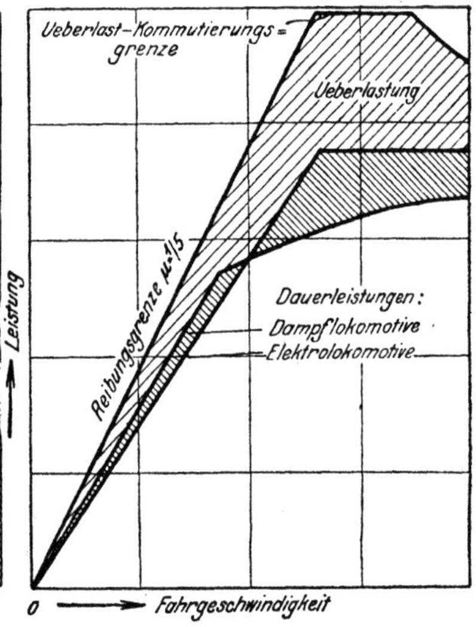

Abb. 12.
Große Zugkräfte bei kleinen Geschwindigkeiten und große Höchstgeschwindigkeit (Universallokomotive).

Abb. 10 bis 12. Einphasen-Lokomotiven mit verschiedenen Leistungseigenschaften im Vergleich zur Dampflokomotive.

nicht allzu lange dauert, überlastet werden, und zwar in der Form einer gesteigerten Geschwindigkeit oder einer höheren Anhängelast oder einer gleichzeitigen naturgemäß bescheideneren Steigerung der Geschwindigkeit und der Anhängelast. Bei der elektrischen Lokomotive ist hier also die mittlere Geschwindigkeit oder die Förderleistung oder beides größer als bei der Dampflokomotive gleicher Zugkraft.

Bei Strecken mit anhaltend langen Steigungen ist eine Überlastung der elektrischen Lokomotive von längerer Dauer über ihre Dauerleistung mit Rücksicht auf die Erwärmungsgrenze der Motoren nicht möglich. Gegenüber der Dampflokomotive gleicher Leistung besteht hier also kein wesentlicher Unterschied namentlich nicht im Bereich der höheren Geschwindigkeit. Zugkraft und Geschwindigkeit sind etwa gleich. Im mittleren und unteren Geschwindigkeitsbereich vermag die Dampflokomotive gleicher Höchstleistung eine größere Anhängelast zu bewältigen. Bei ausgesprochenen Flachlandstrecken fällt der größte Leistungsbedarf mit der Höchstgeschwindigkeit zusammen. Die Dampflokomotive gleicher Höchstleistung ist hier

[1]) Statt sich durch Aufzeichnung des Temperaturdiagramms Klarheit über die Belastungsgrenze einer bestimmten Lokomotive für ein gegebenes Längenprofil zu verschaffen, kann das Problem auch umfassender mit Hilfe eines auf Grund der allgemeinen Erwärmungsgleichungen aufgestellten Nomogramms gelöst werden, das namentlich auch die Belastungsgrenze einer für einen bestimmten Dienst bemessenen Lokomotive rasch zu beurteilen gestattet, wenn sie für einen anderen Streckenteil mit anderen Steigungen und Zuglasten verwendet werden soll (siehe Dr. A. Winkler: E. u. M. 1925, S. 233f.). — Der Verfasser glaubt jedoch der ungetrübten physikalischen Durchsichtigkeit wegen der zugegebenermaßen zeitraubenden Darstellung und Auswertung in kartesischen Koordinaten den Vorzug geben zu sollen.

überlegen, wenn die Höchstleistung der elektrischen Lokomotive nicht bis zur Höchstgeschwindigkeit aufrechterhalten werden kann (Abb. 7, Charakteristik *a*), oder wenn man nicht unter erheblichem Mehrgewicht Motoren entsprechend größerer Nennleistung einbaut, deren höhere Geschwindigkeitsgrenze unausgenützt bleibt (Abb. 7, Charakteristik *d*). Rationeller kann Gleichwertigkeit der elektrischen Lokomotive auch bei Flachlandstrecken durch eine Charakteristik nach Abb. 7, Kurve *c*, gleichzeitig sogar Überlegenheit durch die Überlastungsfähigkeit bei Anfahrt und bei den mittleren Geschwindigkeiten erreicht werden. Diese Überlegenheit ist so ausschlaggebend, daß man sogar die Höchstgeschwindigkeit der elektrischen Lokomotive und die größte Dauerleistung kleiner wählen kann unter Beibehaltung der mittleren Fahrgeschwindigkeiten und Zuglasten der Dampflokokmotive (Abb. 11). Universallokomotiven, die sowohl große Zuglasten im Güterzugsdienst, wie auch verhältnismäßig große Fahrgeschwindigkeiten im Personenzugsdienst sollen bewältigen können, sind demnach unwirtschaftlich (Abb. 12), da ihre Motoren ebenso die großen Güterzuglasten bei den hohen Fahrgeschwindigkeiten der Personenzüge bewältigen, also für alle Fälle eine unverhältnismäßig hohe Dauerleistung erhalten und daher schwer und teuer ausfallen müßten. Bei Dampflokomotiven dagegen können durch Veränderung der Füllung auf Kosten des Wirkungsgrades vorübergehend auch große Zugkräfte entwickelt werden. Für die elektrische Lokomotive ist möglichste Anpassung an die jeweilige Betriebsart am wirtschaftlichsten, was zur Folge haben dürfte, daß bei elektrischem Betrieb eine größere Zahl verschiedener Lokomotivgattungen erforderlich sein werden als beim Dampfbetrieb.

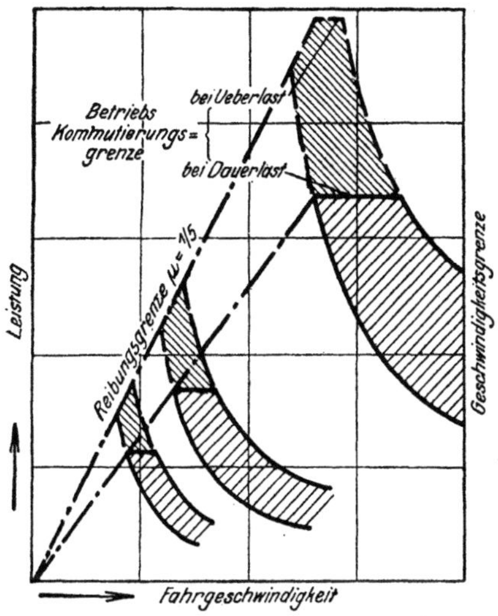

Abb. 13. Dauerleistung und Überleistung einer Gleichstromlokomotive (Sechsmotorenschaltung).

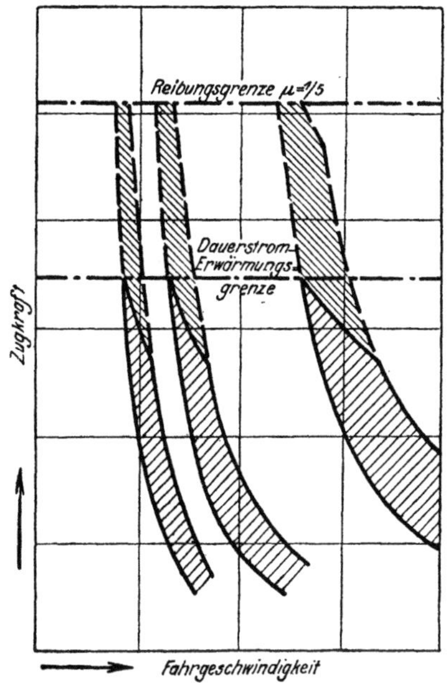

Abb. 14. Dauerzugkraft und Überlastzugkraft einer Gleichstromlokomotive (Sechsmotoren-Schaltung).

Elektrische Lokomotiven verschiedener Art können also an Hand der Dauer- und Überleistungsgrenzen untereinander verglichen und bewertet werden, wobei der Mittelwert zwischen beiden den richtigen Vergleichsmaßstab innerhalb des Geschwindigkeitsbereiches bis zur Betriebskommutierungsgrenze liefern dürfte.

2. Bei Gleichstromlokomotiven kann die Motorklemmenspannung nur durch Änderung der Gruppenschaltung erzielt werden. Besitzt die Lokomotive beispielsweise sechs Motoren, so sind in der ersten Gruppierung alle sechs Motoren in Reihe, in der zweiten in zwei parallelen Gruppen zu je drei Motoren in Reihe, und in der dritten in drei parallele Gruppen zu je zwei Motoren in Reihe geschaltet. Im Anschluß an jede der drei Motorgruppierungen besteht eine weitere Regelungsmöglichkeit durch Feldschwächung der Motoren, durch die die jeweilige Höchstleistung über einen bescheidenen Geschwindigkeitsbereich konstant gehalten werden kann. Zwischen den als Dauerstellungen anzusprechenden verschiedenen Motorgruppierungen wird die Spannung an den Motoren durch Vorschaltwiderstände geändert. Unter Berücksichtigung, der auch für Gleichstrommotoren geltenden Grenzen erhält man so die Leistungsgrenzen und Zugkräfte einer Gleichstromlokomotive entsprechend Abb. 13 und 14, die keiner weiteren Erklärung bedürfen. Gegenüber der Einphasenlokomotive fehlt die stetige Regelung, die einerseits in der erwähnten Unmöglichkeit, die Leistung über einen größeren Geschwindigkeitsbereich konstant zu halten, andererseits in dem Umstand zur Auswirkung kommt, daß die je Motor entfallende Klemmenspannung selbst bei insgesamt sechs Motoren mit der erwähnten Art der Gruppierung in den aufeinanderfolgenden Dauerstellungen nur im Verhältnis $^1/_3 : {}^2/_3 : 1$, also in einer vergleichsweise sehr groben Stufung geändert werden kann. Bei Strecken mit

stark wechselnden Steigungen ist daher bei Gleichstromlokomotiven eine häufige Änderung der Gruppenschaltung unvermeidlich.

3. Die Leistungsgrenzen der Drehstromlokomotiven bestehen entsprechend der Drehzahlcharakteristik des Induktionsmotors aus schwach gekrümmten, gemäß der Schlüpfung zur Abszissenachse geneigten Linien, die den einzelnen im allgemeinen Fall durch Kaskaden- und Polumschaltung zu erzielenden, selten über vier hinausgehenden Geschwindigkeitsstufen zugeordnet sind (Abb. 15) und deren maximale Höhe nur durch die Erwärmungsgrenze, bei den unteren Stufen überdies durch die Reibungsgrenze begrenzt ist. Der Schlupfwiderstand gestattet bei ausreichender Dimensionierung die Einstellung von Zwischenwerten. Wie ersichtlich, ist die Lokomotive mit Induktionsmotoren schlechtweg im Verlauf ihrer Leistungsgrenzen der Dampflokomotive am ähnlichsten, da sich durch passende Bemessung der Motorwicklungen die Leistung mindestens zwischen den beiden obersten Geschwindigkeitsstufen konstant halten läßt. Sogar ein mit der Geschwindigkeit steigender Leistungsverlauf (Abb. 15*b*, 15c) ist möglich. Die Drehstromlokomotive ist also imstande, die Bedingungen zu erfüllen,

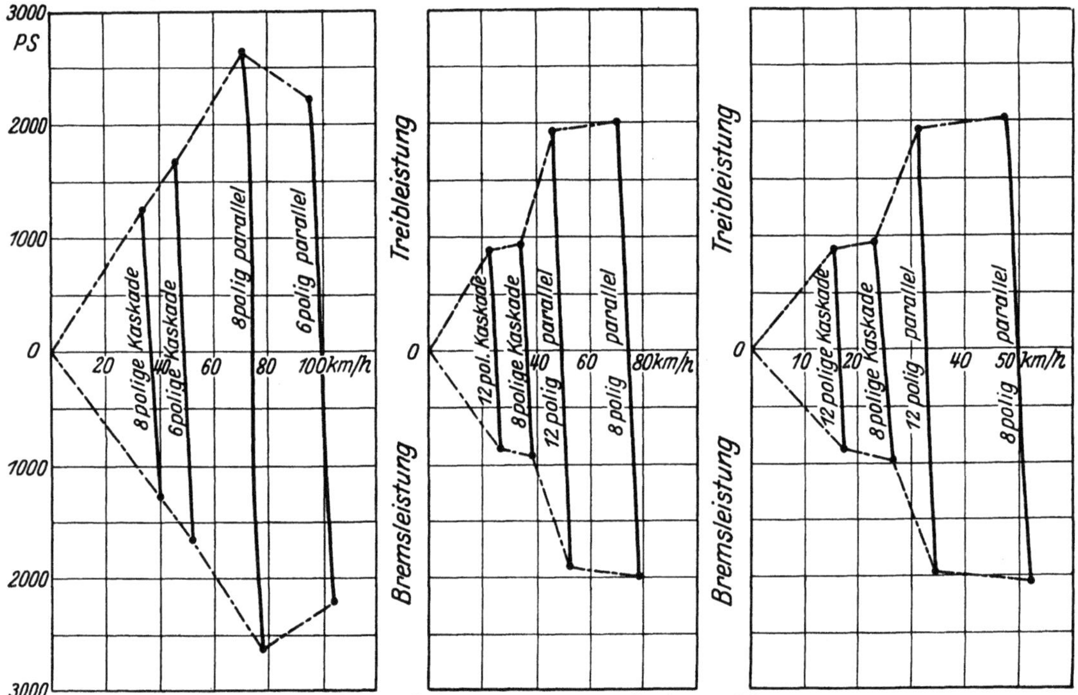

Abb. 15a bis c. Leistungsgrenzen von Drehstromlokomotiven.
a) 2 C 2 Schnellzuglokomotive Gruppe E 331 und E 332 des FF.SS. b) 1 C 1-Personenzuglokomotive Gruppe E 333 des FF.SS. c) E-Güterzuglokomotive Gruppe E 552 des FF.SS.

die an eine Universallokomotive gestellt werden müßten. Steigungen werden vermöge der Drehzahlcharakteristik der Motoren in der für letztere und zugförderungstechnisch vorteilhaftesten Weise gewissermaßen automatisch mit der Höchstgeschwindigkeit durchfahren[1]).

Außer Erörterung sind bei obigem Vergleich die vielen betriebstechnischen und volkswirtschaftlichen Vorteile der elektrischen Lokomotiven geblieben. Unter diesen stehen obenan die ständige Betriebsbereitschaft der letzteren zwischen den in ungleich größeren Zeitabständen notwendig werdenden Hauptrevisionen, die daraus resultierende höhere Jahresleistungsfähigkeit in Lokomotiv-Kilometern und der geringere Personalbedarf im Wartungs- und Unterhaltungsdienst, der durch einmännige Führung eine weitere wesentliche Herabminderung erfahren könnte[2]), die Möglichkeit, in Ländern ohne ausreichende eigene Kohlenförderung den Bahnbetrieb gegebenenfalls im Anschluß an hydraulische Kraftwerke durchführen zu können und selbst bei kalorischen Kraftwerken die Vorteile der ungleich wirtschaftlicheren zentralisierten Verfeuerung der Kohlen an Stelle der zersplitterten unter den Kesseln der vielen Dampflokomotiven.

[1]) Ein Vergleich zwischen Dampf- und elektrischer Lokomotive ergibt sich auch auf Grund der virtuellen Längen (siehe hierüber S. 24).

[2]) Siehe Schweiz. Bauzg. 1924, II, S. 302; ETZ 1927, S. 7 (Rh. B.); Gen. El. Rev. 1924, S. 440; 1925, S. 218, 229 (Ch. M. u. St. P.); El. Bahnen 1926, S. 62 (D. R. G.-Gr. Verw. Bayern); Gen. El. Rev. 1926, S. 855 (Spanische Nordbahn).

Erster Abschnitt.

Zugkraft und Leistung.

I. Die Bahnwiderstände.

Der Bewegung eines Eisenbahnzuges auf einer Bahn von gleichmäßigen Steigungs- und Richtungsverhältnissen stellen sich eine Reihe von Widerständen entgegen, die von der Zugkraft der Lokomotive überwunden werden müssen. Liegt die Bahn in der Horizontalen und in der Geraden, dann bestehen die zu überwindenden Widerstände aus dem Widerstand w_r der rollenden Reibung zwischen den Radreifen der Lokomotive und Wagen und der Schiene, in einem Widerstand der gleitenden Reibung w_z in den Lagern der Wagen- und Lokomotivachsen bzw. -blindwellen und der Motoren und einem Widerstand der Luftreibung w_l. Die Summe dieser drei Widerstände

$$w_1 = w_r + w_z + w_l \tag{2}$$

wird als Bahnwiderstand, Traktionswiderstand oder Traktionskoeffizient bezeichnet und in kg je t gesamtes Zuggewicht ausgedrückt.

1. Der Reibungswiderstand w_r zwischen Rad und Schiene oder der Rollwiderstand ist von der Geschwindigkeit mehr oder weniger unabhängig, hat also die Dimension einer Konstanten, für die Werte zwischen 1,75 und 2,5 kg/t seltener bis zu 6 kg/t angegeben werden. Dagegen besteht auf Grund von Messungen jedenfalls eine gewisse Abhängigkeit vom Zugs- bzw. Lokomotivgewicht und dadurch indirekt auch vom Achsdruck, indem w_r bei schwereren Fahrzeugen kleiner ist als bei leichteren. In Amerika nimmt man w_r verkehrt proportional der ½ ten Potenz des Fahrzeuggewichtes G (Wagen- oder Lokomotivgewicht) an und setzt empirisch

$$w_r = \frac{24}{\sqrt{G}}, \tag{3}$$

während man in Europa für praktische Bedürfnisse mit w_r als Konstante rechnet[1]).

2. Der Widerstand w_z der gleitenden Reibung (Zapfen- bzw. Kollektor- und Schleifringreibung) kann im wesentlichen als eine lineare Funktion der Geschwindigkeit V angesehen werden

$$w_z = \alpha V, \tag{4}$$

wobei der Parameter α, wenn V in km/h ausgedrückt wird, zwischen den Werten 0,010 und 0,025 schwankt.

3. Der Luftwiderstand w_l kann allgemein als quadratische Funktion der Geschwindigkeit angenommen werden

$$w_l = \beta V^2. \tag{5}$$

Der Parameter β stellt nun allerdings keine Konstante dar, sondern ist sehr wesentlich von der Form der Stirnfläche der Fahrzeuge abhängig, die wieder für die Lokomotive und die verschiedenen Wagenarten sehr verschieden ist. Allgemein ist

$$\beta = k \frac{\gamma}{g} F. \tag{6}$$

Dabei bedeutet k eine Erfahrungszahl, γ das spez. Gewicht der Luft = 1,25 kg bei 15° und 760 mm Barometerstand, g die Erdbeschleunigung und F die bewegte Fläche in m² senkrecht zur Bewegungsrichtung. Für k hat sich 0,044 als Mittelwert auf Grund von Versuchen ergeben, so daß sich β nunmehr als lineare Funktion von F schreiben läßt,

$$\beta = 0{,}005 F. \tag{7}$$

---

[1]) Formel (3) ergibt ausgerechnet folgende Tabelle:

G	10	20	30	40	60	80	100	120	140 t
w_r	7,56	5,36	4,37	3,79	2,10	2,64	2,4	2,18	2,03 kg/t.

Für F sind je nach Fahrzeug- und Zugsart verschiedene Werte einzusetzen.

Für die Lokomotive allein $F = 1{,}1\,F'$, wobei F' die Querprojektionsfläche der Lokomotive in m^2 bedeutet,

für jeden Personenwagen und bedeckten Güterwagen $F = 0{,}5$ bis $0{,}56\ m^2$,

für jeden beladenen Güterwagen $F = 0{,}32$ bis $0{,}4\ m^2$,

für jeden offenen Güterwagen $F = 1$ bis $1{,}62\ m^2$,

für den hinter der Lokomotive fahrenden Dienst- oder Gepäckwagen $F = 1{,}7$ bis $2\ m^2$.

Die vorstehende Betrachtung läßt den Widerstand des Windes außer Betracht, dessen Einfluß jedoch unter Umständen ganz bedeutend ist, dessen genaue rechnerische Verfolgung aber, selbst wenn Windrichtung und -stärke bekannt sind, kaum möglich ist.

Strahl empfiehlt, um der Steigerung des Zugwiderstandes durch plötzlich einsetzenden Wind Rechnung zu tragen, von vornherein bei der Berechnung von w_1 zur Fahrgeschwindigkeit einen Zuschlag von 12 km/h zu machen.

Auch die Schweizerischen Bundesbahnen berücksichtigen den Widerstand durch Seiten- und Gegenwind in Form eines vom Zugs- oder Lokomotivgewicht unabhängigen zusätzlichen Luftwiderstandes nach der empirischen Funktion $W_l^{kg} = 0{,}054\,V^2$, der jedoch nur auf die Lokomotive bezogen wird.

4. Traktionskoeffizient. Gl. (2) läßt sich also allgemein in der Form schreiben

$$w_1 = w_r + \alpha V + \beta V^2 \,. \tag{8}$$

In dieser Schreibweise sind für w_1 auf Grund von Versuchen eine große Zahl empirischer mehr oder weniger voneinander abweichender Formeln angegeben worden, von denen die bis jetzt in Europa gebräuchlichsten von Clark, Frank, von Borries, Leitzmann, Barbier und der Studiengesellschaft für elektrische Schnellbahnen nachstehend angeführt sind.

$$\left.\begin{aligned}
&\text{v. Borries:} && w_1 = 1{,}5 + 0{,}012\,V + 0{,}0003\,V^2\,,\\
&\text{Leitzmann:} && w_1 = 1{,}2 + 0{,}0067\,V + 0{,}000455\,V^2\,,\\
&\text{Barbier:} && w_1 = 1{,}6 + 0{,}00456\,V + 0{,}000456\,V^2\,,\\
&\text{Clark:} && w_1 = 2{,}4 + 0{,}0008\,V^2\,,\\
&\text{Studiengesellschaft:} && w_1 = 1{,}3 + 0{,}0067\,V + 0{,}52\left(\frac{f_2}{q_2}\right)\cdot\left(\frac{V}{10}\right)^2 = 1{,}3 + 0{,}0067\,V +\\
& && + 0{,}00026\,V^2 \text{ mit } f_2 = 2\,m^2 \text{ und } q_2 = 40\,t \text{ (Wagengewicht).}
\end{aligned}\right\} \tag{9}$$

In Deutschland hat die größte Verbreitung die einfache Formel von Frank[1]) gefunden, die die Summe aus w_r und w_z in die Konstante 2,5 zusammenfaßt, so daß

$$w_1 = 2{,}5 + \beta V^2 \tag{10}$$

wird. Graphisch ausgewertet ist Gl. (10) in Abb. 16, und zwar gilt

Kurve *1* für die Lokomotive allein mit $\beta = 0{,}00065$,

„ *2* für D-Züge mit nur Drehgestellwagen mit $\beta = 0{,}00045$,

„ *3* für gewöhnliche Schnellzüge mit ca. 80% Drehgestellwagen und ca. 20% zweiachsigen Wagen mit $\beta = 0{,}00048$,

„ *4* für Personenzüge mit nur zweiachsigen Wagen mit $\beta = 0{,}00057$,

„ *5* für Güterzüge mit $\beta = 0{,}0007$,

„ *6* für Schmalspurbahnen mit $\beta = 0{,}001$.

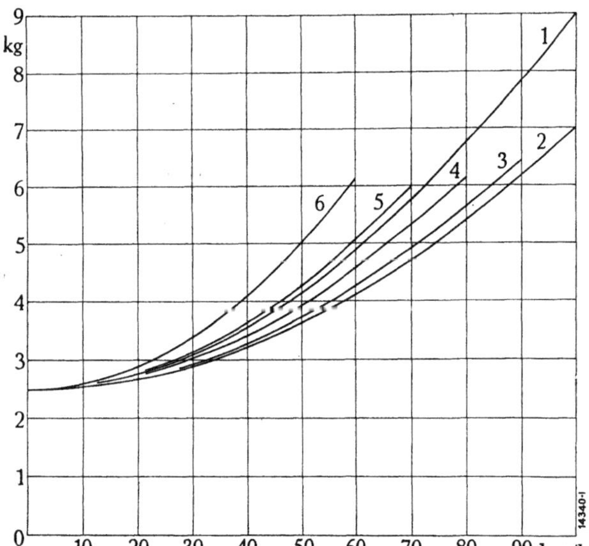

Abb. 16. Traktionskoeffizient w_1 nach Frank.

Die kleinsten Widerstände ergeben sich nach der Formel der Studiengesellschaft, die größten nach der Clarkschen Formel. Die letzteren sind offenbar zu groß. Bei Fahrgeschwindigkeiten zwischen 90 und 100 km/h sind die Widerstände nach der Leitzmannschen Formel am größten, dann folgen die fast übereinstimmenden Werte nach Barbier und v. Borries, jene nach Frank und zuletzt die nach der Formel der Studiengesellschaft. Bei etwa 65 km/h schneiden sich die Wider-

[1]) Z. V. d. I. 1907, S. 94ff.; siehe auch Mitt. Forsch.-Arb. des V. d. I. Heft 11.

standskurven nach Leitzmann, v. Borries und Frank. Unterhalb dieser Geschwindigkeit gibt die Franksche Formel die größten Werte, während sich die Widerstände nach den Formeln von Barbier, v. Borries, Leitzmann und der Studiengesellschaft nur wenig unterscheiden. In diesem Geschwindigkeitsbereich sind die Widerstände nach der Formel von Frank wahrscheinlicher, weil das von V unabhängige den Roll- und Zapfenwiderstand mit Werten von 1,2 bis 1,6 berücksichtigende Glied in den übrigen Formeln entschieden zu klein ist, was auch aus der Tatsache hervorgeht, daß Wagenzüge auf einem Gefälle von 1,6‰ sich selbst überlassen nicht dauernd in Bewegung bleiben, sondern nach einiger Zeit zum Stillstand kommen. Hingegen besagt die Franksche Formel, daß ein Wagenzug erst in einem Gefälle von 2,5‰ eine Beharrungsgeschwindigkeit annehmen kann, was auch der Erfahrung entspricht.

Strahl[1]) hat die Formel von Frank und jene der Studiengesellschaft zu einer einzigen vereinigt und schreibt

$$w_1 = 2{,}5 + 0{,}52\left(\frac{f}{q}\right)\cdot\left(\frac{V}{10}\right)^2. \tag{11}$$

Dabei ist q das mittlere Gewicht eines Wagens, f die mittlere ideelle Fläche zur Berechnung des Luftwiderstandes, und zwar kann man annehmen:

$0{,}52 f = 1\ \mathrm{m}^2$ für jeden D-Zugs-Wagen, vierachsigen Abteil- oder Gepäckwagen und jeden leeren offenen Güterwagen.
$= 0{,}75\ \mathrm{m}^2$ für jeden dreiachsigen Personen- oder Gepäckwagen und jeden gedeckten Güterwagen.
$= 0{,}6\ \mathrm{m}^2$ für jeden zweiachsigen beladenen offenen Güterwagen.

Damit ergeben sich folgende fünf vereinfachte Widerstandsformeln:

a) für D-Züge, Eil- und Schnellzüge sowie schwere Güterzüge

$$w_1 = 2{,}5 + \frac{1}{40}\left(\frac{V}{10}\right)^2, \tag{12}$$

b) für gewöhnliche Personenzüge

$$w_1 = 2{,}5 + \frac{1}{30}\left(\frac{V}{10}\right)^2, \tag{13}$$

c) für Eilgüterzüge

$$w_1 = 2{,}5 + \frac{1}{25}\left(\frac{V}{10}\right)^2, \tag{14}$$

d) für gewöhnliche Güterzüge gemischter Zusammensetzung

$$w_1 = 2{,}5 + \frac{1}{20}\left(\frac{V}{10}\right)^2, \tag{15}$$

e) für Leerwagenzüge aus zweiachsigen Güterwagen

$$w_1 = 2{,}5 + \frac{1}{10}\left(\frac{V}{10}\right)^2. \tag{16}$$

Dr. R. Sanzin hat auf Grund von Versuchen bei der ehem. Österr. Südbahngesellschaft und bei den Österr. Bundesbahnen folgende Widerstandsformeln angegeben[2])

$$\left.\begin{aligned}
&w_1 = 1{,}8 + 0{,}001\,V^2 \text{ für Güterzüge,}\\
&w_1 = 1{,}6 + 0{,}0184\,V + 0{,}00046\,V^2 \text{ für Personenzüge mit nur zweiachsigen Wagen,}\\
&w_1 = 1{,}6 + 0{,}00456\,V\,(1 + V) \text{ für Schnellzüge mit Drehgestellwagen,}\\
&w_1 = \frac{(G_l - G_t)\cdot(1{,}8 + 0{,}015\,V) + G_t\cdot\left(a + b\dfrac{V}{D_t}\right) + 0{,}006\,F\,V^2}{G_l} \text{ für die Lokomotive allein.}
\end{aligned}\right\} \tag{17}$$

Dabei bedeutet G_l das Lokomotivgewicht, G_t das auf die Triebräder entfallende Gewicht der Lokomotive (d. h. das Reibungs- oder Adhäsionsgewicht s. u.), D_t den Durchmesser der Triebräder in m und F die Lokomotivstirnfläche in m². a und b sind Erfahrungszahlen, für die Dr. Sanzin in Abhängigkeit der Achsanordnung folgende Werte angegeben hat:

$a = 5{,}5$	$b = 0{,}08$	bei zwei gekuppelten Lokomotivachsen
7,0	0,10	„ drei „ „
8,0	0,28	„ vier „ „
8,8	0,36	„ fünf „ „

[1]) Z. V. d. I. 1913, S. 327.

[2]) Z. V. d. I. 1911, S. 1458.

In Amerika wird vielfach nach der folgenden von Armstrong auf Grund von Versuchen der General Electric Co aufgestellten Formel gerechnet

$$w_1 = \frac{24}{\sqrt{G_t}} + 0{,}01\,V + 0{,}0035\,\frac{F\,V^2}{G_t}\cdot K. \tag{18}$$

Der Formel, die sowohl für die Lokomotive allein (G_t = Adhäsionsgewicht in t) als auch für jeden einzelnen Wagen vom Totalgewicht G_t gilt, liegt die bereits oben erwähnte Annahme zugrunde, daß der spezifische Reibungswiderstand w_1 mit wachsendem Zugsgewicht abnimmt. Diese Annahme wird bestätigt durch Versuche, die vor einigen Jahren von der New York Central Railroad in Amerika durchgeführt wurden. Während sonach der spezifische Reibungswiderstand mit dem Zugsgewicht und damit mit der Zahl der angehängten Wagen abnimmt, wird beim spezifischen Luftwiderstand mit einem Zuschlag von 10% für jeden Wagen gerechnet, der den Einfluß der zwischen den einzelnen Wagen verbleibenden mit zu bewegenden Luftprismen berücksichtigt. Der Koeffizient K ist daher für die Lokomotive mit einem Wagen allein $= 1$ und allgemein

$$K = 1 + \frac{n-1}{10}, \tag{19}$$

wobei n die Zahl der angehängten Wagen bedeutet. Für F ist die Stirnfläche der Lokomotive in m^2 einzusetzen.

Die Schweizerischen Bundesbahnen schließlich haben für den Entwurf ihrer elektrischen Lokomotiven die Formeln (20) von der Struktur der Frankschen benützt

$$\left.\begin{aligned} w_1 &= 3 \;\;\; + 0{,}0005\,V^2 \text{ für Güterzüge,}\\ w_1 &= 2{,}5 + 0{,}0003\,V^2 \text{ für Schnell- und Personenzüge und für die Lokomotive allein.}\end{aligned}\right\} \tag{20}$$

Abb. 17 zeigt die Formeln der S. B. B. in graphischer Auswertung.

Strenggenommen gelten die nach den angegebenen Formeln zu errechnenden oder aus den Kurven abzugreifenden Werte von w_1 nur für die volle Fahrt bei der angenommenen Geschwindigkeit und unter normalen Witterungsverhältnissen bei durchschnittlich + 10°. Namentlich die letzteren sind im Zusammenhang mit der Jahreszeit (Temperatur) von sehr erheblichem Einfluß auf die Größe des Traktionskoeffizienten.

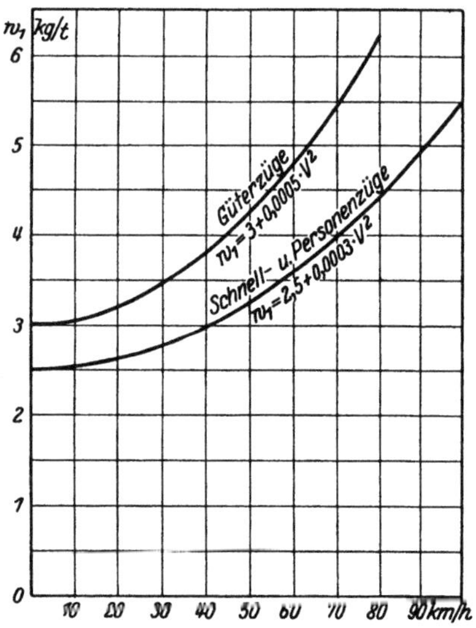

Abb. 17. Traktionskoeffizient w_1 nach den Formeln der Schweizerischen Bundesbahnen.

In Europa wie in Amerika angestellte Versuche haben weiter ergeben, daß der Bahnwiderstand, d. h. in diesem Falle nur der Widerstand der gleitenden Reibung von Lokomotiven wie ganzer Züge unmittelbar nach eingetretenem Halt sehr stark ansteigt, um nach etwa 10 Minuten einen bei längerem Stillstand kaum mehr veränderlichen Höchstwert zu erreichen. Dieser gewissermaßen zusätzliche Reibungswiderstand, dessen Überwindung unter Umständen eine wesentlich größere Rolle spielt als die Leistung der Beschleunigungsarbeit, dürfte seine Hauptursache darin haben, daß das Schmiermittel in den Lagern zwischen Schale und Zapfen im Stillstand herausgepreßt wird und die Flüssigkeitsreibung immer mehr in Metallreibung übergeht. Je dünnflüssiger das Schmiermittel, je geringer dessen Viskosität, desto mehr wird der Anfahrwiderstand mit der Haltezeit anwachsen. Auch das Anwachsen des Traktionskoeffizienten bei tiefen Temperaturen steht jedenfalls mit der Zunahme der Viskosität des Lagerschmiermittels im Zusammenhang. Daneben aber scheinen auch die Federn der Fahrzeuge eine Quelle erheblicher Arbeitsverluste zu bilden, weil sie mit hohen Reibungswiderständen schwingen, deren Überwindung zusätzliche Zugkraft erfordert, und zwar namentlich wieder bei Anfahrt, dann aber auch bei starken Änderungen der Streckenneigung, die in dem eine federnde Kette bildenden ganzen Zug Längsschwingungen auslösen[1]). v. Glinski[2]) hat beispielsweise gerade bei elektrischen Lokomotiven bei Anfahrt (nach Abzug der Beschleunigungskräfte) Zugwiderstände von 30 kg/t und mehr gemessen. Strenggenommen zerfällt also der Zugwiderstand in einen Anfahrwiderstand und einen Fahrwiderstand, wobei der erstere wahrscheinlich allerdings schon bei sehr kleinen Fahrgeschwindigkeiten in den letzteren übergeht. In Abgängigkeit von der Geschwindigkeit wäre der Zugwiderstand also richtiger etwa nach Kurve Abb. 18 darzustellen. Dabei gilt der links vom Minimum gelegene Teil der Kurve nur für die Anfahrperiode, während der rechte Teil für den Bereich stationärer Geschwindigkeiten zu verwenden ist.

[1]) Die mehrfach festgestellte sonderbare Erscheinung, daß der Fahrwiderstand von Eisenbahnzügen wie auch einzelner Lokomotiven bei höherer Geschwindigkeit unter Umständen erheblich kleiner ist als bei niederer, dürfte ihren Grund gleichfalls in Federschwingungen haben, die infolge von Resonanzerscheinungen nur bei niederen Geschwindigkeiten auftreten und bei höheren Geschwindigkeiten verschwinden.

[2]) Z. V. d. I. 1912, S. 2065ff.

5. Krümmungswiderstand. In Geleisekrümmungen tritt außer den angegebenen Widerständen ein zusätzlicher Reibungswiderstand auf, der im wesentlichen seine Ursache darin hat, daß die Spurkränze der inneren Räder in vermehrtem Maße gegen die Schienen gepreßt werden. Dieser Krümmungswiderstand w_k ist daher in erster Linie vom Krümmungshalbmesser R in m abhängig. Die älteste empirische Formel zur Berechnung des Krümmungswiderstandes dürfte jene von Launhardt[1]) sein mit

$$w_k = \frac{1000}{R}, \tag{21}$$

die jedoch für heutige Verhältnisse entschieden zu große Werte gibt. Zutreffender dürfte es sein, für die Konstante im Zähler etwa 750 einzusetzen.

Am häufigsten wird für die Berechnung des Krümmungswiderstandes auch heute noch die Formel von v. Röckl[2]) angewendet mit

$$w_k = \frac{k_1}{R - k_2}. \tag{22}$$

k_1 und k_2 stellen auf Grund von Versuchen ermittelte Erfahrungswerte dar und sind nachstehender Tabelle zu entnehmen.

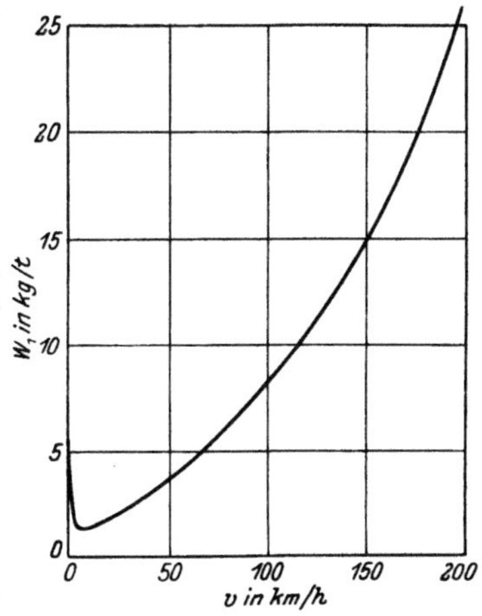

Abb. 18.

		k_1	k_2
Bei Normalspur und	$R > 350$ m	650	55
	$R \leqq 300$ m	530	35
	$R < 250$ m	500	30
Bei 1 m Spurweite		400	20

Erfahrungsgemäß ist in Bögen mit $R > 1000$ m der Krümmungswiderstand bereits vernachlässigbar klein. Aus diesem Grunde verlegen auch nur ganz wenige Bahnverwaltungen ihre Geleise in Krümmungen über 1000 m mit nennenswerter Spurerweiterung. Für flache Bögen geben also die bisher angegebenen Formeln zu große Werte für den Krümmungswiderstand w_k. C. Mutzner[3]) hat daher die v. Röcklsche Formel wie folgt modifiziert

$$w_k = \frac{c_1 - c_2 R}{R - c_3} \tag{23}$$

und setzt für Normalspur $c_1 = 800$, $c_2 = 0{,}4$ und $c_3 = 40$. Die Mutznersche Formel (23) bringt in hübscher Weise zum Ausdruck, daß der Krümmungswiderstand w_k einerseits für einen Krümmungsradius $R = c_3 = 40$ m unendlich groß wird, andererseits für $R = \frac{c_1}{c_2} = \frac{800}{0{,}4} = 2000$ m praktisch verschwindet.

Eine weitere, ja vielleicht die Hauptursache des Krümmungswiderstandes liegt darin, daß jeweils das äußere Rad eines Radsatzes einen größeren Weg zurückzulegen hat als das innere. Infolge der starren Verbindung der beiden Räder erfolgt der Bewegungsausgleich durch ein Gleiten des äußeren Rades gegen das festrollende innere Rad[4]), wobei namentlich bei starr im Rahmen gelagerten Achsen erhebliche Klemmungen zwischen Rad und Schiene auftreten, deren Größe jedenfalls vom Radstand b abhängig ist. Diesen aber lassen die Formeln von Launhardt und v. Röckl außer Betracht. Richtiger im Aufbau erscheinen daher die von Frank[5]) herrührenden Formeln.

Nach diesen kann der Krümmungswiderstand für einen einzelnen Wagen vom Gewicht Q_0 mit ausgelaufenen Radreifen ausgedrückt werden

$$w_k = 180\,\frac{b}{R} - 15000\left(\frac{b}{R}\right)^2 \cdot \frac{Z_0}{Q_0}. \tag{24}$$

Dabei ist Z_0 die von der hinteren Kuppelkette auf den Wagen ausgeübte Zugkraft in t.

[1]) Launhardt: Theorie der Trassierens. II. Heft, S. 36.
[2]) Z. f. Baukunde 1880, S. 542; Organ Fortschr. Eisenbahnwes. 1881, S. 261.
[3]) Mutzner, C.: Die virtuellen Längen der Eisenbahnen. Dissertation E. T. H. Zürich 1914.
[4]) Gemäß neueren Anschauungen äußert sich das Gleiten des Außenrades in Torsionsschwingungen, die sich der Drehung beim Rollen überlagern.
[5]) Frank: Die Widerstände der Eisenbahnzüge bei ihrer Bewegung durch Gleisbögen. Organ Fortschr. Eisenbahnwes. 1892, S. 55ff.; siehe auch Z. V. d. I. 1903, S. 460.

Für neue Radreifen hat Frank die Formel abgeleitet

$$w_k = 148\frac{b}{R} - 12000\left(\frac{b}{R}\right)^2 \cdot \frac{Z_0}{Q_0}, \tag{25}$$

Der Krümmungswiderstand bei neuen Radreifen beträgt demnach ca. 80% desjenigen bei ausgelaufenen.

Für den letzten Wagen eines Zuges ist $Z_0 = 0$. Um für ganze Wagenzüge brauchbare Mittelwerte zu erhalten, führt Frank die auf den mittleren Wagen vom Gewicht Q_0 ausgeübte Zugkraft Z_0 ein und setzt hierfür:

$$\text{bei Personenzügen } Z_0 = \frac{Q_0}{15},$$

$$\text{bei Güterzügen } Z_0 = \frac{Q_0}{7{,}5}.$$

Hiernach gilt für ausgelaufene Radreifen bei Güterzügen

$$w_k = 180\frac{b}{R} - 2000\left(\frac{b}{R}\right)^2, \tag{26}$$

somit für

$$b = 3 \quad w_k = \frac{540}{R} - \frac{18000}{R^2},$$

$$b = 4 \quad w_k = \frac{720}{R} - \frac{32000}{R^2}$$

und bei Personenzügen

$$w_k = 180\frac{b}{R} - 1000\left(\frac{b}{R}\right)^2 \tag{27}$$

somit wieder für

$$b = 4 \quad w_k = \frac{720}{R} - \frac{16000}{R^2}, \tag{28}$$

$$b = 5 \quad w_k = \frac{900}{R} - \frac{25000}{R^2}. \tag{29}$$

Hoffmann[1]) hat auf Grund ausführlicher Versuche der ehemaligen Sächsischen Staatsbahnen folgende Formeln abgeleitet

$$w_k = 21\frac{4b + b^2}{R - 45} \text{ für steifachsige Fahrzeuge,} \tag{30}$$

$$w_k = 4\left(\frac{10b}{R} + 0{,}1\right) \text{ für lenkachsige Fahrzeuge.} \tag{31}$$

6. Widerstand in der Steigung. In der Steigung hat die von der Lokomotive auszuübende Zugkraft als weiteren Widerstand die Schwerkraft, d. h. die in die Bahnrichtung fallende Komponente derselben zu überwinden. Ist α der Neigungswinkel der Steigung gegen die Horizontale, h die vom Anfang bis zum Ende der Strecke mit konstanter Neigung zu überwindende Höhendifferenz, l die Horizontalprojektion der Steigungsstrecke, dann wirkt bei einem totalen Zuggewicht G in Richtung der Bahn als Schwerkraftskomponente die Kraft $W_s = G \sin \alpha$ oder wie früher auf die Gewichtseinheit bezogen

$$w_s = \frac{W_s}{G} = \sin \alpha, \tag{32}$$

Der spezifische Steigungswiderstand ist also gleich dem Sinus des Neigungswinkels, der bei den kleinen Werten des Winkels α, um die es sich bei Vollbahnstrecken handelt, mit hinreichender Genauigkeit durch dessen Tangente ersetzt werden kann. Da nun aber $\operatorname{tg} \alpha = \frac{h}{l}$ auf die Länge l von 1000 m bezogen direkt gleich ist der Bahnneigung s in Promille ($^0/_{00}$), ist hier mit großer Annäherung

$$w_s = s. \tag{33}$$

w_s ist bei Bergfahrt positiv als zu überwindender Widerstand, bei Talfahrt negativ als eine die Zugkraft unterstützende Kraft zu zählen.

7. Beschleunigungswiderstand. Bei Anfahrt ist weiter die gesamte Zugmasse von der Lokomotive vom Stillstand bis auf die volle Geschwindigkeit zu beschleunigen, oder, mit anderen

[1]) Organ Fortschr. Eisenbahnwes. 1885, S. 174ff.

Worten, deren Trägheitswiderstand zu überwinden. Den hierzu erforderlichen zusätzlichen Zugkraftanteil, der im Augenblick der Anfahrt ($V = 0$) am größten ist und bis zum Erreichen der vollen Geschwindigkeit stetig bis zum Nullwert abnimmt, ist gleichbedeutend mit dem Beschleunigungswiderstand. Dabei ist nun zu beachten, daß die gesamte Zugmasse nicht nur geradlinig, d. i. in Richtung der Bahn zu beschleunigen ist, sondern daß außerdem den Massen aller Radsätze sowie den Motorankern der Lokomotive und den Übertragungsorganen auf die Triebräder eine Winkelbeschleunigung erteilt werden muß. Ist G wieder das totale Zuggewicht in t, p_a die während der Anfahrperiode zu entwickelnde mittlere Beschleunigung in m/s², g die Erdbeschleunigung $= 9{,}81$, dann ist der erste Anteil der Beschleunigungskraft offenbar

$$W_{a_1} = \frac{1000\,G}{g} p_a. \tag{34}$$

Zur Berechnung des zur Beschleunigung der rotierenden Massenteile erforderlichen zusätzlichen Drehmomentes bzw. des hieraus sich ergebenden Zugkraftanteiles betrachten wir gesondert die Summen der Massen der Radsätze M_r und jene der Motoranker M_a, denen je eine Winkelbeschleunigung ω_r bzw. ω_a zu erteilen ist. Auf den Radumfang bezogen ergeben sich dann als Beschleunigungswiderstände unter Berücksichtigung der Übertragungswiderstände η_r und η_a

$$W'_{a_2} = M_r \omega_r \left(\frac{\omega_r}{p_a}\right) \frac{1}{\eta_r}$$

für die Radsätze,

$$W''_{a_2} = M_a \omega_a \left(\frac{\omega_a}{p_a}\right) \frac{1}{\eta_a}$$

für die Motoranker samt Übertragungsorganen.

Nun ist offenbar

$$\frac{\omega_r}{p_a} = \frac{\varrho_r}{r} \quad \text{und} \quad \frac{\omega_a}{p_a} = \frac{\varrho_a}{r} \varkappa,$$

wenn ϱ_r den mittleren Trägheitsradius aller Räder, r deren mittleren Halbmesser, ϱ_a den Ankerdurchmesser und $\varkappa$ die Größe der etwa vorhandenen Zahnradübersetzung zwischen Motor und Triebrad bezeichnet. Damit ist weiter der gesamte Beschleunigungswiderstand[1])

$$W_a = W_{a_1} + W'_{a_2} + W''_{a_2} = p_a \left[\frac{1000\,G}{g} + M_r \left(\frac{\varrho_r}{r}\right)^2 \frac{1}{\eta_r} + M_a \left(\frac{\varrho_a}{r}\right)^2 \varkappa^2 \frac{1}{\eta_a}\right]$$

oder wieder auf die t Zuggewicht bezogen

$$w_a = \frac{1000\,p_a}{g} + \frac{1}{G}\left[M_r \left(\frac{\varrho_r}{r}\right)^2 \frac{1}{\eta_r} + M_a \left(\frac{\varrho_a}{r}\right)^2 \varkappa^2 \frac{1}{\eta_a}\right] p_a. \tag{35}$$

Der Klammerausdruck kann nur an Hand vorhandener Ausführungen genau berechnet werden. Bei der Projektierung, d. h. Vorausberechnung der erforderlichen Zugkraft ist man auf Schätzungen oder auf Erfahrungswerte angewiesen. Im allgemeinen wird daher auch der Widerstand der rotierenden Massen einfach durch einen empirischen Zuschlag berücksichtigt, d. h. es ist

$$W_a = \xi\, W_{a_1} = \xi \frac{1000\,p_a}{g} G \tag{36}$$

und

$$w_a = \xi \frac{1000\,p_a}{g}, \tag{37}$$

wobei für ξ mit Werten von 1,05 bis 1,2 gerechnet wurde. Neuere Nachrechnungen und Messungen haben indessen ergeben, daß wenigstens für die Lokomotive allein u. U. mit wesentlich höheren Werten gerechnet werden muß[2]).

II. Die Zugkraft.

Bei Lokomotiven ist allgemein zu unterscheiden zwischen den Triebräderpaaren und Laufräderpaaren bzw. Triebrädern und Laufrädern schlechtweg. Erstere dienen unter Vermittlung irgendeines als Triebwerk zu bezeichnenden Mechanismus allein zur Umsetzung der an den Wellen der Triebmotoren verfügbaren Leistung in die der Fortbewegung des ganzen Zuges dienenden **Zugkraft**, die man sich demnach auch am Umfang sämtlicher Triebräder angreifend

[1]) Siehe Kummer: Maschinenlehre der elektrischen Zugförderung, Bd. 1., S. 11.

[2]) Siehe z. B. Dr. G. Markt: E. u. M. 1921, S. 209.

zu denken hat. Laufräder werden vorgesehen teils zur Gewichtsaufteilung, teils aus Gründen der Lauffähigkeit. Das Gesamtgewicht einer Lokomotive G_l ruht demnach allgemein auf den Triebrädern und den Laufrädern. Der auf die Triebräder entfallende Teil G_t des gesamten Lokomotivgewichtes bezeichnet man als Treibgewicht oder Reibungs- oder Adhäsionsgewicht und das je Triebachse entfallende Gewicht als Triebachsdruck oder Achsdruck schlechtweg. Zwischen der „Zugkraft am Radumfang" (d. h. der Summe aus den Zugkräften an den Umfängen sämtlicher Triebräder) und dem Reibungsgewicht G_t besteht die Beziehung

$$Z \leqq 1000\, G_t \cdot \mu ,$$

wobei μ den Reibungs- oder Adhäsionskoeffizienten oder die Reibungsziffer bedeutet.

Ein die Fortbewegung erzeugendes Abrollen der Triebräder auf den Schienen ist also nur so lange möglich, als die Zugkraft kleiner ist als das Produkt aus Reibungsgewicht und Reibungskoeffizient. Sowie

$$Z \geqq 1000\, G_t \cdot \mu ,$$

sei es durch Anwachsen von Z oder durch Abnahme von μ, dann hört die kraftschlüssige Verbindung zwischen Räder und Schiene auf und die Radsätze drehen sich ohne Fortbewegung nur mit gleitender Reibung über den Schienen. Die Räder „schleudern".

Bei Anfahrt kann mit einem Adhäsionskoeffizienten μ von $^1/_5$ bis $^1/_4$ gerechnet werden, durch Sandstreuen sind ausnahmsweise Werte bis zu $^1/_2$ erreicht worden.

Über die Natur, d. h. die physikalische Bedeutung des Adhäsionskoeffizienten ist man sich bis heute nicht recht klar. Man faßt in denselben die vielen vermutlich sehr komplizierten, das Phänomen des Rollens und Haftens ausmachenden Vorgänge zusammen. Sicher ist jedenfalls, daß μ nicht als Konstante anzusprechen ist. Zumindest scheint eine Abhängigkeit vom Adhäsionsgewicht, d. h. vom Achsdruck selbst zu bestehen, unter dessen Einwirkung an der jeweiligen Berührungsfläche von Rad und Schiene eine elastische Formänderung entsteht. Aber auch die Abnahme von μ mit der Geschwindigkeit ist mehr als wahrscheinlich[1]). Die ersten praktischen Versuche über die Größe von μ wurden von Poirée im Jahre 1851 ausgeführt, deren Ergebnisse A. W. Zuidweg[2]) in die empirische Formel

$$\mu = k - \frac{25\,v - 0{,}35\,v^2}{G_t} \qquad (38)$$

zusammenfaßte, in der v in m/s und für k die Werte von 0,13 und 0,3 für feuchte bzw. sehr trockene Schienen einzusetzen sind. Der Geltungsbereich obiger Formel muß jedoch auf den Geschwindigkeitsbereich zwischen 5 bis 22 m/s eingegrenzt werden, da die Gleichung nicht gut ein zweites Maximum aufweisen kann. Abb. 19 zeigt den Verlauf von μ in Abhängigkeit von der Geschwindigkeit, wie er von Wichert auf Grund von Versuchen mit der $1\,D_0 1$-Schnellzuglokomotive (Reihe E 1601) der D.R.G. festgestellt wurde. Danach besteht zwischen der Reibungsziffer der Ruhe (bei $V = 0$) und jener bei Lauf überhaupt kein eindeutiger Zusammenhang. Bei Lauf treten nämlich außer der rein rollenden Reibung zwischen der konischen Radreifenfläche und dem Schienenkopf dauernd virtuelle Schlüpfungen in Form von gleitender Reibung auf, dazu kommt die Reibung zwischen Radspurkranz und Schienenseitenfläche, die nach Versuchen von J. Buchli[3]) von der Zugkraft abhängig ist und die auf Werte bis zu 25% von jenen oben für Stillstand gegebenen heruntergehen kann.

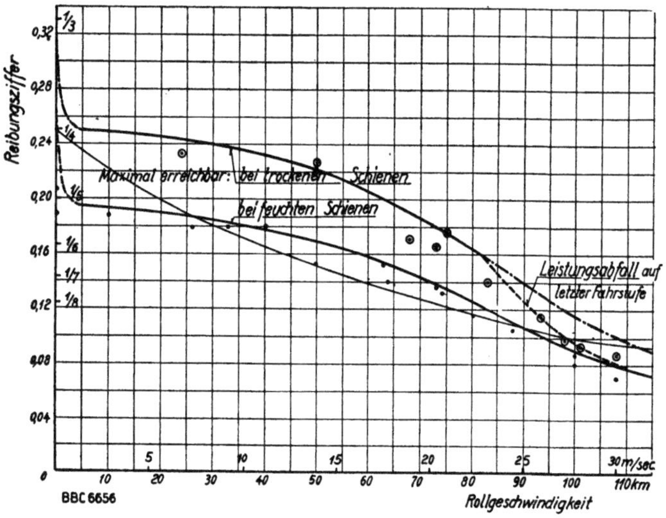

Abb. 19. Abhängigkeit der Reibungsziffer von der Geschwindigkeit im normalen Betrieb.
Die dünngezeichnete Kurve stellt eine empirische Mittelwertsfunktion dar.)

Die Zugkraft am Radumfang hat also einerseits die Bahnwiderstände zu überwinden, darf aber dabei die durch die Adhäsion gegebene Grenze nicht überschreiten. Damit ist das Reibungsgewicht gegeben, das eine Lokomotive für eine bestimmte auf einer bestimmten Steigung auszuübende Zugkraft erhalten muß. Die Zahl der Triebachsen, auf die das ermittelte Reibungsgewicht aufzuteilen ist, ist gegeben durch den mit Rücksicht auf den Unterbau des Bahnkörpers maximal zulässigen Achsdruck. In der Schweiz beträgt dieser beispielsweise 19 bis 20 t, in

[1]) Prof. Jahn glaubt allerdings auf Grund von Modellversuchen die Abhängigkeit des Koeffizienten μ von der Geschwindigkeit verneinen zu sollen (Z. V. d. I. 1918, S. 121ff.).

[2]) ETZ 1920, S. 425. [3]) Schweiz. Bauz. 1923, II, S. 119.

Deutschland 16 bis 18 t, in Österreich 14,5 t, während in Amerika Achsdrücke von 30 t und mehr zulässig sind. Die Zusammenhänge seien am besten an Hand eines

Beispiels erläutert: Ein Schnellzug von $G_z = 300$ t Anhängegewicht soll von einer Lokomotive, deren Eigengewicht G_l 106 t betragen möge, mit einer Geschwindigkeit von 60 km/h auf gerader ebener Strecke befördert werden. Gefragt ist nach der Zugkraft und Leistung, die die Lokomotive dabei entwickeln muß.

Nach der Formel der S. B. B. ist zunächst die von der Lokomotive allein zu ihrer eigenen Fortbewegung zu entwickelnde Zugkraft Z_l

$$\begin{aligned} Z_l &= G_l\,(2{,}5 + 0{,}0003\,V^2) + 0{,}054\,V^2 \\ &= 106\,(2{,}5 + 0{,}0003\cdot 60^2) + 0{,}054\cdot 60^2 = \\ &= 106\cdot 3{,}58 + 195 = 575\ \text{kg} \end{aligned}$$

und die zur Fortbewegung des Zuges erforderliche Zugkraft

$$Z_z = G_z\,(2{,}5 + 0{,}0003\,V^2) = 300\,(2{,}5 + 0{,}0003\cdot 60^2) = 3{,}58\cdot 300 = 1080\ \text{kg}.$$

Die totale Zugkraft ist daher $Z_t = Z_l + Z_z = 1655$ kg und die am Radumfang, d. h. am Umfang sämtlicher Triebräder zusammen zu entwickelnde Leistung

$$N_r = \frac{Z_t\cdot V}{3{,}6\cdot 75} = \frac{1655\cdot 60}{3{,}6\cdot 75} = 370\ \text{PS}$$

und unter Annahme eines Getriebewirkungsgrades von 0,95 die Leistung der Lokomotivmotoren

$$N_m = \frac{N_r}{0{,}95} = \frac{370}{0{,}95} = 390\ \text{PS}.$$

Soll der gleiche Zug auf einer Steigung von 16‰ vom Stillstand aus mit einer Beschleunigung von $p_a = 0{,}075$ m/s² auf die Geschwindigkeit von 60 km/h gebracht werden, dann ist die mittlere Anfahrzugkraft Z_a, wenn die die Beschleunigung der rotierenden Massen der Lokomotive und der Anhängelast berücksichtigenden Faktoren zu ξ_l bzw. ξ_z mit 1,18 und 1,045 angenommen seien

$$Z_a = Z_{l_a} + Z_{z_a} = G_l\left[s + w_1 + \frac{1000\,p_a}{g}\xi_l\right] + G_z\left[s + w_1 + \frac{1000\,p_a}{g}\xi_z\right],$$

für $V = 0$ ergibt dies ausgerechnet

$$\begin{aligned} Z_a &= 106\left[16 + 2{,}5 + \frac{1000\cdot 0{,}075}{9{,}81}\,1{,}18\right] + 300\left[16 + 2{,}5 + \frac{1000\cdot 0{,}075}{9{,}81}\,1{,}045\right] = \\ &= 106\cdot 27{,}5 + 300\cdot 26{,}5 = 10870\ \text{kg} \end{aligned}$$

und für $V = 60$ km/h

$$\begin{aligned} Z_a &= 106\left[16 + (2{,}5 + 0{,}0003\cdot 60^2) + \frac{1000\cdot 0{,}075}{9{,}81}\,1{,}18\right] + 0{,}054\cdot 60^2 + \\ &+ 300\left[16 + (2{,}5 + 0{,}0003\,V^2) + \frac{1000\cdot 0{,}075}{9{,}81}\,1{,}045\right] = \\ &= 106\cdot 28{,}43 + 195 + 300\cdot 27{,}58 = 3000 + 195 + 8300 = 11500\ \text{kg}. \end{aligned}$$

Dabei ist die Leistung am Radumfang bei Erreichen der vollen Geschwindigkeit von 60 km/h

$$N_r = \frac{11500\cdot 60}{270} = 2560\ \text{PS}$$

bzw. 2700 PS an den Wellen der Lokomotivmotoren.

Rechnen wir mit rund 12000 kg Anfahrzugkraft, die im Mittel bis zur Geschwindigkeit von 60 km/h aufrechterhalten werden soll, und mit einem Adhäsionskoeffizienten von 0,2, so müßte die Lokomotive mit einem Adhäsionsgewicht von $\frac{12000}{0{,}2} = 60000$ kg entworfen werden, das sich entweder auf drei Triebachsen mit je 20 t Achsdruck oder auf vier Triebachsen mit je 15 t Achsdruck aufteilen ließe. Ersterer Wert ist für europäische Verhältnisse allerdings etwas hoch, und die Aufteilung der oben ermittelten als Stundenleistung anzusprechenden Leistung auf drei einzeln angetriebene Triebachsen würde auf drei Motoren von je 850 PS führen. Zur Gewichtsverteilung wäre mindestens je ein Laufräderpaar an den Lokomotivenden mit je ca. 13 t Belastung vorzusehen, so daß die Lokomotive äußerstenfalls mit $60 + 2\cdot 13 = 86$ t gebaut werden könnte.

Wählt man den Entwurf mit 4 Triebachsen, dann wird man diese zur vollen Ausnützung des Konstruktionsgewichtes je mit ca. 19 anstatt 15 t belasten. Die Lokomotive erhält damit ein Adhäsionsgewicht von $4\cdot 19$ t $= 76000$ kg, aus dem bei Anfahrt wieder unter Annahme eines Adhäsionskoeffizienten von etwa 0,2 jetzt eine Anfahrzugkraft von 15000 kg herausgeholt werden könnte. Diese höhere Anfahrzugkraft würde entweder eine Erhöhung der Anhängelast, oder eine Erhöhung der Beschleunigung oder eine gleichmäßige Erhöhung von Anhängelast und Beschleunigung ermöglichen, wenn dies mit Rücksicht auf die höhere Stromaufnahme vor allem für die Motoren zulässig ist. Die Entscheidung hierüber kann wieder nur auf Grund des Temperaturdiagramms (Abb. 9) und des später zu behandelnden Anfahrdiagramms getroffen werden. Rechnungsmäßig kann also immer nur das für die gestellten Zugkraftbedingungen maßgebende Adhäsionsgewicht ermittelt werden, die Zahl der zur Gewichtsverteilung erforderlichen Laufachsen, die im vorliegenden Beispiel mit 4 Triebachsen zu je einer vorn und hinten mit etwa 15 t Belastung angenommen wurde, kann nur bei fortschreitendem Entwurf getroffen werden, wenn die Gewichte der elektrischen Ausrüstung bereits bekannt sind. Immer wird man jedoch bei einem rationellen Lokomotiventwurf die Laufachsen auf die mit

Rücksicht auf die Gewichtsausteilung und die Lauffähigkeit des Fahrzeuges (s. u.) unbedingt notwendige Zahl beschränken, um einen möglichst großen Teil des gesamten Lokomotivgewichtes als Adhäsionsgewicht zur Zugkraftbildung ausnützen zu können. Aus diesem Grunde wird man bei Güterzuglokomotiven, die als Maschinen für große Zugkraft und kleine Geschwindigkeit zu bezeichnen sind, Laufräder nach Möglichkeit zu vermeiden suchen.

Allgemein lassen sich die Beziehungen zwischen Totalgewicht und Adhäsionsgewicht leicht folgendermaßen überblicken.

Ist wieder G_l das Gesamtgewicht der Lokomotive, G_t deren Adhäsionsgewicht, G_z das Anhängegewicht in t, Z die Zugkraft am Radumfang in kg, dann gilt, wenn w_1 für Lokomotive und Anhängelast der Einfachheit halber als gleich angenommen, g zu 10 und ξ zu 1,15 eingesetzt wird

$$Z = 1000\, G_t \mu = [G_t + (G_l - G_t) + G_z]\,(w_1 + s + 115\, p_a)\,. \tag{39}$$

$G_l - G_t$ ist das auf den Laufrädern ruhende Gewicht der Lokomotive. Soll das ganze Lokomotivgewicht als Adhäsionsgewicht zur Wirkung kommen, dann ist $G_l = G_t$ und es ergibt sich für das Verhältnis von Anhängelast zu Adhäsionsgewicht der Ausdruck

$$\frac{G_z}{G_t} = \frac{1000\,\mu}{w_1 + s + 115\, p_a} - 1\,. \tag{40}$$

Aus Gl. (40) ist namentlich die Abhängigkeit der Zuglast von der Steigung deutlich ersichtlich. Beispielsweise vermag die Lokomotive auf einer Steigung von $45^0/_{00}$ ($w_1 = 5$ kg/t und $\mu = \frac{1}{10}$ angenommen) nur mehr eine Zuglast in der Größe ihres eigenen Treibgewichtes zu ziehen. Auf $25^0/_{00}$ ($\mu = \frac{1}{7}$) beträgt das Zuggewicht das 3,1fache, auf $30^0/_{00}$ das 2,6fache des Treibgewichtes bei Fahrt mit konstanter Geschwindigkeit ($p_a = 0$).

Ist ferner m allgemein die Zahl der Triebachsen, n die Zahl der Laufachsen, die mit q_m bzw. q_n Tonnen belastet sein mögen, ϱ das spezifische Lokomotivgewicht in kg pro PS und L die Lokomotivleistung in PS, dann läßt sich allgemein schreiben[1])

$$\frac{L\varrho}{1000} = m q_m + n q_n = q_m (m + n\alpha)\,, \tag{41}$$

wenn allgemein $q_n = \alpha \cdot q_m$, wobei $\alpha < 1$. Die Leistung l pro Triebachse ist dann

$$l = \frac{L}{m} = \frac{1000\, q_m}{\varrho}\,\frac{m + n\alpha}{m} = \frac{1000\,\mu q_m V}{3{,}6 \cdot 75}$$

und daraus

$$V = \frac{270}{\mu\varrho}\,\frac{m + n\alpha}{m}\,. \tag{42}$$

Ist wieder $n = 0$ (Lokomotivgewicht = Adhäsionsgewicht), dann ist

$$V_0 = \frac{270}{\mu\varrho}\,.$$

Bei laufradlosen Lokomotiven ist also jedem Wert des spezifischen Baugewichtes eine bestimmte Geschwindigkeit zugeordnet. Wird eine höhere Leistung und Geschwindigkeit verlangt, dann sind Laufachsen unvermeidlich und es wird allgemein

$$V = V_0 \frac{m + n\alpha}{m}\,. \tag{43}$$

Für $\mu = 1:5{,}5$ (180 kg pro t Reibungsgewicht), wird beispielsweise $V_0 = \frac{1500}{\varrho}$ und für $\mu = 1:6{,}25$ (160 kg pro t Reibungsgewicht) $V_0 = \frac{1690}{\varrho}$. Nimmt man ϱ mit 55 kg im Mittel an, dann ist bei laufradloser Bauart die Geschwindigkeit V_0 höchstens 31 km/h. Wird eine höhere Geschwindigkeit gefordert, dann muß entweder die Leistung herabgesetzt oder aber eine Bauform mit Laufrädern gewählt werden, deren Zahl aus Gl. (43) ermittelt werden kann.

Die Lokomotivleistung L unter Außerachtlassung ihrer Geschwindigkeit ins Verhältnis zu ihrem Gewicht zu setzen, ist allerdings nicht ganz zutreffend. Die auf diese Art gebildete Kennziffer ϱ ist kein eindeutiges Maß für die Baustoffwirtschaft elektrischer Lokomotiven und kann nur zwischen Lokomotiven für gleiche Normalgeschwindigkeit als Vergleichswert dienen. Da jede elektrische Lokomotive gewissermaßen als überbauter Motor angesehen werden kann, muß ebenso wie bei diesem das Gewicht auf das Drehmoment bezogen werden. Es läßt sich dann folgende erstmalig von Prof. Dr. Kummer[2]) angegebene Kennziffer ableiten.

---

[1]) Siehe Seefehlner: Elektrische Zugförderung, 1. Aufl., S. 388. [2]) ETZ 1910, S. 719.

Ist D_t der Durchmesser der Lokomotivtriebräder in m, dann ist das Lokomotivdrehmoment $M = \frac{1}{2} D_t \cdot Z$ und da $Z \leqq 100\, G_t \cdot \mu$ ist

$$\lambda = \frac{G_l}{M} = \frac{2\,G_l}{D_t Z} \geqq \frac{1}{500\, D_t \mu} \left(\frac{G_l}{G_t}\right). \tag{44}$$

Immerhin ist die Kennziffer ϱ als Vergleichswert deshalb nicht uninteressant, weil sich die Bemessung der übrigen elektrischen Ausrüstung wie der Steuerapparatur und allenfalls des Transformators nicht nach dem Lokomotivdrehmoment, sondern nach der Lokomotivleistung richtet.

Explizit geschrieben ist

$$\varrho = \frac{G_l}{L} = \frac{270\,G_l}{Z\,V} \geqq \frac{270}{1000\,\mu\,V} \left(\frac{G_l}{G_t}\right) \geqq \frac{\varkappa}{3{,}7\,\mu\,V}. \tag{45}$$

Für Lokomotiven, deren Nenngeschwindigkeiten V stark auseinanderliegen, ergeben sich also wesentlich verschiedene Werte von ϱ. Den reziproken Wert $\frac{1}{\varkappa}$ des auch hier wiederkehrenden Verhältnisses von totalem Lokomotivgewicht zum Adhäsionsgewicht bezeichnet man als Adhäsionsverhältnis.

Erst durch Einführung der normalen und der maximalen Geschwindigkeit von Lokomotiven ist es möglich, deren Gewicht einwandfrei auf die Leistung zu beziehen.

Man kommt so zum Begriff der „virtuellen Leistung“, die erstmalig von A. Laternser[1]) definiert wurde. Ist neben den bisherigen Symbolen V_{max} die Höchstgeschwindigkeit und x der Anteil der Motoren am Gewicht der gesamten elektrischen Ausrüstung der Lokomotive, dann kann die virtuelle Leistung L_v' der Triebmotoren geschrieben werden

$$L_v' = L \frac{V_{max}}{V} x$$

und die virtuelle Leistung der übrigen elektrischen Ausrüstung

$$L_v'' = L(1 - x).$$

Die virtuelle Leistung L_v der ganzen Lokomotive ist dann

$$L_v = L_v' + L_v'' = L\left[\frac{V_{max}}{V} x + (1 - x)\right]. \tag{46}$$

x schwankt zwischen 0,35 bis 0,65. Wird x im Mittel zu 0,5 angenommen, dann ist

$$L_v = \frac{L}{2}\left(\frac{V_{max}}{V} + 1\right). \tag{47}$$

Man kann nun das Lokomotivgewicht auf die virtuelle Leistung L_v beziehen und erhält so

$$\lambda_v = \frac{G_l}{L_v} = \frac{2\,G_l}{L} \frac{V}{V_{max} + V}. \tag{48}$$

Aus Gl. (46) geht zunächst hervor, wie sich die virtuelle Leistung mit wachsender Maximalgeschwindigkeit von der effektiven Leistung entfernt. Für den praktisch kaum vorkommenden Fall mit $V_{max} = 2\,V$ ist $L_v = \sim 1{,}5\,L$. Noch deutlicher zeigt Gl. (47), wie mit wachsender Maximalgeschwindigkeit, d. h. mit wachsendem Verhältnis $\frac{V_{max}}{V}$ die Baustoffausnützung der Maschine abnimmt. Gl. (47) bestätigt also vollauf die früheren Ausführungen auf S. 6 bis 9.

Für λ_v ergeben sich an Hand ausgeführter Maschinen etwa folgende Durchschnittswerte

$\lambda_v = \sim 30$ kg bei Drehstromlokomotiven,
$= \sim 40$ kg bei Einphasenlokomotiven,
$= \sim 42$ bis 43 kg bei Gleichstromlokomotiven für 3000 Volt Fahrdrahtspannung.

Allerdings können mit der Kennziffer λ_v auch nur Lokomotiven mit gleichem Triebachsdruck verglichen werden, da nur dann die einfache Aufteilung in L_v' und L_v'' beidseitig zutrifft.

[1]) Schweiz. Bauz. 1921, I, S. 49.

III. Das Fahrdiagramm.

1. Allgemeines.

Die Bewegung eines Zuges zwischen zwei Haltepunkten (Stationen) ist charakterisiert durch den Verlauf der Geschwindigkeit in Funktion der Zeit. Diese aus der Mechanik als Geschwindigkeit/Zeit-Kurve bekannte Abhängigkeit bezeichnet man im Bahnbetrieb als Fahrdiagramm. Dieses ist in der einfachsten idealen Form mit konstanter Beschleunigung und Verzögerung also geradlinig zunehmender bzw. abnehmender Geschwindigkeit ein Trapez gemäß Abb. 20 mit der gesamten Fahrzeit T in Sekunden als Basis, die sich in die Anfahrzeit t_a entsprechend der Beschleunigung auf die Geschwindigkeit V, die Zeit t_v entsprechend der Fahrt mit voller Geschwindigkeit V und die Zeit t_b entsprechend der Geschwindigkeitsverzögerung (Bremsung) bis zum Stillstand teilt. Die Fläche des Trapezes stellt als Integral der Geschwindigkeitskurve über die Zeit T den gesamten Fahrweg L in km dar, der wieder in den durch die Fläche des Dreieckes ODA gegebenen Anfahrweg l_a, den während der Fahrt mit konstanter Geschwindigkeit V zurückgelegten Weg l_v (Rechteckfläche $DABE$) und den Bremsweg l_b (Dreieckfläche EBC) zerfällt. Ist p_a und p_b der konstante Mittelwert der Anfahrbeschleunigung bzw. der Bremsverzögerung in m/s², der sich aus der Neigung der Trapezschenkel OA und CB gegen die Horizontale ergibt, dann ist

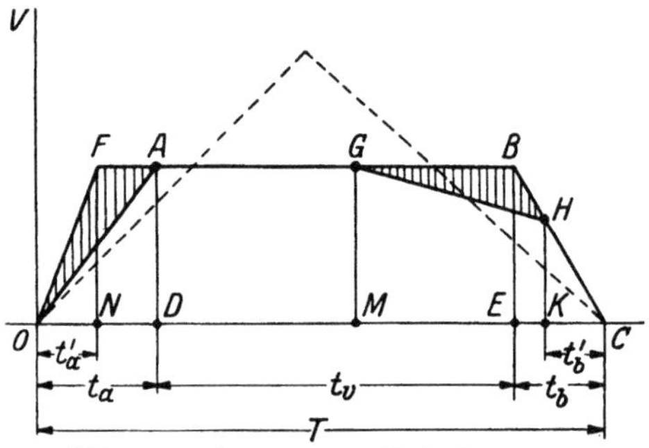

Abb. 20. Allgemeines Fahrdiagramm.

$$T = t_a + t_v + t_b = \frac{V}{3{,}6\,p_a} + \frac{1000\,l_v \cdot 3{,}6}{V} + \frac{V}{3{,}6\,p_b},$$

$$l_v = L - l_a - l_b,$$

$$l_a = \frac{V \cdot t_a}{2 \cdot 3600} = \left(\frac{V}{3{,}6}\right)^2 \frac{1}{2000\,p_a},$$

$$l_b = \frac{V\,t_b}{2 \cdot 3600} = \left(\frac{V}{3{,}6}\right)^2 \frac{1}{2000\,p_b}$$

und damit

$$T = \frac{V}{7{,}2}\left(\frac{1}{p_a} + \frac{1}{p_b}\right) + 3600\,\frac{L}{V}. \tag{49}$$

Der Arbeitsverbrauch während der Fahrt über die Strecke L in T Sekunden läßt sich nun folgendermaßen ermitteln. Für die Beschleunigung der auf eine Tonne des Zuggewichtes bezogenen Masse auf die Geschwindigkeit V während t_a Sekunden ist eine Arbeit aufzuwenden, die sich als Produkt aus der Einheit der Masse, der Beschleunigung und der Weglänge nach früherem in kgm ergibt zu

$$1000\,\xi\,\frac{1000\,p_a}{g}\left(\frac{V}{3{,}6}\right)^2 \frac{1}{2000\,p_a} = \frac{1000\,\xi}{2\,g}\left(\frac{V}{3{,}6}\right)^2$$

und die während der Zeit t_b durch die Bremsung wieder aufgezehrt wird. Elektrische Energie wird also nur während der Fahrt auf den Wegstrecken l_a und l_v verbraucht. Ist w_v der der Geschwindigkeit V entsprechende Traktionskoeffizient, der der Einfachheit halber über den ganzen Anfahrweg als konstant angenommen sei, dann läßt sich die am Radumfang für die Einheit der Transportleistung aufzuwendende Arbeit a in kgm/tkm schreiben

$$a = \frac{\frac{1000\,\xi}{2\,g}\left(\frac{V}{3{,}6}\right)^2 + 1000\,w_v l_a + 1000\,w_v l_v}{L}$$

oder in Wh/tkm

$$a = \frac{g\left[0{,}5\left(\frac{V}{3{,}6}\right)^2\left(\frac{1000\,\xi}{g} - \frac{w_v}{p_b}\right) + 1000\,w_v\,L\right]}{3600\,L}. \tag{50}$$

Ist V, w_v und L gegeben, dann ist der spezifische Arbeitsverbrauch um so größer, je größer die Bremsverzögerung p_b ist. Für $p_b = \frac{g\,w_v}{1000\,\xi}$ wird a ein Minimum, d. h. wenn die verzögernde Kraft im bremsenden Bahnwiderstand w_v allein bestünde oder mit anderen Worten, wenn der

Zug bis zum Stillstand ohne Bremsung auslaufen würde. Wie sich leicht zeigen läßt, ergäbe dies beispielsweise für einen mit 80 km fahrenden Schnellzug einen Auslaufweg von 6 km, die mit einer mittleren Geschwindigkeit von 34,6 km in 624 s durchfahren werden würden. Da eine derartige Fahrzeitverlängerung lediglich auf Kosten des Wattstundenverbrauches fahrdiensttechnisch natürlich nicht in Frage kommn kann, wird man letzteren im praktischen Betrieb dadurch niedriger zu halten suchen, daß man den Zug nur teilweise etwa entsprechend GH auslaufen läßt und erst bei Erreichen der Geschwindigkeit HK mechanisch bremst. Soll die während der Zeit T zurückgelegte Streckenlänge dieselbe sein, dann müssen die von den beiden V-Linien eingeschlossenen Flächen einander gleich oder area OFA = area GBH sein, d. h. die Geschwindigkeitsabnahme während der durch die Strecke MK gegebenen Auslaufzeit muß durch eine kürzere Beschleunigungszeit t'_a, d. h. durch eine größere Beschleunigung d. h. Anfahrzugkraft ausgeglichen werden, vorausgesetzt, daß diese mit Rücksicht auf Adhäsion und Motorstromstärke noch eine Steigerung erfahren darf.

Von wesentlichem Einfluß auf die Größe von a ist wie ersichtlich die Größe der Beharrungsgeschwindigkeit oder umgekehrt die Größe der Anfahrbeschleunigung p_a. Eine bestimmte Strecke kann theoretisch in derselben Zeit mit großer Beharrungsgeschwindigkeit und kleiner Anfahrbeschleunigung oder mit vergleichsweise kleinerer Beharrungsgeschwindigkeit, dafür aber größerer Anfahrbeschleunigung durchfahren werden. Als extreme Fälle würden sich also als Fahrdiagramme ein Dreieck mit $t_v = 0$ und ein flächengleiches Rechteck gleicher Basis mit $t_v = T$ einander gegenüberstehen. Im ersten Fall wird der auf die Überwindung der Bahnwiderstände entfallende Zugkrafts- bzw. Arbeitsaufwand ein Maximum, im zweiten hingegen ein Minimum. Aber auch die von der Beschleunigungskraft geleistete Arbeit, die in der Masse des gesamten Zuges $\frac{G_l + G_z}{g}$ während der Beschleunigungsperiode t_a als kinetische Energie $\frac{1}{2}\frac{G_l + G_z}{g} V^2$ aufgespeichert wird, ist beim dreieckigen Fahrdiagramm am größten, so daß hinsichtlich Arbeitsverbrauch das natürlich nur theoretisch mögliche Fahrdiagramm in Gestalt eines Rechteckes mit $p_a = \infty$ oder allgemein Anfahrt mit sehr hoher Beschleunigung und damit Anfahrzugkraft am günstigsten erscheint. Um diese aber ausüben zu können, ist ein großes Lokomotivgewicht erforderlich. Umgekehrt führt hohe Beharrungsgeschwindigkeit und kleine Anfahrbeschleunigung zu einer leichten Lokomotive, zu deren Eigenbewegung ein vergleichsweise kleinerer Teil der am Radumfang für das ganze Zuggewicht zu entwickelnden Gesamtzugkraft erforderlich ist, und die für die Anhängelast verbleibende Hakenzugkraft ist vergleichsweise größer. Zusammengefaßt bedingt also ein Fahrdiagramm, das sich der Rechteckform nähert, geringsten Arbeitsaufwand für die Anhängelast allein, hingegen hohen Arbeitsaufwand für die Lokomotive selbst, die zur Ausnützung der hohen Anfahrzugkraft entsprechend schwer ausfällt. Das Dreieckfahrdiagramm kann entsprechend der geringen Anfahrbeschleunigung mit einer leichten Lokomotive geringerer Zugkraft bewältigt werden, deren Arbeitsleistung zum größten Teil von der Anhängelast absorbiert wird. Zwischen diesen beiden extremen Fällen gibt es für jede Fahrstrecke und Fahrzeit ein bestimmtes Wertepaar von Beharrungsgeschwindigkeit V und Anfahrbeschleunigung p_a, bei dem die gesamte Arbeitsleistung am Radumfang ein Minimum ist[1]).

Im allgemeinen nun ist es bei Vollbahnen nicht lohnend, den Arbeitsaufwand am Radumfang als Wattstundenverbrauch vorher aus dem Diagramm zu ermitteln, es sei denn, daß es sich zum Zwecke der Tarifbildung um eine genaue Ermittlung der virtuellen Länge, d. h. jenes Koeffizienten handelt, der mit der effektiven Streckenlänge des Längenprofils multipliert die virtuelle (ideelle) Länge ergibt. Während dieser Koeffizient entsprechend älteren Definitionen entweder lediglich von der Größe der Steigung und der Krümmung oder von den Betriebskosten in Abhängigkeit gebracht wird, hat zuerst C. Mutzner[2]) den virtuellen Koeffizienten α als die Verhältniszahl des Wagenzugsgewichtes in der Horizontalen zum Wagenzuggewicht in der Steigung bei den wirklich vorhandenen Geschwindigkeiten definiert. Bei dieser Definition von α wird aber gleichzeitig auch die virtuelle Länge einer gegebenen Strecke mit durchgehend gleicher maßgebender Steigung gleich der Länge einer gedachten horizontalen geraden Bahn, auf welcher sich die Transportkosten pro t gleich hoch stellen würden, wie auf der betrachteten geneigten Linie. Denn da das Zuggewicht in der Horizontalen αmal größer sein kann als in einer bestimmten Steigung, so wären auch in der geneigten Strecke zur Beförderung desselben Zuggewichtes α Fahrten notwendig. Bei Vollbelastung werden sich

[1]) Siehe Dr. P. Müller: E. K. B. 1916, S. 278.
[2]) Die virtuellen Längen der Eisenbahnen. Dissertation E. T. H. Zürich 1914.

daher die Transportkosten pro tkm mit großer Annäherung umgekehrt verhalten wie die beförderten Lasten.

Bei voller Ausnützung des Adhäsionsgewichtes gilt für die Steigung

$$(G_l + G_z)(w_s + s) = \mu G_t. \tag{51}$$

Setzt man wieder $\frac{G_l}{G_t} = \varkappa$ und bezeichnet man mit G_{z_s} die Zuglast auf der Steigung und mit G_{z_h} die Zuglast auf der Horizontalen, dann ist

$$G_{z_s} = G_t\left(\frac{\mu}{w_s + s} - \varkappa\right),$$

$$G_{z_h} = G_t\left(\frac{\mu}{w_h} - \varkappa\right)$$

und damit der virtuelle Koeffizient α nach der Mutznerschen Definition

$$\alpha = \frac{G_{z_h}}{G_{z_s}} = \frac{\left[\frac{\mu}{\varkappa w_h} - 1\right](w_s + s)}{\frac{\mu}{\varkappa} - (w_s + s)}, \tag{52}$$

w_h und w_s sind nach einer und derselben der auf den S. 12 bis 14 gegebenen Formeln für w_1 zu rechnen. Die Trennung in w_h und w_s hat den Zweck, im Bahnwiderstand w die allenfalls kleineren Geschwindigkeiten bei Fahrt auf der Steigung zum Ausdruck zu bringen.

E. Steiner hat die Mutznersche Formel numerisch ausgewertet[1]) und damit Dampfbetrieb und elektrischen Betrieb untereinander verglichen. Ist für Dampflokomotiven $\mu = \frac{1}{7}$, $\varkappa = 2$ und zum Vergleich w_h für Fahrt in der Horizontalen mit 35 km/h nach der von Leitzmann angegebenen Formel (mit aufgerundeten Koeffizienten).

$$w_1 = 1{,}2 + 0{,}02\,V + 0{,}0005\,V^2$$

zu $w_h = 2{,}51$ kg/t berechnet, dann ergibt sich für Dampfbetrieb

$$\alpha_d = \frac{27{,}422\,(w_s + s)}{71{,}428 - (w_s + s)}. \tag{53}$$

Für elektrische Lokomotiven kann $\mu = \frac{1}{7}$ und $\varkappa = 1{,}3$ gesetzt werden. Dann ist unter Voraussetzung gleicher Geschwindigkeiten, d. h. unter anderem auch, daß die horizontale gerade Strecke auch bei elektrischem Betrieb mit 35 km/h durchfahren wird, $w_h = 2{,}51$ kg/t und damit

$$\alpha_{e_1} = \frac{51{,}015\,(w_s + s)}{128{,}205 - (w_s + s)}. \tag{54}$$

Unter Annahme der üblichen gegenüber Dampfbetrieb höheren Geschwindigkeiten des elektrischen Betriebes ergibt sich ($w_h = 2{,}8$)

$$\alpha_{e_2} = \frac{44{,}787\,(w_s + s)}{128{,}205 - (w_s + s)}. \tag{55}$$

In Abb. 21 sind aufeinanderfolgend die Ausdrücke 53, 54, 55 für α_d, α_{e_1}, α_{e_2} nach Steiner[2]) ausgewertet. Die Abnahme der Fahrgeschwindigkeit auf zunehmender Steigung ist dabei mehr oder weniger willkürlich angenommen. Für Dampflokomotiven wird gelegentlich die für Steigungen innerhalb 5‰ und 30‰ geltende Beziehung

$$V = 45 - 5\sqrt{s - 5}$$

angegeben. Die Kurven der virtuellen Koeffizienten (Abb. 21) lassen erkennen, daß schon bei gleicher Geschwindigkeit ($V_{e_1} = V_d$) die virtuellen Längen bei elektrischem Betrieb kleiner sind, und zwar ist der Unterschied zugunsten des elektrischen Betriebs um so bedeutender, je größer die Steigungen sind. Noch kürzere Virtuallängen ergeben sich, wenn beim elektrischen Betrieb mit entsprechend höherer Geschwidigkeit gefahren wird[3]).

---

[1]) Steiner, E.: Die virtuellen Längen bei elektrisch betriebenen Bahnen. Dissertation E.T.H. Zürich 1919.

[2]) a. a. O.

[3]) Dabei sind die Geschwindigkeitswerte entsprechend V_{e_2}, wie sie zur Berechnung von α_{e_2} benutzt wurden, eher zu niedrig gewählt worden. Namentlich der angenommene bedeutende Unterschied in der Geschwindigkeit bei kleinen und großen Steigungen führt weder zu günstigen Lokomotiventwürfen noch entspricht er nach den früheren Ausführungen den heute für zweckmäßig erkannten Betriebsformen des elektrischen Bahnbetriebes.

Abb. 21 lehrt also auch, daß die Transportkosten auf einer bestimmten, in der Steigung gelegenen Bahnstrecke nach der Elektrifizierung sich im Verhältnis $\frac{\alpha_{e_1}}{\alpha_d}$ bzw. $\frac{\alpha_{e_2}}{\alpha_d}$ niedriger stellen, je nachdem die Fahrgeschwindigkeiten beim elektrischen Betrieb gleich oder größer gewählt werden als beim früheren Dampfbetrieb. Oder wieder für gleiche Virtuallänge also gleiche Transportkosten kann eine neu zu bauende Gebirgsbahn in der Linienführung mit größerer Steigung, also geringeren Baukosten angelegt werden, wenn sie von Anfang an für elektrischen Betrieb vorgesehen ist. Dieser kann daher unter Umständen einen kurzen Scheiteltunnel mit langen und steilen Zufahrtsrampen ermöglichen, wo bei Dampfbetrieb der Transportkosten wegen eine Anlage mit langem teueren Basistunnel unvermeidlich gewesen wäre.

Um sich ein Bild über den voraussichtlich totalen Verbrauch an elektrischer Energie bei der Projektierung einer elektrischen Bahn oder der Umstellung eines Netzteiles von Dampfbetrieb auf elektrischen Betrieb zu machen, rechnet man mit durch Messung ermittelten Erfahrungswerten des spezifischen Wattstundenverbrauches, die also alle Verluste in der Übertragungsleitung, den Unterwerken, der Fahrdrahtleitung und den Lokomotiven selbst in sich schließen. Diese Werte mit der bekannten jährlichen Verkehrsleistung in tkm multipliziert, gibt die gesamte von den stromliefernden Kraftwerken zu leistende Arbeitsmenge in Wh bzw kWh.

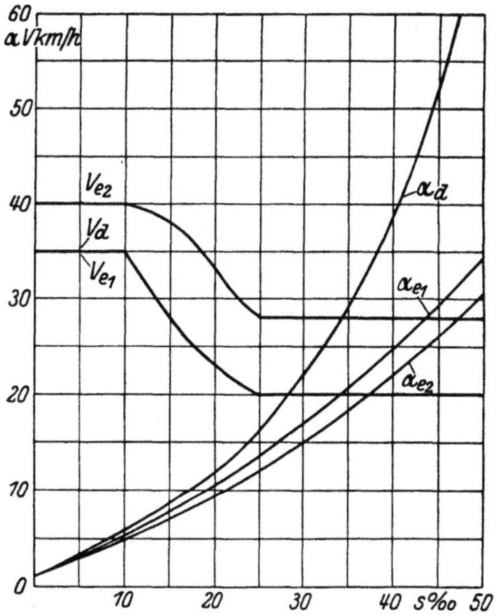

Abb. 21. Werte der virtuellen Koeffizienten α_d, α_{e_1} und α_{e_2} nach Steiner.

2. Anfahrdiagramm.

Mit elektrischen Lokomotiven wird also, wenn irgend angängig, jeweils mit dem mit Rücksicht auf die Adhäsion maximal möglichen Anzugsmoment angefahren. Dieses aber kann infolge der Ausbildung der Steuerapparate über den Anfahrweg nicht in konstanter Stärke, sondern nur stufenweise immer wieder auf den Maximalwert gebracht werden, wobei die Stromstärke stufenweise proportionale Änderungen erfährt. Mit Rücksicht auf die passende Zahl der Stufen und deren richtige Unterteilung, dann zur Beurteilung der Belastung der Triebmotoren ist es daher in vielen Fällen unerläßlich, den Anfahrvorgang für sich in Form eines Anfahrdiagramms zu verfolgen, aus dem dann der Verlauf der Zugkraft, der Geschwindigkeit und der Stromstärke in Funktion der Zeit abgelesen werden kann. Die Aufzeichnung des Anfahrdiagrammes wird beispielsweise unerläßlich, wenn Garantien über die Zeitdauer gemacht werden sollen, innerhalb welcher eine gegebene Zuglast auf eine bestimmte Geschwindigkeit unter Einhaltung einer bestimmten Höchststromstärke beschleunigt werden soll. Die Grundlage für die Entwicklung des Diagrammes bilden die Charakteristiken der Motoren, aus denen die Zugkräfte, Geschwindigkeiten, Stromstärken und gegebenenfalls Wirkungsgrad und Leistungsfaktor entnommen werden.

Grundsätzlich ist das Verfahren der Ableitung des Anfahrdiagrammes aus den Motorcharakteristiken für alle Stromarten wohl das gleiche, doch ergibt die große Verschiedenheit der ersteren einerseits bei Gleichstrom- und Einphasenwechselstrom andererseits bei Drehstrom, dann wieder die Verschiedenheit der Regelung bei Gleichstrom- und Einphasenwechselstrom doch Unterschiede bei der Aufstellung der Anfahrdiagramme, so daß es angemessen scheint, diese für die drei Stromarten gesondert zu behandeln, und zwar zunächst für Einphasenwechselstrom, wo die verlustlose Regelung der Triebmotoren durch stufenweise Änderung der Klemmenspannung gewissermaßen den allgemeinsten Fall darstellt.

a) Anfahrdiagramm für Einphasenlokomotiven[1]).

Abb. 22 zeigt zunächst die Ausgangskurve für die Konstruktion des Anfahrdiagrammes. Kurve A veranschaulicht die Adhäsionsgrenze als empirische Funktion des Adhäsionskoeffizienten μ von der Geschwindigkeit V (siehe Abb. 19). Die Widerstandskurve $W = f(V)$ stellt

[1]) Siehe A. E. Müller: BBC.-Mitt. 1923, S. 108.

den gesamten Bahnwiderstand in Funktion der Geschwindigkeit, berechnet nach einer der früher. (S. 12 bis 14) gegebenen Formeln zuzüglich der etwa vorhandenen Steigung s des Anfahrweges Der Verlauf der während der Anfahrperiode für die Beschleunigung der gesamten Zugmasse verfügbaren Zugkraft Z_b ergibt sich in Funktion der Geschwindigkeit als Differenz zwischen den als gegeben zu betrachtenden auf den Radumfang bezogenen Zugkraftgeschwindigkeitskurven $Z_M = f(V)$ der Motoren und der Widerstandskurve $W = f(V)$.

Die so gewonnene $Z_b = f(V)$-Kurve stellt nun in einem anderen Maßstab als $p = f(V)$-Kurve den Verlauf der Beschleunigung während der Anfahrt dar. Im Augenblick, wo der von den Motoren entwickelten Gesamtzugkraft Z_M vom Bahnwiderstand W das Gleichgewicht gehalten wird [Schnittpunkt S der Kurven $Z_M = f(V)$ und $W = f(V)$] tritt der Beharrungszustand ein, d. h. die beschleunigende Kraft Z_b und damit die Beschleunigung p werden Null und der Zug bewegt sich bei unveränderten Bahnverhältnissen mit der nach erfolgter Anfahrt erreichten Endgeschwindigkeit gleichförmig weiter.

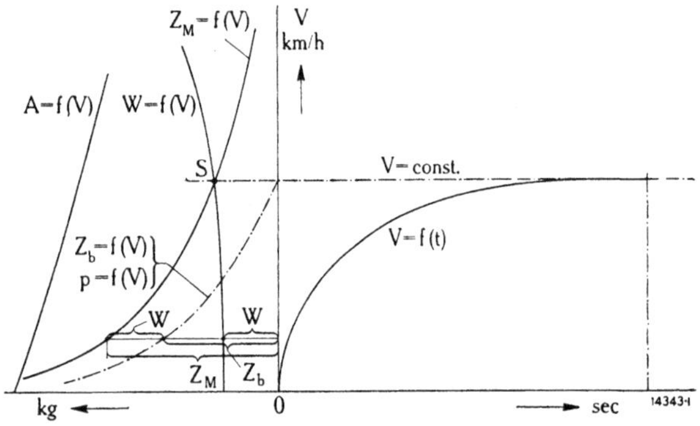

Abb. 22. Ausgangskurven für die Konstruktion des Anfahrdiagrammes.

Kurve $A = f(V)$ = Adhäsions-Grenzlinie (gemäß Abb. 19.)

Der Verlauf der Geschwindigkeit während der Anfahrt, d. h. die Geschwindigkeits-Zeit Kurve $V = f(t)$ wird nun auf folgende Weise aus der $Z_b = f(V)$ oder $p = f(V)$-Kurve durch graphische Integration ermittelt.

Aus $p = \frac{dV}{dt}$ ergibt sich

$$dt = \frac{dV}{p} \tag{56}$$

und daher

$$t = \int_0^V \frac{dV}{p}. \tag{57}$$

Man teilt nun die V-Ordinatenachse (Abb. 23) in n gleiche Teile ΔV_1, ΔV_2, ΔV_3 usw., zieht durch die Endpunkte dieser Teile zur Abszissenachse parallele Linien, die die von der $p = f(V)$-Kurve, der V-Ordinatenachse und der nach links verlängerten Abszissenachse eingeschlossene Fläche in einzelne Zonen unterteilt. Wählt man die V-Intervalle genügend klein, so können diese Zonen mit hinreichender Annäherung als Trapeze aufgefaßt werden oder mit anderen Worten der Mittelwert p_m der Beschleunigung kann während der Geschwindigkeitsänderung ΔV als konstant $= \frac{p' + p''}{2}$ angenommen und obige Differentialgleichung kann als Differenzengleichung

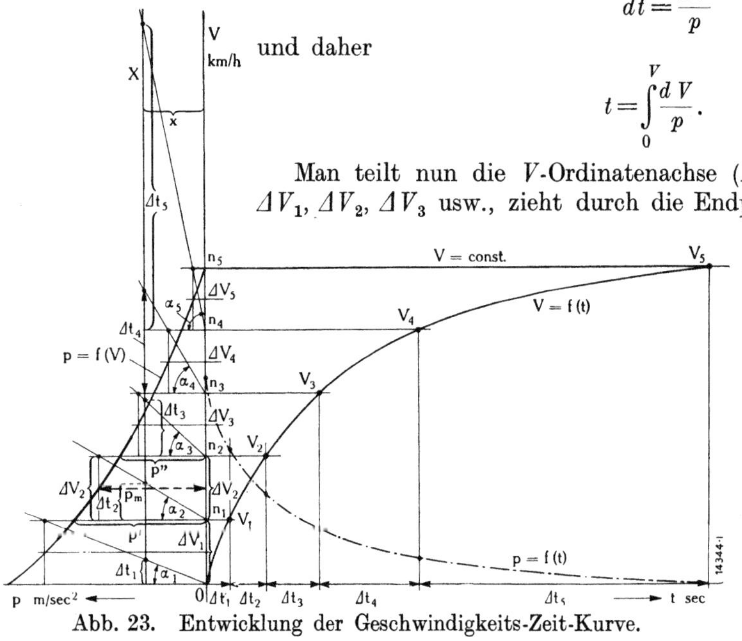

Abb. 23. Entwicklung der Geschwindigkeits-Zeit-Kurve.

Kurve $p = f(V)$ = verfügbare Beschleunigung. Kurve $p = f(t)$ = Verlauf der Beschleunigung in Funktion der Zeit. Kurve $V = f(t)$ = Geschwindigkeits-Zeit-Kurve.

Maßstab von $p = \frac{\text{Kraftmaßstab}}{\text{Masse}}$

$$\Delta t = \frac{\Delta V}{p_m} \tag{58}$$

geschrieben werden.

$\frac{\Delta V}{p_m}$ ist aber (Abb. 23) nichts anders als die Tangente des Neigungswinkels α der Diagonalen der über ΔV mit den jeweiligen Werten von p_m als Höhen errichteten Rechtecke. Diese Diagonalen schneiden auf einer zur Ordinatenachse im Abstand x parallelen Geraden X Strecken ab, die der Tangente der jeweiligen Winkel α und damit den gesuchten Zeitintervallen $\varDelta t$ proportional sind. Man kann nun die Größe des Abstandes x leicht so wählen, daß die Abschnitte auf der Geraden X der Größe nach unmittelbar die Zeitintervalle $\varDelta t$ in Sekunden angeben. Bedeutet im Zugkraftmaßstab 1 cm $= a$ kg, im Geschwindigkeitsmaßstab 1 cm $= b$ km/h, im Längenmaßstab 1 cm $= e$ m und im Beschleunigungsmaßstab 1 cm $= d = \frac{a}{\xi M}$ m/s² und soll im Zeitmaßstab 1 cm $= c$ sec betragen, dann muß der Abstand

$$x = \frac{b M \xi}{3{,}6\, c a} \text{ cm} \tag{59}$$

betragen, wenn

$$M = \frac{G_l + G_z}{g}$$

die Masse des gesamten Zugsgewichtes bedeutet.

Reiht man nun (Abb. 23) die auf diese Weise ermittelten Zeitabschnitte $\varDelta t_1$, $\varDelta t_2$, $\varDelta t_3 \ldots$ auf der nach rechts verlängerten Abszissenachse aneinander an, dann bestimmen die Koordinatenpaare $(\varDelta t_1, \varDelta V_1)$, $(\varDelta t_1 + \varDelta t_2, \varDelta V_1 + \varDelta V_2)$, $(\varDelta t_1 + \varDelta t_2 + \varDelta t_3, \varDelta V_1 + \varDelta V_2 + \varDelta V_3) \ldots$ usw. die Punkte V_1, V_2, $V_3 \ldots$ usw. der gesuchten Geschwindigkeits-Zeit-Kurve $V = f(t)$. Da die $Z_b = f(V)$-Kurve im Maßstab $\frac{1}{M \cdot \xi}$ gemessen gleichzeitig die für jeden Geschwindigkeitswert auftretende Beschleunigung darstellt, so läßt sich die Beschleunigungs-Zeit-Kurve $p = f(t)$ nunmehr leicht in der Weise konstruieren, daß man zu den gefundenen Zeitintervallen $\varDelta t_1$, $\varDelta t_2$, $\varDelta t_3 \ldots$ usw. aus der $p = f(V)$-Kurve die zugehörigen Werte der Beschleunigung p abgreift.

Die Weg-Zeit-Kurve

$$L = f(t) = \int_0^{t_a} V\, dt \tag{60}$$

wird durch graphische Integration der $V = f(t)$-Kurve gewonnen. Zur Ausführung derselben überträgt man die $V = f(t)$-Kurve mit den Zeitintervallen $\varDelta t_1$, $\varDelta t_2$, $\varDelta t_3 \ldots$ usw. aus Abb. 23 in ein neues Koordinatensystem (Abb. 24)[1]) und projiziert die Endpunkte der zu den Zeitintervallen $\varDelta t_1$, $\varDelta t_2$, $\varDelta t_3 \ldots$ gehörigen mittleren Geschwindigkeiten V_{m_1}, V_{m_2}, $V_{m_3} \ldots$ usw. auf eine im Abstand y zur Ordinatenachse parallele Gerade Y. Man kann nun wieder die allgemeine Gleichung $V = \frac{dL}{dt}$ als Differenzengleichung in der Form

$$\frac{\varDelta L}{\varDelta t} = V_m = \operatorname{tg} \beta \tag{61}$$

schreiben. Die den einzelnen Zeitintervallen $\varDelta t_1$, $\varDelta t_2$, $\varDelta t_3 \ldots$ usw. entsprechenden Winkel β_1, β_2, $\beta_3 \ldots$ ergeben sich dann dadurch, daß man die Endpunkte der auf Y projizierten Strecken V_{m_1}, V_{m_2}, $V_{m_3} \ldots$ usw. mit dem Ursprung verbindet. Mit Hilfe der Winkel β_1, β_2, $\beta_3 \ldots$ ergeben sich weiter die gesuchten Wegstrecken $\varDelta L_1$, $\varDelta L_2$, $\varDelta L_3 \ldots$ usw. aus der allgemeinen Beziehung

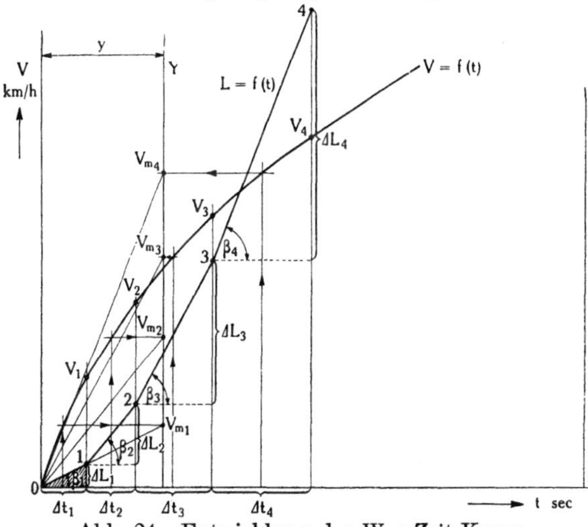

Abb. 24. Entwicklung der Weg-Zeit-Kurve.

$$\varDelta L = y \cdot \varDelta t \cdot \operatorname{tg} \beta. \tag{62}$$

$\varDelta L_1$ ergibt sich, wenn man im Endpunkt der Strecke $\varDelta t_1$ eine Normale errichtet und diese mit dem unter dem Winkel β_1 gezogenen Strahl zum Schnitt bringt. Zieht man von dem auf diese Weise erhaltenen Schnittpunkt *1* eine Gerade unter dem Winkel β_2 und bringt diese mit dem im Endpunkt von $\varDelta t_2$ errichteten Lot zum Schnitt, so ergibt sich der Punkt *2* und das Wegstück $\varDelta L_2$. Dieses Verfahren fortgesetzt liefert die gesuchte Weg-Zeit-Kurve $L = f(t)$ als Verbindungslinie der Punkte *1*, *2*, *3* .... usw. Damit der Weg im gewünschten Maßstab

[1]) Abb. 24 ist der Deutlichkeit halber in etwas größerem Maßstab gezeichnet als Abb. 23.

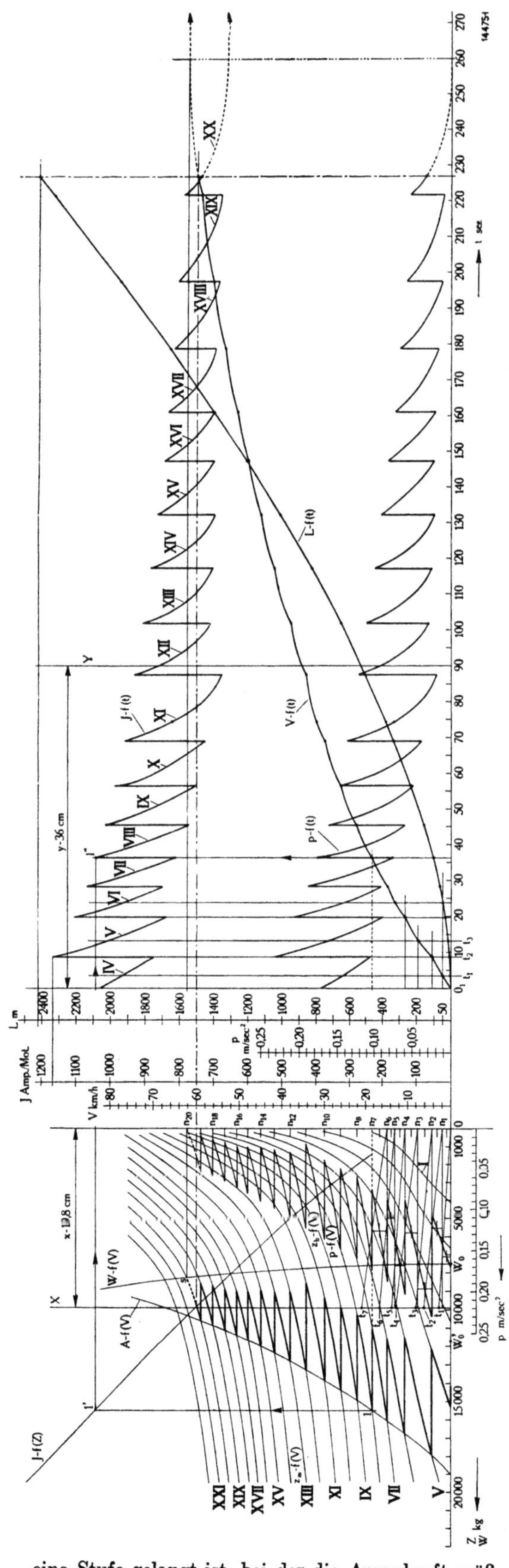

Abb. 25. Anfahrdiagramm für einen Schnellzug von 106 t auf einer Steigung von $16^0/_{00}$.

Abszissen: Zugkräfte und Widerstandskräfte auf den Radumfang bezogen in kg.
Beschleunigung in m/sec².
Zeit in sec.

Ordinaten: Fahrgeschwindigkeit in km/h.
Beschleunigung in m/sec².
Stromstärke pro Triebmotor in A.
Anfahrweg in m.

Gegeben:	
Treibgewicht der Lokomotive	76 t
Laufachsbelastung der Lokomotive	30 t
Dienstgewicht der Lokomotive	106 t
Anhängegewicht	300 t
Totales Zuggewicht	406 t

Gegeben: Totale Zugmasse . . . . . $M = 41400\ \text{m}^{-1}\ \text{kgsec}^2$
Für die Beschleunigung in Betracht kommende Zugmasse $M\xi = 44760\ \text{m}^{-1}\ \text{kgsec}^2$

Maßstäbe: Zugkräfte . . . . . 1 cm = a = 500 kg
Geschwindigkeiten . . . . . 1 cm = b = 2 km/h
Zeit . . . . . 1 cm = c = 2,5 sec
Weg . . . . . 1 cm = e = 50 m
Strom . . . . . 1 cm = 25 A.

Abstand $x = \frac{b \cdot M \cdot \xi}{c \cdot a \cdot 3{,}6} = 19{,}8\ \text{cm}$

Abstand $y = \frac{e \cdot 3{,}6}{b \cdot c} = 36{,}0\ \text{cm}$

Durch die Diagramm-Konstruktion gefunden: Kurven $V = f(t)$; $p = f(t)$.
Kurven $J = f(t)$; $L = f(t)$.

Bei $V_e = 60$ km/h Anfahr-Endgeschwindigkeit beträgt:
Anfahrzeit = 227 sec.
Anfahrweg = 2420 m.

Die mittlere Beschleunigung während der Anfahrt beträgt: $\frac{60}{3{,}6 \cdot 227} = 0{,}074\ \text{m/sec}^2$.

Bei 62,2 km/h tritt bei gleichbleibenden Bahnverhältnissen stationäre Zugbewegung ein.

1 cm = e m erscheint, muß die Gerade Y im Abstand

$$y = \frac{3{,}6\ e}{b \cdot c}\ \text{cm} \quad (63)$$

errichtet werden.

In Abb. 25 ist schließlich ein Gesamtdiagramm für einen konkreten Fall entwickelt, und zwar handelt es sich wieder um eine Anhängezuglast von 300 t, die wieder von unserer 106 t schweren Lokomotive (siehe S. 19), deren Adhäsionsgewicht 76 t beträgt, auf einer Steigung von $16^0/_{00}$ in möglichst kurzer Zeit auf die Endgeschwindigkeit von 60 km/h gebracht werden soll. Gegeben sind die den einzelnen 22 Transformatoranzapfungen (Spannungsstufen) entsprechenden, auf den Radumfang umgerechneten Motorcharakteristiken $Z_m = f(V)$, die Kurve der Adhäsionsgrenze $A = f(V)$ gleichfalls unmittelbar als Zugkraftgrenzkurve auf den Radumfang bezogen, die Kurve der Stromstärke J in Funktion der Zugkraft Z und die Widerstandskurve $W = f(V)$, die die Steigung $s = 16^0/_{00}$ bereits berücksichtigt.

Der Verlauf der Anfahrzugkraft ist entsprechend der Stufenregulierung ein treppenförmiger. Da der Übergang von einer Stufe zur nächsten sich praktisch ohne Geschwindigkeitsverlust vollzieht, kann auch der Übergang im Diagramm von einer Zugkraftkurve zur nächsten durch parallele Linien zur Abszissenachse dargestellt werden.

Ist es mit Rücksicht auf die Erwärmung der Triebmotoren zulässig, diese bei Anfahrt bis zur Adhäsionsgrenze zu belasten, so wird das Diagramm in der Weise aufgestellt, daß alle Zugkraftspitzen auf der Adhäsionsgrenzlinie liegen. Sonst bildet eine, bei dem der maximal zulässigen Stromstärke entsprechenden Zugkraftwert errichtete Parallele zur Ordinatenachse den geometrischen Ort der Zugkraftspitzen während der Anfahrt.

Sobald der Führer durch sukzessives Schalten auf eine Stufe gelangt ist, bei der die Anzugkraft größer ist als OW_0', so wird sich der Zug in Bewegung setzen.

Denn aus den auf S. 14 angeführten Gründen ist im Stillstand mit einem wesentlich höheren Traktionskoeffizienten $O\,W_0'$ zu rechnen als sich nach der Kurve $W = f(V)$ ergeben würde.

Die $Z_b = f(V)$- bzw. $p = f(V)$-Kurve der Abb. 22 ergibt sich hier also als treppenförmiger Linienzug. Die von diesem, der Widerstandskurve $W = f(V)$ und der Abszissenachse eingeschlossene Fläche ist nun nach dem im Zusammenhang mit Abb. 23 grundsätzlich erläuterten Verfahren sektionsweise zu integrieren, wodurch sich die Kurve $V = f(t)$ und der Linienzug $p = f(t)$ ergeben. Erstere wieder nach dem bei Abb. 24 erläuterten Verfahren graphisch integriert, ergibt die Weg-Zeit-Kurve $L = f(t)$.

Für die Diagrammkonstanten ergaben sich folgende Werte. Die Gesamtzugmasse

$$M = \frac{G_l + G_z}{g} = \frac{106 + 300}{9{,}81} = 41\,400 \text{ m}^{-1}\text{ kg s}^2,$$

ξ sei nach Gl. (35) zu 1,081 ermittelt. Da nun 1 cm $= a =$ 500 kg, 1 cm $= b =$ 2 km/h, 1 cm $= c =$ 2,5 sec und 1 cm $= e =$ 50 m angenommen wurde, ergibt sich als Maßstab der Beschleunigungskurve

$$1 \text{ cm} = \frac{a}{M\,\xi} = \frac{500}{1{,}081 \cdot 41\,400} = 0{,}0111 \text{ m/s}^2.$$

Für die Abstände x und y ergibt sich

$$x = \frac{b\,M\,\xi}{3{,}6\,c\,a} = \frac{2 \cdot 41\,400 \cdot 1{,}08}{3{,}6 \cdot 2{,}5 \cdot 500} = 19{,}8 \text{ cm},$$

$$y = \frac{3{,}6\,e}{b\,c} = \frac{50 \cdot 3{,}6}{2 \cdot 2{,}5} = 36 \text{ cm}.$$

Aus den diagrammatisch entwickelten Kurven ergibt sich die minimale Anfahrzeit t_a für die Beschleunigung der Gesamtzuglast von 300 + 106 = 406 t auf V_e = 60 km/h in ca. 227 sec und der zugehörige minimale Anfahrweg zu ca. 2420 m. Die mittlere Anfahrbeschleunigung ist somit $\frac{V_e}{t} = \frac{60}{3{,}6 \cdot 227} = 0{,}074$ m/s² und die je Motor während der Anfahrt maximal auftretende Stromspitze = ca. 1168 A.

b) Anfahrdiagramm für Gleichstromlokomotiven.

Die Entwicklung des Anfahrdiagrammes erfolgt in ähnlicher Weise wie bei Einphasenlokomotiven. Der grundsätzliche Unterschied ist eigentlich nur der, daß im allgemeinen nur

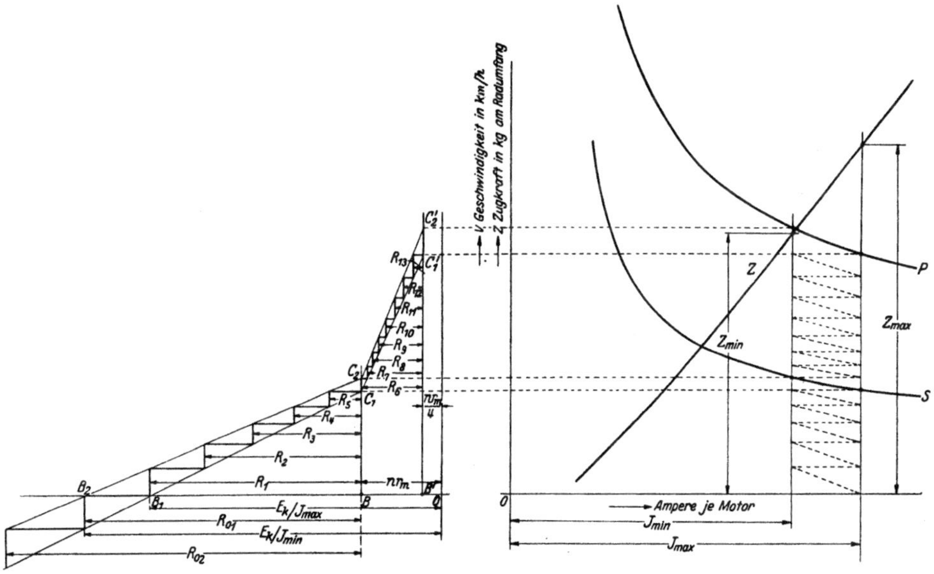

Abb. 26.

die den einzelnen Gruppenschaltungen der Motoren entsprechenden Drehzahlkurven in Abhängigkeit der Zugkraft vorliegen, aus denen die den Zwischenstellungen mit vorgeschaltetem Widerstand zugeordneten Drehzahlkurven erst abgeleitet werden müssen.

Die Berechnung dieser Zwischenkurven, die im wesentlichen auf die Bestimmung der Widerstandsstufen, d. h. auf die Unterteilung des gesamten Vorschaltwiderstandes hinauskommt, erfolgt am einfachsten auf graphischem Wege. Ist die Zahl der Motoren allgemein so groß (beispielsweise 6), daß drei Motorgruppierungen (Serie, Serie-Parallel, Parallel) möglich sind, so liegen auch drei Drehzahlkurven vor, die bei der angenommenen Lokomotivausrüstung mit 6 Motoren auf einen Motor bezogen für $^1/_6$, $^1/_3$ und $^1/_2$ der Fahrdrahtspannung gelten. In der Serieschaltung aller Motoren (erste Motorgruppierung) ergibt sich der totale Vorschaltwider-

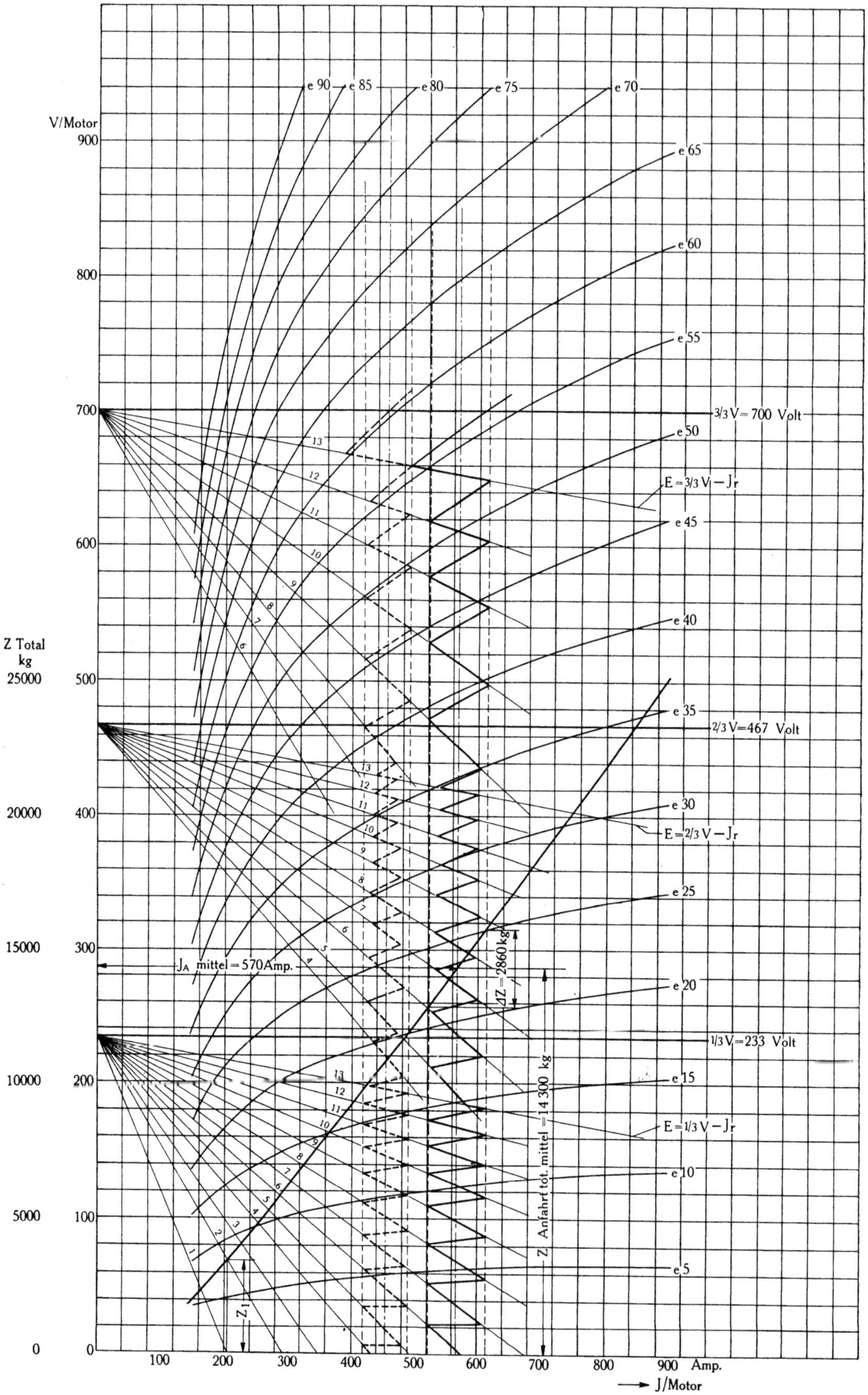

Abb. 27. Bestimmung der Stufen des Anfahrwiderstandes für eine Gleichstromlokomotive, ausgerüstet mit 4 Motoren à 233 kW Dauerleistung bei 655 Uml./min., Klemmenspannung ½ × 1400 Volt.

stand R_1 aus der Bedingung, daß der beim Einschalten entstehende Strom J_{max} eine Zugkraft Z_{max} am Radumfang erzeugt, die zum Beschleunigen des Zuges von bekanntem Höchstgewicht sicher ausreicht (siehe Gl. 36), d. h. es ist

$$J_{max} = \frac{E_k}{R_1 + n r_m} \qquad (64)$$

und

$$R_1 = \frac{E_k}{J_{max}} - n r_m, \qquad (65)$$

wenn E_k die Fahrdrahtspannung, r_m den Eigenwiderstand eines Motors und n allgemein die Zahl der Motoren bedeutet. Die Zahl der Widerstandsstufen ist bedingt durch die Forderung, daß die beim stufenweisen Abschalten auftretenden Strom- und damit Zugkraftschwankungen nicht zu groß ausfallen. Die letzteren können wieder an der $Z = f(J)$-Kurve unmittelbar abgelesen werden, sofern nur außer J_{max} auch J_{min} bekannt ist. Je größer die Zahl der Stufen ist, desto kleiner ist der Unterschied zwischen J_{max} und J_{min} bzw. Z_{max} und Z_{min}. Man wird daher die Zahl der Stufen so groß zu machen suchen, als dies aus konstruktiven Gründen mit Rücksicht auf die Schaltapparatur möglich ist. Es wird also in den meisten Fällen zunächst die maximal mögliche

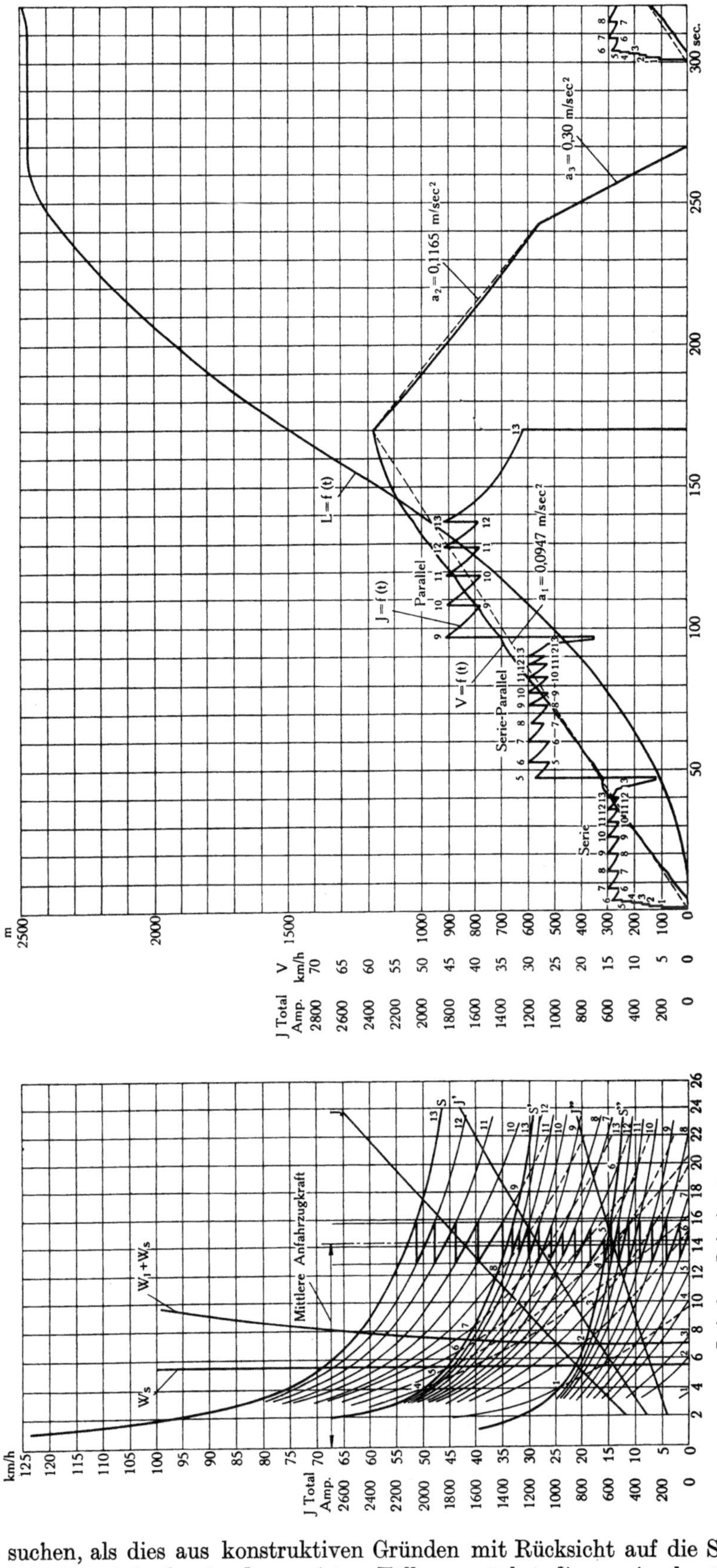

Abb. 28. Links: Kennlinien einer Gleichstromlokomotive ausgerüstet mit 4 Motoren à 233 kW Dauerleistung bei 655 Uml./min., Klemmenspannung ½ × 1400 Volt. Rechts: Anfahrdiagramm für diese Lokomotive mit einen Zug von 555 t Gesamtgewicht auf 10 °/₀₀ Steigung.

Stufenzahl bekannt sein, aus der die Stufengröße und daraus $J_{\min}$ auf folgende Weise bestimmt werden.

Man trägt (Abb. 26) links von den Motorcharakteristiken also im zweiten Quadranten vom Ursprung O ab zunächst $n r_m = OB$ und $R_1 = \frac{E_k}{J_{\max}} - n r_m = BB_1$ auf und verbindet B_1 mit C_1. BC_1 ist der zu $J_{\max}$ gehörige Wert der Geschwindigkeit V in km/h. Dann wählt man die Zahl der Schaltstufen und eine beliebige Stromstärke $J_{\min}$, wodurch die Punkte B_2 und C_2 bestimmt sind und probiert nun unter Änderung von $J_{\min}$ und demzufolge der Geraden B_2C_2 so lange, bis die Zahl der Schaltstufen erreicht ist, d. h. bis die Zickzacklinie, die unmittelbar die Unterteilung des Vorschaltwiderstandes R_1 angibt, im Punkte C_1 endet. Im rechten Quadranten können dann die den Vorschaltstufen entsprechenden Geschwindigkeitszunahmen unmittelbar eingetragen werden. In ganz gleicher Weise erfolgt die Ermittlung der Widerstandsstufen für die übrigen Motorgruppierungen, wie dies in Abb. 26 für Parallelschaltung der Motoren angedeutet ist.

Im allgemeinen wird bei Lokomotiven der totale Vorschaltwiderstand wesentlich größer als R_1 etwa zu R_{0_1} oder R_{0_2} oder noch größer gewählt und dann noch mehrfach unterteilt, um die Geschwindigkeit auch bei Leerfahrt der Lokomotive genügend feinstufig regeln zu können.

Bei der Berechnung der den verschiedenen Widerstandsstufen entsprechenden Drehzahlkurven geht man am einfachsten von angenommenen Werten der Stromstärke aus, berechnet den Ohmschen Abfall JR im Vorschaltwiderstand, wodurch sich die hier längs einer und derselben Stufe variable Klemmenspannung und nach Abzug des Ohmschen Abfalles die EMK E_a ergibt. Aus dieser wird dann die Motordrehzahl u aus der bekannten Beziehung

$$u = E_a \frac{60 \cdot 10^3}{Z \cdot \Phi} \frac{a}{p} \tag{66}$$

berechnet, in der Z die Zahl der totalen auf $2a$ parallele Kreise verteilten Ankerleiter, $2p$ die Polzahl und Φ den Kraftfluß bedeutet. Die Abhängigkeit des letzteren von der Stromstärke J, also von der Belastung, die dem feldverzerrenden, d. h. auch feldschwächenden Einfluß der Anker-AW (Ankerrückwirkung) Rechnung trägt, sei durch Messung oder Rechnung bekannt[1]).

Das angegebene Verfahren der Bestimmung der Anfahrwiderstände ist insofern mühsam, als es oft nur nach langem Hin- und Herprobieren möglich ist, die Treppenlinie im Punkte C_1 einmünden zu lassen und damit den Übergang von einer Motorgruppierung zur nächsten stetig zu gestalten. Für den praktischen Gebrauch bequemer ist das folgende Verfahren, das gleich an einem konkreten Fall erläutert werden möge.

Gegeben sei eine Lokomotive mit 6 Motoren à 235 kW Dauerleistung bei 615 Uml./min, die in der ersten Gruppierung zu 6 in Reihe, in der zweiten Gruppierung in 2 parallelen Gruppen zu je 3 in Reihe und in der dritten Gruppierung in 3 parallelen Gruppen zu je 2 in Reihe an die Fahrdrahtspannung von 1400 Volt angeschaltet werden. Die charakteristischen Kurven der genannten Lokomotivausrüstung seien durch die $J = f(Z)$-Kurven und die $V = f(Z)$-Kurven in Abb. 28 links gegeben. Der Ohmsche Widerstand r_m eines Motors sei bei 50° Übertemperatur 0,082 Ohm.

Zur Bestimmung der Vorschaltwiderstände wird zunächst die Kurve der EMKe auf die Geschwindigkeit $V = 1$ km bezogen und hieraus eine Kurvenschar e für verschiedene Geschwindigkeiten entwickelt. Die Ausrechnung erfolgt zunächst tabellarisch in den folgenden 2 Tabellen:

J je Motor	V km/h	Z tot. in kg	$E_k - J \cdot r_m = 700 - J \cdot 0{,}082$	Bezogen auf 1 km/h $e = \frac{E_k - J \cdot r_m}{V}$ $e = \frac{700 - J \cdot 0{,}082}{V}$
200	82,5	3260	683,6	8,3
300	66,8	6100	675,4	10,2
400	60,2	19050	667,2	11,05
500	55,1	12200	659,0	11,95
600	52,1	15350	650,8	12,48
700	49,5	18500	642,6	12,98
800	47,5	22000	634,4	13,35
900	46,1	25200	626,2	13,57

[1]) Siehe Dr. K. Sachs: Eine einfache Methode zur Vorausberechnung der Tourenkurve bei Gleichstromreihenschlußmaschinen (Bahn- und Kranmotoren). E. u. M. 1919, S. 233.

Werte für e für verschiedene Geschwindigkeiten:

J je Motor	V km/h Fahrgeschwindigkeit														
	1	5	10	15	20	25	30	35	40	45	50	55	60	65	70
200	8,3	41,5	83	124,5	166	207	249	290,5	332	373	415	456	498	539	581
300	10,2	10,1	10 2	153	204	255	306	357	408	459	510	561	612	663	714
400	11,05	55,25	110,5	165,8	221	276,2	331,5	386,7	442	497	552,5	608	663	719	773,5
500	11,95	59,75	119,5	179,2	239	298,7	358,5	418,2	478	538	587,5	658	717	778	836,5
600	12,48	62,40	124,8	187,2	249,6	312	374,4	436,8	499,2	561	624	686	748,8	811	873,6
700	12,98	64,90	129,8	194,7	259,6	324,5	389,4	454,3	519,2	584	649	714	778,8	844	908,6
800	13,35	66,75	133,5	200,2	267	333,7	400,5	467,2	534	601	667,5	735	801	868	934,5
900	13,57	67,85	135,7	203,5	271,4	339,2	407,1	474,9	542,8	611	678,5	747	814,2	882	949,9

dann wird der Verlauf von e in Funktion des Stromes je Motor für verschiedene Geschwindigkeiten graphisch dargestellt (Abb. 27).

Für sechs in Reihe geschaltete Motoren gilt:

$$E_k - e = J\,(R + 6\,r_m)$$

und bezogen auf einen Motor:

$$\frac{E_k}{6} - \frac{e}{6} = \frac{J\,R}{6} + J\,r_m$$

oder

$$\frac{E_k}{6} = \frac{J\,R}{6} + J\,r_m + \frac{e}{6}.$$

In Abb. 27 ist zunächst $\frac{E_k}{6} = 233$ Volt und die $J \cdot r_m$-Kurve (z. B. $100 \cdot 0{,}082 = 8{,}2$ Volt) eingetragen. Vom gleichen Pol O werden nun die $\frac{J\,R}{6}$-Strahlen entsprechend der gewählten Zahl von Stufen innerhalb der ersten Motorgruppierung gezogen. Die Abstände der Strahlen voneinander werden durch Verschieben derselben bestimmt, bis sich für die Anfahrt auf der maximalen Steigung (hier $10\,^0/_{00}$) mit dem ganzen Zuggewicht (555 Tonnen) möglichst gleichmäßige Anfahrspitzen ergeben. Aus den Werten, die sich hierbei für $\frac{J\,R}{6}$ ergeben, wird R für die verschiedenen Stufen berechnet, z. B. ist bei 600 A und Stufe 11:

$$\frac{J R_{11}}{6} = 22{,}5 \text{ Volt und daher } R_{11} = \frac{6 \cdot 22{,}5}{600} = 0{,}225 \text{ Ohm}.$$

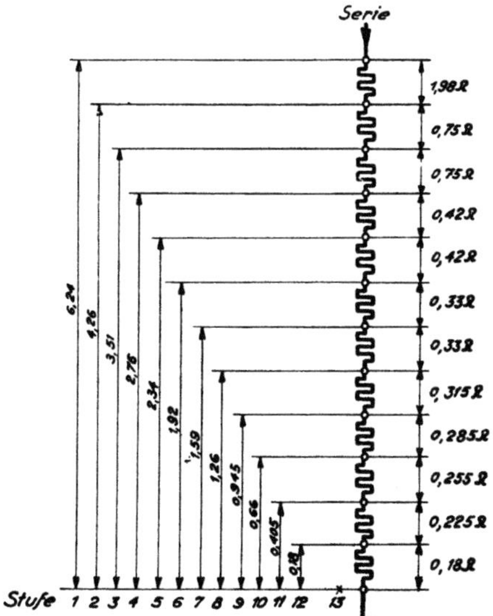

Abb. 29. Stufung des Anfahrwiderstandes bei 6 in Reihe geschalteten Motoren der zu Abb. 27 und 28 gehörigen Lokomotive.

Die Werte der Widerstandsabstufung, wie sie sich bei 6 in Reihe geschalteten Motoren aus diesen Ablesungen ergeben, sind in Abb. 29 eingetragen.

Sind die 6 Motoren in 2 parallelen Gruppen zu je 3 in Reihe geschaltet, dann gilt die Beziehung:

$$E_k - e = 2\,J\,R + 3\,J\,r_m$$

oder

$$\frac{E_k}{3} = \frac{2\,J\,R}{3} + J\,r_m + \frac{e}{3}.$$

In Abb. 27 wird wieder zunächst $J\,R_m$ bei $\frac{E_k}{3} = 467$ Volt und die $J\,r_m$-Kurve eingetragen. Vom gleichen Pol O' werden wieder die $\frac{2\,J\,R}{3}$-Strahlen entsprechend der gewählten Zahl von Stufen in dieser Gruppierung gezogen und in dieser Lage so lange verschoben, bis sich auch wieder gleichmäßige Zugkraft- und Stromspitzen ergeben. Aus den aus dem Diagramm abzulesenden Werten von $\frac{2\,J\,R}{3}$ kann nunmehr R berechnet werden.

Analog verfährt man bei der Bestimmung von R für die dritte Gruppierung. Es gilt die Beziehung

$$E_k - e = 3\,J\,R + 2\,J\,r_m$$

oder

$$\frac{E_k}{2} = \frac{3\,J\,R}{2} + J\,r_m + \frac{e}{2}.$$

Die Werte der Widerstandsabstufung, wie sie sich für die zweite und dritte Motorgruppierung auf diese Weise ergeben, sind in Abb. 30 eingetragen.

In Abb. 27 rechts ist mit der ermittelten Widerstandsabstufung noch das Anfahrdiagramm aufgezeichnet worden, und zwar für die Beschleunigung eines gesamten Zuggewichtes von 555 t auf einer Steigung von $10\,^0/_{00}$. Die Entwicklung des Diagrammes erfolgt in ganz gleicher Weise wie bei der Einphasenlokomotive (siehe Abb. 22 bis 25) und bedarf keiner weiteren Erklärung.

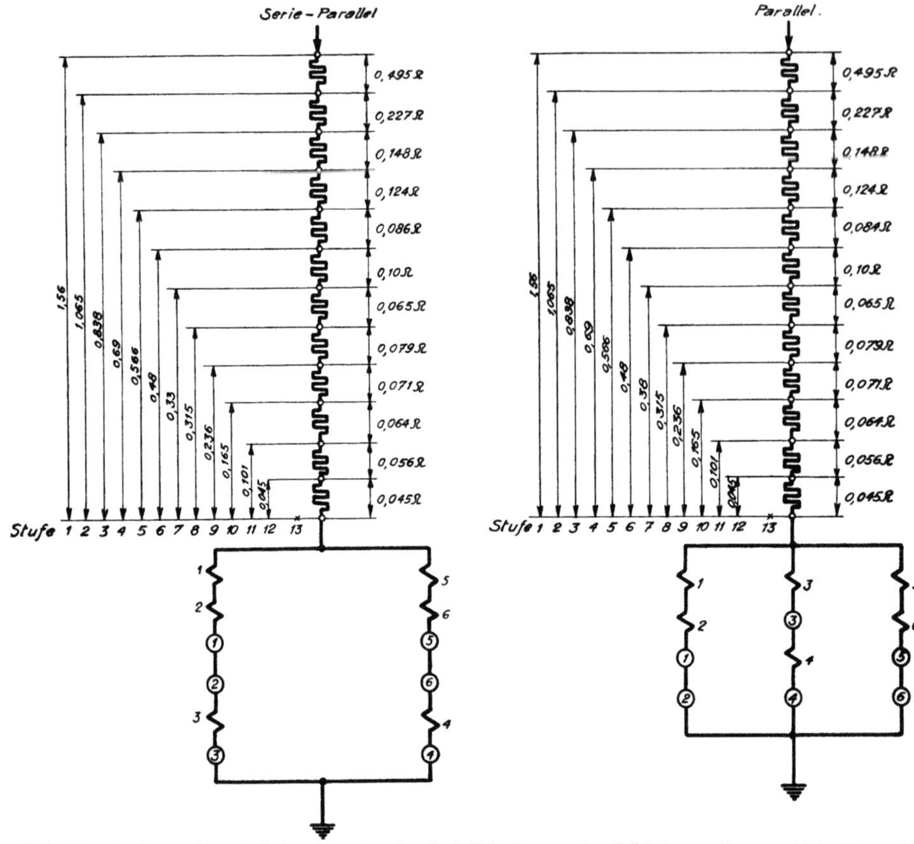

Abb. 30. Stufung des Anfahrwiderstandes bei Schaltung der 6 Motoren der zu Abb. 27 und 28 gehörigen Lokomotive in zwei und drei parallele Gruppen.

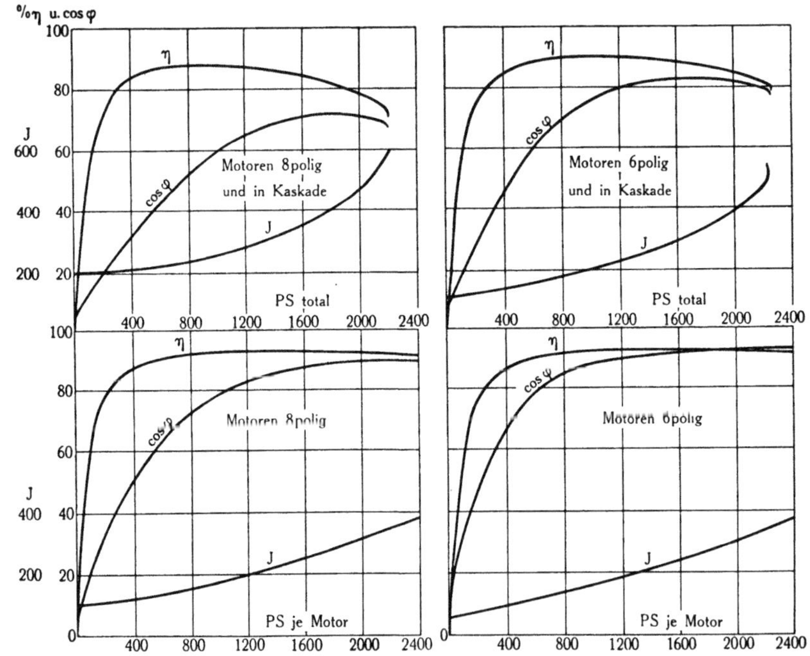

Abb. 31. Kennlinien der Motoren der 2 C 2-Lokomotive (Gruppe E 331) der FF. SS.

c) Anfahrdiagramm für Drehstrom- und Phasenumformerlokomotiven.

Die Entwicklungen sind wieder sinngemäß dieselben wie beim Anfahrdiagramm für Einphasenlokomotiven.

Die Motorkennlinien mögen hier etwa in der Form der Abb. 31 und 32 vorliegen, und zwar für eine Lokomotive mit zwei Motoren[1]), die auf 8 und 6 Pole umschaltbar sind und überdies in jeder Polzahl in Kaskade geschaltet werden können. In anderem Maßstab und unter Vertauschung der Koordinaten veranschaulichen die Kennlinien der Abb. 32 unmittelbar die Abhängigkeit

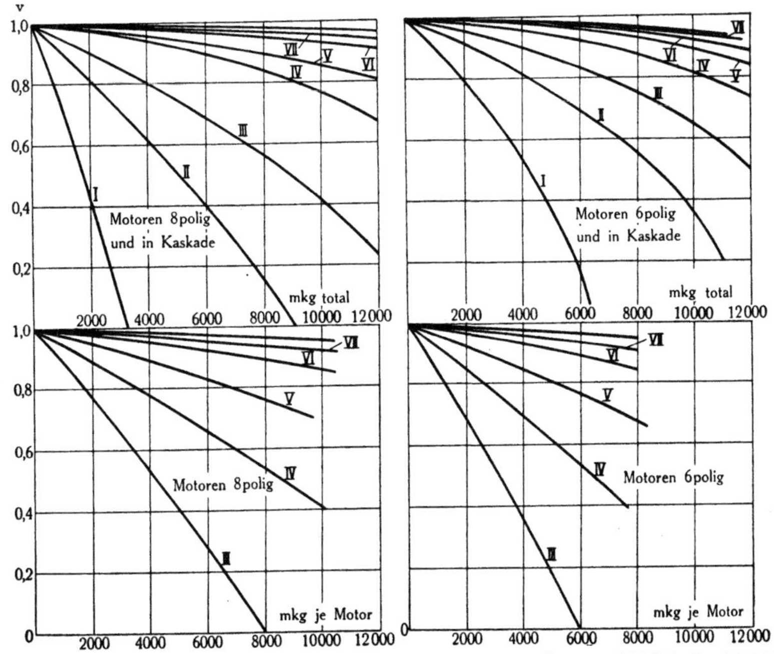

Abb. 32. Kennlinien der Motoren der 2 C 2-Lokomotive (Gruppe E 331) der FF. SS.

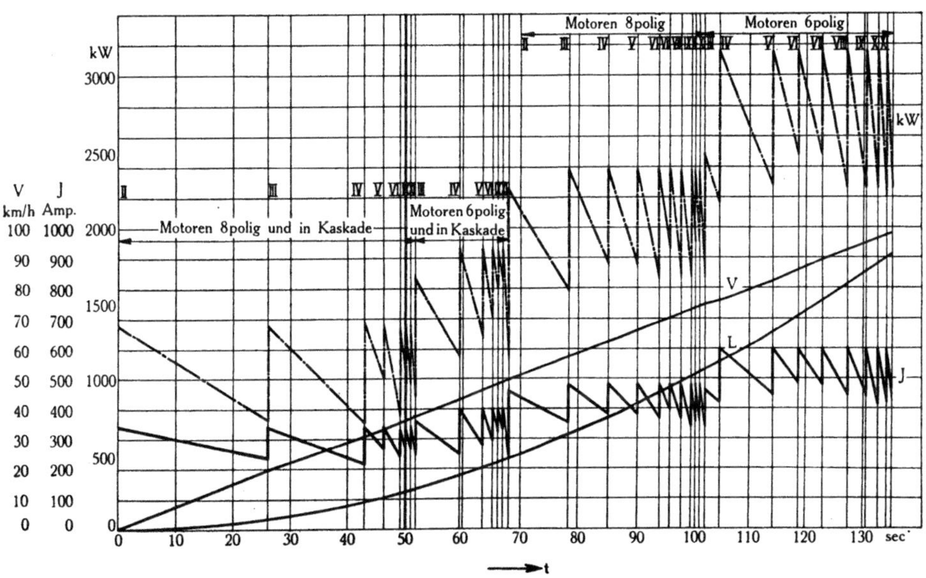

Abb. 33. Anfahrdiagramm der 2 C 2-Lokomotive (Gruppe E 331) der FF. SS.
(Beschleunigung einer Anhängelast von 185 t auf einer Steigung von 3,5 ‰.)

der Zugkraft am Radumfang von der Geschwindigkeit also die Ausgangskurven $Z_M = f(V)$, die um die Ordinaten der Widerstandskurve $W = f(V)$ vermindert vier Kurvenscharen $Z_b = f(V)$ ergeben, die wieder den Verlauf der während der Anfahrperiode für die Beschleunigung der gesamten Zugmasse verfügbaren Zugkraft Z_b oder die Beschleunigung p in Funktion der Geschwindigkeit V darstellen.

[1]) 2 C 2-Lokomotive (Gruppe E 331) der FF. SS (R. T. F. I. 1916, II, S. 213; BBC-Mitt. 1918, S. 87 ff.).

Die Geschwindigkeits-Zeitkurve $V = f(t)$ setzt sich nun aus einzelnen Stücken zusammen, die in der früher erläuterten Weise durch graphische Integration der $p = f(V)$-Kurven gewonnen werden und die einerseits den vier aufeinanderfolgenden Schaltungen der Motoren entsprechen, andererseits innerhalb jeder der vier Schaltungen den einzelnen Stufen des Anlaßwiderstandes zugeordnet sind, deren Zahl und Größe zuerst nach einem der bekannten Verfahren[1]) unter Zugrundelegung zweier Stromgrenzen festgelegt wurden. Auf diese Art wurde die $V = f(t)$-Kurve in Abb. 33 entwickelt, aus der sich wieder durch graphische Integration die $L = f(t)$-Kurve ergibt.

Dem Diagramm Abb. 33 liegt die Annahme zugrunde, daß eine Zuglast von 185 t von der Lokomotive[2]) von 85 t Dienstgewicht auf einer Steigung von 3,5‰ bis zu einer Geschwindigkeit von 100 km/h beschleunigt werden soll, die in 135 sec nach dem Diagramm erreicht wird. In diesem ist ferner der Verlauf der Stromstärke und der aufgenommenen Leistung durch Übertragung der bezüglichen Werte aus Abb. 31 zum Ausdruck gebracht, die der Einfachheit halber geradlinig verbunden wurden.

---

[1]) Siehe L. Baumgardt: ETZ 1893, S. 713 und J. Goerges: ETZ 1894, S. 644.

[2]) Siehe Fußnote [1]) auf S. 35.

Zweiter Abschnitt.

Der mechanische Teil (Wagenteil).

Einleitung.

Elektrische Lokomotiven bestehen aus dem mechanischen Teil oder Wagenteil und dem elektrischen Teil oder der elektrischen Ausrüstung. Dem später je nach Stromart besonders zu behandelnden elektrischen Teil fällt in seiner Gesamtheit die Aufgabe zu, die dem Fahrzeuge mit Hilfe des Fahrdrahtes zugeführte elektrische Energie in mechanische Energie umzusetzen, der mechanische Teil hingegen hat einerseits die elektrische Ausrüstung aufzunehmen, d. h. zu tragen, and[erseits gehören zum mechanischen Teil die Organe, die das Drehmoment] der Loko-
motivmoto[r] ... riebwerk
bezeichnet ... les in den
Lokomoti ... st von den
Rädern od ... unmittel-
bar gegeben ... ßlich aller
Einrichtung ... ie Signal-
pfeifen un ...
Rahmen ... sbildungs-
arten die verschiedenen Formen des Gesamtaufbaues oder im weiteren Sinne auch die verschiedenen Lokomotivtypen aus.

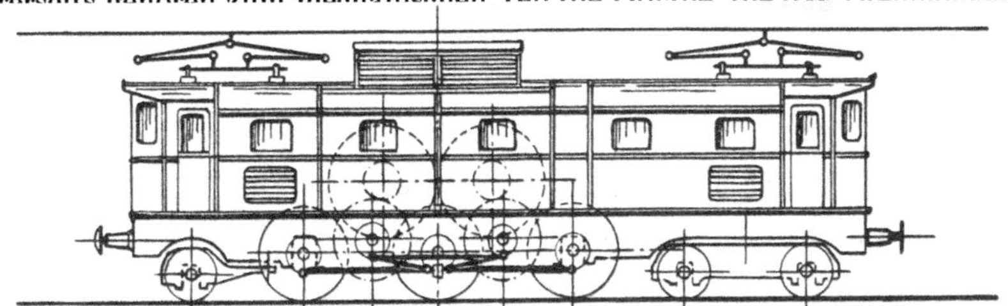

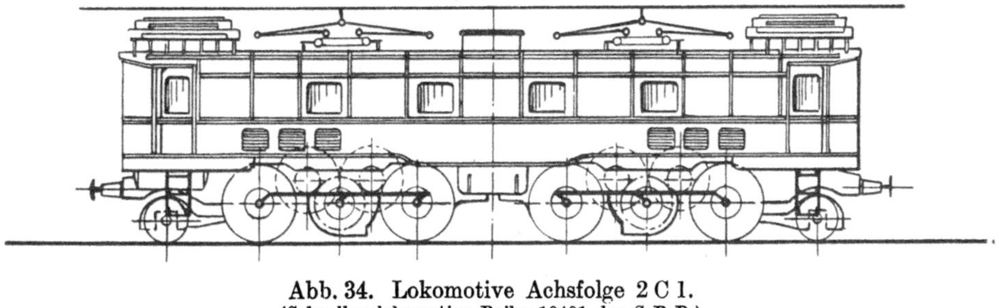

Abb. 34. Lokomotive Achsfolge 2 C 1.
(Schnellzuglokomotive Reihe 10401 der S. B. B.)

Abb. 35. Lokomotive Achsfolge 1 B—B 1.
(Schnellzuglokomotive Reihe 12302 der S. B. B.)

Am sinnfälligsten unterscheiden sich die Lokomotiven durch die Radanordnung oder Achsfolge, d. h. durch die Zahl der Trieb- und Laufachsen und deren Gruppierung zueinander die auch in einfachster Weise die Lokomotiven zu bezeichnen gestattet.

Auf dem Kontinent wird die Zahl der Triebachsen mit den großen lateinischen Buchstaben *A*, *B*, *C*, *D*, *E* entsprechend deren Stellung im Alphabet bezeichnet und daneben die Zahl der Laufachsen in arabischen Zahlen dazugesetzt. Beispielsweise wäre eine Maschine gemäß Abb. 34

mit drei Triebachsen und einerseits zwei, andererseits einer Laufachse als 2 *C* 1-Lokomotive zu benennen. Die Bezeichnung gestattet auch die gruppenweise Zusammenfassung von Trieb- und

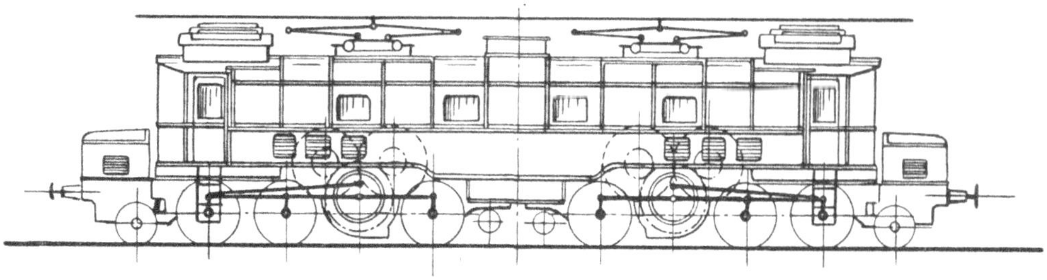

Abb. 36. Lokomotive Achsfolge 1 C—C 1.
(Güterzuglokomotive Nr. 14201 der S.B B.)

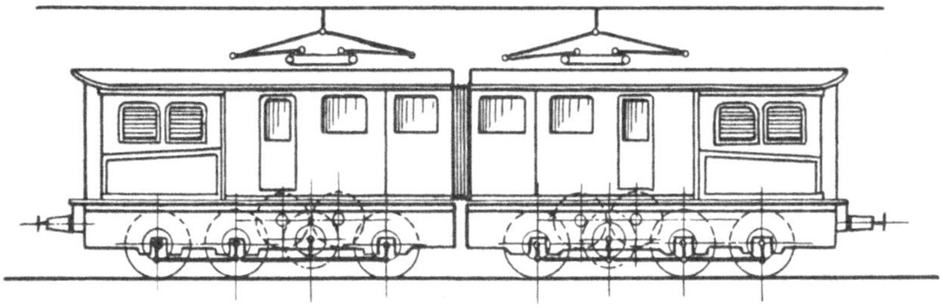

Abb. 37. Lokomotive Achsfolge C + C.
(Güterzuglokomotive Reihe E 9051 der D. R. G.)

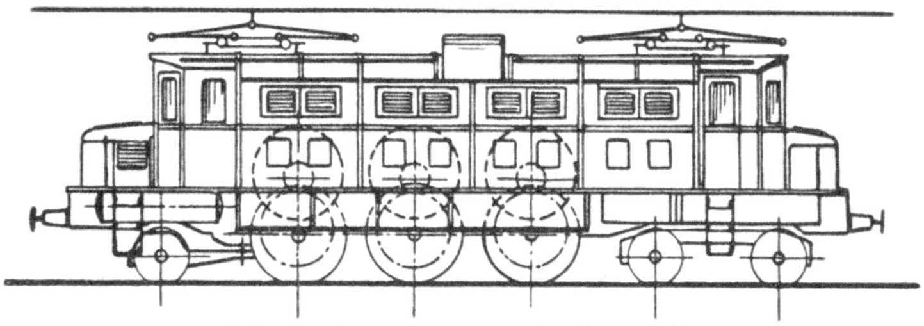

Abb. 38. Lokomotive Achsfolge 2 $C_0$1.
(Schnellzuglokomotive Reihe 10601 der S.B.B.)

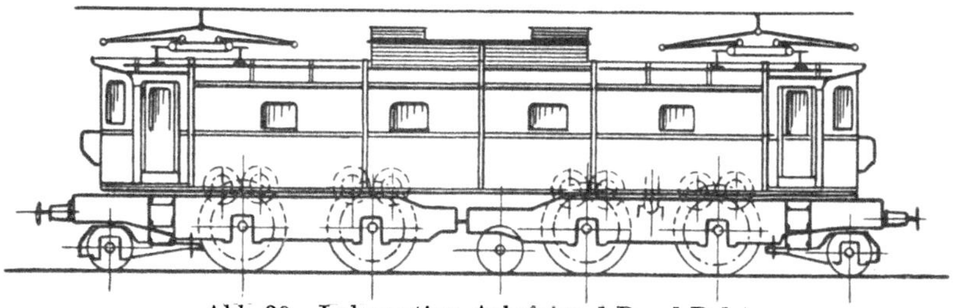

Abb. 39. Lokomotive Achsfolge 1 B_0—1 $B_0$1.
(Schnellzuglokomotive Reihe 12501 der S. B. B.)

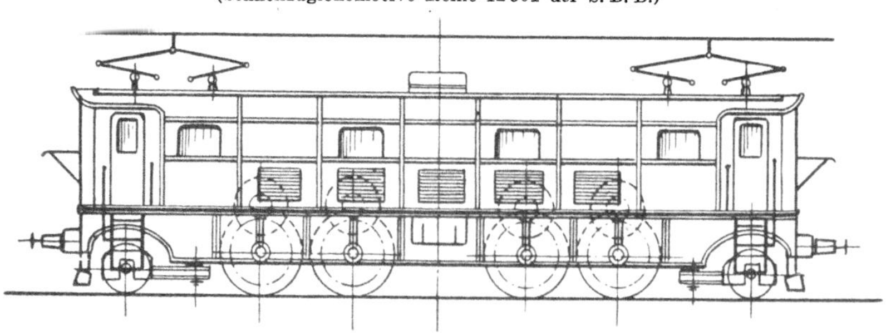

Abb. 40. Lokomotive Achsfolge 1 $D_0$1.
(Schnellzuglokomotive Reihe E 1601 der D. R. G.)

Laufachsen zu Drehgestellen (s. u.) in einfacher Weise zum Ausdruck zu bringen. So ist die Achsfolge einer Lokomotive gemäß Abb. 35 mit 1 B—B 1, jener nach Abb. 36 mit 1 C—C 1 zu bezeichnen. Der Bindestrich soll die Verbindung der beiden Drehgestelle mittels Kurzkupplung andeuten. Erstreckt sich die Zweiteilung auch auf den Lokomotivkasten, besteht also die Lokomotive aus zwei unter Umständen selbständig fahrenden Hälften, dann kann der Bindestrich durch ein Pluszeichen ersetzt werden und es entsteht für eine Lokomotive gemäß Abb. 37 die Bezeichnung $C + C$.

Für 2, 3, 4 usw. einzeln angetriebene Achsen schreibt man neuerdings B_0, C_0, D_0 usw., um die unpraktische und für die Aussprache unbequeme Aneinanderreihung vieler A zu vermeiden. Die Achsfolge der Maschine gemäß Abb. 38 wird daher mit 2 C_0 1, jene nach Abb. 39 mit 1 B_0 — 1 B_0 1 und jene nach Abb. 40 mit 1 D_0 1 bezeichnet.

Die englische und amerikanische Praxis macht in der Bezeichnung keinen Unterschied zwischen Trieb- und Laufachsen und verwendet für beide arabische Zahlen, die auf die Räder nicht die Achsen bezogen werden. Eine Lokomotive mit der Achsfolge 1 B—B 1 nach kontinentaler Bezeichnung (Abb. 35) würde beispielsweise in Amerika mit 2-4-0—0-4-2 zu bezeichnen sein. Eine Verwechslung zwischen Trieb- und Laufrädern ist ziemlich ausgeschlossen, da das Fehlen der letzteren immer durch Beisetzen der Null angedeutet wird.

Bei der alten kontinentalen Bezeichnung wird die Achszahl in Form eines Bruches ausgedrückt, dessen Zähler die Triebachszahl und dessen Nenner die gesamte Achszahl bedeutet. Obwohl die Bezeichnung die eigentliche Achsfolge unberücksichtigt läßt, ist sie wegen ihrer Kürze vielfach noch in Gebrauch namentlich bei Bahnverwaltungen, die wie die S. B. B. neben

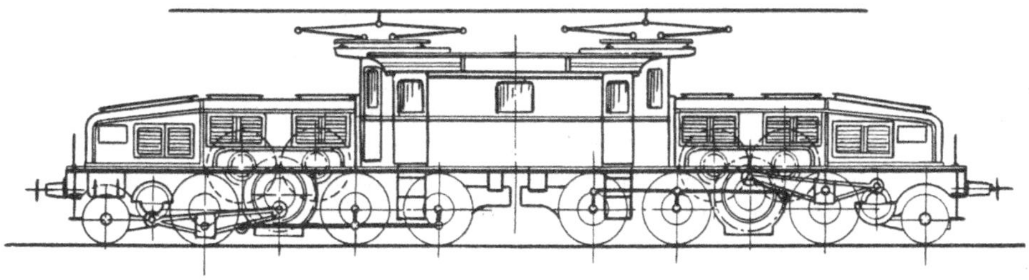

Abb. 41. Lokomotive Achsfolge 1 C—C 1.
(Güterzuglokomotive Reihe 14251 der S.B.B.)

elektrischen Lokomotiven auch noch Dampflokomotiven im Dienst haben. Nachstehend sind einige Maschinen der S. B. B. in der alten und neuen Bezeichnung nebeneinander angeführt:

Reihe Nr.	Alte Bezeichnung	Neue Bezeichnung
10601	*Ae* 3/6	2 C_0 1
12302	*Be* 4/6	1 B—B 1
14251	*Ce* 6/8	1 C—C 1
12501	*Be* 4/7	1 B_0—1 B_0 1
15301	*Ee* 6/6	C—C

Der Buchstabe *e* unmittelbar links vom Bruch kennzeichnet das Fahrzeug als elektrische Lokomotive, während mit dem großen Buchstaben die Höchstgeschwindigkeit nach folgender Staffelung zum Ausdruck gelangt:

Bezeichnung *A* für Lokomotiven mit V_{max} . . . . $\geqq$ 75 km/h,
„ *B* „ „ „ „ . . . . 70 bis 75 km/h,
„ *C* „ „ „ „ . . . . 60 bis 65 km/h,
„ *D* „ „ „ „ . . . . 45 bis 55 km/h,
„ *E* „ „ für Nebenlinien und Verschubdienst,
„ *G* „ Schmalspurlokomotiven für Adhäsionsbetrieb.

Hinsichtlich Rahmen- und Kastenaufbau sind als Grundformen zu unterscheiden, Maschinen mit durchgehendem Rahmen und damit stets einteiligem Kasten (Abb. 34), die auch zu den sogenannten Gliederlokomotiven vereinigt werden können (Abb. 37) und die Drehgestellokomotiven. Bei diesen wird der eigentliche einteilige Kasten von einer besonderen Rahmenbrücke getragen, die sich mittels der Drehzapfen auf die Rahmen der Drehgestelle abstützt (Abb. 35). Die verkürzte Bauart des eigentlichen Lokomotivkastens führt dabei entweder zur sogenannten Bügeleisenform (Abb. 41) oder zur Bauart nach Abb. 42, je nachdem die von den Drehgestellrahmen getragenen kastenartigen Aufbauten unter der Höhe des zentralen Kastens bleiben oder diese erreichen.

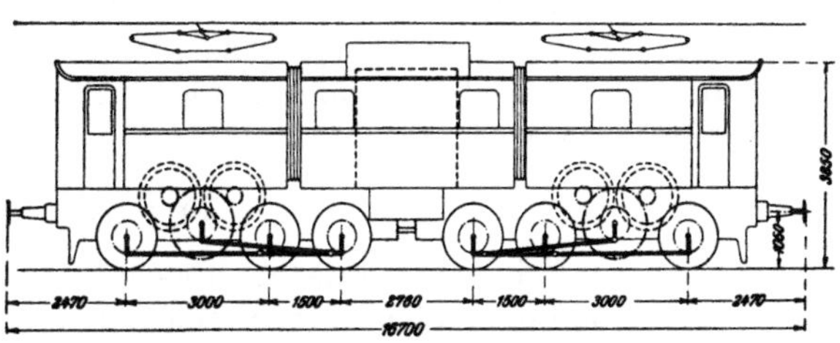

Abb. 42. Lokomotive Achsfolge C—C.
(Güterzuglokomotive Reihe E 9101 und E 9181 der D.R.G.)

I. Rahmen.

Unabhängig von der Bauart der Lokomotive mit einteiligem Kasten oder als Drehgestellfahrzeug besteht der Lokomotivrahmen als Träger der Lokomotivräder und des Triebwerkes aus zwei parallelen Längsträgern, die durch eine Anzahl Querverbindungen gegeneinander versteift und an den Enden gewissermaßen als Abschluß durch die die Zug- und Stoßorgane (Kupplung und Puffer) tragenden Endbalken miteinander verbunden sind. Je nachdem ob die Rahmenlängsträger innerhalb oder außerhalb der Räder angeordnet sind, unterscheidet man zwischen den Lokomotivbauarten mit Innen- oder Außenrahmen. Eine weitere Unterscheidung ergibt sich durch die Ausführung als Blech- oder Barrenrahmen. Schließlich ist bei Drehgestellokomotiven zu unterscheiden zwischen dem Drehgestellrahmen und dem Brückenrahmen.

a) Blechrahmen.

Dieser bildet bei elektrischen Lokomotiven in Europa die häufigste Rahmenbauart. Die Längsträger bestehen dabei aus flußeisernen Platten von 18 bis 30 mm, seltener bis zu 35 mm Dicke und sind, wie Abb. 43 zeigt, unter Zuhilfenahme von Winkeleisen miteinander vernietet. Zur Aufnahme der Achslager erhalten die Längsträger geeignete Ausschnitte, Achsgabeln genannt, von solchem Ausmaß, daß die Achskisten (s. u.) mit den Achslagerführungen nach oben und unten ein Spiel von 40 bis 60 mm besitzen. Verbleibt über diesen Ausschnitten noch eine volle Rahmenhöhe von wenigstens 400 mm, dann wird die Widerstandsfähigkeit der Rahmenbleche im allgemeinen noch ausreichen. Den schwächenden Einfluß der Lagerausschnitte sucht man übrigens durch aufgenietete Versteifungsplatten mit gedrehten kalt eingetriebenen Nieten, dann aber dadurch teilweise wieder auszugleichen, daß man die Ausschnitte durch die sogenannten Achsgabelstege abschließt, die häufig als Widerlager für den Achslagerstellkeil dienen (siehe Abb. 52).

Die Versteifungsquerträger sind häufig kastenförmig ausgebildet und bestehen aus Blechen von 8 bis 10 mm Stärke, die durch Winkeleisen untereinander und mit den Längsträgern verbunden sind, diesen aber immerhin die Möglichkeit lassen müssen, elastische Formänderungen auf nicht zu kurze Strecke ausführen zu können, wenn Rahmenbrüche sicher vermieden werden sollen.

Bei der Ausführung als Außenrahmen ist der größere Lagerabstand von Vorteil, der im allgemeinen ruhigeren Lauf des Fahrzeuges bedingt. Außerdem ist die Zugänglichkeit der Achslager eine bessere. Diesen Vorteilen stehen jedoch eine ganze Reihe von Nachteilen gegenüber. Zunächst sind die Versteifungsquerträger schwieriger anzubringen und die Herstellung und Instandhaltung des ganzen Rahmens ist teuerer. Bei gekuppelten Triebachsen sind besondere Kurbeln auf den Rädern nötig, die vor den Lagern sitzen und damit deren Zugänglichkeit wieder beeinträchtigen. Der Außenrahmen sollte daher einerseits auf Schmalspurlokomotiven, andererseits auf Lokomotiven mit Einzelachsantrieb beschränkt bleiben. Bei ersteren gestattet er den beengenden Einfluß der Spurweite auf die Einbauverhältnisse der Motoren innerhalb gewisser Grenzen auszuschalten, bei letzteren wieder fehlen die Kurbeln und die hin- und hergehende, den Rahmen ungünstig beanspruchende Bewegung der Kuppelstangen, so daß das Fehlen einer reichlichen Querversteifung weniger von Bedeutung ist. Einzelne Einzelachsantriebe wie der Achsmotor in Tramaufhängung (siehe S. 100) sowie der sogenannte „quilldrive"-Antrieb (siehe S. 103) sind aus einbautechnischen Gründen sozusagen an den Außenrahmen gebunden. Ein Vorteil des Außenrahmens besteht noch in einem gewissen besseren Schutz der innenliegenden Räder und ferner darin, daß die Pufferachsen infolge der größeren Entfernung der Rahmenlängsträger mehr mit diesen zusammenfallen und diese infolgedessen den Pufferdruck auszuhalten haben. Die oben angeführten Nachteile des Außenrahmen treten bei Ausführung als

b) Barrenrahmen

weniger in Erscheinung. Derselbe besteht aus zusammengeschweißten und -geschraubten Barren aus Stahlformguß oder Schweißeisen oder auch aus Panzerplatten. Gegenüber dem Blechrahmen besteht der Vorteil der leichteren Zugänglichkeit und Übersichtlichkeit aller Teile, sowie der leichteren Montage infolge der allseitigen Bearbeitung und der infolge der größeren Steifigkeit des Barrenrahmens nur in geringerer Zahl vorhandenen Querverstrebungen. Diese Vorteile müssen erkauft werden durch die teuere Herstellung bedingt durch die allseitige Bearbeitung.

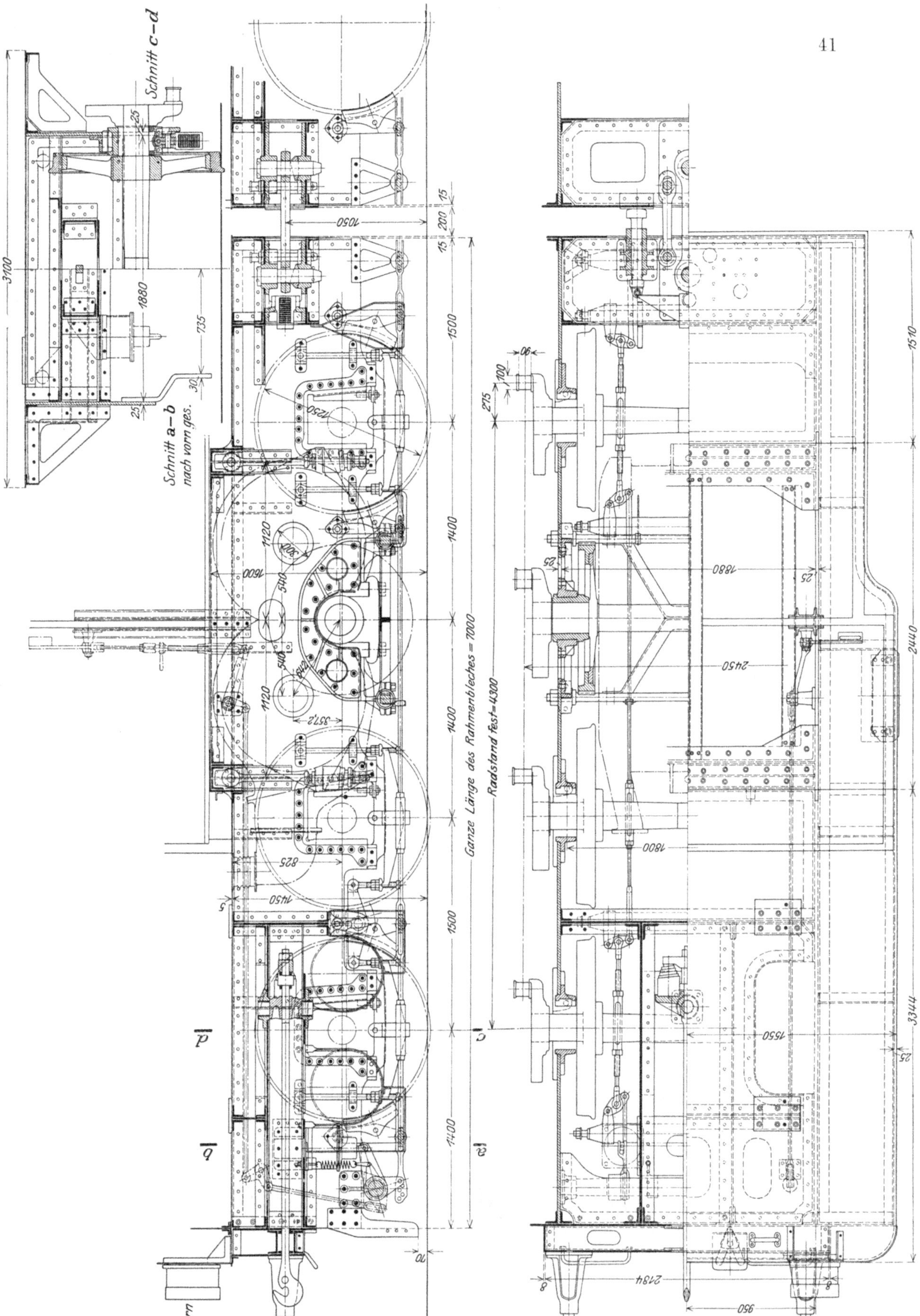

Abb. 43. Außenrahmen der C + C Güterzuglokomotive (Reihe E 9051) der D.R.G.
(A.G. Brown, Boveri & Cie).

Eine neuere europäische Form eines Barrenrahmens zeigt Abb. 44[1]), bestehend aus einem durchgehenden Obergurt und unterbrochenem Untergurt mit senkrechten Verbindungsstegen. In jedem der durch die Gurte und Verbindungsstege gebildeten Felder sind Doppeldiagonalen angeordnet, wodurch sowohl bei eingelegten als auch herausgenommenen Achsgabelstegen ein vollkommen tragfähiger Gitterträger geschaffen wurde. Obergurt und Untergurt vereinigen sich gegen die Fahrzeugenden zu einem Stück, an das beidseitig der hier aus einem U-förmig gebogenen Blech bestehende Pufferträger mittels Winkeleisen angeschraubt wird.

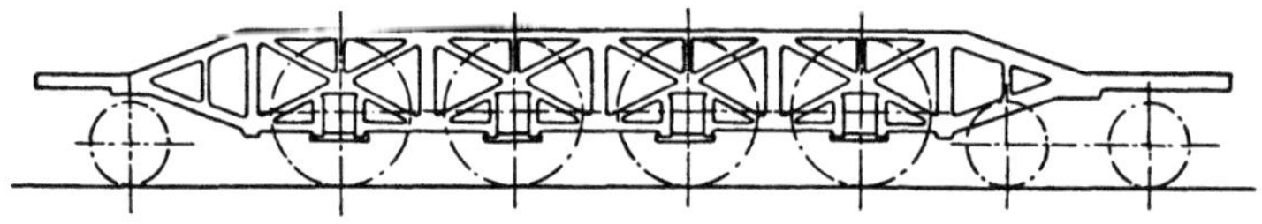

Abb. 44. Fachwerk-Barrenrahmen (AEG).

Die Dicke des Barrenrahmens schwankt zwischen 80 und 100 mm, schon aus diesem Grunde wird er für elektrische Lokomotiven als Innenrahmen unverwendbar, da er zu viel Platz von der zum Einbau der Motoren verfügbaren Einbauweite wegnehmen würde.

c) Drehzapfen und Druckstützen.

Die Drehgestellrahmen der Drehgestellfahrzeuge unterscheiden sich im wesentlichen nur durch die im allgemeinen geringere Länge von den Rahmen der einteiligen Lokomotiven; in der konstruktiven Ausbildung besteht sonst nur der Unterschied, daß immer einer der Versteifungsquerträger jedes Drehgestelles das Lager für den meist kugeligen Drehzapfen aufzunehmen hat, der seinerseits je in einem Querträger des Brückenrahmens befestigt ist. Auch letzterer kann wieder als Blech- oder Barrenrahmen ausgebildet sein, bei Drehgestelllokomotiven kleinerer Leistung sind U- oder Doppel-T-Eisen als Längsträger verwendet worden.

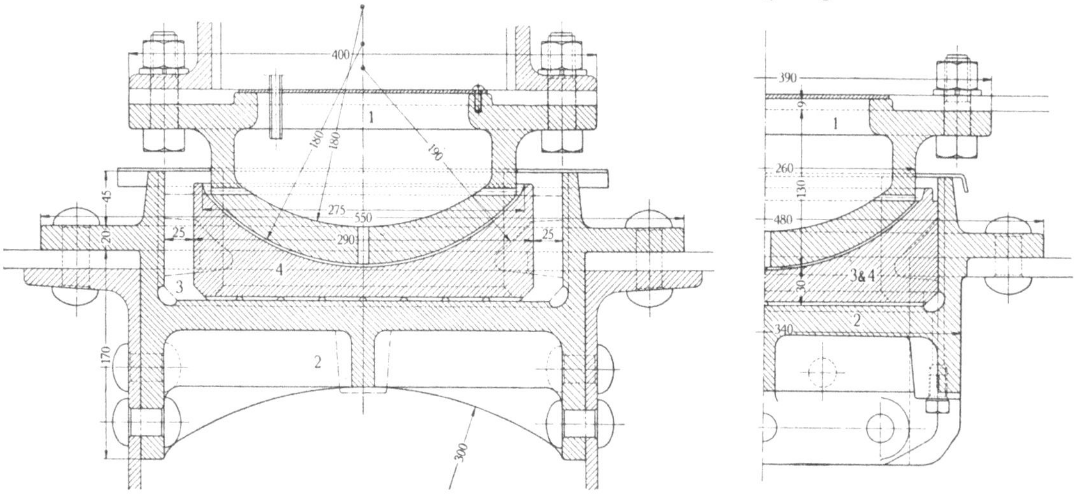

Abb. 45. Drehzapfen der 1 B—B 1-Schnellzuglokomotive (Reihe 12302) der S.B.B.
1. Drehzapfen. *2.* Drehzapfenlager. *3.* Gleitstück zum vorderen Gestell. *4.* Gleitstück zum hinteren Gestell.
(Schweiz. Lokomotiv- und Maschinenfabrik Winterthur.)

Abb. 45 zeigt die Ausbildung eines Drehzapfens sowie dessen Lagerung im Schnitt. Ersterer besteht hier aus einem kugelig gedrehten im Einsatz gehärteten und geschliffenen hohlen Stahlgußkörper *1*, der mit der Lokomotivbrücke kräftig verschraubt ist. Das Drehzapfenlager besteht aus einem mit dem Drehgestellrahmen fest vernieteten Stahlgußtrog *2*, in den das bronzene Gleitstück *3* bzw. *4*, das das eigentliche Auflager für den Drehzapfen bildet, eingesetzt wird, und zwar bei einem Drehzapfen spiellos (*3*), beim anderen zum Zwecke der Entlastung der Drehzapfen vor Stoßkräften mit 25 mm Spiel (*4*).

Sind die Drehgestelle nicht kurzgekuppelt, so daß auch die Stoßkräfte über die Drehzapfen geleitet werden, dann empfiehlt es sich, beiden Drehzapfenlagern Spiel zu geben und in dieses Federn einzuschalten, die immerhin mit mehr oder weniger Vorspannung eingesetzt werden müßten.

Die Schmierung der Drehzapfen erfolgt durch Öl oder Starrfett.

[1]) D. R. P. 425118, Ö. P. 105417, Schweiz. P. 118135 (W. Kleinow). — Angewendet bei der $2D_0 1$-Lokomotive Reihe E 2101 der D. R. G. (El. Bahnen 1925, S. 292; 1926, S. 380; 1927, S. 41) und bei den $1 D_0 1$-Lokomotiven Reihe E 1701 der D.R.G. (El. Bahnen 1927, S. 210).

Zu beiden Seiten der Drehzapfen werden teils zur Entlastung derselben teils der Stabilisierung wegen federnde Druckstützen angeordnet, die überdies durch passende Wahl ihrer Lage in sehr bequemer Weise die Gewichtsverteilung derart zu beeinflussen gestatten, daß sich in den meisten Fällen bei Einhaltung der Einzelgewichte auch die angenommenen Achsdrücke ohne Schwierigkeit herausbringen lassen. Abb. 46 zeigt die Konstruktion einer derartigen Druckstütze, bei der auch bei Schiefstellung des Kastens der Auflagerdruck stets vertikal gerichtet bleibt. Dies wird dadurch erreicht, daß als Übertragungsorgan ein in der Brücke drehbar gelagerter Arm mit flach zylindrischer Kopffläche dient, der sich mit seinem als Kugelzapfen ausgebildeten Ende auf die aus Phosphorbronze bestehende Pfanne eines in den Drehgestellrahmen eingelassenen federbelasteten Kolbens stützt. Auch Druckstützen mit Verschiebbarkeit in Richtung der Fahrzeugachse sind entwickelt worden, wobei häufig Stahlrollen die Übertragungsorgane bilden.

Zur Schmierung der Druckstützen wird Starrfett oder auch Zylinderöl verwendet.

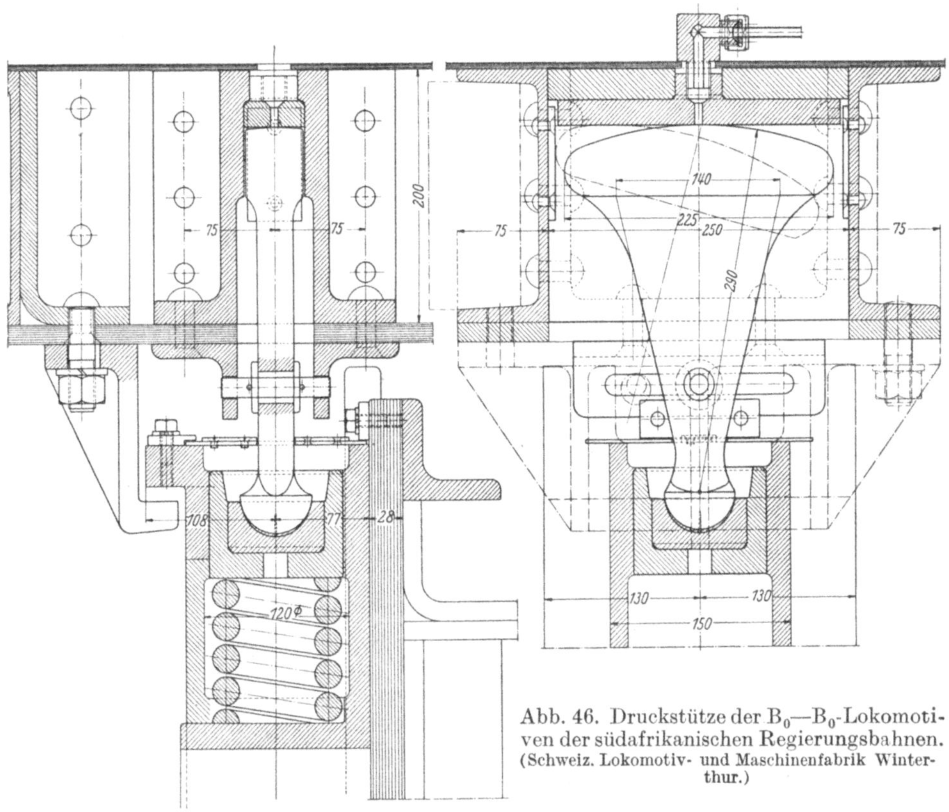

Abb. 46. Druckstütze der B_0—B_0-Lokomotiven der südafrikanischen Regierungsbahnen. (Schweiz. Lokomotiv- und Maschinenfabrik Winterthur.)

d) Zug- und Stoßorgane.

Die Endbalken oder auch Endversteifungen der Lokomotivlängsträger sind die im Zusammenhang bereits erwähnten Pufferträger, auch Stoßbalken genannt, die entweder aus dem gleichen Blech wie der Rahmen kastenförmig oder als U-Eisen-Träger ausgebildet sind und ganz besonders fest mit den Längsrahmen verbunden werden, da sie neben den Puffern auch die Kupplung zur Übertragung der Zugkraft tragen.

Bei Vollbahnlokomotiven ist in Europa wie in Amerika die zentrale Anordnung der Kupplung in der Geleiseachse und beidseits dazu angeordneten Puffern die Regel. Die Kupplung ist die bekannte Schraubenkupplung mit international genormten Hauptabmessungen (Abb. 47) und Festigkeitsbedingungen. Letztere bestimmen im wesentlichen, daß die Zughaken bei einer Zugkraft von 25 t keinerlei Risse, Verbiegung oder Verlängerung zeigen und erst bei einer Zugkraft von über 50 t reißen dürfen. Die Schraubenkupplungen, Sicherheitskupplungen, sowie die zusammengesteckten Zugvorrichtungen dürfen bei 20 t Belastung keine bleibende Formänderung zeigen und erst bei über 40 t Belastung reißen. Das Widerlager des Zughakens wird gebildet durch einen Ausgleichshebel, der sich mit seinen beiden Enden je auf eine Spiralfeder stützt. Seltener wird nur eine einzige Feder angewendet, auf die sich der Zughaken unmittelbar abstützt.

Die **Puffer** dienen zunächst zur Aufnahme der horizontalen Stöße, andererseits sollen sie zur guten Führung der Fahrzeuge durch Straffhalten des Zuges beitragen. Der einzelne Puffer besteht aus dem Pufferteller, der sich mittels der Pufferstange auf eine im Puffergehäuse liegende starke Feder stützt, die sich den Festlegungen des Internationalen Eisenbahnkongresses gemäß bis zu 70 mm zusammendrücken lassen muß. Die letzteren bestimmen ferner, daß der in Fahrtrichtung gelegene rechte Pufferteller gewölbt und der andere eben ausgeführt werden soll. Hierdurch soll beim Befahren von Kurven also unabhängig von der Verschiebung der Pufferträgermitte ein sicheres Anliegen der beiden Pufferteller an denen des nächsten Fahrzeuges erreicht werden. Der Mittenabstand der Puffer ist höchstens 1760, mindestens 1710 mm. Ist der Abstand geringer als 1720 mm, so muß der Durchmesser der Pufferscheiben mindestens 350 mm sein, sonst ist 340 mm als Minimaldurchmesser zulässig. Das Puffergehäuse wird mittels Schrauben am Pufferträger angeschraubt. Um Verbiegungen der Pufferstange zu vermeiden, wird diese bei neueren Ausführungen durch einen Hohlzylinder von wesentlich höherem Widerstandsmoment ersetzt. Sehr aussichtsvoll scheint in diesem Zusammenhang die Verwendung der von **Kreißig** angegebenen **Ringfeder**. Abb. 48 zeigt den Einheitshülsenpuffer der D. R. G. mit eingebauter Ringfeder[1]). Diese besteht aus einer größeren Anzahl geschlossener Ringe. Die Außenflächen der Innenringe i und die Innenflächen der Außenringe a sind kegelförmig gestaltet. Infolge der Zug- und Druckspannungen erweitern sich die Außenringe und verkleinern sich die Durchmesser der Innenringe, so daß ein Ineinanderschieben der einzelnen Ringe eintreten muß. Die Verkleinerung der gesamten Baulänge der Ringsäule ergibt die Federung des Systems.

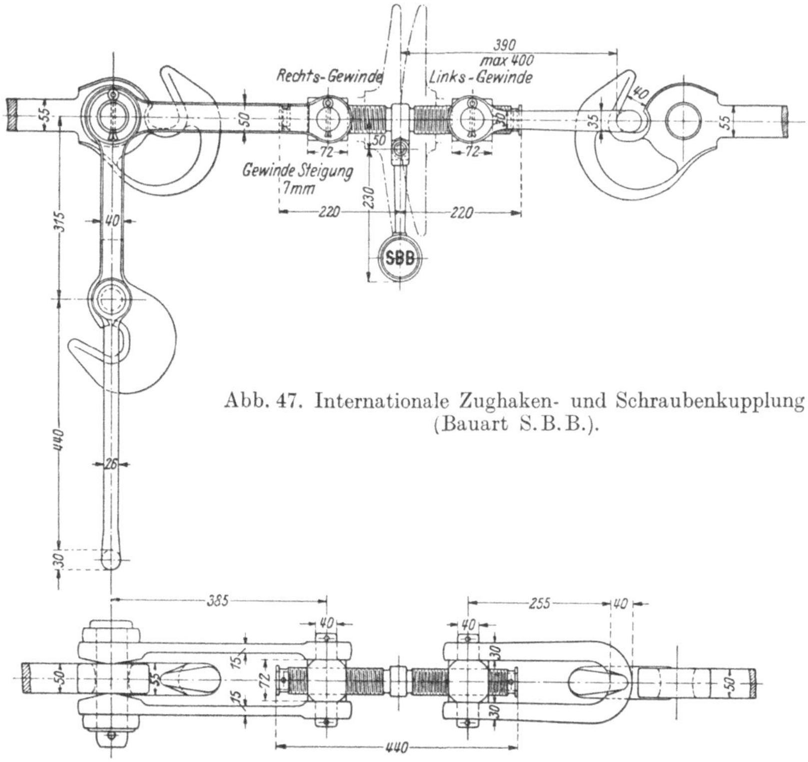

Abb. 47. Internationale Zughaken- und Schraubenkupplung (Bauart S.B.B.).

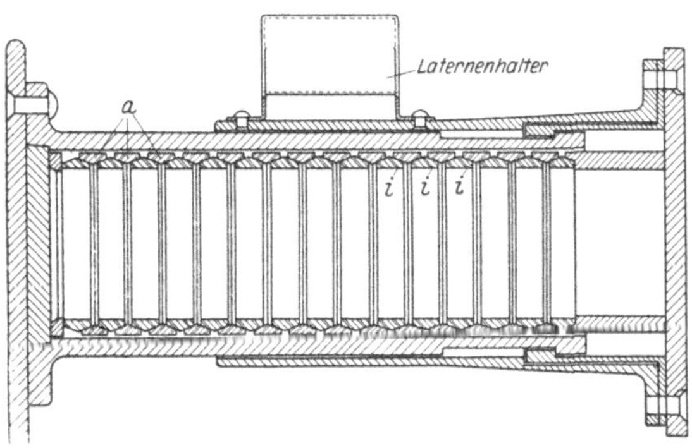

Abb. 48. Einheitshülsenpuffer der D. R. G. mit eingebauter Ringfeder nach Kreißig. (Ringfeder G.m.b.H., Uerdingen.)

Bei Schmalspurlokomotiven wird häufig ein **Zentralpuffer** mit rechteckigem nach einer Zylinderfläche gewölbtem Pufferteller verwendet, zu dessen beiden Seiten je eine Schraubenkupplung angeordnet wird, die durch einen Ausgleichshebel miteinander verbunden sind.

Die jahrzehntelangen Bestrebungen, den Zentralpuffer mit der Kupplung zu einer selbsttätigen **Zentralpuffer-** oder **Mittelpufferkupplung** zu vereinigen, haben endlich aus der großen Zahl bekanntgewordener Konstruktionen, die nicht befriedigt haben, zu einigen aus-

[1]) D. R. P. 358328, 364072, 381317. — Siehe Gl. A. 1924, Bd. 95, Nr. 1134; Z. V. d. I. 1924, Nr. 38; Verk. Woche 1922, 21. IX.; Schweiz. Bauz. 1924, II, S. 33.

sichtsvollen Lösungen geführt, wie der Scharfenberg-Kupplung[1]), der Lewis Seley automatic type engine coupler, der Wilison-Kupplung u. a., die in Zukunft mehr und mehr Verwendung finden dürften.

Zu den Zug- und Stoßorganen gehört noch die bei Drehgestellfahrzeugen größerer Leistung immer angewendete Kurzkupplung zwischen den Drehgestellrahmen, die in der Konstruktion mit den Tenderkupplungen bei Dampflokomotiven eine gewisse Ähnlichkeit hat. In dieser Form erfüllt sie hier den Zweck, Stoß- und Druckkräfte unter möglichster Entlastung der Drehzapfen unmittelbar von einem auf das andere Drehgestell zu übertragen. Abb. 49 zeigt die konstruktive Durchbildung einer solchen Kurzkupplung. In jedem Drehgestell ist je ein Zapfen vertikal festgelagert, den das eigentliche Kuppeleisen je mit etwas Spiel umfaßt. Eines der Zapfenlager ist mit einem mit starker Vorspannung eingesetzten Blattfederbündel verbunden, das sich mittels zweier geführter Seitenpuffer gegen das andere Drehgestell abstützt. Interessant ist die zusätzliche gelenkige diagonale Kupplung der beiden Drehgestelle, deren nachträgliche An-

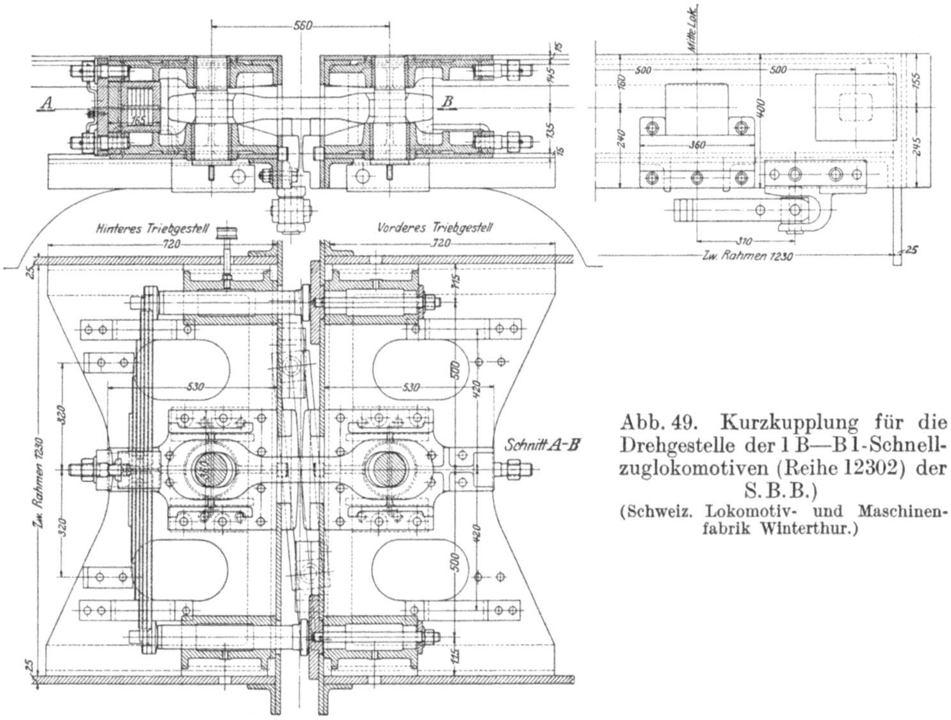

Abb. 49. Kurzkupplung für die Drehgestelle der 1 B—B 1-Schnellzuglokomotiven (Reihe 12302) der S. B. B.)
(Schweiz. Lokomotiv- und Maschinenfabrik Winterthur.)

bringung hier (1 B—B 1-Lokomotiven Reihe 12302 der S. B. B.) deshalb erforderlich war, um den Anschnittwinkel der vorderen Achse des nachlaufenden Drehgestelles zu verkleinern und damit deren hohe Spurkranzabnützung zu vermindern.

Von grundsätzlicher Wichtigkeit ist die Höhe, in der die Kurzkupplung von S. O. angebracht wird, und zwar mit Rücksicht auf die beträchtlichen Änderungen, die die Achsdrücke bei Anfahrt gegenüber den Werten im Ruhezustand erfahren. Diese Erscheinung rührt davon her, daß die am Haken angreifende Zugkraft Z_h ihre Gegenkraft zwischen Rad und Schiene findet. Beide Kräfte sind zwar gleich und entgegengesetzt, wirken aber in verschiedener Höhe und bilden somit ein Kräftepaar, welches die vordere Achse entlastet, die hintere Achse belastet. Das Maß der zusätzlichen Be- bzw. Entlastung ist allgemein $Z_h \frac{h}{a}$, wenn h den Abstand des Zughakens über S. O., a den Radstand eines Drehgestelles der allgemein als B—B-Maschine vorausgesetzten Lokomotive bedeutet.

Sind nun die Achsen individuell angetrieben, d. h. nicht durch Kuppelstangen verbunden, so wird, wenn im Ruhezustand die Achsen gleich stark belastet waren, die vordere Achse jedes Drehgestelles früher zu schleudern anfangen als die hintere. Das verfügbare Adhäsionsgewicht

---

[1]) D. R. P. 421854, Schweiz. P. 110869. — Organ Fortschr. Eisenbahnwes. 1911, S. 60; Z. V. d. I. 1922, S. 890; Verkehrstechn. 1925, S. 253; Verk. Woche 1926, H. 11. — Eine zusammenhängende Behandlung der selbsttätigen Mittelpufferkupplungen findet sich in dem Buche von Dr. P. Paap: „Das selbsttätige Kuppeln von Eisenbahnwagen“. Leipzig: Bruno Volger 1926.

kann somit nicht voll ausgenutzt werden. Die Verhältnisse sind gerade so, als ob statt des ursprünglich vorhandenen Adhäsionsgewichtes G_t jetzt nur $2 \cdot \left(\frac{G_t}{2} - Z_h \cdot \frac{h}{a}\right)$ an Adhäsionsgewicht zur Verfügung ständen. Die Erscheinung ist um so unangenehmer, je größer die Zugkräfte sind. Je nötiger also das Adhäsionsgewicht ist, um so weniger steht davon zur Verfügung. Es ist nun, wie gleich gezeigt werden soll, bei Drehgestellokomotiven grundsätzlich möglich, die die Drehgestelle verbindenden Kurzkupplungen als Mittel zur Herabdrückung der Entlastung der Achsen beim Anfahren und im normalen Betriebe nutzbar zu machen, wenn man sie in einer im allgemeinen geringeren Höhe anbringt als die Kupplung zwischen Lokomotive und Zug. Es sei angenommen, daß die Lokomotive bei Ausübung der Zugkraft $2\,Z$ am Zughaken gegen den Zug hin sich nach Abb. 50 einstelle. Die Durchbiegungen f_1 und f_2 veranschaulichen die Entlastungen der Achsen *1* und *2*, die Durchbiegungen f_3 und f_4 die Belastungen der Achsen *3* und *4*. Für die Berechnung der Belastungen der vier Achsen und des senkrechten Gelenkdruckes stehen die folgenden Bestimmungsgleichungen zur Verfügung.

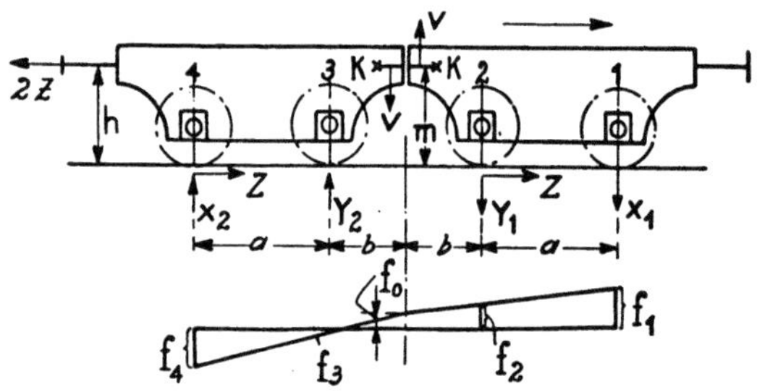

Abb. 50. Belastungsverteilung auf die Triebräder bei Anfahrt.

$$X_1 + Y_1 = V \tag{67}$$

$$X_1\,(a + b) + Y_1 b = Z_m \tag{68}$$

$$X_2 + Y_2 = V \tag{69}$$

$$X_2\,(a + b) + Y_2 b = Z\,(2\,h - m) \tag{70}$$

$$(f_1 - f_0):(f_2 - f_0) = (f_4 + f_0):(f_3 + f_0) = \frac{a+b}{b}$$

Hieraus ergibt sich

$$f_0 = \frac{f_2\,(a+b) - f_1 b}{a} = \frac{f_4 b - f_3\,(a+b)}{a}$$

$$f_2\,(a+b) - f_1 b = f_4 b - f_3\,(a+b)$$

Da die Durchbiegungen der Federn den Belastungen proportional sind, erhält man schließlich als fünfte Bestimmungsgleichung

$$Y_1\,(a + b) - X_1 b = X_2 b - Y_2\,(a + b) \tag{71}$$

Die Auflösung dieser Gleichungen ergibt:

$$X_1 = Z\left[h\frac{a+b}{(a+b)^2 + b^2} + (m - h)\frac{1}{a}\right] \tag{72}$$

$$X_2 = Z\left[h\frac{a+b}{(a+b)^2 + b^2} - (m - h)\frac{1}{a}\right] \tag{73}$$

$$Y_1 = Z\left[h\frac{b}{(a+b)^2 + b^2} - (m - h)\frac{1}{a}\right] \tag{74}$$

$$Y_2 = Z\left[h\frac{b}{(a+b)^2 + b^2} + (m - h)\frac{1}{a}\right] \tag{75}$$

$$V = Zh\frac{a+2b}{(a+b)^2 + b^2} \tag{76}$$

Wird beispielsweise für einen bestimmten Fall ($2\,Z = 15000$ kg, $a = 2{,}5$ m, $b = 1{,}5$ m und $h = 1$ m) die Kurzkupplung in gleicher Höhe wie die Zugskupplung angebracht, also $m = h$, so werden die Achsen *1* und *3* um je 3000 kg entlastet, während die Achsen *2* und *4* um den gleichen Betrag belastet werden. Sind die beiden Gestelle durch ein auch senkrechte Kräfte übertragendes Gelenk in Höhe $m = h = 1$ m verbunden, so geht die Entlastung der führenden Achse auf 1645 kg zurück, und der senkrechte Gelenkdruck beträgt 2260 kg. Der günstigste, für die Entlastung der Achsen erreichbare Wert ergibt sich für $X_1 = Y_1$. Für diesen Fall erhält man die Gleichung

$$m = h - \frac{h}{2}\,\frac{a^2}{(a+b)^2 + b^2} = 0{,}8276 \text{ m}$$

und die Entlastung der beiden vorderen Achsen beträgt nur noch 1130 kg. Die Kupplung selbst muß nur so beschaffen sein, daß sie gleichzeitig wagerechte und senkrechte Kräfte zu übertragen imstande ist[1]).

Die deutsche Praxis hat gelegentlich die Kurzkupplung nur als Notkupplung ausgebildet. Dabei werden die Zug- und Druckkräfte entweder über die Lokomotivbrücke und die Drehzapfen übertragen, wobei letztere, wie erwähnt, mit Federung in axialer Richtung versehen werden, oder aber die Drehgestelle werden mit der Lokomotivbrücke je durch eine besondere federnde Kupplung verbunden. Abb. 51 zeigt letztere

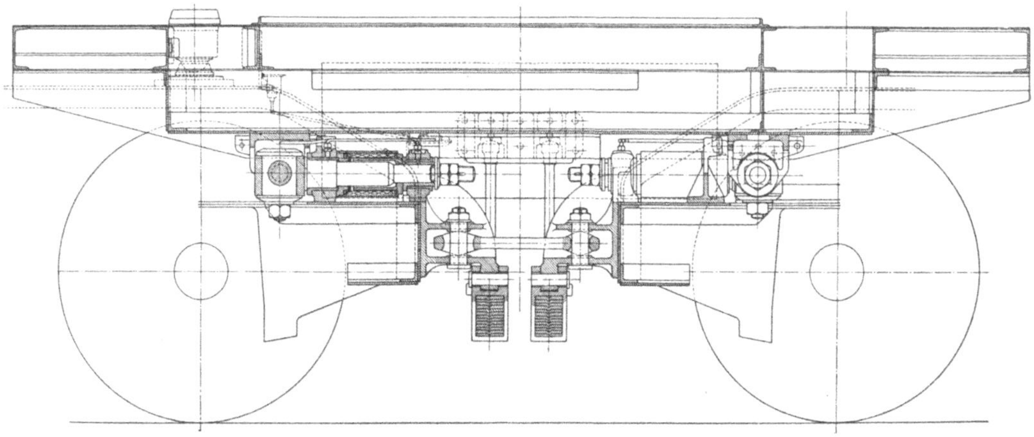

Abb. 51. Federnde Verbindung der Drehgestelle mit der Lokomotivbrücke bei den C—C-Güterzuglokomotiven (Reihe E 9101) der D.R.G.
(Lokomotivfabrik Krauß & Co. A.G.)

Anordnung, wobei die Ausbildung der Federung unter Verwendung der bereits an anderer Stelle erwähnten Ringfedern erfolgte. Die Konstruktion nach Abb. 51 ist insofern auch noch interessant, als bei dieser Maschine zuerst die äußeren Achsen zu hoch belastet waren. Um diese nun zu entlasten, wurde an jedes innere Ende der Lokomotivgestelle eine querliegende Blattfeder angehängt, auf deren Enden sich je zwei lange Pendelstützen der Brücke aufstützen. Dadurch werden die starren Gelenkauflagen der Brücke stark entlastet und das Gewicht derselben wird im wesentlichen auf die inneren Enden der Gestelle verlegt. Hierdurch konnte nachträglich eine ziemlich gleichmäßige Verteilung des Lokomotivgewichtes auf alle Achsen erzielt werden.

In diesem Zusammenhang erscheint noch der Vorschlag erwähnenswert, die Zugkräfte durch eine Zugstange größerer Länge unmittelbar von einem Drehgestell zum anderen zu übertragen, die senkrecht unter den Drehmittelpunkten (Drehzapfen) der beiden Drehgestelle angreift, und zwar mit einseitigem Spiel, welches verhindert, daß die Stange auch auf Druck beansprucht wird. Druckkräfte werden vielmehr durch die Drehgestelle direkt übertragen, die sich mittels kreissegmentförmig ausgebildeter Flächen unmittelbar berühren. Mindestens einer der Drehzapfen erhält in der Geleiserichtung so viel Spiel, daß eine Übertragung von Horizontalkräften durch ihn in dieser Richtung unmöglich wird[2]).

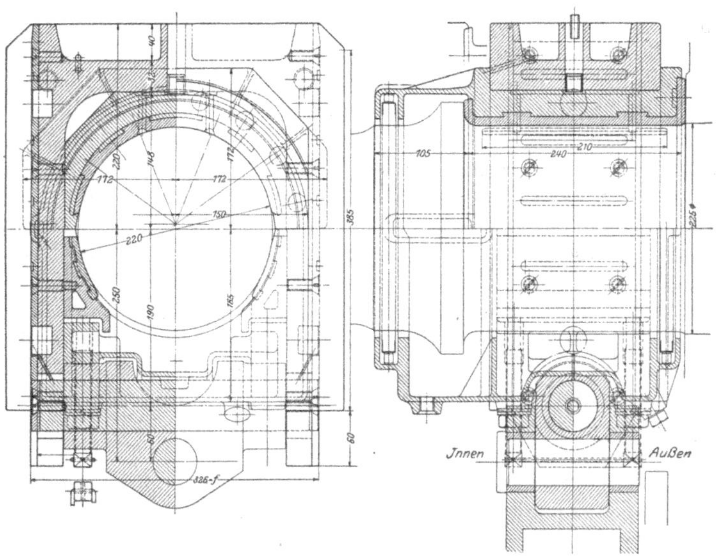

Abb. 52. Triebachslager der 1 B—B 1-Schnellzuglokomotiven (Reihe 12302) und 2C1-Schnellzuglokomotiven (Reihe 10401) der S.B.B.
(Schweiz. Lokomotiv- und Maschinenfabrik Winterthur.)

e) Triebachslager.

Das Triebachslager besteht aus dem Achslagergehäuse oder der sogenannten Achskiste aus Stahlguß, die die eigentlichen Lagerschalen aus Bronze mit Weißmetallausguß und den zur Schmierung mittels Schmierpolster dienenden Unterkasten in sich trägt. Abb. 52 zeigt die Kon-

[1]) D. R. P. 295843 (L. H. L. A. G.), Schweiz. P. 83063 (B. B. C.). — Siehe ferner A. Laternser: Schweiz. Bauz. 1926, I, S. 97; Dr. A. Winkler: E. u. M. 1927, S. 121.

[2]) D. R. P. 293867 (E. Schroeder).

struktion eines Triebachslagers, die den einfachen Ausbau des Unterkastens zum Zwecke der leichteren Kontrolle der Schmierung, die Ablaßschraube und die Art der Nachstellung des Lagers durch die untere Schalenhälfte erkennen läßt. Die Schmierpolster bestehen aus loser Wolle oder aus einem Wollgeflecht, das die untere Hälfte des Achsschenkels durch Berührung schmiert.

Der Vorteil der Dochtschmierung besteht in der vorzüglichen Filterwirkung, durch die nur reines Öl an die Achsschenkel kommt. Von Nachteil ist die gelegentlich vorkommende Verfilzung des Schmierpolsters. Abgesehen davon, daß verfilzte Schmierpolster durch Auskochen leicht wieder verwendbar werden, tritt die Verfilzung der Wolle weniger bei verunreinigtem Öl ein als vielmehr allgemein bei leicht verharzenden Ölen, deren Verwendung man bei Lokomotiven überhaupt ausschließen sollte.

Immerhin wurden auch Achslager für Ringschmierung entworfen und versuchsweise ausgeführt, ohne daß aber eine Konstruktion bekannt geworden wäre, die gegenüber der üblichen Dochtschmierung besondere Vorteile aufweisen würde oder dieser überlegen wäre.

Von den vielen bekannt gewordenen Spezialkonstruktionen zur Schmierung der Triebachslager seien hier die folgenden erwähnt:

Die Achsbuchse, G. m. b. H. in Berlin hat ein Achslager mit Ölumlauf geschaffen, bei dem das Öl gleichzeitig durch eine Klärkammer gereinigt wird, die durch einen mit Filteröffnungen versehenen Deckel gegen den Achszapfen abgeschlossen wird[1]).

In sehr origineller Weise wird beim Achslager von G. Morelli die Schmierung dadurch intensiver gestaltet, daß der als Luftbehälter ausgebildete Schmierkissenträger ein bis fast auf den Boden reichendes Rohr mit Rückschlagventil trägt und über ein zweites Rückschlagventil mit dem Ölraum der Achsbuchse verbunden ist. Hier wird also die Veränderung der Spannung der eingeschlossenen Luft zur Schmierung herangezogen[2]).

Beim Achslager von J. M. Laßmann wird das im Ölkasten der Achsbüchse gereinigte Öl mittels einer von der Achse angetriebenen Exzenterpumpe dem Achsschenkel durch einen an ihr federnd angedrückten Trichter von unten her zugeführt[3]).

Die Achslagerschmiervorrichtung der Firma G. und J. Jaeger, G. m. b. H. in Elberfeld besteht im wesentlichen aus einer ölzuführenden Scheibe, die auf einem Zapfen des Gehäuses drehbar gelagert ist und durch eine Mitnehmervorrichtung des Achsschenkels bei dessen Drehung mitgenommen wird[4]).

Am Achslagergehäuse werden seitlich an den Gleitflächen gegen die Achslagerführungen zur Verminderung des Verschleißes Platten aus Rotguß oder Phosphorbronze angeschraubt.

Die Führung des Lagers im Rahmen erfolgt durch die in der Regel aus Stahlguß bestehenden Achslagerführungen, die teils offen, teils geschlossen, d. h. ohne oder mit Achsgabelsteg in die Ausschnitte des Rahmens eingesetzt und mit diesem fest verschraubt werden.

Bei der Deutschen Reichsbahn-Gesellschaft hat die Rollenkettenschmiervorrichtung Bauart Schneider-Friedrich[5]) auch Olor-Schmiervorrichtung genannt, Verbreitung gefunden. Diese Schmierung besteht im wesentlichen aus der Vereinigung zweier mit tiefen Rillen versehenen, nicht in das Öl eintauchenden Stahlrollen mit einer das Öl zuführenden Kette, die durch eine Spannrolle geführt wird. Die mit Öl angefüllten Rillen geben das Öl durch Adhäsion an den Achsschenkel ab, der es dem Lager in so reichlichem Maße zuführt, daß auf der ganzen Lagerbreite ständig zu viel gefördertes Öl dem Ölbehälter wieder zufließt. Die mit Stahlachsen versehenen und in Stahllagern laufenden Rollen werden durch eine Feder gegen den Achsschenkel gedrückt, so daß sie bei Drehung des Schenkels selbst in Umdrehung versetzt werden und die Kette als Ölschöpfwerk in Bewegung bringen.

Als Ölrückführung ist ein einfacher Abstreifring angeordnet, der den Schenkelhals umgibt und in seinem unteren Teile Messingabstreifer trägt, die durch leichten Federdruck gegen den Schenkelhals gedrückt werden. Die Abstreifer führen das den Schenkelhals entlang nach außen wandernde Öl in den Ölbehälter zurück, während der eigentliche Ring das abspritzende Öl abfängt und ebenfalls in den Ölbehälter zurückführt. Der Ölring ist in einem eisernen Staubring federnd aufgehängt, der mit einem Messinglager versehen ist, damit der innere Filzring keinen Druck erhält. Der äußere Filzstreifen verhindert das Eindringen von Staub in die Staubringtasche.

Bei der Achsbüchse System Kranenberg wird das Öl durch einen rotierenden Schwimmer an den Zapfen gebracht und in dem Maße seines Verbrauches durch einen Behälter ergänzt.

---

[1]) D. R. P. 283384.
[2]) D. R. P. 294100.
[3]) D. R. P. 261276.
[4]) D. R. P. 259511.
[5]) Z. V. d. I. 1924, S. 877; Organ Fortschr. Eisenbahnwes. 1924, H. 12; Verkehrstechn. 1924, H. 42.

Sehr aussichtsreich scheint die Isothermos-Achsbuchse der Société Générale Isothermos in Paris zu sein, deren wesentlichster Bestandteil eine auf dem Achsbunde angeschraubte Ölschöpfschleuder bildet, die das Öl auf die inneren großen Flächenwände des bauchartig ausgebildeten vorderen Teiles des Achsbuchsgehäuses schleudert, von dem es gekühlt der Lagerschale zufließt.

Bei Lokomotiven mit einzeln angetriebenen Achsen, bei denen die Triebachslager infolge Fehlens der Kuppelstangen ungleich günstiger beansprucht werden, kann im Gegensatz zu der in Abb. 52 dargestellten Konstruktion auf die Nachstellbarkeit der Triebachslager verzichtet werden.

f) Tragfedern und Ausgleichhebel.

Zwischen die Achslager und die Rahmengestelle werden Federn eingeschaltet, die in senkrechter Richtung nachgiebig sind und das harte Rollen der Räder und das Springen derselben infolge der Unebenheiten des Geleises nicht oder nur sehr gedämpft auf den Rahmen und damit den übrigen Teil des Fahrzeuges übertragen. Zum Ausgleich der Belastung werden die Federn in der Regel durch Ausgleichhebel miteinander verbunden.

Federn und Ausgleichhebel wirken zusammen auf möglichste Unveränderlichkeit der Achsdrücke, wirken also stabilisierend auf den Lauf der Lokomotive.

Ist s die Durchbiegung, die eine Feder von der Nachgiebigkeit e unter der Lasteinheit durch die Belastung P erfährt, so ist unter Vernachlässigung der Eigenreibung der Feder

$$s = eP$$

und die dabei von der Feder aufgenommene Arbeit

$$A = \frac{Ps}{2} = \frac{s^2}{2e} = \frac{e}{2} P^2$$

oder

$$P^2 = \frac{2A}{e}.$$

und

$$s^2 = 2eA. \tag{77}$$

Ist s_0 die der ruhenden Belastung P_0 entsprechende Durchbiegung der Feder, so kann man auch schreiben

$$\left.\begin{aligned} P^2 - P_0^2 &= \frac{2A}{e}, \\ s^2 - s_0^2 &= 2eA. \end{aligned}\right\} \tag{78}$$

Je nachgiebiger (weicher) die Feder ist, desto kleiner fällt also die durch eine bestimmte Wirkung herbeigeführte Zu- oder Abnahme des Federdruckes aus, dagegen nimmt der Ausschlag mit der Nachgiebigkeit zu. Da sich also auch die Achsdrücke um so weniger ändern, je weicher die Federn sind, wird eine Lokomotive mit weichen Federn trotz der größeren Schwingungen sicherer laufen als eine mit starren Federn. Die heftigen und kurzen Schwingungen der letzteren beanspruchen auch die Nerven der Mannschaft sowie alle Schrauben- und Nietverbindungen der Lokomotive in hohem Maße.

Um den Einfluß der einzelnen Schwingungen auf die Sicherheit der Bewegung der Lokomotive zu untersuchen, sei zunächst Unabhängigkeit sämtlicher Federn voneinander angenommen.

Läuft die vorderste (Trieb-) Achse über eine Unebenheit des Geleises, so hebt oder senkt sie sich unter Veränderung der Spannung ihrer Feder. Das Vorderende der Lokomotive sucht zu folgen unter Veränderung der Belastungen der übrigen Achsen, wobei allerdings der auf die erste auffahrende Achse ausgeübte Stoß nur gedämpft auf die Nachbarachsen zur Wirkung kommt.

Setzt man eine Lokomotive mit drei Triebachsen und den Radstand $2 \cdot \frac{a}{2}$ voraus, so ist für jedes der Federnpaare die bei der Schwingung aufgenommene Arbeit $\frac{M}{2} = A$ und die eingetretene Entlastung oder Belastung

$$P^2 - P_0^2 = \frac{2}{e} A = \frac{2}{e} \frac{M}{2}$$

oder das Schwingungsmoment M

$$M = e\,(P^2 - P_0^2). \tag{79}$$

Bei nickenden Schwingungen sind demnach die Veränderungen der Radbelastungen vom Radstand a unabhängig und um so kleiner, je größer e, also je weicher die Federn sind. Es ist ferner nach Gl. (78)

$$M = \frac{1}{e}(s^2 - s_0^2)\,, \tag{80}$$

d. h. das durch eine Geleiseunebenheit $s - s_0$ auf die Lokomotive übertragene Schwingungsmoment ist gleichfalls vom Radstand unabhängig und wieder um so kleiner, je weicher die Federn sind.

Durch Gleichsetzen der Gl. (79) und (80) ergibt sich

$$s^2 - s_0^2 = e^2 (P^2 - P_0^2).$$

Die Verbindung der ersten und zweiten Achse durch seitliche Ausgleichhebel bewirkt eine gleichzeitige Veränderung der Achsdrücke. Eine Geleiseunebenheit kommt auf die Lokomotive erst zur vollen Wirkung, nachdem beide Achsen über sie hinweggelaufen sind. Bei geringer Fahrgeschwindigkeit vermag die Lokomotive der Wirkung auf die erste Achse zu folgen, bevor diejenige auf die zweite eintritt, so daß die Federn jedesmal nur halb so stark beeinflußt werden wie unabhängige Federn. Bei größeren Geschwindigkeiten tritt zwar die zweite Wirkung schon ein, bevor die durch die erste verursachte Schwingung beendet ist; trotzdem findet aber wegen der immer vorhandenen „Phasenverschiebung" zwischen den beiden Impulsen eine Teilung der Gesamtwirkung statt, so daß die Beeinflussung der mit Ausgleichhebeln versehenen Federn stets geringer ist als die unabhängiger Federn.

Ist $P - P_0$ die Lastveränderung der beiden mit Ausgleichhebeln versehenen Achsen, also $2(P - P_0)$ diejenige der dritten Achse mit unabhängigen Federn, so ist die von sämtlichen Federn aufgenommene Arbeit:

$$2\frac{e}{2}(P^2 - P_0^2) + \frac{e}{2}\left\{[2(P-P_0)+P_0]^2 - P_0^2\right\} = M$$

oder

$$M = e(3P^2 - 2PP_0 - P_0^2) \tag{81}$$

Setzt man $M = eP_0^2$, welches Schwingungsmoment unabhängige Endfedern völlig entlasten würde, so ergibt sich hier

$$P = \frac{1}{3}P_0. \tag{82}$$

Bei einer nickenden Schwingung, welche unabhängige Federn völlig entlasten würde, behalten daher die beiden mit Ausgleichhebeln verbundenen Federn noch ⅓ ihrer mittleren Belastung. Ähnliche Vorteile der Ausgleichhebel ergeben sich für vier- und mehrachsige Lokomotiven.

Die Tragfedern bestehen aus einzelnen Blättern von gewalztem Flachstahl von rund 70 km/mm² Festigkeit, 10% Dehnung, 10 bis 13 mm Dicke und 80 bis 130 mm Breite. Gegen seitliche Verschiebung werden die einzelnen Federblätter durch eine eingewalzte Rippe und Falz gesichert. Gegen Verschiebung der Blätter in der Längsrichtung ist früher ein durch alle Blätter gehender Nietbolzen vorgesehen worden. Statt dieser Konstruktion, die eine erhebliche Schwächung des tragenden Querschnittes bedingt, wird heute häufiger die erwähnte Rippe in der Mitte jedes Federblattes zu einer kleinen Kugelfläche erweitert und damit eine Art „Prisonierung" des Blattfederbündels erreicht.

Zusammengehalten werden die Federblätter durch einen warm aufgezogenen **Bund** aus Schweißeisen, welcher mit den Federblättern verkeilt oder neuerdings verschweißt[1]) wird und an der der Besichtigung zugänglichen Seite einen ausgesparten Schauschlitz zur Auffindung von Rissen oder Brüchen hat.

Unter der ruhenden Last werden die Tragfedern in der Regel mit 50 bis 60 kg/mm² beansprucht. Die Berechnung erfolgt nach der Formel

$$n = \frac{3Pl}{sbd^2} \tag{83}$$

worin P die in der Mitte der Feder wirkende Last, l die halbe Länge der Feder, b die Blattbreite, d die Blattdicke, n die Anzahl der Blätter und s die spezifische Beanspruchung bedeutet.

Die Einsenkung e der Feder unter der Last P, die etwa 40 bis 50 mm beträgt, berechnet sich nach der Formel

$$e = \frac{3Pl^3}{nbd^3E} \tag{84}$$

in der E den Elastizitätsmodul bedeutet, der für guten Federstahl zu 20000 bis 23000 kg/mm² angenommen werden kann.

[1]) Schweiz. P. 122231 (J. Buchli).

Die Tragfedern sind meistens mit den Enden nach oben gekrümmt. Die Pfeilhöhe der unbelasteten Feder ist 55 bis 75 mm, so daß unter der ruhenden Last eine Pfeilhöhe von 20 bis 30 mm bleibt. Die für die ruhende Last nach Gl. (84) ermittelte Durchsenkung e erfährt also durch das Federspiel e' zwischen Achslagergehäuse und Rahmen bei Laständerung (Anfahren, Bremsen, Schienenstoß usw.) eine Erhöhung auf

$$e_{\max} = e + e'$$

und damit die Beanspruchung s eine proportionale Erhöhung auf

$$s_{\max} = s \frac{e + e'}{e}$$

Es empfiehlt sich, in jedem einzelnen Falle den Wert von $s_{\max}$ nachzuprüfen, der 80 bis 90 kg/mm² nicht überschreiten darf[1]).

Die Federn, die entweder oberhalb oder unterhalb des Lagers angebracht werden, sind mit dem Rahmen oder den Ausgleichhebeln durch die Federspannschrauben verbunden, die nur bei kurzer Länge auf Zug- und Druck beansprucht werden sollen. Für die reinen Zugbeanspruchungen unter Einfluß der ruhenden Last sind Werte von 2 bis 2,5 kg/mm² zulässig. Um die Federblätter durch das Loch für die Federschraube möglichst wenig zu schwächen und das Gewinde nicht zu schädigen, werden die Gewindegänge an den Schrauben seitlich abgeflacht.

Die Verbindung der Ausgleichhebel mit den Spannschrauben und dem Rahmen erfolgt durch Bolzen. Die Anordnung der Federn und Ausgleichhebel lassen im einzelnen die Tafeln III, V, VII, IX, XI, XII, XIV, XVI, XVIII, XIX, XX, XXI und XXII erkennen.

II. Laufwerk.

Trieb- oder Kuppelachsen und die Laufachsen bezeichnet man in ihrer Vereinigung bei Lokomotiven schlechtweg als das Laufwerk. Aus der Art der konstruktiven Ausbildung des Laufwerkes ergeben sich die Bedingungen für die Lauffähigkeit der Lokomotive, deren Beurteilung im wesentlichen in einer Analyse der Wechselwirkungen zwischen Rädern und Geleise besteht.

a) Lauf in der Geraden.

Die immer vorhandene virtuelle Unebenheit des Geleises, das Spiel in den Achslagern, die Radreifenkonizität, der Einfluß der Massen, elastische Formänderungen usw. verursachen bei Lokomotiven wie überhaupt bei Eisenbahnfahrzeugen auch bei Fahrt in der Geraden ein periodisches Abweichen, d.h. Hin- und Herpendeln der Fahrzeugachse von der Geleiseachse in horizontaler und lotrechter Richtung.

Beschränken wir unsere Betrachtungen zunächst auf eine einzelne frei bewegliche Achse, so läuft diese auf gerader Bahn nur so lange gerade aus, als beide Räder auf Kreisen von gleichen Halbmessern laufen. Bei eingetretener seitlicher Verschiebung vergrößert sich infolge der Radreifenkonizität der Halbmesser des einen Rades auf r_1, während sich der andere auf r_2 verringert und der augenblickliche Halbmesser R_1 der Krümmung, in der sich der Radsatz bewegt, ergibt sich, wenn b die Spurweite bedeutet, zu

$$R_1 = \frac{b}{2} \frac{(r_1 + r_2)}{(r_1 - r_2)}, \tag{85}$$

oder

$$R_1 = \frac{b r n}{2a}, \tag{86}$$

wenn a die Amplitude der seitlichen Abweichung der Achsmitte von der Geleisemitte, r den mittleren Halbmesser der Räder und $1:n$ die Radreifenkonizität bedeutet. Jede Achse bewegt sich also theoretisch in einer mehr oder weniger langgestreckten Wellenlinie. In Wirklichkeit können die Fahrzeugachsen diesen Wellenlinien nur so weit folgen, als es das Spiel in den Achslagern zuläßt. Da dieses im allgemeinen sehr klein ist, fallen die Zickzack-Lauflinien der Lokomotiven so langgestreckt aus, daß sie früher in der Regel durch Geleiseunebenheiten und durch die Massenwirkung ihre natürliche Unterbrechung erfahren.

[1]) Siehe auch P. Helffer: Die Berechnung von zusammengesetzten Blattfedern. Organ Fortschr. Eisenbahnwes. 1926, S. 134.

Handelt es sich um einen zweiachsigen Radsatz, dann treten ähnliche Schlingerbewegungen auf, deren Entstehen man sich rein qualitativ wie folgt vorzustellen hat[1]). Läuft der Spurkranz des linksseitigen Vorderrades (Abb. 53) gegen die Schiene unter dem Winkel α an, so erfährt das vordere Ende des Fahrzeuges eine Ablenkung, deren Größe dem Winkel α proportional ist. Die Kraft, mit der der Spurkranz gegen die Schiene gedrückt wird, ist dabei um so größer, je größer die Trägheit des Fahrzeuges, je größer die Geschwindigkeit, je geringer das Achslagerspiel und je geringer der Abstand der Fahrzeugachse vom Drehungsmittelpunkt des Fahrzeuges ist. Der Spurkranzdruck bewirkt eine Rechtsdrehung des Fahrzeuges, dessen lebendige Kraft sich jeweils so lange steigert, bis die seitlich ausgespannten Schienen und Achsführungen ihre Spannung an das zurückschwingende Fahrzeug wieder abgegeben haben. Die dem Fahrzeuge erteilte drehende lebendige Kraft läßt es nicht in der Mittelstellung zur Ruhe kommen, sondern bewirkt ein Zurückschwingen über diese hinaus nach rechts. Dabei wird nunmehr die Vorderachse wieder so weit nach rechts verschoben, bis deren Reibung auf den Schienen die Kraft der Schwingung aufgezehrt hat. Das Fahrzeug läuft nunmehr rechts an und der Vorgang wiederholt sich dort. Die einzelnen Ablenkungen sind im allgemeinen ungleich, die Begrenzung der Elongationen wird bestimmt durch das vorhandene Spiel und die elastische Nachwirkung. Da die Kraft des Zurückschwingens etwa mit dem Quadrat der Fahrgeschwindigkeit zunimmt, gibt es für jedes Fahrzeug eine bestimmte Geschwindigkeit, bei welcher es nach einer einmal eingeleiteten genügend starken Ablenkung zu schlingern beginnt.

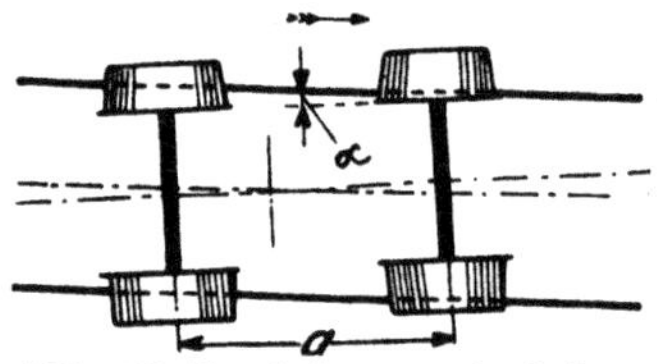

Abb. 53. Lauf eines zweiachsigen Radsatzes in der Geraden.

Das Schlingern bewirkt leicht Entgleisung durch Aufsteigen der Spurkränze. Zur Abdämpfung der Schlingerbewegung dienen folgende Maßnahmen. Da der Anlaufwinkel α bei gegebenem Spurkranzspiel um so kleiner wird, je größer der Achsstand a des Fahrzeuges ist, mit diesem aber die ablenkende Kraft verringert wird, bewirkt also eine Vergrößerung des Radstandes eine Verringerung der bei der Ablenkung aufzunehmenden lebendigen Kraft und des Spurkranzdruckes. Auch eine Verringerung des betreffenden Trägheitsmomentes wirkt im gleichen Sinne. Zur Vermeidung des Schlingerns muß also ein im Verhältnis zur Länge des Fahrzeuges um so längerer Achsstand angewendet werden, je größer die beabsichtigte Fahrgeschwindigkeit ist. Drehgestelle, die im allgemeinen trotz kürzerer Achsstände keine Neigung zum Schlingern haben, bilden nur eine scheinbare Ausnahme von dieser Regel. Denn ihre Massen und Trägheitsmomente sind vergleichsweise so gering, daß sie bei einer Ablenkung der Vorderachse nicht zurückschwingen. Dies kann nur dann eintreten, wenn die Masse des ganzen Fahrzeuges zur Mitwirkung kommt. Aus diesem Grunde macht man die Drehgestelle seitlich beweglich (s. u.) und stellt die die Mittelstellungen erhaltenden Spannungen nur so groß her, daß in der Regel kein Anschlagen des Führungskörpers gegen die Führungsenden stattfindet. Das Drehgestell kann dann kleine seitliche Bewegungen für sich ausführen, ohne daß die Hauptmasse des Fahrzeuges diesen merklich folgt, was die Ruhe des Ganges sehr erhöht.

Drei- und mehrachsige Fahrzeuge neigen leichter zum Schlingern und damit zum Entgleisen als zweiachsige von gleichem Abstand. Der Grund liegt darin, daß die Vorderachsen mit ihrer geringeren Belastung der Kraft des Zurückschwingens und dem Aufsteigen der Spurkränze weniger Widerstand zu leisten vermögen.

b) Lauf in Krümmungen.

α) **Allgemeines.** Bei Lauf eines zweiachsigen Fahrzeuges in einer Bahnkrümmung (Abb. 54) legt sich der Spurkranz des äußeren Vorderrades gegen die innere Abrundung der äußeren Schiene, wobei die gegen den Spurkranz drückende Kraft eine stetige seitliche Verschiebung der Achse nach innen bewirkt. So lange der innere Spurkranz der hinteren Achse nicht anläuft, stellt sich diese annähernd radial ein und folgt in gerader Richtung der Vorderachse. Bezeichnet s und y die seitliche Abweichung der Vorderachse und der Hinterachse aus der Geleisemitte nach außen bzw. innen, a den Achsstand, R den Krümmungsradius, so ist

$$R^2 = [R - (s + y)]^2 + a^2 \tag{87}$$

[1]) In ausführlicher Weise hat Boedecker in seiner Schrift „Die Wirkung zwischen Rad und Schiene" (Hannover: Hahn 1887) die Schlingerbewegung von Fahrzeugen analytisch untersucht. — Neuerdings hat U. C. Rüegger die kinematischen Vorgänge beim Schlingern unter besonderer Berücksichtigung des Einflusses der Radreifenkonizität behandelt (Schweiz. Bauz. 1917, I, S. 271f.).

oder näherungsweise

$$s + y = \frac{a^2}{2R}, \tag{88}$$

$$y = \frac{a^2}{2R} - s. \tag{89}$$

Der Spurkranz der Hinterachse läuft an die innere Schiene an, sobald $y = s$, also $R = \frac{a^2}{4s}$.

Bei besonders starken Krümmungen (Abb. 55) schleift der Spurkranz der Hinterachse an der Schiene. Der Fußpunkt F einer aus dem Krümmungsmittelpunkt auf die Fahrzeugmittellinie gezogenen Senkrechten liegt dann um den Abstand z vor der Hinterachse. Ist jetzt y die Abweichung des Punktes F aus der Geleisemitte nach innen, so folgt aus obigen Gleichungen

$$\left.\begin{aligned} y &= \frac{(a-z)^2}{2R} - s, \\ z &= \frac{a^2 - 2Rs}{2a} \end{aligned}\right\} \tag{90}$$

Bei drei parallelen Achsen (Abb. 55) ergibt sich für die Verschiebung x der mittleren Achse aus der Geleisemitte nach innen

$$x = y - \frac{(a_2 - z)^2}{2R} = s - \frac{a_2^2 - 2a_2 z}{2R}. \tag{91}$$

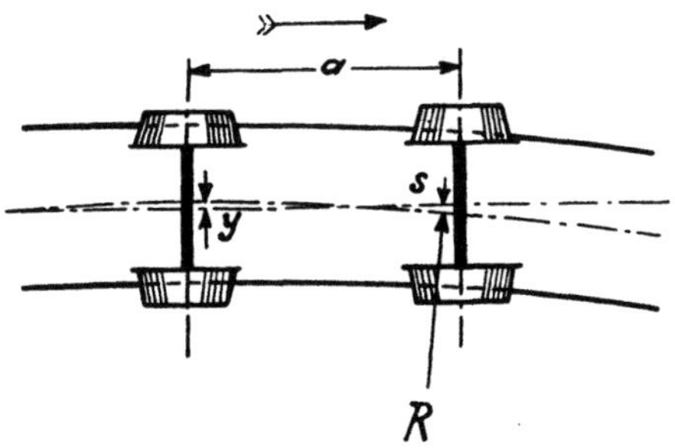

Abb. 54. Lauf eines zweiachsigen Radsatzes in der Krümmung.

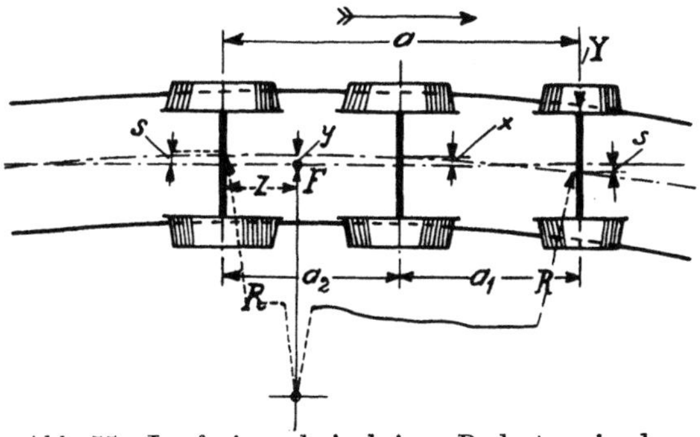

Abb. 55. Lauf eines dreiachsigen Radsatzes in der Krümmung.

Der innere Spurkranz der Mittelachse berührt bei gleichem Spielraum ($x = s$) die innere Schiene für $z = \frac{a_2}{2}$. Wird $z > \frac{a_2}{2}$, so muß, um ein Klemmen zu vermeiden, der mittleren Achse durch stärkeres Abdrehen der Spurkränze mehr seitliches Spiel gegeben werden als den übrigen Achsen.

Der Gesamtspielraum der Achsen im Geleise ist international für Normalspur auf 10 bis 25 mm festgelegt, bei Mittelrädern ist bis zu 40 mm zulässig. Für Krümmungen unter 500 m Halbmesser wird eine Spurerweiterung von nicht mehr als 30 mm empfohlen. Angenommen diese betrage bei $R = 200$ m insgesamt 20 mm, so ergibt sich aus der Gleichung für x, daß der innere Spurkranz der Hinterachse in Krümmungen von 500 oder 200 m Halbmesser mit Spielräumen $2s$ von 10 bis 25 mm bei den aus der nachstehenden Zusammenstellung hervorgehenden Achsständen die innere Schiene gerade berührt.

R	500 m		200 m	
Spielraum $2s$	10 mm	25 mm	30 mm	45 mm
Achsstand $a = 2\sqrt{sR}$	3,16 m	5,00 m	3,46 m	4,24 m

Diejenigen Achsstände, bei welchen auch der innere Spurkranz einer mittleren Achse an die innere Schiene anlaufen würde, ergeben sich aus Gl. (91) für $Z = \frac{a_2}{2}$ und $a_2 = \frac{a}{2}$

$$a = 2\sqrt{2Rs}. \tag{92}$$

Diese Achsstände sind also $\sqrt{2}$ mal größer als diejenigen, bei welchen die Hinterachse gerade anläuft. Bei Achsständen dreiachsiger Lokomotiven von 4 bis 4,5 m ist daher ein größerer Spielraum für die Mittelachse nur für Geleisekrümmungen mit mäßiger Spurerweiterung erforderlich.

Für die Sicherheit der Führung in der Krümmung[1]) ist das Verhältnis des auf den führenden Spurkranz wirkenden wagerechten Druckes S zum Achsdruck maßgebend. Eine genaue Berechnung der Kraft S hat Boedecker[2]) gegeben. Näherungsweise kann jedoch die Kraft S auf Grund folgender Überlegung ermittelt werden (Abb. 56). Die Berührungsfläche des führenden Rades mit der Schiene bildet in scharfen Krümmungen in der Hauptsache die Hohlkehle des Rades vorwiegend infolge der Abnutzung der Radreifenlauffläche in geraden und schwachgekrümmten Strecken. Wegen der schiefen Stellung des Rades zur Schiene verläuft die Berührungslinie nach vorn in der Weise, daß der mittlere Drehpunkt D vor der Achsmitte liegt. Dem hieraus folgenden Bestreben des Spurkranzes aufzusteigen, wirkt der Raddruck in der Weise entgegen, daß er den Radkranz zu einem stetigen Herabgleiten an der inneren Abrundung der Schiene zwingt. Die Richtung des mittleren Druckes P_1 zwischen Rad und Schiene weicht wegen des Abgleitens um den Reibungswinkel γ von der Senkrechten zur Berührungsfläche im Druckpunkte D ab. P_1 ist die Resultierende aus dem Achsdruck P und dem Seitendruck S. Wird der $\sphericalangle\,\beta$, den der Raddruck P mit der Senkrechten zur Berührungsfläche einschließt, durch Anwachsen von S gleich dem Neigungswinkel α des Spurkranzes, so steigt dieser auf und das Fahrzeug entgleist.

Die Kraft S bewirkt zunächst die seitliche Verschiebung des inneren Rades der Vorderachse auf der inneren Schiene im wesentlichen in der Achsrichtung. Der restliche Teil von S wird auf das Fahrzeuggestell übertragen und bildet am Halbmesser r_1 der Vorderräder wirkend ein Kräftepaar, welches bei einer Spurweite b im Verhältnis $\frac{r_1}{b}$ das äußere Rad belastet, das innere Rad entlastet. Dieser Teil von S übernimmt also die Führung der mittleren und hinteren Achse. Die Mittelachse (Abb. 55) wird in ihrer Richtung stetig nach innen verschoben und verursacht einen weiteren Widerstand dadurch, daß die Laufkreise ihrer beiden Räder nicht der Bahnkrümmung entsprechen, sondern vielmehr eine Drehung in entgegengesetztem Sinne anstreben. Das gleiche gilt auch von der Hinterachse. Bei allen Rädern wirkt der Widerstand in Richtung ihrer Gleitbewegung auf den Schienen. Angenommen diese Gleitbewegung erfolgt bei dem inneren Rad der Vorderachse und bei der Mittelachse nur seitlich, bei der Hinterachse jedoch nur in der Geleiserichtung, so ergibt sich, wenn P_1, P_2, P_3 die Belastungen der einzelnen Räder der drei Achsen sind, für starke Krümmungen

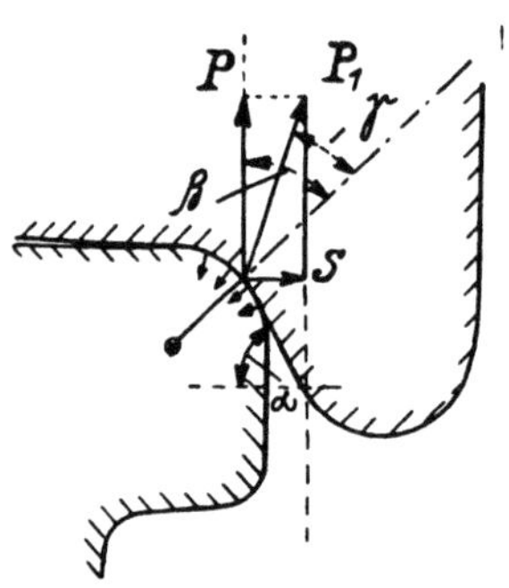

Abb. 56.

$$S = P_1 \mu_2 + 2 P_2 \mu_2 \frac{a_2}{a} + P_3 \mu_2 \frac{b}{a} \tag{93}$$

oder für gleiche Radbelastungen $P_2 = P_3 = P_1$ und $a_2 = a_1 = \frac{a}{2}$

$$S = P_1 \mu_2 \left(2 + \frac{b}{a}\right). \tag{94}$$

Die Seitenkraft S ist also innerhalb gewisser Grenzen für kleine Achsstände a größer als für große, weil der Hebelarm von S für die Wirkung auf die Mittel- und Hinterachse mit dem Achsstand abnimmt.

μ_2 ist der Koeffizient der seitlichen Reibung, der nach neueren Versuchen[3]) bereits bei den kleinsten Fahrgeschwindigkeiten meßbar kleiner ist als der Reibungskoeffizient μ. Im Mittel kann für μ_2 mit etwa 80% der in Abb. 19 gegebenen Werte gerechnet werden.

Aus Gl. (93) geht hervor, daß allein 40 bis 50% des Seitendruckes S durch die Mittelachse hervorgebracht werden, daß also durch unverschiebbare Mittelachsen die Sicherheit gegen Entgleisen um so mehr vermindert bzw. die Abnützung der vorderen Radreifen in Krümmungen um so mehr erhöht wird, je weiter sie nach vorn gelagert sind. Aus diesem Grunde werden Mittelachsen für Lokomotiven, die auch nur geringe Krümmungen zu durchfahren haben, seitlich verschiebbar ausgeführt. Das Maß v der einseitigen Seitenverschiebbarkeit ist gemäß

[1]) Hoffmann: Das Verhalten der Eisenbahnfahrzeuge beim Durchfahren von Kurven. Organ Fortschr. Eisenbahnwes. 1880, S. 198. — v. Helmholtz: Die Ursachen der Abnützung von Spurkränzen und Schienen in Bahnkrümmungen und die konstruktiven Mittel zu deren Verminderung. Z. V. d. I. 1888, S. 353. — Übelacker, H.: Untersuchung über die Bewegung von Lokomotiven mit Drehgestellen in Bahnkrümmungen. Organ Fortschr. Eisenbahnwes. 1903, Beilage.

[2]) a. a. O.

[3]) Buchli, J.: Führung und Lauf des Lokomotivrades im Geleise. Schweiz. Bauz. 1923, II, S. 119.

Abb. 55 gleich $x+s$, also nach Gl. (93) für starke Krümmungen

$$v=2s-\frac{a_2^2-2a_2 z}{2R} \qquad (95)$$

und für mäßige Krümmungen ($z=0$)

$$v=2s-\frac{a_2^2}{2R}. \qquad (96)$$

β) **Einstellbare Laufachsen (einachsige Laufdrehgestelle).** Der Seitendruck S fällt geringer aus, wenn die vordere Laufachse seitlich verschiebbar ist, da damit die übrigen Achsen in scharfen Krümmungen in günstigere Stellungen gelangen. Vergrößert wird allerdings dadurch der Anschneidewinkel des führenden Spurkranzes und die Seitenverschiebung der ersten und mittleren Achse. Wofern sich die führende Achse radial einstellen kann, fällt ihre eigene Seitenverschiebung, also in Gl. (93) das Glied $P_1\mu_2$ fort und die Kraft S wird unter wesentlicher Verminderung des Seitendruckes auf die äußere Schiene, zum Teil auf die innere Schiene übertragen.

Bei Umkehr der Fahrrichtung läuft die einstellbare Laufachse nach Abb. 57 in scharfen Krümmungen fast an der äußeren Schiene an und beseitigt das seitliche Gleiten der Mittelachse. Letztere steht annähernd radial und liefert nur den Beitrag $P_2\mu_2\frac{b}{a_2}$ zur Seitenkraft S. Für diese ergibt sich demnach für Rückwärtsgang hier nunmehr der Wert

$$S=P_3\mu_2+P_2\mu_2\frac{b}{a_2}. \qquad (97)$$

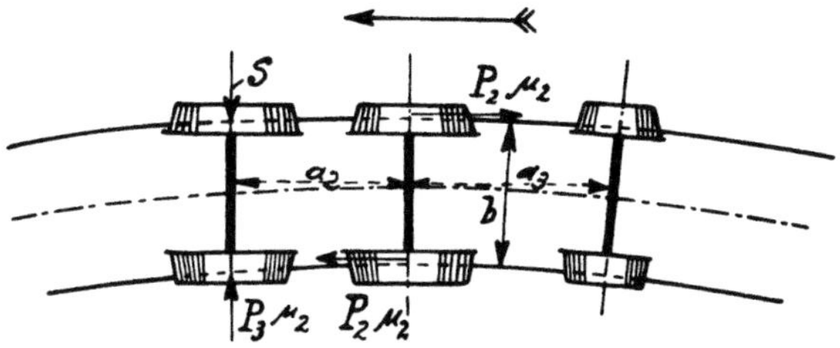

Abb. 57. Lauf eines Fahrzeuges mit zwei Triebachsen und mit einstellbarer (Bissel)-Laufachse in der Krümmung. (Laufachse gezogen.)

Ist die vordere Laufachse nach Abb. 58 um einen rückwärts liegenden Punkt drehbar gelagert (Bissel-Gestell s. u.) und damit zwangläufig einstellbar, so kann man ihr bei mehrachsigen Lokomotiven einen im Verhältnis zur Radbelastung stehenden Anteil an der Führung übertragen. Den restlichen Anteil übernimmt die erste festgelagerte Achse, deren äußerer Spurkranz ebenfalls an der äußeren Schiene laufen muß. Der seitliche Ausschlag d der Laufachse ergibt sich zu

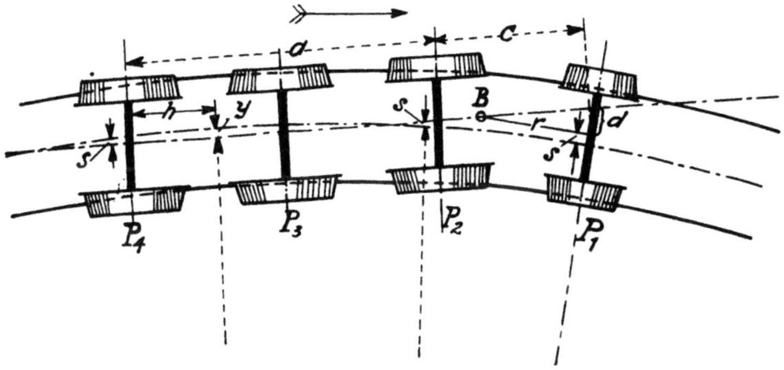

Abb. 58. Lauf eines Fahrzeuges mit drei Triebachsen und mit einstellbarer (Bissel)-Laufachse in der Krümmung. (Laufachse geschoben.)

$$d=\frac{c^2+2c(a-z)}{2R} \qquad (98)$$

und die Deichsellänge (Halbmesser der Führung)

$$r=\frac{Rd}{a+c}. \qquad (99)$$

Laufachsen dieser Art sind zumeist mit Vorrichtungen in Form von Federn oder Keilflächen versehen, welche sie mit einer gewissen der Belastung P_1 proportionalen und mit dem Ausschlag d linear wachsenden wagerecht wirkenden Kraft mP_1 in die Mittelstellung zurückzudrehen bestrebt sind (m = Proportionalitätsfaktor). Diese Rückstellkraft wirkt auf die ganze Lokomotive an dem Hebelarm $a+c$ führend und entlastet die vordere Kuppelachse um den Wert $mP_1\frac{a+c}{a}$. Doch vermögen diese Zentriereinrichtungen nicht zu verhindern, daß derartige einachsige Laufgestelle vorlaufend (d. h. geschoben) in der Geraden infolge des zwischen Spurkranz und Schiene bestehenden Spieles schlingern, sie können im Gegenteil sogar unter gewissen Bedingungen ein Mitschlingern der ganzen Lokomotive einleiten. In der Kurve wird das einachsige, geschobene Laufgestell, je nach den Bauverhältnissen der Lokomotive und der Deichsellänge a, am äußeren oder am inneren Schienenstrang anlaufen. Für Lokomotiven, die eine kurvenreiche Bahn zu durchfahren haben, wird man den Drehpunkt des Laufgestelles so wählen, daß die Führungsachse mit Sicherheit am äußeren Schienenstrang anläuft, damit wenigstens in der Kurve das Schlingern vermieden wird.

Die bereits erwähnte Bissel-Achse, benannt nach dem Amerikaner Bissel, der sie sich im Jahre 1857 in Amerika patentieren ließ[1]), wird nicht im Hauptrahmen gelagert, sondern besitzt, wie Abb. 59 zeigt, zur Aufnahme ihrer Achslager einen eigenen kleinen Rahmen, der sich unter dem Hauptrahmen hinwegdrehen kann. Dieser für sich entsprechend versteifte kleine Hilfsrahmen setzt sich nach hinten in eine Art Deichsel fort, die den Dreharm bildet und mit dem Hauptrahmen in Maschinenmitte drehbar verbunden ist. Bei dem Bissel-Gestell nach Abb. 59 bewegt sich die Laufachse innerhalb eines mit dem Hilfsrahmen fest verbundenen Hohl-

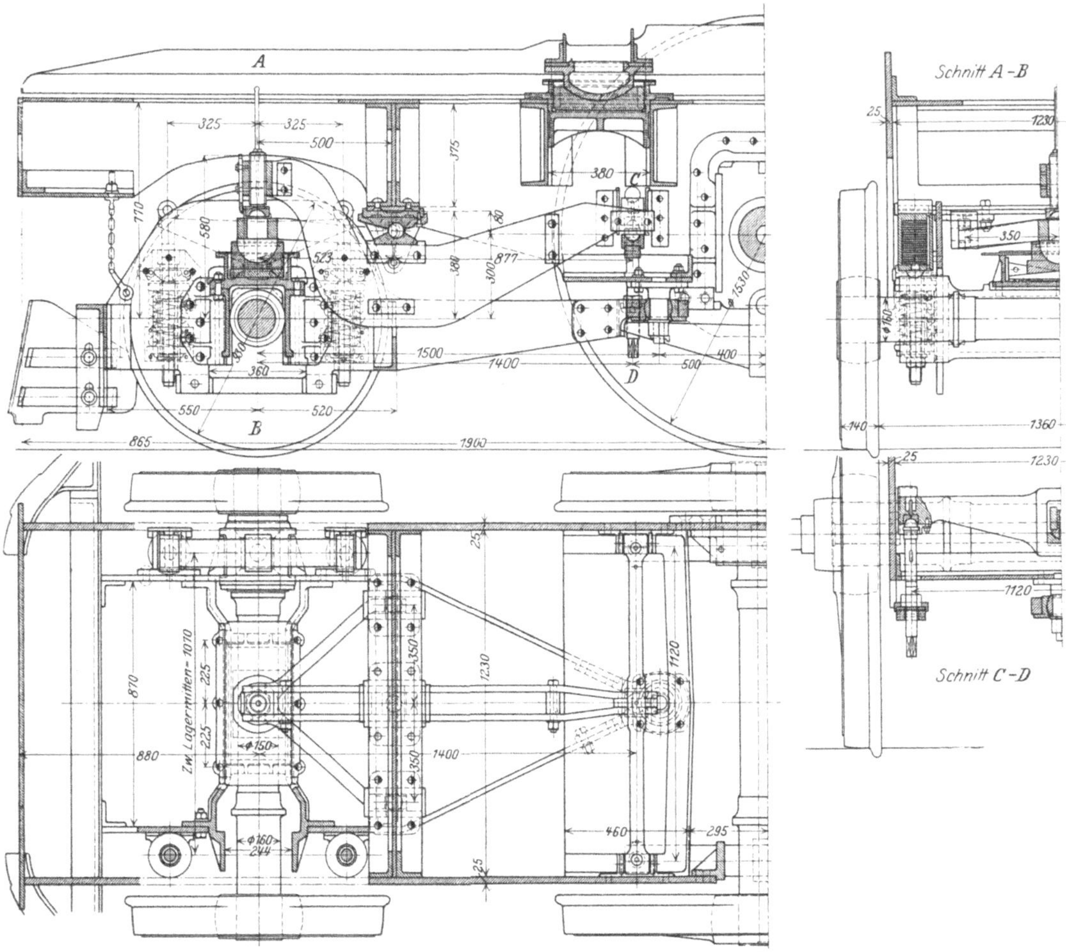

Abb. 59. Bissel-Achse der 1B—B1-Schnellzuglokomotiven (Reihe 12302) der S.B.B. (Schweiz. Lokomotiv- und Maschinenfabrik Winterthur.)

körpers, in dem die Laufachslager unter Zwischenschaltung der üblichen Federung eingelassen sind, die hier in Form zweier Spiralfedern mit darüberliegender Blattfeder ausgeführt ist.

Der Drehzapfen der Laufachse selbst wird von zwei Streben gehalten, die mit einer aus zwei Winkeleisen gebildeten Querversteifung des Hauptrahmens verbunden sind. Die Rückstellung ist in der Weise ausgebildet, daß die Pfanne des Laufachs-Drehzapfens auf Keilflächen geführt ist. Abb. 59 läßt auch deutlich die naturgemäß gelenkige Verbindung der Federung der Triebachse mit jener der Laufachse erkennen. Die Federspannbolzen an den laufachsseitigen Enden der Triebachs-Blattfedern sind durch einen in der Mitte eine Kulisse enthaltenden Querträger verbunden, deren Stein als Pfanne für den am Ende einen Kugelzapfen tragenden Ausgleichhebel dient. Dieser liegt in Richtung der Maschinenachse und besteht hier aus zwei gegeneinander durch Bolzen versteiften Blechen, die mit dem Laufachsgehäuse fest verbunden sind und sich auf dieses abstützen. Da dieses wieder mit dem eigentlichen Bissel-Hilfsrahmen fest verschraubt ist und an

[1]) J. Haswell in Wien hat allerdings bereits im Jahre 1852 vorgeschlagen, bei der Lokomotive „Vindobona" der Semmeringbahn die hintere Kuppelachse durch ein zweiachsiges Deichselgestell zu ersetzen.

letzterem beidseitig die Teller der Laufachs-Spiralfedern sitzen, ist die Verbindung der Federung beider Achsen hergestellt. Damit die Entlastung der Laufachse bei Anfahrt möglichst gering ausfällt, ist überdies der Hauptrahmen[1]) nochmals auf dem Ausgleichshebel abgestützt, daher die besonders kräftige Ausbildung des letzteren. Statt der Keilrückstellung könnte auch eine Rückstellung durch Federn verwendet werden.

Zum Unterschied von der Bissel-Achse, die als einstellbare Laufachse mit wirklichem Drehpunkt zu bezeichnen ist, ist die gleichfalls viel verwendete Adams-Achse (1851 von dem Engländer W. Adams angegeben) eine einstellbare Laufachse mit ideellem Drehpunkt. Die radiale Einstellungsfähigkeit der Achse wird hier dadurch erreicht, daß sowohl Achslagergehäuse als auch Achslagerführungen nach Kreisen mit dem Mittelpunkt im ideellen Drehpunkt geformt sind, so daß bei einer seitlichen Verschiebung des hier also im Hauptrahmen gelagerten Laufradsatzes der Spurkranz des am äußeren Schienenstrange anliegenden Rades wieder keinen Anschneidewinkel mit der Schiene bildet. Abb. 60 zeigt die konstruktive Ausbildung einer Adams-Achse.

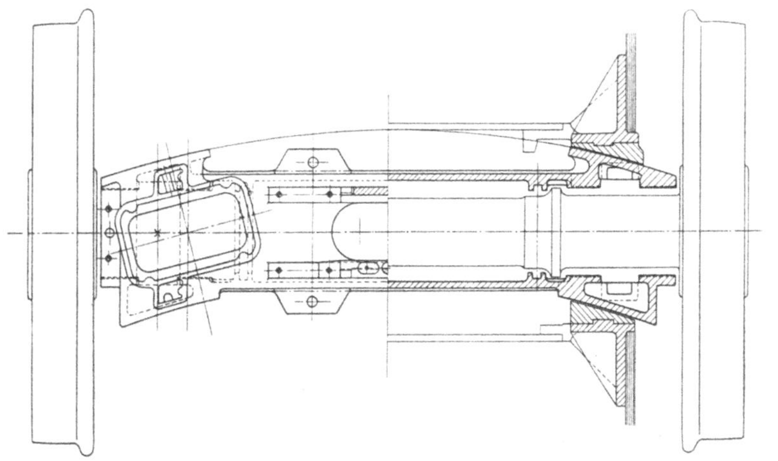

Abb. 60. Adams-Achse der 1 C_0 1-Schnellzuglokomotiven (Reihe 10201) der S. B. B. (Schweiz. Lokomotiv- und Maschinenfabrik Winterthur).

Die Rückstellung der Adams-Achse erfolgt entweder durch Blattfedern, die mit einer Vorspannung von rund 1000 kg eingesetzt werden und dadurch ein Schlingern des Radsatzes bei der Fahrt in der Geraden verhindern, oder durch Keilflächen. Im ersteren Fall wird zwischen den beiden Achslagergehäusen ein bewegliches Verbindungsstück eingesetzt, das bei Seitenverschiebung die Federn anspannt. Konstruktiv dinfacher ist die Zentrierung durch Keilflächen, deren Neigung so groß gewählt werden muß, daß sie größer ist als der Reibungskoeffizient. Bei Außenrahmen ist nur die Rückstellung uurch Keilflächen möglich, da die oben erwähnte Verbindung zwischen den Achslagergehäusen enausführbar wird. Die Keilflächen verlangen reichliche Schmierung, wenn Anfressungen auch bei mäßigen Flächendrücken vermieden werden sollen. Adams-Achsen ohne besondere Rückstellvorrichtung, wie sie bei Dampflokomotiven gelegentlich ausgeführt werden, haben bei elektrischen Lokomotiven bis jetzt nicht Eingang gefunden.

γ) Vereinigung der Laufachse mit der benachbarten Triebachse zu einem Drehgestell. Eine noch bessere Einstellung in Krümmungen wird erzielt, wenn man die Laufachse mit der benachbarten Triebachse gelenkig verbindet und damit zu einem Drehgestell mit eigenem im Hauptrahmen gelagerten Drehzapfen vereinigt. Die älteste Konstruktion dieser Art ist das sogenannte Krauß-Helmholtzsche Drehgestell[2]), das Abb. 61 im Grundriß zeigt. Die Triebachse K ist rechtwinklig zur Längsachse 1—2 des Fahrzeuges verschiebbar im Hauptrahmen der Lokomotive angeordnet, während die Laufachse L in einem dreieckigen Deichselgestell

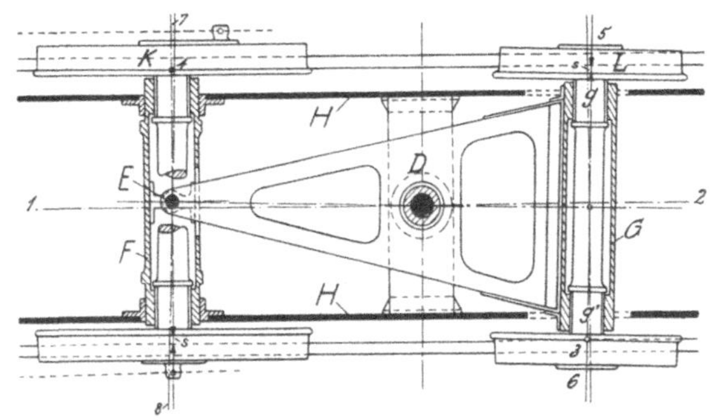

Abb. 61. Drehgestell Bauart Krauß-Helmholtz.

[1]) D. h. hier der Rahmen des Drehgestelles, da es sich um eine Lokomotive mit zwei Drehgestellen der Achsanordnung 1 B—B 1 handelt.

[2]) D. R. P. 43181 (Krauß & Co. A.G.). — Siehe auch v. Helmholtz: Die Ursachen der Abnutzung von Spurkränzen und Schienen in Bahnkrümmungen und die konstruktiven Mittel zu deren Verminderung. Z. V. d. I. 1888, S 353.

gelagert ist, das um den mit dem Hauptrahmen H, H fest verbundenen Drehzapfen D schwingen kann und dessen Spitze E mit dem Lagergehäuse F der Kuppelachse gelenkig verbunden ist. Ein Ausweichen der Laufachse aus der Rahmenmittellinie *1—2* nach der einen Seite bedingt daher geometrisch eine gleichzeitige Parallelverschiebung der Kuppelachse nach der anderen Seite. Das Lagergehäuse G der Laufachse ist dabei mit der Deichsel starr verbunden, so daß die Laufachse unveränderlich die Grundlinie des gleichschenkeligen Dreieckes gEg' bildet. — Anstatt mit dem Lagergehäuse F kann die Deichsel auch an einem auf der Achse unverschiebbar angebrachten dritten Achslager befestigt werden[1]). Auch ein Ersatz des Drehzapfens und damit des wirklichen Drehpunktes durch zwei am Hauptrahmen angebrachte kugelförmige Widerlager, deren Gleitstücke an der Deichsel angebracht sind, ist grundsätzlich möglich[2]).

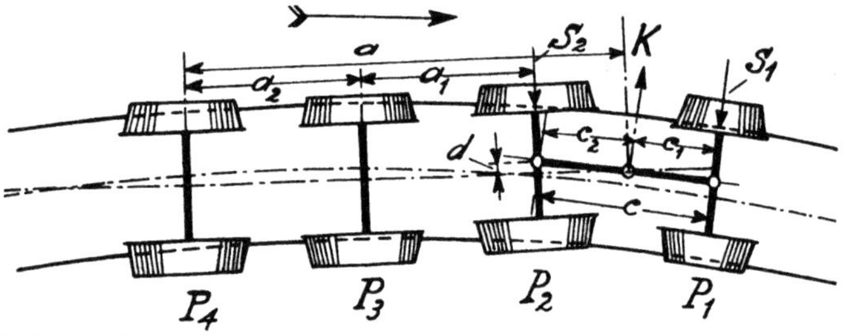

Abb. 62. Lauf einer Lokomotive mit Krauß-Helmholtz-Drehgestell in der Krümmung. (Drehgestell geschoben.)

Abb. 62 zeigt die Einstellung einer Lokomotive oder Lokomotivhälfte mit einem Krauß-Helmholtz-Drehgestell und insgesamt drei Triebachsen. Die Einstellung der zweiten und dritten Triebachse ist dieselbe wie bei einem zweiachsigen Gestell ohne Seitenverschiebung.

Die am Drehzapfen wirkende Kraft K ergibt sich nach den früheren Ausführungen zu

$$K = 2\,P_3\,\mu_2\,\frac{a_2}{a} + P_4\,\mu_2\,\frac{b}{a}\,, \tag{100}$$

sie verteilt sich auf die beiden führenden Spurkränze im Verhältnis $c_1 : c_2$. Die Seitendrücke der Spurkränze sind also

$$S_1 = P_1\,\mu_2 + \frac{c_2}{c}\,K\,, \tag{101}$$

$$S_2 = P_2\,\mu_2 + \frac{c_1}{c}\,K\,, \tag{102}$$

S_1 ist also um den Anteil $P_2\,\mu_2\,\frac{b}{c}$ geringer als bei dem zweiachsigen Gestell. Hieraus erklärt sich der ruhige Gang in Krümmungen der mit Gestellen dieser Bauart versehenen Lokomotiven.

Sollen S_1 und S_2 im gleichen Verhältnisse zu P_1 und P_2 stehen, so muß die Lage des Drehpunktes so bemessen werden, daß $\frac{c_2}{c_1} = \frac{P_1}{P_2}$ ist. Da aber bei der Laufachse der Anlaufwinkel des Spurkranzes gegen die Schiene kleiner ist als bei der Kuppelachse, so ist bei ersterer mehr Seitendruck und demgemäß eine Verlegung des Drehpunktes weiter nach vorn zulässig.

Die Verschiebung d der ersten Kuppelachse ist im ungünstigsten Falle, wenn $z = \frac{a_2}{2}$

$$d = \frac{\left(a - \frac{a_2}{2}\right) c_2}{R}\,. \tag{103}$$

Beim Rückwärtsgang läuft die hintere Kuppelachse *4*, in scharfen Krümmungen, wenn $R \leqq \frac{(a_1 + a_2)^2}{4s}$ ist, auch die vordere Kuppelachse *2* und die Laufachse *1* an die innere Schiene an (Abb. 63). Die

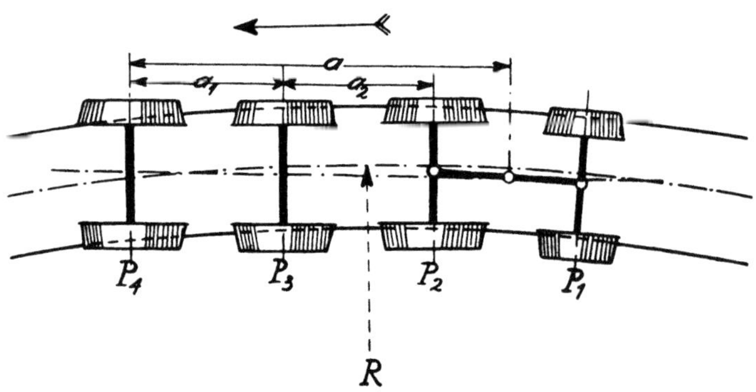

Abb. 63. Lauf einer Lokomotive mit Krauß-Helmholtz-Drehgestell in der Krümmung. (Drehgestell gezogen.)

[1]) Dieses dritte Achslager wird unvermeidlich, wenn beim Antrieb der Kuppelachse eine diese umschließende Hohlwelle (siehe S. 103ff.) verwendet wird. Letztere besteht dann aus zwei getrennten Teilen, zwischen denen auf dem mittleren Teil der Triebachse das Halslager angebracht ist (siehe Bergmann Mitt. 1926, S. 74).

[2]) D. R. P. 57886 (Krauß & Co. A.G.).

für scharfe Krümmungen zulässigen Achsstände dürfen nicht so groß sein, daß die Triebachse *3* an die innere Schiene gedrängt wird. Der Seitendruck S_4 der führenden Hinterachse ist nach Gl. (97) zu berechnen und fällt in der Regel kleiner aus als bei einstellbaren Laufachsen nach Bissel oder Adams.

Die statische Einstellung der Lokomotivräder in Krümmungen wie überhaupt die Beurteilung, ob eine Lokomotive gegebener Radanordnung eine Krümmung von gegebenem Minimalradius zwängungsfrei durchfahren kann, gelingt am einfachsten mit Hilfe des von E. Roy angegebenen graphisch-rechnerischen Verfahrens[1]), dessen Grundlagen die folgenden sind:

Der totale Abstand $2s$ zwischen den Radreifen (Spurkränzen) und den Schienenköpfen setzt sich zusammen aus dem auch in der Geraden vorhandenen Spurkranzspiel von etwa 10 bis 12 mm und der in der Krümmung vorgeschriebenen Spurerweiterung, deren Größe entweder der Tabelle auf S. 53 entnommen oder nach der nachstehenden empirischen Formel

$$e^{mm} = \frac{(1000 - R^m)^2}{30000} \tag{104}$$

berechnet werden kann.

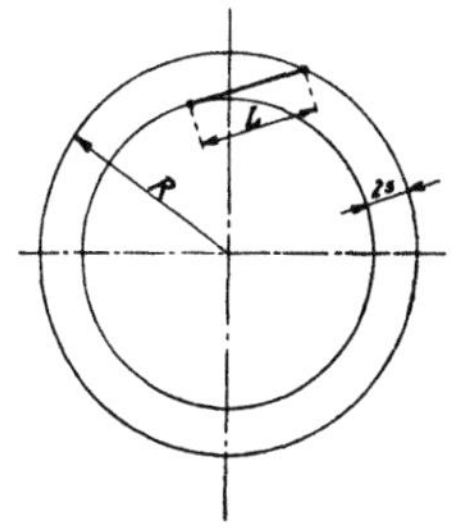

Abb. 64. Grundlage des Royschen Verfahrens.

Ist L der feste Radstand der Lokomotive und R der Krümmungsradius, dann ist (nach Abb. 64)

$$L^2 = 4s(R - s) \tag{105}$$

oder mit Vernachlässigung von $4s^2$ als sehr klein gegenüber R und L^2

$$L^2 = 4Rs$$

oder

$$2s = \frac{L^2}{2R}. \tag{106}$$

Um die zeichnungsmäßige Darstellung der Verhältnisse zu erleichtern oder besser zu ermöglichen, müssen die einzelnen Größen $2s$, L und R in verschiedenem Maßstab, d. h. gegenüber ihrem wirklichen Verhältnis verzerrtem Maßstab eingetragen werden. Diese neuen Größen seien $2s_z$, L_z und R_z, die zu s, L, R in folgenden allgemeinen Beziehungen stehen:

$$L_z = \frac{L}{n}, \tag{107}$$

$$R_z = \frac{R}{m}, \tag{108}$$

$$2s_z = \frac{2s}{r}. \tag{109}$$

Dabei sind immer zwei der Größen m, n oder r frei wählbar, die dritte ergibt sich zwangsläufig aus Gl. (106). Ist beispielsweise $r = 1$, d. h. sollen die Abweichungen der einzelnen Achsen von der Fahrlinie in Naturgröße erscheinen, dann ergibt sich m, wenn allgemein $L_z = \frac{L}{n}$ ist, aus der Beziehung

$$\frac{\left(\frac{L}{n}\right)^2}{\frac{2R}{m}} = \frac{L^2}{2R} = 2s, \tag{110}$$

also

$$m = n^2.$$

Wenn also der Radstand in $^1/_8$, $^1/_{10}$, $^1/_{12}$, $^1/_{15}$ usw. der natürlichen Größe dargestellt wird, dann muß der Krümmungsradius in $^1/_{64}$, $^1/_{100}$, $^1/_{144}$, $^1/_{225}$ usw. seiner wahren Länge dargestellt werden, wenn die Abweichungen in Naturgröße erscheinen sollen. Fallen dabei die Krümmungsradien noch zu groß aus, dann nimmt man $r = 2$ an, d. h. die Abweichungen erscheinen um die Hälfte verkleinert, und der Krümmungsradius wird in $^1/_{128}$, $^1/_{200}$, $^1/_{288}$ usw. und der Radstand in $^1/_{16}$, $^1/_{20}$, $^1/_{24}$ usw. seiner wahren Länge dargestellt.

Um nun die Kurvenbeweglichkeit einer Lokomotive bestimmter Achsanordnung zu untersuchen, zeichnet man die beiden konzentrischen Kreisbögen (Abb. 64) mit R_z als mittleren Radius im gegenseitigen Abstand von $2s_z$ voneinander auf und denkt sich die Radsätze auf die Vertikalebene in Richtung der Fahrzeugachse projiziert. Man kann dann aus der Zeichnung unmittelbar ablesen, ob ein Radsatz innen oder außen anläuft, welche Radsätze zusätzliches

[1]) R. G. C. F. 1884, S. 153.

Seitenspiel erhalten müssen und wie groß der Ausschlag sein muß, den die als Bissel- oder Adams-Achsen ausgeführten Laufachsen oder die aus letzteren zusammen mit den benachbarten Triebachsen gebildeten Drehgestelle ausführen bzw. erhalten müssen.

Zusätzliches Seitenspiel kann in Form schwächer gedrehter Spurkränze oder in Form spezieller seitenverschiebbarer Achsen ausgeführt werden. Die letztere Ausführungsform wird bei führenden Radsätzen zur Notwendigkeit, wenn die Größe des auf Grund des Royschen Verfahrens erforderlichen Seitenspiels 10 bis 15 mm übersteigt, die das äußerste Maß der Radkranzschwächung aus Festigkeitsgründen darstellen. Ein Radsatz zwischen zwei im Rahmen festgelagerten Radsätzen kann hingegen gemäß der amerikanischen Praxis spurkranzlos ausgeführt werden, wenn die Auflagebreite des Radreifens auf der Schiene bei der schärfsten Krümmung noch wenigstens 45 mm beträgt.

Die „Technischen Vereinbarungen" des Vereins Deutscher Eisenbahnverwaltungen haben eine solche Form von Radreifen und Schienenkopf festgelegt, daß eine Berührung zwischen beiden in einem senkrechten Abstand von 14 mm unter Laufkreis eintritt. Es ist also bei Ermittlung der Kurvenbeweglichkeit von Lokomotiven nicht mit einem Berührungspunkt in Achsmitte, sondern mit einem um den Betrag *a* beiderseits der Achsmitte verschobenen Anlaufpunkt zu rechnen. Die Größe von *a* ist dem Raddurchmesser proportional. In Abb. 65 ist nach dem Royschen Verfahren die Kurvenbeweglichkeit einer 1D1-Lokomotive ermittelt, deren Laufachsen als Bissel-Achsen mit 2000 mm Deichsellänge ausgeführt sind. Es ergibt sich für diese ein Ausschlag von 60 mm, und für die benachbarten Triebachsen ein Seitenspiel von 8 mm, damit diese als Hinterachsen nach innen durchlaufen können, d. h. durch Anlegen ihres Spurkranzes an den äußeren Schienenstrang den Seitenschub direkt auf diesen übertragen.

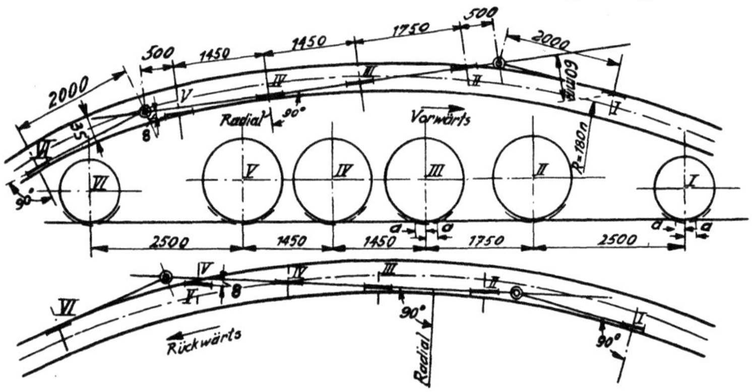

Abb. 65. Untersuchung des Bogenlaufes für eine 1D1-Lokomotive mit vorderer und hinterer Bisselachse nach dem Royschen Verfahren.

Das Krauß-Helmholtz-Drehgestell hat sich beim Befahren von Geleisekrümmungen vollständig bewährt. Bei der Fahrt in der Geraden mit der Laufachse voran dagegen hat es den grundsätzlichen Mangel, daß es sich in seiner normalen Mittelstellung im labilen Gleichgewicht befindet und sich deshalb innerhalb der durch die Spurkranzspielräume *s* gegebenen Grenzen im Geleise zu ecken oder zu spießen sucht. In Abb. 61 ist dieser Zustand bereits der Deutlichkeit halber in übertriebenem Grade dargestellt. Die Lage des Gestelles ist dabei lediglich durch die Berührungspunkte *3* und *4* der Spurkränze mit der rechten und linken Schiene bestimmt. Die Kuppelachse behält, wenn auch etwas nach links verschoben, ihre zum Geleise rechtwinklige Stellung, die Laufachse dagegen muß sich nach der Mittellinie *5*—*6* einstellen, nimmt also eine gegen die rechte Schiene zu gerichtete Neigung zum Geleise ein. Einmal in diese Lage geraten, kann sich das Gestell nicht aus eigener Kraft aus derselben befreien. Da die Kuppelachse ungehindert rechtwinklig zu ihrer Mittellinie weiterrollen kann, so hat sie keinerlei Bestreben, ihre Stellung zu verlassen und die Laufachse zu beeinflussen, die letztere drängt also infolge der Neigung zum Geradeausrollen fortgesetzt gegen die rechte Schiene an, bis sie durch äußere Einflüsse, wie etwa eine nach rechts ablenkende Bahnkrümmung, zum Anlaufen nach der anderen Seite veranlaßt wird.

Bei genau richtiger Montage wird das Spießen des Krauß-Helmholtz Drehgestelles in den geraden Geleisestrecken abwechselnd gleichviel nach rechts wie nach links erfolgen, so daß irgendwie erhebliche Nachteile im Betrieb nicht auftreten, da die fehlerhafte Schrägstellung der Laufachse anfänglich nur gering ist, bei dem üblichen Spielraum neuer Spurkränze von $s = 10$ mm und einem Gestellradstand von rund 2,5 m z. B. nur $\frac{10}{2500}$ beträgt entsprechend einer Neigung 1 : 250. Erfahrungsgemäß genügen jedoch geringe, kaum nachweisbare Montagefehler, um das Spießen stets nach derselben Seite eintreten zu lassen, wodurch mit der Zeit eine unverhältnismäßig starke, mit wachsendem *s* immer schneller zunehmende Abnützung des betreffenden

Laufradspurkranzes eintritt, während der Spurkranz auf der anderen Seite unversehrt bleibt.

Bei den späteren Ausführungen des Krauß-Helmholtz Drehgestelles ist daher das Lagergehäuse der Laufachse mit der Deichsel nicht fest, sondern drehbar verbunden[1]). Die Drehbarkeit des Lagergehäuses ist durch Anschläge begrenzt, die an der Deichsel vorgesehen sind. Die Laufachse kann gegenüber der Deichsel geringe Schrägstellungen einnehmen. Beim Befahren von Geleisekrümmungen kommt einer der Anschläge gegen das Gehäuse der Laufachse zum Anliegen, womit eine zwangläufig wirkende Verbindung zwischen Deichsel und Laufachse hergestellt ist. Abb. 66 veranschaulicht die Anordnung im Grundriß.

Danach ist also das Lagergehäuse G der Laufachse nicht starr, sondern durch den über der Längsmitte der Laufachse liegenden Zapfen J gelenkig mit der Deichsel verbunden. Vorn an letzterer sind zwei Anschläge A vorgesehen, welche um Spielräume σ von dem Gehäuse G abstehen und die Drehbarkeit zwischen Deichsel und Laufachse begrenzen. Die Spielräume σ gestatten der Laufachse, geringe Schrägstellungen gegenüber der Deichsel einzunehmen. Ein zwangläufiges Mitnehmen der Laufachse durch die Deichsel tritt erst ein, wenn beim Befahren von Geleisekrümmungen einer der Anschläge A nach Überschreiten des Spielraumes σ zum Anliegen gegen das Lagergehäuse G gekommen ist.

Damit bei Lauf in der Geraden, bei dem das Gestell in seiner Mittellage oder doch in einer dieser Mittellage unmittelbar benachbarten Stellung sich befindet, also keiner der Anschläge A anliegt, die Laufachse in ihrer Normalstellung, d. h. in einer zur Mittellinie des Fahrzeuges genau rechtwinkligen Stellung verbleibt und nicht allzu freie Pendelbewegungen innerhalb der Spielräume ausführt, sind zwei an den Hauptrahmen H befestigte Widerlager M vor dem Lagergehäuse vorgesehen, gegen die das Lagergehäuse G angedrückt wird. Dieses Andrücken erfolgt in Abb. 66 durch eine Feder N, die sich mit ihrer Mitte gegen den Gestelldrehzapfen D, also einen mit dem Hauptrahmen H fest verbundenen Punkt, stützt und mit ihren Enden die Deichsel einschließlich der Laufachse nach vorn zu ziehen sucht. Um diesem Zug nachgeben zu können, ist die Deichsel an den Lagern der Zapfen D und E in Schlitzen geführt, die eine Längsverschiebung gestatten. An Stelle der gezeichneten Blattfeder kann natürlich auch eine entsprechend angeordnete Schraubenfeder treten.

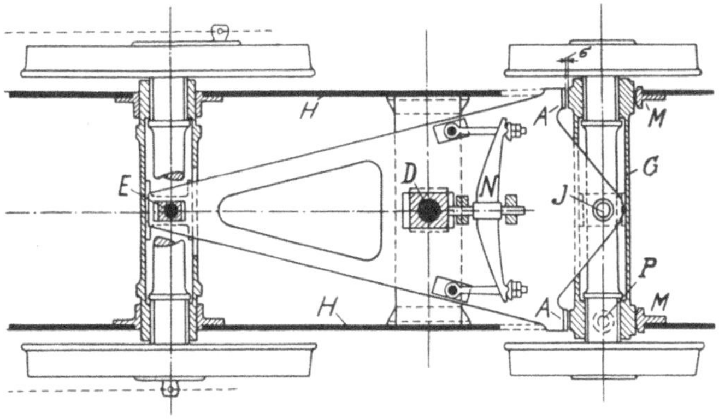

Abb. 66. Drehgestell Bauart Krauß-Helmholtz.

Die Spielräume σ sind so zu bemessen, daß die Laufachse innerhalb der durch die Geleisespielräume s zugelassenen Verschiebungen sich parallel bleibt. Hierzu wird unter gewöhnlichen Verhältnissen das geringe Maß von etwa 3 mm genügen. Erst bei größeren Verstellungen der Deichsel, wie sie nur beim Befahren von Krümmungen vorkommen, sollen die Anschläge A in Wirkung treten und wie bei der Bauart nach Abb. 61 ein zwangläufiges Einstellen der Achse bewirken. Hierbei bleibt das Lagergehäuse G nur mit einem der Widerlager M, und zwar mit demjenigen auf der äußeren Seite der Geleisekrümmung, in Berührung, während es sich von dem anderen nach rückwärts entfernt. Das ganze Gestell muß sich demnach dabei etwas nach hinten verschieben, welcher Bewegung nichts im Wege steht, weil die Lager der Zapfen D und E in Längsschlitzen verschiebbar sind. Die Kraft der Feder N, die jetzt noch etwas weiter angespannt wird, sucht dabei das Gestell um das äußere Widerlager M zurückzudrehen, sie wirkt also im Sinne einer die Wiederherstellung der normalen Mittellage anstrebenden Rückstellvorrichtung.

Das Krauß-Helmholtzsche Drehgestell hat mehrere nicht uninteressante Modifikationen erfahren. Bei der sogenannten Winterthurer Bauart[2]) (Schweiz. Lokomotiv- und Maschinen-

[1]) D. R. P. 214896, Schweiz. P. 47204 (Krauß & Co. A.G.). — Siehe auch R. v. Helmholtz: Kurvenbewegliche Lokomotiven. Z. V. d. I. 1906, S. 1553.

[2]) Angewendet bei den 1E1-Lokomotiven (Reihe 151) der B. L. S. (Schweiz. Bauz. 1914, I, S. 22f; E. u. M. 1913, S. 959); bei den 1D1-Lokomotiven Nr. 301 und 302 und Reihe 351 und 353 der Rh. B. (E. u. M. 1919, S. 250) u. a.

fabrik Winterthur), die Abb. 67 zeigt, erfolgt die Anlenkung der Deichsel seitlich neben und nicht senkrecht unter der Triebachse, und zwar mittels eines horizontal gelagerten Kugelzapfens unter entsprechender Ausbildung der die Achslager verbindenden Traversen. Die Rückstellvorrichtung besteht in einem durch Spannbolzen verbundenen Blattfederpaar.

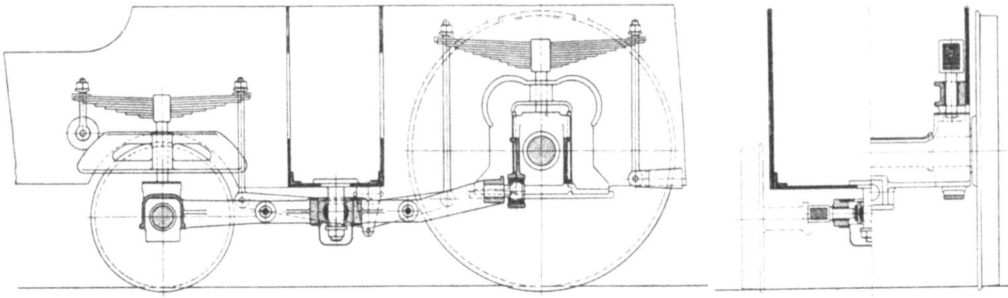

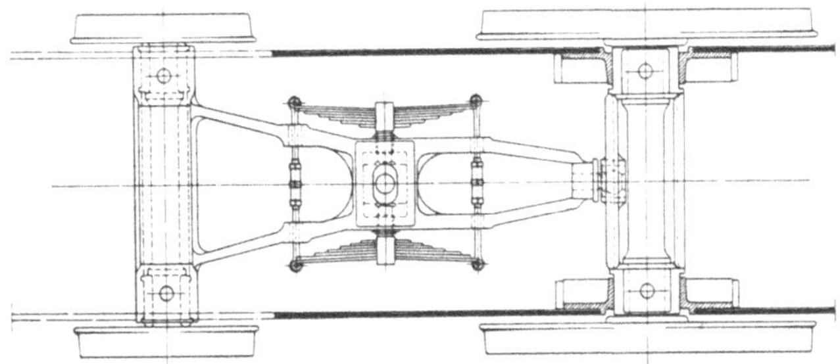

Abb. 67. Drehgestell Bauart Krauß-Winterthur.

Vornehmlich in Italien wird die von G. Zara herrührende, unter dem Namen Italienisches Drehgestell (carrello italiano) bekannte Bauart verwendet, die Abb. 68 zeigt[1]). Lauf- und Triebradsatz sind hier scheinbar in einem eigenen gemeinsamen Rahmen gelagert, der sich im vorderen Teile auf die Federn der Laufachse, im hinteren Teile auf die querliegende Feder des Triebradsatzes abstützt, die an den besonders ausgebildeten Achslagergehäusen des letzteren angehängt

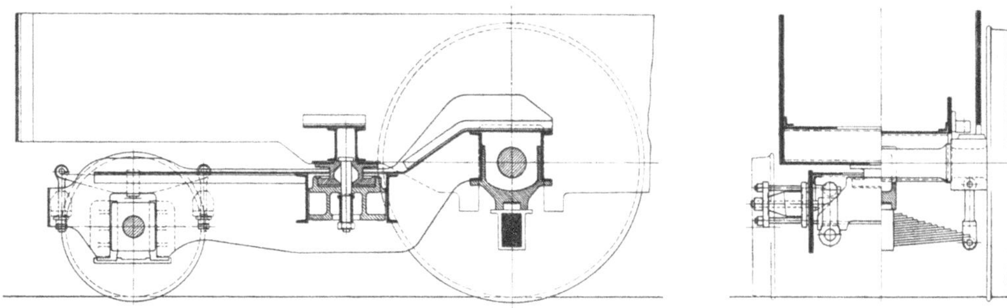

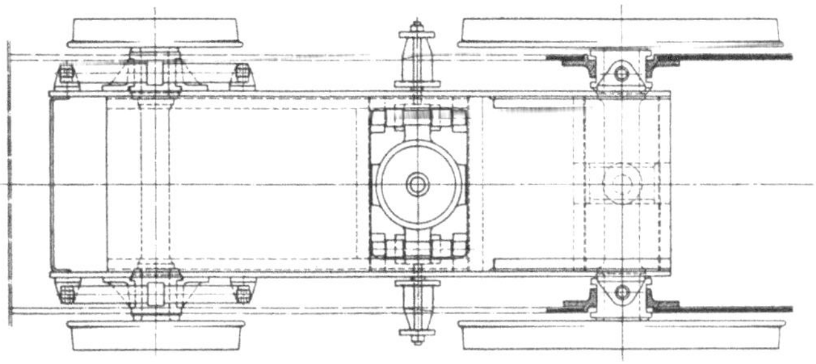

Abb. 68. Drehgestell Bauart Zara (carrello italiano).

[1]) Siehe auch Z. V. d. I. 1912, S. 500. — Angewendet bei den 1C1-Lokomotiven Gruppe E 360, E 380, E 390, E 320, E 321, E 330, E 333 und den 1D1-Lokomotiven Gruppe E 431, E 432, E 470, E 471 und E 472 der FF. SS und bei den 1C1-Lokomotiven (Reihe 364) der S. B. B. (Simplon).

ist. Im Drehpunkt des Gestelles stützt sich der Hauptrahmen mittels lotrechter Pendeln ab, die die Seitenverschiebung ermöglichen und zur Beruhigung beim Lauf in der Geraden mit Rückstellfedern in Form zweier Wickelfedern versehen sind.

Beim Drehgestell der Firma J. A. Maffei in München[1]) stützt sich der Hauptrahmen zusätzlich mittels zweier Stützzapfen mit kugeliger Sitzfläche auf Lagerpfannen des Deichselgestellrahmens, während das Gestell wie üblich durch einen Drehzapfen geführt wird, der außerhalb der Stützzapfenebene liegt. Die Rückstellvorrichtung besteht aus Federn und aus einer durch Bolzen geführten Traverse. Letztere wird durch die Federn gegen einen am Drehgestellrahmen sitzenden Anschlag gedrückt und sucht nach dem Ausschwingen des Rahmens diesen wieder in seine Mittellage zu bringen. Die Beweglichkeit des Gestelles bleibt dadurch unbeeinflußt. Die Deichselspitze ist gegen die Kuppelachse und deren Lager mit Tragfedern abgestützt. Das hintere Ende des Drehgestellrahmens ruht auf den Lagern der Laufachse mittels Tragfedern. Letztere, die in der früher beschriebenen Art mit den Federn der Triebachse durch Ausgleichshebel verbunden sein können, könnten nötigenfalls neben einer Federung zwischen den Laufachsbuchsen und dem Deichselgestell verwendet werden[2]).

O. Kjelsberg hat die Triebachse als Klien-Lindnersche Hohlachse (s. Abb. 78) ausgebildet[3]) und damit auch dieser neben der Seitenverschiebbarkeit auch die Möglichkeit der Radialeinstellung ergeben.

Die L.H.L.A.G. hat später ein Drehgestell entwickelt, bei dem die Triebachse von der sich radial einstellenden Laufachse durch einen Hebelmechanismus gleichfalls in die Radialstellung gebracht wird[4]).

Die letztere Konstruktion ist gewissermaßen auch durch den Außenrahmen bedingt, der die übliche Anlenkung der Deichsel wenigstens an einem die Triebachslager verbindenden Bügel unmöglich macht. Wird die Triebachse durch einen Motor in Tramaufhängung (s. S. 100) angetrieben, dann ist es allerdings möglich, den Motor mit Führungsbacken zu versehen, zwischen die die Deichsel mittels Kugelzapfen und Führungsstein eingreift[5]).

Strenggenommen ist die Bezeichnung Drehgestell für die Bauart Krauß-Helmholtz und seine hier beschriebenen Abarten nicht zutreffend, da die beiden Achsen verschiedenen Gestellen angehören. Man hat es hier vielmehr mit einer speziellen Ausführung einer Bissel-Achse zu tun, deren Lauffähigkeit in der Geraden gegenüber der Normalausführung dieselbe ist, während sich der Kurvenlauf und besonders das Einfahren in die Kurve durch die seitliche Verschiebbarkeit und allenfalls radiale Einstellbarkeit der Triebachse verbessern.

Die wirkliche Vereinigung von Trieb- und Laufachse zu einem Drehgestell, d. h. die Lagerung beider Achsen in einem gemeinsamen Gestell führt zu Konstruktionen, bei denen einerseits auf die Seitenverschiebbarkeit der Triebachse zugunsten der Radialeinstellung derselben bewußt verzichtet wird und die andererseits den Einzelachsantrieb zur Voraussetzung haben. Dabei kann der Antriebsmotor der Triebachse im Drehgestellrahmen[6]) oder im Hauptrahmen gelagert sein.

Die letztere Bauart verdient den Vorzug, da das Drehgestell verhältnismäßig leicht ausgeführt werden kann[7]); sie hat naturgemäß zur Voraussetzung, daß die Verbindung zwischen Motor und Triebrad durch eine allseitige Kupplung erfolgt, die sowohl das Federspiel zwischen den Triebrädern und Hauptrahmen als auch die Schiefstellung des Drehgestelles gegenüber dem Hauptrahmen aufnehmen kann.

Abb. 69 zeigt die konstruktive Durchbildung des Drehgestelles. In vorteilhafter Weise ist hier die Anordnung des Drehzapfens unmittelbar hinter der Triebachse möglich, wodurch geringe Spurkranz- und Schienenabnützung erreicht wird.

Bei Kurven mit kleinem Krümmungsradius ergibt sich aus der Lagerung des Motors im Hauptrahmen die Notwendigkeit, den Seitenausschlag der zugehörigen Triebachse zu begrenzen, um zu verhindern, daß sie in den Hauptrahmen schlägt. Damit nun aber die Laufachse gleichwohl, d. h. nach erfolgtem und begrenztem Ausschlag der Triebachse den Schienen in den Krüm-

---

[1]) D. R. P. 254547, Z. V. d. I. 1917, S. 288. [2]) D. R. P. 384958 (S. S. W.).
[3]) Schweiz. P. 63740 (O. Kjelsberg). [4]) D. R. P. 412346 (L. H. L. A.G.)
[5]) Schweiz. P. 84552, D. R. G. M. 683798 (B. E. W.).
[6]) Schweiz. P. 107119 (S. L. M. W.). — Angewendet bei den 1 $D_0$1-Lokomotiven (Reihe E 466) der Tschechoslowakischen Staatsbahnen. Siehe auch F. P. 440580 (Westinghouse) und Schweiz. P. 112147, F. P. 588374 (S. A. A. S.).
[7]) D. R. P. 390341, U. S. A. P. 1551975, Schweiz. P. 102900, F. P. 560116, It. P. 216203 (J. Buchli). — Angewendet bei den 1$D_0$1-Lokomotiven Reihe 7000 der Japan. Staatsbahnen, Reihe 3001 der Niederländisch-Indischen Staatsbahnen (BBC-Mitt. 1926, S. 187), Reihe 1570 (E. u. M. 1926, S. 369; ETZ 1925, S. 374) und 1670 der Ö. B. B. und bei der 2$C_0$1-Lokomotive Nr. 4000 $\frac{EA}{1}$ der Great Indian Peninsula Ry (Schweiz. Bauz. 1927, I, S. 174).

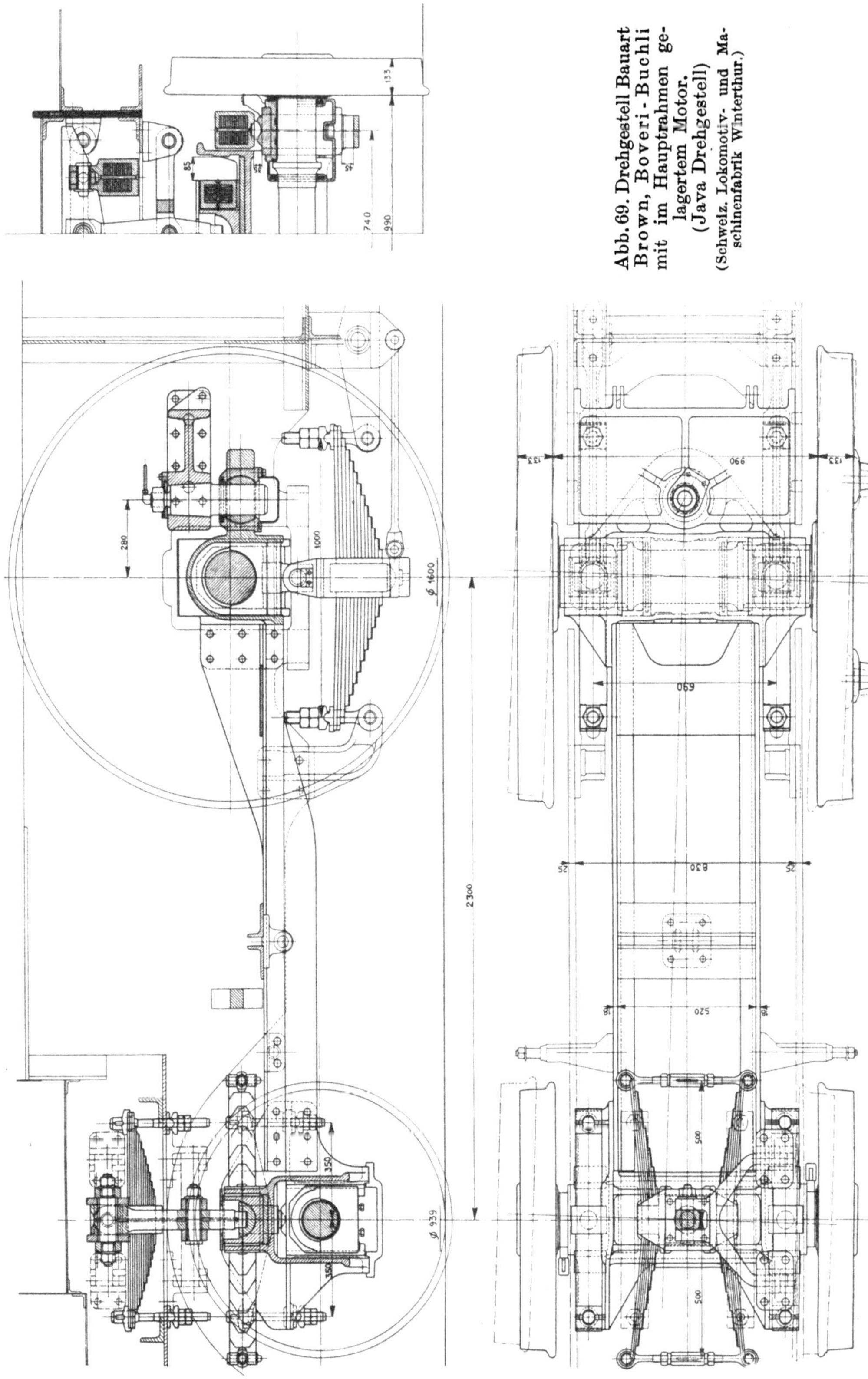

Abb. 69. Drehgestell Bauart Brown, Boveri-Buchli mit im Hauptrahmen gelagertem Motor. (Java Drehgestell) (Schweiz. Lokomotiv- und Maschinenfabrik Winterthur.)

mungen folgen kann und durch die Triebachse an ihrem Ausschlage nicht gehemmt wird, hat M. Weiß, Obermaschineningenieur bei der Generaldirektion der S.B.B. in Bern, vorgeschlagen, die Laufachse durch Ausführung als Adams- oder Bissel-Achse individuell seitlich verschiebbar

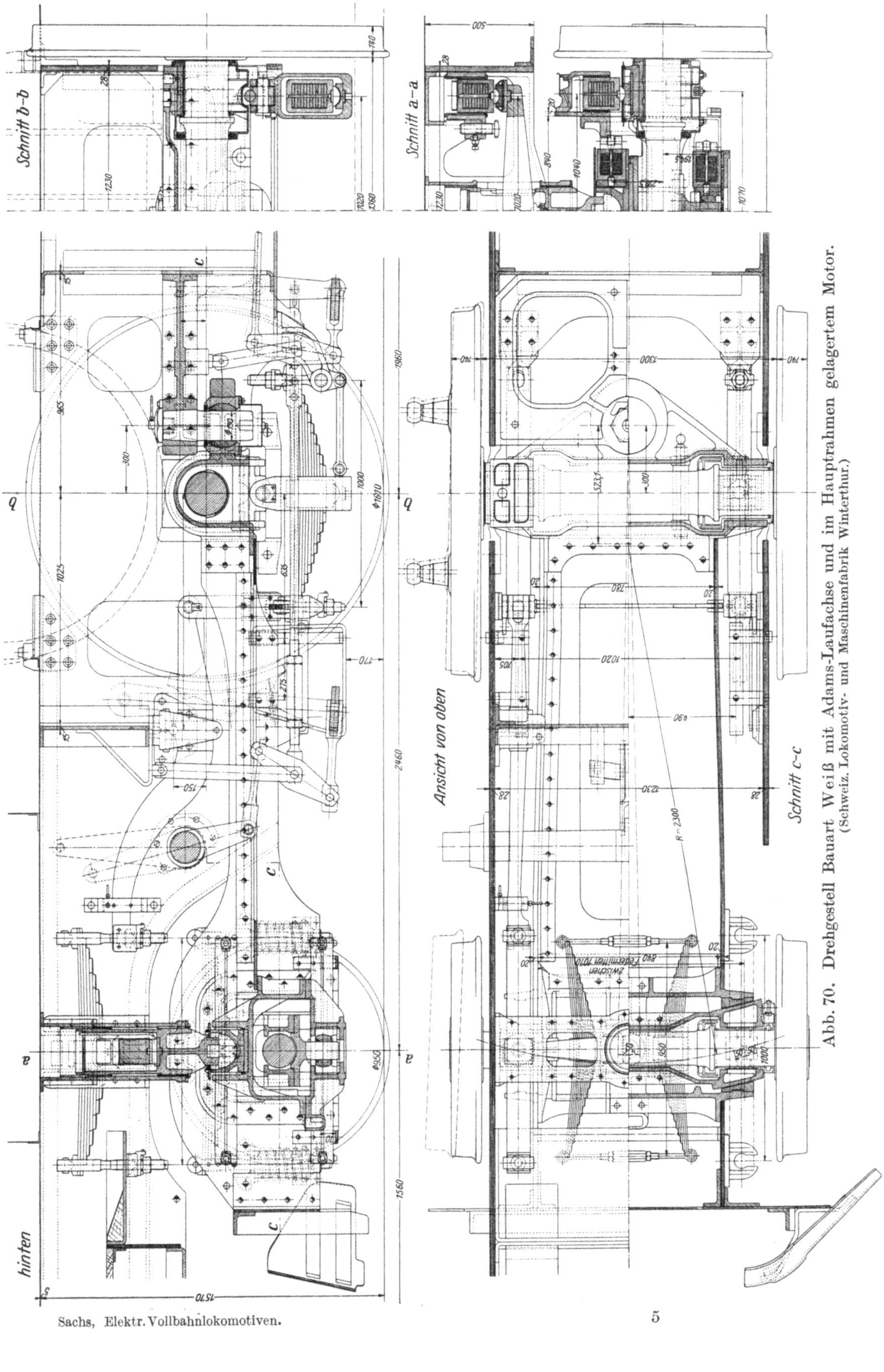

Abb. 70. Drehgestell Bauart Weiß mit Adams-Laufachse und im Hauptrahmen gelagertem Motor.
(Schweiz. Lokomotiv- und Maschinenfabrik Winterthur.)

zu machen[1]). Abb. 70 zeigt im Aufriß, Grundriß und Kreuzriß ein solches aus der Anordnung nach Abb. 69 abgeleitetes Drehgestell. Der Drehpunkt ist wieder auf der inneren Seite des Drehgestells zwischen der in demselben gelagerten Triebachse und der ersten Triebachse des Hauptrahmens, der Stützpunkt des Hauptrahmens auf dem Drehgestell über der als Adams-Achse ausgeführten Laufachse angeordnet. Der Druckausgleich zwischen den Tragfedern des Drehgestellrahmens und des Hauptrahmens erfolgt in der üblichen Weise

d) **Zweiachsige Laufdrehgestelle.** Die Vereinigung, d. h. gemeinsame Lagerung zweier Laufachsen im gemeinsamen Rahmen führt zur Bauart des zweiachsigen Laufdrehgestells oder kurz „amerikanischen Drehgestells". Mit diesen Gestellen ausgerüstete Lokomotiven nehmen in Krümmungen, wie Abb. 71 zeigt, bei vorlaufendem Gestell eine solche Stellung ein, daß nur die vordere Gestellachse führt. Die hintere Gestellachse läuft wegen der Kleinheit des Radstandes des Gestelles stets radial gerichtet. Die von den festgelagerten Triebachsen eingenommenen Stellungen sind um so günstiger, je mehr sich der Spurkranz der ersten Triebachse infolge der Seitenverschiebung des Führungszapfens dem äußeren Schienenstrang zu nähern vermag.

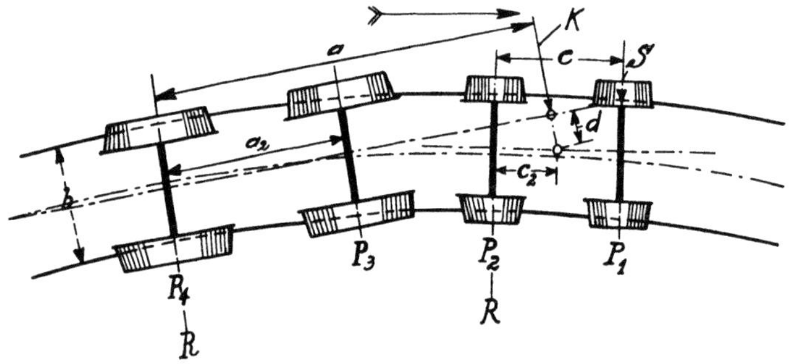

Abb. 71. Lauf einer Lokomotive mit zweiachsigem Laufdrehgestell in der Krümmung.

Die auf den Drehzapfen wirkende rückführende Kraft K ist in scharfen Krümmungen nach Gl. (100)

$$K = 2\,P_3\mu_2\frac{a_2}{a} + P_4\mu_2\frac{b}{a}, \tag{111}$$

die sich auf die vordere Gestellachse im Hebelverhältnis $\frac{c_2}{c}$ überträgt. Da der zur eigenen Führung des Gestelles nötige Seitendruck des führenden Spurkranzes sich wieder nach Gl. (93) zu $P_1\mu_2 + P_2\mu_2\frac{b}{c}$ ergibt, ist der gesamte Seitendruck

$$S = P_1\mu_2 + P_2\mu_2\frac{b}{c} + \frac{c_2}{c}\left[2\,P_3\mu_2\frac{a_2}{a} + P_4\mu_2\frac{b}{a}\right]. \tag{112}$$

Angenommen, es sei

$$P_1 = P_2 = 0{,}6\,P_3 = 0{,}6\,P_4,\quad \mu_2 = \frac{1}{4},\quad \frac{b}{c} = 0{,}75,\quad \frac{a_2}{a} = 0{,}4 \quad \text{und} \quad \frac{b}{a} = 0{,}23,$$

so ergibt sich

$$S = P_1\left(0{,}44 + 0{,}43\,\frac{c_2}{c}\right) \tag{113}$$

und für $c_2 = \frac{c}{2}$

$$S = 0{,}655\,P_1.$$

Gl. (113) läßt namentlich den Einfluß der Lage des Drehzapfens auf die Größe des Spurkranzdruckes deutlich erkennen. Bei der Drehzapfenanordnung in der Mitte zwischen beiden Achsen ist der Seitendruck des führenden Spurkranzes verhältnismäßig groß. Eine wesentliche Verringerung desselben wäre durch Verlegung des Zapfens nach der Hinterachse möglich. Für $\frac{c_2}{c} = \frac{1}{4}$ ergibt sich beispielsweise $S = 0{,}55\,P_1$. Doch kann von dieser Maßnahme bei Lokomotiven, die in beiden Fahrtrichtungen laufen sollen, kaum Gebrauch gemacht werden. Ferner kann, wie ersichtlich, der Seitendruck S verringert werden durch Verkleinerung der Werte $\frac{b}{c}$ und $\frac{a_2}{a}$, also durch großen Radstand der Drehgestelle und Lagerung der Triebachse möglichst nahe der Hinterachse. Die Seitenbeweglichkeit d des Drehzapfens ist unter der Voraussetzung, daß die hintere Kuppelachse gerade innen anläuft, aber noch radial gerichtet bleibt, annähernd

$$d = \frac{a^2}{2\,R} - 2\,s \tag{114}$$

oder beispielsweise für $R = 500$, $2\,s = 10$ mm und $a = 6{,}5$ m wird $d = 32$ mm. Die Seitenbeweglichkeit nennenswert größer zu machen, ist konstruktiv schwierig.

[1]) E. P. 263104 (S. L. M. W.). — Angewendet bei den $2D_01$-Lokomotiven (Reihe 10901) der S. B. B. (siehe S. 439ff. dieses Buches).

Das Verhalten zweiachsiger Drehgestelle bei Rückwärtsfahrt ist ganz ähnlich wie das einstellbarer Laufachsen. Wie bei diesen besteht die günstige Wirkung auf die Sicherheit der Führung durch die Hinterachse[1]).

Die Verwendung führender zweiachsiger Drehgestelle wird wenigstens nach den „Technischen Vereinbarungen" des Vereins Deutscher Eisenbahnverwaltungen bei Lokomotiven mit größerer Geschwindigkeit als 80 km/h zur Regel. Diese Drehgestelle bilden, wie oben bereits angedeutet, ein eigenes Maschinengestell mit eigenem, fast immer als Innenrahmen ausgeführten Blechrahmen, der aus zwei Längsträgern und den zur Versteifung dienenden Querblechen besteht und von den Federn der Drehgestellräder getragen wird.

Die Tragfedern sind zumeist unabhängig voneinander angeordnet und bestehen dann in der Regel aus zwei durch eine Blattfeder verbundenen Wickelfedern. Bei manchen Ausführungen sind nur zwei Mittelfedern vorhanden, die an einem der die beiden Achslager jeder Seite verbindenden Längsbalken aufgehängt werden.

Der Hauptrahmen der Lokomotive stützt sich entweder mittels des Drehzapfens allein und zusätzlich mittels seitlicher Druckstützen auf das Drehgestell ab. Erstere Anordnung ist namentlich in Amerika verbreitet. Drehzapfen und Druckstützen sind in der Konstruktion von den bereits beschriebenen Formen (s. S. 42) grundsätzlich nicht verschieden, außer daß den Pfannen der seitlichen Druckstützen, deren Entfernung bei innenliegenden Rahmen zwischen 900 bis 1000 mm schwankt, und auch häufig dem Drehzapfen selbst eine seitliche Bewegungsmöglichkeit mittels gut geschmierter Gleitplatten gegeben wird.

Der Radstand der Drehgestelle schwankt zwischen 1500 und 2500 mm und ist durch die gewünschte Lastverteilung und sonst durch konstruktive Rücksichten (Unterbringung der Stützpunkte, der Drehgestellbremse mit oder ohne eigenen Bremszylindern) gegeben. Der Ausschlag der Drehgestellmitte, der bei verschiebbarem Drehgestell zwischen 60 bis 100 mm schwankt, wird durch Anschläge am Hauptrahmen begrenzt.

Die Rückstellung wird entweder mittels Pendelwiege, wie sie beim Zara-Drehgestell (Abb. 68) bereits beschrieben wurde, und die, nebenbei bemerkt, infolge der gegenseitigen lotrechten Bewegung von Drehgestell und Hauptrahmen die Verwendung seitlicher Stützzapfen ausschließt, oder mittels Keilflächen oder am häufigsten wieder durch Federkraft in Form von Blatt- oder Spiralfedern bewirkt, in deren Ausbildung gegenüber den Rückstellvorrichtungen der Deichselgestelle kein grundsätzlicher Unterschied besteht, es sei denn, daß die angewendeten Vorspannungen im allgemeinen etwas größer sind.

Abb. 72 zeigt im Schnitt ein zweiachsiges Drehgestell üblicher Bauart mit Federrückstellung.

Den zweiachsigen Drehgestellen haftet der Nachteil an, daß die früher erörterte hin- und hergehende Schlingerbewegung der beiden Radsätze gegenläufig ist, weil das Drehgestell um den Drehzapfen schwenkbar angeordnet ist. Beim Befahren von Kurven dagegen verschwindet das Schlingern, besonders bei hoher Fahrgeschwindigkeit, weil sich beide Spurkränze an die äußere Fahrschiene dicht anlegen. Soll nun das Schlingern bei Fahrt in der Geraden verhindert oder gedämpft werden, so kann dies durch eine Vorrichtung erzielt werden, welche das Bestreben hat, das um den Drehzapfen schwankende Drehgestell stets in die Fahrzeugmittelebene zurückzudrehen. Diese rückführenden Drehkräfte müssen aber verschwinden, sobald mit einer Drehung um den Drehzapfen zugleich eine Seitenverschiebung der Drehgestelllängsachse gegenüber der Fahrzeuglängsachse auftritt. Diese letztere Forderung muß erfüllt werden, um zu verhindern, daß bei Fahrt in der Kurve, wo eine Drehbewegung gleichzeitig mit einer Seitenverschiebung des Drehgestelles gegenüber dem Fahrzeug auftritt, ein zusätzlicher Spurkranzdruck auf das führende vorlaufende Drehgestellrad erzeugt wird, welcher die Sicherheit gegen Entgleisen verringern würde.

Konstruktiv kann diese Aufgabe entweder in der Weise gelöst werden, daß zur Verbindung des Drehgestelles mit dem Hauptrahmen federnde Zwischenglieder verwendet werden, die sich auf paarweise am Hauptrahmen wie am Drehgestell angebrachte Anschläge stützen, die vor und hinter dem Drehzapfen angeordnet sind[2]). Oder man versieht, wie Abb. 73 zeigt, den Drehzapfen an beiden Enden mit je zwei spitzwinklig zueinander stehenden schiefen Ebenen[3]). Auf diesen rollen sich die an Hebelpaaren sitzenden Rückstellorgane ab. So wird der den beiden

[1]) Siehe auch die ausführliche Arbeit „Note concernant les deplacements en courbe des bogies par rapport au châssis dans le matériel du type a deux bogies" von R. Birckel (R. G. C. F. 1927, I, S. 114).

[2]) D. R. P. 399907; F. P. 570702 und 28844, E. P. 221798 (S. L. M. W.).

[3]) D. R. P. 422433 (S. L. M. W.). — Angewendet bei den $2 D_0 2$-Lokomotiven (Reihe E 501) der Paris-Orléans-Bahn (El. Bahnen 1925, S. 352; BBC-Mitt. 1927, S. 197 und S. 421ff. dieses Buches), ferner bei den $2 C_0 1$- und $2 C_0 2$-Lokomotiven $\left(\text{Nr. } 4000 \frac{\text{EA}}{1} \text{ und Nr. } 4002 \frac{\text{EC}}{1}\right)$ der Great Indian Peninsula Ry.

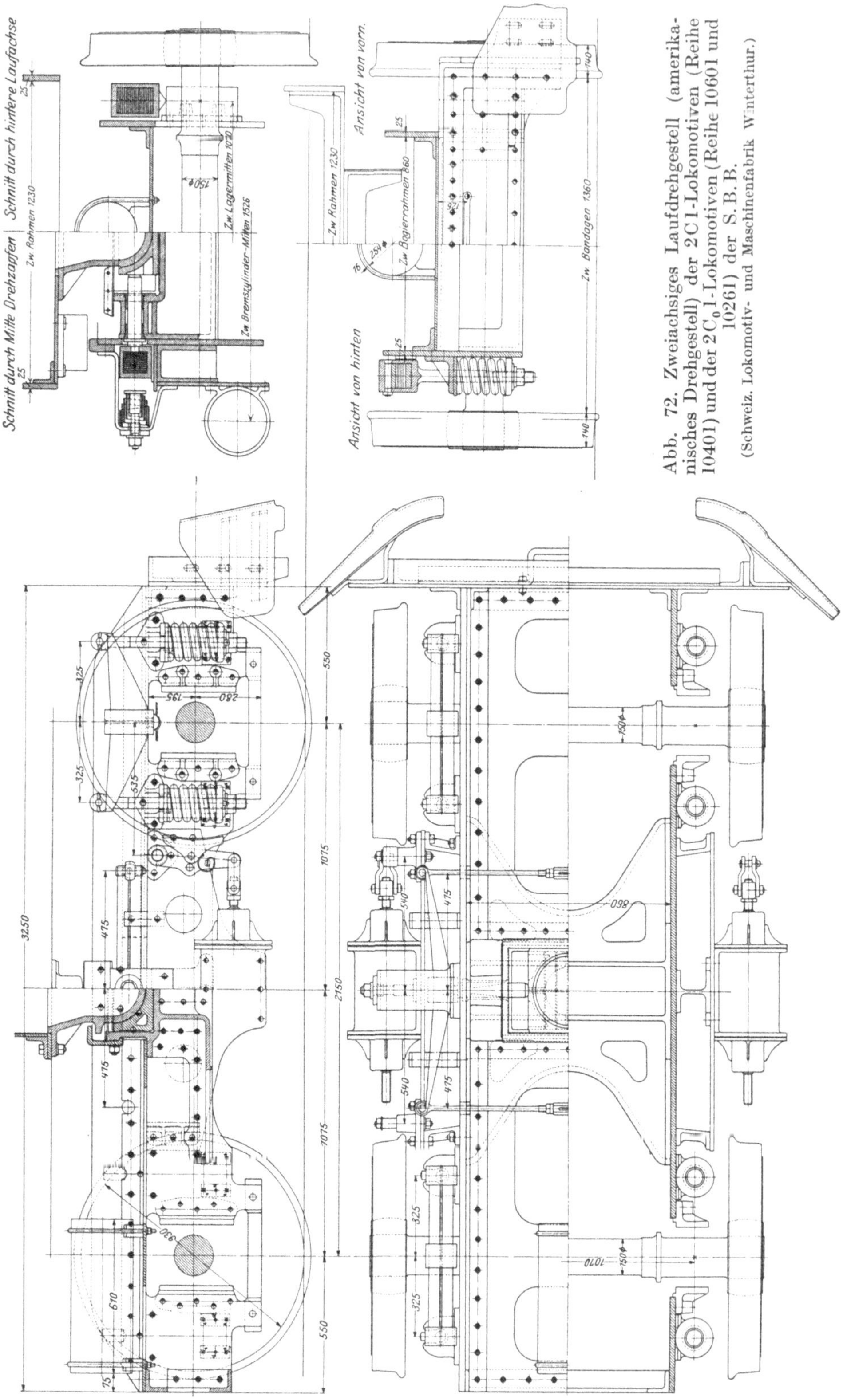

Abb. 72. Zweiachsiges Laufdrehgestell (amerikanisches Drehgestell) der 2C1-Lokomotiven (Reihe 10401) und der $2C_0 1$-Lokomotiven (Reihe 10601 und 10261) der S.B.B.
(Schweiz. Lokomotiv- und Maschinenfabrik Winterthur.)

Achsen des Drehgestelles gemeinsame Drehzapfen in die Mittelstellung leicht zurückgebracht, wobei die Hebelpaare gleichzeitig die Rückstellkräfte regeln.

Vom Fahrzeugrahmen wird mittels des Drehzapfens *c* das Drehgestell mitgenommen. Der Drehzapfen *c* besitzt vorn und hinten Keilflächen *d, d*. Am Rahmen *b* des Drehgestelles sind die Anschläge *e, e* angeordnet. Gegen die Keilflächen *d, d* legen sich die Rollen *f, f* der vor und hinter dem Drehzapfen *c* am Drehgestell angebrachten zangenartigen Hebelpaare *g, g*. Diese Hebelpaare *g, g* schwingen um die vom Drehzapfen *c* abgewendet liegenden Zapfen *h* des Drehgestelles. Jedes Zangenpaar wird durch Stange *k*, die beiden Spannfedern *i, i* und Reguliermuttern *l, l* zusammengehalten.

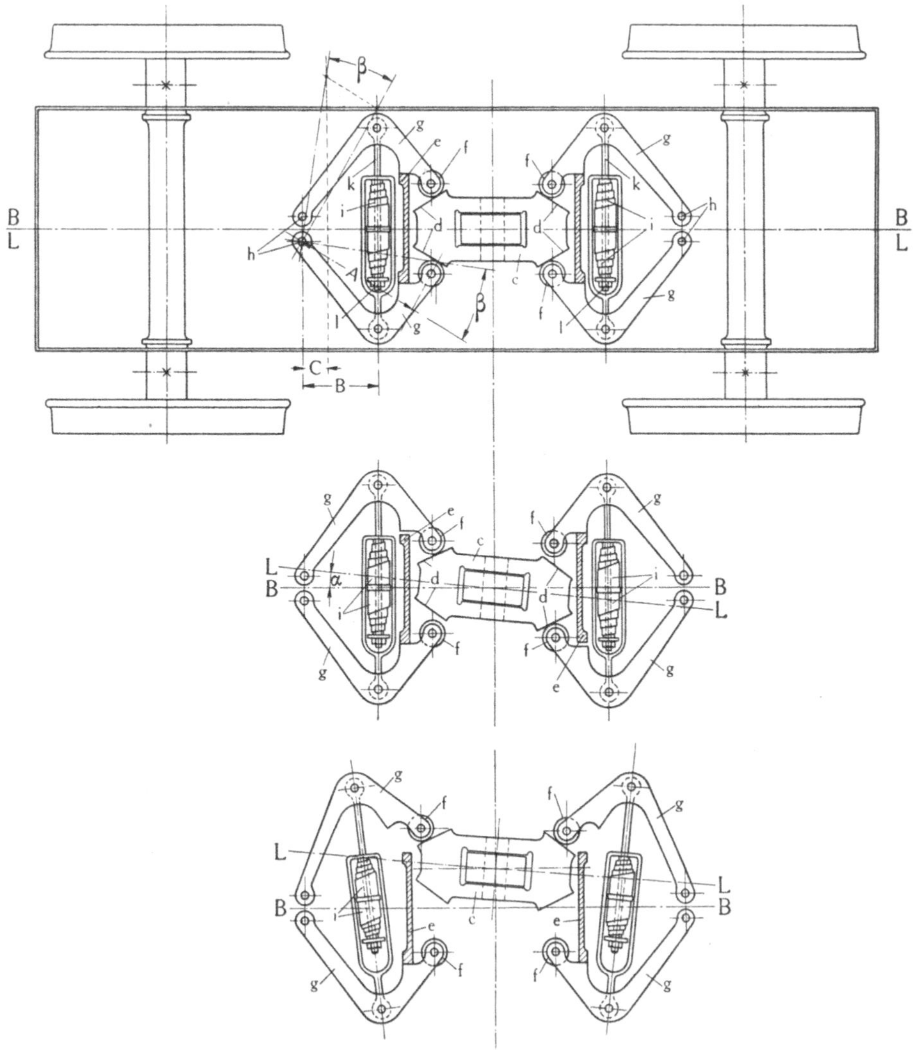

Abb. 73. Rückstellvorrichtung für zweiachsige Laufdrehgestelle.
(Schweiz. Lokomotiv- und Maschinenfabrik Winterthur.)

Bei Auslenkung des Fahrzeugrahmendrehzapfens *c* rollt, wie Abb. 73 zeigt, die Rolle *f* des mitgenommenen Hebels auf der schiefen Fläche des Drehzapfens *c* ab. Dies hat zur Folge, daß der Winkelausschlag der Zange kleiner bleibt und damit die Federn *i* weniger gespannt werden, als wenn besagter Hebel vom Drehzapfen parallel mitgenommen würde.

Die Formgebung der Hebel *g* der Zange ist außerdem derart, daß beim Öffnen der Zange, wie in Abb. 73 unten dargestellt ist, der Hebelarm der Mittelkraft, von den Federn *i* herrührend, erheblich rascher abnimmt als der Hebelarm der Rückstellkraft, welche die Rollen *f* auf die Keilflächen *d* des Drehzapfens *c* übertragen. Dies ist in Abb. 73 oben zum Ausdruck gebracht. Wenn die Rolle *f* um den Winkel β ausgelenkt wird, bleibt der Hebelarm *A* annähernd unverändert, während der Hebelarm der Feder von *B* auf *C* abnimmt. Diese Verschiedenheit in der Abnahme der Hebelarme hat zur Folge, daß die Rückstellkraft verhältnismäßig langsamer zunimmt als die Spannung der Mittelfedern *i*.

Aus beiden vorstehend angeführten Maßnahmen ergibt sich auch eine annähernd gleichbleibende Mittelkraft für große Ausschläge des Fahrzeugrahmens, so daß eine mit einem solchen Drehgestell ausgerüstete Lokomotive sehr scharfe Kurven mit sehr großen Ausschlägen befahren kann, ohne daß deswegen zu große, von der Mittelkraft herrührende Spurkranzdrücke entstehen.

Tritt auf gerader Strecke eine Schlingerbewegung des Drehgestelles ein, so werden die mit dem Drehgestell in Verbindung stehenden Anschläge *e*, *e* aus der Mittelebene des Fahrzeuges um den Drahzapfen *c* als Mittelpunkt gedreht, so daß die durch diese Anschläge *e*, *e* gehende Mittelebene *B* einen Winkel α mit der Mittelebene *L* des Fahrzeuges bildet, wie in Abb. 73 in der Mitte dargestellt. Die Zangen *g*, *g* stützen sich dabei mit dem einen Hebelarm auf den Anschlag *e*, während die Rolle *f* des anderen Hebelarmes auf der Keilfläche *d* des Drehzapfens *c* abrollt. Übereck liegende Rollen *f* sind dabei mit den Keilflächen *d* in Berührung bzw. von denselben abgehoben. Die Rückstellung des Drehgestelles in die Mittellage wird durch die beiden auf die Keilflächen *d*, *d* drückenden Rollen *f*, *f* angestrebt. Im Sinne der Auslenkung gesehen, legt sich die äußere Rolle der vorderen sowie die innere Rolle der hinteren Zange an die Keilflächen des Drehzapfens *c* an.

Tritt das Fahrzeug in eine Kurve ein, wobei dasselbe nicht nur gegenüber der Mittelebene der Maschine gedreht, sondern auch seitlich ausgelenkt wird, wie in Abb. 73 unten dargestellt, so werden die Anschläge *e*, *e* am Drehgestell gegenüber der Mittelebene des Fahrzeuges nach der gleichen Seite ausgelenkt. Die äußeren Druckhebel *g* bleiben dabei mit ihren Rollen *f*, *f* an den Keilflächen des Drehzapfens *c* stehen, während die inneren Druckhebel *g* durch die Anschläge *e* von denselben abgehoben werden.

Abb. 74. Zweiachsiges Laufdrehgestell mit Rückstellvorrichtung gemäß Abb. 73.
(Schweiz. Lokomotiv- und Maschinenfabrik Winterthur.)

Abb. 74 zeigt in der Ansicht ein Drehgestell mit der beschriebenen Art der Verbindung mit dem Hauptrahmen gemäß Abb. 73.

Die Anordnung nach Abb. 75 kann man sich aus einem Krauß-Helmholtz-Drehgestell durch Ersatz der Laufachse durch ein zweiachsiges Drehgestell entwickelt denken. Diese Bauart, die den Namen Krauß-Lotter-Drehgestell führt[1]), ist also ein dreiachsiges Führungsgestell. Es ist gekennzeichnet durch die zwangsläufige Verbindung einer parallel verschiebbaren Triebachse mit einer zwei- oder mehrachsigen selbständigen Laufachsgruppe mit Hilfe eines wagerechten Doppelhebels, der um einen zwischen Triebachse und der Laufachsgruppe angeordneten, im Hauptrahmen befestigten Zapfen schwingen kann.

Die Triebachse *III* ist im Hauptrahmen derart gelagert, daß sie sich um einen gewissen Betrag nach beiden Seiten geradlinig verschieben kann. Um dieser seitlichen Verschiebung folgen zu können, sind die Kurbelzapfen der Triebachse *III* zur Anlenkung der Kuppelstangen kugelig ausgebildet.

Die Laufachsgruppe wird durch ein zweiachsiges selbständiges Drehgestell gebildet, das mit einem zwischen den beiden Laufachsen *I* und *II* befindlichen, an dem wagerechten Doppelhebel *B* angebrachten Zapfen *C* entweder lenkbar oder lenkbar und seitlich verschiebbar verbunden ist. Die im Nebenrahmen *D* gelagerte Laufachsgruppe ist mit der verschiebbaren Triebachse *III* durch den Doppelhebel *B* zwangläufig derart vereinigt, daß eine seitliche Verschiebung der Laufachsgruppe gegenüber der Fahrzeuglängsachse eine relative Verschiebung der Triebachse *III* gegen die genannte Linie bedingt.

Befindet sich das dreiachsige Drehgestell am vorderen Ende einer Lokomotive, so wird diese beim Durchfahren einer Krümmung in ähnlicher Weise geführt wie beim zweiachsigen Krauß-Helmholtz-Drehgestell. Befindet sich das dreiachsige Drehgestell am hinteren Ende eines Fahrzeuges, so ist die Führung eine günstigere, als dies beim Krauß-Helmholtz Drehgestell möglich ist: es wird nämlich unter allen Umständen das hintere Lokomotivende nach außen gedrängt.

Denselben Zweck wie das Krauß-Lotter-Drehgestell dient die in Abb. 76 dargestellte Drehgestellkonstruktion von K. v. Kandó[2]). Die beiden dem Drehgestell zunächst liegenden seitenbeweglichen Triebachsen tragen in ihrem Mittelteil je ein Lager für die Kugelzapfen des Verbindungsbalkens *B*, an dessen Mitte *O* die Dreieckstange *LL'* angreift. Diese ist durch das Gußstück *H*, das den Zapfen *P* faßt, um letzteren drehbar und setzt

[1]) D. R. P. 252716 (Krauß & Co. A.G.). — Angewendet bei den Lokomotiven der D. R. G. Achsfolge 2C1 (Reihe E3601 und E3621) und Achsfolge 2D1 (Reihe E5035 und E7901).

[2]) Angewendet bei den 2B—B2-Lokomotiven (Reihe E 401) der Paris Orléans Bahn (Génie civil 1927, I, S. 257; R.G.C.F. 1927, I, S. 291).

sich nach den Augen MM' fort, in deren Langlochbohrungen die Drehgestelldeichsel TT' eingreift. Letztere ist aus einem Stück mit dem Querriegel S, auf den sich die Rückstellfeder $r_1 r_2$ abstützt.

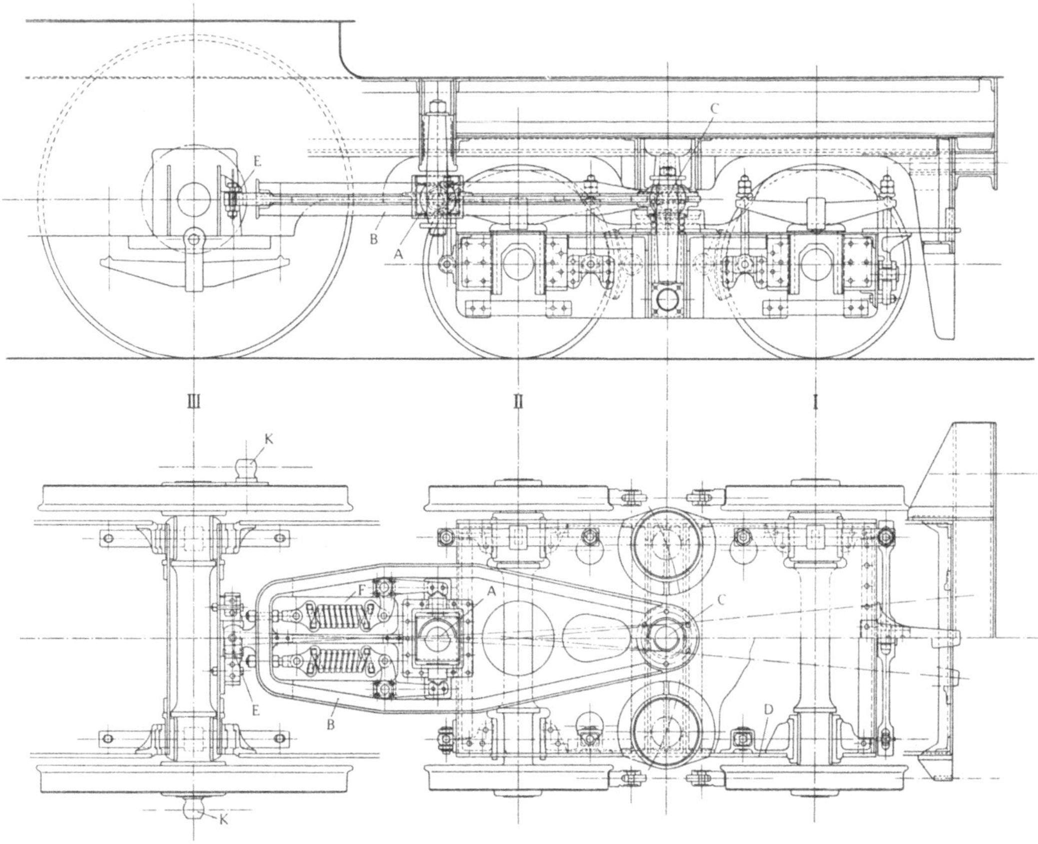

Abb. 75. Drehgestell Bauart Krauß-Lotter. (Lokomotivfabrik Krauß u. Cie. A.-G.)

ε) Die geführte Länge. Die fest oder mit Seitenspiel im Rahmen gelagerten Triebachsen die Laufachsen und die Laufdrehgestelle bestimmen in ihrer Anordnung zueinander die Führung der Lokomotive. Man unterscheidet vollkommen direkte, vollkommen indirekte und kombinierte Führung.

Vollkommen direkt ist die Führung einer Lokomotive, die nur im Hauptrahmen gelagerte Triebachsen besitzt, von denen wenigstens die beiden Endachsen kein Seitenspiel besitzen. In diesem Falle ist die sogenannte geführte Länge gleichwertig mit der Länge der Lokomotive.

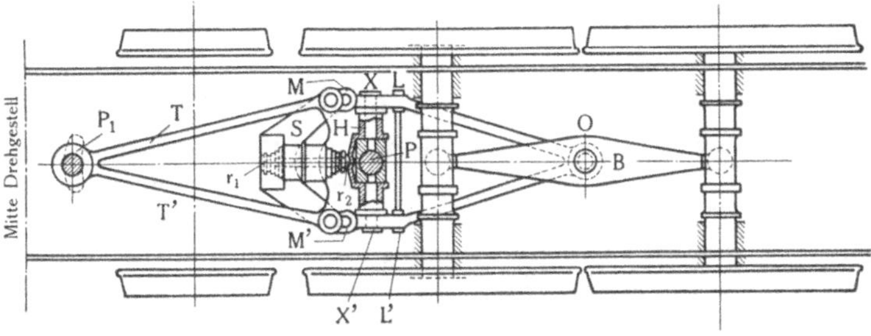

Abb. 76. Drehgestell Bauart K. v. Kandó.

Vollkommen indirekt ist die Führung bei Lokomotiven, deren Triebachsen sich auf zwei Drehgestelle verteilen, die durch ihre Drehzapfen den Hauptrahmen tragen. Als geführte Länge ist in diesem Falle nur der Drehzapfenabstand zu betrachten, da die je in den Drehgestellrahmen festgelagerten Triebachsen gar nicht zur Führung der Lokomotive herangezogen werden.

Die kombinierte Führung entsteht als Vereinigung der direkten und indirekten Führung durch Anwendung von Laufachsen oder Laufachsdrehgestellen. Bei einseitiger Anordnung eines solchen gilt als geführte Länge der Abstand vom Drehzapfen des Drehgestells bis zur letzten im Rahmen gelagerten Führungsdruck übernehmenden Achse. Bei reinen Laufradsätzen rechnet man sicher nur mit dem Abstand der im Rahmen festgelagerten Radsätze als geführte Länge, und zwar deshalb, weil man ja den Laufradsätzen so viel seitliches Spiel gibt, daß auch bei schärfsten Kurven durch dieselben noch keine Führung übernommen wird.

Es ist üblich geworden, die geführte Länge A ins Verhältnis zum totalen Radstand S zu setzen und diesen Quotienten $\frac{A}{S}$ als den **Gütegrad** der Lokomotive in bezug auf ruhigen Lauf in der Geraden zu bezeichnen, der möglichst groß, am besten gleich der Einheit sein soll.

In der Geraden ist also ein möglichst großer fester Radstand, in der Kurve hingegen wegen der ebenfalls nötigen guten Beweglichkeit ein möglichst kurzer fester Radstand notwendig.

Für die am häufigsten vorkommenden Krümmungen empfehlen die „Technischen Vereinbarungen" der Deutschen Eisenbahnverwaltungen folgende Maximalwerte für den festen Radstand F:

bei R = 180 m	F = 3,2 m
210 m	3,5 m
250 m	3,8 m
300 m	4,1 m
400 m	4,8 m
500 m	5,4 m

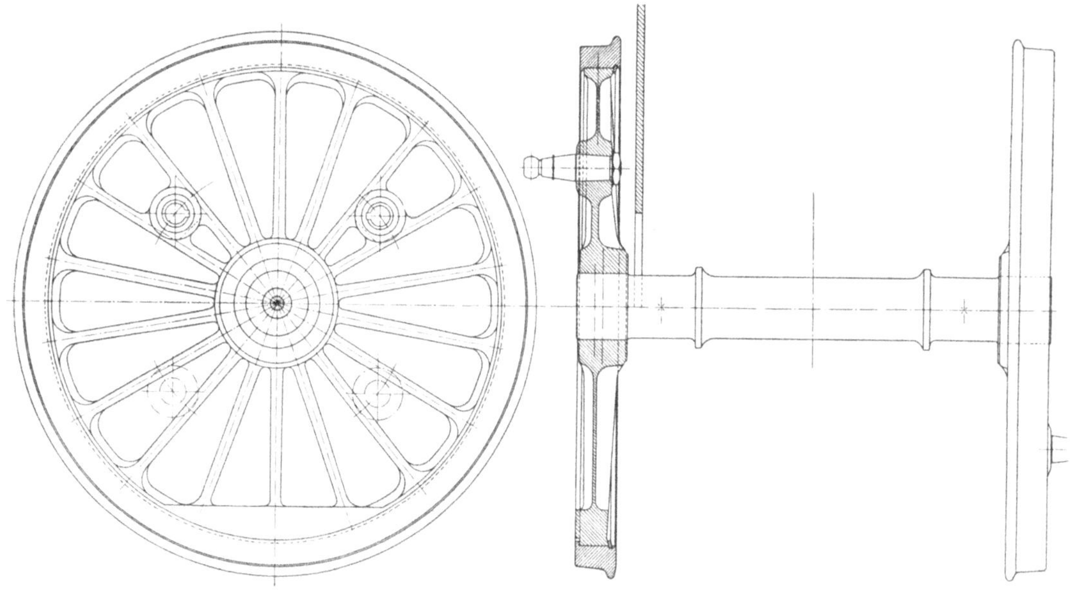

Abb. 77. Triebradsatz der $2D_02$-Lokomotiven (Reihe E 501) der Paris-Orléans-Bahn. (Schweiz. Lokomotiv- und Maschinenfabrik Winterthur.)

c) Räder und Achsen.

Räder und Achsen in ihrer Vereinigung **Radsätze** genannt, bilden jene Konstruktionsteile elektrischer Lokomotiven, die gegenüber Dampflokomotiven praktisch die geringsten Unterschiede aufweisen. Im konstruktiven Aufbau der Räder besteht sogar vollkommene Gleichheit. Die Radnabe mit den Speichen und der Felge oder der sogenannte Radstern bilden den einen Teil, der auf die Felge aufgezogene Radreifen den anderen Teil des Rades. Die vielen historisch gewordenen Radbauarten, bestehend aus einzelnen durch Schweißung verbundenen Felgen- und Nabensegmenten haben ihrer geringeren Festigkeit wegen bei elektrischen Lokomotiven, die ohnehin zur Erhöhung der Achsdrücke Anlaß gegeben haben, keinen Eingang gefunden.

Als Material dient für die Radsterne Flußstahl von etwa 45 bis 50 kg/mm^2 Zerreißfestigkeit und 25% Dehnung, ferner geschmiedeter oder gepreßter Stahl oder neuerdings auch Stahlguß, der die Herstellung der Räder als massive Scheiben ohne Speichen oder mit speichenartigen Verdickungen ermöglicht. Diese letztere Bauart (Abb. 77) kann bei gewissen Antrieb formen (s. Abb. 131/132) der einzusetzenden Zapfen wegen von Vorteil sein, vermindert aber die Zugänglichkeit innenliegender Achslager.

Der feste Halt des Rades auf der Achse wird nur mehr vereinzelt durch Keile bewirkt. Die Güte des verwendeten Materials lassen den Keil auch bei großen Raddurchmessern überflüssig erscheinen, weil ja ein sicherer Halt durch den Aufpressungsdruck von 100 bis 150 t erzielt wird. Damit die Nabe diesem großen Aufpressungsdruck gewachsen ist, soll ihr Durchmesser etwa gleich dem doppelten Achsdurchmesser an der Aufpressungsstelle sein.

Der Spurkranz oder Radreifen aus gewalztem Stahl von mindestens 50 kg/mm² Zerreißfestigkeit wird warm auf die Radfelge aufgezogen und durch einen Sprengring gesichert, der zur Hälfte in den Radreifen eingreift, zur Hälfte die Felge umfaßt, außerdem stützt sich letztere gegen eine am Reifen angedrehte Schulter. Die Befestigung mittels Sprengringen hat sich überall als ausreichend erwiesen, da ein gleichzeitiges Springen der Radreifen an mehreren Stellen äußerst selten auftritt. Gegen solche Zufälligkeiten schützt nur die Befestigung der Reifen an den Felgen durch beidseitig angeordnete, mittels durchgehender Nietbolzen befestigter Klammerringe.

Hier näher auf die Konstruktion oder Berechnung der Räder einzugehen, erübrigt sich aus dem Grunde, weil die verschiedenen Bahnverwaltungen für ihre Radsätze und deren Abmessungen ganz bestimmte Normen herausgegeben haben, an die sich die Hüttenwerke zu halten haben, die für die Lieferung dieser hochbeanspruchten Maschinenteile in Frage kommen. Überdies haben sich die im Internationalen Eisenbahnkongreß vereinigten Eisenbahnverwaltungen auch bereits auf gewisse Normen bezüglich der Radabmessungen und der Festigkeitsziffern geeinigt. Leider sind bis jetzt die Raddurchmesser von jeder Normung ausgeschlossen geblieben, so daß heute alle nur möglichen Durchmesserzahlen vorkommen. Der kleinste für normal- bzw. schmalspurige Güterzuglokomotiven in Betracht kommende Triebraddurchmesser wird etwa 1000 bzw. 800 mm und der größte 1600 bzw. 1200 mm betragen, für Schnellzuglokomotiven sind 1350 bzw. 1200 mm und 2200 bzw. 1800 mm die entsprechenden Werte.

Die im Kurbelkreis in die Räder eingepreßten Zapfen aus naturhartem Tiegelstahl sind so zu dimensionieren, daß auch bei Anfahrt der spezifische Flächendruck nicht größer ist als 2,5 kg/mm².

Als Material für die Achsen der Trieb- und Laufradsätze dient bester Siemens-Martinstahl oder auch Nickelstahl mit mindestens 50 kg/mm² Zerreißfestigkeit und 35% Dehnung. Auch hier liegen über die Dimensionierung der Achsen im Schaft und Schenkeln, Anordnung der Bunde, die vielfach aufgeschrumpft werden, seitens der einzelnen Bahnverwaltungen Normen vor, so daß sich die Berechnung der Wellen im Einzelfalle erübrigt. Wollte man diese genau durchführen, dann müßte man den Verlauf der einzelnen auf die Achse wirkenden Momente ermitteln, diese graphisch zur resultierenden Momentlinie M_x zusammensetzen, aus der sich der Durchmesser d_x aus der bekannten Formel

$$d_x = \sqrt[3]{\frac{32}{\pi} \frac{M_x}{k_b}} \tag{115}$$

berechnen läßt, in der für die zulässige Beanspruchung k_b 600 bis 900 kg/cm² eingesetzt werden kann. Die höheren Werte gelten allerdings nur für Qualitätsstahl, für Nickelstahl sind 1000 bis 1100 kg/cm² zulässig.

Die Länge l der Achslagerschenkel soll mindestens gleich 1,4 d sein, damit der zpezifische Flächendruck die obere Grenze von 18 bis 20 kg/cm² nicht überschreitet. v. Borries hat für den Schenkeldurchmesser d von Triebachsen aus Stahl die empirische Formel

$$d = 6 \sqrt[3]{G_t (D_t + 500)} \tag{116}$$

aufgestellt, in der G_t den Ausdruck in t, D_t den Triebraddurchmesser in mm bedeutet. Der Wellenschaft kann etwas schwächer sein. Der Durchmesser der Laufachsen im Schenkel kann zu

$$d = 65 \sqrt[3]{G_t} \tag{117}$$

angenommen werden.

Ausgesprochene Kurbeln werden bei gekuppelten Achsen nur bei Außenrahmen erforderlich; sie sind in der Konstruktion den bei Dampflokomotiven üblichen Formen ganz ähnlich, werden auf die Achsstummeln aufgeschrumpft und erhalten zumeist eingepreßte Zapfen. Die aus einem Stück geschmiedeten sogenannten Hallschen Kurbeln werden wegen des Fehlens der Möglichkeit, abgenützte Zapfen auswechseln zu können, seltener angewendet. Mitunter erscheint das Kurbelblatt zum Gegengewicht (s. u.) ausgeschmiedet, wenn dessen Unterbringung im Rad bei kleinerem Durchmesser des letzteren konstruktiv schwieriger wird.

Verschiebbar gelagerte Triebachsen werden heute soviel wie ausschließlich in der Bauart Gölsdorf ausgeführt, die keinerlei zusätzliche Konstruktionen für die Verschiebbarkeit erfordert. Diese wird dadurch erreicht, daß die Achsschenkel etwas länger oder die Achslager entsprechend kürzer vorgesehen werden. Die Zapfen für die Kuppelstangen, wenn es sich um gekuppelte Achsen handelt, müssen naturgemäß auch um den Betrag der Verschiebung nach beiden Seiten länger sein.

Gelegentlich sind auch verschiebbare Triebachsen als Endachsen in der Bauart Klien-Lindner ausgeführt worden[1]). Wie Abb. 78 zeigt, besteht diese zunächst aus der inneren im Rahmen gelagerten Kernachse, die in der Mitte kugelig verdickt ist. Durch diese Verdickung ist ein starker Bolzen durchgesteckt, der mit seinen Enden die zweiteilig ausgeführte, die Kernachse umschließende Hohlachse in ihrem Teilungsflansch mitnimmt. Der Kugelzapfen der Kernachse ist in der Hohlachse in einer zweiteiligen Schale drehbar und verschiebbar gelagert. Die Leistungsübertragung erfolgt also von den Kurbeln über die Kernachse und den Kugelzapfen und von hier aus durch die Hohlachse und deren Räder auf die Schienen. Die seitliche Rückstellung wird durch zwei Schraubenfedern bewirkt. Die Klien-Lindner-Achse wirkt etwa wie ein Querbalanzier, erzeugt aber dadurch bei Lokomotiven mit so gebauten Endachsen bei höheren Geschwindigkeiten einen wankenden Gang.

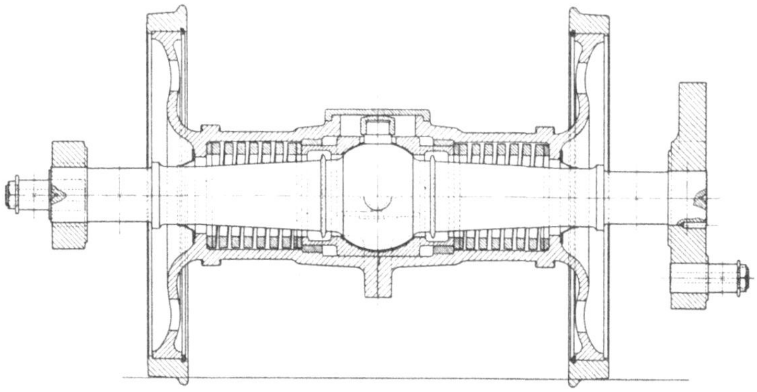

Abb. 78. Verschiebbare Kuppelachse Bauart Klien-Lindner.
(Schweiz. Lokomotiv- und Maschinenfabrik Winterthur.)

III. Triebwerk.

Einleitung.

Unter dem Triebwerk schlechtweg versteht man jenen Teil der mechanischen Ausrüstung elektrischer Lokomotiven, der die Übertragung des Drehmomentes von der Welle der Motoren nach den Triebrädern vermittelt. Diese Übertragung erfolgt entweder direkt oder indirekt unter Zwischenschaltung einer Zahnradübersetzung, je nachdem die der Lokomotivgeschwindigkeit entsprechende Drehzahl der Lokomotivtriebräder mit jener der Antriebsmotoren im wesentlichen übereinstimmt oder nicht.

Der direkte Antrieb erscheint wieder in zwei prinzipiell verschiedenen Formen: Entweder sitzen die Motoranker je auf der Radachse bzw. auf einer besonderen diese konzentrisch umschließenden Hohlwelle, die mit der ersteren elastisch gekuppelt ist. Bei dieser Antriebsart, die sich die rotierende Bewegung der Motoren unmittelbar zunutze macht, handelt es sich um einen Einzelachsantrieb, d. h. jedem Radsatz ist sein Motor zugeordnet, dessen Leistung wieder durch die Adhäsion des Radsatzes gegeben bzw. begrenzt ist; die gesamte Lokomotivleistung ist auf ebensoviel Motoren aufgeteilt, als Triebachsen vorhanden sind. Oder aber die Lokomotive enthält wenige (einen bis zwei) und dadurch entsprechend leistungsfähigere Motoren, deren Drehmoment mittels der auf den Wellenenden aufgepreßten Kurbeln und der an diese angreifenden mehr oder weniger schiefen Stangen entweder unmittelbar oder über eine oder mehrere Blindwellen auf die Triebräder geleitet wird, die wieder durch horizontale Stangen miteinander gekuppelt sind. Zum Unterschied von der ersten jegliche Stangen vermeidenden Antriebsform wird hier die rotierende Bewegung der Motoren zunächst in eine hin- und hergehende und erst durch die korrespondierenden Kurbeln der Blindwellen und Triebräder wieder in die rotierende umgeformt.

In ähnlicher Weise arbeiten die Triebwerke mit Übersetzung, entweder ohne oder mit Zuhilfenahme von Stangen.

Übersetzungstriebwerke ohne Stangen sind auch hier notwendigerweise Einzelachsantriebe mit einer durch die Adhäsion begrenzten Motorleistung je Triebachse, und zwar entweder in der Form des altbekannten Tramantriebes, wobei der im Fahrzeugunterteil zwischen den Rädern federnd aufgehängte Motor — hier auch Vorgelege-Achsmotor genannt — sich

[1]) Bei den D-Lokomotiven (Reihe 366) für die Simplon-Strecke der S. B. B. (Z. V. d. I. 1909, S. 607).

mittels der sog. Tatzenlager auf die von ihm angetriebene Fahrzeugachse stützt (wagerechter Zahnradantrieb) oder in Form der modernen speziell für Lokomotiven größerer Geschwindigkeit entwickelten Einzelachsantriebe mit halbhoch im abgefederten Rahmen festgelagerten Motor, der über die einseitig oder beidseitig häufig auch außerhalb der Räder angeordnete Übersetzung unter Zwischenschaltung elastischer Verbindungsorgane auf seine zumeist unmittelbar senkrecht darunter liegende Radachse arbeitet.

Übersetzungstriebwerke mit Stangen als Übertragungsorgane vereinigt werden überall dort verwendet, wo die Lokomotivleistung auf eine im allgemeinen geringere Anzahl von Motoren aufgeteilt wird als Triebachsen vorhanden sind. Gestatten es Radstand, Raddurchmesser, äußerer Motordurchmesser im Verein mit der Größe der Übersetzung und deren Abstand von Schienenoberkante, die zumeist als Blindwelle ausgebildete Achse des großen Zahnrades ohne oder nur mit geringer Überhöhung gegenüber den Triebachsen zu lagern, dann erscheinen die Stangen lediglich als Kuppelorgane zwischen den Triebachsen. Bei größerer Überhöhung der Achse des großen Zahnrades tritt außerdem zur Kraftübertragung von der Blindwellenkurbel nach den Triebrädern eine mehr oder weniger geneigte Stangenverbindung hinzu, wobei diese letztere teilweise in ähnlicher Form ausgebildet wird, wie beim direkten Antrieb mit reiner Stangenübertragung.

Die zuerst erwähnte naheliegendste Form des Antriebes mit direkt auf der Radachse sitzendem oder mit dieser über eine Hohlwelle elastisch verbundenem Motoranker ist um die Jahrhundertwende in Amerika entstanden und hat dort einige Verbreitung gefunden. In Europa ist diese Antriebsform auf einige wenige Ausführungen beschränkt geblieben, teils wegen des schwächeren Oberbaues, der den mechanischen Beanspruchungen dieser Fahrzeuge mit ausnehmend tiefer Schwerpunktslage kaum gewachsen wäre, teils wegen der ungünstigen Ausnützung der Motoren, die bei der relativ kleinen Leistung selbst bei hohen Fahrzeuggeschwindigkeiten nur mit kleiner Drehzahl laufen und damit auf die Leistungseinheit bezogen schwer und teuer werden.

Allerdings liegt in der auch bei kleinen Raddurchmessern immer noch vergleichsweise niederen Drehzahl der Motoren und damit in der geringeren Umfangsgeschwindigkeit von Anker und Kollektor bezogen auf die normale Fahrgeschwindigkeit insofern ein Vorteil, als wesentliche Geschwindigkeitssteigerungen, wie bei der Dampflokomotive durch gelegentliche Höherbeanspruchung des Kessels, möglich sind, die in diesem Ausmaß bei den für wesentlich höhere Umfangsgeschwindigkeiten ausgelegten Motoren aller anderen Einbauarten aus Kommutationsgründen unbedingt unzulässig sind. Die in dieser Richtung bestehende früher erörterte Unterlegenheit der mit Kollektormotoren beider Stromarten arbeitenden elektrischen Lokomotive der übrigen Bauarten gegenüber der Dampflokomotive erscheint also bei dieser Bauart ausgeglichen.

In Amerika trat der direkte oder besser gesagt unmittelbare Antrieb für viele Jahre in den Hintergrund, als der Vorgelegeachsmotor mit federnder Aufhängung zwischen den Rädern geschaffen wurde (Tramantrieb oder Tramaufhängung). Wohl ruht auch hier immer noch ein nicht unerheblicher Teil des gesamten Motorgewichtes ohne Federung auf der Radachse, gegenüber dem unmittelbaren Antrieb aber sind die dynamischen Beanspruchungen der Radachse immerhin so wesentlich günstiger, daß dieser Antrieb in Amerika auch bei Lokomotiven großer Leistung namentlich bei der dort vorherrschenden Neigung zu starker Leistungsunterteilung zur heute meist verwendeten Antriebsform wurde. In Europa ist der Tramantrieb, wie schon der Name sagt, zunächst hauptsächlich auf den Tramwagen der Straßen- und Überlandbahnen beschränkt geblieben und wurde zunächst nur gelegentlich bei Lokomotiven angewendet. Erst in jüngster Zeit wurden namentlich in Frankreich in Anlehnung an die amerikanische Praxis dann versuchsweise auch in Deutschland auch Lokomotiven großer Leistung für Geschwindigkeiten über 100 km/h mit Vorgelegeachsmotoren in Tramaufhängung gebaut, wobei allerdings auch Achsdrücke von 20 t und darüber zugelassen werden mußten.

Es hat im Laufe der Jahre nicht an Bemühungen gefehlt, die als Nachteil dieser Antriebsart verbliebene immer noch hohe unabgefederte Belastung der Radachse aufzuheben oder durch federnde Ausbildung der Tatzenlager wenigstens zu vermindern, ohne daß aber eine restlos befriedigende Konstruktion bekannt geworden wäre. Der erste Einzelachsantrieb mit Zwischenschaltung eines Getriebes unter fast völliger Entlastung der Radachse hat die Westinghouse Elc & Mfg Co. in Pittsburgh im Jahre 1910 unmittelbar aus dem oben erwähnten Hohlwellenantrieb entwickelt, indem einfach auf die die Radachse umschließende Hohlwelle statt des Motorankers wie beim direkten Antrieb die Zahnräder der Übersetzung aufgesetzt wurden, die mit den Triebrädern federnd gekuppelt werden. Dieser sogenannte Westinghouse-Einzelachsantrieb ist vornehmlich wieder in Amerika bei einer großen Zahl von Lokomotiven verwendet worden und hat auch in Europa erhöhten Eingang gefunden, allerdings erst zu einer

Zeit (1916), wo hier bereits die Einzelachsantriebe von Tschanz und Buchli (B. B. C.) bekannt wurden. Diese sind schon deshalb vorteilhafter, weil sie unter Verlegung der Zahnradübersetzung außerhalb der Rahmenbleche die Ausnützung der ganzen zwischen den Rahmenblechen vorhandenen Breite für den Motoreinbau ermöglichen. Dazu kommt der Ersatz der hochbeanspruchten Übertragungsfedern durch Kardangelenke beim Tschanzantrieb bzw. durch eine allseits bewegliche Gelenkkupplung beim Einzelachsantrieb von B. B. C.-Buchli.

Eine vergleichsweise eng abgegrenzte Entwicklung nahm der direkte Stangenantrieb in Verbindung mit hochgelagerten langsam laufenden Motoren, ja es kann geradezu gesagt werden, daß dieser Antrieb in der Hauptsache in Deutschland, dort aber von den Großfirmen in sehr weitgehendem Maße verwendet wurde. Im wesentlichen ist diese Entwicklung durch zwei Momente bestimmt worden. Einerseits entschied man sich in Deutschland bzw. in Preußen zu einer Zeit für den Einphasenwechselstrom niedriger Frequenz für den Vollbahnbetrieb, wo der Repulsionsmotor und der Reihenschlußmotor mit Querbürsten (kompensierter Repulsionsmotor nach Winter, Eichberg und Latour) mit ihrer aus Kommutationsgründen resultierenden beschränkten Polleistung und ihrer aus dem gleichen Grunde mehr oder weniger großen Abhängigkeit vom Synchronismus gegenüber dem reinen Reihenschlußmotor noch aussichtsvolle Bauarten des Einphasenkollektormotors zu sein schienen. Andererseits bewegten sich die damaligen Entwürfe elektrischer Lokomotiven unter starker Beeinflussung von den für Dampflokomotiven geltenden Grundsätzen in Richtung möglichster Zusammenfassung der ganzen Lokomotivleistung in einen bis höchstens zwei Motoren. Hierdurch führte der elektrische Entwurf notwendigerweise auch beim hochübersynchron laufenden reinen Reihenschlußmotor, und zwar hier wieder wegen der durch die Umfangsgeschwindigkeit am Anker und Kollektor gezogenen Grenze, zu langsam laufenden Einheiten von großem Durchmesser, die nur hoch im Lokomotivkasten aufgebaut werden konnten, so daß als Verbindung zu den Triebrädern oder Blindwellen überhaupt nur die direkte Stangenübertragung in Frage kam. In einer großen Anzahl sehr mannigfaltiger Formen ist der direkte Stangenantrieb in den Jahren von 1910 bis 1914 von der deutschen Praxis bei einer großen Zahl von Lokomotiven vor allem für einphasigen Wechselstrom dann aber auch in Frankreich und Italien bei Gleichstrom- und Drehstromfahrzeugen angewendet worden. Die amerikanische Praxis[1]) und teilweise auch die schweizerische hat sich jedoch von dieser Antriebsform in richtiger Erkenntnis ziemlich ferngehalten. Wie später nämlich noch näher erläutert werden wird, verursachen die kreisenden Massen der Stangen trotz deren Ausgleich durch schwere Gegengewichte in Verbindung mit dem bei jeder Umdrehung auftretenden Druckwechsel und dem unvermeidbaren Lagerspiel, wozu noch Abweichungen in der Winkelstellung und der Länge der Kurbeln sowie Stichmaßfehler hinzukommen, unter Umständen sehr wesentliche den Betrieb gefährdende Störungen des Kräftespieles, die nicht selten zu Blindwellen- und Stangenbrüchen geführt haben. Man hat wohl gelernt, dieser Schwierigkeiten namentlich durch Einbau richtig bemessener federnder Zwischenglieder Herr zu werden, gleichwohl aber dürfte der direkte Stangenantrieb stetig an Bedeutung einbüßen, wenn auch der hoch im Rahmen gelagerte, offen gebaute und frei zugängliche Motor konstruktiv und betriebstechnisch gewisse Vorteile hat. Bis vor kurzer Zeit glaubte man noch, dem direkten Stangenantrieb das Gebiet der hohen Geschwindigkeiten zuweisen, d. h. schwere Schnellzuglokomotiven ausschließlich mit dieser Antriebsform bei angeblich größter Baustoffwirtschaft bauen zu sollen. Hiervon aber kann heute deshalb kaum mehr die Rede sein, weil mit den heute für 25 m/s Umfangsgeschwindigkeit und darüber absolut betriebssicher zu bauenden Zahnradgetrieben durch die Einzelachsantriebe aller Formen dynamisch wesentlich sicherere Entwürfe bei mindestens gleich guter Baustoffwirtschaft erzielt werden können.

Übersetzungstriebwerke mit Stangenübertragung vereinigt hat wohl erstmalig die schweizerische Praxis bei Vollbahnlokomotiven angewendet[2]) und konnte hieran folgerichtig festhalten, da die im Bau von Zahnrädern mit hohen Zahndrücken und Geschwindigkeiten mit der Zeit erzielten Erfolge heute auch Fahrzeuge mit insgesamt 6 gekuppelten Achsen mit nur 4 Motoren, d. h. also insgesamt nur 4 Übersetzungsgetrieben auszurüsten gestatten. Der Antrieb, der gleichfalls eine große Mannigfaltigkeit der Form aufweist, ist sonach besonders für Güterzuglokomotiven oder auch bei Schnell- und Personenzuglokomotiven für vergleichsweise kleine Achsbelastung ($\leqq$ 16 t) geeignet. In beiden Fällen wird bei etwa gleicher Gesamtleistung

[1]) In den U. S. A. sind überhaupt nur 2 Lokomotivtypen mit hochliegenden Motoren und direktem Stangenantrieb gebaut worden, und zwar die 2 B + B 2-Lokomotiven (Reihe 3977 und 3998) der Pennsylvania Ry. (ETZ 1913, S. 1195) und die 1 B + B 1-Lokomotive Nr. 070 der N.Y. N. H. & H. Ry (E. K. B. 1910, S. 399; 1913, S. 533).

[2]) Im Jahre 1904 bei den B—B-Lokomotiven der Strecke Seebach—Wettingen (E. u. M. 1919, S. 247).

eine vergleichsweise größere Zahl von Triebachsen erforderlich sein, deren gruppenweise Kupplung und Antrieb durch einen gemeinsamen Motor hier die beste Baustoffwirtschaft ergibt. Übersetzungstriebwerke mit Stangenübertragung vereinigt wurden in der Folge auch in Deutschland, Skandinavien und Österreich neuerdings auch in Amerika bei $^6/_8$ und $^4/_6$ gekuppelten Güterzug- und Personenzuglokomotiven verwendet.

Über die mutmaßliche Weiterentwicklung des Antriebsproblems während der nächsten Zeit kann gesagt werden, daß der direkte Stangenantrieb zweifellos mehr und mehr an Bedeutung verlieren wird. Bei Schnellzuglokomotiven wird man mehr und mehr dem Einzelachsantrieb den Vorzug geben, wobei der unmittelbare Antrieb mit direkt auf den Fahrzeugen oder konzentrisch zu diesen angeordneten Motoren gegenüber den Antrieben mittels Vorgelege jedenfalls auch weiterhin an Bedeutung mehr und mehr zurückstehen dürfte. Unter den letzteren wieder werden wenigstens in Europa Antriebe mit im Rahmen festgelagerten über der zugehörigen Radachse angeordnetem Motor aussichtsvoller sein als der Tramantrieb mit einseitig im Untergestell neben der Radachse federnd aufgehängtem Motor. Dieser Antrieb wieder scheint namentlich für Güterzuglokomotiven von Bedeutung werden zu sollen, vorläufig allerdings noch neben der gruppenweisen Kupplung der Triebachsen und Antrieb der einzelnen Gruppen durch ein bis zwei raschlaufende Motoren über ein beidseitig angeordnetes Übersetzungstriebwerk.

1. Übersetzungsfreie Triebwerke.

a) Unmittelbare Antriebe (Einzelachsantriebe).

Beim ersten praktisch ausgeführten unmittelbaren Antrieb (1889 bei der Londoner Untergrundbahn) war nicht nur der Motoranker unmittelbar auf der Radachse aufgekeilt, sondern auch das Motorgehäuse war die Räder übergreifend auf der Radachse gelagert, so daß also das ganze Motorgewicht diese belastete. Da dadurch die von den Geleiseunebenheiten ausgelösten Stöße und Schwingungen sich nur gegen die schweren Motormassen und von diesen rückwirkend gegen den Oberbau auswirken, konnte dieser Antrieb wegen der bedeutenden Abnützung aller seiner Teile nicht lebensfähig sein. Alle Bestrebungen zur Verbesserung mußten sich demnach notwendigerweise in der Richtung bewegen, unter Entlastung der Radachse möglichst viele Glieder des Antriebes mit dem abgefederten Fahrzeugrahmen zu verbinden, damit als unabgefederte Massen wenn möglich lediglich die Triebachsen mit den Triebrädern verbleiben. J. Batchelder sucht diesem Ziel dadurch näherzukommen, daß er das zweipolige wagerecht angeordnete Feldgestell seiner Motoren unmittelbar mit dem Rahmen verschraubt und diesem damit die Rolle des Joches zum magnetischen Rückschluß überträgt (Abb. 79). Der Motoranker sitzt wieder auf der nunmehr aber vom Motorständer vollkommen entlasteten Radachse, die infolge der besonderen Anordnung des Feldgestells und der Vermeidung von Wendepolen in der Vertikalen frei durchfedern kann. Der Antrieb[1]) scheint sich zu bewähren, namentlich wenn man durch weitgehende Leistungsunterteilung die auf der Radachse ruhende unabgefederte Last bestehend aus dem Eigengewicht des Radsatzes plus dem Motorankergewicht, sowohl absolut als relativ in Prozenten der totalen Achsbelastung (Achsdruck) verhältnismäßig klein zu halten imstande ist.

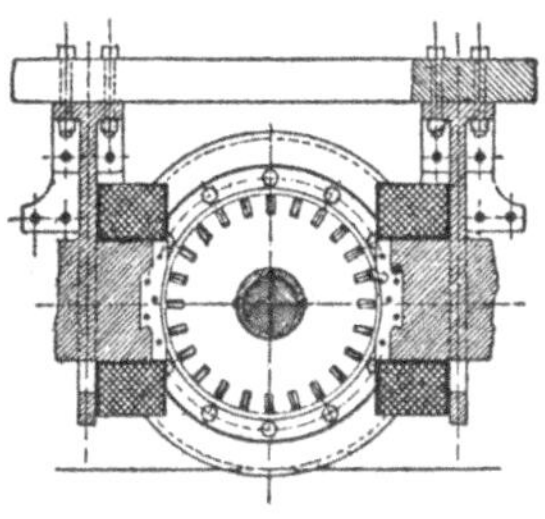

Abb. 79.

Eine weitergehende Entlastung der Radachse wird durch die Anwendung einer als Motorachse dienenden Hohlwelle ermöglicht, die die Radachse mit allseitigem Spiel konzentrisch umgreift. Bei den bisher ausgeführten Antrieben dieser Art[2]) wird der Motoranker umittelbar auf die Hohlwelle aufgekeilt oder aufgepreßt und diese mit den Triebrädern elastisch gekuppelt. Der Stator wird auf der Hohlwelle gelagert, gleichzeitig aber im Fahrzeugrahmen federnd aufgehängt, so daß sein Gewicht in der Hautpsache diesen belastet.

---

[1]) Angewendet bei den Lokomotiven Achsfolge $1D_01$ (Reihe S 1), $2D_02$ (Reihe 1100 und 1135) und B_0—B_0—B_0—B_0 (Reihe 1147 und 1157) der New York Central und Hudson River Ry (Z. f. E. 1905, S. 17; E. K. B. 1913, S. 354); bei den $1B_0$—C_0—C_0—B_01-Lokomotiven (Reihe 10250) der Ch. M. & St. P. Ry (E. u. M. 1918, S. 531; J. A. I. E. E. 1920, S. 342) und bei der $2C_0$—C_02-Lokomotive (Reihe E 601) der P. O.-Bahn (E. R. J. 1923, II, S. 968; Gen. El. Rev. 1924, S. 146; R. G. C. F. 1927, II, S. 144).

[2]) Angewendet bei der Thermoelektrischen Versuchslokomotive von Heilmann-Brown, Boveri & Co.; beim A. E. G.-Schnellbahnwagen Marienfelde—Zossen (A. E. G.-Druckschrift „Der Schnellbahnwagen"), bei den B_0—B_0-Lokomotiven (Reihe Le—1) der Baltimore & Ohio Ry (ETZ 1896, S. 133) und den $1B_0$—B_01-Lokomotiven (Reihe O 1) der N. Y. N. H. & H. Ry (ETZ 1907, S. 424; E. K. B. 1908, S. 103).

Den wichtigsten und interessantesten Teil dieser Hohlwellenantriebe stellt die elastische Kupplung dar zwischen Motoranker, d. h. der Hohlwelle und den Rädern. Bei den unten erwähnten von der Westinghouse Co. ausgerüsteten amerikanischen Fahrzeugen endet (Abb. 80)

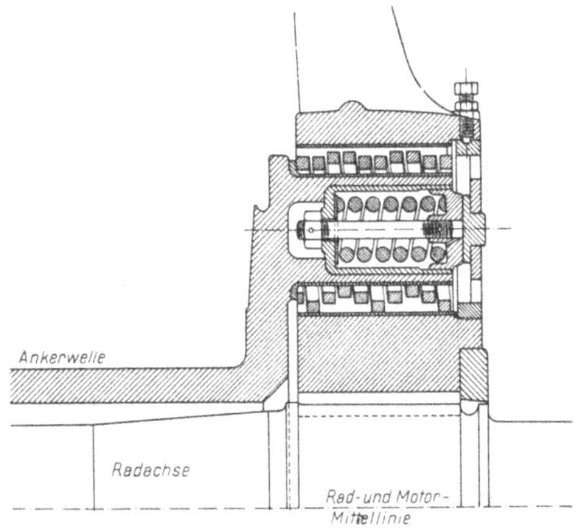

Abb. 80. Unmittelbarer Antrieb mit Federkupplung (Torsionsfedern) zwischen Hohlwelle und Triebrad.

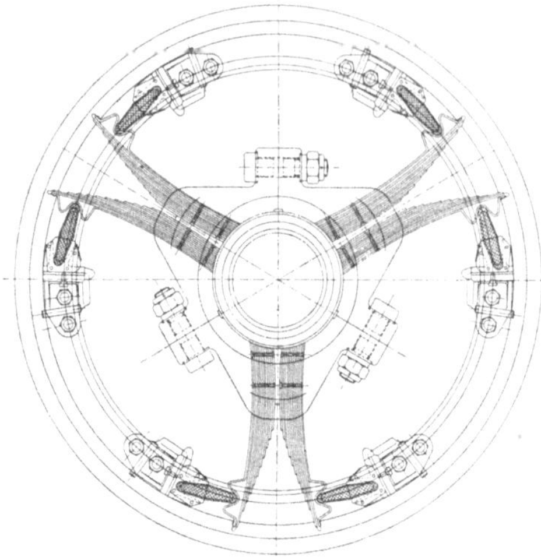

Abb. 81. Blattfederkupplung zwischen Hohlwelle und Triebrad.
(Schnellbahnwagen der AEG für die Versuchsstrecke Marienfelde-Zossen.)

die Hohlwelle beidseitig in einen Flansch, der je eine Anzahl (hier 7 Mitnehmer trägt, die in korrespondierende Ausbohrungen der Triebräder hineinragen, jedoch unter Zwischenschaltung von Spiralfedern mit gegeneinander exzentrisch versetzten Windungen, die der Radachse etwa 2×10 mm elastisches Spiel innerhalb der Hohlachse erlauben[1]). Später (1909) wurde von der gleichen Firma die Konstruktion in der Weise fortentwickelt, daß statt der im wesentlichen auf Torsion beanspruchten Kupplungsfedern Druck- bzw. Zugfedern angeordnet werden konnten[2]). Um bei den mit Rücksicht auf den Platz relativ kurzen aus Festigkeitsgründen mit großem Drahtdurchmesser und damit geringer Windungszahl auszuführenden Federn allseitige Biegsamkeit derselben zu erhalten, verjüngt sich der Federdurchmesser gegen die Federmitte zu[3]).

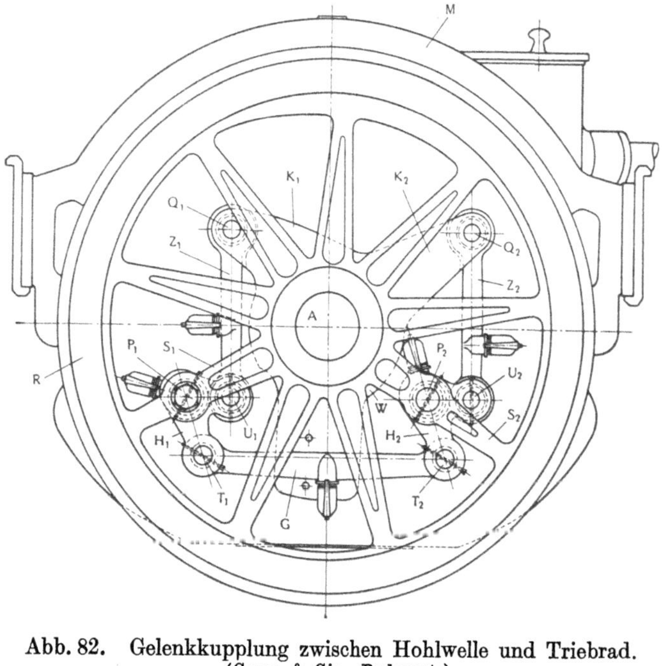

Abb. 82. Gelenkkupplung zwischen Hohlwelle und Triebrad.
(Ganz & Cie., Budapest.)

Die von der AEG bei ihrem Schnellbahnwagen verwendete Kupplung (Abb. 81)[4]) besteht aus einer geraden Anzahl radial ste-

[1]) D. R. P. 199458 (R. Siegfried).

[2]) U. S. A. P. 13165, D. R. P. 219963. — Im wesentlichen wurde dabei auf eine bereits im Jahre 1905 der Firma patentierte Konstruktion zurückgegriffen (U. S. A. P. 780496), bei der die Hohlwellenendflanschen je in Form eines gleichseitigen Dreieckes ausgebildet sind, deren Ecken die motorseitigen Anschlußpunkte eines im geschlossenen Sechseck angeordneten Zug- und Druckfedersystems bilden, während die verbleibenden drei Ecken des Federpolygons je an die mit entsprechenden Augen versehenen Speichen der Triebräder angelenkt werden.

[3]) U. S. A. P. 1089168. — Ähnliche Formen der Federkupplung bei Hohlwellenantrieben sind im U. S. A. P. 877005 der G. E. Co. und im D. R. G. M. 850785 von Bergmann angegeben worden.

[4]) D. R. P. 127112 (A. E. G.).

hender Blattfedern *a*, von denen die eine Hälfte nur beim Vorwärtsgang und die andere Hälfte nur beim Rückwärtsgang des Fahrzeuges die Drehmomentübertragung besorgen. Gelagert sind diese Federn in einem hier dreiteilig ausgeführten auf der Hohlwelle sitzenden Ringe, welcher mittels Schrauben zusammengehalten wird, während sich deren Enden gegen entsprechende auf den Triebrädern angebrachte Mitnehmer abstützen.

Die erste praktisch ausgeführte elastische Kupplung zwischen Hohlwelle und Triebrad ohne Zuhilfenahme von Federn ist die im Jahre 1900 angegebene Triebstangenkupplung von Ganz & Co.[1]), die Abb. 82 in der Ansicht zeigt. M ist der starr im abgefederten Rahmen befestigte Motor, dessen Anker auf der die Radachse A allseitig umschließenden Hohlwelle W sitzt. Diese endet in die Kurbeln K_1 und K_2, die über die Zugstangen Z_1, Z_2 und die Winkelhebel $H_1 H_2$ mit den Speichen $S_1 S_2$ (Zapfen $P_1 P_2$) des Triebrades R gelenkig verbunden sind. Die Drehmomentübertragung erfolgt nun in folgender Weise. Bei Linksdrehung des Motorankers (gegen den Uhrzeigersinn) werden beispielsweise die Winkelhebel $H_1 H_2$ in entgegengesetztem Sinne in Bezug auf deren Zapfen $P_1 P_2$ zu verdrehen gesucht. Da jeodch infolge der bei $T_1 T_2$ angreifenden Verbindungsstange G eine Verdrehung der Winkelhebel nur in gleichem Sinne möglich ist, bewirken die auf die Zapfen $P_1 P_2$ auftretenden Druckreaktionen die Mitnahme des Rades im Drehungssinne der Hohlwelle. Verschiebt sich hingegen die Hohlwelle parallel zu sich selbst, so werden die Winkelhebel $H_1 H_2$ in demselben Sinne in bezug auf die Drehzapfen $P_1 P_2$ verdreht; die Lenkstange G gestattet nun diese Bewegung und sichert die parallele Lage der Winkelhebel. Um auch Winkelverschiebungen zwischen der Radachse und der hohlen Welle aufzunehmen, werden die Drehzapfen Q_1, Q_2, U_1, U_2 als Kugelzapfen ausgeführt.

Eine weitere Möglichkeit, Hohlwelle und Triebrad allseitig beweglich miteinander zu verbinden, bieten die Kreuz-[2]) und Kugel-(Cardan)gelenke[3]), ohne daß jedoch diese Konstruktionen bis jetzt zu praktischer Bedeutung gekommen wären.

Als Nachteil aller dieser unmittelbaren Antriebe mit konzentrisch zu den Radachsen angeordneten Motoren verbleibt die geringe Drehzahl der letzteren und damit deren verhältnismäßig hohes Gewicht, der umständliche und zeitraubende nur nach Abpressen eines Rades mögliche Motorausbau, die Unzugänglichkeit der Motoren und der Lager während des Betriebes und die tiefe Schwerpunktlage der ganzen Lokomotive.

b) Antriebe mit Stangenübertragung (mittelbare Antriebe).

I. Allgemeines.

Bei allen Antrieben dieser Art übertragen ein bis zwei mehr oder weniger hoch und im abgefederten Rahmen starr gelagerte Motoren *m* ihr Drehmoment mittels beidseitiger Stirnkurbeln *v* und *h* und an diese angreifender Stangen *s* auf das die Triebachsen untereinander verbindende Kuppelgestänge *S*. Dabei dient als Verbindungsorgan zwischen den mehr oder weniger geneigten bis senkrecht ausgeführten Motortriebstangen *s* mit dem Kuppelgestänge *S* entweder eine oder zwei in Triebachshöhe im Rahmen festgelagerte Blindwellen oder eine der Triebachskurbeln oder überhaupt ein zwischen zwei benachbarten Triebachskurbeln im Kuppelgestänge liegendes Gelenk. Insoweit sind alle Antriebe dieser Art prinzipiell gleich, ein grundsätzlicher Unterschied besteht nur in der Art des Ausgleichs der infolge der Federschwingungen des Fahrzeuges zwischen den Motoren und dem Gestänge einerseits und den Radachsen andererseits stattfindenden Relativbewegung. Bei den im vorhergehenden Abschnitt behandelten unmittelbaren Antrieben konnten die Radachsen frei durchschwingen, hier aber haben die Federschwingungen Änderungen der Abstände der miteinander gekuppelten Achsmitten zur Folge.

Das Grundelement, auf das sich diese Getriebeformen direkt oder indirekt immer zurückführen lassen, bildet das aus dem Dampflokomotivbau entlehnte Parallelkurbelgetriebe mit einer treibenden (Motor-)Achse und einer getriebenen (Arbeits-)Achse, deren beidseitige unter 90° versetzte Kurbeln durch Triebstangen gekuppelt sind. Die Mannigfaltigkeit aller dieser Antriebe ist lediglich bedingt durch die Art der Ausbildung der getriebenen Achse und das Vorhandensein oder Fehlen von Gleitführungen, wobei die Zahl der Motoren weitere Kombinationsmöglichkeiten bietet. Der Parallellage der einander entsprechenden Kurbeln jeder Seite wegen heißt das Getriebe Parallelkurbelgetriebe, auf dessen Verhalten in dynamischer und kinematischer Hinsicht vorerst, im wesentlichen der Kleinowschen Darstellung[4]) folgend, näher eingegangen werden soll.

---

[1]) D. R. P. 128654, E. P. 12267/1900. — Angewendet bei den B_0—B_0-Lokomotiven (Gruppe E 334) der FF. SS (ETZ 1903, S. 327).

[2]) D. R. P. 59200, E. P. 8153/91 (S. &. H.) und U. S. A. P. 897312 (E. A. Sperry).

[3]) D. R. P. 225934, Schweiz. P. 51208 (K. Schnetzler). F. P. 550836, D. R. G. M. 854544 (J. Buchli).

[4]) E. K. B. 1910, S. 495; 1911, S. 181; 1913, S. 337.

In Abb. 83 ist schematisch g die getriebene Welle, t die treibende Motorwelle, s und s' die beiden Kuppelstangen, die an den um 90^0 gegeneinander versetzten Kurbeln v bzw. h vom Radius r angreifen. Für die Größe der beiden Stangenkräfte K und K' besteht die eine Bedingung, daß durch deren Reaktionen das treibende als konstant gedachte Motordrehmoment M_t aufgehoben wird. Ist α der variable Kurbelwinkel, dann ist

$$M_t = K r \sin\alpha + K' r \cos\alpha. \tag{118}$$

Das ideale starre Getriebe ist, von den jeweiligen Totpunktstellungen abgesehen, statisch unbestimmt. Gleichung (118) läßt unendlich viele Lösungen für K und K' zu. Die tatsächlich auftretende Kräfteverteilung läßt sich nur unter Berücksichtigung der Formänderungsarbeit ermitteln, die in erster Annäherung in einer periodischen Verdrehung der beiden Wellen zueinander bestehen möge. Denkt man sich diese Torsionskräfte am Kurbelkreis der Motorwelle angreifen, dann lassen sie sich in ihrer Wirkung durch ihre in die jeweilige Richtung der Stangenkräfte fallenden Komponenten ersetzen, die in den Stangen je nach ihrer Stellung abwechselnd als Zugkräfte im Sinne einer elastischen Streckung oder als Druckkräfte im Sinne einer Verkürzung wirken. Verdreht sich also die treibende Welle gegen die getriebene um ein gewisses Stück x gemessen in tangentialer Richtung am Kurbelkreis, dann verkürzt sich die Entfernung der auf der einen (vorderen) Seite liegenden Kurbelzapfenmitten um $x \cdot \sin\alpha$, während die entsprechende Verlängerung auf der rückwärtigen Seite $x \cdot \cos\alpha$ beträgt. Diese periodischen Dehnungen und Verkürzungen werden offenbar den Stangenkräften proportional sein, d. h. es wird

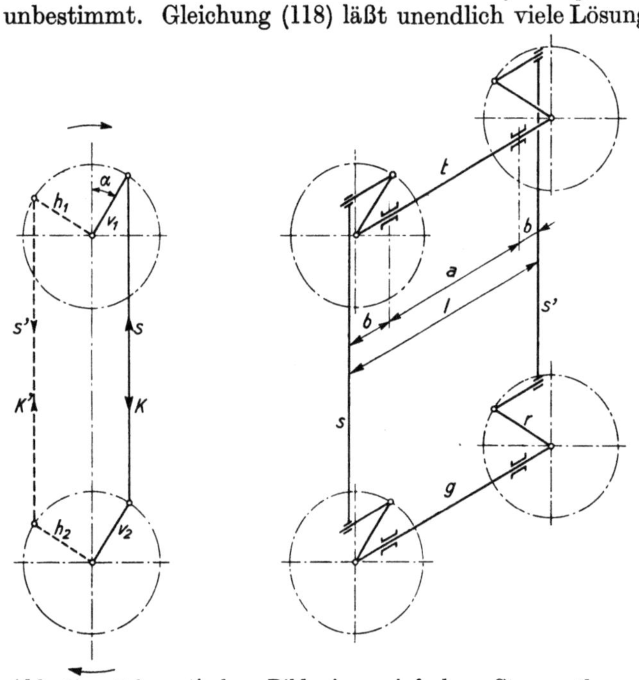

Abb. 83. Schematisches Bild einer einfachen Stangenübertragung.

$$\frac{K}{K'} = \frac{x \sin\alpha}{x \cos\alpha} = \frac{\sin\alpha}{\cos\alpha} \tag{119}$$

oder mit Benutzung von (118)

$$K\left(\sin\alpha + \frac{\cos^2\alpha}{\sin\alpha}\right) = \frac{M_t}{r},$$

$$\left.\begin{aligned} K &= \frac{M_t}{r}\sin\alpha, \\ K' &= \frac{M_t}{r}\cos\alpha. \end{aligned}\right\} \tag{120}$$

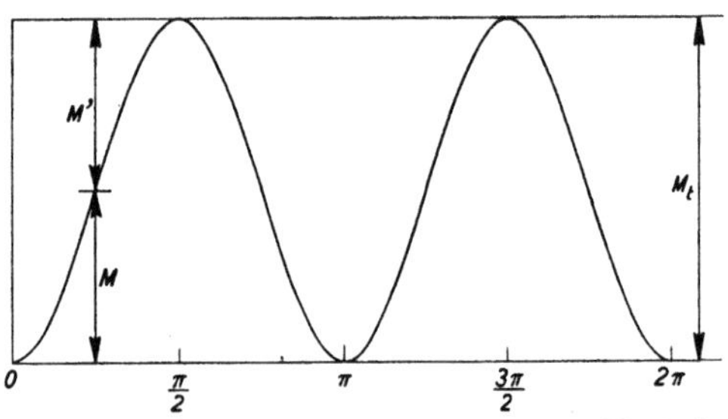

Abb. 84. Verlauf der von den beiden Kurbelseiten eines Stangenantriebes übertragenen Momente M und M'.

Das von den Stangen übertragene Drehmoment ist dann

$$\left.\begin{aligned} M &= M_t \sin^2\alpha, \\ M' &= M_t \cos^2\alpha. \end{aligned}\right\} \tag{121}$$

Unter den gemachten Vereinfachungen ergibt sich also, daß die Stangenkräfte einem einfachen Sinusgesetz folgen. Bei den Stellungen $\alpha = \frac{\pi}{2}, \frac{3\pi}{2}$ usw. ist dieses Gesetz streng richtig, d. h. bei diesen Kurbelstellungen übernimmt jeweils, wie auch aus den Gleichungen (121) unmittelbar hervorgeht, eine Kurbelseite die Übertragung des gesamten Motordrehmomentes (Abb. 84). Dem periodischen Kräftespiel in den Stangen entspricht damit korrespondierend ein periodisches Hin- und Herpendeln der zu übertragenden Leistung in den Kurbelwellen, die also pulsierend während jeder Umdrehung viermal mit dem gesamten Motordrehmoment auf Verdrehen und außerdem auf Biegung beansprucht werden. In den Zwischenstellungen $\frac{\pi}{4}$, $\frac{3\pi}{4}$, $\frac{5\pi}{4}$ usw. werden sich die beiden Getriebeseiten mehr oder weniger gleichmäßig an der Drehmomentübertragung beteiligen.

Die elastische Verformung des Getriebes beschränkt sich jedoch nicht nur auf die der Berechnung zugrunde gelegte Verdrehung der beiden Wellen, es treten außerdem Formänderungen an den Kurbelwellenlagern und deren Verbindung auf, ferner sind die Kurbelzapfen und Kurbelarme elastischen Biegungs- letztere überdies auch Verdrehungsverformungen unterworfen. Solange es sich bei diesen in der Elastizität des Gesamttriebwerkes begründeten elastischen Formänderungen um periodische also stetige Vorgänge handelt, deren Amplitude und zeitlicher Verlauf bekannt sind, so lange wäre es möglich, auch das Gesetz für die Verteilung der Stangenkräfte rechnerisch zu ermitteln, wobei sich statt eines Sinusgesetzes eine mehr oder weniger komplizierte periodische Funktion ergeben würde. In Wirklichkeit treten aber eine Reihe von Umständen auf, die periodische Unregelmäßigkeiten in die Kraftübertragung hereinbringen und deren theoretische Gesetzmäßigkeit sehr wesentlich verändern. Vor allem ist das Lagerspiel in Verbindung mit dem Einfluß der Massen der Motoranker und der Getriebeteile eine sehr wesentliche Störungsursache, wie rein qualitativ erläutert werden soll. Abb. 85 zeigt der Deutlichkeit halber wieder in perspektivischer Darstellung ein einfaches Parallelkurbelgetriebe, mit t als treibender und g als getriebener Achse, die hier in einer Horizontalebene liegend angenommen seien. Die Kuppelstangen s und s' haben Spiel in ihren Lagern. Die Bewegung beginne in der Stellung O, in welcher die vorderen Kurbeln $v_1 v_2$ in der Ebene der Achsen liegen, während die hinteren Kurbeln $h_1 h_2$ vertikal nach oben zeigen. In dieser Stellung treibt die hintere Kurbel h_1 durch die Stange s' auf die Kurbel h_2, während die vordere Stange s lose an den Kurbeln $v_1 v_2$ hängt. Bei 45° findet ein Druckwechsel statt: die Zapfen der vorderen Stange s gelangen zum Anliegen und diese treibt jetzt, während die hintere Stange s' herunterfällt. Bei 135° übernimmt wieder die hintere Stange s' die Kraftübertragung und die Stange s wird lose — und so fort, d. h. bei jeder Umdrehung findet wie beim spiellosen Getriebe viermal ein Wechsel in der Kraftübertragung statt, der hier aber infolge des Lagerspiels mit einem heftigen Stoß verbunden ist. Die Wirkung dieser Stöße wird nun dadurch noch erheblich verschlimmert, daß ja im praktischen Betrieb auf beiden Achsen t und g Massen sitzen, deren Trägheit in Verbindung mit der Elastizität der Kurbelzapfen Oszillationen der Zapfen in ihrem Spiel verursacht. Der Vorgang wird dabei etwa folgender sein: Findet bei 45° der Übergang der Kraftübertragung von der Stange s' auf die Stange s statt, so schlägt plötzlich der Zapfen der Kurbel v_1 gegen die linke Wand des rechten Zapfenlagers der Stange s; diese erhält eine Beschleunigung und die rechte Wand ihres linken Zapfenlagers schlägt gegen den Zapfen der Kurbel v_2, so daß die mit der Achse g verbundenen Massen beschleunigt werden und schneller laufen als die gleichmäßig rotierende Antriebsachse t. Infolgedessen legt sich nunmehr der Zapfen von v_2 gegen die linke Wand des linken Stangenlagers und zieht die Stange s nach links, bis die rechte Wand des rechten Stangenlagers am Zapfen von v_1 anliegt, wodurch die mit g verbundenen Massen wieder verzögert werden. Dieses Spiel wiederholt sich, wobei die Stoßwirkung der Zapfen allmählich gedämpft wird. Die Gefahr für das Triebwerk liegt also darin, daß infolge der auf den Achsen sitzenden Massen in den 45°-Stellungen nicht nur je ein Stoß auftritt, sondern eine ganze Reihe rasch aufeinander folgender Stöße, die wie ein fortgesetztes Hämmern wirken. Stimmt die Frequenz der also vom Lagerspiel verursachten periodischen Massenbeschleunigungen und -verzögerungen mit der Eigenschwingungszahl des Getriebes überein, dann können infolge von Resonanz diese Stoßwirkungen eine den sicheren Betrieb gefährdende Größe erreichen. Da nun die Frequenz der Massenbeschleunigungen von der Drehzahl des Getriebes und damit von der Fahrgeschwindigkeit abhängt, wird auch Resonanz dieser beiden Schwingungen auch nur bei ganz bestimmten Geschwindigkeiten auftreten. Im praktischen Betrieb äußert sich das Auftreten der Resonanz durch heftiges Rütteln oder Schütteln des Lokomotivgetriebes, das von hier aus die ganze Lokomotive in Mitleidenschaft zieht. Ober- und unterhalb der Resonanzzonen verschwinden diese Schüttelschwingungen der Lokomotive vollständig, wenn nicht etwa auch schwächere Zonen durch Resonanz mit Oberschwingungen des Getriebes vorhanden sind. Ein-

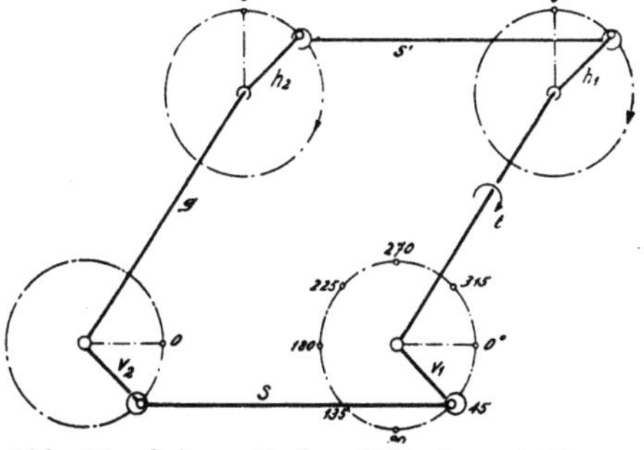

Abb. 85. Schematisches Bild der mit Lagerspiel behafteten Stangenübertragung.

gehend sind Theorie und Vorausberechnung der Schüttelschwingungen von Lokomotiven unter Berücksichtigung sämtlicher Nebeneinflüsse von mehreren Autoren[1]) behandelt worden. Hier sei nur noch zum rein qualitativen Verständnis der Schüttelschwingungen auf Abb. 86 verwiesen, welche die Kräfte K in den Stangen s und s' als Funktion der Drehungswinkel zeigt, und zwar gibt die ausgezogene Linie v die Kräfte in der vorderen Stange s, die gestrichelte Linie h die Kräfte in der hinteren Stange s' an. Wie ersichtlich, wirkt die vordere Stange s kraftübertragend zwischen 45° und 135°, sowie zwischen 225° und 315°, während sie zwischen 135° und 225° sowie zwischen 315° und 45° entlastet ist. In den letztgenannten Kurbelstellungen wird die Kraft von der hinteren Stange s' übertragen, welche wieder in den erstgenannten Stellungen lose ist. Jeder plötzliche Kraftwechsel ist nun mit den erwähnten oszillatorischen Stößen verbunden, die an beiden Stangen in den 45°-Stellungen der Kurbeln etwa in der in Abb. 86 angedeuteten Weise auftreten[2]).

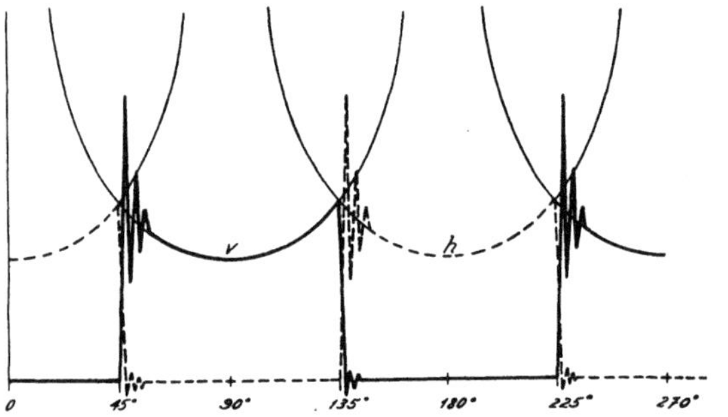

Abb. 86. Verlauf der Stangenkräfte in Funktion des Drehungswinkels bei der mit Lagerspiel behafteten Stangenübertragung.

Man kann nun die Wirkung der beim Übergang der Kraftübertragung von der einen auf die andere Fahrzeugseite auftretenden oszillatorischen Stöße dadurch mildern, daß man in den Mechanismus an einer oder mehreren Stellen zwischen die treibende und die getriebene Masse elastische Zwischenglieder einführt. Hierbei werden die als Zwischenglieder verwendeten Federn durch Anordnung besonderer Reibflächen so ausgebildet, daß durch die künstlich vergrößerte Federreibung die Energie der Schwingungen aufgezehrt wird, wodurch ein zu starkes Anwachsen der Schwingungen verhindert wird. Gleichzeitig wird durch den Einbau der Federung auch erreicht, daß einzelne einander entsprechende Teile des Getriebes in ihrer Elastizität und Nachgiebigkeit verschieden werden, so daß die sonst auftretende, zu Schüttelschwingungen führende Resonanz der Triebwerksteile gestört wird. Durch Einbau der Federung wird also nicht nur die Wirkung von Schüttelschwingungen sondern u. U. auch deren Ursache wirksam bekämpft.

---

[1]) Buchli: Studie über den Kuppelstangenantrieb bei elektrischen Lokomotiven. ETZ 1914, S. 912.
Wichert: Über den Einfluß des Lagerspiels bei Kurbelgetrieben elektrischer Lokomotiven. E. K. B. 1914, S. 325.
Wichert: Über den Einfluß von Stichmaßfehlern bei Kurbelgetrieben elektrischer Lokomotiven. ETZ 1915, S. 25.
Kummer: Über zusätzliche Triebwerksbeanspruchung durch Lagerspiel bei Kurbelgetrieben elektrischer Lokomotiven. Schweiz. Bauz. 1914, II, S. 129 und 135.
Kummer: Die Beanspruchnahme der Lokomotiv-Parallelkurbelgebtriebe ohne und mit Stichmaßfehlern und Lagerspiel. ETZ 1915, S. 910.
Meißner: Über Schüttelerscheinungen in Systemen mit periodisch veränderlicher Elastizität. Schweiz. Bauz. 1918, II, S. 95.
Müller: Über Schüttelschwingungen des Kuppelstangenantriebes. Schweiz. Bauz. 1919, II, S. 141, 155, 169.
Leboucher: Oscillations des locomotives électriques. R. G. E. 1918, II, S. 914.
Couwenhoven: Über Schüttelerscheinungen elektrischer Lokomotiven mit Kurbelantrieb. Forsch.-Arb. Ing. Nr. 213.
Müller: Die kritische Geschwindigkeit der Lötschbergiokomotiven. Schweiz. Bauz. 1920, I, S. 107.
Döry: Über Schüttelerscheinungen des Parallelkurbelgetriebes elektrischer Lokomotiven. ETZ 1920, S. 313.
Kummer: Die kritischen Drehzahlen der Kurbelgetriebe elektrischer Lokomotiven. Bull. S. E. V. 1920, S. 237.
Wichert: Neuere Theorien der Schüttelerscheinungen elektrischer Lokomotiven. ETZ 1921, S. 103 u. ff.
Wichert: Die kritischen Drehzahlen der Kurbelgetriebe elektrischer Lokomotiven. Bull. S. E. V. 1921, S. 42.
Kummer: Dasselbe. Bull. S. E. V. 1921, S. 74 und S. 191.
Wichert: Dasselbe. Bull. S. E. V. 1921, S. 160.
Wichert: Zum Diagramm der Schüttelschwingungen bei elektrischen Lokomotiven. ETZ 1921, S. 1515.
Dreyfus: Eigenschwingungen von Systemen mit periodisch veränderlicher Elastizität. A. f. E. Bd. 12, S. 38 (1923).
Wichert: Schüttelschwingungen. Forsch.-Arb. Ing. Nr. 266.
Kummer: Die kritischen Drehzahlen der Parallelkurbelgetriebe elektrischer Lokomotiven. Verhandl. d. schweiz. naturforsch. Ges. Bern 1922, zweiter Teil, S. 324—328.
Döry: Die Schüttelerscheinungen elektrischer Lokomotiven mit Kurbelantrieb. Samml. Vieweg, H. 68.
Winkler: Die Schüttelschwingungen elektrischer Lokomotiven mit Stangenantrieb E. u. M. 1924, S. 241.
[2]) Siehe auch G. Darrieus: BBC-Mitt. 1924, S. 43.

Man hat naheliegenderweise zuerst versucht, die Federung in die Stangen bzw. in deren Köpfe zu verlegen[1]) oder die Kurbeln zu federn und zwar entweder nur tangential[2]) oder allseitig[3]). Sowohl der Stangen- wie der Kurbelfederung haftet aber der Nachteil an, daß sie eine Verstellung der Triebstangen einer Seite gegenüber der anderen zulassen. Jede Federung im Gestänge muß aber der Sinusform der Stangenkraft folgend Schwingungen einleiten, die mit großer Wahrscheinlichkeit bei den gebräuchlichen Fahrgeschwindigkeiten in die Resonanzzone fallen, sofern es nicht gelingt, außerordentlich weiche Federn unterzubringen.

Aussichtsreicher ist der Vorschlag, die Federung aus dem Gestänge heraus an die Blindwellenlager zu verlegen, so daß die Blindwellen selbst gegen die das Lager tragenden Teile, d. i. gegen den starren Rahmen des Fahrzeuges in senkrechter Richtung federn können[4]).

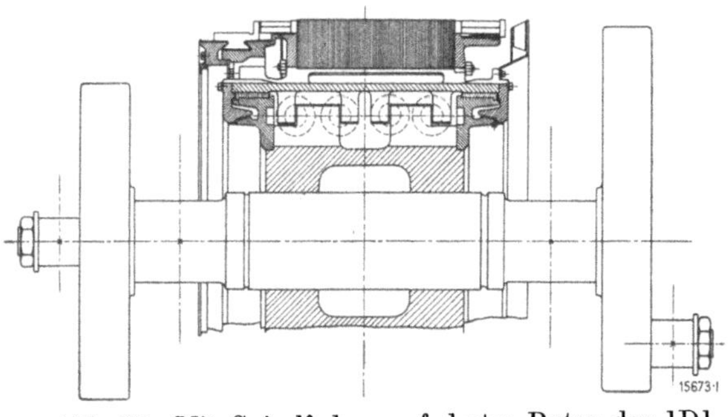

Abb. 87. Mit Spiralfedern gefederter Rotor der 1D1-Lokomotiven (Reihe E 21) der Paris-Orléans-Bahn. (A. G. Brown, Boveri & Cie.)

Am zweckmäßigsten erscheint die Unterbringung der Federung in den Ankerkörper[5]), etwa in der Art, daß dieser beispielsweise mit federnden Speichen ausgerüstet wird, die gleichzeitig zur Zentrierung des Kranzes benutzt werden[6]), oder daß der Rotor einschließlich Nabe lose auf die Welle gesetzt und nur durch die Federn mitgenommen wird, die sich als kräftige Blattfedern gegen Mitnehmer stützen, die mit der Welle starr verbunden sind.

Abb. 87 und 88 zeigen die Durchbildung einer Rotorfederung unter Anwendung von Spiralfedern[7]). Am ganzen Ankerumfang sind 6×4 Doppelfedern *F* eingebaut, deren ballige Führungsstücke sich einerseits auf den Angüssen *a* der Rotornabe *B*, andererseits auf ebensolche *b* des beweglichen Teiles *A* abstützen. Damit die relativ schweren Federn im Betriebe nicht durch die Fliehkraft aus ihrer normalen Lage verschoben werden, sind die Federabstützungstraversen seitlich in Führungskulissen *k* gelagert, die sich in einer durchgehenden Ringnut *r* bewegen können. Der bewegliche Teil des Ankers *A*, welcher die Bleche und die Ankerwicklung trägt, gleitet auf zwei Bronzeringen *R*. Um ein Herausschleudern des Schmieröls aus den Federkammern zu verhindern, sind Schikanen mit Lederdichtungen vorgesehen[8]).

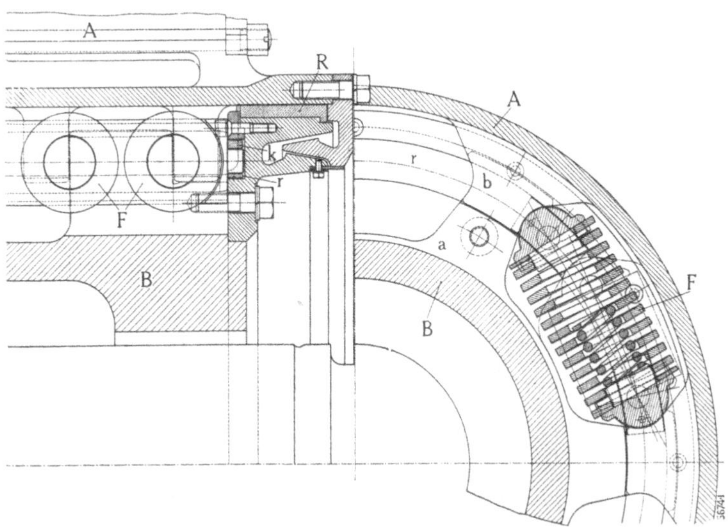

Abb. 88. Mit Spiralfedern gefederter Rotor der 1 D 1-Lokomotiven (Reihe E 21) der Paris-Orléans-Bahn. (A.G. Brown, Boveri & Cie.)

[1]) Z. B. nach den D. R. P. 285612 (J. A. Maffei), 286493 (B. B. C.); 292402, 297527, 335719 (S. S. W.).
[2]) D. R. P. 282067 (J. A. Maffei).
[3]) D. R. P. 294282, D. R. G. M. 655373 (S. S. W.).
[4]) D. R. P. 284486 (S. S. W.).
[5]) Erstmalig angegeben von G. M. Eaton (Schweiz. P. 48789).
[6]) D. R. P. 253285, It. P. 235/441 (K. Schnetzler), siehe auch U. S. A. P. 448562, 496330 (van Depoele).
[7]) Angewendet bei den 1D1-Lokomotiven (Reihe E 21) der Paris-Orléans-Bahn (BBC-Mitt. 1924, S. 51).
[8]) Bei zwei gemeinsam auf eine Rädergruppe arbeitenden Motoren empfiehlt es sich, nicht nur einen der Anker, sondern beide in der beschriebenen Weise zu federn, weil sonst lediglich das Auftreten von Schüttelschwingungen des einen gefederten Ankers gegen die Räder und gegen den anderen Motor nicht aber jene des anderen Motors mit ungefedertem Anker gegen die Räder verhindert werden, wenn auch infolge der geringeren Masse des ungefederten Ankers eines Motors halber Lokomotivleistung die Schüttelgrenzen wesentlich höher liegen. Eine Ausnahme macht in dieser Richtung nur der auf S. 90 später behandelte Zweistangenantrieb

Schließlich ist auch vorgeschlagen worden, außer elastischen Zwischengliedern eine Rutschkupplung im Anker vorzusehen, welche erst dann in Tätigkeit tritt, wenn der Hub der Federn nicht mehr ausreicht. Man wird in diesem Falle Federn mit nur geringer Dämpfung wählen, so daß eine derartige Maschine im allgemeinen mit geringen Verlusten im Betriebe arbeiten kann. Erst wenn durch besondere Umstände beispielsweise durch plötzliches Abschalten des Stromes die zur Begrenzung des Federspiels vorgesehenen Anschläge zum Anliegen kommen, tritt die Rutschkupplung in Tätigkeit, wobei sie den größten Teil der durch den Stoß im Getriebe freiwerdenden Energie in Reibungsarbeit umsetzt. So zweckmäßig die Kombination von Rutschkupplung und Rotorfederung auf den ersten Blick erscheint, so wenig Aussicht besteht für deren praktische Verwendung, wenigstens bei Vollbahnlokomotiven[1]). Die Unterbringung von Rutschkupplungen in die Anker von Lokomotivmotoren ist konstruktiv schwierig und bedingt zumindest eine ganz wesentliche Gewichtsvermehrung. Dazu kommt das nicht immer zuverlässige Arbeiten der Rutschkupplungen und die Gefahr des Festfressens.

Bei der nun folgenden Erörterung der verschiedenen Formen der direkten Stangenantriebe sei nun wie früher unter Vernachlässigung des Einflusses des Lagerspiels und dessen Folgen der Einfachheit halber angenommen, daß die gesamte elastische Formänderung lediglich in einer periodischen Dehnung und Kürzung der Triebstangen zum Ausdruck komme.

II. Antriebe mit Stangenübertragung unter Verwendung von Blindwellen.

α) Senkrechter Blindwellenantrieb. Bei dieser Antriebsform überträgt ein einziger Motor sein Drehmoment mittels senkrechter Stange auf den Kurbelzapfen der Blindwelle, an den die Triebräderkuppelstangen unter geeigneter gelenkiger Ausbildung ihrer Köpfe angeschlossen sind. Abb. 89 zeigt das grundsätzliche Schema dieses Antriebes[2])

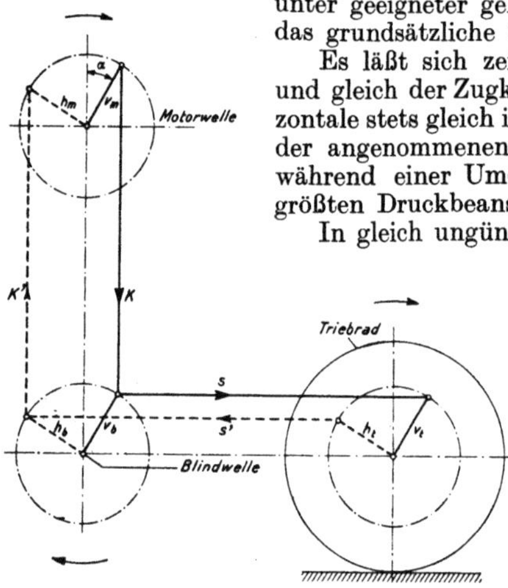

Abb. 89. Schematisches Bild des senkrechten Blindwellenantriebs.

Es läßt sich zeigen, daß die Größe des Blindwellenzapfendruckes konstant ist und gleich der Zugkraft an der Motorkurbel, und daß seine Neigung gegen die Horizontale stets gleich ist dem jeweiligen Kurbelwinkel. Der Zapfendruck wandert also bei der angenommenen Rechtsdrehung des Kurbelzapfens links herum, so daß letzterer während einer Umdrehung zweimal mit der größten Zug- und ebensooft mit der größten Druckbeanspruchung belastet wird.

In gleich ungünstiger Weise wird das Blindwellenlager beansprucht, nur kann hier wenigstens die Wirkung der Fliehkräfte durch Gegengewichte praktisch aufgehoben werden. Der resultierende Wellenlagerdruck wandert mit konstanter Größe dem Drehsinn der Welle entgegengesetzt um diese herum. Der Querschnitt derselben wird im Kurbellager auf Biegung wie auf Torsion beansprucht.

Diese außerordentlich ungünstige mechanische Beanspruchung aller Teile verlangt eine ganz besonders sorgfältige konstruktive Durchbildung. Die Notwendigkeit, schädliche Zwängungen des Gestänges und damit ein Heißlaufen der Zapfen zu vermeiden, macht eine peinlichst genaue Lagerung der Blindwelle zur Bedingung, die allerdings infolge der elastischen, oft nur durch Temperaturschwankungen hervorgerufenen Durchsenkung des Lokomotivrahmens illusorisch werden kann, da hierdurch sofort eine Änderung des Abstandes zwischen Motor- und Blindwellenlager eintritt. Um diese Schwierigkeit zu umgehen, hat man Motor und Blindwelle in einem besonderen in Stahlguß hergestellten starren Lagerbock gelagert und diesen mit dem Lokomotivrahmen verschraubt. Statt dieser zweckentsprechenden, aber durch das komplizierte und schwer herstellbare Gußstück sehr teueren Konstruktion mag es auch genügen, das Blindwellenlager mit dem Motorlager durch einen Träger zu versteifen, der eine Abstandsänderung der beiden Lager verhindert[3]).

β) Schräger Blindwellenantrieb. 1. Ein Motor — eine Schrägstange — eine Blindwelle. Abb. 90 zeigt schematisch diese Antriebsform, bei der zum Unterschied gegenüber dem vorher behandelten Antrieb, die Motortriebstange um einen schiefen Winkel β gegen die Vertikale geneigt ist[4]). Es läßt sich nun zeigen,

mit statisch bestimmter Kräfteverteilung in den Stangen der beiden Motoren. Eine nur im Anker eines Motors angebrachte Federung muß also die Eigenschwingung des anderen Ankers eindeutig beeinflussen (siehe Dr. A. Wichert: Forsch.-Arb. Ing. Nr. 266, S. 92).

[1]) Die Rotoren der Motoren einzelner 2 B + B 2-Lokomotiven (Reihe 3977 und 3998) der Pennsylvania Ry (ETZ 1913, S. 1195) sind allerdings mit Rutschkupplungen versehen, die im großen und ganzen befriedigend arbeiten sollen.

[2]) Angewendet bei den 2 B 1-Schnellzugslokomotiven der Reihe E 0001 der Deutschen Reichsbahn-Gesellschaft (E. K. B. 1910, S. 283).

[3]) D. R. P. 283620 (J. A. Maffei).

[4]) Angewendet wurde dieser Antrieb bei den 2 B + B 2-Lokomotiven (Reihe 3977 und 3998) der Pennsylvania Bahn (ETZ 1913, S. 1195), bei den D-Lokomotiven (Reihe E 7002) der D. R. G. (E. K. B. 1912, S. 489), bei den 1 C 1-Lokomotiven (Reihe E 6201, E 0109 und E 3002) und 2 C 1-Lokomotiven (Reihe E 3601 und E 3621) der D. R. G., bei den 1C-Lokomotiven der Mittenwaldbahn (E. u. M. 1913, S. 381), den 1C- und 1B1-Lokomotiven der Wien-Preßburger Bahn (E. u. M. 1914, S. 813), den 1B1-Lokomotiven (Reihe 201) der Rh. B. (E. u. M. 1919, S. 250), den 1C—C1- und 2B2-Lokomotiven der Schwedischen Staatsbahnen (Z. V. d. I. 1920, S. 205) und den 1C1-Lokomotiven (Gruppe E 320) der FF. SS (E. K. B. 1913, S. 236; R. T. F. I. 1913, I, S. 145).

daß sowohl der Blindwellenzapfendruck wie der resultierende Wellenlagerdruck im Verhältnis $\cos\beta : 1$ kleiner ist als beim Antrieb durch vertikale Triebstangen.

Sonst sind aber die Verhältnisse am Blindwellenkurbelzapfen die gleichen wie beim Vertikalantrieb, d. h. der Zapfendruck ist konstant und unabhängig vom Kurbelwinkel und wandert seiner Richtung nach um den Zapfen im entgegengesetzten Sinne zu seiner Drehrichtung herum. Sein Neigungswinkel gegen die Horizontale ist jeweils gleich dem Kurbelwinkel α.

Bei allen praktischen Ausführungen ist der Winkel β mindestens zu etwa 40^0 gewählt worden, da erst dann der Einfluß der Kosinusfunktion als Reduktionsfaktor für die Beanspruchung der Blindwelle und deren Kurbelzapfen merklich zu werden beginnt. Gleichwohl erfordert auch hier die qualitativ gleich ungünstige Beanspruchung derselben eine reichliche Dimensionierung.

2. Zwei Motoren — zwei Schrägstangen — eine Blindwelle. Dieser Antrieb[1]) (Abb. 91) kann gewissermaßen als eine Verdopplung des einfachen Schrägstangenantriebes aufgefaßt werden. Die gesamte Lokomotivleistung erscheint auf zwei Motoren aufgeteilt, so daß am Kurbelzapfen der Blindwelle zwei Stangen winkelig angreifen.

Der resultierende Zapfendruck an der Blindwellenkurbel wandert wieder dem Drehsinn entgegengesetzt der Richtung nach um den Zapfen herum, ist aber der Größe nach hier im Verhältnis $\cos^2\beta : 1$ kleiner als beim Blindwellenantrieb durch einen Motor doppelter Leistung mittels senkrechter Triebstange, d. h. bei einem noch ausführbaren Winkel von $\beta = 60^0$ ergibt sich nur mehr $^1/_4$ der Beanspruchung. Die Verhältnisse an der Blindwelle selbst und die Beanspruchung der Blindwellenlager sind die gleichen wie beim Schrägstangenantrieb von einem Motor aus.

Zur Verbesserung dieses Antriebes ist vorgeschlagen worden, den Blindwellenkurbelzapfen in einer Kulisse mit horizontaler Spielrichtung zu führen[2]), wobei das Kuppelgestänge an dem vom Kulissengleitklotz ge-

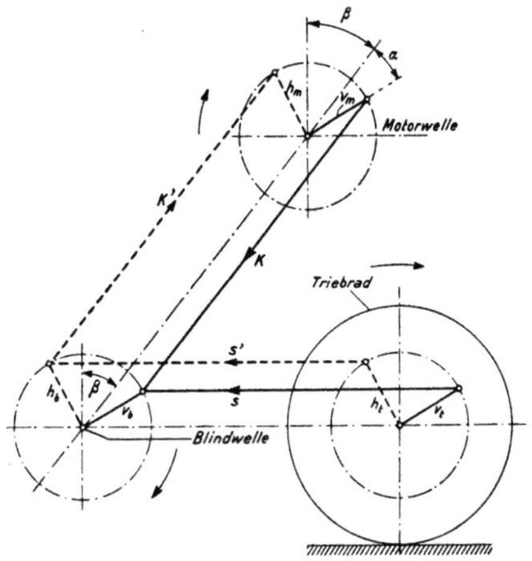

Abb. 90. Schematisches Bild des schrägen Blindwellenantriebs von einem Motor aus.

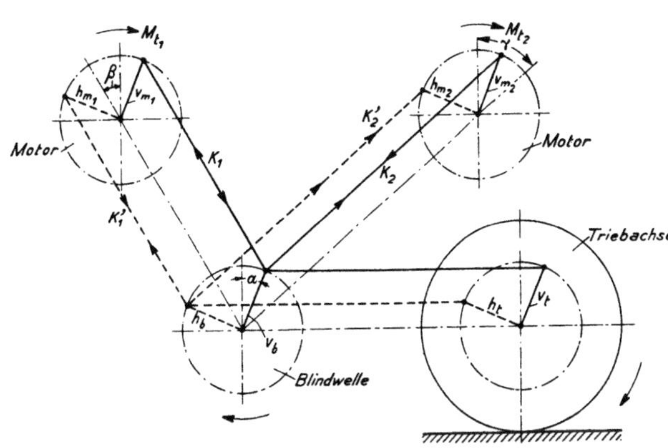

Abb. 91. Schematisches Bild des schrägen Blindwellenantriebes von zwei Motoren aus.

führten Blindwellenkurbelzapfen angreift, während der Kopf der einen Motortriebstange als Kulissenrahmen ausgebildet ist, mit dem die andere gelenkig verbunden ist. Das System wird dadurch statisch bestimmt, außerdem ist die starre Verbindung der Massen der beiden Rotoren gelöst. Derselbe Zweck wird erreicht, wenn man zwischen Triebstangen, Blindwelle und Kuppelstangen eine Schwinge einschaltet[3]), wobei entweder am Ende der Schwinge Triebstangen und Kuppelstangen gemeinsam oder die letzteren getrennt an der Blindwellenkurbel angreifen. Allerdings kann bei den drei zuletzt genannten Antriebsformen, wie ohne weiteres einzusehen ist, das Gestänge nur zweiebenig gebaut werden, wodurch die Blindwellenkurbelzapfen länger ausfallen und ungünstiger beansprucht werden.

3. Ein Motor — zwei Schrägstangen — zwei Blindwellen. Dieser Antrieb wird praktisch in der Form angewendet[4]), daß der Motor, natürlich wieder beidseitig, vermittels je zweier an seinen Kurbeln einebnig angreifender schiefer Stangen auf zwei stets symmetrisch zur Motormitte angeordnete Blindwellen arbeitet, die mit den Kurbeln der Triebräder durch horizontale Stangen verbunden sind (Abb. 92). Zur Erläuterung der Kräfteverhältnisse diene die schematische Abb. 93. Zunächst ist die Frage zu beantworten, wie sich das wieder als konstant vorausgesetzte Motordrehmoment $M_t = Z_m r$ auf die beiden Blindwellen verteilt. Bezeichnet M_{b_1} und M_{b_2} die bezüglichen Drehmomentanteile, dann ist unter Benützung der Bezeichnungen von Abb. 93

$$M_{b_1} = K_1 r \sin(\beta + \alpha) + K_1' r \cos(\beta + \alpha)$$

[1]) Angewendet bei der 1D1-Lokomotive (Reihe EP 201) und den 1C1-Lokomotiven (Reihe E 6101) der D. R. G. (E. K. B. 1912, S. 495; 1913, S. 113 und E. K. B. 1913, S. 214).

[2]) D. R. G. M. 578228 (B. B. C.), D. R. P. 290127 (J. A. Maffei).

[3]) D. R. P. 292286, 292847 (J. A. Maffei).

[4]) Bei den 2D1-Lokomotiven (Reihe E 5035) und den 2C2-Lokomotiven (Reihe E 0601) der D. R. G. (E. K. B. 1918, S. 129; 1920, S. 238; 1921, S. 201; Organ Fortschr. Eisenbahnwes. 1926, S. 110). — Siehe auch die ausführliche Beschreibung dieser letzteren Lokomotive auf S. 424ff. dieses Buches.

oder da gemäß Gleichung (119)

$$\frac{K_1}{K_1'} = \frac{\sin(\beta+\alpha)}{\cos(\beta+\alpha)}$$

$$M_{b_1} = \frac{K_1 r}{\sin(\beta+\alpha)}, \tag{122}$$

$$K_1 = \frac{M_{b_1}}{r}\sin(\beta+\alpha). \tag{123}$$

Analog findet man

$$\left.\begin{aligned} K_1' &= \frac{M_{b_1}}{r}\cos(\beta+\alpha),\\ K_2 &= \frac{M_{b_2}}{r}\sin(\beta-\alpha),\\ K_2' &= \frac{M_{b_2}}{r}\cos(\beta-\alpha).\end{aligned}\right\} \tag{124}$$

Für die Weiterbehandlung des statisch unbestimmten Systems sei der Castiglianosche Satz angewendet, wonach die Kräfteverteilung bei jedem Belastungszustand einem Minimum an Formänderungsarbeit entspricht. Macht man die vereinfachende Annahme, daß nur die Motortriebstangen (von der einfachen Länge l und dem Querschnitt f) elastische Verformungen erfahren und beachtet, daß die in Form einer Längenänderung (unter dem Einfluß der Kraft K_1) zum Ausdruck kommende Formänderungsarbeit A gegeben ist durch

$$A = \frac{K_1^2 l}{2 E f} = \varrho K_1^2$$

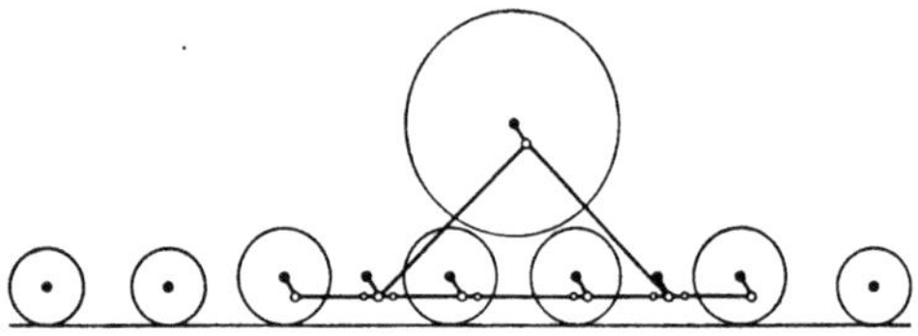

Abb. 92. Triebwerksanordnung mit schrägem Blindwellenantrieb (zwei Blindwellen) von einem Motor aus. (2D1-Lokomotive Reihe E 5035 der D.R.G.)

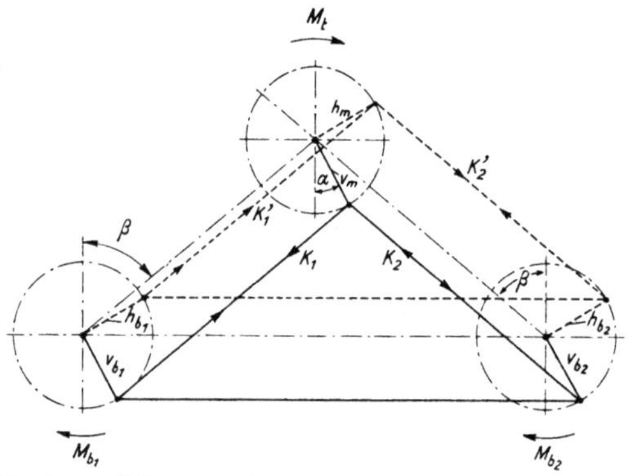

Abb. 93. Schematisches Bild des schrägen Blindwellenantriebes (zwei Blindwellen) von einem Motor aus.

(E = Elastizitätsmodul), dann läßt sich, da die vier Motortriebstangen alle gleiche Länge und gleichen Querschnitt haben, der Castiglianosche Satz in der Form schreiben

$$K_1^2 + K_1'^2 + K_2^2 + K_2'^2 = \text{Min.} \tag{125}$$

Nun ist aber

$$K_1^2 + K_1'^2 = \frac{M_{b_1}^2}{r^2}$$

$$K_2^2 + K_2'^2 = \frac{M_{b_2}^2}{r^2}$$

und daraus folgt nach einiger Umformung als Minimalbedingung für Gl. (125)

$$M_{b_1} = M_{b_2} = \frac{M_t}{2}.$$

Bei jeder beliebigen Kurbelstellung α wird also an jede Blindwelle das halbe Motordrehmoment abgegeben.

Auf den Motorkurbelzapfen wirken demnach von den beiden schrägen Kuppelstangen her die Kräfte

$$\frac{Z_m}{2}\sin(\beta+\alpha), \qquad \frac{Z_m}{2}\sin(\beta-\alpha),$$

deren Resultierende sich nach dem Kosinussatz ergibt:

$$R_m^2 = \frac{Z_m^2}{4}\sin^2(\beta+\alpha) + \frac{Z_m^2}{4}\sin^2(\beta-\alpha) - 2\frac{Z_m^2}{4}\sin(\beta+\alpha)\sin(\beta-\alpha)\cos 2\beta$$

oder nach einiger Umformung

$$R_m = Z_m\sqrt{\sin^4\beta + \sin^2\alpha\cdot\cos 2\beta}. \tag{126}$$

Die resultierende Beanspruchung des Motorkurbelzapfens ist also vom Kurbelwinkel α abhängig, außer es ist $\cos 2\beta = 0$ und $\beta = 45^0$.

Dieser Fall soll nun, da nur er in der Praxis angewendet wurde und wird, allein weiter behandelt werden. Für $\beta = 45^0$ ist

$$R_m = Z_m \sin^2 \beta = \frac{Z_m}{2}, \tag{127}$$

d. h. der während einer Kurbelumdrehung überhaupt vorkommende größte Zapfendruck R_m ist ein Minimum und seine Richtung φ gegen die Horizontale nach Abb. 94

$$\varphi = \alpha.$$

Der resultierende Zapfendruck $R_m = \frac{Z_m}{2}$ ist also stets senkrecht zum Kurbelarm gerichtet und die Torsionsbeanspruchung der Kurbelwelle gleichförmig, da stets das halbe Motordrehmoment beidseitig abgeleitet wird.

Der resultierende Motorwellenlagerdruck setzt sich aus den beiden stets aufeinander senkrecht stehenden Kurbelzapfendrücken $\frac{Z_m}{2}$ zusammen und ist mit den Bezeichnungen der Abb. 83

$$R = R' = R_m = \frac{Z_m}{2a} \sqrt{a^2 + 2ab + 2b^2}, \tag{128}$$

wozu noch der Gewichtsanteil des Motorläufers kommt.

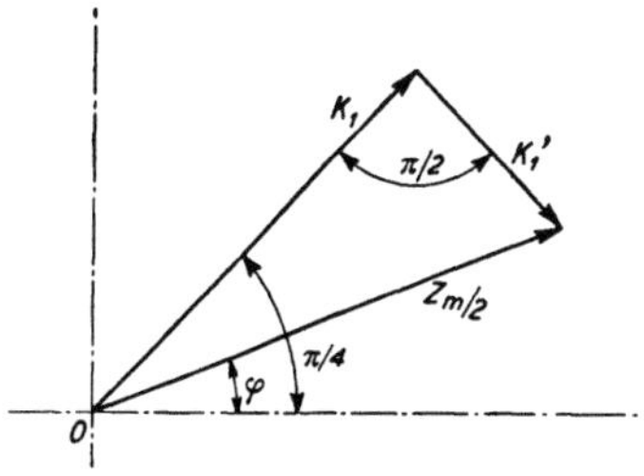

Abb. 94. Kräftespiel am Motorkurbelzapfen beim schrägen Blindwellenantrieb gemäß Abb. 92/93.

Der resultierende Zapfendruck an der Kurbel der Blindwelle, von denen, wie bewiesen wurde, jede das halbe Motormoment zu übertragen hat, ist offenbar

$$Z_b = \frac{Z_m}{2} \cos \beta, \tag{129}$$

der wieder seiner Richtung nach dem Drehsinn entgegengesetzt um den Zapfen herumwandert.

Der Vorteil des Antriebes liegt vor allem in der günstigen Beanspruchung der Motorwelle, von der aus die Leistung bzw. das Drehmoment nach beiden Seiten zu gleichmäßig anstatt pulsierend wechselnd wie bei den bisher behandelten Antrieben abfließt. Die Zweizahl der Blindwellen erscheint trotz Zusammenfassung der gesamten Lokomotivleistung in einem Motor als geringerer Nachteil.

Das nach unten $\wedge$-förmig sich öffnende Schräggestänge könnte mit dem gemeinsamen an der Motorwelle angreifenden Kopf aus einem Stück bestehen. Aus Herstellungsrücksichten, dann aber auch zum Zwecke der Nachstellung nach längerem Betrieb wird das Gestänge jedoch zweiteilig ausgeführt. Aus Taf. IX ist die Gesamtanordnung des Triebwerkes der 2 C 2-Lokomotive (Reihe E 0601) der D. R. G. ersichtlich. Die eine Schrägstange mündet einseitig in den Motorwellenstangenkopf aus, der einen augenförmigen Ansatz trägt, an den die andere Schrägstange gelenkig anschließt. Allerdings bedeutet das zusätzliche theoretisch vermeidbare Gelenk eine Vermehrung des Gesamtspiels, das die Einstellung erschwert und bekanntlich überdies das Entstehen von Schüttelschwingungen begünstigt.

Da die drei Mitten der Motorwelle und der beiden Blindwellen die Eckpunkte eines starren Dreieckes bilden, müssen notwendigerweise Zwängungen und Klemmungen auftreten, da beim Durchfedern der Achsen gegen den Rahmen auch bei Vorhandensein von Gelenken neben den Stangenköpfen im untersten wagerechten Glied dieses letztere, wenn auch sehr geringe Längenänderungen erfährt. Nun ist aber offenbar zumindest das zwischen den beiden innersten Triebachsen gelegene horizontale Stangenglied spannungslos und kann daher weggelassen werden[1]).

III. Antriebe mit Stangenübertragung unter Vermeidung von Blindwellen.

Die zahlreichen Varianten von Blindwellenantrieben gestatten ein gegebenes Lokomotivprojekt auf sehr verschiedene Weise zu lösen, wobei die Zahl der Motoren und damit im Zusammenhang die Zahl und Lage der Blindwellen weitere Möglichkeiten bieten. In dieser weitgehenden Freiheit des Entwurfes liegt der Vorteil der Blindwelle, d. h. der Antriebe, die sich ihrer bedienen. Diesem Vorteil steht jedoch der Nachteil gegenüber, daß Blindwellen an ihrer Einbaustelle immer eine Vergrößerung des Radstandes, d. h. ein Auseinanderrücken der Trieb-

[1]) F. P. 550837 (J. Buchli).

räder bedingen, die den Blindwellenkurbeln und -gegengewichten ausweichen müssen. Dazu kommt die ungünstige mechanische Beanspruchung der Blindwellen, die schwere und teuere Lagerkonstruktion und die hohen Unterhaltungs- und Wartungskosten, wobei die letzteren durch die Notwendigkeit einer sehr genauen, Lagerspiel nach Möglichkeit vermeidenden Einstellung der Triebwerke stark beeinflußt werden. Es hat daher nicht an Bemühungen gefehlt, blindwellenfreie Antriebe zu schaffen, um die Antriebe mit Blindwelle auf jene Fälle beschränken zu können, wo eine andere Antriebsform nicht möglich ist.

α) **Flacher Kuppelrahmen.** Der älteste und auch am meisten angewendete Stangenantrieb ohne Verwendung von Blindwellen ist der erstmalig wohl von der Schweiz. Lokomotiv- und Maschinenfabrik Winterthur in Vorschlag gebrachte, K. v. Kandó patentierte und nach ihm benannte dreieckige Kuppelrahmen[1]), der darin besteht, daß die Kurbeln zweier in gleicher Höhe im Fahrzeugrahmen gelagerter Motoren durch einen steifen dreieckigen Rahmen verbunden sind, der im Tiefpunkt auch den Kurbelzapfen einer Triebachse umfaßt (Abb. 95). Infolge der starren Verbindung der Kurbeln der beiden Motoren macht jeder Punkt des Rahmens eine kreisförmige Bewegung, so daß sich beidseitig immer ein Punkt ergeben wird, dessen Rotationszentrum in Höhe der Laufachsen liegt und daher genau wie der Kurbelzapfen einer Blindwelle als Angriffspunkt wagerechter Kuppelstangen dienen kann. Wird die mittlere Triebachse in der Weise angetrieben, daß deren Kurbelzapfen nicht in einer festen Lagerbüchse, sondern durch ein Gleitstück in der Kulisse der Kuppelstange mit senkrechtem Spiel geführt wird, dann können an den Kurbelzapfen der Triebachsen senkrecht nach oben oder unten gerichtete Kraftkomponenten nur in ganz geringem Maße entstehen. Denn die Federschwingungen werden durch das Spiel in der Kulisse ausgeglichen und die dabei eintretenden dem Federspiel allerdings entgegengesetzt gerichteten Längenänderungen der immer seitlich angelenkten Stangen fallen so klein aus, daß sie von den Spielräumen der Stangenlager aufgenommen werden können, ohne daß merkbare Klemmungen im Getriebe auftreten. Abb. 95 zeigt die Disposition des Antriebs einer mit dem Dreieck - Kuppelrahmen ausgeführten Lokomotive[2]), während an Hand der schematischen Abb. 96, bei der der Einfachheit halber nur ein Triebrad angenommen wurde, die Kräfteverhältnisse untersucht werden mögen.

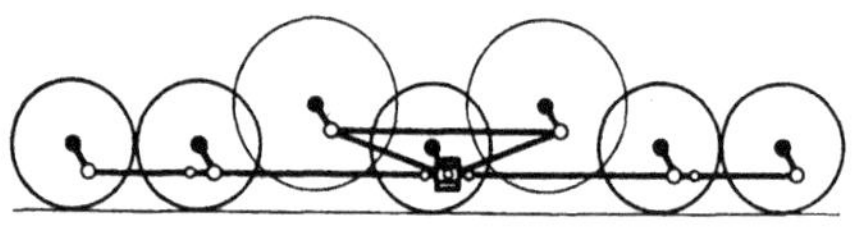

Abb. 95. Triebwerksanordnung mit flachem Kuppelrahmen.
(E-Lokomotive Gruppe E 550 der FF.SS.)

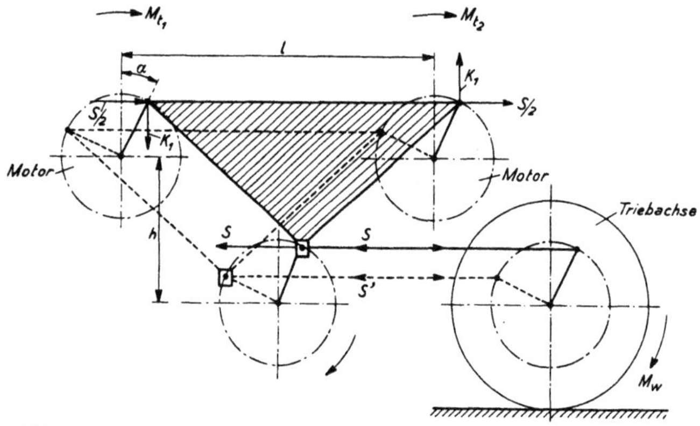

Abb. 96. Schematisches Bild des Antriebes mittels flachem Kuppelrahmen.

Ist $M_{t_1} = M_{t_2} = M_t$ das wieder als konstant vorausgesetzte Drehmoment eines Motors, dann ist das an der Triebachse widerstehende Moment $M_w = 2\,M_t$, dem die beiden Stangenkräfte S und S' das Gleichgewicht zu halten haben.

$$2\,M_t = S\,r\cos\alpha + S'\,r\sin\alpha \tag{130}$$

oder

$$2\,M_t = S_r\left(\cos\alpha + \frac{\sin^2\alpha}{\cos\alpha}\right) = \frac{S_r}{\cos\alpha}\,.$$

Nun ist auch

$$M_t = Z_m\,r$$

und daher

$$\left.\begin{aligned} S &= 2\,Z_m\cos\alpha,\\ S' &= 2\,Z_m\sin\alpha.\end{aligned}\right\} \tag{131}$$

[1]) D. R. P. 148987, Ö. P. 17437, E. P. 9951/1904, J. P. 170/224 (K. v. Kandó).

[2]) E-Lokomotiven (Gruppe E 550 und E 551) der FF. SS (R. T. F. I. 1913, I, S. 269; 1914, I, S. 350; Z. V. d. I. 1909, S. 1249 bzw. R. T. F. I. 1924, I, S. 128). — Mit etwa gleich großer Pfeilhöhe ist der flache Kuppelrahmen noch ausgeführt bei den 1 D 1-Lokomotiven (Gruppe E 431) und den 1 C 1-Lokomotiven (Gruppe E 321) der FF. SS (BBC-Mitt. 1922, S. 261; R. T. F. I. 1924, II, S. 53).

Infolge der Starrheit des Systems müssen der in der gezeichneten Stellung von rechts nach links wirkenden Stangenkraft S zwei in Summa gleich S bei A und B in Richtung von links nach rechts angreifende Kräfte entsprechen, die gemäß dem Castiglianoschen Satze als einander gleich, also je gleich $S/2$ angenommen werden können. Diesem Drehzwilling mit dem Hebelarm h hält ein bei A und B vertikal angreifendes Kräftepaar K_1 mit dem Hebelarm l das Gleichgewicht

$$K_1 l = 2 Z_m \cos\alpha .$$

Die Lagerreaktionen (Zapfendrücke) in A oder B ergeben sich als Resultierende je von $S/2$ und K_1, d. h. es ist

$$R = Z_m \cos\alpha \sqrt{1 + \left(\frac{2h}{l}\right)^2} \tag{132}$$

und

$$R_{\max} = Z_m \sqrt{1 + \left(\frac{2h}{l}\right)^2} \tag{133}$$

und der Neigungswinkel φ der Richtung von R gegen die Horizontale

$$\operatorname{tg}\varphi = \frac{K_1}{Z_m \cos\alpha} = \frac{2h}{l} . \tag{134}$$

Die Beanspruchung der Motorkurbelzapfen ist also in hohem Maße von der sogenannten Überhöhung h/l abhängig, die in der Regel den Wert von $^1/_6$ bis $^1/_8$ ($R_{\max} = 1{,}3$ bis $1{,}05\ Z_m$) nicht überschreitet, bei den 1 C 1-Lokomotiven der Italienischen Staatsbahnen Gruppe E 330[1]) aber immerhin den Wert von 1:2,5 erreicht hat ($R_{\max} = 1{,}28\ Z_m$).

Das auf die Motorwelle ausgeübte Torsionsmoment ist auf der vorderen Seite

$$M = R r \cos(\varphi - \alpha) = Z_m r \sqrt{1 + \left(\frac{2h}{l}\right)^2} \cdot \cos\alpha \cos(\varphi - \alpha) \tag{135}$$

mit α als Veränderlichen mit

$$M_{\max} = Z_m r \sqrt{1 + \left(\frac{2h}{l}\right)^2} \cdot \cos^2\frac{\varphi}{2} = \frac{Z_m r}{2l}\left(\sqrt{l^2 + 4h^2} + l\right) \tag{136}$$

und

$$M_{\min} = -Z_m r \sqrt{1 + \left(\frac{2h}{l}\right)^2} \cdot \sin^2\frac{\varphi}{2} = -\frac{Z_m r}{2l}\left(\sqrt{l^2 + 4h^2} - l\right). \tag{137}$$

In Funktion des Kurbelwinkels α ändert sich also das Torsionsmoment sinusförmig und besitzt Nullwerte bei $\alpha = \frac{\pi}{2}, \frac{3\pi}{2}, \varphi + \frac{\pi}{2}, \varphi + \frac{3\pi}{2}$. Für die hintere Antriebsseite ergeben sich genau dieselben Werte, jedoch mit 90^0 Phasennacheilung.

Eigentümlich für diesen Antrieb ist, daß die Torsionsmomente an den Motorwellen bei ihrer periodischen Richtungsänderung größer als die nutzbaren Motordrehmomente werden, wobei allerdings die subtraktiv d. h. dem Motordrehmoment entgegengerichteten Torsionsmomente erheblich kleiner als die positiven sind.

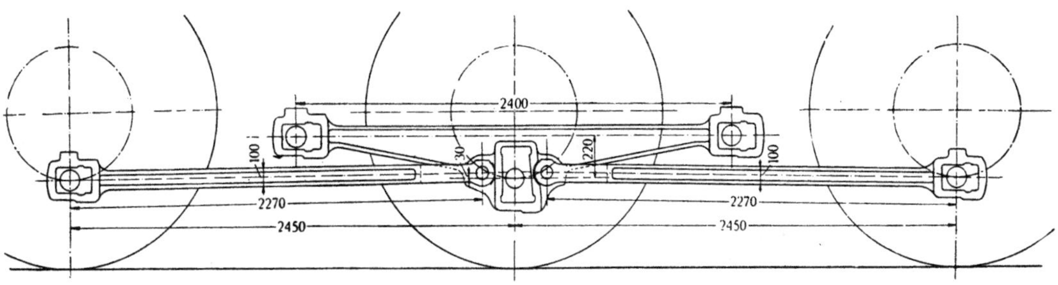

Abb. 97. Triebwerksanordnung mit flachem Kuppelrahmen.
(1C1-Lokomotive Reihe 364 der S.B.B.)

Abb. 97 zeigt die Regelausführung des Kuppelrahmens mit kleiner Pfeilhöhe (220 mm). Fehlt die symmetrisch zu den beiden Motoren angeordnete Radachse, dann kann der Kuppelrahmen unter Fortfall der Kulisse wie bei der D-Simplonlokomotive (Reihe 366)[2]), deren Antriebsdisposition Abb. 98 zeigt, rechteckig ausgeführt werden. Hier erfolgt dann der Antrieb sämtlicher Triebräder durch angelenkte wagerechte Stangen.

[1]) R. T. F. I. 1915, II, S. 1ff. — Mit ähnlich großer Pfeilhöhe ist der flache Kuppelrahmen noch ausgeführt bei den 1C1-Lokomotiven (Gruppe E 333) der FF. SS.

[2]) Z. V. d. I. 1909, S. 607.

β) **Der hohe Kuppelrahmen (Dreieckstange).** Die Notwendigkeit, langsamlaufende Einphasen-Kollektormotoren von großem Durchmesser hoch im Rahmen lagern zu müssen, führte die A.G. Brown Boveri & Cie. (J. Buchli) beim Entwurf einer 1C1-Schnellzuglokomotive für die Franz. Südbahn[1]) im Zusammenhang mit dem Bestreben, den Antrieb mit möglichst kurzem Radstand, mithin ohne Blindwelle zu bauen, im Jahre 1910 zu dem Versuch, den Kuppelrahmen mit einem Verhältnis h/l von 1 : 1,59 und dementsprechend nicht mehr als massives Dreieck, sondern als starr aus einem Stück geschmiedete Dreieckstange auszuführen (Abb. 99), die an ihren beiden oberen Eckpunkten in Stangenköpfe zum Anschluß an die Motorkurbeln ausmündet, im Tiefpunkt aber wieder die Kulisse zum Anschluß an eine der Triebradkurbeln enthält. Ver-

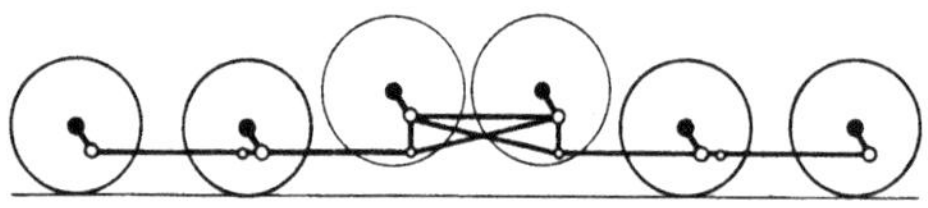

Abb. 98. Triebwerksanordnung mit flachem Kuppelrahmen ohne Kulisse.
(D-Lokomotive Reihe 366 der S.B.B.)

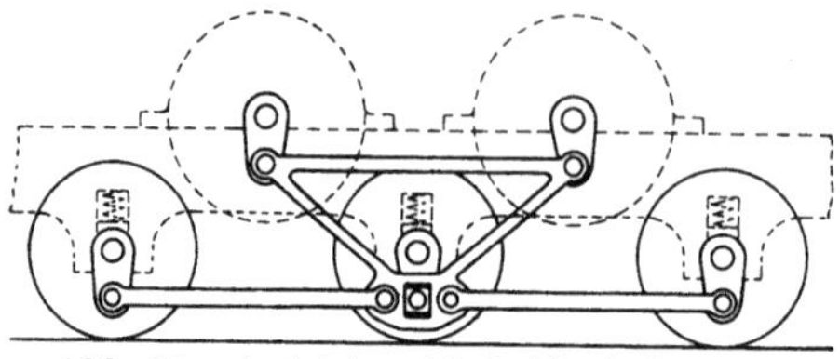

Abb. 99. Antrieb mittels Dreieckstange.

folgt man die Kräfteverhältnisse wieder in gleicher Weise wie bei den bisher behandelten statisch unbestimmten Gebilden unter Berücksichtigung der elastischen Formänderung[2]), so ergibt sich die bemerkenswerte Tatsache, daß die Spannung in dem horizontalen Kupplungsglied Null ist, wenn die Motordrehmomente gleich sind. Die in den schiefen Seiten der Dreieckstange wirkenden Kräfte sind im Maximum $\frac{Z_m}{\sin\beta}$, d. h. um so kleiner, je größer β ist.

γ) **Zweistangenantrieb.**. Die Tatsache, daß bei gleichem Drehmoment der beiden Motoren das horizontale Verbindungsstück des Dreieckrahmens spannungslos ist, legt den Gedanken nahe, es ganz wegzulassen und das Stangendreieck in einen V-förmigen Zweistangenantrieb aufzulösen (Abb. 100)[3]). Die Aufgabe, die in den schrägen Stangen auftretenden Kräfte zu berechnen, führt auf ein statisch bestimmtes Problem, da sich für die vier Kräfte vier aus den Bedingungen der Statik sich ergebende Bestimmungsgleichungen anschreiben lassen. Durch den Fortfall der horizontalen Stangen ist allerdings eine gelenkige Verbindung der schrägen Stangen aus praktischen Rücksichten erforderlich, da die Drehmomente der beiden Motoren nie vollkommen gleich sind.

Die in den einzelnen Stangen wirkenden Kräfte nehmen aufeinanderfolgend die gleichen Werte an, so daß zur Bestimmung der Maximalspannung jeweils der Verlauf nur einer der Kräfte verfolgt werden muß. Diese Untersuchung lehrt nun, daß sich die Stangenkräfte vermindern, wenn das Drehmoment eines Motors abnimmt, solange der Winkel β zwischen 0^0 und 60^0 liegt. Erst wenn $\beta > 60^0$, wird die Maximalspannung in den schrägen Stangen bei Abnahme des Drehmomentes eines Motors größer und erreicht ihren Höchstwert, wenn ein Motor leer läuft, d. h. infolge eines Defektes abgeschaltet wurde.

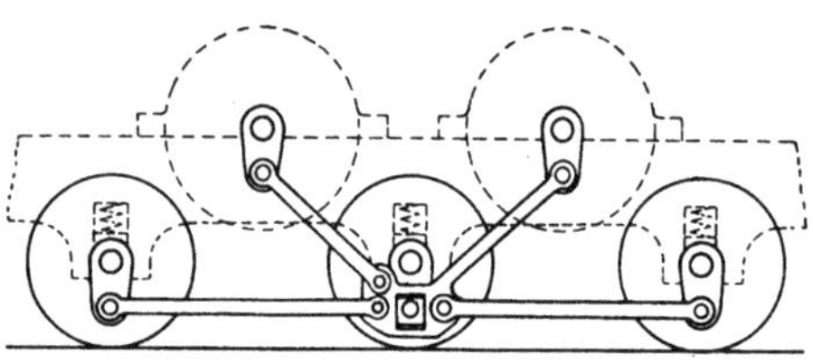

Abb. 100. Zweistangenantrieb.

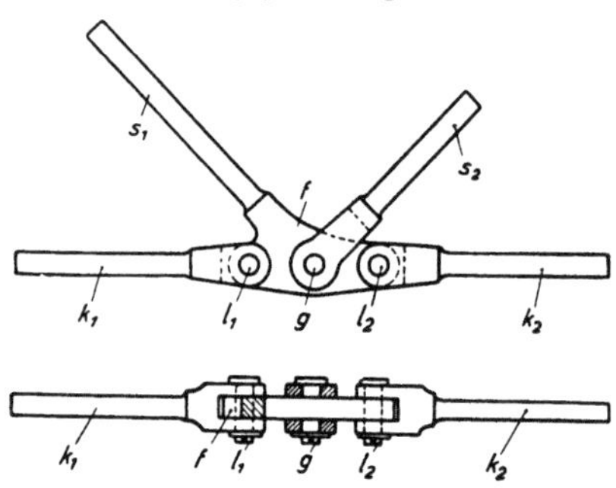

Abb. 101. Verbindung der Triebstangen mit den Kuppelstangen beim Zweistangenantrieb.

Konstruktiv wird der Zweistangenantrieb, entsprechend der Ausführung nach der schematischen Skizze Abb. 100 in der Weise durchgebildet, daß die rechte Schrägstange an ihrem unteren Ende die Kulisse trägt, in welcher die Triebkurbel dem Federspiel der Triebachse folgend vertikal auf und ab gleiten kann, während die linke Triebstange seitlich mittels eines Gelenkes an die Kulisse angeschlossen ist. Auch die horizontalen Kuppelstangen sind beidseitig gelenkig mit der Kulisse verbunden, um ein unabhängiges Spiel der Triebachsen zu ermöglichen. Der Anschlußpunkt der beiden Schrägstangen an das Kuppelgestänge braucht jedoch nicht notwendigerweise zugleich der Zapfen einer Triebradkurbel zu sein, vielmehr ist jeder beliebige zwischen zwei Triebradkurbeln liegende Punkt des Kuppelgestänges hierzu geeignet. Bei der 1D1-Lokomotive (Nr. 302) der Rh. B.[4]), ist dieser Angriffspunkt in der Weise durchgebildet (Abb. 101), daß die eine Schrägstange s_1 zu einem Formstück f ausgeschmiedet ist, an das einerseits bei g die andere Schrägstange s_2, bei l_1 und l_2 die Kuppelstangen $k_1 k_2$ angelenkt sind. Die letzteren ermöglichen eine unabhängige Vertikalfederung der zu den zunächst liegenden Triebradkurbeln gehörigen Radachsen. Es können jedoch auch hier Klemmungen in den Gelenken oder Lagern auftreten, wenn infolge der unabhängigen Vertikalfederung entgegengesetzt gerichtete Kräfte auf die benachbarten Triebradkurbelzapfen wirken und wenn sich gleichzeitig eine der beiden Triebstangen in einer Totlage befindet, in welcher sie mit der zugehörigen Motorkurbel in einer Geraden liegt. Diese Klemmungen werden vermieden, wenn in der horizontalen Kuppelstange ein vertikaler Schlitz angebracht

[1]) Schweiz. Bauz. 1912, II, S. 17 (Abb. 4 und 6a).
[2]) Die ausführliche Ableitung siehe bei Buchli: Schweiz. Bauz. 1912, II, S. 18ff.
[3]) D. R. P. 275880, Ö. P. 63590 (J. Buchli). — Siehe auch U. S. A. P. 1274399 und 1274400 (G. M. Eaton). — Siehe auch A. Caminati: l'Elettrotecnia 1922, S. 225ff.
[4]) E. u. M. 1915, S. 381.

wird, in welchem ein Kulissenklotz gleitet, den die Schrägstangen als Angriffspunkt gabelig umgreifen[1]) (Abb. 102).

Bemerkenswert ist noch, daß man den früher behandelten Blindwellenantrieb durch zwei Schrägstangen von zwei Motoren aus (S. 85, Abb. 91) dadurch dem blindwellenlosen Zweistangenantrieb in der Wirkung gleichmachen kann, wenn man durch Abdrehen des Blindwellenkurbelzapfens diesem reichliches Spiel[2]) gibt. Dadurch wird die Blindwelle als kraftübertragendes Glied unwirksam und zu einer einfachen Führungswelle gemacht.

Schließlich ist auch noch der Zweistangenantrieb bei Verwendung nur eines einzigen Motors möglich. Man braucht nur die sonst mit dem zweiten Motor verbundene Schrägstange zu einer besonderen Blindwelle zu führen, um ein seitliches Ausweichen des Verbindungspunktes von Trieb- und Kuppelstangen aus der Triebwerksebene unter Einwirkung der Stangenfliehkräfte zu verhindern. Je nach der Länge, die man dieser zweiten Schrägstange aus Platzrücksichten geben darf, kann die Blindwelle auch oben auf dem Lokomotivrahmen gelagert werden[3]). Dieser wird dadurch frei von den schwächenden Ausschnitten zur Aufnahme der Blindwellenlager bei deren Anordnung in Triebachshöhe. Statt durch eine Blindwelle kann der Verbindungspunkt auch in einer verschiebbaren am Rahmen gelagerten Kurbel (ohne durchgehende Welle) geführt werden[4]).

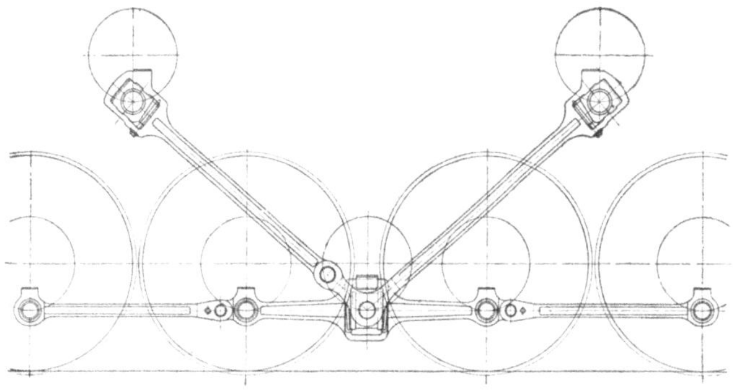

Abb. 102. Zweistangenantrieb der 1D1-Schnellzuglokomotive (Reihe E 21) der Paris-Orléans-Bahn.

Die statische Bestimmtheit macht den Zweistangenantrieb gegen ungleiche Stangenlängen und auch gegen die Einflüsse von Lagerspiel in den Zapfen im allgemeinen unempfindlicher, andererseits aber bringt die eindeutige Kraftverteilung im Gestänge in den Antrieb eine gewisse Härte. So sind die aus anderen Gründen entstehenden Schüttelschwingungen hier so jäh, d. h. infolge Fehlens der durch die elastische Verformung bedingten Dämpfung bei wesentlich eingegrenzteren Geschwindigkeitsbereichen aufgetreten, daß ohne Verwendung federnder Zwischenglieder in Form von gefederten Rotoren (s. o.) nicht auszukommen war. Man hat daher in einer Anzahl von Fällen[5]) das offene V-förmige Gestänge nachträglich durch Einfügen einer horizontalen Verbindungsstange zu einem geschlossenen Dreieck ergänzt, namentlich dort, wo der Einbau einer Federung in die Rotoren nicht durchführbar gewesen wäre.

δ) Dreistangenantrieb. Die bisher behandelten blindwellenlosen Antriebe benützen — von der in Abb. 101 dargestellten Variante beim Zweistangenantrieb abgesehen — die Kulisse als Organ zum Ausgleich des Federspiels, d. h. zur Erzielung einer zwängungsfreien senkrechten Bewegung des abgefederten Rahmens gegen die Räder. Dabei ist die Kulisse, sei es durch direkte Einfügung in den Kuppelrahmen, sei es durch Ausbildung eines Schrägstangenkopfes zur Kulisse mit den Motorkurbeln starr verbunden, während am Gleitklotz die Triebräderkuppelstangen angreifen. Nur bei der zuletzt erwähnten zweiten Variante des Zweistangenantriebes sind die Verhältnisse umgekehrt, das Kuppelgestänge erweitert sich an einer Stelle zur Kulisse und der Gleitklotz bildet den Angriffspunkt der Triebstangen.

Die Antriebe mit Kulisse haben sich im allgemeinen gut bewährt, der flache Kuppelrahmen wird auch in Verbindung mit Zahnradgetrieben (s. u.) häufig verwendet. Allerdings ist die Kulisse insofern nicht frei von Nachteilen, als deren Gleitflächen infolge der Wirkung der Fliehkraft gegen Ölverlust und gegen Verunreinigung nur schwer geschützt werden können, so daß oft nur durch sorgfältige Wartung und reichliches Schmieren ein Ausschlagen des Kulissensteines und seiner Auflager im Dauerbetrieb zu verhindern war und ist.

In neuerer Zeit sind nun zwei Antriebe bekannt geworden, die wegen ihrer Zusammensetzung aus drei einzelnen Gelenkstangen als Dreistangenantriebe bezeichnet werden können und die Kulisse durch einen den gleichen Zweck der freien Durchfederung erfüllenden Hebelmechanismus ersetzen. Bei der einen von K. v. Kandó herrührenden Anordnung[6]) sind die im abgefeder-

[1]) D. R. P. 286492, Ö. P. 69474 (J. Buchli). — Angewendet bei den 1D1-Schnellzuglokomotiven (Reihe E 21) der P. O. Bahn (BBC-Mitt. 1924, S. 51) und bei der 1D1-Lokomotive Nr. 371 der S. B. B. (E. u. M. 1919, S. 216).

[2]) Ö. P. 72365 (J. Buchli).

[3]) D. R. P. 286641 (S. S. W.); siehe auch D. R. P. 424802, Ö. P. 105416 (A. E. G.).

[4]) D. R. P. 287904 (S. S. W.).

[5]) 1D1-Lokomotiven (Nr. 301 und 302) der Rh. B. (E. u. M. 1919, S. 250; 1915, S. 381), 1D1-Simplon-Lokomotive Nr. 371 der S. B. B. (E. u. M. 1919, S. 216), 1C1-Lokomotiven (Reihe E 6121) der D. R. G.

[6]) D. R. P. 347756, F. P. 538241, Schweiz. P. 93475 (K. v. Kandó). — Angewendet bei den E-Lokomotiven (Gruppe E. 552) der FF. SS. (l'Elettrotecnica 1923, S. 379), bei den 2B—B2-Lokomotiven (Reihe E 401) der Paris-Orléans-Bahn (B. S. F. E. März 1923; E. u. M. 1924, S. 8; R. G. C. F. 1927, I, S. 291); bei den Lokomotiven Achsfolge E und 1D1 (Reihe 1180 und 1470) der Ö. B. B. (Z. V. d. I. 1924, S. 259; E. u. M. 1924, S. 359; Organ Fortschr. Eisenbahnwes. 1924, S. 214; E. u. M. 1926, S. 367) und bei der E-Lokomotive der Ungar. Staatsbahnen (ETZ 1925, S. 37; E. u. M. 1925, S. 114).

ten Rahmen (Federn q) starr gelagerten Motoren m_1 und m_2 (Abb. 103), d. h. deren Kurbelzapfen p und r durch die Stange e zwangsläufig gekuppelt. Zum Antrieb des Kurbelzapfens g des

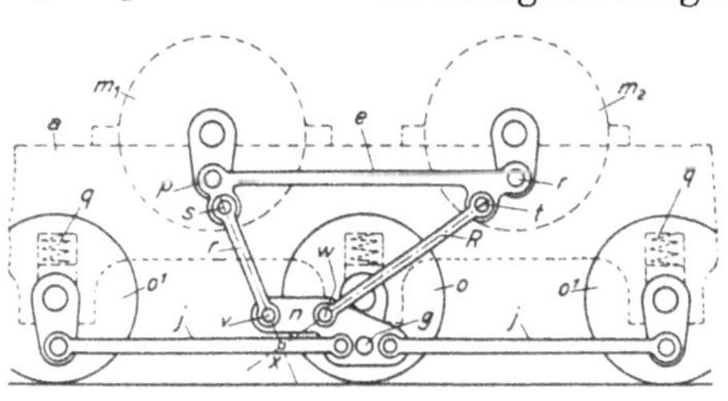

Abb. 103. Schematisches Bild des Dreistangenantriebes von K. v. Kandó.

Triebrades o dienen die Schrägstangen r und R, die einerseits an besonderen Augen s und t der Kuppelstange e, andererseits an den um g drehbar gelagerten Hebel n angelenkt sind, und zwar sind die Anschlußpunkte v und w am Hebel n derart gelegen, daß der Schnittpunkt x der Mittellinien der nach unten zusammenlaufenden beiden Schrägstangen r und R in gleicher Höhe mit dem Kurbelzapfen g des Triebrades liegt. Durch die Starrheit des trapezförmigen Rahmens e, r, R, n gegen eine gegenseitige, wagerechte Verschiebung der Kuppelstangen e und i werden

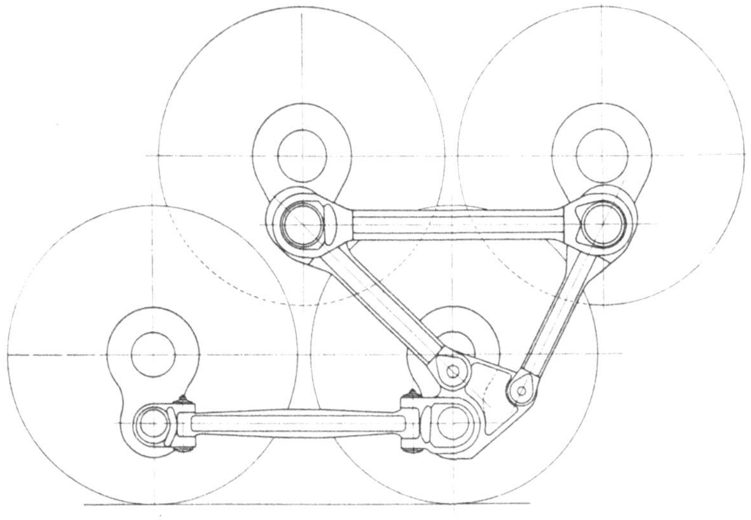

Abb. 104. Dreistangenantrieb von K. v. Kandó für große Überhöhungen.
(2 B—B 2-Schnellzuglokomotive Reihe E 401 der Paris-Orléans-Bahn.)

die wagerechten Triebkräfte genau so auf den Kurbelzapfen g des Triebrades o übertragen wie beim starren Kuppelrahmen. Findet jedoch infolge der Abfederung des Rahmens a eine lotrechte Bewegung der Radachse bzw. des Kurbelzapfens g in bezug auf den Rahmen a bzw. auf die Kuppelstange e statt, so wird — des leichteren Verständnisses wegen die Kuppelstange e als ortsfest und den Kurbelzapfen g vertikal schwingend vorausgesetzt — der Hebel n samt dem Kurbelzapfen g eine Bewegung ausführen, deren jeweiliger, momentaner Drehungsmittelpunkt stets im Schnittpunkt x liegt. Da die Punkte x und g in gleicher Höhe liegen, so ist die Bewegung des Zapfens g lotrecht. Ist die Anordnung derart getroffen, daß die dem Kurbelzapfen a näher liegende Schrägstange R mit der Wagerechten einen geringeren Winkel bildet als die andere Schrägstange r, so folgt der Drehungsmittelpunkt x den lotrechten Bewegungen des

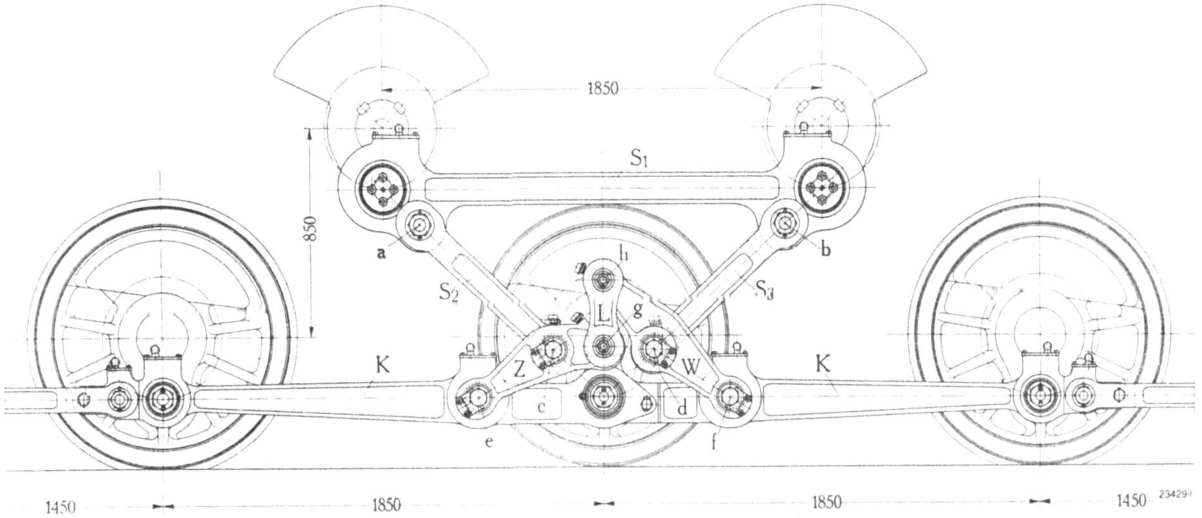

Abb. 105. Dreistangenantrieb von G. Bianchi.
(Triebwerk der E-Lokomotiven Gruppe E 554 der FF. SS.)

Kurbelzapfens, die dieser unter der Wirkung der Abfederung ausführt und zwar derart, daß der momentane Drehungsmittelpunkt x des Hebels n stets in gleicher Höhe mit dem Mittelpunkt des Kurbelzapfens g verbleibt. Der Hebel n kann dadurch den in Betracht kommenden lotrechten Ausschwingungen des Kurbelzapfens g folgen, ohne Spannungen und Klemmungen im Triebwerk zu veranlassen. Abb. 104 zeigt die konstruktive Ausbildung dieses Antriebes für eine große Überhöhung, Taf. XIX für eine geringe Überhöhung.

Abb. 105 zeigt die zweite von G. Bianchi herrührende Antriebsanordnung[1]). An die die beiden Motorkurbelzapfen verbindende Kuppelstange S_1 greifen gleichfalls 2 Schrägstangen S_2 und S_3 an, welche an ihren unteren Enden c, d an den Hebeln Z, W angelenkt sind. Diese schwingen um Zapfen e und f, die auf der Kuppelstange K angeordnet sind. Die Hebel Z, W sind miteinander durch einen kleinen Lenker L derart verbunden, daß sie gezwungen werden, sich um gleich große Winkel zu drehen, aber in entgegengesetzten Richtungen.

Die Hebelarme e—c und f—d sind einander gleich, ebenso die Arme e—g und f—h. Die Triebstangen S_2 und S_3 bilden die Seiten eines gleichschenkligen Dreiecks, dessen Basis die Kuppelstange S_1 ist und dessen Scheitel auf der Achse der Kuppelstange K liegt. Durch diesen Punkt geht auch die Achse des kleinen Lenkers L. Daraus ergibt sich, daß von den Kräften der Kurbeln der Motoren auf die Räder wieder nur die wagerechten Komponenten übertragen werden. Jede Verschiebung senkrecht zu den Rädern, ob nach oben oder unten gerichtet, setzt sich in eine Drehung der Triebstangen S_2, S_3 um die Zapfen a und b und in Drehungen in entgegengesetztem Sinne um die Gelenkpunkte e, f der Hebel Z und W um. Auf diese Weise nimmt die Kuppelstange K weder die senkrechte Verschiebung des Gestelles, noch irgendeine Kraftwirkung in dieser Richtung auf. Im Gegensatz dazu werden die wagerechten Komponenten der Verschiebung und der Kurbelkräfte der Motoren vollständig auf die Räder übertragen, weil durch eine wagerechte Verschiebung der Kuppelstange S_1 die Triebstangen S_2 und S_3 daran gehindert werden, sich um die Zapfen a und b zu drehen, da sie auch nicht die Hebel Z und W drehen können, die wieder wechselseitig an der Drehung durch den kleinen Lenker L gehindert werden.

Sowohl der Antrieb von Kandó wie jener von Bianchi eignen sich ihrer ganzen Konstruktion wegen nur für Antriebe mit einem Verhältnis h/l von wenigstens 1:2,5 oder mehr. Statt der Kulisse müssen gegenüber dem Kuppelrahmen beim Kandóantrieb 4, beim Bianchiantrieb sogar 7 Zapfen mehr in Kauf genommen werden, deren Abnützung durch sorgfältige Schmierung möglichst klein gehalten werden muß und kann, damit das Gesamtspiel des Antriebes nicht zu groß und ein Schlagen und Rütteln vermieden wird.

Es wäre auch möglich, die Nachgiebigkeit in vertikaler Richtung nur in die die Motorkurbeln verbindende Horizontalstange zu verlegen, und zwar dadurch, daß man diese in der Mitte teilt und die beiden Hälften je durch ein Zahnsegment, die miteinander kämmen, beweglich verbindet[2]). Diese wirken dann als Ausgleichshebel, indem sie bei Bewegungen des Fahrzeugrahmens im Federspiel aus der gleichachsigen Lage in eine Winkellage zueinander übergehen. Die beiden Schrägstangen können nun mit dem Kurbelzapfen eines Triebrades unmittelbar gelenkig verbunden werden und sind noch mit Augen zur Anlenkung der Kuppelstangen versehen.

ε) Antrieb von Zehme-Auvert. Bei diesem Antrieb[3]) sind, wie Abb. 106 zeigt, die mit den Motorkurbeln verbundenen Triebstangen S zunächst je mit einer vertikal angeordneten Stange T gelenkig verbunden, an deren unteren Enden je die mit einem Triebradpaar verbundenen Triebstangen S' angreifen. Der Mittelpunkt der Stange T ist in einem Kreuzkopf k drehbar gelagert, an dem beidseitig zwei Kolben R angeschlossen sind, deren Zylinder mit dem Druckluftbehälter je über zwei Ventile in Verbindung stehen. Diese werden je durch einen mit den Kolbenstangen verbundenen (in Abb. 106 nicht gezeichneten) Mechanismus derart gesteuert, daß der Kreuzkopf bei jeder Bewegung aus seiner Mittellage wieder in dieselbe zurück-

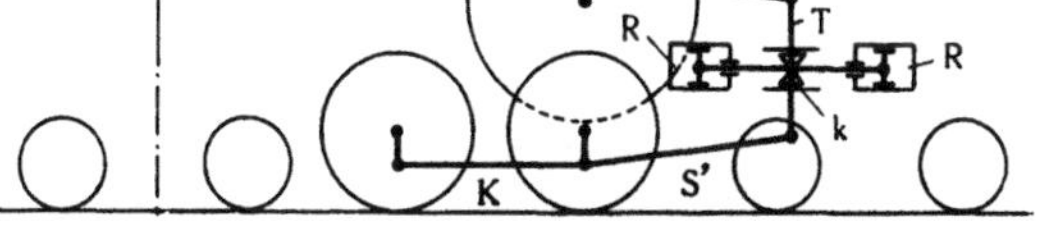

Abb. 106. Antrieb von Zehme-Auvert. (Triebwerk der 2 B1—1 B2-Lokomotive Nr. 242. CE1 der P.L.M.-Bahn.)

[1]) D. R. P. 380044, Schweiz. P. 100608, F. P. 550170 (G. Bianchi). — Angewendet bei der 1C1-Lokomotive Nr. 330.14 der FF.SS (siehe l'Elettrotecnica 1922, S. 762; 1924, S. 369; R. G. C. F. 1923, I, S. 105) und bei den E-Lokomotiven Gruppe E 554 und 1D1-Lokomotiven Gruppe E 432 der FF.SS.

[2]) D. R. P. 423605, Schweiz. P. 110401 (M. F. O.). — Hierher gehören auch die Dreistangenantriebe von E. Filippini (D.R.P. 293946), die allerdings wieder die Kulisse als Übertragungsorgan benützen. Eine analytische Behandlung dieser Antriebe siehe bei A. Caminati: l'Elettrotecnica 1922, S. 227.

[3]) Auvert, L. R.: Nouveau système de transmission de mouvement entre les moteurs et les essieux des locomotives électriques. R. G. C. F. 1921, II, S. 88 (F. P. 465500). — Angewendet bei der 2 B1—1B2-Lokomotive (Reihe 242.CE) der P. L. M.-Bahn. — Der Antrieb ist jedoch grundsätzlich von E. C. Zehme bereits im Jahre 1902 in Vorschlag gebracht worden (siehe „Die Eisenbahntechnik der Gegenwart". Abschnitt E: Fahrzeuge für elektrische Eisenbahnen, S. 852).

geführt wird und zwar unter Einwirkung des Überdruckes, der in den in der Bewegungsrichtung gelegenen Zylinderseiten entsteht. Die Übertragung vom Motor nach den Triebrädern ist also eine elastische. Schwingungen der Ankermasse, wie sie sonst durch Einbau einer geeigneten Federung in dieselbe (s. S. 83) unschädlich gemacht werden, gleichen sich hier in den beiden Luftpuffern R aus.

2. Triebwerke mit Übersetzung.

Einleitung.

Kennzeichnend für diese Antriebsform ist die Zwischenschaltung einer Zahnradübersetzung zwischen Triebrad und Motor, wodurch letzterer nur für einen Bruchteil des am Triebrad erforderlichen Drehmomentes zu bemessen ist. Die baulichen Unterschiede der beiden sich hieraus ergebenden Motorformen sollen später bei anderer Gelegenheit erörtert werden, hier soll vorerst an Hand einer ohne weiteres verständlichen Überlegung gezeigt werden[1]), wie die Zahnradübersetzung schon aus geometrischen Gründen die äußeren Abmessungen des Motors einengt, während bei den langsamlaufenden lediglich über Stangen mit den Triebachsen verbundenen Motoren eine ähnliche Beschränkung nicht besteht.

Es muß offenbar der maximale Motorhalbmesser $D/2$ immer kleiner sein als die Zentrale des Vorgeleges, und zwar um wenigstens den Radius der Vorgelegewelle, zuzüglich einem durch die Ausbildung der Lagerung der letzteren bedingten Konstruktionsmaß. Bezeichnet b diese Summengröße, R und r die Radien der beiden Zahnräder, a den Abstand des großen Zahnrades von Schienenoberkante, D_t den Triebraddurchmesser, dann ist

$$2R + 2r = D + 2b$$

und da

$$D_t = 2R + 2a\,,$$

$$D = D_t + 2r - 2(a + b)\,. \tag{138}$$

Aus Gl. (138) ist der Einfluß des Raddurchmessers, des Ritzeldurchmessers, des Durchmessers der Vorgelegewelle und des Abstandes von Schienenoberkante auf den Motoraußendurchmesser unmittelbar zu erkennen. Statt des letzteren kann man auch den Ankerdurchmesesr D_a in die Rechnung einführen und allgemein $D = \xi \cdot D_a$ setzen, wobei ξ bei Gleichstromtrammotoren etwa 1,3 bei Gleichstrom-Lokomotivmotoren und bei Einphasen- und Drehstrommotoren 1,4 bis 1,5 ist. Bezeichnet v_z, v_t und v_a die Umfangsgeschwindigkeit der Zahnräder, des Triebrades und des Ankers, dann ist unter Berücksichtigung, daß

$$\frac{2R}{D_t} = \frac{v_z}{v_t}\,, \qquad \frac{2r}{D_a} = \frac{v_z}{v_a}\,,$$

$$\frac{v_z}{v_t} D_t + \frac{v_z}{v_a} D_a = \xi D_a + 2b\,,$$

$$D_a = \frac{\frac{v_z}{v_t} D_t - 2b}{\xi - \frac{v_z}{v_a}}\,. \tag{139}$$

Der Ankerdurchmesser wächst also mit der Zahngeschwindigkeit v_z und mit dem Triebraddurchmesser D_t und nimmt mit wachsender Fahrzeuggeschwindigkeit v_t und mit der Drehzahl der Triebräder ab. Für jede Zahngeschwindigkeit gibt es einen Grenzwert für den Durchmesser des großen Zahnrades und damit für den Ankerdurchmesser und damit wieder für die Motorleistung.

Mit der der maximalen Fahrgeschwindigkeit entsprechenden höchsten Zahngeschwindigkeit geht man heute bereits bis auf 27 m/s. Nimmt man ferner v_a für die gleichen Bedingungen mit 45 m/s an und wählt für b und ξ passende Konstante, dann läßt sich nach Gl. (139) eine Grenzkurve entwickeln, aus der sich für die jeweilig gewählte Höchstgeschwindigkeit v_t der maximale Anker- bzw. Motordurchmesser ablesen läßt.

Gl. (139) gilt für Übersetzungsgetriebe, bei denen Vorlegewelle und Radachse zusammenfallen (Tramantriebe), oder, wie bei den übrigen Einzelachsantrieben, koaxial sind oder auch allgemein dort, wo die als Blindwelle ausgebildete Vorlegewelle in der gleichen Horizontalebene wie die Triebradachsen liegt. Eine etwas größere Freiheit in der Wahl des Motordurchmessers gewinnt man, wenn die Vorlegewelle gegen die Triebradachsen mit der Überhöhung e im Rahmen gelagert wird. Dann ist

$$R + a - e = \frac{D_t}{2}$$

[1]) Siehe Dr. I. Döry: E. u. M. 1922, S. 145.

und

$$\frac{v_z}{v_t} = \frac{2R}{D_t} = 1 - 2\frac{a-e}{D_t}.$$

Da ebenso

$$2R + 2r = D + 2b,$$

folgt

$$D_a = \frac{D_t - 2(a - e + b)}{\xi - \frac{v_z}{v_a}} \tag{140}$$

Der Ankerdurchmesser kann also hier für gleiche Verhältnisse größer gewählt werden, als bei Lagerung der Blindwelle ohne Überhöhung. Der Einfluß der Größe der Zahngeschwindigkeit ist in beiden Fällen ungefähr der gleiche.

Die Verwendung von Zahnradgetrieben bei Vollbahn-Lokomotiven größerer Leistung hat im wesentlichen erst wenige Jahre vor dem Kriege eingesetzt, als man einerseits durch stete Verbesserung des Materials, d. h. durch Anwendung von Spezialstählen, besonders aber durch Ausbildung der Abwälzverfahren Verzahnungen mit theoretisch genauen Zahnflanken herzustellen gelernt hat, die heute Wirkungsgrade bis zu 99% aufweisen. Namentlich die in der Verzahnung empfindlichen Stirnräder und hier wieder die raschlaufenden Ritzel erfordern besonders genaue Zahnformen, da Abweichungen um Hundertstel Millimeter von der theoretischen Zahnform ganz bedeutende Beschleunigungen und Verzögerungen in der Bewegung während des Eingriffs zweier Zähne zur Folge haben, die die Stetigkeit der Kraftübertragung stören und mit starkem Brummen verbundene Leistungspendelungen erzeugen[1]). Hierzu kommt noch der Übelstand, daß die normalisierte Verzahnung mit dem Eingriffswinkel von 15° für Räder mit kleinen Zähnezahlen ungünstige Eingriffsverhältnisse ergeben und daß durch die Kopfeckpunkte des Schneidewerkzeuges ein Unterschneiden der Fußprofilstücke dieser Räder stattfindet. Gerade aber eine kleine Zähnezahl am Ritzel ist bei Getrieben für Lokomotiven Bedingung, um bei kleinster Zentrale eine möglichst große Übersetzung und damit möglichst raschlaufende Motoren zu erhalten. Zur Verbesserung des Eingriffes hat zuerst die AEG. die unter dem Namen Zahnhöhenberichtigung bekannte Verzahnung in Vorschlag gebracht. Sie besteht darin, daß die Kopfhöhe des kleinen Rades erhöht und dementsprechend der Zahnfuß des großen Rades vertieft wird. Die Verhältnisse beim Ritzel werden also auf Kosten jener des großen Rades verbessert. Von wesentlichem Einfluß ist die Vergrößerung des Eingriffswinkels, wodurch die Zahnform von Rädern mit wenig Zähnen ganz wesentlich verbessert wird. Man hat auch (nach dem Vorschlag von Hoppe) beide Mittel vereinigt und bezieht die Zahnteilung auf den für die Evolvente allein maßgebenden Grundkreis, von dem aus die Kopfhöhen aufgetragen werden. Die Größe der Zentrale wird damit von der Neigung der Erzeugenden abhängig und muß aus dieser berechnet werden.

Auf demselben Grundgedanken beruht auch das von der Maag-Zahnräder A.-G. in Zürich entwickelte Verfahren zur Erlangung von Zahnformen mit guten Eingriffsverhältnissen für Ritzel mit wenig Zähnen. Maag verwendet vor allem eine mehrzahnige Zahnstange mit ebenen Profilflächen als Werkzeug. Dadurch können dessen Schneidflächen in einfacher Weise hergestellt werden. Kennzeichnend für die Maagsche Verzahnung ist, daß die Teilkreise des arbeitenden Getriebes von jenen der Herstellung verschieden sind. Infolge der Wahl bestimmter Außendurchmesser, einer vom Werkzeug verschiedenen Teilung, verschiedener Eingriffswinkel zwischen 15 bis 25° erhält Maag Zahnformen mit nicht normalen Kopf- und Fußhöhen mit breiter gegen Bruch widerstandsfähiger Zahnwurzel und geringerer Flankenkrümmung. Außerdem sind längere Profilstücke beim Eingriff tätig, so daß die Abnützung eine gleichmäßigere wird; auch die Reibung ist geringer, weil infolge der geringeren Längenunterschiede der zusammenarbeitenden Kopf- und Fußprofile die Rollbewegung das Gleiten überwiegt. Allerdings wird infolge des größeren Eingriffswinkels auch der Zahndruck größer (bei 25° um 6,6% gegenüber 15°), wodurch Wellenwand und Lager stärker beansprucht werden.

Der Vorteil der Maagverzahnung liegt letzten Endes in der Verwendung einer Zahnform mit vergleichsweise geringerer gleitender Reibung der paarenden Zahnflanken. Die nachteiligen Folgen der Zahnradreibung bedingt durch deren, aus der Verzahnungstheorie bekannten Änderung der Größe und Richtung nach während der Eingriffsdauer, das Auftreten einer radialen und tangentialen Teilkraft, von denen erstere wenigstens am Anfang des Eingriffs sogar dem Umlauf-

[1]) In Amerika ist man diesen Schwierigkeiten bekanntlich durch weitgehende Unterteilung der Lokomotivleistung auf eine große Zahl von Motoren und damit Getrieben aus dem Wege gegangen. — Die oben skizzierte Entwicklung des Baus elektrischer Lokomotiven in Deutschland, wo man zunächst der direkten Stangenübertragung den Vorzug gab, ist seinerzeit durch die Schwierigkeit bzw. Unmöglichkeit der Herstellung raschlaufender Übersetzungsgetriebe größerer Leistung mitbestimmt worden.

sinn entgegenwirkt, letztere die mit den Zahnrädern verbundenen Wellen in periodischem Wechsel auseinandertreibt und wieder zusammenzieht, sind jedoch Erscheinungen, die je nach Art der Verzahnung, Güte des Materials und der Ausführung bei jedem Zahngetriebe auftreten.

Umstritten ist immer noch die Frage, ob die Ritzel gehärtet werden sollen oder nicht. Gehärtete Ritzel haben sich früher im allgemeinen nicht bewährt, da unter Einfluß der Härtung wieder Profilungenauigkeiten entstanden und damit der Eingriff verschlechtert wurde. Die erwähnte Maag-Zahnräder A.-G. hat nun eine gleichfalls nach dem Abwälzverfahren arbeitende Schleifmaschine entwickelt, mit der sie die gehärteten Ritzel auf das theoretisch genaue Profil schleift. Trotz der höheren Anschaffungskosten haben sich gehärtete und geschliffene Ritzel im Betrieb hinsichtlich Unterhalt und Lebensdauer als billiger erwiesen, da die harte Ritzelzahnoberfläche erfahrungsgemäß einen verdichtenden Einfluß auf die weiche Radzahnflanke ausübt. Immerhin tritt auch bei von vornherein ungehärteten Rädern durch das Abrollen der Zahnflanken aufeinander eine für den Betrieb ausreichende oberflächliche Härtung ein.

Die Ritzel werden heute durchwegs aus Chrom-Nickelstahl hergestellt, welcher nach dem Härten eine Oberflächenhärte von ca. 200 kg/mm² aufweist, während der weiche Kern eine Härte von ca. 120 kg/mm² besitzt bei 8 bis 10% Dehnung.

Die Räder bestehen aus einem Radkörper aus Stahlguß mit aufgesetzter Bandage aus Stahl von ca. 70 bis 90 kg/mm² Festigkeit und 12 bis 20% Dehnung.

Der Dimensionierung der Zahnräder legt man eine maximale Beanspruchung von 450 kg je Zentimeter Zahnbreite zugrunde.

Bei Übersetzungstriebwerken baut man die Federungen zur Abschwächung der erregenden Ursache resonanzfähiger Schwingungen in die Zahnradübersetzungen selber ein. Aus der großen Zahl bekannt gewordener Konstruktionen federnder Zahnräder sollen im folgenden die wichtigsten und interessantesten besprochen werden.

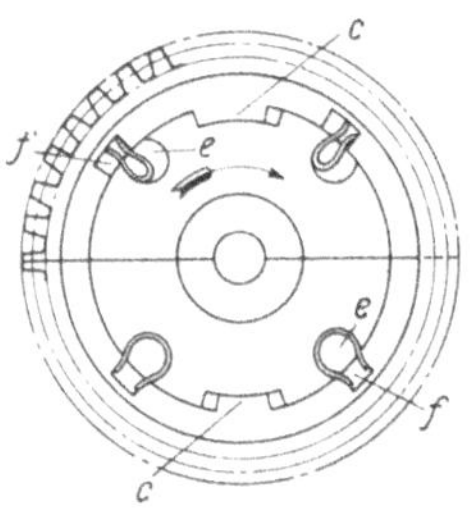

Abb. 107. Gefedertes Zahnrad der 1 E 1-Lokomotiven (Reihe 151) der B. L. S.

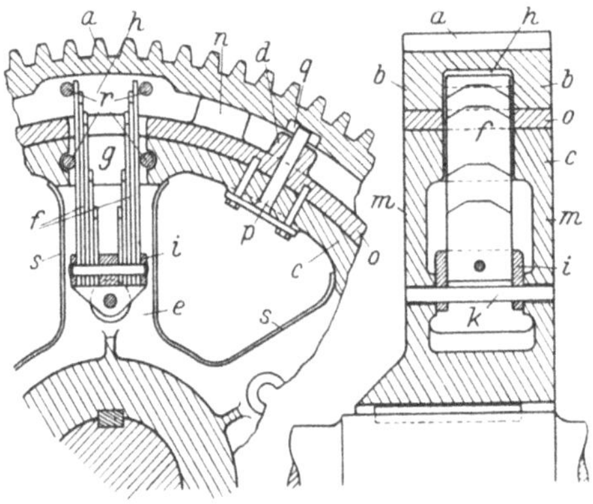

Abb. 108.

Abb. 107 zeigt die bei den (großen) Zahnrädern der 1 E 1-Lokomotiven (Reihe 151) der B. L. S. angewendete Form der Federung, die im wesentlichen auf eine konstruktive Modifikation der von **Abt** bei seinen Zahnradlokomotiven angewendeten Zahnräder¹) hinauskommt. In die Öffnungen *e* der Nabe sind Doppelfedern eingelegt, deren freie Enden in korrespondierende Aussparungen *f* des Zahnkranzes hineinragen und diesem gegenüber der Nabe im Bereich der Durchfederung freies Spiel gestatten. Die Anschläge *c* übernehmen die Mitnahme des Kranzes bei etwa eintretenden Federbrüchen.

Die in Abb. 108 dargestellte Konstruktion²) ist besonders durch die Einkapselung der Federn zwischen zwei Wänden des Armsternes und das hierdurch bedingte Fehlen eines besonderen lösbaren Sicherungsringes bemerkenswert. Der Zahnkranz *a* gleitet mit zwei seitlichen Innenflanschen *b* auf dem Kranz *c* des Armsternes, der mit Ansätzen *d* in die Rille zwischen den Flanschen *b* hineinragt. Der Kranz *c* des Armsternes besitzt über jedem seiner Arme *e* eine Öffnung *g*, durch welche die Blattfeder *f* hindurchtritt, um in Ausschnitte *h* des Zahnkranzes *a* hineinzuragen. Die Feder *f* ist am inneren Ende in einem Schuh *i* gefaßt, der auf dem Zapfen *k* zwischen den Wangen *m* der Radspeiche *e* drehbar befestigt ist. Um den Zahnkranz *a* vom Armstern zu lösen, entfernt man zuerst die Zapfen *k*, zieht die Federn *f* aus den Ausschnitten *h* heraus und verschiebt dann den Zahnkranz auf dem Kranz *c* des Armsternes so weit, bis die Öffnungen *n* in den Flanschen *b* den Ansätzen *d* gegenüberstehen; nunmehr läßt sich der Zahnkranz in axialer Richtung herausschieben. Auf dem Kranz *c* des Radsternes ist ein Bronzering warm aufgezogen, an dem die Ansätze *d* sitzen. Durch diese hindurch ragt ein Bolzen *p* in die Aussparung *q* des Zahnkranzes *a* von größerem Durchmesser hinein, wodurch eine Hubbegrenzung für die Federung des Kranzes gebildet wird. Infolge der Linienberührung zwischen Bolzen *p* und Aussparungen *q* erleiden beim Anschlag an die Hubbegrenzung die infolge Ungenauigkeit der Herstellung

¹) D. R. P. 37799.

²) It. P. 312/1274 (J. Buchli).

zuerst tragenden Bolzen so lange eine elastische und bleibende Formänderung, bis alle Bolzen am Umfang zur Kraftübertragung herangezogen sind. Die Federn *f* legen sich nicht unmittelbar gegen die Flächen des Radkörpers und des Zahnkranzes, sondern sind auf gehärteten und geschliffenen Rollen *r* abgestützt, die im Radkörper bzw. Zahnkranz gelagert sind.

Da bei den bisher besprochenen Konstruktionen der Zahnkranz in radialer Richtung nicht ausweichen darf, muß er genau zentriert sein und erleidet daher bei seiner Relativbewegung gegen den Radkörper eine verhältnismäßig große Abnützung durch Reibung. Bei der Anordnung nach Abb. 109[1]) wird die Reibung durch Verkleinerung der Reibungsfläche zwischen den beiden aufeinander gleitenden Teilen und des Reibungsweges bedeutend vermindert, indem die Fuge, in welcher die Verschiebung stattfindet, von dem Kranz auf die Nabe verlegt wird. Dadurch wird es möglich, große robuste Blattfedern zu verwenden, die einerseits an der Nabe, andererseits am Zahnkranz befestigt werden.

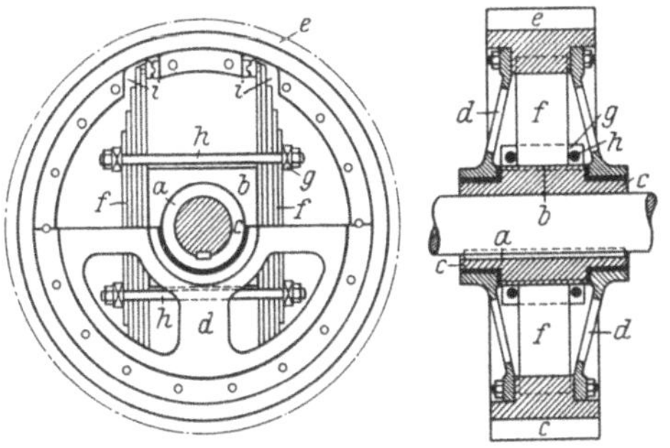

Abb. 109.

Aus konstruktiven Gründen werden mit Blattfedern arbeitende Federungen, die ihrer starken Dämpfung wegen vorteilhaft sind, in der Regel nur in das große Zahnrad unterzubringen sein. Will man die Federung im Ritzel anordnen, dann sind Blattfedern zumeist nur dann anwendbar wenn sie in einen eigenen Körper neben dem Ritzel eingebaut werden. Abb. 110 zeigt eine solche Konstruktion eines mit Blattfedern gefederten Ritzels, das schon mehr als elastische Kupplung anzusprechen ist. Auf der Motorwelle *a* ist eine innere Nabe *b* aufgekeilt, welche eine schüsselförmige, mit Rippen *r* versehene seitliche Erweiterung *s* trägt, in der die Federn *f* an ihrem einen Ende durch Zapfen *z* gehalten werden, die im Schüsselboden und im Deckel *g* gelagert sind. Mit ihrem anderen freien Ende liegen die Federn *f* in Ausnehmungen des Randes *q* eines zweiten schüsselförmigen Gebildes *q* sowohl nach der einen, als auch nach der anderen Seite an den Kanten *k* bzw. k_1 an. Die Schüssel *q*, die mit ihrer Nabe *d* unter Zwischenlage der auswechselbaren Büchse *c* lose auf der Nabe *b* aufsitzt, trägt unmittelbar das Ritzel *e*[2]).

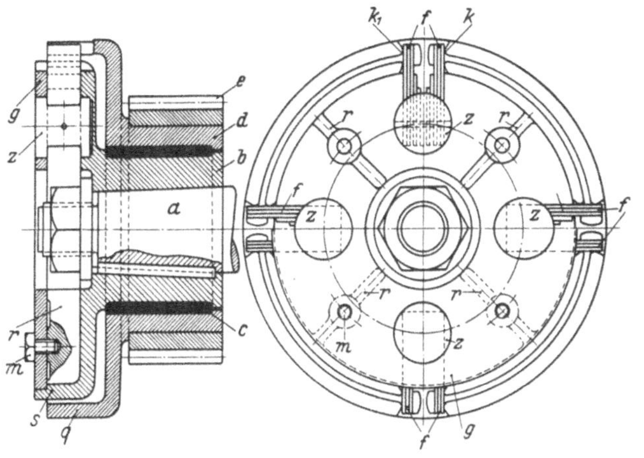

Abb. 110. Gefedertes Ritzel. (System S.L.M.W.)

Einfacher läßt sich die Ritzelfederung unter Verwendung zylindrischer Schraubenfedern ausbilden, die mit ihrer Achse annähernd in die Teilfuge zwischen Kranz und Nabenteil verlegt werden. Um nun im Bereich des gesamten Federweges eine gleichmäßige Beanspruchung der Federn zu erzielen und Klemmungen zu vermeiden, läßt man gemäß der Anordnung nach Abb. 111 jede einzelne Feder sich gegen zwei einander parallele Flächen beidseitig abstützen, deren Parallelität durch eine Geradführung dauernd erhalten bleibt[3]). In Abb. 111 bedeutet *n* den Nabenteil des Zahnrades, der die Aussparungen a_1 enthält, *k* den Zahnkranz mit den entsprechenden Aussparungen a_2 in gleichmäßiger Verteilung am Umfang. In diesen Aussparungen liegen die Federn *f*, die sich gegen die parallelen Flächen *g* und *h* der Führungsstücke *c* und *d* stützen. Von diesen besitzt *c* einen zylindrischen Bolzenansatz *b*, der in dem zylindrischen Rohransatz *r* des Teiles *d* gleitet und gerade geführt wird, so daß die Flächen *g* und *h* immer einander parallel bleiben müssen. Die Außenflächen *i* und *m* besitzen je zwei Wölbungen, so daß sich bei der Verdrehung des Kranzteiles *k* gegen den Nabenteil *n* des Zahnrades immer annähernd die

[1]) D. R. G. M. 584857 (J. Buchli).
[2]) Schweiz. P. 76596 (S. L. M. W.). — Eine ähnliche Konstruktion jedoch mit einem durchgehenden diametral angeordneten Blattfederbündel haben die S. S. W. angegeben (D. R. P. 356548).
[3]) D. R. G. M. 579141, Schweiz. P. 67295 (J. Buchli).

gleiche Stelle von zwei diametral gegenüberliegenden Wölbungen der Flächen *i* und *m* an die Wandung der Aussparungen a_1 und a_2 anlegt, und nur eine unwesentliche Verschiebung der Angriffspunkte des Druckes auf die Federn *f* eintritt. Um bei außerordentlich hohem Zahndruck die Federn *f* nicht übermäßig zu beanspruchen, ist eine Hubbegrenzung in der Art vorgesehen, daß sich nach Zusammenpressen der Federn *f* um das Stück *e* das Ende des Rohres *r* gegen die Fläche *g* anlegt. Ein Vorteil der Anordnung besteht noch in der leichten Auswechselbarkeit der aus Feder und Geradführungsstücken bestehenden Elementen[1]).

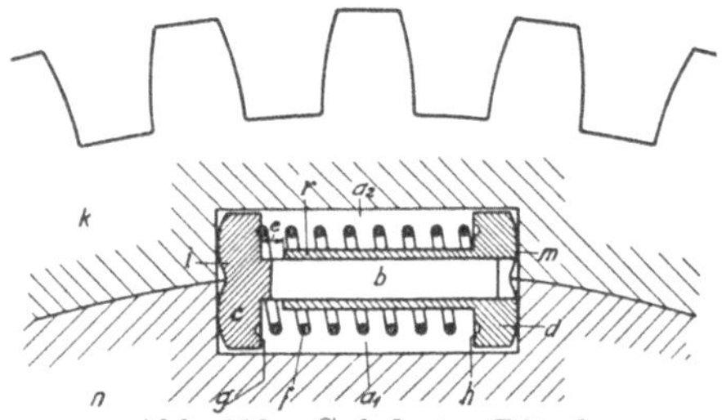

Abb. 111. Gefedertes Ritzel.

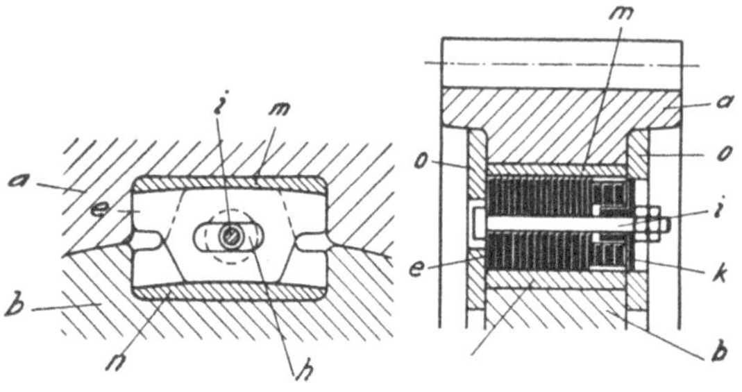

Abb. 112. Gefedertes Ritzel mit Lamellendämpfung.

Die Wirksamkeit federnder Vorrichtungen bezüglich der Schwingungsvermeidung wird allgemein durch eine hinreichend große Dämpfung wesentlich erhöht. In dieser Richtung wirken, wie erwähnt, Blattfedern günstig, die an sich schon mit ziemlicher Dämpfung behaftet sind. Werden aber dämpfungsarme Spiralfedern verwendet, dann empfiehlt es sich, zusätzliche dämpfend wirkende Reibflächen anzuordnen. Abb. 112 zeigt ein Zahnrad, bei dem zwischen je zwei der am Umfang gleichmäßig verteilten und etwa in der Art nach Abb. 111 angeordneten Spiralfedern je eine Lamellenkupplung eingebaut ist, durch welche die Bewegung zwischen Kranz und Nabe gebremst wird[2]). Wie ersichtlich, sind die Lamellen abwechselnd gefaßt, der eine Teil in der Aussparung des Kranzteils *a* und der andere in derjenigen des Nabenteiles *b*. Die den Bremsdruck erzeugende Feder *k* wird durch den Bolzen *i* zusammengepreßt, der durch das Langloch *h* die Führung für die Lamellen *e* abgibt. Die Kreisverschiebung derselben ermöglichen die Futterstücke *m* und *n*, seitliche Verschiebungen verhindern die ringförmigen Abdeckplatten *o*.

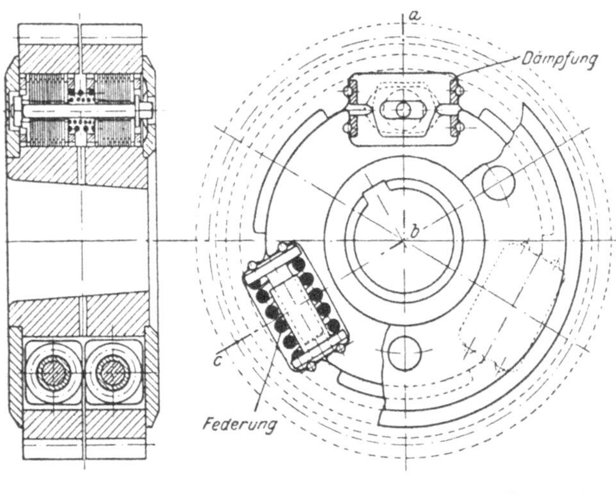

Abb. 113. Gefedertes Ritzel mit Lamellendämpfung (der 1C1-Lokomotive Reihe E 3206 der D.R.G.).

Um zu verhindern, daß sich die Lamellen, welche den Reibungsdruck auf die Kammerwandungen übertragen sollen, in diese einarbeiten, kann man die Lamellen in einem besonderen Rahmen als Haltevorrichtung fassen, der seinerseits mit den Kammern durch besondere Stahlbolzen gekuppelt wird. Der Rahmen wird mitsamt den eingepackten Lamellen von der Seite eingeschoben. Abb. 113 zeigt ein nach Abb. 112 gefedertes Ritzel mit einer auf diese Art ausgebildeten Lamellendämpfung[3]) in einer Tasche, während die beiden konstruktiv völlig gleich ausgeführten übrigen beiden Taschen die Federung aufnehmen. Bemerkenswert ist bei dieser Konstruktion, daß man die Pressung der Dämpfungslamellen bequem von außen mittels Steckschlüssel nachstellen kann, wenn diese nach längerer Betriebsdauer infolge Abnützung der Lamellen etwas nachgelassen hat.

[1]) Erwähnt sei hier auch eine von den S. S. W. vorgeschlagene Konstruktion der Zahnradfederung (D. R. P. 324958), bei der auf radialen Bolzen aufgewickelte Spiralfedern verwendet werden, die in Verbindung mit Hebeln wirken. An diesen greifen einerseits die vom Radkranz oder der Nabe ausgeübten Druckkräfte, andererseits die diesen Kräften entgegenwirkenden Federn an.

[2]) D. R. P. 373837, Schweiz. P. 97695 (Dr. A. Wichert).

[3]) D. R. P. 387662, Schweiz. P. 106934 (Dr. A. Wichert). — Ausgeführt bei den 1C1-Lokomotiven Reihe E 3206) und den $1D_01$-Lokomotiven (Reihe E 1601) der D. R. G. (El. Bahnen 1925, S. 181 bzw. (E. Bahnen 1927, S. 71).

Wie die praktischen Erfahrungen gezeigt haben, läßt sich die dämpfende Wirkung wesentlich verbessern, wenn die Dämpfung mit größer werdendem Schwingungsausschlag ebenfalls wächst. Konstruktiv läßt sich diese Forderung dadurch verwirklichen, daß die Dämpfungslamellen in ihren Taschen gestaffelt angeordnet werden, so daß mit größer werdendem Schwingungsausschlag die Zahl der zum Eingriff kommenden Dämpfungsscheiben sich vergrößert[1].

Bei Verwendung von Ringlamellen kann die Regelung des Anpressungsdruckes durch eine einzige Regulierschraube erfolgen, die konzentrisch zur Mittelachse der Lamellenringe angeordnet wird. Dabei wird die Konstruktion so ausgebildet, daß die Regulierschraube entweder über eine Feder auf einen gemeinsamen Preßring drückt oder sie drückt unmittelbar auf den Preßring, wobei mehrere Federn zwischen Preßring und Ringlamellen geschaltet werden[2].

Schließlich läßt sich auch hier ähnlich wie bei der Durchbildung der Federung von Stangenantrieben, und zwar mit größerer Aussicht auf Erfolg als dort neben der Zahnradfederung eine Rutschkupplung verwenden, die bei schweren Stößen in der Kraftübertragung in Funktion tritt. Einen sehr interessanten Vorschlag zur Vereinigung von Zahnrad-, d. h. Ritzelfederung (Federkupplung) und Rutschkupplung zu einem einzigen Maschinenelement stellt die Konstruktion nach Abb. 114 dar[3].

Als Reibungsflächen für die Rutschkupplung sind zwei Gruppen von konzentrischen Lamellen angewendet, deren eine mittels Federkeilen starr mit der auf der Welle sitzenden Kupplungshälfte verbunden ist, während die andere Lamellengruppe sich mit ihrem verstärkten Fußring auf die Teller der Federn abstützt, die in Aussparungen am Umfang der das Zahnrad tragenden Kupplungshälfte liegen. Zwischen den Lamellen der beiden Gruppen sind Ringe aus reibungsvermehrendem Material eingefügt. Zur Einstellung des Reibungsdruckes der Rutschkupplung dient eine Mutter, durch die die Druckplatte auf die Lamellen gepreßt wird. Bei kleinen Drehmomentstößen werden nur die Federn zusammengepreßt, wobei die Kupplung als reine Federkupplung wirkt. Bei kräftigen Stößen aber verschieben sich nach Zusammendrücken der Federn die beiden Lamellengruppen gegeneinander und kehren nicht wieder in ihre Anfangslage zurück; dabei wirkt die Kupplung als reine Rutschkupplung[4].

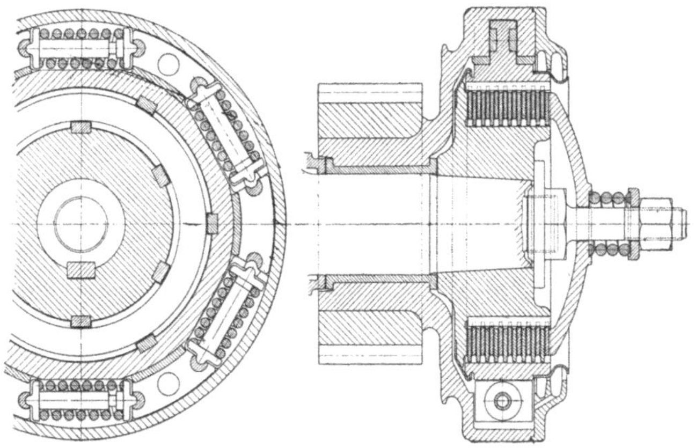

Abb. 114. Ritzel mit Federung und Rutschkupplung.

Die neuere Praxis verlegt so viel wie ausschließlich die Federung in das Ritzel und immer seltener ins große Zahnrad. Wird dieses von zwei Motoren in Zwillingsanordnung, also auch von zwei Ritzeln angetrieben, dann ist bei Federung der letzteren die Verbindung der beiden Ankermassen vorteilhafterweise eine elastische, während sie bei Unterbringung der Federung im großen Zahnrad eine starre wäre. Auch die Loskupplung eines auf der Fahrt defekt gewordenen Motors ist durch Lösung bzw. Ausbau der Ritzelfedern möglich.

Die Zahnradübersetzung wird einseitig oder beidseitig angeordnet. Der einseitige Antrieb ist bei Trammotoren für kleine und mittlere Leistungen die Regel, schon deshalb, weil zwischen den Rädern des Radsatzes bei gegebener Motorleistung und damit axialer Baulänge des Motors nicht immer der Platz zum Einbau zweier Zahnräder vorhanden ist. Allerdings aber muß bei einseitigem Antrieb der spezifische Zahndruck ohnehin kleiner gehalten werden (350 kg/cm im Höchstfalle, d. h. bei Anfahrt), weil hier wegen der nie völlig erzielbaren Parallellage von Motor- und Vorlegewelle auch nie mit einem vollen Aufliegen der Zahnflanken gerechnet werden kann.

---

[1]) D.R.P. 446624 (Dr. A. Wichert). [2]) D. R. G. M. 973949 (Dr. A. Wichert).

[3]) D. R. G. M. 661993, Schweiz. P. 75484, It. P. 313/1474 (J. Buchli). — Angewendet bei den Verschublokomotiven Achsfolge 1C und C der Reihen 16301 und 16311 der S. B. B. (BBC-Mitt. 1925, S. 223; 1927, S. 25).

[4]) Ähnlich wirkt die von der P. E. A. G. angegebene Zahnradfederung, bei der der Radkranz kugelbeweglich auf seiner Nabe sitzt. Die Kraftübertragung erfolgt in der Weise, daß die Kugelbeweglichkeit bei Übertragung relativ geringer Kräfte gesperrt ist und erst bei Übertragung großer Kräfte, wenn die die Federung gebenden Teile durchfedern, freigegeben wird. Gleichzeitig wird durch die Federung eine rückstellende Kraft auf den Kranz ausgeübt (D. R. P. 379713).

Auch in dieser Richtung, d. h. zum Druckausgleich auf die Zahnflanken wirkt die Zahnradfederung günstig. Bei zweiseitigem Antrieb kann allerdings dieser Druckausgleich durch Schrägverzahnung allein erzielt werden. Dann aber muß der Anker in seinen Lagern Seitenspiel erhalten, damit sich die Achse in die durch die Verzahnung bedingte Gleichgewichtslage stellen kann. Für raschlaufende und besonders mit großer Masse behaftete Motoren ist diese Art des Ausgleichs deshalb nicht empfehlenswert, weil bei den kleinsten Ungenauigkeiten in der Verzahnung ein Hin- und Herbewegen des Ankers im Seitenspiel seiner Lager eintritt, was zu Schlägen und Stößen im Zaheneingriff führt, die gerade durch die Schrägverzahnung verhindert werden sollten. Es sind daher auch bei zweiseitigem Antrieb federnde Zahnräder mit geraden Zähnen zweckmäßiger als schrägverzahnte Räder ohne Federung.

Ein abschließendes Urteil über die zweckmäßigste Art der Verzahnung wird sich wohl erst auf Grund einer noch längeren Betriebsperiode fällen lassen, wobei allerdings die etwas höheren Herstellungskosten der Schrägverzahnung mitberücksichtigt werden müßten. Für die Entscheidung zwischen einseitigem oder beidseitigem Zahnradantrieb ist die Art der Ausführung der Zahnräder mit Stirn- oder Schrauben-(Pfeil)-Verzahnung im wesentlichen belanglos. Erlaubt es der zur Verfügung stehende Platz, dann wird man auch beim Tramantrieb für größere Leistung die Übersetzung beidseitig anordnen, da hier beim einseitigen Antrieb infolge der ungleichen Torsion der ungleich langen Radachsschenkel die ungleichen Adhäsionsverhältnisse der beiden Räder sich bereits fühlbar machen können. Bei Zahnradgetrieben in Verbindung mit Kuppelstangen ist der zweiseitige Antrieb die Regel geworden, einerseits um wenigstens bis zur Blindwelle einen beidseitig gleichmäßigen Leistungsablauf von der Motorwelle zu bekommen, andererseits weil infolge der halbhohen Lagerung des Motors alle baulichen Beschränkungen durch Anordnung der Übersetzungen außerhalb des Rahmens verschwinden.

a) Einzelachsantriebe.

I. Mit wagerecht neben dem Triebrad angeordnetem Motor.

Bei dieser unter dem Namen Tramantrieb allgemein bekannten Antriebsform[1]) ruht der Motor auf einer Seite mittels Tatzenlagern auf der von ihm mittels einfacher Zahnradübersetzung angetriebenen Triebachse auf, während er auf der anderen Seite mit dem abgefederten Fahrzeugrahmen verbunden ist. Diese Verbindung muß notwendigerweise eine federnde sein und erscheint normalerweise in der Weise durchgebildet, daß das mehr oder weniger zylindrisch bis prismatisch ausgebildete Motorgehäuse je nach dem Gewicht des Motors ein bis zwei augenförmige Angüsse trägt, durch die Bolzen ragen, die mit ihrem einen Ende am Rahmen befestigt sind, mit ihrem anderen in einen Teller ausmünden. Beiderseits der Gehäuseangüsse sitzen von den durchgehenden Bolzen geführt Spiralfedern, die je nach den Bewegungen des Motors abwechselnd auf Zug und Druck beansprucht werden.

Dem Tramantrieb haftet in der beschriebenen Form ein grundsätzlicher Mangel an, indem die Summe aus den Massen des Motors und des großen Zahnrades an allen Stößen, denen die Triebachse ausgesetzt ist, teilnimmt, und zwar an Stößen in horizontaler, d. h. axialer Richtung

[1]) Angewendet wurde diese Antriebsform bei einer großen Zahl amerikanischer Lokomotiven, z. B. bei den B_0—B_0-Lokomotiven der Butte, Anaconda & Pac. Ry (Gen. El. Rev. 1914, S. 1051); den C_0—C_0-Lokomotiven (Reihe 2655) der Grand-Trunk & St. Clair-Tunnel Ry (E. R. J. 1910, I, S. 593), den 2 B_0—B_0 + B_0—B_0 2-Lokomotiven (Reihe 10200) der Chicago, Milwaukee & St. Paul Ry (Gen. El. R. 1916, S. 929); ferner bei den B_0—B_0-Lokomotiven der Reihen 1000, 1010, 1020, 1030, 1040, 6000 und 6003, 2 C_0—C_0 2-Lokomotiven (Reihe 8000), 1 C_0—C_0 1- und 1 B_0—B_0 1-Lokomotiven der Japanischen Staatsbahnen (E. R. J. 1923, I, S. 917); den B_0—B_0—B_0-Lokomotiven (Reihe 1001) der Mexikanischen Staatsbahnen (E. R. J. 1923, II, S. 968); den C_0—C_0-Lokomotiven (Reihe R 215), 2 B_0—B_0 2-Lokomotiven (Reihe R 200) und B_0—B_0 Lokomotiven (Reihe R 204) der Paulista-Bahn (E. R. J. 1921, I, S. 1075); den 1 C_0—C_0 1 Lokomotiven (Reihe 2801), C_0—C_0-Lokomotiven (Reihe 2001), B_0—B_0-Lokomotiven (Reihe 2501) und B_0—B_0-Lokomotiven (Reihe 2301) der Chilenischen Staatsbahnen (E. J. 1922, S. 99); der B_0—B_0-Lokomotive Nr. 3301 und den 1 B_0—B_0 1-Lokomotiven (Reihe 3201) der Niederl. Indischen Staatsbahnen (AEG-Mitt. 1925, S. 151 und „De Ingenieur" 1925, S. 583); den B_0—B_0-Lokomotiven (Reihe E 4001 und E 4501) der Franz. Südbahn (R. G. C. F. 1923, II,. S 3 ff., E. u. M. 1924, S. 138); den B_0—B_0 Lokomotiven (Reihe E 1, E 101, E 201) der P.-O.-Bahn (B. S. F. E. März 1923; E. u. M. 1924, S. 8; Bull. Oerlikon Februar 1923); den 1 C_0—C_0 1- und 1 C_0 + C_0 1-Lokomotiven (Reihe 161.CE, 161.DE, 161.BE) der P. L. M.-Bahn (Génie civil 1923, S. 583); den B_0—B_0-Lokomotiven (Reihe E 7301) und C_0—C_0-Lokomotiven (Reihe E 9271) der D. R. G.; den 1 C_0—C_0 1-Lokomotiven (Reihe E 9501), der 1 B_0—B_0 1-Lokomotive Nr. E 1801 und der 1 D_0 1-Lokomotive Nr. E 1601 der D. R. G.; den C_0—C_0-Lokomotiven (Reihe 6001, 6101 und 7001) der Spanischen Nordbahn (Gen.El.Rev. 1924, S. 658; ETZ 1925, S. 1089; El. Bahnen 1927, S. 114; B. S. E. V. 1926, S. 534); den B_0—B_0-Lokomotiven (Reihe E 436, E 466.100, E 423, E 424.100) der Tschechoslowakischen Staatsbahnen; den B_0—B_0—B_0-Lokomotiven (Gruppe E 625 und E 626) der FF.SS.

mit ihrem Gesamtbetrag an solchen in vertikaler Richtung bei ungefederten Zahnrädern mindestens zur Hälfte[1]). Diese Stöße entstehen dadurch, daß bei plötzlicher Hebung der Radachse, wie dies namentlich beim Überfahren von Schienenstößen oder beim Einfahren in Weichen vorkommt, der Anker in seiner Drehung plötzlich verzögert oder beschleunigt wird. Gleichzeitig hat jeder Stoß eine Verdrehung des Motors um die Radachse zur Folge. So lange es sich wie bei Straßen- und Überlandbahnen um vergleichsweise kleine Leistungen und Geschwindigkeiten handelt, können diese Stöße in Kauf genommen werden, bei höheren Geschwindigkeiten aber führen deren Rückwirkungen auf den ganzen Motor zu einer außerordentlich starken Abnutzung der Lager und ziehen auch den Oberbau in Mitleidenschaft. Zerlegt man diese Stoßkräfte in die Anteile, die auf die Beschleunigung der Achse allein, des Motorständers und des Motorläufers entfallen, so lehrt eine genauere Untersuchung[2]), daß der auf dem Motorläufer entfallende Anteil quantitativ am größten ist und sich daher wegen der Einwirkung auf die Motorlager am unangenehmsten fühlbar macht. Absolut erreicht diese Stoßkraft ihr Maximum, wenn der Motor im Schwerpunkt aufgehängt ist, d. h. wenn die Achse der federnden Aufhängung am Fahrzeugrahmen in der vertikalen Schwerpunktsebene des Motors liegt. Man hat daher die der günstigeren Achsbelastung wegen früher viel verwendete Schwerpunktsaufhängung heute allgemein verlassen und gibt der Aufhängung des Motors an seinem der Triebachse abgekehrten Ende den Vorzug (Abb. 115), da dabei sowohl der auf den Motoranker als auch der auf das Motorgehäuse entfallende Beschleunigungsstoß relativ am kleinsten ist.

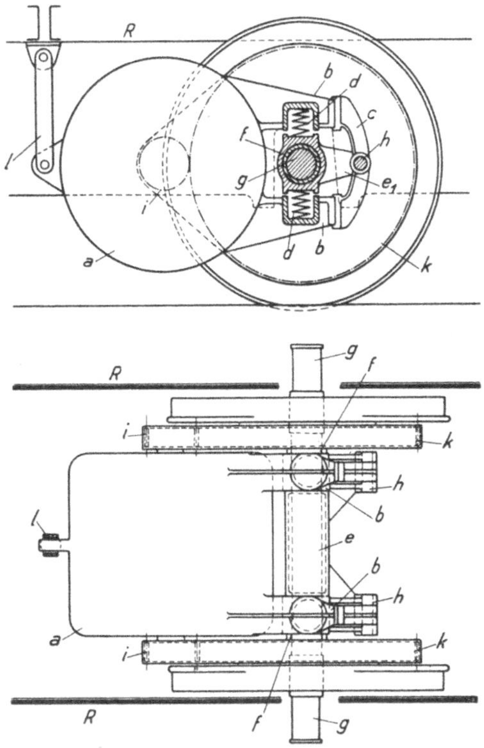

Abb. 115. Motor in Tramaufhängung mit gefederten Tatzenlagern.
Schweiz. Lokomotiv- und Maschinenfabrik Winterthur.

Es sind nun verschiedene Konstruktionen vorgeschlagen worden, die einerseits die Wirkung, andererseits auch die Ursachen dieser Stöße zu beseitigen suchen.

Die gegenseitige Verdrehung des Motors und der Radachse kann durch zwangsweise Parallelverschiebung des Motors mit der Radachse verhindert werden[3]), was durch eine Gelenkverbindung zwischen Motor und Untergestell erreicht werden könnte.

Um die in axialer Richtung wirkenden Stöße abzudämpfen, könnte man zwischen Triebachse und die Tatzenlager des Motors axial wirkende Federn einbauen[4]).

Es war naheliegend, die Lösung des Problems des stoßfreien Tramantriebs in einer Federung der Tatzenlager oder wenigstens in einer elastischen Verbindung derselben mit der Triebachse zu suchen. In Verbindung mit der Forderung nach Aufrechterhaltung eines konstanten Zentralabstandes werden aber Konstruktionen dieser Art im allgemeinen kompliziert, so daß kaum eine praktisch von Bedeutung geworden ist[5]).

Aussichtsreich scheint hingegen die in Abb. 115 dargestellte Anordnung[6]) zu sein. Das Motorgehäuse *a* trägt zwei Paare von Bügelarmen *b*, die je durch Bügelstege *c* miteinander verbunden sind. Auf der Triebachse *g* sitzt in den Lagern *f* drehbar eine Achsbüchse *e*, mit zwei armartigen Fortsätzen e_1, die durch die Zapfen *h* gelenkig mit den Bügelstegen *c* verbunden sind. Die Achs-

[1]) Über die Berechnung des auf der Triebachse lastenden unabgefederten Anteils des gesamten Motorgewichtes siehe A. Furrer: Schweiz. Bauz. 1927, I, S. 13. — Bezüglich der Berechnung der Beanspruchung der Aufhängefedern unter Berücksichtigung aller Massenkräfte siehe A. Caminati: l'Elettrotecnica 1921, S. 75 und ferner E. Sieg: El. Bahnen 1926, S. 36.

[2]) Brecht: E. K. B. 1909, S. 181. — Siehe auch die Ausführungen auf S. 140 f.

[3]) D. R. P. 351954 (S. S. W.). [4]) Schweiz. P. 81992 (J. Buchli).

[5]) Hierher gehört auch der Vorschlag, den Achslagern Kulissenführung zu geben und den Motor fest mit dem Rahmen zu verbinden (Schweiz. P. 113094 von H. J. Annaheim).

[6]) D. R. P. 313442, F. P. 506583, Schweiz. P. 80313 (S. L. M. W.). — Ähnlich ist die später angegebene Tatzenlagerfederung der Metropolitan Vickers Electrical Co. (Schweiz. P. 105637).

distanz der Zahnräder *i*, *k* bleibt dadurch stets gewahrt. Die Federung der Tatzenlager wird durch Federn *d* erzielt, die zwischen der Achsbüchse *e* und federtellerartigen Ausnehmungen der Bügelarme *b* eingeschaltet sind. Infolge dieser federnden Verbindung des Motors mit der Radachse braucht die Aufhängung *l* des Motors an dem federnd auf der Triebachse lastenden Fahrzeugrahmen *k* nur gelenkig nicht federnd ausgebildet sein.

Statt die Federung in die Tatzenlager zu verlegen, ist es möglich, Ritzel und Motoranker federnd miteinander zu verbinden, nur muß dafür gesorgt werden, daß diese beiden Teile trotz

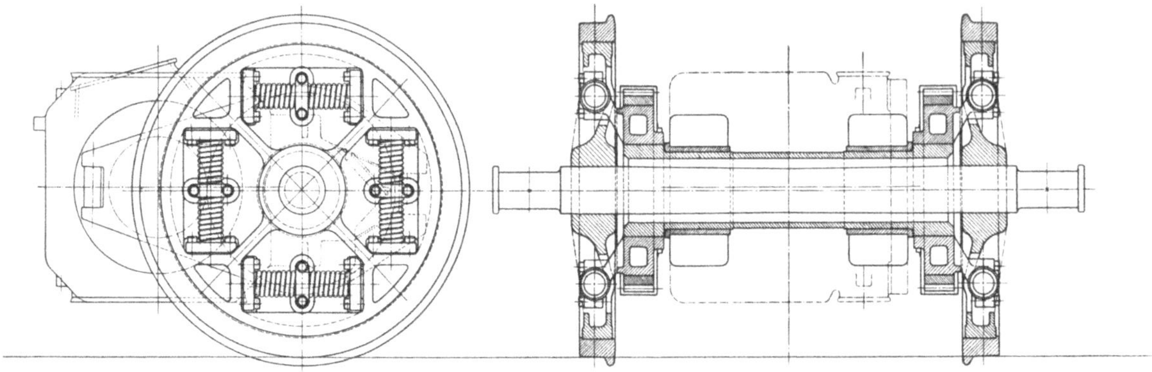

Abb. 116. Motor in Tramaufhängung mit Hohlwelle und federnder Verbindung derselben mit der Triebachse.

des federnden Zwischengliedes miteinander zentriert bleiben und Durchbiegungen zwischen ihnen nicht auftreten können[1]).

Eine dritte Möglichkeit, von der Motormasse Stöße fernzuhalten, besteht darin, diese unmittelbar hinter dem Rad abzufangen, d. h. also jetzt die Verbindung zwischen Triebrad und Achszahnrad federnd auszubilden. Konstruktiv ist diese Aufgabe nur durch eine die Triebachse mit allseitigem Spiel umschließende Hohlwelle zu lösen, auf der sich der Motor mit einem Ende wieder mittels der Tatzenlager abstützt, während am anderen Ende die Aufhängung am Rahmen hier wieder nur gelenkig, nicht federnd zu sein braucht.

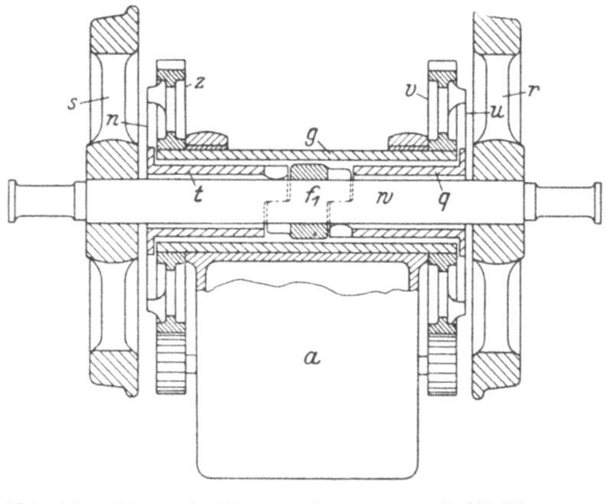

Abb. 117. Motor in Tramaufhängung mit Hohlwelle und Klauenkupplung zwischen Hohlwelle und Triebachse.

Die bekannteste Anordnung dieser Art ist der unter der englischen Bezeichnung „quill-drive" bekannte Hohlwellenantrieb der Wenstinghouse-Co., den diese Firma folgerichtig aus ihrem unmittelbaren Antrieb (S. 78) entwickelt und von diesem die Ausbildung der federnden Verbindung übernommen hat (Abb. 116).

Analog sind auch die meisten anderen erwähnten unmittelbaren Antriebe in Verbindung mit Übersetzungsgetrieben möglich.

Anstatt durch die auch hier in gleicher Weise (s. S. 78) ungünstig belasteten Spiralfedern kann die elastische Verbindung zwischen Triebrad und Achszahnrad auch durch elastische Scheiben erfolgen (Abb. 117). Die Triebachse *w* wird beidseitig mit Spiel von 2 Hohlkörpern *t* und *q* umschlossen. Diese sind einerseits mittels elastischer Scheiben *n* und *u* an die Zahnräder *z* und *v* elastisch angeschlossen, die auf einer äußeren Hohlwelle *g* aufsitzen, andererseits untereinander mittels Klauenkupplung mit einem Kupplungskopf f_1 gelenkig verbunden, der in der Mitte der Radachse *w* auf dieser festsitzt[2]). Anstatt durch Scheiben kann die elastische Verbindung zwischen den beiden Hohlkörpern und den Achszahnrädern oder der diese tragenden Hohlwelle je durch eine nachgiebige Klauenkupplung erfolgen[3]).

Gestatten es die Verhältnisse, die einseitig oder beidseitig angeordnete Zahnradübersetzung außerhalb der Räder unterzubringen, dann ist man in der Ausbildung der axial Platz verbrauchenden Federungen weniger beengt und es wird möglich, den Motor unter praktisch völliger Entlastung von Stößen starr im Rahmen aufzuhängen.

[1]) Siehe z. B. die Anordnung gemäß D. P. R. 317451, Schweiz. P. 79589 (J. Buchli).

[2]) D. R. P. 292460 (S.S.W.). [3]) D. R. P 296604 (S. S.W.). – Siehe ferner V.S.A.P. 1635551 (A. T. Kasley).

Abb. 118 stellt eine solche Konstruktion dar[1]). Dabei ist das große die ungefederte Triebachse *a* treibende Zahnrad *b* mit Kugelsitz *c* gelagert, während das Ritzel *d* starr auf der Welle *e* des mit dem abgefederten Rahmen *f* verschraubten Motors *g* befestigt ist. Die beiden Zahnräder sind in einem gemeinsamen, zugleich als Radschutzkasten ausgebildeten starren Arm *l* gelagert, der von ihren Achsen frei getragen und auf ihnen geführt wird, also weder am Rahmen noch an ungefederten Fahrzeugteilen befestigt ist. Dadurch wird die Achsentfernung der miteinander in Eingriff stehenden Zahnräder *b*, *d* konstant gehalten.

Man kann aber auch hier das Achszahnrad unmittelbar fest auf die Triebachse aufsetzen und die nachgiebige Verbindung zwischen Ritzel und Motoranker anordnen. Diese kann ähnlich wie beim unmittelbaren Antrieb in Form einer Kardanwelle *i* ausgebildet werden[2]).

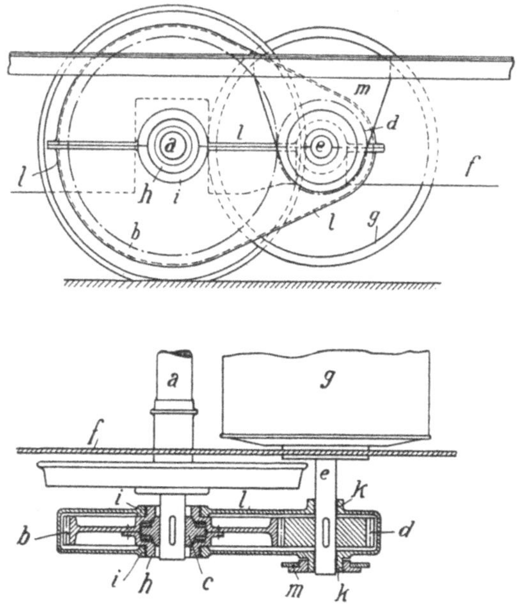

Abb. 118. Fest im Rahmen gelagerter Motor in Tramaufhängung mit außenliegender Zahnradübersetzung (elastische Verbindung zwischen großem Zahnrad und Triebachse).

II. Mit schief oder senkrecht über dem Triebrad angeordnetem Motor.

α) Ausführung des Motors mit horizontaler Achse. Die beiden im vorangegangenen Kapitel zuletzt erwähnten Antriebe sind der starren Lagerung der Motoren wegen nur insofern zu den Tramantrieben zu zählen, als sie mit diesen die horizontale Antriebsrichtung gemeinsam haben. Diese letzteren Antriebe sind aber nur unter geringfügigen konstruktiven Änderungen ebenso auch mit vertikaler Antriebsrichtung also mit über der zugehörigen Triebachse gelagertem Motor möglich. Das Problem ist hier wie dort dasselbe, nämlich an irgend einer Stelle des Antriebsweges, der durch die Welle des im Rahmen festgelagerten Motors und die ungefederte Triebradachse beidseitig begrenzt wird, ein elastisches, d. h. allseitig bewegliches Kupplungsglied einzuschalten, das unabhängig von der Stellung des Radsatzes und dessen Bewegungen in Abhängigkeit des Federspieles Unveränderlichkeit des Zentralenabstandes und damit stets theoretisch richtigen stoßfreien Zahneingriff gewährleistet.

Diese Bedingung erfüllt beispielsweise der bereits als unmittelbarer Antrieb dann als Tramantrieb (Abb. 116) erwähnte „Hohlwellen“-Antrieb („quill-drive“) der Westinghouse-Co., der ebenso auch mit vertikaler Antriebsrichtung ausgebildet und in dieser Form viel verwendet wurde und wird[3]).

Abb. 119. Radsatz mit Hohlwellen-Federkupplung (Bauart Westinghouse) der $1C_0 1$-Lokomotive (Reihe 10201) der S.B.B. (Schweiz. Lokomotiv- und Maschinenfabrik Winterthur.)

Abb. 119 und 120 zeigen einen Radsatz, angetrieben durch einen Doppelmotor unter Zwischenschaltung dieses

[1]) D. R. P. 313611, Schweiz. P. 79739 (J. Buchli). [2]) D. R. P. 315226, Schweiz. P. 79738 (J. Buchli).

[3]) Z. B. bei der N. Y. N. H. & H. Ry: B_0—B_0-Lokomotiven Reihe 0200 (E. K. B. 1913, S. 533), $1B_0$—$B_0 1$-Lokomotiven der Reihen 069, 071, 073 (P. A. I. E. E. Bd. 36, Nr. 8, bzw. E. R. J. 1909, II, S. 462; 1910, I, S. 829 bzw. E. R. J. 1912, I, S. 268 u. S. 1085), $1C_0$—$C_0 1$-Lokomotiven Reihe 0300 (E. R. J. 1923, S. 412); bei den $1B_0$—$B_0 1$-Lokomotiven (Reihe S 5000) der Boston, Maine & Hoosac

Antriebs. Die die Radachse umschließende Hohlwelle ist direkt in dem Gehäuse des Zwillingmotors gelagert und trägt hier einseitig das große Zahnrad, in welches die beiden Ritzel des Doppelmotors eingreifen. Die Kupplung der Hohlwelle mit den Triebrädern erfolgt beidseitig in der in Abb. 120 dargestellten Weise. Auf die Vor- und Nachteile des Doppelmotors und dessen besondere Bauart wird an anderer Stelle noch eingegangen werden. Hier sei nur angeführt, daß durch Aufteilung des Zahneingriffs auf zwei Stellen die Zahnradbreite halb so groß gehalten werden kann, so daß man, wenn nicht andere Gründe dagegen sprechen, durch Anwendung eines Zwillingmotors mit einseitiger Übersetzung auskommen kann, wenn man diese lediglich der Beanspruchung wegen beidseitig anordnen müßte.

Für die Ausbildung des Sitzes der Kupplungsfedern und ihrer Befestigung sind verschiedene Konstruktionen bekannt geworden. Man kann beispielsweise die Kupplungsfedern durch aufgeschraubte Ringe halten, von denen die triebradseitig angeordneten geschlitzt sind und je durch einen Konus gehalten werden, der mit Schraubengewinde versehen ist und gleichzeitig zur Befestigung der Federn an den Triebradspeichen dient[1]).

Die S. A. A. S. baut neuerdings diesen Antrieb nach der Art, wie ihn Abb. 121 zeigt[2]). Dabei werden drei Doppelfeder-Elemente angewendet, welche durch die mittlere starre Federfassung mit der Hohlwelle, durch die beiden äußeren Fassungen mit dem Rad verbunden sind. Gegenüber

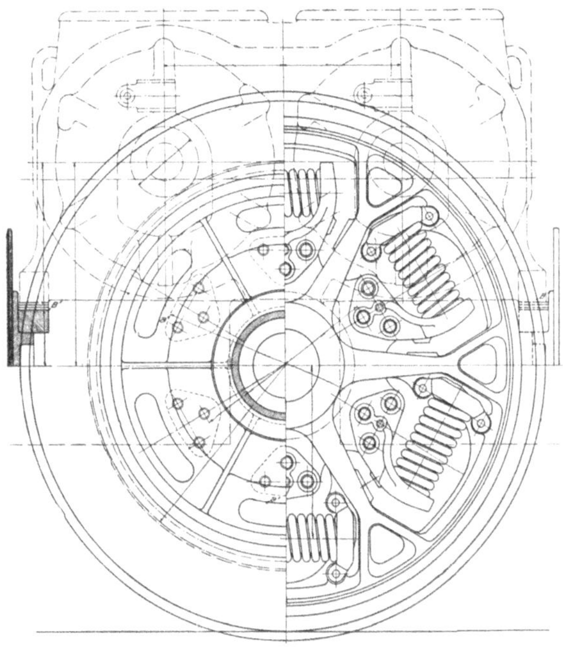

Abb. 120. Radsatz mit Hohlwellen-Federkupplung (Bauart Westinghouse) der $1 C_0 1$-Lokomotive (Reihe 10201) der S.B.B.
(Schweiz. Lokomotiv- und Maschinenfabrik Winterthur.)

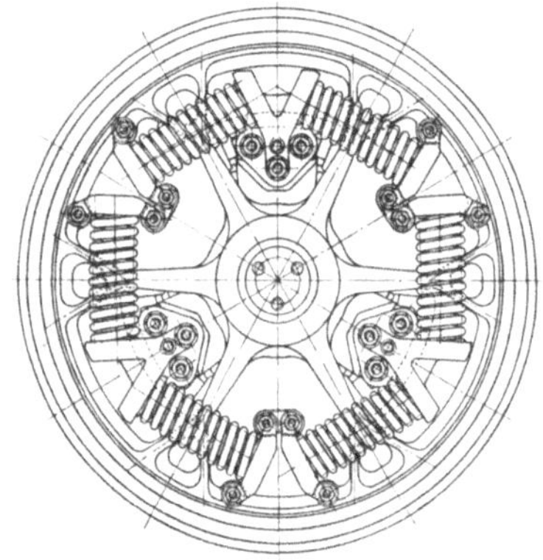

Abb. 121. Hohlwellen-Federkupplung Bauart Sécheron.
(Società Italiana Ernesto Breda.)

dem Westinghouse-Antrieb nach Abb. 119 und 120 gestattet der Antrieb nach Abb. 121 vor allem die Verwendung kleinerer Triebräder, wodurch das Gewicht der (unabgefederten) Radsätze, die festen Radstände sowie die Baulänge des ganzen Fahrzeuges nicht unwesentlich vermindert werden. Ferner fällt die zusätzliche Federbeanspruchung infolge exzentrischer Lage von Triebachse zu Hohlwelle und infolge der Fliehkraft kleiner aus oder es kann im Interesse einfacherer und billigerer Wartung eine größere Exzentrizität zwischen Triebachse und Hohlwelle ohne Überschreitung der zulässigen Federbeanspruchungen zugelassen werden. Schließlich ist die Konstruktion im ganzen einfacher, da die Zahl der auf der Hohlwelle be-

Tunnel Ry (E. K. B. 1913, S. 537); bei den $2 C_0 1 — 1 C_0 2$-Lokomotiven (Reihe 10300) der Ch. M. & St. P. Ry (E. u. M. 1919, S. 218); bei den $1 B_0 — B_0 1$-Lokomotiven (Reihe R 214) der Paulista-Bahn (E. J. 1922, S. 17; ETZ 1921, S. 1013); bei den $1 C_0 1$-Lokomotiven (Reihe 10201) der S. B. B. (Schweiz. Bauz. 1923, I, S. 270), den $1 B_0 1 — B_0 1$-Lokomotiven (Reihe 12501) der S. B. B. (Schweiz. Bauz. 1922, II, S. 97), und den $2 C_0 1$-Lokomotiven (Reihe 10261) der S. B. B.; bei der $2 C_0 2$-Lokomotive der North Eastern Ry (R. E. E. 1922, S. 258; E. u. M. 1922, S. 567); bei der $2 B_0 — B_0 2$-Lokomotive Nr. 242. AE 1 der P. L. M. (Génie civil 1923, II, S. 593); bei der $2 D_0 1$-Lokomotive Reihe E 2101 und den $1 D_0 1$-Lokomotiven Reihe E 1701 der D. R. G. (El. Bahnen 1926, S. 380; 1927, S. 41 und S. 210) und bei den $B_0 — B_0$-Lokomotiven (Reihe 7303) der D. R. G.

[1]) D. R. P. 424235 (M. S. W.). — Angewendet bei den $B_0 — B_0$-Lokomotiven (Reihe 7303) der D. R. G.

[2]) Schweiz. P. 106695 und Schweiz. P. 116062, U. S. A. P. 1580937, F. P. 588844 (S. A. A. S.). — Angewendet bei den $1 C_0 — C_0 1$-Lokomotiven (Reihe 201) der B. L. S. (El. Bahnen 1927, S. 53) und bei den $B_0 — B_0$-Lokomotiven (Reihe 1170) der Ö.B.B. (E. u. M. 1926, S. 386).

festigten Federträger statt sechs nur drei je Radseite beträgt. Im gleichen Verhältnis vermindert sich die Zahl der Befestigungsbolzen.

Vorteilhaft ist es, die Kupplungsfedern mit Vorspannung von solcher Größe einzusetzen, daß das auf die Federn wirkende resultierende Biegungsmoment aus dem Moment der Vorspannung und dem Moment der Fliehkraft je an den Einspannstellen und den Federmitten denselben Wert hat[1]).

Der Wechsel der Beanspruchung der Kupplungsfedern in Abhängigkeit der Drehrichtung wird bei folgender Konstruktion[2]) vermieden. Die Kupplungsfedern werden in Zylinder gebettet, die mit dem Hohlwellenendflansch fest verbunden und beidseitig mit Kolben (Federspanntellern) versehen sind, die je von den benachbarten Triebradspeichen unter Vermittlung von Druckbolzen mit kugeligem Kopf bestätigt werden.

Einen bemerkenswerten Vorschlag, die Kupplungsfedern von den zusätzlichen Beanspruchungen herrührend von den Relativbewegungen zwischen der abgefederten Hohlachse und der diese durchsetzenden unabgefederten Radachse fast vollständig zu entlasten, stellt die Konstruktion nach Abb. 139 dar[3]). Die Federn arbeiten dabei nicht unmittelbar auf das Triebrad, sondern unter Zwischenschaltung eines freischwebenden Ringes, der je an zwei diametral gegenüberliegenden Punkten augenförmige Ansätze trägt. An diese sind die Federn mit ihrem einen Ende angelenkt, während ihr anderes Ende je einerseits mit dem Triebrad, andererseits mit dem auf der Hohlwelle aufgekeilten großen Zahnrad verbunden ist, das zu diesem Zwecke vier zwischen die Triebradspeichen hindurchtretende Arme trägt. Im Betrieb, d. h. durch die Drehmomentübertragung sind die zu beiden Seiten der Augen des Ringes angeordneten Federn mit der Drehrichtung wechselnd je auf Zug oder Druck beansprucht. Hebt sich aber beispielsweise das Rad, dann erleiden die Federn unter konzentrischer Mitnahme des Ringes wieder nur Druck- oder Dehnungsbeanspruchungen, die um so geringer ausfallen, je länger und je weiter die Federn gemacht werden können.

Zu demselben Zweck lagert die S. A. A. S. die Hohlwelle axial beweglich im Motorgehäuse und dämpft deren Spiel durch zusätzliche Federn, die konzentrisch je in Ausnehmungen der Triebrädernaben angeordnet sind[4]).

Es ist auch vorgeschlagen worden, die Enden der Spiralfedern hohlwellen-, d. h. zahnradseitig und auch triebradseitig derart zu lagern, daß bei Bewegungen der Fahrzeugachse gegenüber der Hohlwelle die Spiralfederachsen ihre Richtungen ändern können, wodurch gleichfalls zusätzliche Biegungsbeanspruchungen von den Federn mehr oder weniger ferngehalten werden[5]).

Am einfachsten ist es natürlich, wenn besondere Einrichtungen vermieden und die Federn so bemessen werden können, daß sie den resultierenden Beanspruchungen gewachsen sind, was bei hinreichend großen Raddurchmessern möglich ist. Bei den $1C_01$-, $2C_01$- und $1B_01$—B_01-Lokomotiven (Reihe 10201, 10261 und 12501) der S. B. B.[6]) haben sich die Federn im angestrengten Dauerbetrieb bis jetzt gut gehalten[7]), Federbrüche sind nur vereinzelt und nur bei einem und demselben Radsatz, vermutlich infolge exzentrischer Motorlagerung aufgetreten. Besonders nachgerühmt wird diesen Lokomotiven der geringe Ölverbrauch (15 kg für 1000 Lokomotivkilometer) und ihre geringe Neigung zum Schleudern. Letzterer Umstand dürfte darin seine Erklärung finden, daß beim geringsten Gleiten zwischen Rad und Schiene, dem Anfangszustand des Schleuderns, eine völlige Entspannung der Federn eintritt. Dadurch sinkt aber die Zugkraft sofort wieder unter die Adhäsionsgrenze.

Sehr einfach gestaltet sich der Ein- und Ausbau der Radsätze. Bei Anwendung von Außenrahmen, der hier die Regel sein dürfte, werden die Radachsen in geschlossenen Achsbüchsen gewöhnlicher Bauart gelagert, ohne daß auf besondere Präzision geachtet werden müßte. Wichtig ist nur, daß der Einbau so erfolgt, daß die Hohlwelle im Ruhezustand die Radachse angenähert konzentrisch umschließt. Da Radsatz und Motor im Zusammenbau ein Ganzes bilden, erfolgt auch der Ausbau gemeinsam mit Ausbaurichtung nach unten.

Bei außenliegenden Zahnrädern wird der Antrieb kompliziert, da die Haltevorrichtungen der großen Zahnräder, d. h. die Verbindungen derselben mit der Hohlwelle, je die Triebräder über deren Naben durchdringen müssen, also gerade dort wo die hochbeanspruchten Übertragungsfedern untergebracht werden müssen.

Im Gegensatz zu diesem Antrieb, der sich einer Federkupplung zur Verbindung von Hohlwelle und Triebrad bedient, arbeiten alle anderen Antriebe dieser Art mit Gelenkkupplungen, bei denen Federn entweder gar nicht oder nur als dämpfende Zwischenglieder verwendet werden. In der letzteren Form kann allerdings auf Federn mitunter nicht verzichtet werden.

Abb. 122 stellt eine Kreuzgelenkkupplung dar[8]). Deren Kreuzstück C trägt vier Zapfen

[1]) D. R. P. 438445, Schweiz. P. 108772 (S. A. A. S.).

[2]) D. R. P. 409851 (A. Borsig G. m. b. H., Berlin). — Siehe auch U. S. A. P. 1595790 (C. Knapé). Ähnlich ist die bei der $2D_01$-Lokomotive (Reihe E 2101) und den $1 D_01$-Lokomotiven (Reihe E 1701) der D. R. G. angewendete Konstruktion (El. Bahnen 1927, S. 41). S. a. die deutsche Patentanmeldung A 47853—20 l (AEG—W. Kleinow). — Die „Elin" A. G. für elektrische Industrie in Wien hat vorgeschlagen, die Federn als Plattenfedern auszubilden, die in zylindrischen Gehäusen untergebracht und durch Druckstempel betätigt werden, die unter Einfluß der Hohlwellenpratzen stehen (Ö. P. 105404).

[3]) D. R. P. 205224, Ö. P. 75906, Schweiz. P. 73711 (J. Buchli). — Dieselbe Anordnung wurde 7 Jahre später von der Firma „Constructions Electriques de France" in Frankreich patentiert (F. P. 549412) und bei den Lokomotiven Achsfolge $2C_02$ (Reihe E 3101) der „Chemins de fer du Midi" angewendet (Techn. Mod. 1924, S. 510; B. S. F. E. Juni 1924; Génie civil 1925, I, S. 92; ETZ 1926, S. 1076).

[4]) D. R. P. 390199, Schweiz. P. 103807 (S. A. A. S.).

[5]) D. R. P. 329418 (S. S. W.).

[6]) Siehe S. 103, Fußnote 3.

[7]) Weiß, M.: Schweiz. Bauz. 1924, II, S. 21.

[8]) F. P. 441138 (Jeumont). — Ausgeführt bei der $1C_01$-Lokomotive (Reihe E 3401) der Franz. Südbahn (E. K. B. 1912, S. 546).

$t_1 t_1 t_2 t_2$, welche sich in den Lagern $c_1 c_1 c_2 c_2$ drehen und axial etwas verschieben können. Die Lager $c_1 c_1$ gehören zur Hohlwelle, die wieder das Achszahnrad trägt, die anderen zum Triebrad. Die Lager $c_2 c_2$ sind nicht ganz fest im Rade, sondern gleiten der Achse parallel zwischen zwei Spiralfedern R, die damit die Aufhängung des Kreuzstückes zu einer elastischen machen. Letzteres kann man auch als starren Viereckrahmen ausbilden (Abb. 123), dessen Eckpunkte in

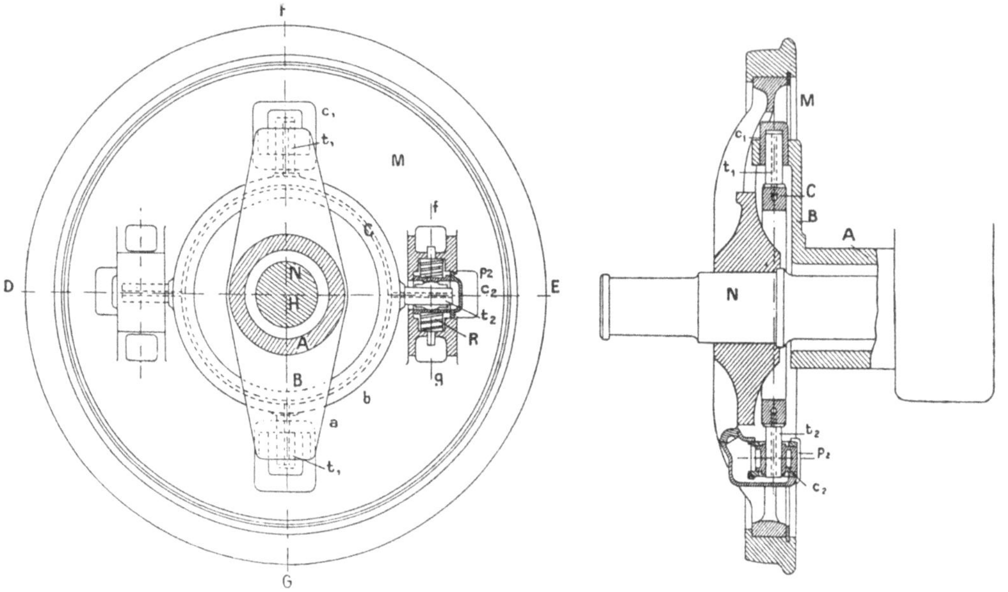

Abb. 122. Gelenkkupplung der „Forges et Ateliers de Constructions Electriques de Jeumont."

Kulissen enden; die Gleitklötze derselben bzw. deren Zapfen gehören abwechselnd dem Trieb- und dem Achszahnrad zu[1]). Infolge der stets nur nach einer Seite beweglichen Kulissen dürfte jedoch diese Kupplung weniger stoßfrei arbeiten als jene nach Abb. 122. Man kann aber auch als Kuppelorgan ein gelenkiges Stangenviereck verwenden und verbindet dessen vier Eckpunkte durch kurze Kuppelglieder entweder abwechselnd[2]) mit dem Achszahnrad und dem Trieb-

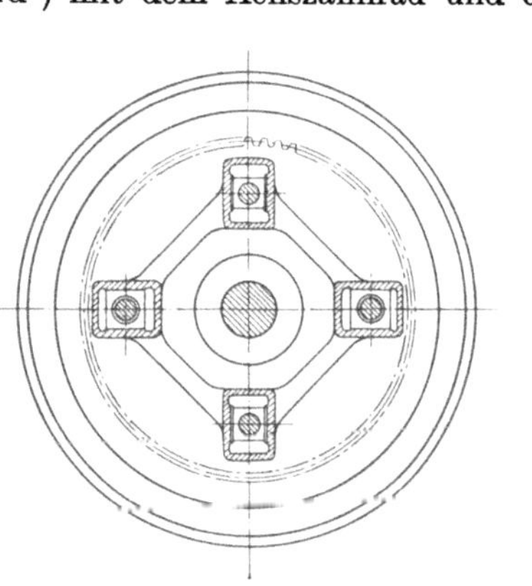

Abb. 123. Allseitig bewegliche Kupplung der S. L. M. W. mit starrem Viereckrahmen und Kulissenführung.

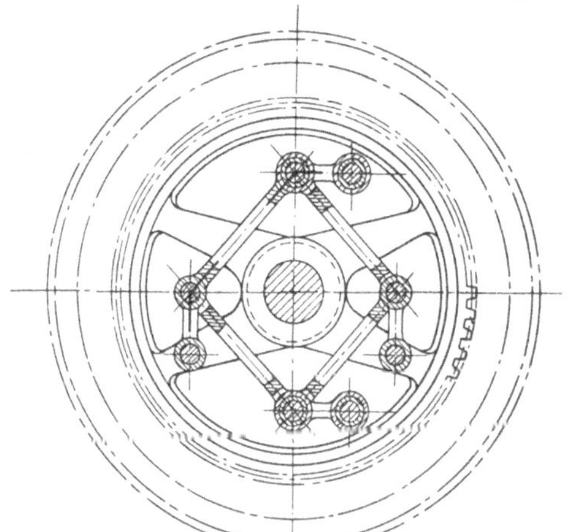

Abb. 124. Allseitig bewegliche Kupplung der S. L. M. W. mit gelenkigem Viereckrahmen.

rad (Abb. 124), oder lenkt sie insgesamt an die Triebradspeichen an. In letzterem Falle erfolgt der mittels Augen und Zapfen durchgebildete Anschluß an das Achszahnrad in der Mitte zweier gegenüberliegender Glieder des Stangenviereckes[3]). Ähnlich ist die in Abb. 125 dargestellte

[1]) Schweiz. P. 90217 (S. L. M. W.). — Siehe auch E. P. 165162 (Merz & Mc Lellan) und D. R. P. 319228 (L. Schwartzkopff, Berlin).

[2]) Schweiz. P. 91451 (S. L. M. W.).

[3]) D. R. P. 373644 (S. S. W.). — Die S. A. C. M. wendet bei zwei Triebachsen ihrer $2\,B_0 - B_0\,2$-Lokomotive Reihe 242.AE) für die P. L. M.-Bahn eine Kupplung an, bestehend aus zwei gegeneinander um 180° versetzten

Kupplung[1]). Als Übertragungsglied dient hier der Ring B mit den Fortsätzen b, die über kurze Kupplungsglieder $C_1 C_2$ und $D_1 D_2$ abwechselnd mit dem Triebrad und dem als zweiarmigen Hebel $a a$ ausgebildeten Endflansch der Hohlwelle A verbunden sind. Auf dieser sitzt das (in der Abbildung weggelassene) große Zahnrad. In allen diesen Fällen ergibt sich ein gegen Drehmomentkräfte steifes gegen das gegenseitige Spiel der Wellen jedoch nachgiebiges Gelenksystem. Die Gelenkigkeit wird durch Ausbildung der Anschlußzapfen mit Kugelsitz (z. B. bei d in Abb. 125) noch erhöht.

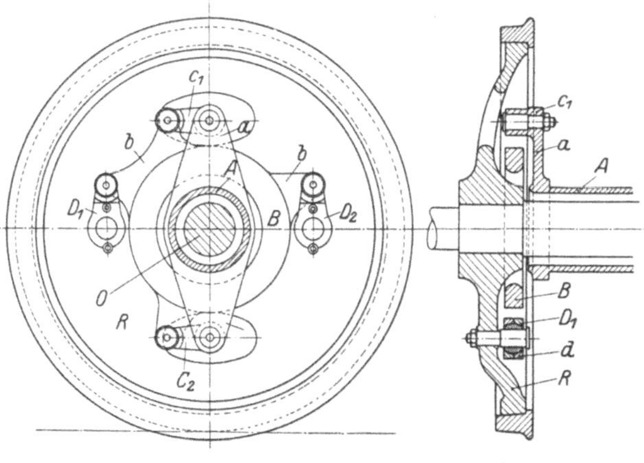

Abb. 125. Gelenkkupplung der „Forges et Ateliers de Constructions Electriques de Jeumont."

Die Vereinigung der beiden in den Abb. 123 und 124 dargestellten Kupplungen führt zur Kupplung nach Abb. 126. *1* ist das Triebrad, *2* das Triebzahnrad, *3* und *4* die zugehörigen Achsen, *5* das Zahnrad des antreibenden Motors, *6* dessen Achse, *7* ein starrer Kuppelrahmen mit den vier Zapfen *8*

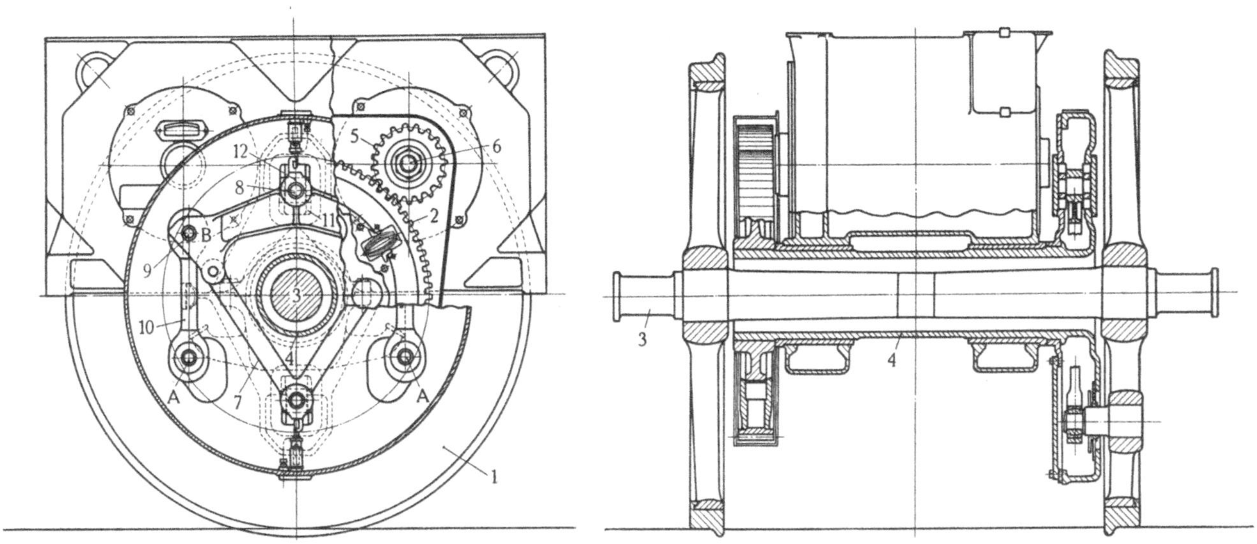

Abb. 126. Gelenkkupplung mit Viereckrahmen und Kulissenführung der M.F.O.

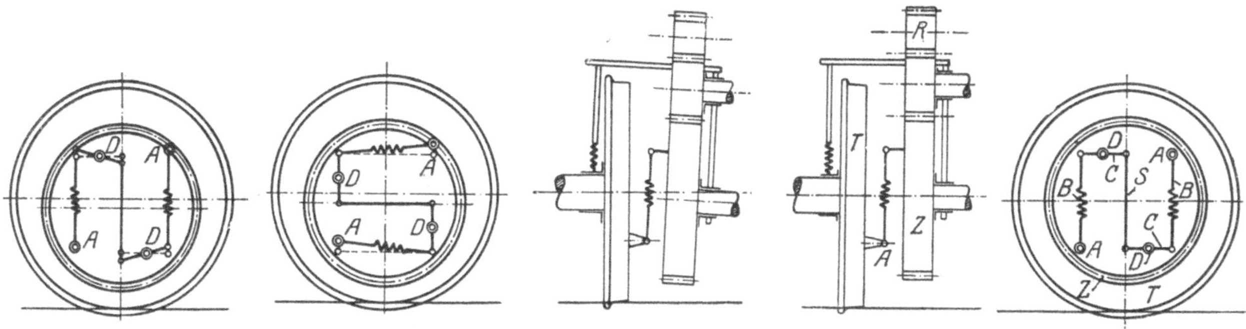

Abb. 127. Gelenkkupplung der M.F.O.

einen rechten Winkel bildenden Hebelpaaren, von denen jeweils einer mit seinem Ende am Zahnrad, während der andere mit dem Triebrad gelenkig verbunden ist. Die gelenkig ausgebildeten Scheitelpunkte der beiden Hebelpaare sind miteinander durch einen den Radachsschenkel augenartig umgreifenden Lenker miteinander verbunden (siehe Bull. de la Soc. Alsacienne de Constr. Méc. Januar 1927).

[1]) F. P. 556176 (Jeumont)

und *9*, *10* die beiden am Triebrad bei *A* und am Kuppelrahmen bei *B* gelenkig angreifenden Kuppelstangen und *11* die entweder am Triebzahnrad[1]) oder am Kuppelrahmen[2]) angebrachten Kulissen für die Gleitsteine *12* der Zapfen *8*. Vertikale Verschiebungen der Welle *4* vollziehen sich vollkommen zwanglos.

Eine symmetrische Umbildung der in Abb. 82 dargestellten Kupplung von Ganz & Co. stellt die von der M. F. O. entwickelte Gelenkkupplung dar, die Abb. 127 schematisch wiedergibt[3]). Die Kupplung besteht aus 5 in S-Form ausgebildeten Stangengliedern, von denen die Hebel *C* mit *B* als Anschluß- und Drehpunkt an das große Zahnrad angelenkt sind, während die Kuppelstangen *E* bei *A* mit dem Triebrad in Verbindung stehen. Die Einschaltung einer Federung *F* in mindestens eine, besser jedoch in beide der Kuppelstangen *E* ist hier aus dem Grunde unerläßlich, weil beim Springen der Triebachse Zahnrad und Triebachse kurzzeitig exzentrisch zueinander zu liegen kommen und dadurch, wenn auch nur geringe, Dehnungen der Kuppelstangen *E* auftreten, die durch das Zapfenspiel allein nicht aufgenommen werden können. Außerdem sind die Verbindungsgelenke der Kuppelstangen *E* mit den Hebeln *C* als Universalgelenke ausgebildet, um auch betriebsmäßig auftretende Schräglagen von Triebrad und Zahnrad sowie seitliche Achsverschiebungen zu ermöglichen. Bei innenliegender Übersetzung (Abb. 128) ist auch bei diesem Antrieb die Anwendung einer die Triebachse umschließenden Hohlwelle als Träger des großen Zahnrades Voraussetzung.

Abb. 128. Radsatz mit Doppelmotor und Gelenkkupplung der M. F. O. gemäß Abb. 217. ($2 B_0$-$B_0 2$-Lokomotive Reihe 242. BE der P. L. M.)

Auch die in Abb. 129 dargestellte Gelenkkupplung[4]) der A.-G. vorm. Skodawerke in Pilsen ist aus der Ganzschen Kupplung nach Abb. 82 entwickelt. Der Unterschied ist nur der, daß die Winkelhebel der letzteren durch Einfachhebel ersetzt wurden. Der ganze aus den Gliedern *DC*, *D'C'*, *AB*, *A'B'* und *BB'* bestehende Hebelmechanismus ist in das kastenförmig ausgebildete Triebrad eingebaut.

Die Bedingung, das große Zahnrad mit dem

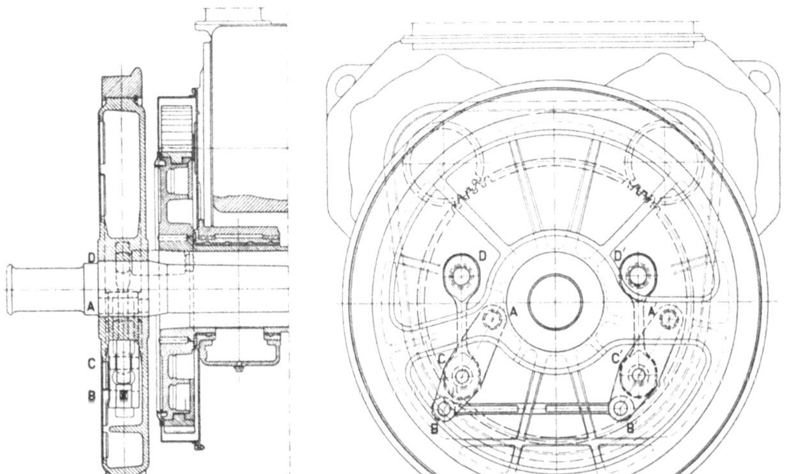

Abb. 129. Gelenkkupplung der A. G. vorm. Skodawerke, Pilsen.

[1]) D. R. P. 424234, Schweiz. P. 111066, F. P. 600794 (M. F. O); siehe auch Schweiz. P. 120980, F. P. 619836 (M.F.O.). — Angewendet bei der $2 C_0 2$-Lokomotive Nr. 4001 $\frac{EB}{1}$ der Great Indian Peninsula Ry.

[2]) Schweiz. P. 119645 (M. F. O.). — Siehe ferner die Gelenkkupplungen gemäß Schweiz. P. 117264 (M.F.O.); D.R.P. 449439, Schweiz. P. 117263, F.P. 606498, E.P. 260227 (M.F.O.); Schweiz. P.116065 (A. Lanz).

[3]) Ausgeführt bei den neuen Motorwagen der B. T. B. (Schweiz. Bauz. 1922, II, S. 255; ETZ 1924, S. 313), bei der $2 B_0$—$B_0 2$-Lokomotive Nr. 242.BE der P. L. M.-Bahn (Génie civil 1923, II, S. 593; Bull. Oerlikon März 1923 und S. 415ff. dieses Buches) und bei den $2 C_0$—$C_0 2$-Lokomotiven (Reihe 262. AE) der P.L.M. Bahn. — Siehe ferner U.S.A.P. 1640548 (C. Knapè).

[4]) Schweiz. P. 112055 (A.G. vorm. Skodawerke, Pilsen). — Angewendet bei den $1 D_0 1$-Lokomotiven (Reihe E 466) der Tschechoslowakischen Staatsbahnen. — Die Ganzsche Kupplung nach Abb. 82 kann übrigens unmittelbar symmetrisch gebaut werden, d. h. mit symmetrischer Lage der Kuppelzapfen von treibender und getriebener Achse, wenn man die Winkelhebel entgegengesetzt gerichtet anordnet. Die Verbindungsstange derselben wird dann schräg (Schweiz. P. 117265 der M. F. O.).

Triebrad zentrisch zu lagern, die bei innenliegender Übersetzung als durch die Konstruktion gegeben zur Notwendigkeit wird, führt bei außenliegender Übersetzung zu einer oft unerwünschten Beschränkung hinsichtlich der Größe der Übersetzung, da das mit dem Triebrad nachgiebig gekuppelte große Zahnrad einerseits mit Rücksicht auf das zulässige Umgrenzungsprofil des Fahrzeuges, andererseits wegen des Federspieles bedeutend kleiner sein muß als das Triebrad bei größter Abnutzung der Radreifen. Da nun aber der Motor und das auf seiner Welle sitzende Ritzel auf verschiedenen Seiten des Triebrades liegen, ist es erforderlich, die Motorwelle außerhalb des Triebradumfanges an diesem in einer dem Federspiel angemessenen Entfernung vorbeizuführen. Dadurch ist die minimale Entfernung der beiden Zahnradachsen gegeben und bei gegebenem Maximaldurchmesser des großen Zahnrades auch der Ritzeldurchmesser festgelegt, woraus sich eine obere Grenze für das Übersetzungsverhältnis ergibt. Man ist also unter Umständen gezwungen, ein zu kleines Übersetzungsverhältnis zuzulassen und einen vergleichsweise langsamer laufenden Motor zu wählen.

Lagert man aber die Achse des großen Zahnrades vertikal über der Triebachse beispielsweise um den kleinen Betrag e, dann kann offenbar der Durchmesser d_2 des großen Zahnrades um den doppelten Betrag dieser Exzentrizität vergrößert und somit derjenige des Ritzels d_1 um den vierfachen Betrag derselben verkleinert werden oder das Übersetzungsverhältnis $ü = d_2 : d_1$ kann bei exzentrischer Lagerung bei Einschaltung gleicher Abstände erhöht werden auf $ü = (d_2 + 2e) : (d_1 - 4e)$. Genügt ein kleineres Übersetzungsverhältnis etwa $ü = (d_2 + 2e) : (d_1 - 2e)$, so kann der äußere Motordurchmesser um den Betrag $2e$ vergrößert und eine dementsprechend größere Leistung untergebracht werden.

Abb. 130. Gelenkkupplung der A. G. Brown, Boveri & Cie. (J. Buchli.)

Abb. 130 zeigt die von J. Buchli der A.-G. Brown, Boveri & Co. angegebene allseitig nachgiebige Kupplung[1]), die eine fixe exzentrische Lagerung des großen Zahnrades und damit den Einbau einer größeren Übersetzung ermöglicht. An den zwei am Triebrad T fest angebrachten Zapfen AA greifen die Kuppelstangen BB an, die mit einer Gabel an den kugelig ausgebildeten Enden zweier Zahnsegmente S tragender Hebel $C-S$ befestigt sind. Die Zapfen AA durchdringen die hintere Wand des Zahnradkörpers und sind durch die Stangen B und die Hebel $C-S$ in den Hebellagern DD mit dem Zahnrad in kraftschlüssiger Verbindung. Die Zapfen AA sind ebenfalls kugelig ausgebildet, so daß jede Be-

[1]) D. R. P. 304997, Ö. P. 76816, F. P. 487874, Schweiz. P. 75803, E. P. 112009, U. S. A. P. 1298881. — Angewendet bei einem Drehgestell der $1 B_0 1 - 1 B_0 1$-Lokomotive Nr. 11000 der S. B. B. (ETZ 1922, S. 144); bei den $2 C_0 1$-Lokomotiven der S. B. B. der Reihen 10601 (BBC-Mitt. 1922, S. 91), 10687 und 10713; bei den $2 D_0 1$-Lokomotiven (Reihe 10901) der S. B. B.; bei den $1 D_0 1$-Lokomotiven (Reihe E 1601) der D. R. G. (Organ Fortschr. Eisenbahnwes. 1926, S. 111; BBC-Mitt. 1926, S. 293; E. B. 1927, S. 71); bei den $2 D_0 2$-Lokomotiven (Reihe 501) der Paris-Orléans-Bahn (E. B. 1925, S. 352; R. G. C. F. 1927, II, S. 21; BBC-Mitt. 1927, S. 197); bei den $1 D_0 1$-Lokomotiven (Reihe 3001) der Niederländisch-Indischen Staatsbahnen (BBC-Mitt. 1926, S. 187) und Reihe 7000 der Japanischen Staatsbahnen; bei den $1 D_0 1$-Lokomotiven (Reihe E 465) der Tschechoslowakischen Staatsbahnen; bei den $2 D_0 1$-Lokomotiven (Reihe 10901) der S. B. B. (BBC-Mitt. 1926, S. 23); bei der $2 C_0 2$-Lokomotive Nr. 4002 $\frac{EC}{1}$ der Great Indian Peninsula Ry (BBC-Mitt. 1927, S. 27); bei den $2 C_0 - C_0 2$-Lokomotiven (Reihe 7201) der Spanischen Nordbahn. — Die ersten elastischen Kupplungen mit Ausgleich durch kämmende Zahnsegmente sind in den Jahren 1894/95 von E. A. Sperry angegeben worden (U. S. A. P. 54920 und 56498). — Statt der kämmenden Zahnsegmente wäre die Verwendung einer Kulissenführung denkbar (D. R. P. 438564, Schweiz. P. 116064, E. P. 258555 der M. F. O.).

wegungsfreiheit zwischen Triebrad und Zahnrad in den betriebsmäßig vorkommenden Grenzen gewahrt ist. Das große Zahnrad dreht sich auf einem Zapfen, der an einem am Rahmen befestigten Lagerbock konisch eingesetzt ist. Diese fliegende Lagerung kann hier unbedenklich zugelassen werden, da keinerlei Kräfte auftreten, die eine Schiefstellung des Zahnrades zu seiner Achse ermöglichen und damit einseitige Lagerabnützung herbeiführen könnten. Die Ankerwelle ist, entgegen der gewöhnlichen Einbauweise, in drei Punkten gelagert. Neben den Motorlagern ist ein drittes innerhalb oder außerhalb des Ritzels angeordnet, so daß dieses beidseitig gestützt ist. Ein genauer Zahneingriff wird besonders dadurch begünstigt, daß das erwähnte dritte Lager gleichfalls in den erwähnten Lagerbock eingebaut ist, der auch den Lagerzapfen des großen Zahnrades trägt. Das Ritzel selbst sitzt überdies auf einer kugelförmig ausgebildeten Nabe[1]), wodurch möglicherweise von der Montage herrührende kleine Ungenauigkeiten der Motorlagerung sich selbsttätig korrigieren.

Statt die großen Zahnräder zu jedem Triebrad je in einem besonderen mit dem Hauptrahmen verschraubten Stahlgußlagerbock zu lagern, ordnet man vorteilhafter parallel zum Hauptrahmen außerhalb der Triebräder einen durchgehenden Hilfsrahmen an[2]), welcher die äußeren Lagerböcke für die Zahnräder trägt und mit dem Hauptrahmen durch Quer- und Längsversteifungen so verbunden wird, daß er mit ihm einen Träger bildet, dessen Widerstandsmoment naturgemäß sowohl in vertikaler, als auch in horizontaler Richtung bedeutend größer ist. Da-

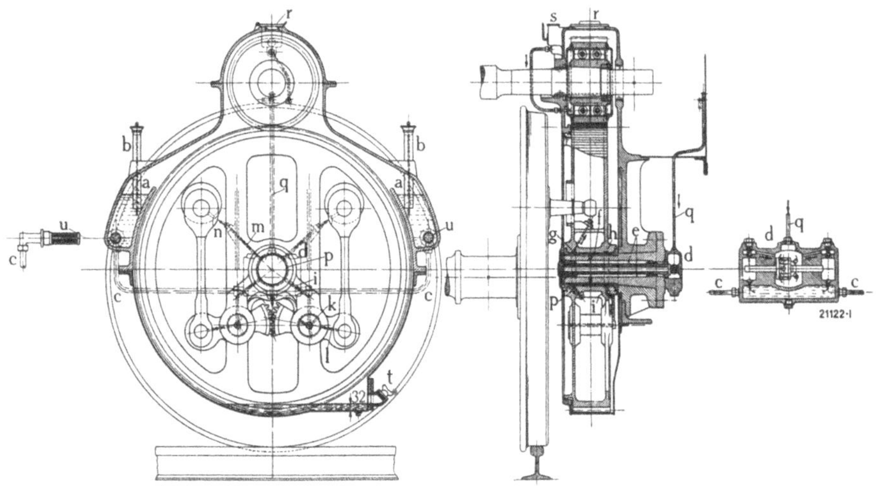

Abb. 131. Gelenkkupplung der A. G. Brown, Boveri & Cie. (J. Buchli.)
Anordnung der Schmierung.

durch wird es möglich, den Hauptrahmen leichter zu halten. Außerdem können die schweren and teueren Stahlgußböcke durch leichte Lagerböcke und Versteifungsteile ersetzt werden, die um Hauptrahmen in bequemer Weise befestigt werden können.

Der Antrieb erhält eine selbsttätige Ölumlaufschmierung, in die auch das das große Zahnrad tragende Zapfenlager mit einbezogen wird. Das Prinzip der Schmierung[3]) sei an Hand der Abb. 131 erläutert.

Die Zahnradverschalung wird bis zu einer Marke innerhalb der Füllschraube *l* mit Öl mittlerer Zähflüssigkeit gefüllt. Die Taschen *a* der Verschalung werden ebenfalls mit Hilfe der Ölrohre *b* gefüllt, die vom Lokomotivkasten aus bequem zugänglich sind. Der Zahnradkranz taucht mit seinem untersten Teil in den Ölsumpf der Zahnradverschalung. Im Betriebe wird das Öl durch das große Zahnrad nach oben gefördert, durch die Zentrifugalkraft gegen die Verschalungs-

---

[1]) D. R. P. 314099, Schweiz. P. 79597 (J. Buchli).

[2]) Schweiz. P. 114821 (S. L. M. W.). — Angewendet bei den 2 $D_0$2-Lokomotiven (Reihe E 501) der P. O.-Bahn (El Bahnen 1925, S. 352; R. G. C. F. 1927, II, S. 21; BBC-Mitt. 1927, S. 197), den 2 $D_0$1-Lokomotiven (Reihe 10901) der S. B. B. (BBC-Mitt. 1926, S. 23), den 1 $D_0$1-Lokomotiven (Reihe E 1601) der D. R. G. (El. Bahnen 1927, S. 71 und BBC-Mitt. 1926, S. 293); den 1 $D_0$1-Lokomotiven (Reihe 3001) der Niederländisch-Indischen Staatsbahnen (BBC-Mitt. 1926, S. 187), den 1 $D_0$1-Lokomotiven (Reihe 7000) der Japanischen Staatsbahnen, der 2 $C_0$2-Lokomotive Nr. 4002 $\frac{EC}{1}$ der Great Indian Peninsula Ry (BBC-Mitt. 1927, S. 27) und den 1 $D_0$1-Lokomotiven (Reihe E 465) der Tschechoslowakischen Staatsbahnen.

[3]) Die konstruktive Durchbildung der Schmierung rührt von der Schweiz. Lokomotiv- und Maschinenfabrik Winterthur her. — Siehe E. Schroeder: BBC-Mitt. 1927, S. 90.

wände geschleudert und füllt so die Taschen a. Bei Rotation in einer Richtung wird die rechtsliegende Tasche gefüllt, bei umgekehrter Drehrichtung die linksliegende. Die am Grunde der Öltaschen a eingebauten Ölfilter u reinigen das Schmieröl von Fremdkörpern. An den Filtern sind die Rohre c angeschlossen, die die Taschen unter sich und mit der Zuleitung zu einer kleinen Ölpumpe d verbinden. Diese Pumpe — eine zweizylindrige Exzenterpumpe mit zwei Druck- und zwei Saug-Kugelventilen — ist mechanisch direkt mit dem großen Zahnrad gekuppelt und wird von diesem angetrieben. Sobald der Antrieb in Bewegung ist, erhält die Pumpe Öl aus einer der beiden Taschen und drückt es durch die Kanäle e in den Tragzapfen, zum Lager f des Triebzahnrades und durch dieses Lager hindurch. Das Öl wird dann in zwei Ringkanälen h und g gesammelt. Von h läuft es durch Rinne i zum Zapfenlager k der Zahnsegmenthebel. Hier wird es wieder in Kanälen gesammelt und läuft nach den Gelenklagern dieser Hebel durch Kanal l. Von g wird das Öl durch Kanäle in der Nabe des Triebzahnrades geführt und speist Rohr m. Bei n tritt es in die Kuppelstangenköpfe ein, welche an den Triebzapfen des Triebrades angreifen und schmiert die betreffenden Stangenlager. Vom Kanal g durch p werden die Zahnsegmente mit Schmieröl versorgt. Auf diese Weise zirkuliert das Schmieröl selbsttätig von der Pumpe zu den verschiedenen Schmierstellen, von da zu den Öltaschen, durch die Filter und zurück zur Pumpe.

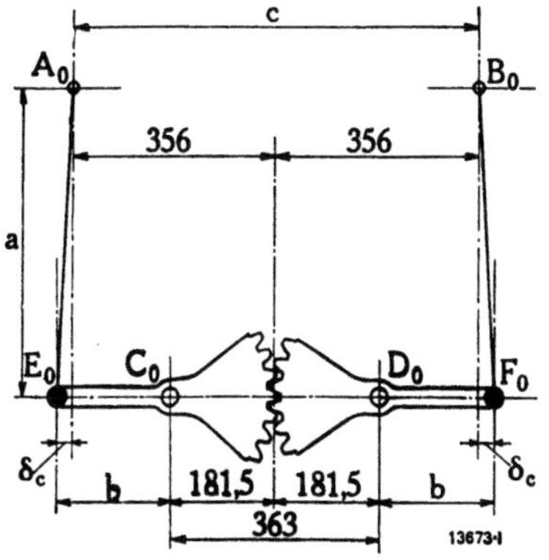

Abb. 132. Schematische Darstellung des Kupplungssystems gemäß Abb. 130/131.

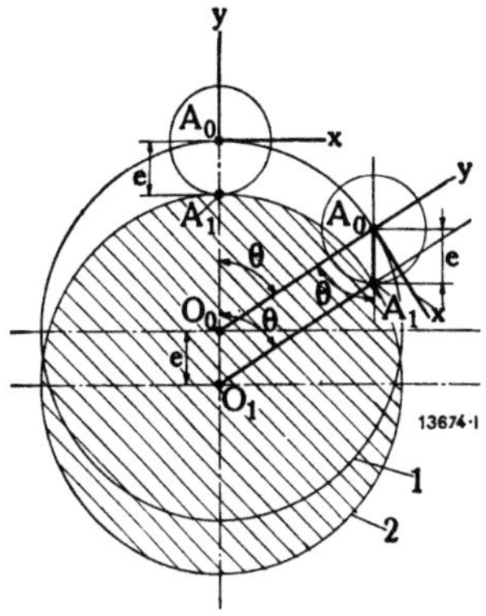

Abb. 133. *1* = Zahnrad, *2* = Triebrad.

Die Zufuhr des Schmieröles zu den inneren beweglichen Teilen des gefederten Zahnkolbens erfolgt durch den Schmierbecher s, der auf der einen Seite der Zahnkolbenverschalung angegossen ist.

Nach längerem Stillstand und bevor die Lokomotive wieder in Dienst kommt, wird die Pumpe mit Öl durch Leitung q gefüllt, die von der Pumpe in das Innere des Lokomotivkastens hinaufreicht, wo das Schmierrohr mit Mundstück und Zapfen versehen ist. Nach Öffnen des Schmierdeckels r wird ferner etwas Öl aus einer Ölkanne über den Zahnkolben geschüttet, dann wird der Schmierbecher s gefüllt und sein Hahn geöffnet. Die Schmierung vollzieht sich dann selbsttätig über die ganze Betriebszeit ohne jede Wartung.

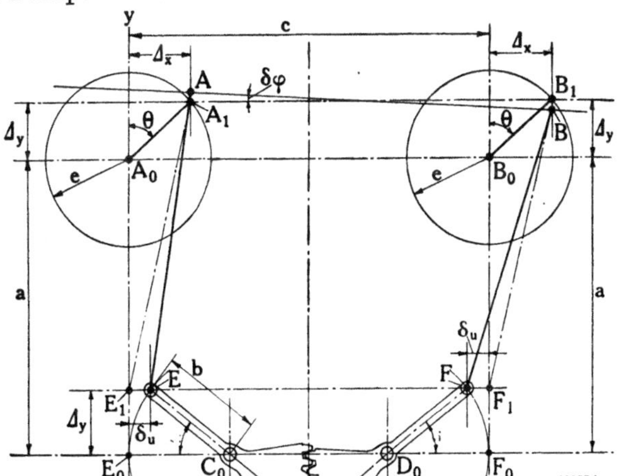

Abb. 134.

Die Arbeitsweise der Kupplung läßt sich folgendermaßen analytisch verfolgen[1]). Abb. 132 stellt die Kupplung nach Abb. 130 in ihrer mittleren Lage oder mit einer Exzentrizität = 0 dar. Steht das Triebrad relativ zu seinem Zahnrad um den Abstand e exzentrisch und bewegen sich Radsatz und Zahnrad in jedem Augenblicke mit gleicher Winkelgeschwindigkeit, d. h. angenommen, daß das Kupplungssystem keine relativen Drehbewegungen zwischen Radsatz und Zahnrad hervorrufen darf, so werden, wie aus Abb. 133 und 134 ersichtlich ist, die mit dem Triebrade fest verbundenen Kuppelzapfen A und B relativ zum Zahnrad, Kreise mit dem Radius e, um die mittleren Lagen A_0 und B_0 als Mittelpunkte beschreiben.

In Abb. 133 stellt das um den Mittelpunkt O_1 drehende System das Triebrad, das um O_0 drehende das Zahnrad dar. Aus dieser Abbildung geht hervor, daß die Verbindungslinie A_0A_1 immer vertikal und ihre Länge gleich e bleibt, da gemäß der Voraussetzung die Radien O_0A_0 und O_1A_1 immer parallel bleiben müssen.

Relativ zum Zahnrad, d. h. zu einem Koordinatensystem x, y, das mit dem um den Mittelpunkt O_0 drehenden System fest verbunden ist, beschreibt somit der Punkt A_1 einen Kreis mit dem Radius e um den Mittelpunkt A_0.

[1]) Die folgenden Ausführungen lehnen sich enge an die Arbeit von J. Buchli und A. Couwenhoven in BBC-Mitt. 1922, S. 100, an.

Abb. 134 stellt schematisch das vollständige Kupplungssystem (Abb. 130) dar. Es bedeuten A_0 und B_0 die einer Exzentrizität $e = 0$ entsprechenden mittleren Lagen der Kuppelzapfen am Triebrade. Die zugehörigen Lagen der Segmenthebel-Gelenkzapfen sind mit E_0 und F_0, die Drehpunkte der Segmenthebel mit C_0 und D_0 bezeichnet. Der Abstand c der Kuppelzapfen A_0 und B_0 soll genau gleich dem Abstand E_0F_0 oder gleich $C_0D_0 + 2\,b$ sein. Wird nun das Kupplungssystem einer Exzentrizität e entsprechend aus seiner mittleren Lage abgelenkt und zugleich um einen Winkel Θ gedreht, so würden die Kuppelzapfen am Triebrad aus den Lagen A_0 und B_0 in die Lagen A_1 und B_1 kommen, wenn sich die Segmenthebel-Gelenkzapfen auf den Verbindungsgeraden E_0A_0 und F_0B_0 bewegen würden. Dieselben bewegen sich jedoch auf Kreisbögen mit Radius b um die Drehpunkte C_0 und D_0 herum, und zwar infolge der Segmentverzahnung um den gleichen, dem Drehwinkel entsprechenden Betrag, so daß E_0 nach E, F_0 nach F kommt. Aus der Abb. 134 geht nun ohne weiteres hervor, daß demzufolge der Kuppelzapfen A_0 nach einem etwas oberhalb A_1 gelegenen Punkt A und B_0 nach einem etwas unterhalb B_1 gelegenen Punkt B rückt. Verbindet man die Punkte A und B sowie A_1 und B_1 durch Geraden, so bilden diese miteinander den Winkel $\delta\varphi$, welcher den uns interessierenden relativen Verdrehungswinkel zwischen Triebrad und Zahnrad darstellt. Dieser Winkel $\delta\varphi$ läßt sich berechnen wie folgt:

Die Koordinaten der Punkte A_1 und B_1 sind $\Delta x = e \sin\Theta$ und $\Delta y = e\cos\Theta$.

Es seien nun folgende Annäherungen gemacht: Man kann $E_0E_1 = F_0F_1 \cong \Delta y$ setzen, mit einem Fehler, der mit Rücksicht auf die in Wirklichkeit außerordentlich geringe Neigung der Kuppelstangen EA und FB von der Größenordnung 0,2% ist.

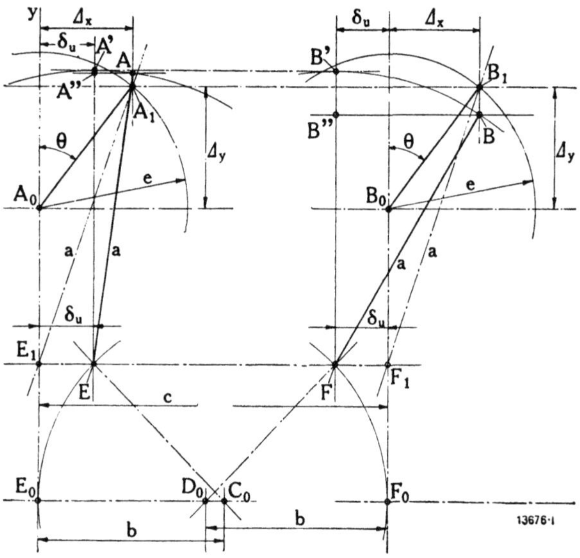

Abb. 135.

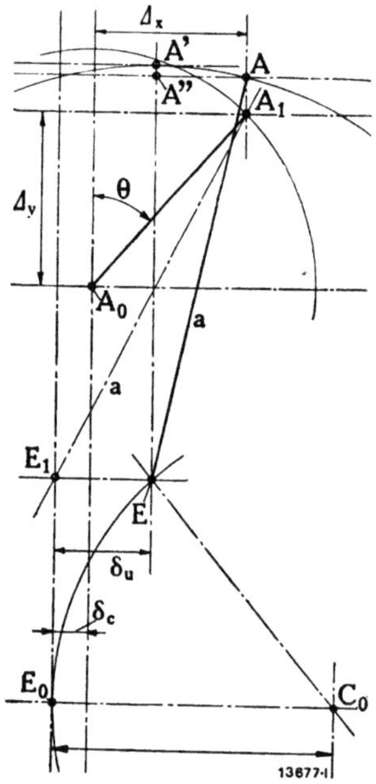

Abb. 136.

Wenn ferner $E_0E_1 = \Delta y$ gegenüber $C_0E = b$ genügend klein, z. B. nicht größer als $\frac{b}{5}$ ist $\left(\text{bei der Kupplung nach Abb. 130 ist } \Delta y = \frac{b}{7}\right)$, so begeht man einen Fehler von höchstens 0,66%, wenn man setzt:

$$\frac{\Delta y}{b} = \sin\alpha = \alpha\,(\sphericalangle\, E_0\,C_0\,E)$$

anstatt

$$= \alpha - \frac{\alpha^3}{3!} + \cdots.$$

Ferner ist: $\Delta y^2 = \delta u\,(2\,b - \delta u) = 2\,b\,\delta u - \delta u^2$.

Wir wollen bei einem Verhältnis Δy kleiner als $\frac{b}{5}$, δu^2 vernachlässigen (Fehler kleiner als 1%) und setzen:

$$E_1\,E = \delta u = \frac{1}{2}\,\frac{\Delta y^2}{b}\,. \tag{141}$$

Auf der gleichen Horizontalen liegen (Abb. 135) die Punkte E_1, E, F und F_1, somit liegen auch die Punkte A' und B' auf einer Horizontalen um den Abstand a höher.

Ferner liegen B und B'' auf gleicher Höhe und ebenfalls A und A''.

Die gesuchte Höhendifferenz AB ist somit gleich der von $A''B''$ und es kann gesetzt werden:

Höhendifferenz $AB = BB_1 + A_1A = B''B' - A''A'$. Nun ist: $(B''B)^2 = B''B'\,(2a - B''B') \cong B''B'\cdot 2a$ (mit großer Annäherung) und daraus

$$B''\,B' = \frac{(B''B)^2}{2a} = \frac{(\Delta x + \delta u)^2}{2a} = \frac{\Delta x^2 + 2\,\Delta x\,\delta u + \delta u^2}{2a}\,. \tag{142}$$

In gleicher Weise wird

$$A''\,A' = \frac{(\Delta x - \delta u)^2}{2a} = \frac{\Delta x^2 - 2\,\Delta x\,\delta u + \delta u^2}{2a}\,, \tag{143}$$

somit

$$B''B' - A''A' = \frac{2\,\Delta x\,\delta u}{a} = \frac{\Delta x\,\Delta y^2}{a b}$$

und das gesuchte

$$\delta\varphi = \frac{\Delta x\,\Delta y^2}{a b c} = \frac{e^3}{a b c}\sin\Theta\cos^2\Theta\,, \tag{144}$$

woraus nach Umformung

$$\delta\varphi = \frac{e^3}{4\,a b c}(\sin\Theta + \sin 3\Theta)\,. \tag{145}$$

Es ergibt sich somit, daß die Kurve der relativen Winkelverdrehung zwischen Triebrad und zugehörigem Zahnrade sich zusammensetzt aus einer Grundwelle mit einer Periode pro Triebradumdrehung und aus einer dritten Harmonischen mit gleicher Amplitude wie die Grundwelle (Abb. 137).

Es sei vorausgesetzt, daß der Abstand c der Kuppelzapfen $A_0 B_0$ gleich dem Abstand $E_0 F_0$ oder gleich $C_0 D_0 + 2\,b$ sei.

Nehmen wir jetzt an, der Abstand $A_0 B_0$ sei um $2\,\delta e$ kleiner wie $E_0 F_0$ oder die beiden, die Punkte $A_0 E_0$ und $B_0 F_0$ verbindenden Kupplungsstangen seien in der mittleren Lage der Kupplung nicht parallel. Es folgt dann aus Abb. 136

$$(A''A)^2 = A''A'(2a - A''A')\,,$$

$$A''A' = \frac{(A''A)^2}{2a - A''A'} \backsimeq \frac{(A''A)^2}{2a} = \frac{(\Delta x + \delta c - \delta u)^2}{2a} = \frac{\Delta x^2 + \delta u^2 + \delta c^2 - 2\Delta x\,\delta u + 2\Delta x\,\delta c - 2\delta c\,\delta u}{2a}\,. \tag{146}$$

Ähnlich wird

$$B''B' = \frac{(\Delta x - \delta c + \delta u)^2}{2a} = \frac{\Delta x^2 + \delta u^2 + \delta c^2 + 2\Delta x\delta u - 2\Delta x\delta c - 2\delta c\delta u}{2a}\,. \tag{147}$$

Der Höhenunterschied $A\,B$ wird somit hier

$$B''B' - A''A' = \frac{2\,\Delta x\,\delta u - 2\,\Delta x\,\delta c}{a} = \frac{\Delta x\,\Delta y^2}{a b} - \frac{2\,\Delta x\,\delta c}{a}\,,$$

$$\delta\varphi = \sin\delta\varphi = \frac{\Delta x\,\Delta y^2}{a b c} - \frac{2\,\Delta x\,\delta c}{a c}\,,$$

$$\delta\varphi = \left(\frac{e^3}{4\,a b c} - \frac{2\,e\,\delta c}{a c}\right)\sin\Theta + \frac{e^3}{4\,a b c}\sin 3\Theta\,. \tag{148}$$

Das erste Glied obiger Gleichung wird offenbar gleich Null für

$$\frac{e^3}{4abc} = \frac{2e\,\delta c}{a c} \quad \text{oder} \quad \delta c = \frac{e^2}{8b}\,,$$

d. h. δc = ungefähr $^1/_4$ der Bogenhöhe. Man hat somit hierdurch die Möglichkeit, aus der Kurve der relativen Winkelverdrehung zwischen Triebrad und zugehörigem Zahnrade die Grundwelle verschwinden zu lassen, so daß nur noch die dritte Harmonische übrigbleibt.

Es sei schließlich die Größe der relativen Winkelverdrehung bei der Kupplung der $2C_0 1$-Lokomotive (Reihe 10601) der S. B. B. nachgerechnet, und zwar für drei verschiedene Einstellungen, wovon eine richtig ist, die beiden anderen absichtlich fehlerhaft gewählt sind.

Unverändert seien die Abstände (Abb. 132): $a = 510$ mm; $c = 712$ mm und $C_0 D_0 = 363$ mm gelassen. Die Hebellänge b dagegen soll ausgenommen werden:

1⁰ $b = 174{,}5$ mm; $\delta c = 0$ mm,
2⁰ $b = 175{,}0$ mm; $\delta c = 0{,}5$ mm,
3⁰ $b = 180{,}0$ mm; $\delta c = 5{,}5$ mm.

Die Exzentrizität e beträgt im Mittel 25 mm. Obige Werte in die entwickelten Formeln eingesetzt ergeben für die:

1. Einstellung: $\delta\varphi = 0{,}0000615\,(\sin\Theta + \sin 3\,\Theta)$,
2. „ $\delta\varphi = 0{,}0000615 \sin 3\,\Theta$,
3. „ $\delta\varphi = -\,0{,}0007 \sin\Theta$, $+\,0{,}0000615 \sin 3\,\Theta$.

Der Teilkreisdurchmesser des großen Zahnrades beträgt 1296 mm, der Teilkreisradius somit 648 mm. Umgerechnet in Millimeter als Abweichung im Teilkreis ergibt sich für die:

1. Einstellung: $648 \cdot 0{,}0000615\,(\sin\Theta + \sin 3\,\Theta)$ mm $=$ $+\,0{,}04\,(\sin\Theta + \sin 3\,\Theta)$ mm,
2. „ $+\,0{,}04 \sin 3\,\Theta$ mm,
3. „ $-\,0{,}454 \sin\Theta + 0{,}04 \sin 3\,\Theta$ mm.

In der Abb. 137 sind diese Werte in Kurvenform aufgetragen.

Bezüglich der absoluten Größe dieser Abweichungen ist folgendes zu sagen:

Der Teilungsfehler von Präzisions-Zahnradfräsmaschinen moderner Konstruktion liegt zwischen 0,1 und 0,25 Minuten. Ein Fehler von 0,1 Minute entspricht beispielsweise im Teilkreis von 1296 mm Durchmesser des angenommenen Zahnrades einer Abweichung von 0,019 mm, 0,25 Minuten entsprechen 0,0475 mm. Daraus ist ersichtlich, daß die relativen Drehbewegungen, welche bei richtiger Einstellung des betrachteten Kupplungssystems zwischen Triebrad und Zahnrad noch hervorgerufen werden, von der Größenordnung der Abweichungen in der Teilung sind, welche mit größter Sorgfalt geschnittene Zahnräder aufweisen.

Als richtige Einstellung ist die oben unter 2° genannte zu betrachten, bei welcher gar keine Grundwelle mehr vorhanden ist. Bei der dritten Einstellung tritt, wie aus Abb. 137 ersichtlich ist, die Grundwelle mit einer etwa 11 mal größeren Amplitude als die der dritten Harmonischen auf. Es sei nun noch nachgerechnet, bei welchen Fahrgeschwindigkeiten das durch den Motoranker und die Ritzelfederung gebildete schwingfähige System mit den durch diese Wellen gebildeten Schwingungserregungen in Resonanz geraten könnte.

Hierzu muß zuerst die Eigenschwingungszahl des schwingfähigen Systems berechnet werden.

Der Motoranker besitze im betrachteten Beispiel ein Schwungmoment oder GD^2 von 1600 kgm².

Aus dem Mittelwerte von den an 8 Ritzelfedern aufgenommenen Diagrammen errechnet sich eine elastische Verdrehung von $\varphi = 0{,}0443$[1] für ein am Anker wirkendes Drehmoment von 1000 kgm. Die Elastizitätskonstante c, d. h. die Größe des pro Winkeleinheit erforderlichen Verdrehungsmomentes beträgt somit

$$c = \frac{1}{0{,}0443} \cdot 1000 = 22600 \text{ kgm}.$$

Nimmt man die Lokomotivmasse gegenüber der Masse eines Motorankers als unendlich groß an, so kann man die erstere, gegenüber dem von einem Motoranker mit Ritzelfederung gebildeten schwingfähigen System als eine feste Einspannstelle betrachten, und es ergibt sich dann die Eigenschwingungszahl des Motorankers zu

$$n_e = \frac{1}{2\pi} \sqrt{\frac{c}{\frac{GD^2}{4g}}} = \frac{1}{2\pi} \sqrt{\frac{22600 \cdot 4 \cdot 9{,}81}{1600}} = 3{,}76 \text{ Perioden pro Sekunde.}$$

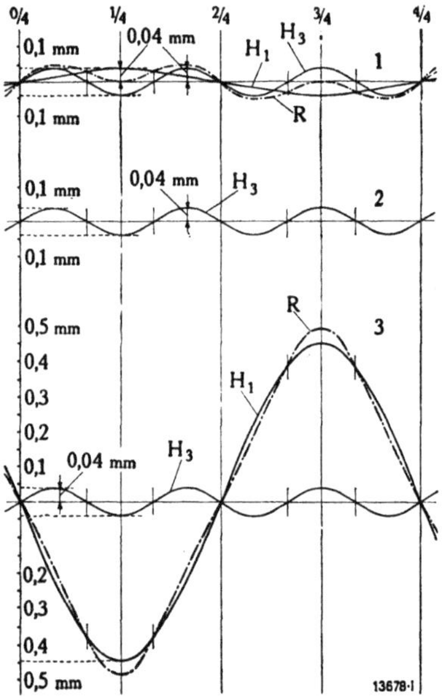

Abb. 137. Relativbewegung zwischen Triebrad und großem Zahnrad während einer Umdrehung gemessen im Teilkreis des Zahnrades von 1296 mm Durchmesser.

1. Kuppelstangen parallel.
2. Kuppelstangen richtig geneigt.
3. Kuppelstangen zuviel geneigt.
H_1 = Grundwelle.
H_3 = 3. Harmonische.
R = Resultierende.

Trägt man auch noch der Elastizität der Motorwelle zwischen dem Zahnritzel und dem fest aufgepreßten Motorankerstern Rechnung, so wird dadurch die Eigenschwingungszahl nur unwesentlich geändert und ergibt

$$n_e = 3{,}68 \text{ Perioden pro Sekunde.}$$

Diese Schwingungszahl ist allerdings die höchste, welche für das schwingfähige System in Betracht kommt. Sie gilt für den Fall, daß die Ritzelfederung zufolge eines auf den Motoranker wirkenden elektrischen Drehmomentes bis zu einem gewissen Betrage angespannt ist und der Motoranker um seine relative Ruhelage schwingt, ohne daß die Federung dabei jemals ganz entspannt wird. Wirkt dagegen auf den Motoranker kein elektrisches Drehmoment, so wird beim Durchgang durch die relative Ruhelage das gesamte Spiel im Antriebssystem (Verzahnung, Gelenkzapfen, Achsbüchsen) jedesmal durchlaufen, wodurch die Schwingungszeit verlängert und die Schwingungszahl pro Sekunde ihren kleinsten Wert annehmen wird, welcher erfahrungsgemäß etwa von der Größenordnung 70% des in obiger Weise berechneten ist.

Ist nun eine erregende Schwingung im Antriebssystem vorhanden, mit einer Periodizität gleich der Umdrehungszahl des Triebrades pro Sekunde, wie z. B. eine solche bei fehlerhafter Bemessung der Hebellängen der Kupplung durch die Grundwelle der relativen Winkelverdrehung gebildet wird, so kann sie im schwingfähigen Antriebssystem Resonanz hervorrufen im Bereiche von 3,68 Triebwerksumdrehungen pro Sekunde bis etwa 70% dieses Werts und (bei einem Triebraddurchmesser von 1610 mm) bei den Fahrgeschwindigkeiten $3{,}68 \cdot 0{,}00161 \cdot \pi \cdot 3600 = 67$ km/h bis etwa $0{,}70 \cdot 67 = 47$ km/h.

Die dritte Harmonische der relativen Winkelverdrehung (Abb. 137) muß also theoretisch im Bereiche $\frac{67}{3} = 22{,}3$ km/h bis etwa $\frac{47}{3} = 15{,}7$ km/h mit der Eigenschwingung der Ankermasse in Resonanz sein. Bei solchen kleinen Fahrgeschwindigkeiten und Umdrehungszahlen des Antriebssystems ist es jedoch mit Rücksicht auf die natürliche Dämpfung des schwingfähigen Systems von vornherein ausgeschlossen, daß sich eine periodische Ankerschwingung zufolge einer vom Antriebssystem herrührenden Schwingungserregung ausbildet, um so weniger, als, wie aus der Berechnung hervorging, die Amplitude der erregenden Schwingung verschwindend klein ist.

Es lassen sich jedoch die Geschwindigkeitsschwankungen dadurch völlig ausgleichen, daß man beidseitig Kupplungen dieser Art anordnet und diese gleichzeitig um einen solchen Winkel gegeneinander versetzt, wie er der Periode der zu erwartenden Schwankungen entspricht[2]. Die in den Kupplungen erzeugten Geschwindigkeitsschwankungen wirken dadurch einander entgegen und bleiben ohne Rückwirkung auf die Geschwindigkeit der Antriebswelle. Die tatsächlich auftretenden Geschwindigkeitsschwankungen, die eine periodische Verdrehung der Antriebswelle bzw. der Triebachse hervorrufen würden, werden durch elastische Formänderung aufgenommen, die wie früher durch Einschaltung federnder Zwischenglieder an bestimmte Stellen der Übertragung — hier die Motorritzel — verlegt werden kann, und bleiben so auf das Triebwerk beschränkt.

Die beschriebene Form der Hebelkupplung nach Abb. 131 und 132 gestattet den Antrieb auch mit horizontaler Antriebsrichtung auszubilden und den Motor starr im Untergestell aufzuhängen.

[1] Im Bogenmaß.

[2] D. R. P. 308729 (J. Buchli). — Angewendet bei den 2 $D_0$2-Lokomotiven (Reihe E 501) der P. O.-Bahn (El. Bahnen 1925, S. 352; R. G. C. F. 1927, II, S. 21; BBC-Mitt. 1927, S. 197).

Arbeitet in diesem Falle ein Motor mit gemeinsamem Ritzel nach rechts und links je auf ein Triebrad, dann wird auch bei einseitigem Antrieb durch Versetzen der Kupplungen gegeneinander vollkommener Ausgleich der Schwankungen der Winkelgeschwindigkeiten erreicht[1]).

Eine noch größere, betriebsmäßig jedoch kaum erforderliche Elastizität läßt sich, allerdings auf Kosten der konstruktiven Einfachheit, erreichen, wenn man die Hebelkupplung nach Abb. 131 und 132 mit dem Hohlwellenantrieb vereinigt, d. h. indem man das große Zahnrad entweder innerhalb des Radsatzes auf die die Radachse umschließende Hohlwelle aufsetzt[2]), oder fliegend außerhalb des Triebrades anordnet und mittels einer Reihe konzentrischer, zwischen den Triebradspeichen hindurchragender Bolzen an den Hohlwellenendflansch befestigt[3]).

Der wesentlichste Vorteil aller dieser Einzelachsantriebe gegenüber gekuppelten Triebachsen besteht darin, daß sämtliche Achsen im Lokomotivrahmen mit Seitenspiel versehen und dabei in einem gemeinsamen Rahmengestell untergebracht werden können. Die Wirkung dieser Anordnung besteht wieder darin, daß sämtliche Achsen im Bereiche des Spieles sich während der Fahrt quer zur Lokomotive frei hin und her bewegen können, ohne das Rahmengestell, den abgefederten Lokomotivteil, irgendwie zu beeinflussen. Alle Ausbiegungen des Geleises, welche Seitenstöße verursachen können, wirken lediglich auf die Radsatzmasse. Da diese aber in bezug auf das Lokomotivgewicht klein ist, wird die Wirkung des Stoßes dementsprechend kleiner ausfallen.

Beim Einfahren in Kurven wird die erste Ablenkung des Rahmens durch die Laufachse eingeleitet, die durch Federn mit der Lokomotivmasse verbunden ist; die nachfolgenden Triebachsen legen sich infolge der freien Seitenbeweglichkeit, eine nach der anderen, an den äußeren Schienenstrang an und nehmen schließlich alle an der Führung teil.

Die Vertikalstöße aber, welche durch die Tragfedern gemildert auf den Rahmen übertragen werden, werden immer durch richtige Dimensionierung der Federung und durch Vergrößerung des Massenträgheitsmomentes der schwingfähigen Teile der Lokomotive, in bezug auf die Längsachse des Fahrzeuges, praktisch unschädlich gemacht werden können.

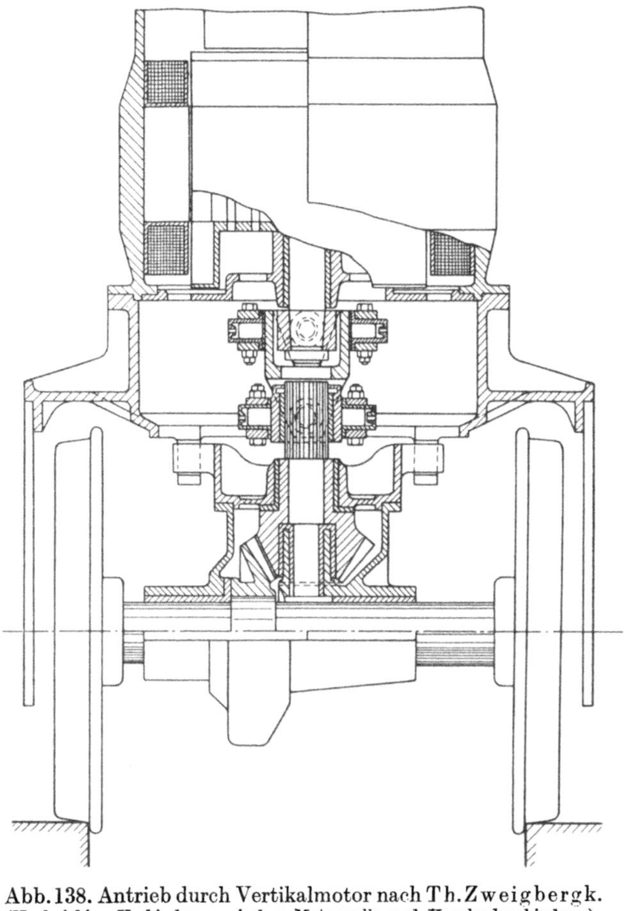

Abb. 138. Antrieb durch Vertikalmotor nach Th. Zweigbergk. (Nachgiebige Verbindung zwischen Motorwelle und Kegelradverbindung).

β) Ausführung des Motors mit vertikaler Achse. Auf den ersten Blick mag der Antrieb von Lokomotivachsen durch vertikalgestellte Motoren unzweckmäßig oder mindestens als gesucht erscheinen, da die Zahnradübersetzung in diesem Fall außer zur Drehmomentsübertragung auch zur Änderung der Bewegungsrichtung dienen, also in Form des ungleich empfindlicheren in der Herstellung schwierigeren Kegelradgetriebes ausgeführt werden muß[4]). Hingegen bietet der Antrieb durch Vertikalmotoren einige nicht zu unterschätzende Vorteile, die es verständlich machen, daß diese Antriebsform die Konstrukteure schon vor Jahren beschäftigt hat und eine Anzahl verschiedener interessanter Anordnungen angegeben wurden, die teilweise in den letzten Jahren auch zur Ausführung kamen. Vor allem wird durch Verwendung von Vertikalmotoren innerhalb des Antriebes eine vollkommene Trennung des elektrischen vom

[1]) D. R. P. 314813, Schweiz. P. 82920, Ö. P. 84656 (J. Buchli).

[2]) D. R. P. 313028, Schweiz. P. 87129 (A. E. G.). [3]) D. R. P. 373189 (A. E. G.).

[4]) Der Vollständigkeit halber sei hier ein Vorschlag der M. F. O. erwähnt, wobei der Antrieb der Triebachsen je durch zwei Motoren mittels zweier Schneckengetriebe erfolgt, die derart auf ein gemeinsames mit der Radachse verbundenes Schneckenrad arbeiten, daß sich die infolge der Triebkräfte entstehenden Widerlagerkräfte gegenseitig teilweise aufheben (D. R. P. 313274; D. R. G. M. 708565).

mechanischen Teil erreicht, die nicht einmal bei den direkten Antrieben durch hochliegende langsamlaufende Motoren in so weitgehendem Maße möglich ist. Außerdem liegt hier der Schwerpunkt der Lokomotiven wesentlich höher als sonst bei Verwendung von raschlaufenden Motoren, und schließlich bleiben die Kollektoren der Motoren im Gegensatz zur halbhohen Lagerung der Motoren sehr bequem zugänglich. Dazu kommt noch, daß für die Dimensionierung der Motoren praktisch kaum bauliche Beschränkungen bestehen. Den einzigen wirklich schwierigen Punkt des Antriebes bildet das Kegelradgetriebe. Gelingt es einmal, dieses in gleich zuverlässiger Weise herzustellen wie die Stirnradgetriebe, dann dürfte auch den Antrieben durch Vertikalmotoren im Lokomotivbau noch eine größere Verbreitung beschieden sein, zumal das Problem der Motorlager und deren Schmierung durch die Konstruktionen von Michell, Ferranti, Kingsbury u. a. als vollkommen befriedigend gelöst anzusehen ist.

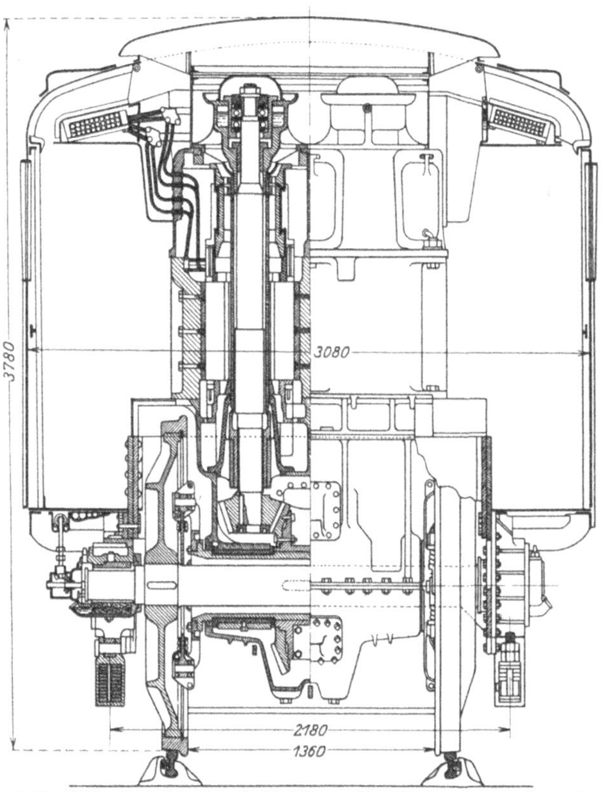

Abb. 139. Antrieb durch Zwillings-Vertikalmotor und nachgiebiger Verbindung zwischen Kegelradübersetzung und Triebrad.
(2 C_0 2-Lokomotive Reihe E 3101 der „Chemins de fer du Midi".)

Eine Gruppierung der Antriebe durch Vertikalmotoren ergibt sich in einfacher Weise, je nachdem die allseits nachgiebige Verbindung zwischen der Welle des abgefederten Motors und der unabgefederten Triebachse vor oder hinter dem Kegelradgetriebe eingeschaltet ist. Im ersten Fall sitzt das große Zahnrad des Getriebes fest auf der Radachse und die gelenkige Kupplung verbindet vertikale Wellenenden, im zweiten Fall ist wieder eine die Triebachse umschließende Hohlwelle als zusätzliches Konstruktionselement unvermeidlich, die das große Zahnrad trägt und mit der Triebachse in bekannter Weise allseits beweglich verbunden wird.

Die älteste Antriebsanordnung der ersten Art und wohl der erste praktische Vorschlag eines Lokomotivantriebes mit Vertikalmotoren überhaupt ist jener von G. Rüegg[1]). Dabei ist zwischen die Welle des mit dem Rahmen starr verbundenen Motors und dem konischen Ritzel eine Kardankupplung geschaltet, deren Zapfen axiales Spiel haben. Da letzteres vom konstruktiven Standpunkt nicht gerade erwünscht ist, kann man dem Motor besser ein weiteres Kardangelenk ohne axiales Zapfenspiel geben, das an dem Anker mittels Hohlwelle aufgebaut ist. Die Kardankupplung am unteren Wellenende enthält das Vertikalspiel, kann aber nun zur eigenen Schonung und der der Zahnräder vor Drehmomentstößen federnd ausgebildet und vollständig in ein mit Öl gefülltes Gehäuse eingeschlossen werden. Ebenso soll das ganze Kegelradgetriebe nach dem Rüeggschen Vorschlag in einem vollständig mit Öl gefüllten Gehäuse laufen.

Beim Antrieb nach Abb. 138[2]) besteht die gelenkige Verbindung in einer Kardankupplung ohne axialem Zapfenspiel und einer unmittelbar mit dieser verbundenen Parsonskupplung. Der mit dem Lokomotivrahmen fest verbundene Aufbau für den Motor ist mit Zapfen versehen, die entsprechend dem Spiel in der Parsonskupplung in Führungen gleiten, die an das Gehäuse des Übersetzungsgetriebes angegossen sind.

Trotz der vergleichsweise einfachen Konstruktion sind bis jetzt die Anordnungen nach Rüegg und Zweigbergk nicht zur Ausführung gekommen. Man hat vielmehr den Antrieben der zweiten Art den Vorzug gegeben und die Hohlwelle in Kauf genommen, die immerhin ein bekanntes Konstruktionselement darstellt.

Abb. 139 zeigt einen Antrieb durch zwei Motoren mit vertikaler Achse, die durch ein gemein-

[1]) Schweiz. P. 72130.

[2]) F. P. 518791 (Th. Zweigbergk).

sames Feldgehäuse zu einem Zwillingsmotor vereinigt sind[1]). Die Motoranker werden oben durch Kugellager getragen, die im vertikalen Sinne einstellbar sind. Die auf dem unteren Ende der Motorwellen sitzenden konischen Ritzel greifen in die beiden zweiteiligen Zahnkränze ein, die auf entsprechenden Flanschen der Hohlwelle befestigt sind. Diese ist in einem mit dem Lokomotivrahmen und dem Motorgehäuse fest verbundenen Gußkörper gelagert, der auch

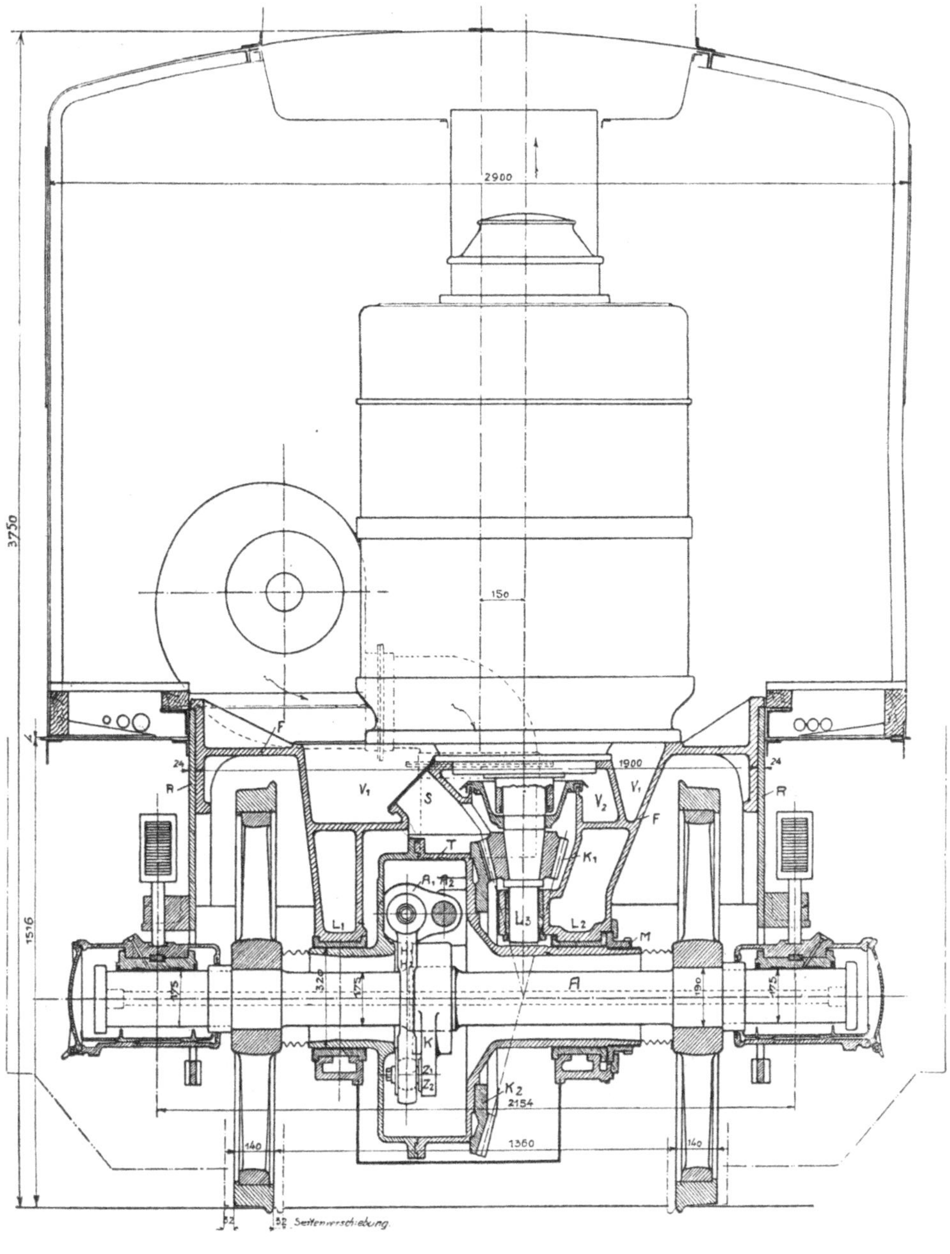

Abb. 140. Antrieb durch Vertikalmotor und nachgiebiger Verbindung zwischen Kegelradübersetzung (Hohlwelle) und Triebrad.
($1\,D_0 1$-Lokomotive Reihe 1570 d. Ö.B.B.)

den Ölsumpf für das Kegelradgetriebe bildet. Die Verbindung der Hohlwelle mit den Triebrädern erfolgt beidseitig durch je eine Federkupplung[2]). Als Vorteil der Zwillingsbauart der

[1]) D.R.P. 379678, U.S.A.P. 1468920 (Constructions Electriques de Belgique S. A.). — Angewendet bei den Lokomotiven Achsfolge $2\,C_0 2$ (Reihe E 3101) der Französischen Südbahn (Techn. Mod. 1924, S. 510 und ETZ 1926, S. 1076). — Ähnlich ist der bei den $1\,D_0 1$-Lokomotiven (Reihe 1670) der Ö. B. B. verwendete Antrieb, nur erfolgt hier die Verbindung der Hohlwelle mit dem Triebrad wie beim Antrieb nach Abb. 140 durch die in Abb. 141 dargestellte, in das Kegelradgehäuse eingebaute Gelenkkupplung (siehe Organ Fortschr. Eisenbahnwes. 1927, S. 501).

[2]) Siehe Fußnote 3, S. 105.

Motoren wird hier die durch den Gegenlauf der beiden Anker vermiedene gyroskopische Wirkung der rotierenden Massen angesehen.

Beim Vertikalantrieb nach Abb. 140[1]) mit nur einem Motor je Triebachse ist das Kegelrad K_2, in das das Konusritzel K_1 eingreift, an einer Trommel Z befestigt, deren Zapfen $L_1 L_2$ zur Hohlwelle ausgebildet sind. Das Fundament für den Motor sowie die Lagerung für das Kegelrad und für die Trommel T bildet ein Stahlgußkörper F, der mit den Rahmenblechen R der Lokomotive verschraubt ist und eine Querversteifung der Rahmenbleche bildet.

Von der Trommel aus erfolgt der Antrieb der Triebachsen durch eine in die Trommel selbst eingebaute Gelenkkupplung (Abb. 141). Diese Kupplung[2]) besteht aus zwei Hebeln H_1 und H_2, die einerseits an zwei Kurbelzapfen Z_1 und Z_2 angelenkt sind, die am Kurbelblatt K der Achse A sitzen, andererseits mit den Armen A_1 und A_2 einer in dem Gehäuse der Trommel T gelagerten Welle W gelenkig verbunden sind. Um ein Ausrücken des Kegelradantriebes zu ermöglichen, ist die Trommel T derart gelagert, daß sie durch Drehen der Mutter M seitlich verschoben werden kann. Trommel T und Zahnrad K_2 sind durch einen Blechkörper verschalt, der den Ölsumpf für die Schmierung bildet. Die Lagerstellen L_1 und L_2 der Hohlwelle sowie das Lager L_3 des kleinen Zahnrades werden durch zwei Pumpen geschmiert, die das Öl dem Ölsumpf entnehmen. Ein zweiter Ölsumpf befindet sich in dem Raum V_1, in welchem sich das von der Schmierung der oberen Lagerung der Motorwelle herrührende Öl sammelt. Der Stahlgußträger F ist ferner so ausgebildet, daß der Ventilator für die Motorkühlung die Kühlluft in den Motoruntersatz durch den Raum V_2 hineinbläst. Das Schauloch S gestattet den Zustand der Verzahnung im Betrieb zu besichtigen.

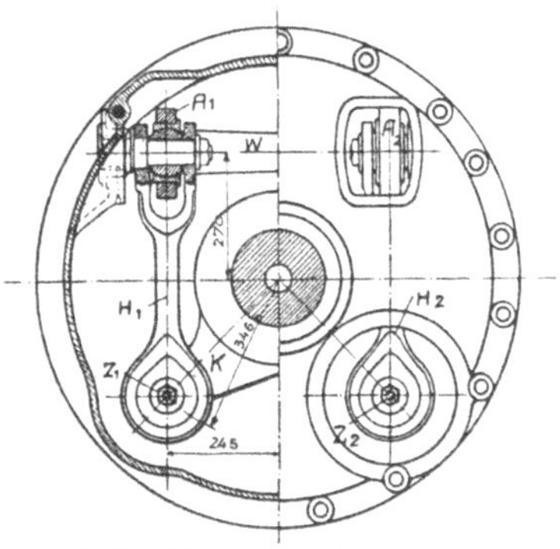

Abb. 141. Gelenkkupplung zum Antrieb nach Abb. 140.

b) Übersetzungstriebwerke mit Kuppelstangen.

Eine Gruppierung dieser Antriebe, die überall da angewendet werden, wo die Zahl der Motoren kleiner ist als die der Triebachsen, wäre wie oben theoretisch richtig nach dem Vorhandensein oder Fehlen von Blindwellen vorzunehmen. Die letztere Variante führt jedoch in der Form zum Einzelachsantrieb zurück, da die bei allen diesen Antrieben notwendigerweise die Achse des großen Zahnrades bildende Blindwelle hier gleichzeitig zur Triebachse wird. Abb. 142 zeigt ein Triebwerk dieser Art[3]) mit total fünf durch ein Kuppelgestänge verbundenen Triebachsen, von denen jedoch nur drei unmittelbar einzeln durch Motoren in Tramaufhängung (S. 100ff.) angetrieben werden. Diese Antriebsart hat ihre Berechtigung bei Fahrzeugen mit vergleichsweise kleinem Achsdruck, der nicht jede Triebachse mit einem Motor auszurüsten gestattet, bei gleichzeitig weitgehender Ausnützung der Adhäsion, also wie bei dem in Abb. 142 dargestellten Beispiel. Einzelachsantriebe mit vertikal über der Radachse angeordnetem Motor (S. 103ff.) werden dabei jedoch kaum Verwendung finden, da hier die Motorleistung und die zulässige Achsbelastung stets größer sind. Damit entfällt aber die Notwendigkeit, die Zahl der Triebachsen kleiner zu halten als die der Kuppelachsen, d. h. man wird dann jede Triebachse einzeln antreiben und damit auf jede Kupplung der Triebachsen überhaupt verzichten.

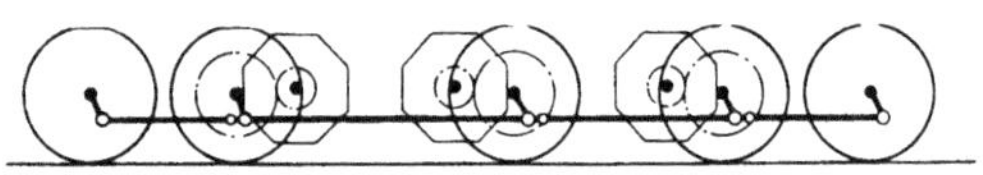

Abb. 142. Triebwerksanordnung mit gekuppelten Triebachsen und Achsmotoren in Tramaufhängung.
(E-Güterzuglokomotive Reihe 1080 und 1080.100 der Ö. B. B.)

Die Übersetzungstriebwerke mit Kuppelstangen verwenden also bis auf den vorerwähnten Sonderfall durchwegs eine oder mehrere Blindwellen als Achsen der großen Zahnräder als Zwischenglieder der Übertragung. Eine weitere Unterteilung ergibt sich damit aus der Art der Lagerung der Blindwelle, d. h. aus der Größe der Überhöhung, um die die Blindwelle über den Triebachsen liegt.

G r o ß e Ü b e r h ö h u n g e n führen zur freien Aufstellung des Motors und der Übersetzung im Lokomotivkasten, wobei die Verbindung der Vorgelegewelle bzw. deren Kurbel mit den

[1]) Angewendet bei den 1 D_0 1-Lokomotiven (Reihe 1570) der Ö.B.B. (ETZ 1925, S. 274; E.u.M. 1926, S. 369).

[2]) Ö. P. 103625, 105392 (Ö. S. S. W.).

[3]) E-Güterzuglokomotiven (Reihe 1080 und 1080.100) der Ö. B. B., die bei total 1000 PS bzw. 1280 PS gesamter Motordauerleistung und fünf gekuppelten Achsen unter Einhaltung eines maximalen Achsdruckes von nur 15,0 t bzw. 15,7 t entworfen werden mußten.

durch ein Horizontalgestänge gekuppelten Triebrädern durch schiefe Stangen erfolgt, die gegen die Senkrechte um einen Winkel von im allgemeinen nicht mehr als 45° geneigt sind. Es kehren hier also die früher auf S. 84ff behandelten Antriebsformen wieder, nur greifen die Schrägstangen statt an Motorkurbeln an solchen der Vorgelegewelle an. Infolge der hierdurch bedingten Länge der Schrägstangen sind hier besondere Maßnahmen zur Aufnahme des Federspiels ebenso wie bei den unmittelbaren Antrieben nicht erforderlich.

So zeigt Abb. 143 eine Antriebsanordnung[1]), bei der zwei hoch im Lokomotivkasten aufgestellte schnellaufende Motoren mittels Ritzel auf eine gemeinsame Vorgelegeblindwelle arbeiten. Von dieser erfolgt die Verbindung nach den Radachsen beidseitig mit um 90° versetzten Kurbeln durch je eine Schrägstange über eine besondere in Triebachshöhe gelagerte Blindwelle, die mit ihren Kurbeln je in das Horizontal-Kuppelgestänge eingeschaltet ist, das in der üblichen Weise gelenkig unterbrochen ist. Dynamisch und kinematisch ist der Antrieb mit dem auf S. 84 behandelten unmittelbaren Schrägstangenantrieb identisch, nur übernimmt hier die Vorgelegewelle die Rolle der Motorwelle beim direkten Stangenantrieb.

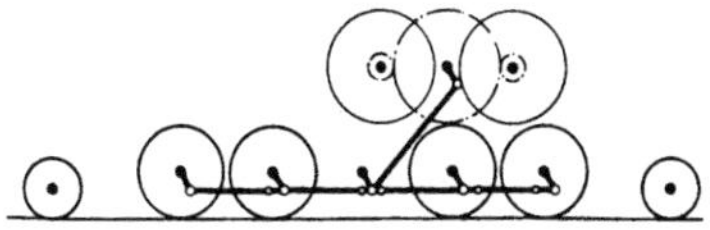

Abb. 143. Triebwerksanordnung mit Vorgelege, Schrägstangen und Blindwelle.
(1D1-Lokomotive Reihe 351, 353, und 391 der Rh. B.)

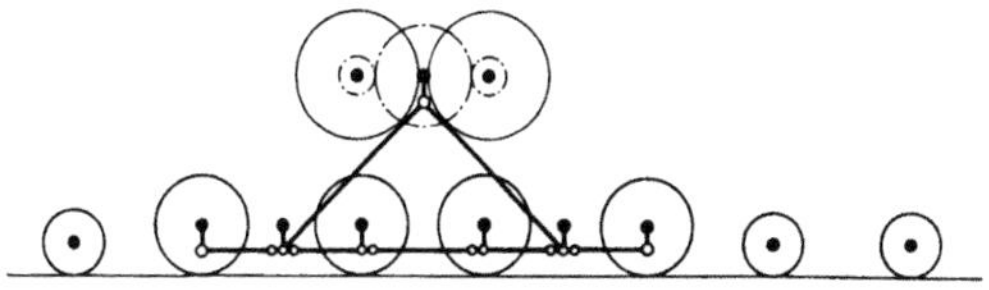

Abb. 144. Triebwerksanordnung mit Vorgelege, zwei Schrägstangen und zwei Blindwellen.
(2D1-Lokomotive Reihe E 7901 der D. R. G.)

In gleicher Weise ist auch hier analog Abb. 92 und 93 ein Antrieb möglich, wobei von einem schon aus Dispositionsgründen von zwei Motoren aus angetriebenen Vorgelege die Übertragung nach den Triebachsen beidseitig durch je zwei Schrägstangen nach zwei Blindwellen erfolgt. Abb. 144 zeigt diesen Antrieb[2]), bei dem wie beim analogen unmittelbaren Antrieb (S. 86) die Beanspruchung der Motor- und Vorgelegewellen infolge gleichmäßigem Leistungsablauf nach beiden Seiten hin konstant ist. Ebenso wäre bei zwei Motoren mit getrenntem Vorgelege ein Antrieb durch ein zu einer gemeinsamen Blindwelle führendes Schrägstangenpaar denkbar.

Die Blindwelle als Verbindungsglied zwischen Kuppelstangen und Schrägstangen kann wieder entfallen bei Ausbildung der letzteren in Form eines geschlossenen Dreieckrahmens mit einer Kulisse als Tiefpunkt, in deren Gleitklotz der Kurbelzapfen eines der Triebräder gelagert ist[3]).

Die bisher erwähnten Vorgelegeantriebe, vereinigt mit langen Schrägstangenverbindungen, haben vorzugsweise bei Fahrzeugen für Schmalspur Verwendung gefunden, wo bei Innenrahmen die Aufstellung der Motoren im Lokomotivkasten für diese günstigere Dimensionierungsbedingungen ergibt. Bei normalspurigen Fahrzeugen führt die halbhohe Lagerung der Motoren im Lokomotivkasten zu wesentlich kleineren Überhöhungen der Vorgelege (Blind)welle gegenüber den Radachsen.

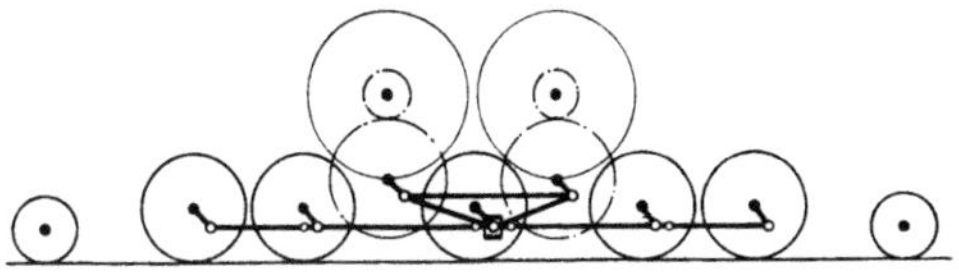

Abb. 145. Triebwerksanordnung mit zwei Vorgelegen und flachem Kuppelrahmen.
(1E1-Lokomotive Reihe 151 der B. L. S.)

Eines der am häufigsten verwendeten Übertragungsglieder zur Überwindung mäßiger Überhöhungen ist der flache Kuppelrahmen, dessen Theorie und konstruktive Ausbildung bereits auf S. 88 bei den unmittelbaren Antrieben behandelt wurde. Wie dort übernimmt die Kulisse den Ausgleich des Federspiels (Abb. 145). Die halbhoch im Rahmen gelagerten Motoren arbeiten hier je über ein Vorgelege auf zwei mit entsprechender Überhöhung über den Triebachsen gelagerte Blindwellen, die mit ihren Kurbelzapfen die Angriffspunkte für den

[1]) 1D1-Lokomotive Nr. 391 der Rh. B. (A. E. G.-Mitt. 1919, S. 73), ebenso die 1D1-Lokomotiven (Reihe 351 und 353) der gleichen Bahnverwaltung (E. u. M. 1919, S. 250), 1C1-Lokomotiven (Reihe E 3206) und 2B—B2-Lokomotiven (Reihe E 5201) der D. R. G. (El. Bahnen 1925, S. 181 und El. Bahnen 1926, S. 241), ferner 1C1-Lokomotiven der Nordmark Klarälfens Bahn (E. u. M. 1922, S. 25; A.E.G.-Mitt. 1922, S. 83).

[2]) D. R. P. 413712 (G. Lotter); siehe auch D. R. G. M. 674202 (B. E. W.). — Angewendet bei den 2D1-Lokomotiven (Reihe E 7901) der D. R. G.

[3]) Schweiz. P. 64625, D. R. G. M. 543980. — Angewendet bei der C—C-Lokomotive der Berninabahn (BBC-Mitt. 1917, S. 175).

Kuppelrahmen bilden[1]). Wie die S.L.M.W. bereits im Jahre 1908 angegeben hat[2]), ist der Kuppelrahmen aber auch verwendbar, wenn nur der eine Eckpunkt an eine Triebwelle, der andere an eine besondere, lediglich als Führungswelle dienende Blindwelle angeschlossen wird (von Kleinow[3]) später theoretisch begründet). O. Kjelsberg hat diesen Gedanken, wie Abb. 146 zeigt, in die Praxis umgesetzt[4]). Bei diesem Antriebsmechanismus bilden nun die von der Vorgelegewelle an die Dreieckstange abgegebene horizontale Kraft und die ihr gleiche von der Dreieckstange auf den Kulissenstein bzw. auf die horizontale Kuppelstange übertragene Kraft ein horizontales Kräftepaar, dessen Arm gleich ist der Entfernung zwischen der Achse des Kurbelzapfens der Vorgelegewelle und der Längsachse der Kuppelstange. Dieses Kräftepaar muß bei einwandfreiem Betrieb offenbar durch ein entgegengesetztes Kräftepaar aufgehoben werden, gebildet durch die Vertikalkräfte in den Kurbelzapfen, an denen die Dreieckstange angreift, mit der Entfernung derselben voneinander als Hebelarm. Damit nun zur Herstellung des Momentengleichgewichtes außer den zur Eigenbewegung der Blindwelle nötigen Antriebskräften auf dieser wirklich nur vertikale Reaktionskräfte auftreten können, ist die erwähnte Führungs-Blindwelle beweglich gelagert, indem die beiden Lagerträger an einer durchgehenden Achse schwingbar aufgehängt sind und je von einer seitlich angebrachten Feder in der Mittelstellung gehalten werden. Diese werden mit Vorspannung eingelegt, damit die Lager den nötigen Widerstand gegen den für das Drehen der Blindwelle erforderlichen Kraftaufwand haben. Sobald eine größere Horizontalkraft auf das Lager wirkt, geben die Federn nach.

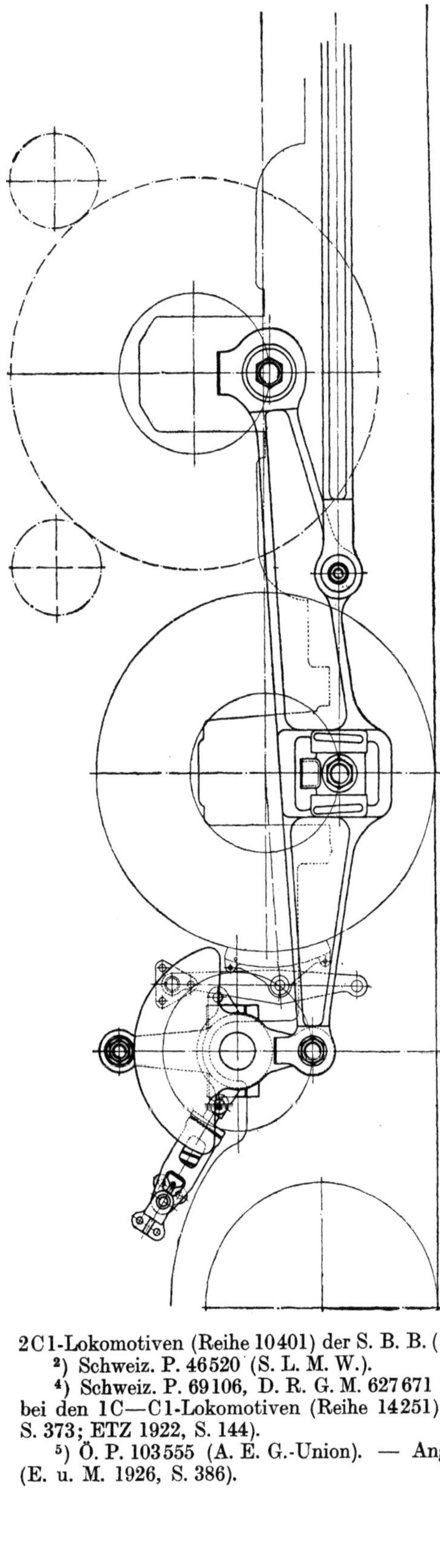

Abb. 146. Flacher Kuppelrahmen mit einseitig angeordneter beweglich gelagerter Führungsblindwelle. (Schweiz. Lokomotiv- und Maschinenfabrik Winterthur.)

Ebenso ist grundsätzlich die Verwendung beider Formen des Dreistangenantriebes (s. S. 91) in Verbindung mit Übersetzungsgetrieben möglich. Dabei braucht auch wieder nur ein Eckpunkt des Stangendreieckes den Anschluß zu einer Vorgelegewelle bilden, während der andere wieder mit einer Führungswelle verbunden wird[5]).

Doch werden auch für mäßige Überhöhungen immer häufiger lange hier bereits sehr **flach** liegende Schrägstangen zur Übertragung von der Blindwellenkurbel nach den Triebachsen

[1]) Der flache Kuppelrahmen in Verbindung mit Übersetzungsgetrieben ist z. B. noch angewendet worden bei der 1C1-Lokomotive Nr. 11201 der S. B. B. (Schweiz. Bauz. 1919, I, S. 110; Period. Mitt. der M.F.O. Nr. 97; ETZ 1922, S. 117), bei den 1D1-Lokomotiven (Gruppe E 470 und E 472) und den E-Lokomotiven (Gruppe E 570) der FF. SS (BBC-Mitt, 1923. S. 34 bzw. R. T. F. I. 1926, II, S. 41) und bei den 2C1-Lokomotiven (Reihe 10401) der S. B. B. (Schweiz. Bauz. 1925, I, S. 277ff.).

[2]) Schweiz. P. 46520 (S. L. M. W.).

[3]) E. K. B. 1913, S. 351.

[4]) Schweiz. P. 69106, D. R. G. M. 627671 (O. Kjelsberg); siehe auch Schweiz. P. 69878. — Angewendet bei den 1C—C1-Lokomotiven (Reihe 14251) der S. B. B. (Schweiz. Bauz. 1920, I, S. 229; E. u. M. 1920, S. 373; ETZ 1922, S. 144).

[5]) Ö. P. 103555 (A. E. G.-Union). — Angewendet bei den E-Lokomotiven (Reihe 1280) der Ö. B. B. (E. u. M. 1926, S. 386).

verwendet[1]). Abb. 147 zeigt schematisch diese Antriebsform[2]). Dabei ist die Schrägstange am Ende der Kuppelstange etwas über deren wagerechtem Mittel angelenkt. Die Bauart nach Abb. 147 bedingt die Anordnung der Motoren nahe an den Lokomotivenden, was aus Gründen der Lauffähigkeit nicht sehr vorteilhaft, aus Dispositionsgründen aber oft kaum zu vermeiden ist. Man hat daher, wenn möglich[3]), die Drehgestelle in die Lokomotive umgekehrt eingebaut, so daß die Motoren mehr gegen die Lokomotivmitte zu liegen kommen.

Aus dem schematischen Bild dieser Antriebsform gemäß Abb. 148, in dem A und B die Zapfen an den Triebachsen, C den Zapfen an der Vorgelegewelle und D den Anlenkungspunkt für die schräge Triebstange Z bedeuten, ist ersichtlich, daß senkrechte Bewegungen der Punkte A, B und C, hervorgerufen durch Springen der Räder bei Geleiseunebenheiten bzw. durch Schwingungen des Rahmens auf den Achsfedern, Längenänderungen in der Triebstange Z verursachen, die sich in zusätzliche Zug- und Druckkräfte umsetzen. Im folgenden sollen nun diese Längenänderungen allgemein berechnet und untersucht werden, welchen Einfluß die bei festliegenden Radständen und gegebener Überhöhung H innerhalb von Grenzen noch variierbaren Maße h und x auf die Größe dieser Längenänderungen haben.

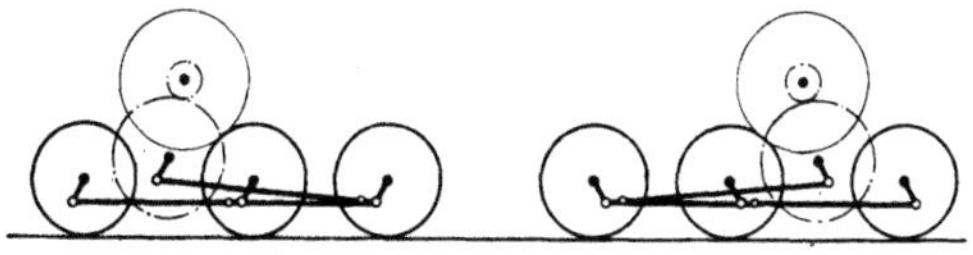

Abb. 147. Triebwerksanordnung mit Vorgelegen und flachen Schrägstangen.
(C—C-Lokomotive Nr. 121 der B. L. S.)

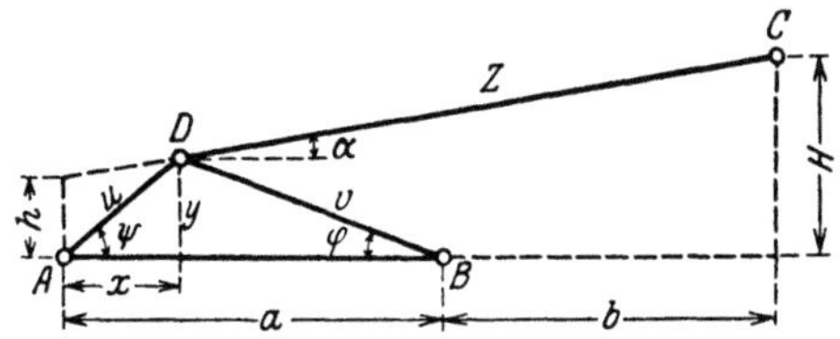

Abb. 148.

Sind λ_A, λ_B, und λ_C die Längenänderungen der Triebstange Z, wenn A, B oder C je für sich betrachtet, um den Betrag e steigt oder fällt, dann ist[4]), da $\left.\begin{matrix} u \\ v \end{matrix}\right\} \gg e$:

$$\left.\begin{aligned} \lambda_A &= e\,\frac{v}{a}\sin(\varphi+\alpha), \\ \lambda_B &= e\,\frac{u}{a}\sin(\psi-\alpha), \\ \lambda_C &= e\sin\alpha\,. \end{aligned}\right\} \tag{149}$$

Dabei ist

$$\operatorname{ctg}\alpha = \frac{a+b}{H-h}, \tag{150}$$

$$y = h + (H-h)\frac{x}{a+b}, \tag{151}$$

$$\operatorname{tg}\varphi = \frac{y}{a-x}, \tag{152}$$

$$\operatorname{tg}\psi = \frac{y}{x}, \tag{153}$$

$$u = \frac{x}{\cos\psi}, \tag{154}$$

$$v = \frac{a-x}{\cos\varphi}. \tag{155}$$

Nun ist unter Benützung von (150)

$$\lambda_C = e\sqrt{\frac{1}{1+\left(\frac{a+b}{H-h}\right)^2}} \tag{156}$$

oder da im Nenner die Einheit gegen das zweite Glied vernachlässigt werden kann

$$\lambda_C = e\,\frac{H-h}{a+b}. \tag{157}$$

[1]) Bei den 1C1-Lokomotiven (Reihe 1029 und 1029.500) der Ö. B. B. (E. u. M. 1924, S. 541) wird dieser Antrieb auch bei nicht überhöhter Blindwellenlagerung angewendet.

[2]) Angewendet bei der C—C-Lokomotive (Nr. 121) der B. L. S. (Schweiz. Bauz. 1911, I, S. 89), den C—C-Lokomotiven (Reihe 401) der Rh. B. (BBC-Mitt. 1922, S. 106), den 1B—B1- und C—C-Güterzuglokomotiven (Reihe E 7701 und E 7501) bzw. E 9101 der D. R. G. (El. Bahnen 1925, S. 414 bzw. Elektro-Journ. 1924, S. 257; El. Bahnen 1925, S. 311), den Verschublokomotiven Achsfolge 1C (Reihe 16301) der S. B. B. (BBC-Mitt. 1925, S. 223), den 1B—B1-Lokomotiven (Reihe 100) der Virginian Ry (E. u. M. 1923, S. 534), den 1C—C1-Lokomotiven (Reihe 2033) der Norwegischen Staatsbahnen (BBC-Mitt. 1924, S. 230), den 1C—C1-Lokomotiven (Reihe 14301) der S. B. B. (siehe S. 433 und Tafel XII), den C—C-Lokomotiven (Reihe 15301) der S. B. B. (BBC-Mitt. 1927, S. 78), den D-Verschublokomotiven (Reihe 1070 und 1070.100) der Ö. B. B. (E. u. M. 1926, S. 371), den C-Verschublokomotiven der Schwedischen Staatsbahnen und den C—C-Lokomotiven $\left(\text{Reihe } 4500\,\frac{\text{EF}}{1}\right)$ der Great Indian Peninsula Ry (Metropolitan Vickers Gaz. 1926, S. 338).

[3]) 1C—C1-Lokomotive Nr. 14201 der S. B. B. (ETZ 1922, S. 120), C-Verschublokomotiven (Reihe 16311) der S. B. B. (BBC-Mitt. 1927, S. 25) und 1C-Verschublokomotiven (Reihe E 6001) der D. R. G.

[4]) Kleinow: Organ Fortschr. Eisenbahnwes. 1923, S. 74.

In Abhängigkeit von h kann λ_C analytisch als Gerade dargestellt werden, die auf der Ordinatenachse ($h = 0$) den Wert $\lambda_C = e\frac{H}{a+b}$ ausschneidet und für $h = H$ durch Null geht (Abb. 149).

Ferner ist auch unter Benützung der Beziehungen (153) und (154)

$$\lambda_B = \frac{ex}{a}\left[\frac{\sin\psi\cos\alpha - \cos\psi\sin\alpha}{\cos\psi}\right]$$

$$= e\frac{h}{a}\cos\alpha + e\frac{x}{a}\frac{H-h}{a+b}\cos\alpha - e\frac{x}{a}\sin\alpha$$

oder, da mit großer Annäherung

$$\sin a = \sim \operatorname{tg}\alpha = \frac{H-h}{a+b}$$

und $\cos\alpha = \sim 1$

$$\lambda_B = e\frac{h}{a}. \tag{158}$$

In Abhängigkeit von h ist λ_B gleichfalls eine Gerade, die durch den Ursprung geht und für $h = H$ den Ordinatenwert $e\frac{H}{a}$ ergibt.

Schließlich ist analog

$${}_A = e\frac{a-x}{a}\left[\frac{\sin\varphi\cos\alpha + \cos\varphi\sin\alpha}{\cos\varphi}\right]$$

$$= e\frac{a-x}{a}\left[\frac{h + \frac{H-h}{a+b}x}{a-x}\cos\alpha + \sin\alpha\right]$$

oder mit der gleichen Annäherung wie früher

$$\lambda_A = e\left[\frac{h}{a} + \frac{H-h}{a+b}\right] = \lambda_B + \lambda_C. \tag{159}$$

In Abhängigkeit von h ist λ_A wieder eine Gerade und die „Summenkurve" von λ_B und λ_C $\left(\text{siehe Abb. 149, in der } OK = e\frac{H}{a+b},\ OQ = H \text{ und } QP = e\frac{H}{a}\right)$.

Die Gleichungen (157), (158) und (159) haben das bemerkenswerte Ergebnis geliefert, daß die Längenänderungen der Stange Z bei Vertikalbewegungen der Punkte A, B und C von der wagrechten Entfernung des Anlenkungspunktes D von A (Maß x) unabhängig sind. Für $h = 0$ ergeben sich die absolut kleinsten Werte für die Längenänderungen der Triebstange Z. Dort ist $\lambda_B = 0$ und $\lambda_A = \lambda_C = e\frac{H}{a+b}$. Allgemein werden die Längenänderungen um so größer je größer H im Verhältnis zu $a + b$ ist. Da ferner die Vertikalbewegungen des Punktes C unter dem Einfluß der Rahmenschwingungen jedenfalls in bedeutend — schätzungsweise vielleicht 50% — stärkerem Maße auftreten werden als die Bewegungen der Punkte A und B unter Einfluß des Springens der Räder, wird für C im allgemeinen mit größeren Werten von e gerechnet werden müssen, als für A und B, d. h. die absolut kleinsten Werte für die Längenänderungen der Triebstange Z ergeben sich für $h \neq 0$. Diese haben wieder die kleinsten Zug- und Druckspannungen zur Folge, wenn die Länge der Stange Z bei gegebenem Radstand ein Maximum ist, d. h. wenn die Stange Z unmittelbar an A angelenkt wird. Dies ist jedoch nur bei Ausführung des Getriebes in zwei Ebenen möglich, was zu langen Zapfenabmessungen führt.

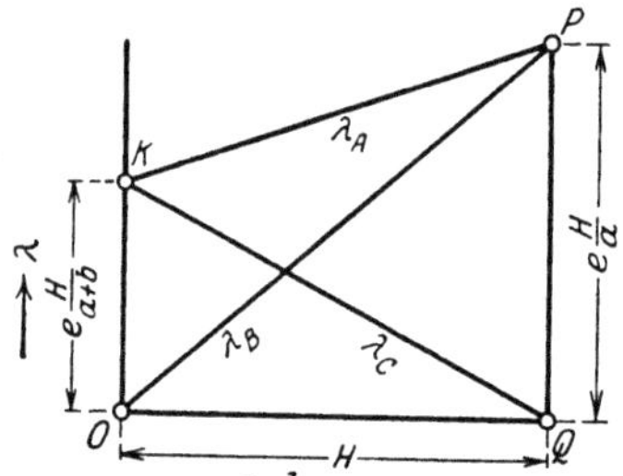

Abb. 149.

Abb. 150 zeigt die Ausbildung des Triebwerks in der Ausführung für die unter Fußnote[2]) auf S. 121 erwähnten 1B—B1-Lokomotiven (Reihe E 7701) der D. R. G. Das Triebzapfenlager ist zweiteilig ausgeführt und erhält Keilnachstellung. Die beiden Kuppelzapfenlager sind einteilig. Das Lager B besteht in einer einfachen, in den Stangenkopf eingepreßten Buchse, während das Lager A in wagrechter Richtung durch Doppelkeil verstellbar ist. Mit den in der Abb. 150 eingetragenen Abmessungen ergeben sich für $e = 10$ mm für λ_A, λ_B und λ_C der Reihe nach die Werte 0,96, 0,354 und 0,606 mm, die im allgemeinen durch die elastische Verformung aufgenommen werden können, so lange die durch die Fahrgeschwindigkeit gegebene Zahl der Schwingungsimpulse klein ist. Man wird deshalb diesen Antrieb vorteilhafterweise nicht bei Lokomotiven für hohe Fahrgeschwindigkeit, d. h. vornehmlich bei Güterzugslokomotiven mit bis zu 65 km/h Höchstgeschwindigkeit anwenden[1]).

Gelegentlich kann es sich immerhin empfehlen, bei diesem Antrieb durch besondere Anordnungen den Einfluß der Rahmenfederung und des Springens der Räder auf die Triebstange unschädlich zu machen. Es ist z. B. vorgeschlagen worden, die schräge Triebstange nicht direkt zur Triebachse, sondern zunächst zu einer Blindwelle zu führen und dort am Kurbelzapfen aufzuhängen. Mittels einer an der schrägen Triebstange angelenkten horizontalen Kuppelstange geschieht dann die Übertragung der Antriebskraft weiter in gewohnter Weise auf die Triebräder, nur muß der Kurbelzapfen der der Hilfsachse benachbarten Triebachse im Gleitstein einer in der Vertikalen spielenden Kulisse gelagert werden, um von der Blindwelle Beanspruchungen durch Vertikalkräfte als Folge der Federspiels fernzuhalten[2]).

[1]) Siehe auch Dr. K. Vossius, El. Bahnen 1927, S. 287.

[2]) Schweiz. P. 69877 (M. F. O.). — Siehe auch D. R. P. 313340, Schweiz. P. 80041, D. R. G. M. 707147 (M. F. O.).

Es ist auch vorgeschlagen worden, Schrägstangen und Kuppelrahmen vereinigt anzuwenden. Der Vorteil eines solchen Antriebes[1]) besteht darin, daß die Kulisse als empfindlicher und sorgfältige Wartung erfordender Bestandteil des Kuppelrahmens entfällt, d. h. entfallen kann, da an dessen Tiefpunkt die lange, die Verbindung zum Kuppelgestänge vermittelnde Schrägstange mittels Kurbelzapfen angreift.

Kehrt man den flachen Kuppelrahmen um, indem man dessen beide Eckpunkte an die Kurbelzapfen zweier benachbarter Triebräder anschließt und im Kulissengleitklotz den Kurbelzapfen einer im Rahmen festgelagerten Blindwelle als Achse des großen Zahnrades angreifen läßt, so erhält man den Antrieb mittels Schlitzkuppelstange, die zu den ältesten in Verbindung mit Übersetzungsgetrieben zur Überwindung mäßiger Überhöhungen angewendeten Übertragungen gehört (Abb. 151[2]). Abb. 152 zeigt den Antrieb schematisch. Wie ohne weiteres zu

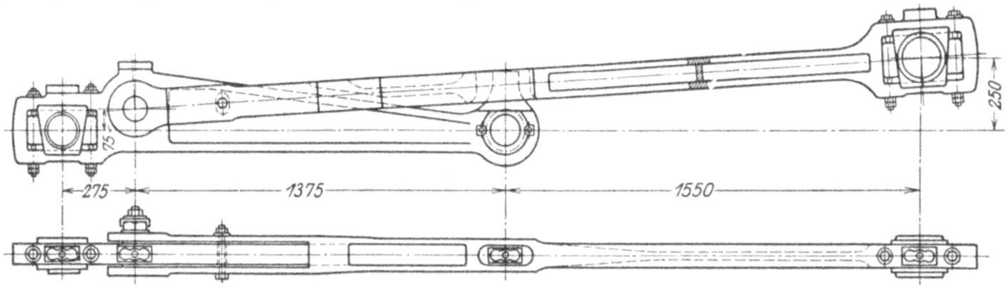

Abb. 150. Triebwerksgestänge der 1B—B1-Lokomotive (Reihe E 7701) der D. R. G.
(I. A. Maffei, München.)

erkennen ist, ist der Ausgleich des Federspiels hier ein unvollkommener[3]). Wenn beispielsweise die Triebachse l nach aufwärts um den Betrag f schwingt, so tritt, von der unschädlichen Längenänderung zwischen AB abgesehen, eine Horizontalverschiebung des Punktes C um den Betrag y nach rechts ein, wodurch erhebliche Klemmungen im Getriebe auftreten. Die Horizontalverschiebung y des Punktes C ergibt sich näherungsweise an Hand der Abb. 153 wie folgt. Da h klein ist gegen l, ist

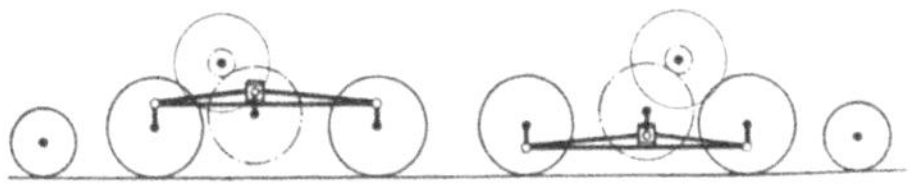

Abb. 151. Triebwerksanordnung mit Vorgelege und Schlitzkuppelstange.
(1B—B1-Lokomotive Reihe 301 der Bernischen Dekretsbahnen.)

$$i = \frac{h^2}{2c},$$

$$\overline{CE} = f\,\frac{c}{l},$$

$$g = \overline{CE}\,\frac{b}{c} = f\,\frac{b}{l},$$

$$i + y = \frac{(g+h)^2}{2c},$$

$$y = \frac{fb}{2lc}\left(\frac{fb}{l} + 2h\right). \qquad (160)$$

Zumeist ist der Motor symmetrisch zu den beiden Triebachsen angeordnet, d. h. es ist

$$a = b = \frac{l}{2} = \sim c$$

und damit

$$y = \frac{f^2}{2l} + \frac{hf}{l} \qquad (161)$$

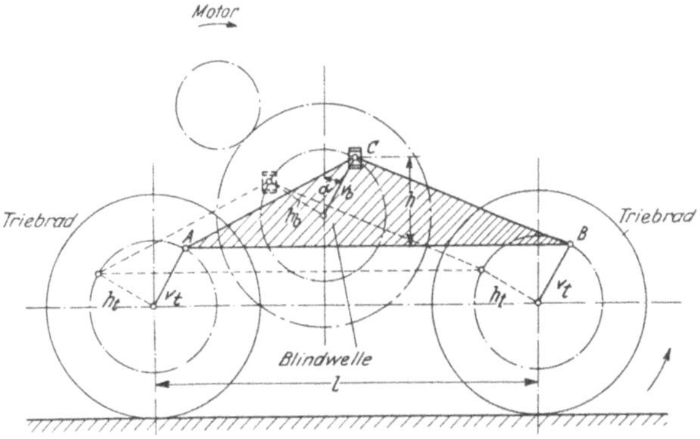

Abb. 152. Schematisches Bild des Antriebes mittels Vorgelege und Schlitzkuppelstange.

[1]) D. R. P. 412472 (Dr. A. Wichert).

[2]) Angewendet bei den B—B-Lokomotiven der Versuchsstrecke Seebach-Wettingen (E. u. M. 1919, S. 247), den B—B-Lokomotiven der B. T. B. (BBC-Mitt. 1919, S. 93; E. u. M. 1919, S. 246), den B—B-Lokomotiven der Reihe E 7021 (E. u. M. 1921, S. 576) und der Reihe E 7111 (A. E. G.-Mitt. 1918, S. 1 und 1920 S. 25) der D. R. G., der 1B—B1-Lokomotive Nr. 12301 der S. B. B. (ETZ 1922, S. 120), den 1B—B1-Lokomotiven (Reihe 301 und 308) der Bernischen Dekretsbahnen (BBC-Mitt. 1920, S. 172; E. u. M. 1920, 504), den 1B—B1-Lokomotiven (Reihe 2023) der Norwegischen Staatsbahnen (BBC-Mitt. 1921, S. 92) und den B—B-Lokomotiven (Reihe 40) der Schwedischen Staatsbahnen (E. u. M. 1921, S. 477). — Die Schlitzkuppelstange ist erstmalig angegeben worden von Ch. Brown und zwar zur Verbindung dreier Triebachsen und wurde bereits im Jahre 1883 von der Schweiz. Lokomotiv- und Maschinenfabrik Winterthur bei einer Zahnradlokomotive ausgeführt. In der Originalform für drei Kuppelachsen ist sie verwendet worden bei den Lokomotiven Nr. 1 bis 11 Achsfolge C—C der Bahn St. Pölten—Mariazell (E. K. B. 1910, S. 294; 1912, S. 297). Siehe auch Fußnote[1]) auf S. 124. — Über die Festigkeitsberechnung der Schlitzkuppelstange siehe ETZ 1924, S. 1432.

[3]) Siehe auch A. Caminati: l'Elettrotecnica 1922, S. 223.

oder da der erste Summand gegen den zweiten vernachlässigt werden kann, ist

$$y = \sim \frac{hf}{l}, \tag{162}$$

d. h. bei einem Verhältnis $\frac{h}{l} = \frac{1}{10}$ entspricht einer Durchfederung von 2,5 cm eine seitliche Abweichung von 2,5 mm, die vom Triebwerk bzw. von den Lagerspielräumen nicht ohne weiteres aufgenommen werden können. Jede Bewegung einer Radachse überträgt sich daher stoßartig auf das Triebwerk. Die Folge ist harter Gang und starker Lagerverschleiß. Im allgemeinen wird es sich empfehlen, der Antrieb nur bei hartgefederten Maschinen für mäßige Geschwindigkeit anzuwenden und Überhöhungen größer als $^1/_{15}$ zu vermeiden[1]).

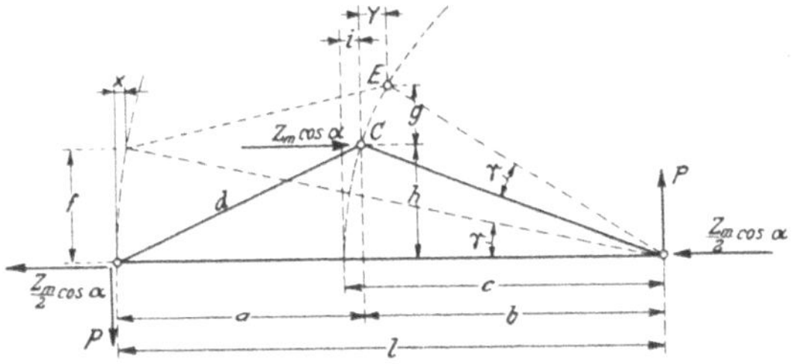

Abb. 153.

In Abb. 153 sind auch noch die an der Schlitzstange wirkenden Kräfte eingetragen. Am Kulissenzapfen greift die Kraft $Z_m \cos\alpha$ an, die infolge Ausbildung des Lagers mit vertikaler Spielrichtung wagerecht gerichtet sein muß. Dementsprechend greifen an den beiden unteren Lagern je zwei Kräfte $\frac{Z_m}{2} \cos\alpha$ gleich-

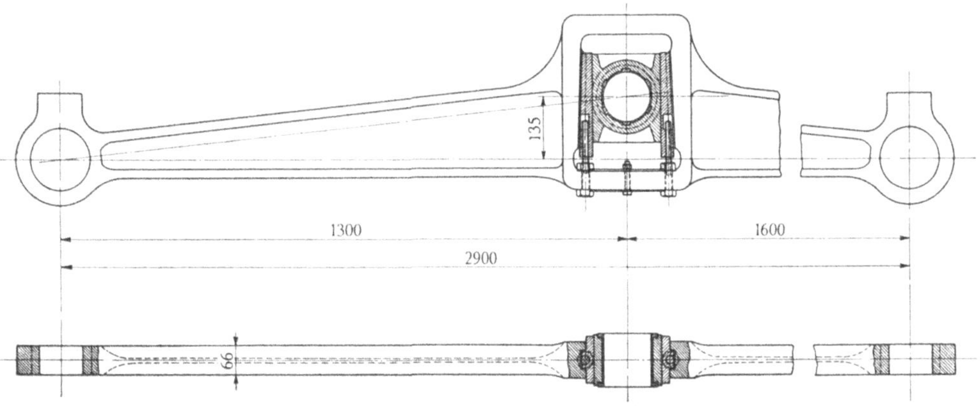

Abb. 154. Schlitzkuppelstange der 1B—B1-Lokomotive (Reihe 301) der Bernischen Dekretsbahnen. (Schweiz. Lokomotiv- und Maschinenfabrik Winterthur.)

falls in wagerechter Richtung an. Durch das entstehende Kräftepaar werden ferner zwei senkrechte Reaktionen P erzeugt, deren Größe sich aus der Momentengleichung ergibt:

$$Pl = Z_m \cos\alpha \frac{h}{l}.$$

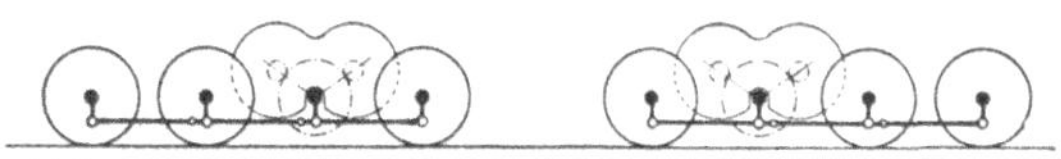

Abb. 155. Triebwerksanordnung mit Zahnradübersetzung und durchgehendem Horizontalkuppelgestänge (Blindwelle zwischen den Triebachsen). (C + C-Güterzuglokomotive Reihe E 9051 der D. R. G.)

Die Drücke R an den beiden Zapfen der Triebräder setzen sich je rechtwinklig zusammen aus P und $\frac{Z_m}{2} \cos\alpha$.

Es ist

$$R = \frac{Z_m}{2} \cos\alpha \sqrt{1 + \frac{4h^2}{l^2}} \tag{163}$$

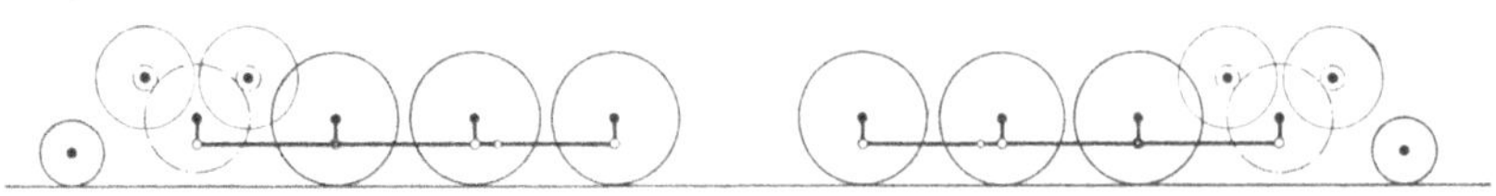

Abb. 156. Triebwerksanordnung mit Zahnradübersetzung und durchgehendem Horizontal-Kuppelgestänge (Blindwelle außerhalb der Triebachsen). (1C—C1-Güterzuglokomotive Nr. 3931 der Pennsylvania-Ry.)

[1]) Bei drei gekuppelten Rädern kann man die Verhältnisse nach dem Vorschlag von Hauff dadurch verbessern, daß man die Kuppelstange an die Kurbelzapfen der beiden äußeren Räder anlenkt und den Kurbelzapfen der mittleren Triebachse im Gleitklotz einer in der Kuppelstange angeordneten besonderen, also zusätzlichen Kulisse lagert (Reihe 12 der C—C-Lokomotiven der Bahn St. Pölten—Mariazell). — Ein Ausführungsbeispiel mit vier gekuppelten Achsen stellt die D-Lokomotive der Schwed. Staatsbahnen dar (E. u. M. 1923, S. 241 und Engg. 1926, I, S. 38).

und

$$R_{\max} = \frac{Z_m}{2}\sqrt{1+\frac{4h^2}{l^2}}\,. \qquad (164)$$

Der Zapfendruck R wechselt periodisch seine Größe, seine Richtung ist konstant und fällt in die Richtung der schiefen Kanten der Kuppelstange, denn

$$\operatorname{tg}\delta = \frac{2P}{Z_m \cos\alpha} = \frac{2h}{l}\,. \qquad (165)$$

Die nach oben bzw. unten gerichteten Kraftkomponenten an den Kurbelzapfen der Triebachsen bewirken eine periodische Be- und Entlastung derselben bzw. der Achsbüchsenfederung, wodurch Schwingungen des Lokomotivrahmens entstehen, die bei geeigneten Drehzahlen mit der Eigenschwingungszahl der Lokomotive in Resonanz geraten und störende Bewegungen des Fahrzeuges erzeugen können.

Abb. 154 zeigt die Schlitzkuppelstange der 1B—B1-Lokomotive der Bernischen Dekretsbahnen mit unsymmetrischer Anordnung der Kulisse für den Zapfen der Blindwellenkurbel. Sonst bietet dieses Kupplungsorgan gegenüber dem flachen Kuppelrahmen (Abb. 97) in konstruktiver Hinsicht nichts Bemerkenswertes.

Bei Lagerung der B l i n d w e l l e o h n e Ü b e r h ö h u n g werden die Kurbeln der Triebachse mit der der Blindwelle durch ein d u r c h g e h e n d e s H o r i z o n t a l - K u p p e l g e s t ä n g e verbunden, das jeweils bei der Blindwellenkurbel dann an den mit Seitenspiel versehenen Radsätzen in bekannter Weise gelenkig unterbrochen ist. Dabei kann die Blindwelle, d. h. das große Zahnrad je nach der Lage der Motoren gegen die Mitte der Lokomotiven zu oder gegen deren Ende innerhalb (Abb. 155) oder außerhalb (Abb. 156) des Triebradstandes angeordnet sein.

Die letztere, in Amerika bevorzugtere Form (Abb. 156), ist auch wegen der nur einmaligen Kupplung mit der Blindwelle kinematisch einwandfreier, dagegen wegen der starken Belastung der Lokomotivenden für die Lauffähigkeit des Fahrzeuges weniger vorteilhaft[1]). Auch geringe Überhöhungen der Blindwellenlagerung sind mit durchgehendem Gestänge ohne Zwischen-

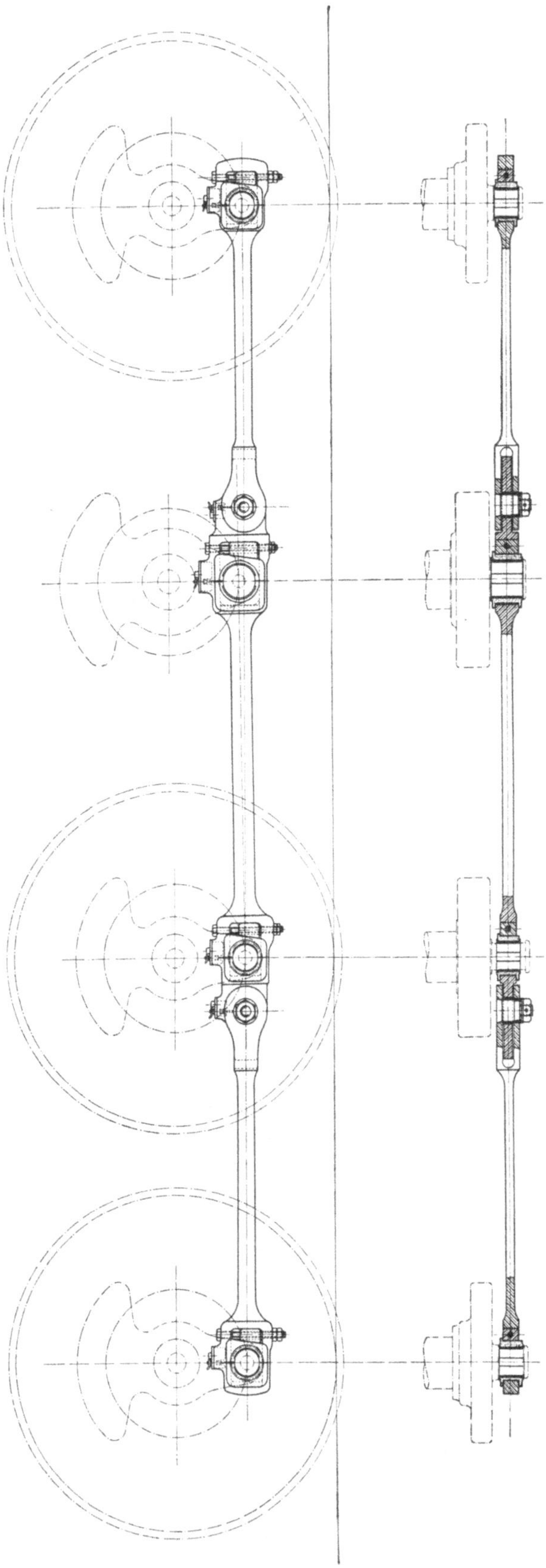

Abb. 157. Kuppelgestänge der C + C Güterzuglokomotive (Reihe E 9051) der D.R.G.

[1]) 1C—C1-Lokomotive Nr. 3931 und 1B—B1-Lokomotiven (Reihe 3928 und 7801) der Pennsylvania Bahn (E. u. M. 1918, S. 122 und E. R. J. 1924, I, S. 133).

schaltung einer Kulisse noch zu beherrschen und auch ausgeführt worden[1]). Immerhin ergeben sich bei vergleichsweise kurzen Stangen durch Kniehebelwirkung unter dem Einfluß der Rahmenschwingungen im Federspiel zusätzliche Beanspruchungen der Stangen selbst, sowie vor allem der Kurbelzapfen der der Blindwelle zunächst liegenden Triebräder, die sich dadurch vermeiden lassen könnten, daß der Gelenkzapfen für die Anlenkung der beiden Stangen zunächst des Blindwellenkurbelzapfens in die Verbindungslinie der beiden Triebräderkurbelzapfen gelegt wird[2]). Am besten ist es natürlich, Überhöhungen der Blindwellenlagerung wenn irgend möglich, ganz zu vermeiden. Abb. 157 zeigt die Ausbildung des horizontalen Kuppelgestänges bei der C+C-Lokomotive (Reihe E 9051) der D.R.G. mit der Antriebsanordnung nach Abb. 155[3]).

c) Triebwerke mit mehrfacher Übersetzung.

Mehrfache Übersetzungsgetriebe wurden bei Vollbahnlokomotiven im Gegensatz zu den Zahnradlokomotiven der Bergbahnen bis jetzt vergleichsweise selten angewendet, weil man ganz allgemein die Verwendung von Maschinenteilen, die der Wartung und Schmierung bedürfen und der Abnutzung unterworfen sind, grundsätzlich auf das notwendige Minimum zu beschränken sucht und ein unbedingtes Bedürfmis zur Verwendung mehrfacher Zahnradübersetzungen nicht vorlag. In den Entwicklungsjahren der Vorkriegszeit sind offenbar unter dem Eindruck der Schwierigkeiten mit den direkten Stangenantrieben Vorschläge aufgetaucht, den hochliegenden, für die ganze oder allenfalls halbe Lokomotivleistung bemessenen Lokomotivmotor als Schnelläufer auszubilden und die Entfernung von dessen Welle bis zur Blindwelle durch ein Vorgelege mit zwischengeschaltetem Transportrad (Blindrad) zu überbrücken[4]). Zur praktischen Ausführung ist es jedoch nicht gekommen, weil einerseits die Zahnradtechnik damals kaum imstande war, Übersetzungsgetriebe für die in Frage kommenden Leistungen herzustellen und weil sich die Entwicklung in Richtung der Unterteilung der Lokomotivleistung auf mehrere Motoren und Tieferlegung derselben (halbhohe Lagerung) unter Verwendung einfacher Zahnradübersetzungen zu vollziehen begann.

Heute jedoch können in manchen Fällen, namentlich in Verbindung mit den auf S. 106ff. behandelten Gelenkkupplungen Triebwerke mit mehrfacher Zahnradübersetzung von einigem Vorteil sein. Zumindest wird ebenso wie bei den Antrieben durch Vertikalmotoren hohe Schwerpunktlage und zumeist bessere Zugänglichkeit und Ausbaumöglichkeit der Motoren erreicht.

Zunächst kann mittels Blindradgetrieben die Aufgabe gelöst werden, zwei Radachsen unter Vermeidung von Stangen von einem Motor aus anzutreiben, und zwar in der Art, daß die Motorwelle beidseitig mit Zahnkolben versehen ist, von denen jeder nach verschiedenen Richtungen über ein Transportrad eine Triebachse antreibt. Dabei wird entweder jede der Triebachsen an das zugehörige Zahnrad über eine allseitig bewegliche Kupplung angeschlossen, oder aber die Zahnräder sind fest mit den Triebrädern und die Motoranker mit den Ritzeln allseitig beweglich verbunden. Diese Anordnung beansprucht jedoch ziemlich viel Platz und Gewicht, außerdem treten die Ritzelzahndrücke in verschiedenen Richtungen auf und verursachen einseitige Abnutzungen der Motorlager.

Vorteilhafter ist daher die Anordnung mit einseitigem Antrieb[5]) gemäß Abb. 158. Dabei arbeitet der Zahnkolben *3* des auf dem Lokomotivrahmen *7* festgelagerten Motors *1* mittels der Transporträder *4*, *4'* auf die beiden Zahnräder *5*, *5'*. Die gelenkige Verbindung der letzteren mit den Triebrädern, die wegen der festen Lagerung des Transportrades im Lokomotivrahmen Bedingung ist, erfolgt beispielsweise unter Verwendung gelenkiger Kupplungen nach Abb. 123 (s. S. 106).

Der Lagerbock *8* der Übertragungsräder *4*, *4'* ist mit dem Rahmen *7*, sowie mit dem Gehäuse

---

[1]) Z. B. 1B—B1 Lokomotive Nr. 12302 der S. B. B. (BBC-Mitt. 1919, S. 79), 1C—C1 Lokomotiven (Reihe 1100 und 1100.100) der Ö. B. B. (E. u. M. 1923, S. 361), 1B—B1-Lokomotiven (Reihe 2500) der Norfolk & Western Bahn (E. R. J. 1915, I, S. 1058).

[2]) Ö. P. 103554 (A. E. G.-Union).

[3]) Die gleiche Antriebsform findet sich noch bei den 2B—B1-Lokomotiven (Reihe E 4901), bei den B—B Lokomotiven der Reihe E 4213 (El. Bahnen 1925, S. 173) und den B—B—B-Lokomotiven der Reihe E 9138 (E.K.B. 1919, S. 153) der D.R.G.; ferner bei den Lokomotiven Achsfolge 1C—C1, 2B—B2 und 1C1 der Schwedischen Staatsbahnen (E. u. M. 1923, S. 241; 1926, S. 796), Achsfolge B—B (Reihe 2001) der Norwegischen Staatsbahnen; bei den B—B-Lokomotiven (Reihe E 424) der Tschechoslowakischen Staatsbahnen), den 1B—B1-Lokomotiven (Reihe 3101) der Niederländisch-Indischen Staatsbahnen (A. E. G.-Mitt. 1925, S. 352).

[4]) Z. B. Schweiz. P. 68273, D. R. G. M. 621432 (B. B. C.).

[5]) D. R. P. 430315 (A. E. G.); Schweiz. P. 111917, F. P. 598348 (J. Buchli); D. R. G. M. 888191 (S. S. W.).

des Motors *1* starr verbunden, wodurch alle von Zahndrücken herrührenden Kräfte im Bock sicher aufgenommen werden.

Bei Drehung des Ritzels *3* im Uhrzeigersinne ergibt sich bei Aktion zwischen dem Ritzel *3* und dem Transportrad *4* eine nach oben gerichtete Kraft *P*, zwischen dem Ritzel *3* und dem Transportrad 4′ eine nach unten gerichtete Kraft *P′*. *P* und *P′* sind gleich und bilden ein Kräftepaar. Werden die beiden Kräfte theoretisch an die Motorwelle verlegt, so heben sie sich auf, geben also keine zusätzlichen Lagerdrücke auf die Motorwellenlager.

Ist der Motor als Zwillingsmotor ausgebildet, dann arbeiten die beiden Motorritzel auf ein gemeinsames Transportrad, das wieder rechts und links[1]) mit den Zahnrädern der Triebräder oder bei Antrieb einer einzigen Achse mit dem Zahnrad der zugehörigen Triebachse in Eingriff steht.

Der Antrieb könnte auch so ausgebildet werden, daß die Lagerung der Motorwelle und des Zahnradvorgeleges nicht im Lokomotivrahmen, sondern im Lagerschild des Motors selbst erfolgt, das diesem Zweck entsprechend ausgebildet ist und in einer nach unten ragenden Verlängerung die Lager für die Vorgelegeräder enthält[2]).

Bei dem in Abb. 159 dargestellten Antrieb[3]) arbeiten je Triebachse zwei auf dem Fußboden der Lokomotive stehende Motoren von beiden Seiten her mit ihren Ritzeln über das gemeinsame Transportrad auf eine die Triebachse konzentrisch umschließende Hohlwelle, die mit ersterer je durch zwei Gelenkkupplungen elastisch verbunden ist. Transportrad und Ritzel sitzen auf besonderen kurzen Wellenstücken, die ebenso wie die Hohlwelle in einem gemeinsamen starren Getriebegehäuse gelagert sind. Letzteres ist allerdings ein in der Herstellung und Bearbeitung schwieriges Gußstück, das auch nur bei völlig neuen Lagerschalen genauen Zahneingriff sichert. Für die Lagerung der Ritzel sind Präzisions-Rollenlager vorgesehen, deren Außenringe drehbare Exzenterringe sind. Die Schmierung derselben sowie des ganzen Rädervorgeleges erfolgt durch starres Fett. Nur für die Welle des Transportrades und das sich beiderseits auf die Hohlwelle stützende Getriebegehäuse sind Gleitlager vorgesehen, die durch einen Bosch-Öler geschmiert werden.

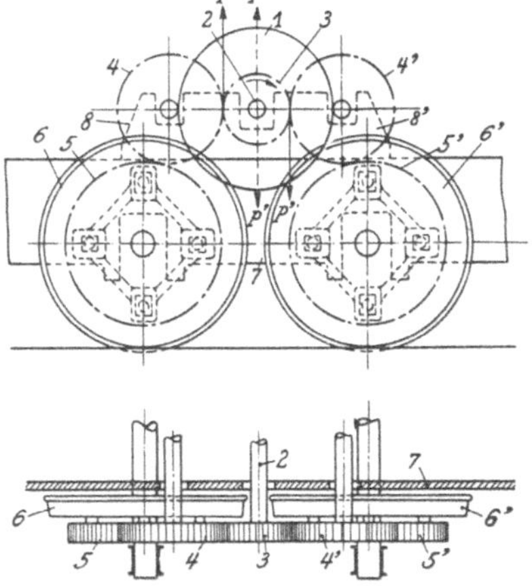

Abb. 158. **Antrieb zweier Triebachsen von einem Motor aus mittels zweier Blindräder und gelenkiger Kupplungen** (J. Buchli).

Der Antrieb nach Abb. 159 ist auch in der Weise denkbar, daß die elastischen Kupplungen je zwischen die Motoren und das gemeinsame Ritzel geschaltet werden[4]). Von Vorteil ist dabei die leichte Auswechselbarkeit des letzteren, von Nachteil aber, daß nun der ganze Getriebekasten samt Ritzel, Transportrad und großem Zahnrad unmittelbar auf der ungefederten Triebachse lastet.

Die beschriebenen Antriebe ermöglichen durch die Verwendung eines einzigen Zwischenrades, des Transportrades oder Blindrades, bei großer Zentrale (Lagerung der Motoren hoch im Lokomotivkasten) vergleichsweise größere Übersetzungen unterzubringen und damit raschlaufende d. h. spezifisch leichte Motoren zu verwenden, namentlich wenn man überdies, wie bei dem zuletzt erwähnten Antrieb, die Leistung je Triebachse auf zwei Motoren aufteilt, für die sich dann auch sehr günstige Einbaubedingungen in der Lokomotive ergeben. Allerdings hat die Blindradübertragung den grundsätzlichen Nachteil, daß das Übersetzungsverhältnis immer noch begrenzt ist und daß das Blindrad selbst hinsichtlich Erwärmung und Abnützung der Zähne unter ungünstigen Verhältnissen arbeitet. Denn es steht gleichzeitig mit wenigstens zwei Zahnrädern in Eingriff und wird daher auch von der Beschaffenheit der Zahnflanken wenigstens zweier Zahnräder beeinflußt. Aus diesem Grunde ist es kaum möglich, ein Blindrad zu einem ruhigen Gang zu bringen.

Vorteilhafter ist es daher, unter Zuhilfenahme eines weitern Zahnrades eine doppelte Zahnradübersetzung, bestehend aus zwei voneinander im Eingriff unabhängigen Über-

[1]) Schweiz. P. 113106 (J. Buchli).

[2]) D. R. P. 303109, D. R. G. M. 674769, Ö. P. 76641, Schweiz. P. 75121, F. P. 486992 (J. Buchli und S. W. Brown).

[3]) D. R. G. M. 911712 (L. H. L. A. G.). — Wahlweise angewendet bei der $2D_01$ Lokomotive Nr. E 2151 der D. R. G. (El. Bahnen 1926, S. 209). — Ähnlich ist die Anordnung gemäß D. R. P. 394593 (S. S. W.).

[4]) D. R. P. 441227 (B. E. W.). — Auf Vorschlag der B. E. W. entwickelt von der L. H. L. A. G. — Angewendet bei der $2D_01$-Lokomotive Nr. E 2151 der D. R. G. (El. Bahnen 1926, S. 209).

setzungsgetrieben zu verwenden und damit günstige Eingriffsverhältnisse mit einem Minimum an Erwärmung zu schaffen.

Abb. 160 zeigt einen derartigen von J. Buchli der Schweiz. Lokomotiv- und Maschinenfabrik Winterthur angegebenen Antrieb[1]). Dabei arbeiten je Triebachse zwei in gleicher Art wie bei dem Antrieb nach Abb. 159 im Lokomotivkasten untergebrachte Motoren mit ihren Ritzeln auf zwei auf gemeinsamer Welle sitzende Zahnräder, zwischen denen konstruktiv vereinigt ein weiteres Zahnrad angeordnet ist. Letzteres steht mit dem Triebzahnrad in Eingriff, das auf einer, die Triebachse umschließenden Hohlachse sitzt. Die Verbindung zwischen dieser und der Triebachse erfolgt durch eine in das Triebzahnrad eingebaute, allseitig bewegliche Kupplung.

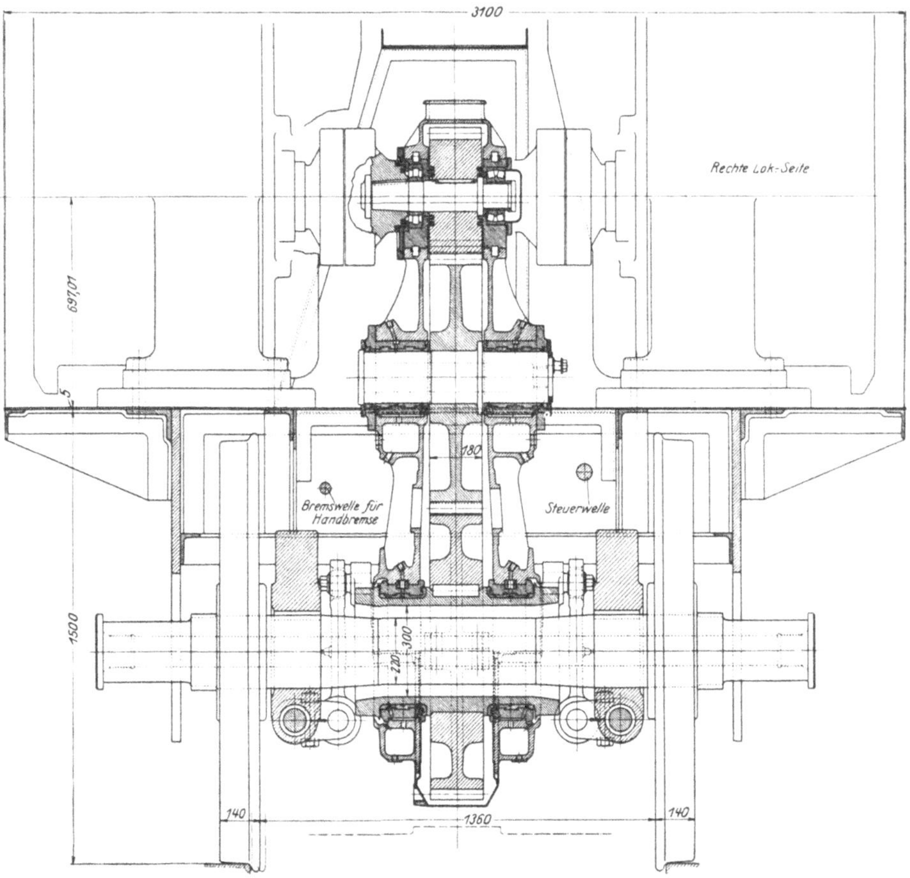

Abb. 159. Einzelachsantrieb durch zwei Motoren, Blindradtriebwerk, Hohlwelle und Gelenkkupplungen. (Linke-Hofmann-Lauchhammer A. G.)

In der ersten Zahnradübersetzung, d. h. bei den Ritzeln und den zugehörigen Gegenzahnrädern ist hier Schraubenverzahnung gewählt worden, die nach den heutigen Erfahrungen die günstigsten Verhältnisse hinsichtlich Geräusch und Abnützung zu bieten scheint. Während aber sonst bei Anwendung dieser Verzahnungsart den Motorlagern Seitenspiel gegeben werden muß, zwischen dem sich die durch die Ungenauigkeiten der Verzahnung entstehenden periodischen Schubkräfte ausgleichen, können hier die beiden Ritzel des linken und rechten Motors zur Kompensierung des normalen Schiebedruckes und zur Entlastung der Motorlager durch eine feste Kupplung verbunden und die Motorlager praktisch spiellos ausgeführt werden. Hingegen erhalten die Zwischenwellenlager Spiel, so daß sich die Seitenschübe der Schrägverzahnung durch Hin- und Herbewegung der Zwischenwelle periodisch ausgleichen können. Schläge auf die Lagerflanken als Folge dieser Hin- und Herbewegung werden durch den Zahndruck der zweiten Übersetzungsräder gedämpft, die mit Geradverzahnung ausgeführt sind.

[1]) F. P. 624839, E. P. 273507 (J. Buchli). — Angewendet bei der $2C_0 1$-Lokomotive Nr. $4000\frac{EA}{1}$ der Great Indian Peninsula Ry (Schweiz. Bauzg. 1927 II, S. 294).

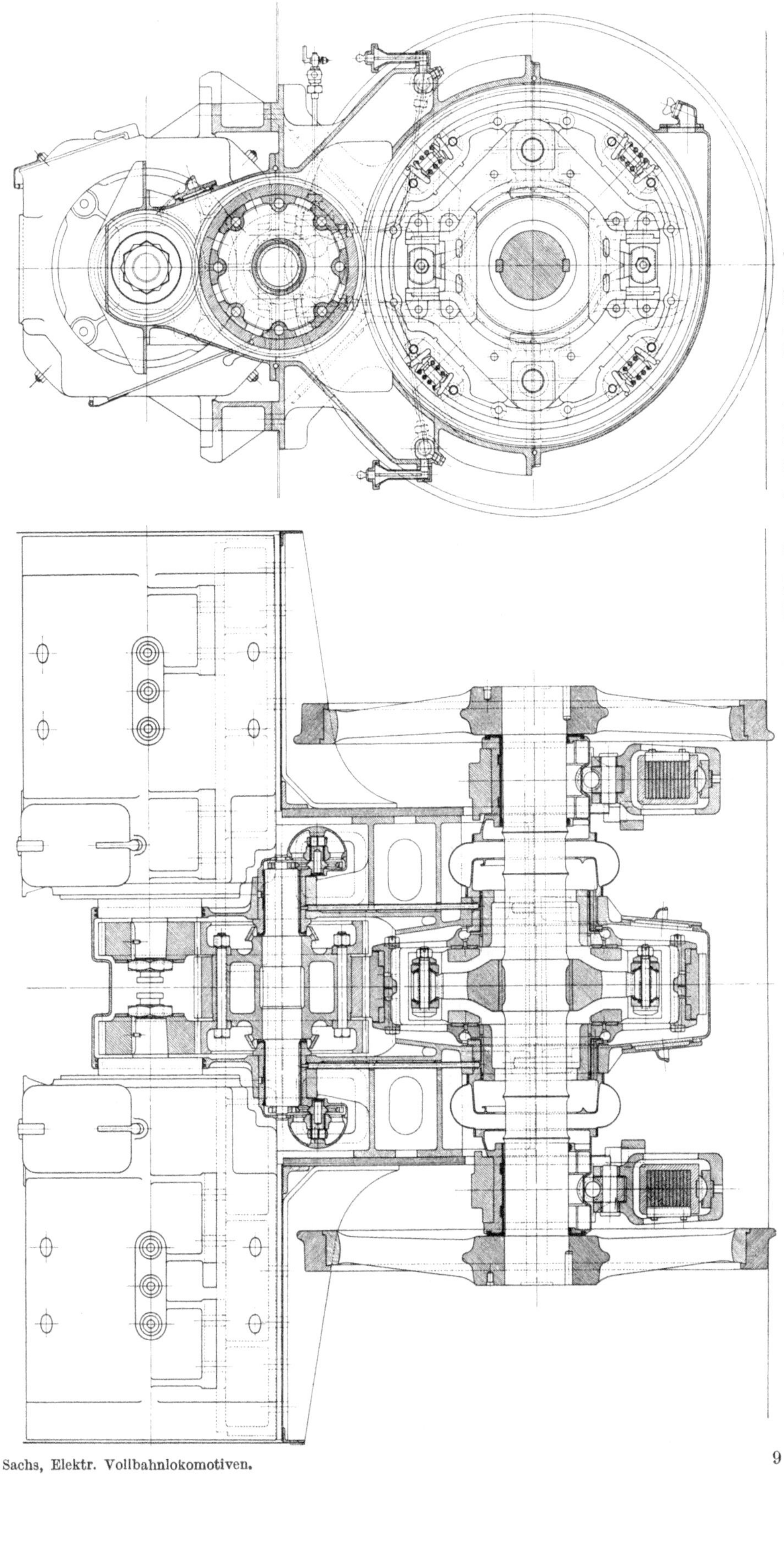

Abb. 160. Einzelachsantrieb durch zwei Motoren, Doppelvorgelege, Hohlwelle und allseitig bewegliche Kupplung.
(Bauart J. Buchli und Schweiz. Lokomotiv- und Maschinenfabrik Winterthur.)

Die, wie erwähnt, in das große Zahnrad eingebaute allseitig bewegliche Kupplung geht auf die in Abb. 123 dargestellte Konstruktion zurück und besteht aus einem in der Vertikalebene des Rades getrennten Rahmen, in welchem vier Kulissengleitklötze eingebaut sind, wovon zwei mit dem auf der Triebachse sitzenden Hebel, die beiden anderen mit dem Zahnrad verbunden sind. Sämtliche der Abnützung unterworfenen Teile der Kupplung können bequem nach Wegnahme der unteren Verschalungspartie ohne Ausbau des Radsatzes und des Kuppelrahmens herausgenommen und, wenn nötig, ersetzt werden. Sämtliche Zahnräder und alle Getriebeteile sind in einem öldicht abgeschlossenen Kasten eingebaut, der gleichzeitig die Versteifung der Hauptrahmenbleche der Lokomotive bildet, so daß besondere Versteifungsbleche entbehrt werden können. Achslager und Getriebe sind gegeneinander abgeschlossen, so daß keine Ölverluste eintreten und das Öl gegen Verunreinigung absolut gesichert ist.

Durch zwei an der Vorgelegewelle angebrachte Kolbenschmierpumpen wird die an der Zahnradverschalung untergebrachte Ölmenge in Umlauf versetzt und das Öl an sämtliche Schmierstellen zwangsläufig und automatisch verteilt. Die große Oberfläche der Verschalungskasten, sowie die Rippenkonstruktion derselben und die Verbindung mit dem Hauptrahmenblech ermöglicht rasche Abführung der durch den Zahneingriff entstehenden Ölwärme. Dadurch wird die Temperatur des Öls so tief gehalten, daß seine volle Schmierfähigkeit gewahrt bleibt.

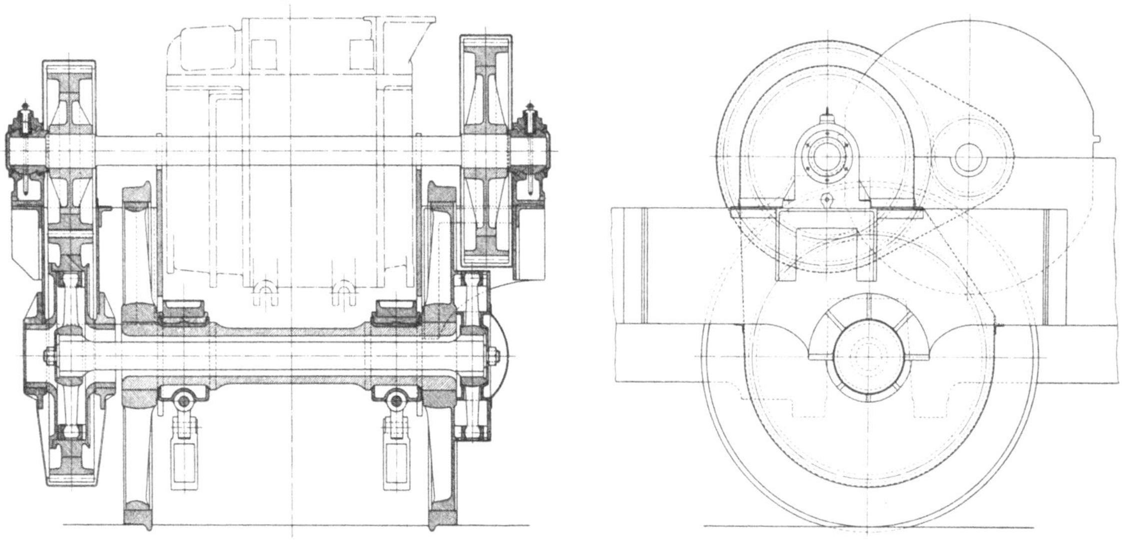

Abb. 161. Einzelachsantrieb mit Doppelvorgelege und Kardankupplungen (O. Tschanz).

Die im Triebzahnrad untergebrachte Federung ist in der Art nach Abb. 111 durchgebildet. Links und rechts über dem Triebzahnrad sind die Ölsammeltaschen ersichtlich, in welchen sich das durch die Zahnräder fließende Schmieröl sammelt, um wieder den Schmierpumpen zugeführt zu werden.

Als Träger der Motoren dienen zwei kräftige Stahlgußquerbalken, welche mit den Rahmenblechen und mit dem Lagerbock verschraubt sind. So bildet der ganze Antriebsmechanismus samt dem motorischen Teil einen geschlossenen kräftigen Block, in welchem die Lager sämtlicher Zahnräder sitzen, so daß unverrückbare Distanz der Lagermitten und einwandfreier Zahneingriff gesichert sind. Das Gewicht der ungefederten Triebradachse kann so auf ein Minimum reduziert werden.

Der Antrieb ist auch in der Weise denkbar, daß das einkränzige von den beiden Motoren mittels gemeinsamem Ritzel angetriebene Zwischenrad auf einer Hohlwelle sitzt, die mit der sie durchsetzenden Zwischenwelle durch die elastische Kupplung verbunden ist. Auf der Zwischenwelle sitzen symmetrisch zum Zwischenrad zwei Zwischenritzel, die auf je ein auf der Radachse sitzendes Zahnrad arbeiten[1]).

Auch der bereits erwähnte Einzelachsantrieb von O. Tschanz[2]), den Abb. 161 zeigt, verwendet mehrfache Zahnradübersetzung, und zwar in Verbindung mit Kardankupplungen.

[1]) F. P. 624583, E. P. 265911 (J. Buchli)

[2]) D. R. P. 298723, U. S. A. P. 1311928, Schweiz. P. 72442, F. P. 484430, It. P. 156465. — Angewendet bei einem Radsatz der $2B_01$-Lokomotive Nr. 11001 der S. B. B.

Um hier die Winkelabweichung zwischen Motorwelle und Radachse möglichst klein zu halten, wird dem die beiden Kupplungen verbindenden Wellenstück die größtmögliche Länge gegeben. Dies wird dadurch erreicht, daß man diese Welle nicht nur durch die hohle Triebachse, sondern auch durch die ebenfalls hohl ausgeführte Welle des außerhalb der Triebräder angeordneten Antriebszahnrades hindurchführt und die beiden Kupplungen an die äußersten Enden ihrer

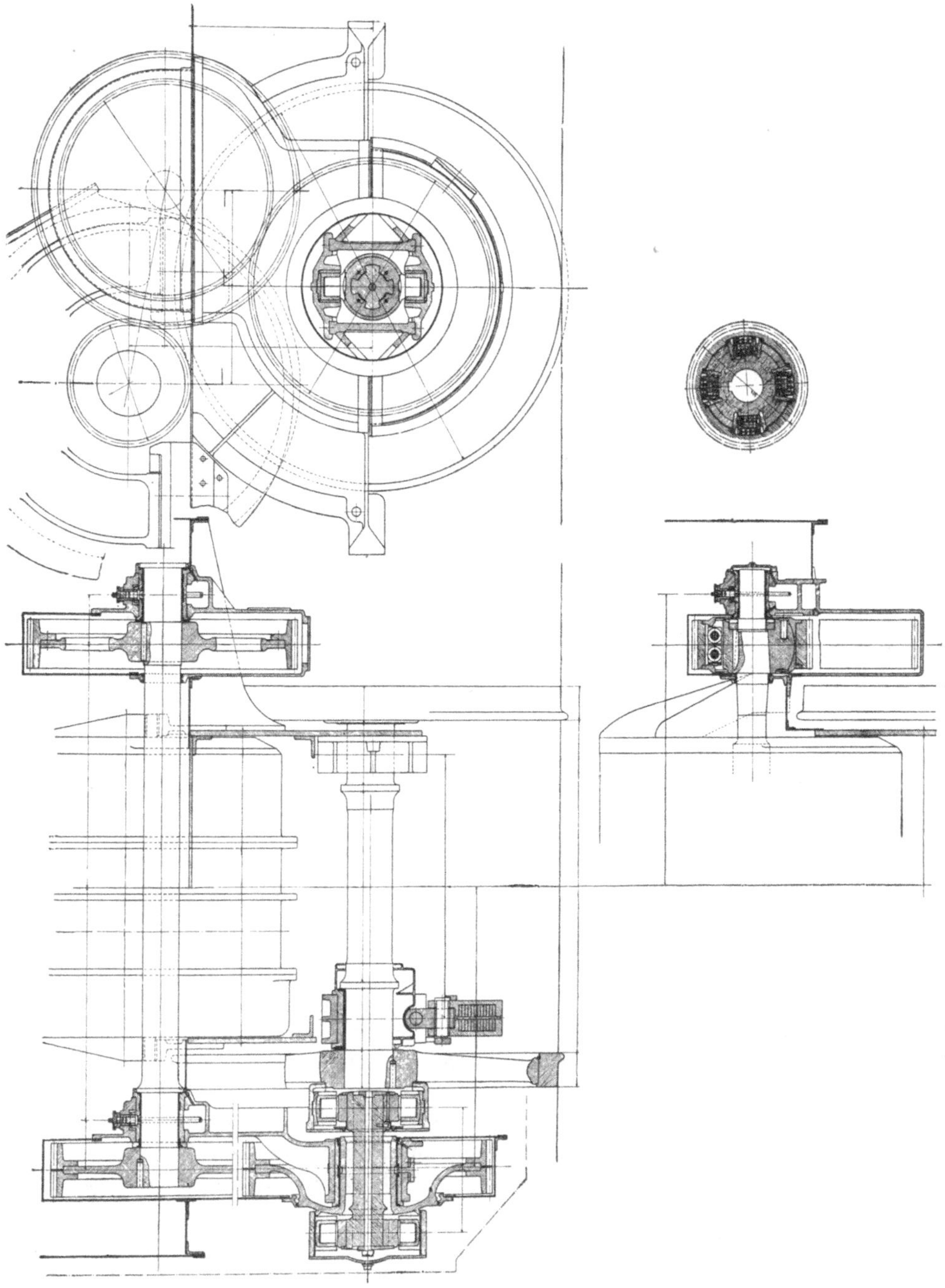

Abb. 162. Einzelachsantrieb mit Doppelvorgelege und Kardankupplungen nach Tschanz gemäß Abb. 161, unter Vermeidung der Hohlwelle.

Verbindungswelle setzt, wo dann eine jede mit einer der beiden Hohlwellen verbunden ist. Um die Radialeinstellung der Triebachse gegenüber dem Rahmen zu ermöglichen, besitzen die Hohlwellen gegeneinander Längsspiel; dieses wird zweckmäßig in die zweite, die Verbindung mit dem Triebrad herstellende Kardankupplung (in Abb. 161 rechts) verlegt, in welchem sich die Verbindungswelle axial verschieben kann. Verwendet man als unmittelbare Triebradkupplung eine Kreuzgelenkkupplung mit Längsspiel der Zapfen, oder mit federnder Aufhängung der Zapfen, dann kann die Kardankupplung auf der Gegenseite entfallen und das Achszahnrad kann starr in gewöhnlicher Weise auf die Welle gesetzt werden, die, ihrerseits außerhalb der Triebräder im Lokomotivrahmen bzw. in den mit diesem verbundenen Schildern starr gelagert wird[1]). Die ganze Anordnung des Antriebes wird dadurch viel einfacher und stabiler.

Um die hohle Triebachse zu umgehen, ist bei einer späteren Ausführung[2]) die Kardanwelle kürzer gehalten und die beiden Gelenkkupplungen sind auf derselben Seite des Triebrades untergebracht worden; der allgemeine Aufbau ist aus Abb. 162 ersichtlich.

Schließlich sind doppelte Zahnradübersetzungen bei Motoren mit vertikaler Welle möglich und zwar in der Form einer Hintereinanderschaltung einer oder zweier Kegelradübersetzungen mit einer Stirnradübersetzung (Abb. 163)[3]).

Die Vorteile, die gegenüber der Bauart mit einem Motor und einfacher Übersetzung gemäß Abb. 140 durch die Zwischenschaltung der Stirnradübersetzung r, Z erkauft werden, sind folgende: Die empfindlicheren Kegelradgetriebe K, die hier überdies nur je für die halbe Leistung bemessen werden müssen, übernehmen einen Teil der Gesamtübersetzung, fallen damit kleiner aus und sind weniger beansprucht. Dadurch wird das Ritzel r der Stirnradübersetzung im Durchmesser größer und gestattet mühelos den Einbau einer Federung. Die Hohlwelle h hat von der Kegelradübersetzung keinen Axialschub oder sonstige ungünstige Beanspruchungen auszuhalten, kann somit in einfachen Halslagern l gelagert werden. Zu beiden Seiten des Stirnradvorgeleges bleibt ausreichend Platz für die Unterbringung der Triebachslager, so daß ohne bauliche Beschränkungen die Anwendung eines Innenrahmens R möglich wird, dessen lichter Raum im wesentlichen nur das Stirnradvorgelege in Anspruch nimmt. Die kleineren Kegelradübersetzungen können zu dessen beiden Seiten leicht untergebracht werden.

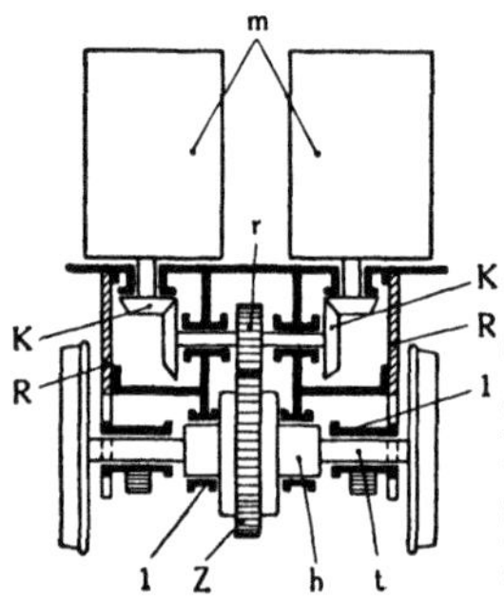

Abb. 163. Einzelachsantrieb durch zwei Vertikalmotoren, Kegelradübersetzungen, Stirnradübersetzung, Hohlwelle und gelenkige Kupplung.

Die Lager der Hohlwelle und der Vorgelegewelle werden zweckmäßig in einem Gußstück vereinigt, das zugleich die Rahmenhälften verbindet. Die Verbindung der Hohlwelle h selbst mit der Triebachse t erfolgt in gleicher Weise wie bei dem Antrieb nach Abb. 140 durch die in Abb. 141 dargestellte Gelenkkupplung.

IV. Massenausgleich.

Bei elektrischen Lokomotiven beschreibt zum Unterschied gegenüber Dampflokomotiven jeder Punkt des bewegten Laufwerkes und Triebwerkes eine Kreisbahn. Es treten dynamisch also nur Zentrifugalkräfte auf und es ist zunächst vollkommener Massenausgleich möglich, wenn man imstande ist, durch Anbringung von Gegengewichten an den rotierenden Teilen Trägheitskräfte hervorzubringen, die den freien Kräften in jedem Moment das Gleichgewicht halten.

Für den ruhigen Gang der Maschine kommt aber noch als weitere Bedingung hinzu, daß die Zentrifugalkräfte, die auf den gefederten, und jene, die auf den ungefederten Teil wirken, je für sich im Gleichgewicht sein müssen, damit eine Beanspruchung der Federn und somit erzwungene Schwingungen des Massensystems ausgeschlossen bleiben.

Im allgemeinen bietet der Massenausgleich der rotierenden unabgefederten Fahrzeugteile wie später noch an einem Beispiel gezeigt werden wird, keine Schwierigkeiten, weil es sich dabei — vom Einzelachsantrieb abgesehen — zumeist nur um Ausgleich der Zentrifugalkräfte handelt, die durch die Rotattion der Triebkurbeln und der sie verbindenden horizontalen Kuppelstangen entstehen.

Etwas schwieriger, aber gleichwohl möglich ist der Massenausgleich bei hochgelagerten langsamlaufenden Motoren, und zwar der schrägen Triebstangen wegen. Im folgenden soll nun für die auf S. 90 behandelte Antriebsform, bei der, wie Abb. 164 noch einmal zeigt, zwei Motoren mittels Zweistangenantrieb unter Vermeidung einer Blindwelle auf ein horizontales Kuppelgestänge arbeiten, der Massenausgleich rechnerisch verfolgt werden[4]), und

[1]) D. R. P. 302678, Schweiz. P. 75120 (J. Buchli).
[2]) Angewendet bei einem Drehgestell der $1B_0 1$—$1B_0 1$-Lokomotive Nr. 11000 der S. B. B. (ETZ 1922, S. 144).
[3]) Ö. P. A 6686—25 (Ö. S. S. W.).
[4]) Siehe J. Buchli und Dr. J. Rebstein: Schweiz. Bauz. 1913, II, S. 105.

zwar unter der Voraussetzung, daß zum Massenausgleich auf der einen Fahrzeugseite auch die andere Fahrzeugseite mit herangezogen wird[1]). Wie sich zeigen wird, kann man hierdurch das Gewicht der Ausgleichmassen auf das kleinstmögliche Maß beschränken. Bei den Trieb- und Kuppelstangen des Parallelkurbelgetriebes ergeben sich infolge der Rotation der Kurbeln Massenkräfte, wie in Abb. 165 dargestellt. Ist ω die Winkelgeschwindigkeit der Motoren und r der Kurbelradius, so greift in jedem Massenelement dm einer Kuppelstange die Zentrifugalkraft $\omega^2\, r\, dm$ an. Ihre Wirkung kann man ersetzen durch zwei parallele Einzelkräfte K und L in den Endpunkten der Stange. Ist S ihr Schwerpunkt, m ihre Masse, so bestimmen sich ihre Kräfte an den Endpunkten zu

$$K = \frac{b}{a+b}\, m\, \omega^2\, r \qquad (166)$$

und

$$L = \frac{a}{a+b}\, m\, \omega^2\, r\,. \qquad (167)$$

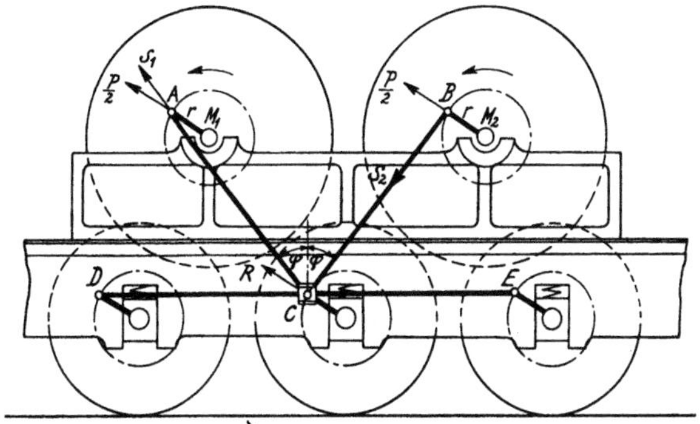

Abb. 164.

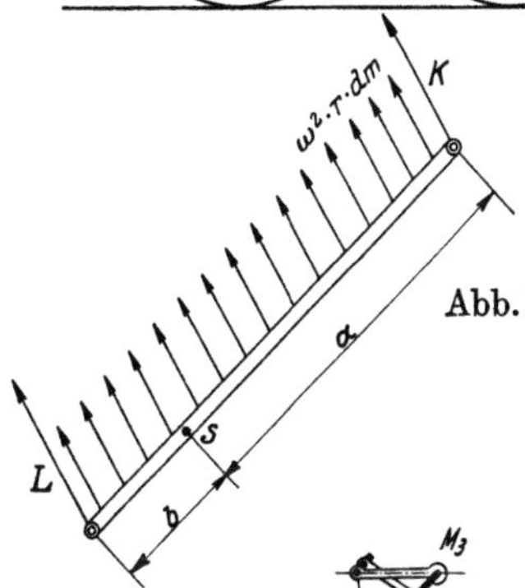

Abb. 165.

Im Punkte C, dem Vereinigungspunkte der vier Kuppelstangen AC, BC, DC und EC (Abb. 164) greifen daher vier Kräfte dieser Art an, die von den entsprechenden Teilen der Zentrifugalkräfte der vier Stangen herrühren. Ihre Resultierende R ist gleich der Summe der vier Einzelkräfte. Ihre Wirkung überträgt sich auf die Kurbelzapfen A und B durch die Stangen AC und BC. In den Kurbelzapfen A und B greifen Kräfte in der Richtung M_1A bzw. M_2B an, die von den Zentrifugalkräften in den oberen Teilen der Stangen AC und BC herrühren und deren Größen mit $\frac{P}{2}$ bezeichnet seien. Auf der anderen Fahrzeugseite ergeben sich analoge Verhältnisse, nur ist die Richtung der Zentrifugalkräfte um 90^0 verschieden.

Da, wie erwähnt, die abgefederten Gestängemassen von den ungefederten getrennt ausgeglichen werden müssen, kommen für die Anbringung von Ausgleichmassen für das abgefederte Gestänge im vorliegenden Fall nur die Motorwellen in Frage.

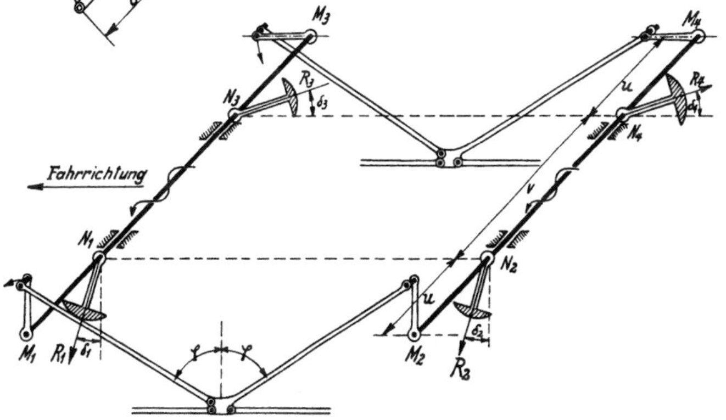

Abb. 166.

Es mögen nun zunächst genau gegenüber allen vier Motorkurbeln M_1, M_2, M_3, M_4 (abweichend von Abb. 166) Ausgleichmassen R_1, R_2, R_3, R_4 angebracht werden, welche in der Ebene der Kurbelkreise liegen und derart bemessen sein mögen, daß sie den Zentrifugalkräften $\frac{P}{2}$ und R (Abb. 166) genau das Gleichgewicht halten. Werden derartige Gegengewichte angebracht, so bleiben in allen Kurbelstellungen noch freie Drehmomente übrig, welche für jede Schrägstange maximal sind, wenn die Kurbel mit der Schrägstange einen rechten Winkel bildet, und gleich Null sind, wenn die Kurbel mit der Schrägstange den Winkel 0^0 oder 180^0 bildet; in den Nulldurchgängen findet ein Richtungswechsel der freien Drehmomente statt. Die freien Drehmomente, die von den Massenkräften der Schrägstangen einer Fahrzeugseite hervorgerufen werden, heben sich in den symmetrischen, also den vertikalen Stellungen der beiden Motorkurbeln auf, in allen anderen Stellungen summieren sie sich algebraisch zu einem resultierenden

[1]) D. R. P. 279910, Ö. P. 71742, Schweiz. P. 67695, F. P. 463184 (B. B. C.).

freien Drehmoment. Um diesen resultierenden freien Drehmomenten, welche mit jeder Umdrehung zweimal den Drehsinn wechseln, entgegenzuwirken, werden freie Gegendrehmomente hervorgebracht, welche die durch die Triebwerkmassen erzeugten freien Drehmomente in jeder Kurbelstellung genau aufheben. Das wird so erreicht, daß man die Gegengewichte oder Ausgleichmassen auf der der betrachteten gegenüberliegenden Fahrzeugseite ihrer Größe nach verändert, und zwar wird, wenn beispielsweise die Kurbeln der betrachteten Fahrzeugseite die nacheilenden sind, auf der gegenüberliegenden (voreilenden) Seite das Gegengewicht gegenüber der der Fahrtrichtung nach vorderen Motorkurbel verkleinert, das Gegengewicht gegenüber der hinteren Motorkurbel vergrößert. Auf diese Weise entsteht ein freies Gegendrehmoment, welches das Gestänge in der Richtung des größeren Gegengewichtes um die Motorachse mit dem kleineren Gegengewicht zu drehen sucht. Auch dieses Gegendrehmoment wechselt bei jeder Umdrehung zweimal seinen Drehsinn und wirkt in jeder Kurbelstellung dem zu kompensierenden freien Drehmoment entgegen.

Die gleiche Überlegung gilt für das freie Drehmoment, welches von den Gestängemassen der anderen Fahrzeugseite mit voreilenden Kurbeln hervorgerufen wird, und führt zu dem Resultat, daß zu seiner Kompensation ein Gegendrehmoment auf der gegenüberliegenden Fahrzeugseite (mit nacheilenden Kurbeln) erzeugt wird, indem hier das Gegengewicht gegenüber der der Fahrtrichtung nach vorderen Motorkurbel vergrößert und das gegenüber der hinteren Motorkurbel verkleinert wird. Es ergibt sich hieraus also die Gleichheit der Gegengewichte jeweils an den beiden einander diagonal gegenüberliegenden Motorkurbeln.

Bezeichnet man entsprechend Abb. 166 die am Kurbelradius angreifenden Zentrifugalkräfte der Gegengewichte auf der Fahrzeugseite mit nacheilenden Kurbeln mit R_1, R_2 auf der Fahrzeugseite mit voreilenden Kurbeln mit R_3, R_4 und liegen R_1 und R_3 an der der Fahrtrichtung nach vorderen Fahrzeugachse, und stellt man ferner die Forderung auf, daß die Summe $R_1 + R_2 + R_3 + R_4$ und somit der Materialaufwand für die Gegengewichte ein Minimum sein soll, so ergibt sich die Größe der von den Gegengewichten hervorgerufenen Zentrifugalkräfte zu

$$\left.\begin{aligned} R_1 = R_4 &= \frac{R+P}{2} + \frac{R}{2} \cdot \operatorname{ctg} \varphi \\ R_2 = R_3 &= \frac{R+P}{2} - \frac{R}{2} \cdot \operatorname{ctg} \varphi \end{aligned}\right\} \tag{168}$$

worin φ den halben Winkel zwischen den beiden Schrägstangen bedeutet.

Im vorstehenden war nun angenommen, daß die Gegengewichte den Motorkurbeln genau gegenüber, d. h. ebenfalls in der Ebene der Kurbelkreise liegen. Praktisch ist das meistens nicht der Fall, sondern die Gegengewichte rotieren in anderen Ebenen. In diesem Fall darf, um einen genauen Ausgleich zu erzielen, der Schwerpunktradius der Gegengewichte nicht genau um 180^0 gegenüber dem Kurbelradius verschoben sein, sondern um einen gewissen Winkel (δ) zusätzlich oder abzüglich, und zwar müssen, wenn die Gegengewichte zwischen den Motorkurbeln liegen (Abb. 166), die Gegengewichte gegenüber den voreilenden Motorkurbeln (M_3, M_4) vorwärts, also ebenfalls im Sinne einer Voreilung und die Gegengewichte gegenüber den nacheilenden Motorkurbeln (M_1, M_2) rückwärts, also im Sinne einer Nacheilung verschoben sein.

In Abb. 166 stellen M_1, M_3 und M_2, M_4 die Motorachsen in Parallelperspektive dar. Die Ebenen, in welchen die Gegengewichte rotieren, schneiden die Achsen in den Punkten N_1, N_2, N_3, N_4; sie haben unter sich die Entfernung

$$N_1 N_3 = N_2 N_4 = v$$

und von den Endpunkten der Motorachsen die Entfernung

$$M_1 N_1 = M_3 N_3 = M_2 N_2 = M_4 N_4 = u\,.$$

R_1, R_2, R_3 und R_4 seien wie oben die durch die vier Gegengewichte hervorgerufenen Zentrifugalkräfte und δ_1, δ_2, δ_3 und δ_4 die Winkel, die diese Kräfte mit der Richtung der rückwärtigen Verlängerung der Kurbelradien bilden; die Winkel δ_1, δ_2, δ_3, δ_4 seien im Sinne der Vorwärtsbewegung des Fahrzeuges positiv gerechnet (also δ_1 und δ_2 negativ und δ_3 und δ_4 positiv). φ ist, wie in Abb. 164, der halbe Winkel zwischen den beiden Schrägstangen.

Stellt man nun wieder die Forderung auf, daß die Summe $R_1 + R_2 + R_3 + R_4$ ein Minimum sein soll, und setzt zur Abkürzung $\sqrt{2u^2 + 2uv + v^2} = a$, so ändern sich die oben angegebenen Werte für die von den Gegengewichten ausgeübten Zentrifugalkräfte[1]) in

[1]) Bezüglich der Ableitung der nachstehenden Formeln siehe die unter Fußnote[4]) S. 132 zitierte Abhandlung.

$$\left.\begin{aligned} R_1 = R_4 &= \frac{a}{v} \cdot \frac{R+P}{2} + \frac{R}{2} \cdot \frac{a}{2u+v} \cdot \operatorname{ctg} \varphi\,, \\ R_2 = R_3 &= \frac{a}{v} \cdot \frac{R+P}{2} - \frac{R}{2} \cdot \frac{a}{2u+v} \cdot \operatorname{ctg} \varphi\,, \end{aligned}\right\} \tag{169}$$

$$\delta_1 = \delta_2\,, \qquad \delta_3 = \delta_4\,.$$

$$\left.\begin{aligned} \sin \delta_1 &= -\frac{u}{a}\,, \qquad & \cos \delta_1 &= \frac{u+v}{a}\,, \\ \sin \delta_3 &= \frac{u}{a}\,, \qquad & \cos \delta_3 &= \frac{u+v}{a}\,. \end{aligned}\right\} \tag{170}$$

δ_1 und δ_3 sowie δ_2 und δ_4 sind dem absoluten Werte nach gleich groß, haben aber je entgegengesetzte Vorzeichen und sind nur von u und v abhängig. Für $u = 0$ sind also die Winkel δ ebenfalls gleich Null, d. h. in diesem oben betrachteten Falle liegen die Gegengewichte den Kurbelzapfen genau gegenüber.

Die Abb. 166 zeigt die Verteilung der Gegengewichte auf die Punkte N_1, N_2, N_3, N_4 der Motorwellen, die den Zentrifugalkräften R_1, R_2, R_3, R_4 entsprechen.

Die Anordnung ist ohne weiteres auch anzuwenden, wenn die Punkte A und B (Abb. 164) und die entsprechenden auf der anderen Seite des Fahrzeuges durch eine horizontale Kuppelstange verbunden sind. Nur ist in diesem Falle $\frac{P}{2}$ gleich dem Anteil der Zentrifugalkräfte von den oberen Teilen der schiefen Stangen plus dem Anteil der Zentrifugalkräfte von der horizontalen Stange AB zu setzen. Die Formeln sind die gleichen.

Nach derselben Methode könnten die Gegengewichte für jeden Antrieb mit direkter Stangenübertragung ermittelt werden. Hier sei nur noch für den flachen Kuppelrahmen nach Abb. 96 und 97 der Massenausgleich auf Grund einer etwas abweichenden Überlegung studiert, die zuerst den Beweis erbrachte, daß ein vollkommener Ausgleich bei diesem Antriebsorgan überhaupt möglich ist. Da nämlich die Masse des federnd gelagerten Kuppelrahmens naturgemäß wieder nur an federnd gelagerten Wellen durch Gegengewichte ausgeglichen werden kann und damit die Fahrzeugachsen für die Anbringung von Gegengewichten für den Kuppelrahmen ausscheiden, und weil ferner der Schwerpunkt des Kuppelrahmens und der an ihm angreifenden, nur teilweise gefederten Teile weit unterhalb der Verbindungslinie der beiden durch den Rahmen gekuppelten Kurbelzapfen liegt, hielt man einen Ausgleich der Massen an den beiden gekuppelten Kurbeln allein für unmöglich, da stets ein Drehmoment übrig bleibt, welches Schwingungen verursacht. Man hat daher auch bei allen Ausführungen des flachen Kuppelrahmens, bei welchen die Gegengewichte diametral entgegengesetzt den Kurbeln angeordnet sind, auf einen vollkommenen Massenausgleich bewußt verzichtet.

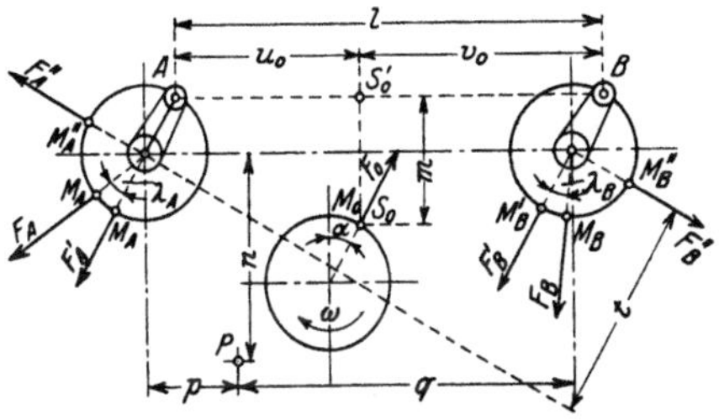

Abb. 167.

Es ist aber, wie nachstehend bewiesen werden soll, auch hier vollkommener Massenausgleich möglich[1]). In Abb. 167 ist S_0 der Schwerpunkt aller gefederten umlaufenden Massen M_0, welche an den beiden im Fahrzeugrahmen gelagerten, durch den Kuppelrahmen verbundenen Kurbelwellen ausgeglichen werden müssen. A und B seien die beiden oberen Stangenlager an den Kurbeln der Wellen. Die Mittelpunkte der Kreise sind die Rotationszentren der drei genannten Punkte. Im Schwerpunkt S_0' greift die Fliehkraft F_0 an, welche stets radial gerichtet und deren Größe durch die Gleichung

$$F_0 = M_0 \, r \, \omega^2 \tag{171}$$

gegeben ist, in der ω und r wieder die Winkelgeschwindigkeit und den Kurbelradius bedeuten. Man nehme nun zunächst an, die Masse M_0 sei senkrecht nach oben nach S_0' auf der Geraden A—B verlegt. Dann könnte man sie auf die Punkte A und B verteilt denken, und zwar fiele auf A der Anteil

$$M'_A = M_0 \cdot \frac{v_0}{l} \tag{172}$$

und auf den Punkt B der Anteil

$$M'_B = M_0 \cdot \frac{u_0}{l}\,. \tag{173}$$

---

[1]) D. R. P. 255076, Schweiz. P. 65852 (W. Kleinow).

Bringt man nun an den beiden Motorkurbeln Gegengewichte der berechneten Größe diametral entgegengesetzt zur Kurbel an und verfolgt die Gleichgewichtsbedingungen für das ganze System, so findet man, daß zwar in jedem Augenblick die Summe der senkrechten Kräfte = 0 und ebenso die Summe der wagerechten Kräfte = 0 ist, nicht aber die Summe der Momente. Es bleibt vielmehr ein Drehmoment übrig, dessen Größe $\mathfrak{M}'$, bezogen auf einen beliebigen Punkt P, für die gezeichnete Stellung des Getriebes ist:

$$\begin{aligned}\mathfrak{M}' &= F'_B\,(q\cos\alpha - n\sin\alpha) - F_0\left[(q-v_0)\cos\alpha - (n-m)\sin\alpha\right] - F'_0\,(p\cos\alpha + n\sin\alpha)\,,\\ &= M_0\, r\,\omega^2\left[\frac{u_0}{l}\,(q\cos\alpha - n\sin\alpha) - (q-v_0)\cos\alpha + (n-m)\sin\alpha - \frac{v_0}{l}\,(p\cos\alpha + n\sin\alpha)\right],\\ &= M_0\, r\,\omega^2\left[\cos\alpha\left(\frac{u_0 q}{l} - q + v_0 - \frac{v_0 p}{l}\right) + \sin\alpha\left(n - m - \frac{u_0 n}{l} - \frac{v_0 n}{l}\right)\right],\\ &= -M_0\, r\,\omega^2\, m\sin\alpha\,. \end{aligned} \tag{174}$$

Das entstehende Drehmoment ändert sich also nach einem Sinusgesetz, d. h. man kann ein diesem Moment entgegenwirkendes Moment durch ein Kräftepaar mit einem nach einem Sinusgesetz veränderlichen Arm schaffen. Zu dem Zweck muß man an den beiden Motorkurbeln zwei weitere Gegengewichte von der Größe

$$M''_A = M''_B\, M_0 \frac{m}{l} \tag{175}$$

anbringen, welche aber gegen die ersteren um 90° versetzt und entgegengesetzt angeordnet sind. Das Moment des von diesen Gegengewichten hervorgerufenen Kräftepaares in bezug auf jeden beliebigen Punkt, also auch auf P, ist

$$\mathfrak{M}'' = F''_A \cdot t = M_0\, r\,\omega^2 \frac{m}{l}\, t, \tag{176}$$

$$t = l\sin\alpha\,.$$

$$\mathfrak{M}'' = M_0\, r\,\omega^2\, m \sin = -\mathfrak{M}'\,. \tag{177}$$

Die beiden Momente $\mathfrak{M}'$ und $\mathfrak{M}''$ sind also gleich und entgegengesetzt, heben sich demnach auf. Das System ist also vollkommen ausgeglichen.

Natürlich lassen sich an den Motorkurbeln die beiden Gegengewichte in bekannter Weise geometrisch zusammensetzen und das an der linken Motorwelle aufzubringende Gegengewicht ergibt sich zu

$$M_A = M_0\sqrt{\frac{v_0^2}{l^2} + \frac{m^2}{l^2}} = \frac{M_0}{l}\sqrt{v_0^2 + m^2} \tag{178}$$

mit dem Voreilwinkel λ_A, wobei

$$\operatorname{tg}\lambda_A = \frac{m}{v_0} \tag{179}$$

und das Gegengewicht an der rechten Motorwelle

$$M_B = \frac{M_0}{l}\sqrt{u_0^2 + m^2} \tag{180}$$

mit dem Nacheilwinkel λ_B, wobei

$$\operatorname{tg}\lambda_B = \frac{m}{u_0}\,. \tag{181}$$

Der Ausgleich der Massen bei den kombinierten Antrieben durch raschlaufende halbhoch gelagerte Motoren in Verbindung mit Übersetzungsgetrieben und Kuppelstangen soll der Einfachheit halber gleich an Hand eines Beispiels behandelt werden, und zwar sollen die auf die Vorgelegewelle und die drei Kuppelachsen jedes Drehgestelles aufzubringenden Gegengewichte bei der 1 C—C 1-Güterzuglokomotive Reihe 14301[1]) der S. B. B. berechnet werden. Wir bedienen uns dabei im wesentlichen eines von v. Borries angegebenen rechnerisch-graphischen Verfahrens[2]). Die Gewichte der drei Stangen seien aus ihren Abmessungen, und aus der Lage der Stangenschwerpunkte die Auflagereaktionen auf die Zapfen ermittelt worden (Abb. 168 oben), aus denen sich rechnerisch oder einfacher auf graphischem Wege durch Aufzeichnung des Seilpolygons die in Abb. 168 unten eingetragenen resultierenden Reaktionen auf die Kurbel-

[1]) Eine ausführliche Beschreibung dieser Lokomotive findet sich auf S. 433ff. Taf. XII zeigt die Lokomotive im Schnitt.

[2]) v. Borries: Bildliche Bestimmung der Gegengewichte in den Triebrädern der Lokomotiven. Organ Fortschr. Eisenbahnwes. 1901 S. 129.

zapfen der drei Kuppelachsen *I*, *II*, *III* und der Vorgelegewelle aufeinanderfolgend zu 65,5 kg, 174,6 kg, 186,3 kg und 178,4 kg als in die Rechnung einzuführende auszugleichende Anteile der Stangengewichte ergeben haben.

Für die Vorgelegewelle (Abb. 169) ergibt sich zunächst in der Ebene der Stangen ein auszugleichendes Gesamtgewicht $S + Z = 205$ kg, bestehend aus dem anteiligen Stangengewicht S von 178,4 kg und dem aus den zeichnungsmäßigen Abmessungen ermittelten Gewicht Z des Kurbelzapfens von 26,6 kg. In der Ebene der Zapfennabe ist deren anteilmäßiges Gewicht N auszugleichen, das sich aus deren Abmessungen zu 72 kg ergeben haben möge. Statisch betrachtet können diese außerhalb der Radebene wirkenden Kräfte, d. h. die diese Kräfte auslösenden Massen ausgeglichen werden durch zwei Massen A und B zu beiden Seiten der Vorgelegewelle. Es ergibt sich (Abb. 169)

$$A = \frac{72 \cdot 160{,}75 + 205 \cdot 179{,}5}{153} = 316\,\text{kg},$$

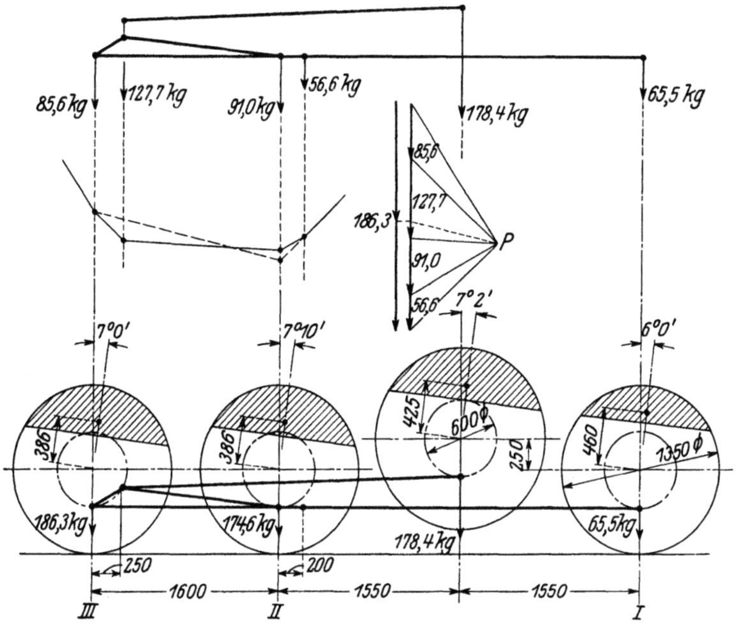

Abb. 168.

$$B = A - N - (S + Z) = 316 - 72 - 205 = 39\,\text{kg}\,.$$

In analoger Weise sind $S + Z$ und N auf der linken Lokomotivseite wieder durch die Massen A und B im Vorgelegezahnrad auf derselben und der gegenüberliegenden Seite auszugleichen, so daß mit Rücksicht auf die gegenseitige Versetzung der Kurbeln um 90° auf beiden Seiten der Vorgelegewelle je zwei Massen von der Größe A und B unter 90° Versetzung gegeneinander im Kurbelkreis angebracht werden müßten. Statt zweier Massen wird wieder nur eine Masse von der resultierenden Größe

$$G_R = \sqrt{A^2 + B^2} = \sqrt{316^2 + 39^2} = 318{,}5\,\text{kg}$$

angebracht, deren Schwerpunktsebene mit der durch den Kurbelzapfen und dessen Nabe gelegten Ebene einen Winkel von $180 - \alpha$ einschließt, wobei

$$\operatorname{tg} \alpha = \frac{39}{316} \quad \text{und} \quad \alpha = 7^0\,2'$$

beträgt.

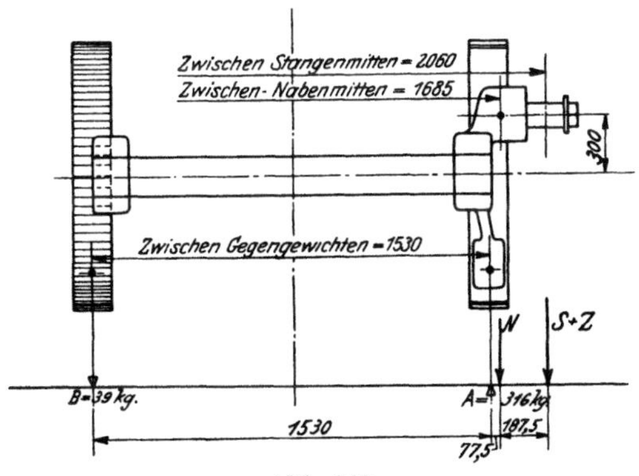

Abb. 169.

In ganz gleicher Weise wird die Rechnung für die Triebradsätze durchgeführt.

Für den Triebradsatz *I* habe sich S zu 65,5 kg, Z zu 16,5 kg und N zu 63 kg ergeben; es ist daher mit den Abmessungen gemäß Abb. 170

$$A = \frac{82 \cdot 1{,}8 + 63 \cdot 1{,}618}{1{,}54} = 162\,\text{kg}\,,$$

$$B = 162 - 82 - 63 = 17\,\text{kg}\,,$$

daher

$$\operatorname{tg} \alpha = \frac{17}{162} \quad \text{und} \quad \alpha = 6^0\,0'$$

und

$$G_R = \sqrt{162^2 + 17^2} = 163\,\text{kg}\,.$$

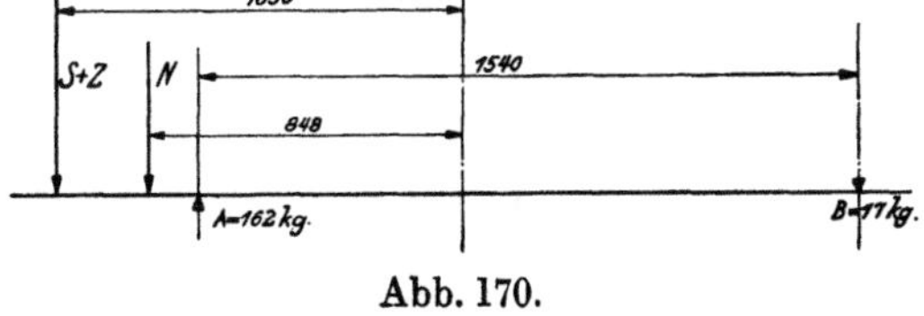

Abb. 170.

Um Material und Gewicht zu sparen, wird man namentlich bei den Triebrädern das Gegengewicht möglichst nach außen zu verlegen suchen, um das auf den Kurbelkreis vom Radius

R_r errechnete Gegengewicht R_R auf den Schwerpunktsradius R_s reduzieren zu können. Es ist dann

$$G'_R = G_R \frac{R_r}{R_s}$$

oder im vorliegenden Fall

$$G'_R = 163 \frac{300}{460} = 106{,}2\ \text{kg}.$$

Für den Triebradsatz *II* ist $S = 174{,}6$ kg, $Z = 12{,}4$ kg, $N = 63$ kg, daher nach Abb. 171

$$A = \frac{187 \cdot 1.8 + 63 \cdot 1{,}618}{1{,}54} = 286\ \text{kg},$$

$$B = 286 - 189 - 63 = 36\ \text{kg},$$

daher

$$\operatorname{tg} \alpha = \frac{36}{286} \quad \text{und} \quad \alpha = 7^0\,10'$$

und

$$G_R = \sqrt{286^2 + 36^2} = 289\ \text{kg},$$

$$G'_R = 289 \frac{300}{386} = 225\ \text{kg}.$$

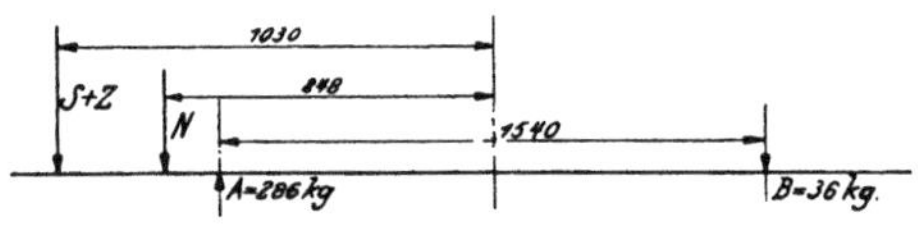

Abb. 171.

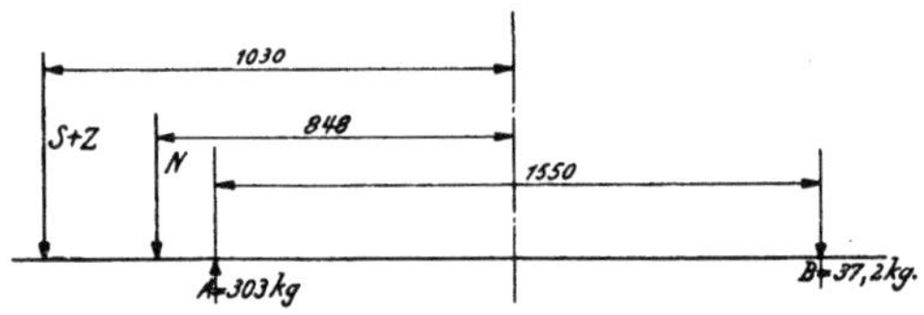

Abb. 172.

Schließlich ist für den Triebradatz *III* $S = 186{,}3$ kg, $Z = 16{,}5$ kg, und $N = 63$ kg, daher nach Abb. 172

$$A = \frac{202{,}8 \cdot 1{,}805 + 63 \cdot 1{,}623}{1{,}55} = 303\ \text{kg},$$

$$B = 303 - 63 - 202{,}8 = 37{,}2\ \text{kg},$$

daher

$$\operatorname{tg} \alpha = \frac{37{,}2}{303} \quad \text{und} \quad \alpha = 7^0\,0'$$

und

$$G_R = \sqrt{303^2 + 37{,}2^2} = 306\ \text{kg},$$

$$G'_R = 306 \frac{300}{386} = 238\ \text{kg}.$$

Die Gegengewichte werden, wie erwähnt, möglichst nahe am Radumfang zwischen den Speichen eingegossen. Nicht selten wird dabei die Breite b etwas größer als die des Radkranzes gewählt. Der Form nach haben die Gegengewichte entweder eine Sehne oder einen Kreisbogen als innere Begrenzungslinie. Die erstere Form ist im allgemeinen die häufigere. Dabei ist die Länge der Sehne s, die das günstigste Gegengewicht bei geringstem Materialaufwand ergibt, aus der Beziehung

$$G_R R_r = G'_R R_s = \frac{s^3}{12 F} F b \gamma \qquad (182)$$

und daher

$$s = \sqrt[3]{\frac{12\, G_R R_r}{b \gamma}}, \qquad (183)$$

wobei γ das spezifische Gewicht $= \sim 7{,}7$ ist. Beim sichelförmigen Gegengewicht ermittelt man die Lage des Schwerpunkts entweder rechnerisch oder mit genügender Genauigkeit nach einem der bekannten graphischen Näherungsverfahren.

V. Verbindung der Motoren mit dem Rahmen.

Die einfachste und naheliegendste Art der Verbindung der Triebmotoren mit dem Fahrzeugrahmen ist die starre Verschraubung, die bei hochliegenden langsamlaufenden Motoren ausschließlich angewendet wird, da sie zunächst Unveränderlichkeit des Abstandes von der Motorwelle zu der im Rahmen festgelagerten, Blindwelle gewährleistet. Die geringen Abstandsänderungen, hervorgerufen durch die Durchsenkungen des Rahmens, werden durch das Lagerspiel in den Zapfen und durch die elastische Formänderung der vergleichsweise langen Triebstangen aufgenommen, die auch die in der Richtung wechselnden Beanspruchungen der Motorlager auf ein erträgliches Maß abdämpft.

Bei halbhoch gelagerten Motoren fallen jedoch bei den auf S. 88 und 92 behandelten direkten Antrieben die Triebstangen so kurz aus, daß deren elastische Verformung nicht ausreicht, die Beanspruchungen der Motorlager hinreichend klein zu halten. Die Folge ist eine vorzeitige Abnutzung der Lagerschalen, so daß ein Nachstellen der letzteren sehr bald erforderlich wird. Bei Motoren mit sehr kleinem Luftspalt, wie bei Drehstrommotoren (1 bis 2 mm), würde jedoch das Nachstellen der Lager mit großen Schwierigkeiten verbunden sein, da hierdurch die genau konzentrische Lage des ruhenden und des rotierenden Teiles nur sehr schwer beizubehalten wäre, es sei denn, daß eine Spezialkonstruktion angewendet wird, wie sie Abb. 396 darstellt.

Diesen Schwierigkeiten geht die schon im Jahre 1903 angegebene Motorlagerung nach Abb. 173[1]) aus dem Wege. Dabei wird der Kurbeldruck durch besondere im Rahmen angeordnete Lager aufgenommen, die entsprechend nachstellbar sein können, ohne daß die konzentrische gegenseitige Lage von Ständer und Läufer beeinträchtigt würde. Denn wenn beim Nachstellen dieser Lager die Lage der Welle verändert wird, nimmt letztere durch die Motorlager auch den Motorständer mit. Die gegenseitige Lage von Motorständer und Läufer bleibt somit stets gesichert. Damit nun der Motorständer den Bewegungen der Welle folgen kann, wird er beidseitig an je zwei Tragstangen gelenkig aufgehängt, die den Motor in senkrechter Richtung festhalten und zugleich den Zweck haben, den Motorständer gegen Drehung zu sichern.

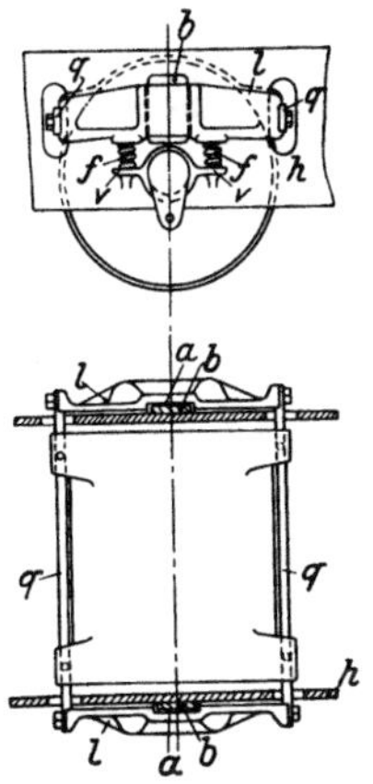

Abb. 174. Lagerung des Motorständers auf gefedertem Balken (direkter Antrieb).

Die inneren Lager sind nun allerdings von den infolge des Schubes der Kurbelwelle auftretenden Beanspruchungen in wagerechter Richtung entlastet, dagegen immer noch einer Beanspruchung in senkrechter Richtung durch ein vom Ständer ausgehendes Drehmoment unterworfen. Dieses Drehmoment entsteht dadurch, daß der Ständer infolge natürlicher Reaktion sich in entgegengesetzter Richtung zu derjenigen zu drehen sucht, in welcher sich der Motorläufer dreht und der Ständer erhält die Neigung, sich um die unteren Enden der Stützorgane (Abb. 173) zu drehen. Hierdurch entsteht ein aufwärts gerichteter Schub auf die inneren Lager. Um nun diese vollkommen zu entlasten, wird der Motorständer, wie Abb. 174 zeigt, auf einem nur in senkrechter Richtung beweglichen Rahmen gelagert, auf dem er aber in senkrechter Richtung frei beweglich bleibt[2]). Die Kurbelwelle ist in Lagern des Fahrzeuggestelles *h* und ferner in den Lagerschildern des Motorständers gelagert. Der senkrecht bewegliche Tragrahmen besteht aus Querträgern *q*, die an Längsträgern *l* festgeschraubt sind. Diese Träger *l* ruhen auf Federn *f*, die sich auf Vorsprünge *c* des Fahrzeuggestelles *h* stützen. Geführt wird der Tragrahmen in Blöcken *b*, die am Fahrzeuggestell *h* angeordnet sind und denen gegenüber an den Längsträgern *l* entsprechende Aussparungen *a* vorgesehen sind.

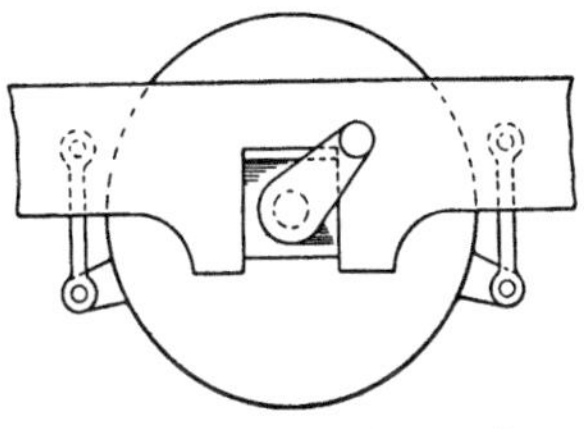

Abb. 173. Verbindung des Motors mit dem Rahmen durch Lenkstangen (direkter Antrieb).

Um dem Motor außer in vertikaler auch in horizontaler Richtung Verschiebbarkeit zu geben, kann man ihn gemäß Abb. 175 einfacher auch durch zwei Winkelhebel *l* tragen lassen, welche voneinander in ihren Bewegungen unabhängig drehbar am Rahmen *h* angeordnet und einerseits mittels Lenker *r* an den Motorständer angeschlossen, andererseits untereinander durch

---

[1]) D. R. P. 154459 (K. v. Kandó). — Angewendet bei den 1C1-Lokomotiven (Gruppe E 360 und E 380) der FF.SS. (Z. f. E. 1905, S. 221 und E. K. B. 1907, S. 101). — Die Motoren sind dort mittels vier Schraubenbolzen am Rahmen angehängt, die aber mutterseitig durch die Pratzen des Motorgehäuses hindurchragen, wo sie sich auf Spiralfedern stützen, die ihrerseits im Moment des Anfahrens das Reaktionsdrehmoment des Gehäuses elastisch auffangen. Bei den E-Lokomotiven (Gruppe E 551) der FF.SS. (R. T. F. I. 1924, I, S. 128) ist diese Art der Motoraufhängung neuerdings wieder angewendet worden, jedoch insofern abgeändert, als zwischen den beiden Hängebolzen jeder Seite je zwei Winkelhebel am Motorgehäuse drehbar gelagert sind, deren kurze Arme an den Hängebolzen oberhalb der Federn angreifen, während die Enden ihrer langen Arme durch eine Spiralfeder mit horizontaler Achse verbunden sind.

[2]) D. R. P. 204173, Schweiz. P. 41073 (K. v. Kandó). — Angewendet bei den E-Lokomotiven (Gruppe E 550) der FF. SS. (R. T. F. I. 1913, I, S. 269; 1914, I, S. 350; 1917, I, S. 129).

eine Stange s miteinander verbunden sind[1]). Letztere bewirkt, daß beide Hebel sich in entgegengesetztem Sinne drehen müssen. Sind ihre Dimensionen richtig gewählt, dann kann man innerhalb gewisser Grenzen erreichen, daß die vertikalen Verschiebungen der Punkte m praktisch gleich sind. Die Anordnung gestattet also, daß der Motor parallelen Verschiebungen sowohl in vertikalem wie auch in horizontalem Sinne unterworfen wird, verhindert aber, daß der Stator sich drehen kann. Voraussetzung ist wieder, daß der Motor von Federn f getragen wird. Zur Regulierung der Vorrichtung wird der Stange s eine veränderliche Länge gegeben.

Bei Motoren, die unter Zwischenschaltung einer Zahnradübersetzung auf die Triebräder arbeiten, ist die starre Verbindung mit dem Rahmen die Regel, wobei der ganze Motor mit dem Rahmen fest verschraubt wird. Bei Einphasenlokomotiven ist von der deutschen Praxis das Motorgehäuse gelegentlich geteilt ausgeführt worden. Die untere Hälfte bildet dabei eine Art Wanne oder Stuhl, der zwischen die Rahmenbleche eingesetzt und mit diesen gemeinsam mit den an den Rahmenaußenflächen angeordneten, die Blindwellen tragenden Stahlgußkörpern (Zangen genannt) verschraubt wird. In die Motorwanne[2]), die auch die Motorlager trägt, wird der nur als aktiver Blechkörper mit eingebetteter Wicklung ausgebildete Motorstator eingesetzt, und nach Einlegen des Motorläufers die obere Gehäusehälfte darüber gebaut. Statt einer besonderen Motorwanne wäre es auch möglich, diese mit dem Fahrzeugrahmen in einem Stück auszuführen[3]).

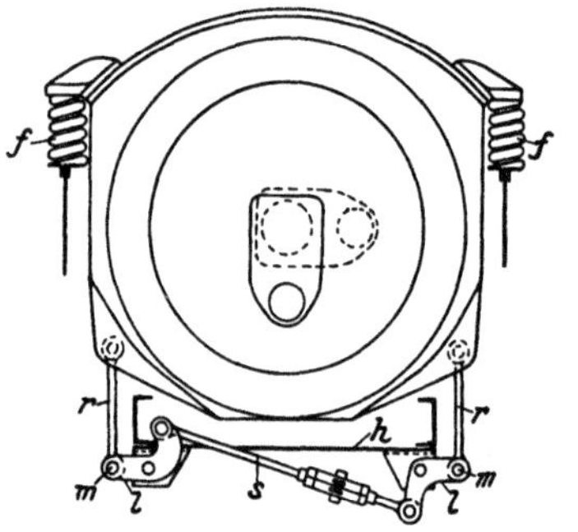

Abb. 175. Gefederte Lagerung des Motorständers mit Ausgleichgestänge (direkter Antrieb).

Eine grundsätzliche Sonderstellung hinsichtlich der Art der Verbindung des Motors mit dem Rahmen nimmt der Tramantrieb ein, und zwar insofern, als diese hier einen wesentlichen Bestandteil des Antriebes überhaupt bildet und daher in ihrer konstuktiven Ausbildung gemeinsam mit letzterem früher behandelt werden mußte (s. S. 101). Bei der Normalform des Tramantriebes stützt sich der Motor bekanntlich mittels der Tatzenlager unabgefedert auf die angetriebene Achse, während er andererseits am Fahrzeugrahmen mittels Gehäusenase federnd aufgehängt ist. Die starre Verbindung zwischen Motor und Triebachse über die Tatzenlager sichert einwandfreien Zahneingriff, während durch die federnde Aufhängung der Motor nicht an die Bewegungen des Rahmens gebunden ist. Unabhängig von diesen kann er um die Triebachse schwingen, soweit es die Federung zuläßt. Wo indessen die Aufhängung des Motors am Rahmen angreifen muß, damit die vom Geleise auf die Motormasse ausgeübten, unabgefederten Stöße und deren Rückwirkung auf das Geleise möglichst gemildert zur Geltung kommen, bildet eine Frage besonderer Überlegung, auf die in diesem Zusammenhang etwas näher eingegangen werden soll.

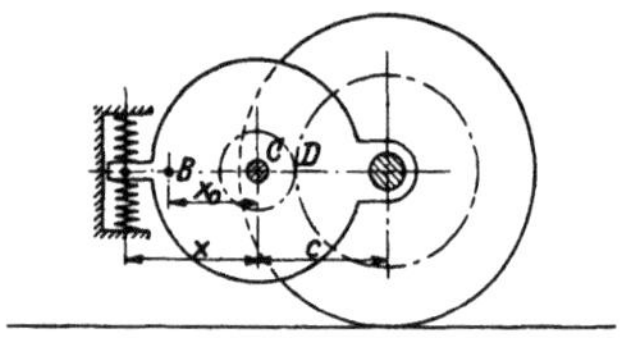

Abb. 176.

Bei rein statischer Betrachtung des Problems ergibt sich ohne weiteres, daß es am vorteilhaftesten sein müsse, den Motor in seinem Schwerpunkt aufzuhängen, d. h. so, daß sich Motorschwerpunkt und Aufhängepunkt in einer senkrechten, quer zum Fahrzeug gelegenen Ebene befinden. Von weitaus größerem Einfluß sind jedoch hier die dynamischen Einflüsse, die erstmalig G. Brecht für diesen Antrieb analytisch untersucht und dabei nachgewiesen hat[4]), daß die Schwerpunktsaufhängung tatsächlich am ungünstigsten ist, während die Aufhängung des Motors an seinem der Triebachse abgekehrten Ende, die man lediglich aus konstruktiven Gründen glaubte anwenden zu sollen, auch mit Rücksicht auf die Stoßbeanspruchungen wesentlich günstigere Bedingungen schafft.

Bei einer späteren allgemeinen Behandlung[5]) des Problems geht A. Laternser unmittelbar von den Stößen aus, die, von den Geleiseunebenheiten herrührend, sich unmittelbar über die

[1]) D. R. P. 276277, Schweiz. P. 66425, E. P. 25834/13, It. P. 137990 (K. v. Kandó). — Angewendet bei den 1C1-Lokomotiven (Gruppe E 330) der FF. SS. (R. T. F. I. 1915, II, S. 1) und bei den 1D1-Lokomotiven (Gruppe E 431) der FF. SS. (siehe auch S. 442ff. und Abb. 435).

[2]) Die Bauart der Motorwanne ist erstmalig angegeben worden im Schweiz. P. 69872 der M. F. O.

[3]) D. R. G. M. 611145 (A. E. G.). [4]) E. K. B. 1909, S. 181.

[5]) Schweiz. Bauz. 1924, II, S. 125; 1925, I, S. 121. — Siehe auch Schweiz. P. 109407. In diesem Zusammenhang sei auch der Vorschlag von K. Röthler erwähnt, die Aufhängefeder nicht direkt mit dem Rahmen, sondern durch ein am Rahmen beweglich gestütztes System von Hebeln mit den Tatzenlagern zu verbinden (D. R. P. 446802, Ö. P. 96627, 102350).

Tatzenlager auf den Motor, d. h. sowohl auf das Motorgehäuse als auch auf den Anker übertragen. Der Motor als Ganzes erleidet dabei eine Bewegung, die sich aus einer Schiebung und aus einer Drehung zusammensetzt. Die Schiebung sei in Richtung Aufhängepunkt-Tatzenlager angenommen. Da sich die Drehung des Motors, relativ betrachtet (Abb. 176), nur um die Triebachse vollziehen kann, stehen die Einzelbewegungen im rechten Winkel zueinander. Außer dieser zusammengesetzten Bewegung des Motors als Ganzes erfährt aber der Motoranker infolge des steten Zahneingriffs zwischen großem Zahnrad und Ritzel noch für sich eine zusätzliche Drehung um seine eigene Achse. Da der Aufhängepunkt des Motorgehäuses nicht dieselbe Bewegung ausführt wie die Motortatzenlager, so muß notgedrungen ein Abrollen des Motorritzels auf dem Zahnrad stattfinden, was bei ungefedertem Getriebe eine Drehung des Motorankers nach sich zieht.

Die für diese Bewegungen aufzuwendende lebendige Kraft E ist gegeben durch den Ausdruck

$$E=\frac{M v^2}{2}+\frac{J \omega_1^2}{2}+\frac{J_a \omega_2^2}{2}, \tag{184}$$

in dem M die Masse des Motors, M_a die Masse des Motorankers, v die Geschwindigkeit der Motorschiebung, J und ω_1 das Trägheitsmoment des Motors bzw. die Winkelgeschwindigkeit der Motordrehung in bezug auf den Aufhängepunkt, J_a und ω_2 das Trägheitsmoment und die Winkelgeschwindigkeit des Ankers bedeuten.

Ist ferner a_1 und a_2 die geradlinige bzw. tangentiale Beschleunigung der Motormasse in Punkt A (Abb. 176), a_3 die tangentiale Beschleunigung der Ankermasse in Punkt D, c die Achsdistanz, x der Abstand des Aufhängepunktes B vom Motormittelpunkt, d der Durchmesser des Ankers und r der Ritzelradius, dann läßt sich die Stoßkraft im Punkte A in Form des Ausdruckes schreiben

$$P=\sqrt{(M a_1)^2+\left[\frac{J a_2}{(c+x)^2}+\frac{J_a a_3}{r^2}\frac{c}{c+x}\right]^2}$$

oder

$$P=\sqrt{(M a_1)^2+\left[\left(\frac{M}{2}c^2+M x^2\right)\frac{a^2}{(c+x)^2}+\frac{M_a\, d^2\, a_3\, c}{8 r^2 (c+x)}\right]^2} \tag{185}$$

oder mit Benützung der Beziehungen

$$\frac{c-r}{r}=u \text{ (Zahnradübersetzung)},$$

$$\frac{a_3}{a_2}=\frac{c-r}{c+x},$$

$$M_a=\frac{M}{m},$$

$$P=\sqrt{(M a_1)^2+(M a_2)^2\left[\frac{4 m (c^2+2 x^2)+d^2 u (u+1)}{8 m (c+x)^2}\right]^2} \tag{186}$$

oder

$$P=\sqrt{(M a_1)^2+(M a_2)^2 y^2}. \tag{187}$$

Die Intensität des Stoßes wird also außer von der Masse und der Massenbeschleunigung beeinflußt durch den Ankerdurchmesser d, die Lage x des Aufhängepunktes, durch die Größe der Übersetzung u und die Achsdistanz c. Der Ausdruck

$$y=\frac{4 m (c^2+2 x^2)+d^2 u (u+1)}{8 m (c+x)^2}, \tag{188}$$

der diese vier Faktoren enthält, sei demnach nach Laternser[1]) als Intensitätsfaktor und das Produkt aus Motormasse und diesem Faktor als „scheinbare Masse" des Motors für dessen Drehung bezeichnet.

Jener Wert von x, für den der Stoßeffekt und damit der Intensitätsfaktor ein Minimum wird, ergibt sich offenbar, wenn man vom Ausdruck für y die erste Ableitung nach x bildet und Null setzt.

$$\frac{d y}{d x}=\frac{8 c m x-4 m c^2-d^2 u (u+1)}{4 m (c+x)^2}=0$$

und

$$x_{\min}=\frac{c}{2}+\frac{d^2 u (u+1)}{8 m c}=k. \tag{189}$$

Setzt man den Ausdruck für $x_{\min}$ in obigen Ausdruck für y, so ergibt sich

$$y_k=\frac{1}{2}\frac{(c^2+2 k^2)}{(c+k)^2}+\frac{d^2 u (u+1)}{8 m (c+k)^2} \tag{190}$$

[1]) a. a. O.

Der Intensitätsfaktor y setzt sich also zusammen aus einem von den Motorverhältnissen unabhängigen Teil, der ein ausgesprochenes Minimum bei $x = \frac{c}{2}$ erreicht, und einem von den Motorabmessungen abhängigen, mit wachsendem x stetig abfallenden Teil. Der erste Teil berücksichtigt den Motor als Ganzes und der zweite Teil den Zusatz des Ankers. Ist das Getriebe gefedert, so fällt dieser Teil weg. Bei gefedertem Getriebe wird also die Stoßkraft zu einem Minimum, wenn der Motor so aufgehängt wird, daß der Abstand des Aufhängepunktes vom Motormittel gleich ist der halben Achsdistanz des Motors. Die scheinbare Motormasse ist dabei etwa gleich $^1/_3$ der totalen. Die Aufhängung des Motors im Schwerpunkt $x = 0$ bewirkt also eine Vergrößerung der ungefederten Masse von $^1/_3$ auf $^1/_2$ geich 50%.

Ist das Übersetzungsgetriebe ungefedert, so verschiebt sich der günstigste Aufhängepunkt gemäß Gl. (189) aus der Lage $x = \frac{c}{2}$ (wie beim gefederten Getriebe) weiter nach außen gegen den Gehäuseumfang hin. Setzt man näherungsweise $c = d$ und $m = 4$, dann wird

$$x_{\min} = \frac{c}{2}\left(1 + \frac{u^2}{16}\right). \tag{191}$$

Für einen gegebenen Motor mit ungefedertem Getriebe ist also die günstigste Lage des Aufhängepunktes angenähert nur noch abhängig vom Übersetzungsverhältnis.

Was nun gemäß Gl. (186) den Anteil der Massenschiebung $P_s = M a_1$ am Gesamtstoß anbelangt, so wird dieser um so größer, je größer die geradlinige Massenbeschleunigung ist. Diese Beschleunigung wird ein Minimum, wenn der Weg der Schiebung ein Minimum wird. Dies trifft zu, wenn Tatzenlager, Motormittel und Aufhängepunkt in einer horizontalen Ebene liegen. Liegt der Aufhängepunkt höher oder tiefer, so wird der Weg der Massenschiebung verhältnismäßig größer. Die Aufhängung unterhalb der Motormittelebene muß daher besonders ungünstig sein. Die günstigste Aufhängung bezüglich Massenschiebung entspricht auch den günstigsten Verhältnissen für die Massendrehung, so daß danach getrachtet werden muß, die Aufhängung so zu gestalten, daß Tatzenlager, Motormittel und Aufhängepunkt möglichst in einer Horizontalebene liegen.

Die abgeleiteten Formeln sind infolge der Annahme nicht ganz genau, daß die parallele Lage der Triebachse zur Geleiseebene während des Stoßes erhalten bleibt. Tatsächlich wird dies nicht zutreffen, da selten beide Räder gleichmäßig einen gleich starken Stoß vom Geleise her erhalten. Auch wenn dies der Fall wäre, so hätte es erst noch zur Voraussetzung, daß die Zahnräder beidseitig angeordnet wären. Treibt der Motor nur einseitig an, so muß das dem Antrieb benachbarte Triebrad stärkere Schläge aufnehmen, wobei es im allgemeinen in der Höhenlage gegenüber dem anderen Rad zurückbleibt. Immerhin wird die willkürliche Annahme der Parallelverschiebung der Triebachse am qualitativen Ergebnis nicht viel ändern, zu dem auch J. Bašta auf Grund der folgenden einfacheren Überlegung gelangt ist[1]).

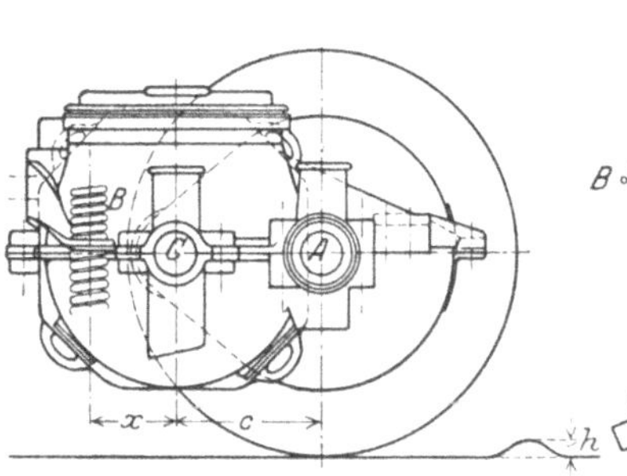

Abb. 177.

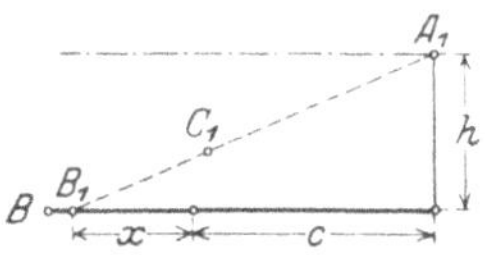

Abb. 178.

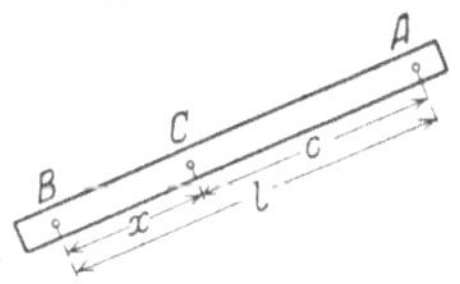

Abb. 179.

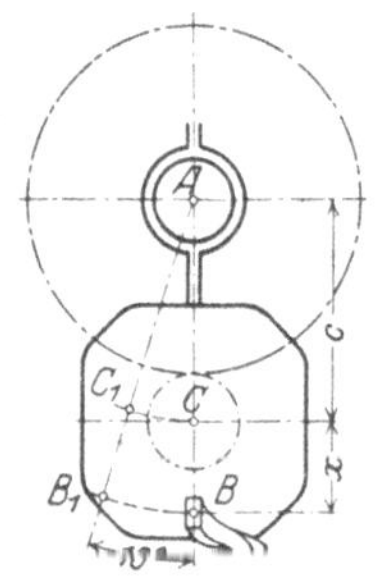

Abb. 180.

Kommen die Räder der Triebachse A (Abb. 177) auf Unebenheiten von der Höhe h, so dreht sich die Triebachse um den Aufhängepunkt B im aufsteigenden Sinne. Die Bewegung kann — abgesehen von der Schiebung des Punktes B — als erste Schwingung eines physischen Pendels angesehen werden, dessen Schwerpunkt im Motorzentrum C angenommen sei (Abb. 178). Soll die in A wirkende Stoßkraft am kleinsten ausfallen, dann muß offenbar die Länge BA gleich sein der reduzierten Länge l des physischen Pendels (Abb. 179)

$$l = \frac{J_B}{x M}, \tag{192}$$

wobei J_B das Trägheitsmoment des Motorsystems, bezogen auf den Aufhängepunkt B, M die Masse des Systems bedeutet.

[1]) Schweiz. Bauz. 1915, I. S. 206.

Da nun

$$l = x + c$$

und

$$J_B = J_C + M x^2,$$

wenn J_C das Trägheitsmoment des Systems, bezogen auf die Schwerpunktsachse bedeutet, ist

$$x = \frac{J_C}{M_c}. \tag{193}$$

Für einen gegebenen Motor ist die Masse M bzw. das Gewicht G des Motors samt Getriebe sowie der Abstand c unmittelbar bekannt. Das Trägheitsmoment J_C wird experimentell folgendermaßen bestimmt. Man hängt den fertigen Motor mittels seiner Tatzenlager an einer Welle auf, so daß er frei abwärts hängt (Abb. 180) und prüft mit dem Senkel nach, ob die Achsen von A und C sich in der gleichen vertikalen Ebene befinden. Dann bringt man den ganzen Motor um einen bestimmten Winkel α von vielleicht 10^0 aus der Ruhelage und mißt mit Hilfe der Stoppuhr die Schwingungsperiode

$$T = 2\pi \sqrt{\frac{J_A}{D}},$$

in der D das Direktionsmoment des Pendels $= G \cdot c \cdot \sin\alpha$ bedeutet. Daraus wird das Trägheitsmoment J_A des Systems zur Achse A berechnet. Das Trägheitsmoment J_C folgt aus der Beziehung

$$J_A = J_C + M_c^2. \tag{194}$$

Dieser Wert von J_C wird in den Ausdruck für x eingesetzt.

Eine interessante Beziehung läßt sich bei diesem Antrieb auch zwischen dem Abstand der Motoraufhängung von der Radachse und dem Übersetzungsverhältnis der die Tragfedern von Trieb- und Laufachsen verbindenden Ausgleichshebeln ableiten für die Bedingung, daß die Triebachsen bei Anfahrt keine Achsdruckveränderungen erfahren, sondern diese von den Laufachsen abgeglichen werden sollen[1]). Abb. 181 zeigt beispielsweise schematisch eine Lokomotive mit zwei Laufachsen und vier einzeln durch Achsmotoren in Tramaufhängung angetriebene Triebachsen. Da die Lokomotive als Ganzes im Gleichgewicht ist, gilt hier bei einem Gesamtradstand $2\,l$ für die Entlastung P der vorderen Laufachse und die gleich große zusätzliche Belastung der hinteren Laufachse die Gleichung.

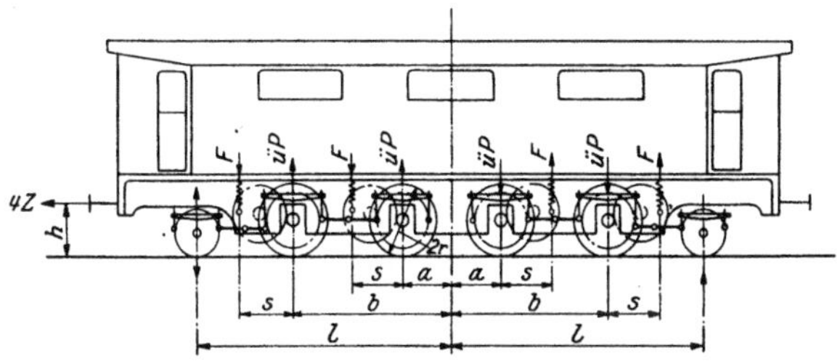

Abb. 181.

$$2\,Pl = 4\,Zh, \tag{195}$$

wenn Z die von jeder Triebachse ausgeübte Zugkraft bedeutet. Die gewünschten Belastungsänderungen der Laufachsen treten vollkommen ein, wenn die Motoraufhängung und das Übersetzungsverhältnis der Ausgleichshebel zwischen Trieb- und Laufachsen und der Gesamtradstand der Lokomotive einer Gleichung genügen, die aus dem Gleichgewicht der Kräfte am Lokomotivrahmen wie folgt abgeleitet werden kann.

Der Motor übt ein Drehmoment $Z \cdot r$ auf den Radsatz aus, wobei in der gezeichneten Fahrtrichtung die Kraft Z einerseits zwischen Rad und Schiene nach vorn auf den Radsatz, andererseits in der Achslagerführung nach hinten auf ihn wirkt. Das Gleichgewicht am gezeichneten System, Motor und Radsatz, fordert, daß dann an der Motoraufhängung eine auf den Motor nach oben, auf den Lokomotivrahmen nach unten wirkende Kraft F nach der Momentengleichung

$$F \cdot s = Z \cdot r \tag{196}$$

auftritt. Bei einem in Fahrtrichtung vor der von ihm angetriebenen Achse liegenden Motor wirkt eine ebenso große Kraft an der Aufhängung auf den Rahmen nach oben (siehe rechte Lokomotivhälfte der Abb. 181).

Außer den Kräften F, die sich aus obiger Momentengleichung ergeben, greifen am Rahmen (gefederter Teil) noch die Zugkraft am Zughaken $4\,Z$ und ihre Gegenkräfte an den Achslagerführungen an. Alle diese Kräfte sind in Abb. 181 eingezeichnet und ergeben zusammen ein Moment

$$\begin{aligned} M &= 4\,Z\,(h - r) + 2\,F\,(a + s) + 2\,F\,(b + s) \\ &= 4\,Zh - 4\,Zr + 2\,F\,(a + b) + 4\,Fs \end{aligned}$$

[1]) D.R.P. 449438 (AEG).

oder mit Benützung der Momentengleichung (196)

$$M = 4\,Z h + 2\,Z \frac{r}{s}(a+b)\,. \tag{197}$$

Dieses Moment steht demjenigen aus den zusätzlichen Tragfederkräften gegenüber. Die zusätzliche Tragfederkraft an der Laufachse ist gleich dem zusätzlichen Achsdruck P. Bei einem Übersetzungsverhältnis $\ddot{u}$ zwischen den Tragfedern der Lauf- und Triebachsen wird die zusätzliche Federkraft an diesen $P \cdot \ddot{u}$.

Das Moment der Federzusatzkräfte am Rahmen ergibt sich damit

$$M = 2\,P l + 2\,P \ddot{u}\,(a+b)$$

oder

$$2\,P\,[l + \ddot{u}\,(a+b)] = 2\,Z\left[2\,h + \frac{r}{s}(a+b)\right] \tag{198}$$

und daraus ergibt sich durch Division durch (195) die gesuchte Bedingungsgleichung

$$\ddot{u}\,\frac{a+b}{l} = \frac{r}{s}\,\frac{a+b}{2\,h} \tag{199}$$

oder

$$\frac{r}{s} = 2\,\ddot{u}\,\frac{h}{l}\,. \tag{200}$$

Diese Bedingungsgleichung sei an einem Zahlenbeispiel nachgeprüft.

Für eine normalspurige sechsachsige Lokomotive sei der gesamte Radstand $2\,l = 10$ m, die Höhe des Zughakens sei $h = 1$ m. Nimmt man das Übersetzungsverhältnis am Ausgleichshebel als 3 : 2 an, also $\ddot{u} = 1{,}5$, so muß für volle Ausnützung des Reibungsgewichtes gelten:

$$\frac{r}{s} = 2 \cdot 1{,}5 \cdot \frac{1}{5} = 0{,}6$$

oder bei einem Triebradhalbmesser $r = 0{,}75$ m muß der Abstand s der Motoraufhängung von der Achse betragen

$$s = \frac{r}{0{,}6} = 1{,}25 \text{ m}\,.$$

Die abgeleitete Gleichung (200) gilt allerdings nur für Lokomotiven mit gerader Triebachszahl, für die sich durch Anordnung der Motoren gemäß Abb. 281 symmetrische Verhältnisse und Gleichwertigkeit der Triebachsen für beide Fahrtrichtungen erzielen lassen.

VI. Bremsen und Bremseinrichtungen.

1. Allgemeines.

Ebenso wie jeder andere durch irgendeine treibende Kraft aus der Ruhe beschleunigte und auf irgendeiner Bahn unter Überwindung der Bewegungswiderstände bewegte Körper würde auch ein Eisenbahnfahrzeug oder ein ganzer Eisenbahnzug vom Totalgewicht G nach Aufhören der treibenden Kraft zum Stillstand kommen, und zwar nach Zurücklegung einer gewissen Wegstrecke, Auslaufstrecke genannt, deren Länge l in m sich aus der Bedingung ergibt, daß die auf der Auslaufstrecke zur Überwindung der Bewegungswiderstände noch zu leistende Arbeit gleich sein muß der lebendigen Kraft, die der mit der Geschwindigkeit V in km/h bewegten Zugsmasse im Moment des Aufhörens der treibenden Kraft noch innewohnt. Gemäß den Ausführungen auf S. 22 ist also

$$\frac{1}{2}\,\frac{1000\,G}{g}\left(\frac{V}{3{,}6}\right)^2 \xi = w_1\,G\,l_b \tag{201}$$

oder

$$l_b = \frac{50\,\xi}{w_1}\left(\frac{V}{3{,}6}\right)^2. \tag{202}$$

Für einen Zug, der mit 100 km/h fährt, ergäbe sich also vom Moment der Abschaltung der Motoren, ξ zu 1,2 und w_1 im Mittel zu 4 angenommen, ein Auslaufweg von 11,5 km. Da ein solcher Auslaufweg und damit eine so lange Auslaufzeit betriebstechnisch natürlich undenkbar ist und überdies mit der Notwendigkeit plötzlichen Anhaltens auf kurzen Strecken gerechnet werden muß, wird innerhalb des Auslaufweges zur Verkürzung desselben der Fahrwiderstand durch Einbau der Bremsen künstlich vergrößert derart, daß während des Auslaufweges, der nunmehr als Bremsweg zu bezeichnen ist, Bremsklötze mit einer gewissen Kraft gegen die Radreifen gepreßt werden. Die auf diese Weise vermehrte Reibung führt eine Verzögerung des ganzen

Fahrzeuges herbei. Ebenso wird durch Bremsung bewirkt, daß die Geschwindigkeit eines Eisenbahnzuges beim Durchfahren eines Gefälles, dessen Neigung größer ist als der Mittelwert des Fahrwiderstandes, auf einen konstanten Wert gehalten wird. Letztere Wirkung kann teilweise oder auch ausschließlich durch elektrische Bremsung erzielt werden, indem bei Talfahrt die Triebmotoren der Lokomotive von deren Radachsen angetrieben als Stromerzeuger arbeiten, wobei als Äquivalent der erzeugten elektrischen Leistung rückhaltende, d. h. bremsende Kräfte am Umfang der Triebräder zur Wirkung kommen. Von den verschiedenen Formen dieser Art der Bremsung wird später noch ausführlich die Rede sein. In diesem Zusammenhang gelangt lediglich die Bremsung durch Reibung, d. h. die mechanische Bremsung zur Erörterung.

Die Größe der Bremsklotzreibung oder der Reibungskoeffizient μ_b zwischen Bremsklotz und Radreifen, der für die Größe des Bremsweges ausschlaggebend ist, ist ebensowenig eine Konstante wie der Reibungskoeffizient zwischen Radreifen und Schiene. Versuche von Galton haben in Abhängigkeit der Geschwindigkeit V in km/h die in folgender Tabelle zusammengestellten Werte μ_b ergeben:

V km/h	0	7,56	15,84	39,96	72,36	96,48
μ_b	0,330	0,273	0,242	0,166	0,127	0,074

Da also bei großen Geschwindigkeiten der Reibungskoeffizient μ_b am kleinsten ist und mit Abnahme der Geschwindigkeit zunimmt, soll also der auszuübende Bremsdruck bei der größten Geschwindigkeit, d. h. zu Anfang des Bremsweges am größten sein, während er gegen Ende desselben abnehmen kann bzw. soll, damit das Produkt aus Bremsdruck P_b und Reibungskoeffizient μ_b annähernd konstant ist.

Unter Einführung eines ideellen für die ganze Dauer des Auslaufweges konstanten Reibungskoeffizienten μ_b' ist die der Reibung zwischen Bremsklotz und Bandage während des Bremsweges l_b äquivalente Arbeit

$$A = P_b \mu_b' l_b .$$

Diese Reibungsarbeit muß wieder gleich sein der dem Zug bei Beginn der Bremsung innewohnenden lebendigen Kraft abzüglich des selbst bremsenden Fahrwiderstandes vermehrt oder vermindert um den als Gefälle oder Steigung auf die Bewegung beschleunigend oder verzögernd wirkenden, d. h. positiv ($+ s$) oder negativ ($- s$) zu zählenden Widerstand der Bahnneigung s'. Es ist also

$$P_b \mu_b' l_b = \xi \frac{1000 G}{g} \frac{1}{2} \left(\frac{V}{3,6}\right)^2 - G l_b w_1 - s' G l_b ,$$

$$l_b = \frac{\frac{1}{2} \xi \frac{G}{g} \left(\frac{V}{3,6}\right)^2}{P_b \mu_b' + G (w_1 + s')} . \qquad (203)$$

Soll der Zug nicht zum Stillstand, sondern von einer Geschwindigkeit V_1 auf V_2 verzögert werden, dann ergibt sich der hierfür erforderliche Bremsweg l_b

$$l_b = \frac{\frac{1}{2} \xi \frac{G}{g} \left[\left(\frac{V_1}{3,6}\right)^2 - \left(\frac{V_2}{3,6}\right)^2\right]}{P_b \mu_b' + G (w_1 + s')} . \qquad (204)$$

Die Gl. (203) und (204) könnten umgekehrt dazu verwendet werden, um für einen angenommenen Bremsweg den erforderlichen Bremsdruck zu berechnen. Für Vollbahnfahrzeuge ist jedoch die Ermittlung des Bremsweges die übliche, da die verschiedenen Bahnverwaltungen bestimmte Normen für die Größe des Bremsdruckes in Prozenten des Achsdruckes bzw. allgemein des Adhäsionsgewichtes herausgegeben haben. So schreiben die „Technischen Vereinbarungen" einen maximalen Bremsklotzdruck von wenigstens 70% des Raddruckes vor.

Rechnerisch ergibt sich für einen konkreten Fall die Kraft P_b als Anpressungsdruck der Bremsklötze durch Multiplikation der von der Bremsspindel bzw. dem Bremszylinder ausgeübten Kraft P mit dem Übersetzungsverhältnis φ der Bremse. Dabei werden die Hebelverhältnisse so gewählt, daß die auf die einzelnen Achsen entfallenden Bremsdrücke P_1, P_2, P_3 usw. nahezu gleich groß werden.

Jedenfalls ist die Bedingung erfüllt

$$P_b \varphi = P_1 + P_2 + P_3 + P_4 + \cdots \qquad (205)$$

Abb. 182 zeigt das Bremsschema der 2 D_0 1-Lokomotive (Reihe 10901) der S. B. B. mit den eingetragenen Hebellängen und Bremsdrücken. Für φ ergibt sich hier der Wert 11,7 für die automatische Westinghousebremse (s. u.) und 18 für die Handbremse.

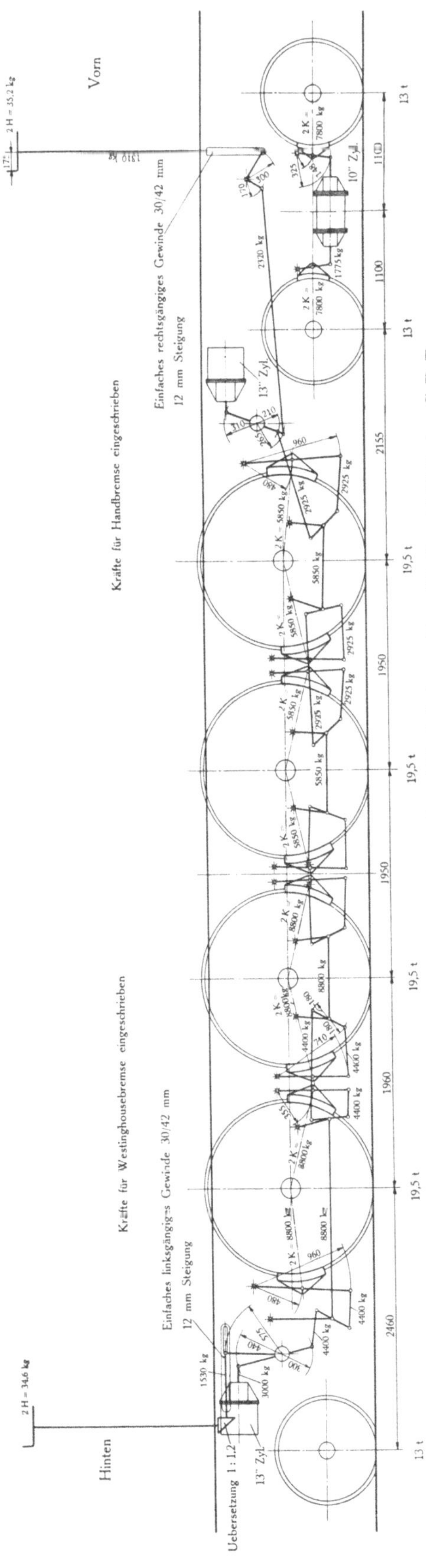

Abb. 182. Schema des Bremsgestänges der 2 D_0 1-Lokomotive (Reihe 10901) der S. B. B.

Automatische Westinghousebremse.

Kolbenkraft (p = 3,5 at) . . . . . . = 3000 kg
Klotzdruck . . . . K = 4400 kg
Totaler Bremsdruck . . . . . . $8\,K$ = 35000 kg
Abbremsung vom Adhäsionsgewicht $= \frac{35000 \cdot 100}{39000}$ = 90 %
Übersetzung . . . . . . $= \frac{3000}{35000}$ = 1 : 11,7

Handbremse.

Spindelkraft . . . . . . S = 1310 kg
Klotzdruck . . . . . . K = 2925 kg
Totaler Bremsdruck . . . . $8\,K$ = 23400 kg
Abbremsung vom ½ Adhäsionsgewicht $= \frac{23400 \cdot 100}{39000}$ = 60 %
Übersetzung bis zur Spindel . . . $= \frac{1310}{23400}$ = 1 : 18

Wegübersetzung . . . . . . $= 18 \cdot \frac{350 \cdot \pi}{12}$ = 1 : 1650
Kraft an der Kurbel vorn = 2 H
$= 1310 \cdot \left(\frac{12 + 36\,\pi \cdot 0{,}15}{36\,\pi - 12 \cdot 0{,}15}\right) \frac{18}{175}$ = 35,2 kg
Kraft an der Kurbel hinten = 2 H
$= 1530 \cdot \left(\frac{12 + 36\,\pi \cdot 0{,}15}{36\,\pi - 12 \cdot 0{,}15}\right) \frac{18 \cdot 72}{87 \cdot 175}$ = 34,6 kg
Zahnradübersetzung . . . . . . $\frac{72}{87}$ = 1 : 1,2

Drehgestellbremse.

Kolbenkraft (p = 3,5 at) . . $P = \frac{25 \cdot 4^2 \cdot \pi}{4} \cdot 3{,}5$ = 1775 kg
Klotzdruck . . . . . . $= \frac{1775 \cdot 325}{148}$ = 3900 kg

Totaler Bremsdruck . . . . . . = 15600 kg
Abbremsung der Drehgestellachsdrücke . . . $\frac{15600 \cdot 100}{26000}$ = 60 %
Übersetzung . . . . . . $\frac{148}{325}$ = 1 : 2,2

Gesamte Bremse.

Adhäsionsgewicht . . . . . . = 78000 kg
2 Drehgestellachsen . . . . . = 26000 kg
1 Bisselachse . . . . . . = 13000 kg
Dienstgewicht . . . . . . = 117000 kg

Bremsklotzdruck auf Triebräder . . . = 70000 kg
Bremsklotzdruck auf Laufräder . . . = 15600 kg
Totaler Bremsklotzdruck . . . . = 85600 kg

Abbremsung vom Dienstgewicht . . . = 73%

Der je Achse entfallende Bremsdruck P_1, P_2 usw. verteilt sich auf zwei oder vier Bremsklötze je nach Anordnung derselben. Die einseitige Bremsung (ein Bremsklotz je Rad) ist konstruktiv einfacher, dagegen ist die zusätzliche Beanspruchung der Achse und Lager ungünstiger, außerdem kommen die für den Oberbau schädlichen Überschreitungen des Bremsdruckes häufiger vor, so daß die Räder schleifen und nicht mehr rollen. Letzteres kann zumeist vermieden werden, wenn man bei Bemessung der Bremsklötze den Flächendruck für maximalen Bremsdruck nicht höher wählt als 25 bis 30 kg/cm². Muß dieser Wert überschritten werden, dann wählt man zweckmäßigerweise doppelseitige Bremsklotzanordnung, die allerdings einen größeren Radstand bedingt, wenn man auf die Anordnung der Bremsklötze in Radmitte nicht glaubt verzichten zu können, in der Herstellung und im Unterhalt teuer ist, dagegen die Achse nicht zusätzlich beansprucht.

Das Bremsgestänge besteht aus Flach- und Rundeisen, das man mit 8 bis 10 kg/mm² belasten kann, und enthält zwischengeschaltete Nachstellvorrichtungen in Form von

Schraubenschlössern oder Steckvorrichtungen, um durch Nachstellung bei Abnutzung die Aufrechterhaltung eines Abstandes von 5 bis 7 mm zwischen Bremsklotz und Radreifen zu ermöglichen. Immerhin wird man, um das Strecken durch Spiele in den einzelnen Gelenken möglichst klein zu erhalten, sämtliche Augen und Bolzen des Gestänges im Einsatz härten. Um die Forderung nach gleichem Bremsdruck auf alle Achsen leichter erfüllen zu können, werden in das Gestänge sowohl in der Längs- wie in der Querrichtung zwischen den beiden Maschinenseiten Ausgleichshebel eingeschaltet. Bei axial verschiebbaren Radsätzen wird auch dem Bremsklotzträger durch Aufhängung mittels Cardangelenk Bewegungsmöglichkeit in Seitenrichtung gegeben.

Zur Übertragung der von der Bremsspindel ausgeübten Kraft auf das Bremsgestänge dient die Bremswelle, die entweder fest im Rahmen gelagert oder als fliegende Welle ausgebildet wird. Bremsgestänge und Zugstangen werden durch Fangvorrichtungen gegen Herabfallen gesichert.

Von der üblichen Anordnung der Bremsanordnung, nach welcher ein Bremszylinder mittels eines gemeinsamen Gestänges den Bremsdruck auf die einzelnen Räder überträgt, ist bis jetzt nur bei der D_0—$D_0 + D_0$—D_0-Lokomotive (Reihe 501) der Detroit, Toledo & Ironton Bahn[1]) abgewichen worden, deren mechanischer Teil von der Ford Motor Co. in Dearborn gebaut wurde. Bei diesem Fahrzeug (s. Taf. XXII) ist über jedem Rad ein kleiner Bremszylinder (Abb. 183) angeordnet, der auf einer Verlängerung des Motorgehäuses sitzt. Wird zur Einleitung der Bremsung Preßluft in den Zylinder eingelassen, so bewegen sich Zylinder und Kolben in entgegengesetzten Richtungen und drücken dabei einen einzigen Bremsschuh durch Scherenhebel auf den Radreifen. Eine flache Blattfeder gibt die Bremse wieder frei, sobald die Luft ausströmt. Die beim Bremsen entstehende Gegenwirkung beeinflußt nicht die Federung des Wagenkastens, sondern entlastet die Achslager.

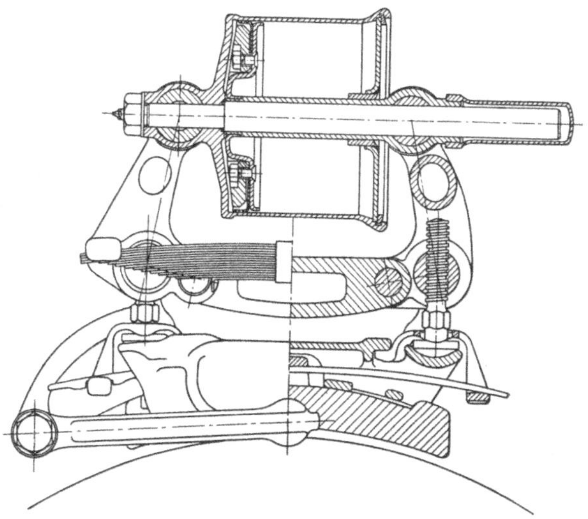

Abb. 183. Radbremsung durch individuellen Bremszylinder der D_0—D_0+D_0—D_0-Lokomotive (Reihe 501) der Detroit, Toledo & Ironton Bahn.
Ford Motor Co., Dearborn.

Einachsige Laufräder werden gelegentlich, d. h. vornehmlich bei Lokomotiven, die lange Gefällstrecken von großer Neigung zu durchfahren haben, ebenso wie die Triebräder mit Bremsklötzen versehen, dagegen sind die Meinungen über die Zweckmäßigkeit der Bremsung zweiachsiger (amerikanischer) Drehgestelle sehr geteilt. Viele Bahnverwaltungen sehen direkt davon ab, Drehgestellbremsen einzubauen, bei anderen wieder ist sie fast zur Regel geworden, so bei den Schwedischen Staatsbahnen und den Österreichischen Bundesbahnen. Gerade elektrischen Lokomotiven aber, die ja zur steten Erhöhung der Fahrgeschwindigkeit Anlaß gegeben haben und durch die Verwendung raschlaufender Motoren mit zwischengeschalteten Übersetzungsgetrieben wesentlich größere bremsende Kräfte erfordern, ist das Bedürfnis unbedingt vorhanden, alle Achsen einer Lokomotive zur Bremsung heranzuziehen. Man ist sogar so weit gegangen, bei elektrischen Lokomotiven für hohe Geschwindigkeit den Bremsklotzdruck so zu erhöhen, daß das Verhältnis zwischen Bremsdruck und Raddruck den Wert 1 erreicht und sogar überschreitet. Dadurch wird aber die Stellkraft des Radsatzes fast aufgehoben. Eine Lokomotive, deren sämtliche Achsen voll gebremst werden, verliert ihren Seitenhalt und wird innerhalb des Spieles zwischen Radreifen und Schiene „schwimmen". Beim Lauf in der Geraden wird der Einfluß der Bremsung ohne große Nachteile sein, hingegen wird mit wesentlich unruhigerem Gang zu rechnen sein, wenn eine Bahn mit öfters wechselnden Kurven rasch befahren wird. Der Übergang von einer Rechts- in eine Linkskurve oder das Ein- und Ausfahren der Krümmung wird mit einem scharfen Stoß an die führende Schiene erfolgen, was eine bedeutende Beanspruchung derselben ergibt und unter Umständen eine Gefahr der Entgleisung sein kann. Vorlaufende Drehgestelle für Schnellzuglokomotiven sollten daher nur mäßig gebremst werden. Als Material für die Bremsklötze dient weiches graues Gußeisen, das die größte Reibung ergibt, dem man allerdings der geringeren Abnutzung wegen etwa 10% Stahlabfälle zusetzt.

[1]) E. R. J. 1925, II, S. 352; R. E. E. 1925, II, S. 272; Organ Fortschr. Eisenbahnwes. 1926, S. 120. Siehe ferner S. 455 und Tafel XXII.

In Amerika werden Bremsklötze aus Gußeisen mit eingegossenen Drahtgeflechten oder netzartig geschlitzten Stahlblechen verwendet.

Die in den Führerständen untergebrachten Handbremsspindeln, die oben je in einem Kugelringlager abgestützt zu werden pflegen, wirken zumeist nur je auf die halbe Zahl der zugekehrten Triebräder. Ist die Zahl der letzteren ungerade, dann wird das Mitteltriebrad zur Hälfte vom vorderen zur Hälfte vom hinteren Führerstand gebremst, zweiseitige Bremsung vorausgesetzt.

Die Betätigung der Lokomotivbremsen durch die Handbremsspindeln erfolgt einerseits im Notfalle, andererseits bei Leerfahrt der Lokomotive und allenfalls auch im Verschubdienst.

In der Lokomotive sind aber auch alle Einrichtungen zur Betätigung der durchgehenden Bremse, mit der der ganze Zug gebremst wird, zum Zwecke der Betätigung durch den Führer zentralisiert und da ist es ebenso naheliegend und notwendig, die Bremsung der Lokomotive mit in die Zugbremsung einzubeziehen. Dies erfolgt in der Weise, daß das Bremsgestänge der Lokomotive außer an die Führerstandhandspindeln mittels besonderer Zugstangen an eigene zur durchgehenden Bremsung gehörende Bremszylinder angeschlossen wird. Die bereits früher erwähnte Bremsung zweiachsiger Laufgestelle erfolgt ohnehin nie von Hand und stets innerhalb der durchgehenden Zugbremsung. Diese arbeitet bei elektrischen Lokomotiven entweder mit Preßluft von 4 bis 4,5 kg/cm² oder mit Luft von weniger als Atmosphärendruck ($^1/_2$ bis $^2/_3$ kg/cm²). Die wichtigsten und verbreitetsten beider Systeme von Bremsen und deren Einrichtungen seien nachstehend ausführlicher behandelt.

2. Druckluftbremsen.

Bei den Druckluftbremsen wird das Bremsgestänge von Lokomotive und Wagen von den Bremszylindern betätigt, in die der Führer zur Einleitung der Bremsung Druckluft aus einem Druckluftbehälter einströmen läßt. Den primären Ausrüstungsbestandteil aller Druckluftbremssysteme bildet also die Druckluftpumpe, deren Antriebsorgan, in der Regel ein Elektromotor, vom sog. Druckregler in Abhängigkeit des zwischen 6,5 und 8 at schwankenden Druckes im Druckluftbehälter intermittierend ein- und ausgeschaltet wird. Die verschiedenen Formen der Druckluftpumpe sollen hier zunächst unabhängig von den Bremssystemen behandelt werden.

a) Druckluftpumpen.

I. Bauformen.

Da die höchsten selbst bei den größten Lokomotiven für die schwersten Zuglasten in Frage kommenden Förderleistungen 3000 m³/min in der Regel nicht übersteigen, kann für die Bauart der Luftpumpe nur die als Kolbenkompressor oder aber als Rotationskompressor (Zellengebläse) in Frage kommen[1]).

Was zunächst erstere Bauart anbelangt, so ist wieder zu unterscheiden zwischen Kompressoren mit direkt gekuppeltem Antriebsmotor und solchen mit zwischengeschalteter Zahnradübersetzung, von denen letztere als die in der Entwicklung älteren zuerst behandelt werden sollen.

α) Kolben-Druckluftpumpen mit Übersetzungsgetriebe. Die namentlich bei Lokomotiven älterer Bauart besonders engen Platzverhältnisse, die auch die Unterbringung der Luftpumpengruppe erschwerten, legten einerseits die Verwendung eines möglichst raschlaufenden Motors nahe (1000 bis 2000 Uml./min), andererseits waren für die selbst bei den größten in Frage kommenden Luftmengen vergleichsweise kleinen Leistungen für die Kolbenkompressoren und namentlich deren Ventile verhältnismäßig niedere Drehzahlen erwünscht. Diese Überlegungen brachten es mit sich, daß bereits die ältesten Lokomotivkompressoren mit Zahnradübersetzung entworfen wurden, eine Bauart, der auch heute wieder der Vorzug gegeben wird.

Abb. 184 zeigt im Schnitt den Einheits-Motorkompressor der D. R. G.[2]), bei dem der Antriebsmotor auf einem besonderen Sockel neben dem Gehäuse des Übersetzungsgetriebes aufgestellt ist, so daß er bequem zugänglich und der Abwärme der Luftzylinder nicht ausgesetzt ist. Die Kurbelwelle, die in zwei Rollenlagern so hoch im Gehäuse gelagert ist, daß sie den Ölspiegel nicht berührt, treibt durch vier Schubstangen zwei Hoch- und zwei Niederdruckkolben an, deren Schmierung in ebenso einfacher als zuverlässiger Weise durchgebildet ist. Das von den Zahnrädern abgespritzte Öl wird von einem Trichter aufgefangen, der es durch Kanäle

---

[1]) Siehe H. Tetzlaff: Die Drucklufterzeugung auf elektrischen Lokomotiven und Triebwagen. El. Bahnen 1925, S. 261.

[2]) Von der Knorr-Bremse A.G. entwickelt.

tropfenweise auf die Stangenköpfe fallen läßt. Von hier gelangt es zu den Kurbellagern und wird dabei weiter an die Zylinderwandungen gespritzt, um die Kolben zu schmieren. Eine besondere Ölpumpe oder Schöpfräder sind vermieden. Bei dieser Art der Schmierung wird also den Kolben nicht mehr Öl als nötig zugeführt und die geförderte Preßluft ist ziemlich frei von Öl oder Öldämpfen. Die Ventile sind als Napfventile ausgeführt, und zwar sind für jeden Hochdruckzylinder ein Saug- und ein Druckventil, für jeden Niederdruckzylinder deren zwei vorhanden. Unmittelbar am Ventilgehäuse befinden sich die Verschraubungen zum Anschluß der Ansaug- und Drucksammelleitungen, die je nach den Raumverhältnissen in der Lokomotive besonders verlegt sind. Bei *0* ist eine Ölfüllöffnung mit Stutzen vorgesehen, der durch seine Lage ein Überfüllen des Ölsammelkastens verhindert. An der Seitenwand des Kurbelkastens ist ein Stutzen angebracht, durch den sich bildende Öldämpfe nach der Atmosphäre entweichen können. An zweckmäßigen Stellen angebrachte Ösen erleichtern das Auseinandernehmen einzelner Teile und den Aus- und Einbau des ganzen Maschinensatzes. Mit Rücksicht auf die hohe Verdichtungswärme der angesaugten Luft, durch die namentlich im Sommer beträchtliche Ölverdampfung und Ölausdünstung an den Undichtigkeiten der Rohranschlüsse und außen auf den Zylinderdeckeln unvermeidlich wird, ist zwischen Hoch- und Niederdruckzylinder ein Zwischenkühler eingeschaltet, der zweckmäßig außerhalb des Maschinenraumes im Freien angeordnet wird. Die Ansaugeleistung der Pumpe beträgt 1500 l/min, die auf 8 at verdichtet werden. Der zugehörige Antriebsmotor ist ein raschlaufender Einphasen-Reihenschlußmotor von 15 kW Dauerleistung, angeschlossen an eine 200 Volt-Anzapfung des Haupttransformators (Normalspannung für Wechselstrom-Hilfsbetriebe bei den Lokomotiven der D. R. G.). Das Gewicht des ganzen Maschinensatzes beträgt rund 1035 kg.

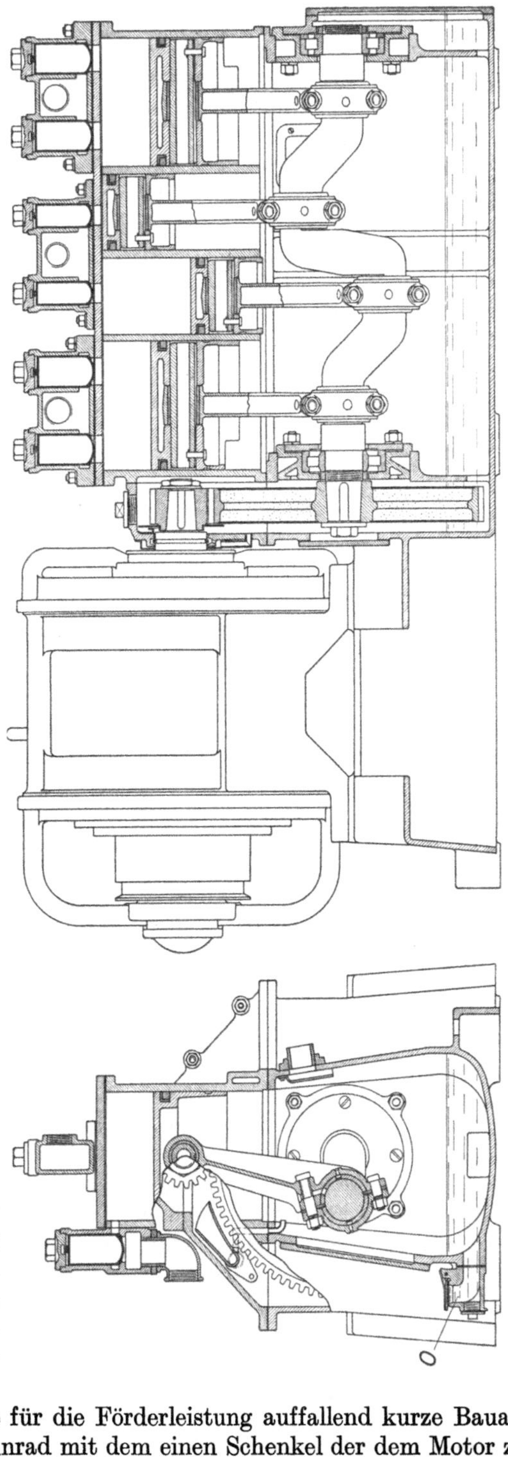

Abb. 184. Einheits-Motorkompressor der D. R. G. (Knorr-Bremse A.G.)

Bei einem großen Teil der S. B. B.-Lokomotiven wird der in Abb. 185 im Schnitt dargestellte Motorkompressor verwendet[1]), der bei einem Gesamtgewicht von nur 840 kg 2000 l/min ansaugt. Es wird also in den meisten Fällen die Aufstellung eines einzigen derartigen Kompressors genügen. Die zwei stehend angeordneten Zylinder sind parallel geschaltet, arbeiten also einstufig. Bemerkenswert bei diesem Kompressor ist die für die Förderleistung auffallend kurze Bauart, die dadurch erreicht wurde, daß das große Zahnrad mit dem einen Schenkel der dem Motor zunächst liegenden Kurbel unmittelbar zusammengebaut ist[2]). Interessant ist auch die Durchbildung der Schmierung. Die durch die Kompression erwärmte Luft durchströmt das Schmier-

[1]) Entwickelt von der M. F. O.

[2]) Schweiz. P. 99360 (M. F. O.).

gefäß *10*, wodurch das Zylinderöl aufgewärmt und demzufolge eine zuverlässige Schmierung erreicht wird. Das erwärmte Schmieröl wird mittels eines Dochtes *11* beidseitig durch die Schmierleitung *12* zum Hohlraum *13* der Kurbelwelle *14* geleitet. Infolge der Fliekraft gelangt das Öl durch den Kanal *15* zu dem großen Triebstangenlager *16*. Von hier wird das überschüssige Öl in den Raum des Kompressorgehäuses *2* geschleudert und zum Teil von der durch den Filter *1* einströmenden Luft mitgerissen. Da die angesaugte Luft auch die Kolbenlager bestreicht, setzt sich ein Teil des mitgerissenen Öles daselbst ab und gelangt durch die Bohrungen *17* zum Kolbenzapfen *18*. Gleichzeitig setzt sich auch ein Teil des Öles an der Zylinderwandung *19* ab und wird durch die Ölrinne *20* des Kolbens *3*, welche sich nach und nach anfüllt, auf den ganzen Zylinder gleichmäßig verteilt. Ein Teil des Öles geht mit der komprimierten Luft durch das Druckventil *6* in die Leitung *9*. Durch einen in diese Leitung eingebauten Ölabscheider wird das Öl größtenteils ausgeschieden. Die als Ringschmierlager ausgeführten Kurbelwellenlager *23* werden mit Dynamoöl geschmiert. Das Zahnradgetriebe hat keine besondere Schmierung; es wird durch das von der Luft mitgerissene und vom Zylinder abtropfende Zylinderöl ausreichend geschmiert. Als Antriebsmotor des Kompressors dient ein Reihenschlußmotor von 18 PS Stundenleistung bei 1550 Uml./min angeschlossen an 220 Volt.

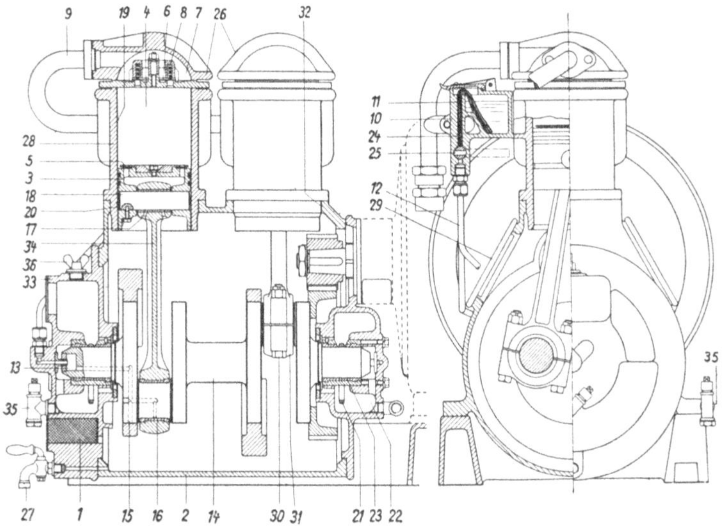

Abb. 185. Einstufiger Kolbenkompressor mit Übersetzungsgetriebe.
(Maschinenfabrik Oerlikon.)

1 Filter, *2* Kompressorgehäuse, *3* Kolben, *4* Kompressionsraum, *5* Saugventil, *6* Druckventil, *7* Deckelhohlraum, *8* Druckfedern, *9* Rohrleitung, *10* Schmiergefäß, *11* Docht, *12* Schmierleitung, *13* Hohlraum, *14* Kurbelwelle, *15* Kanal, *16* Triebstangenlager, *17* Bohrungen, *18* Kolbenzapfen, *19* Zylinderwandung, *20* Ölrinne, *21* Schmierringe, *22* Ölsumpf, *23* Kurbelwellenlager, *24* Dochtkanal, *25* Hahn, *26* Deckelhaube, *27* Ablaßhahn, *28* Zylinder, *29* Schaulochdeckel, *30* Schrauben, *31* Kolbenstange, *32* Öffnung, *33* Lagerschild, *34* Kolbenstange, *35* Ölstand, *36* Eingußöffnung.

β) **Kolben-Druckluftpumpen ohne Übersetzungsgetriebe.** Diese Art von Kolben-Druckluftpumpen verdankt ihre Entstehung dem an sich berechtigten Bestreben, die Zahnradübersetzung als zusätzlichen der Abnützung unterworfenen und Wartung erfordernden Maschinenteil zu vermeiden und unter Verkürzung an Baulänge den Kompressor direkt mit dem Motor zu kuppeln. Schwierigkeiten beim Entwurf bereitet nur die Drehzahl, die, wie erwähnt, der Pumpe wegen nicht zu hoch sein darf, des Gewichtes und des Preises des Antriebsmotors wegen aber möglichst hoch sein sollte. Der Drehzahlbereich von 400 bis 500 Uml./min ergab sich damit als eine Art Kompromiß zwischen beiden Forderungen.

Abb. 186 zeigt die bekannteste Form dieser Art von Motorkompressoren[1]). Ein Graugußkurbelgehäuse trägt zwei Zylinder, die gegen die vertikale Achse je um 45° geneigt angeordnet sind. Zylinder und Gehäuse sind in einem Stück gegossen. Das Gehäuse ist beidseitig als Flansch ausgebildet und auf der Rückseite an das speziell ausgebildete Motorlagerschild angeschraubt und auf der Vorderseite durch einen Deckel abgeschlossen, der die Lufteinsaugeöffnung trägt. Dieser Deckel ist doppelwandig und wird in seinem Hohlraum mit Roßhaar gefüllt und außen mit einem feinmaschigen Drahtsieb abgeschlossen. Dadurch wird einerseits das entstehende Geräusch vermindert, andererseits die Eintrittsluft von Staub und Fremdkörpern gereinigt. Bei Abnahme des Verschlußdeckels kann das Kurbelgetriebe leicht nachgesehen werden.

Die Zylinderenden tragen die Ventilköpfe der Druckventile mit Abschlußdeckel. Kopf und Deckel sind gemeinsam durch vier Schraubenbolzen am Zylinderflansch gehalten. Die Druckventile selbst sind als Ringplattenventile ausgebildet und aus dünnem Stahlblech hergestellt. Sie sind außerordentlich leicht und auch bei großer Drehzahl imstande, den Hüben der Kolben sicher und geräuschlos zu folgen und dabei immer vollständig abzudichten. Diese

[1]) Entwickelt von B. B. C. — Eingebaut in die 1E1-Lokomotiven (Reihe 151) der B. L. S. (Schweiz. Bauz. 1914, I, S. 29), in die 1C1-Lokomotiven (Reihe E 6121) der D. R. G., in einem großen Teil der Lokomotiven der S. B. B. u. a. m.

Ventilkonstruktion erlaubt auch, den schädlichen Raum des Kompressors ganz besonders klein zu halten. Unmittelbar an die Stutzen der Ventilköpfe ist das die Zylinder verbindende Druckluftrohr angeschraubt.

Die Antriebswelle ist nur in den beiden Motorlagern geführt. Die auf der Welle sitzende Kurbel ist fliegend angeordnet, mit Gegengewichten ausbalanziert und mit Schwungmasse versehen. Am Kurbelzapfen greifen gemeinsam die beiden Kolbenstangen an. Die Kolben selber tragen die Saugventile, die ebenso wie die Druckventile als Ringplattenventile ausgebildet sind.

Das Problem der Schmierung ist hier in folgender Art gelöst. Das zur Verwendung kommende Heißdampföl mit einem bei 400° liegenden Entflammungspunkt hat die Eigenschaft, im kalten Zustand fest und zähe zu sein, während es mit zunehmender Erwärmung dünnflüssiger wird. Das die beiden Zylinder verbindende Druckluftrohr ist durch den auf dem Kurbelgehäuse sitzenden doppelwandigen Schmiertopf geführt und wird so zur Vorwärmung des Öles herangezogen. Bei stillstehendem, also kaltem Kompressor, hört die Schmierung vollständig auf. Im Betrieb mit zunehmender Temperatur beginnt ihr selbsttätiges Arbeiten[1]). Die Schmierung wirkt vollständig automatisch, ist sparsam im Verbrauch und gestattet die Erzeugung von Druckluft

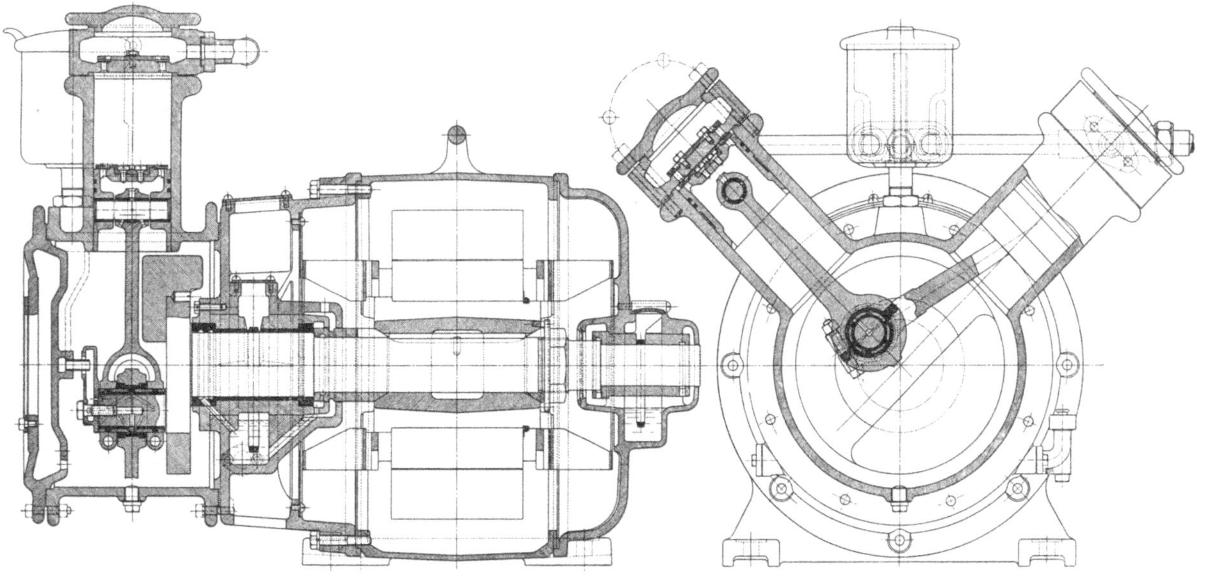

Abb. 186. Direktgekuppelter zweistufiger Kolbenkompressor.
(A. G. Brown, Boveri & Cie.)

von verhältnismäßig geringem Ölgehalt. Das verbrauchte Schmieröl, das sich am Boden des Kurbelgehäuses sammelt, kann durch einen Hahn oder einen Verschlußzapfen abgelassen werden.

Als Antriebsmotor der für Lokomotiven größerer Leistung allein in Frage kommenden Type mit 1300 l/min Ansaugeleistung dient ein vierpoliger Repulsionsmotor von 9 kW Leistung. Bei den Lokomotiven der S. B. B. sind stets zwei Motorkompressoren dieser Größe für zusammen 2600 l/min verwendet worden.

Zu den übersetzungslosen Kolbendruckluftpumpen gehören auch die sog. Fahrluftpumpen, auch Achs- oder Triebwerkskompressoren genannt, die ähnlich wie in früherer Zeit die Wasserpumpen zur Kesselspeisung bei Dampflokomotiven, von den Rädern der Lokomotive durch einen den jeweiligen örtlichen Verhältnissen angepaßten Pleuelstangenmechanismus angetrieben werden.

Abb. 187 zeigt den von der D. R. G. verwendeten einstufigen Achskompressor[2]) im Schnitt. Zwischen den beiden zu einem Gußstück vereinigten Zylindern befindet sich ein Pendelhebel, an den mittels zweier Kurbelbolzen die Pleuelstangen der Kolben angreifen. An das frei nach unten herausragende Ende des Pleuelhebels wird eine Triebstange angeschlossen, welche die Bewegung von einem Kurbelzapfen der Lokomotivtriebachsen also mit einem Ausschlag von etwa 600 bis 700 mm abnimmt. Um den Lagerbolzen des Pleuelhebels ist ein Schmiergefäß für sämt-

[1]) D. R. P. 266918 (J. Buchli).
[2]) Entworfen von der Knorr-Bremse A. G.

liche bewegten Teile angeordnet. Saug- und Druckventile sind wie beim Einheitskompressor (Abb. 184) der gleichen Baufirma als Napfventile in die Zylinderdeckel gelegt. In einer von der bei Motorkompressoren üblichen völlig abweichenden Art erfolgt hier das An- und Abstellen der Pumpe, d. h. hier der Übergang von Arbeit zu Leerlauf. Unter den Saugventilen ist ein federbelasteter Kolben mit Hubstiften angeordnet, der unter Zwischenschaltung eines Druckreglers mit dem Hauptluftbehälter in Verbindung steht. Ist in letzterem der Normaldruck erreicht, so wird der Kolben angehoben, hebt mittels der Hubstifte die Saugventile an und die Pumpenkolben laufen leer. Sinkt der Druck der Hauptluftbehälter, dann bewegt die Belastungsfeder den Steuerkolben wieder nach abwärts, die Saugventile treten in Wirksamkeit und die Pumpe beginnt Luft zu fördern.

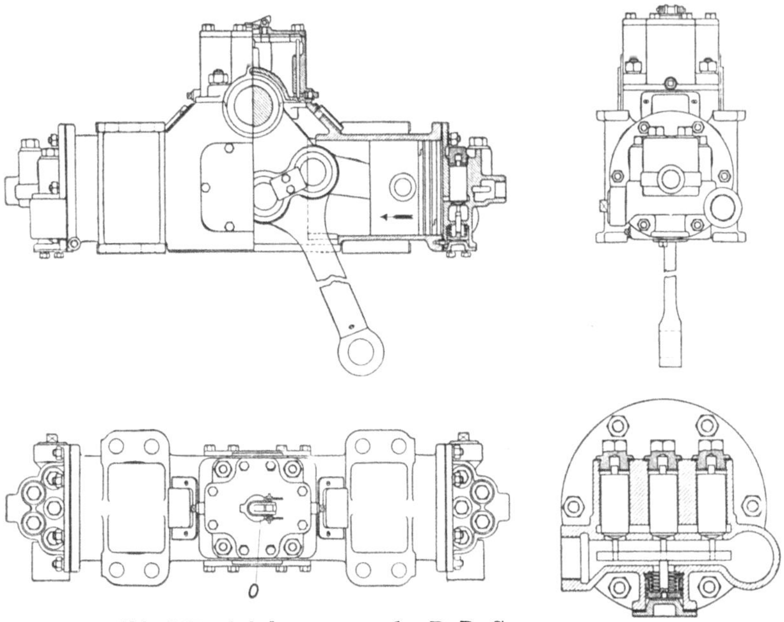

Abb. 187. Achskompressor der D. R. G. (Knorr-Bremse A.G.)

Die Achskompressoren erfreuen sich wegen ihrer Einfachheit und Zuverlässigkeit, dann aber auch deshalb einer stets zunehmenden Verwendung, weil sie die Drucklufterzeugung namentlich auf großen und langen Gefällen unabhängig vom Fahrdraht sichern. Allerdings werden Achskompressoren mit Rücksicht auf die Unterbringung kaum so groß gemacht werden können, daß sie den Bedarf an Druckluft allein zu decken imstande wären. Außerdem wird man nicht gern auf den Vorteil der Motorkompressoren verzichten, jederzeit die Behälter auf vollen Druck bringen zu können. Am zweckmäßigsten wird es daher sein, Achskompressor und Motorkompressor wenn möglich nebeneinander zu verwenden, die beispielsweise gemäß Abb. 188 zusammenarbeiten[1]). Der Achskompressor, der mittels Support am Rahmenblech des Drehgestelles zwischen Trieb- und Laufachse angeschraubt und von dem zunächst liegenden Triebrade aus durch Gegenkurbel angetrieben wird, ist von sehr einfacher Konstruktion und besteht nur aus dem mit Kühlrippen versehenen Zylinder, dem Kolben mit Stange und dem Ventil-

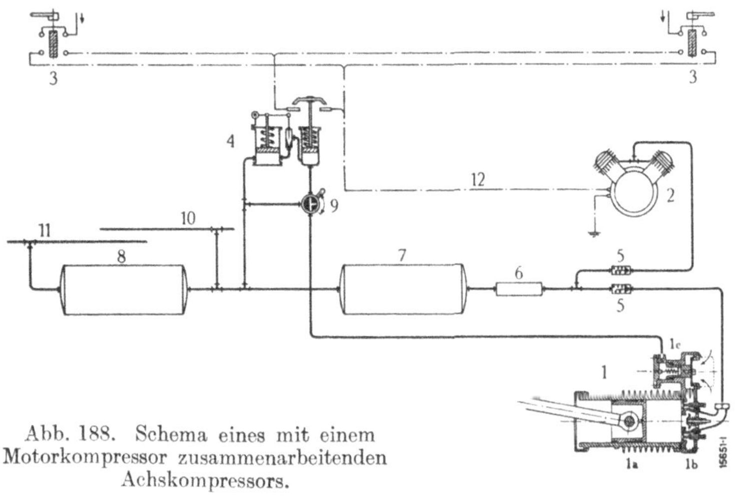

Abb. 188. Schema eines mit einem Motorkompressor zusammenarbeitenden Achskompressors.

1 Achskompressor, *a* Zylinder mit Kolben, *b* Ventilkopf mit Saugventilen und Druckventil; *c* Abschlußklappe; *2* Motorkompressor, *3* Kompressorumschalter, *4* Automatischer Druckregler, *5* Rückschlagventil, *6* Ölabscheider, *7* Apparate-Luftbehälter, *8* Bremsluftbehälter, *9* Dreiweghahn, *10* Leitung zu den elektro-pneumatischen Apparaten, *11* Leitung zu den Bremsventilen, *12* Elektr. Kabel.

[1]) Ausführung von B. B. C. für die 1 B—B 1-Lokomotive Nr. 12302 der S. B. B.

kopf. Der letztere enthält die Saug- und Druckventile, sowie eine Abschlußklappe, die durch den in der Lokomotive vorhandenen Druckregler gesteuert wird. Bei Überschreitung des höchsten zulässigen Druckes wird durch die genannte Klappe der Luftzutritt zu den Saugventilen verhindert, so daß der Triebwerkskompressor nicht mehr ansaugt. Bei Erreichung der vorgeschriebenen unteren Druckgrenze wird die Abschlußklappe durch eine Feder geöffnet, so daß der Kompressor wieder zu fördern beginnt. Diese Arbeitsweise entspricht im Schema der gezeichneten Stellung des Dreiweghahnes *9*. Aus dem Schema ist ebenfalls ersichtlich, daß der Druckregler *4* gleichzeitig mit dem Luftabschluß zu den Saugventilen auch das Abschalten des Motorkompressors vom Netze herbeiführt. Triebwerkskompressor und Motorkompressor arbeiten also immer gleichzeitig, ausgenommen wenn der Strom zu den Motorkompressoren von Hand abgeschaltet oder die Fahrleitung spannungslos wird.

Soll der Triebwerkskompressor außer Betrieb genommen werden, das heißt leer laufen, so ist die Abschlußklappe des Ventilkopfes zu schließen; hierzu wird der Hebel des Dreiweghahnes in die untere Stellung gebracht.

In diesem Zusammenhang seien noch die Handluftpumpen erwähnt, die zur Beschaffung von Druckluft zur Inbetriebsetzung der Lokomotive angeordnet werden. Sie dienen zur Erzeugung eines Druckes von etwa 3 bis 5 at in der Stromabnehmerleitung, welcher ausreicht, um die Stromabnehmer an die Fahrleitung zu legen und damit zur Auffüllung der Druckluftbehälter den Motorkompressor einschalten zu können. Zur Schonung des Lokomotivpersonals wird verlangt, daß mit 10 bis 15 Hüben so viel Druckluft von ausreichender Spannung erzeugt werden kann, daß sie zum Aufrichten zweier Stromabnehmer ausreicht. Abb. 189 zeigt die Handluftpumpe im Schnitt, wie sie heute bei den Lokomotiven der D. R. G. allgemein eingeführt ist¹). Sie besitzt einen Kolbendurchmesser von 125 mm und vermag einen Druck von 6 at zu erzeugen. Zur Betätigung wird in die Hebelhülse der Antriebsvorrichtung ein Rohrgriff *14* von etwa 600 mm Länge eingeschoben und auf und ab bewegt. Diesen Bewegungen folgt der Kolben 3 unter Wirkung der kleinen Lenkerstange *4*. Das Saugventil *9* und das Druckventil *10*, ersteres im Kolben, letzteres im Zylinderdeckel angebracht, bestehen aus dünnen Metallplättchen. Am oberen Zylinderende sind zwei Druckleitungsanschlüsse vorgesehen, von denen jedoch nur einer benützt zu werden pflegt. Der Kolben läßt sich bequem nach unten herausnehmen, wenn man den Lagerbolzen *11* des Handhebels herauszieht. Aufgestellt wird die Handluftpumpe nur in einem der Führerstände und durch das sog. Einstellventil nach Bedarf an Stelle der Motorluftpumpe an die Stromabnehmerluftleitung angeschlossen.

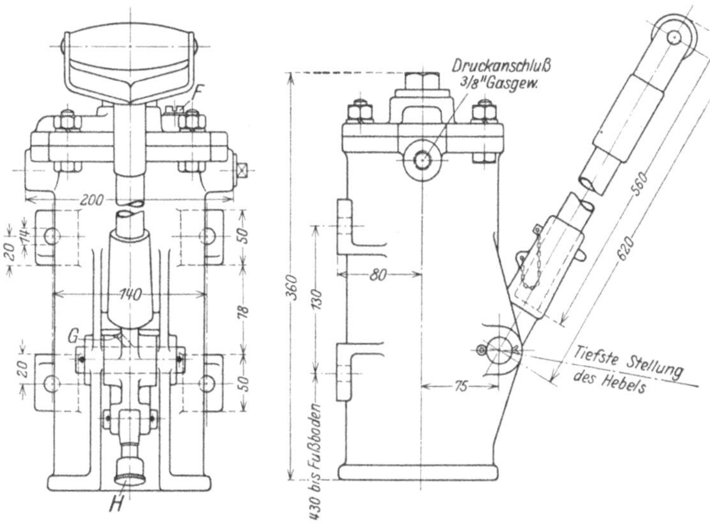

Abb. 189. Handluftpumpe der D. R. G. (Knorr-Bremse A.G.)

γ) **Rotationskompressoren.** Die heute sowohl von der Schweizerischen Lokomotiv- und Maschinenfabrik Winterthur sowie von der Deutschen Maschinenfabrik A. G. (Demag) in Duisburg gebauten Rotationskompressoren, auch Zellengebläse oder Luftpumpen mit rotierendem Kolben genannt, beruhen auf demselben Prinzip und sind grundsätzlich von gleicher Bauart, die im wesentlichen auf die von den Brüdern K. und E. Wittig geschaffenen Konstruktionen²) zurückgeht. Wie der Turbokompressor besitzt das Zellengebläse eine rein rotierende Bewegung und daher praktisch kontinuierliche Fördertätigkeit. Die Kompression

¹) Entworfen von der Knorr-Bremse A.G.

²) D. R. P. 237451, 237488, 250750, 280412, 281289, 286795, 295077, 303132, 304938; Ö. P. 48444; U. S. A. P. 985091; E. P. 8455/1910; Schweiz. P. 52457, 52601, 52602, 53651, 71556, 72140; F. P. 415567, 22059. — Siehe auch „Technische Blätter“ der S. L. M. Winterthur, Heft 2 (1925).

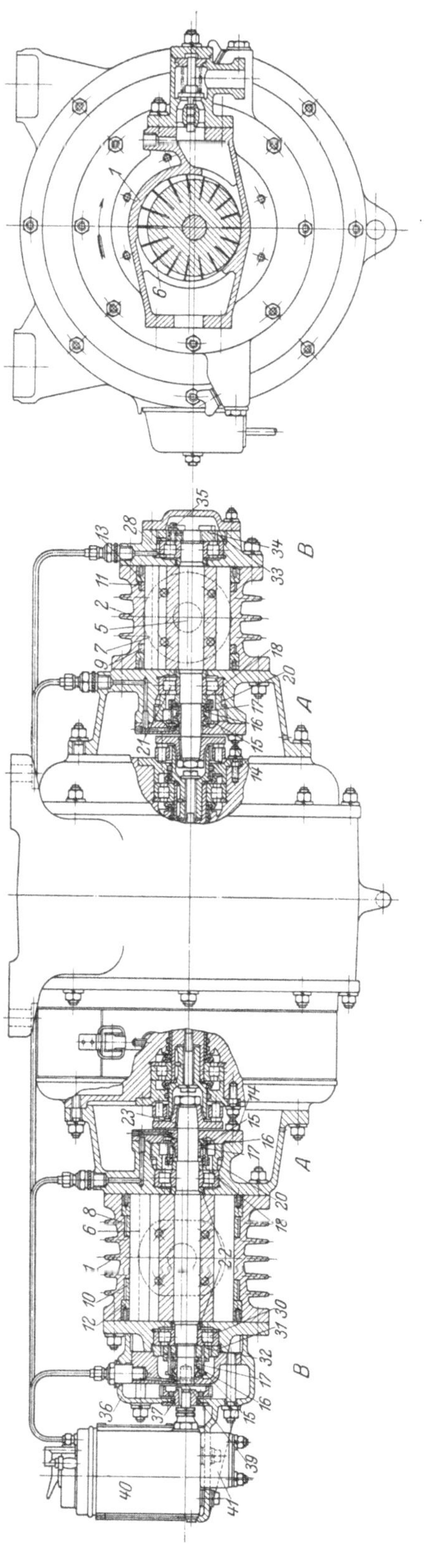

Abb. 190. Rotationskompressor für 2330 l/min Ansaugeleistung bei 7 at Gegendruck und 1450 Uml./min. (Schweiz. Lokomotiv- und Maschinenfabrik Winterthur.)

1 Gehäuse I. Stufe, *2* Gehäuse II. Stufe, *5* Rotor und Welle I. Stufe, *6* Rotor und Welle II. Stufe, *7* Rotorschieber I. Stufe, *8* Rotorschieber II. Stufe, *9* Laufringe I. Stufe, *10* Laufringe II. Stufe, *11* Laufringschieber I. Stufe, *12* Laufringschieber II. Stufe, *13* Vorringe I. Stufe, *14* Vorringe II. Stufe, *15* Abschlußdeckel zum Zwischenstück I. und II. Stufe, *16* Dichtungsplatten, *17* Dichtungsbüchsen, *18* Federn, *20* Mitnehmerringe, *21* Preßmuttern zur I. und II. Stufe, *22* Rollenlager, *23* Zwischenringe, *28* Schulterlager auf „B" Seite I. und II. Stufe, *30* Lagermuttern auf „B" Seite I. und II. Stufe, *31* Kupplungsmuttern I. und II. Stufe, *32* Kupplungshälften auf Kompressorseite, *33* Kupplungshälften auf Motorseite, *34* Kupplungsbolzen mit elastischem Ring, *35* Kupplungskeile auf Kompressorwelle, *36* Ventilatoren, *37* Ölreservoir, *39* Schmierpumpe, *40* Rückschlagventile mit Kontrollschraube für die Schmierleitung, *41* Rückschlagventile an den Druckstutzen I. und II. Stufe.

geschieht jedoch unabhängig von irgendwelcher Schleuderwirkung nur durch stetige Verkleinerung des Zylindervolumens. Dieser letztere Umstand macht den Rotationskompressor ohne weiteres auch zur Verwendung als Vakuumpumpe geeignet (s. Abb. 211).

Die Druckerzeugung erfolgt bei den Rotationskompressoren ähnlich wie bei den Kolbenmaschinen, indem atmosphärische Luft in einem Raume eingeschlossen, zusammengepreßt und hierauf wieder ausgestoßen wird. Dies geschieht jedoch ohne hin- und hergehende, sondern nur durch drehende Bewegung, wobei ein nahezu konstanter Luftstrom entsteht. Das Wesen der Konstruktion sei an Hand der Abb. 190 erläutert, die einen von der Schweizerischen Lokomotiv- und Maschinenfabrik Winterthur für die Lokomotiven der S. B. B. entwickelten zweistufigen Rotationskompressor für 2330 l/min Ansaugeleistung bei 7 at Gegendruck und 1450 Uml./min darstellt.

Ein gußeiserner, zylindrischer Rotor *5*, *6* ist exzentrisch in einem genau gleich langen, ebenfalls zylindrischen, jedoch im Durchmesser größeren, gekühlten Gehäuse *1*, *2* drehbar gelagert und bildet mit letzterem je einen sichelförmigen Raum. In den Rotoren sind radiale Schlitze eingefräßt zur Aufnahme von dünnen Stahlschiebern *7*, *8*. Bei Drehung der Rotoren werden diese Schieber durch die Zentrifugalkraft nach außen geschleudert und gleiten dann auf der Gehäusewand. Auf diese Weise wird der Arbeitsraum in einzelne Zellen unterteilt, von denen jede im Verlaufe einer halben Umdrehung von Null bis zu einem Höchstwerte anwächst und sich dabei durch den Saugstutzen mit atmosphärischer Luft füllt. Während der zweiten Hälfte der Umdrehung verkleinert sich der Raum der Zelle wieder, die in ihr eingeschlossene Luft wird komprimiert und entweicht durch den Druckstutzen, sobald die betreffende Zelle mit der Ausströmöffnung in Verbindung kommt.

Um die Reibung der Schieber am Gehäuseumfung möglichst gering zu halten, sind in Aussparungen des Gehäuses Laufringe *9*, *10* untergebracht, deren Innendurchmesser etwas kleiner ist als derjenige der Gehäusebohrung, so daß der größte Teil der Schieber-Zentrifugalkräfte auf diese Ringe und nur ein kleinerer, zum Abdichten nötige Druck auf die Gehäusewand wirkt. Da die Laufringe in ihren Aussparungen leicht beweglich sind, werden sie durch die Schieber mitgenommen, so daß letztere trotz der großen Anpressungsdrücke keine nennenswerte Abnützung der Ringe bewirken können. Das reichliche äußere Spiel der Laufringe hätte ein verlustbringendes Rückströmen von Druckluft auf die Saugseite zur Folge, sofern nicht eine größere Anzahl Schieberchen *11*, *12* ähnlich den Rotorschiebern, diesen Spielraum vielfach unterteilen würde. Zwischen je zwei solchen Schieberchen ist der Laufring radial durchbohrt zum Zwecke des Druckausgleichs in- und außerhalb des Ringes. Seitlich sind die Laufringe einerseits durch Absätze der Gehäusebohrung, andererseits durch festsitzende Vorringe *13*, *14* geführt.

Den seitlichen Abschluß des Gehäuses bilden Deckel, in welchen der Rotor gelagert ist. Das nötige Spiel zwischen Rotor und Deckeln wird durch Zwischenlage von Preßspanpackungen zwischen Gehäuse und Deckeln erhalten. Diese Packungen werden so bemessen, daß der Rotor während des Betriebes, wo er, weil nicht gekühlt, wärmer und deshalb etwas länger wird als das gekühlte Gehäuse, gerade noch genügend axiales Spiel besitzt, um nicht an den Deckeln zu reiben. Mehr Spiel als notwendig würde Undichtigkeit im Innern der Maschine bzw. Verringerung der Fördermenge zur Folge haben. Die Stärke dieser Packungen wird von der Lieferfirma angegeben und muß für ein und denselben Kompressor stets genau eingehalten werden. Desgleichen wird das radiale Spiel zwischen Rotor und Gehäuse in der Werkstätte des Lieferanten durch genaue Lagerung des Rotors einmal eingestellt und durch Prisonieren der Gehäusedeckel für immer gesichert.

Die Rotoren ruhen auf gehärteten und geschliffenen Rollenlagern, deren Innenringe stramm auf der Welle festsitzen. Gegen die Rotoren hin sind die Lager durch Zwischenringe *23*, auf der äußeren Seite durch Schrumpfringe *10* oder Muttern *30* gehalten, welche die Mitnehmerstifte für die Stopfbüchsen tragen. Die Außenringe der Lager sitzen leicht in den Bohrungen der Deckel und werden seitlich durch die Preßmuttern *21* gehalten. Die Innenringe werden warm auf die Welle aufgezogen. Diese Lager haben den Vorteil, daß der Innenring beim Auseinandernehmen des Kompressors nicht abgezogen werden muß, weil der Gehäusedeckel darüber gestreift werden kann.

Die aus den Deckel heraustretenden Wellenstücke werden durch Metallstopfbüchsen abgedichtet. Die Büchsen *17* sind auf die Wellen aufgeschliffen, ebenso die Kugelflächen der Büchsen auf den Kugelsitzen der Platten *16* und diese wieder auf den Abschlußdeckeln *15*. Die Federn *18* sorgen für das ständige Anliegen der Dichtungsflächen von Büchsen, Platten und Abschlußdeckeln. Von den Mitnehmerringen *20* aus werden durch je zwei Stifte die Platten *16* und mit ihr auch die Büchsen und die Federn in Rotation versetzt. Ein Gleiten findet somit nur zwischen den Platten *16* und den Abschlußdeckeln *15* statt.

Die Schmierung des Kompressors erfolgt durch eine Schmierpumpe *39*, die ohne Ventile arbeitet. Für jede Schmierstelle ist in der Pumpe ein selbst steuernder Kolben vorhanden, der gleichzeitig als Saug- und Druckkolben wirkt, indem er außer der auf- und abwärtsgehenden auch eine um seine Achse schwingende Bewegung vollführt.

Die Kolben saugen beim Aufwärtsgange Öl durch den mit dem Ölbehälter *37* (Abb. 190) verbundenen seitlichen Saugrohranschluß und drücken beim Abwärtsgange das Öl durch die Druckrohranschlüsse zu den Schmierstellen. Ihre Bewegung erhalten die Kolben von der Exzenterwelle mittels Hubstange und Hubscheibe. Der Antrieb erfolgt rotierend. Die Übersetzung in der Pumpe ist 1 : 32. Die Wartung beschränkt sich auf das rechtzeitige Nachfüllen des Ölbehälters *37* (Abb. 190), der mit einem Pegel zur Ölstandkontrolle versehen ist, und auf die Einstellung der gewünschten Liefermenge für jeden Auslaß.

Die Liefermenge jedes Kolbens ist durch Änderung seines Hubes mittels Einstellschraube einstellbar von 0,0 bis 0,1 cm^3. Durch Rechtsdrehen der Einstellschraube wird die Ölförderung vergrößert, durch Linksdrehen verringert. Die Einstellgegenmutter wird nach dem Einstellen auf die gewünschte Fördermenge festgezogen.

Die Schmierpumpe drückt das Öl durch Kupferrohrleitungen zu den Rückschlag- und Kontrollventilen *40* (Abb. 190), von wo es in die Lagerräume und durch die Lager längs der Welle in das Innere der Maschine gelangt. Der Antrieb der Schmierölpumpe erfolgt mittels Schnecke und Schneckenrad direkt von der Welle der ersten Stufe des Kompressors aus. Die Schneckenradwelle ist in Kugellagern gelagert und wird bei ihrem Austritt aus dem Lagerraum durch Stoffbüchsen abgedichtet; eine einfache Kupplung verbindet sie mit der Schmierölpumpe.

Um eine unzulässige Temperatursteigerung der Luft bei den in Frage kommenden Drücken von 7 bis 8 at zu vermeiden, ist hier die zweistufige Bauart die Regel, d. h. man schaltet zwei Maschinen hintereinander und kühlt die Luft zwischen den beiden Maschinen möglichst auf ihre Anfangstemperatur zurück.

Die erste, Niederdruckstufe, preßt die Luft von *0* auf etwa *2*, die zweite, Hochdruckstufe, von 2 auf 7 bis 8 at. Überdruck. Durch diese Unterteilung des Druckverhältnisses wird gleiche Verteilung des Kraftbedarfes auf beide Stufen und damit auch gleiche Kompressions-End-temperatur erreicht. Die Luft wird zwischen beiden Stufen im sog. Zwischenkühler (eine dem Luftzug ausgesetzte Rohrschlange) angenähert auf die Temperatur der Außenluft rückgekühlt.

Am Austrittsstutzen der Stufe *I* des Kompressors und in der Druckleitung bzw. am Anschlußstutzen des Kompressors nach der Stufe *II* ist je ein Rückschlagventil *41* (Abb. 190) eingebaut, um zu verhindern, daß der Kompressor nach dem Abschalten des Motors in rückläufige Bewegung gerät und die Luft durch den Kompressor wieder entweicht. In der Druckleitung hinter dem Ölabscheider ist ein auf $7^1/_2$ bis 8 at Druck einreguliertes Sicherheitsventil eingebaut.

Zur Kühlung der Kompressoren dienen die auf die Kupplungen *32* jeder Stufe aufgeschraubten Ventilatoren *36*. Die Kompressoren können daher sowohl in das Innere der Fahrzeuge stehend eingebaut als auch außen im natürlichen Luftzug der Lokomotive hängend montiert werden. Um eine möglichst gedrängte Konstruktion zu erhalten, sind die beiden Druckstufen rechts und links an den Antriebsmotor angebaut (s. Abb. 190). Die Verbindung der Welle von Kompressor und Motor geschieht durch Bolzenkupplungen *31* bis *35* (Abb. 190). Die Stopfbüchsenkonstruktion geht gleichfalls aus Abb. 190 hervor. Als Lager werden auf Seite A Rollenlager *22* mit Innenring ohne Bord, auf Seite *B* dagegen sog. Schulterlager *28* verwendet. Bei diesen sind die Rollen innen und außen seitlich durch Schultern geführt, um beim Fahren auftretende axiale Stöße aufzunehmen.

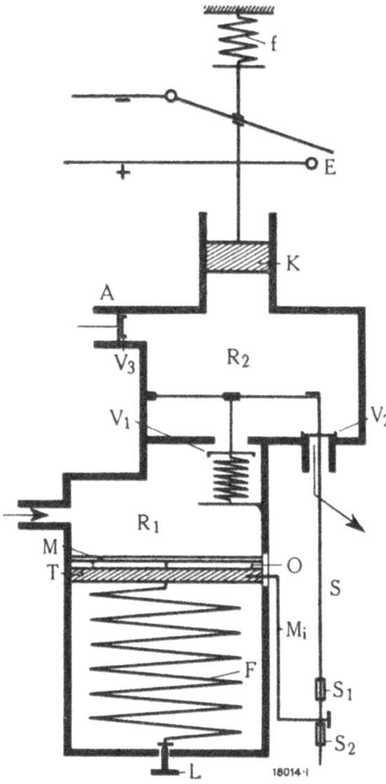

Abb. 191. Schema des Druckreglers von B. B. C.

A Lufteintritt, *E* Schaltkontakt, *F* Regulierfeder, *f* Kontaktfeder, *K* Luftkolben, *L* Reguliermutter, *M* Membran, M_i Mitnehmer, *O* Segmentscheibe, R_1 Luftkammer 1, R_2 Luftkammer 2, *S* Spindel, S_1 Obere Stellmutter, S_2 Untere Stellmutter, *T* Federteller, V_1 Einlaßventil, V_2 Auslaßventil, V_3 Hilfsventil.

Die Rotationskompressoren befinden sich heute in ihrer besonderen Bauart als Drucklufterzeuger auf elektrischen Lokomotiven noch im Anfangsstadium ihrer Entwicklung, so daß ein abschließendes Urteil heute kaum möglich ist. Es ist aber keineswegs ausgeschlossen, daß sie sich einerseits wegen ihres geringen Platzbedarfes, andererseits wegen der wenigen der Abnützung unterworfenen Teile gegenüber den Kolbenkompressoren mehr als behaupten werden.

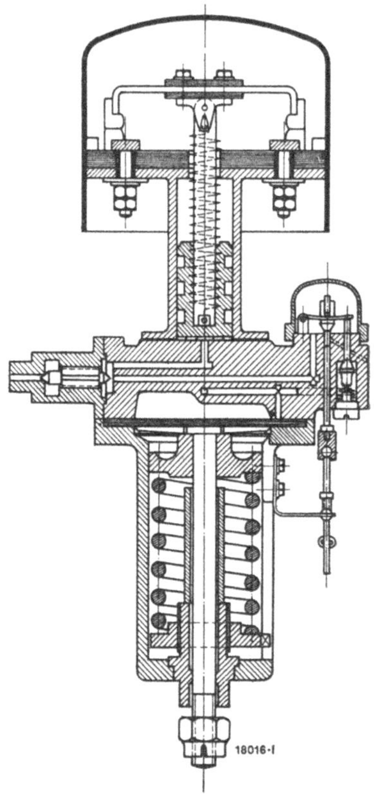

Abb. 192. Schnitt durch den Druckregler von B. B. C.

II. Steuerung und Schaltung.

Die selbsttätige Steuerung des Antriebsmotors des Kompressors erfolgt mit Hilfe des sog. **Druckreglers**. Dieser Apparat hat die Aufgabe, den Luftdruck innerhalb bestimmter, von vornherein festgelegter Grenzen zu regulieren, d. h. der Druckregler soll den Kompressormotor einschalten, wenn der Druck im Preßluftbehälter auf einen bestimmten Wert gesunken ist und ihn wieder ausschalten, wenn der Druck einen bestimmten Höchstwert erreicht hat. Aus der großen Zahl bekanntgewordener Konstruktionen von Druckreglern seien im folgenden einige der am häufigsten verwendeten Typen beschrieben.

Abb. 191 und 192 zeigen schematisch und im Schnitt einen Druckregler, bei dem der eigentliche Schalter durch einen Luftmotor betätigt wird, dessen Ventile in Abhängigkeit vom Druck durch eine Membrane gesteuert werden[1]). Der ganze Apparat besteht also aus zwei Hauptteilen, dem pneumatischen Antrieb und dem eigentlichen Schalter.

Der pneumatische Antriebsapparat besteht wieder aus dem Federgehäuse mit Feder und der Luftkammer mit Membrane einerseits und dem Steuerapparat andererseits. Die Druckluft gelangt, wie aus Abb. 191 hervorgeht, vom arbeitenden Kompressor über den Druckluftbehälter in den Raum R_1. Hat hier der Druck den gewünschten Höchstwert erreicht, so baucht sich die Membrane M, die ihrerseits auf einer achtteiligen, nachgiebigen Segmentscheibe 0 ruht, allmählich nach unten aus und drückt auf den Federteller T der Regulierfeder F, wodurch dieser einen in seiner Länge vom Druck abhängigen Weg beschreibt. Nach Überwindung der Kraft der Feder F drückt nun der am Federteller befestigte Mitnehmer M_i auf die untere Stellschraube S_2, zieht hierdurch das geöffnete Auslaßventil V_2 an seiner Spindel S nach unten, schließt den Raum R_2 ab, der bisher mit der Außenluft verbunden war, und öffnet das Ventil V_1. Die beiden Ventile sind also über die Spindel S derart in gegenseitige Abhängigkeit gebracht, daß immer eines der beiden geöffnet, wenn das andere geschlossen ist. Die Druckluft strömt nun vom Raum R_1 durch das geöffnete Ventil V_1 in den Raum R_2 und schleudert den Luftkolben K gegen die Feder f, wodurch der Schalter E geöffnet und der laufende Kompressormotor abgeschaltet wird.

Ist dann im Laufe der Zeit der Druck im Raum R_1 auf das eingestellte Mindestmaß gesunken, so hat sich die Membrane M so weit nach oben durchgebogen, daß sich der Mitnehmer M_i gegen die obere Stellmutter S_1 preßt und das Auslaßventil V_2 gegen den im Raum R_2 noch herrschenden Druck öffnet. Dadurch wird der Raum R_2 mit der Außenluft wieder in Verbindung gebracht, so daß die überschüssige Luft unter dem Kolben K entweichen kann, und der Schalter E durch die Kraft der Feder f rasch geschlossen wird . Gleichzeitig mit der Öffnung des Ventils V_2 wird durch den erheblichen Luftüberdruck im Raum R_1 das Einlaßventil V_1 geschlossen und bleibt es so lange, bis der Höchstdruck im Behälter wieder erreicht ist, und das Spiel sich wiederholt.

Die beiden Steuerventile sind derart angeordnet, daß sie in geschlossenem Zustand mit dem in der Luftkammer herrschenden Druck belastet sind und nach Öffnung, die von der Membrane aus erfolgt, unmittelbar wieder entlastet werden. Hierdurch wird eine Schnappwirkung des Apparates erzielt und eine Verschmorung der Schalterkontakte infolge schleichender Bewegung der Ventile vermieden. Die gewünschten Druckgrenzen, zwischen welchen der Regler arbeiten soll, können mit Hilfe der beiden Stellmuttern S_1 und S_2 leicht eingestellt werden. Die Mutter L dient zur Einstellung der Feder F. Um nun die Kontaktbrücke E auch von Hand, d. h. unabhängig vom automatischen Reguliermechanismus ein- und ausschalten zu können, ist bei A ein weiteres Ventil V_3 für den unmittelbaren Lufteintritt in den Raum R_2 angebracht worden. Ein Dreiweghahn 8, der, wie aus dem Luftleitungsschema (Abb. 193) zu ersehen ist, zwischen Luftbehälter und Druckregler eingebaut ist und bei Fahrzeugen auf dem Führerstand untergebracht werden kann, besorgt die Umsteuerung der Druckluft. Das Ventil V_1 wird selbsttätig geschlossen und der Kolben K der Kontaktbrücke E unmittelbar betätigt, d. h. der laufende Motor wird abgeschaltet. Um den Druck nachher wieder zu erhöhen, wird der Dreiweghahn von Hand so umgestellt, daß die vom Behälter kommende Druckluft abgeschlossen ist; gleichzeitig wird der Raum R_2 über das Ventil V_2 mit der Außenluft verbunden. Unter dem Kolben K herrscht deshalb kein Druck mehr, und durch die Kraft der Feder f wird der Schalter wieder geschlossen, d. h. der Motor eingeschaltet. Letzterer arbeitet nun so lange, bis das Sicherheitsventil durch Zischen den Überdruck im Behälter anzeigt, worauf durch Umstellung des Dreiweghahns der Motor wieder abgeschaltet werden kann.

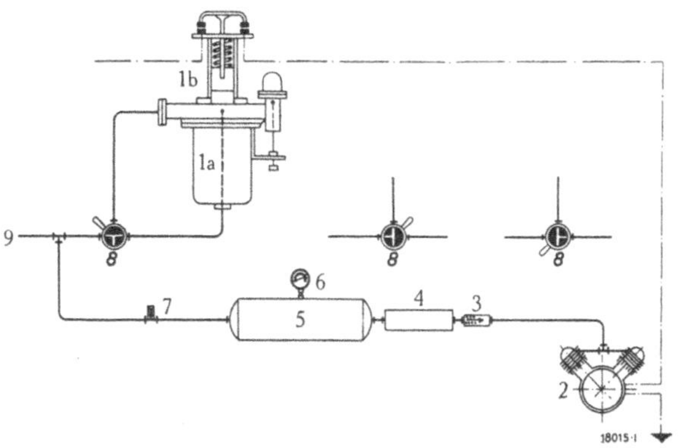

Abb. 193. Luftleitungsschema mit Druckregler.
1a Selbsttätiger Druckregler (Pneumatischer Antriebsapparat), *1b* Selbsttätiger Druckregler (Schaltkopf), *2* Motorkompressor, *3* Rückschlagventil, *4* Ölabscheider, *5* Druckluftbehälter, *6* Manometer, *7* Sicherheitsventil, *8* Dreiweghahn, *9* Leitung zu den elektro-pneumatischen Apparaten.

[1]) D. R. P. 343157, Schweiz. P. 89999 (A. Aichele). — Entwickelt und angewendet von der A. G. Brown, Boveri & Cie. auf einer großen Zahl von Lokomotiven der S. B. B. — Siehe F. Eckinger: BBC-Mitt. 1925, S. 126; siehe ferner U. S. A. P. 908692.

Ein- und Auslaßventil für die Steuerung des Luftmotors können auch zu einem Doppelventil mit gemeinsamer Spindel vereinigt werden, das zweckmäßigerweise nicht unmittelbar von der Membrane aus, sondern unter Zwischenschaltung einer mechanischen Schnappvorrichtung gesteuert wird[1]).

Der elektrische Teil oder Schaltkopf des Druckreglers wird je nach Stromart und Abschaltleistung in verschiedener Art ausgeführt. Für Wechselstrom und einer maximalen Betriebsspannung von 1500 Volt wird der Schaltkopf mit Hilfe zweier Durchgangsbolzen, die zugleich die Anschlüsse bilden, am Luftzylinderflansch des pneumatischen Unterteils isoliert aufgeschraubt. Der Schalter (Abb. 192) ist mit zwei zu beiden Seiten der Antriebsstange liegenden an einer gemeinsamen Traverse befindlichen Kontakten ausgerüstet, um bei einem allfälligen „Kleben" einer Kontaktstelle dennoch ein sichers Öffnen zu erreichen. Die Schalterfeder, die in erster Linie für guten Kontakt zu sorgen hat, greift an der gelenkig mit der Antriebsstange verbundenen Traverse an und sorgt hierdurch gleichzeitig dafür, daß nach erfolgter Öffnung beider Kontaktstellen die Traverse in ihre horizontale Lage zurückgeführt wird.

Abb. 194 zeigt den Einheitsdruckregler der D. R. G. im Schnitt[2]). Im Mittelteil des Reglers sind zwei Membranen aus federhartem Bronzeblech gelagert, die einerseits durch den vom Be-

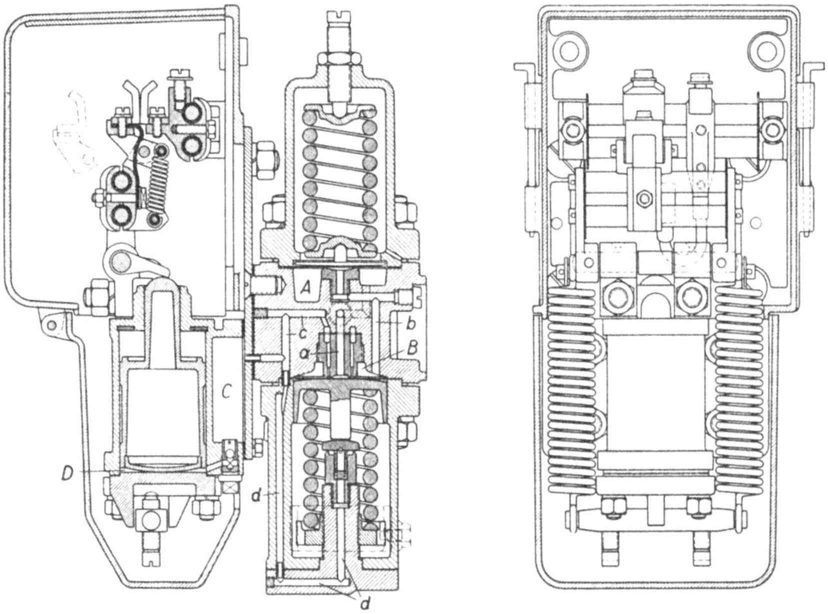

Abb. 194. Einheitsdruckregler der D. R. G. (Knorr-Bremse A. G.)

hälter zutretenden Luftdruck und andererseits durch die einstellbare Spannung je einer Feder belastet sind. Beide Membranen legen sich, solange kein Luftdruck vorhanden ist, unter dem Einfluß der Steuerfeder auf Ventilsitze, die in den Reglermittelteil eingeschraubt sind. Der obere Ventilsitz besitzt eine einfache ringförmige Sitzfläche mit zentrisch liegender Mittelbohrung, der untere Ventilsitz ist mit zwei konzentrisch verlaufenden Ringsitzen ausgestattet; er enthält ebenso wie der obere Sitz eine Mittelbohrung, außerdem gehen von der Nut zwischen den beiden Ringsitzflächen mehrere Bohrungen aus, die in einen gemeinsamen Ringkanal münden.

In dem Gehäuseunterteil ist ein drittes Ventil untergebracht, welches zur Entlüftung des Schaltzylinders dient.

Die Behälterluft gelangt beim Eintritt in den Reglermittelteil zunächst in den Raum A unter der Hochdruckmembrane und in die Mittelbohrung a. Sobald der eingestellte Höchstdruck erreicht ist, biegt sich die Hochdruckmembrane nach oben durch, der Behälterdruck tritt durch die Bohrung b in den Raum B über der Niederdruckmembrane und drückt diese nach unten durch, wobei der unterhalb der Membrane befindliche Übertragungskolben das Entlüftungsventil schließt. Aus dem Raum B fließt die Behälterluft durch Bohrung c in den Hohlraum C und gelangt weiter in den Raum D des Schaltzylinders.

Die in den Raum D eintretende Druckluft treibt den Schaltkolben aufwärts und bewegt dabei den Hebelschalter in die strichpunktiert angedeutete Ausschaltlage. Der bewegliche

[1]) Schweiz. P. 90376 (E. Schelling). [2]) D. R. P. 385570 (Knorr-Bremse A. G.).

Kontakt wälzt sich dabei im ersten Teil des Ausschalthubes von dem festen Kontakt ab, so daß das Abreißen des Funkens an der Spitze der Kupferstücke erfolgt.

Am Ende seines Aufwärtshubes legt sich der Schaltkolben mit seiner ventilartig ausgebildeten Oberkante gegen eine Dichtungsscheibe im Zylinderboden.

Die Hochdruckmembrane schließt sich wieder, sobald der Behälterdruck um einen geringen Betrag unter den Höchstwert sinkt. Die Räume *B*, *C* und *D* bleiben jedoch über die Bohrung *a* mit dem Behälter in Verbindung, so daß ein allmähliches Entleeren infolge der nie ganz zu vermeidenden Undichtigkeiten unmöglich ist.

Sobald der eingestellte Mindestdruck erreicht ist, hebt die untere Steuerfeder den Übertragungskolben an und drückt dabei die Niederdruckmembrane auf ihren Ventilsitz, so daß die weitere Zufuhr von Behälterluft zum Schaltzylinder abgeschnitten wird. Gleichzeitig strömt die Druckluft aus den Räumen *C* und *D* über die Bohrung *d* und das nunmehr freigegebene Entlüftungsventil in den mit der Außenluft verbundenen Gehäuseunterteil, und der Schalter geht unter dem Einfluß der beiden Schaltfedern schnell in die Einschaltlage zurück.

Die Antriebsmotoren der Kompressoren haben, wie früher bereits erwähnt, eine Leistung von immerhin 10 bis 12 kW und mehr erreicht, so daß also ein unmittelbares Einschalten derselben auf die volle Klemmenspannung durch den Druckregler mit Rücksicht auf die dabei auftretenden elektrischen und mechanischen Beanspruchungen nicht mehr zulässig ist. Man läßt daher Kompressormotoren (wie auch andere Hilfsmotoren) in ein bis höchstens zwei Stufen an, und zwar in der Weise, daß der Motor durch den Druckregler zunächst mit einem Vorschaltwiderstand oder bei Einphasenlokomotiven an eine tiefere Anzapfung am Transformator angeschlossen wird und überläßt die selbsttätige Umschaltung auf volle Spannung einem Fliehkraftschalter, sobald der Motor eine gewisse Drehzahl erreicht hat. Eine andere Lösung der Aufgabe besteht darin, daß man in Abhängigkeit von der Spannung an den Bürsten einen Schütz betätigen läßt, der die Schaltung oder Umschaltung vornimmt, wenn eine gewisse Drehzahl erreicht ist. Schließlich kann die stufenweise Schaltung des Kompressormotors unabhängig von dessen Drehzahl durch ein mit dem Schalter verbundenes Zeitwerk erfolgen, das nach Ablauf einer gewissen Zeit von der Anlaufstufe auf die Betriebsspannung umschaltet.

b) Westinghouse-Bremse.

I. Westinghouse-Schnellbremse.

α) Wirkungsweise und Bestandteile. Die automatische Westinghouse-Schnellbremse ist die älteste und verbreitetste der durchgehenden Zugsbremsen. Sie hat als erste das Problem einwandfrei gelöst, daß die Bremsen sämtlicher Fahrzeuge des ganzen Zuges sowohl von der Lokomotive als von jedem Wagen aus gleichzeitig in Tätigkeit gesetzt werden können und daß bei Zugstrennungen sowie bei Brüchen wesentlicher Teile der Luftleitung alle Bremsen vor und hinter der Bruchstelle zur Wirkung kommen. Die Wirkungsweise der Westinghouse-Schnellbremse sei an Hand des Luftleitungsplanes Abb. 195 erläutert, wobei die Nebenapparate zunächst unerörtert bleiben sollen.

Die zum Betrieb der Bremsen erforderliche Druckluft gelangt von der Luftpumpe *1* zum Druckluftbehälter *5* und von hier über die beiden parallelgeschalteten Führerbremsventile *11* der beiden Führerstände in die Hauptleitung der automatischen Bremse, die sich mittels der Schlauchkupplungen *16* über den ganzen Zug erstreckt. An diese Hauptleitung sind in der Lokomotive sowie an jedem bremsbaren Fahrzeug unter Zwischenschaltung eines Funktions- oder Steuerventils *18* Hilfsluftbehälter *19* angeschlossen. Normalerweise herrscht also in der Hauptleitung und den Luftbehältern gleicher Druck. Jedes Funktionsventil steht ferner mit einem Bremszylinder *21* in Verbindung, dessen Kolbenstange an das Bremsgestänge angreift. Die in den Hilfsluftbehältern *19* aufgespeicherte Preßluft bildet den Arbeitsvorrat für die betreffende Bremse. Die Funktionsventile *18* regeln beim Bremsen das Einströmen der Preßluft je in den zugehörigen Bremszylinder und beim Lösen das Entweichen der Luft aus den Bremszylindern ins Freie.

Das Anziehen der Bremsen erfolgt dadurch, daß durch eines der Führerbremsventile *11* unter Abschluß des Hauptluftbehälters Luft aus der Hauptleitung ausgelassen wird, wodurch zunächst in dieser eine Druckverminderung verursacht wird. Infolge dieser Verminderung des Leitungsdruckes aber lassen die Funktionsventile aus den zugehörigen Hilfsluftbehältern Preßluft in die Bremszylinder ein, wodurch die Bremskolben vorwärts getrieben und die Bremsklötze gegen die Räder gepreßt werden. Die Stärke der Bremswirkung richtet sich nach der Größe der Druckverminderung in der Hauptleitung; der Lokomotivführer kann daher die Bremsen mit größerer oder geringerer Kraft anziehen, je nachdem er mehr oder weniger Luft aus der Hauptleitung entweichen läßt. Wird der Druck in der Hauptleitung schnell erheblich vermindert (bei Notbremsungen, Zugstrennungen usw.), so öffnen die Funktionsventile *18* Kanäle, durch welche nicht nur aus den Hilfsluftbehältern *19*, sondern auch aus der Hauptleitung Preßluft in die Bremszylinder *21* strömt. Es wird also bei Notbremsungen die in der Hauptleitung vorhandene Preßluft mit zum Bremsen nutzbar gemacht, und die dadurch bewirkte plötzliche Abnahme des Leitungsdruckes beschleunigt die Wirkung der sämtlichen Bremsen im Zuge derartig, daß auch an den längsten Zügen alle Bremsen nahezu in dem gleichen Augenblick in Tätigkeit treten.

Das Lösen der Bremsen erfolgt durch Steigerung des Luftdruckes in der Hauptleitung, indem Preßluft aus dem Hauptluftbehälter *5* der Lokomotive durch eines der Führerstandbremsventile *11*

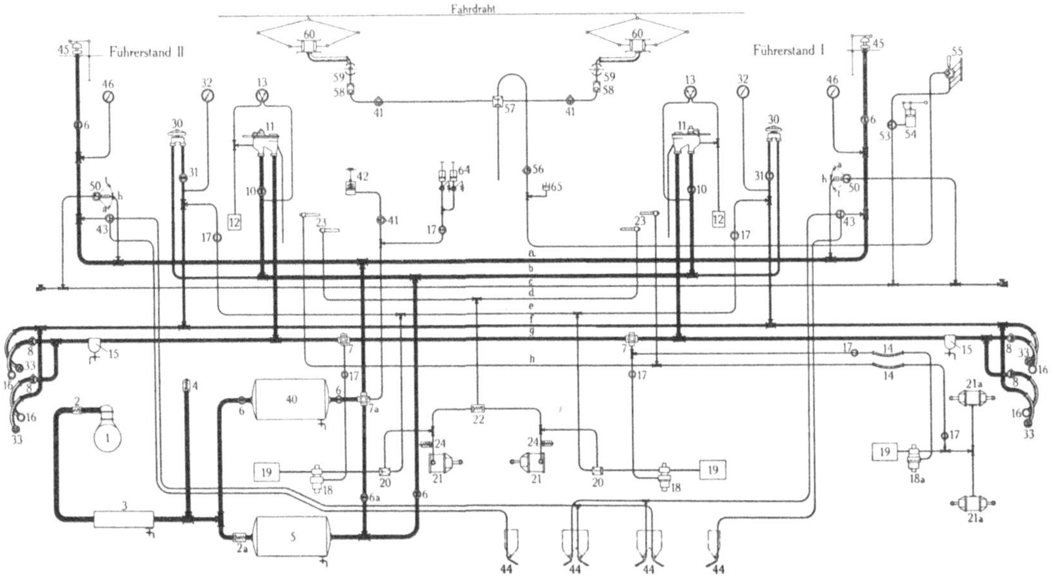

Abb. 195. Luftleitungsplan der 2 $C_0$1-Lokomotive (Reihe 10601) der S. B. B.

1 Kolbenkompressor, *2* Rückschlagsventil 1½″, *2a* Rückschlagventil 1″, *3* Ölabscheider, *4* Sicherheitsventil, *5* Hauptluftbehälter für Bremse, *6* Absperrhahn 1″, *6a* Umgehungshahn 1″, *7* Staubfänger, *7a* Staubfänger (S. L. M.), *8* Absperrhahn mit Entlüftungsbahrung 1″, *10* B. V.-Hahn mit Manometeranschluß, *11* Führerbremsventil für automat. Bremse, *12* Bremsventilluftbehälter, *13* Manometer für automat. Bremse, *14* Verbindungsschlauch, *15* Tropfbecher, *16* Kupplung 1″ für automat. Bremse, *17* Absperrhahn ½″, *18* Funktionsventil, *18a* Funktionsventil mit ausgeschalteten Betriebsbremsungen, *19* Hilfsluftbehälter, 20 Doppelrückschlagventil, *21* Bremszylinder für Triebradbremse, *21a* Bremszylinder für Drehgestellbremse, *22* Doppelrückschlagventil für Auflöseleitung, *23* Auslöseventil, *24* Sicherheitsventil zur Auslöseleitung, *30* Regulierbremsventil, *31* R. V.-Hahn ¾″ m. Manometeranschluß, *32* Manometer für Reg.-Bremse, *33* Kupplung ³/₄″ für Reg.-Bremse, *40* Hauptluftbehälter für Apparate, *41* Absperrhahn ¹/₂″ m. Entlüftungsbohrung, *42* Kompressorautomat, *43* Sandstreuhahn, *44* Sander, *45* Signalpfeife, *46* Manometer für Apparate, *50* Stromabnehmerventil, *53* Dreiweghahn für Handluftpumpe, *54* Handluftpumpe, *55* Dachleiter-Verriegelungshahn m. Alarmpfeife, *56* Verriegelungshahn, *57* Ausströmventil, *58* Drosselventil für Stromabnehmer, *59* Lufteinführung, *60* Stromabnehmer, *64* Elektropneumat. Antrieb für Heizhüpfer, *65* Verriegelungszylinder.

a 1″ Leitung zu den Apparaten, *b* 1″ Leitung zu den Bremsventilen, *c* 1/2″ Leitung für Bügelbetätigung, *d* 1/2″ Leitung zu den Auslöseventilen der Triebradbremse, *e* 1/2″ Leitung zu den Bremszylindern, *f* 3/4″ Hauptleitung zur Regulierbremse, *g* 1″ Hauptleitung zur Automat. Bremse, *h* 1/2″ Leitung zu den Auslöseventilen der Drehgestellbremse.

in die Hauptleitung eingelassen und dadurch in der letzteren der ursprüngliche Druck wieder hergestellt wird. Infolgedessen lassen die Funktionsventile *18* die in den Bremszylindern *21* wirksame Preßluft ins Freie entweichen, wodurch der Druck auf die Bremskolben aufgehoben wird, während gleichzeitig die Hilfsluftbehälter *19* wieder mit Preßluft nachgefüllt werden.

Die Bremsausrüstung der Lokomotive umfaßt:

1. die einfach oder doppelt vorhandene Luftpumpe *1* mit Antriebsorgan;
2. das unmittelbar nach der Pumpe in die Rohrleitung eingeschaltete Rückschlagventil *2*;
3. den Ölabscheider *3* mit Ölablaßhahn;
4. das an die Rohrleitung mittels kurzem Steigrohr angeschlossene Sicherheitsventil *4*;
5. den Hauptluftbehälter *5* mit Öl- bzw. Kondenswasserablaßhahn mit vorgeschaltetem Rückschlagventil *2a*, das nur ein Überströmen von Druckluft vom parallelgeschalteten Preßluftbehälter *40* zur Versorgung der mit Druckluft betätigten Apparate der elektrischen Ausrüstung nach dem Haupt(Brems-)luftbehälter nicht aber umgekehrt ermöglicht;
6. den Staubfänger *7a* mit dem unmittelbar an diesen unter Zwischenschaltung eines Absperrhahnes *41* mit Entlüftungsbohrung angeschlossenen
7. Druckregler *42*;

8. die beiden parallelgeschalteten Bremsventile *11* der beiden Führerstände mit Ausgleichvorrichtung, einerseits angeschlossen unter Zwischenschaltung der Absperrhähne *10* (*B.V*-Hähne) an den vom Hauptluftbehälter *5* abgehenden Rohrstrang, andererseits verbunden mit der Hauptleitung;

9. je einen Bremsventilluftbehälter *12*;

10. je zwei einfache oder häufiger je ein doppeltes Manometer *13* zum Anzeigen des Luftdruckes im Hauptluftbehälter *5* und in der Hauptleitung. Der höchst zulässige Druck ist auf dem Zifferblatt durch eine rote Marke bezeichnet;

11. die Funktionsventile *18*, deren Zahl im allgemeinen mit jener der Bremszylinder *21* übereinstimmt[1]);

12. die Ausschalthähne *17* (je einer für jedes Funktionsventil *18*) zur Außerdienstsetzung des betreffenden Bremsapparates;

13. die Auslöseventile *23*, deren Zahl je Führerstand der Zahl der selbständigen Bremszylinder der Bremszylindergruppen entspricht, zum Entleeren der Hilfsluftbehälter *19* und der zugehörigen Bremszylinder *21* über eine besondere durch Doppelrückschlagventil *22* geschützte Leitung;

14. die Hauptleitung mit zwischengeschalteten Staubfängern *7* und Tropfbechern *15*, die je in zwei Kupplungsschläuche *16* (einer dient immer als Reserve bei Schadhaftwerden des anderen) je mit vorgeschaltetem mit Entlüftungsbohrung versehenen Abschlußhahn *8* endet;

15. die vor jeden Bremszylinder *21* (mit Ausnahme jener der Drehgestellbremse) an die Auslöseleitung angeschlossenen Sicherheitsventile *24*.

Die wichtigsten der vorstehend angeführten Bestandteile seien im folgenden einzeln besprochen.

β) **Luftpumpe samt Antriebsorgan und Druckregler.** Diese wurden als gemeinsame Bestandteile aller Luftdruckbremsen ausführlich bereits früher (S. 148 ff.) behandelt.

γ) **Hauptluftbehälter.** Der Hauptluftbehälter *5* dient dazu, die von der Luftpumpe geförderte Druckluft aufzunehmen, und daraus schädliche Beimengungen, wie Niederschlagwasser, Öl, Staub usw. gemeinsam mit dem vorgeschalteten Ölabscheider abzusondern. Damit diese Stoffe nicht in die Bremsteile der Züge gelangen, muß die Luft in diesem Behälter zur Ruhe kommen und sich abkühlen. Hierzu wird der Luftbehälter in möglichst tiefer und gegen Erwärmung geschützter Lage angebracht. Alle Rohrverbindungen werden an den oberen Behälterteil angeschlossen, besonders auch das nach dem Führerbremsventil führende Rohr. Zur regelmäßigen Beseitigung der Niederschläge wird an der tiefsten Stelle des Behälters ein Ablaßhahn vorgesehen, der durchschnittlich einmal wöchentlich, im Winter häufiger, geöffnet wird. Durchschnittlich wird der Hauptluftbehälter für 400 bis 500 l Inhalt gebaut.

δ) **Führerbremsventil mit Ausgleichvorrichtung.** Das in den Abb. 196 und 197 dargestellte Führerbremsventil ist durch einzöllige Rohre mit dem Hauptluftbehälter der Lokomotive und der Hauptleitung verbunden; es dient dazu, die Bremsteile der Lokomotive und der damit gekuppelten Wagen mit Druckluft zu füllen, sowie die Bremsen dieser Fahrzeuge gemeinschaftlich anzuziehen oder zu lösen. Hiezu wird der am Führerbremsventil *11* angebrachte Handgriff nach Bedarf in verschiedene Stellungen eingestellt, wobei das Ventil entweder die Hauptleitung mit dem Hauptluftbehälter verbindet und sie dadurch mit Druckluft füllt, oder einen Luftauslaß von der Leitung ins Freie öffnet, um die Bremsen anzuziehen, oder jede Verbindung der Hauptleitung mit dem Hauptbehälter und der Außenluft abschließt, um die angezogenen Bremsen in Tätigkeit zu erhalten.

Die Anordnung des Führerbremsventils *11* in Verbindung mit dem Bremsventil-Luftbehälter *12*, dem Doppelluftdruckmesser *13*, dem Leitungsdruckregler *r* und dem Bremsventil-Absperrhahn *10* ist in Abb. 196 dargestellt.

Um beim Anziehen der Bremsen den Luftauslaß aus der Leitung nach den Anzeigen des Druckmessers *13* genau abstufen zu können, und um möglichst gleichmäßige, stoßfreie Bremsungen zu erhalten, ist das Führerbremsventil so eingerichtet, daß der Führer bei den regelmäßigen Betriebsbremsungen die Druckluft nicht unmittelbar aus der Hauptleitung, sondern aus einem kleinen Luftbehälter *12* ausläßt, und die in diesem Behälter erzeugte Druckabnahme wird dann durch die Ausgleichvorrichtung des Ventils *11* sofort auch auf die Hauptleitung *E* übertragen. Wird die Luft unmittelbar aus der Leitung ausgelassen, so zeigt der damit verbundene

[1]) Das Schema der Abb. 195 bezieht sich auf die $2C_0 1$-Lokomotive (Reihe 10601) der S. B. B., bei der je ein Bremszylinder je auf die vier Bremsklötze der äußeren Triebräder und auf je zwei Bremsklötze des inneren Triebrades arbeitet. Die Bremsung des zweiachsigen (amerikanischen) Drehgestelles erfolgt durch zwei seitlich angeordnete von einem Funktionsventil gemeinsam gesteuerte Bremszylinder.

Druckmesser anfangs einen zu starken Druckabfall an, da besonders an langen Zügen der Druck vorn in der Hauptleitung schneller sinkt als hinten.

Sobald sich dann nach Abschluß des Bremsventils der Druck in der ganzen Leitung ausgleicht, steigt der Leitungsdruck vorn wieder. Es würde daher für den Führer, der sich beim Bremsen nach dem Luftdruckmesser richten muß, zu schwierig sein, bei wechselnden Zuglängen die Luftmenge richtig abzuschätzen, die er für eine bestimmte Bremswirkung auslassen muß, auch könnten beim schnellen Abschluß des Ventils störende Luftstauungen in der Leitung auftreten. Alle diese Schwierigkeiten sind dadurch behoben, daß der Führer bei gewöhnlichen Bremsungen die Druckverminderung nicht unmittelbar in der Hauptleitung erzeugt, deren Luftinhalt mit jeder Zuglänge wechselt, sondern in einem besonderen Behälter von bestimmtem Inhalt, in dem

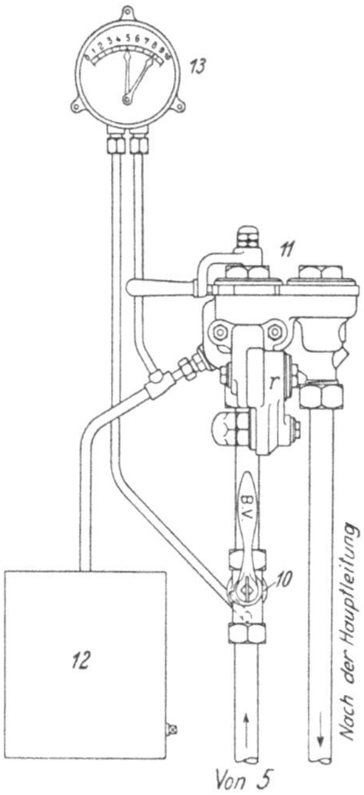

Abb. 196. Anordnung des Führerbremsventils. (Westinghouse-Bremse.)

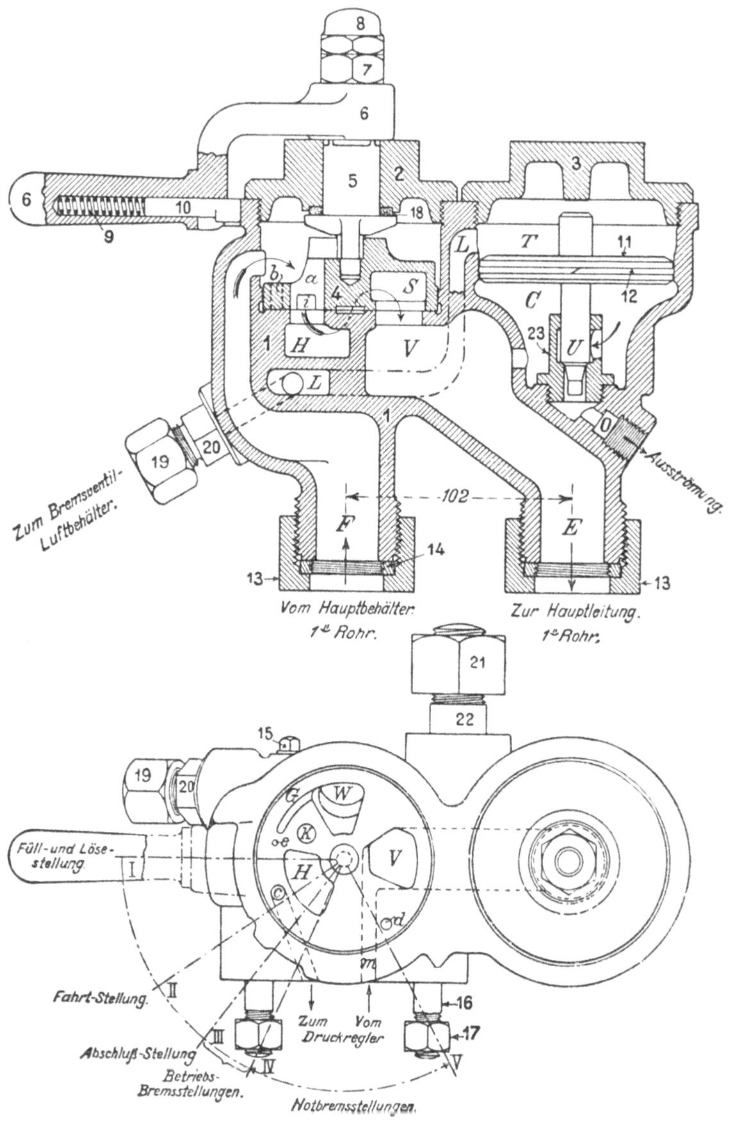

Abb. 197. Führerbremsventil mit Ausgleichvorrichtung. (Bauart Westinghouse.)

sich jede beliebige Druckverminderung schnell und genau ausführen läßt. Den in diesem Behälter erzeugten Druckabfall überträgt dann die Ausgleichvorrichtung des Führerventils selbsttätig auf die Hauptleitung, indem der Überdruck der Leitungsluft über den Luftdruck in der mit dem Behälter verbundenen Ventilkammer *T* (Abb. 197) den Ausgleichkolben *11* hebt und damit das Auslaßventil *U* an der Kolbenstange öffnet. Infolgedessen entweicht Druckluft solange aus der Ventilkammer *C* und der Hauptleitung ins Freie, bis im ganzen Zuge der Leitungsdruck auf den Druck im Bremsventilbehälter gesunken ist. Selbst wenn hierbei der Führer das Bremsventil plötzlich abschließt, bewegt der Kolben *11* das Auslaßventil *U* erst allmählich auf seinen Sitz, nachdem in der ganzen Zugleitung Druckausgleich eingetreten ist. Diese Ausgleichvorrichtung erleichtert daher die Bedienung der Bremsen und bewirkt unter allen Umständen eine genaue und bestimmte Druckminderung in der Leitung, sichert also eine gleichmäßige Wirkung aller Bremsen im Zuge.

Die Einrichtung des Führerbremsventils ist aus Abb. 197 ersichtlich. Das Ventilgehäuse *1* enthält die nebeneinander liegenden Kammern für den Drehschieber *4* und den Ausgleichkolben *11*. Der Drehschieber vermittelt die Überleitung der Druckluft aus dem Hauptbehälter zur Leitung und dem kleinen Luftbehälter oder den Auslaß der Behälterluft ins Freie. Die Spindel *5* ist durch einen Vierkant mit dem Handgriff *6* und durch einen Ansatz mit dem Drehschieber so verbunden, daß der Schieber jeder Drehung des Griffes folgt. Die Aushöhlung *L* unter dem Drehschieber *4* verbindet die Kammer *T* über dem Ausgleichkolben *11* mit dem Luftbehälter *12*, dessen Anschlußrohr mit der Überwurfmutter *19* verbunden ist.

Für die Handhabung des Führerbremsventils dienen die folgenden 5 Griffstellungen (s. Abb. 197)

I. Füll- und Lösestellung. In dieser Stellung steht der Hauptluftbehälter durch weite Durchgänge mit der Hauptleitung in freier Verbindung, da die Schieberhöhlung *S* den Weg von *F* durch *a* und die Aussparung *H* im Gehäuse nach dem zur Hauptleitung führenden Durchgang *V* öffnet. Gleichzeitig gelangt Hauptbehälterluft durch die Höhlung *i* und die Kanäle *K* und *L* zum Bremsventilbehälter sowie in die Kammer *T*. Der Luftdruck treibt den Ausgleichkolben *11* in die gezeichnete Stellung und hält das Auslaßventil *U* geschlossen.

II. Fahrtstellung. Wird der Handgriff in die Stellung *II* gedreht, so kann Druckluft vom Hauptbehälter nicht mehr unmittelbar nach der Hauptleitung überströmen, da die Verbindung zwischen den Höhlungen *S* und *H* aufgehoben ist. Dagegen gelangt sie durch die Bohrung *b* im Schieber in den Kanal *c* und kann von dort durch einen besonderen Druckregler *r* und die Kanäle *m* und *V* zur Hauptleitung strömen. Dieser Leitungsdruckregler, der später beschrieben wird, läßt nur so viel Druckluft in die Hauptleitung ein, bis darin der vorgeschriebene Druck vorhanden ist. Infolgedessen bleibt im Hauptbehälter ein Überdruck zurück, der später das Lösen der Bremsen beschleunigt. Nimmt der Leitungsdruck infolge von Undichtigkeiten etwas ab, so füllt der Druckregler so lange Luft aus dem Hauptbehälter nach, bis die Luftverluste ersetzt sind. Es wird also während der Fahrt der normale Druck in der Leitung selbsttätig erhalten, solange der Bremsventilgriff in der Fahrtstellung steht. Da die Hauptleitung hierbei mit der Kammer *T* durch Kanal *V*, Höhlung *S*, Bohrung *d* und Kanal *L* in Verbindung steht, so herrscht auf beiden Seiten des Ausgleichkolbens *11* gleicher Druck.

III. Abschlußstellung. In dieser Stellung sind alle Kanäle im Ventil geschlossen, so daß weder Druckluft ausströmen, noch von einem Raume in einen anderen übertreten kann. Nach Einleitung einer Bremsung wird der Ventilgriff in diese Stellung gelegt.

III.—IV. Betriebsbremsstellungen. Wird der Ventilgriff über die Stellung *III* hinaus nach *IV* hinbewegt, so verbindet der Drehschieber die Bohrung *e* und damit auch den Kanal *L* mit der Ausströmung *W*, so daß Luft aus der Kammer *T* und dem Bremsventil-Luftbehälter ins Freie entweicht. Sofort hebt dann der in der Kammer *C* herrschende Leitungsdruck den Ausgleichkolben *11* mit dem Auslaßventil *U*, so daß Leitungsluft durch *0* ausströmt, und die Bremsen sich anlegen. Das Auslaßventil schließt sich erst, wenn der Leitungsdruck im ganzen Zuge ebensoweit vermindert ist, wie der Luftdruck im Bremsventilbehälter, den man beliebig abstufen und damit die Bremskraft beliebig regeln kann.

IV.—V. Notbremsstellungen. Bei allen Lagen des Handgriffs über die Stellung *IV* hinaus verbindet die Höhlung *S* im Drehschieber den Hauptleitungskanal *V* mit der weiten Auslaßöffnung *W*. Die Leitungsluft strömt daher schnell ins Freie und alle Bremsen im Zuge treten sogleich mit voller Kraft in Tätigkeit.

Handhabung des Führerbremsventils. Um die Hauptleitung und die Hilfsluftbehälter eines Zuges mit Druckluft zu füllen, wird der Ventilgriff in die Füllstellung *I* gelegt, dort aber nur so lange belassen, bis der vorgeschriebene Leitungsdruck erreicht ist und auch nicht mehr abnimmt, wenn man den Ventilgriff in die Fahrtstellung dreht. Ist das Füllen beendet, so wird der Handgriff des Ventils in die Fahrtstellung II gelegt. Dort muß der Griff während der freien Fahrt stets verbleiben, denn nur bei dieser Einstellung bleibt der zum schnellen Lösen der Bremsen erforderliche Überdruck im Hauptluftbehälter erhalten und das Ventil kann nur dann den normalen Luftdruck in der Hauptleitung selbsttätig aufrechterhalten.

Bei gewöhnlichen Betriebsbremsungen wird der Ventilgriff zwischen die Stellungen *III* und *IV* gebracht und in die Abschlußstellung *III* gelegt, nachdem der ursprüngliche Leitungsdruck wenigstens um $^1/_3$ bis $^1/_2$ at vermindert worden ist. Sind die Bremsen in dieser Weise mäßig angezogen, so läßt sich durch weiteres Auslassen von sehr wenig Druckluft die anfängliche Bremswirkung nach Bedarf verstärken. Hierbei ist zu beachten, daß alle Bremsen schon mit voller Kraft wirken, wenn der Leitungsdruck um $1^1/_2$ at gesunken ist; mehr Luft auszulassen ist daher zwecklos. Bei diesen stufenweisen Bremsungen darf der Handgriff nie über die Stellung *IV* hinaus gedreht werden, da sonst die Schnellwirkung der Bremse eintritt.

Zum raschen Anhalten in Notfällen wird durch schnelles Drehen des Handgriffes in die Stellung *V* eine Schnellbremsung hervorgerufen. Derartige Bremsungen werden jedoch nur im Notfalle, nicht aber beim regelmäßigen Anhalten ausgeführt.

Bremsventil-Absperrhahn. Um bei der Beförderung eines Zuges mit Vorspann den Hauptbehälter der zweiten Lokomotive abschließen zu können, ist am Führerstand zwischen Hauptbehälter und Bremsventil ein Absperrhahn *10* eingeschaltet. Der Handgriff dieses Bremsventil-Absperrhahnes trägt das Zeichen *B. V.* und steht bei offenem Hahne längs des Rohres. Unter dem Hahnküken zweigt ein Rohr nach dem Manometer *13* ab, so daß man auch bei geschlossenem Hahn den Druck im Hauptbehälter erkennen kann.

Gewöhnlich ist der Bremsventil-Absperrhahn geöffnet; nur bei Zügen mit Vorspann muß er auf der zweiten Lokomotive geschlossen werden, während im Hauptbehälter der übliche Luftdruck aufrecht zu erhalten ist. Trotzdem kann auch der Führer dieser Lokomotive in Notfällen alle Bremsen sofort betätigen, wenn er das Bremsventil in der üblichen Weise bedient. Wird die Vorspannmaschine abgekuppelt, so wird der Bremsventil-Absperrhahn der Zuglokomotive wieder geöffnet. Wenn dies versäumt wird, so kann man zwar jederzeit bremsen, aber die Bremsen nicht wieder lösen, da die Verbindung mit dem Hauptbehälter unterbrochen ist.

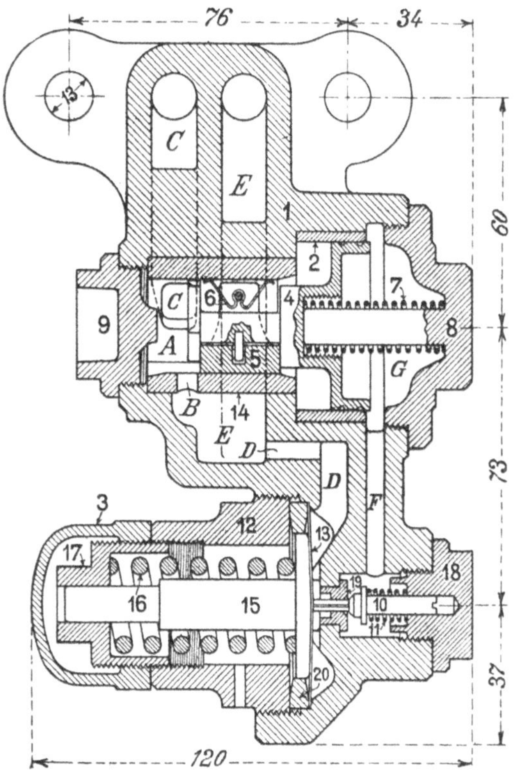

Abb. 198. Schieberdruckregler (Leitungsdruckregler). (Bauart Westinghouse.)

Leitungsdruckregler. Bei den selbsttätigen Luftdruckbremsen werden Druckregler verschiedener Art dazu verwendet, in Verbindung mit dem Führerbremsventil den Druck in der Hauptleitung trotz etwaiger Undichtigkeiten an den Rohren, Kupplungen usw. selbsttätig auf der vorgeschriebenen Höhe zu halten und zum schnellen Lösen der Bremsen im Hauptbehälter einen gewissen Überdruck zu sichern.

Diesen Zweck erfüllt der nachstehend beschriebene Schieberdruckregler am vollkommensten, da hierbei die Druckregelung völlig von dem Luftdurchlaß getrennt ist. Solange der vorgeschriebene Druck in der Leitung noch nicht vorhanden ist, hält der Schieber einen verhältnismäßig großen Durchgangsquerschnitt zwischen Hauptbehälter und Leitung weit geöffnet, sobald aber der gewünschte Leitungsdruck erreicht ist, schließt er den Durchgang schnell ab.

Dieser Regler wird gewöhnlich mittels der Schrauben 16 (Abb. 197) am vorderen Flansche des Führerbremsventils befestigt. Zwischen den Befestigungsschrauben befinden sich dann die Bohrungen *C* und *E* (Abb. 198), von denen durch das Führerbremsventil *C* mit dem Hauptluftbehälter und *E* mit der Bremsleitung verbunden ist. Bei der Fahrstellung des Bremsventils gelangt Druckluft aus dem Hauptbehälter durch den Kanal *C* in die Kammer *A*, treibt den nur lose eingepaßten Kolben *4* nebst Schieber *5* nach rechts und öffnet den Kanal *B*. Druckluft vom Hauptbehälter strömt nun durch *C*, *A*, *B* und *E* zur Hauptleitung über und gelangt gleichzeitig durch die Bohrung *D* vor die Federplatte *13*, die mit einer kräftigen Feder *16* belastet ist. Diese Feder, deren Spannung sich mit der Stellschraube *17* in gewissen Grenzen verändern läßt, regelt die Höhe des in die Leitung eingelassenen Luftdruckes. Solange der Leitungsdruck noch nicht die Spannung der Stellfeder *16* überwindet, wird die Federplatte nach rechts gedrückt und das Hilfsventil *10* offen gehalten, so daß in den Bohrungen *D* und *F*, sowie im Raume *G* hinter dem Kolben *4* Leitungsdruck herrscht. Sobald in der Hauptleitung der vorgeschriebene Druck erreicht wird, drückt dieser die Federplatte nach links, so daß die Feder *11* das Hilfsventil *10* schließt. In dem jetzt von der Hauptleitung abgeschlossenen Raume *G* steigt der Luftdruck infolge der Undichtigkeit des Kolbens *4* schnell an; sobald auf beiden Kolbenseiten gleicher Druck herrscht drängt die Feder *7* den Kolben nebst Schieber nach links, schließt den Durchgang *B* ab und unterbricht damit die Verbindung vom Hauptbehälter zur Hauptleitung.

Wenn durch Undichtigkeiten der Leitungsdruck etwas sinkt, öffnet die Feder *16* das Ventil *10* wieder, so daß der Überdruck aus der Kammer *G* durch die Bohrungen *F* und *D* über *E* zur Hauptleitung entweicht. Der Hauptbehälterdruck in der Kammer *A* treibt den Kolben *4* nebst Schieber *5* sofort wieder gegen die Feder *7* nach rechts, und von neuem tritt Druckluft vom Hauptbehälter durch *B* zur Hauptleitung über, bis der Leitungsdruck wieder der Spannung der Stellfeder *16* entspricht.

Der Druckregler ersetzt also in der Fahrtstellung des Bremsventils selbsttätig alle Luftverluste der Leitung. Das Auffüllen der Leitung und Hilfsbehälter erfolgt damit so schnell, daß man bei gewöhnlichen Zügen die Bremsen mit Hilfe dieses Druckreglers bei der Fahrtstellung des Bremsventilgriffes lösen kann, ohne diesen vorher in die Füllstellung gelegt zu haben. Auf diese Weise vermeidet man beim Lösen mit Sicherheit ein Überladen der Hauptleitung, das häufig den Bremsbetrieb stört und namentlich das schnelle Wiederanlegen der Bremsen kurz nach dem Lösen hindert.

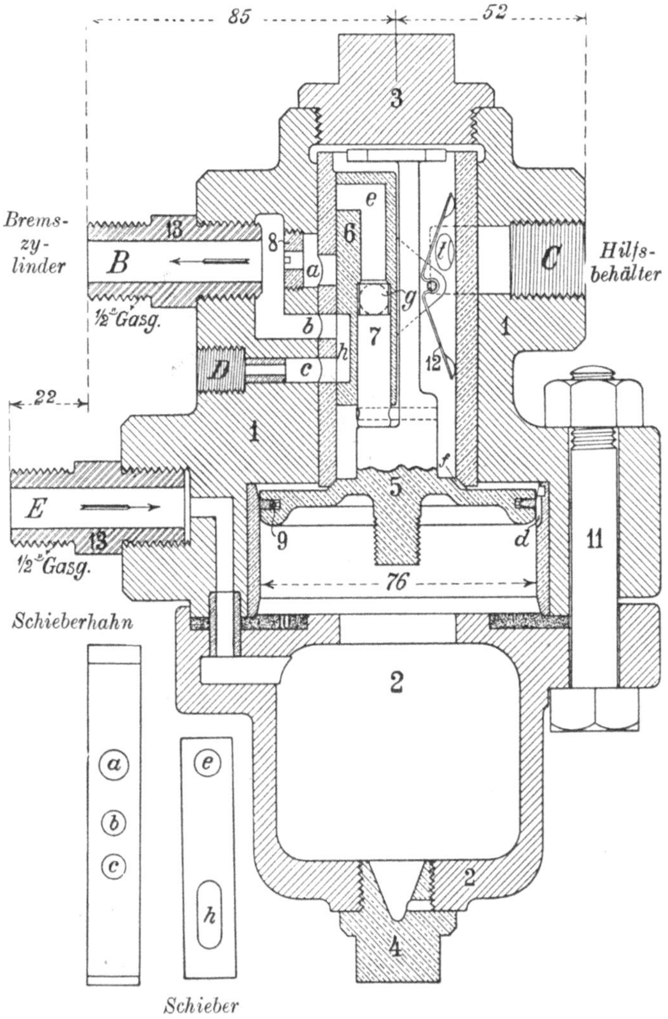

Abb. 199. Funktionsventil (Steuerventil).
(Bauart Westinghouse.)

ε) Funktionsventil (Steuerventil). Das in der Abb. 199 dargestellte gewöhnliche Westinghouse-Steuerventil wird in der Regel für die Triebradbremsen der Lokomotiven verwendet. Das Ventil wird durch Rohre mit der Hauptleitung, sowie mit einem Hilfsluftbehälter und einem Bremszylinder verbunden; es dient dazu, das Anziehen und Lösen der Bremse nach den Änderungen des Luftdruckes in der Leitung selbsttätig zu regeln.

Das Gehäuse *1* enthält den Steuerkolben *5*, der von den Änderungen des Luftdruckes in der Hauptleitung auf oder ab bewegt wird und hierbei den Schieber *6* und das Abstufungsventil *7* mitnimmt. Beim Füllen der Hauptleitung mit Druckluft gelangt diese von *E* her durch die Kammer *2* unter den Kolben *5*, treibt diesen in die gezeichnete Lösestellung und strömt dann durch die Nuten *d* und *f* an dem Kolben vorbei und durch *t* nach dem bei *C* angeschlossenen Hilfsluftbehälter, bis darin der gleiche Druck herrscht, wie in der Hauptleitung. Der Schieber *6* überdeckt in der gezeichneten Stellung die zum Bremszylinder führende Bohrung *a*, während seine Höhlung *h* die Kanäle *b* und *c* und damit den bei *B* angeschlossenen Bremszylinder mit der Außenluft verbindet. Der Bremszylinder ist also druckfrei und die Bremse bleibt gelöst, solange auf beiden Seiten des Steuerkolbens der gleiche Luftdruck herrscht.

Wird der Leitungsdruck und damit auch der Druck unter dem Steuerkolben vermindert, so treibt der Drucküberschuß, der dann über dem Kolben entsteht, diesen abwärts über die

Nute d hinweg, und gleichzeitig zieht ein Stift an der Kolbenstange das Abstufungsventil 7 von seinem Sitze, so daß Druckluft durch die Seitenbohrung g in den Kanal e einströmt. Dann nimmt das obere Ende der Kolbenstange auch den Schieber 6 mit, bis die Mündung des Kanales e der zum Bremszylinder führenden Bohrung a gegenübersteht. In dieser Bremsstellung des Schiebers ist die Verbindung vom Bremszylinder B über b, h und c nach der Ausströmung D aufgehoben, während Preßluft aus dem Hilfsluftbehälter durch die Kanäle e, a und B in den Bremszylinder strömt und den Bremskolben vortreibt. Sobald der Druck im Hilfsbehälter durch das Abströmen von Luft in den Bremszylinder etwas unter den Hauptleitungsdruck gesunken ist, bewegt der auf der Leitungsseite entstehende Überdruck den Steuerkolben wieder so weit aufwärts, daß sich das Abstufungsventil schließt, so daß die Luft aus dem Hilfsbehälter nicht weiter nach dem Bremszylinder überströmen kann. Der Schieber 6 verändert dabei seine Stellung nicht.

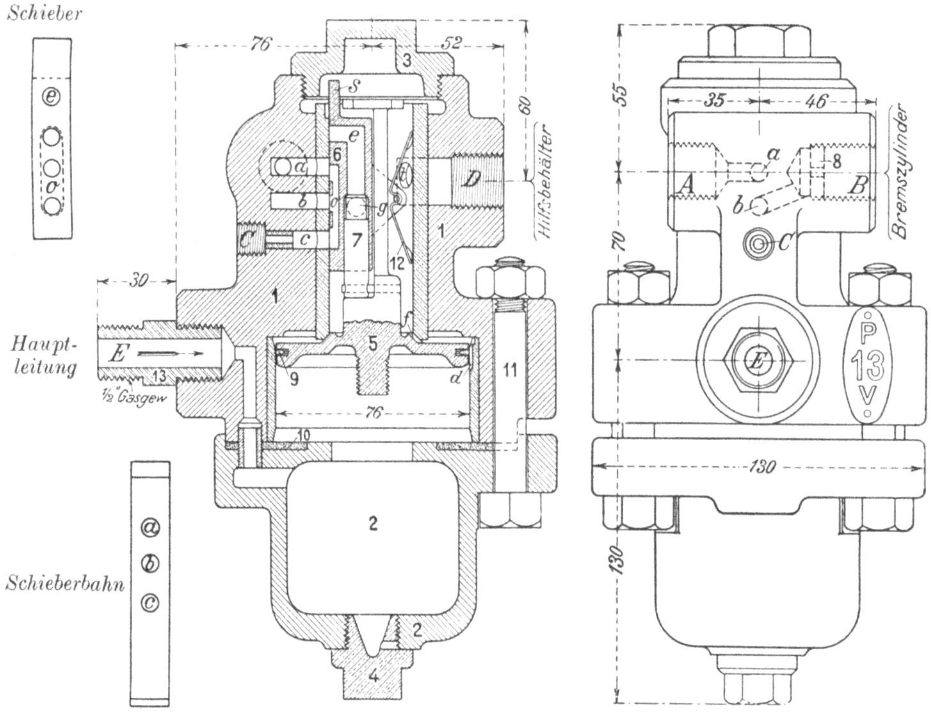

Soll die erste Bremsung verstärkt werden, so kann man durch eine weitere Druckverminderung in der Hauptleitung das Spiel des Steuerkolbens- und Abstufungsventils wiederholen und damit abermals Druckluft aus dem Hilfsbehälter in den Bremszylinder überleiten. Die Menge der überströmenden Luft richtet sich stets nach der Stärke der jeweiligen Verminderung des Leitungsdruckes, so daß der Führer durch Auslassen von mehr oder weniger Leitungsluft jeden gewünschten Druck im Bremszylinder hervorrufen kann, bis bei einer Abnahme des Hauptleitungsdruckes um etwa $1^1/_2$ at die volle Bremskraft erreicht ist.

Wird der Leitungsdruck plötzlich stark vermindert, so schnellt der Steuerkolben sofort abwärts bis an das Ende seines Hubes, so daß die Durchgänge durch das Schieberventil weit geöffnet werden, und die Hilfsbehälterluft schnell auf dem oben beschriebenen Wege nach dem Bremszylinder überströmt.

Um die Bremsen zu lösen, wird mit dem Führerbremsventil Druckluft aus dem Hauptluftbehälter in die Hauptleitung eingelassen. Der damit unter dem Steuerkolben entstehende Überdruck treibt diesen nebst dem Schieber 6 wieder in die gezeichntee Stellung, und die Druckluft entweicht aus dem Bremszylinder durch die Kanäle b, h, c und D, während gleichzeitig der Hilfsbehälter durch E, d, f, t und C wieder mit Druckluft aufgefüllt wird.

ζ) Funktionsventil (Steuerventil) mit ausgeschalteten Betriebsbremsungen. Die Abb. 200 stellt die Einrichtung und Anordnung eines Steuerventils dar, das dazu dient, die Wirkung des zugehörigen Bremszylinders bei den gewöhnlichen Betriebsbremsungen auszuschalten, während es bei starken Druckverminderungen in der Hauptleitung, also auch bei allen Notbremsungen, eine kräftige Bremswirkung erzeugt. Dieses Ventil wird besonders für Lokomotiv-Drehgestellbremsen (s. *18a* in Abb. 195) und für gewisse Spezialwagen verwendet, die gewöhnlich ungebremst bleiben, aber in Gefahrfällen ebenso gebremst werden sollen wie die übrigen Fahrzeuge.

Das Ventil wird durch Rohre bei *E* mit der Hauptleitung, bei *D* mit dem Hilfsluftbehälter und bei *B* mit dem Bremszylinder verbunden. Die Kanäle *a* und *c* münden bei *A* und *C* ins Freie, die Bohrung *b* führt durch *B* zum Bremszylinder.

Das Ventilgehäuse *1* (Abb. 200) enthält einen Steuerkolben *5*, der von den Druckänderungen in der Hauptleitung *E* bewegt wird und dabei das Abstufungsventil *7* und den Schieber *6* mitnimmt. Beim Füllen der Hauptleitung mit Druckluft gelangt diese von *E* her unter den Kolben *5*, treibt diesen in die gezeichnete Lösestellung und strömt durch die Nuten *d* und *f*, sowie die Durchgänge *t* und *D* nach dem Hilfsbehälter, bis darin der gleiche Druck herrscht wie in der Hauptleitung. Die Höhlung *o* im Schieber verbindet dabei die Bohrungen *a* und *c* mit dem bei *B* zum Bremszylinder führenden Durchgange *b*, so daß der Bremszylinder mit der Außenluft verbunden also druckfrei ist.

Bei einer mäßigen Druckverminderung in der Hauptleitung, die sich bis unter den Steuerkolben *5* fortsetzt, treibt der infolgedessen über dem Kolben entstehende Überdruck diesen abwärts über die Nute *d* hinweg, wobei der Stift an der Kolbenstange das Abstufungsventil *7* vom Sitze zieht, so daß Druckluft durch die Seitenbohrung *g* in den Kanal *e* gelangt. Nach kurzem Hube nimmt das obere Ende der Kolbenstange auch den Schieber *6* mit, bis der Kanal *e* dem Auslaßkanale *a* gegenübersteht. Hilfsbehälterluft strömt dann durch *D*, *g*, *e*, *a* und *A* ins Freie oder in die mit *A* verbundene Kammer, wodurch der Druck über dem Kolben *5* in gleichem Maße abnimmt wie in der Hauptleitung. Der Steuerkolben bleibt daher stehen und der nach dem Bremszylinder führende Kanal *b* bleibt durch die Höhlung *o* mit dem Auslaßkanale *c* verbunden. Sinkt nach Abschluß des Führerbremsventils der Druck über dem Steuerkolben *5* infolge des Abströmens der Hilfsbehälterluft etwas unter den Leitungsdruck, so hebt dieser den Kolben wieder so weit, bis sich das Abstufungsventil *7* schließt und den Luftauslaß aus dem Hilfsbehälter unterbricht; der Schieber *6* verändert dabei seine Stellung nicht.

Bei weiteren geringen Ermäßigungen des Leitungsdruckes wiederholt sich dieser Vorgang, ohne daß der Bremszylinder in Tätigkeit tritt. Die Menge der abströmenden Behälterluft richtet sich stets nach der Druckverminderung in der Leitung, so daß der Hilfsbehälter mit dem gleichen Drucke gefüllt bleibt wie die Hauptleitung. Durch eine starke Druckverminderung in der Leitung wird jederzeit eine kräftige Bremsung erreicht, da hierbei über dem Kolben ein so hoher Überdruck entsteht, daß der Kolben samt Schieber und Abstufungsventil sofort bis zum Ende seines Hubes abwärts getrieben wird. Während der Schieber *a* den Kanal überdeckt, strömt Behälterluft durch das offene Abstufungsventil *7* und Kanal *e*, der jetzt dem Durchgang *b* gegenübersteht, durch *B* zum Bremszylinder, bis der Behälterdruck auf den Leitungsdruck gesunken oder bis zwischen den Bremszylindern und dem Hilfsbehälter Druckausgleich eingetreten ist.

Zum Lösen der Bremsen ist Druckluft in die Leitung einzulassen, wodurch der Steuerkolben *5* in die Lösestellung zurückbewegt, der Hilfsbehälter durch *d*, *f* und *t* mit Druckluft aufgefüllt und der Bremszylinder durch die Kanäle *b*, *o*, *a* und *c* mit der Außenluft verbunden werden.

η) **Hilfsluftbehälter.** Die Hilfsluftbehälter *19* (Abb. 195) werden durch die zugehörigen Steuerventile 18 mit der Hauptleitung und den Bremszylindern 21 verbunden. Bei betriebsfähigen Bremsen sind diese Behälter mit Luft vom gleichen Drucke gefüllt wie die Hauptleitung. Die in den Behältern aufgespeicherte Druckluft bildet den Kraftvorrat für die damit verbundenen Bremszylinder. Bei Druckverminderungen in der Leitung verbinden die Steuerventile die Hilfsbehälter mit ihren Bremsventilen und lassen so viel Druckluft aus den Behältern in die Zylinder überströmen, daß der Behälterdruck im gleichen Grade abnimmt wie der Leitungsdruck. Wenn dabei der Luftdruck in den Bremszylindern die gleiche Höhe erreicht, wie der noch vorhandene Druck in den Hilfsluftbehältern, so wirken die Bremsen mit voller Kraft, und weitere Verminderungen des Leitungsdruckes bleiben wirkungslos. — Die zum Anziehen der Bremsen aus den Hilfsbehältern verbrauchte Druckluft wird beim nachfolgenden Lösen der Bremsen wieder ersetzt.

Um an allen Fahrzeugen eine gleichmäßige Bremswirkung zu erzielen, ist es wichtig, daß der Rauminhalt der Hilfsluftbehälter in einem bestimmten Verhältnis zu der Größe der mit diesen verwendeten Bremszylinder steht.

ϑ) **Bremszylinder.** Die Einrichtung der Bremszylinder und die Verbindung ihrer Kolben mit den Gestängen ist aus Abb. 201 ersichtlich.

Bei gelösten Bremsen werden die Bremszylinder durch die zugehörigen Steuerventile mit der Außenluft verbunden, sie sind also dann druckfrei. Bei den Bremsungen lassen die Steuerventile jedoch Druckluft aus den Hilfsluftbehältern in eine Kammer der Bremszylinder ein; diese Luft treibt die Bremskolben in d r Pfeilrichtung vor und preßt die damit verbundenen Bremsklötze an die Räder. Beim Lösen der Bremsen verbinden die Steuerventile die Bremszylinder wieder mit der Außenluft, so daß die Druckluft ausströmt und die Bremskolben durch die in den Zylindern vorgesehenen Rückdruckfedern in die gezeichneten Lösestellungen zurückbewegt werden.

Da nur eine Kammer dieser Zylinder bei den Bremsungen mit Druck gefüllt wird, so hat diese Bauart den Gattungsnamen „Einkammer-Bremszylinder“ erhalten. Kolbenstangen-Stopfbüchsen sind dabei grundsätzlich vermieden, da diese erfahrungsgemäß schwer dicht zu halten sind und daher große Unterhaltungskosten erfordern, auch im Betriebe zu mancherlei Störungen Anlaß geben.

Bei den gezeichneten Lösestellungen der Bremskolben befindet sich daneben in der Zylinderwand je eine Nut, welche die beiden Kolbenseiten miteinander verbindet. Geringe Luftmengen, die infolge von Undichtigkeiten in die Zylinder gelangen, können durch diese Nuten unschädlich

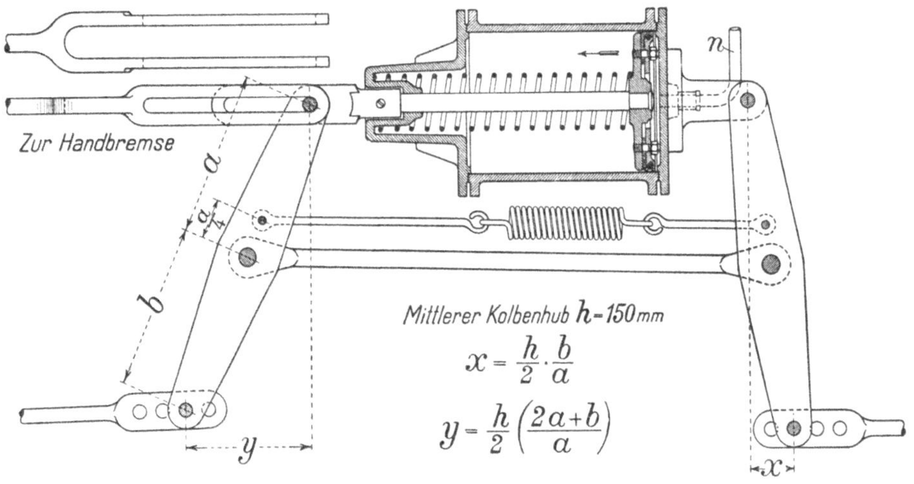

Abb. 201. Wagerechter Einkolben-Bremszylinder. (Bauart Westinghouse.)

entweichen. Wenn jedoch bei den Bremsungen größere Luftmengen in die Zylinder einströmen, werden die Kolben sofort über diese Nuten hinweggetrieben, so daß keine Druckluft entweichen kann. Damit die Nuten unter allen Umständen sicher abgeschlossen werden, und andererseits die mit Druckluft zu füllenden Zylinderräume nicht zu groß werden, sind die Bremsgestänge so einzustellen, daß die Kolbenhübe bei den Bremsungen stets innerhalb der Grenzen bleiben, die bei den Abbildungen angegeben sind. Die Gestänge werden daher mit geeigneten Nachstelleinrichtungen versehen und es ist besonders darauf zu achten, daß nach entsprechender Abnutzung der Bremsklötze das Nachstellen der Gestänge erfolgt, bevor die Bremskolben die angegebenen größten zulässigen Hübe überschreiten. Die Bremszylinder werden zu diesem Zwecke manchmal mit selbsttätig wirkenden Nachstellvorrichtungen ausgerüstet.

An den Böden der wagerechten Einkolben-Bremszylinder werden oft nicht nur die Hebelträger befestigt, wie die Abb. 201 zeigt, sondern auch die schnellwirkenden Steuerventile. Die Größen der Bremszylinder werden nach den Eigengewichten der Fahrzeuge gewählt.

ι) **Auslöseventil.** Um angezogene Bremsen an den Fahrzeugen lösen zu können, ohne die Hauptleitung mit Druckluft aufzufüllen, ist an jedem Bremsapparat ein Auslöseventil *23* (Abb. 195) vorgesehen. Die Abb. 202 zeigt einen senkrechten Schnitt durch dieses Ventil. Bei der gezeichneten Mittellage des Hebels *2* wird das Auslaßventil *4* von der Feder *5* geschlossen gehalten. Wenn das untere Ende dieses Hebels jedoch nach rechts oder links bewegt wird, so hebt das obere Hebelende das Ventil *4* von seinem Sitze und läßt Druckluft aus dem bei *A* angeschlossenen Bremszylinder oder Hilfsluftbehälter durch die punktiert angedeutete Seitenbohrung ins Freie aus. Sobald man den Hebel *2* frei gibt, schließt die Feder *5* das Auslaßventil *4* wieder luftdicht ab.

An den Lokomotiven werden die Auslöseventile im Handbereiche der Führer angebracht, so daß sie unmittelbar geöffnet werden können. Bei dieser Anordnung ist der Gewindezapfen mit dem Kanal A in senkrechter Lage mit der Kappe 3 verbunden. Sind diese Fahrzeuge mit Zusatzbremsen ausgerüstet, so werden die Auslöseventile an die Bremszylinder angeschlossen, damit man den darin vorhandenen Luftdruck beliebig vermindern kann.

ϰ) **Hauptleitung, Schlauchkupplungen und Kupplungshähne.** Die Hauptleitung erstreckt sich gewissermaßen vom Führerbremsventil bis zu den Enden des Zuges und ist durch Zweigleitungen mit den Steuerventilen jedes Fahrzeuges verbunden.

Zur Verbindung der Hauptleitung zwischen den Fahrzeugen dienen Kupplungen mit biegsamen Gummischläuchen, die mit dem einen Ende an dem Leitungsrohre befestigt sind, während sie am freien Ende einen Kupplungskopf tragen, der ein schnelles Kuppeln und Lösen gestattet.

An den Stirnenden der Fahrzeuge, unmittelbar neben den Schlauchkupplungen *16* (Abb. 195) sind Absperrhähne 16 in die Hauptleitungen E eingebaut, um diese abschließen zu können, wenn die zugehörigen Schlauchkupplungen nicht verbunden sind. Werden die Hauptleitungen zwischen zwei benachbarten Fahrzeugen gekuppelt, so müssen die Kupplungshähne sofort geöffnet werden. Vor dem Entkuppeln werden die Hähne wieder geschlossen, damit die Druckluft in den Bremsvorrichtungen erhalten bleibt und die getrennten Fahrzeuge verschoben werden können, ohne daß die Bremsen in Tätigkeit treten.

Um die nicht verbundenen Schlauchkupplungen festzuhalten und die Schläuche gegen Verschmutzung zu sichern, werden die unbenutzten Kupplungsköpfe stets durch Leerkupplungen abgeschlossen.

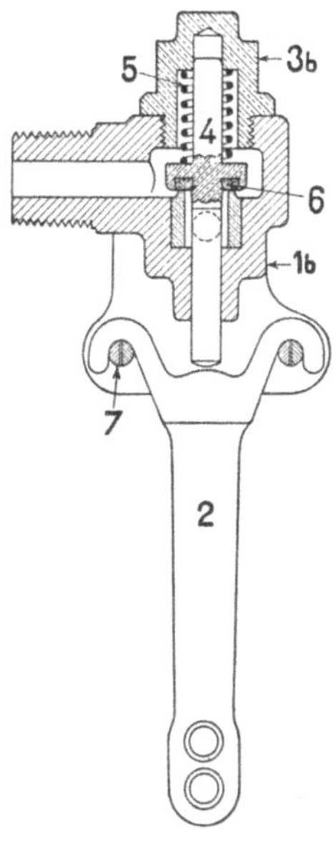

Abb. 202. Auslöseventil mit wagerechtem Gewindezapfen. (Bauart Westinghouse.)

II. Westinghouse-Doppelbremse.

α) **Wirkungsweise und Bestandteile.** Die Westinghouse-Doppelbremse besteht aus der im früheren Abschnitt beschriebenen automatischen Luftdruckbremse (Schnellbremse), mit der eine nichtautomatische verbunden ist. Jede der beiden Bremsen kann unabhängig von der anderen in Tätigkeit gesetzt werden, was durch ein Doppelrückschlagventil *20* (Abb. 195) bewirkt wird, welches zwischen dem Funktionsventil *18* und dem Bremszylinder *21* der automatischen Bremse eingeschaltet ist und durch einen Kolben beim Gebrauch der einen Bremse die Verbindung der anderen mit dem gemeinsamen Bremszylinder unterbricht.

Um die nichtautomatische Bremse, oder auch Regulierbremse genannt, in Tätigkeit zu setzen, wird ebenfalls Preßluft aus dem für beide Bremsen gemeinsamen Hauptluftbehälter durch das sog. Regulierventil *30* (Abb. 195) von der Lokomotive aus über eine besondere Hauptleitung in das Doppelrückschlagventil *20* (Abb. 195) und von da in die Bremszylinder *21* geleitet. Dadurch werden im ganzen Zuge die Bremskolben vorwärtsgetrieben und die Bremsklötze gegen die Räder gepreßt. Die Stärke der Bremswirkung richtet sich nach der Größe des in die Hauptleitung eingelassenen Luftdruckes; der Lokomotivführer kann daher die Bremsen mit größerer oder geringerer Kraft anziehen, je nachdem er mehr oder weniger Preßluft in die Hauptleitung einströmen läßt; auch kann er die Bremsen beliebig lange wirken lassen.

Um die nichtautomatische Bremse zu lösen, läßt der Lokomotivführer die in der gesamten Leitung dieser Bremse und den Bremszylindern enthaltene Luft durch das Regulierventil ins Freie entweichen, wodurch der Druck auf die Bremskolben und damit die Bremswirkung aufgehoben wird.

Während die Hauptleitung der automatischen Bremse, auch wenn der Zug nicht gebremst ist, unter Druck steht und das Anziehen der Bremsen durch eine Druckverminderung bewirkt wird, muß der Hauptleitung der nichtautomatischen Bremse, wenn gebremst werden soll, Luft zugeführt werden, wogegen sie leer ist, wenn die Bremse außer Tätigkeit ist. Die nichtautomatische Bremse kann somit bei Zugstrennungen oder bei Beschädigung wesentlicher Bestandteile nicht selbsttätig wirken. Ferner unterscheidet sich diese Bremse von der automatischen auch dadurch, daß sie nur von der Lokomotive aus betätigt werden kann. Dagegen eignet sie sich sehr gut zum Regulieren der Fahrgeschwindigkeit auf langen, starken Gefällen, weil der Bremsdruck beliebig verstärkt oder abgeschwächt werden kann. Die automatische Bremse dient dabei als

Reserve, die im Gefahrfalle sofort in Wirksamkeit treten kann, ohne vorheriges Lösen der nicht automatischen Bremse.

Die Westhinghouse-Doppelbremse wird deshalb besonders bei Lokomotiven für die Befahrung von Gebirgsstrecken angewendet. Alle elektrischen Lokomotiven der S. B. B. sind beispielsweise mit der Westhinghouse-Doppelbremse ausgerüstet.

Sämtliche Bestandteile der automatischen Luftdruckbremse sind auch bei der Doppelbremse vorhanden und finden zum Teil auch für die nichtautomatische Bremse Verwendung.

Im weiteren kommen noch hinzu:

1. je ein Regulierventil *30* (Abb. 195), durch welches Luft aus dem Hauptluftbehälter in die Hauptleitung der nichtautomatischen Bremse eingelassen oder aus letzterer ins Freie ausgelassen werden kann;

2. je ein Regulierventil-Absperrhahn *31* (Abb. 195) mit der Bezeichnung *R. V*;

3. je ein unter dem *R. V*-Hahn angeschlossenes Manometer *32* (Abb. 195), welches den Druck der Luft in der Hauptleitung anzeigt;

4. Doppelrückschlagventile *20* (Abb. 195), welche die den beiden Bremsen gemeinsamen Bremszylinder *21* einerseits mit dem Funktionsventil *18* andererseits mit der Leitung der nichtautomatischen Bremse verbinden und dazu dienen, beide Bremsen voneinander unabhängig zu machen.

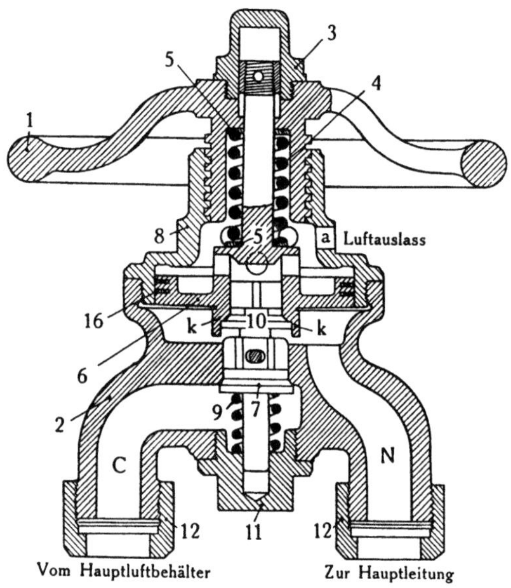

Abb. 203. Regulierventil für die nichtautomatische Bremse (Regulierbremse). (Bauart Westinghouse.)

β) **Regulierventil.** Das Regulierventil (Abb. 203) dient dazu, beim Anziehen der Bremse den Luftzutritt vom Hauptluftbehälter zur nichtautomatischen Hauptleitung herzustellen und zu regulieren, sowie durch Verbinden der Hauptleitung mit dem Freien die Bremse zu lösen.

Es steht durch den Kanal *C* mit dem Hauptluftbehälter und durch den Kanal *N* mit der Hauptleitung der nichtautomatischen Bremse in Verbindung und enthält das Doppelventil *7* und *10*. Die Hauptleitung kann durch das Ventil *7* mit dem Hauptluftbehälter und durch Ventil *10* mit dem Freien in Verbindung gebracht werden. Über den Ventilen befindet sich ein Kolben *6* und ein Handrad *1*, mit dem die dazwischenliegende Feder *4* gespannt werden kann. Ein auf der Kolbenspindel befestigter Stellring verhindert das vollständige Ausschrauben des Handrades.

Die nichtautomatische Bremse ist gelöst, wenn das Handrad *1* in die oberste Stellung geschraubt und die Feder *4* entlastet ist. Das Ventil *7* wird dann durch die Feder *9* und den Luftdruck im Hauptluftbehälter, der durch den Kanal *C* unter das Ventil gelangt, auf seinen Sitz gedrückt und schließt den Luftzutritt zur Hauptleitung *N* ab.

Um die Bremse anzuziehen, wird das Handrad niedergeschraubt und dadurch die Feder 4 gespannt. Diese treibt den Kolben *6* auf das Ventil *10* hinunter, schließt dasselbe ab und unterbricht die Verbindung der Hauptleitung mit dem Freien. Wird das Handrad tiefer geschraubt, so öffnet sich das Ventil *7*, und die Druckluft aus dem Hauptluftbehälter *C* strömt in die Hauptleitung *N* über, von wo sie durch das Doppelrückschlagventil zum Bremszylinder gelangt und die Bremse anzieht.

Sobald der Luftdruck in der Hauptleitung, d. h. unter dem Kolben *6*, so weit angewachsen ist, daß er die Spannkraft der Feder *4* überwindet, hebt er den Kolben *6*, bis das Ventil *7* zum Abschluß kommt. Der auf diese Weise in die Bremsapparate eingelassene Druck wird selbsttätig konstant erhalten, weil ein Entweichen von Luft aus der nichtautomatischen Hauptleitung oder aus den Bremszylindern den augenblicklichen Niedergang des Kolbens *6* und die Zulassung von Luft durch das Ventil *7* zur Folge hat.

Erweist sich die Bremsung als zu stark, dann kann der Luftdruck in der Hauptleitung durch entsprechendes Höherschrauben des Handrades vermindert werden, während durch Tieferschrauben ein stärkeres Anziehen der Bremsen bewirkt wird.

Um die Bremsen zu lösen, wird das Handrad wieder ganz hinaufgeschraubt, wodurch die Feder *4* entlastet wird. Durch den darunter herrschenden Luftdruck wird der Kolben *6* gehoben, während die Feder *9* das Ventil *7* nachschiebt und abschließt; dann hebt der Kolben sich auch vom Ventil *10* ab und läßt die Druckluft aus Hauptleitung und Bremszylinder durch den Kolben *6* und die Bohrungen *a* im Deckel *8* ins Freie entweichen.

γ) **Doppelrückschlagventil.** Das Doppelrückschlagventil (Abb. 204), welches beide Bremsen unabhängig voneinander zu betätigen gestattet, besteht aus einem Gehäuse *13*, einem Deckel *14*, einem Kolben *15*, der mit zwei Dichtungsscheiben *16* aus Gummi und einem Liderungsring *17* versehen ist, und einem Schieber *18*, der vom Kolben mitbewegt wird. Letzterer läuft in einem Zylinder *E*, welcher ringsum mit Löchern *l* versehen ist; diese Löcher kommunizieren mit der ringförmigen Kammer *g*, die mit dem in den Bremszylinder mündenden Rohr durch den Kanal *h* stets in Verbindung steht.

Die Öffnung *A* des Deckels ist mit der Hauptleitung der nichtautomatischen Bremse verbunden, und das Rohr *M* steht mit der Öffnung des Funktionsventils in Verbindung, die mit dem Bremszylinder kommuniziert.

Tritt nun die Preßluft aus der Hauptleitung der nichtautomatischen Bremse durch die Öffnung *A*, so wird der Kolben *15* nach der entgegengesetzten Seite getrieben und legt sich gegen den Vorsprung im Gehäuse; die Preßluft strömt alsdann durch die Löcher *l* des Zylinders *E* in die Kammer *g* und von da in den Bremszylinder.

Beim Anziehen der automatischen Bremse tritt Preßluft aus dem Funktionsventil in das Rohr *M* ein und treibt den Kolben *15* nach der anderen Seite, wodurch die Öffnung *A* zur Leitung der nichtautomatischen Bremse abgesperrt wird; die Preßluft dringt durch die Löcher *l*, die Kammer *g* und den Kanal *h* in den Bremszylinder ein.

Der Schieber *18* und der Ausströmungskanal *m* dienen dazu, den Hilfsluftbehälter der automatischen Bremse von der Lokomotive aus entleeren zu können. Zu diesem Zwecke wird zuerst die Preßluft aus der Hauptleitung der automatischen Bremse ganz abgelassen, wobei der Kolben *15* des Doppelrückschlagventils in die gezeichnete Lage getrieben und der Hilfsluftbehälter durch das ganz umgesteuerte Funktionsventil und die Kanäle *M* und *Z* mit dem Bremszylinder in Verbindung gebracht wird. Wenn hierauf der volle Druck des Hauptluftbehälters in die Hauptleitung der nichtautomatischen Bremse eingelassen wird, treibt der dadurch verursachte Überdruck den Kolben *15* nach rechts, wobei der Schieber *18* den Ausströmungskanal *m* abdeckt und die Preßluft aus dem Hilfsluftbehälter und dem immer noch in der äußersten Bremsstellung stehenden Funktionsventil ins Freie entweichen kann. Wird schließlich die nichtautomatische Bremse gelöst, so entweicht die Preßluft auch aus dem Bremszylinder und dann sind alle Bremsapparate und Leitungen entleert. An den Wagen wird das Doppelrückschlagventil gewöhnlich in den Bremszylinderboden eingebaut.

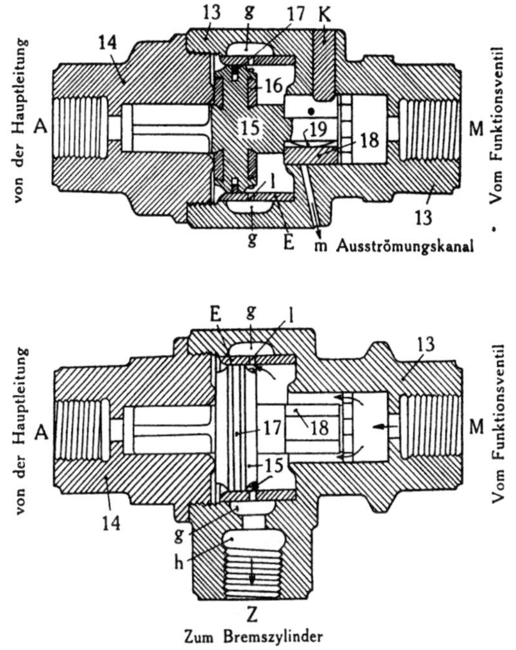

Abb. 204. Doppelrückschlagventil.
(Bauart Westinghouse.)

δ) **Schlauchkupplung.** Auch zur Verbindung der Hauptleitung der nichtautomatischen Bremse zwischen den einzelnen Fahrzeugen dienen an den Enden der letzteren bewegliche Kupplungen, deren Endstücke mit den gleichen Teilen der zu kuppelnden Fahrzeuge verbunden werden können. Der luftdichte Abschluß dieser Rohrverbindungen wird durch Gummiringe bewirkt, welche sich in den Kupplungsköpfen befinden und welche durch den Luftdruck in der Hauptleitung fest aufeinander gepreßt werden. Die Verbindung wird also um so dichter, je mehr der Leitungsdruck zunimmt.

ε) **Anwendung der automatischen und nichtautomatischen Bremse.** Die nichtautomatische Bremse wird zum Regulieren der Fahrgeschwindigkeit auf Gefällen und zum Anhalten auf Stationen, welche an Gefälle anstoßen, gebraucht. Für die gewöhnlichen Betriebsbremsungen ist es dem Lokomotivführer freigestellt, die automatische oder die nichtautomatische Bremse anzuwenden. Wenn es sich aber darum handelt, möglichst rasch, oder an einer bestimmten Stelle, die nicht überfahren werden darf, wie beim Anhalten vor geschlossenen Signalen oder in Kopfgeleisen und Kopfstationen bedient sich der Lokomotivführer stets der automatischen Bremse.

Wenn der Lokomotivführer bemerkt, daß ohne sein Zutun der Leitungsdruck in der Hauptleitung der automatischen Bremse und gleichzeitig auch die Fahrgeschwindigkeit sich vermindert, so darf er sich zum Anhalten des Zuges unter keinen Umständen der nichtautomatischen Bremse bedienen, weil diese nie angezogen werden darf, wenn die automatische Bremse in Tätigkeit ist; er muß in solchen Fällen stets die automatische Bremse anwenden, auch dann, wenn z. B. auf starken Gefällen die nichtautomatische Bremse bereits in Funktion war.

Ist die eine Bremse außer Betrieb gesetzt, so wird die andere zur Verfügung stehende Bremse für die sämtlichen Bremsungen gebraucht.

Wenn die automatische Bremse defekt ist und die nichtautomatische Bremse in allen Fällen zum Anhalten des Zuges verwendet werden muß, muß sie, weil sie langsamer wirkt und weil ein Defekt an derselben vom Lokomotivführer erst beim Gebrauch bemerkt werden kann, jeweils

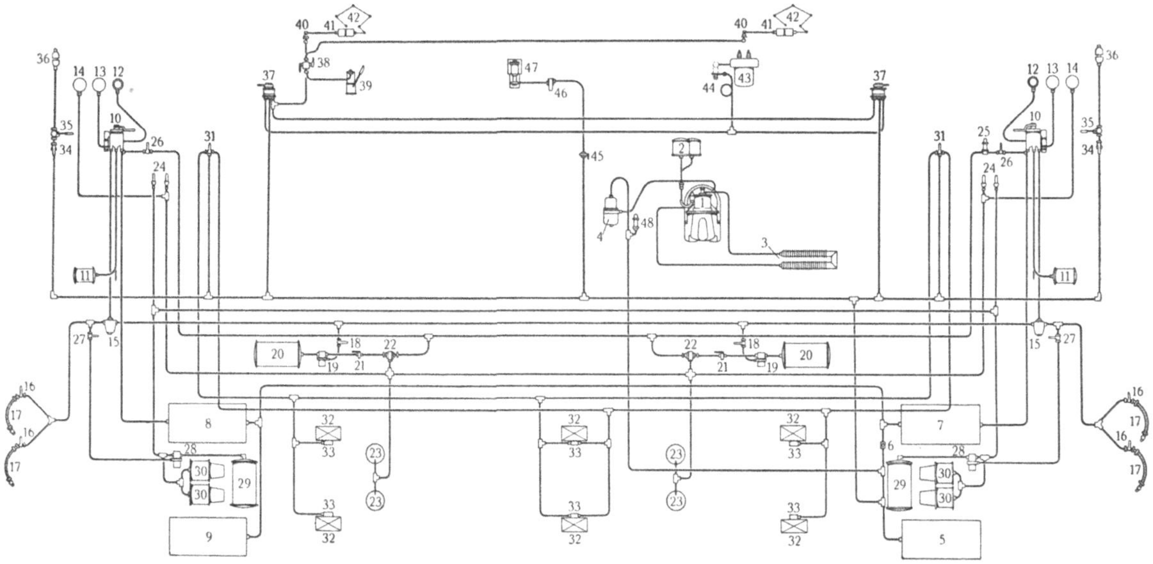

Abb. 205. Luftleitungsplan der 2 B—B 2-Lokomotive (Reihe E 5201) der D.R.G.

1 Motorluftpumpe, *2* Ansaugtopf, *3* Zwischenkühler, *4* Ölabscheider, *5* Luftbehälter für Nebenzwecke (Pfeife, Sandstreuer, Ölschalter- und Stromabnehmerbetätigung), *6* Durchlaß- u. Rückschlagventil, *7* Luftbehälter I für die Luftdruckbremse, *8* Luftbehälter II für die Luftdruckbremse, *9* Luftbehälter III für die Luftdruckbremse, *10* Führerbremsventil, *11* Ausgleichsbehälter, *12* Luftdruckmesser f. Hauptluftbehälter, *13* Luftdruckmesser für Bremsleitung, *14* Luftdruckmesser für Bremszylinder, *15* Tropfbecher, *16* Kupplungshahn, *17* Schlauchkupplung, *18* Absperrhahn für die Triebradbremse, *19* Gewöhnl. Steuerventil für die Triebradbremse, *20* Hilfsluftbehälter für die Triebradbremse, *21* Umstelldrosselhahn für die Triebradbremse, *22* Doppelrückschlagventil für die Triebradbremse, *23* Bremszylinder für die Triebradbremse, *24* Auslöseventil, *25* Sicherheitsventil, *26* Führerbremshahn f. d. Zusatzbremse, *27* Absperrhahn für die Drehgestellbremse, *28* Gew. Steuerventil für die Drehgestellbremse, *29* Hauptluftbehälter für die Drehgestellbremse, *30* Bremszylinder für die Drehgestellbremse, *31* Sandstreuhahn, *32* Sandkasten, *33* Sandstreuer, *34* Pfeifenabsperrhahn, *35* Pfeifenventil und -zug, *36* Pfeife, *37* Führerbügelventil, *38* Bügeleinstellventil, *39* Handluftpumpe, *40* Luftleitungsisolator, *41* Stromabnehmer-Luftzylinder, *42* Stromabnehmer, *43* Ölschalter, *44* Ölschalterantrieb, *45* Absperrhahn für den Druckregler, *46* Luftfilter für den Druckregler, *47* Druckregler, *48* Sicherheitsventil für 8 at.

so frühzeitig in Tätigkeit gesetzt werden, daß bei einem Versagen der nichtautomatischen Bremse der Zug noch mit den anderen Bremsmitteln rechtzeitig zum Stehen gebracht werden kann.

Auf der Fahrt befindet sich das Regulierventil, solange nicht gebremst wird, in der obersten Stellung. Für ordentliches Anhalten wird das Regulierventil langsam niedergeschraubt, bis der Druck in der Leitung $1^1/_2$ at beträgt.

Auf der Fahrt muß bei Anwendung der nichtautomatischen Bremse strenge darauf geachtet werden, daß der Druck im Hauptluftbehälter nie geringer wird als derjenige in der Hauptleitung der automatischen Bremse, ansonst die automatische Bremse selbsttätig zur Wirkung kommt und nicht wieder gelöst werden kann, bis im Hauptluftbehälter wieder ein Überdruck hergestellt ist.

Zum Regulieren der Fahrgeschwindigkeit auf Gefällen wird das Regulierventil niedergeschraubt, bis der Druck in der Leitung 2 at beträgt, damit die Kolben der Doppelrückschlagventile umgesteuert werden. Sobald die Wirkung der Bremsen sich bemerkbar macht, wird der Leitungsdruck vermindert und das Ventil auf den erforderlichen Druck eingestellt. Erweist sich die Bremswirkung zu stark oder zu schwach, so wird das Regulierventil dementsprechend verstellt, d. h. höher, wenn die Bremswirkung zu stark, und tiefer, wenn dieselbe zu schwach war.

Bei Zügen mit Vorspann erfolgt auch die Bedienung der nichtautomatischen Bremse durch den Führer der Vorspannlokomotive. Der Führer der Zuglokomotive hat alsdann das Regulierventil in der obersten Stellung zu belassen und den darunter befindlichen *R.V.*-Hahn abzuschließen.

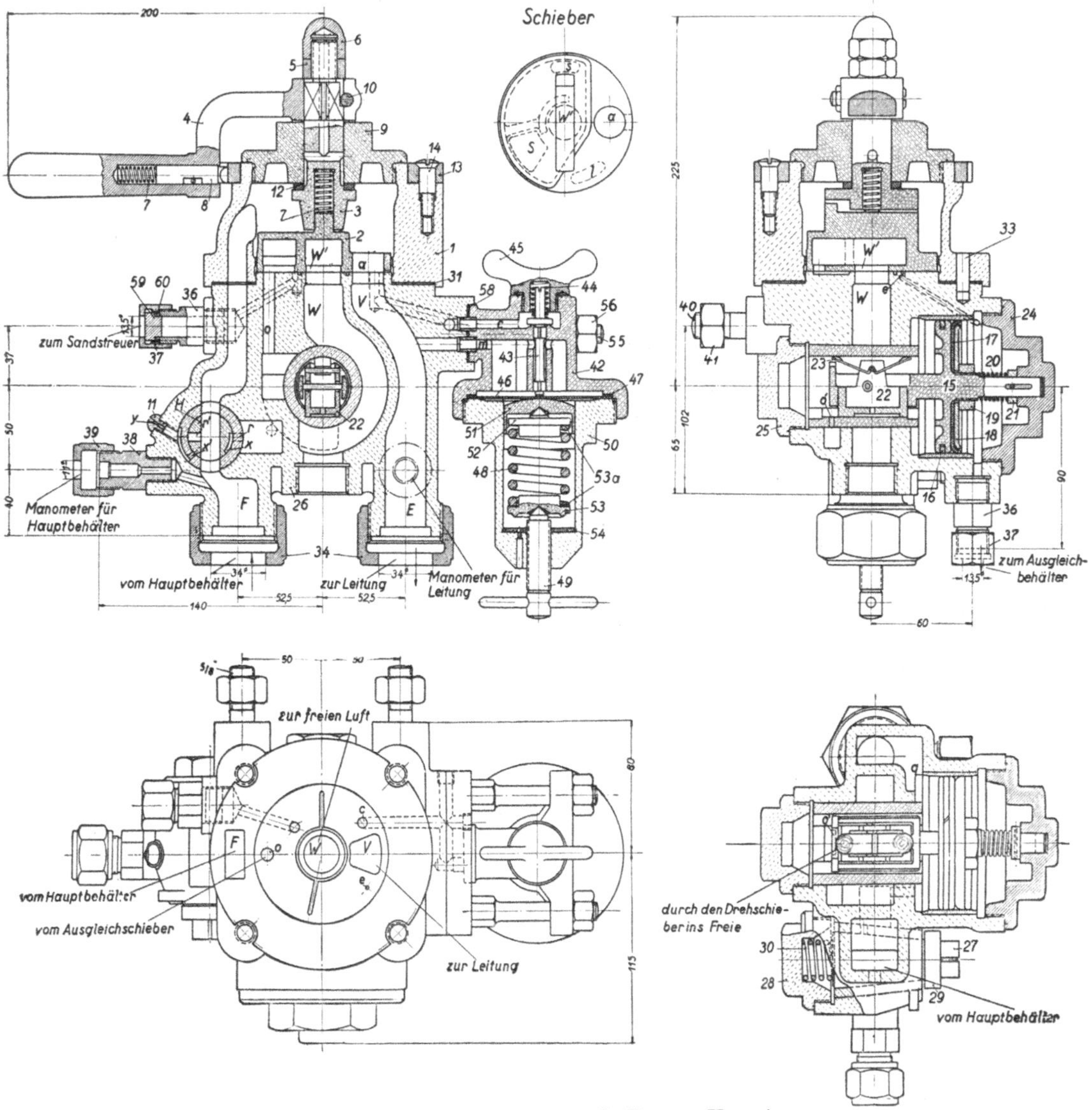

Abb. 206. Führerbremsventil (Bauart Knorr).

1 Oberteil, *2* Drehschieber, *3* Handgriffspindel, *4* Handgriff, *5* Handgriffmutter, *6* Handgriff-Verschlußmutter, *7* Handgriff- und Spindelfeder, *8* Handgriff-Anschlagstift, *9* Spindelführungskappe. *10* Klemmschraube mit Mutter, *11* Ausströmschraube, *12* Spindeldichtungsring, *13* Anschlagring, 14 Schrauben zum Anschlagring, *15* Ausgleichkolben, 16 Kolbenring, *17* Kolbenstulp, *18* Kolbenscheibe, *19* Kolbenmutter, *20* Ausgleichkolbenfeder, *21* Federring, *22* Ausgleichschieber, *23* Schieberfeder, *24* Kolbenkammerkappe, *25* Schieberkammerkappe, *26* Gehäuse mit Buchsen und vollst. Hahn, *27* Hahnkegel, *28* Hahnkappe, *29* Anschlaghebel zum Hahnkegel, *30* Hahnfeder, *31* Dichtungsscheibe zwischen Oberteil und Gehäuse, *32* Kopfschraube zur Befestigung des Oberteils (nicht gez.) *33* Paßstift, *34* Überwurfmutter für Hauptbehälter und Leitungsrohr, 35 Dichtungsring aus Leder (nicht gez.), *36* Gewindestück für Ausgleichbehälter- und Sandstreuerrohr, *37* Überwurfmutter dazu, *38* Gewindestück für Manometerrohr, *38a* Dichtungsring aus Leder (nicht gez.), *39* Überwurfmutter, *40* Stiftschraube, *41* Mutter dazu, *42* Druckreglergehäuse, *43* Regelventil, *44* Ventilfeder, *45* Ventilkappe, *46* Membrane, *47* Dichtungsring dazu, *48* Stellfeder, *49* Stellschraube, *50* Federgehäuse, *51* Federkolben, *52* Oberer Federteller, *53* Unterer Federteller, *53a* Unterlegering (Leder) für Stellfeder, *54* Dichtungsring aus Leder, *55* Befestigungsbolzen für Druckregler, *56* Mutter dazu, *58* Dichtungscheibe zwischen Führerventil und Druckregler, *59* Verschlußscheibe, *60* Dichtungsring aus Leder.

Nach dem Wegfahren der Vorspannlokomotive muß der *R.V.*-Hahn natürlich sofort wieder geöffnet werden, da sonst die Bremse nicht betätigt werden kann.

c) Knorr-Bremse.

I. Einkammer-Schnellbremse.

Diese von der Knorr-Bremse A. G. in Berlin entwickelte Bremsbauart ist mit der Westinghouse-Bremse grundsätzlich identisch, so daß hier wie dort die gleichen Ausrüstungsteile vorhanden sind. Diese sind wieder durch gleiche Rohranschlüsse gegenseitig auswechselbar, so daß Wagen beiderlei Bremsbauarten in einem und demselben Zug verwendet werden können, was im internationalen Durchgangsverkehr ja auch alltäglich geschieht. Einzig in der Gesamtanordnung der Rohrleitungen auf der Lokomotive und in der konstruktiven Durchbildung der Ausrüstungsteile der Bauart Knorr bestehen gegenüber der Bauart Westinghouse gewisse Unterschiede. Erstere ergeben sich im wesentlichen unmittelbar durch Vergleich des in Abb. 205 dargestellten Luftleitungsplanes einer mit der Knorr-Bremse ausgerüsteten Lokomotive der Deutschen Reichsbahn-Gesellschaft mit dem in Abb. 195 dargestellten Luftleitungsplan einer mit Westinghouse-Bremse ausgerüsteten Lokomotive der Schweizerischen Bundesbahnen. Auf die letzteren sei unter Hinweis auf den zur Knorr-Bremseinrichtung gehörenden Knorr-Kompressor mit Zwischenkühler und Knorr-Druckregler, die auf S. 149 und S. 158 bereits behandelt wurden, im folgenden näher eingegangen.

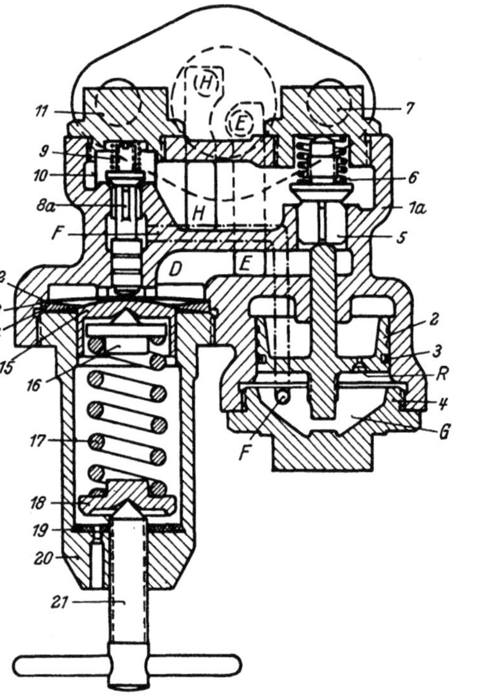

Abb. 207. Schnelldruckregler (Leitungsdruckregler). (Bauart Knorr.)

1a Gehäuse, *2* Kolben, *3* Kolbenring, *4* Kolbenkammerkappe, *5* Füllventil, *6* Füllventilfeder, *7* Füllventilkappe, *8a* Regelventil, *9* Regelventilfeder, *10* Drahtsieb, *11* Regelventilkappe, *12* Dichtung. *13* Federplatte, *14* Federplattenhalter, *15* Federkolben, *16* Oberer Federteller, *17* Stellfeder, *18* Unterer Federteller, *19* Dichtung, *20* Federgehäuse, *21* Stellschraube, *22* Führungsrohr, *23* Dichtung.

Das Führerbremsventil mit Ausgleichvorrichtung der Bauart Knorr zeigt Abb. 206 in drei Schnitten und in der Draufsicht. Bei *F* erfolgt der Anschluß an den Hauptluftbehälter, bei *E* an die Hauptleitung. Das Ventilgehäuse enthält im oberen Teil einen Drehschieber *2*, dessen Stellungen genau den Stellungen des Handgriffes *4* entsprechen. Unterhalb des Drehschiebers befinden sich hier der Ausgleichkolben *15* nebst dem Ausgleichschieber und ein Umschalthahn *H*, mit dem man bei Beschädigungen an der Pumpe oder der Rohrleitung den Hauptbehälter absperren und Druckausgleich zwischen den Räumen über und unter dem Drehschieber herstellen kann.

Seitlich angeschlossen an das Führerbremventils ist wieder der Leitungsdruckregler, ebenso sind die Rohranschlüsse zum Ausgleichbehälter und zu den Luftdruckmessern wie bei der Bauart Westinghouse vorhanden.

Für die Handhabung des Führerbremsventils sind hier sechs Griffstellungen zu unterscheiden gegenüber nur fünf bei der Westinghouse-Bremse.

1. Füll- und Lösestellung, in der die Hauptbehälterluft unmittelbar und ohne Druckminderung über große Querschnitte in die Leitung strömt (Lösen der Bremsen durch Wiederauffüllen der Leitung).

II. Fahrtstellung, in der die Hauptbehälterluft über den Leitungsdruckregler, also auf 5 at ermäßigt, in die Leitung tritt. Dies ist die Normallage des Ventilgriffes bei gelöster Bremse. Darin werden alle kleinen Druckverluste, die stets infolge unvermeidlicher Undichtigkeiten in der Leitung auftreten, selbsttätig wieder ersetzt, ohne daß jedoch die selbsttätige Wirkung der Bremse (bei Zugtrennungen, Betätigung der Notbremse vom Zuge aus usw.) dadurch beeinträchtigt wird.

III. Mittelstellung, in die bei Vorspann der Führer der Zuglokomotive den Ventilgriff zu legen hat. Die Mittelstellung ersetzt den *B.V.*-Hahn der Westinghouse-Bremse und kann auch zum Unterbrechen von Betriebsbremsungen benutzt werden, ohne auf Stellung *I* zurückgehen zu müssen.

IV. Abschlußstellung, in der der Führer jede Betriebsstufe abschließt.

V. Betriebbremsstellung, in der der Führer Stufenbremsungen einleitet, und zwar unmittelbar über den Luftauslaß aus dem Ausgleichsbehälter.

VI. Schnellbremsstellung, in der der Führer durch unmittelbaren Luftauslaß aus der Leitung über große Querschnitte eine Schnellbremsung herbeiführt.

Stellung *IV* und *V* gestatten eine feine Abstufung des Bremsdruckes und in Verbindung mit Stellung *III* eine Steigerung des Druckes im Bremszylinder.

Den Leitungsdruckregler Bauart Knorr zeigt Abb. 207. Liegt der Hebel des Führerbremsventils in der Fahrtstellung, ehe der volle Betriebsdruck von 5 at in der Hauptleitung erreicht ist, so ist das Regelventil *8a* geöffnet. Die bei *H* zuströmende Druckluft vom Hauptbehälter gelangt über das offene Regelventil und den Kanal *F* unter den Kolben 2, drückt ihn aufwärts und öffnet somit das Füllventil *5*. Die Hauptbehälterluft kann nun unmittelbar über große Querschnitte nach der bei *E* angeschlossenen Hauptleitung überströmen und diese schnell auffüllen. Der Leitungsdruck lastet unmittelbar auf der Federplatte *13*; solange er noch niedriger ist als der Normaldruck, drückt die Stellfeder 17 die Federplatte 13 gegen den oberen Anschlag und hält das Regelventil *8a* offen. Sobald aber in der Hauptleitung der Normaldruck erreicht ist, überwindet er die Spannkraft der Stellfeder *17* und drückt die Federplatte nieder. Infolgedessen schließt sich das Regelventil *8*a unter dem Drucke der Feder *9* und gleichzeitig auch das Füllventil *5* unter dem Druck der Feder *6*, da der Überdruck unter dem Kolben *2* verschwindet; er gleicht sich nur durch die kleine Bohrung *R* mit dem Druck über dem Kolben aus.

Bei dem geringsten Druckabfall in der Hauptleitung kann die Stellfeder *17* die Federplatte wieder nach oben durchbiegen und das Regelventil *8a* öffnen, so daß sich dasselbe Spiel wiederholt. Der Kolben *2* bewegt sich unter dem Hauptbehälterdruck, der über das Regelventil *8*a und den Kanal *F* zur Kammer *G* gelangt, wieder aufwärts, öffnet das Füllventil *5* und hält es so lange offen, bis in der Leitung wieder der Regeldruck erreicht ist. Sollte es erforderlich werden, die Höhe des Leitungsdruckes anders einzustellen, so verändert man die Spannung der Stellfeder, indem man die Stellschraube *21* entsprechend anzieht oder löst.

Funktionsventil (Steuerventil) Hilfsluftbehälter, Bremszylinder, Schlauchkupplungen, Kupplungshähne und Auslöseventile sind von gleicher Bauart wie bei der Westinghouse-Bremse.

II. Zusatzbremse in Verbindung mit der Einkammer-Schnellbremse.

Ebenso wie die automatische Westinghouse-Schnellbremse mit der nichtautomatischen Regulierbremse zur Westinghouse-Doppelbremse vereinigt wird, ebenso wird die Knorrsche Einkammer-Schnellbremse mit einer nichtselbsttätigen Zusatzbremse kombiniert. In dieser Form wird die Knorr-Bremse als Einheitsbremsbauart bei den Lokomotiven der Deutschen Reichsbahn-Gesellschaft verwendet. Ein grundsätzlicher Unterschied zwischen Westinghouse-Regulierbremse und Knorr-Zusatzbremse besteht weder im Aufbau noch in der Wirkungsweise (siehe S. 169). Einzig im konstruktiven Aufbau weichen die Ausrüstungsteile etwas voneinander ab. Außerdem ist die Knorr-Zusatzbremse bis jetzt nur auf die Lokomotive beschränkt worden, eine besondere durch den Zug durchgehende zusätzliche Rohrleitung für die Zusatzbremse fehlt also hier.

Das Regulierventil (Pos. 26 in Abb. 205) der Zusatzbremse ist hier, wie Abb. 208 zeigt, in einfacher Weise als Dreiweghahn mit senkrecht angeordneter Drehachse ausgebildet. Das Hahnküken zeigt zwei in einer Ebene liegende Bohrungen, von denen die eine den Kegel durchsetzt, die andere nur bis zu diesem durchgehenden Kanal reicht und senkrecht zu ihm steht. Das Gehäuse besitzt in horizontaler Ebene zwei Stutzen mit Bohrungen *p* und *q*, zum Anschluß der Druckleitungen und einen senkrecht nach unten gerichteten Anschluß für die Auspuffleitung mit Verbindungskanal *n*, der in der Lösestellung des Hahnes (Stellung *I*, Abb. 208) sich über die durchgehende Bohrung des Hahnkegels legt. In dieser Stellung ist der Kanal *p* abgedeckt, die vom Hauptbehälter kommende Leitung also abgesperrt, dagegen ist die zum Doppelrückschlagventil führende Leitung durch *q* über die Bohrungen im Hahnkegel mit *n* und damit der Bremszylinder über Doppelrückschlagventil und Führerbremsventil mit der freien Luft verbunden. Eine etwa vorangegangene direkte Bremsung wird also in Stellung *I* des Führerbremshahnes aufgehoben. In dieser Stellung verbleibt der Hahn auch, wenn mittels des Führerbremsventils die Bremse auf indirektem Wege angezogen und gelöst wird.

In der Bremsstellung des Führerbremshahnes (Stellung *III*, Abb. 208) verbindet die durchgehende Bohrung des Hahnkegels die Kanäle *p* und *q*, während der Auspuffkanal *n* abgedeckt ist. Der Bremszylinder wird also über das Doppelrückschlagventil mit Hauptbehälterluft beaufschlagt, die Lokomotive wird auf direktem Wege gebremst.

In der Abschlußstellung (Stellung *II*, Abb. 208) sind die drei Kanäle *p*, *q* und *n* abgedeckt, die Verbindung zwischen Doppelrückschlagventil einerseits und Hauptbehälter bzw. freier Luft anderseits ist unterbrochen. Die in den Bremszylinder bei der Bremsung eingelassene Druckluft kann nicht entweichen, Druckluft aus dem Hauptbehälter nicht nachströmen. In Stellung *II* hat also der Führer den Führerbremshahn zu legen, wenn er eine in Stellung *III* eingeleitete Bremsstufe abschließen und aufrechterhalten will.

Das bereits erwähnte Doppelrückschlagventil *22* in Abb. 205 weicht in der Konstruktion von der entsprechenden Bauart Westinghouse (Abb. 204) nur unwesentlich ab.

Bezüglich Anwendung der automatischen und nichtautomatischen Bremse (Zusatzbremse) gilt das bei der Westinghouse-Regulierbremse auf S. 171 Gesagte.

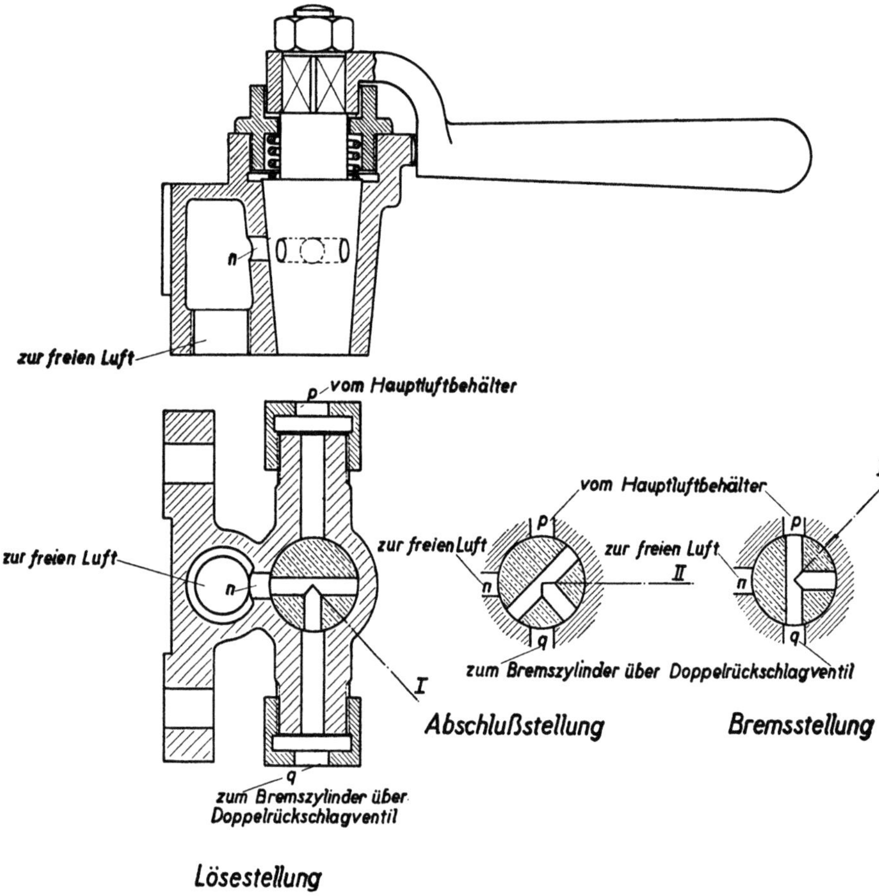

Abb. 208. Regulierventil der Zusatzbremse. (Bauart Knorr.)

3. Luftsaugebremsen.

Bei den durchgehenden Luftsauge- oder Vakuumbremsen wird die wie bei den Druckluftbremsen durch den ganzen Zug unter Vermittlung von Kupplungsschläuchen durchgehende Hauptrohrleitung und die an diese angeschlossenen Bremszylinder der Lokomotive und Wagen unter einem Unterdruck von $^1/_2$ bis $^2/_3$ kg/cm^2 gehalten. Dieser Zustand entspricht der Bereitschaftsstellung. Die Bremsung erfolgt, wenn Außenluft unter Atmosphärendruck unter die Kolben, d. h. in die Unterkammern der Bremszylinder gelangt, wobei das Vakuum in den Zylinderräumen oberhalb der Kolben, in den Oberkammern durch den selbsttätigen Abschluß der in den Kolben der Bremszylinder eingebauten Kugelventile erhalten bleibt. Die Bremskolben werden dadurch gehoben und durch Vermittlung des Bremsgestänges die Bremsklötze an die Radreifen angedrückt.

Die bekannteste und meistverwendete Luftsaugebremse ist die Hardy-Bremse, auch Clayton-Bremse benannt. John Hardy, damals Oberinspektor und Werkstättenchef der ehemaligen k. k. priv. Südbahngesellschaft in Wien ist der Erfinder der einfachen (nicht automatischen) Luftsaugebremse, die im Jahre 1877 in Österreich allgemein eingeführt wurde. Als sich später die Notwendigkeit der automatischen Wirkung der Bremse ergab, konstruierte Clayton im Jahre 1882 den ersten automatischen Rollringbremszylinder. Seither haben die Firmen Gebrüder Hardy in Wien und „The Vacuum Brake Company Limited“ in London in gemeinsamer Arbeit die Luftsaugebremse zu ihrer heutigen Vollkommenheit entwickelt.

Automatische Vakuum-Schnellbremse System Hardy-Clayton.

Kennzeichnend für die Hardy-Clayton-Bremse ist die Trennung in Lokomotiv- und Wagenbremsung je mit besonderer Bremsleitung. Je nach der Zahl der Pumpen, die beiden Leitungen auf der Lokomotive zugeordnet sind, ergeben sich verschiedene Bauarten der Bremse, auf die nun aufeinanderfolgend näher eingegangen werden soll[1]).

I. Bauart A.

Bei dieser Bauart[2]), deren schematische Anordnung Abb. 209 zeigt, sind drei Vakuumpumpen *P 45*a, *P 20*a und *P 11*a vorhanden, von denen die beiden ersteren mit der Wagenbremsleitung *I*, die letztere mit der Lokomotivbremsleitung *II* verbunden sind. Die Ausrüstung umfaßt zunächst wie bei Dampflokomotiven die Bremszylinder *B* mit den Sonderbehältern *R*, die zur Vergrößerung des Raumes oberhalb des Bremskolbens dienen, die Entbremsluftklappen *E* und je ein Doppelvakuummeter *V* normaler Bauart. Dazu kommen als spezielle Bestandteile der Ausrüstung bei elektrischen Lokomotiven je ein Führerbremsschieber *C*, ein Brems- und Regulierhahn *F*, eine Brems-Signalpfeife *S*, ein als Doppelschalter für Lokomotive und Wagenzug ausgebildeter Pumpenmotorschalter *A* und die in einem Blechkasten vereinigten Hilfswiderstände r_1 bis r_5 (Abb. 210).

An die Vakuumpumpen sind Ölabscheider O_1, O_2, O_3 angeschlossen, zwischen den Bremsleitungen und den Vakuumpumpen Staubfänger *H*, *h* und Rückschlagventile L_1, L_2, *l* vereinigt mit den Reduktionsventilen *W*, *w* eingeschaltet. Auf der Wagenbremsleitung ist ein Schnellbremsventil „*Ks*“ mit Bremssignalpfeifenanschluß angebracht. In der Lokomotivbremsleitung sind für den Anschluß der Bremszylinder Syphondrosselungsstücke *D* montiert.

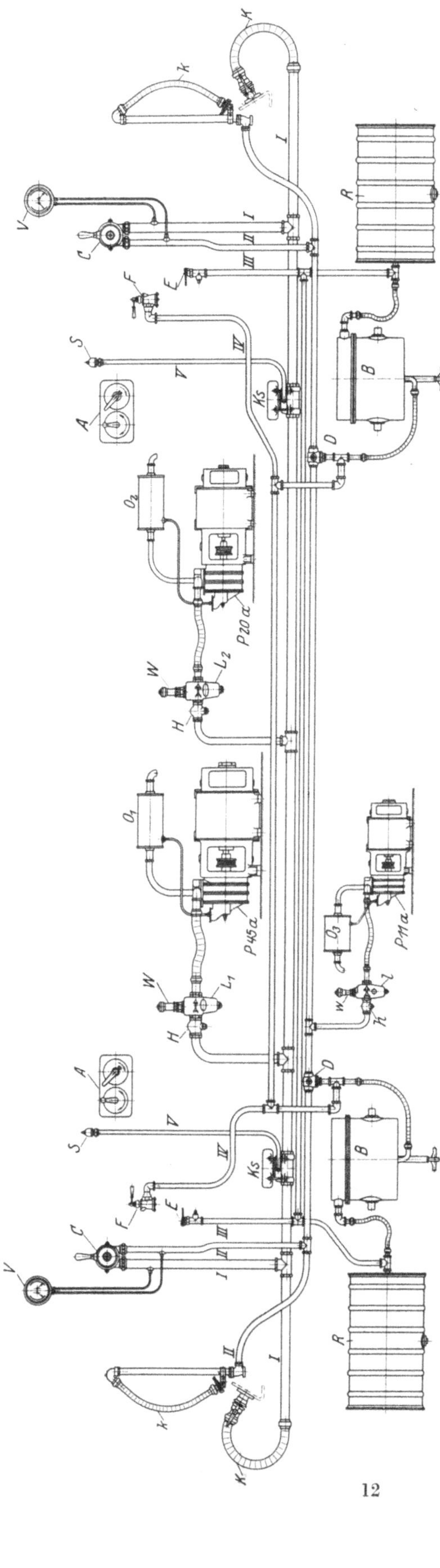

Abb. 209. Schematische Anordnung der automat. Vakuum-Schnellbremse System Hardy-Clayton Bauart A (mit drei Pumpen und ohne Steuerventil). (Gebrüder Hardy, Maschinenfabrik und Gießerei A. G., Wien.)

[1]) Siehe auch J. Netter: Freinage par la vide du matériel des Chemins de Fer à traction électrique. Techn. Mod. 1924, S. 577.

[2]) Angewendet bei den 1C—C1- und E-Lokomotiven der Reihen 1100 bzw. 1080 der Ö. B. B. (E. u. M. 1923, S. 361; 1926, S. 361).

Die Wirkungsweise der Anordnung ist folgende. Für das Aussaugen (Laden) und Lösen der Lokomotivbremse dient die Lokomotivvakuumpumpe *P 11*a, während zum Aussaugen (Laden) und schnellen Lösen der Wagenzugbremsen die große und kleine Wagenvakuumpumpe *P 20*a und *P 45*a gleichzeitig bis zur Erzeugung des normalen Betriebsvakuums von 52 cm arbeiten.

Für die Erhaltung des Betriebsvakuums im Wagenzuge während der Fahrt arbeitet nur die kleine Wagenvakuumpumpe *P* 20a. Zur Ingangsetzung der Vakuumpumpen bzw. Einschaltung der Pumpenmotoren dient der Pumpenmotorschalter (Doppelschalter) Abb. 210. Durch diesen werden die Pumpenmotoren zunächst an die Transformatoranzapfungen angeschlossen und in hierzu bestimmten Kurbelstellungen des Lokomotiv- und Wagenzugschalters in der Drehzahl geändert und abgestellt.

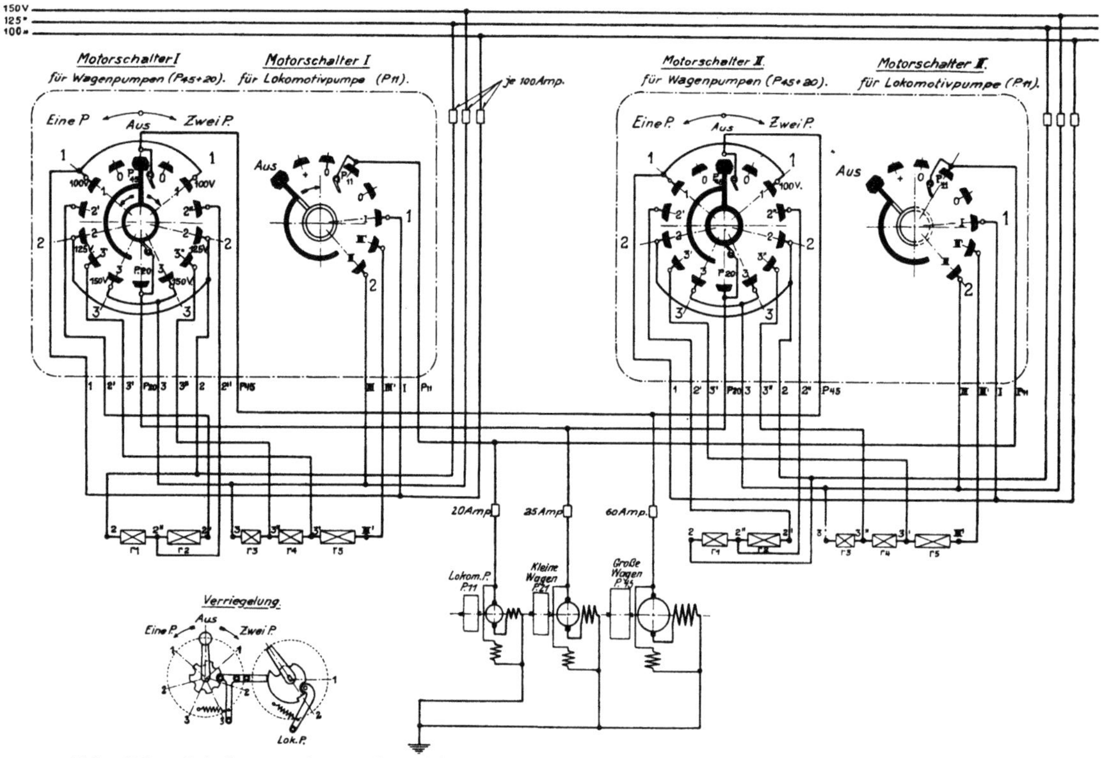

Abb. 210. Schaltungsschema des elektrischen Antriebes der automat. Vakuum-Schnellbremse. Bauart A (mit drei Pumpen und ohne Steuerventil).
(Gebrüder Hardy, Maschinenfabrik und Gießerei A. G., Wien.)

Bei Fahrten mit dem Zuge erfolgt das Bremsen des Wagenzuges und die Sonderbremsung der Lokomotive mit dem Führerbremsschieber. Der Brems- und Regulierhahn wird nur zum schnellen Bremsen und für feine Regulierbremsung alleinfahrender Lokomotiven benützt.

Die Rückschlagventile sperren die Bremsleitungen von den Vakuumpumpen ab, sobald letztere außer Tätigkeit gesetzt werden.

Eine Bremssignalpfeife im Führerhaus der Lokomotive ertönt bei allen Schnellbremsungen. Dieses Pfeifensignal soll den Lokomotivführer zum sofortigen Abstellen der Triebmotoren der Lokomotive veranlassen, sobald Notbremsungen (Schnellbremsungen) vom Wagenzuge aus erfolgen.

a) **Führerbremsschieber.** Im Gehäuse des Führerbremsschiebers sind zwei voneinander getrennte Kanäle vorhanden, von welchen der eine mit der Wagenbremsleitung *I* und der andere mit der Lokomotivbremsleitung *II* in Verbindung steht.

Der Bremsschieber ist mit zwei Öffnungen versehen. Die drei Hauptstellungen des Bremshandgriffes sind: „Fahrt“, „Wagen“ und „Lok. und Wagen“. In der Stellung „Fahrt“ sind die Rohrleitungen durch den Bremsschieber luftdicht abgeschlossen. Bei der Bewegung des Bremshandgriffes gegen die Stellung „Wagen“ strömt Außenluft durch die eine Öffnung des Bremsschiebers und den einen Kanal des Gehäuses in die Wagenbremsleitung *I* ein. Hierbei erfolgt ein Anlegen der Wagenbremsen in beliebiger Abstufung. In der Stellung „Lok. und

Wagen" strömt Außenluft in die Wagenbremsleitung und durch die zweite Öffnung des Bremsschiebers und den anderen Kanal des Gehäuses in die Lokomotivbremsleitung *II* ein. Daher kommt auch die Lokomotivbremse zur Wirkung.

β) **Brems- und Regulierhahn.** Mit diesem Hahn kann das schnelle Bremsen der Lokomotive bewerkstelligt werden, weil der Hahn durch eine Rohrleitung *IV* (Abb. 209) unmittelbar mit den Bremszylinder-Unterkammern der Lokomotive verbunden ist, wodurch das Drosselungsstück ausgeschaltet bleibt.

Die Endstellungen des Bremshandgriffes sind „Los" und „Fest". Der Hahn ist in der Stellung „Los" geschlossen und in der Stellung „Fest" offen (Vollbremsung). In den Zwischenstellungen kann das Einströmen von Außenluft beliebig geregelt werden (Betriebs- und Regulierbremsungen).

γ) **Rückschlagventile und Reduktionsventil.** Es bestehen zweierlei Größen dieser Ventile. Durch je ein großes Ventil saugen die große und die kleine Wagenvakuumpumpe und durch das kleine Ventil saugt die Lokomotivvakuumpumpe aus den angeschlossenen Bremsleitungen. In dem Rückschlagventilgehäuse sitzt ein Rückschlagventilkörper mit einer Kautschukdichtung dicht am Ventilsitz. Eine am Ventilkörper angebrachte Lederscheibe schwächt die Schläge des Ventilkörpers bei dessen Anheben ab. Die Rückschlagventile verhindern nach Abstellen der Vakuumpumpen das Eindringen von Pumpenöl in die ausgesaugte Bremsleitung.

δ) **Staubfänger für Vakuumpumpen.** Diese verhindern das Eindringen größerer Fremdkörper aus der Wagen- bzw. Lokomotivbremsleitung in die Vakuumpumpen. Zu diesem Zwecke ist in das Gehäuse ein Einsatz mit Drahtsieb eingeschraubt.

ε) **Schnellbremsventil „*Ks*" und Brems-Signalpfeife.** Das Schnellbremsventil „*Ks*" unterscheidet sich von dem bei Dampflokomotiven gebräuchlichen Schnellbremsventil, indem an Stelle des Zwischenstückes mit Schirm für unmittelbaren Lufteinlaß ein geschlossenes Mittelstück mit Rohranschluß für die Brems-Signalpfeife verwendet wird. Sobald das Schnellbremsventil auf der Lokomotive anspricht, wird Außenluft durch die Brems-Signalpfeife eingesaugt und diese zum Ertönen gebracht.

ζ) **Pumpenmotorschalter Form „*K*".** Der Wagenzug- und der Lokomotivpumpenmotorschalter sind in einem Gehäuse vereinigt. Jeder der beiden Schalter wird durch eine eigene Kurbel betätigt. Die Kurbel des Wagenzugschalters ist auf der Schalterwelle fest, die Kurbel des Lokomotivschalters in Stellung „Aus" von der Schalterwelle abziehbar. Zu jeder Lokomotive gehört nur eine Kurbel für die beiden Lokomotivschalter, welche beim Führerstandwechsel vom Lokomotivführer abgezogen werden muß, um ein gleichzeitiges Schalten beider Pumpenmotorschalter zu vermeiden. Durch den Lokomotivschalter wird die Lokomotivvakuumpumpe angelassen. Durch den Wagenzugschalter werden bei Drehung der Kurbel von Stellung „Aus" im Sinne des Uhrzeigers die große und kleine Wagenvakuumpumpe gleichzeitig und in entgegengesetzter Drehrichtung nur die kleine Wagenvakuumpumpe angelassen.

Die Änderung der Drehzahl der Pumpenmotoren erfolgt in Abstufungen durch Anschluß an verschiedene Spannungen des Transformators mit Hilfe der Pumpenmotorschalter. Hierzu sind für den Motor der Lokomotivvakuumpumpe zwei Spannungsstufen, 100 und 150 Volt (Kurbelstellungen *1* und *2* des Lokomotivschalters) und für die Motoren der Wagenvakuumpumpen drei Spannungsstufen 100, 125 und 150 Volt (Kurbelstellungen *1*, *2* und *3* des Wagenzugschalters) vorgesehen.

Damit die Änderung der Spannung allmählich und ohne Unterbrechung der Stromzuführung erfolgt, sind die Zwischenkontakte *III'*, bzw. *2'*, *3'* und *2''*, *3''* in den Schaltern und die Hilfswiderstände r_1 bis r_5 vorhanden (Abb. 210). In der Kurbelstellung „Aus" ist die Stromzuführung vom Transformator unterbrochen und die Pumpen sind abgestellt. Beim Übergang des Wanderkontaktes des Lokomotivschalters von Kontakt *0* nach I (Abb. 210) erhält die Leitung zur Lokomotivpumpe eine Spannung von 100 Volt. Durch das Weiterdrehen der Schaltkurbeln in die Stellungen *1*, *2* bzw. *1*, *2*, *3* werden die Pumpenmotoren aufeinanderfolgend an die Transformatorleitungen mit verschiedener Spannung angeschlossen und hierdurch die Vakuumpumpen mit verschieden großer Drehzahl betrieben.

Im Pumpenmotorschalter ist eine mechanische Verriegelung vorhanden, durch welche der Wagenzugschalter erst dann betätigt werden kann, wenn vorher die Lokomotivschalterkurbel aus der Stellung „Aus" in die Stellung *1* oder *2* gedreht wurde. Umgekehrt kann die Lokomotivschalterkurbel nur dann in die Stellung „Aus" gedreht werden, wenn die Kurbel des Wagenzugschalters auf „Aus" steht, d. h. wenn die Wagenvakuumpumpen abgestellt sind.

η) **Vakuumpumpen.** Die Vakuumpumpen wie sie die Firma Gebrüder Hardy in Wien baut, sind gleichfalls Pumpen mit rotierendem Kolben. Wie Abb. 211 zeigt, besteht eine solche Pumpe

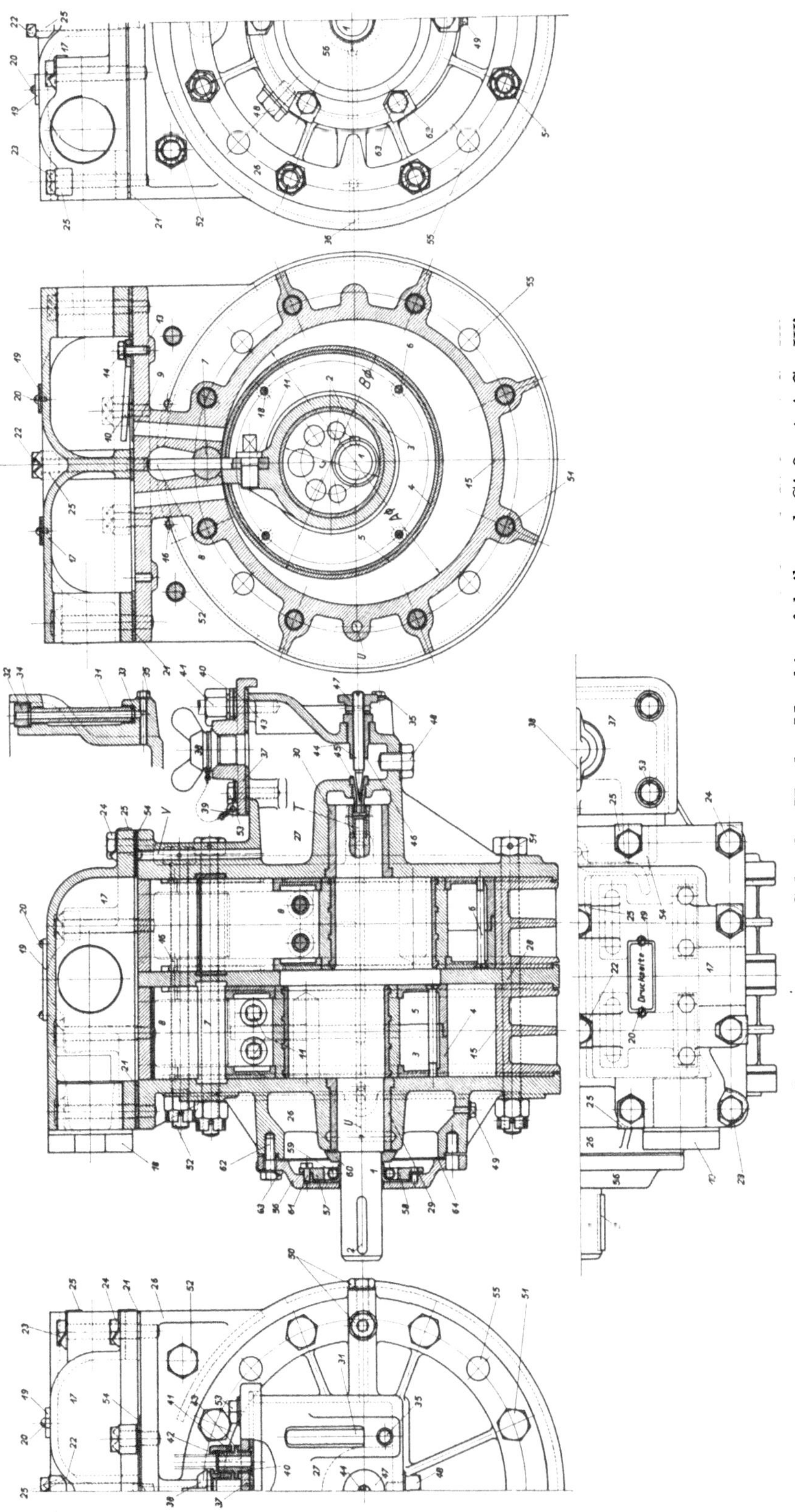

Abb. 211. Vakuumpumpe von Gebrüder Hardy, Maschinenfabrik und Gießerei A.G., Wien.

1 Exzenterwelle, *2* Keil, *3* Kolbenbüchse, *4* Kolbenhülse, *5* Kolbenhülse, *6* Versenkkopfschraube, *7* Führungsstück, *8* Schieber, *9* Plattenventil, *10* Begrenzungsstück, *11* Vierkantkopfschraube, *13* Kopfschraube, *14* Schraubensicherung zu 13, *15* Zylinder, *16* Gewindestummel, *17* Pumpendeckel, *18* Verschlußschraube, *19* Aufschrifttafeln, *20* Rundkopfschrauben zu 19, *21* Dichtung zum Pumpendeckel, *22* Deckelschrauben, *23* Deckelschrauben, *24* Deckelschrauben, *25* Schraubensicherungen zu 22—24, *26* Lagerschild (motorseitig), *27* Lagerschild (ölgefäßseitig), *28* Zwischenplatte, *29* Lagerschale (motorseitig), *30* Lagerschale (ölgefäßseitig), *31* Ölstandsglas, *32* Preßschraube, *33* Dichtung zu 31, *34* Dichtung zu 32, *35* Ölstandsverschlußschraube, *36* Ölkanalverschluß, *37* Ölgefäßdeckel mit Filzdichtung, *38* Schmierlochschraube, *39* Kette zu 38, *40* Rohranschlußstück, *41* Holländermutter, *42* Dichtung zu 41, *43* Dichtung zu 40, *44* Öleinstellschraube, *45* Düse, *46* Gewindestück, *47* Stellmutter mit Splint, *48* Ölablaßschraube mit Unterlegscheibe, *49* Ölablaßschraube motorseitig, *50* Ölkanalverschlußschraube, *51* Bolzen mit Kronenmutter lang, *52* Bolzen mit Kronenmutter kurz, *53* Ölgefäßdeckelschraube, *54* Deckblech, *55* Pumpenbefestigungsbolzen, *56* Stopfbüchsendeckel, *57* Klemmring, *58* Dichtungsstulp, *59* Schlauchfeder, *60* Spritzring, *61* Kopfschraube zu 57, *62* Kopfschraube zu 56, *63* Schraubensicherung zu 62, *64* Dichtungsring.

aus zwei zylindrischen Gehäusen, die durch eine Zwischenplatte *28* voneinander getrennt und durch zwei seitliche Lagerschilder *26* und *27* abgeschlossen sind.

In der Pumpe rotiert eine Welle *1*. Auf zwei um 180⁰ versetzten Exzentern der Welle sind Kolben gelagert, welche sich während der Kreisbewegung der Exzenter am Zylindergehäuse abwälzen. Mit den Kolben sind flache Schieber *8* fest verbunden und in Führungsstücken *7* geführt. Die Schieber folgen während der Drehung der Exzenterwelle der Bewegung der Kolben und machen hierbei eine auf- und abwärtsgehende als auch eine oszillierende Bewegung. Die Kolben samt Schieber scheiden jeden Zylinderraum in einen Saug- und Druckraum. Auf der Antriebsseite tritt die Exzenterwelle *1* aus dem Gehäuse heraus und ist hier durch einen Lederdichtungsstulp *58* abgedichtet. Das rückseitige Lagerschild *30* ist mit einem Ölgefäß mit Ölstandsglasrohr *31*, einer Öldüse *45* und Ölregulierungsschraube *44* versehen. Für das Ansaugen des Schmieröles in das Pumpeninnere dient die Bohrung *T* in der Exzenterwelle. Der Lagerschale *29* im Lagerschild *26* wird Schmieröl von dem Ölgefäß durch den Kanal *U* zugeführt. Der Pumpendeckel *17* hat zwei Rohranschlüsse und verbindet die Saugseite der Pumpe mit der Bremsleitung und die Druckseite der Pumpe mit dem Ölabscheider und dem Auspuff. Auf der Druckseite der Pumpenzylinder sind Plattenventile *9* aus dünnen federndem Stahlblech mit Hubbegrenzungen angebracht.

Die Wirkungsweise der Vakuumpumpe besteht darin, daß durch die Kolbenbewegung der Raum zwischen Pumpenzylinder und Kolben samt Schieber auf der Saugseite vergrößert und hierdurch Luft durch den Kanal angesaugt wird. Der Raum zwischen Pumpenzylinder und Kolben samt Schieber auf der anderen Seite (Druckseite) wird gleichzeitig verkleinert. Die darin von der vorausgegangenen Saugperiode herstammende Luftmenge wird über die sich öffnenden Plattenventile *9* in den Ölabscheider bzw. ins Freie ausgestoßen.

Die Plattenventile schließen sich beim Beginn jeder Saugperiode und verhindern hierdurch das Ansaugen von Außenluft in die evakuierten Pumpenzylinder.

Die Ölregulierungsschraube *44* ist normal festgeschraubt und hierbei so eingestellt, daß genügend Öl der Pumpe zufließt und die Pumpe bei der kleinsten Drehzahl nicht trocken läuft. Das aus den Pumpenzylindern in den Pumpendeckelraum ausgestoßene Öl wird teilweise durch den Kanal *V* im Lagerschild *27* direkt in das Ölgefäß zurückgeleitet. Die größere Ölmenge

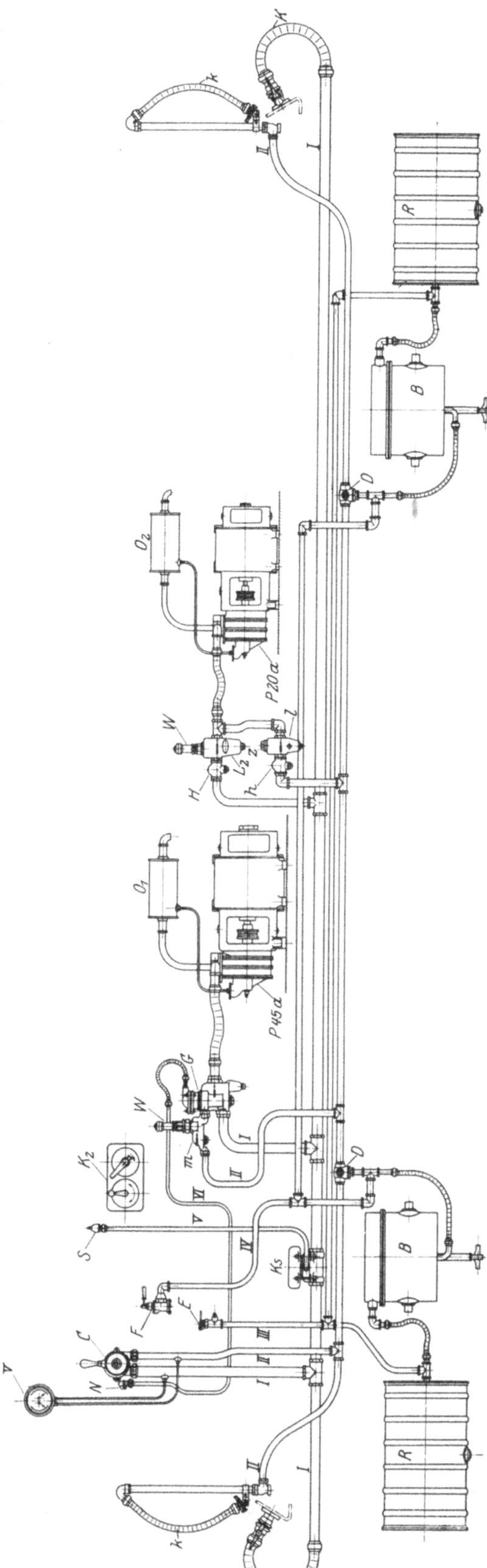

Abb. 212. Schematische Anordnung der automat. Vakuum-Schnellbremse System Hardy-Clayton Bauart B (mit zwei Pumpen und Steuerventil). (Gebrüder Hardy, Maschinenfabrik und Gießerei A. G., Wien.)

gelangt in den Ölabscheider und fließt von dort mit einiger Verzögerung durch ein Ölrückflußrohr wieder in das Ölgefäß der Pumpe zurück. Ein geringer Bruchteil des Öles geht in Form von Öldampf beim Auspuff verloren.

Der Ölumlauf ist verschieden und ändert sich mit der Drehzahl und mit dem Vakuum. Je höher die Drehzahl und niedriger das Vakuum, desto kräftiger ist die Luftströmung und desto mehr Öl wird durch die Luftströmung zum Ölabscheider geführt.

Die Ölabscheider, mit denen die Firma Gebrüder Hardy ihre Vakuumpumpen kombiniert, sind zylindrische mit groben Eisendrehspänen gefüllte Blechtöpfe, in denen das ausgeworfene Öl aufgefangen und abgekühlt wird und durch ein Drahtsieb und einen Ölrücklaufstutzen in den Ölbehälter der Vakuumpumpe zurückfließt. Durch den Ölabscheider erfolgt auch eine Schalldämpfung der Auspuffluft.

II. Bauart B.

Bei dieser Bauart[1]), deren Anordnung Abb. 212 zeigt, bestehen gegenüber der Bauart *A* folgende Unterschiede:

Es sind nur zwei Motorvakuumpumpen, *P 45*a und *P 20*a (große und kleine Pumpe) und nur zwei Reduktionsventile *W* vorhanden. Durch die Verwendung eines Steuerventiles *H* entfällt eine besondere Pumpe zur Lokomotivsonderbremse.

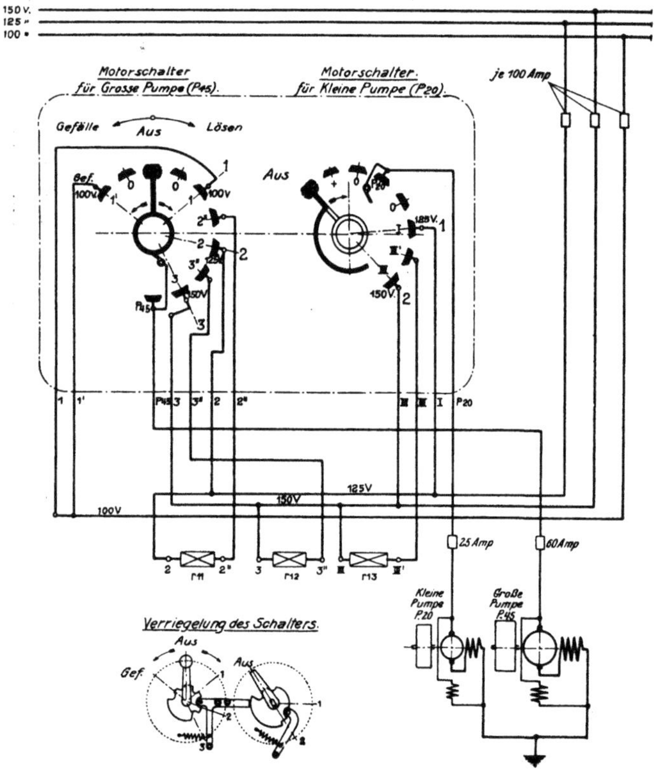

Abb. 213. Schaltungsschema des elektrischen Antriebes der automat. Vakuum-Schnellbremse Bauart B (mit zwei Pumpen und Steuerventil).
(Gebrüder Hardy, Maschinenfabrik und Gießerei A. G., Wien.)

Die Wagenbremsleitung *I* ist durch das Steuerventil *G* mit der großen Pumpe und durch Rückschlagventil L_2 mit der kleinen Pumpe verbunden. Die Lokomotivbremsleitung *II* steht durch das Rückschlagventil *m* mit der großen Pumpe und durch das Rückschlagventil *l* mit der kleinen Pumpe in Verbindung.

Im Führerstand ist ein Führerbremsschieber mit Luftklappe *N*, ein Pumpenmotorschalter K_2 (Doppelschalter für die kleine und große Pumpe) und die in einem Blechkasten vereinigten Hilfswiderstände r_{11} bis r_{13} für den Pumpenmotorschalter angebracht. Die Luftklappe *N* ist durch die Rohrleitung *VI* mit dem Steuerventil *G* verbunden.

Für das Aussaugen (Laden) und schnelle Lösen der Lokomotivbremse und der Wagenzugbremsen saugt jede der beiden Pumpen sowohl aus der Lokomotiv- als auch aus der Wagenbremsleitung. Für die Erhaltung des Betriebsvakuums in der Lokomotiv- und Wagenbremsleitung während der Fahrt in der Ebene saugt nur die kleine Pumpe aus diesen beiden Leitungen. Bei Betriebsbremsungen in der Ebene saugt die kleine Pumpe nur aus der Wagenbremsleitung.

Bei Regulierbremsungen während der Fahrt im Gefälle saugt die kleine Pumpe aus der Wagenbremsleitung, während die große Pumpe die Aufrechterhaltung der Luftverdünnung in der Lokomotivbremsleitung sichert, damit die Lokomotivsonderbremse gelöst bleibt. Die hierbei erforderliche Abschließung der beiden Bremsleitungen voneinander erfolgt automatisch durch das Steuerventil bei Einleitung der Bremsung durch den Führerbremsschieber.

α) **Führerbremsschieber mit Luftklappe.** Gegenüber dem Führerbremsschieber der Bremsbauart *A* besteht der Unterschied darin, daß am Gehäuse eine Luftklappe und am Schieber eine

[1]) Angewendet bei den 1C1-Lokomotiven (Reihe 1029 und 1029.500) der Ö. B. B. (E. u. M. 1924, S. 541).

Leiste befestigt sind. Die Luftklappe ist in der Stellung „Fahrt“ des Bremsschiebers geschlossen und in allen Bremsstellungen des Bremsschiebers, durch Anschlag der Leiste geöffnet. Die Luftklappe dient zur Betätigung des Steuerventils.

β) Steuerventil. Das Gehäuse ist mit drei Anschlüssen versehen, und zwar für die Rohrverbindung mit der großen Pumpe, der Wagenbremsleitung und dem Rückschlagventile m (Abb. 212) für die Lokomotivbremsleitung. Der Deckel des Steuerventils ist durch einen Schlauchstutzen und eine Rohrleitung mit der Luftklappe des Führerbremsschiebers verbunden.

Das Steuerventil wirkt in folgender Weise: Beim Laden oder Lösen der Bremse mit beiden Pumpen saugt die große Pumpe, da der Schließkörper des Steuerventils gehoben ist, über das sich öffnende Rückschlagventil aus der Wagenbremsleitung und über das Rückschlagventil m (Abb. 212) aus der Lokomotivbremsleitung und ebenso durch die Bohrung des Schließkörpers aus dem zur Luftklappe des Führerbremsschiebers führenden Rohr *VI*. Die kleine Pumpe saugt über das sich öffnende Rückschlagventil L_2 aus der Wagenbremsleitung und über das Rückschlagventil l aus der Lokomotivbremsleitung.

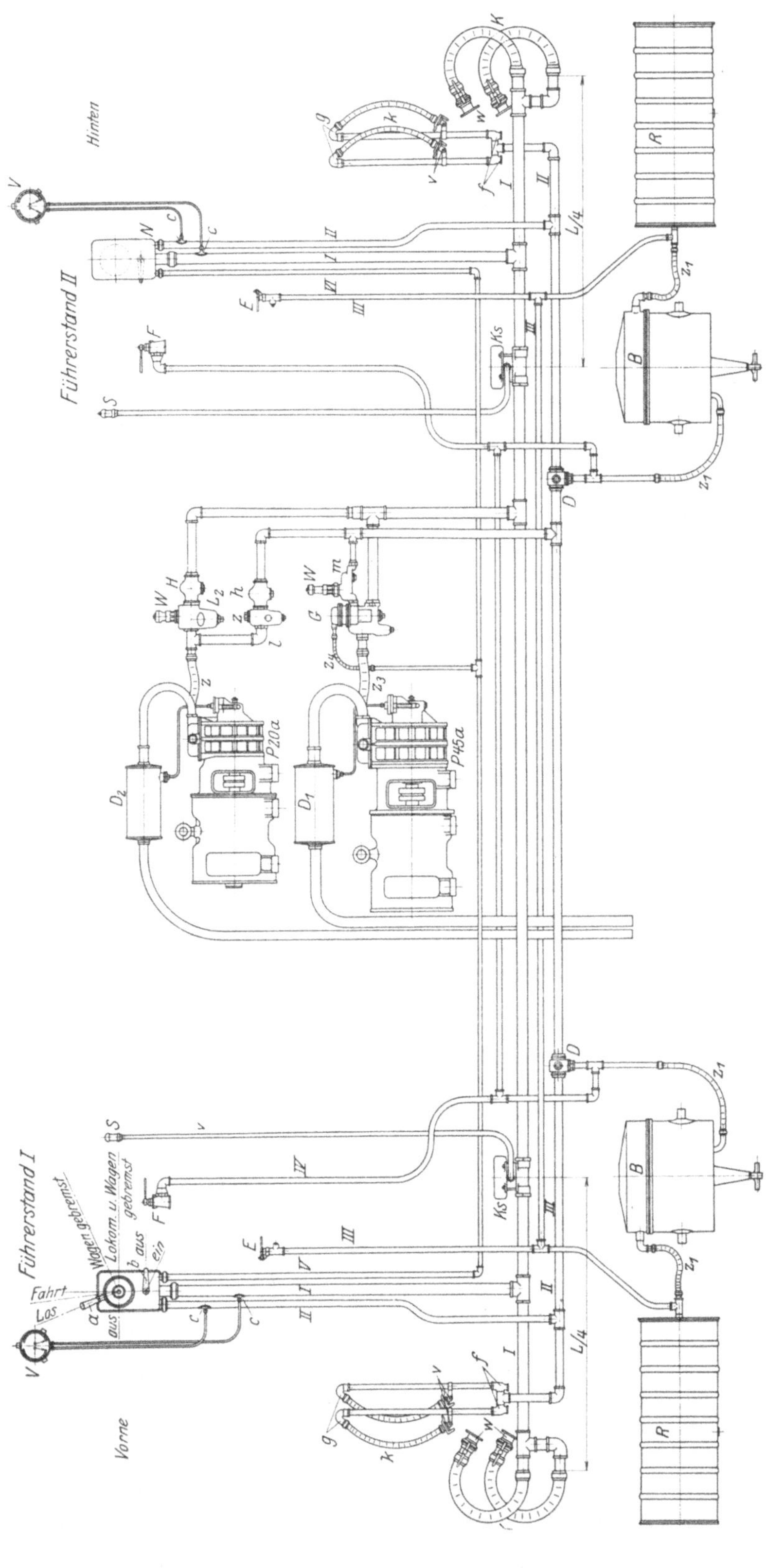

Abb. 214. Schematische Anordnung der automat. Vakuum-Schnellbremse System Hardy-Clayton Bauart C (mit zwei Pumpen, Steuerventil und kombiniertem Bremsschalter). (Gebrüder Hardy, Maschinenfabrik und Gießerei A. G., Wien.)

Bei Bremsung des Wagenzuges im Gefälle sind die kleine und große Pumpe in Tätigkeit, letztere mit kleinster Drehzahl. Bei Bremsbeginn durch den Führerbremsschieber wird die Luftklappe *N* mittels der am Bremsschieber angebrachten Leiste geöffnet und Außenluft strömt durch das Rohr *VI* über das Kautschukdiaphragma des Steuerventils. Unterhalb des Diaphragmas kann die Außenluft nur in geringer Menge durch die enge Bohrung des Schließkörpers einströmen. Die Luftverdünnung in diesem Raume wird jedoch durch die Saugwirkung der großen Pumpe aufrechterhalten. Durch den entstehenden Überdruck auf das Diaphragma drückt der Schließkörper das Rückschlagventil luftdicht auf seinen Sitz, wodurch die Lokomotivbremsleitung *II* von der Wagenbremsleitung *I* abgeschlossen wird. Ein Überströmen von Luft aus der Wagen- in die Lokomotivleitung wird auch durch das Rückschlagventil *l* verhindert.

Die große Pumpe saugt mit der kleinsten Drehzahl über das Rückschlagventil *m* aus der Lokomotivbremsleitung *II* allein und hält in derselben die Luftverdünnung aufrecht, daher bleibt die Lokomotivbremse gelöst. Die kleine Pumpe saugt normal aus der Wagenbremsleitung. Zum Lösen der Bremse wird der Führerbremsschieber in die Stellung „Fahrt" gedreht, wobei sich die Luftklappe *N* wieder schließt. Der Überdruck auf das Diaphragma des Steuerventils wird durch Druckausgleich über und unter demselben aufgehoben, wodurch der Schließkörper wieder in die normale hochgehobene Lage zurückgeht.

Bei Bremsung des Wagenzuges in der Ebene ist nur die kleine Pumpe in Tätigkeit und saugt aus der Wagenbremsleitung *I*. Aus der Lokomotivbremsleitung *II* wird nicht gesaugt, da bei den kurzen Bremszeiten ein Anziehen der Lokomotivbremse infolge Undichtheiten entweder gar nicht oder nur in geringem Maße erfolgt.

γ) **Rückschlagventile und Reduktionsventile.** Das kleine Rückschlagventil *l* ist gleicher Bauart wie bei Bauart *A*, jedoch statt mit einem Reduktionsventil mit einer Kappe versehen. Das große Rückschlagventil L_2 mit Reduktionsventil wird in unveränderter Form wie bei Bremsbauart *A* verwendet.

δ) **Pumpenmotorschalter Form K_2** (Abb. 213). Gegenüber dem im Schema (Abb. 210) dargestellten Schalter der Bremsbauart *A* bestehen einige Unterschiede, welche im wesentlichen aus Abb. 213 ersichtlich sind. Für die kleine und große Pumpe sind getrennte Motorschalter in einem Gehäuse vereinigt. Durch den rechtsseitigen Schalter wird die kleine Pumpe und durch den linksseitigen Schalter die große Pumpe angelassen.

Für den Motor der kleinen Pumpe sind zwei Spannungsstufen 125 und 150 Volt (Kurbelstellung *1* und *2*) und für den Motor der großen Pumpe drei Spannungsstufen 100, 125 und 150Volt (Kurbelstellung *1*, *2* und *3*) für das Laden und Lösen und eine Spannungsstufe 100 Volt (Kurbelstellung „Gefälle") für Regulierbremsungen im Gefälle vorgesehen.

Durch die mechanische Verriegelung kann der Schalter für die große Pumpe erst dann betätigt werden, wenn vorher die Schalterkurbel für die kleine Pumpe aus der Stellung „Aus" in die Stellung 1 oder 2 gedreht wurde. Umgekehrt kann die Schalterkurbel für die kleine Pumpe nur dann in die Stellung „Aus" gedreht werden, wenn die Schalterkurbel für die große Pumpe auf „Aus" steht.

Die Kurbel des Schalters für die kleine Pumpe ist in der Kurbelstellung „Aus" von der Schalterwelle abziehbar.

III. Bauart C.

Diese Bauart[1]) unterscheidet sich von der früher beschriebenen Bauart *B*, wie aus dem Schema Abb. 214 und 215 ersichtlich ist, nur durch die Verwendung eines zu einem einzigen Apparat vereinigten Bremsschiebers und Pumpenschalters.

IV. Bauart mit nur einer Vakuumpumpe.

Bei den vorbeschriebenen Bauarten A, B und C hat man unter Inkaufnahme mindestens zweier besonderer Vakuumpumpen samt zugehöriger Apparatur die Lokomotivbremsung bzw. Entbremsung von der des Zuges unabhängig gemacht. Es ist jedoch grundsätzlich möglich, diese Unabhängigkeit auch bei Verwendung einer einzigen Pumpe zu erreichen, im Gegensatz zu den älteren Einpumpenbauarten, bei denen die Lokomotive gelegentlich beim Befahren längerer Gefällstrecken infolge Undichtheiten in den Rohrleitungen allmählich unerwünscht

[1]) Angewendet von den Ö. B. B. bei den $1D_01$-Lokomotiven der Reihe 1570 (ETZ 1925, S. 374), den E-Lokomotiven der Reihe 1080.100, den 1C—C1-Lokomotiven der Reihe 1100.100, den B_0—B_0-Lokomotiven der Reihe 1170 und den E-Lokomotiven der Reihe 1280 (siehe E. u. M. 1926, S. 361ff. und Bericht Nr. 51, Sektion E an die Weltkraftkonferenz Sondertagung Basel 1926 über die Elektrifizierung d. Österr. Bundesbahnen. — III. Lokomotiven von R. Lorenz, Wien. — Siehe ferner E. u. M. 1927, S. 579.

zu bremsen anfing, so daß die Radreifen und Bremsklötze unnötig großer Abnutzung unterworfen waren.

Das Merkmal der verbesserten Einpumpenbauart[1]), die Abb. 216 schematisch zeigt, besteht darin, daß zwischen der Saugleitung der Vakuumpumpe und der Lokomotivbremsleitung eine in der Regel abgeschlossene Verbindungsleitung angebracht ist, welche bei ungenügendem

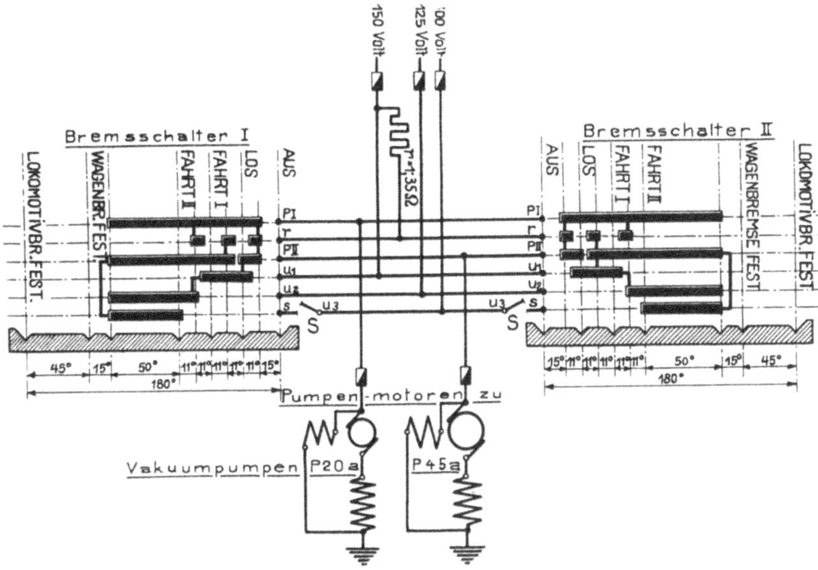

Abb. 215. Schaltungsschema des elektrischen Antriebes der automat. Vakuumschnellbremse, Bauart C (mit zwei Pumpen, Steuerventil und kombiniertem Bremsschalter).
(Gebrüder Hardy, Maschinenfabrik und Gießerei, A. G. Wien.)

Vakuum in der Lokomotivbremsleitung vom Führerstand aus geöffnet werden kann. Auf diese Weise kann unbeabsichtigtes Bremsen der Lokomotive, wie es durch Undichtheiten in den Rohrleitungen vorkommt, verhütet werden.

In Abb. 216 bedeutet *a* die durchgehende Zugbremsleitung, die durch Leitung *f* mit der Vakuumpumpe *p* verbunden ist. *b* ist die Lokomotivbremsleitung, die mit der Hauptleitung durch die Leitung *c*, über das Nachbremsventil *n* mit der Hauptleitung in Verbindung steht. In die Pumpensaugleitung *f* ist der Dreiweghahn *g* eingeschaltet, der normalerweise in der gezeichneten Stellung steht und die Verbindung zwischen Pumpe *p* und Zugbremsleitung *a* offen läßt. Legt man ihn in die gestrichelt gezeichnete Stellung, so ist die Vakuumpumpe *p* über die Verbindungsleitung *d* mit der Lokomotivbremsleitung *b* verbunden. Der Dreiweghahn *g* ist derart eingerichtet, daß er stets selbsttätig in seine Normallage, wie gezeichnet, zurückgestellt wird, wenn er von Hand kurze Zeit umgestellt wurde. *h* sind die Hauptbremsschalter, die wie bei Bauart C sowohl zum Regeln des Pumpenmotors als auch zum normalen Bremsen des Zuges einschließlich Lokomotive dienen. Ferner sind *i* die Bremsluftklappen, die lediglich zur Bremsung der Lokomotive, sowohl als Regulierbremse als auch als Schnellbremse verwendet werden.

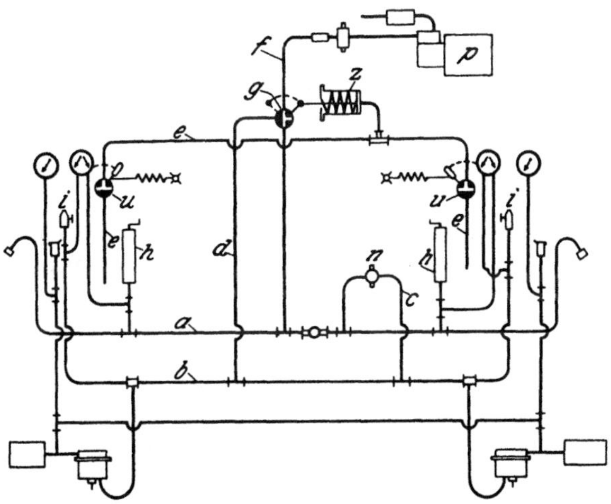

Abb. 216. Schematische Anordnung der automat. Vakuumschnellbremse, System Hardy-Clayton mit nur einer Vakuumpumpe.

Die Wirkungsweise der Einrichtung ist folgende: Bemerkt der Führer, beispielsweise bei längerer Talfahrt, in der Lokomotivbremsleitung ein Sinken des Vakuums oder gar schon ein

[1]) D. R. P. 318102, Schweiz. P. 83620, Schwed. P. 48805, Norweg. P. 30615 (O. Schärrer). — Angewendet bei der 1D1-Lokomotive Nr. 302 der Rh. B. (E. u. M. 1915, S. 381).

Bremsen der Lokomotive, so legt er den Dreiweghahn *g* um und verbindet somit die Lokomotivbremsleitung unmittelbar mit der Vakuumpumpe, so daß diese die Luft aus der Lokomotivbremsleitung allein aussaugt, was ein sofortiges Entbremsen der Lokomotive zur Folge hat. Da die Saugleitung der Pumpe verhältnismäßig groß ist, geschieht die Entbremsung so rasch, daß die kurzzeitige Ausschaltung der Hauptleitung *a* von der Saugwirkung keine schädliche Einwirkung auf die Bremsbereitschaft des ganzen Zuges auszuüben vermag. Sobald der Führer nach erfolgter Entbremsung den Handgriff des Dreiweghahnes *g* losgelassen hat, stellt sich dieser selbsttätig in seine frühere Stellung zurück und die Hauptleitung *a* ist wieder unmittelbar mit der Pumpe verbunden.

An Stelle der unmittelbaren Betätigung des Dreiweghahnes von Hand kann auch eine mittelbare durch einen Hilfsmotor treten, was wegen der Verstellungsmöglichkeit von beiden Führerständen aus vorteilhafter ist. Im Schema der Abb. 216 erfolgt die Umstellung des Dreiweghahnes *g* durch den Druckluftmotor *z*, der von beiden Führerständen aus über ein Doppelrückschlagventil mittels eines der Umschalthähne an die Druckluftleitung *e* angeschlossen werden kann. Diese ist wieder an einen ohnehin vorhandenen und in der Zeichnung nicht dargestellten Preßluftbehälter angeschlossen.

4. Notbremseinrichtungen für einmännige Lokomotivführung.

Die hier zu behandelnden Bremseinrichtungen bezwecken, bei einmänniger Fahrzeugführung in allen Fällen, in denen der Führer, sei es infolge Unwohlsein, sei es infolge Nachlässigkeit die Herrschaft über sein Fahrzeug verliert, dieses selbsttätig zu bremsen und stillzusetzen. Derartige Einrichtungen, die unter dem Namen „Totmannkurbel" bekannt geworden sind, sind zunächst für die Motorwagen von Überlandbahnen entwickelt worden, bei denen die einmännige Führung von jeher die Regel war, sie gewinnen jedoch auch bei Lokomotiven, wenn auch in teilweise modifizierter Form um so mehr an Bedeutung, als einzelne Bahnverwaltungen mindestens bei leichten Personenzügen zur einmännigen Bedienung der Lokomotiven übergehen. Wie schon der Name Totmannkurbel besagt, handelt es sich hier um Einrichtungen, die nicht unmittelbar auf das Bremsgestänge wirken, sondern zunächst die Kurbel des vom Führer bedienten Steuerorgans des Fahrzeuges selbsttätig in die Nullstellung zurückführen. Die ersten Anordnungen dieser Art beschränken sich überhaupt auf die Ausführung der letzteren Funktion.

Schon bei der ältesten[1]) bekannt gewordenen Totmannkurbel findet sich das später allgemein angewendete Prinzip, daß mit dem Hebel des Steuerorgans eine Klinke verbunden ist, die für gewöhnlich durch die Hand des Führers niedergedrückt wird. Läßt der Führer los, so wird eine Feder ausgelöst, die beim Zurückspringen den Kontakthebel durch Vermittlung eines Gesperres zurückreißt und damit die Stromzufuhr zu den Motoren abschneidet. Damit nun der Führer nicht gezwungen ist, den Federknopf zum Einrücken der Klinke dauernd vollständig herabzudrücken, wird die Klinke in der eingerückten Stellung gesperrt und geht erst dann zurück, wenn der Führer die Hand von dem Steuerhandhebel nimmt[2]). Später wurde dann die Anordnung insofern modifiziert, als bei Loslassen des Steuerhandhebels (Kurbel) durch den Führer nicht nur der Arbeitsstrom unterbrochen, sondern auch die Bremsen selbsttätig angezogen werden und zwar dadurch, daß eine auf dem Steuerhandhebel lose sitzende Hülse beim Zurückschnellen auf die Spindel eines Ventils stößt, das die zum Anziehen der Bremsen nötige Änderung im Drucke der Hauptluftleitung herbeiführt. Die Beeinflussung des Bremsventils ist dabei nicht nur vom Steuerhandhebel, sondern auch von der Stellung des Umschalthebels für Vor- und Rückwärtsfahrt abhängig gemacht[3]).

Da die von den Rückstellfedern auszuübenden Kräfte in ihrer vollen Größe auch bei jedem Wiedereinschalten überwunden werden müssen, sind zur Entlastung des Führers besondere mit der Fahrkurbel gleichzeitig gesteuerte Schalter verbunden, die beim Loslassen der Fahrkurbel in die Ausschaltlage gehen und erst in der Nullage des Schalters wieder geschlossen werden können. Ein derartiger Schalter könnte ebenso beim Loslassen der Fahrkurbel geschlossen werden und damit eine von Ruhestrom durchflossene Spule kurzschließen, die vorher einen im Motorstromkreis liegenden Schalter entgegen einer Rückstellkraft geschlossen hielt[4]).

Die Notwendigkeit, den Druckknopf der Totmannkurbel während der Fahrt dauernd niederdrücken zu müssen, ist zweifellos für den Führer ermüdend. Es sind auch deshalb Fälle vorgekommen, daß diese Sicherheitsvorrichtung gelegentlich von Führern durch Auflegen eines Gewichtes auf den Knopf unwirksam gemacht wurde. Andererseits kann wieder die Hand des

[1]) D. R. P. 116712 (U. E. G.). [2]) D. R. P. 160039 (AEG).
[3]) D. R. P. 165322 (AEG). [4]) D. R. P. 191895, 217197, 256204, 217593 (S. S. W.).

ohnmächtig gewordenen Führers auf dem niedergedrückten Knopf liegen bleiben und so trotzdem keine Unterbrechung des Arbeitsstromes herbeigeführt werden. Um diese Mängel der Einrichtung zu beseitigen, ist vorgeschlagen worden, diese so auszubilden, daß der Führer, wenn der Arbeitsstrom nicht unterbrochen werden soll, in kurzen Zwischenpausen eine bestimmte Arbeit verrichten, z. B. einen Knopf oder Fußtritt niederdrücken, ein Rad drehen oder sonstwie bedienen muß, wobei kurz vor Ablauf jeder Zwischenpause (von z. B. 4 bis 10 Sekunden) ein optisches oder akustisches Signal gegeben wird[1]). Abb. 217 zeigt eine vereinfachte Ausführungsform dieser Art, die im wesentlichen darin besteht, daß in einem Überwachungsstromkreis, der in einem bestimmten Zustand das Ausschalten des Arbeitsstromes und die Anstellung der Bremsen bewirkt, zwei Kontaktvorrichtungen in Form von Schaltwalzen angeordnet sind, die unabhängig voneinander betätigt werden. Die Bewegung der einen Kontaktvorrichtung geschieht von Hand aus durch den Führer, die der anderen durch einen Hilfsmotor. Die Schaltung ist dabei so getroffen, daß die beiden Kontaktvorrichtungen zusammen einen Strom (Hilfsstrom, Auslösestrom) entweder schließen oder öffnen[2]).

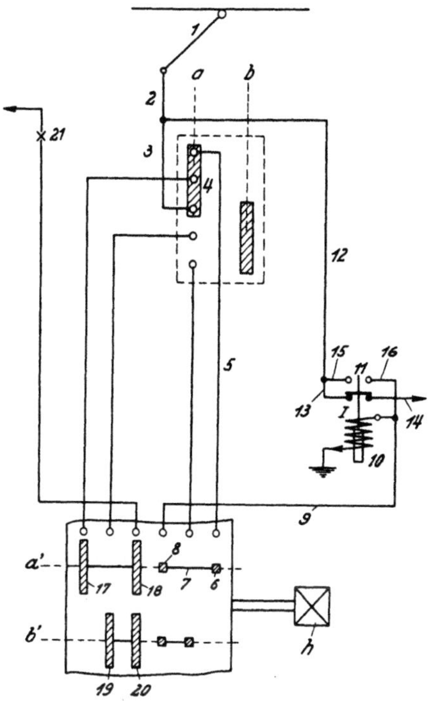

Abb. 217. Totmannkurbel mit Überwachungsstromkreis. (AEG.)

Wie Abb. 217 zeigt, haben beide Kontaktvorrichtungen zwei Stellungen *a* und *b*, bzw. *a'* und *b'*. *h* ist der Hilfsmotor. Befinden sich beide Kontaktvorrichtungen in den einander entsprechenden Stellungen *a* und *a'* oder in *b* und *b'*, so ist der Überwachungsstromkreis hergestellt, z. B. auf dem Wege *1* bis *10* zur Erde. Hierdurch wird das Relais *I* erregt, die Brücke *11* abgehoben und z. B. der Steuerstromkreis für die Triebmotoren vom Stromabnehmer *1* über die Leitungen *2*, *12*, *13*, *14* unterbrochen. Durch diese Unterbrechung erfolgt alsdann das selbsttätige Ausschalten des Arbeitsstromes mit oder ohne gleichzeitiger Betätigung der Bremsen. Ein Umführungsstromkreis, der von Leitung *12* abzweigt und sich über Leitung *15*, Brücke *11*, Leitung *16*, Solenoid *10* nach Erde schließt, bewirkt, daß der Steuerstromkreis, sobald er einmal unterbrochen worden ist, auch bei späterem Abschalten des Überwachungsstromkreises geöffnet, die Kraftzufuhr also dauernd unterbrochen bleibt.

Befinden sich die Kontaktvorrichtungen in den einander nicht entsprechenden Stellungen *a* und *b'* oder in *b* und *a'*, so ist der Überwachungsstromkreis offen, weil die Reihenschaltung der Kontakte durch nicht zusammengehörige, in Eingriff befindliche Kontakte gestört ist. Es kann nun die Bedienung des Handschalters *a*—*b* so gehandhabt werden, daß sich dieser schon in Stellung *a* befindet, wenn der Kontakt des zweiten, selbsttätig umgestellten Schalters *a'*—*b'* in Stellung *b'* einrückt, so daß also die Kontakte des ersteren immer denen des zweiten rechtzeitig ausweichen, damit der Auslösestromkreis (Überwachungsstromkreis) nicht geschlossen wird. Durch Wahl der Größe der Kontakte *6* und *8* und der Drehzahl des Hilfsmotors *h* können die Umschaltperioden der von Hand aus zu bedienenden Schaltwalze beliebig groß gemacht werden. Bei der erwähnten Stellung der Kontaktvorrichtungen in *a* und *a'* ist der Überwachungsstromverlauf oben bereits angegeben. Der Stromverlauf in den übrigen relativen Stellungen der Schaltwalze ergibt sich ohne weiteres aus Abb. 217.

Zur Erleichterung für den Bedienenden können noch ähnlich geschaltete Signalkontakte auf den beiden Kontaktvorrichtungen angebracht sein. Diese Kontakte *17*, *18* bzw. *19* sind auf der vom Hilfsmotor *h* stetig angetriebenen Kontaktvorrichtung z. B. so ausgebildet, daß sie zeitlich früher geschlossen werden als die Kontakte für den eigentlichen Auslösestromkreis. Diese Vorrichtung braucht auf der von Hand bedienten Vorrichtung nicht vorhanden zu sein, weil diese zumeist absatzweise bewegt wird. Der Führer hat die Schaltung immer so auszuführen, daß das Signal, z. B. Lampe *21*, fortwährend abgestellt wird. Um den Hilfsmotor *h* zu ersparen, kann die zugehörige Schaltvorrichtung auch vom Fahrzeug aus angetrieben werden.

[1]) D. R. P. 207937 (W. Wechmann). [2]) D. R. P. 272087 (AEG).

Es ist weiter vorgeschlagen worden, sowohl durch ein Gesperre die Ausschaltbewegung des Fahrschalters so lange zu verhindern, bis der vom Führer etwa bewußt durch ein Gewicht oder sonstwie blockiert gehaltene Druckknopf freigegeben wird, als auch einen besonderen Kontakt oder Hilfsschalter anzuordnen, an welchem der Strom beim Loslassen des Druckknopfes unterbrochen wird. Die Vereinigung dieser beiden Einrichtungen ermöglicht als weitere Wirkung, daß der Fahrschalter stets erst nach Unterbrechung des Hauptstromes durch Loslassen des Druckknopfes zurückgeschaltet werden kann[1]).

Die Praxis hat später namentlich für einmännige Bedienung von Lokomotiven das Bedürfnis gezeitigt, die Hauptstromunterbrechung mit Einleitung der Bremsung mit einer gewissen Zeitverzögerung nach erfolgter Entlastung des Führerkurbeldruckknopfes zu bewirken, einerseits wieder um das stets ermüdende Niederdrücken des letzteren zu vermeiden, andererseits um dem Führer beispielsweise beim Verschubdienst ein seitliches Hinauslehnen aus dem Führerstand zu ermöglichen, um die Signale und die Weisungen des Personals zu beobachten.

Eine der ersten derartigen Konstruktionen war in der Weise ausgebildet, daß auf die Steuerkurbel zwei unter sich unabhängige Antriebsorgane einwirkten, und zwar ein vom Führer bedientes und ein vom Fahrzeug selbst gesteuertes, wobei letzteres die Arbeit des Ausschaltens übernimmt[2]). Dieser auf das Ausschalten hinwirkende Einfluß des Fahrzeuges mußte durch entsprechende dauernde Bewegung des anderen Antriebsorgans durch den Führer aufgehoben werden, um die Regelungsvorrichtung in der einmal eingestellten Lage zu erhalten. Damit nun die Führerantriebsvorrichtung nicht dauernd, sondern nur nach gewissen Pausen in Tätigkeit gesetzt zu werden brauchte, wirkten die Antriebsorgane auf die Regelungsvorrichtung nicht unermittelbar, sondern unter Zwischenschaltung eines bestimmten Spielraumes.

Eine andere Anordnung löst die gleiche Aufgabe in folgender Weise. Sobald der Führer die Fahrkurbel losläßt, wird sie durch Federkraft um einen kleinen Winkel zurückgeführt; bleibt die Fahrkurbel in dieser Stellung stehen, so wird nach einiger Zeit ein Stromkreis geschlossen, der eine selbsttätige Unterbrechung des Fahrstromes bewirkt, also z. B. die Freilaufauslösung des Hauptsteuerschalters betätigt, so daß dieser in seine Nullstellung zurückschnellt[3]). Die Zeit für das Schließen des Hilfsstromkreises kann an einer mechanischen oder elektrischen Dämpfungsvorrichtung eingestellt werden. Auch bei normaler Bedienung der Fahrkurbel gelangt diese in diejenigen Stellungen, welche zum Schließen des Hilfsstromkreises führen würden, wenn sie lange genug in diesen Stellungen stehen bliebe; die Einrichtung ist jedoch so getroffen, daß während der Bedienung der Fahrkurbel diese Stellungen keine Fahrstellungen sind, sondern Zwischenstellungen. Der Hauptsteuerschalter bzw. die Fahrkurbeln sind nun so gebaut, daß sie in den Zwischenstellungen nicht stehen bleiben. Soll die losgelassene Fahrkurbel wieder in Betrieb genommen werden, so hat der Führer sie zunächst gegen die Federkraft um denjenigen Winkel vorwärts zu drehen, um den sie beim Loslassen zurückgeführt worden war; erst dann wird durch einen Anschlag der Hauptsteuerschalter mitgenommen, wobei die Rückführfeder dauernd gespannt bleibt. Solange die Fahrkurbel in Fahrtstellung verbleiben soll, muß sie demnach dauernd festgehalten werden.

Die Schließung des Auslösekontaktes erfolgt von einer mit der Fahrkurbel starr gekuppelten oder von ihr angetriebenen Kurvenscheibe oder dgl. aus unter Zwischenschaltung der erwähnten Dämpfungsvorrichtung, die beispielsweise in Form einer Flüssigkeitsbremse mit einstellbarer Überstromöffnung ausgebildet sein kann, deren Kolben in seiner Endlage den Kontakt des Auslösestromkreises schließt und dann durch Gewichts- oder Federkräfte wieder in seine Anfangslage zurückversetzt wird.

Bei der in Abb. 218 schematisch dargestellten Sicherheitseinrichtung wird sowohl die Ausschalt- wie auch die Einschaltbewegung durch eine einzige, im gleichbleibenden Sinne wirkende Antriebskraft erzeugt. Die erstere Bewegung geht stets langsam vor sich und erfolgt, wenn die Übertragungsvorrichtung sich selbst überlassen bleibt; die letztere Bewegung geschieht schnell und tritt ein, wenn eine in die Übertragungsvorrichtung eingefügte Kupplung gelöst wird[4]).

a ist eine Achse, die durch einen kleinen Motor oder durch eine der Fahrzeugachsen angetrieben wird. Auf der Achse *a* sitzt fest das Zahnrad *b* und lose das Zahnrad *c*. In das Zahnrad *b* greifen die Zähne der Mutter *d* ein, die auf der Schraubenspindel *e* sitzt. Das Zahnrad *c* steht mit dem auf der Schraubenspindel *e* befestigten Zahnrade *f* in Eingriff und ist für gewöhnlich durch die Feder *h* und die Reibungskupplung *g* mit der Achse *a* gekuppelt. Die Mutter *d* trägt den Ring *i*, welcher mittels zweier Zapfen den Schalthebel *k* mitnimmt. *l*, *l* sind zwei Kontakte, die an eine Klingel *n* und *m*, *m* zwei Kontakte, die an ein Relais *O* angeschlossen sind, welch

[1]) D. R. P. 208297 (AEG).
[2]) D. R. P. 231226, 254071 (B. E. W.).
[3]) D. R. P. 269059 (J. Buchli).
[4]) D. R. P. 238469 (S. S. W.).

letzteres bei seiner Erregung den Motorstrom unterbricht und gleichzeitig die Bremse anstellt; *p* ist eine die Steuerstromkreise speisende Stromquelle, *q* und *r* sind schließlich zwei durch einen Schlauch *s* verbundene Gummibälle, von denen *q* auf den die Reibungskupplung *g* steuernden Winkelhebel *t*, *u* wirkt.

Die Zahnräder *b*, *d* haben gleichen Durchmesser, das Zahnrad *c* dagegen ist ein wenig größer als *f*. Durch den Antrieb der Achse *a* wird sowohl die Mutter *d* wie auch die Schraubenspindel *e* gedreht, und zwar in gleichem Sinne. Da jedoch die Schraubenspindel *e* eine größere Winkelgeschwindigkeit hat als die Mutter *d*, so verschiebt sich letztere nach links oder rechts, je nach dem Drehungssinn der Achse *a*, und nimmt hierbei den Kontakthebel *k* mit, bis letzterer einen Kontakt *l* berührt, worauf das Läutewerk *n* ertönt; bei noch weiterer Verschiebung der Mutter *d* gelangt der Kontakthebel *k* auf einen Kontakt *m*; das Relais *o* wird erregt, der Motor ausgeschaltet und die Bremse angezogen. Um letzteres zu verhüten, hat der Führer spätestens nach Ertönen des Klingelzeichens den Gummiball *r* vorübergehend kurze Zeit zusammenzudrücken. Hierdurch wird der Gummiball *q* aufgeblasen und die Kupplung *g* zwischen Zahnrad *c* und

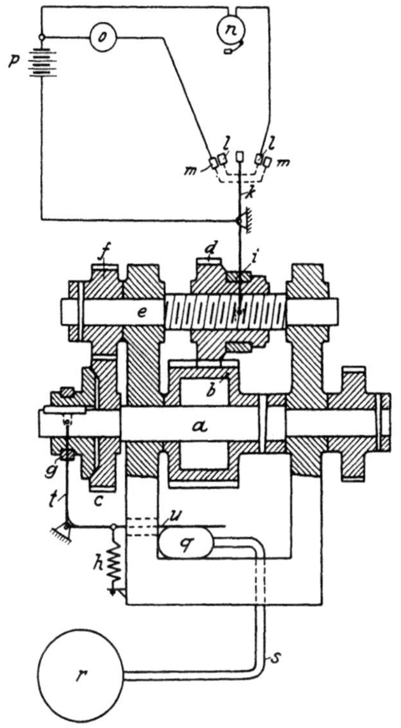

Abb. 218. Totmannkurbel. (S. S. W.)

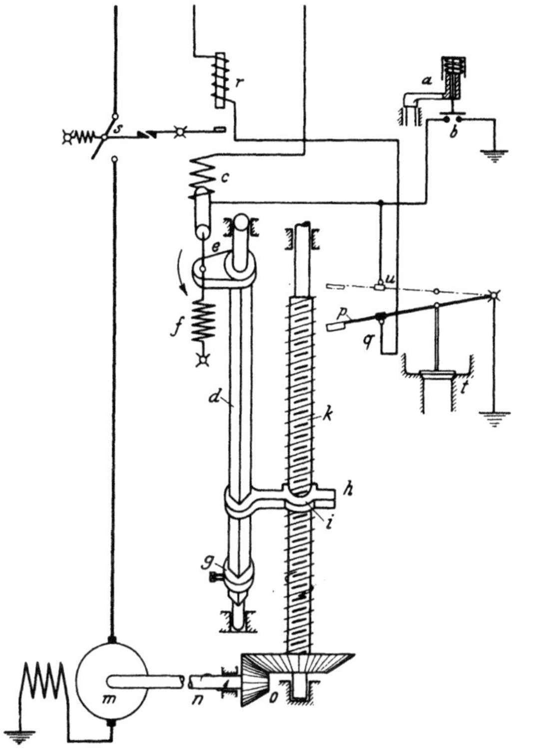

Abb. 219. Totmannkurbel. (B. B. C.)

Achse *a* gelöst. Zweckmäßig ist es, gleichzeitig das Zahnrad *c* durch eine schwache Bremse festzustellen. Die Schraubenspindel *e* bleibt stehen, und es wird allein die Mutter *d* gedreht, welche schnell in ihre ursprüngliche Lage zurückkehrt und hierbei den Schalter *k*, *l* öffnet. Durch Wahl der Umdrehungszahl des die Achse *a* antreibenden Elektromotors und durch Änderung der Übersetzung zwischen der Achse *a* und dem Schalthebel *k* können die Zeitabschnitte, in denen der Schalter *k*, *l* einen vollen Hub macht, beliebig bemessen werden.

In schöner Weise ist bei der in Abb. 219 dargestellten Sicherheitsvorrichtung[1]) die Forderung nach zeitlich verzögertem Bremseintritt gegen den Moment des Loslassens der Fahrkurbel gelöst. Dabei öffnet sich selbsttätig zunächst der Kontrakt *b* und unterbricht damit den Stromkreis des Elektromagneten *c*. Infolgedessen zieht die Feder *f* die auf der Vierkantwelle *d* befestigte Kurbel *e* in der Pfeilrichtung herum und schwenkt dabei den auf dem Stellring *g* aufruhenden Arm *h* gegen die Schraubenspindel *k*. Der Arm *h* ist an der Stelle *i* halbzylindrisch angebracht und mit Muttergewinde versehen, das in das Gewinde der Spindel *k* eingreift. Da

[1]) D. R. P. 360940, Ö. P. 95421, Schweiz. P. 98695 (H. Rüegg). — Angewendet bei den 1B1-Lokomotiven (Reihe 201) und den 1D1-Lokomotiven (Reihe 301, 302, 351, 353, 391), der Rh. B. (E. u. M. 1919, S. 250 und AEG-Mitt. 1919, S. 73). — Siehe auch BBC-Mitt. 1924, S. 37 und Schweiz. P. 102679 (E. Thomann). — Siehe ferner Schweiz. P. 118141 (M. F. O.), sowie D. R. P. 440010, 440810, 441499 der AEG (siehe AEG-Mitteilungen 1928, S. 13).

die Spindel k über die Welle n und das Kegelradgetriebe o während der Fahrt vom Triebmotor m dauernd angetrieben wird, wird nach erfolgtem Eingriff der Mutter i der Arm h mitgenommen und nach oben geführt. Am Ende seines Weges nimmt der Arm einen Hebel p mit, der einerseits den Kontakt q und damit den Stromkreis des Auslösemagneten r des Hauptschalters s öffnet und andererseits durch Öffnung des Luftventils t die Bremsen des Fahrzeuges in Tätigkeit setzt. Ist der Motor m noch nicht zur Ruhe gekommen, wenn der Arm h am oberen Spindelende angelangt ist, so schließt der Hebel p einen weiteren Kontakt u, wodurch der Magnet c Strom erhält, die Kurbel e gegen die Kraft der Feder f wieder anzieht und so die Mutter i außer Eingriff bringt; der Arm h fällt dann selbsttätig wieder auf den Stellring g zurück. Die Zeit, die vom Loslassen der Fahrkurbel a bis zum Auslösen des Schalters s und der Bremsen verstreicht, kann durch Verschieben des Stellringes g eingestellt werden.

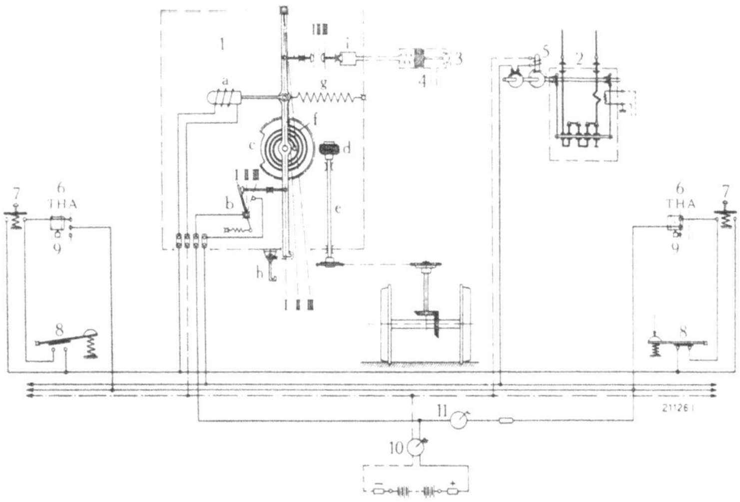

Abb. 220. Totmannkurbel mit Sicherheitsapparat. (B.B.C.)

Eine der neuesten Formen[1]) von Sicherheitseinrichtungen dieser Art zeigt Abb. 220 schematisch. Sie besteht wieder zunächst aus den in jedem Führerstand angeordneten Druckknopfkontakten *7* mit parallelgeschalteten Fußkontakten *8* und dem eigentlichen Sicherheitsapparat *1*. Dieser besteht wieder aus dem Elektromagneten a, Gegenfeder g, einem als Schwinghebel ausgebildeten Schaltelement, das das Schneckenrad c mit Rückstellfeder f, den Druckstift des Vorsteuerventils i und den Kontakt b trägt, und der von einer der Triebachsen aus angetriebenen Schneckenwelle e mit der Schnecke d. Abb. 221 zeigt den Sicherheitsapparat in der Ansicht mit abgenommenem Deckel.

Abb. 221. Sicherheitsapparat gemäß Abb. 220 mit abgenommenem Deckel. (B.B.C.)

Werden während der Fahrt die Kontakte *7* und *8* im Führerstand geöffnet, so wird der an die Hilfsstromquelle angeschlossene Elektromagnet a stromlos, so daß der Schwinghebel von der Feder g nach rechts aus der Fahrstellung *I* in die Eingriffsstellung *II* gezogen wird. Dadurch gelangt das Schneckenrad c in Eingriff mit der von der Triebachse, entsprechend der Fahrgeschwindigkeit angetriebenen Schnecke d und dreht sich unter Spannung der an ihm angreifenden Feder g je nach der Fahrtrichtung im Sinne oder gegen den Sinn des Uhrzeigers, so lange bis der Ausschnitt des Rades c in den Bereich der Schnecke gelangt ist und dann der Schwinghebel von der Feder g in die Auslösestellung *III* gebracht wird.

In dieser Stellung schließt der Kontakt b den Stromkreis der Auslösespule des Hauptschalters, der dadurch geöffnet wird, und öffnet gleichzeitig das Vorsteuerventil i der Bremsvorrichtung, wodurch eine Notbremsung des Zuges eingeleitet wird.

Um die Bremse wieder zu lösen und das Wiedereinschalten des Hauptschalters *2* zu ermög-

[1]) D. R. P. 455747 (H. Rüegg). – Eingebaut in eine größere Anzahl $2 C_0 1$-Lokomotiven aus der Reihe 10601 der S. B. B. und in die B_0—B_0-Lokomotiven der La Guaira & Caracas Ry. Co. (BBC-Mitt. 1927, S. 26).

lichen, genügt es, einen Augenblick den Stromkreis des Magneten *a* zu schließen; der Magnet zieht dann seinen Anker an und bringt das Schneckenrad *c* außer Eingriff mit der Schnecke *d*, so daß es augenblicklich von der Feder *g* in die gezeichnete Lage herumgerissen wird. Bei Öffnung des Magnetstromkreises wird der Schwinghebel zunächst wieder nur in die Eingriffsstellung *II* gebracht, da der Ausschnitt des Rades *c* auf der entgegengesetzten Seite liegt. Befindet sich das Fahrzeug noch oder wiederum in Fahrt und ist der Magnetstromkreis offen, so wiederholt sich der Ausschalt- und Bremsvorgang; steht das Fahrzeug still, so bleibt der Schwinghebel in Stellung *II* stehen, bis er durch Schließen eines der Kontakte *7* oder *8* wieder in Stellung *I* gebracht wird.

Mitunter kann es genügen, wenn die Sicherheitsvorrichtung so lange außer Wirksamkeit bleibt, als die Geschwindigkeit des Fahrzeuges unter einer vorausbestimmten als ungefährlich betrachteten Grenze bleibt. Diese Bedingung ist in einfacher Weise dadurch zu erfüllen, daß man den Auslösestromkreis außer über den Druckknopf der Steuerkurbel noch über einen in Abhängigkeit von der Geschwindigkeit betätigten Schalter führt, der also zeitlich nach dem Druckknopfschalter, d. h. nachdem das herrenlos gewordene Fahrzeug eine bestimmte Geschwindigkeit erreicht hat, die endgültige Schließung des Auslösestromkreises bewirkt[1]), in dem wieder auch die Erregerspule für den das Bremsventil öffnenden Mangeten geschaltet sein kann.

Um ein Ansprechen der Bremse im Stillstand des Fahrzeuges zu verhindern, kann man die Sicherheitseinrichtung so ausbilden, daß die Betätigung der Bremse durch Loslassen der Steuerkurbel außer Wirksamkeit gesetzt wird, wenn der Fahrtrichtungshebel des Führerschalters (Fahrtwenders) in die Nullage zurückgeführt wird. Dies ist nun bei allen Fahrschaltern nur möglich, wenn die Steuerkurbel auf Null steht. Andererseits kann man nur fahren, wenn die Fahrtrichtungswalze nicht auf Null steht. Es wird also dadurch in umgekehrter Richtung auf den Führer der Zwang ausgeübt, die Bremseinrichtung wieder einzuschalten, wenn der Zug in Bewegung gesetzt werden soll.

VII. Zubehörteile.

1. Sandstreuvorrichtungen.

Diese haben den Zweck, beim Anfahren und Halten die Zugkraft und Bremswirkung einer Lokomotive durch künstliche Erhöhung der Reibung zwischen Rad und Schiene von den Witterungsverhältnissen unabhängig zu machen. Bei elektrischen Lokomotiven werden nur Sandstreuvorrichtungen mit Preßluftbetätigung und zumeist elektrischer Ventilsteuerung verwendet, die gegenüber den älteren dampfbetätigten Einrichtungen der Dampflokomotiven wesentlich vorteilhafter sind, bei denen die schädlichen Einwirkungen der Dampffeuchtigkeit auf die Sandkonsistenz praktisch nicht zu beheben und die Gefahr des Einfrierens von Sand und Rohrleitungen im Winter nicht zu bannen waren.

Grundsätzlich bestehen alle Preßluft-Sandstreueinrichtungen aus dem Sandkasten und einer mit diesem kommunizierenden Rohrleitung, die einerseits durch einen im Führerstand angeordneten Hahn mit der Druckluftleitung verbunden werden kann, andererseits in die Sandstreudüsen ausmündet. Wird die Verbindung mit der Druckluftleitung hergestellt, dann strömt Druckluft über die Sandstreudüsen ins Freie und nimmt dabei durch Saugwirkung Sand aus dem Sandkasten mit. Wie die Rohrleitungsschemata der Abb. 195 und 205 zeigen, ist dabei die Einrichtung so getroffen, daß von jedem Führerstand aus mit einer Hahnstellung nie in beiden Fahrtrichtungen gleichzeitig, sondern immer nur in einer Fahrtrichtung, d. h. unter den in Fahrtrichtung gelegenen Triebradseiten gesandet wird.

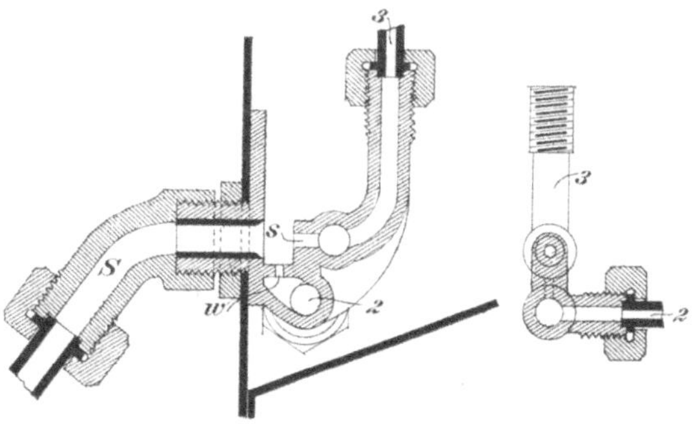

Abb. 222. Druckluftsandstreuer von Brüggemann.

Von den verschiedenen in Gebrauch stehenden Systemen von Druckluftsandstreuvorrichtungen seien hier die folgenden behandelt.

1. Druckluftsandstreuer von Brüggemann[2]). — Bei diesem Sandstreuer, den Abb. 222

[1]) D. R. P. 383547, Schweiz. P. 100106 (S. A. A. S.).
[2]) Organ Fortschr. Eisenbahnwes. 1893, S. 130.

schematisch zeigt, strömt die Druckluft nach Öffnung des im Führerstand angebrachten Hahnes durch die Leitung *3* nach den an den Seitenwänden des Sandkastens angebrachten Streudüsen und bläst durch die Bohrungen *s* austretend den nachfallenden Sand in die Sandrohre *S*. Eine zweite Luftleitung führt zu den Bohrungen *w* und dient zum Aufwühlen des etwa festgesetzten Sandes und zum Entfernen grober Körner. Die Betätigung vom Führerstand aus erfolgt durch einen Dreiweghahn, dessen verschiedene Stellungen aus Abb. 223 zu ersehen sind.

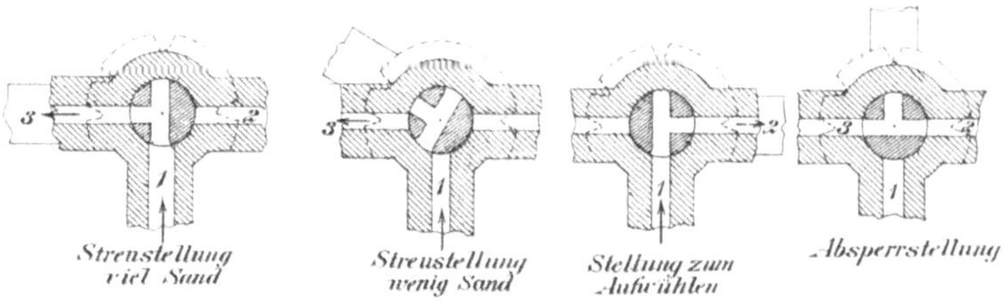

Abb. 223. Dreiweghahn zum Druckluftsandstreuer von Brüggemann.

2. Abb. 224 zeigt den namentlich in Amerika viel verwendeten Druckluftsandstreuer von Leach, bei dem die Blasvorrichtung aus einer einstellbaren Luftdüse *D* mit Rückschlagventil *B* besteht, die nicht am Sandkasten selbst angebracht wird. Das eine der beiden vom Sandkasten abzweigenden Rohre dient zur direkten Sandung und gleichzeitig zur Aufwirbelung des Sandes im Kasten infolge der im anderen Sandrohr durch die Preßluft erzeugten Luftleere. Der durch dieses Rohr in den Raum *D* gelangte Sand wird dann zwischen Rad und Schiene geblasen.

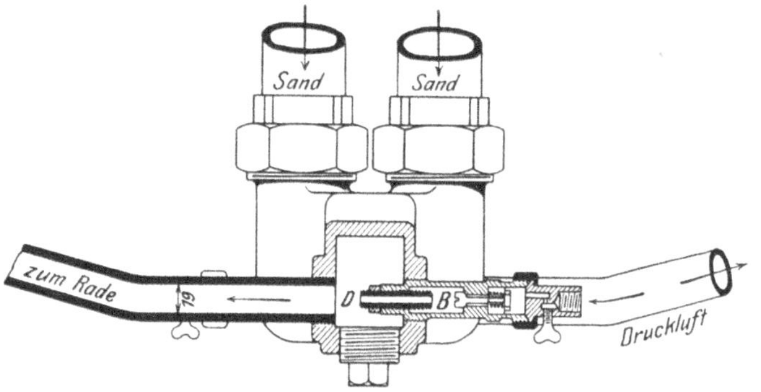

Abb. 224. Druckluftsandstreuer von Leach.

3. Druckluftsandstreuer von Knorr, Bauart S_1. — Bei diesem heute bei allen elektrischen Lokomotiven der D. R. G. angewendeten Sander ist, wie Abb. 225 zeigt, die Streudüse mit ihrem Flansch unmittelbar an der äußeren Seitenwand des Sandkastens angebracht. Sie besteht aus dem Gehäuse *g* mit der eigentlichen Düse *d* für die Regelung des Gegenstroms und für das Absaugen des aufgewühlten Sandes. Sie hat je eine Rohranschlußstelle für das Preßluftzuführungsrohr und für das Sandabfallrohr. Die Düse *d* ist mit einer größeren Bohrung *b* für den Durchgang der Preßluft nach dem Sandabfallrohr und mit einer senkrecht zu dieser angeordneten kleineren Bohrung *c* für den Durchgang der Preßluft des Gegenstroms nach dem Sandkasten versehen. Die Düse teilt demnach den Hauptluftstrom in zwei Ströme von verschiedener Stärke und Richtung. Der eine (Bohrung *c*) dient zum Aufwühlen des Sandes, der andere (Bohrung *b*) zur Fortbewegung des aufgewühlten Sandes.

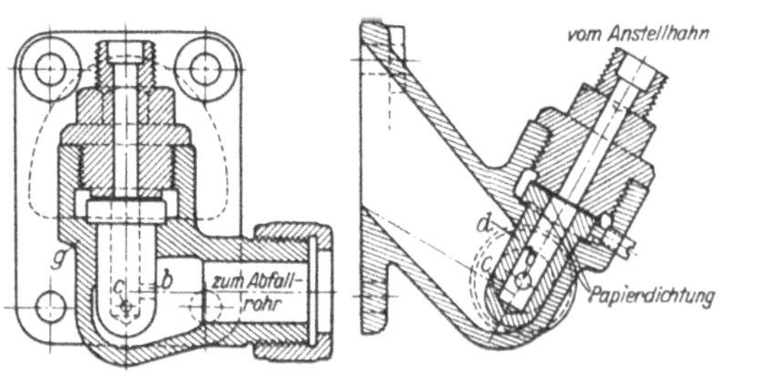

Abb. 225. Druckluftsandstreuer von Knorr, Bauart S_1.

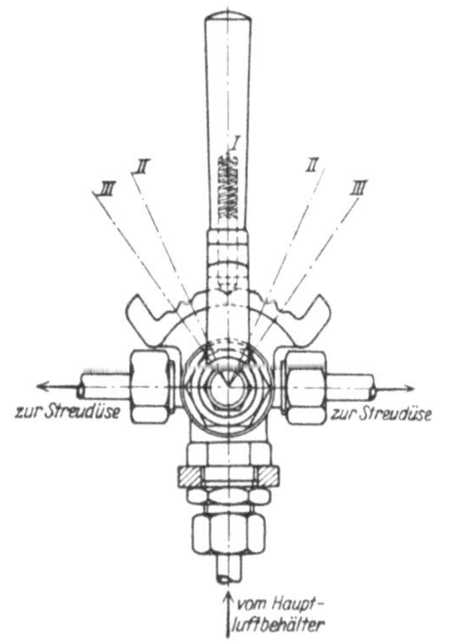

Abb. 226. Anstellhahn zum Druckluftsandstreuer von Knorr. (Gemäß Abb. 225.)

Die Luftzufuhr zu der Streudüse wird durch den Anstellhahn geregelt, den Abb. 226 in der Ansicht zeigt. Die senkrechte Lage des Handgriffs, Stellung *I*, ist die Abschlußstellung, in welcher den Düsen keine Preßluft zugeführt wird, in Stellung *II*, entsprechend der Stellung des

Kückens nach Abb. 227 links, ist die Luftzufuhr zu den Düsen stark gedrosselt, die Sandstreuung dementsprechend schwach, in Stellung *III* (Abb. 227 rechts) strömt die Druckluft ungedrosselt durch den Hahn in die Düse und bläst den Sand in reichlichster Menge und kräftigem Strahl zwischen Rad und Schiene. Der Handgriff des Anstellhahnes wird durch einen federnden Stift mit abgerundeter Kuppe, die in entsprechende Einkerbungen des Hahngehäuses einschnappt, in allen Stellungen festgehalten.

Das Sandabfallrohr wird an dem unteren Ende mit einem Schuh aus Temperguß versehen. Dieser sich trichterförmig nach außen erweiternde Schuh wird mit dem Abfallrohr durch Überwurfmutter verbunden und bietet durch den angegossenen Flansch Gelegenheit, das Abfallrohr durch passende Befestigung am Lokomotivrahmen in seiner Lage zu sichern. Ein weiterer Vorzug liegt in der Möglichkeit bequemen Ausbaus zum Zweck der Reinigung und in der großen Haltbarkeit.

Häufig wird der Sandbehälter mit einer Rührvorrichtung versehen, die beispielsweise in einer mechanischen Schwingvorrichtung bestehen kann, welche durch Vermittlung eines

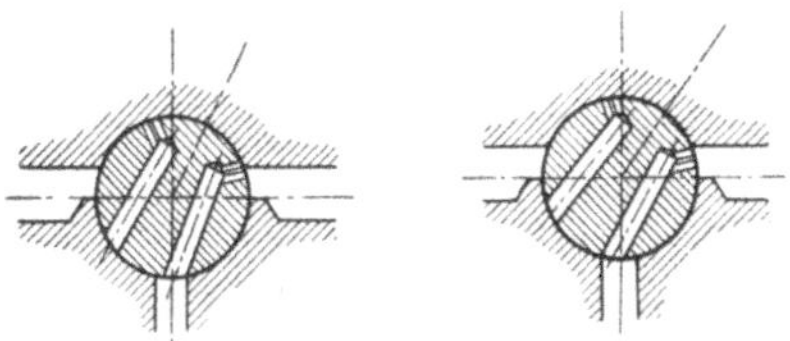

Abb. 227. Anstellhahn zum Druckluftsandstreuer von Knorr. (Gemäß Abb. 225.)

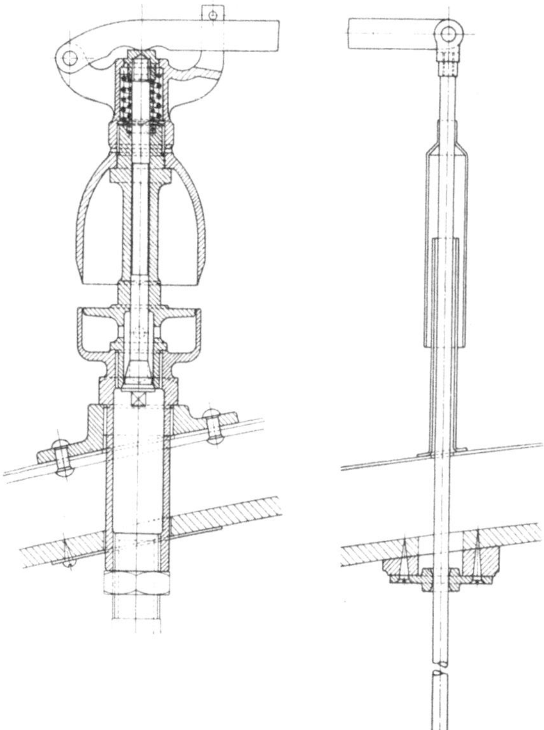

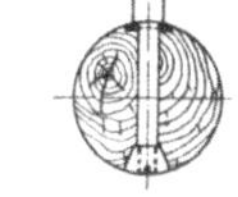

Abb. 228. Signalpfeife der Lokomotiven der S. B. B. (Schweiz. Lokomotiv- und Maschinenfabrik Winterthur.)

Elektromagneten durch abwechselndes Vonhand- oder selbsttätiges Schließen des Stromkreises Schwingbewegungen ausführt, welche als Rüttelbewegungen auf den Sandstreuer übertragen werden[1]).

Auch Sandbehälter mit elektrischer Heizung stehen in Verwendung.

2. Signalpfeifen.

Diese sind in der Regel in doppelter Zahl vorhanden, der Zweizahl der Führerstände entsprechend. Sie ragen über das Lokomotivdach hinaus, sind unter Zwischenschaltung je eines Absperrhahnes an die Druckluftleitung angeschlossen und werden von den Führerständen aus mittels Zughebel (Abb. 228) oder Zugseil betätigt.

3. Geschwindigkeitsmesser.

Die Geschwindigkeitsmesser, die heute wenigstens in Europa[2]) allgemein in die Führerstände der Lokomotiven eingebaut zu werden pflegen, sollen einerseits dem Führer jederzeit die Geschwindigkeit der Lokomotive und damit des Zuges anzeigen (reine Anzeigeinstrumente oder direkt wirkende Geschwindigkeitsmesser), andererseits fällt ihnen die Aufgabe zu, zur Überwachung des Führers die Geschwindigkeit in Funktion des zurückgelegten Weges oder der Zeit zu registrieren oder auch noch die zurückgelegten Kilometer von einem bestimmten Zeitmoment an etwa vom Tage der Indienststellung, d. i. die Fahrleistung der Lokomotive zu zählen (Anzeige- und Registrierinstrumente oder totalisierende Geschwindigkeitsmesser). Die Kenntnis der letzteren Zahl ist heute bei elektrischen Lokomotiven noch von besonderem Interesse, um sie zu den verschiedenen Ziffern der Unterhaltungs- und Wartungskosten (Ölverbrauch, Bürsten- und Kollektorabnützung, Abnützung von Motor- und Blind-

[1]) D. R. P. 418221, 419440 (AEG).

[2]) Die amerikanische Praxis verzichtet fast durchwegs auf den Einbau von Geschwindigkeitsmessern.

wellenlagern usw.) in Beziehung setzen zu können. Schließlich ist die kleine 3. Gruppe der differentialwirkenden Geschwindigkeitsmesser zu erwähnen.

Die direkt wirkenden Geschwindigkeitsmesser (Systeme Klose, Schäfer und Budenberg, Dr. Horn, Aumund, Dr. Braun, Brown, Butler usw.) benutzen in der Hauptsache die Zentrifugalkraft rotierender fester oder tropfbar flüssiger Schwungmassen, in Verbindung entweder mit der Schwerkraft oder mit der Kraft einer oder mehrerer gespannter Federn und messen damit die der Fahrgeschwindigkeit proportionale Winkelgeschwindigkeit einer drehenden Achse.

Alle diese Systeme haben den Vorteil, daß sie wirklich imstande sind, die momentane Geschwindigkeit zu zeigen und raschen Geschwindigkeitsänderungen zu folgen. Der große Nachteil dieser Apparate liegt aber darin, daß sie nicht bei allen Geschwindigkeiten gleich genau, einzelne Systeme kleine Geschwindigkeiten gar nicht zeigen und daß alle diese Systeme mit empirischer Teilung periodischen Nachregulierungen unterworfen werden müssen, um einigermaßen ein wirklich zuverlässiges Bild zu liefern.

In die 2. Gruppe unter die totalisierenden Geschwindigkeitsmesser gehören sämtliche Apparate, bei welchen die Größe einer Bewegung während einer Zeit- oder einer Wegeinheit gemessen wird (System Krämer, Brettmann, Haußhälter usw.). Das Messen der Geschwindigkeit wird bei diesen Apparaten fortwährend wiederholt. Der Apparat muß die Bewegungen notgedrungen ausführen, welche durch die Konstruktion des Apparates bedingt werden, d. h. diese Apparate arbeiten zwangläufig.

Damit entfällt aber das periodische Einregulieren und Nachregulieren und auch die eventuellen schwerwiegenden Folgen im Unterlassungsfalle.

Der Nachteil dieser Apparate liegt aber darin, daß ein totalisierender Geschwindigkeitsmesser nur die mittlere Geschwindigkeit während eines bestimmten Zeit- oder Wegabschnittes geben kann. Je rascher die Geschwindigkeitsänderungen sind, um so kürzer müssen die Zeitabschnitte sein, von welchen die mittlere Geschwindigkeit gemessen wird, um die Geschwindigkeitsänderungen dem Auge sichtbar machen zu können und eine Registrierung zu erhalten, welche mit der momentanen Geschwindigkeit möglichst übereinstimmt.

Man hat nun auf der einen Seite versucht, die momentan zeigenden Apparate so zu vervollkommnen, daß deren Registrierungen möglichst zuverlässig werden, während man auf der anderen Seite bestrebt war, die zwangläufigen Apparate so zu verbessern, daß deren unzweifelhafte Angaben möglichst der momentanen Geschwindigkeit entsprechen. Von beiden Seiten suchte man dem gleichen Ziele möglichst nahe zu kommen.

Das Ideal eines Geschwindigkeitsmessers wäre eine Konstruktion, bei welcher die Zwangläufigkeit des Mechanismus mit der absolut momentanen Anzeige verbunden wäre, zwei Bedingungen, welche sich aber nicht gleichzeitig ganz erfüllen lassen.

Die differentialwirkenden Geschwindigkeitsmesser wirken derart, daß die zu bestimmende Geschwindigkeit mit Hilfe eines Differential-Räderwerkes mit einer bekannten Geschwindigkeit verglichen wird. Solche Apparate besitzen aber, wenn auch in geringerem Maße als die Mehrzahl der Apparate der vorgenannten zwei Hauptgruppen, den Nachteil der direkt wirkenden als auch denjenigen der totalisierenden Geschwindigkeitsmesser, d. h. die differentialwirkenden Geschwindigkeitsmesser sind weder zwangläufig noch wirklich momentan zeigend.

Auch haben diese Systeme einen etwas komplizierten Mechanismus.

Auf die zahllosen Formen der heute so viel wie ausschließlich in Frage kommenden Geschwindigkeitsmesser der zweiten Gruppe näher einzugehen, kann hier unter Hinweis auf die Spezialliteratur[1]) verzichtet werden. In diesem Zusammenhang seien lediglich der Geschwindigkeitsmesser System „Teloc“ der Hasler A. G. in Bern und jener der Deuta-Werke in Berlin (Deutsche Tachometerwerke) eingehend besprochen, die in neuerer Zeit auf elektrischen Lokomotiven große Verbreitung gefunden haben.

Die Firma Hasler A. G. in Bern hatte zunächst den Geschwindigkeitsmesser System Haußhälter[2]) gebaut und diesen zum Geschwindigkeitsmesser „System Hasler“ fortentwickelt[3]). Beide Apparate sind immerhin groß und unhandlich und auch ohne Registriereinrichtung relativ teuer. Gerade aber bei elektrischen Lokomotiven, bei denen ja zwei Führerstände die Regel sind, hat sich das Bedürfnis herausgestellt, wenigstens in einem Führerstand die Geschwindigkeit mit einem einfachen und daher billigen nicht registrierenden, im anderen aber mit

[1]) Siehe z. B. Fr. Pflug: „Geschwindigkeitsmesser für Motorfahrzeuge und Lokomotiven“. Berlin: Julius Springer 1908.

[2]) D. R. P. 36799 und 62973. [3]) D. R. P. 128153, Ö. P. 9008, Schweiz. P. 22358.

einem registrierenden Instrument zu messen. Diese Forderung erfüllt der vor einigen Jahren von der Firma **Hasler A. G.** in Bern entwickelte, unter dem Namen „Teloc" bekannt gewordene Geschwindigkeitsmesser, den Abb. 229 und Abb. 230 mit und ohne Registriereinrichtung zeigen. Der Teloc-Apparat zeigt ununterbrochen:

1. die Fahrgeschwindigkeit;
2. die Summe der total gefahrenen Kilometer;
3. die zurückgelegten Fahrkilometer pro Tag oder auf einer bestimmten Strecke;
4. die Tageszeit in Stunden und Minuten

und registriert in der Bauart mit Registriereinrichtung fortlaufend auf einem Papierstreifen

1. die Fahrgeschwindigkeit;
2. die Länge des zurückgelegten Weges;
3. die Tagesitze in Stunden und Minuten;
4. die Dauer der Aufenthalte bis zu 24 Stunden;
5. die Dauer der Fahrzeit der Lokomotive

sowie allenfalls auch Druck oder Vakuum in den Bremsleitungen.

Abb. 229. Geschwindigkeitsmesser, System Teloc, mit Registriereinrichtung. (Hasler A. G., Bern.)

Abb. 231 zeigt verkleinert ein mit dem Teloc-Geschwindigkeitsmesser aufgenommenes **Diagramm** mit den obengenannten Aufzeichnungen. Wie ersichtlich, ist das Diagrammpapier mit zwei Lineaturen versehen, wovon die untere für die Aufzeichnung der Geschwindigkeit, die obere für die Zeit dient. Der Papiervorschub erfolgt nach dem von der Lokomotive zurückgelegten Weg.

Abb. 230. Geschwindigkeitsmesser, System Teloc, ohne Registriereinrichtung. (Hasler A. G., Bern.)

Die Transportierwalze für den Diagrammpapiervorschub steht mit der Antriebswelle des Apparates in direkter Verbindung, die andererseits mit einem Triebrade der Lokomotive zwangläufig verbunden ist. Dieses Lokomotivrad gibt mit seinem Umfang mal Umdrehungszahl die Länge des durchfahrenen Weges an.

Bei Apparaten mit einer Gradbogeneinteilung über 50 km oder 50 Meilen ist die Übersetzung zwischen dem Triebrad der Lokomotive und dem Apparat so gewählt, daß der Papiervorschub 5 mm pro durchlaufenden Kilometer beträgt; bei Apparaten mit einer Gradbogeneinteilung unter 50 km ist die Übersetzung entsprechend einem Papiervorschub von 10 mm pro durchlaufenen Kilometer gewählt.

Jeder Millimeter Papiervorschub entspricht somit bei Apparaten bis 50 Kilometer 100 Meter oder $^1/_{10}$ Meile und bei Apparaten mit über 50 Kilometer- oder Meileneinteilung 200 Meter bzw. $^1/_5$ Meile der zurückgelegten Bahnstrecke, die daher mit jedem einfachen Millimeterstab genau abgemessen werden kann.

Die Länge des Diagrammes richtet sich also nach dem Weg und ist unabhängig von der Geschwindigkeit und Zeit. Es kann daher durch einfaches Abmessen der Distanzen auf dem Diagramm bestimmt werden, wie z. B. auf einer Strecke, wo reduzierte Fahrgeschwindigkeit vorgeschrieben ist, gefahren wurde, oder zu welcher Zeit eine Station, auf der kein Aufenthalt stattfand, durchfahren worden ist, was für die Kontrolle von großem Vorteil ist.

Um der allmählichen Abnutzung der Radbandagen Rechnung zu tragen, wird der erstmaligen Berechnung des Übersetzungsverhältnisses der Transmissionsräder, zwischen Antriebrad und Antriebwelle des Apparates, nicht der Durchmesser der neuen Bandage zugrunde gelegt, sondern der Mittelwert zwischen neuer Bandage und abgenutzter, ersatzbedürftiger Bandage.

Beträgt z. B. die Totalabnützung eines Triebrades von 1500 mm Durchmesser „30 mm", so wird in der Zahnradberechnung der mittlere Triebraddurchmesser von 1485 mm eingesetzt. Der Apparat wird in diesem Falle bei ganz neuer Radbandage 1% zu wenig registrieren und bei abgenutzter Bandage 1% zu viel.

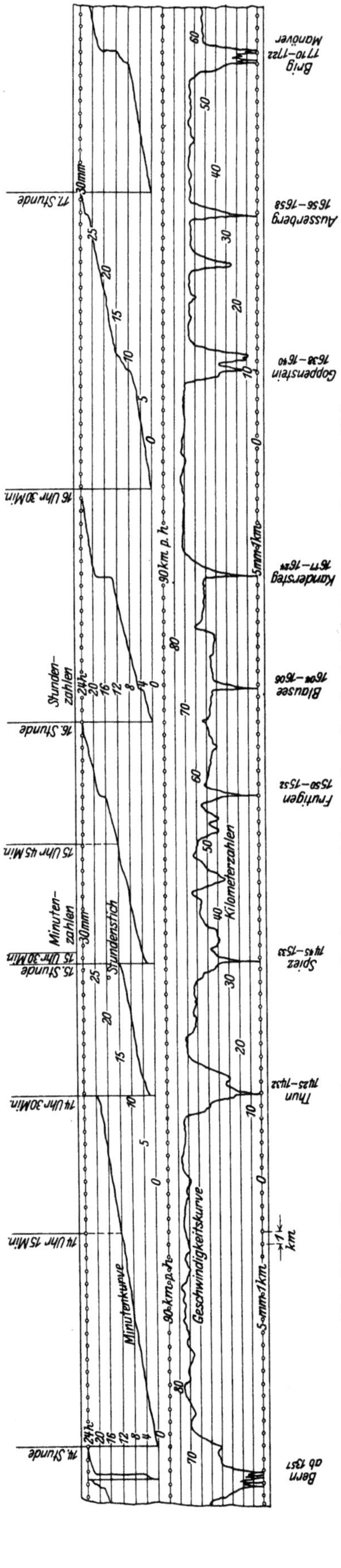

Abb. 231. Diagramm, aufgenommen mit einem registrierenden Geschwindigkeitsmesser, System Teloc. (Hasler, A. G., Bern.)

Die Geschwindigkeit, mit welcher der Zug gefahren ist, wird durch die unregelmäßige Kurve dargestellt. Die Geschwindigkeit wird vom Apparat mittels Silberstift auf Chrompapier ununterbrochen aufgeschrieben, so daß auch die kürzesten Geschwindigkeitsänderungen unfehlbar aufgezeichnet werden. Jeder Punkt der Kurve, resp. dessen vertikaler Abstand über der Nulllinie, gibt die mittlere Geschwindigkeit der unmittelbar vorhergegangenen Sekunde an, d. h. im Hinblick auf die Geschwindigkeitsänderungen der Fahrzeuge, für welche der Apparat bestimmt ist, fast die momentane Geschwindigkeit. Die für die Registrierung der Geschwindigkeit beanspruchte Diagrammhöhe beträgt 40 mm.

Zum raschen Ablesen der Geschwindigkeit ist der Diagrammstreifen nach Kilometer horizontal liniiert. Bei den Haltestellen sinkt die Kurve der Geschwindigkeit jeweilen bis auf die Nullinie zurück. Da der Papiervorschub während des Haltes ganz ausfällt, beginnt die neue Kurve genau am Endpunkt der vorgängigen Kurve. Jeder Berührungspunkt der Geschwindigkeitskurve mit der Grundlinie des Diagrammes entspricht somit einem Halt. Ob dieser Halt von kurzer oder längerer Dauer war, hierüber gibt die darüberstehende Zeitkurve Aufschluß.

Die Aufzeichnung der Zeit erfolgt ebenfalls durch Metallstift und wird betätigt durch die Tagesuhr, welche im Apparat eingebaut ist. Die Zeitregistrierung erfolgt vertikal, die Diagrammhöhe von 30 mm entspricht 30 Minuten (1 mm = 1 Minute). Nach je 30 Minuten fällt der Registrierstift wieder auf die Grundlinie zurück. (Seine Höhe über der Grundlinie in Millimeter gemessen entspricht somit der Minutenzahl.)

Während der Fahrt wird das Diagrammpapier, proportional der Länge des durchfahrenen Weges, unter dem Minutenregistrierstifte durchgezogen. Der Registrierstift zeichnet somit die Resultierende aus der horizontalen Bewegung des Papiers und der von der Tagesuhr erhaltenen vertikalen Bewegung auf. Bei konstanter Fahrgeschwindigkeit würde diese Minutenregistrierung eine sanft ansteigende, ganz gerade Linie ergeben. Je langsamer die Fahrt bzw. je weniger Weg in der Zeiteinheit zurückgelegt wird, desto rascher steigt die Minutenkurve an, um bei Stillstand des Zuges in eine Senkrechte überzugehen. Diese vertikale Aufzeichnung gibt das Maß für den Aufenthalt (1 mm Höhe = 1 Minute) auf einer Station oder vor einem Signal usw. an. Bei der 30. Minute fällt der Minutenregistrierstift wieder auf die Grundlinie zurück. Bei mehrstündigem Aufenthalte schreibt die Minutenregistrierung auf derselben Vertikallinie auf und ab.

Um welche Tagesstunde ein solcher Halt stattgefunden hat und wieviele Stunden ein Aufenthalt gedauert, hierüber gibt die Stundenmarkierung Aufschluß. Es sind die Stiche, welche links neben der vertikalen Minutenregistrierung in einem Abstande von 5 mm sichtbar sind. Die Höhe dieser Punkte über der Grundlinie lassen die Tagesstunden erkennen, während welcher der Halt stattgefunden hat. Die Stundenmarkierung registriert alle 24 Tagesstunden, Nachts 2 Uhr in der Mitte zwischen der Grundlinie und der ersten Linie, Mittag 12 Uhr auf der Mitte der Zeitlineatur und Mitternacht zu oberst unmittelbar vor dem Herunterfallen auf die Grundlinie. — Weil der Minutenregistrierstift alle 30 Minuten in die Grundlinie zurückfällt, steht vor dem beim Herunterfallen entstehenden vertikalen Minutenstrich nur dann ein Stundenstich, wenn 2mal 30 Minuten verflossen sind.

Ist der Apparat mit einer Druckregistrierung versehen, so ist das Bild dieser Registrierung folgendes: Die Nullage des Registrierstiftes befindet sich 10 mm unter der maximalen Geschwindigkeitslinie. Bei einem Druck von 6 at bewegt sich der Schreibstift um 10 mm, so daß die 6 at auf der maximalen Geschwindigkeitslinie registriert werden. Diese Registrierung ist zu der Geschwindigkeitsregistrierung auf dem Diagrammstreifen um 20 mm zurückgesetzt. Bei Vakuumaufzeichnung ist die Nullage auf der maximalen Geschwindigkeitslinie und die Registrierung erfolgt nach abwärts.

Der Mechanismus des Teloc-Apparates zerfällt in folgende Hauptteile:

1. Das Meßorgan mit der Registrierung der Fahrgeschwindigkeit;
2. die Tagesuhr mit Registrierung der Tageszeit;
3. der Kilometerzähler, Totalisator und Tageszähler;
4. eventuell die Manometereinrichtung (Druck oder Vakuum).

Zu 1: Das Prinzip des Meßorganes zeigt die Abb. 232. Auf einer Welle sind drei Meßstücke (M_1, M_2, M_3) kreisförmig angeordnet, welche sich in Längsführungen parallel der Wellenachse verschieben lassen. Das Zahnrad A am unteren Ende dieser Welle steht mit einem Uhrwerk im Eingriff, welches so beschaffen ist, daß die Welle schrittweise, und zwar nach Verlauf stets gleicher Zeitabschnitte (Meßzeit) je um 120° gedreht wird. Die drei die Form von Hohlzylindersektoren besitzenden Meßstücke M_1, M_2, M_3 sind auf der Außenseite gezahnt. Auf der Welle ist ferner ein über den Meßstücken angeordneter Ring R geführt, welcher immer auf dem höchst gehobenen Meßstück aufsitzt. Mittels Zahnstange wird die Bewegung dieses Ringes auf die Zeigerachse und den Registrierstift übertragen.

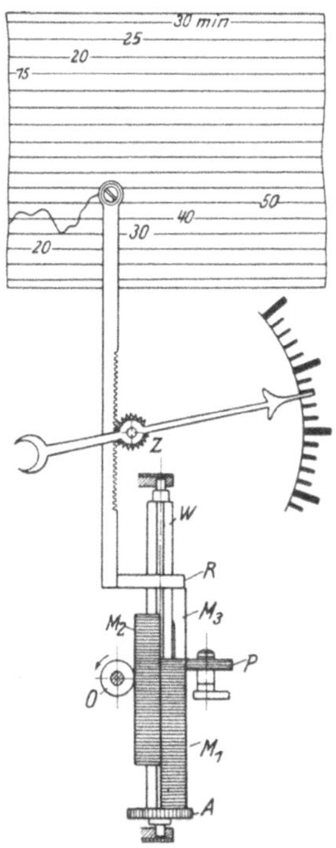

Abb. 232. Meßorgan des Geschwindigkeitsmessers, System Teloc. (Hasler A. G., Bern.)

Das Heben der Meßstücke besorgt die gezahnte Rolle O, welche sich proportional der Fahrgeschwindigkeit dreht. Je rascher die Fahrt, desto rascher dreht sich die Rolle O und desto höher hebt sich das Meßstück, welches während der Zeiteinheit von genau 1 Sekunde mit der Rolle O im Eingriff steht. Das schrittweise Drehen der Welle ist so bemessen, daß alle Sekunden eine neue Meßzeit beginnt. Durch eine besondere Sperrolle P wird das gehobene Meßstück während der 2. Sekunde in seiner gehobenen Lage gehalten und bewirkt damit einen ruhigen Zeigerstand. Während der 3. Sekunde hat das freigewordene Meßstück hinreichend Zeit, in seine Ruhelage zurückzufallen, um mit Anfang der 4. Sekunde das Spiel von neuem zu beginnen. Der Zeiger sowie der Registrierstift werden somit alle Sekunden auf die mittlere Geschwindigkeit der letztvergangenen Sekunden frisch eingestellt.

Zu 2: Der Teloc-Apparat ist mit einer Tagesuhr versehen, die zur Registrierung der Zeit auf dem oberen Teile des Streifens dient und dem Lokomotivführer ermöglicht, sich Rechenschaft zu geben, welche Tageszeit die Uhr auf dem Diagrammstreifen markiert.

Das Zifferblatt besitzt eine 24stündige Einteilung. Der Stundenzeiger vollführt daher nur eine Umdrehung in 24 Stunden, der Minutenzeiger wie üblich eine Umdrehung in 60 Minuten. Die Zeigerbewegungen werden mittels eines Räderzwischengetriebes auf die beiden Stangen der Zeitregistriervorrichtung übertragen. Die Stange S_1 (Abb. 233) für die Minutenregistrierung wird während 30 Minuten um die Höhe von 30 mm = der Höhe der Zeitliniaturen gehoben und fällt hierauf in die Anfangslage zurück.

Die Stange S_2, an deren Ende die Stichnadel M_2 zum Markieren der Tagesstunden sitzt, hebt sich in 24 Stunden ebenfalls um die Höhe von 30 mm. Durch das Herunterfallen der Stange S_1, an welcher sich die Nase Q befindet, und das Aufschlagen dieser Nase auf den Hebel H wird die Stange S_2 mit Nadel M_2 gegen den Diagrammstreifen bewegt und so der Tagesstundenstift je nach der Höhenlage der Stichnadel M_2 im Diagrammstreifen bewerkstelligt.

Da die Stange S_1 in der Stunde zweimal herunterfällt, die Stundenstichvorrichtung jedoch nur jede Stunde erfolgen soll, so ist eine Aussetzervorrichtung angebracht, die folgendermaßen arbeitet:

Auf der Achse *P*, die sich in der Stunde einmal dreht, sitzt ein Exzenter *N*. Dieser betätigt eine Stange *A* mit Gabelstück *R*, in welcher eine am Hebel *H* befestigte Flachfeder *F* eingreift. Der Exzenter *N* ist so auf der Achse *P* aufgesetzt, daß die Stange *A* auf jeder Tageshalbstunde in die punktierte Lage gerät und hierdurch die Feder *F* und Hebel *H* in eine schräge Stellung bringt, so daß der Nocken *Q* beim Herabfallen den Hebel *H* nicht berühren kann.

Beim Herabfallen der Stange S_1 am Ende jeder Stunde ist der Hebel *H* in der horizontalen Lage und die Stichvorrichtung wird dann wie vorerwähnt betätigt.

Die Tagesuhr hat eine maximale Gangdauer von 36 Stunden. Sie muß daher vom Lokomotivführer alle Tage frisch aufgezogen werden. Dazu dient der Schlüssel, welcher rechts oberhalb des Zifferblattes aus dem Apparat hervorsteht. Zum Richten der Uhr wird derselbe Schlüssel gebraucht, nur muß er vor dem Drehen etwas herausgezogen werden. Mit dem Richten der Uhr werden die beiden Zeitregistrierungsstifte entsprechend verstellt. Das Richten der Uhr kann vor- oder rückwärts beliebig vorgenommen werden, ohne daß sie Schaden erleidet.

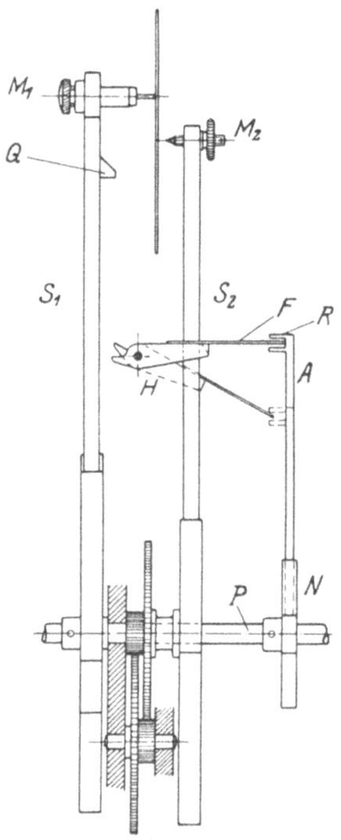

Abb. 233. Meßorgan des Geschwindigkeitsmessers, System Teloc. (Hasler A. G., Bern.)

Zu 3: Der Kilometerzähler, ein Rollenzähler nach bekannter Art, ist mit der Antriebswelle des Apparates verbunden und mißt fortlaufend die abgefahrene Weglänge. Er gibt jederzeit Aufschluß, wieviele Kilometer die Lokomotive abgefahren hat, Vor- und Rückwärtsfahrten zusammen. Die drei Ziffern rechts des roten Striches dienen als Tageszähler und können mittels des Knopfes rechts außen am Gehäuse zu jeder Zeit auf Null gestellt werden.

Zu 4: Die Druck- oder Vakuumregistrierung wird allenfalls durch ein Membranmanometer mit dem nötigen Übertragungsgestänge besorgt.

Der Apparat wird mit Vorteil in nächster Nähe des Führers untergebracht, ohne daß dadurch das Gesichtsfeld auf den Bahnkörper geschmälert wird. In den meisten Fällen entscheidet die Bauart der Maschine, die Größe des verfügbaren Platzes und die Anbringungsart der Übertragung von einem Triebrad der Lokomotive zur Apparatenwelle über die Unterbringung des Apparates.

Die Teloc-Apparate für die verschiedenen Fahrgeschwindigkeiten unterscheiden sich nur durch verschiedene Einteilungen der Gradbogen und entsprechende Änderung des Übersetzungsverhältnisses des Kilometerzählwerkes und Papiervorschubes im Innern des Apparates. Apparate mit gleicher Gradbogeneinteilung können jederzeit unter sich gewechselt werden, ohne irgendwelche Änderung. Die Tourenzahl der Antriebswelle ist bei allen Apparaten dieselbe, nämlich 75 Touren pro Minute bei der höchsten Kilometerzahl der Gradbogeneinteilung; die Hebung des Geschwindigkeitsschreibstiftes bei dieser Tourenzahl ist 40 mm = der Höhe des Geschwindigkeitsdiagrammes. Die Verschiedenheit des Durchmessers der Triebräder der Lokomotiven und die große Verschiedenheit in den Gradbogeneinteilungen bzw. Zuggeschwindigkeiten, wird ausgeglichen durch die Drehgeschwindigkeitsänderung der Übertragungswelle mit Hilfe einer in die Übertragung eingeschalteten Zahnräderübersetzung. Die Fahrrichtung der Maschine, vor- oder rückwärts, betätigt den Apparat in genau gleicher Weise, dank der im Apparat selbst eingebauten Gleichrichter-Vorrichtung.

Um das Zahnradübersetzungsverhältnis dieser Winkelräder im Antriebskasten bestimmen zu können, sind zwei Angaben erforderlich:

1. der mittlere Durchmesser der Triebräder der Lokomotive;
2. die zu messende Höchstgeschwindigkeit der Lokomotive oder die Höchstangabe der Gradbogeneinteilung.

Ferner muß die maximale Fahrgeschwindigkeit der Lokomotive bekannt sein, welche vom Führer nicht überschritten werden darf. Die Gradbogeneinteilung wird etwa 10% höher angesetzt, damit das Überschreiten der vorgeschriebenen Maximalfahrgeschwindigkeit vom Apparat registriert werden kann. Der Gradbogeneinteilung entsprechend muß die Papierdiagrammeinteilung für die Geschwindigkeitsregistrierung ausgeführt werden, d. h. für jede Apparatenreihe mit gleicher Gradbogeneinteilung ist eine entsprechende Diagrammpapiereinteilung notwendig.

So vorteilhaft es wäre, die Gradbogeneinteilung möglichst jeder der vorgeschriebenen Fahrgeschwindigkeiten der Maschine anzupassen, um ein die ganze Breite des Streifens ausnutzendes, möglichst deutliches Geschwindigkeitsdiagramm zu erhalten, ist es doch empfehlenswert, in dieser Beziehung nicht zu weit zu gehen, damit nicht zu viel Sorten von Diagrammrollen auf Lager gehalten werden müssen. Deshalb werden in der Regel Abstufungen von 10 bis 10 km gewählt, nämlich 20, 30, 40, 50 bis 100, sowie 125 und 150 km. Der Papiervorschub wird dann für Apparate mit maximalen Fahrgeschwindigkeiten von 20 bis 50 km mit 10 mm und für solche über 50 km mit 5 mm ausgeführt.

Das Zahnradübersetzungsverhältnis im Antriebskasten bestimmt sich nach der gekürzten Formel:

$$i = 14{,}137\,\frac{D_t}{V_{\max}}\,, \qquad (206)$$

wobei D_t = der mittlere Triebraddurchmesser in m und $V_{\max}$ = die höchste Kilometerzahl der Gradbogeneinteilung des Apparates bedeuten.

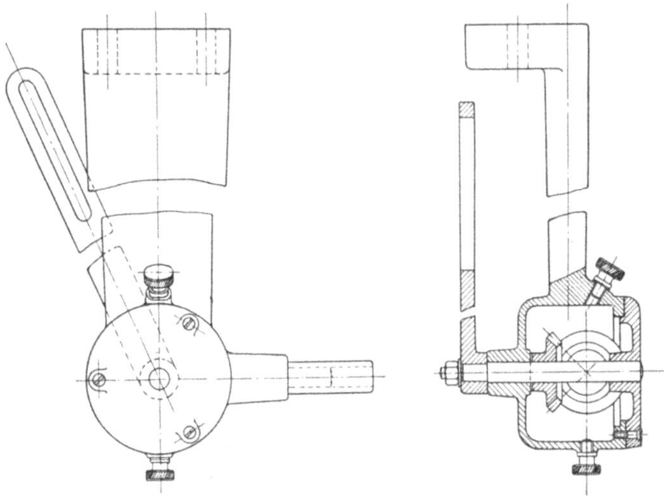

Abb. 234. Übersetzungskasten zum Antrieb eines Geschwindigkeitsmessers. (Hasler A. G., Bern,)

Wenn nun Z_1 die Zähnezahl des kleinen und Z_2 des großen Zahnrades des Antriebs- oder Übersetzungskastens bedeuten, so wird die Zähnezahl des kleineren Rades oder Kölbchens (Z_1) mit 12 bis 18 Zähnen angenommen, nach Formel

$$Z_2 = \frac{Z_1}{i}\,, \qquad (207)$$

die Zähnezahl des größeren Rades bestimmt, das wegen der Abmessungen der Antriebskasten nicht über 72 Zähne im Maximum erhalten darf.

Die Art der Übertragung der Drehbewegung vom Triebrad oder den Triebstangen zum Übersetzungskasten erfolgt je nach den örtlichen Verhältnissen durch eine Schleppkurbel und Kombination von Mitnehmern. Auch die Form des Übersetzungskastens ist oft von Lokomotive zu Lokomotive verschieden. Abb. 234 zeigt eine von der Firma Hasler bei ihren Teloc-Apparaten häufig verwendete Form von Übersetzungskästen.

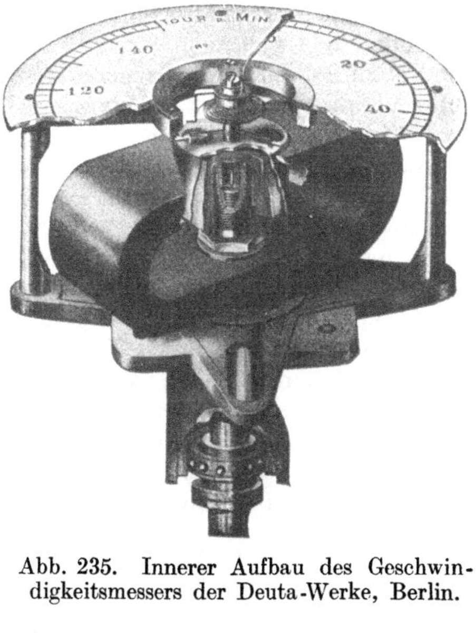

Abb. 235. Innerer Aufbau des Geschwindigkeitsmessers der Deuta-Werke, Berlin.

Der Geschwindigkeitsmesser der Deuta-Werke[1]) (Einheits-Geschwindigkeitsmesser der D. R. G.) ist ein Wirbelstrominstrument. Die magnet-elektrische Wirkungsweise ist ähnlich wie bei den Drehspuleninstrumenten. Abb. 235 zeigt den inneren Aufbau. Ein kräftiger Dauermagnet in C-Form ist auf einer in Präzisions-Kugellagern laufenden Welle befestigt, zusammen mit einem den magnetischen Rückschluß bildenden walzenförmigen Weicheisenkörper; zwischen diesem und den entsprechend ausgebildeten Magnetpolen bleibt ein schmaler ringförmiger Luftspalt frei, der von magnetischen Kraftlinien durchsetzt wird. Eine ganz leichte Aluminiumtrommel ist mittels polierter Stahlzapfen in Saphirsteinen so gelagert, daß ihre Mantelfläche frei in den Luftspalt ragt. Die Achse der Trommel ist mit den inneren Enden zweier Spiralfedern verbunden, deren Gänge zueinander gegenläufig sind, und deren äußere Enden von einem Träger festgehalten werden. Auf dieser Achse sitzen ferner ein Balanzierkreuz und der Zeiger, der mit einem Ausschlag von ungefähr 320° über der Zifferblatteilung spielt. Wird

[1]) D. R. P. 172657, 182586.

der Magnet nur ein wenig gedreht, so bewegt sich der Zeiger sofort aus seiner Ruhelage und folgt genau der jenem erteilten Umlaufgeschwindigkeit. Bei Drehung des Magneten schneiden die Kraftlinien im Luftspalt die Mantelfläche der Aluminiumtrommel, erzeugen darin Wirbelströme und üben so, durch deren magnetische Rückwirkung, eine Drehkraft auf die Trommel aus, der sie nachgibt, bis diese Drehkraft der in den Spiralfedern hervorgerufenen das Gleichgewicht hält. Die Drehkraft bzw. der Ausschlagwinkel des Zeigers ist genau verhältnisgleich zur Stärke der Wirbelströme, somit zur Drehzahl des Magneten und damit zur Geschwindigkeit der Lokomotive; daraus ergibt sich, daß die Teilung von *O* an bis zum höchsten Meßwert genau proportional ist, d. h. daß die Teilstriche überall gleich weit voneinander entfernt sind, wie bei einer Uhr. Dies bedeutet, daß das Zifferblatt gut übersichtlich und auch aus größerer Entfernung genau und bequem ablesbar ist. Aus dem dargelegten Wirkungszusammenhang erklärt es sich, daß bei der fast verschwindenden Massenträgheit der Aluminiumtrommel und ihrer praktisch reibungslosen Lagerung der Zeiger auf jede geringste Geschwindigkeitsänderung unverzüglich anspricht; er folgt in stetiger Bewegung, welche Lage das Instrument auch hat, genau und augenblicklich jeder Beschleunigung und Verzögerung. Das leichte Gewicht der Anzeigetrommel und das Fehlen jeder mechanischen Verbindung zwischen ihr und dem angetriebenen Teil lassen überdies als Folge von Erschütterungen und Stößen, wie sie bei Lokomotiven unvermeidlich sind, nur geringfügige Massenträgheitskräfte auftreten, die sicher von der Saphirsteinlagerung aufgenommen werden, ohne daß die Anzeigegenauigkeit im mindesten beeinträchtigt würde. Der Dauermagnet ist so gestaltet, daß die Streuung gering ist, d. h. bei verhältnismäßig großer Länge des Magnetstahles ist der Luftweg nur ganz kurz. Dieser Umstand in Verbindung mit einer sachgemäßen Vorbehandlung gewährleistet eine gleichbleibende Magnetstärke und macht auch etwa vorhandene äußere magnetische Störungsfelder unwirksam. Gegen solche ist überdies das Meßwerk auch durch das Eisengehäuse abgeschirmt.

Die Anzeigegenauigkeit des Geschwindigkeitsmessers ist aber auch von Temperaturschwankungen völlig unabhängig, dank einer Wärmeausgleichsvorrichtung, die sich durch besondere Einfachheit auszeichnet[1]). Die elektrische Leitfähigkeit des Aluminiums der Anzeigetrommel ändert sich nämlich mit der Temperatur und bei einem Unterschied von 10 °C würde ohne Wärmeausgleich die Abweichung in der Anzeige etwa 4% betragen. Zur Beseitigung dieses beträchtlichen Fehlers sind die Pole des Dauermagneten durch Nebenschlüsse überbrückt in Form von kleinen Streifen aus einer Legierung, deren Leitfähigkeit für magnetische Kraftlinien mit steigender Temperatur ab-, mit fallender zunimmt. Das gesamte gleichbleibende Feld des Magneten teilt sich somit in zwei Kraftlinienflüsse; der eine nimmt seinen Weg unmittelbar von Pol zu Pol durch die Nebenschlüsse hindurch, der andere durchsetzt die Aluminiumtrommel unter Vermittlung des konzentrischen Weicheisenkörpers (Rückschluß). Dieses wirksame Feld wird stärker bei wachsender Temperatur, weil hierbei das bezüglich der Aluminiumtrommel unwirksame Feld zwischen den Polen infolge des geringer gewordenen magnetischen Leitvermögens der Nebenschlüsse geschwächt wird. Was hier an Kraftlinien weniger übergeht, kommt jenem wirksamen Feld zugute. Durch richtige Abstimmung der Nebenschlußquerschnitte wird erreicht, daß die Abnahme der elektrischen Leitfähigkeit des Aluminiums sich gerade ausgleicht durch die Zunahme der wirksamen magnetischen Kraftlinien. Die umgekehrte Überlegung gilt für fallende Temperatur. Bemerkenswert ist, daß bei einem derartigen Temperaturausgleich keine zueinander beweglichen Teile verwendet sind. Dieser Umstand und der weitere, daß überhaupt nur ein einziger Teil, nämlich der Dauermagnet, umläuft, gewährleisten die hohe Betriebssicherheit des Instrumentes.

Für den Deuta-Geschwindigkeitsmesser werden vornehmlich zwei Antriebsarten verwendet; die eine durch Gliederwelle mit Drahtwelle, die zweite durch Gliederwelle, die an den sogenannten freischwebenden Räderkasten angeschlossen wird.

I. Antrieb durch Gliederwelle mit Drahtwelle.

Eine leichte Drahtwelle wird bei einem Triebrad durch eine Gegenkurbel (Abb. 236) bei einem Laufrad durch einen Bügel so festgehalten, daß ihr unteres Ende genau die Fortsetzung der Achsmitte bildet, und zwar des Rades, das dem Führerhaus am nächsten liegt. In einem Viertelkreisbogen krümmt sich die Drahtwelle frei, d. h. ohne Lagerung, senkrecht nach oben und setzt sich in eine Gliederwelle fort, die ihrerseits in einem Stahlrohr gelagert und bis zum Geschwindigkeitsmesser geführt ist. Die Drahtwelle hat also die Aufgabe, als einfachster Ersatz für ein Kegelräderpaar die Drehbewegung der Radachse auf den Geschwindigkeitsmesser zu übertragen,

[1]) D. R. P. 241421.

gleichzeitig aber auch, was besonders wichtig ist, den Verschiebungen des federnden Oberbaues zum Radgestell in senkrechter und wagerechter Richtung nachzugeben. Diese äußerst einfache Antriebsart[1]) ist bei der D. R. G. Regelbauart.

II. Antrieb durch freischwebenden Räderkasten.

Der sog. freischwebende Räderkasten wird verwendet, wo die räumlichen Verhältnisse die Anbringung einer Drahtwelle nicht gestatten oder unzweckmäßig erscheinen lassen, und zwar:

Wenn die antreibende Radachse mehr als 2 m vom Führerhaus entfernt ist, so daß sich eine Länge der Gliederwelle von über 2,5 m ergibt.

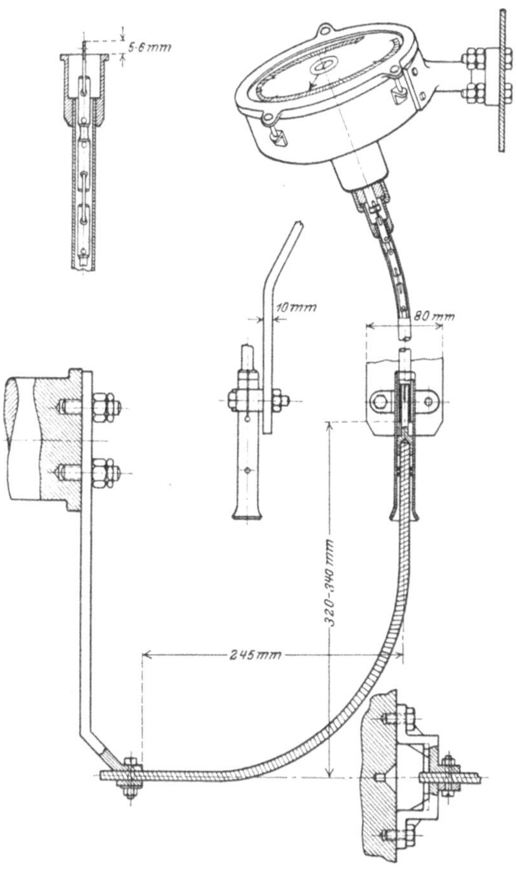

Abb. 236. Antrieb des Geschwindigkeitsmessers der Deuta-Werke durch Gliederwelle mit Drahtwelle.

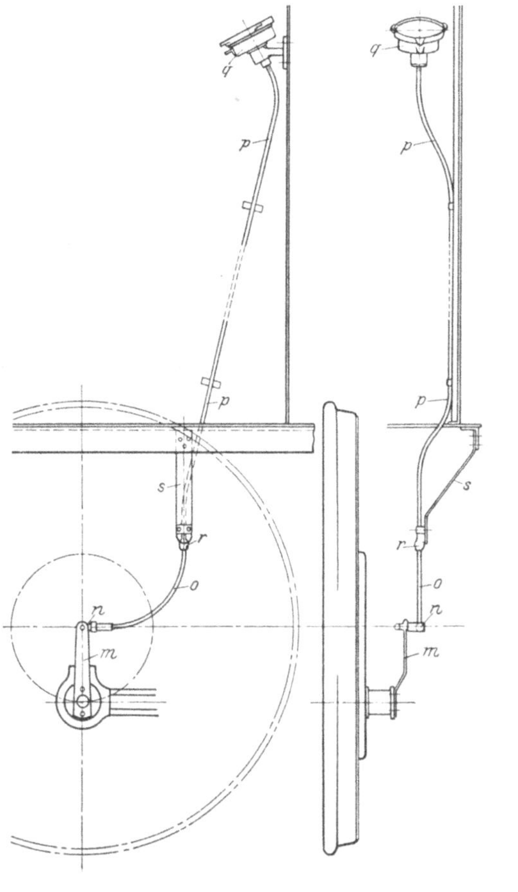

Abb. 237. Antrieb des Geschwindigkeitsmessers der Deuta-Werke durch freischwebenden Räderkasten.

Wenn das seitliche Spiel der antreibenden Radachse mehr als 30 mm nach jeder Seite beträgt.

Wenn bei Rädern von kleinem Durchmesser die Drahtwelle zu nahe dem Erdboden käme, so daß ihre Verletzung zu befürchten wäre.

Wenn die Drahtwelle aus dem Profil der Lokomotive heraustreten würde.

Auf dem Ausleger *m* eines Triebrades (siehe Abb. 237) oder auf einem Bügel an einer Laufradachse ist der freischwebende Räderkasten *n* mit seinem einerseits vorstehenden Wellenstumpf derart durch Schraubenanzug befestigt, daß er genau mit der Radachsmitte fluchtet. Staubdichte Kapselung und gute Ölung gewährleisten seine leichte Beweglichkeit. An den seitlichen Antriebszapfen ist eine den Geschwindigkeitsmesser antreibende Gliederwelle angeschlossen; diese wird vom Räderkasten ab in einem biegsamen Metallschlauch *o* gelagert, in ihrem übrigen Verlauf aber ist sie in einem starren Schutzrohr *p* bis zum Geschwindigkeitsmesser *q* geführt. Hat die antreibende Radachse kein oder nur wenig seitliches Spiel, bis 30 mm, so erhält der Metallschlauch *o* eine Länge von 650 mm; beträgt das seitliche Spiel mehr als 30 mm, so ist

[1]) D. R. P. 286174 (G. Rensch).

der Metallschlauch $o = 750$ mm lang. Den Verschiebungen des Lokomotivoberteils zur Radachse gibt der geschmeidige Metallschlauch nach, ohne die Drehbewegung der antreibenden Gliederwelle irgendwie schädlich zu beeinflussen.

Dieser freischwebende Räderkasten, dessen starre Welle mit der umlaufenden Radachse durch den Ausleger in festem Zusammenhang steht, unterscheidet sich in seiner Art vorteilhaft von ähnlichen Antriebsvorrichtungen, bei denen das Rädervorgelege fest mit dem Oberteil verbunden ist. Hierbei werden erfahrungsgemäß infolge der erwähnten Verschiebungen, auch wenn das die Drehbewegung vermittelnde Zwischenglied nachgiebig oder gelenkig ist, sehr heftige Zerrungen und Stöße auf die Vorlegewelle ausgeübt, wodurch bald deren Lagerung beschädigt, der Rädereingriff beeinträchtigt und das Versagen des ganzen Antriebes herbeigeführt wird.

VIII. Lokomotivkasten.

Der eigentliche Lokomotivkasten baut sich bei einteiligen Fahrzeugen auf den Lokomotivrahmen, bei Drehgestellokomotiven auf die Lokomotivbrücke auf und besteht aus dem Kastengerippe aus Winkeleisenspanten, der Verkleidung und dem Lokomotivdache. Die Verkleidung

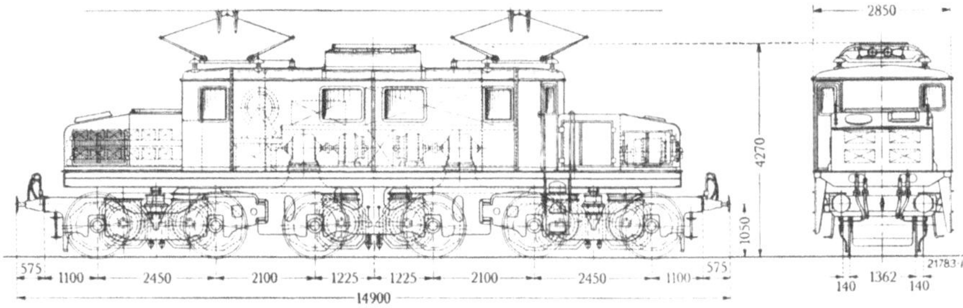

Abb. 238. Lokomotive mit einteiligem Kasten und flachen Vorbauten.
(B_0—B_0—B_0-Lokomotive, Gruppe E 625, der FF. SS.)

besteht überwiegend aus Eisenblech von 3 bis 5 mm Stärke. Bei den Schwedischen Staatsbahnen haben auch eine größere Zahl von Lokomotiven Kästen mit Holzverkleidung. Den Abschluß des Kastens nach oben bildet das geeignet unterteilte Lokomotivdach aus Eisenblech.

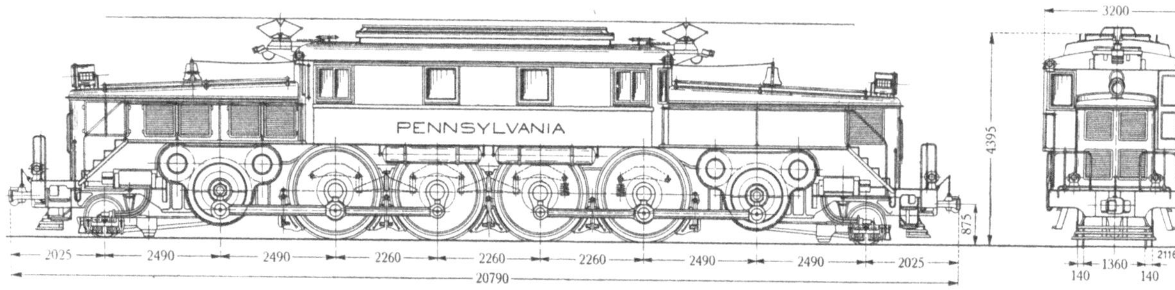

Abb. 239. Lokomotive mit einteiligem Kasten und flachen Vorbauten.
(1 B—B 1-Lokomotive, Reihe 3928 und 7801 der Pennsylvania Rd.)

Der Kasten selbst besteht wieder aus dem Maschinenraum und den Führerständen.

Bei Lokomotiven mit einteiligem Kasten bildet dieser mit den beidseitig angeordneten Führerständen ein Ganzes. Letztere sind durch Zwischenwände vom eigentlichen Maschinenraum getrennt, der zumeist die ganze elektrische Ausrüstung enthält. Gelegentlich werden noch kurze den Führerständen vorgelagerte durch Blechhauben abgedeckte Vorbauten vorgesehen zur Aufnahme der Kompressoren, Umformergruppen und dgl. (siehe S. 440, Abb. 432 und Taf. XVI). Seltener ist der Kasten bei einteiligen Lokomotiven entsprechend der sogenannten Bügeleisenform mit entsprechend verlängerten Vorbauten ausgebildet, in denen dann umfangreichere Ausrüstungsteile der elektrischen Ausrüstung untergebracht werden[1]) wie beispielsweise bei den Lokomotiven nach Abb. 238 und Abb. 239.

[1]) $2C_02$-Lokomotive der North Eastern Bahn (R. E. E. 1922, S. 258; E. u. M. 1922, S. 567); 1B—B1-Lokomotive (Reihe 3928) der Pennsylvania Bahn (E. R. J. 1924, I, S. 133); C_0—C_0-Lokomotiven (Reihe 6001) der Spanischen Nordbahn; B_0—B_0—B_0-Lokomotiven (Gruppe E 625 und E 626) der FF. SS.

Für die Anordnung der Fenster im Maschinenraum und der Türen zu den Führerständen ist die Disposition der Motoren und Apparate und damit indirekt auch die Antriebsart bestimmend. Bei halbhoch im Rahmen gelagerten Motoren sucht man zumeist die ganze elektrische Ausrüstung so unterzubringen, daß der Lokomotivkasten durch zwei Seitengänge begehbar bleibt. In diesem Falle führen fast immer je zwei Türen nach den Führerständen und die Anordnung von Fenstern wird an beiden Lokomotivseiten möglich.

Bei Schmalspurfahrzeugen muß man sich aus Platzrücksichten in der Regel mit einem Seitengang begnügen (Abb. 240) und ordnet demgemäß auf der gegenüberliegenden nun fensterlos ausgeführten Fahrzeugseite nahezu die ganze Apparatur an[1]). Dieselbe Disposition wird zum Zweck des Gewichtsausgleiches bei normalspurigen Fahrzeugen mit halbhoch gelagerten Motoren und einseitigem Einzelachsantrieb nötig[2]). Bei Lokomotiven mit Achsmotoren in Tramaufhängung steht der ganze Lokomotivkasten zur Unterbringung der Apparatur zur Verfügung. Handelt es sich dabei um Gleichstromlokomotiven, so hat man in der Regel der Ausführung mit einem zentralen Mittelgang und beidseitig angeordneten Apparaten den Vorzug gegeben[3]).

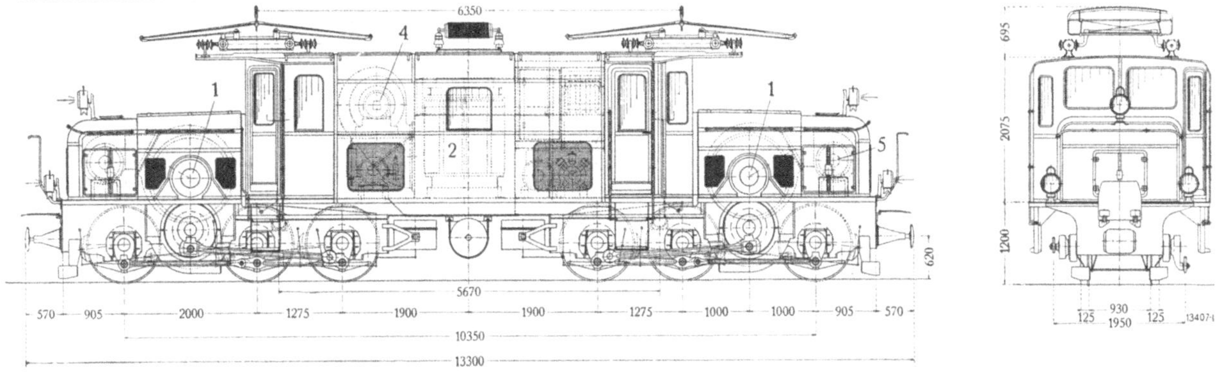

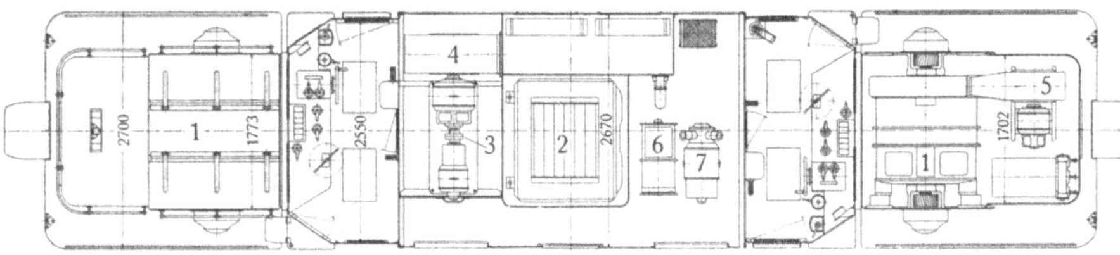

Abb. 240. Drehgestelllokomotive mit zentralem, einseitig begehbarem Kasten. (C—C-Lokomotive Reihe 401 der Rh. B.)

Bei Einphasenlokomotiven, bei denen ja auch noch der Transformator unterzubringen ist, behält man jedoch, wenn irgendmöglich, die Ausführung mit zwei Seitengängen bei.

Gelegentlich hat man Lokomotiven mit einteiligem Kasten mit nur einem Führerstand an dem der Fahrtrichtung abgekehrten Fahrzeugende ausgeführt[4]), eine Bauart, der kaum ein besonderer Vorteil zukommt. Denn die Ersparnis der Ausrüstung eines Führerstandes fällt kaum ins Gewicht. Dagegen aber ist der Ausblick auf die Strecke mindestens gleich schlecht wie bei einer Dampflokomotive und die Apparate sind zum großen Teil nur von außen durch geeignete Türen und Klappen zugänglich, was im Winter oder sonst bei schlechtem Wetter sich recht unangenehm auswirken kann.

Für die einteiligen Kästen, die sich auf die Brücke der Drehgestellfahrzeuge aufbauen, gilt das oben Gesagte.

Lokomotiven mit mehrteiligem Kasten sind immer Drehgestellfahrzeuge, zumeist mit einem zentralen Mittelteil, den die beiden vorn und hinten anschließenden Drehgestelle gewissermaßen untergreifen und mit ihren Drehzapfen stützen (Abb. 240)[5]). Enthalten die Drehgestelle auch die Führerstände, dann erscheint der Kasten der einteiligen Bauart hier in drei mehr oder weniger gleich lange Teile unterteilt (Abb. 241), die durch Faltenbalg miteinander verbunden

1) Z. B. C—C-Lokomotive (Reihe 401) der Rh. B. (BBC-Mitt. 1922, S. 106).

2) $2D_01$-Lokomotive (Reihe 10901) der S. B. B. (siehe S. 439 und Taf. XVI).

3) B_0—B_0-Lokomotive (Reihe E 101) der P. O.-Bahn (siehe S. 412 sowie Abb. 409 und Taf. I).

4) 1C1-Lokomotive (Reihe 1029 und 1029.500) der Ö. B. B. (E. u. M. 1924, S. 541); E-Lokomotive Gruppe E 552 (siehe Abb. 442 und Taf. XIX) und 1 C1-Lokomotive Gruppe E 333 der FF. SS; E Versuchslokomotive der Ungar. Staatsbahnen (E. u. M. 1925, S. 114).

5) Die Ausführung mit zwei bis drei kurzgekuppelten Einheiten (B + B + B-Lokomotive Reihe E 9138 der D. R. G. siehe E. K. B. 1919, S. 153) ist als Ausnahme anzusehen.

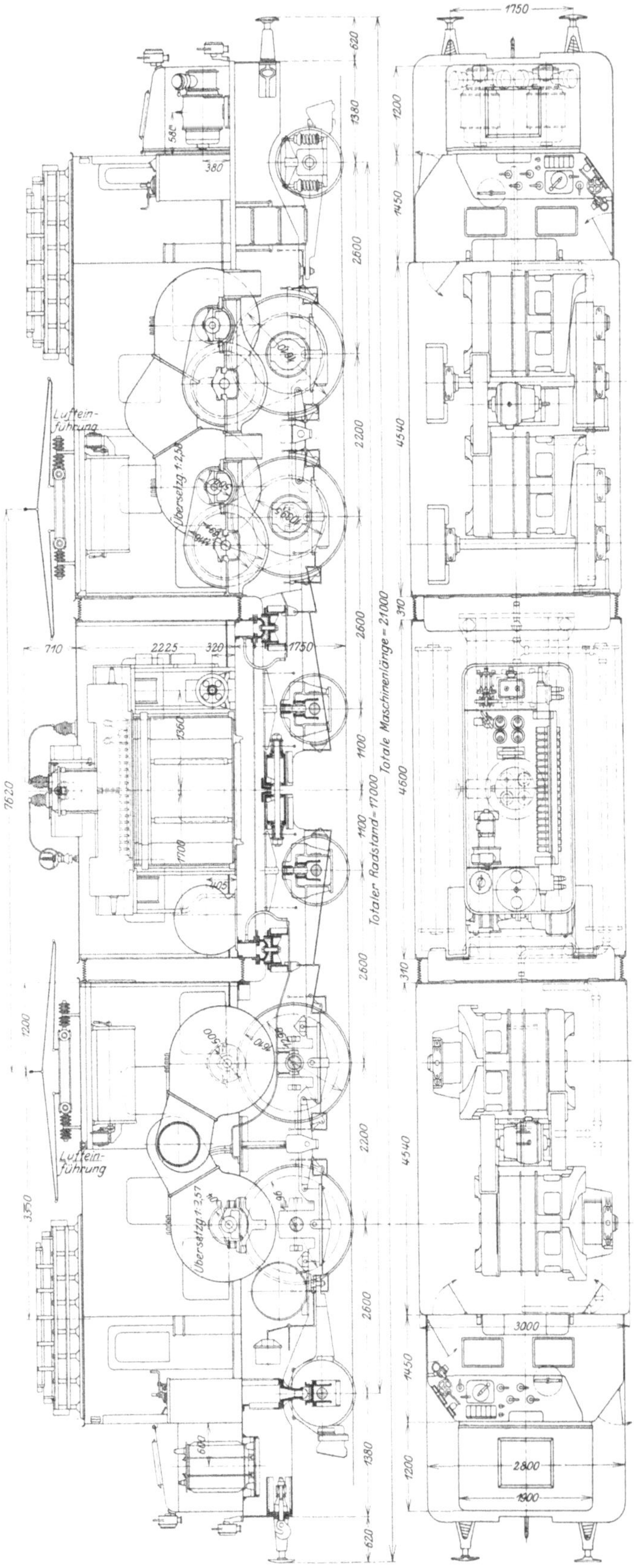

Abb. 241. Drehgestellokomotive mit mehrteiligem Kasten (Führerstände in den Drehgestellen). ($1 B_0 1$—$1 B_0 1$-Lokomotive Nr. 11000 der S. B. B.)

sind[1]). Vorteilhafter scheint die Bauart, bei der der Mittelteil die Führerstände enthält. Die Kasten der Drehgestelle, die dann zumeist die Motoren überdecken, sinken dann, um dem Führer den Ausblick freizugeben, wieder zu mehr oder weniger niedrigen aber entsprechend langen Vorbauten zusammen, die nur mit Jalousien versehen sind, deren Öffnungsquerschnitt vom Führerstand willkürlich verstellt werden kann (Abb. 240 und Taf. XII). Man begegnet also auch hier wieder, und zwar ungleich häufiger[2]) der Bügeleisenform, jedoch in dreiteiliger Bauart, d. h. die Hauben der Vorbauten stoßen nur mit einigem Spiel an den Mittelteil an, ohne mit diesem verbunden zu sein. Die Faltenbälge der vorerwähnten Bauart kommen hier in Fortfall, da die Drehgestelle von den Führerständen aus nur durch offene seitliche Laufstege begangen werden, dagegen sind flexible Kabelverbindungen zwischen Mittelteil und Drehgestellen hier wie dort unvermeidlich.

Die Aufgänge zu den Lokomotiven in Form von Leitern mit wenigen Stufen werden beidseitig angeordnet und führen entweder unmittelbar zu den Führerständen, die entsprechende Türen erhalten, oder bei einteiligen oder mehrteiligen Lokomotiven mit langen Vorbauten zunächst nach deren Laufstegen.

[1]) Z. B. $1B_01$—$1B_01$-Lokomotive Nr. 11000 der S. B. B. (ETZ 1922, S. 144, Abb. 55) oder C—C-Lokomotive Reihe E 9101 der D. R. G. (Electro-Journ. 1924, S. 258 und El. Bahnen 1925, S. 311).

[2]) Z. B. 1C—C1-Lokomotive Reihe 14251 (Schweiz. Bauz. 1920, I, S. 229; E. u. M. 1920, S. 373) und Reihe 14301 (siehe S. 433 sowie Abb. 425 und Taf. XII) der S. B. B.; C—C-Lokomotive Reihe 15301 der S. B. B. (BBC-Mitt. 1927, S. 78) und Reihe 401 der Rh. B. (BBC-Mitt. 1922, S. 106); 1C—C1-Lokomotive (Reihe 1100 und 1100.100) der Ö. B. B. (E. u. M. 1923, S. 361).

Die Blechauskleidung des Lokomotivkastens erhält einen Lackanstrich, dessen Farbe von Verwaltung zu Verwaltung verschieden ist. Die Schweizerischen Bundesbahnen verwenden beispielsweise einen tabakbraunen Anstrich, die Österreichischen Bundesbahnen einen dunkelgrünen, die Reichsbahngesellschaft in Zukunft einen grauen, während die Italienischen Staatsbahnen ihre Lokomotiven schwarz streichen. Da kaum Gründe größerer Zweckmäßigkeit zugunsten einer bestimmten Farbe angegeben werden können, ist hier dem persönlichen Geschmack ein weiter Spielraum gelassen.

IX. Achsdruckberechnung.

Ist eine Lokomotive fertig entworfen und sind die Gewichte der Einzelteile der elektrischen und mechanischen Ausrüstung rechnerisch, erfahrungsgemäß oder schätzungsweise ermittelt, dann liegt die Aufgabe vor, die auftretenden Achsdrücke zu berechnen oder besser durch Rechnung festzustellen, ob die beim Entwurf angenommenen oder angestrebten Achsdrücke verwirklicht werden können. Die dabei angewendete Berechnungsmethode sei allgemein kurz angedeutet und an einem Beispiel erläutert.

Zunächst wird eine beliebige Momentenlinie gewählt, auf welche sämtliche nachstehend aufzustellenden Momente bezogen werden. Diese Linie wird entweder in die durch die Fläche eines Pufferpaares oder die Abschlußfläche eines Stoßbalkens gebildete Ebene verlegt.

Hieraus wird das vom Dienstgewicht der Lokomotive erzeugte Gesamtmoment M ermittelt, wobei

$$M = \sum G l = G_1 l_1 + G_2 l_2 + G_3 l_3 + \cdots + G_n l_n, \qquad (208)$$

wobei $G_1 G_2 \ldots . G_n$ die angestrebten Achsdrücke der einzelnen Achsen, $l_1 l_2 \ldots . l_n$ ihre Abstände von der gewählten Momentenlinie sind.

Man stellt nun die Gewichte der ungefederten und der gefederten Teile der Lokomotive und ihre Schwerpunktsabstände von der gewählten Momentenlinie zusammen, ermittelt die einzelnen Momente und bildet das Summenmoment. Ist letzteres gleich dem oben nach Gl. (208) ermittelten Moment, dann werden die angenommenen Achsdrücke verwirklicht. Um die Erfüllung der Gleichheit zwischen dem aus den angenommenen Achsdrücken nach Gl. (208) ermittelten Gesamtmoment und der Summe der aus den Einzelgewichten und deren Schwerpunktsabständen, über die durch den Entwurf bereits verfügt wurde, berechneten Einzelmomenten zu prüfen, empfiehlt es sich u. U., einen der Schwerpunktsabstände beispielsweise den des Transformators bei Einphasenlokomotiven, als Unbekannte einzuführen und alsdann zu untersuchen, wieweit sich der rechnerisch gefundene Wert desselben mit dem konstruktiv bereits angenommenen Werte deckt. Es handelt sich also um eine Überprüfungsrechnung gemachter Annahmen, die, wie das folgende Beispiel zeigt, ebensogut auch in der umgekehrten als in der angegebenen Reihenfolge durchgeführt werden kann.

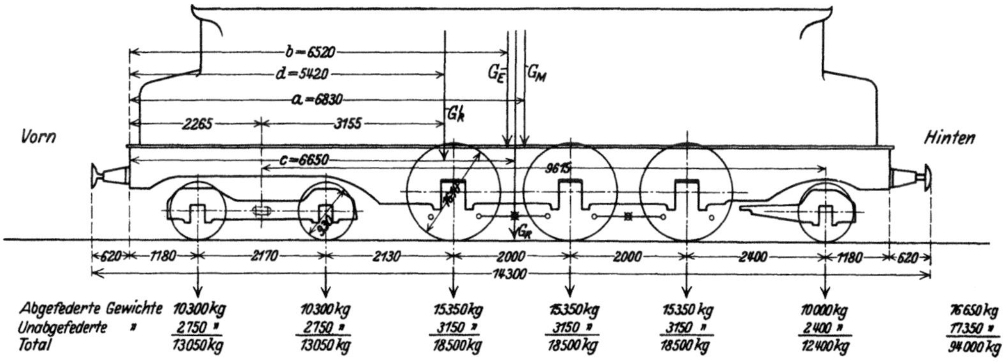

Abb. 242. Achsdruckberechnung, durchgeführt an der $2\,C_0\,1$-Lokomotive (Reihe 10601) der S. B. B.

Beispiel: Es seien die Achsdrücke der $2C_0 1$-Lokomotive aus der Reihe 10601 der S. B. B. zu berechnen bzw. die beim Projektentwurf gemachten Annahmen[1]) auf ihre Richtigkeit zu prüfen. Die Durchrechnung des Entwurfes ergab ein Gesamtgewicht G_t von 94000 kg, von dem 17350 kg unabgefedert, 76650 kg gefedert sind. An letzterem hat der Wagenteil mit $G_M = 34650$ kg, die elektrische Ausrüstung mit $G_E = 42000$ kg Teil. Die Angriffsrichtungen von G_M und G_E wurden ebenso wie jene des gesamten abgefederten Gewichtes G_R

[1]) Die Abmessungen des Projektentwurfes stimmen mit den endgültigen Abmessungen nicht ganz überein.

aus der Schwerpunktslage der einzelnen Teile mit Hilfe von Seilpolygonen ermittelt. Die bezüglichen Abstände a, b, c von der angenommenen Momentenlinie ergeben sich aus der Projektzeichnung Abb. 242 zu 6830, 6520 und 6650 mm. Es ist also

$$\begin{aligned} a \cdot G_M &= 6{,}83 \cdot 34650 = 236650 \text{ kgm} \\ b \cdot G_E &= 6{,}52 \cdot 42000 = 273815 \text{ ,,} \\ \hline c \cdot G_R &= 6{,}65 \cdot 76650 = 510465 \text{ kgm} \end{aligned}$$

Das je Triebachse entfallende abgefederte Gewicht zu 15350 kg angenommen, ergibt mit den aus Abb. 242 zu entnehmenden Abmessungen folgende Momente:

$$\begin{aligned} 15350 \cdot 5{,}48 &= 84500 \text{ kgm} \\ 15350 \cdot 7{,}48 &= 115000 \text{ ,,} \\ 15350 \cdot 9{,}48 &= 145500 \text{ ,,} \\ \hline & 345000 \text{ kgm} \end{aligned}$$

so daß von dem auf den Laufachsen noch lastenden Anteil des abgefederten Gewichtes

$$G'_R = 76650 \text{ kg} - 3 \cdot 15350 \text{ kg} = 30600 \text{ kg}$$

in Bezug auf die gewählte Momentenlinie ein Moment ausgeübt wird von

$$510465 \text{ kgm} - 345000 \text{ kgm} = 165465 \text{ kgm}.$$

Den auf die Laufachsen entfallenden Anteil des abgefederten Gewichtes kann man sich in einem Abstand

$$d = \frac{165465 \text{ kgm}}{30600 \text{ kg}} = 5{,}42 \text{ m}$$

von der Momentenlinie angreifend denken. Von G'_R entfällt als Anteil auf die Bisselachse

$$\frac{30600 \cdot 3155}{9615} = 10000 \text{ kg}$$

und auf das zweiachsige Drehgestell mithin 30600 kg — 10000 kg = 20600 kg insgesamt oder 10300 kg je Achse. Mit den durch die Konstruktion ziemlich eindeutig festliegenden Anteilen des unabgefederten Gewichtes werden nunmehr die den einzelnen Achsen entsprechenden Achsdrücke festgelegt (Abb. 242).

Dritter Abschnitt.

Die elektrische Ausrüstung.

Erster Teil.

Gleichstromlokomotiven.

Einleitung.

1. Historische Übersicht.

Den ersten Projekten aus der zweiten Hälfte der neunziger Jahre zur Elektrifizierung der Vollbahnen lag das Gleichstromsystem zugrunde, wobei als Fahrzeuge Lokomotiven mit Motoren in Tramaufhängung ins Auge gefaßt wurden, die sich bei den Tramwagen der ersten elektrischen Straßenbahnen bereits erfolgreich bewährt hatten. Die praktische Verwirklichung dieser Projekte, an die mehr oder weniger ernstlich gedacht wurde, stieß aber vor allem auf technische Schwierigkeiten. Die Motoren ließen in ihrer damaligen Bauart ohne Wendepole eine Leistungssteigerung über etwa 40 PS Stundenleistung kaum zu, so daß eine Lokomotive von nur einigermaßen ausreichender Leistung mit einer auch für die heutigen Begriffe viel zu großen Zahl von Motoren hätte ausgerüstet werden müssen. Dazu kam die noch größere Schwierigkeit der Stromzuführung. Da eine Erhöhung der Motorspannung über 550 bis 600 Volt sowohl bei den stromerzeugenden Generatoren wie bei den Fahrzeugmotoren wieder wegen des Fehlens der Wendepole noch nicht möglich war, wären Stromstärken von einer Größe in Frage gekommen, deren Beherrschung auf der Lokomotive durch geeignete Schaltapparate vorerst unmöglich schien. Außerdem konnte an eine Zufuhr der Energie mittels Oberleitung und Abnahme durch den Rollen- oder Bügelstromabnehmer nicht mehr gedacht werden. Schon damals entstanden daher die ersten Entwürfe einer isoliert verlegten Stromführungsschiene („dritte Schiene") und der dazu passenden Stromabnehmer. Bei dieser Sachlage war also die Frage des Baus leistungsfähiger Gleichstromlokomotiven einzig eine Frage der Erhöhung der Gleichspannung, d. h. der Möglichkeit, höhere Gleichspannungen erzeugen und motorisch und apparatetechnisch verarbeiten zu können. Die Entwicklung der Gleichstromlokomotive vollzog sich daher ganz kongruent mit der Entwicklung und der schrittweisen Lösung dieser beiden Probleme des Elektromaschinen- und Apparatebaues. Solange die Höhe der verwendeten Fahrdrahtspannung auf 600 bis höchstens 750 Volt beschränkt blieb, solange kamen die Gleichstromlokomotiven in ihrer Entwicklung und Leistung im wesentlichen über Fahrzeuge für einen, wenn auch unter Umständen sehr dichten Vorortverkehr oder für vergleichsweise kurze Überlandstrecken nicht hinaus. Erst als durch die praktisch erreichte Beherrschung des Kommutationsproblems mit Hilfe der Wendepole zuerst die Leistungsfähigkeit der Motoren außerordentlich, dann aber auch die je Kollektor zu beherrschende Spannung schrittweise bis zu 2000 Volt (4000 Volt Fahrdrahtspannung) gesteigert wurde und man gleichzeitig im Apparatebau lange Abschaltlichtbögen in Luft sicher zu beherrschen gelernt hatte, entwickelte sich die Gleichstromlokomotive während weniger Jahre, und zwar etwa seit 1912 zur eigentlichen Vollbahnlokomotive, die heute in keiner Richtung den in der Entwicklung älteren Lokomotiven für ein- oder mehrphasigen Wechselstrom nachsteht. Nicht unwesentlich beeinflußt wurde diese Entwicklung wohl auch durch die Ausbildung des Quecksilberdampfgleichrichters für große Leistung und hohe Spannung, der in jenen Ländern das Gleichstromsystem für die Vollbahnelektrifizierung um so vorteilhafter erscheinen lassen mußte, wo diese von vornherein in die allgemeine Energieversorgung eingegliedert werden sollte.

Die ersten Gleichstrom-Vollbahnlokomotiven[1]) wurden in *Amerika* im Jahre 1895 von der Baltimore & Ohio Ry auf einer 6 km langen, den Patapsco River unterfahrenden Verbindungsstrecke in Baltimore in Betrieb gesetzt. Es handelte sich um drei vierachsige Fahrzeuge der G. E. Co., auf deren Achsen unmittelbar die Anker der Motoren saßen, eine Antriebsform[2]), die seitens der genannten Baufirma noch heute für Vollbahnlokomotiven für die geeignetste gehalten wird. Die Stromzuführung erfolgte durch dritte Schiene mit 650 Volt.

Mit der gleichen Art der Stromzuführung und etwa der gleichen Spannung wurde in der amerikanischen Union in den folgenden Jahren eine große Zahl von Bahnstrecken auf elektrischen Betrieb umgestellt. In der Hauptsache handelte es sich dabei um die Vorortstrecken der großen Städte, deren Verkehrsleistung eine Größe angenommen hatte, die nur durch den elektrischen Betrieb bewältigt werden konnte. Außerdem sprach auch die Beseitigung der Rauchplage an den großen Kopfbahnhöfen für die Elektrifizierung. Das letztere Moment trat besonders bei der New York Central & Hudson River Rd in Erscheinung, deren gesamte elektrifizierte Geleiselänge im Jahre 1920 bereits 430 km betrug. Gegenwärtig stehen bei dieser Bahn 73 elektrische Lokomotiven im Betrieb, und zwar $47 = 35 + 12$ (Reihe 1100 und 1135) mit der Achsfolge $2D_02$[3]) von 9500 kg Einstundenzugkraft bei 62 km/h und 104 bzw. 111 t Dienstgewicht und $26 = 10 + 16$ Drehgestelllokomotiven (Reihe 1147 und 1157) mit der Achsfolge $B_0{-}B_0+B_0{-}B_0$[4]) 7850 kg bzw. 9000 kg Zugkraft

[1]) Die erste elektrische Lokomotive überhaupt stammt von Siemens & Halske und diente zum Verkehr auf einer ca. 300 m langen Rundbahn auf der Berliner Gewerbeausstellung im Jahre 1879; sie ist heute im Deutschen Museum in München ausgestellt (siehe Siemens-Zeitschr. 1924, S. 374).

[2]) Siehe S. 77ff.

[3]) Z. f. E. 1905, S. 17ff. [4]) Gen. El. Rev. 1913, S. 323; E. K. B. 1913, S. 353.

bei 79 bzw. 81,5 km/h und 108 bzw. 120 t Dienstgewicht. Wie bei den Lokomotiven der Baltimore & Ohio Ry sitzen auch hier die Motoranker unmittelbar auf den Radachsen und der Lokomotivrahmen bildet als solcher den Träger der zweipoligen Magnetgestelle.

Im Jahre 1926 wurden 2 schwere Güterzuglokomotiven[1]) mit der Achsfolge B_0—B_0+B_0—B_0 (Reihe 1200) in Dienst gestellt, die einstündig eine Zugkraft von 27000 kg bei 33,5 kg/h entwickeln. Der Antrieb erfolgt durch 8 Achsmotoren in Tramaufhängung.

Außer diesen Lokomotiven wurden in Amerika wieder vorwiegend von der General Electric Co. im ersten Dezennium dieses Jahrhunderts eine Reihe von Vorort- und Überlandbahnen wieder mit 650 Volt und Stromzuführung durch dritte Schiene elektrifiziert, deren Lokomotiven mit Achsmotoren in Tramaufhängung[2]) ausgerüstet wurden, wobei diese Motorart, eine Schöpfung der amerikanischen Praxis aus den ersten neunziger Jahren, konstruktiv zu höchster Vollkommenheit entwickelt wurde. Hier sind zu nennen die 10 = 6 + 4 B_0—B_0 Lokomotiven (Reihe 7500 und 7506) der Michigan Central Bahn mit 91 t bzw. 110 t Dienstgewicht, 15900 kg bzw. 15500 kg Zugkraft bei 19 bzw. 20 km/h für den schweren Güterzugsverkehr[3]), die B_0—B_0-Lokomotiven der Spokane & Inland Ry[4]) für etwa die gleichen Leistungsverhältnisse u. a.

Eine Sonderstellung innerhalb dieser Entwicklung nehmen die 22 + 2 + 9 = 33 2B—B2-Lokomotiven der Pennsylvania Bahn (New York Terminal) ein, die einzigen Lokomotiven in den Vereinigten Staaten, die, von der 1B—B1-(Wechselstrom) Lokomotive Nr. 070 der New York, New Haven & Hartford Bahn abgesehen, mit langsam laufenden hoch im Rahmen gelagerten Motoren ausgerüstet sind und mittels schiefer Stangen unter Vermittlung von Blindwellen auf die gekuppelten Triebräderpaare arbeiten[5]). Die Lokomotiven (600 Volt, dritte Schiene) wiegen 142 t bzw. 151 t bzw. 145 t und entwickeln einständig eine Zugkraft von 7600 kg bzw. 8050 kg bzw. 7600 kg bei 77 km/h bzw. 73 km/h bzw. 77 km/h und zählen heute noch mit zu den leistungsfähigsten amerikanischen Fahrzeugen.

Das war ungefähr der Stand der Entwicklung der Gleichstromlokomotiven in den Vereinigten Staaten zu Ende des Jahres 1910, als auch in der amerikanischen Fachwelt die großen Diskussionen über das geeignetste System für die Elektrifizierung der langen Vollbahnstrecken einsetzten. Während die Westinghouse Elc. & Mfg. Co. in Pittsburgh auf den unbestrittenen traktionstechnischen Erfolg des Wechselstromsystems bei der New York, New Haven & Hartford Bahn mit ihren kilometrisch größten Streckenlängen hinweisen konnte und das Wechselstromsystem mit hoher Fahrdrahtspannung allgemein für die Überbrückung großer Entfernungen das Gegebene schien, stellte sich die General Electric Co. auf den Standpunkt, daß das Gleichstromsystem selbst auch nur bei mäßiger Erhöhung der Fahrdrahtspannung infolge Fortfall aller induktiven Einflüsse auf den Spannungsabfall und die die Bahnlinie begleitenden Schwachstromleitungen zusammen mit der Möglichkeit des Anschlusses an die im amerikanischen Westen vorherrschenden 60 periodigen 110 bis 220 kV Drehstromnetze der großen Kraftwerksgesellschaften die größeren Vorteile biete. Zum Beweis der relativen Richtigkeit ihrer Anschauungen suchte die G. E. Co., die inzwischen intensiv an der Ausbildung der Schaltapparatur für hochgespannten Gleichstrom gearbeitet hatte, zuerst den Beweis im kleinen Maßstab zu erbringen.

Im Jahre 1913 erfolgte die Inbetriebsetzung der vorwiegend dem schweren Güterverkehr dienenden 40 km langen Strecke von Butte nach Anaconda im Staate Montana mit 2500 Volt Fahrdrahtspannung. Der Betrieb wurde vorerst aufgenommen mit zwei Lokomotiven mit der Achsfolge B_0—B_0 mit vier je zu zweit dauernd in Reihe geschalteten Achsmotoren in Tramaufhängung, die bei 73 t Totalgewicht einstündig eine Zugkraft von 14000 bzw. 9200 kg bei 24,5 bzw. 37,5 km/h entwickeln[6]). Die Zahl der Lokomotiven wurde später nach und nach auf 28 Stück von gleicher Type erhöht.

Die vorzüglichen Resultate, die Motoren und Apparate für 2400 Volt auf den Lokomotiven der Butte-Anacondabahn ergaben, veranlaßte die G. E. Co. noch einen weiteren Schritt nach vorwärts zu tun und für die Elektrifizierung des steigungsreichsten Stückes der Chicago mit Seattle an der pazifischen Küste verbindenden Bahnlinie der Chicago, Milwaukee & St. Paul Bahn 3000 Volt Fahrdrahtspannung in Vorschlag zu bringen, der auch seitens der Bahnverwaltung angenommen wurde und zur Ausführung kam. Im Dezember 1915 wurde der elektrische Betrieb zuerst auf der rund 700 km langen Strecke zwischen Harlowtown und Avery aufgenommen, 1920 folgte dann das westliche Ende Othello-Seattle bzw. Tacoma. Wenn einmal das heute noch mit Dampflokomotiven befahrene Zwischenstück Avery-Othello in die Elektrifizierung einbezogen sein wird, wird eine durchgehende Strecke von 1370 km Länge im elektrischen Betrieb stehen.

Der Fahrpark der Ch. M. & St. P. Bahn, die im denkbar schwierigsten orographischen und klimatischen Gelände einen Teil des ausgedehnten Personen- und Güterverkehrs zwischen dem amerikanischen Osten und Westen zu vermitteln hat, besteht heute:

a) Aus 42 Personen- und Güterzuglokomotiven Achsfolge 2B_0—B_0 + B_0—$B_0$2 (Reihe 10200[7])), die bei 262 t Dienstgewicht einstündig eine Zugkraft von 38500 kg bei 24,5 km zu leisten vermögen. Der Antrieb der Radachsen erfolgt durch Achsmotoren in Tramaufhängung, die bis heute die größten Motoren dieser Bauform sind (siehe Abb. 270). Je zwei Motoren sind dauernd in Reihe geschaltet.

b) Aus 5 Schnellzuglokomotiven Achsfolge 1B_0 + C_0 + C_0 + $B_0$1 (Reihe 10250[8])) mit 237 t Dienstgewicht, die einstündig eine Zugkraft von 22000 kg bei 43,5 km entwickeln. Hier sitzen wieder die Motoranker wie bei den Lokomotiven der New York Central Bahn unmittelbar auf den Radachsen, je drei der Motoren sind dauernd in Reihe geschaltet.

c) Aus 10 Schnellzuglokomotiven Achsfolge 2$C_0$1 + 1$C_0$2 (Reihe 10300)[9]) mit 254 t Dienstgewicht, die einstündig eine Zugkraft von 30000 kg bei 38 km/h entwickeln. Bei diesen von der Westinghouse Elc. & Mfg. Co. gebauten Lokomotiven werden die Radachsen je von einem Zwillingsmotor unter Vermittlung einer Hohl-

[1]) E.R.J. 1926, II, S. 797; E.T.Z. 1927, S. 1461. [2]) Siehe S. 100 ff.
[3]) Gen. El. Rev. 1914, S. 1009 ff. [4]) E. R. J. 1909, II, Nr. 14.
[5]) ETZ 1909, S. 1261; 1913, S. 1195. [6]) Gen. El. Rev. 1914, S. 1047.
[7]) Gen. El. Rev 1916, S. 929 ff.
[8]) Gen. El. Rev. 1918, S. 362; E. u. M. 1918, S. 531; J. A. I. E. E. 1920, S. 343.
[9]) E. u. M. 1919, S. 218; J. A. I. E. E. 1920, S. 331.

welle und der Westinghouse-Federkupplung („quill drive")[1]) angetrieben. Da je zwei Doppelmotoren dauernd in Reihe geschaltet sind, entfällt je Motor eine Spannung von nur 750 Volt (siehe Abb. 271).

d) Schließlich aus 4 Vorschublokomotiven Achsfolge B_0—B_0 (Reihe 10050) mit 65 t Dienstgewicht und 9700 kg Stundenzugkraft bei 18,4 km/h.

Der elektrische Betrieb auf der Ch. M. & St. P. Bahn, der den Beweis für die Eignung des hochgespannten Gleichstromes auch für den schwersten elektrischen Vollbahnbetrieb erbracht hat, hat in hohem Maße die Stellungnahme jener Länder zur Systemfrage beeinflußt, wo eine Entscheidung zugunsten eines bestimmten Systems noch nicht erfolgt war.

In *Frankreich* beispielsweise, wo die „Compagnie du Chemin de fer de Paris à Orléans" (P.O.) die Kopfstrecke (Paris-Juvisy 23 km) ihrer Hauptlinie schon im Jahre 1900 mit Gleischstrom (600 Volt dritte Schiene) elektrifiziert hatte und von 1918 an nacheinander 5 Lokomotiven Achsfolge 1D1 (Reihe E 21)[2]) in Dienst stellte, wurde von Staats wegen auf Grund des Gutachtens einer Studienkommission, die unter anderem auch Amerika bereiste, den französischen Bahngesellschaften als Stromsystem für die künftige Elektrifizierung 1500 Volt Gleichstrom vorgeschrieben, der überdies nicht in Primärkraftwerken, sondern durch Anschluß und Umformung aus 50 periodigem Drehstrom erzeugt werden soll. Die verhältnismäßig niedere Spannung von 1500 Volt soll wenigstens an den großen Bahnhöfen Stromzuleitung durch dritte Schiene ermöglichen.

Gegenwärtig sind nun die drei größten französischen Bahngesellschaften daran, große Teile ihrer Netze auf elektrischen Betrieb umzustellen, und zwar nach folgendem Programm.

Die Compagnie du Chemin de fer de Paris à Orléans (P. O.) elektrifiziert zunächst die Strecken Paris—Brive (503 km) mit den Zweiglinen St. Sulpice—Gannat (190 km) und Brive—Clermont-Ferrand (198 km) und hat hierfür einen Fahrpark in Auftrag gegeben, der außer Motorwagen folgende Lokomotivtypen umfaßt:

a) 200 Güter- und Personenzuglokomotiven, umfassend die Reihen E 1, E 101[3]), E 201, E 209 und E 224 mit der Achsfolge B_0—B_0 und Motoren in Tramaufhängung, die bei 69,2, 76,7, 77,4, 78 bzw. 73,2 t Gesamtgewicht eine Dauerzugkraft von 7760 kg, 8400 kg, 7200 kg, 7520 kg bzw. 7200 kg bei 46, 48,5, 46,5, 47,5 bzw. 46,5 km/h entwickeln.

b) Eine Schnellzuglokomotive (Reihe E 601) Achsfolge $2C_0$—$C_0 2$[4]), die bei 113 t Dienstgewicht eine Dauerzugkraft von 6060 kg bei 91,5 km/h zu entwickeln vermag. Die Maschine ist amerikanischen Ursprungs (G. E. Co.), die Motoranker sitzen wie bei den Lokomotiven der Reihe 10250 der Ch. M. & St. P.-Bahn unmittelbar auf den Radachsen.

c) Zwei Schnellzuglokomotiven, Achsfolge $2\,D_0 2$ (Reihe E 501), die bei 121 bzw. 125 t Dienstgewicht eine Dauerzugkraft von 12720 bzw. 13000 kg bei 68 bzw. 66,5 km/h entwickeln[5]). Die 4 Motoren arbeiten einzeln auf ihre Triebachsen unter Vermittlung des Brown Boveri Einzelachsantriebes (J. Buchli)[6]).

d) Zwei Schnellzuglokomotiven Achsfolge 2 B—B 2 (Reihe E 401) von 129,95 bzw. 131,73 t Totalgewicht und 13000 bzw. 13600 kg Dauerzugkraft bei 70 bzw. 71,4 km/h[7]). Die Lokomotive ist mit vier langsam laufenden Motoren ausgerüstet, die zu je zweit mittels Dreistangenantrieb nach Kandó je zwei Triebachsen antreiben[8]).

Die „Chemins de fer de Paris à Lyon et à la Méditerranée (P. L. M.) elektrifizieren zunächst die 135 km lange Strecke von Culoz nach Modane, die als Zufahrtslinie zum Mont Cenis-Tunnel Steigungen bis zu 30‰ aufweist. Später sollen aus der Netzgruppe in der Nähe von Nizza die Linien Carnoules-Ventimiglia, Cannes—Grasse und Nizza—Breil, zusammen weitere 174 km dazukommen. Der für den Betrieb auf diesen Strecken vorgesehene Fahrpark umfaßt Schnell- und Güterzuglokomotiven[9]). Von den ersteren wurden bis jetzt nur vier Maschinen in Auftrag gegeben, und zwar zwei Lokomotiven mit der Achsfolge $2B_0$—$B_0 2$, Zwillingsmotoren je Triebachse und Verbindung der Hohlwelle mit den Triebachsen durch die Gelenkkupplung der M. F. O.[10]) bei einer Maschine (Reihe 242.BE), durch die Westinghouse-Federkupplung („quill-drive") bei der anderen (Reihe 242. AE)[11]) ferner eine Lokomotive Achsfolge $1C_0+C_0 1$ (Reihe 161.AE) und eine Lokomotive Achsfolge 2B1 + 1B2 (Reihe 242. CE) mit hochgelagerten langsamlaufenden Motoren und Antrieb der Radachsen mittels eines Schrägstangensystems mit Luftpufferdämpfung nach Zehme-Auvert[12]). Die Güterzuglokomotiven umfassen 3 Reihen mit je 10 Stück (Reihe 161.CE, Reihe 161.DE und Reihe 161.BE); sie sind sämtlich von der Achsfolge $1C_0+C_0 1$ oder $1C_0$—$C_0 1$ und werden durch Achsmotoren in Tramaufhängung angetrieben.

Im Jahre 1927 wurden vier große Schnellzuglokomotiven Achsfolge $2C_0$—$C_0 2$ (Reihe 262.AE) für 130 km/h Höchstgeschwindigkeit in Auftrag gegeben, die bei 158 t Dienstgewicht eine Dauerzugkraft von 13000 kg bei 87,5 km/h zu entwickeln vermögen. Der Antrieb der Triebachsen erfolgt ebenso wie bei den vorerwähnten $2B_0$—$B_0 2$ Lokomotiven der Reihe 242.BE (siehe Taf. III) durch Zwillingsmotoren unter Zwischenschaltung der Gelenkkupplung der M. F. O. (siehe Abb. 127 und 128).

Die Südbahn („Chemins de fer du Midi") elektrifiziert die Strecken Pau—Montréjeau (112 km), Montréjeau-Luchon (36 km) Lannemazan—Arreau (26 km), Tarbes—Bigorre (22 km), Lourdes—Pierrefitte

---

[1]) Siehe S. 104, Abb. 120.

[2]) BBC-Mitt. 1924, S. 51ff. — Die Lokomotiven, die bei 84 t Dienstgewicht einstündig eine Zugkraft von 10500 kg bei 45 km/h zu entwickeln vermögen, sind mit zwei langsamlaufenden Motoren ausgerüstet, die mittels Zweistangenantrieb auf das die Triebräder verbindende Kuppelgestänge arbeiten (siehe S. 91, Abb. 102).

[3]) Eine ausführliche Beschreibung dieser Lokomotivtype findet sich auf S. 412ff.

[4]) Gen. El. Rev. 1924, S. 146; Z. V. d. I. 1925, S. 135; R. G. C. F. 1927, II, S. 144.

[5]) El. Bahnen 1925, S. 352; E. u. M. 1925, S. 997; BBC-Mitt. 1927, S. 127.

[6]) Siehe S. 109, Abb. 130.

[7]) R. G. C. F. 1927, I. S. 291.

[8]) Siehe S. 92 und Abb. 104.

[9]) Gén. civil 1923, II, S. 593; B. A. I. C. C. F. Febr. 1925.

[10]) Siehe S. 107, Abb. 127. — Eine ausführliche Beschreibung dieser Lokomotive findet sich auf S. 415 dieses Buches.

[11]) Bull. de la Soc. Alsacienne de Constr. Méc. Januar 1927.

[12]) Siehe S. 93, Abb. 106.

(15 km), Montréjeau—Toulouse (131 km), Pau—Dax (86 km), Bordeaux—Hendaye (233 km), Puyoô—St. Jean Pied de Port (103 km), Morceanx—Tarbes—Agen (285 km), Toulouse—Auch (89 km), Oloron—Pau (35 km), Ax les Termes—Toulouse (124 km) unter Umbau der einphasigen Probestrecke Ille—Villefranche (24 km)[1]) aus der Vorkriegszeit auf die französiche Normalstromart und Spannung (1500 Volt Gleichstrom). Für den Betrieb der genannten Strecken stehen außer Motorwagen, Personen- und Güterzuglokomotiven mit der Achsfolge B_0—B_0 (Reihe E 4001 und E 4501) und Trammotoren im Betrieb[2]), die mit verschiedener Übersetzung als Güter- und Personenzuglokomotiven Verwendung finden sollen. Das Gewicht dieser Lokomotiven beträgt 71 t, ihre Dauerzugkraft 4800 bzw. 7700 kg bei 53 bzw. 33 km/h. Außerdem sind Schnellzuglokomotiven mit der Achsfolge $2C_02$ (Reihe E 3101) vorhanden, deren jede Achse durch zwei in ein Gehäuse eingebaute Motoren mit vertikalen Wellen unter Vermittlung von Kegelrädern, Hohlwellen und Federkupplungen[3]) angetrieben werden. Diese Maschinen[4]) wiegen 192 t und leisten einstündig 2100 PS bei 90 km/h.

Die Staatsbahn (Chemins de fer de l'Etat) hat im Jahre 1925 auf ihrer vor Jahren elektrifizierten Strecke Paris—Trappes (28 km) 30 Lokomotiven Achsfolge B_0—B_0 in Betrieb gesetzt, die zunächst bei 650—750 Volt einstündig eine Zugkraft von 5400 kg bei 52,5 km/h, später nach Umbau der Stromschienenanlage auf 1500 V eine Zugkraft von 14000 kg bei 38 km/h entwickeln werden.

Ebenso wie in Frankreich entschied man sich nach dem Kriege auch in einigen anderen Ländern für den hochgespannten Gleichstrom mit 1500 Volt Fahrdrahtspannung, und zwar einerseits in Belgien, Holland, England und der Tschechoslowakei, andererseits in Japan, Niederländisch-Indien und Neu-Seeland. In Belgien ist man bis jetzt über vorbereitende Studien nicht hinausgekommen und in Holland ist zunächst die ursprünglich mit Einphasen-Wechselstrom elektrifizierte Strecke Rotterdam—Haag—Scheveningen als Teil der zuerst für die Elektrifizierung in Aussicht genommenen Strecke Rotterdam—Amsterdam auf Gleichstrom (1500 Volt) umgebaut worden. In England hat die North-Eastern-Bahn auf der Strecke Newcastle-York eine Lokomotive[5]) mit der Achsfolge $2C_02$ in Betrieb gesetzt, die bei 102 t Gesamtgewicht eine Einstundenzugkraft von 7300 kg bei 66,5 km/h entwickelt.

Die *Tschechoslowakischen Staatsbahnen* haben zunächst einige Vorortstrecken um Prag elektrifiziert und hierfür folgende Lokomotiven in Auftrag gegeben:

5 Schnellzuglokomotiven Achsfolge $1D_01$ von 84 t Gewicht und 7900 kg bzw. 8650 kg Stundenzugkraft am Radumfang. Zwei derselben (Reihe E 465) erhalten Einzelachsantrieb System Brown Boveri (J. Buchli)[6]) die übrigen drei (Reihe E 466) den Einzelachsantrieb der A.G. vorm. Skodawerke[7]).

1 Personenzuglokomotive (Reihe E 466.100) und

4 Güterzuglokomotiven (Reihe E 436) je mit der Achsfolge B_0—B_0 (Achsmotoren in Tramaufhängung), die bei 64 t Gesamtgewicht eine Stundenzugkraft von 7000 kg bzw. 11700 kg bei 50 bzw. 30 km/h entwickeln.

6 Verschublokomotiven, davon zwei mit der Achsfolge B—B (Reihe E 424) und je zwei mit der Achsfolge B_0—B_0 (Reihe E 423 und E 424.100) die 53 t, 50 t und 54 t wiegen und bei 30 km/h eine Stundenzugkraft von 7200 kg, 8280 kg und 6600 kg entwickeln.

In *Japan* suchen die Staatsbahnen die Leistungsfähigkeit ihrer schmalspurigen Linien (42 Zoll = 1067 mm) durch die Elektrifizierung zu steigern. Der Anfang wurde bei der sog. Tokaido-Linie, d. i. die sehr verkehrsreiche Strecke Kobe—Tokyo (601 km) gemacht, deren Elektrifizierung schrittweise durchgeführt wird. Der Fahrpark besteht bis jetzt aus

a) 42 Lokomotiven Achsfolge B_0—B_0 der Reihen 1000, 1010, 1020, 1030, 1040, 1050, 1060 und 1070, die durchschnittlich 60 t wiegen und bei rund 33 km/h eine Zugkraft von 10000 kg entwickeln. Der Antrieb der Radachsen erfolgt durch Motoren in Tramaufhängung.

b) 8 Lokomotiven Achsfolge $2C_0$—C_02 (Reihe 8000)[8]) von 97 t ausgerüstet mit Motoren in Tramaufhängung, die bei 50 km/h einstündig eine Zugkraft von 10 000 kg entwickeln.

c) 2 Lokomotiven Achsfolge $1D_01$ (Reihe 7000) von 77,5 t mit Einzelachsantrieb Brown Boveri (J. Buchli), 8000 kg Einstundenzugkraft bei 74 km/h.

d) 6 Lokomotiven Achsfolge $1B_0$—B_01 (Reihe 6010) von 68 t mit Motoren in Tramaufhängung, 5400 kg Einstundenzugkraft bei 58 km/h.

e) 2 Lokomotiven Achsfolge $1C_0$—C_01 (Reihe 8010) von 84,7 t mit Motoren in Tramaufhängung, 8100 kg Einstundenzugkraft bei 58 km/h.

Auf der zu *Niederländisch-Indien* gehörigen Insel Java elektrifiziert das Holländische Kolonialamt die schmalspurigen (42 Zoll) Strecken Meester Cornelis—Pasar Senen—Priok, Priok—Batavia, Batavia—Pasar Senen, Batavia — Meester Cornelis. Der Fahrpark umfaßt 4 Schnellzuglokomotiven Achsfolge $1D_01$[9]) (Reihe 3001) von 65 t mit BBC-Einzelachsantrieb, 6900 kg Einstundenzugkraft bei 55,5 km/h, ferner 2 Lokomotiven Achsfolge $1B_0$—B_01 (Reihe 3201)[10]) von 72 t Gewicht und Motoren in Tramaufhängung, 8300 kg Einstundenzugkraft bei 35 km/h, 2 Schnellzuglokomotiven Achsfolge 1B—B1 (Reihe 3101)[11]) von 65 t Gewicht mit Antrieb der Drehgestelle durch je einen halbhoch gelagerten Zwillingsmotor mit gemeinsamem großen Zahnrad und horizontalen Kuppelstangen, 8760 kg Einstundenzugkraft bei 48 km/h und 3 Güterzugslokomotiven Achsfolge B_0—B_0 (Reihe 3301)[12]) von 53,9 t Gewicht und Motoren in Tramaufhängung, 5400 kg Dauerzugkraft bei 33,5 km/h.

---

[1]) Siehe S. 298.

[2]) Gén. civil 1922, II, S. 441; Techn. Mod. 1923, S. 429; R. G. C. F. 1923, II, S. 1ff.

[3]) Siehe S. 116ff., Abb. 139.

[4]) Techn. Mod. 1924, S. 510; B. S. F. E. Juni 1924.

[5]) R. E. E. 1922, S. 258; E. u. M. 1922, S. 567.

[6]) Siehe Abb. 130 und 131.

[7]) Siehe S. 108, Abb. 129.

[8]) Engl. El. Journ. 1924, S. 294.

[9]) BBC-Mitt. 1926, S. 187. — Eine ausführliche Beschreibung dieser Lokomotive findet sich auf S. 418f. dieses Buches.

[10]) De Ingenieur 1925, S. 583.

[11]) AEG-Mitt. 1925, S. 352.

[12]) AEG-Mitt. 1925, S. 151.

In *Britisch-Indien* elektrifizieren (1500 Volt) die Great Indian State Railways die zum Netz der Great Indian Peninsula Railway gehörigen breitspurigen (1676,4 mm) Strecken Bombay—Igatpuri und Bombay—Poona. Der Fahrpark besteht aus:

a) 41 Güterzuglokomotiven $\left(\text{Reihe } 4500 \frac{\text{EF}}{1}\right)$ Achsfolge C—C und 17000 kg Dauerzugkraft bei 32,5 km/h. Der Antrieb der dreiachsigen Drehgestelle erfolgt je durch einen Doppelmotor über ein gemeinsames großes Zahnrad mittels schräger Triebstange[1]).

b) 2 Schnellzuglokomotiven $\left(\text{Nr. } 4002 \frac{\text{EC}}{1} \text{ und } 4001 \frac{\text{EB}}{1}\right)$ Achsfolge $2C_0 2$ und 7500 kg bzw. 9900 kg Dauerzugkraft bei 65 km/h bzw. 60 km/h, jede der Triebachsen wird durch einen Doppelmotor angetrieben, und zwar bei der einen Lokomotive unter Vermittlung des Einzelachsantriebes von BBC-Buchli[2]), bei der anderen unter Verwendung der in Abb. 126 dargestellten von der M. F. O. entwickelten Gelenkkupplung.

c) Einer Schnellzuglokomotive $\left(\text{Nr. } 4000 \frac{\text{EA}}{1}\right)$ Achsfolge $2C_0 1$ für 7900 kg Dauerzugkraft bei 61 km/h und Antrieb der Triebachsen durch je zwei Motoren und Doppelvorgelege nach J. Buchli und der S. L. M. W. (siehe Abb. 160).

Auf *Neuseeland* hat die Midland-Railway die die West- und Ostküste verbindende 13 km lange Schmalspurlinie (42 Zoll), wovon etwa 8 km auf den Otira-Tunnel entfallen, im Jahre 1924 elektrifiziert. Der Lokomotivpark besteht aus 5 Lokomotiven[3]) Achsfolge B_0—B_0 mit Achsmotoren in Tramaufhängung von 49 t Gewicht, die bei 29 km/h einstündig eine Zugkraft von 6500 kg entwickeln.

Schließlich wären in diesem Zusammenhang noch zu erwähnen die 3 Lokomotiven Achsfolge B_0—B_0 der *Bethlehem-Chile Iron-Mines Co.* für 2400 Volt Fahrdrahtspannung, die bei 109 t Dienstgewicht einstündig eine Zugkraft von 19100 kg bei 19,5 km/h entwickeln und im Jahre 1917 zur Ablieferung kamen und die Lokomotiven gleicher Achsfolge für 1200 Fahrdrahtspannung, die die *Canadischen Staatsbahnen* ein Jahr später zur Entlastung des Bahnhofs von Montreal in Betrieb genommen haben. Die letzteren Maschinen, deren Achsen wie die der vorher erwähnten Lokomotiven von Motoren in Tramaufhängung angetrieben werden, wiegen 76 t und entwickeln einstündig eine Zugkraft von 9200 kg bei 37,5 km/h.

In einigen anderen Ländern wieder entschied man sich unter unmittelbarer Verwertung der bei der Ch. M. & St. P.-Bahn gemachten Erfahrungen für 3000 Volt, namentlich dort, wo die zu bewältigende Verkehrsleistung und das Längenprofil die höhere Spannung vorteilhafter erscheinen lassen mußten. In den meisten Fällen handelt es sich dabei allerdings um Lieferungen der beiden amerikanischen Großfirmen, die schon auf die Projektierung unmittelbar Einfluß nehmen konnten.

Die *Chilenischen Staatsbahnen* haben unmittelbar nach Kriegsende mit der Elektrifizierung der steigungsreichen 185 km langen Strecke von Valparaiso nach Santiago und der 45 km langen Zweigstrecke nach Los Andes begonnen (3000 Volt). Der Lokomotivpark[4]) umfaßt bis jetzt

a) Lokomotiven Achsfolge B_0—B_0 der Reihe 2501 (11 Stück) und 2301 (7 Stück). Erstere wiegen 73 t und entwickeln einstündig eine Zugkraft von 7160 kg bei 58 km/h. Letztere wiegen 62,4 t und entwickeln bei 17 km/h eine Einstundenzugkraft von 9600 kg.

b) 6 Lokomotiven Achsfolge $1C_0$—$C_0 1$ (Reihe 2801) von 118 t Gewicht und 12500 kg Einstundenzugkraft bei 48 km/h.

c) 15 Lokomotiven Achsfolge C_0—C_0 (Reihe 2001) von 105 t Gewicht und 15300 kg Einstundenzugkraft bei 28,8 km/h.

Bei sämtlichen Chilenischen Lokomotiven erfolgt der Antrieb der Radachsen durch Achsmotoren in Tramaufhängung, von denen immer je zwei dauernd in Reihe geschaltet sind.

In *Brasilien* hat die Paulista-Bahn für die Elektrifizierung der 133 km langen Strecke Jundiahy-Rio Claro gleichfalls 3000 Volt Gleichstrom zugrunde gelegt (1921/26). Der Lokomotivpark umfaßt

a) 8 Güterzuglokomotiven Achsfolge B_0—B_0 (Reihe 200) von 91 t Gewicht und 14000 kg Einstundenzugkraft bei 33,5 km km/h[5]).

b) 4 Schnellzuglokomotiven Achsfolgen $2B_0$—$B_0 2$ (Reihe 208) von 109 t Gewicht und 7150 kg Einstundenzugkraft bei 65 km/h[5]).

c) 2 Schnellzuglokomotiven Achsfolge $1B_0$—$B_0 1$ (Reihe 212) von 129 t Gewicht und 9500 kg Einstundenzugkraft bei 69 km/h[6]).

d) 2 Güterzuglokomotiven Achsfolge C_0—C_0 (Reihe 214) von 107 t Gewicht und 14700 kg Einstundenzugkraft bei 33,5 km/h[6]).

e) 1 Schnellzuglokomotive Nr. 217 Achsfolge $1C_0$—$C_0 1$ von 91 t Gewicht und 2340 PS Einstundenleistung[7]).

f) 5 Verschublokomotiven Achsfolge B_0—B_0 von 56,5 t Gewicht und 640 PS Einstundenleistung.

Mit Ausnahme der unter c) angeführten Lokomotiven, deren Triebachsen je von einem Doppelmotor mittels Hohlwelle und Westinghouse-Federkupplung angetrieben werden, haben alle Lokomotiven der Paulista-Bahn Trammotoren, von denen immer je zwei dauernd in Reihe geschaltet sind.

Die *Mexikanischen Eisenbahnen* elektrifizierten die 48 km lange Strecke von Orizaba nach Esperanza (3000 Volt), innerhalb welcher zwischen Mexiko und Vera Cruz eine Steigung von 52,5‰ liegt. Im Jahre 1923 wurde der Betrieb mit 6 Lokomotiven Achsfolge B_0—B_0—B_0 (Reihe 1001)[8]) aufgenommen, die 141 t wiegen und bei 30,5 km/h einstündig eine Zugkraft von 24500 kg entwickeln.

In *Südafrika* ist die 280 km lange schmalspurige Strecke von Glenkoe nach Pietermaritzburg elektrifiziert worden (3000 Volt). Der Fahrpark umfaßt 95 Lokomotiven Achsfolge B_0—B_0[9]) von 67 t Dienstgewicht

[1]) Siehe z. B. Abb. 147. [2]) Siehe Abb. 130 und 131.
[3]) El. 1922, S. 448; Engl. El. Journ. 1925, S. 45.
[4]) E. J. 1922, S. 99; R. E. E. 1922, S. 147; Schweiz. Bauzg. 1924, I, S. 49.
[5]) Gen. El. Rev. 1921, S. 620; ETZ 1921, S. 1014.
[6]) E. J. 1922, S. 17; ETZ 1921, S. 1014. [7]) Metropol. Vickers Gaz. 1926, S. 247; 1927. S. 101.
[8]) R. E. E. 1923, S. 403; E. R. J. 1923, II, S. 968; Z. V. d. I. 1924, S. 135.
[9]) E. R. J. 1924, II, S. 390.; Schweiz. Bauz. 1924, I, S. 115; R. E. E. 1925, S. 137.

und 10600 kg Einstundenzugkraft bei $33^1/_2$ km/h. Jede Lokomotive ist mit 4 Motoren in Tramaufhängung ausgerüstet, von denen je zwei dauernd in Reihe geschaltet sind.

In *Spanien* hat die Nordbahn (Compañia de los Caminos de Hierro del Norte de España) im Jahre 1922 die äußerst tunnelreiche, 55 km lange Strecke von Busdongo nach Pola de Lena (Spurweite 1674 mm) mit 3000 Volt elektrifiziert. Der Betrieb wurde mit 12 Lokomotiven Achsfolge C_0—C_0[1]) (Reihe 6101 und 6001) aufgenommen, die bei 81 bzw. 84 t Dienstgewicht eine Einstundenzugkraft von 12500 kg bei 35 km/h entwickeln. Der Antrieb der Radachsen erfolgt wieder durch je einen Motor in Tramaufhängung. Je zwei Motoren sind dauernd in Reihe geschaltet.

Im Jahre 1926 begann die gleiche Bahngesellschaft mit der Elektrifizierung einerseits ihrer beiden von Barcelona ausgehenden Linien Barcelona—Manresa (64 km) und Barcelona—San Juan de las Abadesas (106 km), andererseits der Strecke Irún—Alsasua (105 km). Für den Betrieb dieser gleichfalls breitspurigen Strecken (1500 Volt Fahrdrahtspannung) wurde folgender Lokomotivpark in Arbeit gegeben:

22 + 15 Güterzuglokomotiven Achsfolge C_0—C_0 (Reihe 7001) von 90 t Dienstgewicht, die bei 33 km/h eine Einstundenzugkraft von 16700 kg zu entwickeln vermögen. Der Antrieb der Radachsen erfolgt durch Achsmotoren in Tramaufhängung[2]).

12 Schnellzuglokomotiven Achsfolge 2 C_0—C_0 2 (Reihe 7 201) von 139 t Dienstgewicht, die bei 56 km/h eine Einstundenzugkraft von 15600 kg entwickeln und Einzelachsantrieb System Brown Boveri-Buchli erhalten.

Die „Ferrocarriles Vascongados" elektrifizieren ihre meterspurige, 115 km lange Hauptlinie von Bilbao nach San Sebastian. Außer Motorwagen sind

10 Lokomotiven Achsfolge B_0—B_0 von 44 t Dienstgewicht in Auftrag gegeben worden, die bei 36,5 km/h eine Einstundenzugkraft von 5900 kg entwickeln. Der Antrieb der Radachsen erfolgt durch Achsmotoren in Tramaufhängung.

Wenn auch für die Entwicklung von Gleichstromlokomotiven namentlich jener für Hochspannung der amerikanischen Praxis wenigstens für die Zeit bis zum Ausbruch des Weltkrieges eine gewisse Führerrolle zukommt, so hat andererseits die europäsiche Praxis und innerhalb dieser wieder die schweizerische schon vor dem Kriege für die Entwicklung von Gleichstromfahrzeugen auch für hohe Spannung wertvolle Pionierarbeit geleistet, die nur deshalb nicht voll zur Entfaltung kommen konnte, weil in Europa in jenen Ländern, die der Elektrifizierung der Vollbahnen vor dem Kriege ernstlich näher traten, andere Stromsysteme bevorzugt wurden. So wurden schon im Jahre 1907 von der Maschinenfabrik Oerlikon für die Bahn Bellinzona-Mesocco[3]) Motorwagen für 1500 Volt, von der Elektrizitätsgesellschaft Alioth im Jahre 1909 für die Wengernalpbahn[4]) und von der A. G. Brown, Boveri & Cie. gemeinsam mit der Maschinenfabrik Oerlikon im Jahre 1914 für die Berner Oberlandbahnen Zahnradlokomotiven gleichfalls für 1500 Volt gebaut. Im Jahre 1914 folgte die Inbetriebsetzung der Chur—Arosa Bahn[5]) mit 2200 Volt Fahrdrahtspannung mit vierachsigen Motorwagen und vier Motoren zu je 1000 Volt Klemmenspannung (BBC) und ein Jahr vorher wurde an die Bahn Tavannes-Tramelan-Noirmont (1200 Volt) eine Lokomotive Achsfolge A—A von 170 PS Stundenleistung geliefert.

In *Italien* haben die Italienischen Staatsbahnen auf der seit den Jahren 1901/02 elektrisch betriebenen (650 Volt, dritte Schiene) 73 km langen Strecke Mailand—Varese—Porto Ceresio im Jahre 1912 5 Lokomotiven mit der Achsfolge 1 C 1 (Gruppe E 320)[6]) in Dienst gestellt, die bei 71,5 t Dienstgewicht eine Dauerzugkraft von 9000 kg bei 60 km/h entwickeln. Der Antrieb erfolgt durch zwei hoch im Lokomotivkasten gelagerte langsamlaufende Motoren, die mittels Schrägstangen unter Zwischenschaltung je einer Blindwelle auf das die Triebräder verbindende horizontale Kuppelgestänge arbeiten. Während der Jahre 1923 bis 1928 wurden 17 weitere Lokomotiven gleicher Achsfolge (Gruppe E 321) jedoch mit Antrieb durch den flachen Kuppelrahmen in Auftrag gegeben[7]), die teilweise auch für den Dienst auf der seit dem Herbst 1925 nach dem gleichen System elektrifizierten Strecke Napoli—Pozzuoli—Vico di Pantano (35 km) bestimmt sind.

Im Jahre 1920 erfolgte die Elektrifizierung der 42,8 km langen Nebenbahn von Turin über Lanzo nach Céres mit 4000 Volt Fahrdrahtspannung, der höchsten bis jetzt bei Gleichstrom im praktischen Lokomotivbetrieb verwendeten Fahrdrahtspannung. Die dort neben Motorwagen in Dienst gestellten Lokomotiven[8]) Achsfolge B_0—B_0 liegen 42 t und entwickeln einstündig eine Zugkraft von 4650 kg bei 31,8 km/h.

Gestützt auf die Erfolge des hochgespannten Gleichstromes in Amerika namentlich aber bei der zuletzt erwähnten Turin—Lanzo—Céres Bahn, elektrifizieren die Italienischen Staatsbahnen die 102 km lange Strecke Benevento—Foggia mit 3000 Volt Gleichstrom, der die Strecke Benevento-Neapel folgen wird. An Fahrzeugen sind 14 Lokomotiven mit der Achsfolge B_0—B_0—B_0 (Gruppe E 625 und E 626) und Achsmotoren in Tramaufhängung vorgesehen, die 86 t wiegen und einstündig eine Zugkraft von 13700 kg bzw. 6100 kg bei 45,7 bzw. 75 km/h entwickeln (siehe Abb. 238). Bei Talfahrt werden die Lokomotiven unter Stromrückgabe ans Netz gebremst. Später soll vielleicht das ganze süditalienische Netz einschließlich des sizilianischen mit 3000 Volt Gleichstrom elektrifiziert werden.

Die Entwicklung und der gegenwärtige Stand der Lokomotiven für hochgespannten Gleichstrom kennzeichnet sich kurz wie folgt. Die Fahrdrahtspannung, die noch vor wenig mehr als 10 Jahren ursprünglich auf 600 bis höchstens 1000 Volt beschränkt erschien, konnte schrittweise auf 1200, 1500, 2000, 2400 schließlich auf 3000 und 4000 Volt gesteigert werden und heute ist dank der Entwicklung des Quecksilberdampf-Gleichrichters die Erzeugung noch höherer Gleichspannungen von 5000 und 6000 Volt und deren schaltungstechnische Beherrschung durchaus möglich. Für die Triebmotoren der Lokomotiven wird bei Spannungen über 1500 Volt eine dauernde Reihenschaltung zweier und mehr Motoren mindestens empfehlenswert. Dieser Umstand führt bei Lokomotiven von einiger Leistungsfähigkeit zu einer vergleichsweise größeren Zahl von Motoren, welche die amerikanische Praxis als Achsmotoren entweder in Tramaufhängung oder mit direkt

[1]) Eng. 1925, I, S. 84; ETZ 1925, S. 1089.
[2]) Bull. S. E. V. 1926, S. 534.
[3]) E. K. B. 1909, S. 83.
[4]) Schweiz. Bauz. 1910, I, S. 285.
[5]) BBC-Mitt. 1916, S. 70.
[6]) E. K. B. 1913, S. 236; R. T. F. I. 1913, I, S. 145.
[7]) BBC-Mitt. 1922, S. 261; R. T. F. I. 1924, II, S. 53.
[8]) l'Elettrotecnica 1921, S. 442; B. I. C. C. F. August 1922.

auf den Radachsen sitzenden Ankern (G. E. Co.) oder auch wieder als halbhoch im Rahmen gelagerte Motoren in Zwillingsanordnung (Westinghouse Elec. & Mfg. Co.) baut. Bei der europäischen Praxis wieder erstreckt sich der Bau von Gleichstromlokomotiven noch auf einen zu kleinen Zeitraum, als daß sich bezüglich der die Gesamtdisposition in hohem Maße beeinflussenden Antriebsform bereits bestimmte Richtungen herausgebildet hätten. In Frankreich beispielsweise, wo heute der umfangreichste Park an Gleichstromlokomotiven in Betrieb steht, finden sich neben spezifisch europäischen Einzelachsantrieben in der Hauptsache Achsmotoren in Tramaufhängung, und zwar auch bei Lokomotiven für hohe Fahrgeschwindigkeiten. Wie sich diese Antriebsform bei diesen Verhältnitsen und den ungleich geringeren europäischen Achsbelastungen bewähren wird, wird die Zukunft lehren. Allerdings hat der Achsmotor infolge seiner leichten Ausbaufähigkeit nach unten und seiner sonstigen betriebstechnischen „Handlichkeit" nicht zu unterschätzende Vorteile und ermöglicht im besonderen als Gleichstrommotor vermöge seiner spezifischen Gewichtsökonomie die volle Ausnützung auch amerikanisch belasteter Radsätze. Gerade die beiden letzteren Momente dürften im amerikanischen Lokomotivbau dem Achsmotor, der unmittelbar von den Motorwagen der Straßen- und Stadtbahnen übernommen werden konnte, seine Verwendung ermöglicht, gefördert und bis auf weiteres auch gesichert haben.

2. Grundsätzliche Einteilung der Stromkreise.

Man unterscheidet Hauptstromkreise (A) und Nebenstromkreise (B).

Erstere (Abb. 243) umfassen die Dachausrüstung mit den Stromabnehmern und Trennschaltern, den Überspannungsschutz, den Hauptschalter, die Triebmotoren mit den Fahrtwendern und die Steuerung zur Regelung der ersteren mit Hilfe der stufenweise schaltbaren Widerstände und die Erdschiene mit den allenfalls vorhandenen Erdungsschleifringen. Ein zweiter Hauptstromkreis dient zur Versorgung der Zugheizung.

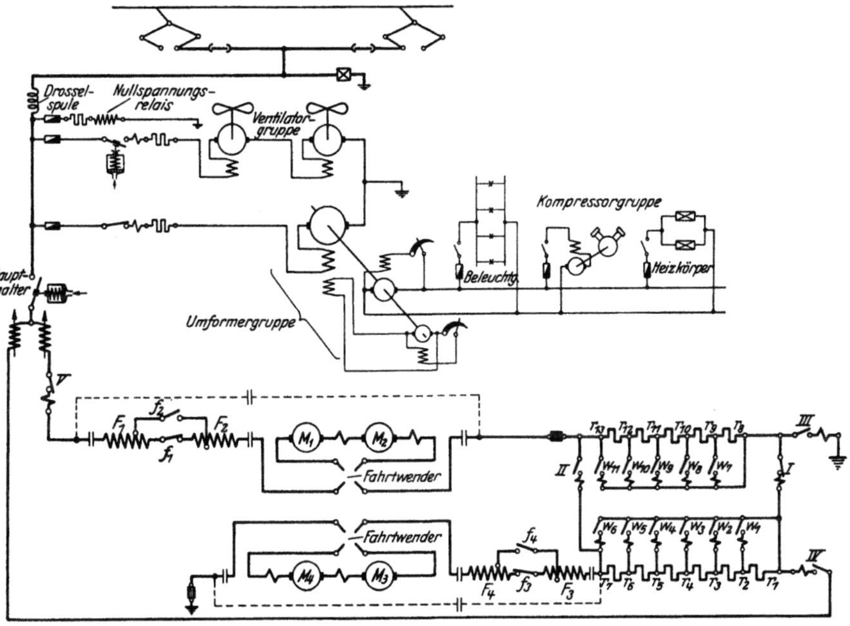

Abb. 243. Grundsätzliches Schaltbild einer Gleichstromlokomotive.

Die Nebenstromkreise umfassen die Kompressoren und Ventilatoren und allfällige Pumpenmotoren, die Antriebsmotoren für motorisch betätigte Steuerapparate, die Meß- und Auslöseleitungen und die Lokomotivbeleuchtung und -heizung. Soweit diese Stromkreise (s. Abb. 243) nicht unmittelbar an die Fahrdrahtspannung angeschlossen werden können, werden sie aus einer Hochspannungs-Niederspannungsumformergruppe mit parallelgeschalteter Batterie versorgt.

Diese bei allen Gleichstromlokomotiven grundsätzlich vorhandene schaltungstechnische Gliederung soll auch die Disposition für die nachstehend folgende Behandlung der einzelnen Ausrüstungsteile bilden.

A. Hauptstromkreise.

I. Stromabnehmer.

Unter Stromabnehmer versteht man jenen mit der Lokomotive fest verbundenen Apparat, der die Zuleitung des Stromes in diesem Falle von einem einzigen mit der Stromquelle einpolig verbundenen Leiter bewirkt, deren anderer Pol mit dem Geleise verbunden ist. Insofern liegen also die Verhältnisse bei Gleichstrom und Einphasenwechselstrom ganz gleich, so daß auch in der Ausbildung der Stromabnehmer für die Lokomotiven beider Stromarten kein grundsätzlicher Unterschied besteht, weshalb auch eine gemeinsame Behandlung an dieser Stelle gerechtfertigt erscheint. Dagegen besteht ein grundsätzlicher Unterschied in der Bauweise der Stromabnehmer, je nachdem die Stromzuführungsanlage in einer in einem Abstand von 4 bis 8 m über Schienenoberkante zumeist in Geleisemitte ausgespannten Fahrdrahtleitung oder in einer wieder meist seitlich vom Geleise isoliert verlegten Leitungsschiene der sog. „dritten Schiene" besteht. Im ersten Fall handelt es sich um Stromabnehmer, die fest auf dem Lokomotivdach und von diesem isoliert angebracht und als Rolle oder Bügel, seltener auch als Walze ausgebildet sind, im zweiten Fall um einen seitlich angeordneten isoliert befestigten Stromabnehmerschuh. Im ersten Fall wird der Fahrdraht stets von unten, im zweiten der Kopf der Fahrschiene entweder von oben oder von unten bestrichen.

1. Stromabnehmer für Fahrdrahtoberleitung.

a) Rollenstromabnehmer.

Der Rollenstromabnehmer findet sich bei Vollbahnlokomotiven fast nur in Amerika, und auch dort nur bei Lokomotiven für kleinere Leistungen, und damit auch Fahrdrahtspannungen. Er besteht aus einer Tragstange aus nahtlosem Stahlrohr, in deren gabelförmigem Ende aus Temperguß, dem sog. Kontaktkopf, die eigentliche Rolle mit rollenförmigem Kranz drehbar gelagert ist. Die mit diesem Stromabnehmer maximal erreichbare Geschwindigkeit liegt vergleichsweise niedrig, da das nur durch den Fahrdraht geführte System naturgemäß leicht zu Entgleisungen neigt, wenn diesem nicht durch eine hinreichend große Stangenlänge ein genügend großes Trägheitsmoment in Bezug auf die senkrechte Drehachse gegeben werden kann. Damit wächst aber wieder das Gesamtgewicht und auch das Trägheitsmoment in Bezug auf die Horizontale, der Abnehmer vermag Änderungen der Fahrdrahthöhenlage nicht rasch genug zu folgen, die Rolle springt vom Fahrdraht ab, d. h. entgleist nun innerhalb der Vertikalebene. Immerhin sind Rollenstromabnehmer in Amerika bei Lokomotiven verwendet worden, bei denen Maximalgeschwindigkeiten von 90 km/h vorkommen. Die dabei noch ohne Schwierigkeit zu bewältigende Stromstärke dürfte bei 200 A liegen, wobei allerdings ein Anpressungsdruck von 15 bis 20 kg nicht unterschritten werden darf. Der Hauptnachteil dieser Stromabnehmerart für die Verwendung bei Vollbahnlokomotiven liegt jedenfalls in ihrer Abhängigkeit von der Fahrtrichtung. Das jedesmalige von Hand durch eine Zugleine zu bewerkstelligende Umlegen der Stromabnehmerstange, die zu diesem Zweck in einem um einen vertikalen Zapfen drehbaren Fuß gelagert werden muß, ist umständlich und namentlich beim Manövrieren mit vielen rasch aufeinander folgenden Fahrtrichtungswechseln höchst zeitraubend. Indirekt wird dadurch auch die Verwendung des Rollenstromabnehmers für Spannungen über 750 Volt unmöglich, da die Isolation der am Kontaktkopf befestigten, wenn auch paraffinierten Zugleine für höhere Spannungen nicht ausreicht.

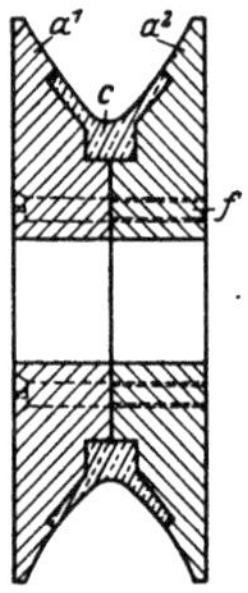

Abb. 244. Zweiteilige Stromabnehmerrolle.

Die Rolle selbst besteht als eigentlicher Kontaktapparat entweder in einem Stück aus Messing oder Bronze oder sie wird, wie beispielsweise Abb. 244 zeigt[1]), zweiteilig ausgeführt, wobei zwei Backen a_1 a_2 aus Preßmessing oder Stahl den eigentlichen Schleifring c aus Aluminium futterartig einschließen. Das Ganze wird durch durchgehende versenkte Schrauben f zusammengehalten. Auch Stromabnehmerrollen mit auswechselbarem Laufkranz stehen in Verwendung[2]).

b) Bügelstromabnehmer.

α) Allgemeines und Konstruktion. Der Bügelstromabnehmer in seiner bekannten Lyraform mit eingesetztem Schleifstück, wie er bei den Motorwagen der Straßenbahnen im ausgedehntesten Maße verwendet wird, hat bei Vollbahnlokomotiven gar keinen Eingang gefunden. Wohl ist durch den Ersatz des durch den Fahrdraht geführten Rollenkontaktes durch den gleitenden des Bügelschleifstückes die Möglichkeit der Bügelentgleisung praktisch auf ein Minimum reduziert worden, dafür aber ist die Masse des ganzen Stromabnehmers noch größer geworden und damit die oberste Geschwindigkeit, bei der das System noch einigermaßen Höhenänderungen der Fahrdrahtanlage, die auch durch Geleiseunebenheiten plötzlich entstehen können, zu folgen imstande ist, auf 30, höchstens 40 km/h gesunken. Außerdem besteht wie beim Rollenstrom-

[1]) D. R. G. M. 819440 (W. Dauernheim) — siehe auch D. R. G. M. 833844 (W. Gaese).
[2]) D. R. G. M. 858332 (AEG).

abnehmer die lästige Abhängigkeit von der Fahrtrichtung. Man hat aus diesem Grunde zuerst den Bügeloberteil mit dem Schleifstück als Schleppbügel mit dem Bügelgestell drehbar verbunden, so daß nur der für sich durch besondere Federn gesteuerte leichte Schleppbügel allein ohne Änderung der Lage des Untergestelles seine Lage der jeweiligen Höhenlage des Fahrdrahtes anpaßt und sich auch je nach der Fahrtrichtung selbsttätig im einen oder anderen Sinne umlegt, wobei der Fahrdraht nur um eine relativ geringe Pfeilhöhe angehoben wird. Abgesehen von den doppelpoligen Bügeln[1]) der italienischen Drehstromlokomotiven ist diese Bügelbauart einpolig nur vereinzelt angewendet worden[2]).

Heute wird auf Vollbahnlokomotiven soviel wie ausschließlich der Pantographenstromabnehmer verwendet. Dieser besteht bei allen verschiedenen Bauarten grundsätzlich aus einem Untergestell aus vier Stahlgußträgern, die unter Zwischenschaltung von Porzellanisolatoren mit dem Unterteil so verbunden sind, daß die Isolatoren nur auf Druck beansprucht werden. Bei einer Fahrdrahtspannung bis 1000 Volt kann der Stromabnehmerunterteil direkt auf Holzbalken gelegt werden, welche zugleich als Isolation gegen das geerdete Lokomotivdach dienen. Bei Fahrdrahtspannungen von ca. 4000 bis 17000 Volt wird in Europa doppelte Isolation vorgesehen.

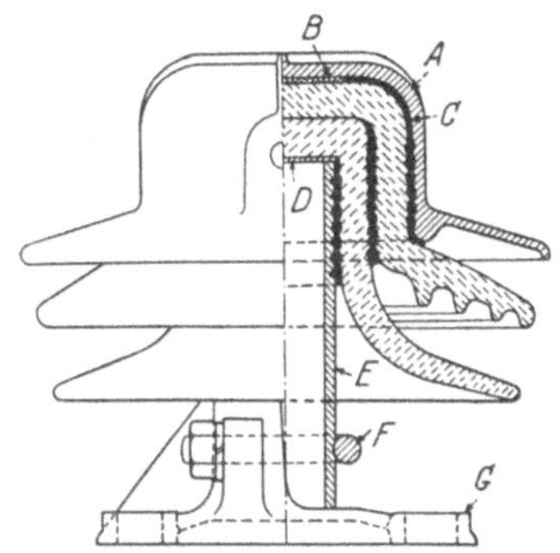

Abb. 245. Stützisolator für Pantographenstromabnehmer für 11000 Volt Wechselstrom. (Westinghouse Elc. & Mfg. Co.) *A* Eisenkappe, *B* Bleiplatte, *C* Zementkitt, *D* Stahlscheibe, *E* Stahlbolzen, *F* Bride, *G* Isolatorträger

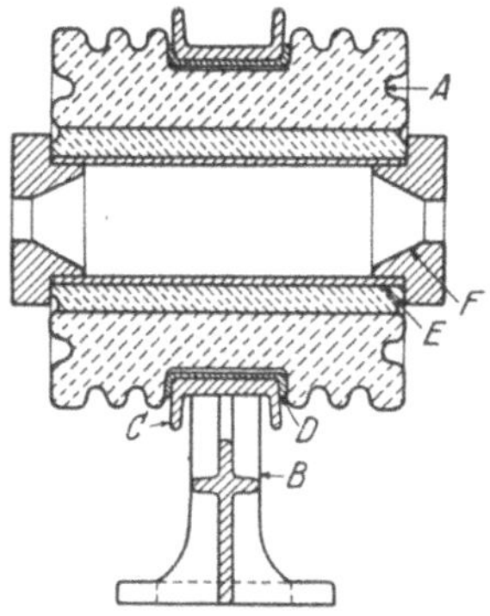

Abb. 246. Isolator für Pantographenstromabnehmer für 3000 Volt Gleichstrom. (Westinghouse Elc. & Mfg. Co.) *A* Isolator, *B* Isolatorträger, *C* Bride, *D* Futter (Blei), *E* Hülse (Schmiedeeisen), *F* Büchse (Temperguß).

Die amerikanische Praxis isoliert ihre Stromabnehmer, jene für 11000 Volt Fahrdrahtspannung mit eingeschlossen, in der Regel nur einfach, d. h. die das Untergestell bildenden vier Winkeleisenpaare sind unmittelbar mit den eisernen Kappen von vier im Viereck angeordneten Stützisolatoren verschraubt. Die letzteren, von denen Abb. 245 die Standardtype der Westinghouse Co. für 11000 Volt Wechselstrom zeigt, sind allerdings häufig unter Zwischenschaltung eines isolierenden Rahmens mit dem Lokomotivdach verschraubt. Bei den Strom-

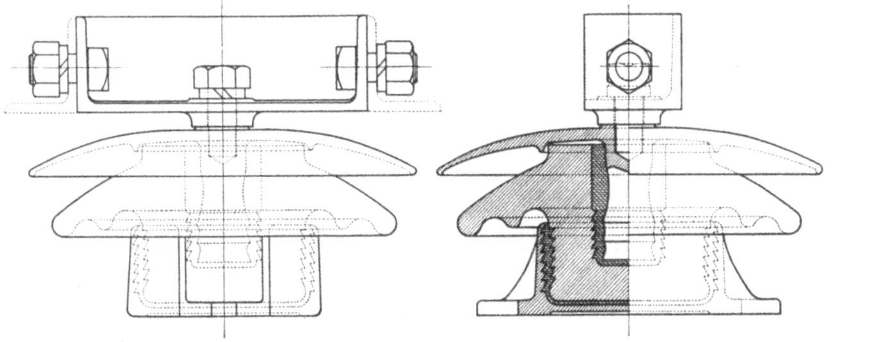

Abb. 247. Stützisolator für Pantographenstromabnehmer für 3000 Volt Gleichstrom. (Westinghouse Elc. & Mfg. Co.)

abnehmern für Gleichstromlokomotiven sind der wesentlich niedrigeren Spannungen wegen einfachere Isolatoren von der Art nach Abb. 246 in Gebrauch. Die Westinghouse Co. verwendet für ihre 3000 Volt Gleichstromlokomotiven Isolatoren nach Abb. 247, die sowohl als Stützer für das wieder aus Winkeleisen aufgebaute Unterteil als auch zur Isolation des erwähnten Zwischenrahmens vom Lokomotivdach verwendet werden.

Auf das Untergestell baut sich das eigentliche Stromabnehmerparallelogramm auf, bestehend aus je vier nahtlos gezogenen, gelenkig verbundenen, gegeneinander versteiften Stahlrohren.

---

[1]) Siehe S. 358.

[2]) Bei den Schweizerischen Bundesbahnen ist die $2C_0 1$-Lokomotive Nr. 10647 mit Schleppbügeln ausgerüstet worden.

Die unteren vier Rohre, die in der Ausführung von BBC, die Abb. 248 zeigt, doppelt ausgeführt und beidseitig durch Briden verbunden sind, bilden das eigentliche Traggestell. Die unteren vier Enden desselben sind mit den beiden Betätigungswellen *w* fest verbunden, die in Kugellagern laufen. Letztere sind auf den Stangen *a* des Untergestelles oder, wie in Abb. 248 auf Zwischenstreben *r* angeordnet. Der vom Fahrdraht kommende Strom wird v o r den Kugellagern durch ein Kabel vom beweglichen Untergestell abgenommen, um eine Zerstörung der Kugeloberflächen durch den Stromdurchgang zu verhüten. Die Versteifung der beiden Parallelogrammseiten gegeneinander erfolgt in verschiedener Weise. Bei den Bügeln von BBC. (Abb. 248) werden die die unteren vier Doppelstangen zusammenhaltenden Briden und unmittelbar darüber die Gelenke an den Parallelogrammecken durch je ein Stahlrohr verbunden und die durch letztere, die oberen vier Tragstangen und die Wippenwelle eingeschlossenen zwei Rechteckflächen durch je zwei Stahldrähte diagonal verspannt. Die amerikanische Praxis vermeidet bei ihren Bügeln (s. Abb. 250 und 253) die Rohrversteifung an den Gelenken, ersetzt aber dafür die Stahldrahtverspannung durch diagonale Rohrverstrebungen in allen vier Feldern[1]). Die deutsche Praxis wieder beschränkt bei dem besonders leicht gebauten Einheitsstromabnehmer der Reichsbahn (Abb. 254) die ganze Versteifung auf je ein die oberen Tragstangen verbindendes und mit diesen verschweißtes Stahlrohr. Auch eine besondere versteifend wirkende Wippenwelle fehlt bei diesem Bügel.

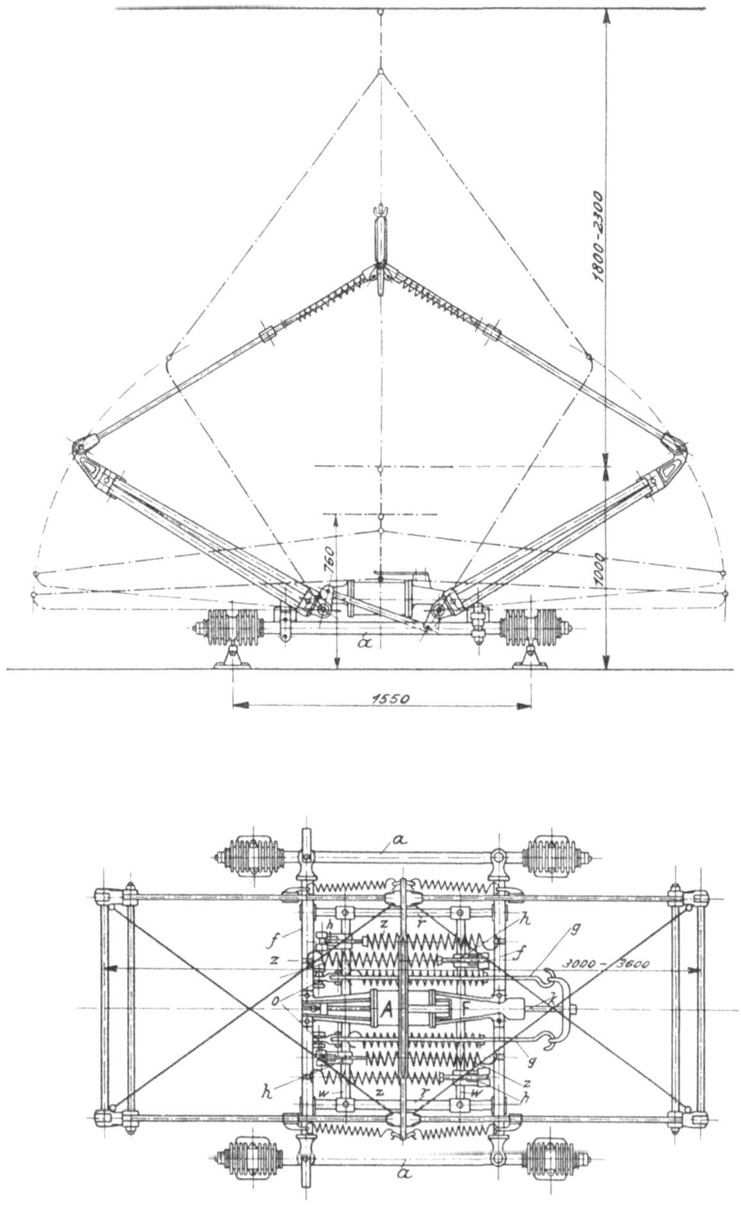

Abb. 248. Pantographenstromabnehmer der S. B. B.-Lokomotiven. (A. G. Brown, Boveri & Cie.)

Im Scheitel des Stromabnehmerparallelogramms ist die von der europäischen Praxis durchgehends verwendete, das eigentliche Schleifstück tragende Wippe drehbar gelagert. Ihre Mittellage wird beidseitig durch je zwei Federn bestimmt, die so bemessen sind, daß sich bei Fahrt infolge der Reibung am Fahrdraht die Wippe etwa 30° nach rückwärts legt. Vermöge ihrer geringen Masse vermag die Wippe in Verbindung mit der Federung Unebenheiten des Fahrdrahtes leicht zu folgen. Bei den älteren Ausführungen war die Wippe mit seitlichen Auflaufstücken mit nach unten gebogenen freien Enden versehen. Diese Konstruktion hat sich jedoch aus folgendem Grunde nicht bewährt. Durch die Zick-Zack-Führung des Fahrdrahtes soll

[1]) Von ähnlicher Bauart sind die Stromabnehmer der S. A. A. S. — Angewendet bei der auf S. 436ff. ausführlich beschriebenen $1C_0$—$C_0 1$-Lokomotive (Reihe 201) der B. L. S.

bekanntlich erreicht werden, daß die Bügelschleifstücke auf eine möglichst große Breite bestrichen werden. Nun kann es beim Zusammenwirken ungünstiger Umstände wie Geleiseunebenheiten, schlecht regulierte Fahrdrahtanlage, starkes seitliches Wanken der Lokomotive, vorkommen, daß der Bügel vom Fahrdraht abläuft. Hängt sich nun der Fahrdraht in den gebogenen freien Enden der Wippe ein, so kann entweder der Stromabnehmer heruntergerissen oder die Fahrdrahtleitung mehr oder weniger stark beschädigt werden. Um dies zu verhüten, sind bei den neueren Ausführungen entweder an die gebogenen Wippenenden, also unterhalb vom Wippendrehpunkt die Zugstangen für die Wippenfedern befestigt[1]) oder diese als Druckfedern unmittelbar je an das kurz abgesetzte Wippenende angeschlossen.

In die Wippe ist das Schleifstück auswechselbar eingesetzt. Es besteht zumeist aus Aluminium mit 6 bis 8% Kupferzusatz und wird mit V- oder W-förmigem Querschnitt ausgeführt. In die so entstehenden ein bis zwei Rillen wird die Schmiermasse (1 Gewichtsteil Flockengraphit, 2 Gewichtsteile Konsistenzfett)[2]) eingebracht, um die Fahrdrahtabnützung auf das geringste Maß herabzudrücken. Damit ein stark abgenutztes Schleifstück vom Fahrdraht aus Hartkupfer nicht völlig durchschnitten wird, kann dasselbe auch auf einem durchgehenden Stahlrohr befestigt werden. Allerdings führt diese Konstruktion wieder zu einer unerwünschten Vergrößerung des gesamten Wippengewichtes. Vorteilhafter erfüllen den gleichen Zweck im Grunde der Rillen eingelegte Stahldrähte[3]). Die Breite der Wippe, die ungefähr auch der Breite des ganzen Stromabnehmers entspricht, schwankt zwischen beiden europäischen Ausführungen zwischen 1300 und 2000 mm, wovon 75 bis 85% auf das Schleifstück entfallen. Bei den Bügeln der S. B. B. beträgt die Wippenbreite 950 mm und die Schleifstücklänge 1300 mm, beim Einheitsstromabnehmer der Reichsbahn 1800 bzw. 1300 mm. Der gesamte Raumbedarf des B. B. C.-Stromabnehmers in der Ausführung für die S. B. B.-Lokomotiven beträgt in der Länge 3000 mm und in der Breite 1500 mm bei 470 kg Gesamtgewicht, der des Reichsbahnstromabnehmers 3150 mm bzw. 2100 mm. Letzterer wiegt nur 375 kg. Statt einer Wippe wurde bei älteren Ausführungen gelegentlich eine Doppelwippe verwendet, in der Absicht, dadurch eine sichere Stromabnahme bei höheren Geschwindigkeiten erzielen zu können. Die Konstruktion erwies sich aber zu kompliziert und auch nicht zweckentsprechend, da sich die beiden Wippen in ihrer Lage gegenseitig beeinflussen, so daß selten beide gleichzeitig stromführend waren. Zudem verwendet die europäische Praxis auf ihren Lokomotiven durchwegs zwei Stromabnehmer in Parallelschaltung. Nach den letzten Erfahrungen der S. B. B. beträgt die durchschnittliche Lebensdauer ihrer Schleifstücke bei 3,5 kg mittlerem Anpressungsdruck im Sommer etwa 6000 und im Winter rund 3000 km.

In Amerika hat die Wippe mit ihrem mehr oder weniger punktförmigen Kontakt nicht Eingang gefunden. Dies rührt wohl daher, daß im allgemeinen bei den in der Leistung z. T. wesentlich stärkeren amerikanischen Lokomotiven auch größere Stromstärken abzunehmen waren. Dieser Umstand trat schon bei den Einphasenlokomotiven in Erscheinung, die durchwegs mit 11000 Volt arbeiten, also einen fast 40% größeren Strom der Fahrleitung entnehmen als europäische Lokomotiven (15000 Volt) gleicher Leistung. Dazu kommt das Bestreben der Amerikaner, wenn immer möglich nur mit einem Stromabnehmer zu fahren und den zweiten nur als Reserve zu benutzen. Man hat daher in Amerika schon bei den ersten größeren Einphasenlokomotiven plattenförmige Schleifstücke oder Schleifschuhe von größerer Breite auf den Pantographenstromabnehmern verwendet, die einen Kontakt von linearer Ausdehnung ermöglichen und für niedrige Fahrgeschwindigkeiten nur gegen Drehung federnd gehalten werden, sonst jedoch ohne besondere Federung auf das Rohrgestell aufgesetzt werden. Mit einem 3 mm dicken und 100 mm breiten Schleifstück aus Stahlblech kann dann ein Anfahrstrom von etwa 250 A und ein Dauerstrom von 150 A bei 40 bis 50 km/h Fahrgeschwindigkeit abgenommen werden. Die durchschnittliche Lebensdauer dieser Schleifstücke beträgt etwa 11000 Betriebskilometer.

Auf der Denver & Interurban Railway (11000 Volt Wechselstrom) soll eine Anzahl Pantographenstromabnehmer mit ebenfalls nicht besonders abgefederten Stahlblechschleifstücken zur Abnahme von 90 A Anfahr und 54 A Dauerstrom bei 87 km/h Fahrgeschwindigkeit in Betrieb sein. Diese Schleifstücke, die bis zu 16000 km aushalten sollen, sind bei einer Breite von 150 mm nur $1^1/_2$ mm dick und mit einer Pfeilhöhe von 25 mm nach aufwärts gebogen.

---

[1]) Schweiz. P. 72340, F. P. 477524, D. R. G. M. 646103 (B. B. C.); siehe auch D. R. P. 291204, Schweiz. P. 71138 (M. F. O.).

[2]) Die S. B. B. haben erfolgreiche Versuche mit einer im wesentlichen aus Kohlenstaub, Leinöl und Speckstein bestehenden Schmiermasse angestellt, deren Konsistenz eine größere Unabhängigkeit von Temperaturänderungen besitzt.

[3]) D. R. G. M. 522345.

Im allgemeinen verwendet jedoch die amerikanische Praxis bei Lokomotiven für mittlere und höhere Geschwindigkeiten für sich besonders gefederte Schleifstücke, die eine vom ganzen Stromabnehmer unabhängige Bewegung der Schleifstücke bis zu etwa 50 mm in der Vertikalen

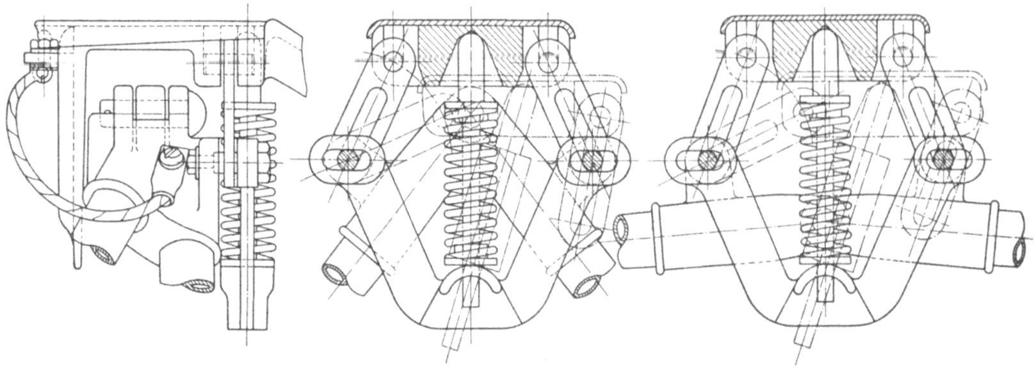

Abb. 249. Gefedertes Schleifstück des Pantographenstromabnehmers nach Abb. 250. (Westinghouse Elc. & Mfg. Co.)

ermöglichen. Abb. 249 zeigt eine gute für große Fahrgeschwindigkeiten viel verwendete Schleifstückfederung der Westinghouse Co., Abb. 250 den zugehörigen Stromabnehmer.

Zur Abnahme größerer Stromstärken muß das Schleifstück dicker gewählt werden, weil sich sonst das Material zu stark erhitzt und darunter die Lebensdauer leidet. Für Stromstärken

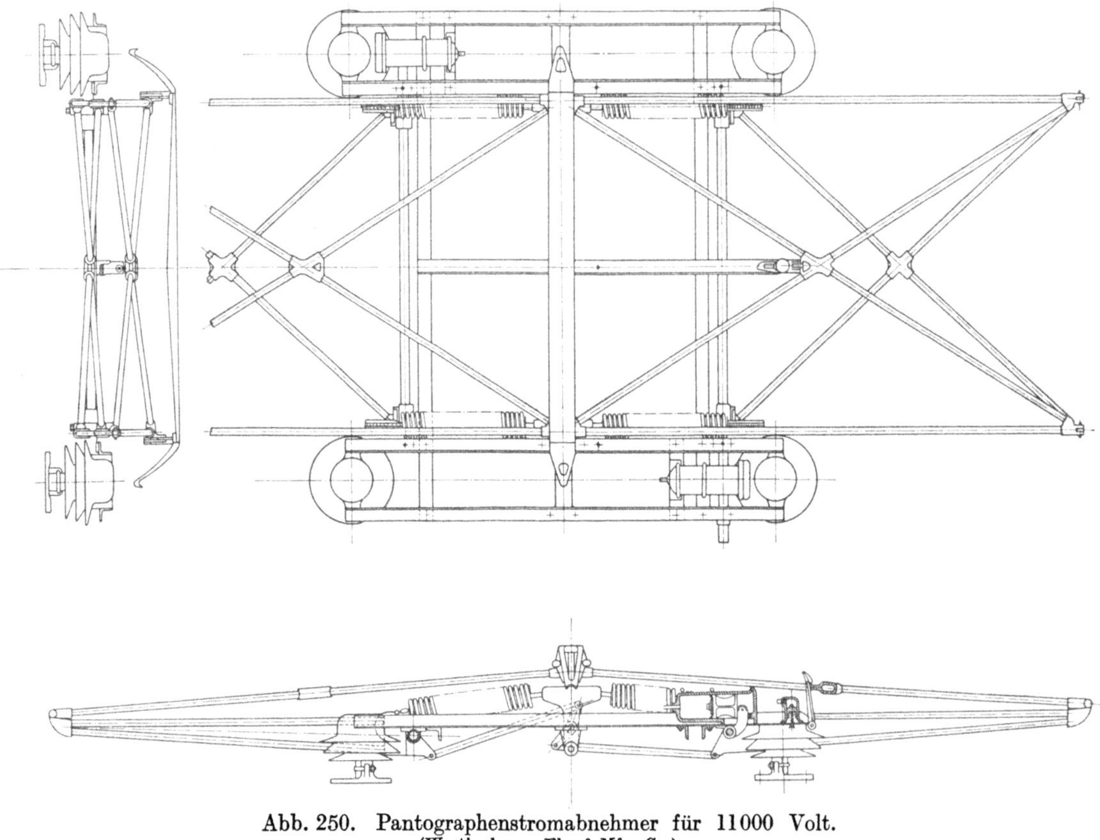

Abb. 250. Pantographenstromabnehmer für 11000 Volt. (Westinghouse Elc. & Mfg. Co.)

über 250 A werden Schleifstücke aus Stahlblech mit einem Besatz von Weichkupferstreifen verwendet. Mit einem solchen Schleifstück kann dann ein Strom von 500 A im Dauerbetrieb abgenommen werden.

Für noch größere Stromstärken bis etwa 1200 A und mehr, wie sie bei den neueren Gleichstromlokomotiven für 1500 und 3000 Volt Fahrdrahtspannung vorkommen, werden Pantographenstromabnehmer mit zwei gefederten Schleifstücken verwendet. Mit ähnlich konstruierten Bügeln, die nur gegen die Mitte zu etwas reicheren Kupferbesatz aufweisen, werden bei den Lokomotiven für die Ch. M. & St. P.-Bahn 840 A im Dauerbetrieb abgenommen. Versuche der G. E. Co. (W. B. Potter), die die Stromabnahmefähigkeit von Bügeln zum Gegenstand hatten und auf der 4,5 km langen Probestrecke der G. E. Co. in Erie im Juli 1923 durchgeführt wurden[1]), zeigten, daß ein Bügel mit Doppelschuh Maximalstromstärken bis 4000 A bei Fahrgeschwindigkeiten bis 96 km/h abzunehmen gestattet. Kommen Maximalstromstärken bis 6000 A vor, dann müssen zwei derartige Bügel parallel verwendet werden. Mit einem Mittelwert von 5000 A gerechnet, ergibt das bei 1500 Volt eine aufgenommene Leistung von 7500 kW, bei 3000 Volt von 15000 kW. Diese Leistung geht also weit über das hinaus, was die größten amerikanischen Fahrzeuge für den schwersten Güterzugsdienst absorbieren. Die Stromabnehmerfrage ist somit auf absehbare Zeit als gelöst zu betrachten. Allerdings weisen die amerikanischen Stromabnehmer durchschnittlich wesentlich höhere Anpressungsdrücke auf als die europäischen. Drücke von 6 bis 8 kg für die Aufwärts- bzw. Abwärtsbewegung sind in Amerika die Regel, bei der New York, New Haven & Hartford-Bahn sind die entsprechenden Ziffern 9 und 11 kg und bei den Stromabnehmern mit Doppelschuh der Ch. M. & St. P. Ry (Abb. 253) sogar 12 und 15 kg, wobei die Ziffern dem doppelten Betrag der in den Gelenken entstehenden Reibung entsprechen. Man geht eben in Amerika von der richtigen Anschauung aus, daß die bei Verwendung kleiner Anpressungsdrücke auftretende größere Funkenbildung in ihren Folgen die geringere Abnützung des Fahrdrahtes infolge geringerer Reibung bei weitem überwiegt. Die Zusammensetzung der Schmiermasse, die in die zwischen den aufgeschraubten Kupferstreifen der Schleifstücke verbleibenden Zwischenräume eingestrichen wird, ist von gleicher Zusammensetzung wie in Europa.

Für die totale Schleifstücklänge einschließlich der beidseitigen äußeren Ablaufstücke aus Aluminium gilt in Amerika 1620 mm als Regel, wobei auf den auswechselbaren stählernen Mittelteil, der die Kupferstreifen trägt, 1220 mm entfallen. Nur bei den 1 B—B 1-Lokomotiven der Norfolk & Western-Bahn[2]) beträgt die totale Schleifstücklänge 2000 mm. Die europäische Praxis (B. B. C.) führt die Schleifstücke ihrer Pantographenstromabnehmer für Gleichstromlokomotiven[3]) aus Silumin in einem Stück gegossen mit einer Anzahl Rillen in der Längsrichtung zur Aufnahme des Schmiermittels aus. Bei den B_0—B_0-Lokomotiven der Butte-Anaconda-Bahn hat die G. E. Co. den Mittelteil des Schleifstückes als drehbare Rolle aus Stahlrohr von etwa 200 mm äußerem Durchmesser ausgeführt, die aber infolge großer Massenträgheit nicht dauernd guten Kontakt vermittelt und daher gelegentlich stark funkt. Die Verwendung der Rolle muß daher auf eine Maximalstromstärke von 300 A und Maximalgeschwindigkeiten von etwa 55 km/h beschränkt bleiben.

Zur Konstruktion des Stromabnehmers ist noch zu bemerken, daß die amerikanische Praxis keine Kugellager verwendet, aber namentlich bei Stromabnehmern für hohe Stromstärken alle Gelenke durch flexible Kupferbänder im Nebenschluß vor Stromdurchgang schützt.

Hinsichtlich der Art der Betätigung des Mechanismus zur Betätigung des Stromabnehmers sind zu unterscheiden Stromabnehmer, die nur durch Federkraft, durch Druckluft und Federkraft vereinigt oder durch Saugwirkung (Vakuum) angehoben werden. Je nach der Art, in der dabei die Bügelsenkung erfolgt, ergeben sich weitere Varianten.

β) Anheben durch Federkraft. Bei Stromabnehmern dieser Art wirken eine oder mehrere Federn direkt oder unter Zwischenschaltung von Hebeln oder Ketten und Kettenrädern auf die beiden gelenkig gekuppelten Stromabnehmerwellen. Nach Lösung einer Verklinkung durch den Führer schnellt der Bügel unter Einwirkung der Federkraft gegen den Fahrdraht.

Bei der einfachsten Form dieser Bauart wird der Stromabnehmer, sofern es sich nicht um höhere Spannungen als 1000 Volt handelt, von Hand unter Vermittlung einer Zugleine abgezogen. Bei höheren Spannungen wird in Amerika (Westinghouse Elc. & Mfg. Co.) noch häufig zum Senken der durch Federkraft angehobenen Stromabnehmer Druckluft verwendet, die in ein oder zwei Luftzylinder (Abb. 251) eingelassen wird, die wieder mittels Kolbenstangen und Hebeln die beiden Stromabnehmer-Hauptwellen entgegen den von den Antriebsfedern ausgeübten Momenten verdrehen. In der untersten Lage des Stromabnehmers springt dann eine Klinke (Abb. 252) ein, die auch wieder mittels Druckluft gelöst werden muß. Ist nach einer längeren Betriebspause keine Druckluft mehr vorhanden, so kann der kleine Betätigungszylinder *A*

---

[1]) Siehe Gen. El. Rev. 1923, S. 619; ETZ 1923, S. 1040; E. R. J. 1923, II, S. 125.

[2]) E. R. J. 1915, I, S. 581, 1058; 1916, I, S. 644; 1918, II, S. 322; 1923, II, S. 203.

[3]) Z. B. bei den 1 D_0 1-Lokomotiven (Reihe 3001) der Niederländisch-Indischen Staatsbahnen (BBC-Mitt. 1926, S. 187 und S. 418 dieses Buches) und bei den Lokomotiven gleicher Achsfolge Reihe 7000 der Japanischen Staatsbahnen.

dieser Klinke mittels einer Handluftpumpe leicht unter Druck und so die Klinke zum Aushängen gebracht werden, worauf dann der Stromabnehmer hochschnellt und nun nicht mehr gesenkt werden kann. Hierin liegt der Nachteil der Anordnung. Dazu kommt noch, daß der Stromabnehmer bei diesem ersten Hochgehen gar nicht gedämpft ist. Sonst wird nämlich bei dieser Anordnung eine Dämpfung beim Hochgehen dadurch erzielt, daß man die Betätigungszylinder für die Senkung (Abb. 251) auf jeden Fall zuerst mit Druckluft füllt und diese dann absperrt. Wenn darauf die Klinke (Abb. 252) gelöst wird, gibt die Verdrängung der bei L (Abb. 251) entweichenden Luft durch den Auftrieb des Stromabnehmers die gewünschte Dämpfung.

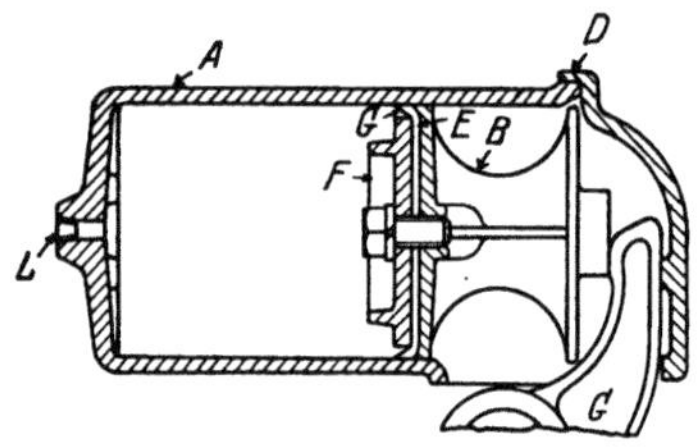

Abb. 251. Luftzylinder zum Senken von Pantographenstromabnehmern. (Westinghouse Elc. & Mfg. Co.) *L* Lufteintritt bzw. -austritt, *A* Zylinder, *F*, *B* Kolben, *E* Dichtungsleder, *G* Druckplatte, *D* Zylinderdeckel, *C* Betätigungshebel.

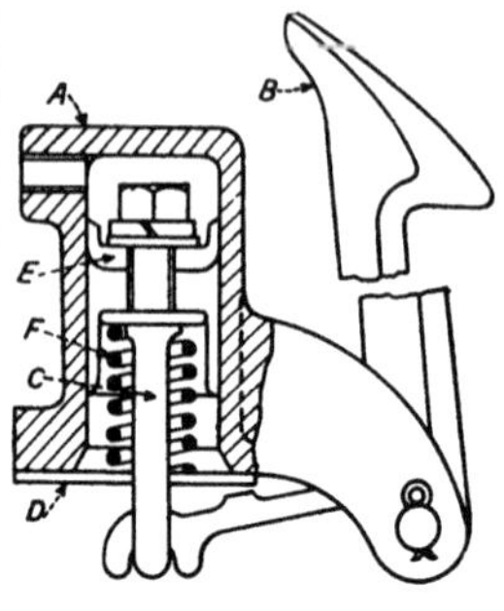

Abb. 252. Klinke zum Niederhalten mit Druckluft gesenkter Pantographenstromabnehmer. (Westinghouse Elc. & Mfg. Co.) *A* Zylinder, *B* Klinke, *C* Kolbenstange, *D* Abschlußplatte, *E* Lederkolben, *F* Feder.

γ) Anheben durch Druckluft und Federkraft. Der grundsätzliche Unterschied dieser Betätigungsart gegenüber der vorerwähnten besteht darin, daß die Federspannung nicht als primäre Kraftäußerung auf die Stromabnehmerwellen zur Wirkung kommt, sondern erst unter Einwirkung eines oder zweier Druckluftkolben. Übernehmen diese die Anspannung aller Federn, die so bemessen sein müssen, daß sie das Stromabnehmergewicht und die Reibung in den Gelenken ausbalanzieren und darüber hinaus dem Stromabnehmer den nötigen Auftrieb beim Hochgehen (Anpressungsdruck an den Fahrdraht) und eine gewisse Beschleunigung beim Senken zu erteilen vermögen, dann sind verhältnis-

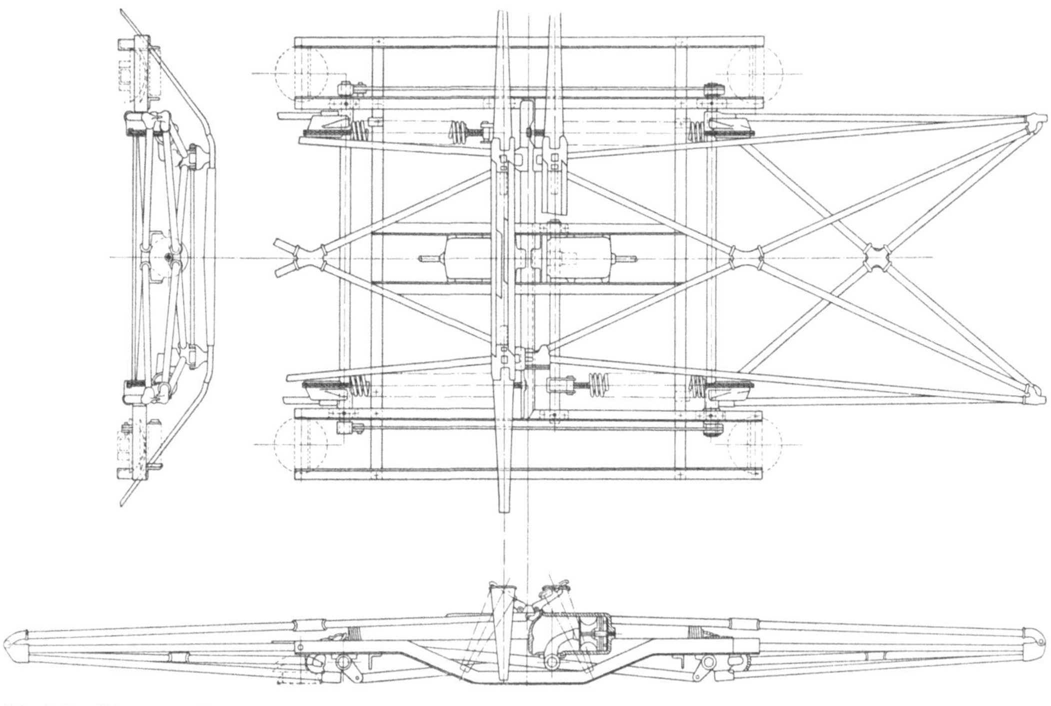

Abb. 253. Pantographenstromabnehmer für 3000 Volt Gleichstrom für Betätigung durch Druckluft und Federkraft. (Westinghouse Elc. & Mfg. Co.)

mäßig große Zylinder mit großem Betätigungsdruck erforderlich, wobei letzterer durch eine Handluftpumpe beim ersten Anheben nur schwer erzeugt werden kann. Man bemißt daher die durch Druckluft betätigten Federn nur für den Auftrieb des Stromabnehmers, für dessen innere Reibung und Beschleunigung beim Senken und gleicht das gesamte Stromabnehmergewicht durch eine besondere Feder ab. Einen derart betätigten Stromabnehmer zeigt Abb. 253, wie er von der Westinghouse Co. für 3000 Volt Gleichstrom verwendet wird. Um überdies die

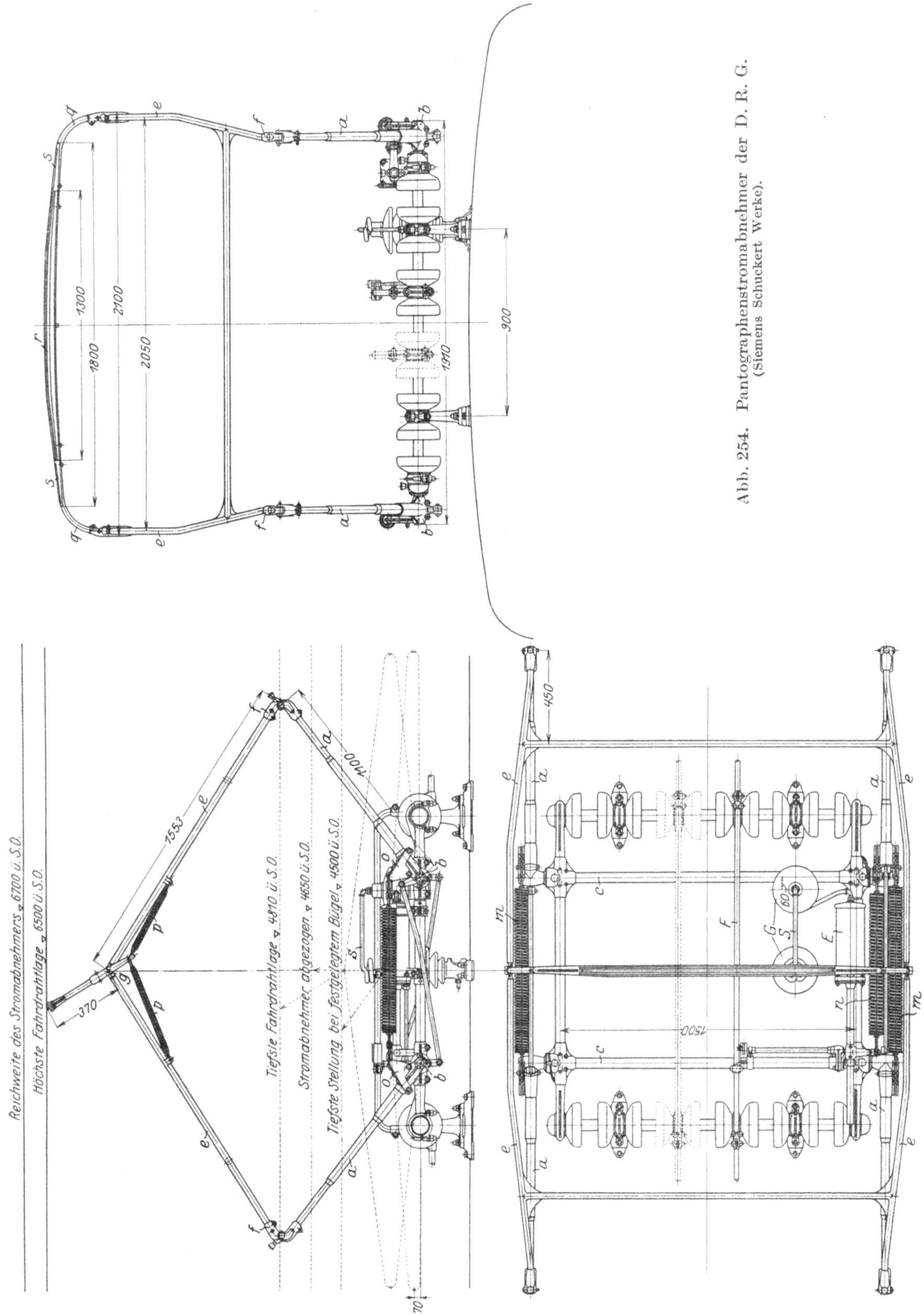

Abb. 254. Pantographenstromabnehmer der D. R. G.
(Siemens Schuckert Werke).

Druckluft nicht dauernd, d. h. immer während des Anliegens am Fahrdraht wirken lassen zu müssen, wird in Amerika häufig eine Klinke ähnlicher Bauart wie die in Abb. 252 dargestellte, vorgesehen, die in der Hochstellung des Stromabnehmers einspringt und die beim Senken mittels

Druckluft gelöst wird. Der Bedarf an Druckluft reduziert sich damit auf die Dauer des Anhebens und des Senkens.

Nach dem gleichen Prinzip arbeitet der bereits wiederholt erwähnte, von den S. S. W. herrührende Einheitsstromabnehmer der Deutschen Reichsbahn-Gesellschaft (Abb. 254)[1]. Das Untergestell besteht aus einem geschlossenen, aus Stahlrohren gebildeten rechteckigen Rahmen, dessen in der Längsrichtung des Fahrzeuges liegende Seiten über die Knotenpunkte hinaus verlängert sind und die Lagerstellen zum Auflegen des Rahmens auf die Köpfe der Glockenisolatoren tragen. Das untere Rohrgestell des Pantographenstromabnehmers wird durch vier abgesetzte Stahlrohre *a* gebildet, deren untere Enden mit Hilfe von Tempergußstücken *b* einerseits fest mit den beiden Hauptwellen *c*, andererseits gelenkig mit dem oberen Rohrgestell verbunden sind. Letzteres besteht aus zwei geschweißten H-förmigen Rohrrahmen *e*, die an ihren oberen Enden gelenkig miteinander verbunden sind. Die Enden der Längsrohre dieser Rahmen sind gleichfalls mit Tempergußstücken *f*, *g* versehen, die als Gabeln bzw. Augen ausgebildet sind, um die gelenkige Verbindung untereinander bzw. mit dem unteren Rohrgestell zu ermöglichen.

Das zur Überwindung des Gewichtsmomentes aus Wippe und Schleifbügel und zur Erzeugung des Anpressungsdruckes erforderliche Gegendrehmoment an den Hauptwellen wird durch die beiden Zugfedern *m* und die Zusatzfeder *n* erzeugt. Von den Zugfedern *m* ist je eine auf jeder Seite des Stromabnehmers zwischen den Hauptwellen angeordnet; beide Enden der Zugfedern greifen unter Zwischenschaltung von Zugbolzen und Ketten an Kurvenscheiben *o* an, die an den Tempergußstücken *b* des unteren Rohrgestelles befestigt sind. Die Zusatzfeder *n* liegt dicht neben einer der Zugfedern *m* und greift mit dem einen Ende ebenfalls an einer Kurvenscheibe *o* an, während das andere Ende mittels eines Kreuzkopfes an der Kolbenstange des Druckluftzylinders befestigt ist.

Damit ein zu starkes Anschlagen des hochgehenden Stromabnehmers gegen die Fahrleitung und ein heftiges Aufschlagen des niedergehenden Stromabnehmers auf das Wagendach vermieden wird, ist die Federung so eingerichtet, daß die beiden Zugfedern *m* den größten Teil (etwa $^2/_3$) des Eigengewichtes der Wippe mit Schleifbügel ausgleichen, während die mit dem Luftzylinder verbundene Zusatzfeder *n* in gespanntem Zustande den Rest des Eigengewichtes ausgleicht und den Anpressungsdruck erzeugt. Wird also die Zusatzfeder durch den Druck im Luftzylinder gespannt, so erhält der Stromabnehmer beim Hochgehen nur die Beschleunigung, welche dem durch die Zusatzfeder erzeugten Drehmoment entspricht; beim Entspannen der Zusatzfeder durch Ablassen der Druckluft aus dem Luftzylinder legt sich der Stromabnehmer nieder, wobei die gespannt bleibenden Zugfedern *n* dämpfend wirken. Durch die Form der Kurvenscheiben wird der Hebelarm, an dem die Federn angreifen, derart geändert, daß trotz des veränderlichen Gewichtsmoments des Pantographengestells und der veränderlichen Federspannung der Anpressungsdruck der Wippe, welcher senkrecht zum Fahrdraht gemessen im allgemeinen 4 bis 5 kg betragen soll, in jeder Höhenlage praktisch gleich ist.

Die Wippe wird durch je zwei an jeder Seite des Stromabnehmers angeordnete Zugfedern *p* in senkrechter Lage gehalten. Das auf dem durchgehenden Rohr *q* des Schleifbügels aufgesetzte Schleifstück besteht aus dem eigentlichen Aluminium-Schleifstück *r* und den beiderseitig verschiebbar angeordneten Auflaufstücken *s* aus Rotguß.

Der Druckluftantrieb *E* ist auf einem der Seitenrohre des Stromabnehmeruntergestells angeordnet, er besteht aus dem Zylindergehäuse mit Befestigungstatzen, dem Kolben, der Kolbenstange, dem Kreuzkopf und der Führungsstange. An dem einen Ende des Kreuzkopfes greift die schon erwähnte Zusatzfeder *n* an, während am anderen Ende der Hebel des Abschalters angelenkt ist. Der Abschalter *F* hat den Zweck, den niedergelegten Stromabnehmer selbsttätig von der zwischen den beiden Stromabnehmern angeordneten Verbindungsleitung abzuschalten; der niedergelegte, etwa unbrauchbar gewordene Stromabnehmer ist also spannungslos, auch wenn der zweite Stromabnehmer des Fahrzeuges noch am Fahrdraht anliegt. Mit dem Hochgehen des Stromabnehmers erfolgt die Anschaltung an die Verbindungsleitung durch Einschlagen eines Kontaktmessers in die an letzterer angebrachte Kontaktfeder.

Da der Druckluftzylinder infolge seiner Anbringung am Untergestell bei hochgestelltem Stromabnehmer unter Spannung steht, so ist es erforderlich, in die zum Zylinder führende Luftleitung eine Isolation einzuschalten. Diese Isolation ist doppelt durch Hintereinanderschaltung zweier Luftleitungsisolatoren *G* ausgebildet, die als in der Längsachse durchbohrte Porzellan-Dreimantel-Glockenisolatoren ausgeführt sind. Das Fußteil des ersten Isolators, das auch den Anschlußstutzen für die Zuführungsleitung enthält, ist auf dem Lokomotivdach, das des

[1] Siehe El. Bahnen 1927, S. 105.

zweiten mit Anschlußstutzen zum Luftzylinder am Untergestell des Stromabnehmers befestigt; die Kappen der beiden Isolatoren sind durch einen Metallschlauch *S* mit Gummieinlage verbunden.

Die namentlich bei europäischen Fahrleitungsanlagen wichtige Dämpfung beim Anlegen an den Fahrdraht kann auch erreicht werden, wenn man außer den im Hubsinn wirkenden Federn eine im Senksinn wirkende Zusatzfeder anordnet und deren subtraktive Wirkung beim Anheben durch Druckluft sukzessive aufhebt[1]). Nach diesem Prinzip sind die Stromabnehmer der S. B. B. gebaut, deren konstruktive Ausbildung in der Ausführung von B. B. C. Abb. 248 zeigte und deren Wirkungsweise an Hand dieser und der schematischen Abb. 255 erläutert werden möge.

Wird zum Zwecke des Anhebens des Stromabnehmers Druckluft in den Zylinder *A* eingelassen, so bewegt sich der Kolben mit der Stange *k* nach rechts, nimmt die Doppelstange *g* mit, die ihrerseits unter Vermittlung der um *o* drehbaren Hebel *x* und der Stangen *t* das beidseits des Zylinders angeordnete Rückzugsfederpaar *F* spannt. In die Stangen *t* sind die Schlaufen *s* eingeschaltet, in denen die auf die Stromabnehmerwellen *w* wirkenden Antriebshebel *b* mit ihrem einen Ende geführt werden. Mit der Bewegung der Stangen *t* wandern auch die Schlaufen *s* nach links, die durch deren linkes Ende auf die Hebel *b* bewirkte Blockierung wird aufgehoben und die gemäß Abb. 248 über besondere Hebel *h* auf die untereinander gekuppelten Wellen *w* wirkenden wieder je zu zweit beidseits des Zylinders *A* angeordneten Zugfedern *z* treiben den Stromabnehmer hoch. Dabei vollzieht sich die Bewegung dadurch mit einer gewissen Dämpfung, daß beim Aufwärtssteigen (Drehung der linken Stromabnehmerwelle *w* im Uhrzeigersinn), die Hebel *b* (Abb. 255) nach links ausschwenken und damit unter Anschlag ihres unteren Endes an das linke Ende der Schlaufen *s* immer wieder unter Einfluß der Rückzugfeder *F* kommen. Das Senken des Stromabnehmers wird durch Verbindung des Zylinders *A* mit der Atmosphäre bewirkt, der Kolben des Zylinders wird entlastet und die Rückzugfedern *F* betätigen durch Vermittlung der Schlaufen *s* die Stromabnehmerwellen *w* im Senksinn. Verstärkt wird die Dämpfung der Bewegung beim Heben wie beim Senken durch ein in die Druckluftleitung eingeschaltetes Drosselventil, das nur so viel Luft in den Zylinder einströmen läßt, als für das langsame Hochgehen des Stromabnehmers notwendig ist. Beim Senken passiert die abströmende Druckluft wieder das Drosselventil, aber jetzt mit verändertem Durchgangsquerschnitt. Dieser läßt sich auch durch eine Hebelverbindung mit dem Gestänge des Stromabnehmers von der jeweiligen Stellung des letzteren in Abhängigkeit bringen[2]).

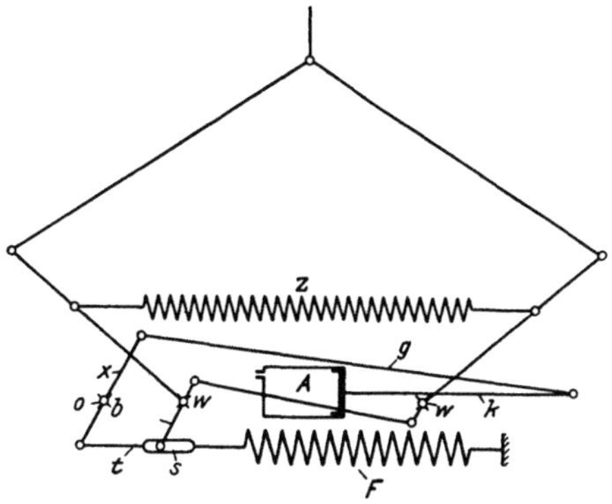

Abb. 255. Schematisches Bild des Pantographenstromabnehmers der S. B. B.-Bauart BBC.

Bei der zuletzt behandelten zweifellos vollkommensten Form der Stromabnehmerbetätigung muß allerdings ein Mehr an Federmaterial in Kauf genommen werden. Denn die Federn *z* haben nach Überwindung des gesamten Stromabnehmergewichtes und der inneren Reibung in den Gelenken den Auftrieb zu erzeugen, während die Rückzugfedern *F* beim Senken den Auftrieb einschließlich der Reibung wieder zu überwinden und außerdem dem Stromabnehmer eine gewisse Beschleunigung im Senksinn zu erteilen haben.

Ist nach einer längeren Betriebspause keine Druckluft im Behälter vorhanden, so benutzt man für das erste Wiederanheben des Stromabnehmers eine Handluftpumpe (Abb. 189), die häufig doppelt, d. h. in jedem Führerstand vorhanden zu sein pflegt und gewöhnlich dauernd unter Zwischenschaltung eines Absperrschiebers an die zu den Druckluftzylindern *A* der Stromabnehmer führenden Luftleitung angeschlossen ist. Dieses immerhin etwas umständliche Verfahren, dessen Anwendung bei hohen Anpressungsdrucken ohnehin Schwierigkeiten begegnet, läßt sich bei Stromabnehmern der vorher beschriebenen Art dadurch umgehen, daß die Einwirkung der Rückzugfeder auf die Zugfedern durch Entkuppelung der Antriebsorgane vorübergehend aufgehoben wird[3]).

In diesem Zusammenhang sei schließlich die von der Deutschen Reichsbahn-Gesellschaft als Einheitsbauart verwendete Bügelbetätigungsvorrichtung ausführlicher beschrieben, deren Gesamtanordnung Abb. 256 zeigt und die namentlich auch in der Art des Zusammenwirkens mit der Druckluftbetätigung des Hauptschalters (Ölschalters) von Interesse

[1]) Schweiz. P. 68430, D. R. G. M. 636362 (J. Buchli). [2]) Schweiz. P. 77318 (M. F. O.).
[3]) D. R. P. 303181, Schweiz. P. 75301 (M. F. O.).

ist. Die Regelung der Druckluftzufuhr zu den Zylindern von Stromabnehmer und Ölschalter geschieht durch die Führerbügelventile, von denen auf jedem Führerstand eins angeordnet ist, und durch das nur einmal auf jeder Lokomotive vorgesehene Einstellventil.

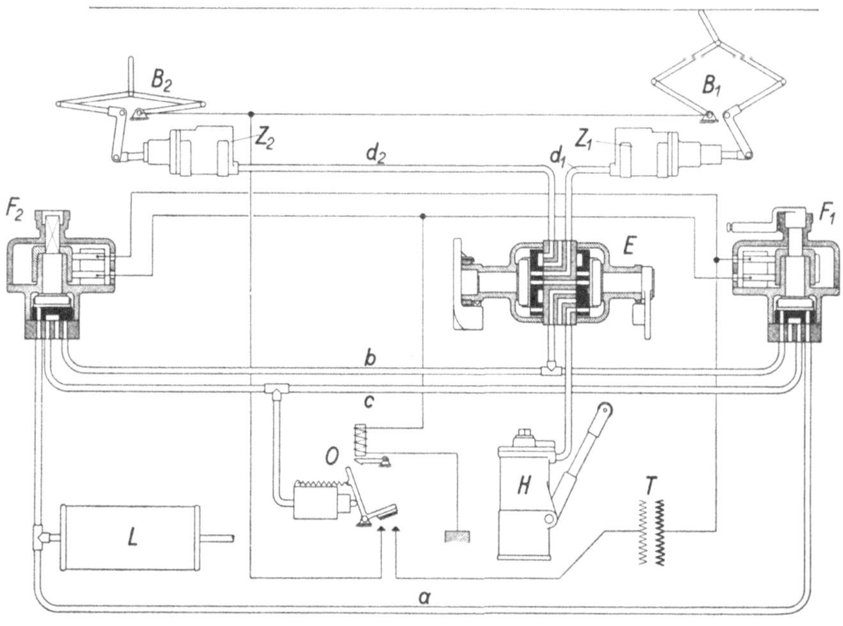

Abb. 256. Gesamtanordnung der Stromabnehmerbetätigung bei den Lokomotiven der D. R. G. (Knorr-Bremse A.-G.)

L Luftbehälter, *H* Handpumpe, *T* Transformator, *O* Ölschalter, *E* Einstellventil, *F* Führerbügelventil, *Z* Bügelzylinder, *B* Stromabnehmerbügel, *a* Druckleitung, *b* Bügelleitung, *c* Ölschalterleitung, *d* Verteilungsleitungen.

Bei Beginn des Betriebes, solange sich noch kein Druckluftvorrat in dem Hauptbehälter befindet, wird hier die zum Aufrichten eines Bügels erforderliche Druckluft mittels einer Handpumpe (s. S. 153 Abb. 189) erzeugt.

Sowohl die Führerbügelventile als auch das Einstellventil sind so gestaltet, daß sich nach Lösen weniger Schrauben die die Schieberspiegel tragenden Mittelteile und die die Schieberkammer bildenden Oberteile von den die Rohranschlüsse enthaltenden Unterteilen abnehmen lassen. Schieberspiegel und Schieber können daher im Bedarfsfalle ohne Lösen von Rohrverbindungen entfernt und, wenn nötig, nachgearbeitet werden.

Das Einstellventil (Abb 257) besteht aus zwei voneinander unabhängigen Schieberventilen, die sich auf einen gemeinsamen Unterteil aufbauen. Das eine derselben dient zum Umschalten von Handpumpe auf Motorpumpe und umgekehrt, das zweite ermöglicht die wahlweise Speisung des einen, des anderen oder beider Bügelzylinder mit Druckluft.

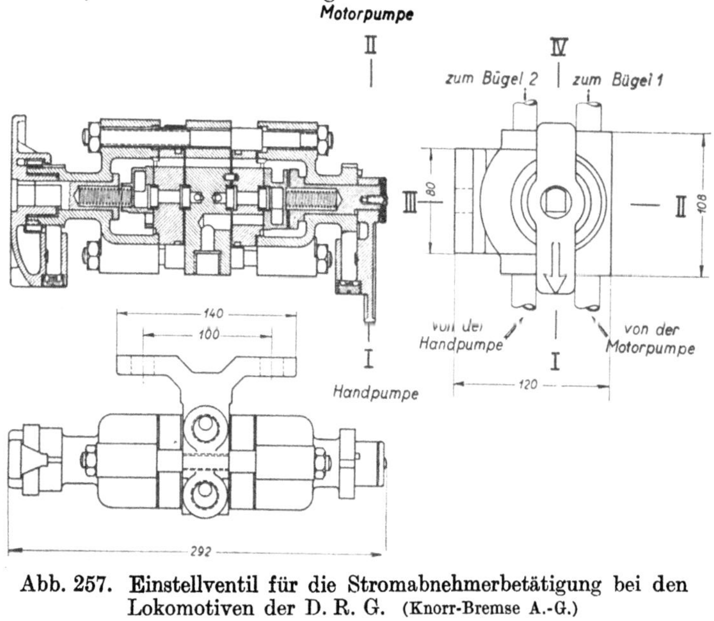

Abb. 257. Einstellventil für die Stromabnehmerbetätigung bei den Lokomotiven der D. R. G. (Knorr-Bremse A.-G.)

In das mit Befestigungslappen versehene Unterteil münden von unten zwei Rohre, welche Druckluft von der Handpumpe unmittelbar bzw. vom Hauptbehälter über die Führerbügelventile zuführen. Nach oben zweigen zwei Rohre ab, die die Druckluft zu den beiden Bügelzylindern leiten.

Die beiden Schieberkammern stehen in dauernder Verbindung miteinander.

Die Bedienung des rechts liegenden Pumpeneinstellventils geschieht mittels eines fest auf die Steuerwelle aufgeschraubten Handgriffs, der zwei Stellungen einnehmen kann.

In Stellung *I* „Handpumpe“ zeigt der Griff nach unten; die Handpumpe ist an die Schieberkammern angeschlossen und die von den Führerbügelventilen kommende Leitung verschlossen.

In Stellung *II* „Motorpumpe“ zeigt der Griff nach oben; die von den Bügelventilen kommende Leitung ist an die Schieberkammern angeschlossen und die von der Handpumpe kommende Leitung mit dem Auspuff verbunden.

Das links liegende Bügeleinstellventil wird durch einen abnehmbaren Knebelgriff bedient, der als einziger zugelassener Schlüssel auch zum Öffnen der etwa vorhandenen Hochspannungsräume bestimmt ist. Er kann folgende vier Stellungen einnehmen, die durch einen aufgegossenen Pfeil kenntlich gemacht sind.

I. „Bügel nieder“ (Pfeil weist nach unten). Die zu den Bügelzylindern führenden Verteilungsleitungen sind beide entlüftet. Nur in dieser Stellung läßt sich der Knebelgriff zum Öffnen der nunmehr spannungslosen Hochspannungsräume vom Ventil entfernen.

II. „Ein Bügel hoch“ (Pfeil zeigt nach vorn). Die vordere Verteilungsleitung steht unter Druck, die hintere ist entlüftet.

III. „Anderer Bügel hoch“ (Pfeil zeigt nach hinten). Die hintere Verteilungsleitung steht unter Druck, die vordere ist entlüftet.

IV. „Beide Bügel hoch“ (Pfeil weist nach oben). Beide Verteilungsleitungen werden mit Druckluft gespeist.

Das Führerbügelventil (Abb. 258) vereinigt in sich ein Schieberventil zum Steuern der Druckluftzylinder und einen Walzenschalter zum Schließen eines Hilfsstromkreises für den Auslösemagneten des Ölschalters. Die Betätigung beider Vorrichtungen geschieht mittels einer gemeinsamen Steuerwelle, auf die der abnehmbare Führerhebel aufgesteckt wird. Derselbe läßt sich um volle 360° drehen und kann durch Rasten gekennzeichnete Stellungen einnehmen. In das Unterteil des Führerbügelventils münden drei Rohre; die vom Luftbehälter kommende Druckleitung, die zum Einstellventil führende Bügelleitung und die Ölschalterleitung. Der Walzenschalter wird von einer Kappe umgeben, auf der die Rastenscheibe befestigt ist.

Von den sieben Hebelstellungen sind drei Betriebsstellungen, zwei Betätigungsstellungen und zwei Zwischenstellungen.

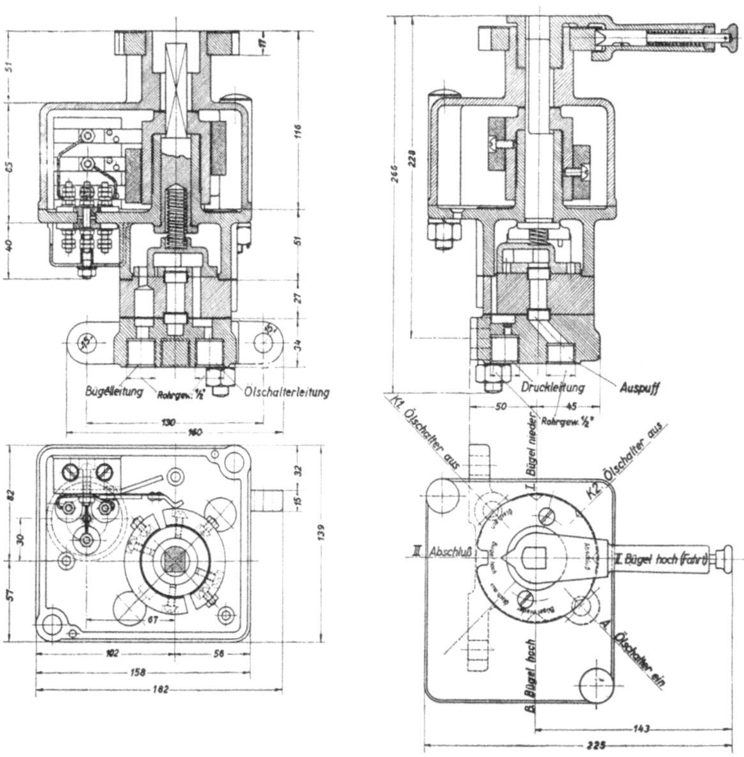

Abb. 258. Führerbügelventil für die Stromabnehmerbetätigung bei den Lokomotiven der D. R. G. (Knorr-Bremse A. G.)

Die drei Betriebsstellungen haben folgende Bedeutung:

I. „Bügel nieder“. Die Bügelleitung steht über eine reichlich bemessene Öffnung mit dem Auspuff in Verbindung; die Ölschalterleitung ist abgeschlossen, der Hilfsstromkreis geöffnet.

II. „Bügel hoch“. Die Bügelleitung wird aus der Druckleitung aufgefüllt, die Ölschalterleitung ist mit dem Auspuff verbunden, der Hilfsstromkreis geöffnet.

III. „Abschluß“. Die Bügelleitung ist verschlossen. Die Ölschalterleitung wird über eine kleine Bohrung entlüftet, so daß Druckluft, die etwa durch Undichtigkeiten zutritt, sofort entweichen kann. Der Hilfsstromkreis ist unterbrochen. Nur in dieser Stellung kann der Führerhebel von der Steuerwelle abgezogen werden.

Die beiden Betätigungsstellungen haben folgende Bedeutung:

A — Ölschalter ein — Bügelleitung und Ölschalterleitung sind in Verbindung mit der Druckleitung; der Hilfsstromkreis ist unterbrochen.

K 2 — Ölschalter aus — Bügelleitung und Ölschalterleitung sind abgeschlossen; der Hilfsstromkreis ist geschlossen.

Die beiden Zwischenstellungen haben folgende Bedeutung:

K 1 — Die Verhältnisse sind die gleichen wie in *K 2*.

B — Die Bügelleitung erhält Druckluft, die Ölschalterleitung ist verschlossen, der Hilfsstromkreis geöffnet.

Der Führerhebel läßt sich entgegen der Uhrzeigerrichtung ungehindert im Kreise bewegen; in Uhrzeigerrichtung findet er jedoch in Stellung *B* einen Anschlag durch den entsprechend ausgebildeten Ausschnitt der Rastenscheibe. Das Hindernis kann durch Anlüften des Raststiftes mittels des an seinem freien Ende vorgesehenen Knopfes überwunden werden, wenn beim Wechseln des Führerstandes die Lokomotive unter Spannung bleiben soll. Es dient nur als Erinnerungszeichen, daß der Führerhebel nach dem Abziehen vom Ventil sofort auf dem anderen Führerstand wieder aufgesteckt und in eine der beiden Betriebsstellungen *I* oder *II* gebracht werden muß.

Handhabung und Wirkungsweise der Anordnung vollzieht sich folgendermaßen:

Ist bei Betriebsbeginn im Hauptbehälter nicht genügend Druck zum Aufrichten der Bügel vorhanden, dann wird

1. der Einstellhebel des Pumpeneinstellventils in die Stellung „Handpumpe“ (Griff nach unten), der Knebelgriff in Stellung *II* oder *III* (ein Bügel hoch) gebracht, und zwar wird zweckmäßig der der Handpumpe zunächstgelegene Bügelzylinder angeschlossen, um möglichst wenig Leitung aufpumpen zu müssen;
2. der Führerhebel in das zunächst zu benutzende Bügelventil eingesetzt und in Uhrzeigerrichtung nach Stellung *II* (Bügel hoch) bewegt;
3. mittels der Handpumpe der angeschlossene Bügelzylinder aufgepumpt. Nachdem sich der Führer durch Augenschein überzeugt hat, daß der Bügel anliegt, wird
4. der Ölschalter von Hand geschlossen und
5. die Motorpumpe durch Schließen des Handschalters angestellt. Der Druck im Bügelzylinder wird durch wiederholte Betätigung der Handpumpe so lange aufrechterhalten, bis im Hauptbehälter genügender Betriebsdruck vorhanden ist. Alsdann wird
6. das Einstellventil auf „Motorpumpe“ (Einstellgriff nach oben) umgelegt.

Sollen während der Fahrt beide Bügel anliegen, so wird ferner der Knebelgriff in die Stellung IV „beide Bügel hoch“ (Pfeil nach oben) gedreht.

Der Hauptbehälter steht nunmehr über die Druckleitung, das Führerbügelventil, die Bügelleitung, das Einstellventil und die Verteilungsleitungen mit den beiden Bügelzylindern in Verbindung.

Ist im Hauptbehälter bei Betriebsaufnahme genügender Druck vorhanden, dann wird

1. festgestellt, ob der Knebelgriff des Einstellventils die richtige Lage einnimmt. Soll mit beiden Bügeln gefahren werden, so muß er sich in Stellung *IV*, anderenfalls in Stellung *II* oder *III* befinden.

2. Der Führerhebel wird auf das zu benutzende Führerbügelventil aufgesetzt und in Uhrzeigerrichtung nach Stellung *II* zu bewegt; dabei werden über das Einstellventil die angeschlossenen Bügelzylinder mit Druckluft gespeist und die Bügel gehen hoch. Nachdem sich der Führer durch Augenschein von dem Anliegen der Bügel überzeugt hat, wird der Führerhebel weiter bis in die Stellung *A* gedreht; dabei strömt Druckluft über die Ölschalterleitung zum Schaltzylinder und schließt den Ölschalter. Durch die kleine Entlüftungsbohrung im Führerbügelventil des unbesetzten Führerstandes bläst vorübergehend etwas Luft aus der Ölschalterleitung ab, ohne jedoch die Wirkung des Schaltzylinders zu beeinträchtigen.

Nach kurzem Anhalten in *A* wird der Führerhebel nach Stellung *2* zurückgebracht.

Während der Fahrt mit hochgestellten Bügeln verbleibt der Hebel des Führerbügelventils in Stellung *2*. Soll der Ölschalter ausgeschaltet werden, so wird der Hebel in die Stellung *K 2* gebracht. Zum Wiedereinschalten wird der Führerhebel über *II* nach *A* gebracht, daselbst einen Augenblick belassen und dann nach *II* zurückbewegt. Sollen die Bügel zeitweilig niedergelegt werden, so wird der Hebel entgegen der Uhrzeigerrichtung nach *K 2* gebracht, hier kurze Zeit belassen und dann nach *I* weiterbewegt. In *K 2* wird der Hilfsstromkreis geschlossen und infolgedessen der Ölschalter geöffnet; in *I* wird die Bügelleitung nebst den angeschlossenen Bügelzylindern entlüftet, und die Bügel senken sich.

Bei Beschädigung eines Stromabnehmers wird derselbe durch Umschalten des Bügeleinstellventils niedergelegt und mit dem unbeschädigten Bügel weitergefahren.

d) Anheben durch Saugwirkung. Bei Stromabnehmern dieser Art erhalten die Betätigungsfedern ihre Spannung durch einen Vakuumzylinder, dessen Kolben vom äußeren Atmosphärendruck bewegt wird. Dabei kann entweder der Vakuumkolben alle Federn spannen, was wieder zur Anwendung hoher Unterdrücke führt, oder aber man läßt die vom Vakuumzylinder zu spannenden Federn dem Stromabnehmer lediglich den nötigen Auftrieb geben und gleicht wie früher das Stromabnehmergewicht und dessen Reibung durch besondere Federn ab. Dadurch werden die Zylinderabmessungen wesentlich kleiner. Im allgemeinen sind mittels Vakuum betätigte Stromabnehmer verhältnismäßig selten; da sie an das Vorhandensein von Vakuum gebunden sind, das besonders zu erzeugen eine wesentliche Komplikation bedeuten würde, können sie nur für Fahrzeuge mit Vakuumbremsung in Frage kommen, wo also die Vakuumpumpe mit angeschlossenem Rohrnetz ohnehin vorhanden ist.

Abb. 259. Doppelstromabnehmer mit mechanischem Bügelwechsel. — Breiter Bügel oben. (Ö. S. S. W.)

ε) Doppelstromabnehmer. Bei manchen Bahnanlagen ist das Profil der Tunnel und Durchlässe im Profil enger. Dort kann es vorkommen, daß die für die Mastentfernung der freien Strecke bemessene Wippen- bzw. Schleifstücklänge zu groß ist. Es ist daher notwendig, einen besonderen Stromabnehmer mit kürzerer Wippe für die Befahrung dieser Streckenteile vorzusehen. Da bei letzteren aus den gleichen Gründen die Fahrdrahthöhe eine unter Umständen wesentlich niedrigere ist, wird man zweckmäßig die Konstruktion dieser Doppelstromabnehmer so ausbilden, daß bei einer bestimmten Fahrdrahttieflage der Stromabnehmer mit normaler Wippe sich selbsttätig niederlegt und dabei den Tunnelstromabnehmer mit kurzer Wippe hochzieht.

Beim Doppelstromabnehmer der 1 C—C 1-Lokomotiven (Reihe 1100)[1] der Ö. B. B. erfolgt dabei das Umlegen der Stromabnehmer durch ein Druckluftventil, das von der Bewegung des Stromabnehmergestänges betätigt wird. Sinkt die Fahrdrahthöhe unter ein gewisses Maß, d. h. wird der Stromabnehmer mit der breiten Wippe hier unter 5,3 m über S. O. heruntergedrückt, so bewirkt die Verdrehung des Bügelventils, daß der Stromabnehmer mit schmaler Wippe Druckluft erhält und gegen den Fahrdraht angehoben wird. Bei der weiteren Absenkung des Fahrdrahtes wird der Zylinder des Stromabnehmers mit voller Wippenbreite vollständig entlüftet und letzterer sinkt nieder, sobald die Fahrdrahthöhe 5 m erreicht, während der Tunnelstromabnehmer am Fahrdraht bleibt. Bei Anstieg des Fahrdrahtes bei der Tunnelausfahrt geht der Vorgang in umgekehrter Weise vor sich.

Abb. 260. Doppelstromabnehmer mit mechanischem Bügelwechsel. Schmaler Bügel oben. (Ö. S. S. W.)

Bei den E-Lokomotiven (Reihe 1080[2]) und 1080.100) sowie den 1 D_0 1-Lokomotiven der

[1]) E. u. M. 1923, S. 361. — Ähnlich ist der Doppelstromabnehmer gemäß Schweiz. P. 96411 (L. Mandich) und gemäß F. P. 605198 (L. Faiveley).
[2]) E. u. M. 1921, S. 195; 1923, S. 234; 1924, S. 360.

Reihen 1570[1]) und 1670 und den E-Güterzuglokomotiven der Reihe 1280 der Ö. B. B. sind Haupt- und Tunnelstromabnehmer derart zu einer Einheit zusammengebaut, daß auf den vier gemeinsamen Tragarmen zwei Obergestelle mit besonderen Gelenklagerungen und verschiedenen Abmessungen aufgebaut sind (Abb. 259 und Abb. 260)[2]). Bei einer Fahrdrahthöhe von rund 5100 mm über S. O. liegen beide Stromabnehmeroberteile am Fahrdraht an, bei den höheren Lagen nur der breite, bei den niederen Lagen der schmale allein. Das Senken des Stromabnehmeroberteils mit breiter Wippe erfolgt beim Einfahren in den Tunnel mit seiner niederen Fahrdrahthöhe vollkommen zwangläufig ohne Verwendung von gesteuerten Ventilen oder dergleichen.

2. Stromabnehmer für dritte Schiene.

Diese sind ausgesprochene Stromabnehmer für Niederspannung, und zwar in erster Linie wegen der Schwierigkeiten, die Stromschiene oder dritte Schiene, die zuerst bei amerikanischen Vorort- und Untergrundbahnen und in den großen New Yorker Kopfbahnhöfen angewendet wurde und von dorther nach Europa gekommen ist, für höhere Spannungen sicher gegen Erde zu isolieren. Weniger schwierig dürfte es sein, den Stromabnehmer oder Gleitschuh für höhere Spannungen zu bauen, wenn auch das Problem wegen der beengten Raumverhältnisse und der großen Nähe durchwegs geerdeter Teile konstruktiv nicht leicht zu lösen ist. In Amerika hat die Michigan Railway vor einigen Jahren einen Versuch mit Stromschienenbetrieb mit 2400 Volt Spannung gegen Erde gemacht, der jedoch mißlungen ist, und der Betrieb mußte, da man der dauernden Isolationsdurchschläge sowohl bei der Streckenanlage wie bei der Fahrzeugausrüstung nicht Herr werden konnte, auf 1200 Volt umgeschaltet werden. Die Spannung von 1200 Volt ist auch heute noch die höchste bis jetzt in Amerika bei dritter Schiene angewendete Spannung. Die hauptsächlich verwendeten Spannungen liegen dort zwischen 500 und 650 Volt, und zwar handelt es sich dabei fast ausschließlich um Gleichstrom, wie bei der Pennsylvania-Bahn (New York Terminus), der New York Central & Hudson River Rd und der New York, New Haven & Hartfordbahn, wo letztere mit ihren einphasigen Fahrzeugen unter Umschaltung auf Gleichstrom den Bahnkörper der ersteren befahren. In Europa findet sich die dritte Schiene, von Vorort- und Untergrundstrecken in London, Berlin und Paris abgesehen, auf Vollbahnstrecken, die mit Lokomotiven befahren werden, nur auf den Strecken Mailand—Porto Ceresio (650 Volt) der FF. SS. und Paris—Juvisy der Paris—Orléans-Bahn (600 Volt). Die letztere Strecke wird auf die französische Normalspannung von 1500 Volt umgebaut werden, die dann die höchste bis jetzt für dritte Schiene verwendete Spannung darstellen wird. Die aus der niederen Spannung namentlich im schweren Lokomotivbetrieb resultierenden hohen Stromstärken lassen sich hingegen durch die schon aus mechanischen Gründen erforderlichen breiten Auflageflächen der Stromabnehmerschuhe mühelos abnehmen. Zudem werden, schon um bei den bei Weichen, Kreuzungen und Bahnübergängen angeordneten Unterbrechungen der Stromschiene die Stromzufuhr zur Lokomotive stets zu sichern, immer mindestens zwei Stromabnehmer in Parallelschaltung, je einer an jedem Lokomotivende, verwendet[3]). Insgesamt erhält daher die Lokomotive wegen der üblichen seitlichen Verlegung der Stromschiene mindestens vier Stromabnehmer, von denen also mindestens zwei an jeder Längsseite des Fahrzeuges gleichzeitig in Betrieb sind.

Die Konstruktion der Stromabnehmer ist bedingt durch die Art der Verlegung der Stromschiene. Je nachdem diese von oben oder unten gefaßt wird, unterscheidet man Stromabnehmer, die die Stromschiene nur von unten oder nur von oben bestreichen. Im ersteren Fall genügt in der Regel das Gewicht des Stromabnehmers zur Erzeugung des nötigen Anpressungsdruckes, im letzteren Fall wird dieser ausschließlich durch kräftige Federn bewirkt. Daneben gibt es Stromschienen, die wahlweise von oben und unten bestrichen werden. Die zugehörigen Stromabnehmer sind konstruktiv die interessantesten.

Die Stromabnehmer für die Bestreichung der Stromschiene von oben, wie sie beispielsweise bei den 1 C 1-Lokomotiven (Gruppe E 320 und Gruppe E 321)[4]) der FF. SS. (Mailand—Varese) angewendet werden, sind, wie Abb. 261 zeigt, je zu zweit an Holzbalken befestigt, die mittels

---

[1]) ETZ 1925, S. 374; E. u. M. 1926, S. 369. [2]) D. R. P. 373584, 383079 (S. S. W.).

[3]) Bei den 2 B—B 2-Lokomotiven der Pennsylvania Bahn (ETZ 1909, H. 52; 1913, H. 42) und den 1 D 1 Lokomotiven (Reihe E 21) der Paris—Orléans Bahn (BBC-Mitt. 1924, S. 51ff.) erfolgt die Stromabnahme an diesen Stellen durch zwei auf dem Lokomotivdach aufgestellte kleine Pantographen, die vom Führer durch ein durch Pedal betätigtes pneumatisches Ventil gehoben werden können und dann eine Luftschiene bestreichen.

[4]) E. K. B. 1913, S. 236; R. T. F. I. 1913, I, S. 145 bzw. BBC-Mitt. 1922, S. 261; R. T. F. I. 1924, II, S. 53.

Lager auf den zu Achsschenkeln verlängerten Achsen der Laufradsätze aufgesetzt sind. Eine Verdrehung der Holzbalken um den Lagerpunkt wird durch eine nach oben angesetzte Verlängerung des Lagerkörpers verhindert, welcher zwischen zwei starken Gleitbacken gehalten ist. Durch diese Konstruktion werden schädliche senkrechte Verschiebungen der Gleitschuhe und ihrer Aufhängung vermieden. Die gegossenen Gleitschuhe mit auswechselbarem Unterteil hängen mittels zweier Laschen gelenkig in massiven Trägern, die je am Ende des Holzbalkens mit diesem kräftig verschraubt sind und auch den Anschluß für die Ableitungskabel bilden. Der Stromabnehmerschuh ist mit dem Träger durch eine Anzahl gut flexibler Kabel verbunden, um die Gelenke der Gleitschuhaufhängung vor Stromdurchgang zu schützen. Vier derartige Gleitschuhe einer Seite gestatten eine anstandslose Stromabnahme von 3200 Amp von der stromführenden Schiene bei einer Höchstgeschwindigkeit von 95 km/h, d. h. 800 Amp für den einzelnen Schuh.

Bei den Stromabnehmern der erwähnten 2 B—B 2-Lokomotiven der Pennsylvania-Bahn sind die Gleitschuhe um eine in der Längsrichtung der Lokomotive liegende horizontale Achse drehbar gelagert und werden außer durch das Eigengewicht noch durch Spiralfedern, die um die Drehachse angeordnet sind, angedrückt[1]). Zudem ist noch eine zweite, an einem Hebel wirkende Spiralfeder, vorgesehen, die von Hand angespannt werden kann, wenn z. B. Eisbildung auf der Stromschiene einen erhöhten Druck erforderlich macht. Der normale Anpressungs-

Abb. 261. Stromabnehmerschuh der 1 C 1-Lokomotiven (Gruppe E 320 und E 321) der FF.SS. (Tecnomasio Italiano Brown Boveri.)

druck ist dort 16 kg je Schuh und kann durch das Anspannen der zweiten Feder bis auf 45 kg erhöht werden. An jedem Stromabnehmerbalken ist außerdem ein rostförmiger Eiskratzer angebracht, der mit Federduck angepreßt werden kann. Die Gleitschuhe der Pennsylvania-Bahn sind ebensowenig wie die vorher beschriebene europäische Konstruktion vom Führerstand aus steuerbar, im Notfall müssen sie durch Unterschieben von Holzkeilen von der Stromschiene isoliert werden. Die Pennsylvania-Bahn gibt die Lebensdauer ihrer Gleitschuhe zu 24000 Betriebskilometer im Sommer und zu 4800 im Winter an.

Bei den für Bestreichung von unten bekannt gewordenen Stromabnehmerkonstruktionen sind die Gleitschuhe, wie die vorher erwähnten der Pennsylvania-Bahn, stets um eine horizontale Achse drehbar angeordnet, nur werden dieselben hier naturgemäß durch Federn nach aufwärts statt nach abwärts angedrückt. Selbstredend muß die schwingende Bewegung des Stromabnehmerschuhs beim Ablaufen von der Stromschiene durch einen Anschlag[2]) begrenzt

[1]) Einen derart gebauten Stromabnehmerschuh haben auch die S. S. W. angegeben (D. R. P. 386558).
[2]) D. R. P. 370674 (S. S. W.).

werden. Der Ersatz der Bewegung des Stromabnehmerschuhs in vertikaler Richtung durch eine drehende erleichtert die konstruktive Durchbildung einer willkürlichen Betätigung vom Führerstand aus, die bei den Stromabnehmern der New York-, New Haven & Hartford-Bahn in Form einer direkt auf die Stromabnehmerwelle wirkenden Druckluftsteuerung ausgeführt ist, die beim Übergang dieser Fahrzeuge vom einphasigen (11000 Volt) Fahrleitungsbetrieb auf den Gleichstrombetrieb mit dritter Schiene (600 Volt) die Stromabnehmerschuhe senkrecht nach abwärts stellt bzw. beim Übergang in umgekehrter Richtung wieder anhebt. Abb. 262 zeigt einen derartigen Stromabnehmer, der außerdem mit einem Hilfsdruckluftzylinder ausgerüstet ist, durch den der Stromabnehmerschuh bei einem zwischen diesem und dem Hauptschalter also vor dem letzteren auftretenden Kurzschluß um etwa 80 mm gesenkt werden kann. Dabei wird der Kurzschlußlichtbogen zwischen Stromschiene und Stromabnehmerschuh durch die Blaswirkung des starken, konzentrisch um die Stromschiene entstehenden magnetischen Feldes des Kurzschlußstromes zum Verlöschen gebracht.

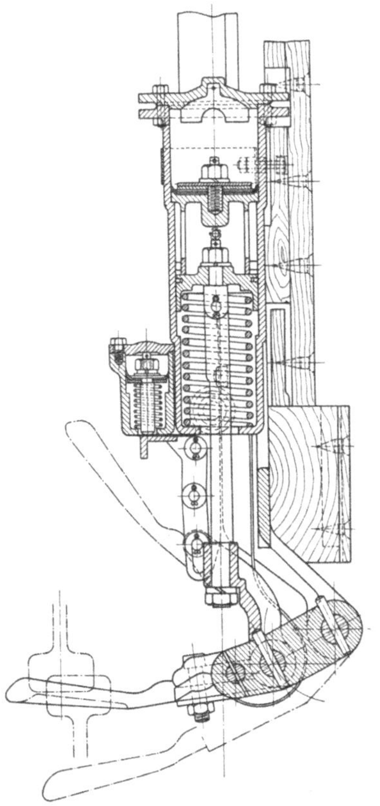

Abb. 262. Stromabnehmerschuh für Druckluftbetätigung von den Führerständen aus. (Westinghouse Elc. & Mfg. Co.)

Eine andere gleichfalls in Amerika übliche Art der Fahrzeugsicherung gegen die Folgen vor dem Hauptschalter auftretender, mehr oder weniger vollkommener Kurzschlüsse besteht in der Verwendung eines Schnellschlußmesserschalters, der den Stromabnehmerschuh unmittelbar erdet und damit den Kurzschluß zu einem vollkommenen macht, der nun sicher vom nächsten Unterwerk aus abgeschaltet wird. Die europäische Praxis sieht neuerdings unmittelbar hinter dem Stromabnehmerschuh und neben diesem montiert einen Trennschalter mit parallelgeschalteter Schmelzdrahtsicherung vor. Bei auftretenden Kurzschlüssen zwischen Stromabnehmerschuh und Hauptschalter wird das Trennmesser mehr oder weniger stromlos betätigt, da vorerst Stromschluß noch über die Sicherung erhalten bleibt, die so bemessen ist, daß sie etwa erst nach 1 bis 2 Sekunden und nicht momentan durchschmilzt.

Eine die Konstruktion von Auslege-Stromabnehmern der beschriebenen Art grundsätzlich erschwerende Forderung besteht darin, daß die Stromschiene stets außerhalb des Lichtraumprofils verbleiben muß, damit die Fahrzeuge, die das Wagenprofil ausfüllen, einen ausreichenden Abstand von derselben behalten. Der Teil des außerhalb des Lichtraumprofils liegenden Raumes aber, der für Unterbringung der Stromschiene in Betracht kommt, wird nun vielfach von bestehenden Brückenträgern eingenommen, so daß an diesen Stellen die Lage der Stromschiene beträchtlich erhöht werden muß. Dies bedingt aber einen Stromabnehmer mit entsprechend vergrößerter Beweglichkeit, da ja dessen Schleifstück in allen Höhenlagen einen guten Flächenkontakt mit der Stromschiene behalten muß.

Eine interessante Konstruktion eines Doppelgelenkstromabnehmers für stark verschiedene Höhenlage der Stromschiene in Verbindung mit wahlweiser Bestreichung der letzteren von oben oder unten zeigt Abb. 263[1]) schematisch. In dem mit dem Holzträger *a* fest verbundenen massiven Gußstück *c* ist der Hebel *d* drehbar gelagert, der an seinem anderen Ende wieder drehbar gelagert den Stromabnehmerhebel *e* aufnimmt. Das freie Ende *f* des Hebels *e* ist zur abwechselnden Stromabnahme von unten und von oben eingerichtet. Auf dem Hebel *d* ist bei *g* drehbar gelagert der Lenker *h*; dieser greift am unteren Ende bei *f* am Stromabnehmerhebel *e* an, während sein oberes Ende im Gußstück *c* bei *k* gelagert ist. In den Punkten *i* und *k* sind Schlitzführungen vorgesehen, um Klemmungen bei verschiedenen Höhenlagen des Stromabnehmers zu vermeiden.

Gleichfalls darüber im Gußstück *c* gelagert ist der Mitnehmerhebel *l*, dessen Ausschlag nach oben begrenzt ist. Er wird durch die Feder *m* nach oben gezogen und nimmt bis zur Erreichung seiner Hubbegrenzung den Hebel *d* mit.

[1]) D. R. P. 360938 (AEG). — Siehe ferner die Anordnungen gemäß D. R. P. 360939 (S. S. W.), D. R. P. 388726 (B. B. C.) und D. R. G. M. 862453 (B. B. C.).

Die Arbeitsweise des Stromabnehmers ist nun folgende: Auf der freien Strecke, auf der die Stromschiene die mit *n* bezeichnete Lage einnimmt, zieht die Feder *m* den Mitnehmerhebel *l* und damit den Hebel *d* nach oben, wodurch das Stromabnehmerende *f* gegen die Stromschiene *n* gedrückt wird. Der Lenker *h* sorgt hierbei dafür, daß der Stromabnehmerdeckel *e* seine horizontale Lage beibehält.

Wird die Stromschiene *n* unterbrochen, so gleitet der Stromschuh *f* nach oben, bis der Anschlag des Mitnehmerhebels *l* die Zugkraft der Feder *m* hemmt. Auch in der Lage, die der Stromabnehmer einnimmt, wenn keine Stromschiene vorhanden ist, wird der Stromabnehmerhebel *e* horizontal gehalten.

Berührt der Stromabnehmerschuh *f* das Anlaufende der Brückenschiene *o*, so wird er angehoben und drückt nunmehr nur durch sein Eigengewicht auf diese, da die Feder *m* nicht mehr zur Wirkung kommt. Bis zur Erreichung der höchsten Gebrauchslage, die in der Zeichnung zum Teil ebenfalls dargestellt ist, wird der Stromabnehmerhebel *e* durch den Lenker *h* praktisch parallel zu seiner tiefsten Lage gehalten, wodurch eine einwandfreie Stromabnahme gesichert ist.

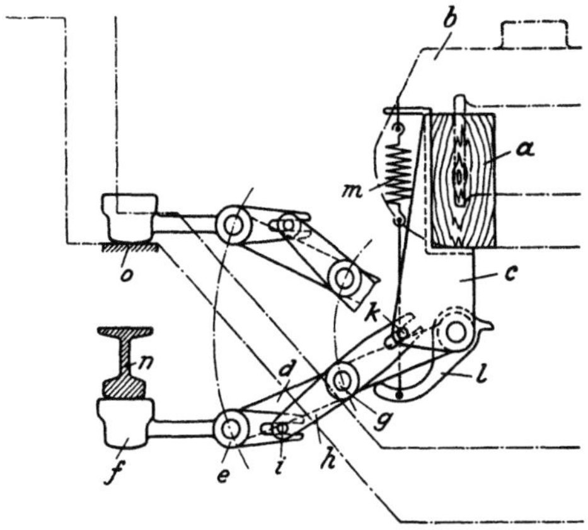

Abb. 263. Doppelgelenkstromabnehmer für dritte Schiene und wahlweiser Bestreichung derselben von oben und unten mit konstantem Kontaktdruck. (AEG.)

II. Dachausrüstung und Überspannungsschutz.

Von den Stromabnehmern abgesehen besteht die eigentliche Dachausrüstung aus einer auf Stützisolatoren verlegten, in Flachkupfer oder besser Kupferrohr ausgeführten Verbindungsleitung der beiden Stromabnehmer, in die unmittelbar nach den letzteren je ein vom Lokomotivinnern zu bedienender Trennschalter eingefügt ist. Die amerikanische Praxis deckt diese Trennschalter durch wasserdichte Hauben aus Stahlblech ab und bildet sie als Schwenkschalter mit zwei Stellungen aus. Die eine Stellung entspricht der normalen Einschaltung, die andere der Abtrennung bei gesenkten Stromabnehmern, wobei die Ableitung von letzteren aus Gründen der Sicherheit unmittelbar geerdet wird.

Zur Dachausrüstung gehört noch die Stromeinführung in den Lokomotivkasten in Form eines Porzellandurchführungsisolators, der der vergleichsweise niederen Spannungen wegen konstruktiv nichts Besonderes bietet.

Hin und wieder wird noch als eine Art Überspannungsschutz hinter die Stromabnehmer, und zwar entweder vor oder hinter der Dacheinführung eine eisenlose Drosselspule geschaltet, deren Schutzwert jedoch ein geringer ist. Im ersteren Fall gehört die Drosselspule zur Dachausrüstung und besteht aus einer Reihe von Flachkupferwindungen, die ebenso wie die Dachleitungen durch einen Lackanstrich vor oberflächlicher Oxydation geschützt werden. Im zweiten Fall besteht die Spule aus einer Anzahl Kabelwindungen auf einem Kern in Form eines Hartpapierrohres oder eines massiven Zylinders aus Ölholz.

Der eigentliche Überspannungsschutz hat die Aufgabe, Überspannungswellen, wie sie entweder als Folge direkter Blitzschläge in die Fahrleitung oder als Schaltüberspannungen in den Unterwerken über die Fahrleitung nach den Lokomotiven fortgeleitet werden, gleich hinter den Stromabnehmern mittelbar nach Erde abzuleiten, um die elektrischen Ausrüstungsteile der Lokomotiven vor den unter Umständen mehrfach höheren dielektrischen Beanspruchungen zu schützen. Die Verwendung derartiger Schutzeinrichtungen hält man bei den im II. und III. Teil dieses Abschnitts zu behandelnden Lokomotiven für einphasigen und dreiphasigen Wechselstrom neuerdings für entbehrlich, weil dort der Primärtransformator oder die unmittelbar an die Fahrleitungsspannung angeschlossenen Motoren, namentlich in ihren besonders gefährdeten Eingangswindungen leicht so zu isolieren sind, daß sie selbst den kurzzeitig wirkenden Überspannungen gewachsen sind, und überdies in sich mit ihrer Induktivität genügend Schutzwert besitzen. Dies ist aber bei den Motoren der Gleichstromlokomotiven nicht in demselben Maße der Fall. Die Anwendung besonderer Überspannungsschutzeinrichtungen oder teuerer Überspannungsableiter ist daher hier vorläufig noch unerläßlich.

Nach der Bauart der in Verwendung stehenden Überspannungsableiter unterscheidet man solche, bei denen der Ableitungsvorgang im Entstehen eines Lichtbogens besteht, der durch einen besonderen Schalter oder eine eigene magnetische Blaseinrichtung zum Verlöschen gebracht wird, und solche, bei denen die Ableitung der Überspannungswellen gewissermaßen in stiller Weise ohne Lichtbogenbildung vor sich geht. Die erstere Gruppe von Ableitern arbeitet mit der Abnützung unterworfenen Teilen, außerdem kann das Entstehen und Verlöschen eines Lichtbogens für sich wieder Überspannungen erzeugen. Die letztere Gruppe ist daher entschieden vorzuziehen und wird heute auch soviel wie ausschließlich verwendet, und zwar in Form vorwiegend amerikanischer Konstruktionen. Eine Gliederung derselben ergibt sich je nach der Fahrdrahtspannung.

Für höhere Fahrdrahtspannungen bis etwa rund 1500 Volt hat die Westinghouse Co. einen Ableiter in Form eines Plattenkondensators von 1 Mikrofarad Kapazität mit Wachspapier als Dielektrikum und Metallfolien als Elektroden entwickelt, der in einen flachen Gußkasten eingebaut wird. In der einen Ausführungsform dieser Type (Bezeichnung K—3) besteht der Ableiter aus dem Kondensator allein, dessen eine Belegung mit dem Stromabnehmer leitend verbunden, während die andere unmittelbar geerdet wird. Der Kondensator ist in diesem Fall dauernd auf Fahrdrahtpotential geladen. Auftretende hochfrequente Überspannungswellen mit steiler Wellenstirn werden unter Entladung des Kondensators nach Erde abgeleitet. Als reiner Kondensatorableiter ist dieser Apparat besonders dort am Platze, wo die Isolation der zu schützenden Lokomotivausrüstung vergleichsweise eine schwächere ist, da die Kapazität des Kondensators so bemessen ist, daß auch schon mäßige Überspannungen zu einer Überladung des letzteren führen und dadurch sicher abgeleitet werden. Bei einer zweiten Ausführungsform wird in Reihe mit dem Kondensator eine einstellbare Funkenstrecke und parallel zu ersterem ein hochohmiger Widerstand geschaltet; der Kondensator, der hier eine etwas höhere Kapazität haben muß, ist hier also dauernd entladen und nur für die Dauer der Ableitung von Überspannungswellen stromführend. Die Funkenstrecke, die durch eine besonders verschließbare Öffnung im Kastendeckel leicht zugänglich ist, kann wahlweise auch kurzgeschlossen werden, da der Parallelwiderstand zum Kondensator in diesem Falle ohnehin nur einem ganz geringen Stromanteil Durchlaß gewährt.

Bei den großen Gleichstromfahrzeugen für 3000 Volt werden in Amerika Flüssigkeitskondensatoren in Form der bekannten Aluminium-Oxyd-Ableiter verwendet, nur in einer gegenüber der bei Kraftübertragungsanlagen verwendeten Bauart etwas abweichenden Form. Die einzelnen Zellen des Ableiters, d. h. die Teilkondensatoren bestehen hier aus zwei konzentrischen Zylindern aus Aluminiumblech, die, durch einen Porzellanring gegeneinander isoliert und distanziert, in ein mit dem Elektrolyten gefülltes Glasgefäß eintauchen. Ein Verdunsten der Elektrolytenflüssigkeit wird durch eine Ölschicht, die auf dem Elektrolytenspiegel schwimmt, hintangehalten. Eine Anzahl dieser Zellen wird in einen Kasten aus trockenem Zypressenholz eingebaut und in ihrer Lage durch Ringe fixiert, die an der Kastenwand angeschraubt sind. Parallel zu den Ableiterzellen ist ein gleichfalls im Kasten untergebrachter hochohmiger Widerstand geschaltet, der eine gleichmäßige Aufteilung der Spannung auf die einzelnen Zellen bewirkt. Im stationären Zustand führt der Ableiter einen Strom von nur wenigen Milliampere. Auftretende Überspannungen hingegen führen zu einer Überladung der Kondensatorbatterie und werden durch diese abgeleitet. Um eine etwa bei Überspannungserscheinungen von längerer Dauer auftretende Stromüberlastung der Batterie zu verhindern, wird mit letzterer eine Sicherung in Reihe geschaltet und gleichfalls mit in den Kasten eingebaut. Dieser wird deshalb einseitig offen ausgeführt, so daß beim Abschmelzen der Sicherung Funken und Rauch ihren Weg nach außen nehmen können. Die Sicherung selbst besteht aus einem in einem Isolierrohr ausgespannten Metalldraht. Die Westinghouse Co. verwendet einen Aluminiumdraht in einem Hartpapierrohr, das durch eine Asbesteinlage vor der hohen Schmelztemperatur des Aluminiums (etwa 660° C) geschützt wird. Schmelzdrähte aus der üblichen Blei-Zinn-Legierung haben wohl einen niedrigeren Schmelzpunkt, haben aber wesentlich mehr Metallmasse, welche beim Durchschmelzen explosionsartig in Metalldampf verwandelt wird. Auch Quarz- und Glasrohre als Sicherungsträger stehen in Verwendung.

III. Hauptschalter.

Als Hauptschalter für Gleichstromlokomotiven sowohl niederer wie hoher Spannung kommen ausschließlich Luftschalter in Frage, denn das Öl von Ölschaltern würde bereits nach wenigen Abschaltungen bei den gegenüber Wechselstrom bedeutend größeren Lichtbogenlängen mehr oder weniger vollkommen verrußen und damit Isolationswert und Löschfähigkeit ganz verlieren. Aber auch bei den verwendeten Luftschaltern sind die konstruktiven Schwierigkeiten keine geringen, die langen Abschaltlichtbögen richtig, d. h. ohne Gefährdung für den Schalter selber zu führen und möglichst rasch und unter Vermeidung einer Wiederzündung zum Verlöschen zu bringen. Mit der Möglichkeit einer solchen ist eben hier immer zu rechnen, da die selbsttätige Löschung des Lichtbogens, wie sie bei Wechselstrom durch dessen periodische den Durchgang durch den Nullwert einschließende Richtungsänderung immer eintritt, bei Gleichstrom naturgemäß fehlt.

Der konstruktive Aufbau der in Verwendung stehenden Schalter ist im wesentlichen gegeben durch die Art der Ausbildung der magnetischen Blasung zur Löschung der beim Abschalten entstehenden Lichtbögen. Da diese bei der grundsätzlichen Trennung in die stromlos schaltenden Hauptkontakte und in die die eigentliche Ein- und Abschaltung bewirkenden Hilfs- oder Abreißkontakte lediglich von diesen letzteren zu bewältigen sind, machen diese auch den wesentlichsten und interessantesten Teil des Schalters aus. Bei niederen und mittleren Spannungen bis etwa 750 Volt werden die auf die Abreißkontakte, Abreißelektroden oder Funkenzieher wirkenden Blasmagnete in der Regel so ausgebildet, daß an der Abreißstelle selbst ein möglichst starkes magnetisches Feld erzeugt wird, durch welches der Unterbrechungslichtbogen zwischen den Abreißelektroden hindurchgeblasen und dadurch stetig verlängert wird, bis die Spannung zu seiner Aufrechterhaltung nicht mehr ausreicht. Bei höheren Spannungen genügt diese einfachste und selbstverständlichste Form der magnetischen Blasung nicht mehr, da die langgezogenen Lichtbögen in der Nähe ihrer Ansatzstellen Schleifen bilden, an den Tragkörpern der Abreißelektroden entlang gleiten und Verbrennungen verursachen. Sind die Abreißelektroden nicht als Hörner ausgebildet, dann bleiben die Fußpunkte des Lichtbogens an je einem Punkte der Elektroden hängen, was zu einer raschen Abnützung der letzteren führt. Bei Hörnerelektroden wandern allerdings die Fußpunkte des Lichtbogens, aber der Lichtbogen bewegt sich aus einem starken magnetischen Feld in ein schwächeres Feld mit entsprechend schwächerer Blaswirkung, während, wenn möglich, gerade das Umgekehrte der Fall sein sollte. Abb. 264 zeigt nun schematisch einen solchen Schalter, der die letztere Aufgabe mit Erfolg löst[1]). Der Lichtbogen wird dabei nicht wie bei den üblichen Ausführungen für Niederspannung von der Unterbrechungsstelle weggeblasen, sondern die Abreißelektroden sind derart im magnetischen Feld einer Spule angeordnet, daß die Fußpunkte des Lichtbogens auf den Elektroden zurückweichen. Dadurch wird der Lichtbogen so weit auseinandergezogen, bis er abreißt. Um dies zu erreichen, sind die Abreißelektroden der Form nach der Gestalt des magnetischen Feldes angepaßt. Dann wird der Lichtbogen nicht aus dem magnetischen Feld herausgeblasen, sondern verlängert sich in einem Feld annähernd konstanter, und zwar maximaler Stärke, wobei er wachsend immer mehr Kraftlinien umfaßt. Damit die magnetische Blasung zustande kommt, muß natürlich die Stromrichtung im Öffnungsfunken und demgemäß in den Elektroden derjenigen in der das Feld erzeugenden Spule entgegengestzt sein.

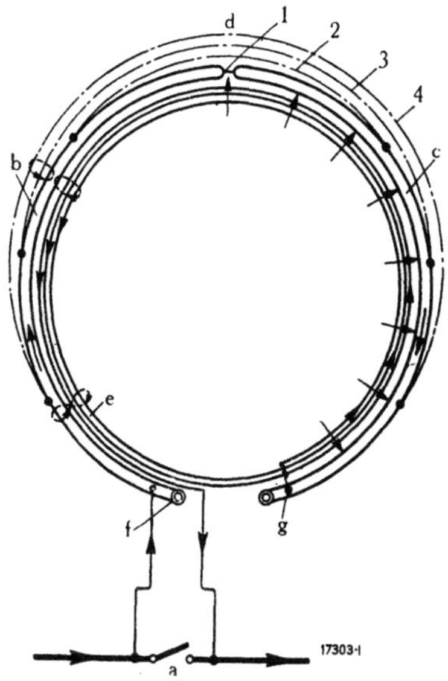

Abb. 264. Schalter für hochgespannten Gleichstrom.
(A. G. Brown, Boveri & Cie.)

Statt einer einzigen konzentrischen Blasspule, die in einem kreisförmigen Rahmen mit U-förmigem Profil gebettet wird, ordnet man häufig im Innern des Schalters zwei bis drei in Reihe geschaltete Blasspulen mit den Achsen senkrecht zur Schalterebene an und leitet deren Feld durch Polplatten mit isolierender und feuersicherer Auskleidung über die Funkenhörner. Bei höheren Spannungen und Abschaltleistungen wird man zur Verkürzung der Lichtbogenlängen und zur Verkürzung der Abschaltzeit mit Vorteil die bei Ölschaltern viel verwendete Vielfachunterbrechung in der Form anwenden, daß man einen Hauptschalter mit zwei, drei und mehr derartigen Abreißelektrodenpaaren ausrüstet und diese im konstruktiven Zusammenbau zeitlich nacheinander öffnen bzw. schließen läßt. Abb. 265 zeigt schematisch einen Schalter mit drei Abreißelektrodenpaaren *I*, *II*, *III*. Zuerst öffnet der Hauptkontakt praktisch funkenlos, dann *I*, hierauf *II* und schließlich erfolgt durch *III* die endgültige Unterbrechung. Die Abreißhörner von *I* und *II* müssen daher mit Nebenschlußwiderständen versehen werden.

[1]) D. R. P. 269613, 294531, 380930 (A. Aichele).

Beim Einschalten vollzieht sich der Vorgang in umgekehrter Reihenfolge, d. h. *III* schließt zuerst, dann folgt *II*, dann *I* und zuletzt schaltet der Hauptkontakt funkenlos ein. Die in Abb. 265 links angedeutete Maximalauslösespule wirkt ebenso wie das nicht gezeichnete Nullspannungsrelais entweder direkt auf die Schalterwelle oder indirekt auf den diese betätigenden Luftmotor. Als Auslösespule kann auch die Blasspule selbst dienen[1]). Abb. 266 zeigt in beiden Ansichten einen Schalter mit einem einzigen Abreißelektrodenpaar für 1500 Volt, 900 Amp Dauerstrom und 5000 Amp maximalen Abschaltstrom.

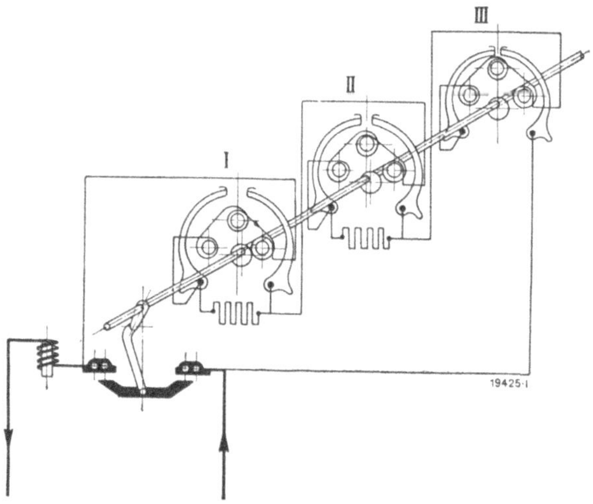

Abb. 265. Schalter für hochgespannten Gleichstrom mit drei Abreißelektrodenpaaren. (A. G. Brown, Boveri & Cie.)

Die G. E. Co. verwendet bei ihren Lokomotiven als Hauptschalter einen Schnellschalter, ähnlich wie er auch bei stationären Anlagen als Sicherheitsschalter gegen Rundfeuer und Rückzündungen bei Hochspannungsgleichstrommaschinen, Einankerumformern bzw. Quecksilberdampf-Gleichrichtern verwendet wird. Abb. 267 zeigt schematisch Schaltung und Konstruktion dieses Apparates. Der bewegliche Kontakt *B* ist auf einem um *O* drehbaren Hebel angeordnet, auf den im Öffnungssinn die Feder *D* wirkt. Geschlossen wird der Schalter durch den elektromagnetisch gesteuerten Druckluftzylinder *C* und in der Einschaltstellung durch den Haltemagnet *M*, der mit konstanter Spannung erregt wird. Zwischen den Polen des Haltemagneten ist ein Leiterstück (senkrecht zur Zeichenebene) eingebettet, das derart vom Hauptstrom durchflossen wird, daß das von diesem erzeugte zirkulare Feld dem Feld des Haltemagneten entgegenwirkt. Bei Normallast überwiegt letzteres und der den beweglichen Kon-

Abb. 266a.

Abb. 266b.

Abb. 266. Schalter für hochgespannten Gleichstrom gemäß Abb. 264. (A. G. Brown, Boveri & Cie.)

takt *B* tragende Hebel wird mit seinem Anker *A* in der Einschaltstellung gehalten. Bei Überlast oder Kurzschluß aber wird das Feld des Haltemagneten gewissermaßen momentan ausgeblasen

[1]) D. R. P. 401964 (B. B. C.).

und die Feder D zieht rasch den Hebel B von seinem festen Gegenkontakt ab. Letzterer ist zur Verminderung der Funkenbildung beim Ausschalten unmittelbar mit einer vom Hauptstrom durchflossenen Blasspule S verbunden. Außerdem sind beidseits der durch Platten aus feuerbeständigem Material (Asbestschiefer, Xylolith) gebildeten Funkenkammer, die auch zur Erhöhung der Abreißwirkung durch kaminartig wirkende Zwischenwände unterteilt ist[1]), zusätzliche Löschspulen S' angeordnet. Die Einstellung der Auslösestromstärke erfolgt durch Änderung des magnetischen Widerstandes des Kernes des Haltemagneten mit Hilfe der Schrauben T und außerdem durch einen in dessen Erregerkreis eingeschalteten Regulierwiderstand r. Wie aus dem Schema (Abb. 267) hervorgeht, findet vorerst keine vollkommene Abschaltung statt. Durch die Kontaktöffnung wird ein Widerstand R in den Hauptstromkreis eingeschaltet, der den in diesem fließenden Kurzschlußstrom auf einen im allgemeinen ungefährlichen Wert herabdrückt. Eine weitere Begrenzung desselben erfolgt (s. Abb. 267 links) in der Weise, daß durch die Ausschaltbewegung des Hebels B die Betätigungsstromkreise einer Anzahl Steuerschützen unterbrochen werden (Öffnung der Kontakte b), wodurch wieder einige Widerstandsstufen in den Motorkreis eingeschaltet werden, und unmittelbar darauf erfolgt zuletzt die Unterbrechung des nun mehrfach reduzierten Kurzschlußstromes durch zwei in Reihe geschaltete, im Stromkreis unmittelbar hinter dem Schnellschalter liegende Funkenschalter P_1 und P_2 (main contactors) durch Unterbrechung des Stromkreises ihrer Betätigungsspulen (Öffnung der Kontakte c). Gleichzeitig mit dieser Unterbrechung wird die Wiedereinschaltung des Betätigungsventils v des Zylinders C vorbereitet (Überbrückung der Kontakte a). Individuelle Überlastung der einzelnen Motorkreise wird durch eingebaute Überlastungsrelais U verhindert, die bei einem bestimmten Überstrom den Erregerkreis des Schnellschalter-Haltemagneten unterbrechen und damit in der beschriebenen Weise die Hauptstromabschaltung einleiten. Wiedereinschalten des Schnellschalters nach erfolgter Auslösung ist nur möglich, wenn der Führer mit dem Stufenschalter erst wieder in die Nullstellung zurückgegangen ist und von dort aus aufwärts schaltet. In der ersten Stellung erhält das Öffnungsventil v zum Luftmotor C über die bereits geschlossenen Kontakte a Strom. Der Hebel B des Schnellschalters wird nach rechts gedrückt und dabei die Kontakte b und c geschlossen, durch die einerseits die endgültige Hauptstromeinschaltung durch Schließung der erwähnten Funkenschalterpaare bewerkstelligt, andererseits die stufenweise Widerstandsabschaltung möglich wird.

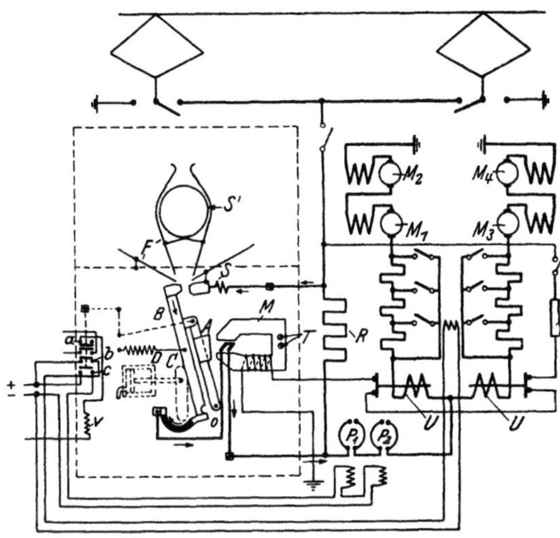

Abb. 267. Schnellschalter für hochgespannten Gleichstrom als Lokomotivhauptschalter. (General Electric Company.)

Die amerikanische und englische Praxis sieht unmittelbar nach der Einführung in den Lokomotivkasten, also noch vor dem Hauptschalter, einen als einfachen Messerschalter ausgebildeten Trennschalter vor, der nur bei geschlossener Tür zur Hochspannungs-Schalterkammer betätigt werden kann. In der ausgeschalteten Stellung dieses Trennschalters wird der gesamte Lokomotivstromkreis mit einem an einer geeigneten Stelle der Lokomotivseite angeordneten Stecker verbunden, durch den die Ausrüstungsteile der Lokomotive in den Aufnahmegebäuden und Werkstätten, die häufig nicht mit der Fahrleitung ausgerüstet zu werden pflegen, mittels Niederspannung probiert werden können. In Amerika wird dieser Trennschalter mit den beiden erwähnten Funkenschaltern P_1 und P_2 konstruktiv zusammengebaut. Die englische Praxis (The English Electric Co.) bildet diesen Trennschalter in Form zweier in Reihe geschalteter Messerschalter aus und versieht den zweiten mit einer Sicherung als Hauptsicherung für die ganze Lokomotivausrüstung.

Die Westinghouse Elc. & Mfg. Co. verwendet als Hauptschalter einen elektropneumatisch betätigten Schütz, der sich, von der eingebauten Maximalauslösung abgesehen, in keiner Weise von den bei der Steuerung verwendeten Schützen (s. u.) unterscheidet.

Auf Lokomotiven kleinerer Leistung, wenn auch immerhin für Spannungen bis 2400 Volt, z. B. bei den B_0—B_0-Lokomotiven für die Butte—Anaconda-Bahn[2]), dient in Amerika als

[1]) D. R. P. 403068 (B. B. C.). — Siehe auch U. S. A. P. 1398981. [2]) Gen. El. Rev. 1914, S. 1047.

Hauptschalter nur ein zweipoliger handbetätigter Messerschalter mit magnetischer Blasung, dessen beide Schaltmesser in Reihe geschaltet sind. Eine Maximalauslösung fehlt. Als Überstromschutz dient eine gleichfalls mit magnetischer Blasung arbeitende Sicherung.

IV. Triebmotoren.

Eine Gruppierung der bei Gleichstromlokomotiven vorkommenden Bauformen der Triebmotoren ergibt sich aus den verwendeten Antriebsformen.

Weitaus die häufigste Bauform ist hier immer noch der Achsmotor in Tramaufhängung, der, wie schon der Name sagt, von den Motorwagen der Straßen- und Überlandbahnen übernommen wurde und bei Lokomotiven für Schmalspur wie Normalspur vermöge der hohen Gewichtsökonomie des Gleichstrommotors allgemein auch sehr hoch belastete Achsen bis zur Adhäsionsgrenze auszunützen gestattet.

Daneben findet sich in Amerika wie in Europa mehr und mehr der halbhoch im Rahmen gelagerte Schnelläufer, und zwar als Einzel- oder Zwillingsmotor, der entweder über sein Vorgelege auf eine Blindwelle mit Antrieb der Triebräder durch ein horizontales Kuppelgestänge oder aber einzeln auf jedes derselben unter Vermittlung einer der auf S. 103ff. behandelten Antriebe arbeitet.

Vergleichsweise am seltensten vertreten ist bei Gleichstromlokomotiven der hoch im Rahmen gelagerte Langsamläufer, der mittels eines Schräggestänges mit oder ohne zwischengeschaltete Blindwelle auf die gekuppelten Triebräder arbeitet.

Im elektrischen Aufbau besteht zwischen den einzelnen Bauformen, von der verschieden großen Polzahl abgesehen, kein grundsätzlicher Unterschied, dagegen bedingen die ganz verschiedenen Einbauarten in der Lokomotive und der Unterschied in der der normalen Fahrgeschwindigkeit entsprechenden Drehzahl große Verschiedenheiten in der mechanischen Konstruktion.

a) Achsmotor in Tramaufhängung.

Dieser unterscheidet sich als Lokomotivmotor auch im konstruktiven Aufbau nicht wesentlich von den bei den Tramwagen verwendeten Formen. Das Gehäuse aus Dynamostahlguß wird mehr oder weniger kastenförmig ausgebildet und enthält kollektorseitig eine mittels Deckel verschließbare rechteckige Öffnung, um Bürsten und Kollektor leicht bedienen zu können. Das Gehäuseprofil ist zum Teil davon abhängig, ob die Hauptpole meist vier an der Zahl in der Senkrechten und Vertikalen und die Hilfspole dazwischen also unter zwei im allgemeinen unter 45^0 geneigten Achsen oder umgekehrt angeordnet sind. Im ersteren Fall ergeben sich entsprechend der schmäleren Sitzfläche der Hilfspole mehr rechteckige, im zweiten stärker achteckig ausgebildete Gehäuse. Die erstere merkwürdigerweise seltener ausgeführte Bauart ist in mehrfacher Hinsicht vorteilhafter. Die Zentrale kann kleiner gehalten werden, da die Radachse in der feldfreien Zone in der horizontalen Hauptpolachse ohne weiteres etwas in das Gehäuse einschneiden kann, während im zweiten Fall dadurch bereits eine unzulässige Erhöhung der Wendepolsättigung eintreten würde. Ferner wird der Motoraußendurchmesser, d. h. der Durchmesser des dem Gehäuseprofil umschriebenen Kreises, etwas kleiner und drittens läßt sich der Wickelraum fast immer so austeilen, daß lediglich die wickeltechnisch einfacheren Spulen von rechteckigem Querschnitt zur Anwendung kommen können[1]).

Haupt- und Hilfspole werden in der üblichen Weise von außen her an das Gehäuse angeschraubt und damit gleichzeitig durch die Polschuhe die Spulen unter Zwischenlage einer starken Isolationsschicht gegen das Gehäuse gepreßt. Letztere muß im Laufe der Betriebsdauer häufig erneuert und mit Rücksicht auf das Schwinden der Spulen infolge der dauernden Erwärmung jeweils immer dicker gewählt werden. Hierin liegt insofern ein Nachteil, als die Wärmeabgabe von den Spulen nach der Gehäuseinnenwand naturgemäß um so schlechter ist, je dicker die zwischengeschaltete Isolationsschicht ist. Diesem Übelstand kann man begegnen, wenn man die Spulen selbst unabhängig vom Pol, d. h. für sich durch besondere bridenartige Metallbänder hält, deren beide Enden sich zu Bolzen erweitern, die durch zusätzliche Löcher durchs Gehäuse hindurchragen und von außen an dasselbe angeschraubt werden. Da je Pollängsseite mindestens zwei solcher Briden vorgesehen werden müssen, bedingt diese Art der Spulenbefestigung allerdings 8 weitere Löcher im Gehäuse je Pol, die wohl je in einer Operation hergestellt werden können, aber immerhin eine zusätzliche und damit kostspielige Bohrarbeit bedeuten, zumal die Schraubenköpfe der Briden nicht vorstehen dürfen und versenkt angeordnet werden müssen. Die Vorteile dieser teueren Art der Spulenbefestigung sind allerdings sehr bedeutend. Die Isolationsschicht zwischen Spule und Gehäuse braucht nur so dick gemacht werden, als dies aus Isolationsgründen nötig ist. Ein Schwinden der Spulen kann jederzeit durch Nachziehen der Bridenschrauben von außen her mittels Steckschlüssel ausgeglichen werden. Die Spulen selbst werden heute fast ausschließlich mit Profilkupfer gewickelt und nach dem Wickeln im Vakuum und dann unter Druck mit Kompound be-

---

[1]) Die Ganzsche Elektrizitäts A.-G. in Budapest bildet ihre Motoren mit schwach rhombischem Profil aus, dessen große Diagonale gegen die anzutreibende Radachse derart geneigt ist, daß ihr oberes Ende über diese greift (D.R.P. 383338, Ö. P. 98117, Schweiz. P. 105090, siehe ferner W. Oelschläger, E. u. M. 1925, S. 315). Die Anordnung ermöglicht die Verwendung kleinerer Raddurchmesser und eine bescheidene Verkürzung der Zentrale, gestattet jedoch bei vier Hauptpolen nur die Verwendung zweier Wendepole (D.R.P. 179283. Schweiz. P. 37812, F.P. 367211 von E. Arnold) und dürfte deshalb auf Motoren kleinerer Leistung beschränkt bleiben, bei denen sich der totale Wendepolkraftfluß noch in zwei Wendepolen unterbringen läßt.

handelt, um das Verbleiben die Wärmeabgabe nach außen erschwerender Luftzwischenräume nach Möglichkeit auszuschalten. Von den Hauptpolen werden entweder die ganzen Schenkel, mindestens aber Stummeln derselben mit dem Gehäuse gleich mitgegossen. Die letztere Ausführung bedingt durch den kleineren Durchmesser der zylindrischen Ansatzflächen für die lamellierten Polschuhe eine billigere Bearbeitung. Der Streit, ob dem in der Diagonale geteilten nach unten aufklappbaren Gehäuse oder dem einteiligen der Vorzug zu geben ist, kann bei diesen Motoren, wenigstens soweit es sich um Lokomotivmotoren handelt, zugunsten der ungeteilten Bauart als entschieden angesehen werden, da eine Revision der Motoren von der Grube aus bei Lokomotiven kaum in Frage kommen kann. Außerdem wird man gerade bei Lokomotiven, wo doch auf möglichst lange Laufzeit zwischen zwei aufeinanderfolgenden Revisionen gesehen werden muß, die geteilten Motoren mit ihrer erwiesenermaßen auf die Dauer nie völlig dicht zu haltenden Trennfuge nicht den Einwirkungen von Öl, Schmelzwasser und Bremsstaub aussetzen.

Für die natürlich isolierte Befestigung der Bürstenhalter am Joch soll Holz oder überhaupt brennbares Material vermieden werden. Am einfachsten werden Porzellanisolatoren verwendet, in die die Bürstenhalter eingekittet werden. Als Kittmasse hat sich Bleiglätte mit Glyzerin als Bindemittel immer noch am besten erwiesen. Das Bürstenjoch aus Stahlguß sitzt am Gehäuse mit einer Paßfläche, durch die auch bei Auswechslung des Joches ohne nochmalige Einstellung stets unverrückbare Lage des Joches und damit stets richtige Bürstenstellung gewährleistet wird.

Die Ankerbleche wird man bei Lokomotivmotoren dieser Bauart nicht wie häufig bei Straßenbahnmotoren unmittelbar auf die Welle, sondern auf eine besondere Büchse setzen und auf diese wieder den Kollektorkörper aufziehen, damit der Anker als Ganzes von der Welle abgezogen werden kann. Die Ankerwicklung wird heute nicht mehr in Runddraht sondern zweckmäßiger in Profilkupfer ausgeführt, das eine wesentlich günstigere Ausfüllung des Nutenrechteckes ermöglicht. Die in einer horizontalen Lage der Nut liegenden Leiter, die einzeln eine zweimalige Baumwollumspinnung erhalten, werden gemeinsam mit einer Art Strumpf umklöppelt und dieser mehrfache Leiter auf einer Schablone zu einer Spule gewickelt. Die Enden dieser Spule, welche als Schaltenden zum Kollektor gehen, werden so herausgeführt, daß sie in derselben Ebene bleiben, in welcher sie in der Nut liegen, so daß die Schaltenden auf der ganzen Länge vom Ankereisen bis zum Kollektor keine Kreuzungen aufweisen, was bei den früheren Runddrahtwicklungen der Fall war, bei denen die den aufeinanderfolgenden Kollektorlamellen entsprechenden Schaltenden in der Nut übereinander und nicht nebeneinander lagen. Die Vorteile der Profilkupferwicklung liegen in der Möglichkeit einer vorzüglichen Lagenisolation, welche durch die Umspinnung erreicht wird, denn diese bildet eine durchgehende Schicht, wie sie durch Umbandeln und Einlegen einzelner Zwischenlagen nicht zu erreichen ist. Die einzelnen Drähte werden durch die Umspinnung fest aneinander gehalten, so daß sich die Drähte selbst bei dem stärksten Druck beim Aufziehen der Stahldrahtbandagen nicht umlegen und auch in die anderen Lagen nicht eindringen können.

Der Nutenteil der Spulen wird nahtlos mit Glimmer umpreßt, dessen Schichtstärke je nach der Spannung verschieden gewählt wird. Eine besondere Nutisolation ist dabei nicht erforderlich. Die Nuten werden durch Keile aus einem Isolationsmaterial von großer mechanischer Festigkeit und Wärmebeständigkeit geschlossen. Die Wickelköpfe werden auf beiden Seiten des Ankers durch Kappen aus Segeltuch vollkommen staubdicht abgeschlossen; der hintere Flansch des Ankerkörpers überragt an Länge den hinteren Wickelkopf und schützt damit die Wicklung gegen Beschädigungen beim Einbau oder beim Transport des Ankers.

Die Kollektoren haben radial verlängerte Segmente, in die die Ankerleiter unter Vermeidung von Verbindungsfahnen direkt eingelötet werden.

Die Lagerschilder aus Grauguß oder Temperguß haben ungeteilte Lagerköpfe. Diese heute allgemein verwendete Bauart beseitigt gründlich die Schwierigkeiten, welche sich durch Austreten von Öl aus der Teilfuge bei den früher verwendeten geteilten Lagerköpfen zeigten. Allerdings muß bei Auswechseln der einteiligen Lagerschalen das Ritzel abgezogen werden, was jedoch des konischen Zapfens wegen namentlich unter Zuhilfenahme einer Ritzelabziehvorrichtung keine Schwierigkeiten bereitet.

Ein wichtiges, teilweise noch umstrittenes Problem bei Motoren dieser Art ist das der Schmierung der Anker- und Achslager. Die beste Schmierungsart dürfte heute noch jene durch Schmierkissen sein. Diese bestehen aus wollenen Dochten, welche an ihrem einen Ende durch metallene Halter gefaßt und durch Wirkung einer Feder oder durch ein mit dem Halter verbundenes Gewicht in Form von Kissen gegen die Welle gepreßt werden. Mit ihrem anderen Ende reichen diese Dochte nach dem tiefer gelegenen Ölspiegel und saugen von dort das Öl hoch. Der Vorteil dieser Schmierung besteht vor allem darin, daß bei Stillstand des Motors kein Öl verbraucht wird, denn nur bei umlaufender Welle wird Öl von dem Ölbehälter nach der Welle befördert. Ferner besitzen die Dochte eine vorzügliche Filterwirkung, vermöge welcher selbst bei verunreinigtem Öl, wie dies durch Eindringen von Zahnradfett und durch abgeriebene Metallteilchen aus den Radkästen immer vorkommt, nur reines Öl an die Welle kommt.

Von manchen Betrieben wird Ringschmierung vorgezogen, allerdings mehr gewohnheitsgemäß. Im allgemeinen ist Ringschmierung bei diesen Motoren mit ihren leicht zur Verschmutzung neigenden Lagern und wegen des Fehlens jeglicher Filterwirkung nicht empfehlenswert, wenn auch bei größeren Motoren, wo die Platzverhältnisse weniger beengt sind, die Möglichkeit besteht, auch Lager für Ringschmierung hinreichend abzudichten.

Als Material für die Schalen bei Docht- und Ringschmierlager verdient Bronze den Vorzug. Bei Motoren kleinerer Leistung können auch Schalen aus Grauguß in Frage kommen. Die Schicht des Weißmetallausgusses sollte nicht zu dünn und dieses selbst möglichst bleifrei sein, große Härte und sehr kleinen Reibungskoeffizienten aufweisen, um die Abnützung gering zu halten.

Aussichtsvoll ist hingegen die Verwendung von Wälzlagern als Kugel- und Rollenlager mit Öl oder Fettschmierung, die dank der großen Vollkommenheit, zu der sie im Laufe der letzten Jahre entwickelt wurden, zusehends an Bedeutung gewinnen und in immer stärkerem Maße Eingang finden, vornehmlich deshalb, weil sie fast gar keine Wartung erfordern und im Verbrauch an Schmiermaterial äußerst sparsam sind. Ein weiterer Vorteil der Wälzlager besteht in den geringeren Lagerreibungsverlusten und der Möglichkeit, den Luftspalt, wenn auch innerhalb von Grenzen, kleiner halten und damit an Feldamperewindungen sparen zu können.

Die Kugellager verlangen vor allem einen sehr sorgfältigen Einbau und müssen so konstruiert sein, daß Ölverluste und das Eindringen von Schmutz und Wasser unbedingt verhindert wird. Die meisten Beschädigungen der Kugellager erfolgen beim Abziehen von der Welle, da bei der üblichen Art des Einbaues das Lager von vorn nicht gefaßt werden kann, sondern zusammen mit dem Schild abgedrückt werden muß, wobei der Druck auf den inneren Laufring nur durch die Kugeln und den äußeren Laufring übertragen wird.

Diese Empfindlichkeit der Kugellager hat dazu geführt, daß sie von den Rollenlagern mehr und mehr verdrängt wurden, deren Ein- und Ausbau sich wesentlich einfacher gestaltet und die rund doppelt so hoch belastet werden können als Kugellager gleicher Bohrung. Diese Entwicklung konnte allerdings erst mit dem Zeitpunkt einsetzen, als es gelang, den praktischen Beweis der Möglichkeit zu erbringen, die axiale Führung des Ankers durch gleitende Reibung der Rollen aufzunehmen[1]).

Die ersten Rollenlager[2]) waren reine Drucklager. Es mußte daher (einseitiger Antrieb vorausgesetzt) kollektorseitig zusätzlich noch ein Doppel-Kugeldrucklager zur axialen Führung des Ankers vorgesehen werden, bei dessen immerhin umständlichem Einbau die Kugeln gelegentlich beschädigt wurden. Den Bestrebungen, das Zusatzkugellager zu umgehen, verdanken die sog. Bundrollenlager[2]) ihre Entstehung. Diese vornehmlich von der A. E. G. bei Bahnmotoren früher viel verwendeten Lager hatten die Fähigkeit, in sich selbst ohne weitere Konstruktionselemente radiale und axiale Beanspruchungen aufzunehmen.

Heute wird das antriebseitige Rollenlager als reines Drucklager ausgebildet (siehe Abb. 268), das nur radial wirkende Kräfte aufzunehmen hat. In axialer Richtung läßt dieses Lager, das als sogenanntes Außenbordlager mit schwach balligem Innenring ausgeführt wird, Bewegungen der Welle in axialer Richtung zu, Verlängerungen der Welle durch Erwärmung usw. können daher keine zusätzlichen Drücke auf das Lager ausüben. Die Führung des Ankers übernimmt das kollektorseitige Lager, das radiale und axiale Kräfte aufnehmen kann. Erstere sind verhältnismäßig klein, in der Hauptsache hat das Lager letztere aufzunehmen. Die Welle des Ankers ist demnach in diesem Lager an einem Ende festgehalten, während das andere Ende der Welle in dem anderen Lager in der axialen Richtung frei spielen kann[3]).

Dieser Einbau hat den weiteren Vorteil, daß das Lagerschild auf der Zahnradseite nach Abnahme des Ritzels wie ein Gleitlager abgezogen werden kann, ohne daß eine Schraube gelöst zu werden braucht. Der äußere Laufring bleibt samt den Rollen im Lagerschild, während der innere auf der Welle bleibt. Das kollektorseitige Lager kann ebenso leicht abgezogen werden, nur muß vorher die Bordscheibe, welche die axialen Kräfte aufnimmt, entfernt werden. Der Umstand, daß die inneren Laufringe nicht abgezogen werden brauchen, ist als wichtigster Vorteil des Rollenlagers anzusehen, denn gerade der Sitz der inneren Laufringe hat bei den Kugellagern, wie erwähnt, die meisten Schwierigkeiten bereitet.

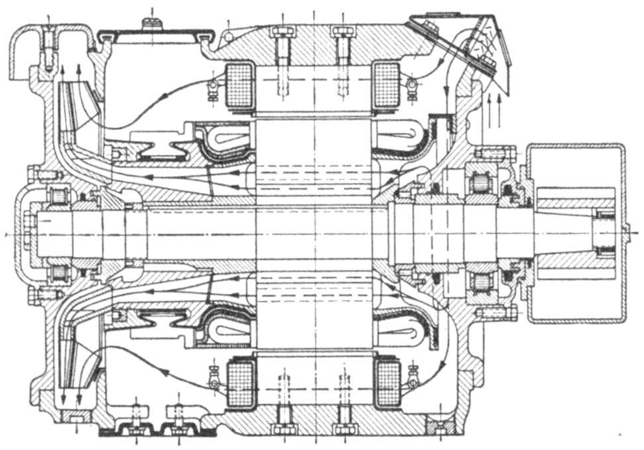

Abb. 268. Schnitt durch einen selbstventilierenden Achsmotor in Tramaufhängung mit Rollenlagern und Parallelluftführung. (AEG.)

Die Konstruktion der Rollenlager ist die denkbar einfachste. Die gehärteten und geschliffenen Rollen aus Stahl laufen in einem aus zwei Hälften bestehenden Käfig, die entsprechend der unterzubringenden Rollenzahl gebohrt und zwischen je zwei Rollen miteinander vernietet werden.

Die Lagerköpfe dieser Lager sind so ausgebildet, daß sie dauernd ohne Dichtungsmetall oder Filz usw. gegen Staub, Fett usw. dicht bleiben und gar keinen Fettverlust ergeben.

Zur Schmierung der Rollenlager kann ebensowohl Öl als Fett verwendet werden. Ersteres hat im allgemeinen den Vorteil der vollkommeneren Durchschmierung, erfordert aber immerhin eine kompliziertere Abdichtungskonstruktion der Lager gegen den Anker hin. Es scheint sich daher bei Rollenlagern mehr und mehr die Schmierung mit Starrfett einbürgern zu wollen, das allerdings von vorzüglicher Beschaffenheit, d. h. frei von Säuren und harzenden Bestandteilen sein muß.

Außer den Ankerlagern können auch die Achslager (Tatzenlager) mit Rollenlagern versehen werden[4]). Diese Anordnung kann aber nicht allgemein empfohlen werden, denn die Kosten des Motors und der Laufachsen werden bedeutend höher als bei Gleitlagern. Unbedingt sind Rollenlager bei den Achslagern zu vermeiden, wenn schon die Motorankerlager als Rollenlager ausgeführt sind, da sonst der Erdstrom zur Schiene seinen Weg überhaupt nur über Rollenlager nehmen könnte und diese beschädigen müßte[5]). Für die Achslager stellen daher Gleitlager wieder mit Kissenschmierung entschieden die vorteilhafteste Lösung dar.

Die Zahnradschutzkästen oder schlechtweg Radkästen bestehen aus Stahlblech, der Oberteil ist genietet, während der untere Teil außerdem öldicht verschweißt ist. Die Aufhängung des Radkastens erfolgt an zwei Armen, welche am Gehäuse und am Achslagerdeckel angegossen sind. Der Oberteil des Radkastens greift mit inneren und äußeren Schutzleisten über das Unterteil, so daß weder Öl austreten noch Staub und Schmutz in den Radkasten eintreten können. Dabei sollen die Tragleisten zwischen die beiden Seitenwände der Kästen

[1]) Das Verdienst, die anfangs bestandenen Bedenken in dieser Richtung zerstreut und damit dem Rollenlager das Gebiet der Bahnmotoren erst voll erschlossen zu haben, gebührt der A. E. G. (siehe H. Mecke, AEG-Mitt. 1923, S. 285 und Z. V. d. I. 1922, S. 269ff).

[2]) Von der Firma G. u. J. Jaeger, Kom.-Ges. in Elberfeld.

[3]) Bei einseitigem Antrieb können durch Verwendung von Zahnrädern mit Pfeilverzahnung, bei beidseitigem Antrieb durch Schraubenräder die Rollenlager von axialen Beanspruchungen entlastet werden (D. R G. M. 765826 der AEG).

[4]) Siehe z. B. D. R. P. 390853 (J. Schmid-Roost), D. R. P. 427280 (S. S. W.).

[5]) Mecke, H.: AEG-Mitt. 1925, S. 74.

eingenietet sein, damit die Bleche in der Richtung des größten Widerstandsmomentes beansprucht werden, um ein Ausbrechen der Seitenwände zuverlässig zu vermeiden.

Über die Ausbildung der Zahnräder und der Verzahnung im allgemeinen wurde das Wichtigste bereits auf S. 94ff. gesagt. In diesem Zusammenhang sei nur nachgetragen, daß die Normalausführung für die auf den Radachsen sitzenden großen Zahnräder die geteilte ist, um diese ohne Ab- und Aufpressen eines der Lokomotivräder auf die Achse aufbringen zu können. Bei Schraubenrädern verlegt die A. E. G. die Teilfuge in die Zahnlücke und stellt diese auf jeder Seite der Radhälften dem Steigungswinkel der Verzahnung entsprechend her. Bei dieser Ausführung wird der Zahn durch die Teilfuge nicht geschwächt und nicht angeschnitten. Nachteilig ist bei den geteilten Rädern die Möglichkeit des Entstehens von Verspannungen bei der Montage, die zu Radbrüchen Veranlassung geben können. Man hat daher auch einteilige Räder mit geteiltem, d. h. auswechselbarem Kranz ausgeführt, die sich wohl in der Anschaffung teurer stellen als die üblichen Räder mit geteiltem Radstern, dagegen ist ihr Ersatz bedeutend billiger, so daß wesentliche Ersparnisse im Betrieb erzielt werden können. Die Räder bestehen bei dieser Konstruktion aus dem eigentlichen Zahnkranz, der nun vorteilhafterweise für sich aus hochwertigem Material (Chromnickelstahl) ausgeführt werden kann und zwei den Zahnkranz zangenartig haltenden Scheiben aus Stahlguß, von denen eine derselben sich zur Radnabe erweitert. Zusammengehalten werden die beiden Scheiben mit dem zwischengeklemmten Radkranz durch zwei Reihen konzentrischer Schrauben.

Schließlich wieder werden auch im ganzen einteilige Zahnräder mehr und mehr verwendet, die, nach dem Abwälzverfahren hergestellt, gehärtet und geschliffen ohnehin eine höhere Lebensdauer aufweisen als die Spurkränze der Triebräder, so daß das umständliche Aufsetzen und Abnehmen der Zahnräder kaum mehr ins Gewicht fällt.

Die bei den Motorwagen der Straßenbahnen heute noch im allgemeinen vorherrschende ganz geschlossene Bauart ist wegen der ungünstigen Erwärmungscharakteristik für Lokomotiven wenig geeignet. Ganz geschlossene Motoren haben etwa eine Dauerleistung von bestenfalls nur 40% ihrer Stundenleistung, oder mit anderen Worten die Stundenleistung liegt im Verhältnis zur Dauerleistung unverhältnismäßig hoch. Wo also eine hohe Stundenleistung oder, was auf dasselbe herauskommt, kurzzeitig große Überlastungen gefordert werden, auf die wieder länger andauernde Perioden wesentlich geringerer Belastung folgen, wie etwa bei Verschublokomotiven, kann noch der ganz geschlossene Motor in Frage kommen. Im normalen Lokomotivbetrieb aber kommt es in erster Linie auf eine hohe Dauerleistung an, die von der die Summe aller Überlastungen charakterisierenden Stundenleistung nicht wesentlich übertroffen zu werden braucht.

Die höchsten mit ganz geschlossenen Motoren erreichbaren Dauerleistungen dürften heute bei Motoren für Meterspur und Niederspannung (600 Volt) bei nur etwa 45 PS, bei 1500 Volt bei etwa 37 PS und bei 3000/2 Volt (2 Motoren dauernd in Reihe bei 3000 Volt Fahrdrahtspannung) bei etwa 32 PS und 600 Uml./min liegen. Für Normalspur kann durchschnittlich mit etwas mehr als den doppelten Werten gerechnet werden, die aber für den normalen Lokomotivbetrieb noch bei weitem nicht ausreichen. Da nun die Dauerleistung stets charakterisiert ist durch das Gleichgewicht zwischen erzeugter und maximal abführbarer Verlustwärme, letztere aber beim ganz geschlossenen Motor fast ganz nur durch Strahlung nach außen abgegeben wird, ist eine Erhöhung der Dauerleistung beim gleichen Modell, d. h. einem Motor etwa gleicher Außendimensionen nur möglich, wenn dessen natürliche Wärmeabgabefähigkeit künstlich durch Einleitung eines Luftstromes erhöht wird. Durch diesen erfolgt, wie man sich vorstellen kann, die Abführung einer bestimmten zusätzlichen Verlustwärme, die im allgemeinen wieder um so größer sein kann, je größer die eingeführte bzw. einführbare Luftmenge ist.

Grundsätzlich ist hier nun zwischen zwei Bauformen von außen belüfteter Lokomotivmotoren zu unterscheiden. Bei der einen derselben erscheint das Frischluft in den Motor einsaugende Flügelrad in den Motor unmittelbar eingebaut (Motor mit Durchzugsventilation), bei der anderen wird der Ventilator von einem besonderen Motor angetrieben und die Frischluft wird jedem Triebmotor oder den zu Gruppen vereinigten Triebmotoren durch einen Luftschacht zugeführt, dessen Länge von der Gesamtdisposition abhängt (Motor mit Fremdventilation). In ihrer Wirkung sind beide Belüftungsformen natürlich stark verschieden. Die Durchzugsventilation wirkt nur bei Lauf des Motors und erreicht das Maximum ihrer Leistungsfähigkeit bei der vollen Motordrehzahl. Die Ventilatordrehzahl ist gleich der durchschnittlich niedrigen Motordrehzahl, wodurch im Verein mit dem axial für den Ventilator zur Verfügung stehenden Platz, der immer auf Kosten der aktiven Motorabmessungen geht, die Förderleistung und deren maximal erreichbarer Wirkungsgrad ziemlich eindeutig gegeben ist. Die Fremdventilation hingegen wirkt auf die Triebmotoren in gleicher Weise bei Stillstand der Lokomotive wie bei Lauf. Die Ventilatordrehzahl kann ganz unabhängig vom Triebmotor möglichst hoch und in richtiger Abhängigkeit von der hier nur durch die abzuführenden Verluste gegebenen Förderleistung gewählt und damit der Ventilator für die kleinsten Außenmaße bei maximalem

Wirkungsgrad entworfen werden. Für Lokomotiven ist daher die letztere Belüftungsform auch bei Achsmotoren in Tramaufhängung die ungleich häufigere und wichtigere.

Was zunächst die Motoren mit Durchzugsventilation anbelangt, so ist durch diese eine Steigerung der Dauerleistung etwa aufs Doppelte der oben angeführten für das gleiche ganz geschlossene Modell geltenden Werte möglich, d. h. es ist etwa mit den Grenzwerten nach nachstehender Tabelle zu rechnen:

	Max. erreichbare Dauerleistung in PS bei Motoren mit Durchzugsventilation		
	600 Volt	1500 Volt	3000/2 Volt
Motoren für meterspurige Fahrzeuge bei ca. 600 Uml./min	90	74	64
Motoren f. normalspurige Fahrzeuge bei ca. 600 Uml./min	190	155	135

Je nach der Anordnung der Ventilatorräder in den Motoren und damit je nach der konstruktiven Ausbildung der Führung der Kühlluft in den Motoren sind grundsätzlich drei verschiedene Ventilationsformen zu unterscheiden, und zwar die Reihenluftführung, die Parallelluftführung und die Reihenparallelluftführung.

Bei der Reihenluftführung, die namentlich in Amerika die größte Verbreitung gefunden hat, wird der Luftstrom in einem Zuge durch die Maschine geführt. Dabei sitzt das Flügelrad entweder auf der Rückseite oder auf der Kollektorseite. In beiden Fällen wird die Luft durch eine mit einem Sieb gegen Schmutz und Fremdkörper geschützte Öffnung, im ersten Fall rückseitig im zweiten Fall kollektorseitig angesaugt und bestreicht im ersten Fall zuerst die Feldspulen, dann die Kollektoroberfläche, im zweiten Fall zuerst die Kollektoroberfläche und dann die Feldspulen und hierauf unter Umkehr ihrer Durchströmrichtung das Ankerinnere, um schließlich zuletzt das Flügelrad selber zu passieren und das Motorgehäuse durch besondere Austrittsöffnungen unterhalb der Eintrittsöffnung wieder zu verlassen. Vorteilhafter ist die erstere Anordnung, bei der die Kühlluft rückseitig angesaugt wird, wo die Abluft nicht unmittelbar mit Kohlen- und Kollektorstaub erfüllt ist, der sich in der Hauptsache in den das Ankerblechpaket durchsetzenden Axialkanälen vorher abzusetzen Gelegenheit hat. Auch der Ausbau des Ankers mitsamt dem rückseitigen Lagerschild gestaltet sich einfach, ohne daß — bei einseitigem Antrieb — vorher das Ritzel abgenommen werden müßte. Ein erheblicher Nachteil der zweiten Anordnung besteht darin, daß die Kühlluft zuerst an den Kollektor geführt wird, so daß sich der Kohlen- und Kupferstaub unmittelbar auf die Feldspulen und die Ankerwicklung niederschlägt. Auch der nur kollektorseitig mögliche Ankerausbau ist umständlich und nur nach Abziehen des rückseitig immer vorhandenen Ritzels möglich. Auch ist der Anker mit dem zunächst dem Kollektor sitzenden, diesen im Durchmesser beträchtlich überragenden Flügelrad ein unhandliches Gebilde. Ein grundsätzlicher Nachteil der Reihenluftführung besteht in ihrer vergleichsweise geringeren Wirksamkeit, bedingt einerseits durch den Umstand, daß der Anker als der in der Regel wärmere Teil von den Feldspulen stark vorgewärmte Luft bekommt, andererseits durch den hohen auf dem langen Weg durch die Maschine mit dem zwischengeschalteten Richtungswechsel entstehenden Druckverlust. Um letzteren zu vermindern, ist vorgeschlagen worden, rückseitig zusätzlich ein zweites Flügelrad aufzusetzen[1]), eine Anordnung, die zweifellos nützt, aber auch den Ein- und Ausbau des Ankers sehr erschwert.

Bei der Parallelluftführung wird die Kühlung in zwei parallelen Strömen durch die Maschine geführt, von denen der eine die Feldspulen und die Anker- und Kollektoroberfläche bestreicht, der andere durch das Ankerinnere hindurch geführt wird. Kennzeichnend für diese Art der Luftführung ist, daß Ein- und Austrittsstelle stets auf verschiedenen Seiten liegen. Dabei kann auch hier der Ventilator, der nun zwei Flügelreihen je eine für jeden Luftstrom trägt, entweder auf der Rückseite oder auf der Kollektorseite vorgesehen werden. Erstere Anordnung[2]) bietet die bekannten Vorteile beim Ausbau, die bekannten schwerwiegenden Nachteile aber durch die ungünstige Reihenfolge der vom oberen Kühlluftstrom bestrichenen Motorteile. Man hat daher der zweiten Bauart den Vorzug gegeben, bei der wie Abb. 268 zeigt, das Doppel flügelrad kollektorseitig angeordnet und die Luft rückseitig angesogen wird[3]) und nimmt den etwas komplizierteren Ankerausbau in Kauf.

In interessanter Weise hat die A. G. Brown, Boveri & Cie. bei ihren Motoren die beiden Ventilationsformen der Reihen- und Parallelluftführung zur Reihenparallelluftführung mit-

[1]) D. R. P. 323538 (S. S. W.).
[2]) U. S. A. P. 1271438 (Ch. S. Cook).
[3]) D. R. P. 357148, 372328 (AEG).

einander vereinigt (s. Abb. 269). Unter Einwirkung des ritzelseitig angeordneten Doppelflügelrades wird ein Teil der Frischluft kollektorseitig angesaugt, streicht unter diesem durch den Anker hindurch, bespült zusammen mit der zusätzlich durch die äußere Flügelreihe ritzelseitig angesaugten Frischluft die Feldspulen und den Kollektor und wird kollektorseitig ausgestoßen. Der Ausbau des Ankers erfolgt in einfacher Weise in Richtung des Ritzels. Der Nachteil dieser Anordnung, daß die Feldspulen nicht reine Frischluft erhalten, fällt deshalb nicht so sehr ins Gewicht, da im Dauerbetrieb, der hier allein in Frage kommt, der Anker ohnehin der wärmere Teil ist. Der Lufteintritt erfolgt durch die Lagerschilder, an denen Luftkästen angebracht sind, durch welche die Luft möglichst hoch über der Achse und möglichst in der Mitte des Wagens angesaugt wird, wo die Luft am reinsten ist. Die Luft tritt in die Luftkästen von unten ein, steigt langsam hoch, strömt dann noch ein Stück horizontal und tritt in die Lagerschilder. Ein besonderer Vorteil dieser Anordnung besteht darin, daß der beidseitige Lufteintritt die Eintrittsöffnungen im Querschnitt sehr groß zu halten gestattet, so daß die Luft mit kleiner Geschwindigkeit eintreten und weniger Staub mitreißen wird.

Motoren mit Durchzugsventilation werden in der Hauptsache bei Normalspur verwendet werden. Weniger zu gewinnen ist durch die Durchzugsventilation bei Motoren für Schmalspur, wo der durch den Einbau des Ventilators bedingte Verlust an wirksamer Eisenbreite prozentuell viel bedeutender ist und meistens nur durch Vergrößerung des Ankerdurchmessers wieder ausgeglichen werden kann, der seinerseits zu einer radialen Vergrößerung des Motors führt und damit bei unverändertem Abstand von S. O. die Verwendung größerer Triebräder erforderlich macht. Letztere aber bedingen entweder eine größere Übersetzung, oder, wenn diese nicht mehr einzubauen ist, einen Motor mit kleinerer Drehzahl, also wieder mit größeren äußeren Abmessungen.

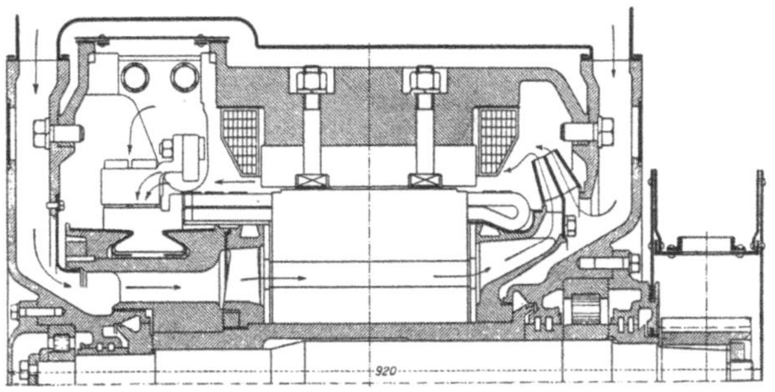

Abb. 269. Schnitt durch einen selbstventilierenden Achsmotor in Tramaufhängung mit Rollenlagern und Reihenparallelluftführung (A. G. Brown, Boveri & Cie.)

Im mechanischen Aufbau unterscheiden sich die Motoren mit Fremdventilation nur insofern von den eben behandelten mit Durchzugsventilation, als das bei letzteren eingebaute Einfach- oder Doppelflügelrad in der Regel fehlt. In den beidseitigen Lagerschildern ist je eine Öffnung für die Kühlluft angeordnet, die den Motor rein axial durchströmt. Man rechnet etwa mit 2 bis 2,2 m³ Kühlluft pro Minute und kW Verlust. Sonst sind die Motoren in der Konstruktion mit denen der ganz- und halbgeschlossenen Bauart vollkommen identisch, abgesehen vielleicht davon, daß die normale Zweistiftanordnung der Bürstenbrücke mit Zugänglichkeit von oben durch einen einzigen großen Deckel hier nicht immer anwendbar ist, wenn entweder bei Schleifenwicklung im Anker alle Stifte entsprechend der Polzahl vorgesehen werden müssen, oder der Kollektor der großen Eisenbreite wegen so schmal geworden ist, daß die Abnahme d. h. Zuleitung des vollen Stromes über zwei Stifte nicht mehr möglich ist. Die Folge ist eine etwas abweichende Ausbildung des Gehäuses mit Klappen gegenüber den Bürstenstiften oder auch eine drehbare Bürstenbrücke, um die untersten Stifte für Zwecke der Revision nach oben drehen zu können.

Den größten bisher gebauten Motor dieser Art für 452 PS Stundenleistung bei 446 Uml./min bei 3000/2 Volt Klemmenspannung (100° bzw. 120° Temperaturzunahme im Anker bzw. Feld gemessen durch Widerstandzunahme) zeigt Abb. 270)[1]), der einschließlich der beidseitig angeordneten Zahnräderpaare und der Radschutzkästen 6,8 t wiegt.

Der rechnerische Entwurf der Triebmotoren dieser Bauart unterscheidet sich grundsätzlich nicht von dem stationärer Gleichstrommaschinen und sei als bekannt vorausgesetzt. In diesem Zusammenhang seien nur einige Regeln angegeben, wie sie sich aus der Praxis beim Entwurf dieser Motoren herausgebildet haben.

Was zunächst die Rücksicht auf die Kommutation anbelangt, so tritt hier die merkwürdige Tatsache in Erscheinung, daß der Entwurf kleinerer Motoren für Schmalspur und auch noch niederer Spannung (500 bis 600 Volt) im allgemeinen größere Schwierigkeiten bereitet als der großer Motoren für Normalspur und mäßiger Hochspannung. Letztere können eben mit Anker-

[1]) Eingebaut in die $2B_0$—B_0+B_0—$B_0 2$-Lokomotiven (Reihe 10200) der Ch. M. & St. P. Ry (Gen. El. Rev. 1916, S. 929ff.).

längen bis zu 400 mm, daher mit großem Kraftfluß und demgemäß vergleichsweise geringerer Zahl von Ankerleitern ausgelegt werden, die sich selbst noch bei Spannungen bis 1500 Volt im Anker nur mit einer Windung pro Lamelle unterbringen lassen. Außerdem können die großen Motoren, wenn es der Durchmesser und die Bürstenstiftentfernung erlauben, mit Vorteil sechspolig entworfen werden, wodurch abermals die Leiterzahl im Anker und namentlich die auf den Polbogen entfallenden Ankeramperewindungen eine Reduktion erfahren. Letzteres ist bekanntlich bei Motoren von Bedeutung, die zum Zwecke weiterer wirtschaftlicher Geschwindigkeitsstufen gelegentlich mit geschwächtem Feld laufen. Dabei ist es namentlich von Wichtigkeit, daß die Lamellenspannung unter Einwirkung der Ankeramperewindungen nicht Werte erreicht, die zum Überschlag (flash over) führen[1]). In extremen Fällen könnte allerdings daran gedacht werden, die Ankeramperewindungen durch eine Kompensationswicklung aufzuheben. Motoren für Meterspur hingegen können kaum mehr als 200 mm Ankerlänge bekommen, die Folge ist

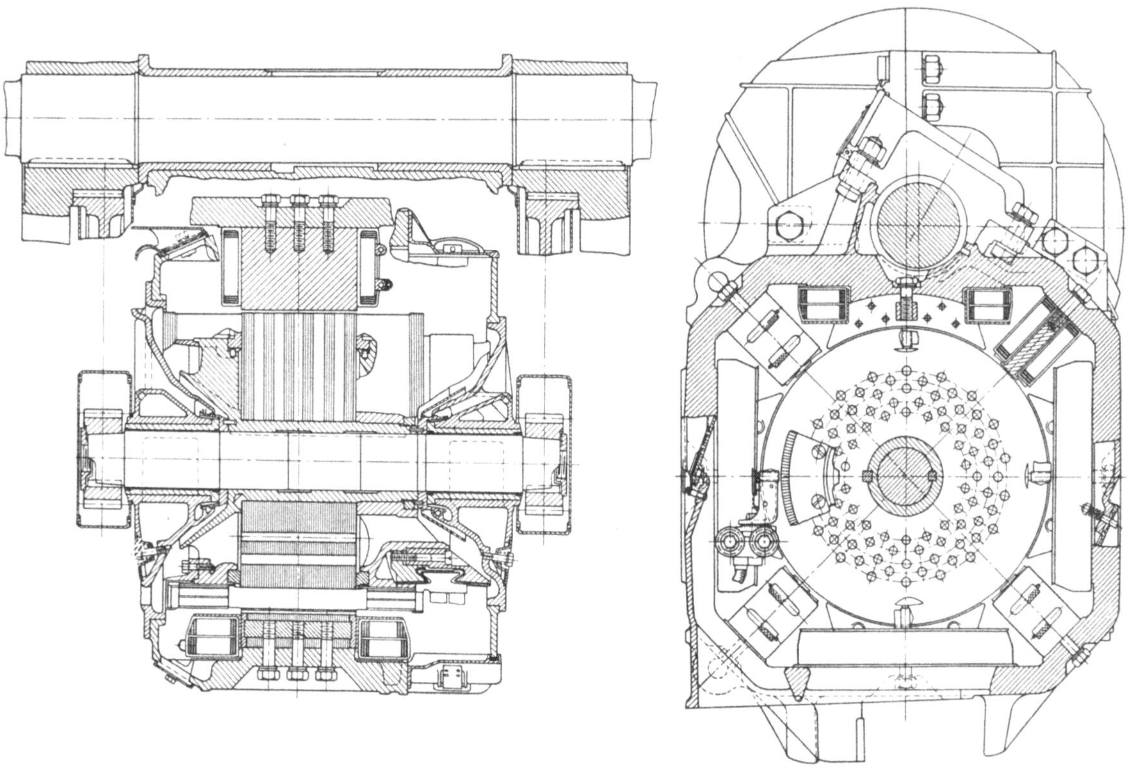

Abb. 270. Künstlich belüfteter Achsmotor in Tramaufhängung für 452 PS Stundenleistung bei 446 Uml./min und 3000/2 Volt Klemmenspannung. (General Electric Company.)

ein vergleichsweiser kleiner Kraftfluß und hohe Ankerleiterzahl, die auch aus dem Grunde zu mehreren Windungen pro Lamelle (unter Umständen bis zu vier) führt, weil die beschränkten Radialabmessungen und damit auch der vergleichsweise kleine Kollektordurchmesser nur eine beschränkte Lamellenzahl je Ankernut ermöglicht, da aus Herstellungsgründen unter 4 mm Lamellenteilung nicht gegangen werden sollte. Ein gutes Kriterium für den Grad der Empfindlichkeit der Maschine hinsichtlich Funkenbildung ist immer noch die Arnoldsche Kommutierungskonstante

$$X = 2\left(\frac{Z}{2\,K}\right) l_i \cdot v \cdot AS \cdot 10^{-6}, \tag{209}$$

in der Z die totale Leiterzahl, K die Lamellenzahl, also $\frac{Z}{2\,K}$ die Windungszahl pro Lamelle, l_i die ideelle Ankerlänge in cm (Eisenlänge zuzüglich zwei Drittel der Breite aller etwa vorhandenen Luftschlitze), v die Umfangsgeschwindigkeit des Ankers in m/s und AS die Amperestabzahl je cm Ankerumfang bedeutet. Bei Bahnmotoren, die betriebsmäßig stark überlastet werden und

[1]) Diese Zusammenhänge finden sich in physikalisch durchsichtigster Weise dargestellt in der Arbeit von Prof. Dr. Niethammer: „Über Rundfeuer an Kommutatoren" im Bull. S. E. V. 1911, S. 34.

mit Feldschwächung arbeiten, sollte X auf die Stundenleistung bezogen im allgemeinen Werte von 0,4 nicht wesentlich überschreiten, mindestens aber sollte bei Werten über 0,4 die Mühe nicht gescheut werden, die Kommutation und im besonderen die Bürstenpotentialkurven unter Aufzeichnung des Wendepolkraftlinienbildes möglichst genau nachzurechnen.

Der Hauptpolluftspalt sollte nicht zu klein, im allgemeinen nicht unter 5 mm gewählt werden, und zwar schon aus mechanischen Gründen, wenn man auch heute bei Verwendung von Wälzlagern in dieser Richtung unbedenklicher sein darf, mehr aber noch, um wieder bei den Fahrstufen mit geschwächtem Feld noch über einen ausreichenden Überschuß an Feld-AW zu verfügen, um ein Entmagnetisieren der auflaufenden Polspitzen mit Sicherheit zu verhüten.

Die magnetische Beanspruchung ist im allgemeinen kaum höher als bei modernen stationären Gleichstrommaschinen. Die der Stundenleistung entsprechende Luftinduktion pflegt man zwischen 8000 und 10000, die höchste (ideelle) Zahninduktion am Zahnfuß selten höher als 22000 bis 23000 Gauß zu wählen. Abgesehen von den höheren Verlusten im Eisen und dem Mehraufwand an AW bedingen hohe Zahnsättigungen selbst bei Stromstärken, die nur wenig über der normalen liegen, flach verlaufende Drehzahlcharakteristiken, die für die Regelung insofern weniger geeignet sind, als die Stromänderungen bei Anfahrt, d. h. die Differenz zwischen maximaler und minimaler Stromstärke schon recht bedeutend werden (s. Abb. 27 und 28).

Die elektrische Beanspruchung ist durchweg höher als bei stationären Maschinen und voneinander wieder verschieden, je nachdem es sich um ganz geschlossene Motoren, Durchzugstypen oder solche mit Fremdventilation handelt. Feld- und Hilfspolspulen werden bei ganz geschlossenen Motoren bei Stundenleistung mit etwa 2 bis 2,4 Amp/mm², bei Durchzugstypen und künstlich belüfteten Motoren nicht wesentlich über 3 Amp/mm² belastet. Dabei ist vorausgesetzt, daß es sich mindestens um kompoundierte Spulen (d. h. mit Füllmasse), handelt, bei denen gemäß R. E. B. im Dauerbetrieb Erwärmungen von 80° bzw. 70° aus der Widerstandszunahme berechnet bzw. mittels Thermometer gemessen und bei Stundenleistung von 90° bzw. 70° zulässig sind. Nach den Normalien des V. S. M. sind als maximale Erwärmungen 85° bzw. 70° im Dauerbetrieb (Dauerleistung) und 100° bzw. 75° bei Stundenleistung zulässig.

Zum Unterschied von den Feldspulen, deren Oberflächen bei gegebener Windungszahl und gegebenem Drahtquerschnitt ziemlich eindeutig festliegen, so daß die Stromdichte allein ein ausreichendes Kriterium für die Spulenbelastung darstellt, sind für die Beurteilung der Beanspruchung des Ankers die auf die Ankeroberfläche bezogenen Verluste maßgebend, die unter Vernachlässigung der Eisenverluste dem Produkt aus der Stromdichte s in Amp/mm² und der Amperestabzahl AS je cm Ankerumfang proportional sind. Bei ganz geschlossenen Motoren (kleinerer Leistung) ist dieses Produkt in der Größenordnung von etwa 1000 bis 1300 bezogen auf die Stundenleistung, wobei gemäß den obigen Ausführungen AS zwischen 250 und 290,

Bauart	Stundenleistung PS und Drehzahl	Dauerleistung PS und Drehzahl	Polzahl	Klemmenspannung Volt	Zahnradübersetzung	Gewicht einschl. Zahnräder u. Zahnradschutzkasten kg	Eingebaut in die
ganz geschlossen	85 PS 530 Uml./min	32 PS 900 Uml./min	4	½·2000	15:77	1860	B_0—B_0-Lokomotiven der Bahn Pinerolo—Perosa Argentina
mit Durchzugsventilation	193 PS 700 Uml./min	155 PS 740 Uml./min	4	½·4000	21:83	3450	B_0—B_0-Lokomotiven der Bahn Torino—Lanzo —Céres (l'Elettrotecnica 1921, S. 442)
mit Fremdventilation	250 PS 370 Uml./min	200 PS 400 Uml./min	6	½·1500	23:90	4350	B_0—B_0-Lokomotiven (Reihe 1020) der Japan. Staatsbahnen
mit Fremdventilation	360 PS 500 Uml./min	285 PS 560 Uml./min	6	½·1350	21:87	4500	1 C_0—C_0 1-Lokomotiven (Reihe 161. DE der P.L.M.-Bahn
mit Fremdventilation	452 PS 446 Uml./min	395 PS 470 Uml./min	4	½·3000	18:82	6800	2 B_0—B_0 + B_0—B_0 2-Lokomotiven (Reihe 10200) der Ch. M. & St. P. Ry (Gen. El. Rev. 1916, S. 929f.)

s zwischen 4 und 4,5 gewählt wird. Bei den Motoren mit Durchzugsventilation erreicht das Produkt $s \cdot AS$ Werte von etwa 2000 im Maximum. AS ist dabei kaum höher, sondern der in der Regel größeren Ankerlängen wegen vorteilhafterweise eher niedriger als bei den geschlossenen Motoren. Hingegen erreicht die Stromdichte s Werte von 7 bis 8 Amp/mm², wieder auf die Stundenleistung bezogen. Bei fremdventilierten Motoren schließlich liegt $s \cdot AS$ über 2000, wobei die Stromdichte unverändert etwa zwischen 7 und 8 Amp/mm² gewählt wird, während AS Werte bis zu 350 erreicht, die bei diesen ohnehin zumeist sechspoligen Motoren mit vergleichsweise kürzerem Polbogen zulässig sind.

Eine Zusammenstellung einiger moderner Achsmotoren in Tramaufhängung für Lokomotiven enthält die vorstehende Tabelle.

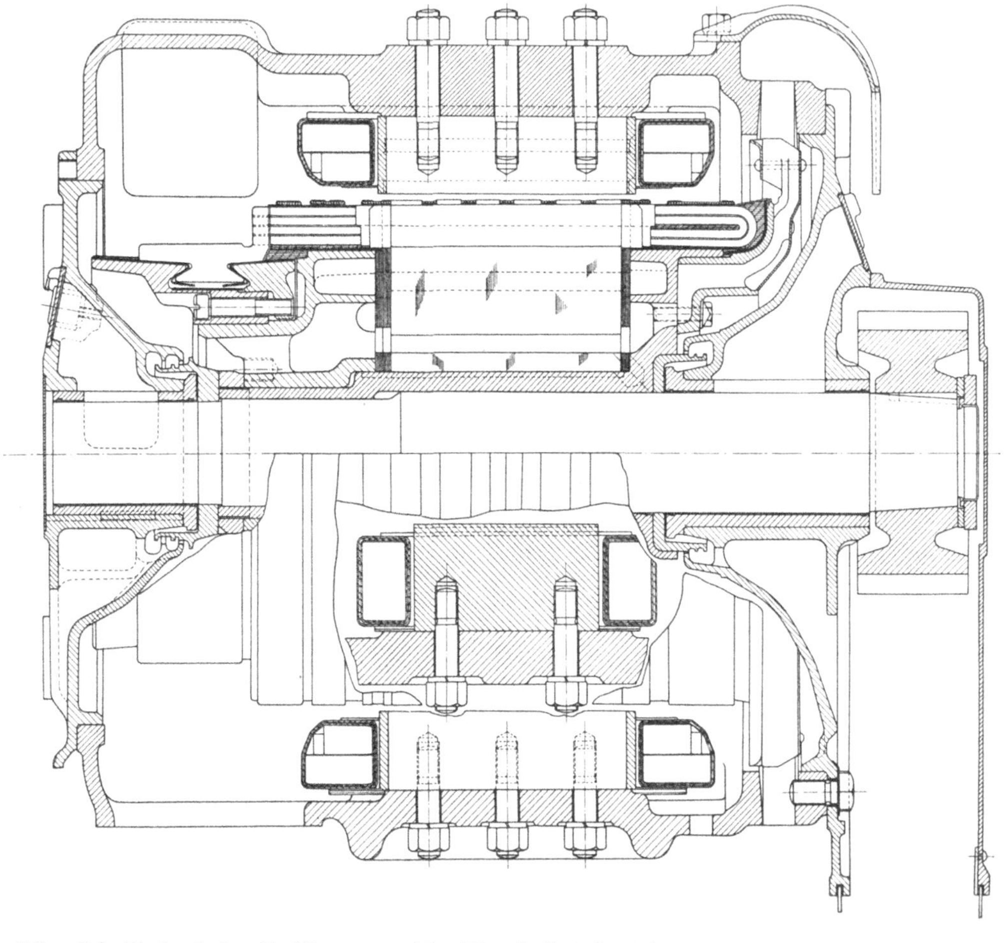

Abb. 271. Schnitt durch den Zwillingsmotor (eine Motorhälfte) der 2 C_0 1—1 C_0 2-Lokomotive (Reihe 10300) der Ch. M. & St. P. Bahn. (Westinghouse Elc. & Mfg. Co.)

b) Schnelläufer halbhoch im Rahmen gelagert.

Diese Motorbauform wird angewendet als Einzel- oder Doppelmotor, d. i. in Form zweier getrennter stumpf aneinander stoßender Einheiten zum Antrieb einer (Vorgelege)-Blindwelle, oder nur als Einzelmotor zum individuellen Antrieb der Triebachsen unter Benützung eines der auf S. 103ff. behandelten Einzelachsantriebe. Im mechanischen und elektrischen Aufbau bieten diese Motoren gegenüber ortsfesten Gleichstrommotoren nichts besonderes mehr. Es handelt sich um sechs- bis achtpolige sehr robust und gedrängt gebaute Schildlagermotoren, bei denen die Fremdventilation die Regel ist. Nur bei Motoren kleinerer Leistung etwa bei schmalspurigen Fahrzeugen kann gelegentlich ein Motor mit Durchzugsventilation noch ausreichen. Normalerweise aber ist die elektrische Beanspruchung dieser Motoren sehr hoch, $s \cdot AS$ erreicht Werte bis zu 3000 (bei Stundenleistung) und AS solche bis zu 400, so daß die Anordnung einer verteilten Kompensationswicklung in extremen Fällen mindestens empfehlenswert werden kann. Sonst aber läßt sich schwierigen Konstruktionsbedingungen durch dauernde Reihenschaltung zweier oder mehrerer Motoren aus dem Wege gehen. Bei 1500 Volt Fahrdrahtspannung lassen sich dadurch die Motoren nicht nur stets mit einer Windung je Lamelle, sondern auch zumeist mit Schleifenwicklung auslegen, die immer günstigere Kommutierungsverhältnisse aufweist als die Reihenwicklung.

Vorsichtiger ist die amerikanische Praxis, die in Verbindung mit dem Einzelachsantrieb fast durchwegs den Zwillingsmotor anwendet und damit die Leistung einer Achse auf zwei zu einer konstruktiven Einheit verbundene Motoren aufteilt. Dabei werden nicht nur die beiden Motoren eines Zwillingsmotors, sondern mitunter auch noch zwei Zwillingsmotoren dauernd in Reihe geschaltet. Damit ergibt sich selbst bei 3000 Volt Fahrdrahtspannung eine Motor- d. h. schlechtweg Kollektorspannung von nur 750 Volt. Der Zwillingsmotor ist wohl guß- und werkstatt-technisch immerhin kompliziert, konstruktiv aber deshalb nicht uninteressant, weil bei einem gewissen Leistungsbereich die Leistungshalbierung auch wieder die Verwendung höherer Motordrehzahlen ermöglicht, so daß der Zwillingsmotor im Gewicht keineswegs schwerer ausfallen muß als der Einzelmotor gleicher Summenleistung. Beim Zwillingsmotor ist ferner die mittlere, die beiden Motorhälften trennende Zwischenwand frei vom Hauptfeld, braucht also nur für den Wendepolkraftfluß bemessen zu werden[1]). Abb. 271 zeigt die eine Hälfte des Zwillingsmotors der 2 C_0 1—1 C_0 2-Lokomotiven (Reihe 10300) der Ch. M. & St. P. Bahn. Die Stundenleistung des ganzen Zwillingsmotors beträgt 667 PS.

Nachstehende Tabelle enthält eine Zusammenstellung ausgeführter Motoren dieser Bauart.

Bauart	Stundenleistung PS und Drehzahl	Dauerleistung PS und Drehzahl	Polzahl	Klemmenspannung Volt	Zahnradübersetzung	Gewicht ohne Zahnräder und Zahnradschutzkasten kg	Eingebaut in die
mit Fremdventilation	585 PS 760 Uml./min	500 PS 810 Uml./min	6	$\frac{1}{2}\cdot 1500$	44:135	4250	1 D_0 1-Lokomotiven (Reihe 7000) der Japan. Staatsbahnen
mit Fremdventilation	375 PS 550 Uml./min	300 PS 610 Uml./min	6	$\frac{1}{2}\cdot 1350$	44:123	3850	1 D_0 1-Lokomotiven (Reihe 3001) der Niederländ.-Ind. Staatsbahnen (BBC-Mitt. 1926, S. 187)
mit Fremdventilation	900 PS 530 Uml./min	790 PS 560 Uml./min	6	1350	56:126	7500	2 D_0 2-Lokomotiven (Reihe E 501) der Paris—Orléans—Bahn (BBC-Mitt. 1927, S. 127)
mit Fremdventilation	667 PS 490 Uml./min	533 PS 570 Uml./min	2×4	$\frac{1}{4}\cdot 3000$ je Halbmotor	21: 92	11200 einschl. Zahnräder	2 C_0 1—1 C_0 2-Lokomotiven (Reihe 10300) der Ch. M. & St. P. Ry (J. A. I. E. E. 1920, S. 331)
mit Fremdventilation	600 PS 635 Uml./min	435 PS 760 Uml./min	2×4	$\frac{1}{4}\cdot 1500$ je Halbmotor	24:85	6200	2 C_0 2-Lokomotiven der North Eastern Ry (R.E.E. 1922, S. 258)

c) Langsamläufer hoch im Rahmen gelagert.

Diese Motorbauart ist an den direkten Stangenantrieb gebunden. Aus dem Umstand, daß letzterer zu einer Zeit seine größte Verbreitung fand (s. S. 76 ff.), wo der Gleichstrom für Vollbahnlokomotiven noch eine mehr oder weniger untergeordnete Bedeutung hatte, erklärt es sich, daß der hoch im Rahmen gelagerte Langsamläufer bei Gleichstromlokomotiven in nur wenigen Ausführungsformen vertreten ist, die fast alle der Vorkriegszeit angehören. In ihrem konstruktiven Aufbau besteht bei diesen zumeist ganz offenen Motoren mit Bocklagern gegenüber ortsfesten Gleichstrommaschinen gar kein Unterschied. Auch die elektrische Beanspruchung geht über die der letzteren kaum hinaus, so daß man bei den meisten dieser Motoren noch ohne künstliche Belüftung auskommen konnte. Eine Zusammenstellung ausgeführter Motoren dieser Bauart ist in nachstehender Tabelle enthalten.

[1]) Bei dem Motorwagen der ca. 18,5 km langen 5000 Volt Versuchsstrecke von Jackson nach Grass-Lake (E. J. 1915, S. 445) hat die Westinghouse Elc. & Mfg. Co. Achsmotoren in Tramaufhängung als Zwillingsmotoren mit übereinander liegenden Ankern ausgebildet. Da jeder Motor zweipolig ist, der ganze Zwillingsmotor aber insgesamt nur zwei Wendepole besitzt, konnte die Trennungszwischenwand ganz weggelassen werden (*D. R. P. 321339*).

Bauart	Stundenleistung PS und Drehzahl	Dauerleistung PS und Drehzahl	Polzahl	Klemmenspannung Volt	Gewicht einschl. Kurbeln kg	Eingebaut in die
Offen mit natürlicher Ventilation	175 PS 470 Uml./min	152 PS 500 Uml./min	6	750	2500	C—C-Lokomotive der Berninabahn
Offen mit natürlicher Ventilation	680 PS 310 Uml./min	550 PS 350 Uml./min	10	600	10375	1 C 1-Lokomotiven (Gruppe E 320 und E 321) der FF. SS
Offen mit natürlicher Ventilation	900 PS 160 Uml./min	600 PS 215 Uml./min	10	600	16000	1 D 1-Lokomotiven (Reihe E 21) der Paris—Orléans-Bahn

V. Fahrtwendeschalter.

Die Fahrtwendeschalter oder einfach Fahrtwender sind Schaltapparate, die zum Wechsel der Drehrichtung der Triebmotoren und damit der Fahrtrichtung dienen. Im Stromkreis liegen sie unmittelbar jeweils nach den Motorankern und bewirken den Anschluß der Feldwicklungen im einen oder anderen Sinne je nach Drehrichtung. Im allgemeinen weisen die Fahrtwender außer der Nullstellung nur zwei Stellungen je eine für Vorwärts- und Rückwärtsfahrt auf, bei Lokomotiven mit elektrischer Bremsung kommt noch eine weitere Stellung für Vorwärtsfahrt mit Bremsung seltener auch noch eine Bremsstellung für Rückwärtsfahrt dazu. Der Fahrtwender übernimmt in diesem Falle mit einer wesentlich größeren Zahl von Kontakten die Ausführung der Umschaltung der Motoren für die elektrische Bremsung, von deren verschiedenen Formen und Schaltungen später die Rede sein wird. Die Abwicklung der Fahrtwenderwalzen kann vorteilhafterweise so ausgebildet werden, daß sie in der Nullstellung jeweils die ihnen zugeordneten Motoren oder Motorengruppen überbrücken. Auf die Art können ohne Verwendung besonderer Trennumschalter defekte Motoren oder Motorgruppen abgeschaltet und der Weiterbetrieb mit den betriebsfähig gebliebenen Motoren ermöglicht werden. Bei Verwendung einer Schützensteuerung (s. u.) für die Anfahrwiderstandsab- und -zuschaltung müssen allerdings die Steuerstromkreise derjenigen Schützen, die infolge dieser Überbrückung des Motors Kurzschluß bewirken könnten, über den Wendeschalter geführt werden und von diesem durch besondere Kontakte unterbrochen werden[1]).

Konstruktiv sind die Fahrtwender, von denen immer einer je Motor bzw. Motorgruppe (bestehend aus zwei oder mehr dauernd in Reihe geschalteten Motoren) vorhanden sind, einfache Schalter mit walzen- oder messerförmiger Ausbildung der Kontakte. Um möglichst kurze Verbindungen zu bekommen, werden die Fahrtwender wenn irgendmöglich unmittelbar auf die Motoren aufgebaut oder bei Doppel- oder Zwillingsmotoren zwischen dieselben gesetzt.

Die Betätigung der Fahrtwender geschieht entweder von Hand unter Zwischenschaltung einer Gestänge- oder Kettenübertragung bis zum Führerstand oder servomotorisch. Der Servomotor kann wieder entweder ein Elektromotor, ein Elektromagnet oder ein Luftmotor mit direkt oder elektromagnetisch (durch Steuerstrom) betätigten Ventilen sein. In letzterem Falle könnte ein einziger Luftmotor unter Zwischenschaltung einer Gestängeübertragung alle Fahrtwender gemeinsam steuern[2]), während die elektromagnetische oder elektromotorische Betätigung stets eine individuelle ist. Immer ist der Antrieb des Fahrtwenders in der Weise mit dem Steuerorgan für die Triebmotoren verriegelt, daß nur bei Nullstellung desselben eine Änderung der jeweiligen Fahrtwenderstellung möglich ist. Die Fahrtwender werden also nur stromlos betätigt. Abb. 411 zeigt einen elektropneumatisch betätigten Fahrtwender.

VI. Motorschalter.

Diese pflegen vor den Motoren oder Motorgruppen angeordnet zu werden, um letztere im Falle eines Defektes abtrennen zu können, wenn diese Funktion nicht in der eben beschriebenen Art von den Fahrtwendern übernommen werden kann. Es handelt sich auch hier um stromlos zu bedienende Schalter, die am einfachsten in Form von Trennmessern ausgebildet werden. Die englische Praxis verwendet hierfür Walzenschalter von ganz ähnlicher Bauart wie die Fahrtwender.

[1]) Schweiz. P. 101750 (M. F. O.). [2]) Schweiz. P. 106373 (S. A. A. S.).

Als Überstromschutz werden in den einzelnen Motorkreisen Schmelzsicherungen mit magnedischer Blasung angewendet. Überdies ist in jedem Motorstromkreis ein Shunt eingeschaltet, dessen Abzweig auf die Auslösespule des Hauptschalters wirkt.

VII. Erdleitung und Erdung.

Diese besteht aus einer blanken Kupferschiene, an die einerseits alle einpolig an Erde liegenden Leitungen einschließlich der Steuerleitungen angeschlossen werden und die selbst mindestens zweimal durch kräftige Kupferbügel mit dem Fahrzeugrahmen verbunden wird. Gelegentlich vorgekommene Anfressungen an den Drehzapfen und Achslagern, die man auf die Einwirkung des Rückstromes glaubte schieben zu sollen, haben zur Ausbildung besonderer Erdungsschleifringe geführt. Diese werden, wie Abb. 272 zeigt, zweiteilig ausgeführt und durch zwei Schrauben nach Bestreichen der Sitzfläche mit einer gut leitenden Metallpaste auf wenigstens zwei Triebachsen aufgeklemmt. Auf den Ringen schleifen massive Metallbürsten, die durch Kabel mit der erwähnten Erdschiene verbunden werden. Die neuere Praxis hält die Erdungsschleifringe für entbehrlich und beschränkt sich darauf, die Drehzapfen durch besondere parallelgeschaltete Kabel vor Stromdurchgang zu schützen.

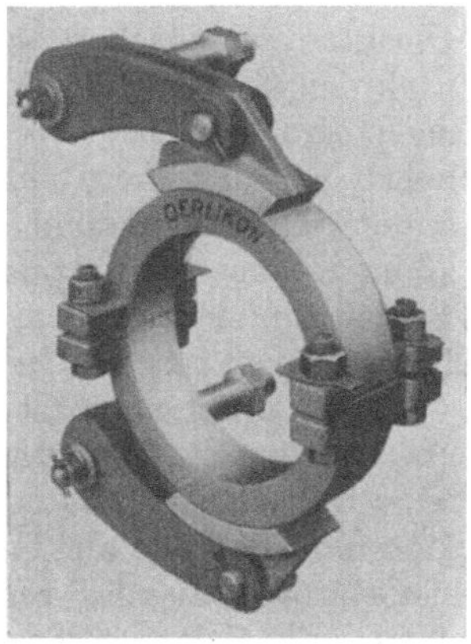

Abb. 272. Erdungsschleifring. (M. F. O.)

VIII. Steuerung.

Einleitung.

Unter der Steuerung wird jener Apparat oder die konstruktive oder rein schaltungstechnische Vereinigung jener Apparate verstanden, durch die die Änderung der Drehzahl und des Drehmomentes der Triebmotoren und damit der Fahrgeschwindigkeit und der Zugkraft der Lokomotive bewirkt wird. Bei Gleichstromlokomotiven im besonderen hat die Steuerung in Richtung der Aufwärtsschaltung (Anfahrt und Beschleunigung bis zur vollen Fahrgeschwindigkeit) dreierlei Funktionen zu erfüllen, und zwar stufenweises Abschalten bzw. Kurzschließen der Anfahrwiderstände bei verschiedenen Motorgruppierungen, dazwischen die Ausführung der letzteren selbst und die Umschaltung der Motoren auf Betrieb mit geschwächtem Feld. Die letzteren Stufen sowie die jeweiligen Gruppierungsendstellungen nach erfolgter Widerstandsabschaltung bilden die wirtschaftlichen Fahrstufen, die übrigen Stellungen sind die Regulierstufen, die einen mehr oder weniger stetigen Übergang zwischen den einzelnen wirtschaftlichen Fahrstufen ermöglichen sollen.

Die Steuerung schlechtweg besteht demnach aus der eigentlichen Steuerapparatur und dem Widerstand, d. i. der konstruktiven Vereinigung der die einzelnen Stufen bildenden Widerstandsgruppen zum gesamten Anfahrwiderstand.

Hinsichtlich der konstruktiven Durchbildung der Steuerapparatur sind drei Grundformen zu unterscheiden, die auch ungefähr die historische Entwicklung kennzeichnen, und zwar:

a) Steuerung durch Stufenschalter mit runder (Kontroller oder Steuerwalzen) oder gestreckter Kontaktbahn (Schlittenschalter).

b) Steuerungen mittels Einzelschalter, die entweder konstruktiv voneinander unabhängig als Hüpfer oder Schützen einzeln elektromagnetisch oder elektropneumatisch durch Vermittlung einer Meisterwalze gesteuert oder in einer Reihe nebeneinander angeordnet als konstruktive Einheit zwangsläufig in richtiger Aufeinanderfolge durch eine mit Nocken oder Kurvenscheiben versehene Schalterwelle betätigt werden, die ihrerseits wieder vom Führer entweder von Hand unter Vermittlung einer Transmission oder wieder von einer Meisterwalze aus servomotorisch bewegt wird.

1. Steuerapparatur.

a) Steuerungen durch Stufenschalter mit runder oder gestreckter Kontaktbahn.

Hierher gehören zunächst die normalen in den Führerständen der Motorwagen der Straßen- und Überlandbahnen eingebauten und vom Führer unmittelbar von Hand betätigten „Kontroller", die im wesentlichen aus einer zwischen zwei Gußplatten drehbar gelagerten Walze aus Isoliermaterial (Hartpapier oder Holz) bestehen, auf der eine Reihe untereinander passend verbundener Kontaktbahnen aufgeschraubt sind, die entsprechend ihrer räumlichen Versetzung in richtiger Reihenfolge von den mit den einzelnen Widerstandsstufen verbundenen hintereinander auf einer Liste aufgereihten Kontaktfingern bestrichen werden. Links von der Hauptwalze ist eine auf deren ganze Länge wirkende Blasspule angeordnet, rechts davon ist die Fahrtwenderwalze mit eingebaut. Der ganze Apparat wird durch eine Blechverschalung geschlossen.

Die unmittelbare Verwendung dieses Steuerorgans bei Vollbahnlokomotiven stößt auf Schwierigkeiten. Zunächst einmal handelt es sich um einen ausgesprochenen Niederspannungsapparat, der durch Vergrößerung der Kriechwege allenfalls noch bis 1200 Volt brauchbar gemacht werden könnte. Dann ist das Feld der konzentrierten Löschspule kein homogenes, ein Umstand, der schon bei Straßenbahnkontrollern für 500 bis 600 Volt Spannung zu nachteiliger Auswirkung kommt und starken Kontaktfingerabbrand und auch Überschläge nach Erde verursacht. Außerdem führen die großen Leistungen der Lokomotiven zu so hohen Stromstärken und damit so breiten Kontaktbahnen, daß einerseits die Verstellkräfte, andererseits die Bauhöhe der Kontroller zu groß werden würden. In unveränderter Bauart können daher Steuerapparate dieser Art, die überdies immer auch die Zu- und Ableitung von Hochspannungskabeln nach und von den Führerständen erforderlich machen würden, nur für Lokomotiven sehr bescheidener Leistung in Frage kommen.

Man kann nun den Stufenschalter, d. h. die Schaltung derart ausbilden, daß die Widerstandsab- und -zuschaltung stromlos erfolgt und der eigentliche Schaltprozeß und damit das Schaltfeuer auf eine Gruppe besonderer Funkenschalter verlegt wird, die auch die Umschaltung der Motoren von Serie auf Parallel bewerkstelligen. Der Stufenschalter zerfällt damit in zwei konstruktiv voneinander verschiedene Einheiten, die von gemeinsamer Welle zwangsläufig miteinander betätigt werden. Dieser Umstand bringt es mit sich, daß man den ganzen Stufenschalter, bestehend aus Widerstandsschalter und Funkenschalter, nicht doppelt, d. h. nicht in jedem Führerstand für sich anordnet, sondern als Zentralkontroller im Lokomotivkasten durch je einen Blindkontroller von beiden Führerständen aus am einfachsten mittels Transmission betätigen läßt. Durch Einschaltung von Übersetzungen in dieselbe lassen sich dann die vom Führer am Blindkontroller zu leistenden Verstellkräfte so weit reduzieren, daß bei einer vollen Umdrehung am Blindkontrollerhandrad der Stufenschalter um eine Stufe fortschreitet. Durch die Anordnung des Zentralkontrollers entfällt auch die Notwendigkeit der Führung von Kabelleitungen nach den Führerständen.

Die Schaltung[1]) sei an Hand des in Abb. 273 dargestellten Schemas näher erläutert. Die beiden zwischen der Oberleitung C und Erde E angeschlossenen Motoren M_1 und M_2 werden mittels der Schaltergruppe $p_1\, s\, p_2$ in Reihe oder parallelgeschaltet; zum Anlassen und Regeln dienen die Widerstände R, die beispielsweise in fünf Stufen geteilt und daher mit sechs Anschlüssen *1* bis *6* versehen sind. Die Widerstandsabschaltung wird mittels der im Schema als Schalter B eingetragenen Kontrollerbelägen stromlos ausgeführt, während die Schaltungen unter Strom mittels der in Reihe mit ihnen liegenden Funkenschalter $a\ b\ c$ vorgenommen werden, die ebenso wie die Serie-Parallelschalter $p_1\, s\, p_2$ mit magnetischer Funkenlöschung versehen sind. Um mit einer möglichst kleinen Zahl von Funkenschaltern auszukommen, werden mehrere Schaltstufen vom gleichen Funkenschalter bedient. Bei dem gezeichneten Schema sind je zwei Kontrollerstufen mit dem gleichen Funkenschalter verbunden, jedoch wegen der Raschheit der Schaltfolge nicht zwei nebeneinanderliegende, sondern mit Funkenschalter a die Stufen *1* und *4*, mit Schalter b die Stufen *2* und *5* und mit Schalter c die Stufen *3* und *6*.

Im unteren Teil der Abb. 273 ist der zwölfstufige Kontroller in der Abwicklung dargestellt, und zwar oben die eigentliche Schaltwalze S mit den Metallbelägen B, unten die mit ihr gekuppelten Kurvenscheiben K, auf deren Umfängen die Rollen T der Funkenschalter F sich abwälzen. Diese sind sämtlich mit Blasspulen G versehen. Die drei unteren $s\ p_1\ p_2$ dienen der Serie-Parallelschaltung, die drei oberen a, b, c der Widerstandsabschaltung. Sämtliche Klemmen des Kontrollers sind mit den gleichen Bezeichnungen versehen, wie diejenigen Punkte im Schaltschema Abb. 273 oben, mit denen sie leitend verbunden sind.

Der Kontroller S wird als gewöhnliche Schaltwalze ausgeführt, jedoch naturgemäß ohne jedes Blasfeld. Die Schalter a, b, c und s, p_1, p_2 sind Schalter mit Einzelblasung, die entweder konstrutiv voneinander unabhängig als Schützen ausgebildet oder, wie in Abb. 273 schematisch dargestellt, zu einem durch eine Nockenwelle betätigten Kontroller vereinigt werden.

Einen Nachteil der Schaltung bilden die beiden Übergangsstufen *VIII* und *IX*, die nur einen

[1]) D. R. P. 376165, Ö. P. 87771, Schweiz. P. 82894, F. P. 508399, E. P. 138107 (B. B. C.). — Angewendet bei den B_0—B_0-Lokomotiven der Bahn Torino—Lanzo—Céres (l'Elettrotecnica 1921, S. 442; B. I. C. C. F. August 1922).

unstetigen Übergang von der Serie- zur Parallelschaltung der Motoren ermöglichen und damit einen Zugkraftverlust für die Lokomotive zur Folge haben. Hierin dürfte der Grund liegen, warum die sehr geistreiche in der Konstruktion billige Steuerung bei Lokomotiven größerer Leistung bis jetzt nicht angewendet wurde. Allgemein läßt sich eben der Übergang von der Serie- zur Parallelschaltung der Motoren bei Steuerungen dieser Art, bei der einigermaßen komplizierte Abwicklungen der Kontroller nicht in Frage kommen, entweder nur durch völlige Abschaltung d. h. also mit vorübergehender völliger Leistungsunterbrechung oder durch Abschaltung eines Motors oder einer Motorgruppe ausführen, während die andere bis zum wieder parallelen Zuschalten der letzteren mit dem vollen Vorschaltwiderstand allein eingeschaltet bleibt.

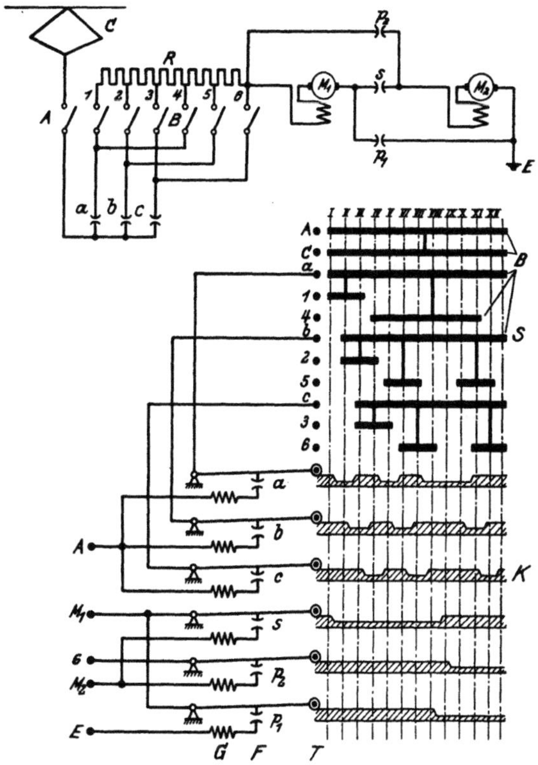

Abb. 273. Stufenschalter mit runder Kontaktbahn (Widerstandsabschaltung) vereinigt mit Funkenschaltern (Gruppierungsschaltern).

Ein stetiger Übergang von der Serie- zur Parallelschaltung läßt sich erzielen, wenn man die eigentliche Widerstandsabschaltung durch einen konstruktiv getrennten Stufenschalter mit zwei gestreckten Kontaktbahnen ausführen läßt, von denen jede einem Motor oder einer Motorgruppe zugeordnet wird, und den Übergang von Serie- auf Parallelschaltung wieder einer Gruppe von Einzelschaltern überträgt, deren Betätigung in zwangsläufige Abhängigkeit von der Stufenschalterwelle gebracht wird. Die Widerstandsabschaltung durch den Stufenschalter kann dadurch stromlos ausgeführt werden, daß man jeder Kontaktreihe einen besonderen Funkenschalter zuordnet, der beim Übergang von einer Schaltstellung zur nächsten das Schaltfeuer übernimmt. Für den Übergang von der Serie- zur Parallelstellung kann man hier vorteilhafterweise die sog. **Brückenschaltung** anwenden, die darin besteht, daß die parallel zu schaltenden Motoren oder Motorgruppen mit je einem Satz von Vorschaltwiderständen vereinigt werden und mit diesen zu einer Art Wheatstoneschen Brücke als Übergangstufe verbunden werden, die durch Öffnung eines besonderen in die Brücke geschalteten Einzelschalters leicht in die Parallelschaltung überführt werden kann.

Abb. 274 zeigt schematisch eine derartige Steuerung für zwei Motoren oder Motorgruppen M_1 und M_2. Zur Ausführung der Umschaltung von Serie auf Parallel genügen hier die vier Gruppierungsschalter *I, II, III* und *IV*, die unter Strom betätigt werden. Die Anfahrwiderstände sind in zwei Gruppen geteilt, von denen jede von einem Stufenschalter geschaltet wird. Wie aus Abb. 274 ersichtlich ist, besteht das Gleitbürstensystem aus einer Hauptbürste und einer beim Zuschalten vorlaufenden Hilfsbürste, welche in Reihe mit einem Funkenschalter *f* angeordnet ist. Die beiden Gleitbürsten laufen immer stromlos auf und ab, während der Funkenschalter den eigentlichen Schaltprozeß ausführt. Für die Anfahrt mit in Reihe geschalteten Motoren wird zunächst der Schalter *I* geschlossen; der Strom fließt dann vom Stromabnehmer durch Motor *1*, durch den Widerstand *a—b*, über Schalter *I*, durch den Widerstand *c—d*, durch Motor *2* nach Erde. Die beiden Gleit-

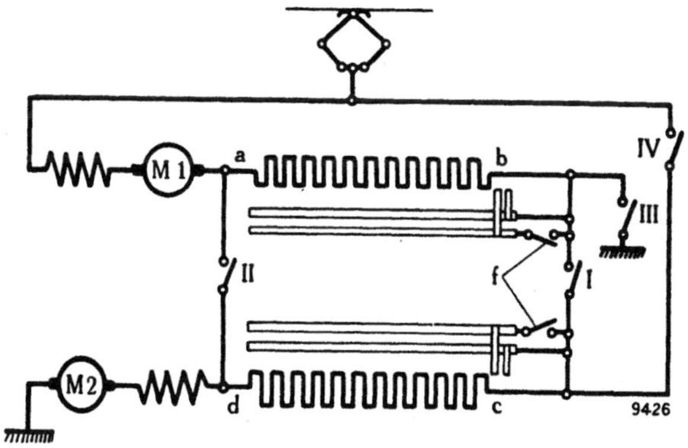

Abb. 274. Stufenschalter mit gestreckter Kontaktbahn mit Funkenschaltern.
a—b, c—d Anfahrwiderstandsgruppen, *f* Funkenschalter, *I—IV* Serie-Parallelschalter.

bürstensysteme werden nun einander abwechselnd, von rechts nach links laufend in Bewegung gesetzt, bis die beiden Anfahrwiderstandhälften kurz geschlossen sind; darauf wird Schalter *II* geschlossen und Schalter *I* geöffnet. Die Anfahrt in Serieschaltung ist dann beendigt.

Um nun zur Parallelschaltung der Motoren überzugehen, werden zuerst die beiden Gleitbürstensysteme wieder soweit als erforderlich zurückgestellt, darauf die Schalter *III* und *IV* geschlossen, dann der Schalter *II* geöffnet und durch Verschiebung der Gleitbürstensysteme die Anfahrwiderstände zum zweiten Male allmählich kurzgeschlossen.

Bei der Anfahrt werden hier somit die Kontaktreihen der Stufenschalter zweimal nacheinander in der gleichen Richtung von den Gleitbürsten bestrichen. Es erscheint deshalb zweckmäßig, die Widerstandskontakte auf einen Kreisumfang anzuordnen, welcher dann bei der Anfahrt zweimal nacheinander von den Gleitbürsten im gleichen Sinne durchlaufen wird. Abb. 275 zeigt eine Steuerung dieser Art, bei der durch Drehung der oben angedeuteten Antriebswelle die vorhin beschriebenen Schaltvorgänge zwangsläufig stattfinden. Bei sehr geringem Platzaufwand wird hier eine außerordentlich hohe Zahl Widerstandsstufen, d. h. eine geradezu stetige Drehmomentsregulierung der Triebmotoren erhalten[1]).

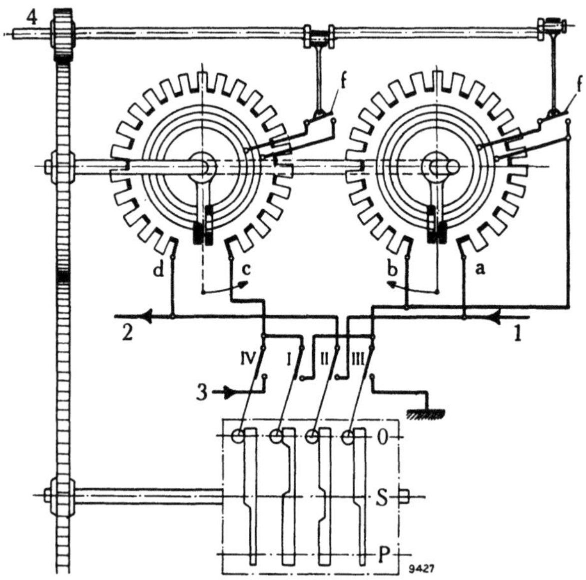

Abb. 275. Mechanisch zwangläufig gekuppelte Fahrschaltapparate.
a—b, c—d Anfahrwiderstandsgruppen, *f* Funkenschalter, *I—IV* Serie-Parallelschalter.

b) Steuerungen mittels Einzelschalter.

α) **Allgemeines.** Der grundsätzliche Vorteil der Einzelschaltersteuerung besteht vor allem darin, daß sich alle nur möglichen Kombinationen und Gruppierungen von Motoren und Widerständen ohne weiteres und mit nahezu stetigen Übergängen zueinander ausführen lassen. Dazu kommt die Vereinigung jedes Schalters bzw. jedes Schalterelementes mit seiner Blasspule, die ein präzises Ein- und Ausschalten mit sehr geringem Kontaktabbrand ermöglicht.

Die Zahl der möglichen Gruppenschaltungen (wirtschaftlichen Fahrstufen richtet sich einerseits nach der Gesamtzahl der Motoren ($2\,m$), andererseits nach der Zahl der auch bei der Höchstgeschwindigkeit in dauernder Reihenschaltung verbleibenden Motoren (n). Je nachdem ob m eine gerade oder ungerade Zahl ist, ist die Zahl der wirtschaftlichen Fahrstufen $K = \frac{2\,m}{n} - 1$ bzw. $K = \frac{2\,m}{n}$. Eine Zusammenstellung der nach dieser Bedingung sich ergebenden Fahrstufen für praktisch vorkommende Motorzahlen und -schaltungen enthält die Tabelle auf S. 251. Im Anschluß an jede Fahrstufe sind außerdem ein bis zwei weitere wirtschaftliche Fahrstufen durch Feldschwächung der Motoren möglich, die zumeist jedoch nur an die letzte Fahrstufe mit parallelgeschalteten Motoren bzw. Motorgruppen zugefügt zu werden pflegen. Gelegentlich werden auch die die Feldschwächung bewerkstelligenden Einzelschalter für sich von einer besonderen zwei bis drei Stufen umfassenden Feldschwächungsmeisterwalze im Führerstand betätigt, die durch geeignete Verriegelung mit der Hauptsteuerwalze nur im Anschluß an die wirtschaftlichen Fahrstufen betätigt werden kann.

Die Zahl der Regulierstufen ist in der Serie- und Serie-Parallelschaltung der Motoren meistens kleiner als in der Parallelschaltung, um ein Überlappen der den einzelnen Regulierstufen entsprechenden Zugkraftcharakteristiken zu vermeiden. Der Übergang von der Serie- zur Parallelschaltung läßt sich bei dieser Art von Steuerungen in einfacher Weise

[1]) Dasselbe ist allerdings auch mit Kontrollern mit gestreckter Kontaktbahn zu erreichen, wenn man diese doppelt, d. h. in zwei Reihen ausführt, wobei die aufeinanderfolgenden Kontakte einer Reihe allen Anzapfungen geraden Ranges am Anfahrwiderstand und die Kontakte der anderen Reihe denen ungeraden Ranges entsprechen. Dann läßt sich mit der Stufenschalterwelle ein besonderer als Drehbürste ausgebildeter Schalter kombinieren, der zwischen jedem Fortschreiten des Stufenschalters von Stufe zu Stufe sich einmal um seine Achse dreht und dabei jedesmal seinen Widerstand sukzessive kurzschließt, der hier jede Hauptstufe gewissermaßen als Feinregler unterteilt (Schweiz. P. 106022 und 110887 der M. F. O.).

ohne Abschaltung einzelner Motoren oder Motorgruppen, damit also ohne Zugkraftverlust durch die bereits erwähnte **Brückenschaltung** bewerkstelligen. Abb. 276 zeigt im vereinfachten Schema eine Schaltung mit 4 Motoren, 11 Seriestellungen, 6 Parallelstellungen und einer auf die letzteren unter Zwischenschaltung einer Übergangsstellung folgenden Feldschwächungsstellung. Auf die Seriestellungen folgen zwei Übergangsstellungen in Brückenschaltung. Die Schaltfolge geht aus der Abb. 276 beigegebenen Schalttabelle unmittelbar hervor.

Zahl und Art der Stufen	Gesamtzahl der Motoren					
	2	4	6	8	12	4
Zahl der parallelen Gruppen	1	1	1	1	1	1
Motoren in Reihe je Gruppe	2	4	6	8	12	4
Spannung je Motor als Teil der Fahrdrahtspannung	1/2	1/4	1/6	1/8	1/12	1/4
Motordrehzahl als Teil der Höchstgeschwindigkeit	1/2	1/4	1/3	1/4	1/6	1/2
Zahl der parallelen Gruppen	2	2	2	2	2	2
Motoren in Reihe je Gruppe	1	2	3	4	6	2
Spannung je Motor als Teil der Fahrdrahtspannung	1/1	1/2	1/3	1/4	1/6	1/2
Motordrehzahl als Teil der Höchstgeschwindigkeit	1/1	1/2	2/3	1/2	1/3	1/1
Zahl der parallelen Gruppen		4	3	4	3	
Motoren in Reihe je Gruppe		1	2	2	4	
Spannung je Motor als Teil der Fahrdrahtspannung		1/1	1/2	1/2	1/4	
Motordrehzahl als Teil der Höchstgeschwindigkeit		1/1	1/1	1/1	1/2	
Zahl der parallelen Gruppen				4		
Motoren in Reihe je Gruppe				3		
Spannung je Motor als Teil der Fahrdrahtspannung				1/3		
Motordrehzahl als Teil der Höchstgeschwindigkeit				2/3		
Zahl der parallelen Gruppen				6		
Motoren in Reihe je Gruppe				2		
Spannung je Motor als Teil der Fahrdrahtspannung				1/2		
Motordrehzahl als Teil der Höchstgeschwindigkeit				1/1		

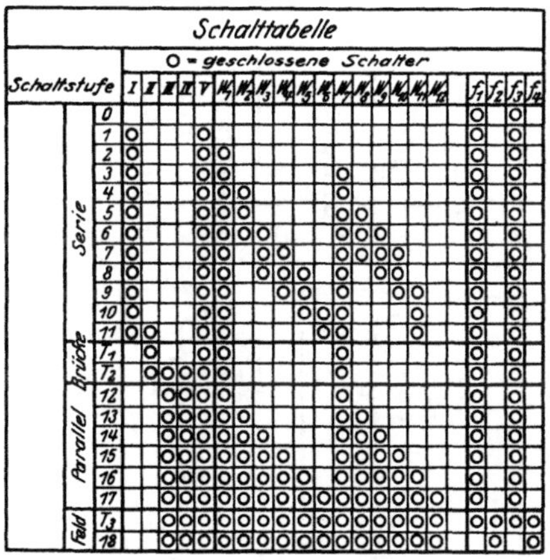

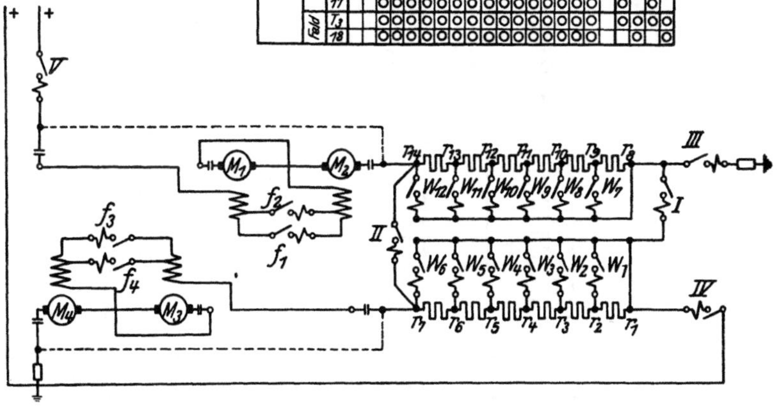

Abb. 276. Steuerung mit Einzelschaltern von 4 Lokomotivmotoren mit Brückenschaltung zwischen den Serie- und den Parallelstellungen.

In einfacher Weise läßt sich die Brückenschaltung nur bei unmittelbarem Übergang von Serie- auf Parallelschaltung ausführen. Ist außerdem dazwischen eine Serie-Parallelschaltung vorhanden, was, wie aus der vorstehenden Tabelle hervorgeht, bei 6 Motoren und mehr die Regel ist, dann wird die Brückenschaltung wenn auch nicht unmöglich, so doch jedenfalls sehr kompliziert, außerdem wird es schwer, die große Zahl der nunmehr zwischen drei wirtschaftlichen Fahrstufen liegenden Regulierstufen auf dem Stufenschalter wie auf der Meisterwalze unterzubringen, wenn deren Durchmesser nicht zu groß werden und der Schaltwinkel von Stufe zu Stufe ein gewisses Maß nicht unterschreiten soll. Man faßt daher ähnlich wie bei den in Abb. 273 und 274 dargestellten Schaltungen die lediglich die Umschaltung von Serie- auf Serie-Parallel- und auf Parallelschaltung ausführenden Einzelschalter zum sog. **Gruppierungsschalter** zusammen und betätigt diesen durch eine besondere drei Stellungen umfassende Meisterwalze im Führerstand. Der Gruppierungsschalter besteht unabhängig von der Art der Ausbildung der der Widerstandsabschaltung dienenden Einzelschalter entweder aus einer besonderen Gruppe individuell gesteuerter Schützen oder wieder unter konstruktiver Vereinigung derselben aus einem durch eine Nockenwelle betätigten Kontroller. Der Hauptsteuerschalter im Führerstand betätigt als Meisterwalze nunmehr nur die der Widerstandsab- und -zuschaltung und die der Ausführung der Feldschwächung dienenden Einzelschalter, umfaßt also jetzt eine in einer vollen Kurbelumdrehung unschwierig unterzubringende Zahl von Regulierstufen. Die Loslösung der Motorgruppierung von der eigentlichen Regulierung hat außerdem den Vorteil, daß nunmehr gelegentlich, wenn es das Zugsgewicht gestattet bzw. erfordert, statt in Serieschaltung, gleich in Serie-Parallelschaltung oder in Parallelschaltung angefahren werden kann. Das Zurückschalten führt jedoch in jeder der drei Gruppierungen immer zur Nullstellung, wobei der Gruppierungsschalter selbsttätig auf Serieschaltung zurückgeht. Am einfachsten ist wieder die Betätigung des Gruppierungsschalters durch einen Luftmotor, der nunmehr drei Stellungen erhalten muß.

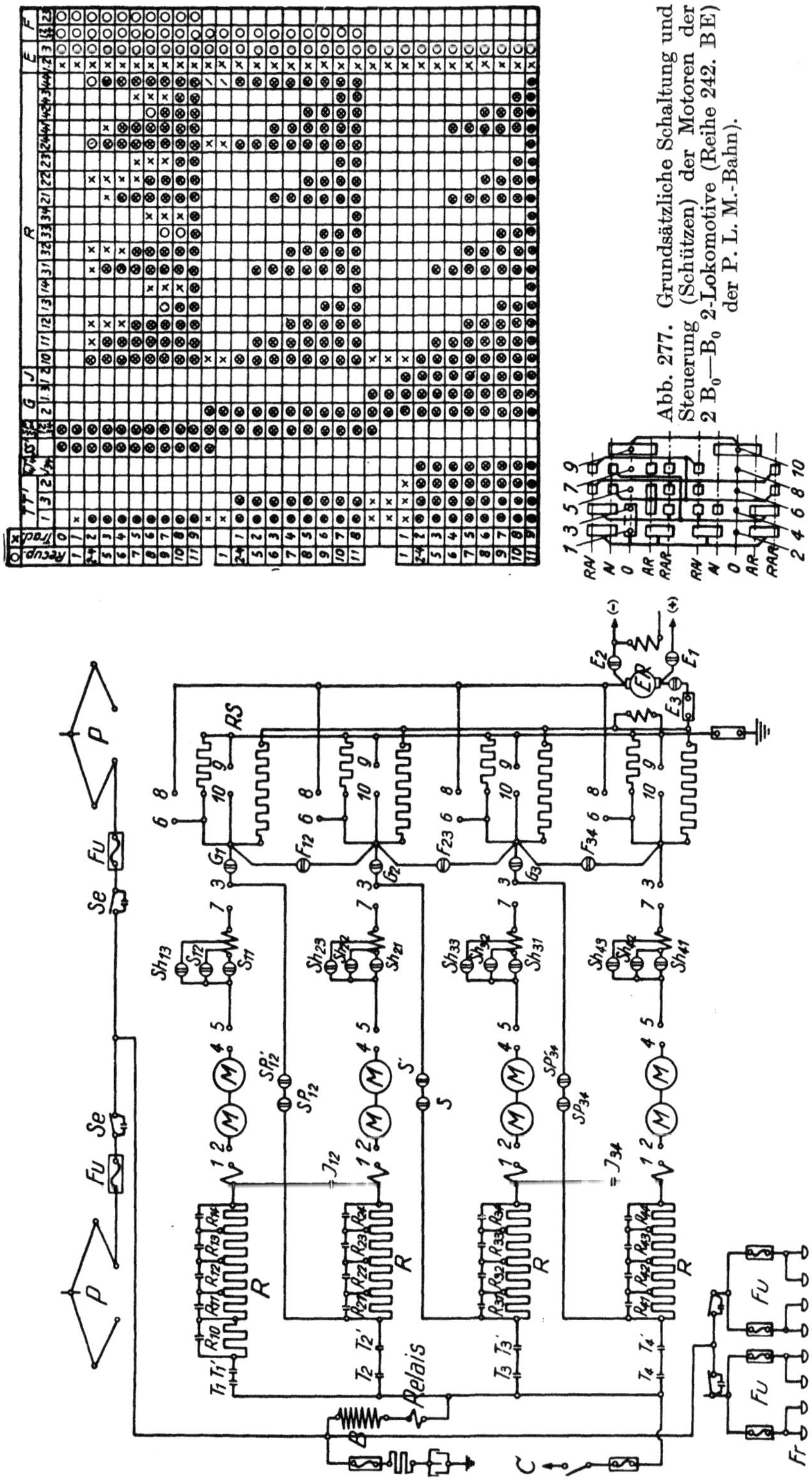

Abb. 277. Grundsätzliche Schaltung und Steuerung (Schützen) der Motoren der 2 B_0—B_0 2-Lokomotive (Reihe 242. BE) der P. L. M.-Bahn).

Abb. 277 zeigt das Schaltungsschema samt Schaltfolge der mit 8 Motoren (4 Zwillingsmotoren) ausgerüsteten 2 B_0—B_0 2-Lokomotive Reihe 242. BE der P. L. M.-Bahn (M. F. O.)[1]), die auch für Nutzbremsung eingerichtet ist (s. u.). Die Einzelschalter sind hier als elektropneumatische Schützen ausgebildet, bis auf die mit G_1, G_2, G_3 und SP_{12}, SP'_{12} S, S', SP_{31} und SP'_{34} bezeichneten Schalter, die zu dem mittels Nockenwelle betätigten „Gruppierungsschalter“ ver-

[1]) Eine ausführliche Beschreibung dieser Lokomotive findet sich auf S. 415ff. dieses Buches. Taf. IV zeigt das vollständige Schaltungsschema der Lokomotive.

einigt sind. In Abb. 277 ist auch die besondere Abwicklung des immer je einen Zwillingsmotor bedienenden Fahrtwendeschalters ersichtlich, der in der Nullstellung in der früher beschriebenen Art die Überbrückung der zugehörigen Motorgruppe im Falle eines Defektes an derselben ermöglicht, gleichzeitig aber am Gruppierungsschalter jene Fahrstufe, d. h. zumeist die Serie-Parallelschaltung verriegelt, die durch das Ausfallen der defekt gewordenen Motorgruppe schaltungstechnisch unmöglich geworden ist.

Die Feldschwächungseinzelschalter werden häufig konstruktiv zu einem besonderen als Nockenkontroller ausgeführten „Feldschwächungsschalter" vereinigt, der durch geeignete Verriegelung mit dem Hauptsteuerorgan nur jeweils im Anschluß an die Gruppierungsendstellungen betätigt werden kann. Am einfachsten läßt sich diese Verriegelung bei Betätigung des Feldschwächungsschalters durch einen Servomotor durchführen, indem man den Betätigungsstromkreis des letzteren über einen Kontakt führt, der bei Schützensteuerung an der Meisterwalze, bei Steuerung mittels Nockenkontroller unmittelbar an diesem angebracht ist und erst in den Gruppierungsendstellungen überbrückt wird.

Die Ausführung der Feldschwächung geschah früher ausschließlich in der Weise, daß parallel zur Feldwicklung der Motoren ein Ohmscher Widerstand parallel geschaltet wurde, dessen Totalgröße den gemessenen Motorcharakteristiken richtig angepaßt werden kann. Zwischenstufen lassen sich dadurch erzielen, daß man diesen Nebenschluß- oder Shuntwiderstand entweder selbst regelbar macht, d. h. mit ein bis zwei Anzapfungen versieht oder mit der Feldwicklung einen hochohmigen regelbaren Widerstand als Feinregler in Reihe und parallel zu beiden den eigentlichen unveränderlichen Shuntwiderstand schaltet[1]). Diesen der Regulierfähigkeit wegen vorteilhaften Schaltungen mit Parallelwiderstand haftet jedoch ein schwerer Nachteil bei Stromunterbrechungen von kurzer Dauer an, wie sie etwa beim Abspringen der Stromabnehmer vom Fahrdraht oder beim Auslösen der Maximalautomaten im nächsten Unterwerk mit darauffolgendem Wiedereinschalten vorkommen können. Im Augenblick der Wiederkehr des Stromes fließt dieser infolge der Induktivität der Feldspulen nahezu nur durch den Parallelwiderstand und nur zu einem sehr geringen Teil durch die Feldwicklung. Es wird infolgedessen zuerst nur ein schwaches Feld erzeugt werden, das seinerseits nur eine geringe Gegen-EMK zu erzeugen imstande ist. Die Folge ist eine sehr große Stromaufnahme, die zufolge exzessiver Steigerung der Lamellenspannung zu Rundfeuer am Kollektor und zu Überschlägen zwischen den Bürsten oder nach Erde führt.

Man ist daher dazu übergegangen, induktive Parallelwiderstände zu verwenden, die aber wieder, um wirksam zu sein, angenähert dieselbe Induktivität besitzen müssen wie die Magnetfeldwicklung und daher schwer und teuer werden. Dieser Erkenntnis sucht ein neuerer Vorschlag dadurch gerecht zu werden, daß der Feldschwächungswiderstand nicht der ganzen Feldwicklung sondern etwa nur den Südpolen parallel geschaltet wird[2]). Bei kurzen Stromunterbrechungen wird der Strom bei seiner Wiederkehr auf jeden Fall gezwungen, zum mindesten die Nordpole zu durchfließen und so ein magnetisches Feld zu erzeugen.

Handelt es sich jeweils nur um eine einzige Feldschwächungsstufe, so wird diese heute in der Regel in Form einer Feldanzapfung ausgeführt, die für diesen Fall aus praktischen und konstruktiven Gründen jedenfalls die einfachste Lösung darstellt (s. das Schema der Abb. 276). Schwieriger wird die Sache nur, wenn es sich um zwei Feldschwächungsstufen handelt. Denn dann müßte jede Feldspule zwei Anzapfungen bekommen, die wickeltechnisch nicht leicht auszuführen sind und zu einer unliebsamen Vermehrung der herauszuführenden Motorkabel führen. Den Anzapfungen haftet allgemein immerhin der Nachteil an, daß die Feldschwächungsgrenzen bereits beim Entwurf des Motors festgelegt werden müssen. Es erscheint daher aussichtsvoll, einen Feldanzapfungspunkt, gleichzeitig aber zu den Feldwicklungsteilen parallel zu schaltende Widerstände vorzusehen, und zwar derart, daß zum Einstellen verschiedener Feldschwächungsgrade sowohl Widerstände parallel geschaltet als auch ein Teil der Feldspulen abgeschaltet werden können[3]). Ein weiterer Vorteil dieser Anordnung besteht darin, daß der Feldschwächungsgrad später beliebig verändert werden kann, ohne daß der beim Motorentwurf festgelegte Feldanzapfungspunkt verändert zu werden braucht, und daß an Stelle der induktiven ohne nachteilige Folgen Ohmsche Parallelwiderstände verwendet werden können. Da auf den Feldschwächungsstufen die Anfahrwiderstände ausgeschaltet sind, können in besonderen Fällen diese für die Zwecke der Feldschwächung herangezogen werden.

β) Schützensteuerung. Bei dieser sind die in Abb. 276 dargestellten Einzelschalter als Schützen oder Hüpfer ausgebildet, die individuell elektromagnetisch oder elektropneumatisch ge-

[1]) D. R. P. 395155 (S. S. W.).
[2]) D. R. P. 353771 (M. S. W.).
[3]) D. R. P. 406136 (AEG).

steuert werden. Dabei ist, wie aus Abb. 276 ohne weiteres hervorgeht, eine ziemlich verwickelte gegenseitige Verriegelung einzelner Schützen in erster Linie der mit *I* bis *V* bezeichneten unumgänglich. Diese Verriegelung wird sowohl bei elektropneumatischer wie bei elektromagnetischer Betätigung nahezu ausschließlich elektrisch in der Weise ausgeführt, daß der Stromkreis der Betätigungsspule eines bestimmten Schützes über die mit einem „feindlichen" Schütz verbundenen und bewegten Verriegelungskontakte geleitet wird, wodurch die fehlerhafte zu Kurzschlüssen führende gleichzeitge Betätigung feindlicher Schützen verhindert wird. Dies führt aber zu einer Hintereinanderschaltung mehrerer kleiner Fingerkontakte, die leicht zu Störungsquellen in den einzelnen Betätigungsstromkreisen Veranlassung geben können, wenn nicht für dauernde Aufrechterhaltung eines hinreichend großen Kontaktdruckes gesorgt wird. Die amerikanische Praxis bildet die Kontaktfinger der Verriegelungskontakte aus Stahlband von 8 mm Breite und etwa 1 mm Dicke aus, die mit 1,0 bis 1,5 kg Druck auf eine Messingplatte als Gegenkontakt reiben.

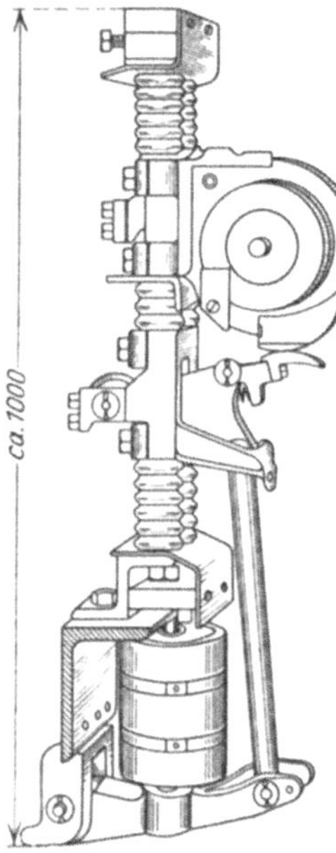

Abb. 278. Elektromagnetisch betätigter Schütz für 3000 Volt mit abgenommenem Funkentrichter. (General Electric Company.)

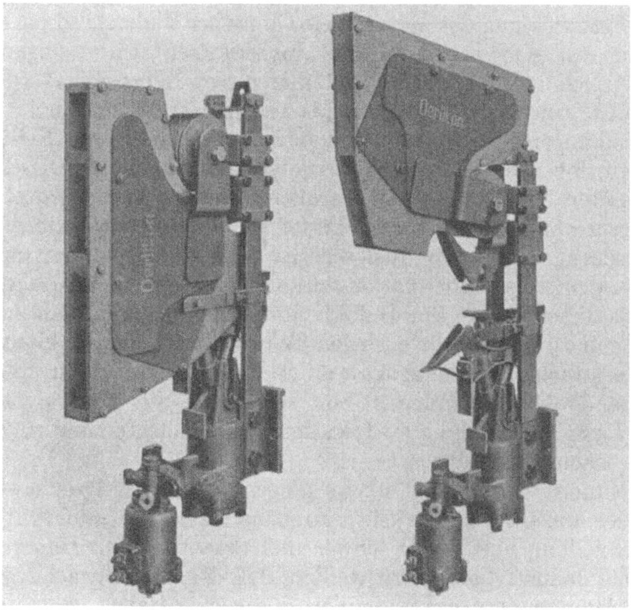

Abb. 279. Elektropneumatisch betätigter Schütz für 1800 Volt und max. 400 Amp. (Maschinenfabrik Oerlikon.)

Abb. 278 zeigt in perspektivischer Darstellung einen elektromagnetisch betätigten Schütz der G. E. Co. für 3000 Volt Fahrdrahtspannung bei abgenommenem Funkentrichter. Als isolierendes Übertragungsglied zwischen dem Anker der Betätigungsspule und den Kontakten dient ein Stab aus Hartholz.

Diese Schütze werden zu Gruppen zusammengestellt, wobei unten ein durchgehendes Winkeleisen zugleich zur Vervollständigung des magnetischen Kreises und auch eben ein solches zur Versteifung verwendet wird. Mittels der Meisterwalze im Führerstand werden die Betätigungsspulen der Schützen in richtiger Reihenfolge an die Steuerstromquelle angeschlossen.

Ein Nachteil der elektromagnetisch betätigten Schützen ist deren dauernd hoher Leistungsverbrauch von wenigstens etwa 2 kW je Lokomotive, die in den Magnetspulen in Wärme verwandelt werden. Es sind deshalb die elektropneumatisch betätigten Schützen entschieden vorteilhafter, bei denen die Hauptkontakte durch ein elektromagnetisch gesteuertes Ventil mittels Druckluft aneinandergepreßt bzw. beim Öffnen nach Entlastung des Druckkolbens unter Einwirkung einer Zugfeder auseinandergezogen werden. Der ganze Energieverbrauch einer ganzen Schützengruppe für eine Lokomotive beträgt kaum 100 Watt. Indirekt ist wohl zur Herstellung der Druckluft für die Schützen eine etwas größere Leistung des Motorkompressors erforderlich, jedoch hat die Druckluftbetätigung den Vorteil, daß sich mit geringerem Platzaufwand ein bedeutend höherer Kontaktdruck samt Rückzugfederkraft, sowie ein größerer Kontakthub als mit einer Magnetspule erzielen läßt. Der große Kontakthub erlaubt einerseits, die Kontakte und damit den Luftspalt des magnetischen Blasfeldes schmal zu halten, so daß ohne großen Kupferaufwand (Amperewindungen) ein kräftiges Blasfeld erhalten werden kann, während andererseits keine Gefahr für Schmoren und Zusammenschweißen der Kontakte besteht. Abb. 279 zeigt einen solchen Schütz der M. F. O. für 1800 Volt und 400 Amp.

Der wesentlichste Bestandteil der elektropneumatisch betätigten Schützen ist das Ventil, das Abb. 280 in der mustergültigen Konstruktion der Westinghouse Elc. & Mfg. Co. im Schnitt zeigt. Bei der links dargestellten Ausführungsform wirkt die Erregung im Einschaltesinn, bei der rechts dargestellten im Ausschaltesinn.

Die in die einzelnen Steuerstromkreise eingeschalteten als Steuermagnete oder Steuerventile ausgebildeten Betätigungsorgane der Schützen werden in der Regel unmittelbar durch die in den Führerständen angeordneten Meisterwalzen in passender Folge ein- und ausgeschaltet, die für die Steuerung nur geringer Stromstärken als einfache Walzenschalter ausgebildet werden.

Die Betätigungsenergie für die Schützenmagnete bzw. Schützenventile wird in der Regel einer aus einem Hochspannungsmotor und einer Niederspannungsdynamo mit parallelgeschalteter Batterie bestehenden Umformergruppe (s. u.) entnommen, welche die Fahrdrahtspannung auf 100 Volt oder weniger herabsetzt. Seltener wird eine selbständige Steuerbatterie verwendet, die, für die ganze Steuerleistung bemessen, immerhin einigen Platz beansprucht und durch besondere Maßnahmen dauernd in geladenem Zustand gehalten werden muß. Eine solche besteht etwa darin, daß die Steuerbatterie unter Vorschaltung eines Relais zu einem in die Erdleitung des Kompressormotors geschalteten Ohmschen Widerstand parallel geschaltet wird. Die Betätigungsspule dieses Relais bringt dieses nur beim Durchgang des Kompressormotorstromes mit einer kleinen Zeitverzögerung zum Schließen, wodurch ein durch den Widerstand abgestimmter Teil dieses Stromes als Ladestrom durch die Batterie gesandt wird, während jedoch der erste große Stromstoß nur durch den Widerstand abfließt. — Bei Fahrdrahtspannungen bis zu etwa 600 Volt könnten die Betätigungsspulen zu Gruppen von je 6 in Reihe geschaltet werden, so daß auf jede Spule etwa 100 Volt entfallen, bei welcher Spannung die Drahtdicke der Wicklungen gewöhnlich noch genügt, um eine betriebsichere Ausführung gewährleisten zu können. Da aber je nach der Fahrstellung eine andere Schaltkombination mit den verschiedenen Schützen gemacht werden muß, ist die Anordnung einer gewissen Anzahl Substitutionswiderstände unerläßlich, die vorübergehend an Stelle der Spulen in einen Steuerstromkreis eingefügt werden müssen. Diese Widerstände beanspruchen jedoch Platz und Lüftung und bildeten in den bisher (in Amerika) ausgeführten Formen öfters Störungsquellen.

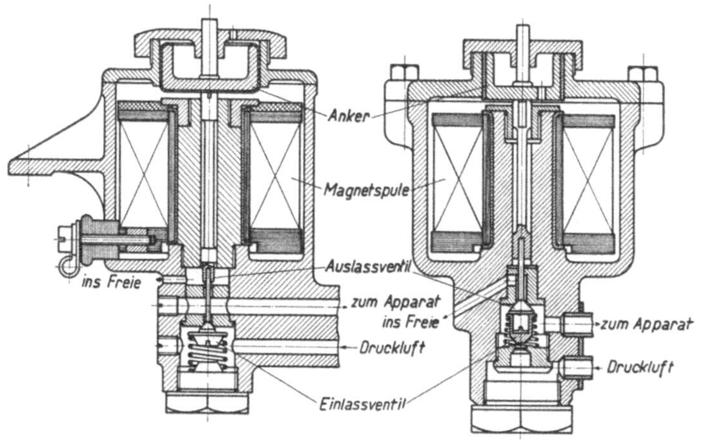

Abb. 280. Elektropneumatisches Ventil für die Betätigung von elektropneumatischen Schützen. (Westinghouse Elc. & Mfg. Co.)

Die Steuerung mittels elektromagnetisch oder elektropneumatisch betätigter Schützen gestattet in zwanglosester Weise die Durchführung der sog. Vielfachsteuerung, d. i. die Steuerung zweier oder mehrerer zumeist wohl ganz gleicher Fahrzeuge vom Führerstand eines einzigen Fahrzeuges aus. Zu diesem Zwecke ist es nur nötig, die Steuerleitungen zur Betätigung der einzelnen Schützen zwischen den einzelnen in Vielfachsteuerung arbeitenden und miteinander mechanisch gekuppelten Lokomotiven durch ein Vielfachkabel miteinander auch elektrisch zu kuppeln, dessen Enden in Stecker endigen, die in Dosen hineinragen, die an den Lokomotivstirnseiten angebracht sind.

Die Nachteile der älteren Steckerkonstruktionen sucht die Kupplung für Vielfachkabel nach Abb. 281 zu beseitigen[1]). *A* ist der Fahrzeugkasten, an welchem die Steckdose mit ihrem Ansatz *B* befestigt ist. In dem Gehäuse *L* der Steckdose ist ein Zylinder *C* aus Isoliermaterial untergebracht, welcher eine kreisförmige Leitlinie besitzt, und auf dessen Umfang beispiels-

[1]) D. R. P. 416154, Schweiz. P. 102124 (S. A. A. S.).

weise zwölf federnde Kontaktfinger D parallel zu den Erzeugenden dieses Zylinders angeordnet sind. Die Kontaktfinger sind verschieden lang, um ein ungleichzeitiges und damit leichteres Auflaufen auf die zwölf Kontaktlamellen E zu ermöglichen, mit welchen sie die elektrische Verbindung herstellen. F ist das an die Steckdose und G das an den Stecker angeschlossene Kabel.

Die Kontaktlamellen E des Streckers sind in der gezeichneten Ausführung ähnlich wie die Lamellen des Kollektors einer Gleichstrommaschine zusammengehalten. Sie bestehen aus trapezförmigen Metallplatten, die mittels Einlagen O voneinander isoliert sind. Der Abschlußdeckel N

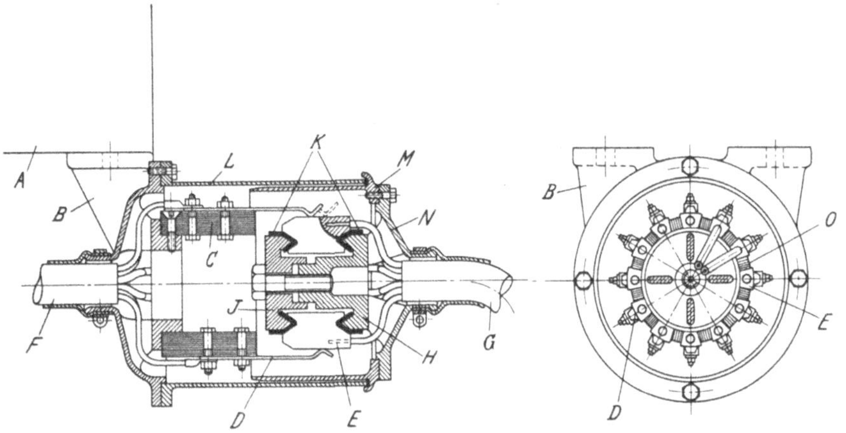

Abb. 281. **Steuerstromkupplung.** (S. A. des Ateliers de Sécheron.)

des Steckers besteht aus einem Stück mit der die Kontaktlamellen E tragenden Büchse H. Zwischen den Kontaktlamellen E und der Büchse H einerseits und zwischen Kontaktlamellen E und Preßring J andererseits ist eine Isolation K eingebracht. M ist das Schutzgehäuse des Steckers. Die Innenfläche des Gehäuses L bildet eine Führung für den Stecker. Die flachen Kontaktfinger D sind an ihren Enden aufgebogen, um ihr Auflaufen auf die Kontaktlamellen E ohne großen Kraftaufwand zu ermöglichen[1]).

Schließlich lassen sich die Schützensteuerungen auch in der Weise ausbilden, daß die Steuerorgane der einzelnen Schützen nicht elektrisch sondern mechanisch durch Kurvenscheiben der Meisterwalze betätigt werden. Dadurch werden alle Verriegelungskontakte entbehrlich, da die mechanische Betätigung stets eine zwangsläufige und folgerichtige ist[2]). Diese Formen der Schützensteuerung bilden gewissermaßen den Übergang zu der zweiten Gruppe der Einzelschaltersteuerungen mittels Nockenwelle. Der Unterschied ist nur der, daß bei den beiden folgenden Steuerungen die vom Führer betätigte Nockenwelle noch indirekt auf die Schützen wirkt. Bei der Steuerung nach Abb. 282 werden die Betätigungsstromkreise $b_1 b_2 \ldots b_n$ der elektromagnetisch gesteuerten Schützen $a_1 a_2 \ldots a_n$ durch die Kurvenscheiben der Meisterwalze geschlossen[3]), während bei der Steuerung nach Abb. 283 die letzteren a unmittelbar die Ventile c, d der pneumatisch betätigten Schützen umstellen[4]). Eine eventuelle Sperrung der Meisterwalze b bei Fehlschaltung der Schützenkontakte e wird bei dieser letzteren

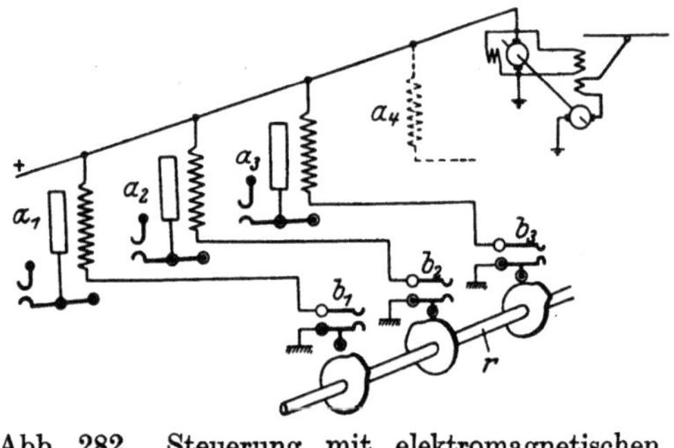

Abb. 282. Steuerung mit elektromagnetischen Schützen und mechanischer Betätigung der Steuerstromkreise.
(Forges et Ateliers de Constructions Electriques de Jeumont.)

[1]) Die S. S. W. haben eine Steckkupplung mit radial angeordneten Messerkontakten entwickelt (D. R. P. 428181).

[2]) Fehlschaltungen könnten allenfalls nur noch durch Hängenbleiben von Schützen in der Einschaltstellung eintreten. Bei pneumatischen Schützen, deren Ventile durch die Kurvenscheiben der Steuerwelle umgestellt werden, könnten jedoch diese letzteren leicht so ausgebildet werden, daß sie bei der Ausschaltbewegung unmittelbar je auf die Schützenkolbenstange im Ausschaltsinne wirken und damit ein Hängenbleiben wirksam verhindern (D. R. P. 426353 der B. E. W.).

[3]) F. P. 586376 (Jeumont).

[4]) D. R. P. 436436, Schweiz. P. 106071, F. P. 585319 (S. A. A. S.) und Ö. P. 96086 (AEG-Union). — Die Grundidee einer derartig ausgebildeten Steuerung ist bereits im Schweiz. P. 89670 (BBC) enthalten.

Anordnung durch einen Sperrkranz *f* besorgt, in der Weise, daß ein durch den Hebel *g* und eine Verbindungsstange *h* von der Kolbenstange *i* aus betätigter Sperriegel *k* mit diesem Sperrkranz in Anschlag kommt. Die Wirkungsweise ist die folgende. Links ist die Rolle der Stange *l* auf dem Nocken der Kurvenscheibe *a* aufgelaufen, das Ventil *c* zum Einströmen der Druckluft in den Zylinder *m* geöffnet und die Kontakte *e* sind geschlossen. In der Mitte erscheint die Meisterwalze so weit gedreht, daß die Rolle der Stange *l* vom Nocken abgelaufen und das Auslaßventil *d* geöffnet ist. Es ist dabei angenommen, daß die Kontakte *e* noch geschlossen sind, wobei man sieht, daß der Sperrkranz am Sperriegel *k* im Anschlage ist, wodurch ein Weiterdrehen der Meisterwalze unmöglich gemacht wird. Rechts dagegen wird angenommen, daß die Kontakte *c* nunmehr geöffnet sind; der Sperriegel *k* gibt dem Sperrkranz *f* die Bewegung in der Pfeilrichtung frei, so daß die Meisterwalze weiter gedreht werden kann. Abb. 284 zeigt schematisch diese Art der Steuerung zusammen mit dem Antrieb durch die Führerstandsmeisterwalze. In sehr sinnreicher Weise ist hier mit dem Antrieb eine Vorrichtung vereinigt, die alle Stufen im Notfall momentan abzuschalten gestattet, ohne daß also wie sonst bei allen Handsteuerungen die Sekundärabschaltung durch den zeitraubenden Rückgang auf die Nullstellung erzielt werden muß[1]). Zu diesem Zwecke befindet sich im Führerstand ein besonderer Abschalthebel, durch dessen erste Drehbewegung das Abschalten der Schützen und die Loskupplung vom mechanischen Antrieb erreicht wird. Durch weitere Drehbewegung dieses Abschalthebels wird der auf irgendeiner Schaltstellung stehengebliebene Antrieb der Steuerung der mechanisch-pneumatischen Schützen in die Nullstellung gebracht. Die Wirkungsweise der Anordnung ist im einzelnen die folgende.

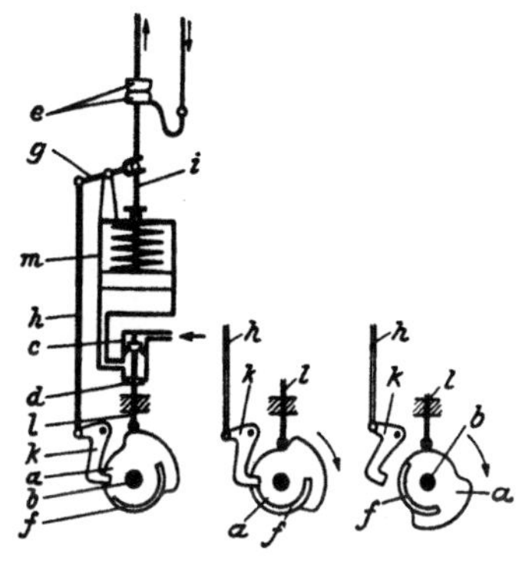

Abb. 283.

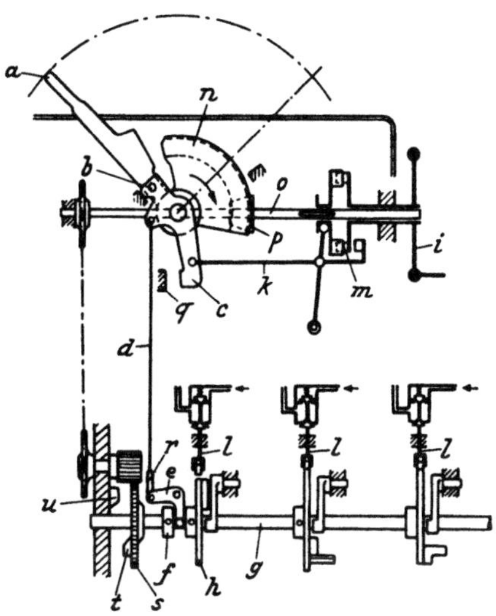

Abb. 284.

Steuerung mit Druckluftschützen und mechanischer Betätigung der Schützenventile. (S. A. des Ateliers de Sécheron.)

Durch Ziehen am Abschalthebel *a* wird in der ersten Drehbewegung mittels eines durch eine Kugel *b* mit dem Abschalthebel gekuppelten Zwischenhebel *c* über die Antriebstange *d*, einen Winkelhebel *e* und Mitnehmerringe *f*, die Schaltwelle *g* so viel verschoben, daß die Stangen *l* der im eingeschalteten Zustand befindlichen Schützen seitlich von ihren Kurvenscheiben *h* ablaufen, was ein sofortiges Ausschalten der betreffenden Schützen zur Folge hat. In der ersten Drehbewegung des Abschalthebels *a* wird ebenfalls das Handrad *i* durch eine von einer Stange *k* betätigten Klauenkupplung *m* abgekuppelt und festgehalten. Durch Weiterdrehen des Abschalthebels *a* wird ein mit diesem in Anschlag gekommenes Zahnrad *n* in Pfeilrichtung gedreht und dadurch über ein auf einer Antriebswelle *o* sitzendes Kegelrad *p* der Antrieb der Schützen in die Nullstellung zurückgeführt. Dabei bleibt der Zwischenhebel *c* (und mit ihm die ganze Abschaltvorrichtung) stehen, der in der ersten Drehbewegung beim Anschlag *q* blockiert wurde, da er beim Weiterdrehen vom Abschalthebel *a* entkuppelt wurde. Ist durch die erste Drehbewegung des Abschalthebels *a* die Abschaltung der Schützen einmal ausgeführt, so kann kein Hüpfer mehr eingeschaltet werden, bevor nicht die zweite Drehbewegung des Abschalthebels gemacht wurde, d. h. bevor nicht die Schaltwelle *g* in die Nullstellung zurückgebracht worden ist. Dies wird dadurch erreicht, daß einerseits die Schaltwelle *g*, wenn sie einmal vom Abschalthebel *a* aus durch die erste Drehbewegung in die Abschaltstellung verschoben wurde, infolge des in der Antriebsstange *d* vorgesehenen Schlitzes *r* nicht mehr zurückgeführt werden kann, und daß andererseits die Schaltwelle *g* in ihrer letzten Rücklaufbewegung in die Nullstellung durch den am Zahnrad *s* befindlichen schrägen Auflauf *t* und durch den festen Auflauf *u* in die Normalstellung geschoben wird. Nur durch Zurückstellen des Abschalthebels *a* in die Normalstellung

[1]) D. R. P. 412572, Schweiz. P. 106694, F. P. 589057 (S. A. A. S.); siehe auch Schweiz. P. 120977 (S. A. A. S.).

wird das Handrad i durch die Klauenkupplung m wieder entriegelt und somit die Steuerung von neuem zum Aufschalten bereit gemacht.

Zwischen Steuerhandrad und Schalterwelle ist eine selbsttätig ausrückbare Kupplung geschaltet, die mechanische Überbeanspruchungen des Gestänges verhindert, wenn etwa ein Schützenkontaktpaar zusammenschweißen sollte[1]). Die Kupplung ist überdies mit einer Vorrichtung versehen, die beim Ausrücken Abschaltung des Motorstromes bewirkt.

Für Vielfachsteuerung müßte diese Steuerung in der Weise umgebildet werden, daß die mit ihren Kurvenscheiben die Schützenventile umstellende Steuerwelle durch einen von der Meisterwalze aus gesteuerten Luftmotor betätigt wird[2]).

γ) Steuerung mittels Nockenkontroller. Der Nockenkontroller ist als konstruktive Vereinigung (Aneinanderreihung) von Schützen oder zumindest von deren Schaltelementen anzusehen, die in richtiger Reihenfolge durch eine durchgehende, mit Nocken bzw. Kurvenscheiben versehenen Welle betätigt werden. Die ganzen Verriegelungen und Verriegelungskontakte der Schützen kommen damit in Wegfall[3]).

In ihrem konstruktiven Aufbau unterscheiden sich die Schaltelemente nicht grundsätzlich von den Schützen, nur verlangt der gedrängte Zusammenbau eine noch genauere Führung, des magnetischen Blasfeldes, um ein Überschlagen des Schaltlichtbogens gegen die Polplatten d. h. gegen deren isolierende Auskleidung zu verhindern.

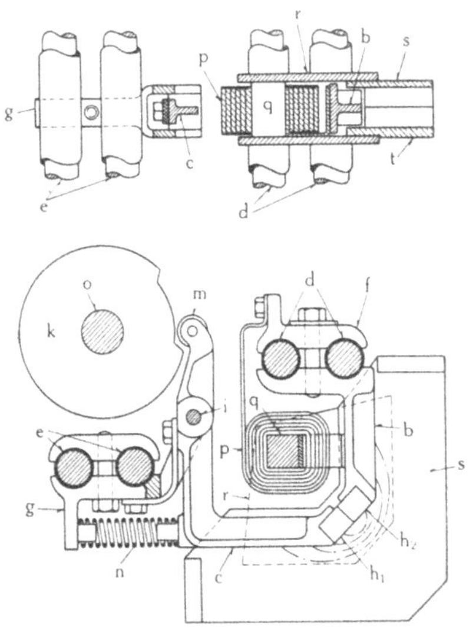

Abb. 285. Konstruktiver Aufbau eines Schaltelementes für Nockenkontroller. (Bauart B. B. C.)

Abb. 286. Nockenkontroller mit Schaltelementen gemäß Abb. 285. (Bauart B. B. C.)

Abb. 285 zeigt den konstruktiven Aufbau eines Schaltelementes eines Nockenkontrollers. Beim Zusammenbau zum Kontroller sind dabei die festen Schalterpole b der Elemente an zwei senkrechten isolierten Tragstangen d, die beweglichen Schalterpole c an zwei gleichartigen Tragstangen e mittels Briden f und g befestigt. Die Unterbrechungskontakte h_1 und h_2 befinden sich im Scheitel des rechten Winkels, den die beiden Schalterpole b und c miteinander bilden. Der bewegliche Schalterpol c ist nochmals rechtwinklig abgebogen und in einem Ansatz der Bride g bei i schwenkbar gelagert. Jenseits dieses Drehpunktes i gleitet dieser Schalthebel mit einer Rolle m auf der Kurvenscheibe k, die auf der Kontrollerwelle o sitzt und gegen die er mittels der Druckfeder n gepreßt wird. Im Innern des von den Schalterpolen b und c gebildeten offenen Vierecks sitzt die etwa quadratische Blasspule p mit dem Eisenkern q und den beiden Polplatten r, die über die Unterbrechungsstelle h des Schalters hinwegragen. Zwischen die Polplatten ist von außen noch die Funkenkammer s geschoben, die ebenfalls rechtwinklig abgebogen ist und durch einen sich an die untere Polplatte r legenden Ansatz t nach innen zu in ihrer Lage gesichert wird.

[1]) Schweiz. P. 116936 (G. Meyfarth und S. A. A. S.). [2]) Ö. P. 98353 (A. E. G.-Union).

[3]) Für alle Fälle wäre es möglich, jedes Schaltelement mit zwei durch dessen Bewegung gesteuerte Sperrhebel zu versehen, die je die Weiterdrehung der Schalterwelle sperren, wenn etwa eines der Schaltelemente in der Einschaltstellung hängen bleibt oder wenn Schaltelemente niederer Ordnung gegebenenfalls auch der gleichen Fahrstufe aus irgendeinem Grunde nicht eingeschaltet haben (D. R. P. 432567 der AEG).

Die Schaltelemente sind hier genau wie bei dem in Abb. 264 bis 266 dargestellten Hauptschalter und nach dem dort erläuterten Konstruktionsprinzip so zwischen den Polplatten ihrer Blasmagnete angeordnet, daß sie sich in ihrer Form dem äußeren Umfang der Blasspule anschmiegen. Das zwischen den Polplatten erzeugte, nahezu homogene, senkrecht zur Zeichenebene gerichtete Feld treibt die Fußpunkte des zwischen den Öffnungskontakten h_1 h_2 der Schaltelemente entstehenden Lichtbogens entlang den Außenkanten der Schalthebel *b* und *c* auseinander, bis der Lichtbogen abreißt, etwa wie es durch die strichpunktierten Lichtbogenlinien angedeutet ist. Daß der Lichtbogen gegen die nicht gezeichnete Kontrollerwand oder andere metallische Teile schlägt, wird durch die zwischen die Polplatten *r* geschobenen Funkenkammern *s* verhindert.

Abb. 286 zeigt einen aus Schaltelementen der beschriebenen Art aufgebauten Nockenkontroller[1]). Die größeren Schaltelemente dienen zur Ausführung der Dauerstellungen, die kleineren zur stufenweisen Abschaltung der Widerstände.

Die naheliegendste und einfachste Art der Betätigung der Kontrollerwelle ist die von Hand durch den Führer unter Vermittlung einer Transmission, die schon der Reduktion der Verstellkräfte wegen nötig ist. In dieser einfachsten Form ist die Steuerung nicht automatisch, sie kann aber in der Weise leicht zu einer halbautomatischen umgestaltet werden, wenn man das willkürliche Fortschalten der Kontrollerwelle durch ein sog. Strombegrenzungsrelais überwachen läßt, das ein Weiterschalten in dem Augenblick und solange unmöglich macht, als die Stromstärke einen bestimmten eingestellten Höchstwert erreicht hat und nicht unter diesen sinkt. Hingegen ist die Ausbildung einer Vielfachsteuerung bei hanbdetätigten Steuerschaltern kaum möglich, da einerseits die Verstellkräfte zu groß werden würden, andererseits die Kupplung der Schaltertransmissionswellen von Lokomotive zu Lokomotive durch Kardanwellen konstruktiv schwierig wäre und wegen des unvermeidlich großen Totganges des Getriebes keinen exakten Parallelbetrieb der gekuppelten Wellen gewährleisten würde.

Wird Vielfachsteuerung verlangt, dann kommt einzig die servomotorische Betätigung der Kontrollerwelle in Frage, die sich ohne Schwierigkeit als halbautomatische Steuerung mit Überwachung des Schaltvorganges durch ein Strombegrenzungsrelais oder als vollautomatische Steuerung mit gleichzeitiger selbsttätiger Fortschaltung ausbilden läßt.

Abb. 287 zeigt schematisch zunächst eine halbautomatische Steuerung mit elektromotorischem Antrieb der Welle des Nockenkontrollers[2]).

Das Wesen der Steuerung besteht darin, daß die Meisterwalze mit zwei polarisierten Belägen ausgerüstet ist, die treppenförmig abgestuft sind, und daß der Schaltmotor einer jeden Lokomotive durch Relais gesteuert wird, die ihren Kern oder Anker bei verschiedenpoliger Erregung nach verschiedenen Seiten anziehen. Die Meisterwalze ist, wie üblich, mit einer der Stufenzahl entsprechenden Reihe fester Kontakte ausgerüstet, die mit der gleichen Anzahl durch den Zug gehender Leitungen und in jeder Lokomotive mit der gleichen Anzahl Kontakte einer vom Schaltmotor mitbewegten Rückmeldevorrichtung (Kontaktwalze oder -bahn) elektrisch verbunden sind. Bei jeder Stellung der Meisterwalze wird nun der eine Teil der durchgehenden Leitungen mit dem positiven, der andere Teil mit dem negativen Belag der Meisterwalze verbunden; der Steuermotor läuft dann so lange, bis die Gleitbürsten der von ihm bewegten Rückmeldevorrichtung auf der Grenzstellung von positiv und negativ angelangt sind. Der Einfachheit halber ist das in Abb. 287 dargestellte Schema nur für sechs Stufen entworfen. Die durchgehenden Steuerleitungen sind ebenso wie die mit ihnen verbundenen festen Kontakte mit den arabischen Ziffern *1* bis *6* bezeichnet, außerdem kommen noch die beiden durchgehenden Hauptleitungen + und — sowie die Leitungen für Vorwärts- und Rückwärtsfahrt *V* und *R* vor. Die Schaltstellungen der Meisterwalze und der Rückmeldevorrichtung sind entsprechend mit römischen Ziffern *I* bis *VI*, die Nullstellungen mit *0* und die Ausschaltstellung der Meisterwalze, in die alle Walzen der nicht bedienten Steuerstellen zu bringen sind, mit *A* bezeichnet. Der durch alle Fahrzeuge des Zuges durchgehende Steuerstromkreis ist von demjenigen des Schaltmotors *a* völlig getrennt, der über das Vorgelege *b*, die Rutschkupplung *c* und die Kettenübertragung *d* die auf der Welle *e* sitzende Hauptschaltwalze antreibt. Dadurch wird es möglich, die durchgehenden Leitungen von den verhältnismäßig starken Strömen der Motorantriebe zu entlasten und sie und die Leitungskupplungen *f* allein für den Durchgang der sehr geringen Steuerströme für die Relais *g* und *h* zu bemessen.

[1]) Der 1 D_0 1-Lokomotiven (Reihe 3001) der Niederländisch-Indischen Staatsbahnen (BBC-Mitt. 1926, S. 187), die auf S. 418ff. ausführlich beschrieben ist.

[2]) D. R. P. 316598, Schweiz. P. 80160, Ö. P. 84008, F. P. 498933, Schwed. P. 54887, Norweg. P. 30491 (Dr. A. Couwenhoven). Siehe auch von dem gleichen Verfasser die Arbeit „Das Vielfachsteuerungsystem BBC" in BBC-Mitt. 1921, S. 99.

Die Steuerwalze *i* ist mit dem Fahrtrichtungsschalter *k* derart verriegelt, daß der letztere nicht aus der Mittellage herausbewegt weden kann, solange die Steuerwalze *i* in der Stellung *A* steht, und daß andererseits die Meisterwalze *i* nicht aus der Stellung *0* in eine Fahrtstellung (*I* bis *VI*) gebracht werden kann, solange sich der Richtungsschalter *k* in der Mittelstellung befindet. Die Meisterwalze *i* ist mit zwei treppenförmig abgestuften Belägen *m* und *n* versehen, deren einer, *m*, mit der positiven Leitung +, und deren anderer, *n*, mit der negativen Leitung — verbunden wird. In jeder Fahrtstellung (z. B. *III*) sind die Leitungen bis zu derjenigen arabischen Ziffer mit dem +-Belag *m* verbunden, welche der römischen Stellungsziffer entspricht (im Beispiel also die Leitungen *1*, *2* und *3*), während die mit höheren Ziffern bezeichneten Leitungen (*4*, *5*, *6*) an den —-Belag *n* angeschlossen sind. Je nachdem nun die +- oder die —-Spule des Relais *g* erregt wird, wird der Umschalter *o* nach rechts oder links ausgelegt und entweder die Feldwicklung *p* für Vorwärtsdrehung oder die Wicklung *q* für Rückwärtsdrehung des Motors *a* gespeist. Gleichzeitig wird eine der Spulen des Relais *h* erregt und der Stromkreis der Sperrmagneten *r* an das Netz angeschlossen, so daß

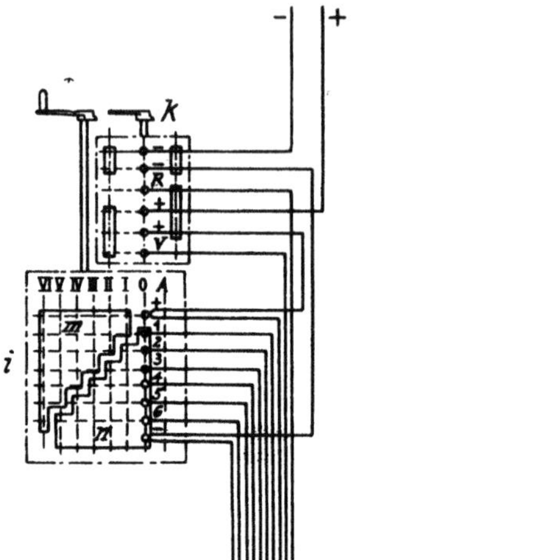

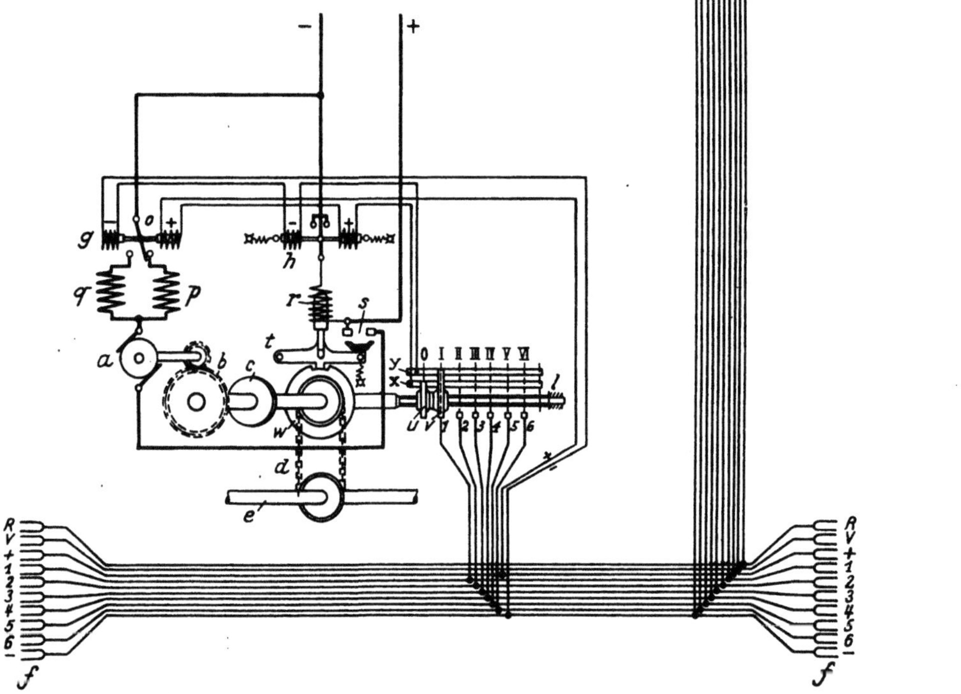

Abb. 287. Elektromotorischer Antrieb mit Vielfachsteuerung eines Nockenkontrollers (halbautomatische Steuerung). (A. G. Brown, Boveri & Cie. — Dr. A. Couwenhoven.)

die Sperrklinke *t* anzieht und zugleich mit dem Schalter *s* den Stromkreis des Motors *a* schließt.

Wie erwähnt, wird von der Welle des Schaltmotors *a* die Rückmeldevorrichtung *l* angetrieben, die hier beispielsweise als gerade Schaltbahn ausgebildet und mit Kontakten *1* bis *6* und zwei voneinander isolierten, auf einer Schraubenspindel verschiebbaren Gleitbürsten *u*, *v* sowie mit zwei Gleitschienen *x*, *y* versehen ist.

Würde gemäß obigem Beispiel die Meisterwalze *i* in die Stellung *III* gedreht, so sind dadurch die Steuerleitungen *1*, *2*, *3* mit dem +-Belag *m* und die Leitungen *4*, *5*, *6* mit dem —-Belag *n* der Walze verbunden. Da die Bürste *u* der Rückmeldevorrichtung *l* nicht auf einem Anschlußkontakt steht, kann durch sie kein Strom geschlossen werden. Dagegen schließt sich der Steuerstrom durch die Bürste *v* der Vorrichtung *l*, welche den an der positiven Leitung

(+) liegenden Kontakt *I* mit der oberen Gleitschiene *y* verbindet, über die —-Spulen der Relais *g* und *h*. Der Magnet *r* wird eingeschaltet, zieht die Klinke *t* aus der Sperrung mit der Rastenscheibe *w* heraus und schließt mit dem Schalter *s* den Stromkreis des Motors *a*, dessen Feldwicklung *q* durch das Relais *g* eingeschaltet wurde. Der Motor läuft an, wobei er außer der Hauptwalzenspindel *e* auch die Schraubenspindel der Rückmeldevorrichtung *l* dreht. Hierdurch verschieben sich die Bürsten *u*, *v* nach rechts. Der Steuerstromkreis wird unterbrochen, und die Relais *g* und *h* werden stromlos. Während aber der Schalter *o* des Relais *g* nach links geschlossen bleibt, wird der Schalter des Relais *h* durch Federkraft in die (gezeichnete) Ausschaltstellung gebracht. Dadurch wird zwar der Magnet *r* stromlos, die Klinke *t* kann aber nicht einfallen, weil ihr Vorsprung sich nicht über dem Einschnitt der Scheibe *w* befindet, sondern auf ihrem Umfang gleitet, so daß der Schalter *s* während einer vollen Umdrehung von *w* geschlossen bleibt. Nach Ablauf der Umdrehung ist aber die Bürste *v* auf den Kontakt *2* geraten, so daß nun wieder der Stromkreis des Sperrmagneten *r* geschlossen und die Sperrklinke *t* angezogen wird, bis der Einschnitt der Scheibe *w* unter ihr vorbeigefahren ist. Gleichzeitig hat sich die Bürste *u* über den Kontakt *l* gestellt, schließt hier aber keinen Stromkreis, weil die untere Schiene *x* mit dem +-Pol verbunden ist und der Kontakt *I* ebenfalls. Das gleiche Spiel wiederholt sich, wenn die Bürsten von den Kontakten *1*, *2* auf die Kontakte *2*, *3* weiterrücken, denn auch Kontakt *3* steht mit dem positiven Pol (+) des Steuernetzes in Verbindung.

Eine Änderung tritt erst ein, wenn die Bürste *v* auf Kontakt *4* rückt, der mit dem negativen (—)-Belag *n* der Meisterwalze *i* verbunden ist. Nun kann sich auch über die Bürste *v* kein Strom mehr schließen, da die obere Gleitschiene *y* der Rückmeldevorrichtung *l* ebenfalls am negativen Pol (—) liegt; die Relais *g* und *h* bleiben stromlos, *h* bleibt in der Mittelstellung, und die Klinke *t* fällt in den Ausschnitt der Scheibe *w* ein, sobald er an der obersten Stelle angelangt ist, so daß die Hauptwalze genau am richtigen Platz stehen bleibt; dadurch wird der Motor *a* bei *s* ausgeschaltet und von der Rutschkupplung *c* abgebremst. Wird die Meisterwalze auf höhere Steuerstufen weitergedreht, so folgen die Gleitbürsten der Rückmeldevorrichtung jedesmal so weit nach, bis an ihren beiden Kontaktflächen keine Potentialdifferenz mehr besteht, d. h. bis die Bürste *v* beiderseits mit dem +-Pol, die Bürste *u* beiderseits mit dem —-Pol verbunden ist. Das gleiche ist der Fall, wenn man die Steuerwalze *i* von einer höheren auf eine tiefere Stufe zurückdreht. Nur geht hier der Steuerstrom nicht mehr über die Bürste *v* und die obere Schiene *y* zu den —-Spulen der Relais *g* und *h*, sondern über die Bürste *u* und die untere Schiene *x* zu den +-Spulen der Relais, so daß nunmehr der Schalter *o* des Relais *g* umgelegt wird und der Motor *a* mit entgegengesetztem Drehsinn läuft, wiederum so lange, bis die Bürsten *u*, *v* mit verschiedenpoligen Belägen *m*, *n* der Meisterwalze *i* in unmittelbare Verbindung treten.

Abb. 288 zeigt die Fortbildung der in Abb. 287 dargestellten Steuerung für vollautomaschen Betrieb, d. h. hier wird die Anfahrt des Zuges in Abhängigkeit von der Triebmotoren-Stromstärke dadurch selbsttätig bewerkstelligt, daß auf die Welle des Antriebsapparates der Hauptschaltwalze eine weitere elektromagnetisch betätigte Sperrvorrichtung wirkt, deren Magneterregung vom Triebmotorenstrom beeinflußt wird. Durch diese Sperrvorrichtung werden die Hauptschaltwalze und der Steuermotor stillgesetzt, sobald der Triebmotorenstrom den eingestellten Höchstwert erreicht hat[1]).

Diese Einrichtung weist unter anderem den Vorteil auf, daß die Zahl der Steuerleitungen erheblich vermindert werden kann, da nicht wie bisher für jede Schaltstufe eine Steuerleitung vorhanden sein muß, sondern nur so viel Steuerleitungen anzuordnen sind, als die vom Führer zu bedienende Steuerwalze Stellungen aufweist.

In dem Schaltschema (Abb. 288) sind dies sechs Stellungen, und zwar außer der Ausschaltstellung *A* und der Nullstellung *0* zwei Manövrierstellung *I* und *II* die Stellung *S* entsprechend der Serieschaltung der Triebmotoren und die Stellung *P* entsprechend ihrer Parallelschaltung. Abgesehen von der verschiedenen Bedeutung der von der Meisterwalze abgehenden Leitungen *1*, *2*, *3*, *4* ist dieselbe genau so eingerichtet wie bei der halbautomatischen Steuerung gemäß Abb. 287, nämlich mit den beiden Belägen *m* und *n* versehen, die mit den verschiedenpoligen Leitungen + und — verbunden werden. Die Fahrtrichtungswalze *k* ist gegenüber dem Schema der Abb. 287 unverändert geblieben, desgleichen der Steuermotor *a* mit seinen beiden Erregerwicklungen *p* und *q*, das Vorgelege *b*, die Rutschkupplung *c*, die Welle *e* der Hauptschaltwalze mit ihrer Antriebskette *d*, ferner das Klinkenrad *w* mit der Klinke *t*, an der der Steuermotorschalter *s* sitzt und die vom Magneten *r* bewegt wird, die zweispuligen Relais *g* und *h* und schließlich die Steuerstromkupplungen *f*. Etwas anders ausgebildet ist die Rückmeldevorrichtung *l*.

[1]) Schweiz. P. 96611, E. P. 177173 (Dr. A. Couwenhoven).

Während die beiden mit verschiedenen Polen verbundenen Gleitschienen *x* und *y* und die darauf gleitenden Wanderbürsten *u* und *v* geblieben sind, sind die mit den Leitungen *3* und *4* verbundenen Kontaktbahnen erheblich verlängert. Durch eine neu hinzugekommene Sperrvorrichtung *10, 11* mit angebautem Steuermotorschalter *12* kann das Wanderbürstensystem *u, v* unabhängig vom Willen des Führers beliebig oft angehalten werden, entsprechend den fünf Ausschnitten der Sperrscheibe *10.* Die Sperrklinke *11* wird vom Elektromagneten *13* bewegt, und zwar wird sie — unter gleichzeitigem Schließen des Schalters *12* — angehoben, wenn der Elektromagnet *13* stromlos ist. Im Stromkreis des letzteren liegen in Reihe die Schaltkontakte *14, 15, 16* dreier Relais *17, 18, 19.* Die Wicklung des Relais *17* wird vom Triebmotorenstrom durchflossen und dient zur Strombegrenzung; sein Schalter *14* schließt sich, wenn der Triebmotorenstrom den zulässigen Höchstwert erreicht hat, und verhindert dann das Weiterschalten der Hauptschaltwalze *e.* Das Relais *18* liegt an der Netzspannung und gestattet dem Führer, im Notfall auch bei geschlossenem Schalter *14* noch stufenweise

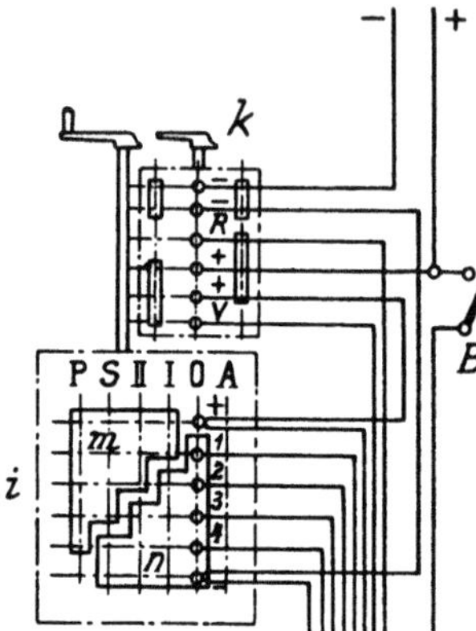

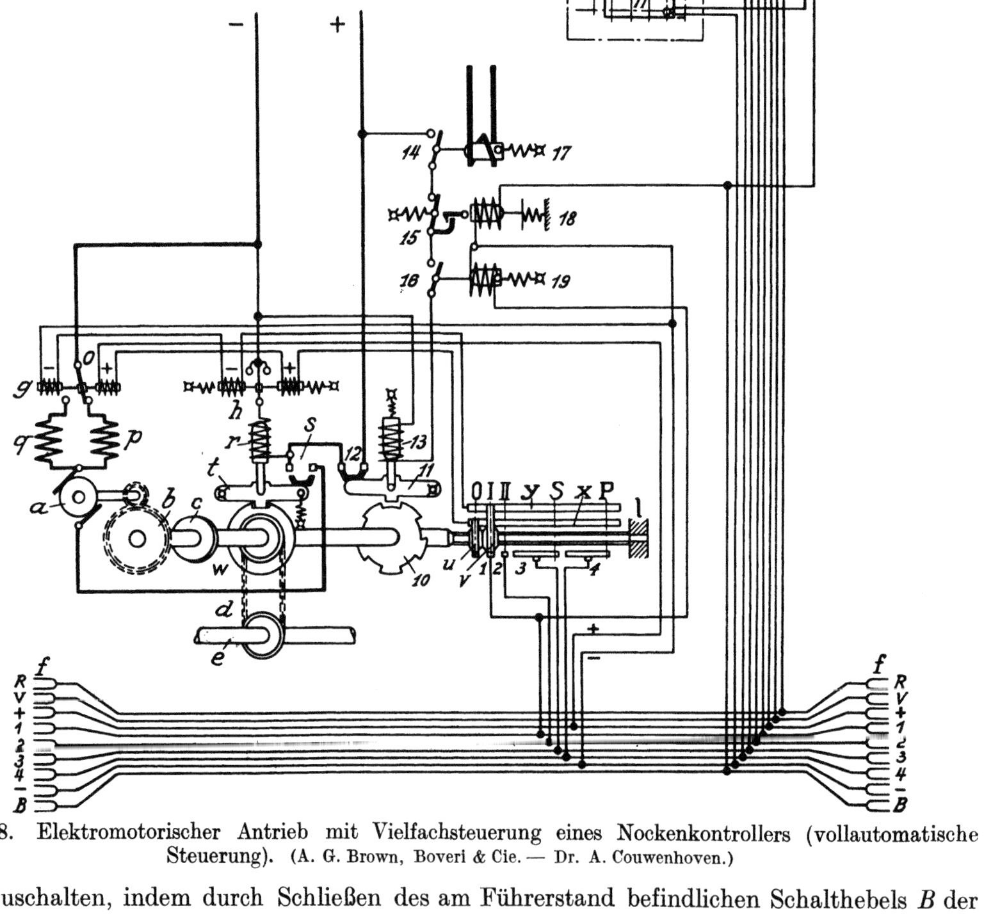

Abb. 288. Elektromotorischer Antrieb mit Vielfachsteuerung eines Nockenkontrollers (vollautomatische Steuerung). (A. G. Brown, Boveri & Cie. — Dr. A. Couwenhoven.)

weiterzuschalten, indem durch Schließen des am Führerstand befindlichen Schalthebels *B* der Relaismagnet *18* erregt wird und momentweise den Schalter *15* öffnet, wodurch die Klinke *11* angehoben wird. Das Relais *19* ist beim Anlassen und während der Fahrt geschlossen; es wird stromlos und öffnet seinen Schalter *16,* wenn die Steuerwalze *i* auf Null zurückgeführt wird.

Nach dem Schema der Abb. 289, das ebenfalls eine vollautomatische Steuerung darstellt, wird die Magneterregung der Sperrvorrichtung außer vom Triebmotorenstrom zusätzlich vom Strom des Steuermotors dann beeinflußt, wenn dieser im Anlaufsinn der Triebmotoren eingeschaltet ist[1]). Der Meisterschalter *i* enthält wieder sechs Stellungen, und zwar außer der

[1]) D. R. P. 374373, Schweiz. P. 98030, F. P. 498933 (Dr. A. Couwenhoven).

Ausschaltstellung A und der Nullstellung 0 zwei Hauptstellungen S und P für selbsttätiges Anlassen, S für Serienschaltung, P für die Parallelschaltung der Triebmotoren, und ferner zwei Zwischenstellungen H_s und H_p, die bei Serieschaltung (H_s) bzw. Parallelschaltung (H_p) dem Führer dazu dienen, in den Anlaßvorgang hemmend einzugreifen. Etwas anders ausgebildet ist das Klinkenrad w, das hier außer der Nullstellung 0 den Schaltstellungen I bis XII der Hauptwalze entsprechend zwölf Einschnitte aufweist. Die Rückmeldevorrichtung l hat runde Form erhalten und ist gegenüber Abb. 287 wesentlich vereinfacht. Während die beiden mit den verschiedenen Polen verbundenen Gleitschienen x und y und die darauf gleitenden Wanderbürsten u und v geblieben sind, sind die mit den Leitungen *1* und *2* verbundenen Kontaktbahnen erheblich verlängert.

In den Stromkreis des Klinkenmagnetes r ist der Schaltkontakt *20* des Strombegrenzungsrelais *17* eingeschaltet. Dieses besitzt die vom Triebmotorenstrom durchflossene Erregerspule *21* und die beim Anlassen in gleichem Sinn vom Strom des Steuer-

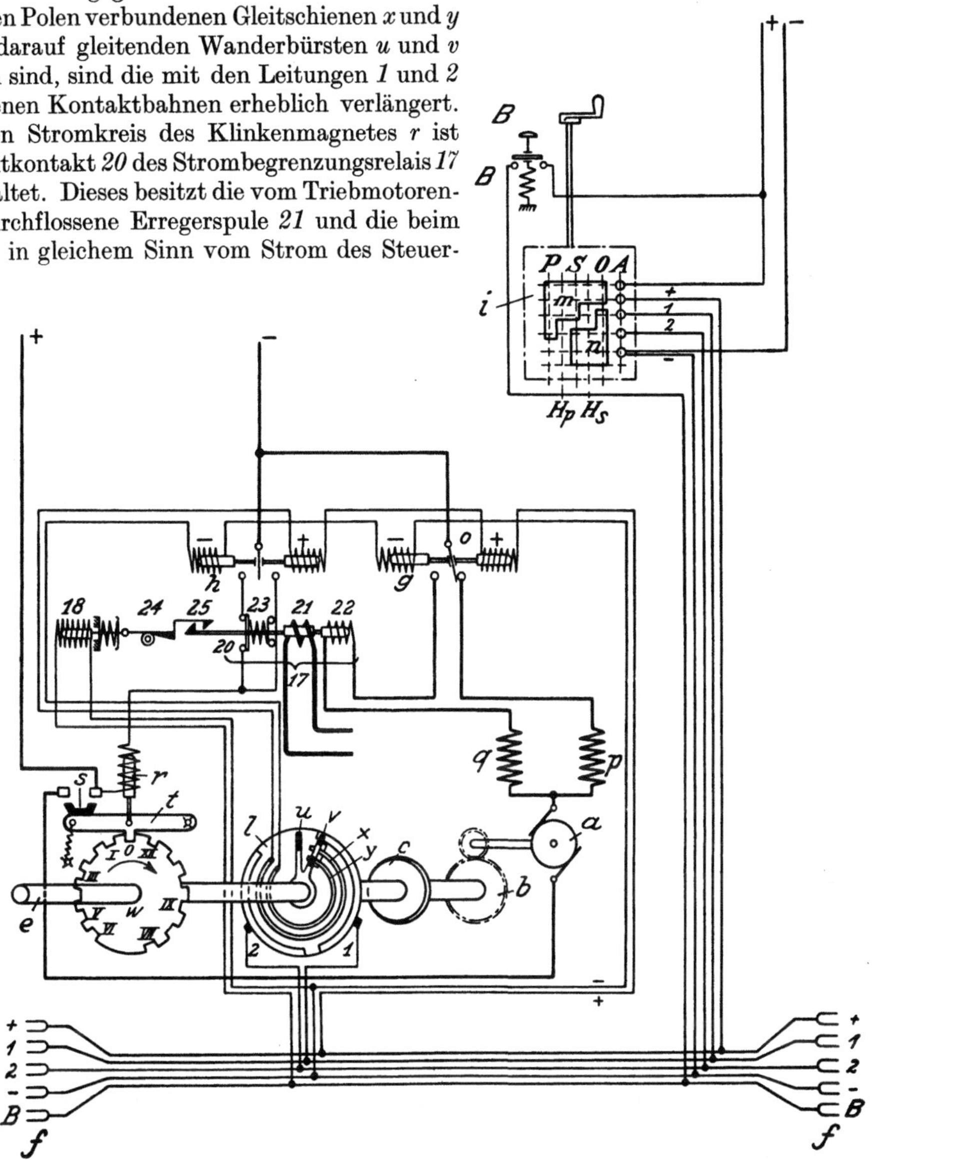

Abb. 289. Elektromotorischer Antrieb mit Vielfachsteuerung eines Nockenkontrollers (vollautomatische Steuerung). (A. G. Brown, Boveri & Cie. — Dr. A. Couwenhoven.)

motors a durchflossene Erregerspule *22*. Die Spule *21* ist die Haltespule, die Spule *22* die Anhebespule. Sie wirken gegen die Kraft der Feder *23*, die den Kontakt *20* zu schließen sucht. Der Kontakt *20* kann ferner vom Führerstand aus durch Schließen des Kontaktes B jederzeit kurzzeitig geschlossen und so die Steuerung der Hauptschaltwalze von Hand jeweils um eine Stufe weitergeschaltet werden. Beim Niederdrücken des Knopfes B wird nämlich über die Leitung B die Spule *18* erregt. Sobald der Kontakt *20* geschlossen ist, löst sich aber infolge der Kurvenbahn *24* die Verklinkung *25* zwischen dem Kern des Relais *18* und der Spindel des Strombegrenzungsrelais *17*, so daß letzteres den Kontakt *20* sofort wieder öffnet, da die Spule *22* infolge Weiterschalten der Hauptwalze wieder erregt wird.

Bei den meisten Steuerungen wie auch bei den beiden zuletzt beschriebenen kann im allgemeinen nicht unter Strom zurückgeschaltet werden oder mit anderen Worten zur Erzielung einer niedrigeren Fahrstufe muß die Steuerwalze durch ihren Antriebsmotor bzw. durch die Meisterwalze in die Nullstellung zurückgebracht und die gewünschte Stufe von unten her erreicht werden. Hierin liegt kein Nachteil, da sich hier bei servomotorischem Antrieb Abwärts- und Aufwärtsschalten so rasch vollziehen, daß der Verlust an Zugkraft unbedeutend ist. Immerhin ist es möglich, die Steuerungen nötigenfalls so auszubilden, daß ein unmittelbares Aufwärtsschalten nach jeder beliebigen Stufe möglich ist, und zwar in der Weise, daß bei jeder Rückwärtsschaltung zuerst der Hauptschalter geöffnet wird. Dieser steuert dabei seinerseits durch geeignete Hilfskontakte den Schaltmotor um, der nun die Hauptsteuerwelle im Sinne der Abwärtsschaltung betätigt[1]).

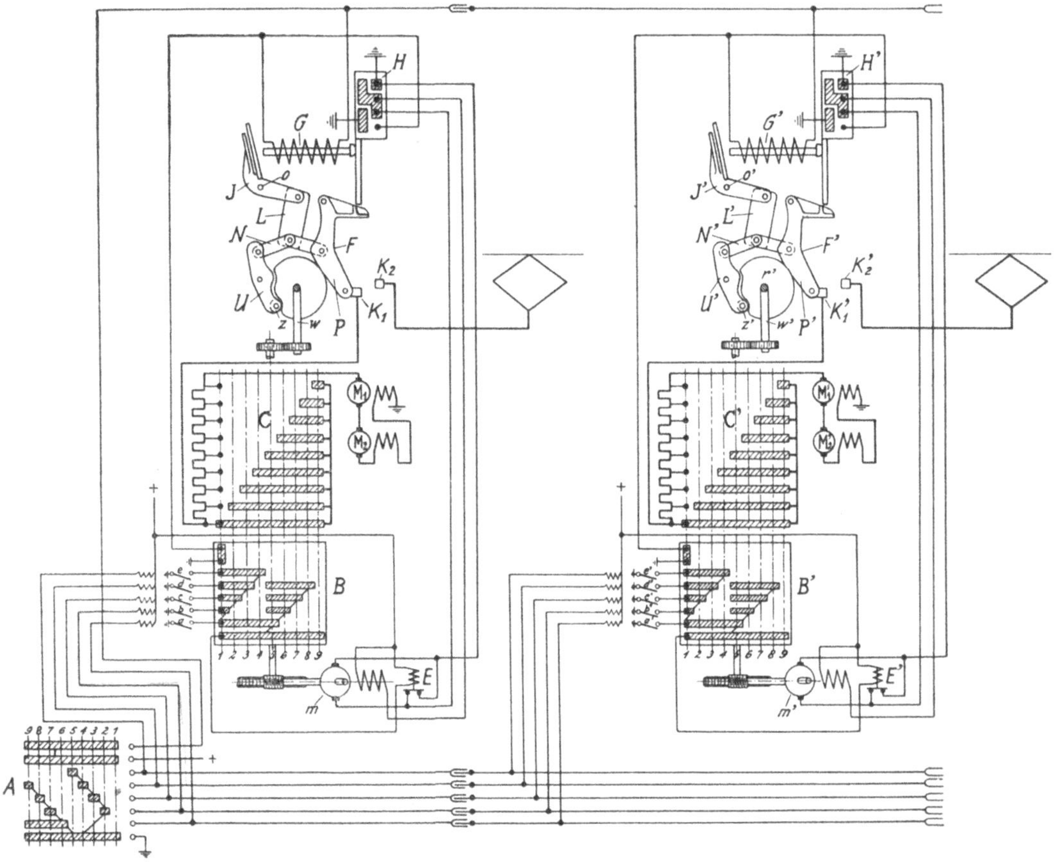

Abb. 290. Elektromotorischer Antrieb mit Vielfachsteuerung eines Nockenkontrollers. (English Electric Company.)

Bei der von der English Electric Company entwickelten Steuerung[2]) wird die Nockenkontrollerwelle (Steuerwalze) dadurch in jeder von der Führerstandsmeisterwalze diktierten Stellung festgehalten, daß deren Antriebsmotor in derselben durch ein Nullstromrelais jeweils kurzgeschlossen wird. Die Steuerung des letzteren erfolgt durch eine als Stellungsregler anzusprechende, mit der Nockenkontrollerwelle unmittelbar gekuppelte, nur vom Steuerstrom durchflossene kleine Hilfswalze.

Die Wirkungsweise der Steuerung[3]) sei an Hand der Abb. 290 erläutert, die schematisch und vereinfacht die Schaltung für zwei in Vielfachsteuerung arbeitende Lokomotiven wieder-

[1]) Schweiz. P. 106921 (M. F. O.). — Im wesentlichen findet sich das gleiche Grundprinzip schon in der nun folgenden Steuerung der English Electric Company.

[2]) Angewendet bei den B_0—B_0-Lokomotiven (Reihe E 4001 und E 4501) und 2 $C_0$2-Lokomotiven (Reihe E 3101) der „Chemins de fer du Midi“ (R. G. C. F. 1923, II, S. 3ff. und Techn. Mod. 1924, S. 510; ETZ 1926, S. 1076); ferner bei den B_0—B_0-Lokomotiven der Reihen 1030, 1040, 6000 und den 2 C_0—$C_0$2-Lokomotiven (Reihe 8000) der Japanischen Staatsbahnen.

[3]) E. P. 152490, 175877, 211705, 230952, 239725; D. R. P. 424236, 428090; F. P. 599579 usw.

gibt. *A* ist die Meisterwalze mit beispielsweise neun Stellungen, die der Einfachheit halber nur für Reihenschaltung der zwei Triebmotoren gelten mögen, *B* und *B'* sind die erwähnten Stellungsreglerwalzen, *C* und *C'* die Hauptsteuerwalzen (der Einfachheit als Walzenkontroller gezeichnet, in Wirklichkeit Nockenkontroller), *m* und *m'* deren Antriebsmotoren mit den Nullstromrelais *E* und *E'*, *F* und *F'* hinter die Hauptschalter eingeschaltete Schnellschalter mit den Betätigungsmagneten *G* und *G'* und den auf die Hilfsmotoren *m* und *m'* wirkenden Umsteuerkontakten *H* und *H'*. Wird nun die Meisterwalze in Stellung *1* gebracht, so werden zuerst die Magnete *G* und *G'* von der mit ihrem Minuspol an Erde liegenden Niederspannungs-Hilfsstromquelle erregt, die Schnellschalter *F* und *F'* betätigt, die die Hauptkontakte K_1 und K_2 und K_1' K_2' zum Schließen bringen und die Umschalter *H* und *H'* für die der Aufwärtsschaltung entsprechende Drehrichtung der Motoren *m* und *m'* umstellen. Letztere laufen jedoch erst in Stellung *2* der Meisterwalze an. Denn erst dann werden die Betätigungsspulen der Hilfshüpfer *b* und *b'* erregt, diese eingeschaltet, damit der Stromkreis der Relais *E* geschlossen und der Ankerkurzschluß der Hilfsmotoren *m* aufgehoben. Diese bringen nun die Hauptsteuerwalzen *C* und *C'* samt den Stellungsreglerwalzen *B* und *B'* vorläufig, d. h. wenn nicht inzwischen die Meisterwalze auf eine höhere Stufe gestellt wurde, nach Stellung *2*, wodurch die Zahl der den Hauptmotoren vorgeschalteten Widerstandsstufen von *8* auf *7* reduziert wird. Knapp vor Erreichen der Stellung *2* wird der Stromkreis von *E* unterbrochen, der Anker von *m* wird kurzgeschlossen und Haupt- und Stellungsreglerwalze bleiben in Stellung *2* stehen. Bei Stellung *3* der Meisterwalze wird *E* über den Hilfshüpfer *c* erregt, der Hilfsmotor *m* läuft wieder an und bringt die Walzen *B* und *C* in die korrespondierende Stellung *3*, bei der *E* wieder stromlos wird und den Motor *m* stillsetzt. Ganz analog ist der Vorgang, wenn die Meisterwalze von Anfang an nach Stellung *3* oder eine höhere Stufe gebracht wird; der Unterschied ist nur der, daß der Motor *m* ohne Unterbrechung, also kontinuierlich und nicht ruckweise, die Walzen *B* und *C* in die durch die Stellung der Meisterwalze gegebene Stellung bringt. Wird die Meisterwalze von irgendeiner Stellung plötzlich in die Nullstellung gebracht, dann verlieren die Magnete *G*, *G'* ihre Erregung und die Umschaltkontakte *H*, *H'* werden umgelegt. Dadurch aber werden die Hilfsmotoren *m*, *m'* umgesteuert, die nun die Walzen *B* und *C* im umgekehrten Drehsinn in ihre Nullstellung zurückbringen. Das Abschalten an den Kontakten der Hauptsteuerwalze *C* vollzieht sich dabei funkenlos, da ja durch Aberregung von *G* der Schnellschalter *F* den Hauptstrom bei $K_1 K_2$ bzw. $K_1' K_2'$ unterbrochen hat. Aus diesem Grunde können hier die Kontakte der Hauptsteuerwalze ohne magnetische Funkenlöschung versehen werden mit Ausnahme jener, die der Änderung der Motorgruppierung dienen.

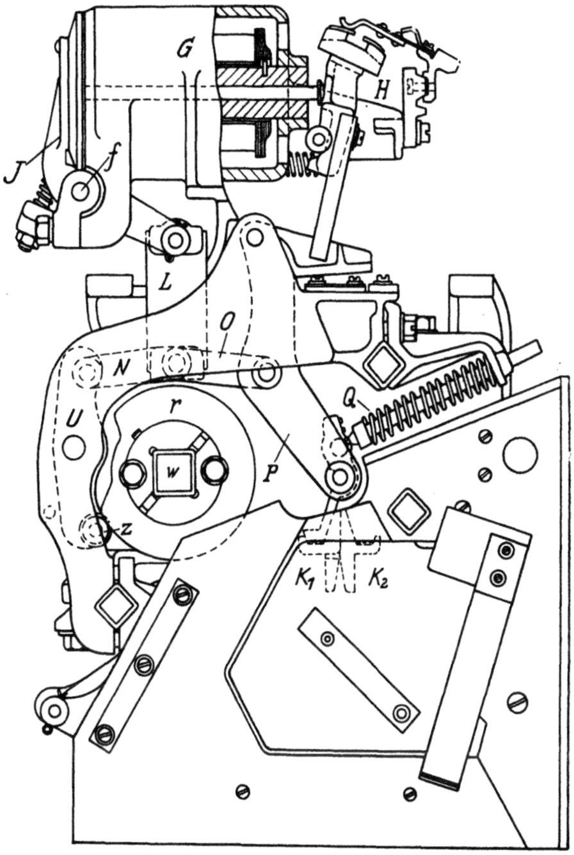

Abb. 291. Schnellschalter zur Vielfachsteuerung, gemäß Abb. 290. (English Electric Company.)

Die Konstruktion des organisch zum Steuerapparat gehörenden Schnellschalters[1]) geht aus den Abb. 290 und 291 hervor. Erstere entspricht dem ausgeschalteten, letztere dem eingeschalteten Zustand. Das Prinzip der Konstruktion beruht darauf, daß die Einschaltbewegung (Schließung der Kontakte K_1 und K_2 bzw. K_1' und K_2') gleichzeitig mechanisch und elektromagnetisch oder mechanisch erfolgt. Wird in der ersten Stufe der Meisterwalze die Magnetspule *G* erregt, so wird der als Winkelhebel ausgebildete um *f* drehbare Anker *J* angezogen, der seiner-

[1]) E. P. 212011, F. P. 575382 (English Electric Company).

seits durch Vermittlung des Schwinghebels L und der Doppelhebel N und O den Hebel P mit dem Kontakt K_1 unter Überwindung der von der Feder Q ausgeübten Kraft gegen den Kontakt K_2 drückt. Festgehalten wird der Schalter in der eingeschalteten Stellung durch die Exzenterscheibe r, die auf der Schalterwelle w sitzt. Bei Drehung der letzteren im Sinne der Aufwärtsschaltung gleitet die am Ende des Hebels V gelagerte Rolle z aus der Einsenkung der Exzenterscheibe r und diese hält damit unter Vermittlung von Hebel V und Doppelhebel N, O den Hebel P mit Kontakt K_1 an K_2 angedrückt. Aus Abb. 291 ist auch die Konstruktion des die Umsteuerung des Hilfsmotors M besorgenden Umschalters H ersichtlich. Abb. 292 zeigt den ganzen Nockenkontroller mit der angebauten Stellungsreglerwalze, dem Antriebsmotor samt Kurzschlußrelais und dem eingekapselten Schneckenradgetriebe.

Statt der immerhin etwas komplizierten Betätigung der Nockenkontrollerwelle durch einen Elektromotor gewinnt die entschieden einfachere Betätigung durch einen Luftmotor zusehends an Verbreitung, dessen Ventile von der Meisterwalze aus elektrisch gesteuert werden. Die bekannteste Steuerung dieser Art ist die unter dem Namen „Sprague G.E. Type P.C. Multiple Unit Control“ als Vielfachsteuerung zunächst für Motorwagen von der G. E. Co. entwickelte Steuerung, die später auch auf Lokomotiven übertragen wurde und die für alle nachher entwickelten Steuerungen mit pneumatischer Betätigung der Nockenkontrollerwelle grundlegend wurde.

Abb. 292. Nockenkontroller samt Antriebsapprat für Vielfachsteuerung gemäß Abb. 290. (English Electric Company.)

Im wesentlichen besteht diese Steuerung darin, daß die Drehbewegung der Kontrollerwelle mittelbar durch zwei elektrisch gesteuerte Druckluftzylinder erfolgt, deren miteinander gekuppelte Druckkolben sich entgegenwirken. Unmittelbar erfolgt die Drehung der Kontrollerwelle durch einen Zahnstangenantrieb, dessen Zahnstange an einem Ende fest mit dem einen Druckkolben (dem Einschaltdruckkolben), am anderen Ende unter Zwischenschaltung eines Kraftspeichers verschiebbar mit dem anderen Druckkolben (dem Ausschaltdruckkolben) verbunden ist[1]). Dieser Kraftspeicher ist als Feder ausgebildet und bewirkt, daß beim Beginn des Anlaßvorganges die Bewegung des zu diesem Zwecke unter Druck zu setzenden Einschaltdruckkolbens mit Zahnstange trotz des in seiner Endstellung unter Druck feststehenden Ausschaltdruckkolbens lediglich durch Zusammendrücken der Feder geschehen kann, wobei die Kontrollerwelle von der Schaltstellung 0 in die Schaltstellung *1* gedreht wird. Für den ersten Schaltschritt verschiebt sich also der Einschaltkolben mit Zahnstange für sich allein, während weiterhin für die übrigen Schaltschritte der Kontrollerwelle die Bewegung der beiden Druckkolben eine gemeinschaftliche ist, indem die als Kraftspeicher wirkende Feder von nun an dauernd zusammengedrückt bleibt.

Der Zweck des zwischengeschalteten Kraftspeichers ist der folgende: In der Nullstellung sollen sämtliche Schaltelemente des Kontrollers stromlos sein. Während daher zwischen der ersten und der letzten Stufe die Fortschaltung der Kontrollerwelle in bekannter Weise durch die abwechselnde Wirkung eines Fortschaltrelais und der Hilfskontakte erfolgt, soll das Abschalten von der ersten Stufe auf die Nullstellung rein mechanisch erfolgen. Diese mechanische

[1]) U. S. A. P. 1221676 (G. E. Co.), D. R. P. 314016 (AEG.). — Siehe ferner D. R. P. 380652 (AEG.), D. R. P. 419863 (AEG.).

Ausschaltung wird durch den sich entladenden Kraftspeicher bewirkt. Das Einschalten von Null auf die erste Kontaktstellung muß daher umgekehrt durch Aufladen des Kraftspeichers bewirkt werden. Die Anwendung des Kraftspeichers gewährleistet noch den weiteren Vorteil, durch den Ausschaltdruckkolben mittels Druckluft die selbsttätige Zurückschaltung der Kontrollerwalze zu bewirken, sobald die Netzspannung ausbleibt oder bis zu einem gewissen Grade sinkt. Dies wird dadurch bewirkt, daß das Ventil des Einschaltdruckkolbens im stromlosen Zustand den Druckkolben mit der Außenluft verbindet, das des Ausschaltdruckkolbens diesen gleichzeitig mit Druckluft auffüllt. Da also letzterer im stromlosen Zustand stets unter Druckluft bleibt, ist der Kraftspeicher das einzige zweckmäßige Mittel, um aus der stromlosen Nullstellung der Kontrollerwalze in die Schaltstellung *1* zu gelangen.

Abb. 293 zeigt den Antriebsapparat der Steuerung im Schnitt. Von der Führerstandsmeisterwalze aus führen die Steuerleitungen zu den Magnetwicklungen der Luftventile *28*, *29* bekannter Konstruktion (siehe Abb. 280). *K* ist eines der Schaltelemente, die mechanisch durch die Nocken der Kontrollerwelle in bestimmter Reihenfolge geschlossen oder geöffnet werden. *11* ist der feste Kontakt des Schaltelementes, *12* die Blasspule und *13* ein um die Achse *14* drehbarer Schaltarm mit dem beweglichen Kontakt *15*. Die Feder *16* sucht den Arm *13* in die Offenstellung des Schalters zu bringen, dessen Schließbewegung durch die Nocken *17* der Kontrollerwelle herbeigeführt wird, sobald der Nocken auf die Rolle *18* am Schaltarm *13* aufläuft. Die Kontrollerwelle ist mit der Welle *19* direkt gekuppelt, auf der ein Zahnrad *20* befestigt ist, das mit einer Zahnstange *21* in Eingriff steht. Auf der Welle *19* sind in bekannter Weise so viel Nokken *17* angebracht, als Einzelschalter vorhanden sind; sie sind gegeneinander versetzt und besitzen solche Länge, daß sie die Einzelschalter bei der Drehung der Kontrollerwelle in der erforderlichen Reihenfolge geschlossen halten. Mit dem einen Ende der Zahnstange *21* ist, wie erwähnt, ein Kolben *22* fest verbunden, der in dem Druckluftzylinder *24* verschiebbar ist. Das andere Ende der Zahnstange *21* ist unter Zwischenschaltung einer Feder *31* mit einem Kolben *23* durch Führungen *30* verbunden. Der Kolben *23* ist im Druckluftzylinder *25* beweglich und liegt in seiner dargestellten Endlage gegen einen nicht gezeichneten Anschlag an.

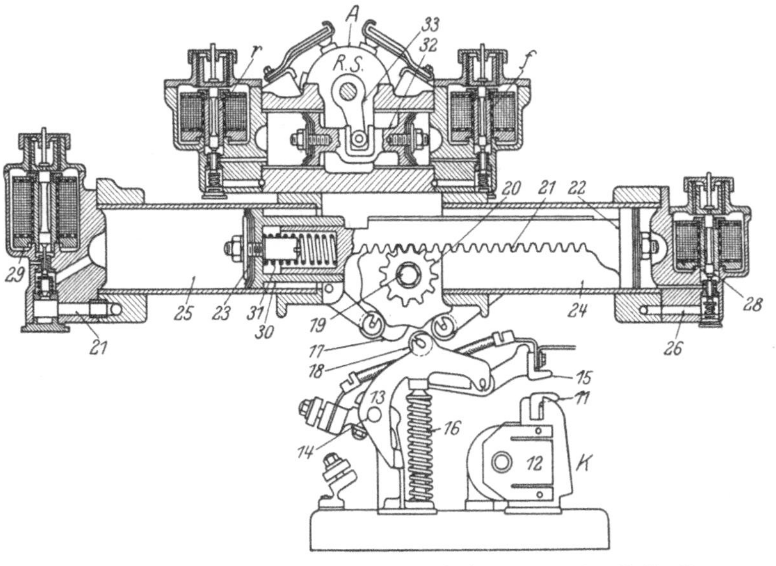

Abb. 293. Antriebsapparat der P. C.-Steuerung der G. E. Co.

Durch die Zuleitungen *26*, *27* kann Druckluft in die Zylinder *24*, *25* eingeleitet werden. Die Zuleitung *26* wird von dem Ventil *28* beherrscht. Ist dieses ausgeschaltet, d. h. dessen Spule stromlos, so ist der Zylinder *24* mit der freien Luft verbunden, während es im eingeschalteten Zustand Druckluft in den Zylinder *24* einströmen läßt. Umgekehrt verbindet das Ventil *29*, ausgeschaltet, den Zylinder *25* mit dem Druckluftbehälter und eingeschaltet mit der Außenluft. Sind also beide Ventile eingeschaltet, so ist Zylinder *24* mit der Druckluft und Zylinder *25* mit der Außenluft verbunden, die Zahnstange *21* bewegt sich nach links und treibt die Kontrollerwelle derart an, daß die Einschalter *K* in der vorgeschriebenen Reihenfolge eingeschaltet werden. Diese Bewegung kann durch Ausschalten des Ventils *29* jederzeit aufgehalten werden; es wird dann auch der Zylinder *25* mit Druckluft aufgefüllt, und beide Kolben halten einander das Gleichgewicht. Wird dann auch das Ventil *28* ausgeschaltet, so ist Zylinder *24* mit der Außenluft verbunden, und die im Zylinder *25* vorhandene Druckluft treibt die Kontrollerwelle in die Anfangsstellung zurück, in welcher die Einzelschalter ausgeschaltet sind. Das letztere tritt auch ein, wenn das Nullspannungsrelais den Stromkreis zwischen der Meisterwalze und den Ventilen *28*, *29* unterbricht und beide Ventile gleichzeitig abschaltet.

Durch die Zwischenschaltung der Feder *31* ist erreicht, daß beim Einlassen von Druckluft in den Zylinder *24* durch Einschaltung des Ventils *28* auch dann eine Bewegung des Kolbens *22* nach links eintreten kann, wenn das Ventil *29* noch nicht eingeschaltet ist und sich daher auch Druckluft im Zylinder *25* befindet. Die Kontrollerwelle *19* wird bei dieser Bewegung des Kolbens *22* gerade so weit verschoben werden können, daß sie aus ihrer Nullstellung in die erste Fahrstellung gelangt.

Über den beiden Zylindern ist bei den amerikanischen Ausführungen dieser Steuerung ein Schalter *R. S* vorgesehen, der als Fahrtwender wirkt. Er besteht aus einer Schaltwalze *A*, die durch eine Kurbel *33* in die Stellung für Vorwärts- oder Rückwärtsfahrt gedreht wird. Die Bewegung der Kurbel erfolgt durch die Kolben *32* in der Weise, daß Druckluft durch Erregung des Ventils *f* in den zugehörigen Zylinder gelangt und die Kolben nach links verschiebt, während für Rückwärtsfahrt das Ventil *r* eingeschaltet wird und die dort eintretende Druckluft die Kolben *32* zurückschiebt. In aberregtem Zustand verbinden beide Ventile die zugehörigen Zylinder mit der Außenluft.

Der Steuerstromkreis für die verschiedenen Druckluftventile kann von der Netzspannung oder einer besonderen Stromquelle auf dem Fahrzeug gespeist werden. Der Steuerstromkreis, insbesondere für die Ventile *28*, *29*, führt von der Stromquelle über den Meisterschalter zu den Spulen der Ventile und von dort für das Ventil *29* über eine weitere Schaltwalze, die mit der Welle *19* der Kontrollerwelle mechanisch verbunden ist, und die von der Meisterwalze bewirkte Schaltung des Ventils *29*, welche die Einschaltbewegung der Kontrollerwelle zur Folge hat, dann unterbricht und so ändert, daß diese in der Stellung zum Stillstand kommt, welche derjenigen der Meisterwelze entspricht, sobald diese Stellung tatsächlich erreicht ist.

In der Nullstellung der Kontrollerwelle und des Meisterschalters sind beide Ventile *29* und *20* aberregt; der Zylinder *24* ist also mit der Außenluft, der Zylinder *25* mit dem Druckluftbehälter verbunden. Wird der Meisterschalter in die erste Fahrtstellung gebracht, so wird hierdurch das Ventil *28* erregt, nicht aber das Ventil *29*. Es wird hierdurch Druckluft in den Zylinder *24* eingelassen, und der Kolben *22* bewegt sich nach links unter Zusammendrückung der Feder *31*, bis die Kontrollerwelle *19* in die erste Fahrtstellung gelangt ist. Wird die Meisterwalze sodann in die nächste Stellung gebracht, so schaltet sie das Ventil *29* ein, während das Ventil *28* ebenfalls eingeschaltet bleibt. Die Druckluft entweicht aus dem Zylinder *25* und der Kolben *23* kann nach links bewegt werden durch den Druck auf den Kolben *22*. Vor Erreichen der zweiten Fahrtstellung der Kontrollerwelle *19* wird das Ventil *29* durch die Kontakte auf der mit der Welle *19* verbundenen Hilfsschaltwalze abgeschaltet, und der Druckzylinder *25* wird wieder mit Druckluft aufgefüllt, sein Kolben *23* hält dem Kolben *22* wieder das Gleichgewicht und bewirkt dadurch eine Stellhemmung. In gleicher Weise erfolgt die Fortschaltung auf die weiteren Fahrtstufen, die unter Mitwirkung eines die Ventilspule *20* überwachenden Fortschaltrelais in der Regel schrittweise erfolgt, weil letzteres beim normalen Anlassen unter dem Einfluß der Anlaßströme rasch anspringt und darauf langsam sinkt. Dieselben Hilfskontakte auf der Hilfsschaltwalze sind auch für solche Fälle geeignet, in denen die Meisterwalze in einem Zuge von der Nullstellung in jene höhere Fahrtstellung gebracht wurde, mit welcher schließlich gefahren werden soll. Die Einschaltung der Kontrollerwelle und der zugehörigen Einzelschalter erfolgt also auch dann ruckweise hintereinander. Die Kontrollerwelle bewegt sich aber selbsttätig weiter, falls die erreichte Stellung noch nicht derjenigen entspricht, in welche die Meisterwalze vom Führer gebracht wurde.

Die Steuerung läßt sich wieder durch Verwendung eines vom Triebmotorenstrom durchflossenen Strombegrenzungsrelais zu einer vollautomatischen fortbilden, das die Weiterschaltung des vom Führer bedienten Meisterschalters bei Überschreitung eines einstellbaren Höchststromes sperrt. Auch hier kann wieder die Bewegung der Kontrollerwelle von einer Stufe zur nächsten vom Strombegrenzungsrelais zeitweilig unabhängig gemacht werden, wenn dieses etwa in Tätigkeit tritt, nachdem die Kontrollerwelle ihre Bewegung aus einer ihrer wirksamen Stellungen in die darauffolgende bereits begonnen hat oder nachdem die Meisterwalze in die nächste Stellung bewegt und dann, bevor die Kontrollerwelle ihre Bewegung vollendet hat, wieder zurückbewegt wurde. Dann würde nämlich die Kontrollerwelle in einer mittleren Stellung zwischen den beiden wirksamen Stellungen stehen bleiben und es könnte, abgesehen vom Feuern der Kontakte, der Stromkreis für die Triebmotoren nicht hinreichend hergestellt werden. Um dies zu verhindern, wird die Kontrollerwelle mit Hilfskontakten versehen, die während der Bewegung derselben von einer Stufe zur nächsten den Einfluß des Strombegrenzungsrelais auf die Bewegung der Meisterwalze unwirksam machen[1]). Das Fortschalten der Kontrollerwelle ist dann immer noch möglich, wenn der Triebmotorenstrom unter den vorbestimmten Wert gesunken ist, wenn dies aber eingetreten ist, gegebenenfalls auch die Meisterwalze in die nächste Schaltstellung gebracht ist und die Kontrollerwelle die wirksame Stellung, in der sie sich eben befand, verlassen hat, dann wird diese eingeleitete Bewegung der Kontrollerwelle unbedingt bis zu ihrer nächsten wirksamen Stellung fortgesetzt, auch wenn hierbei der Triebmotorenstrom den eingestellten Höchstwert wieder überschreitet oder die Meisterwalze wieder zurückbewegt worden ist.

Das Druckluftschaltwerk läßt sich auch in der Weise ausbilden, daß die beiden Druckkolben mit der das Ritzel der Kontrollerwelle antreibenden Zahnstange starr verbunden und die beiden elektromagnetischen Ventile gleichartig wirkend ausgeführt werden, d. h. bei erregten Ventilspulen werden die Druckzylinder gegen den Druckbehälter abgesperrt und mit der Außenluft verbunden, bei stromlosen Ventilspulen aber gegen die Außenluft abgesperrt und mit dem Druckbehälter verbunden[2]). Die gleichartige Ausbildung der Ventile, die auch mit der umgekehrten der eben beschriebenen Wirkung ausgeführt werden können, ist für den Betrieb einfacher und insofern vorteilhafter, als in schaltungstechnisch einfacher Weise selbsttätige Rückführung der Kontrollerwelle und damit des ganzen Steuerapparates möglich ist[3]), wenn aus irgendeinem Grunde die die Ventilspulen speisende Stromquelle plötzlich versagen sollte.

Bei großen Lokomotiven mit großen Schaltleistungen wird man die die Abschaltung der Widerstände besorgenden Einzelschalter und die der Änderung der Motorgruppierung dienenden Schalter je zu einem besonderen Nockenkontroller mit eigenem Luftmotor entsprechend kleinerer Schaltleistung vereinigen, die von getrennten oder auch von einer gemeinsamen Meisterwalze gesteuert werden[4]).

Auch von der Westinghouse Elc. & Mfg. Co. ist eine Steuerung mit Antrieb der Nockenkontrollerwelle durch einen Luftmotor entwickelt worden[5]), wobei noch das Ventil des Einschaltzylinders bei Erregung diesen mit dem Druckluftbehälter verbindet, dagegen die Preßluft absperrt und den Zylinder zum Auslaß öffnet, wenn der Elektromagnet stromlos wird. Das Ventil des Ausschaltzylinders öffnet sich und läßt in diesen Preßluft einströmen, wenn sein Magnet stromlos wird und öffnet einen Zylinder zum Auspuff, wenn sein Magnet erregt wird. Hier wird durch Erregung beider Ventilmagnete eine Vorwärts- (Einschalt-) Bewegung der Kolben erhalten, welche bei Aberregung des Magnetventils des Ausschaltzylinders auf-

[1]) U. S. A. P. 1310040 (G. E. Co.), D. R. P. 345660, 415699 (AEG), F. P. 525497 (Th. H.).
[2]) D. R. P. 344392 (AEG). [3]) D. R. P. 341344 (AEG).
[4]) D. R. P. 413191, 420762 (AEG).
[5]) D. R. P. 323951 (Westinghouse). — Siehe auch D. R. P. 320540.

gehalten wird, dagegen wird durch Aberregung beider Ventilmagnete eine Rückwärts- (Ausschalt-) Bewegung der Kolben erzielt.

Ein Nachteil des pneumatischen Antriebes des Steuerapparates besteht darin, daß die einzelnen Schaltstellungen nicht genau festliegen, weil einerseits eine elastische Nachwirkung der eingeschlossenen Luftmengen eintritt, andererseits die bewegten Massen nicht plötzlich zum Stillstand gebracht werden können. Diesen Nachteil sucht die Steuerung nach Abb. 294 durch Begrenzung der Bewegung des Luftmotors durch eine Sperrklinke zu beheben. Damit nun unmittelbar nach dem Einfallen der Sperrklinke im Luftmotor durch Herbeiführung des Luftgleichgewichtes der Ruhezustand wieder hergestellt wird, wird die Sperrklinke selbst zugleich als Antrieb für die Steuerventile des Luftmotors benutzt[1]).

Die Hauptschaltwalze (Nockenkontrollerwelle) *a* wird vom Luftmotor betrieben, der wieder aus den beiden Luftzylindern *b*, *c* und dem Zahnstangenantrieb *d* besteht. Die Doppelventile *e* und *g* steuern Ein- und Austritt der Druckluft in die Zylinder; sie werden durch Federn *f* in der Stellung gehalten, in welcher die Druckluft den Zylindern zuströmt. Auf der Welle der Hauptschaltwalze *a* sitzt nun das Klinkenrad *h* mit einer der Zahl der Schaltstufen entsprechenden Anzahl Zahnlücken, in welche die Klinke *k* eingreifen kann. Diese wird von der Feder *j* nach unten gezogen, rechts stützt sie sich auf die Kolbenstange eines Hilfsluftzylinders *n* und sitzt links gelenkig an dem festgelagerten zweiarmigen Klinkenhebel *i*, der seinerseits vom Kolben eines zweiten Hilfsluftzylinders *m* bewegt wird. Durch Anschläge an den Klinkenhebeln *i* und *k* werden die Steuerhebel *o* und *p* der Ventile *e* und *g* entgegen der Kraft der Federn *f* bewegt. Die Kolben der Hilfsluftzylinder *m* und *n* sind federbelastet und werden mittels der Ventile *q* und *r* gesteuert, die ihrerseits durch Erregung der Elektromagnetspulen *s* und *t* mit der Druckluft verbunden werden. Auf der Schaltwelle sitzt noch ein sog. Stellungsschalter, welcher der Einfachheit halber nicht mit dargestellt ist und den Zweck hat, den Steuermotor bei Erreichen der vom Führerstand aus eingestellten Schaltstellung stillzusetzen.

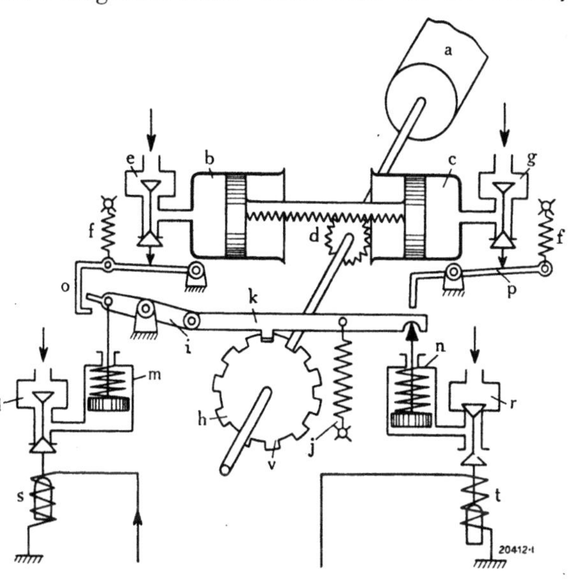

Abb. 294. Elektropneumatischer Antriebsapparat für Nockenkontroller. (A. G. Brown, Boveri & Cie. — Dr. A. Couwenhoven.)

In der gezeichneten Stellung ist die Vorrichtung in Ruhe, denn beide Zylinder *b* und *c* sind mit der Druckluft verbunden und daher im Gleichgewicht. Die Zuschaltspule *s* ist erregt, die Abschaltspule *t* stromlos. Soll nun vorwärts geschaltet werden, so wird die Spule *t* erregt und somit durch das Ventil *r* Druckluft in den Hilfszylinder *n* gelassen. Dieser hebt zunächst die Klinke *k* aus der Lücke des Sperrades *h* und öffnet sodann mittels des Steuerhebels *p* den Auslaß des Ventils *g*, so daß die Druckluft aus dem Zylinder *v* entweicht. Infolgedessen drückt die Luft im Zylinder *b* die Zahnstange *d* nach rechts und bewegt die Schaltwalze *a* im Uhrzeigersinn. Die Schaltwalze bewegt sich so lange, bis durch den Stellungsschalter oder die Führerstands-Meisterwalze die Magnetspule *t* wieder stromlos geworden ist. Dann fällt das Ventil *r* in die gezeichnete Stellung, die Luft entweicht aus dem Hilfszylinder *n* und die Klinke *k* fällt in die nächstankommende Lücke des Rades *h* ein. Dadurch wird der Ventilhebel *p* freigegeben und das Ventil *g* durch die Feder *f* in die gezeichnete Stellung zurückgezogen, in der es den Zylinder *c* wieder mit der Druckluft verbindet. Da nun beide Zylinder *b* und *c* unter dem gleichen Luftdruck stehen, hört der Druck auf die Verzahnung *d* auf, und es herrscht Gleichgewicht.

Entspricht diese Stellung noch nicht dem von der Meisterwalze aus gegebenen Kommando,

---

[1]) D. R. P. 432041, Ö. P. 105750, F. P. 604776, E. P. 242265, It. P. 243612 (Dr. A. Couwenhoven). — Angewendet bei den B_0—B_0—B_0-Lokomotiven (Gruppe E 625) der FF. SS (BBC-Mitt. 1927, S. 25), bei den 1 D_0 1-Lokomotiven (Reihe E 465) der Tschechoslowakischen Staatsbahnen, bei den 2 C_0 2-Lokomotiven $\left(\text{Nr. } 4002 \frac{\text{EC}}{1}\right)$ der Great Indian Peninsula Ry (BBC-Mitt. 1927, S. 28) — Siehe ferner die Anordnungen gemäß D. R. P. 406260 (S. S. W.) und D. R. P. 398982.

so beginnt das Spiel von neuem, indem der Magnet *t* wieder erregt wird, und das Sperrad *h* rückt um eine weitere Zahnteilung fort.

Um die Hauptschaltwalze *a* zurückzuschalten, wird die Erregung des Magneten *s* unterbrochen. Dann entleert sich der Hilfszylinder *m* unter dem Druck seiner Feder und bewegt den linken Arm des Hebels *i* nach abwärts; der rechte Hebelarm von *i* hebt dabei die Klinke *k*, die sich unter der Wirkung der Feder *j* nunmehr um den Stützpunkt auf der Kolbenstange des Zylinders *n* dreht, aus der Lücke des Sperrades *h* heraus. Darauf drückt der Hebel *i* den Steuerhebel *o* des Ventils *e* gegen die Kraft der Feder *f* herunter und öffnet somit den Auslaß des Zylinders *b*. Infolgedessen drückt die Luft im Zylinder *c* die Zahnstange nach links, und diese Ausschaltbewegung der Walze *a* hört erst am Ende des Kolbenhubes oder dann auf, bis der Magnet *s* wieder erregt wird. Daraus, daß die Abschaltspule *s* während des Vorwärtsschaltens erregt sein muß, ergibt sich der Vorteil, daß beim Ausbleiben des Steuerstromes die Klinke *k* mechanisch aus dem Sperrad *h* herausgehoben wird und die Steuerung zwangläufig in die Nullage zurückgeht.

Die Steuerung kann als Einfach- oder Vielfachsteuerung ausgebildet und auch für selbsttätigen Betrieb eingerichtet werden.

2. Anfahrwiderstand.

Der Anfahrwiderstand, von dessen zweckentsprechender Unterteilung früher die Rede war (S. 29ff.), wird entweder aus Nickelin aufgebaut, das in Form gewellter Streifen, seltener in Form von Drahtspiralen zwischen einem aus Winkeleisen zusammengesetzten prismatischen Rahmen unter Verwendung von Porzellanisolatoren als Stützpunkte ausgespannt wird, oder aber in Form von flachen schlangenwindungsartigen Elementen aus verzinktem Gußeisen ausgeführt. Die letztere Bauart verdient unbedingt den Vorzug und wird mehr und mehr verwendet, da die einzelnen Elemente mit ihren ösenartigen Enden leicht auf Rundstäben mit isolierter Auskleidung unter entsprechender Distanzierung voneinander aufgereiht werden können und so einen stabilen, gegen Erschütterungen unempfindlichen Körper geben. Wichtig ist dabei, daß der Zusammenbau in der Weise erfolgt, daß trotz der durch die Erwärmung auftretenden Dehnungen des Materials stets ein sicherer Kontakt zwischen den einzelnen Elementen erhalten bleibt. Mustergültig, wenn auch etwas teuer, ist in dieser Beziehung die in Abb. 295 dargestellte Konstruktion der G. E. Co., bei der durch Anordnung von Stahlfedern an den Bolzenenden ein konstanter Anpressungsdruck zwischen den einzelnen Elementen erzielt wird, die abweichend von der europäischen Ausführung nicht unmittelbar, sondern unter Zwischenschaltung von glatten Stahl- und Kupferhülsen auf das den Bolzen umkleidende Mikanitrohr aufgereiht werden.

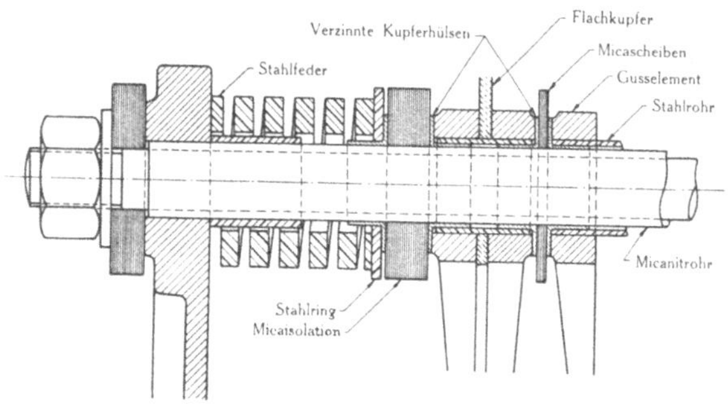

Abb. 295. Zusammenabau von gußeisernen Widerstandselementen. (Bauart G. E. Co.)

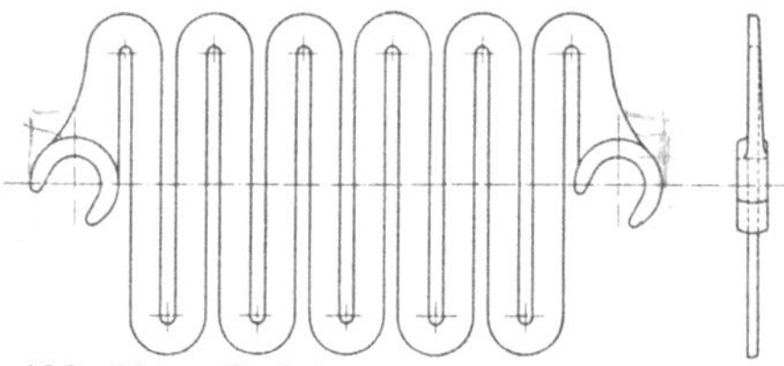

Abb. 296. Gußeisernes Widerstandselement (Bauart B. B. C.)

Bei dieser Anordnung lassen sich dann auch die Elemente ohne weiteres mit offenen statt mit geschlossenen Ösen ausführen, wodurch das Auswechseln einzelner Elemente ohne Auseinandernehmen des ganzen Paketes vorgenommen werden kann.

Für den Zusammenbau und die Anordnung der Widerstände in der Lokomotive ist die Frage der Belastung und der maximal im Dauerbetrieb abzuführenden Wärmemenge von einschneidender Bedeutung. Um nicht zu große, den Einbau erschwerende Abmessungen zu bekommen, werden dabei Übertemperaturen von in der Regel etwa 300° C zugelassen. Für ein einzelnes Widerstandselement von der grundsätzlichen Form nach Abb. 296, wobei Wellenzahl und Querschnitt den verschiedenen Ohmwerten angepaßt sind, ergaben sich für verschiedene Einbauarten nach Versuchen der A. G. Brown, Boveri & Cie. die in folgender Tabelle niedergelegten Dauerbelastungen in Ampere und Watt unter Zugrundelegung einer Übertemperatur von 300° C.

Elementangaben						Dauerbelastung eines Elementes für 300° C. Uebertemp. für folgenden Elementeinbau.							
Widerstand		Gew.	Quer-schnitt	Ober-fläche	Tei-lung			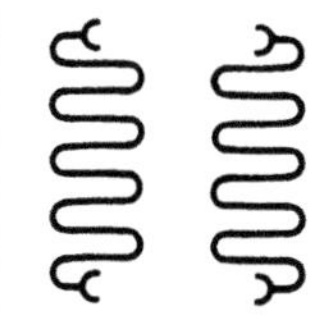		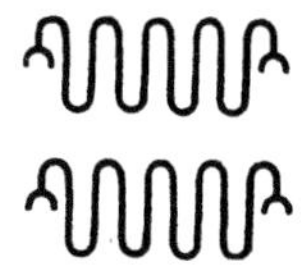		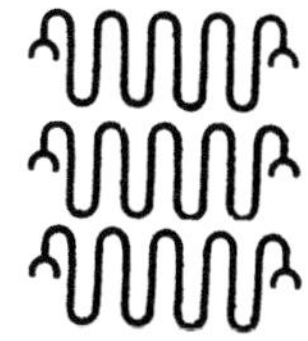	
Kalt 20° 100%	Warm 300° 130%						125%		100%		87%		62%
Ω	Ω	kg	mm²	cm²	mm	Amp.	Watt	Amp.	Watt	Amp.	Watt	Amp.	Watt
0,42*)	0,5**)	0,45	10	365	16	19	180	17	145	16	126	13,5	90
0,24	0,31	0,45	10	365	16	24	180	22	145	20	126	17	90
0,14	0,18	0,55	15	430	16	33	196	30	158	28	138	23	98
0,085	0,11	0,65	23	490	16	44	212	39	170	37	148	31	105
0,051	0,066	0,75	34	545	16	59	230	53	185	50	160	42	115
0,031	0,04	0,9	47	560	16	75	230	68	185	63	160	53	115
0,018	0,023	1,0	70	590	16	100	230	89	185	83	160	70	115
0,42*)	0,5**)	0,45	10	365	24	22	235	19,5	190	18	165	15	118
0,24	0,31	0,45	10	365	24	28	235	25	190	23	165	19,5	118
0,14	0,18	0,55	15	430	24	39	270	34	205	32	180	27	127
0,085	0,11	0,65	23	490	24	51	285	45	220	42	190	35	136
0,051	0,066	0,75	34	545	24	67	300	60	240	57	210	47	150
0,031	0,04	0,9	47	560	24	86	300	77	240	73	210	61	150
0,018	0,023	1,0	70	590	24	114	300	102	240	95	210	80	150

*) mit Ni-Zusatz. **) ca. 120%.

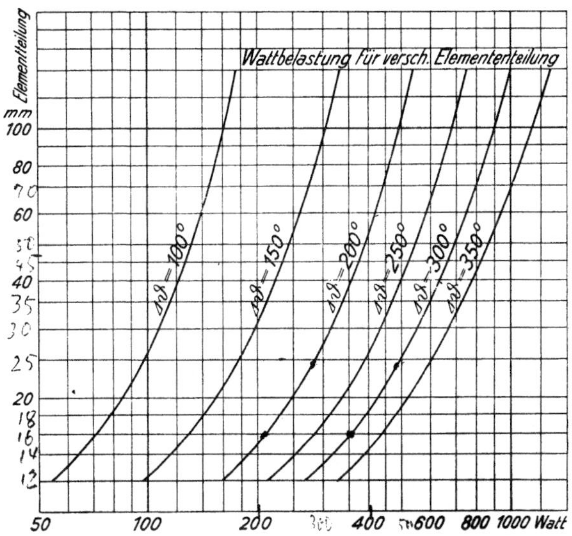

Abb. 297. Zulässige Belastung von gußeisernen Widerständen.

Wie ersichtlich, ist einerseits die Teilung der Elemente, d. i. der Abstand senkrecht zu ihrer Ebene, andererseits ihre Anordnung gegeneinander von erheblichem Einfluß auf die sekundlich abführbare Wärmemenge. Letztere ist am höchsten, wenn die Elemente nebeneinander mit liegender Längsachse angeordnet werden, bei Anordnung der Elemente in zwei Reihen mit stehender Längsachse sinkt sie um 20%, zwei Reihen übereinander mit liegender Längsachse ergeben weitere 13% Reduktion und bei Anordnung von drei Reihen übereinander können die Elemente bei gleicher Temperaturerhöhung infolge der starken zusätzlichen Beanspruchung der oberen Elementenreihe durch die Abwärme der beiden unteren nur mehr die Hälfte der für einreihige Anordnung geltenden Wärmemengenzahlen sekundlich abführen. Allgemein veranschaulicht den Zusammenhang zwischen Elemententeilung und abführbare sekundliche Wärmemenge in Watt für verschiedene Werte der Übertemperatur die Abb. 297, aus der sich eine weitere Kurvenschar, darstellend die zulässige Wattbelastung für verschiedene Werte der Übertemperatur und konstante Elemententeilung, ableiten läßt.

Man ordnet die Widerstände nicht selten in Ausschnitten des Lokomotivdaches an, um sie dem bei der fahrenden Lokomotive entstehenden kühlenden Luftzug auszusetzen. Ungefähr dieselbe Wirkung kann man erreichen, wenn man die Widerstände seitlich unten im Lokomotivkasten in einem besonderen, in der Lokomotivlängsachse offenen Raum einbaut, der allerdings, um die übrige Lokomotivausrüstung vor der Widerstandsabwärme zu schützen, mit einem senkrechten Luftschacht kombiniert werden muß.

Ist allgemein v die Geschwindigkeit der Lokomotive in m/s, dann kann die neue erhöhte für die gleiche Temperaturerhöhung zulässige Stromstärke J_v zu J in die Form der bekannten empirischen Beziehung

$$J_v = J\,(1 + 0{,}25\,\sqrt{v}) \qquad (210)$$

gesetzt werden. Zumeist kann sogar mit

$$J_v = J\,(1 + 0{,}25\,\sqrt[3]{v^2}) \qquad (211)$$

gerechnet werden. Für den praktischen Gebrauch trägt man am besten J_v/J als „Überlastungsfaktor" in Abhängigkeit von v in ein Kurvenblatt ein.

Die für die Feldschwächung oder bei vorhandener Nutzbremsung etwa verwendeten besonderen Widerstände sind in der Anordnung und im konstruktiven Aufbau mit den Anfahrwiderständen identisch.

IX. Schaltungen für elektrische Bremsung.

Die elektrische Bremsung von Gleichstromlokomotiven beim Durchfahren starker Gefälle kann grundsätzlich zweierlei Art sein. Entweder wird die elektrische Energie, die von den als Generatoren arbeitenden und von den Radachsen angetriebenen Motoren erzeugt wird, auf der Lokomotive in Widerständen vernichtet, d. h. in Wärme umgesetzt oder sie wird dem Fahrdraht zugeführt. Im ersten Fall spricht man von Bremsung auf Widerstände oder von Widerstandsbremsung, im zweiten von Nutzbremsung, Rückarbeitung oder Rekuperation. Die verwendeten Schaltungen sind in beiden Fällen grundsätzlich verschieden, werden aber bei beiden Arten der Bremsung in der Regel von demselben Apparat, d. i. von den Fahrtwendern, hergestellt, die zu diesem Zweck unter entsprechender Vermehrung ihrer Kontakte bzw. Ausbildung ihrer Abwicklung außer der Nullstellung eine weitere, d. h. dritte Arbeitsstellung mit der Bezeichnung „Bremse vorwärts" erhalten. Hin und wieder wird auch auf die Möglichkeit der Bremsung bei Rückwärtsfahrt nicht verzichtet. In diesem Fall ist allerdings die Anordnung einer zweiten Nullstellung zwischen den beiden Bremsstellungen „Bremse vorwärts" und „Bremse rückwärts" kaum zu umgehen. Die eigentliche Regulierung der elektrischen Bremsung, d. h. die Einstellung des passenden Bremsmomentes oder der Bremskraft in Abhängigkeit des Zuggewichtes, die das Durchfahren des Gefälles mit einer, wenn möglich eindeutig bestimmten Geschwindigkeit gestatten soll, soll dabei, wenn möglich, mit dem Steuerorgan erfolgen, mit dem in gleicher Weise die Regelung des motorischen Drehmomentes vorgenommen wird. Die nachfolgend beschriebenen, teils ausgeführten, teils als ausführbar vorgeschlagenen Schaltungen werden zeigen, inwieweit diese Forderung praktisch erfüllbar ist.

1. Widerstandsbremsung.

a) Mit selbsterregten Motoren.

Bei dieser von den Tramwagen der städtischen Straßenbahnen übernommenen Form der elektrischen Bremsung arbeiten die von den Radachsen angetriebenen Triebmotoren als Reihenschlußgeneratoren auf den Anfahrwiderstand, dessen Größenänderung in Abhängigkeit vom Gefälle und Zuggewicht ebenso wie die Änderung der Motorgruppierung in gleicher Weise wie sonst mit dem Hauptsteuerorgan vorgenommen werden kann. Diese auf den ersten Blick sehr bestechende Form der elektrischen Bremsung, die durch sukzessives Kurzschließen der einzelnen Stufen des als Bremswiderstand dienenden Anfahrwiderstandes nahezu bis zum Stillstand ausgedehnt werden kann, ist jedoch trotzdem bei Lokomotiven kaum ausgeführt worden. Der Grund liegt darin, daß der für eine bestimmte, während des Anfahrvorganges nicht zu überschreitende maximale Stromstärke etwa nach dem auf S. 29ff. angegebenen Verfahren bemessene und gestufte Anfahrwiderstand für die Bremsung unter Umständen wesentlich zu klein ist, so daß bedeutend höhere Stromstärken auftreten, die die gesamte Lokomotivausrüstung gefährden. Möglich wäre es immerhin, einen besonderen regelbaren Bremswiderstand mit eigener Regelapparatur vorzusehen, doch ist auch diese Anordnung aus Preisrücksichten, dann wegen der großen schaltungs- und einbautechnischen Schwierigkeiten bis jetzt nicht ausgeführt worden.

Aussicht auf Verwendung hat die Widerstandsbremsung mit selbsterregten Motoren bei Gleichstromlokomotiven nur in der Form, daß man den gesamten Vorschaltwiderstand nicht regelbar als Bremswiderstand benutzt und durch gleichzeitige Bedienung der mechanischen Bremse nur so viel vom Zuggewicht elektrisch abbremst, daß der den Widerstand durchfließende generatorisch erzeugte Strom keinen höheren Wert als den bei Dauerbelastung zulässigen annehmen kann. Um diese Art der Bremsung ziffernmäßig an einem Beispiel erläutern zu können, sei hier kurz auf die Zusammenhänge zwischen Gefälle, Zuggewicht, Bremsgeschwindigkeit und generatorisch beim Bremsen erzeugte Leistung eingegangen.

Soll ein Zug vom Gesamtgewicht G in t ein gleichmäßiges Gefälle von s $^0/_{00}$ mit der durch elektrische Bremsung konstant zu haltenden Geschwindigkeit V_1 in km/h durchfahren, so ist die am Radumfang als Schwerkraftkomponente in Richtung der Talfahrt wirkende Kraft in kg

$$Z_g = G\,[s - (w_1 + w_k)] \tag{212}$$

oder die an den Motor- (d. h. hier Generator-)wellen zum Antrieb verfügbare Leistung in PS

$$N_{g_1} = \frac{Z_g\, V_1}{270}\,\eta_t \tag{213}$$

oder die an den Motor- (d. h. hier Generator-)klemmen verfügbare Leistung in kW

$$N_{g_2} = \frac{Z_g\, V_1}{270 \cdot 1{,}36} \cdot \eta_t\, \eta_m\,, \tag{214}$$

wobei η_t den Getriebewirkungsgrad, η_m den der als Generatoren arbeitenden Motoren bedeutet.

Nun ist (Abb. 298) $E_a = f(J)$ als innere Charakteristik des Reihenschlußgenerators (durch Vorausberechnung oder Messung) bekannt, aus der sich mit hinreichender Genauigkeit die äußere Charakteristik $E_k = f(J)$ für $u = u_1$ konstruieren läßt, wenn diese nicht auch bereits durch Messung bekannt ist. u_1 ist die konstante (der Geschwindigkeit V_1 bei Talfahrt entsprechende) Motordrehzahl. Trägt man nun über der Abszissenachse das jeweilige Produkt $E_k\, J$ als $N_{g_2} = \varphi\,(J)$ auf, so erhält man eine Kurve, die die generatorische Leistung in Funktion der Stromstärke darstellt. Geht man in diese Kurve mit dem nach Gl. (214) berechneten Wert von N_{g_2} ein, so ergeben sich unmittelbar die Werte von J und E_k, für die der Bremswiderstand

$$R_b = \frac{E_k}{J} = \operatorname{tg} \alpha$$

zu bemessen ist.

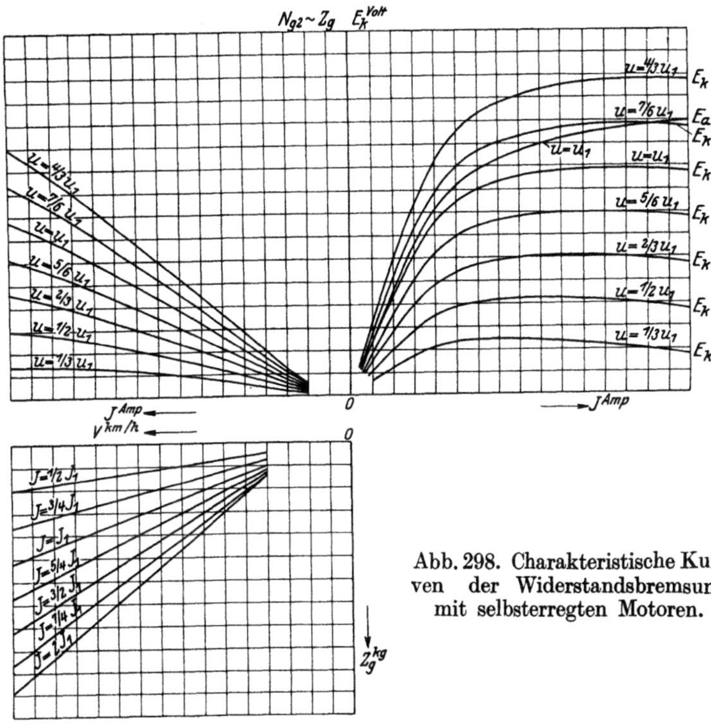

Abb. 298. Charakteristische Kurven der Widerstandsbremsung mit selbsterregten Motoren.

Angenommen beispielsweise ein Gesamtzuggewicht von 370 t (70 t Lokomotivgewicht und 300 t Anhängelast) sei auf einem Gefälle von 20 $^0/_{00}$ teilweise durch Widerstandsbremsung der vier je zu zweit an die Fahrdrahtspannung von 1350 Volt angeschlossenen Lokomotivmotoren von je 300 PS Dauerleistung bei 610 Uml./min auf einer konstanten Geschwindigkeit von 55 km zu halten. Mit $w_1 + w_k = 5$ und $\eta_t \cdot \eta_m = 0{,}8$ ergibt sich

$$Z_g = 370\,(20-5) = 5550 \text{ kg}$$

und damit

$$N_{g_2} = \frac{5550 \cdot 55}{270 \cdot 1{,}36} \cdot 0{,}8 = 665 \text{ kW}.$$

Bei völliger elektrischer Bremsung müßten also 665 kW in den Bremswiderständen vernichtet werden, die bei 350 Amp Dauerstrom, wenn je zwei Motoren in Reihe auf einen besonderen Widerstand arbeiten, aus zwei Gruppen von je

$$\frac{N_{g_2} \cdot 1000}{2\, J^2} = \frac{665000}{2 \cdot 350^2} = 2{,}7\ \Omega$$

bestehen müßten. Diese Widerstände würden unter Benützung der Angaben der Tabelle von Seite 271 bei günstigster Anordnung ein Nettogewicht von 1100 kg repräsentieren, wären also schon deshalb kaum einzubauen, ganz abgesehen davon, daß die Abführung einer 665 kW entsprechenden Wärmemenge aus der Lokomotive auch bei Einbau der Widerstände ins Lokomotivdach nicht möglich wäre. Betragen nun die in 2 Gruppen unterteilten Anfahrwiderstände dieser Lokomotive je 2,3 Ω, die dauernd mit 255 Amp belastet werden können, dann können je Widerstandsgruppe $\frac{255^2}{1000} \cdot 2{,}3 = 150$ kW, total also 300 kW vernichtet werden. Daraus ergibt sich bei 55 km/h eine Bremskraft am Radumfang von

$$Z_g = \frac{300 \cdot 270 \cdot 1{,}36}{0{,}8 \cdot 55} = 2500 \text{ kg}$$

oder vom Gesamtgewicht des Zuges werden auf dem Gefälle von 20‰ 167 t, d. h. außer der Lokomotive noch etwa 100 t elektrisch und der Rest mechanisch abgebremst.

Analog lassen sich aus den den verschiedenen Drehzahlen entsprechenden Kurven $E_k = f(J)$ auch für verschiedene Drehzahlen geltende Kurven $N_{g_2} = \varphi(J)$ ableiten (Abb. 298), die in anderem Maßstab auch die Abhängigkeit der Bremskraft Z_g in Abhängigkeit der Stromstärke veranschaulichen. Durch Fällen von Ordinaten läßt sich dann (Abb. 298 III. Quadrant) aus den Z_g-Kurven eine Kurvenschar entwickeln, die die Abhängigkeit der Bremskraft von der Drehzahl u, d. h. von der Geschwindigkeit darstellen. Wie ersichtlich, steigt das Bremsmoment erst bei höheren Stromstärken, also im gesättigten Bereich mit der Motordrehzahl (Fahrgeschwindigkeit) stetig an, bei kleinen Stromstärken ist die Bremsung unstabil, da das Bremsmoment sich in Abhängigkeit der Motordrehzahl nur wenig ändert. Hierin liegt der Nachteil der Widerstandsbremsung mit selbsterregten Motoren, wozu noch die Unsicherheit des Einsetzens der Selbsterregung bei konstantem Belastungs- d. h. Bremswiderstand kommt. Denn wenn auch letzterer dem Ohmwert nach von vornherein so gewählt wird, daß Selbsterregung rechnungsmäßig eintreten muß, d. h. daß die Widerstandsgerade die Magnetisierungskurve eindeutig schneidet, so ist doch bekannt, wie leicht dieser Schnittpunkt einerseits durch gelegentliche Vergrößerung des Übergangswiderstandes an den Bürsten oder an den Verbindungsstellen der Widerstandselemente oder wieder durch Luftspaltänderung verloren gehen kann[1]). Dazu kommt die Unmöglichkeit, die elektrische Bremsung regeln zu können, die ganze Regelung, d. h. Aufteilung der Bremsarbeit erfolgt ausschließlich durch die mechanische Bremse, so daß auch durch große Geschicklichkeit des Führers Stöße im Bremsmoment und der Stromstärke kaum zu vermeiden sein werden. Trotz des Vorteils der Unabhängigkeit vom Fahrdraht ist daher die Widerstandsbremsung mit selbsterregten Motoren bis jetzt nicht zu nennenswerter Bedeutung gekommen.

b) Mit fremderregten Motoren.

Bei dieser Art der elektrischen Bremsung arbeiten die Motoren als fremderregte Generatoren auf einen konstanten, d. h. nicht regelbaren Bremswiderstand. Die Regelung des Bremsvorganges erfolgt daher durch Änderung der Erregung der Motoren, und zwar nicht direkt sondern indirekt durch Änderung der Erregung des die Motoren bei Bremsung erregenden Hilfsgenerators, der mit seinem von der Fahrdrahtspannung aus gespeisten Antriebsmotor eine besondere Erregergruppe bildet. Abb. 299 zeigt schematisch die Schaltung[2]). $M_1 M_2 M_3 M_4$ sind die Anker der vier Triebmotoren, die je zu zweit in Reihe auf einen Bremswiderstand R_b geschlossen sind. Die vier Feldwicklungen $E_1 E_2 E_3 E_4$ sind alle in Reihe geschaltet, um die Hilfserregermaschine G nicht für zu niedrige Spannungen bauen zu müssen. Erregt wird die Hilfserregermaschine G von einer Batterie B aus unter Zwischenschaltung des Regulierwiderstandes r, mit dem indirekt der Erregerstrom in den Feldwicklungen $E_1 E_2 E_3 E_4$ und damit der ganze Bremsprozeß feinstufig durch Steuerung nur schwacher Ströme geregelt wird. M ist der Antriebsmotor der Hilfserregermaschine G.

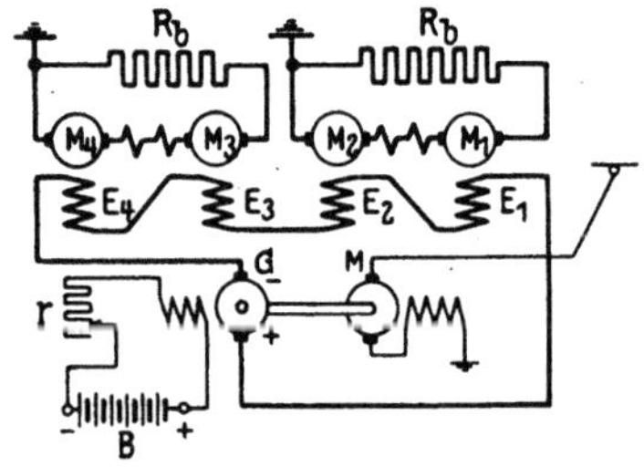

Abb. 299. Schaltung für Widerstandsbremsung mit fremderregten Motoren.

[1]) Bei Bremsung mit parallelgeschalteten Motoren müssen aus diesen Gründen zur Vermeidung des Arbeitens von einem Motor auf den anderen, was in der Wirkung einem Kurzschluß gleichkommt, die parallelen Zweige durch einen an äquipotentielle Punkte angeschlossenen Ausgleichsleiter miteinander verbunden oder noch besser die Feldwicklungen und Anker der Motoren wechselweise in Reihe geschaltet werden (Kreuzschaltung). — Siehe auch F. P. 592970 (Jeumont) und D. R. P. 406261 von Thomson-Houston.

[2]) Angewendet z. B. bei den 1 D_0 1-Lokomotiven (Reihe 3001) der Niederländisch-Indischen Staatsbahnen (BBC-Mitt. 1926, S. 187). — Siehe ferner S. 418 dieses Buches sowie Taf. VI.

Der Zusammenhang zwischen dem Erregerstrom J_e in den Feldwicklungen E_1 bis E_4 der Motoren M_1 bis M_4, dem Bremsmoment, der Geschwindigkeit bei Talfahrt und dem Zuggewicht läßt sich allgemein auf Grund folgender Überlegung qualitativ leicht überblicken. Die Abhängigkeit der bei verschiedenen Drehzahlen (Fahrgeschwindigkeiten V) in den Motorankern induzierten EMKfte vom Erregerstrom J_e ist gegeben durch die inneren Charakteristiken $E_a = f(J_e)$. Nun ist $E_a = J_a(r_a + R_b)$, wobei r_a den Ankerwiderstand bedeutet. Vernachlässigt man den Einfluß der Temperatur auf die Größe von r_a und R_b, nimmt man also $(r_a + R_b)$ als konstant an, dann stellen die Charakteristiken $E_a = f(J_e)$ in anderem Maßstab auch den Ankerstrom J_a in Funktion von J_e dar (Abb. 300, Quadrant *I*). Aus der Kurvenschar $J_a = f(J_e)$ läßt sich, wie in Abb. 300 angedeutet, in Quadrant *II* eine Kurvenschar $J_a = f(V)$ entwickeln und aus dieser wieder, da $J_a^2 R_b$ gleich ist der Generatorleistung in Watt, jene am Radumfang als Schwerkraftkomponente wirkende Zugkraft Z_g

$$Z_g = \frac{270 \cdot J_a^2 R_b}{736 \cdot V \cdot \eta_m \eta_t} \tag{215}$$

ermitteln, der die Motoren mit ihrer bei Talfahrt mit V km/h generatorisch erzeugten Leistung das Gleichgewicht halten (Quadrant *III*). Aus den Kurvenscharen $J_a = f(V)$ und $Z_b = f(V)$ ist in Quadrant *IV* noch eine Kurvenschar $Z_g = f(J_a)$ abgeleitet[1]).

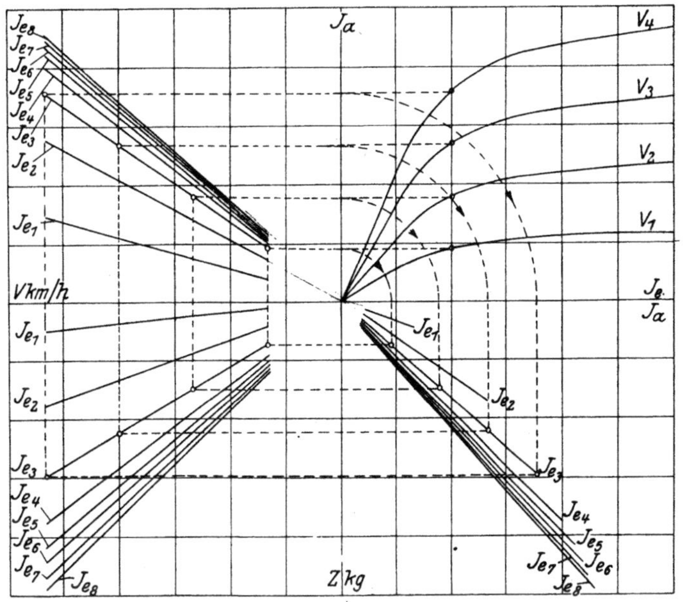

Abb. 300. Charakteristische Kurven der Widerstandsbremsung mit fremderregten Motoren.

Wie ersichtlich (Abb. 300, Quadrant *III*) ist die Bremsung je nach Unterteilung des Feldregulierwiderstandes r sehr fein regelbar und arbeitet stabil. Nur im untersten Bereich bei schwach gesättigtem Motor (Generator) ist die Zunahme der Bremskraft in Abhängigkeit der Geschwindigkeit für den praktischen Betrieb noch etwas zu gering. Jedenfalls wird der Feldregulierwiderstand r im untersten Bereich feiner abzustufen sein als im oberen.

Das System, das einen besonderen, der kleinen Stromstärken wegen jedoch relativ leichten Bremskontroller nicht entbehren kann, ist vom Fahrdraht durch den Antriebsmotor M der Erregermaschine G abhängig. Unabhängigkeit ließe sich dadurch herstellen, daß man entweder die Erregermaschine von einer der Lokomotivachsen antreibt oder indem man die Motoren überhaupt von einer Batterie aus erregt. Beide Lösungen, besonders aber die letztere, bedingen ein ganz beträchtliches Mehrgewicht.

Als Beispiel sei schließlich nachgerechnet, wieviel von einem Zuggewicht von total 370 t beim Durchfahren einer Gefällstrecke von 30 ‰ mit 60 km/h in der in Abb. 299 dargestellten Schaltung elektrisch abgebremst werden kann. Jede Anfahrwiderstandshälfte habe 2,3 Ω, die dauernd wieder mit 255 Amp belastet werden kann. Es ist daher

$$J_a^2 R_b = 255^2 \cdot 2 \cdot 2{,}3 = 300\,\text{kW} = \frac{Z_g \cdot 736\, V\, \eta_m \eta_t}{270},$$

daher

$$Z_g = \frac{270 \cdot 300 \cdot 1000}{736 \cdot 60 \cdot 0{,}8} = 2300\,\text{kg}$$

und

$$G = \frac{Z_g}{[s - (w_1 + w_k)]} = \frac{2300}{30 - 5} = 92\,\text{t}.$$

Die Widerstände reichen also für Abbremsung des Lokomotivgewichtes im Betrage von 70 t zuzüglich 22 t vom Anhängegewicht aus.

[1]) Die mit Hilfe von Formel (215) abgeleiteten Kurven $Z_g = f(V)$ und $Z_g = f(J_a)$ werden zu geraden Linien, wenn η_m und η_t als konstant angenommen werden. Beides trifft praktisch nicht zu, namentlich η_m ist in Abhängigkeit der Belastung bekanntlich nicht konstant und bei kleiner Belastung ziemlich erheblich kleiner als bei Vollast. Trägt man diesem Umstand Rechnung, dann werden die Kurven $Z_g = f(V)$ und $Z_g = f(J_a)$ namentlich für kleine Erregerströme leicht konkav gegen die Z-Achse.

2. Nutzbremsung.

Am einfachsten wäre es, wenn man die Motoren in unveränderter Schaltung bei Talfahrt als Generatoren auf den Fahrdraht zurückarbeiten lassen könnte, was auf den ersten Blick in der Weise möglich scheint, daß man die Motoren sich zuerst auf einen Belastungswiderstand wie bei der Widerstandsbremsung selbst erregen läßt und sie als „Reihenschlußgeneratoren" in dem Augenblick auf das Fahrleitungsnetz schaltet, sobald ihre Klemmenspannung etwas höher ist als die des letzteren. Der Betrieb wäre aber ganz unstabil, denn ein Sinken der Fahrdrahtspannung hat sofort einen größeren Strom zur Folge, der seinerseits wieder die Felder der Seriegeneratoren verstärkt, somit eine höhere Klemmenspannung hervorruft, wodurch der Strom nochmals ansteigt. In dieser Weise würden stark zunehmende Stromüberlastungen in Verbindung mit Drehmomentstößen auftreten, die einen geordneten Betrieb unmöglich machen. Andererseits hat ein Anstieg der Fahrdrahtspannung eine stoßweise Abnahme des Stromes zur Folge, der auch dabei seine Richtung ändern und dadurch die Reihenschlußgeneratoren umpolarisieren kann. Der Vorzeichenwechsel d. h. der Stromdurchgang durch Null, wobei auch das Feld und somit die EMK der Seriegeneratoren verschwindet, bedeutet aber Kurzschluß mit der Fahrleitungsspannung. Nach dem Umpolarisieren addiert sich sogar die EMK der Seriegeneratoren zur Fahrleitungsspannung, was den Kurzschluß noch verschlimmert. Diese Vorgänge spielen sich so rasch ab, daß ihnen durch Relais oder andere Sicherheitsapparate nicht vorgebeugt werden kann. Dagegen ist es naheliegend, durch Verwendung von Zusatzmaschinen, die additive und subtraktive Zusatzspannungen liefern, die Spannungsschwankungen des Netzes auszugleichen und auf diese Weise die Klemmenspannung der als Seriegeneratoren arbeitenden Motoren dauernd um einen angemessenen praktisch konstanten Betrag über dem jeweiligen Netzspannungswert zu halten. Ein bekanntes Nutzbremsverfahren dieser Art ist das schon vor Jahren auf der Pariser Untergrundbahn (Chemin de fer de Métropolitain) ausprobierte S. T. A. R. System (System de Traction à Récupération[1]).

Bei dem von der Westinghouse Elc. & Mfg. Co. herrührende System[2]) dieser Art wird die Zusatzdynamo im Haupt- und Nebenschluß differentiell erregt. Beim Bremsbetrieb wird durch Betätigung der Stufenschalter des Widerstandes im Anker der Zusatzdynamo eine additive Zusatzspannung erzeugt.

Die genannten Schaltungen sind dann am Platze, wenn sie gleichzeitig auch für den Motorbetrieb verwendet werden. Obwohl dies nun ohne weiteres möglich ist, wenn die von den Zusatzgruppen erzeugten Spannungen subtraktiv wirken, haben sich die Schaltungen trotz der feinstufigen Regelung, die sie ermöglichen, für den Vollbahnbetrieb bis jetzt nicht durchzusetzen vermocht, wohl deshalb, weil die Zusatzmaschinen vergleichsweise groß ausfallen und die verbleibende Steuerapparatur nur etwas vereinfachen nicht aber ersetzen. Aus diesem Grunde haben bis jetzt jene Bremsschaltungen bedeutend mehr Interesse gefunden, bei denen in der Hauptsache durch zusätzliche Erregung den rückarbeitenden Motoren eine Art Nebenschluß- oder besser Kompoundcharakteristik gegeben wird. Eine Gruppierung dieser Schaltungen ergibt sich je nach der Art dieser Zusatzerregung oder mit anderen Worten je nach der Art der Verbindung der Erregermaschine oder deren Anker mit den Feldwicklungen der rückarbeitenden Motoren. Es sind demnach unter der vereinfachenden Voraussetzung immer nur eines rückarbeitenden Motors folgende Schaltungen zu unterscheiden:

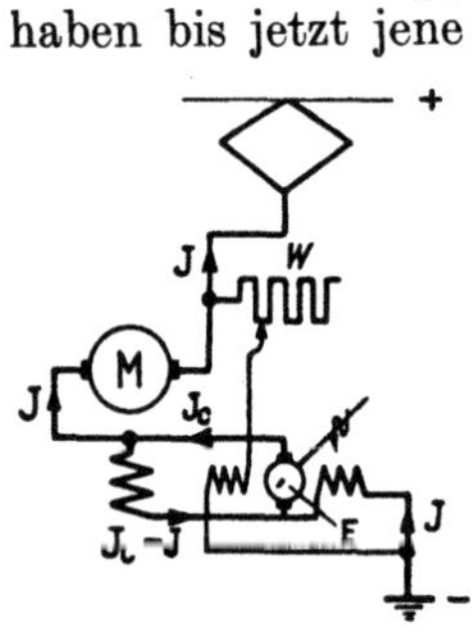

Abb. 301. Nutzbremsschaltung mit fremderregtem Motor (Erregermaschine und Motorfeldwicklung parallel geschaltet.)

1. Die Erregermaschine, d. h. deren Anker ist in Parallelschaltung auf die Feldwicklung des rückarbeitenden Motors geschlossen, die ihrerseits mit ihrem Anker wie beim Motorbetrieb in Reihe verbunden bleibt (Abb. 301 bis 306).

2. Die Erregermaschine, d. h. deren Anker ist mit der Feldwicklung des rückarbeitenden Motors in Reihe geschaltet, die ebenso wie bei 1. mit ihrem Anker wie beim Motorbetrieb in Serie geschaltet bleibt (Abb. 307 bis 310).

3. Die Feldwicklung des rückarbeitenden Motors wird unter Aufhebung der elektrischen Verbindung zu ihrem Anker von der Erregermaschine fremd erregt, bildet also mit dieser einen besonderen Stromkreis (Abb. 311 bis 314).

---

[1]) F. P. 442875 (F. Cumont), F. P. 16510, 171125 (Société anonyme S. T. A. R.), F. P. 529206 (Compagnie du Chemin de fer Metropolitain de Paris). — Siehe auch D. R. P. 149102 (B. B. C.).

[2]) Schweiz. P. 73882. — Siehe auch U. S. A. P. 1303307.

Schließlich ist es möglich, die Lokomotivmotoren als Nebenschlußmotoren umzuschalten und sie also selbsterregt auf das Netz zurückarbeiten zu lassen.

Abb. 301 zeigt die grundsätzliche Form einer Schaltung der ersten Art, die wegen des Vorteils der einfachen Umschaltung vom Motorbetrieb auch praktische Verwendung[1]) gefunden hat. Die Erregermaschine E mit differentieller Kompounderregung, die wieder durch einen besonderen, der Einfachheit halber in der Zeichnung weggelassenen Motor angetrieben wird, liefert den zusätzlichen willkürlich einstellbaren Erregerstrom I_c, der die Feldwicklung des zurückarbeitenden Triebmotors M im entgegengesetzten Sinne wie der Rückstrom J durchfließt. Im folgenden soll nun in Kürze die Abhängigkeit der Bremskraft und der Größe des Rückstromes von der Drehzahl (Fahrgeschwindigkeit) unter vereinfachenden Annahmen abgeleitet werden, um die charakteristischen Eigenschaften der Schaltung rein qualitativ beurteilen zu können[2]).

Ist E die Fahrdrahtspannung, E_a die EMK des mit der Drehzahl u als Generator arbeitenden Triebmotors M, R_a die Summe der Widerstände von Anker und Hilfspole, R_f der Feldwiderstand, $2\,p$ die Polzahl des Motors, $2\,a$ die Zahl der parallelen Kreise der Ankerwicklung, Z die totale Leiterzahl derselben und Φ der Kraftfluß, dann gilt für den ungesättigten Bereich

$$E_a = \frac{u\,Z\,\Phi}{60 \cdot 10^8}\,\frac{p}{a} = k\,u\,\Phi = k_1\,u\,(J_c - J) = E + J\,R_a - R_f\,(J_c - J) \tag{216}$$

für $J = 0$ wird

$$E_a = k_1 u_0 J_c = E - R_f\,J_c\,, \tag{217}$$

dabei ist u_0 jene Drehzahl, bei der der Triebmotor M weder Strom aufnimmt noch Strom abgibt. Je nachdem ob u größer oder kleiner als u_0 und damit J positiv oder negativ ist, arbeitet die Maschine als kompoundierter Generator oder Motor.

Die Konstante k_1 bestimmt sich zu

$$k_1 = \frac{E_a}{u_0 J_c} = \frac{E - R_f J_c}{u_0\,J_c}\,. \tag{218}$$

Weiter ergibt sich aus Gl. (216)

$$u\,J_c\,k_1 - u\,J k_1 = E + J\,(R_a + R_f) - R_f J_c$$

und daraus

$$J = \frac{u\,J_c k_1 - E + R_f J_c}{R_f + R_a + u\,k_1} = \frac{\frac{u}{u_0}(E - R_f J_c) - (E - R_f J_c)}{R_f + R_a + u\,k_1} =$$

$$= \frac{u - u_0}{u_0}\,\frac{E - R_f J_c}{R_f + R_a + u\,k_1} = \frac{k_1 J_c (u - u_0)}{R_f + R_a + u\,k_1}\,. \tag{219}$$

Nun ist

$$E_a J = \eta_m\,M_g\,u\,k_2\,.$$

Hierin ist η_m der mechanische Wirkungsgrad des als Generator arbeitenden Motors (also ohne Kupferverluste) und M_g das bei der Drehzahl u der Leistung $E_a J$ äquivalente Bremsmoment. Wird dieses in kgm gemessen, dann ist die Konstante $k_2 = 1{,}03$.

Explizit geschrieben ist

$$M_g = \frac{E_a J}{\eta_m\,k_2\,u} = \frac{k_1\,(J_c - J)\,J}{\eta_m\,k_2}$$

oder mit Benützung von Gl. (219)

$$M_g = \frac{k_1}{\eta_m\,k_2}\left[J_c - \frac{k_1\,J_c\,(u - u_0)}{R_f + R_a + u\,k_1}\right]\left[\frac{k_1\,J_c\,(u - u_0)}{R_f + R_a + u\,k_1}\right] =$$

$$= \frac{k_1^2}{\eta_m\,k_2} \cdot \frac{J_c\,(u - u_0)\,(E + R_a\,J_c)}{(R_f + R_a + u\,k_1)^2} = \frac{k_3}{\eta_m}\,\frac{u - u_0}{(R_f + R_a + u\,k_1)^2}\,, \tag{220}$$

wobei

$$k_3 = \frac{k_1^2\,J_c\,(E + R_a J_c)}{k_2}\,. \tag{221}$$

---

[1]) Bei den $2\,B_0$—B_0+B_0—$B_0 2$-Lokomotiven (Reihe 10200) der Ch. M. & St. P.-Bahn (Gen. El. Rev. 1916, S. 942; E. R. J. 1916, II, S. 888) und bei den B_0—B_0—B_0-Lokomotiven (Reihe 1001) der Mexican Railway Co. (R. E. E. 1923, S. 403; E. R. J. 1923, II, S. 968; Z. V. d. I. 1924, S. 135). — Siehe ferner U. S. A. P. 940112, 996390, 1268662, 1304239 (Alexanderson); D. R. P. 313029 (A. E. G.); F. P. 521295 (Thomson-Houston); E. P. 121753 (Thomson-Houston). — Siehe auch D. R. P. 287558, 391619 (Bergmann).

[2]) M. G. Say und H. G. Frampton: „The compound characteristic in regenerative braking with direct-current traction" J. I. E. E. Bd. 61, S. 863. — Siehe ferner W. Kummer: „Die Kompoundierung des Seriemotors für die Nutzbremsung auf Gleichstrombahnen". Schweiz. Bauzg. 1924, I, S. 275 und „Über Betriebskurven und Betriebssicherheit verschiedener Verfahren der Nutzbremsung bei elektrischen Bahnen". Schweiz. Bauzg. 1921, I, S. 139ff., ferner Hellmund, R. E.: „Regenerative braking of electric vehicles", P. A. I. E. E. 1917, S. 1 (Seefehlner, E. u. M. 1917, S. 405), Bredenberg, A.: „Regenerative braking for direct current locomotives" J. A. I. E. E. 1926, S. 613 und Gen. El. Rev. 1926, S. 545 und Buttler, A.: „Die Nutzbremsung im Gefälle bei Gleichstrom-Vollbahnlokomotiven". ETZ 1927, S. 453. Ferner F. Guéry: „La récupération jusqu'à l'arrêt des trains en courant continu". B. S. F. E. 1927, S. 1131 und M. Konn: „Le freinage par récupération dans la traction en courant continu" B.S.F.E. 1926, S. 45.

Die Gl. (219) und (220), die die Abhängigkeit der Größe des Rückstromes und des Bremsmomentes von der Drehzahl bei verschiedenen Werten von J_c umschreiben, gelten allgemein und sind streng richtig, solange sich die Vorgänge auf dem geradlinigen Ast der Magnetisierungskurve abspielen.

Vernachlässigt man R_f und R_a und die mechanischen Verluste, setzt also R_f und R_a gleich Null und $\eta_m = 1$, dann gehen die Gl. (219) und (220) über in die einfachen Beziehungen

$$J = J_c \frac{u - u_o}{u}, \tag{222}$$

$$M_g = \frac{E}{k_2} J_c \frac{u - u_o}{u^2}. \tag{223}$$

Aus der graphischen Darstellung dieser Formeln in Abb. 302 geht zunächst hervor, daß der Rückstrom mit wachsender Drehzahl zuerst schnell, dann immer langsamer zunimmt und bei unendlich hoher Drehzahl den Wert von J_c als J_{max} erreicht. Hingegen zeigt der Verlauf des Bremsmomentes in Abhängigkeit von der Drehzahl ein ausgesprochenes Maximum, d. h. beim Befahren eines Gefälles wächst das Bremsmoment mit der Geschwindigkeit zuerst rasch an, um bei Erreichen eines bestimmten Geschwindigkeitswertes langsam aber stetig wieder abzunehmen. Letzterer läßt sich leicht durch Differenzieren der Gleichung (223) bestimmen. Es ist

$$\frac{d M_g}{d u} = \frac{2(u - u_o) - u^2}{u^4} = 0$$

und daraus

$$u = 2 u_o, \tag{224}$$

d. h. das maximale Bremsmoment

$$M_{g\max} = J_c \frac{E_a}{k_2} \frac{2u_o - u_o}{4u_o^2} = \frac{E_a}{4 k_2} \frac{J_c}{u_o} = \frac{E_a^2}{4 u_o^2 k_1 k_2} = \frac{k_1}{4 k_2} J_c^2 \tag{225}$$

tritt auf bei einer Drehzahl, die doppelt so groß ist als jene, bei der die Nutzbremsung einsetzt. Das maximale Drehmoment nimmt quadratisch mit der Stärke der Fremderregung J_c zu; der dabei erzeugte Rückstrom ergibt sich aus Gl. (222) zu $J = \frac{1}{2} J_c$.

In dem bei einer bestimmten Drehzahl (Fahrgeschwindigkeit) auftretenden Maximum der Bremskraft liegt der Nachteil der Schaltung. Hat beispielsweise der Zug bei Talfahrt diesen Geschwindigkeitswert überschritten, so würde die Geschwindigkeit trotz elektrischer Bremsung weiter zunehmen. Zunächst würde allerdings der Hauptschalter zur Auslösung kommen, damit hört aber die elektrische Bremsung plötzlich ganz auf und die Geschwindigkeit nimmt weiter zu, wenn nicht rechtzeitig die mechanische Bremsung einsetzt. Auf diese Zusammenhänge dürfte der im Jahre 1920 auf der Chicago, Milwaukee & St. Paul-Bahn entstandene Unfall zurückzuführen sein, wobei der Führer vor Umschaltung auf elektrische Bremsung seinen Zug eine zu hohe Geschwindigkeit annehmen ließ und die dann auch bei stärkster Fremderregung noch erreichbare Bremskraft nicht ausreichte, eine Zunahme der Geschwindigkeit zu verhindern.

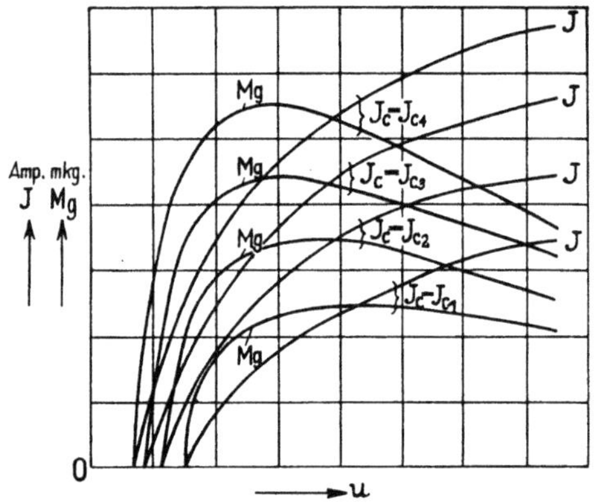

Abb. 302. Charakteristische Kurven für die Schaltung gemäß Abb. 301. (Analytisch ermittelt unter Vernachlässigung der Sättigung.)

Die unter vereinfachenden Annahmen ermittelten Betriebskurven (Abb. 302) weichen von den wirklichen Verhältnissen deshalb nicht wesentlich ab, weil der die Feldwicklung durchfließende und das Feld erzeugende resultierende Strom J_c—J in der Regel kleiner ist als der Vollaststrom bei Motorbetrieb und die Verluste in den Motoren bei den großen Leistungen derselben nicht ins Gewicht fallen.

Für genauere Rechnungen sind die Betriebskurven punktweise an Hand der Magnetisierungskurve (Abb. 303) zu ermitteln. Im ersten Quadranten sind die für den Betrieb als Motor geltenden Kurven der Drehzahl u, des Drehmomentes M und der Leistung P an der Motorwelle und schließlich des Kraftflusses Φ in Abhängigkeit der Stromstärke J aufgetragen. Die Drehzahlkurve ist aus der Kraftflußkurve mit Hilfe der Beziehung

$$u = \frac{E_a \cdot 60 \cdot 10^8}{Z \cdot \Phi} \frac{a}{p} \tag{226}$$

rechnerisch ermittelt. Um nun die Drehzahlkurven für verschiedene Werte J_{c_1}, J_{c_2}, J_{c_3} usw. der Fremderregung J_c zu bestimmen, die je bezogen auf die Richtung von J im Motorbetrieb additiv zu nehmen ist, braucht man sich nur, wie in Abb. 303 angedeutet, die Kraftflußkurven um den jeweiligen Betrag von J_c nach links vom Ursprung verschoben zu denken und berechnet aus diesen Φ-Kurven mit Hilfe obiger Beziehung unter Berücksichtigung des richtigen Vorzeichens der Spannungsabfälle die neuen u-Kurven, die von der Ordinatenachse in zwei Bereiche geteilt werden. Der rechte entspricht dem Motorbetrieb, und zwar dem Betrieb als Kompoundmotor, der linke (2. Quadrant) dem Generatorbetrieb (Nutzbremsung). Aus den neuen nach links verschoben gedachten Φ-Kurven[1]) und den zugehörigen Werten von J sind die zugehörigen Drehmomentkurven $M = f(J)$ nach der bekannten Beziehung

$$M = \frac{p}{2\pi\, 9{,}81\, a} J Z \Phi \cdot 10^{-8}, \tag{227}$$

[1]) In Abb. 303 ist der Deutlichkeit halber nur jene für $J_c = J_{c_1}$ eingetragen.

rechnerisch ermittelt. Rechts sind die Momente positiv motorisch, d. h. mechanisch abzunehmen, links negativ generatorisch, d. h. mechanisch aufzubringen. Da es sich gemäß Gl. (227) um sogenannte innere Momente handelt, die sich lediglich durch die für beide Betriebsformen mit verschiedenem Vorzeichen einzusetzenden Leerlaufverluste von den effektiven Momenten an der Motorwelle unterscheiden, gehen auch die Momenten-

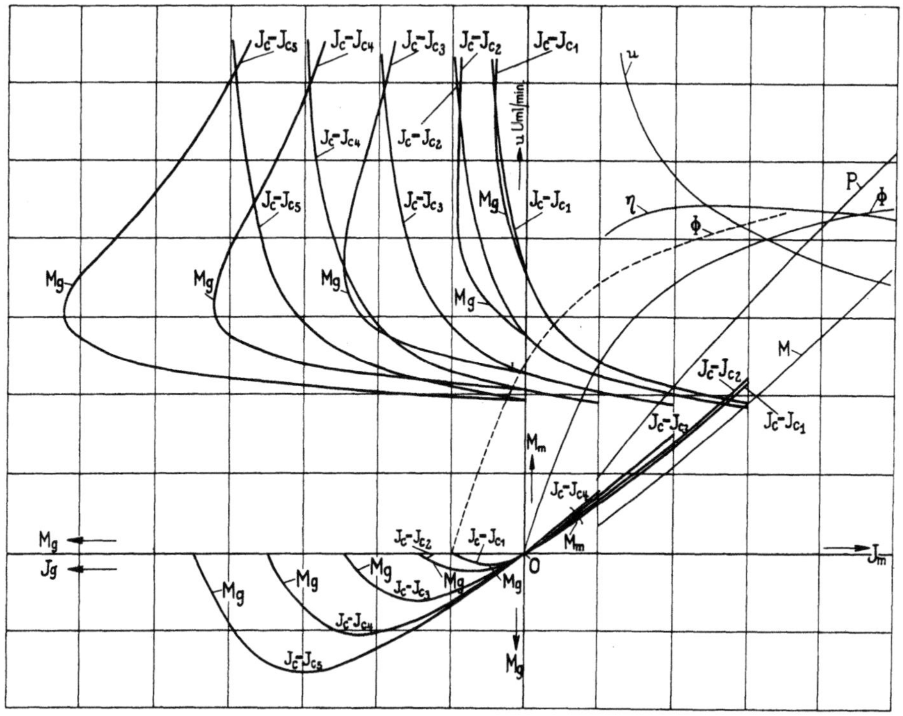

Abb. 303. Charakteristische Kurven für die Schaltung gemäß Abb. 301.
(Punktweise aus der Magnetisierungskurve ermittelt.)

kurven beidseits der Ordinatenachse ebenso stetig ineinander über, wie in Wirklichkeit die beiden Betriebsformen, wenn einmal die zusätzliche Fremderregung eingesetzt hat. Im zweiten Quadranten von Abb. 303 sind überdies die Bremsmomente für verschiedene Werte von J_c in Abhängigkeit von der Drehzahl eingetragen.

Außer der Grobregelung der Bremsung durch Änderung der Zusatzerregung J_c ist noch eine Feinregelung für jede Fremderregungsstufe durch Einschaltung von Vorschaltwiderstand R_n in den Hauptstromkreis möglich und zweckmäßig. Die punktweise für $J_c = J_{c_4}$ ermittelten Betriebskurven (Abb. 304) zeigen den Verlauf des Bremsmomentes und des Rückstromes für vier verschiedene Werte des Vorschaltwiderstandes R_n. Die mit a bezeichneten Kurven gelten für $R_n = 0$, sind also mit den bezüglichen Kurven in Abb. 303 identisch. Wie ersichtlich erfahren die maximalen Bremsmomente durch den Vorschaltwiderstand praktisch keine Änderung, nur die Drehzahlen, bei denen die Drehmomentsmaxima auftreten, wachsen mit zunehmendem Vorschaltwiderstand etwa im gleichen Verhältnis, als die Größe des Rückstromes mit letzterem als Folge der größeren EMK des rückarbeitenden Motors abnimmt.

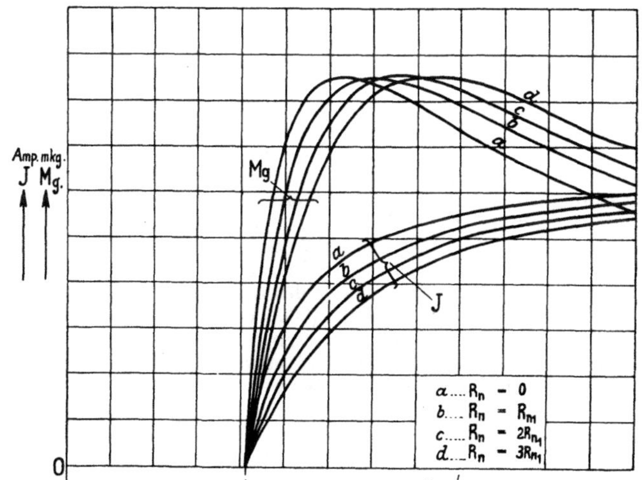

Abb. 304. Charakteristische Kurven für die Schaltung gemäß Abb. 301 mit regelbarem Widerstand im Hauptstromkreis.

Abb. 305 zeigt vereinfacht die praktische Ausführung[1]) der eben besprochenen Bremsschaltung, wie sie bei den 2 B_0—B_0+B_0—$B_0$2-Lokomotiven (Reihe 10200) der Chicago, Milwaukee & St. Paul-Bahn je einer Lokomotivhälfte entsprechend angewendet wird. Die Wirkungsweise ist die folgende. Zur Einleitung der Nutzbremsung wird zuerst in der Fahrschaltung bis auf die letzte Seriestellung der vier Motoren oder bis auf die letzte Serie-Parallelstellung mit vollem Feld angefahren, dann werden die Motorfelder übererregt. Zu diesem Zwecke werden diese paarweise in Reihe nach Schließen der Schützen S_1 und S_2 je von einer Seite der Doppelkollektor-Erregermaschine *EM* aus mit einem dem Fahrstrom zunächst gleichgerichteten Strom gespeist. Die Motorfelder *F* werden dadurch verstärkt, die Gegen-EMK nimmt zu, der Fahrstrom nimmt bis zum Nullwert ab, um bei einer weiteren Verstärkung der Felder zum Rückstrom zu werden, der nun dem von der Erregermaschine gelieferten Feldstrom entgegengesetzt gerichtet ist. Die Feldwicklung der Erregermaschine wird von dem sogenannten Control-Generator *CG* separat gespeist, der die gesamten Steuerstromkreise mit einer mittels Regler konstant gehaltenen Spannung von 120 Volt versorgt. Die ans Fahrleitungsnetz zurückgegebene Leistung wird hier durch eine automatische Regulierung praktisch konstant gehalten. Dazu ist vorerst die Erregermaschine noch mit einer ihrer Nebenschlußwicklung entgegengesetzt wirkenden Hauptstromwicklung versehen, die vom Rückstrom durchflossen wird. Bei einer Zunahme des letzteren sinkt dadurch die Spannung der Erregermaschine und damit auch die EMK der zurückarbeitenden Triebmotoren. Vervollständigt wird diese Wirkung durch die erwähnte auf den Nebenschlußerregerkreis wirkende automatische Regulierung. Zu diesem Zwecke ist in denselben ein Rheostat *R* eingeschaltet, der durch einen dauernd laufenden Servomotor *SM* mittels eines elektromagnetisch bestätigten Wendegetriebes *WT* eingestellt wird. Diese Einstellung erfolgt nun in Abhängigkeit vom Rückstrom durch ein Strombegrenzungsrelais *SR*. Dieses Relais besitzt eine vom Rückstrom durchflossene Hauptstromwicklung, deren Wirkung durch eine Nebenschlußwicklung unterstützt wird, deren Strom wieder vom Führer mittels des Bremskontrollerhebels eingestellt wird. Unter Wirkung der beiden Relaiswicklungen wird der Relaisanker einer Federwirkung entgegen angezogen. Überwiegt die Federwirkung, so wird Kontakt *a* geschlossen und dadurch das Wendegetriebe *WT* elektromagnetisch in dem Sinne eingerückt, daß der Widerstand *R* durch den Servomotor verkleinert wird, überwiegt die magnetische Wirkung, so bewirkt die Schließung von Kontakt *b* in ähnlicher Weise eine Vergrößerung des Widerstandes *R*.

Der die elektrische Bremsung steuernde Hebel des Meisterkontrollers hat außer einer Nullstellung eine sogenannte Ausgleichstellung und 13 Bremsstellungen. Jeder dieser Bremsstellungen entspricht eine durch den regelbaren Vorschaltwiderstand *W* bestimmte Stromstärke in der Nebenschlußspule des Strombegrenzungsrelais *SR*. Dadurch wird einerseits die Einstellung des Rheostaten *R* beherrscht, andererseits wird dieselbe durch die Hauptstromspule von *SR* in der Weise beeinflußt, daß den Schwankungen eines einmal eingestellten Rückstromes ausgleichend entgegengearbeitet wird, mit anderen Worten, es wird die Zusatzerregung der Felder der rückarbeitenden Motoren in der Weise reguliert, daß der Rückstrom nur wenig variiert, dagegen die generatorisch erzeugte EMK den Schwankungen der Fahrdrahtspannung folgt, so daß die zurückgegebene Leistung trotz Spannungsvariationen in der Fahrleitung nahezu konstant bleibt. Auf der genannten Ausgleichsstellung des Kontrollerhebels soll ungefähr Gleichgewicht zwischen der EMK der rückarbeitenden Motoren und der Fahrdrahtspannung bestehen, so daß weder Strom aufgenommen noch abgegeben wird.

Der Führer kann den Bremshebel nur aus der Nullstellung bringen, wenn der Fahrhebel in der letzten Serie- oder in der letzten Serie-Parallelstellung bei ungeschwächtem Motorfeld steht. Ist der Bremshebel aus der Nullstellung herausbewegt, so ist dadurch der Fahrhebel in seiner Stellung blockiert. Der erstere läßt sich jedoch vorläufig nicht mehr bis in die Nullstellung, sondern nur noch auf die Ausgleichsstellung zurückstellen. Dann muß zuerst der Fahrhebel in seine Nullstellung zurückgebracht werden.

Nachteilig ist ferner bei der Schaltung der Umstand, daß der resultierende Strom in der Feldwicklung der zurückarbeitenden Motoren in der Regel beträchtlich unter, der die Motoranker durchfließende Rückstrom aber in der Regel über dem Normalstrom liegt. Daraus resultiert infolge der starken Feldverzerrung durch die Ankerrückwirkung in gleicher Weise wie bei Fahrt mit geschwächtem Feld eine gewisse Empfindlichkeit der Kommutierung der Motoren und Neigung zu Rundfeuer, besonders wieder auch bei hohen Geschwindigkeiten. Aus diesem Grund wird die Nutzbremsung gelegentlich auf den Bereich kleinerer Geschwindigkeiten, d. h. auf den Betrieb mit in Reihe geschalteten Motoren beschränkt. Ein zu starkes Ansteigen der Spannung der letzteren über die Fahrdrahtspannung, die gleichfalls zum Rundfeuer führen könnte, wird durch das in Abb. 305 angedeutete Überspannungsrelais *ÜS* verhindert, das einerseits den Nebenschlußerregerkreis der Erregermaschine *EM* unterbricht, andererseits mit Umgehung des Strombegrenzungsrelais *SR* das Wendegetriebe so einrückt, daß der ganze Widerstand *R* durch den Servomotor *SM* eingeschaltet wird[2]).

Um sich ein Bild über die Größe der an das Fahrleitungsnetz zurückgegebenen Leistung und deren Verhältnis zu der dabei erforderlichen Erregerleistung unter Zugrundelegung der in Abb. 305 dargestellten Schaltung zu machen, seien folgende Zahlen aus dem praktischen Betrieb mitgeteilt.

Auf der Ch. M. & St. P.-Bahn (3000 Volt Fahrdrahtspannung) durchfahren Güterzüge von 2750 t Gewicht (262 t Lokomotivgewicht eingeschlossen) unter elektrischer Bremsung durch die angeführten 2 B_0—B_0+B_0—$B_0$2-Lokomotiven (Reihe 10200) ein Gefälle von 20$^0/_{00}$ mit 27 km/h $w_1 + w_k = 5$ angenommen, ist die am Radumfang wirkende Bremskraft Z_g in kg

$$Z_g = 2750\,(20-5) = 41\,000 \text{ kg}$$

oder die an den Klemmen der zurückarbeitenden Motoren verfügbare Leistung N_{g_2} in kW

$$N_{g_2} = \frac{41\,000 \cdot 27}{270 \cdot 1{,}36}\,0{,}8 = 2500 \text{ kW}.$$

---

[1]) U. S. A. P. 1315826, 1268662, 1304178, 1304239 (G. E. Co.); F. P. 521665, 529011, 23982, 521349; E. P. 145881 (Thomson-Houston). — Siehe Coors, W. F.: Gen. El. Rev. 1918, S. 412.

[2]) Ähnliche Störungen können auftreten, wenn die Fahrdrahtspannung plötzlich ganz ausbleibt oder wieder bei einem auf der Fahrleitung auftretenden Kurzschluß, auf den die Motoren als Generatoren unter starker Stromüberlastung arbeiten würden. Es ist naheliegenderweise vorgeschlagen worden, die Motoren bei derartigen Störungen durch ein passend ausgebildetes Relais auf Widerstandsbremsung umzuschalten.

Da jede Lokomotivhälfte (siehe Abb. 305) für sich eine besondere elektrische Ausrüstung bildet, entfallen auf die vier Motoren derselben, deren Anker bei der Geschwindigkeit von 27 km/h in zwei Gruppen parallel geschaltet sind, 1200 kW. Daraus ergibt sich je Motorgruppe und damit je Motoranker ein Rückstrom J von $\frac{1200 \cdot 1000}{2 \cdot 3000} = 200$ Amp. Da der der motorischen Stundenleistung von 452 PS pro Motor[1]) dieser Lokomotive entsprechende Strom 250 Amp beträgt, sei dieser Wert auch für die Bremsung als effektiver Feldstrom $J_c - J$ angenommen. Damit ist $J_c = 450$ Amp. Die Klemmenspannung jeder Hälfte der als Doppelkollektormaschine ausgebildeten Erregermaschine ergibt sich als Spannungsabfall $2\,(J_c - J) \cdot R_f = 2 \cdot 450 \cdot 0{,}0895 = 80{,}5$ Volt und die von der Erregermaschine jeder Halblokomotive total abzugebende Leistung

$$2 \cdot 2 \cdot (J_c - J) \cdot R_f\, J_c = 2 \cdot 2 \cdot 250 \cdot 450 \cdot 0{,}0895 = 40 \text{ kW}.$$

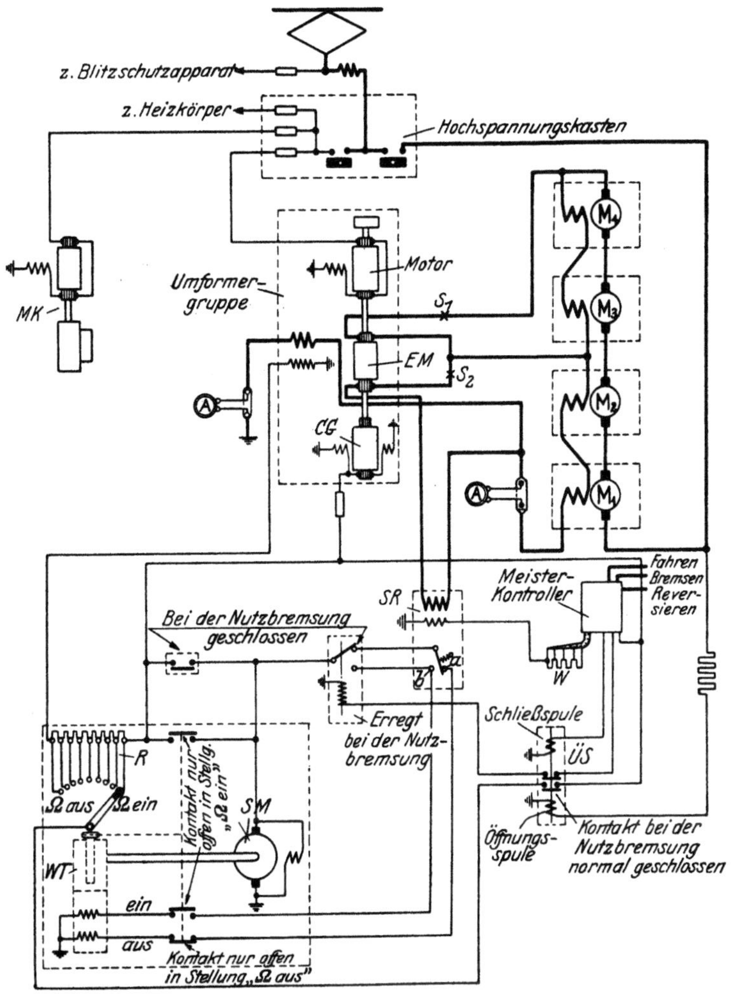

Abb. 305. Nutzbremsschaltung gemäß Abb. 301 für eine Hälfte der $2\,B_0—B_0 + B_0—B_0\,2$-Lokomotiven (Reihe 10200) der Ch. M. & St. P. Ry.) (G. E. Co.)

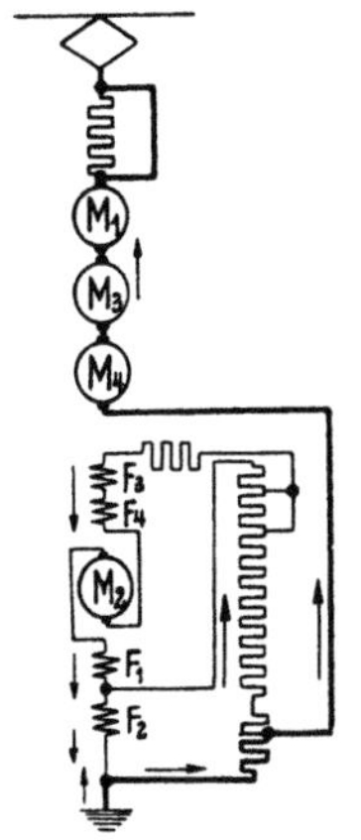

Abb. 306. Nutzbremsschaltung gemäß Abb. 301 unter Benützung eines der Triebmotoren als Erregermaschine. (G. E. Co.)

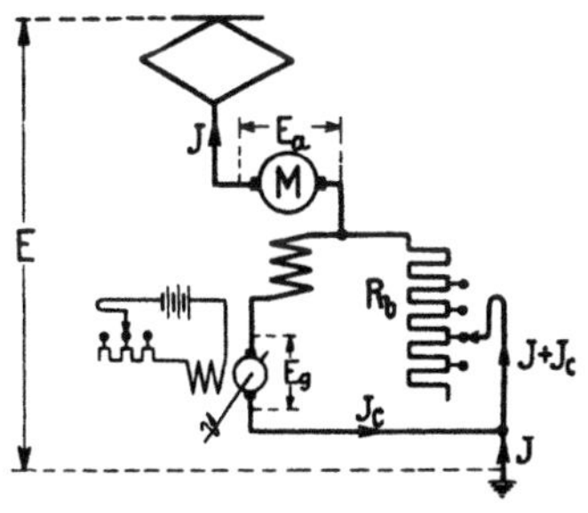

Abb. 307. Nutzbremsschaltung mit fremderregtem Motor. (Erregermaschine und Motorfeldwicklung in Reihe geschaltet.)

Die immerhin recht komplizierte Schaltung nach Abb. 305 wurde von der G. E. Co. in der Weise vereinfacht, daß an Stelle einer besonderen Erregermaschine mit besonderem Antriebsmotor einer der Triebmotoren für die Erregung der übrigen rückarbeitenden Motoren verwendet wird[2]). Der Erregermotor ist entweder selbsterregend oder er erhält eine besondere Erregermaschine. Abb. 306 zeigt die Nutzbremsschaltung dieser Art mit selbsterregtem Erregermotor. In den hier aus drei in Reihe geschalteten Motoren gebildeten Rückstromkreis ist ein Widerstand zur Abdämpfung von Stromstößen eingeschaltet.

[1]) Abb. 270 zeigt diesen Motor im Schnitt, dessen Feldwiderstand R_f bei 75° zu 0,0895 Ohm angegeben wird.

[2]) Angewendet bei den $1\,B_0—C_0—C_0—B_0\,1$-Lokomotiven (Reihe 10250) der Ch. M. & St. P.-Bahn (Gen. El. Rev. 1918, S. 362), bei den $2\,B_0—B_0\,2$-Lokomotiven (Reihe 208) und den $B_0—B_0$-Lokomotiven (Reihe 200) der Paulista-Bahn (Gen. El. Rev. 1921, S. 9 und 620; 1922, S. 174) und bei den $C_0—C_0$-Lokomotiven (Reihe 6101) der Spanischen Nordbahn (Gen. El. Rev. 1924, S. 658; ETZ 1925, S. 1089).

Abb. 307 zeigt die grundsätzliche Form einer Schaltung der zweiten Art gemäß der auf S. 276 gegebenen Gruppierung. Im Gegensatz zur Schaltung nach Abb. 301 führt hier der parallel zu Erregeranker und Motorfeldwicklung geschaltete Stabilisierungswiderstand R_b den Summenstrom aus Erregerstrom J_c und Rückstrom J[1]). In der Arbeitsweise, d. h. in der Art des funktionalen Zusammenhangs zwischen Bremsmoment, Rückstrom und Drehzahl besteht gegenüber der Schaltung nach Abb. 301 kein grundsätzlicher Unterschied. Ist wieder E die Fahrdrahtspannung, E_a die EMK des rückarbeitenden Motors, ferner E_g die Spannung an den Klemmen der Erregermaschine, R_a und R_f die Widerstände der Anker- und Feldwicklung des Triebmotors M, dann ist

$$E_g = J_c (R_b + R_f) + R_b J, \tag{228}$$

$$E_a = E + J (R_b + R_a) + J_c R_b \tag{229}$$

oder explizit geschrieben

$$J = \frac{(E_a - E)(R_b + R_f) - E_g R_b}{R_b r + R_b R_f + R_a R_f}. \tag{230}$$

In Gl. (230) ist auch der Zusammenhang zwischen J und J_c enthalten, da E_a außer von der Drehzahl (durch die Magnetisierungskurve) vom Kraftfluß Φ und damit von J_c abhängig ist.

Für die punktweise Ermittlung der Arbeitskurven für einen konstanten Wert von E_g und R_b berechnet man aus Gl. (230) für verschiedene Werte des Rückstromes J die Spannung E_a und aus Gl. (229) die zugehörigen Werte von J_c. Mit den letzteren geht man in die Magnetisierungskurve des Motors M ein und entnimmt dieser die zugehörigen Werte von Φ, die zusammen mit E_a und den Motorkonstanten die zu den angenommenen Ausgangswerten des Rückstromes J gehörigen Werte der Drehzahl u bestimmen. Die an den Fahrdraht zurückgegebene Leistung ist dann EJ und hieraus ist wieder die Bremskraft Z_g am Radumfang durch die Beziehung

$$Z_g = \frac{270\, E J}{736\, V \eta_m \eta_t} = 0{,}366 \frac{E J}{V \eta_m \eta_t} \tag{231}$$

gegeben, wenn V die den Drehzahlen u entsprechenden Werte der Geschwindigkeit in km/h, η_m und η_t die bezüglichen Werte des Wirkungsgrades des Motors bei Betrieb als Generator und des Triebwerks bedeuten.

Auf diese Weise wurden die in Abb. 308 dargestellten Kurven für verschiedene Werte von R_b ermittelt, die sich auf die 1 C_0—C_0 1-Güterzuglokomotive (Reihe 161. DE) der P. L. M.-Bahn beziehen, deren jede Triebachse mit einem Achsmotor in Tramaufhängung von 360 PS Stundenleistung ausgerüstet ist. Unabhängig von der Motorgruppierung bedingen Änderungen der Bremskraft nur in den Stufen mit großen Werten von R_b größere Geschwindigkeitsänderungen. Bei den oberen Stufen werden hingegen Gefällsbrüche bei wesentlich verschiedener Bremskraft und Größe des Rückstromes mit praktisch konstanter Geschwindigkeit durchfahren. Bei großen Werten von R_b bedingt eben eine kleine Änderung im Rückstrom J eine relativ größere Änderung im Feldstrom J_c. Bei kleinen Werten von R_b aber sind die Werte von J_c ohnehin hoch, und der für die Größe der Drehzahl (Geschwindigkeit) maßgebende Kraftfluß Φ wächst infolge der Sättigung nur mehr unwesentlich mit J_c. Die Kurven in Abb. 309, die unmittelbar aus Gl. (228) abgeleitet sind, veranschaulichen diese Zusammenhänge. Wohl erfordert der labile Bremsvorgang bei hohen Werten von R_b eine erhöhte Aufmerksamkeit und Geschicklichkeit des Führers, andererseits aber resultiert gerade aus dieser durch den Widerstand R_b bedingten eindeutigen Abhängigkeit zwischen Rückstrom J und Feldstrom J_c die vorzügliche kompoundierende Wirkung der Schaltung bei auftretenden Schwankungen der Fahrdrahtspannung. Sinkt diese plötzlich, dann würde der Rückstrom jählings ansteigen, und das Auftreten von Rundfeuer an den Kollektoren der rückarbeitenden Motoren wäre unvermeidlich. Wie aus Abb. 309 aber ersichtlich ist, sinkt mit steigendem Rückstrom J sofort auch der Feldstrom J_c, damit sinkt auch die Spannung E_a (Abb. 307) und bewirkt dadurch ein Sinken von J, bis sich gemäß Gl. (229) ein neuer Gleichgewichtszustand entsprechend dem neuen Wert der Fahrdrahtspannung eingestellt hat. Umgekehrt sinkt bei plötzlich ansteigender Fahrdrahtspannung der Rückstrom J, damit steigt der Feldstrom J_c und bewirkt durch stärkere Erregung wieder ein Ansteigen von J. Der Widerstand R_b gleicht also den Einfluß von Änderungen der Fahrdrahtspannung in beiden Richtungen aus und „stabilisiert" damit die elektrische Bremsung. Die Wirkung des

[1]) U. S. A. P. 1298943, Schweiz. P. 73431 (R. E. Hellmund und R. E. Ferris), U. S. A. P. 1298706 (R. E. Hellmund). — Angewendet bei den C_0—C_0-Lokomotiven (Reihe 214) und B_0—B_0-Lokomotiven (Reihe 212) der Paulista-Bahn (E. J. 1922, S. 17), bei den 1 C_0—C_0 1-Lokomotiven (Reihe 2801) und C_0—C_0-Lokomotiven (Reihe 2001) der Chilenischen Staatsbahnen (E. J. 1922, S. 102). — Siehe ferner Atwell, C. A.: E. J. 1922, S. 113.

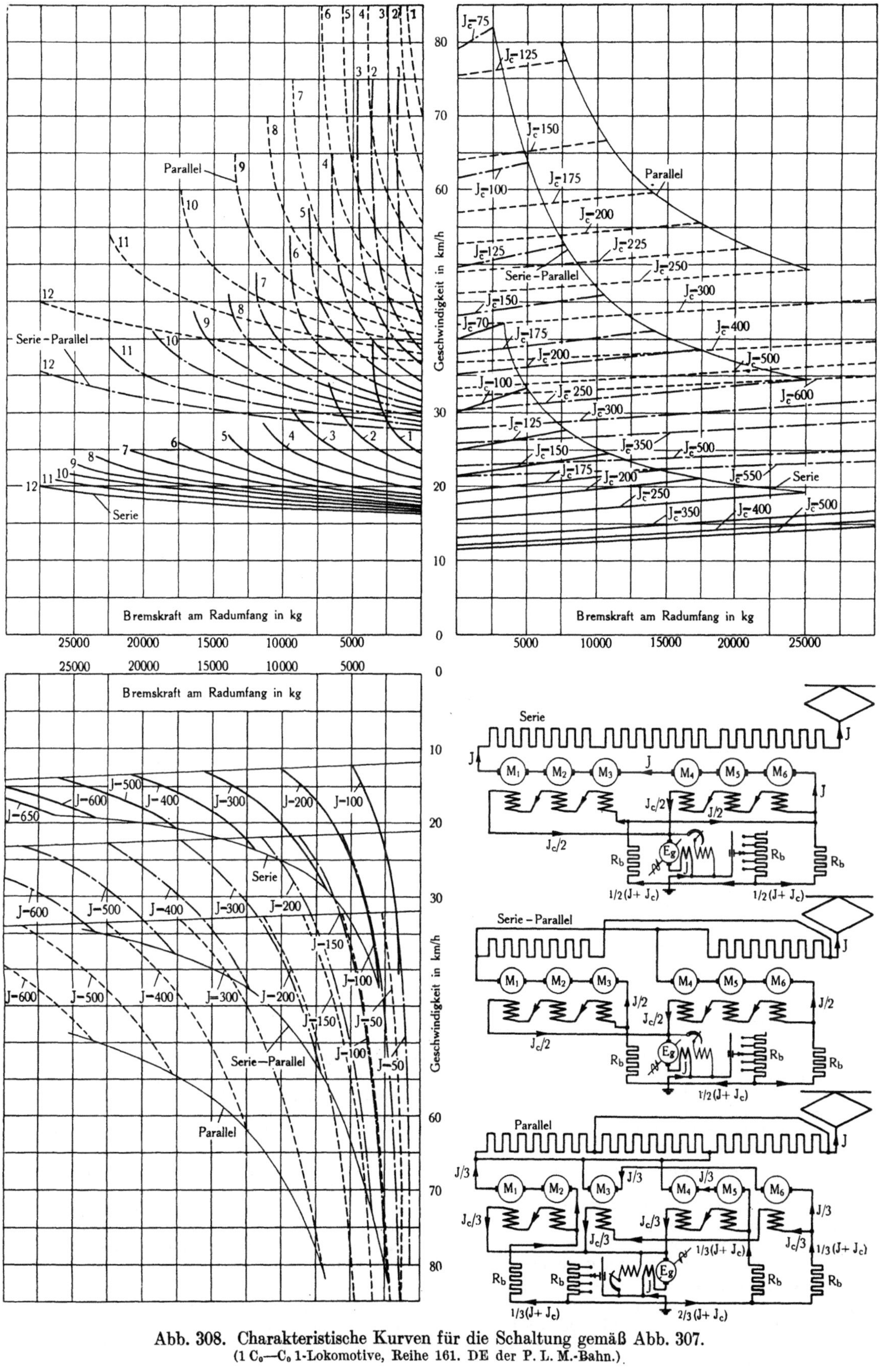

Abb. 308. Charakteristische Kurven für die Schaltung gemäß Abb. 307.
(1 C_0—C_0 1-Lokomotive, Reihe 161. DE der P. L. M.-Bahn.)

Widerstandes R_b ist übrigens auch unmittelbar der Gl. (228) abzulesen. Nimmt J zu, dann wächst der Spannungsabfall zwischen den Enden des Widerstandes R_b und die Differenz zwischen der konstanten Spannung E_g der Erregermaschine und dem Spannungsabfall in R_b d. i. nun die Spannung an den Klemmen des Motorfeldes muß kleiner werden.

Die durch den Ursprung gehende Gerade in Abb. 309 verbindet jene Punkte auf den nach Gl. (229) den Zusammenhang zwischen J und J_c veranschaulichenden Geraden, bei denen das Verhältnis $J/J_c = 2{,}5$ ist. Mit der Nutzbremsung weiter zu gehen, ist bei Lokomotivmotoren, deren Feld-AW die Anker-AW höchstens um etwa $60\,^0/_0$ übertreffen, mit Rücksicht auf die Feldverzerrung und deren Folgen nicht angängig.

Zur Einleitung der Nutzbremsung wird zunächst unter Vorschaltung des gesamten Anfahrwiderstandes die Bremsschaltung hergestellt, und zwar durch zeitlich kurz aufeinanderfolgende Betätigung des Führerstandsfahrtrichtungshebels und des Führerstandsgruppierungsschalters. Ersterer enthält, wie erwähnt, bei Lokomotiven mit elektrischer Bremsung außer den beiden Fahrtrichtungsstellungen noch die Bremsstellung vorwärts, bei der mittels Servomotor der besondere Nutzbremsschalter, am einfachsten wieder ein ähnlich wie die Fahrtwender gebauter stromlos zu betätigender Walzenschalter, die Einschaltung der Erregermaschine und des Stabilisierungswiderstandes in der Weise vorbereitet, wie sie den einzelnen durch die Stellung des Gruppierungsschalters bestimmten Motorgruppenschaltungen entspricht (siehe Abb. 308, IV. Quadrant). Letzteren in Form einer besonderen Schützenbatterie oder eines besonderen Nockenkontrollers mit eigener Meisterwalze im Führerstand auszuführen, ist bei Lokomotiven für Nutzbremsung nicht nur schaltungstechnisch einfacher, sondern auch betriebstechnisch vorteilhafter, da damit entweder dem Führer die Möglichkeit gegeben werden kann, je nach Zuggewicht und Gefälle innerhalb jeder der vorhandenen Motorgruppierungen in Nutzbremsung zu fahren oder unter den letzteren etwa die Parallelgruppierung der Motoren für den Nutzbremsbetrieb von vornherein zu sperren. Nun wird genau so wie bei Fahrt mit Hilfe des den Hauptkontroller bedienenden Führerstandshandrades der Vorschaltwiderstand sukzessive kurzgeschlossen, wobei die Fahrzeugspannung bis zum Vorzeichenwechsel des zunächst motorisch aufgenommenen Stromes durch Nachregulieren an der Erregung der Erregermaschine auf die Fahrdrahtspannung gebracht wird. Die Westinghouse Elc. & Mfg. Co. stellt das Spannungsgleichgewicht selbsttätig durch ein besonders ausgebildetes Relais her. Dieses besteht aus zwei Spulen, von denen die eine unter Einfluß der Motorspannung (Fahrzeugspannung), die andere unter Einfluß der Fahrdrahtspannung steht und die auf einen gemeinsamen zwischen den Spulen wagebalkenartig gelagerten Anker wirken. Überwiegt die Fahrdrahtspannung die Fahrzeugspannung, dann wird der Anker durch die unter Wirkung der letzteren stehende Relaisspule angezogen und schließt damit einen Hilfsstromkreis, durch den der Widerstand im Erregerkreis der Erregermaschine unter Vermittlung eines Mechanismus verkleinert wird, der ähnlich wie bei der Schaltung nach Abb. 305 in einem kleinen Motor bestehen kann. Damit steigt die Fahrzeugspannung bis zum Eintritt der Spannungsgleichheit. Ist diese erreicht, dann halten sich die Wirkungen der beiden Relaisspulen das Gleichgewicht, der Anker kehrt in die Horizontalstellung zurück und die Abschaltung von Widerstand im Erregerkreis der Erregermaschine hört auf. Umgekehrt bewirkt die unter Einfluß der Fahrzeugspannung stehende Relaisspule die Zuschaltung von Widerstand und damit eine Verminderung der Fahrzeugspannung, wenn diese bei Einleitung der Nutzbremsung die Fahrdrahtspannung überwiegen sollte. Mit der vollständigen Überbrückung des Vorschaltwiderstandes im Hauptstromkreis wird das erwähnte Zweispulenrelais abgeschaltet, da nunmehr der Stabilisierungswiderstand selbsttätig die Spannungsgleichheit aufrecht erhält. Gleichzeitig wird aber auch das bisher verriegelt gewesene Handrad des Meisterschalters des eigentlichen Nutzbremsungssteuerorgans freigegeben, das wieder als besondere Schützengruppe oder als direkt von Hand oder servomotorisch betätigter Nockenkontroller die sukzessive Verkleinerung des Stabilisierungswiderstandes zum Zwecke der Regelung der Bremsung bis zu der aus Kommutationsgründen oben angebenen Grenze von $J/J_c = 2{,}5$ bewirkt. Zur Feinregelung wird mit der Regelung durch Verkleinern des Stabilisierungswiderstandes immer auch die Regelung durch Erregungsänderung der Erregermaschine vereinigt angewendet[1]). Sollen die den einzelnen Motorgruppierungen entsprechenden Charakteristiken (siehe Abb. 308, II. Quadrant) auch bei Bremsung mehr oder weniger stetig ohne allzu große Überdeckungen der zugehörigen Bremsbereiche ineinander übergehen, dann muß jeweils der Ohmsche Abfall im Stabilisierungswiderstand für einen gegebenen Rückstrom pro Motorkreis in einem konstanten Verhältnis zum Ohmschen Abfall in der Feldwicklung stehen, das nur durch Änderung der Größe des Stabilisierungswiderstandes mehr oder weniger angenähert hergestellt werden kann. Abb. 308 zeigt, wie bereits erwähnt, im 2. Quadranten den Zusammenhang zwischen Bremskraft und Geschwindigkeit für die drei Motorgruppierungen der $1\,C_0 + C_0\,1$-Güterzuglokomotive (Reihe 161. DE) der P. L. M.-Bahn, je für 12 Stufen des Stabilisierungswiderstandes. Dieser besteht, wie aus den im 4. Quadranten eingezeichneten grundsätzlichen Schaltbildern ersichtlich ist, aus einem unveränderlichen und damit in Serie einem stufenweise regelbaren Teil. Verbindet man auf den Kurven des 2. Quadranten die Punkte gleicher Rückstromstärke J, so ergeben sich die im 3. Quadranten eingetragenen Kurvenscharen, wieder für die drei verschiedenen Motorgruppierungen. Schließlich finden sich

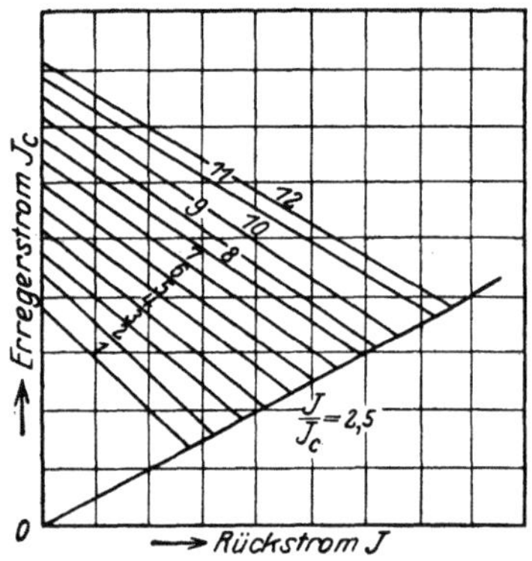

Abb. 309. Abhängigkeit des Erregerstromes J_c vom Rückstrom J für die Schaltung nach Abb. 307.

[1]) Angewendet bei der $2\,D_0\,2$-Lokomotive Nr. E 502 der Paris-Orléans-Bahn (BBC-Mitt. 1927, S. 197; R. G. C. F. 1927, II, S, 21) und bei den $1\,C_0 + C_0\,1$-Lokomotiven (Reihe 161. DE) der P. L. M.-Bahn. Die Metropolitan-Vickers Electrical Co. Ltd. regelt bei den B_0—B_0-Lokomotiven der Südafrikanischen Regierungsbahnen den Stabilisierungswiderstand selbsttätig durch einen vom Erregerstrom J_c beeinflußten Mechanismus (E. P. 199588).

im ersten Quadranten die Kurven konstanter Erregerströme J_c. Die Nebenschlußregelung der Erregermaschine wird hier nur jeweils zur Änderung der Minimalgeschwindigkeit jeder Motorgruppierung oder allgemein als Feinregler benützt.

Um eine noch größere Unabhängigkeit von der wechselnden Gefällsneigung zu erzielen, hat die Westinghouse Elc. & Mfg. Co. in einem Falle[1]) zwei parallelarbeitende Erregermaschinen je im vorderen und hinteren Laufdrehgestell angeordnet und deren Spannung durch Antrieb von den Laufradachsen (mittels Vorgelege in Tramaufhängung) auch von der Fahrgeschwindigkeit in Abhängigkeit gebracht[2]). Wenn nun der bergabfahrende Zug bei Eintritt eines stärkeren Gefälles sich zu beschleunigen beginnt, dann wächst sofort die Spannung der Erregermaschine und damit der Erregerstrom J_c, gleichzeitig aber infolge des Geschwindigkeitsanstieges der Rückstrom J, der durch Wirkung des Stabilisierungswiderstandes das Anwachsen von J_c begrenzt. Aus dem Zusammenwirken dieser rasch aufeinanderfolgenden und einander kompoundierenden Vorgänge resultiert eine der stärkeren Neigung entsprechend stärkere Bremskraft bei unwesentlich veränderter Geschwindigkeit.

Die Verwendung einer Erregermaschine mit einer von der Fahrgeschwindigkeit abhängigen Spannung, die dann am einfachsten von einer kleinen Batterie aus erregt wird, stellt für die betrachtete Schaltung bereits einen Spezialfall dar. Normalerweise genügt eine stationäre Erregermaschine, die von einem Hochspannungsreihenschlußmotor angetrieben wird, in dessen Stromkreis auch die Feldwicklung der Erregermaschine liegt. Für diese Schaltung sind zahllose Abarten zumeist von R. E. Hellmund entwickelt worden[3]), die sich im wesentlichen nur durch die Art der Kompoundierung unterscheiden, die bald dem Motor- bald dem Generatorteil des Erregerumformers oder auch beiden zur Ausführung übertragen wird und durch die hier überdies der Einfluß der Schwankungen der Fahrdrahtspannung auf den Antriebsmotor des Erregerumformers ausgeglichen werden muß.

Wie bei der Schaltung mit parallel zur Triebmotorfeldwicklung angeordneter Erregermaschine läßt sich auch die Schaltung nach Abb. 307 mit Reihenschaltung der Erregermaschine in ihrer Übertragung auf den praktischen Lokomotivbetrieb in der Weise ausbilden, daß bei Talfahrt einer der Triebmotoren als Erregermaschine für die übrigen verwendet wird[4]), der dann selbst wieder seine Erregung durch eine Batterie oder eine Hilfserregermaschine erhalten kann.

Der Schaltung nach Abb. 307 haftet nun durch die Verwendung eines Ohmschen Widerstandes parallel zum induktiven Erregerkreis wieder der Nachteil an, daß bei raschen Änderungen der Fahrdrahtspannung die Induktanz der beiden für den Netzstrom parallelen Zweige in Betracht kommt, da das Verhältnis der Wechselstromwiderstände der beiden Zweige ein anderes ist als das der Gleichstromwiderstände. Im ersten Moment der schnellen Änderung ist der Widerstand des die induktive Feldwicklung enthaltenden Zweiges sehr groß im Vergleich zum Widerstand des anderen Zweiges, dessen Strom sich somit um fast den vollen Betrag der Änderung des Netzstromes ändert. Im gleichen Sinne ändert sich die Spannung am Widerstand und damit wird auch die Spannung an der Feldwicklung momentan stark erniedrigt bzw. erhöht. Je mehr aber das elektrische Gleichgewicht erreicht wird, um so mehr erfolgt die Einstellung der Spannung nach dem Verhältnis der Ohmschen Widerstände der Zweige (gemäß Gl. 229) was im allgemeinen eine andere und viel kleinere Änderung der Spannung an der Feldwicklung zur Folge hat. Diese anfängliche Überregulierung führt nun aber zu Stromstößen im Erregerstromkreis, welche sich in Bremsmomentstößen auswirken. Am naheliegendsten wäre es, dieser Erscheinung dadurch zu begegnen, daß man den Stabilisierungswiderstand als Drosselspule mit ausreichendem Ohmschen Widerstand ausbildet[5]), oder indem man mit dem Ohmschen Stabilisierungswiderstand zusätzlich eine Drosselspule in Reihe schaltet, die nur bei raschen Stromänderungen zur Wirkung kommt. Derartige Induktanzen werden aber immer relativ schwer und beanspruchen vor allem viel Platz. Das gleiche gilt von einer als Kompoundierungstransformator wirkenden Doppeldrosselspule, durch die man die beiden Stromkreise für nicht stationäre Vorgänge voneinander in Abhängigkeit bringen kann[6]). Aussichtsreicher scheint der Vorschlag, an Stelle des Stabilisierungswiderstandes auf der gleichen Welle wie die Erregermaschine und deren Antriebsmotor einen Gleichstromreihenschlußmotor als Hilfsmotor zu verwenden[7]), den man zur Er-

---

[1]) Bei den 2 $C_0$1—1 $C_0$2-Lokomotiven (Reihe 10300) der Ch. M. & St. P.-Bahn (E. u. M. 1919, S. 217, E. J. 1920, S. 85, 128, 235, 244, 278; J. A. I. E. E. 1920, S. 331).

[2]) U. S. A. P. 1318738 (R. E. Ferris). — Siehe auch E. J. 1920, S. 46.

[3]) Hellmund, R. E.: „Regenerative braking of electric vehicles" P. A. I. E. E. 1917, S. 1. — Siehe ferner U. S. A. P. 1303308, 1303309, 1303310, 1295894, 1306539, 1314517, 1309069, 1309070, 1315958, 1315959, 1318753, 1318754, 1327819, 1328513, 1328514, 1328515, 1327822, 1327823, 1344762, 1320047, 1320049, 1320051, 1320052, 1320053, 1320054, 1320055, 1320057, 1320058, 1336562, 1335112, 1343211, 1355549, 1355475, 1361991, 1361992, 1361993, 1361994, 1363647, 1365585, 1371559, 1376431, 1343211. — Siehe ferner D. R. P. 399241, F. P. 566784 (BBC.). — Bei der 2 B_0—B_0 2 Schnellzuglokomotie (Reihe 242. AE) der P. L. M. läßt die S. A. C. M. die Erregermaschine von einer besonderen Hilfsmaschine erregen, die von einer Laufachse angetrieben wird. Nimmt die Fahrgeschwindigkeit zu, so steigt selbsttätig die Spannung der Hilfsmaschine, damit auch der Erregerstrom der Triebmotoren und die Bremskraft. Vom Fahrschalter direkt geregelt wird nur die Erregung der Hilfsmaschine, die an das 64 V-Netz der Hilfsstromkreise angeschlossen ist (E. T. Z. 1927, S. 1777.)

[4]) D. R. P. 397415, Schweiz. P. 94796 (G. E. Co.); D. R. P. 400427, E. P. 540841, F. P. 25329, Schweiz. P. 101749 (G. E. Co.). — Siehe auch U. S. A. P. 1281959 (G. E. Co.) und F. P. 521583 (Thomson-Houston).

[5]) U. S. A. P. 1358737 (R. E. Hellmund).

[6]) F. P. 568110 (S. A. C. M. Belfort).

[7]) D. R. P. 400074, F. P. 583378, E. P. 219281 B. B. C.) — Angewendet bei den B_0—B—B_0-Lokomotiven (Gruppe E 625) der FF. SS. (BBC.-Mitt. 1927, S. 25). — Siehe auch U. S. A. P. 1347905 (R. E. Hellmund).

zielung einer genügenden Reaktanz so entwirft, daß er für den ganzen Bereich auf dem geraden Teil der Charakteristik arbeitet. Bei raschen Änderungen der Rückströme wird sich der hinzu- oder in Abzug kommende Teil des Stromes auf die beiden parallelen Zweige annähernd im Verhältnis ihrer Reaktanzen verteilen und Stromstöße im Erregerkreis werden vermieden. Ein weiterer Vorteil der Anordnung besteht darin, daß die dem Hilfsmotor zugeführte Energie nicht, wie beim Parallelwiderstand, in Wärme umgesetzt wird und verloren geht, sondern an die Erregermaschine abgegeben und damit nutzbar gemacht wird. Die für die Erregung aufzuwendende Leistung ist hier somit geringer und der Nutzeffekt entsprechend höher. Um die Kompoundierung regelbar zu machen, kann die Feldwicklung des Hilfsmotors Anzapfungen erhalten. Je nach Wahl der Anzapfung ist die an den Klemmen des Hilfsmotors bei gegebenem Strom auftretende Spannung größer oder kleiner.

Bei der Schaltung nach Abb. 310 schließlich wird der Stabilisierungswiderstand in zwei parallele Zweige gelegt, von denen dem einen durch Einschaltung einer Drosselspule zu dem oben angegebenen Zweck etwas Induktivität gegeben wird, und die Potentialdifferenz der beiden Zweige zur Kompoundierung der Erregermaschine benutzt[1]). Für den stationären Bremsbetrieb, der wieder durch Änderung der Erregung der Erregermaschine E_g oder durch sukzessives Abschalten des Vorschaltwiderstandes ϱ geregelt werden kann, gelten die Bedingungsgleichungen

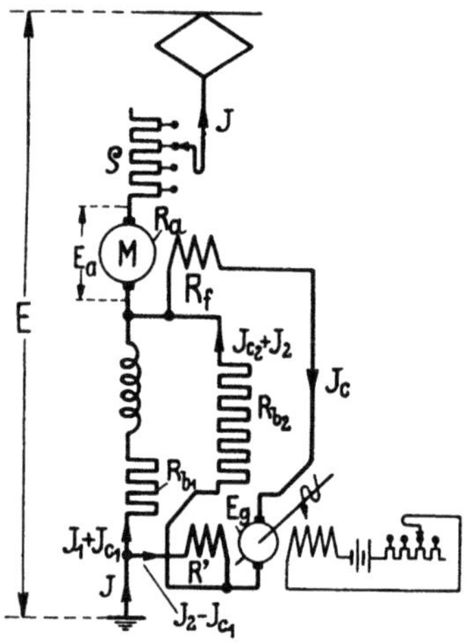

Abb. 310. Nutzbremsschaltung nach Abb. 307 mit geteiltem Stabilisierungswiderstand. (Maschinenfabrik Oerlikon.)

$$E_g = (J_{c_2} + J_2)\,R_{b_2} + J_c\,R_f\,, \tag{232}$$

$$E_a = E + J\,(R_a + \varrho) + (J_{c_2} + J_2)\,R_{b_2} + (J_2 - J_{c_1})\,R'\,, \tag{233}$$

$$(J_{c_1} + J_1)\,R_{b_1} = (J_2 - J_{c_1})\,R' + (J_2 + J_{c_2})\,R_{b_2}\,, \tag{234}$$

$$J = J_1 + J_2\,, \tag{235}$$

$$J_c = J_{c_1} + J_{c_2}\,. \tag{236}$$

Die punktweise Auswertung dieser Gleichungen ergibt, daß die Geschwindigkeitskurven in Abhängigkeit der Bremskraft im Gegensatz zu den in Abb. 308 dargestellten Kurven auch in den Stufen mit hohem Vorschaltwiderstand flach verlaufen oder mit anderen Worten die sonst nach oben gekrümmten Geschwindigkeitskurven gehen in fast oder ganz gerade Linien über wenigstens für den zu beherrschenden Bremsbereich, der durch die Größe der beiden Stabilisierungswiderstände R_{b_1} und R_{b_2} und der Amperewindungen der Gegenkompoundwicklung R' bestimmt ist.

Die Schaltung hat noch den bemerkenswerten Vorteil, daß in allen Motorgruppierungen bzw. bei allen Geschwindigkeiten die Stabilisierungswiderstände unverändert belassen werden können, da die Gegenkompoundwicklung der Erregermaschine bei den unteren Geschwindigkeiten, d. h. der Serieschaltung stärker in Wirkung tritt und dadurch die sonst nötige Vergrößerung der Stabilisierungswiderstände in dieser Schaltung ersetzt. Die Begrenzung des Verhältnisses von Feld- zu Ankerstrom auf den früher angegebenen Wert von 1 : 2,5 erfolgt hier selbsttätig durch Abstimmung der Ohmwerte der Widerstände R_{b_1} zu R_{b_2} im gleichen Verhältnis.

Die dritte Gruppe von Nutzbremsschaltungen bilden jene mit völlig unabhängiger Fremderregung der zurückarbeitenden Motoren wieder durch eine besondere Erregermaschine. Wird diese nur mit konstanter Spannung erregt, so nehmen die Triebmotoren als Generatoren eine starre Nebenschlußcharakteristik an. Es ist dann ohne weiteres ersichtlich, daß mit Rücksicht auf den geringen inneren Spannungsabfall im Ankerkreis der Triebmotoren eine Spannungsänderung in der Fahrleitung von etwa $\pm$ 10% eine Änderung von etwa $\mp$ 100% des Rückstromes zur Folge haben wird. Aus dem gleichen Grunde wäre eine sehr feine Abstufung des Erregerstromes der Triebmotoren notwendig, um den Rückstrom in angemessenen Grenzen regulieren zu können.

Diese Verhältnisse können auf verschiedene Weise verbessert werden, und zwar:

a) Durch künstliche Vergrößerung des Spannungsabfalles im Ankerstromkreis, und zwar am einfachsten durch Vorschalten eines Widerstandes (Abb. 311), dessen ausgleichende Wirkung offenbar um so größer ist, je mehr Spannung bzw. Leistung in demselben verzehrt wird. Durch diesen Widerstand wird einerseits infolge der Abdämpfung von Stromstößen die

[1]) D. R. P. 382995, Schweiz. P. 106372, F. P. 555166 (M. F. O.). — Angewendet bei den 2 B_0—B_0 2-Lokomotiven (Reihe 242. BE) und 2C_0—$C_0$2-Lokomotiven (Reihe 262. AE) der P. L. M.-Bahn (s. Bull. Oerlikon Nr. 61/62, S. 253) und bei den C_0—C_0-Lokomotiven (Reihe 7001) der Spanischen Nordbahn (Bull. S. E. V. 1926, S. 534).

Kommutation des zurückarbeitenden Motorankers erleichtert, andererseits muß aber der Spannungsabfall im Widerstand durch eine erhöhte Klemmenspannung des Motorankers wettgemacht werden, was wieder die Kommutation des Motors erschwert und dessen Isolation gefährdet. Abgesehen davon müssen im vorgeschalteten Widerstand, wenn dieser wirksam sein soll, mindestens 10 bis 15% der zurückgearbeiteten Leistung vernichtet werden, besonders wenn die Nutzbremsung mit parallelgeschalteten Motoren durchgeführt werden soll.

b) Ferner kann den Nachteilen der starren Nebenschlußcharakteristik durch Gegenkompoundierung begegnet werden. Dies kann in der Weise geschehen, daß das Feld der Erregermaschine E_g, wie Abb. 311 zeigt, mit einer zusätzlichen Hauptstromwicklung versehen wird, welche vom Rückstrom J durchflossen wird und dem Nebenschlußfeld der Erregermaschine entgegenwirkt. Sinkt nun die Spannung in der Fahrleitung, so wird der Rückstrom ansteigen, infolge davon aber wird das Feld der Erregermaschine, und damit auch das Feld des zurückarbeitenden Motors geschwächt werden. Es wird sich nun eine neue Gleichgewichtslage einstellen bei einem Rückstrom, dessen Größe gegenüber dem Anfangszustand von der Stärke der Wirkung der Gegenkompoundwicklung abhängt. Immerhin wird eine, wenn auch kurze Zeit verfließen, bis die beiden voneinander abhängenden und daher zeitlich aufeinander folgenden Feldänderungen zur Wirkung kommen. Stromstöße als Folge von Schwankungen der Fahrdrahtspannung werden daher trotzdem, wenn auch erheblich abgedämpft, auftreten können. Für die Schaltung nach Abb. 311, bei der gleichzeitig[1]) Dämpfungswiderstand und Gegenkompoundierung der Erregermaschine E_g angewendet wird, gelten unter Vernachlässigung der Sättigung, d. h. unter Voraussetzung geradliniger Proportion zwischen den Kraftflüssen Φ und Φ_g und den zugehörigen Erregerströmen.

$$E_a = E + J(\varrho + R_a + r_{f_s}) = k_1 \Phi u\,, \qquad (237)$$

$$E_g = k_2 \Phi_g = k_2 k_3 (J_n x_n - J x_s)\,, \qquad (238)$$

$$J_c = \frac{E_g}{R_f} = \frac{k_2 k_3 (J_n x_n - J x_s)}{R_f}\,, \qquad (239)$$

$$\Phi = k_4 J_c x_f = \frac{k_2 k_3 k_4 (J_n x_n - J x_s) x_f}{R_f}\,, \qquad (240)$$

$$M_g = k_5 \Phi J = \frac{k_2 k_3 k_4 k_5 (J_n x_n - J x_s) J x_f}{R_f}\,. \qquad (241)$$

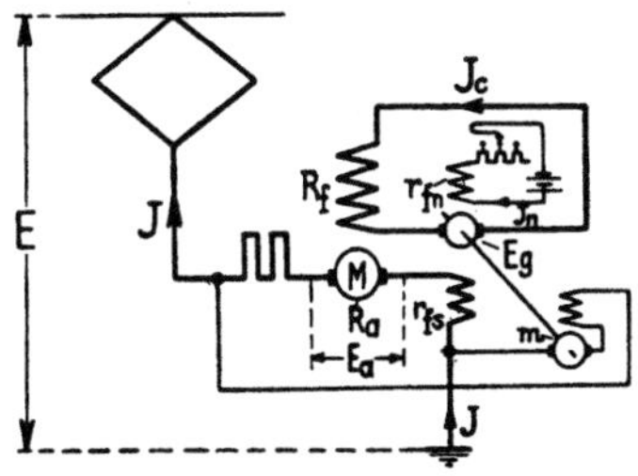

Abb. 311. Nutzbremsschaltung mit fremderregtem Motor. (Erregermaschine und Motorfeldwicklung bilden einen besonderen Stromkreis.)

Hierin bedeuten Φ und Φ_g den Kraftfluß des rückarbeitenden Motors bzw. der mit konstanter Drehzahl angetriebenen Erregermaschine E_g, x_s und x_n die Windungszahlen der beiden Feldwicklungen derselben mit den bezüglichen Widerständen r_{f_s} und r_{f_n} und J_n den variabeln Erregerstrom der Fremderregung, mit dem der ganze Bremsprozeß geregelt wird. Die Bedeutung der übrigen Bezeichnungen geht aus Abb. 311 hervor. k_1 bis k_5 sind Konstante.

Obige Gleichungen geben auch den Weg an, wie die für die Schaltung nach Abb. 311 geltenden Betriebskurven unmittelbar graphisch, und zwar jeweils für eine konstante Rückstromstärke J abgeleitet werden können, wenn die Magnetisierungscharakteristiken von M und E_g durch Vorausberechnung einmal bekannt sind. Man geht aus von verschiedenen Werten von J_n, wie sie den verschiedenen beispielsweise 9 Stellungen des Rheostaten im Erregerkreis der Erregermaschine entsprechen. Die zugehörigen Werte von E_g — konstante Antriebsdrehzahl durch Motor m vorausgesetzt — können unmittelbar der Magnetisierungskurve der Erregermaschine entnommen werden, die man zweckmäßigerweise in der Form $E_g = f(J_n x_n)$ aufgezeichnet hat, nur muß man beachten, daß die effektiv wirksame Amperewindungszahl gemäß Gl. (238) $J_n x_n - J_{x_s}$ ist, wobei für J und J_n die gewählten Ausgangswerte einzusetzen sind. Aus den so ermittelten Werten von E_g ergeben sich die zugehörigen Werte von J_c aus Gl. (239), aus der Magnetisierungskurve von M die entsprechenden Werte von Φ und mit Hilfe der Beziehung $M_g = k_5 \Phi J$ das innere Bremsmoment am Ankerumfang des Motors, das um den Betrag der Reibungs- und Leerlaufmomente zu vergrößern ist, um das am Radumfang wirkende Bremsmoment zu erhalten. Die zugehörigen Werte von u ergeben sich unmittelbar aus Gl. (237). Verfährt man in gleicher Weise für verschiedene Werte von J, so erhält man die in Abb. 312 und 313 dargestellten Kurvenscharen, die den Zusammenhang zwischen der Bremskraft oder dem Bremsmoment M_g in Funktion von J_n und der Drehzahl n veranschaulichen. Der nützliche Bremsbereich ist hier wieder durch eine Kurve abgegrenzt, die jene Punkte auf den einzelnen M_g-Kurven verbindet, bei denen das Verhältnis von J/J_c den Wert von 1:2,5 nicht überschreitet.

Abb. 313 zeigt den für die Schaltung charakteristischen stetigen Geschwindigkeitsanstieg mit zunehmendem Bremsmoment; nur bei den ersten Stufen entsprechen wie bei der Schaltung mit Serieerregung und Stabilisierungswiderstand (Abb. 307) großen Geschwindigkeits-

[1]) Angewendet bei den B_0—B_0-Lokomotiven (Reihe E 4001) der Chemins de fer du Midi (R. G. C. F. 1923, II, S. 1ff. und Techn. Mod. 1923, S. 429. Siehe auch C. E. Fairburn und F. A. Harper: E. E. J., Bd. 2, S. 68 und C. E. Fairburn: E. E. J. Bd. 2. S. 226.

änderungen nur kleine Änderungen im Bremsmoment. Um diesem Übelstand abzuhelfen oder mit anderen Worten um auch in den untersten Stufen den Bremsprozeß weicher zu gestalten, kann man die Erregermaschine mit einer zweiten zusätzlichen Feldwicklung versehen, die man im selben Sinne wie die Nebenschlußwicklung vom Strom des Antriebsmotors m

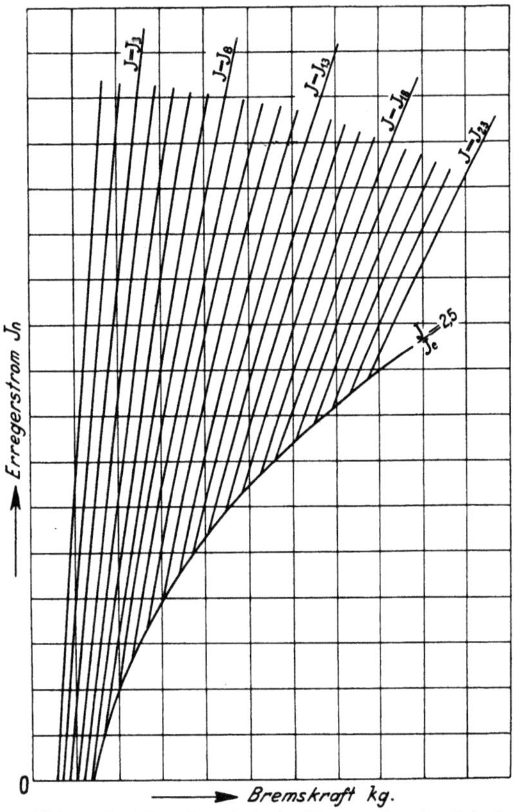

Abb. 312. Charakteristische Kurven für die Schaltung gemäß Abb. 311. (Erregerstrom und Bremskraft.)

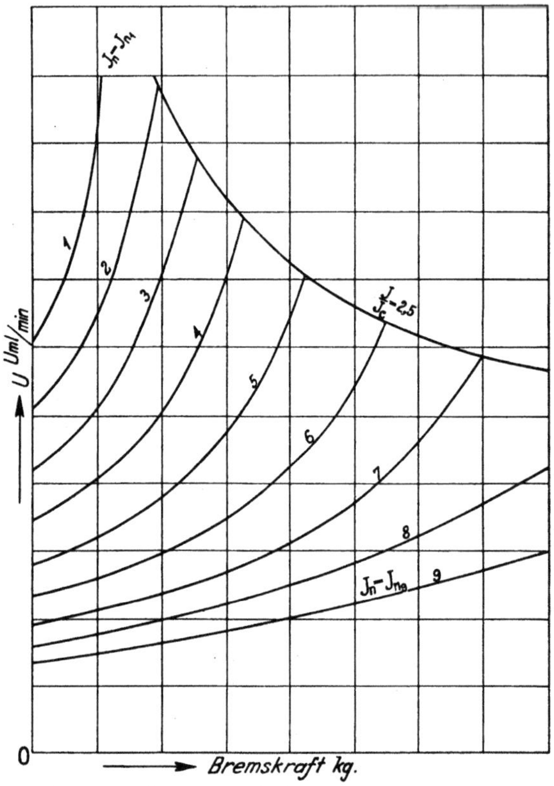

Abb. 313. Charakteristische Kurven für die Schaltung gemäß Abb. 311. (Motordrehzahl und Bremskraft.)

durchfließen läßt[1]). Der Erregerstrom J_c wird dadurch von der Geschwindigkeit in Abhängigkeit gebracht. Noch vollkommener wirkt in dieser Richtung die in Abb. 314 dargestellte Schaltung, bei der ähnlich wie in einem früheren Falle (s. S. 285) eine von der Radachse angetriebene[2]), also in der Spannung von der Fahrgeschwindigkeit unmittelbar abhängige fremderregte Hilfserregermaschine e' vorgesehen ist, die die Erregermaschine E_g der regelbaren Batterieerregung entgegengesetzt also im Sinne der üblichen Gegenkompoundierung durch den Rückstrom zusätzlich erregt[3]). Letztere wird hier von dem als Shuntwiderstand wirkenden Dämpfungswiderstande abgezweigt. Der Antriebsmotor m erhält seinen Strom von der Hilfsstromquelle konstanter Spannung (Batterie).

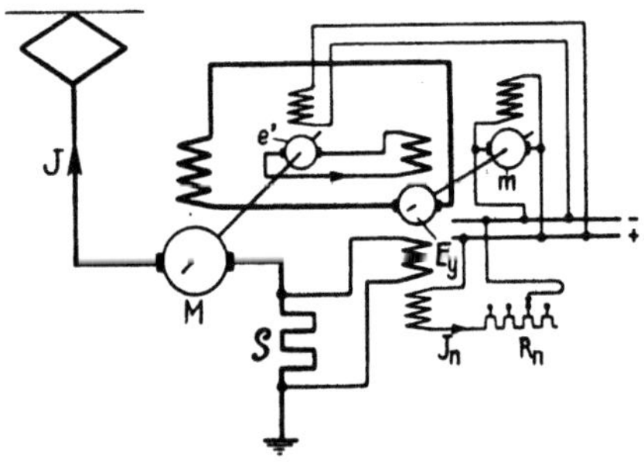

Abb. 314. Nutzbremsschaltung mit fremderregtem Motor.
(Die differenziell erregte Erregermaschine und die Motorfeldwicklung bilden einen besonderen Stromkreis.)

Was nun schließlich den Nutzbremsbetrieb unter Umschaltung auf Nebenschlußerregung anbelangt, so ist dieser von vornherein bei den in Frage kommenden Fahrdrahtspannungen von wenigstens 1500 Volt nur auf Lokomotiven mit mehreren Motoren möglich und auch da fällt der vor den vier in Reihe geschalteten Erregerwicklungen liegende Regulierwider-

[1]) D. R. P. 386044, Schweiz. P. 92333, F. P. 483185, E. P. 102923 (Jeumont). — Eine ähnliche Wirkung wird erzielt, wenn man umgekehrt den Antriebsmotor zusätzlich mit einer vom Rückstrom durchflossenen additiven Kompounderregung versieht mit oder ohne gleichzeitige Gegenkompoundierung der Erregermaschine durch den Rückstrom (U. S. A. P. 1358738 von R. E. Hellmund).
[2]) In Abb. 314 durch direkte Kupplung mit dem Triebmotor M angedeutet.
[3]) D. R. P. 356830, Schweiz. P. 93477, F. P. 535399 (S. A. A. S.).

stand groß aus, in dem bei Reihenschaltung der Motoranker und stärkstem Feld 50% bei Parallelschaltung der Motoranker 25% der generatorisch erzeugten Leistung verloren gehen. Eine Verkleinerung des Widerstandes wäre möglich, wenn man die Feldwicklung der Motoren unterteilt und die einzelnen Gruppen bei Motorbetrieb unter sich parallel, beim Bremsbetrieb aber in Reihe schaltet, was freilich zusätzliche Wicklungsausführungen aus den Motoren und eine Komplikation der Schaltapparatur bedingt. Allerdings wird man die Motoren, wie in Abb. 315 angedeutet, ohnehin zusätzlich mit einer schwachen Gegenkompoundwicklung K versehen, durch die bei Nutzbremsung das Feld in dem Maße geschwächt wird als der Rückstrom wächst, so daß mit zunehmender Drehzahl Strom und Bremsmoment nur allmählich zunehmen[1]). Wichtiger ist jedoch die Beseitigung eines anderen Mangels der Nebenschlußschaltung, der darin besteht, daß Änderungen der Netzspannung auf die beiden parallelen Stromkreise nicht in gleicher Weise einwirken. Die Feldwicklung besitzt im allgemeinen eine größere Induktivität als der Anker, so daß die Feldänderung der Spannungänderung langsamer folgt als die Stromänderung im Ankerstromkreis. War der Flux der Maschine auf eine gewisse Stromaufnahme des Ankers eingestellt, dann wird bei plötzlicher Spannungssteigerung der Ankerstrom zunächst einen übermäßig hohen Wert annehmen, bis mit allmählicher Zunahme des Fluxes die wachsende Gegenspannung des Ankers den Strom auf den der höheren Netzspannung entsprechenden Endwert reduziert. Diese Stromstöße, die leicht Anlaß zum Rundfeuer am Kollektor geben können, werden bei der Schaltung nach Abb. 316 dadurch vermieden, daß durch vorgeschaltete Widerstände R die beiden parallelen Stromkreise unabhängig voneinander regelbar sind[2]). Dadurch werden deren Zeitkonstanten derart beeinflußt, daß bei schnellen Änderungen der Netzspannung die Einstellung des Feldstromkreises auf seinen der neuen Netzspannung entsprechenden Endwert mindestens gleich schnell als die Einstellung des Ankerstromes auf seinen Endwert erfolgt. Die Induktivität des Ankerstromkreises kann durch eine vorgeschaltete Drosselspule L noch erhöht werden, an deren Stelle auch ein Zusatzwiderstand im Feldstromkreis treten kann.

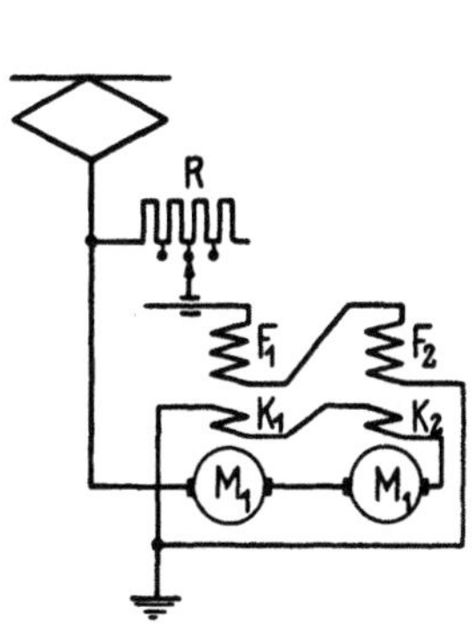

Abb. 315. Nutzbremsschaltung unter Umschaltung der Motoren auf Nebenschluß (Selbst-)Erregung.

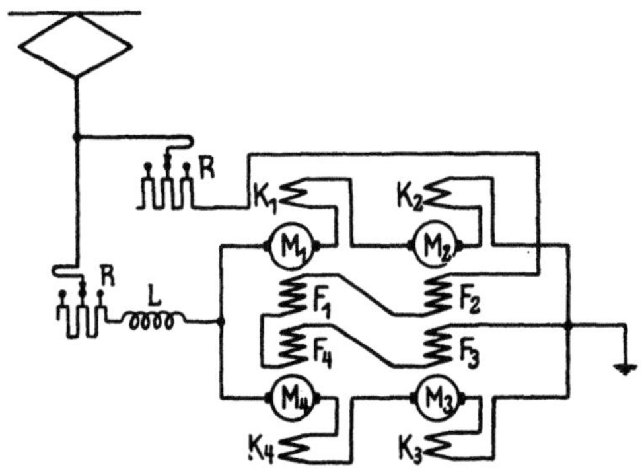

Abb. 316. Nutzbremsschaltung unter Umschaltung der Motoren auf Nebenschluß (Selbst-) Erregung.
(Getrennte Regelung von Anker- und Erregerkreis.)

Der gleiche Zweck wird bei Lokomotiven mit zunächst mindestens vier Motoren dadurch erreicht, daß man die vier Motoranker für die Nutzbremsung in die vier Zweige einer Wheatstoneschen Brücke schaltet, deren korrespondierende Eckpunkte einerseits ans Netz geschlossen werden, andererseits den Anschluß für die vier Feldwicklungen bilden, die derart in Reihe geschaltet sind, daß immer zwei derselben, deren Anker diagonal gegenüberliegen, unmittelbar aufeinander folgen[3]).

Die Nutzbremsung mit im Nebenschluß selbsterregten Motoren läßt sich vorteilhafterweise mit der Widerstandsbremsung vereinigen, d. h. in dem Augenblick in die letztere überführen, sowie die Fahrzeugspannung unter die Netzspannung sinkt. Umgekehrt kann von der Widerstandsbremsung zur Nutzbremsung übergegangen werden, sobald die Fahrzeugspannung die Netzspannung um einen angemessenen Betrag überwiegt. Die Nutzbremsung ist dabei dem Bereich großer, die Widerstandsbremsung jenem kleiner Geschwindigkeiten zugeordnet. Wie ohne weiteres einzusehen ist, besteht die ganze den Übergang von der einen zur anderen Bremsform bewirkende Umschaltung in der zeitgerechten Betätigung eines besonderen Schalters, der vor den beiden aus Motorankern einerseits und aus den Feldwicklungen samt Vorschaltwider-

[1]) Eine ähnliche Wirkung ist durch einen zwischen die Anker der Motoren geschalteten Widerstand zu erzielen, welcher bei Rückarbeitung die Erregerspannung herabsetzt (D. R. P. 408498, Schweiz. P. 108406 der SSW.).
[2]) D. R. P. 436355, Schweiz. P. 105134, F. P. 573600, It. P. 225166, E. P. 208098, Tschech. P. 16500 (F. Prantl).
[3]) D. R. P. 355744, 364596 (E. Santuari).

stand andererseits gebildeten parallelen Gruppen jedoch hinter dem eigentlichen mit Maximalauslösung versehenen Hauptschalter angeordnet ist. Diese Umschaltung kann zweckmäßigerweise selbsttätig bewerkstelligt werden, und zwar durch einen Spannungsnullstromauslöser, dessen Spannungsspule bei entsprechend hoher Fahrzeugspannung mittels Hilfskontakt die Betätigungsspule des erwähnten zusätzlichen im Hauptstromkreis liegenden Schalters im Einschaltesinn erregt und damit die Anschaltung der Motoren an die Fahrleitung bewirkt. Damit aber wird gleichzeitig ein Widerstand zur Spannungsspule des Auslösers parallelgeschaltet, so daß dieser nunmehr im wesentlichen durch die vom Rückstrom durchflossene Stromspule geschlossen gehalten wird. Da Spannungs- und Stromspule im gleichen Sinne magnetisch wirken, wird es auf diese Weise möglich, genau bei Rückstrom Null ein Loslassen des Auslösers zu erreichen[1]). Dadurch vollzieht sich also der Übergang zur Widerstandsbremsung ganz selbsttätig ohne jede Mitwirkung durch den Führer.

X. Zugheizungsstromkreis.

Die Zugheizung bei elektrischem Betrieb erfolgt entweder durch Dampf unter Benützung der vorhandenen in die Personenwagen eingebauten Rohrheizkörper oder unmittelbar elektrisch durch besondere elektrische Heizkörper, die von der Lokomotive her durch eine durchgehende Heizleitung versorgt werden. Die Dampfheizung hat demnach den Vorteil, die bestehende Heizungseinrichtung unverändert übernehmen zu können, macht aber die Anordnung eines besonderen Dampfkessels mit Kohlen-(Taf. IX) oder Ölfeuerung (Taf. XX) erforderlich, der auf der elektrischen Lokomotive schwierig unterzubringen ist und für diese auch einen argen Schönheitsfehler bedeutet, der durch die unvermeidliche Verschmutzung für die elektrische Ausrüstung auch praktische Nachteile im Gefolge hat. Die neuere Praxis, die die Dampfheizung schlechtweg bei elektrischem Betrieb mit Recht als ein Provisorium von zeitlich beschränkter Dauer anzusehen berechtigt ist, vermeidet daher wenigstens in Europa bereits grundsätzlich die Verwendung von Dampfkesseln auf der Lokomotive und behilft sich für die Übergangsjahre mit der Mitführung eigener Heizwagen, deren Kessel wieder zumeist Kohlenfeuerung erhalten. Immerhin sind auch Heizwagen mit elektrisch geheiztem Kessel nach dem Elektrodenprinzip oder durch eingebaute Widerstandsspiralen mit Stromzuführung durch eigenen Stromabnehmer mit mehr oder weniger Erfolg entwickelt worden. Die endgültige Form der Zugheizung bei elektrischem Betrieb kann aber nur in der Form der direkten elektrischen Heizung der Wagen von der Lokomotive aus bestehen, die deshalb auch hier unter Beschränkung der Einrichtungen auf der Lokomotive allein behandelt werden soll.

Diese bestehen bei Gleichstromlokomotiven im wesentlichen nur in einer unter Fahrdrahtpotential stehenden Heizstromsammelschiene oder einem Heizstromkabel, das einerseits an die Hauptstromeinführung angeschlossen ist, andererseits unter Zwischenschaltung eines Shunts für Instrumenten- und Relaisanschluß sich in je zwei Enden gabelt, die zu den an den Lokomotivenden angeordneten Leitungskupplungen führen, die die Fortleitung des Heizstromes nach den Wagen vermitteln. Der Anschluß der Heizstromsammelschiene an die Hauptleitung der Lokomotive erfolgt entweder vor dem eigentlichen Hauptschalter unter Zwischenschaltung eines eigenen Heizschalters mit Maximalauslösung oder häufiger hinter dem Hauptschalter, dessen Ausschaltung nunmehr auch durch das vom Heizstrom beeinflußte Relais bei Kurzschluß im Heizungsstromkreis bewirkt wird. In diesem Falle kann unter Umständen der Einbau eines durch Verriegelung nur stromlos zu schaltenden Trennmessers in die Verbindung zwischen Heizstromsammelschiene und Lokomotivhauptleitung genügen, bequemer aber ist die Anordnung eines Heizstromschützes, dessen Steuerstromkreis von einem Führerstandsschalter geschlossen und geöffnet wird. Der in Frage kommenden Heizleistungen wegen von 350 bis 500 kW kann die Heizung bei Gleichstromlokomotiven nur unmittelbar mit der Fahrdrahtspannung und in der Regel nur einstufig erfolgen.

Den wesentlichsten Bestandteil der Zugheizungseinrichtung auf der Lokomotive bilden die Heizkupplungen, die bei der niedrigsten in Europa im Vollbahnbetrieb heute vorkommenden mittleren Fahrdrahtspannung von 1350 Volt für eine Dauerstromstärke von rund 400 Amp zu bemessen sind, da immer nur eine der beiden Heizkupplungen je Lokomotivstirnseite in Betrieb steht, während die zweite als Reserve dient.

Vom konstruktiven und betriebstechnischen Standpunkt sind an die in Form von Steckerkupplungen auszubildenden Heizkupplungen folgende Bedingungen zu stellen:

[1]) D. R. P. 300416, 377669, 416203 (AEG). — Siehe auch Welsch, W.: Neue Bremseinrichtung für elektrische Straßenbahn-Triebwagen und Lokomotiven auf Gefällstrecken. El. Bahnen 1925, S. 13.

1. Die Bedienung muß bequem und einfach, vor allem aber gefahrlos sein. Hierzu ist erforderlich, daß alle spannungführenden Teile verdeckt und die der Berührung zugänglichen Außenteile dauerhaft geerdet sind, damit letztere bei Überschlägen keine Spannung erhalten. Um das Entstehen von Überschlägen von vornherein zu vermeiden und um die Kontakte zu schützen, soll die Kupplung gegen Eindringen von Staub, Regen und Schnee gesichert sein, und zwar sowohl während des Betriebes als auch im entkuppelten Zustand. Ebenso muß das Isoliermaterial allen Witterungseinflüssen Stand halten, und die Kriechwege sind mit Rücksicht auf die unvermeidlichen Verschmutzungen reichlich lang zu halten.

2. Bei Zugzerreißungen soll sich die Kupplung selbsttätig lösen, ohne daß irgendein Teil beschädigt wird. Auch Beschädigungen durch Unterbrechungslichtbogen müssen vermieden werden, und zwar sowohl beim selbsttätigen Öffnen als auch insbesondere beim betriebsmäßigen Lösen der Kupplung, um auch hier eine Gefährdung des Bedienungsmannes auszuschließen.

3. Die Kontaktstelle zwischen Stecker und Dose muß dauernd zuverlässig sein und darf durch die Erschütterungen während der Fahrt in keiner Weise beinträchtigt werden. Der Stecker muß gegen Herausfallen verriegelt sein.

Diesen zum Teil schwer miteinander vereinbaren Bedingungen vermochten bis jetzt erst die nachfolgend beschriebenen Ausführungsformen voll zu entsprechen.

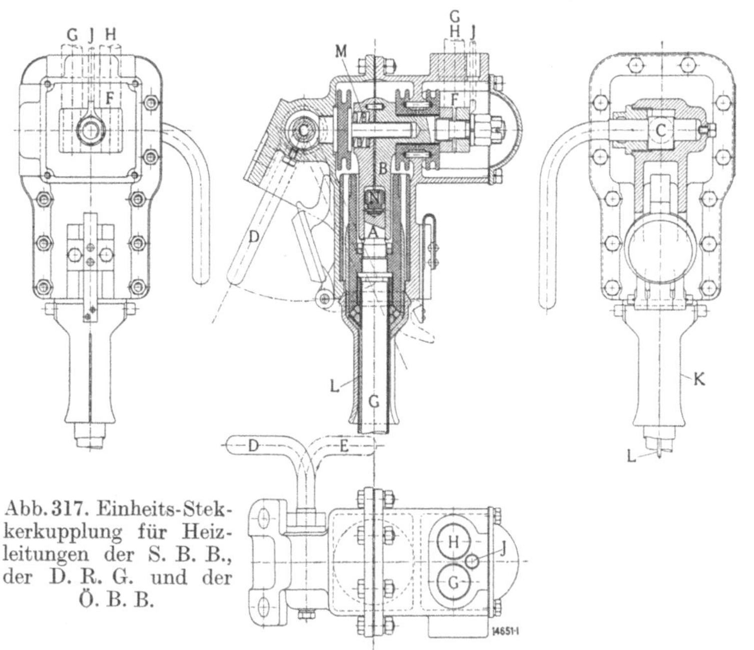

Abb. 317. Einheits-Steckerkupplung für Heizleitungen der S. B. B., der D. R. G. und der Ö. B. B.

(A. G. Brown, Boveri & Cie. — J. Buchli.)
A Kontaktstift, *B* zweiteilige Kontakthülse, *C* Exzenter, *D* Exzenterhebel in offener Stellung (Kontakt lose), *E* Exzenterhebel in geschlossener Stellung (Kontakt fest), *F* Kabelanschlüsse, *G* Verbindungskabel zwischen Dose u. Stecker, *H* Verbindungskabel zwischen vorderer und hinterer Dose, *J* Verbindungskabel zu den Heizkörpern, *K* Handgriff des Steckers, *L* Erdleitung, *M* Feder, *N* Isolierscheibe.

Bei der Heizkupplung der A. G. Brown, Boveri & Cie., die von der Deutschen Reichsbahn-Gesellschaft, den Schweizerischen und Österreichischen Bundesbahnen als Einheitskupplung vorgeschrieben wurde, wird der Stecker ohne Reibung eingeführt und der Kontaktdruck durch Hebelwirkung erzielt. Abb. 317 zeigt die Kupplung[1]) im Schnitt. In einem zweiteiligen Gehäuse ist die ebenfalls zweiteilige Hülse *B* untergebracht. Die beiden Hülsenhälften sind in ihrem oberen Ende scharnierartig miteinander verbunden, während sie im unteren Ende die Bohrung zur Aufnahme des Kontaktstiftes *A* enthalten. Das Zusammenpressen der beiden Hülsenhälften zur Erreichung des Kontaktdruckes wird durch Schwenken eines aus der Kupplung seitlich herausgeführten Exzenterhebels *D* erreicht, wobei der Exzenter *C* unter Zwischenschaltung einer Feder *M* auf die obere Hülsenhälfte drückt. Das Übersetzungsverhältnis ist so gewählt, daß bereits bei mäßigem Herunterdrücken des Hebels ein reichlich genügender Kontaktdruck entsteht, wodurch der Kontaktstift *A* derart festgeklemmt wird, daß er sich von Hand, am Handgriff *K* des Steckers gezogen, nicht aus den Hülsenhälften herausziehen läßt, jedoch bei Zugtrennung, ohne zu Defekten der Kupplung zu führen, freigegeben wird. Der Exzenter ist ferner so eingestellt, daß bei ungepreßten Hülsenhälften der Hebel oben und bei gepreßten Hülsenhälften unten steht. Dadurch wird ein Lösen des Kontaktstiftes und ein Herausfallen des Kupplungssteckers während der Fahrt verhütet. Im oberen Teil des Gehäuses befindet sich der Exzenter, im unteren Teile die Kabelanschlußstelle zur Aufnahme des Verbindungskabels *G* zwischen Dose und Stecker am Stoßbalken, des Verbindungskabels *H*, welches die beiden Kupplungsdosen eines Fahrzeuges miteinander verbindet, und der Verbindungsleitungen *J* nach den

[1]) D. R. P. 366464, Schweiz. P. 92271, Ö. P. 91276, Schwed. P. 59151, Norweg. P. 38104, Ung. P. 83623 (J. Buchli). — Siehe auch Huggler, H.: BBC-Mitt. 1923, S. 14.

Heizkörpern. Sichtbar sind beim Abheben des Deckels der Kupplung von den stromführenden, blanken Teilen nur die unteren Enden der Hülsenhälften, welche jedoch, um gegen zufällige Berührung möglichst geschützt zu sein, tief im Gehäuse liegen.

Der im Kupplungsstecker eingebaute Kontaktstift A hat nach unten eine Verlängerung, in welche das flexible Kupferkabel eingelötet wird. Dieser Kontaktstift wird durch eine Ringmutter in der Isolierhülse befestigt, welche weit über den Kontaktstift hinausragt und denselben schützt. Damit ein zufälliges Berühren des blanken Kontaktstiftes ausgeschlossen ist, trägt dieser am Kopf eine Isolierscheibe N. Die Isolierhülse ist mit einem zugleich als Führung dienenden Eisenrohr armiert, mit welchem der Steckergriff K verschraubt ist, der gleichzeitig zum Festklemmen des Kupplungskabels G dient. Bei Verwendung der Kupplung im Wechselstrombetrieb wird zur Verminderung von Wirbelströmen, die eine unzulässige Erwärmung des Handgriffs zur Folge haben würden, der letztere aufgeschnitten. Alle der Bedienung zugänglichen Metallteile des Steckers sind durch die Erdleitung L, die vom Stecker bis zum Kabelhalter führt, am Eisengestell des Fahrzeuges angeschlossen.

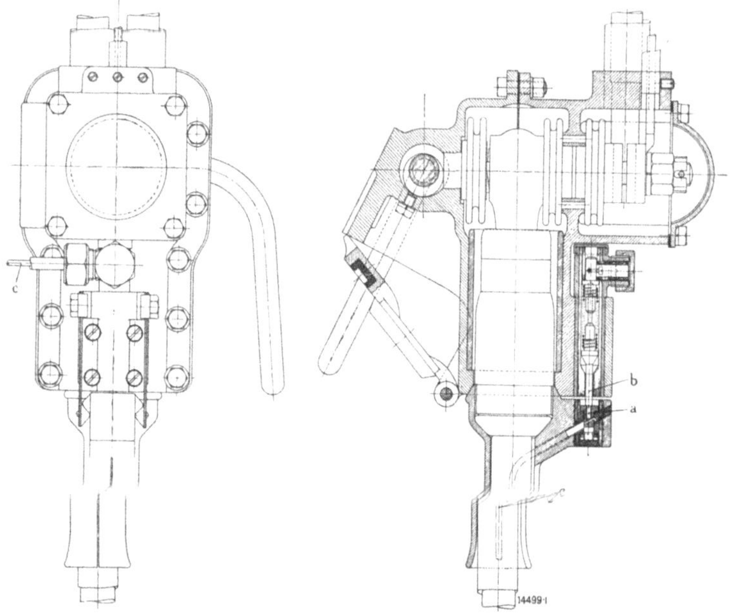

Abb. 318. Einheits-Steckerkupplung für Heizleitung gemäß Abb. 317 mit Kontakten für die Sicherheitsleitung. (A. G. Brown, Boveri & Cie. — J. Buchli.)
a Verriegelungskontakt am Kupplungsstecker, *b* Verriegelungskontakt an der Kupplungsdose, *c* Hilfsleitung.

Abb. 318 zeigt prinzipiell die gleiche Kupplung, jedoch mit zusätzlichen Kontakten für die Sicherheitsleitung, deren Schaltung Abb. 319 zeigt. Diese Schaltung arbeitet mit Ruhestrom, d. h. die Hilfsleitung ist im Betrieb normal stromdurchflossen und die Unterbrechung des Hilfsstromes, die jener des Heizstromes bei Zugtrennungen zeitlich vorangeht, bewirkt die Auslösung des Heizschalters[1]). Zu dem Zwecke wird in die von einer einpolig geerdeten Hilfsstromquelle (Generator der Umformergruppe) versorgte Hilfsleitung ein Nullspannungsrelais m eingeschaltet, das unmittelbar auf den Heizschalter d wirkt. Da sich, wie erwähnt, die Hilfskontakte O vor den eigentlichen Kupplungskontakten lösen, wird bei absichtlicher oder zufälliger Trennung einer der Heizkupplungen zunächst das Nullspannungsrelais m stromlos und der Heizschalter c unterbricht die Heizleitung e. Die Kupplung kann somit nie unter Strom gelöst werden. Da der Schalter c auch erst dann geschlossen werden kann, wenn sich die Kontakte O berühren, wenn also die Kupplungshälften g h zusammengesteckt worden sind, ist somit all-

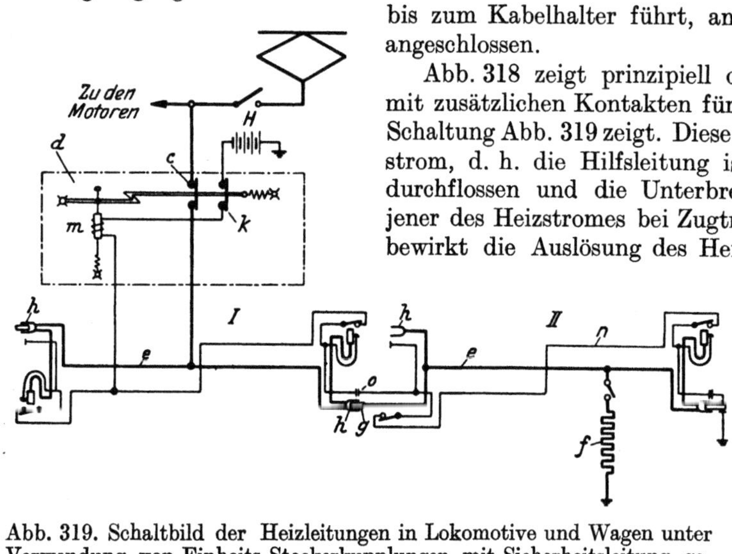

Abb. 319. Schaltbild der Heizleitungen in Lokomotive und Wagen unter Verwendung von Einheits-Steckerkupplungen mit Sicherheitsleitung gemäß Abb. 318. (A. G. Brown, Boveri & Cie. — J. Buchli).

[1]) D. R. P. 388768, Schweiz. P. 100607, Ö. P. 95423, F. P. 557460, Norweg. P. 39701 (J. Buchli).

gemein eine Bedienung der Kupplung unter Strom unmöglich. Wie Abb. 319 zeigt, können überdies die Blinddosen, in die die unbenutzten Stecker eingehängt werden, mit einem Hilfskontakt versehen werden, der beim Herausnehmen des Steckers die Hilfsleitung momentan unterbricht und dadurch den Zugheizungsschalter auf der Lokomotive auslöst. Der Kontakt *k* dient dazu, bei offenem Schalter *O* die Hilfsleitung *n* ebenfalls stromlos zu erhalten. Voraussetzung bei dieser Schaltung ist, daß die Hilfsleitung *n* am Zugsende geerdet wird, was durch Einstecken des in Abb. 319 ersichtlichen Isolierstöpsels erfolgt.

Bei der sog. *ZH 3*-Kupplung der AEG[1]) (Abb. 320), die mit der vorher beschriebenen Einheitskupplung zusammenarbeiten kann, sitzt der innere als Stift ausgebildete Kontaktteil auf dem Stecker, während in der Dose die Kontakthülse angebracht ist, die durch mehrere, bis ans Ende durchgehende Schlitze in federnde Lamellen *A*, *B*, *C* unterteilt ist. Diese sind so ausgebildet, daß bei Eindringen des Steckers nur die starken gedrungenen Lamellen *A* eine ver-

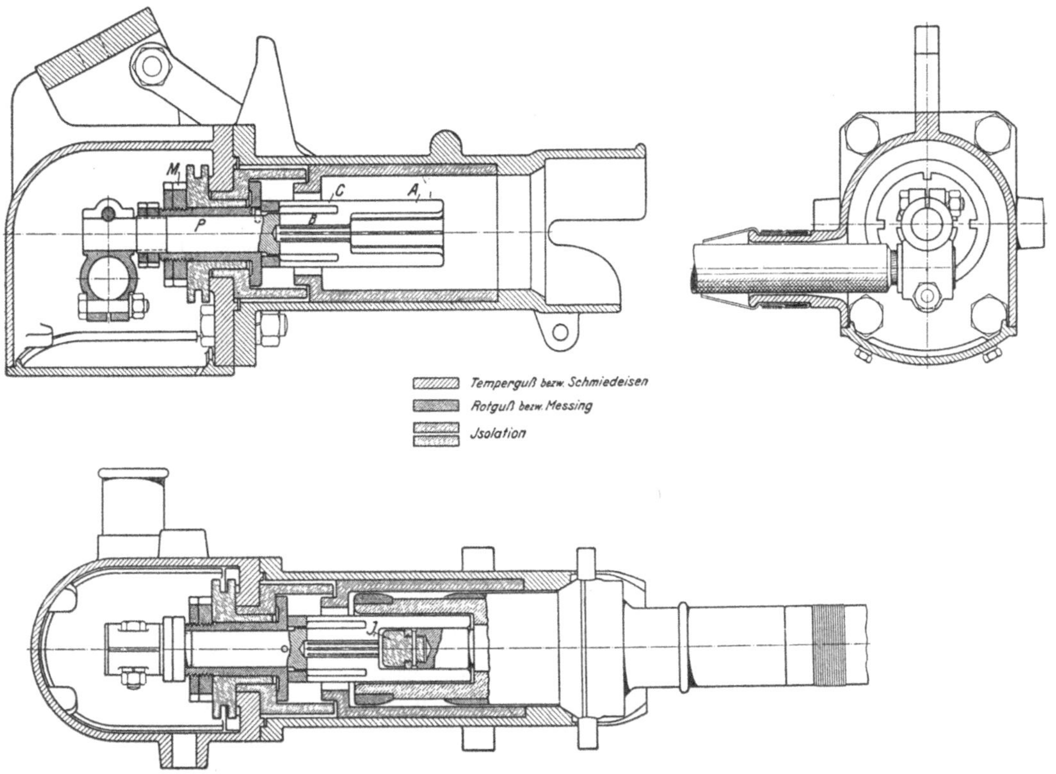

Abb. 320. Steckerkupplung für Heizleitungen Type *ZH 3* der AEG.

schwindend kleine Verbiegung erfahren, die ganze Verformung aber praktisch nur von den Lamellen *B* und *C* aufgenommen wird[2]). Das Nachspannen der Kontakthülse geschieht mittels der Muttern *M*, durch welche der Bolzen *B* nach hinten gezogen wird. Dadurch werden die Lamellen *B* nach- und die Lamellen *A* einwärts gezogen, da die Lamellen *C* der Bewegung der Lamellen *B* nicht folgen können. Der Steckerstift ist gegen Berührung durch eine isolierende Kappe *J* geschützt. Die Kupplungsdose ragt über die Kontakthülse so weit hinaus, daß diese nicht unabsichtlich berührt werden kann. Am Dosenrand sind zwei Längsschlitze angebracht, durch welche die Steckerzapfen so geführt werden, daß sie in richtige Lage zum Hebelwerk kommen. Der untere Teil des Dosenrandes hat eine Ausnehmung mit Rücksicht auf die des Deckelzapfens, an dem der geschlossene Deckel durch das Hebelwerk verriegelt wird.

Das Heizkabel ist senkrecht zur Längsachse der Kupplung zugeführt und in einem auf dem Ende des Bolzens *P* festgeklemmten Kabelschuh befestigt. Die Kabelzuführung liegt in einem Kasten, der auch die Nachspannvorrichtung enthält, mit der Dose verschraubt ist und an seiner Oberseite eine Nase trägt, welche durch Anschlag an den Dosenhalter das Abwärtsschwenken

---

[1]) D. R. P. 418432, Schweiz. P. 117096 (AEG). — Siehe H. Grünholz u. P. Herkner: El. Bahnen 1925, S. 97.

[2]) D. R. P. 420243, Schweiz. P. 114985 (AEG).

der Dose begrenzt. Die Aufwärtsbewegung wird begrenzt durch die Nase M, die an der Oberseite des Dosengehäuses sitzt. Das Innere des Kastens ist durch eine große Öffnung an der Unterseite zugänglich, die durch einen angeschraubten Deckel verschlossen wird. Das Nachspannen der Kontakte kann jederzeit erfolgen, in der Regel genügt ein einmaliges Nachspannen vor Beginn jeder Heizperiode.

Die *ZH 3*-Kupplung kann ebenso wie die Einheitskupplung ohne Sicherheitshilfsleitung versehen werden, die, wie Versuche gezeigt haben, mindestens bei Anwendung von Wechselstrom bis 1200 Volt Betriebsspannung entbehrlich ist. Im übrigen wird ja die Vorschrift, daß Heizkupplungen nur im stromlosen Zustand zu bedienen sind, die Betätigung derselben unter Strom in der Hauptsache auf die seltenen Fälle gewaltsamer Zugtrennung beschränken. Bei Gleichstrombahnen mit Betriebsspannungen von 1500 Volt und darüber wird jedoch besser auf die Betätigung der Kupplungen unter Strom ausschließende Sicherheitshilfsleitung nicht verzichtet werden.

B. Nebenstromkreise.

Eine Gruppierung der Nebenstromkreise ergibt sich je nach der Spannung, mit der sie versorgt werden. Unmittelbar an die Fahrdrahtspannung sind in der Regel die motorischen Hilfsbetriebe, das sind die Motoren zum Antrieb der Kompressoren, Ventilatoren, Vakuumpumpen, dann die Lokomotivheizkörper und die Meßleitungen angeschlossen, während die Lokomotivbeleuchtung und die gesamten Steuerstromkreise von einer Hochspannungs-Niederspannungs-Umformergruppe mit oder ohne parallelgeschalteter Akkumulatorenbatterie oder seltener von einer solchen allein gespeist werden.

1. Vom Fahrleitungsstrom gespeiste Nebenstromkreise.

Die G. E. Co. schließt diese unter Zwischenschaltung von Hochspannungssicherungen und Trennschaltern an eine besondere Sammelschiene an, der ein besonderer Hauptschalter mit Maximalauslösung vorgeschaltet wird. Bei dieser Art der schaltungstechnischen Durchbildung haben die vom Fahrleitungsstrom gespeisten Nebenstromkreise den Charakter eines besonderen zweiten Hauptstromkreises. Die europäische Praxis hingegen schließt diese Nebenstromkreise einzeln hinter dem für Haupt- und Nebenstromkreise gemeinsamen Hauptschalter an. Letztere Anordnung ist praktisch ausreichend und einfacher, erstere aber durch die Unabhängigkeit vom Hauptmotorenstromkreis vorteilhaft.

a) Kompressormotor.

Zum Antrieb der Kompressoren — meist zwei an der Zahl — werden ausschließlich Reihenschlußmotoren verwendet, die über 1000 bis 1500 Volt bis vor kurzem nur als Zweikollektormaschinen (mit zwei in den gleichen Nuten liegenden, jedoch voneinander unabhängigen in Reihe geschalteten Läuferwicklungen gebaut wurden. Die periodische Ein- und Abschaltung der Kompressormotoren erfolgt durch einen Schütz, dessen Betätigungsspule von dem an anderer Stelle beschriebenen Druckregler in Abhängigkeit des Behälterdruckes ein- und ausgeschaltet wird. Es sind allerdings direkt schaltende Druckregler bis Spannungen von 1500 Volt bereits entwickelt worden. Bei Betriebsbeginn wird durch den Führerstandkompressorschalter der Betätigungsstromkreis der Schützen an die Steuerstromquelle ein für allemal angeschlossen.

Zur Vermeidung unzulässig hoher elektrischer und mechanischer Beanspruchungen werden die Kompressormotoren wie auch die anderen Hilfsmotoren über einen Anlaßwiderstand eingeschaltet, der in ein bis zwei Stufen selbsttätig kurzgeschlossen wird, und zwar entweder durch einen Fliehkraftregler, oder durch einen Schütz dessen Betätigungsspule an die Motorbürsten angeschlossen wird. Am einfachsten erfolgt die stufenweise Schaltung unabhängig von der Motordrehzahl durch ein mit dem Motorschalter verbundenes luftbetätigtes Zeitwerk, das nach Ablauf einer gewissen Zeit den Motor von der Anlaufstufe auf die volle Spannung umschaltet. In der einfachsten Form besteht dieses Zeitwerk in ein in die Luftzuleitung des pneumatischen Schalters eingebautes nur in der Einlaßrichtung drosselnd wirkendes Ventil[1]). Die amerikanische Praxis verwendet zum stufenweisen Kurzschließen des Vorschaltwiderstandes einen Spezialschütz, dessen Wirkung darauf beruht, daß mit dem ersten großen Stromstoß, der durch den vorgeschalteten Widerstand begrenzt wird, ein magnetischer Nebenkreis des Schützes so stark erregt wird, daß ein Anker angezogen und damit ein Schließen der Kurzschlußkontakte des

[1]) D. R. P. 436621 (Dr. A. Wichert).

Vorschaltwiderstandes vorläufig verhindert wird. Erst wenn der Anlaufstrom auf einen einstellbaren Wert gesunken ist, überwiegt die Wirkung einer Gegenfeder und der Widerstand wird kurzgeschlossen, so daß der Anlauf in 2 Stufen erfolgt.

b) Vakuumpumpenmotor.

Zum Antrieb der Vakuumpumpe bei Lokomotiven mit Vakuumbremsung dient ein mit der Pumpe direkt oder über ein Vorgelege gekuppelter raschlaufender Reihenschlußmotor, der gleichfalls über eine Widerstandsstufe nach einem der angegebenen Verfahren angelassen wird. Die Drehzahlregelung des Pumpenmotors, die die Vakuumbremsung (s. o.) erforderlich macht, wird durch stufenweises Parallelschalten von Ohmschem Widerstand zur Feldwicklung durch zwei bis drei Schützen bewerkstelligt, die zusammen mit dem Haupteinschalteschütz von einem besonderen Kontroller im Führerstand gesteuert werden.

c) Ventilatormotoren.

Zahl und Anordnung derselben ist verschieden und teilweise auch durch die Antriebsart bedingt. Halbhoch im Rahmen gelagerte Triebmotoren erhalten zumeist unmittelbar darübergebaut ihre eigenen Ventilatoren, die einzeln oder zu zweit von einem schnellaufenden Reihenschlußmotor angetrieben werden. Achsmotoren in Tramaufhängung wird die Kühlluft unter Zwischenschaltung von Faltenbälgen durch einen gemeinsamen Luftschacht zugeführt, der von einer zentralen Ventilatorgruppe bewettert wird. Im ersteren Fall kommen eine Anzahl Motoren relativ kleiner Leistung im zweiten ein Motor größerer Leistung in Frage, die sich in beiden Fällen aus der Größe der abzuführenden Verlustmenge in kW ergibt (2 bis 2,5 m^3/min je kW-Verlust). Nicht selten sind auch besondere Ventilatorgruppen zur Kühlung der Widerstände vorhanden, wenn diese nicht im Nebenschluß zu den Hauptmotoren belüftet werden können. Bezüglich des stufenweisen Anlassens gilt das bereits bei den Kompressormotoren Gesagte. Eingeschaltet werden die Ventilatormotoren mittels Handschalter von den Führerständen aus.

d) Führerstandheizung.

Die Größe der in den Führerständen untergebrachten Heizleistung ist verschieden. In unseren Breitegraden werden bis zu vier Heizkörper in Reihe à 600 Watt und außerdem ein bis zwei Fußwärmeplatten von je 200 Watt eingebaut. Die Einschaltung erfolgt bei Spannungen bis 1500 Volt durch einen Dosenschalter, über 1500 Volt durch einen besonderen Schütz. Eine Regulierung der Heizleistung, d. h. Anpassung an die Außentemperatur entsprechend der Jahreszeit würde einen besonderen Schalter mit mindestens zwei Stufen zur Serie- und Parallelschaltung der Heizkörper bedingen, der der hohen Spannungen wegen in den Abmessungen ziemlich groß ausfallen würde. Aus diesem Grunde ist es empfehlenswert, die Führerstandheizkörper bei Fahrdrahtspannungen über 1500 Volt an die Niederspannungsmaschine der Umformergruppe anzuschließen. Bei einigen amerikanischen Fahrzeugen für 3000 Volt Fahrdrahtspannung sind die Heizkörper im Lokomotivkasten in einem Blechkasten vereinigt untergebracht, durch welchen mittels eines zu dem letzten einseitig geerdeten Widerstand (ca. 100 Volt) parallelgeschalteten Motorventilators Luft geblasen wird, die erwärmt in den Führerstand ausströmt. Dieses Warmluftheizsystem, das die Unterbringung von Hochspannungsheizkörpern im Führerstand vorteilhafterweise vermeidet, erfordert jedoch ziemlich viel elektrische Energie.

e) Meßleitungen.

Die Meßleitungen dienen zum Anschluß der Strom- und Spannungsmesser und des zumeist im Lokomotivkasten untergebrachten kWh-Zählers. Außer dem Amperemeter zur Messung des Totalstromes (schlechtweg Fahrleitungsstrom genannt) sind in jedem Führerstand so viel Amperemeter vorgesehen, als dauernd parallelgeschaltete Motoren oder Motorgruppen vorhanden sind. Ein Voltmeter zeigt unmittelbar die Fahrdrahtspannung an. Die Amperemeter sind selten direkt zumeist über passende Shunts, die Voltmeter immer hinter fahrdrahtseitig eingebaute hochohmige Widerstände angeschlossen.

2. Die Umformergruppe und die von ihr gespeisten Nebenstromkreise.

Hierher gehören vor allem die gesamten Steuerstromkreise und die Lokomotivbeleuchtung, für die die Fahrdrahtspannung einerseits ihrer Höhe, andererseits der großen betriebsmäßigen Schwankungen wegen ungeeignet ist.

Die Umformergruppe besteht im wesentlichen aus einem an die Fahrdrahtspannung angeschlossenen, also für Hochspannung bemessenen Antriebsmotor *M* und einer gewöhnlichen Nebenschlußdynamo *G* passender Niederspannung (35 bis 100 Volt). Der Antriebsmotor kann jedoch wieder nur als Reihenschlußmotor ausgeführt werden wegen der Schwierigkeit der Ausführung einer Nebenschlußerregerwicklung für Hochspannung. Um nun den Antriebsreihenschlußmotor gegen Belastungsänderungen auf der Niederspannungsseite unempfindlich zu machen, d. h. die Tourenzahl der Umformergruppe und damit die Spannung auf der Niederspannungsseite unabhängig von der Belastung möglichst konstant zu halten, versieht man den Hochspannungsantriebsmotor gemäß dem Schema nach Abb. 321 mit einer von der Niederspannungs(licht)dynamo gespeisten dünndrahtigen Fremderregung *f*[1]). Wenn nun der Antriebsmotor als Hauptstrommotor (mittels der Hauptschlußwicklung *s*) anläuft, so erregt sich bereits nach wenigen Umdrehungen die Niederspannungsdynamo und führt ihrerseits dem Antriebsmotor Erregerstrom zu, der nun mehr und mehr Nebenschluß-Charakteristik annimmt. Wird nun die Lichtmaschine belastet, dann steigt auch der Motorstrom und damit auch die Motorerregung, der Motor würde langsamer laufen und die Spannung auf der Niederspannungsseite würde sinken. Um dies zu vermeiden, versieht man den Motor mit einer Gegenkompoundwicklung *g* und führt über diese den Belastungsstrom der Lichtmaschine. Durch geeignete Bemessung der drei Erregerwicklungen des Motors läßt sich praktisch eine unveränderliche Spannung der Lichtmaschine bei allen Belastungszuständen erreichen.

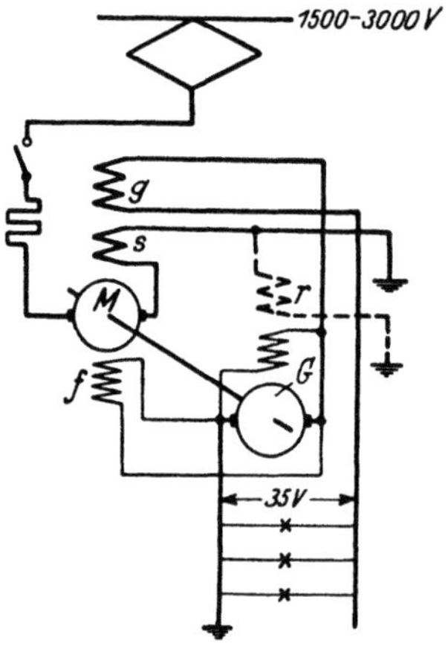

Abb. 321. Schaltung der Hochspannungs-Niederspannungs-Umformergruppe.

Da die Hauptstromwicklung des Motors auf der Erdseite liegt, steht nur die Ankerwicklung unter Hochspannung, die selbst im Falle von Kurzschlüssen nicht auf die Niederspannungsseite und in den Lampenstromkreis gelangen kann. Um ein gelegentliches Ausbleiben der Selbsterregung der Lichtmaschine beim Anlauf und damit ein Durchgehen der Gruppe zu vermeiden, kann man, wie im Schema der Abb. 321 gestrichelt angedeutet, die Lichtmaschine mit einer additiv wirkenden, vom Hauptstrom durchflossenen Kompoundwicklung *r* versehen, die überdies verhindert, daß die Gruppe bei Anlauf infolge des langsamen Einsetzens der Motorfremderregung, wenn auch nur vorübergehend, nennenswert über ihre normale Drehzahl hinauskommt. Ein fester Vor-

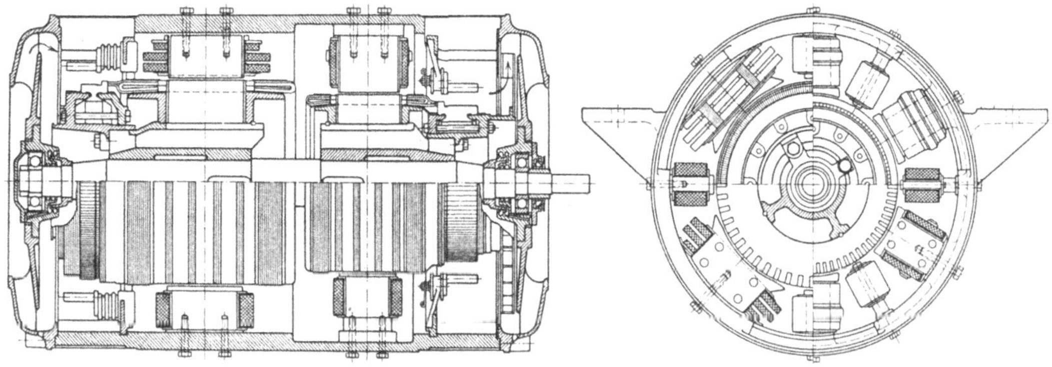

Abb. 322. Hochspannungs-Niederspannungs-Umformergruppe. (Bauart B. B. C.)

schaltwiderstand, der etwa 4% der Netzspannung abdrosselt, ermöglicht ein direktes Anschalten der Gruppe ohne Anlaßwiderstand.

Motor und Generator können als getrennte Maschinen auf gemeinsamer Grundplatte ausgeführt oder wieder sogar in eine Maschine mit zwei Kollektoren zusammengebaut werden. Am zweckmäßigsten ist jedoch der Zusammenbau beider Maschinen in ein gemeinsames Gehäuse,

[1]) D. R. P. 261591, Ö. P. 61455, U. S. A. P. 1046934, F. P. 440734, It. P. 124154, Schwed. P. 343389, E. P. 6550/1912, Ung. P. 59826 (P. Amsler). — Siehe auch Amsler, P.: Zugbeleuchtung bei elektrischen Bahnen mit hochgespanntem Gleichstrom, ETZ 1912, S. 341 und Spannungsumformer für hochgespannten Gleichstrom, ETZ 1914, S. 441. Siehe ferner E. P. 217583 (Vickers), U. S. A. P. 1475822 (R. E. Hellmund) und D. R. P. 446344, F. P. 609450, Schweiz. P. 117859 (S. S. W.).

in der Art, wie es Abb. 322 zeigt. Es ergeben sich damit sehr handliche Maschinengruppen mit vergleichsweise kleinen Außenmassen.

Von besonderem Interesse ist das Verhalten der Umformergruppe, wenn im normalen Betrieb die Fahrdrahtspannung ausbleibt oder durch Springen des Stromabnehmers plötzlich unterbrochen wird. Es besteht dann nämlich ein geschlossener Stromkreis vom Motor der Umformergruppe durch die Hauptmotoren und die Schienen und damit die Gefahr eines Kurzschlußstromes. Die Wicklungsanordnung nach Abb. 321 verhindert jedoch das Auftreten eines solchen Kurzschlußstromes. Denn der durch die GegenEMK des Umformermotors erzeugte, zum Kurzschlußstrom anwachsende Strom bewirkt in dessen Hauptschlußwicklung eine Schwächung des Eigenfeldes und gleichzeitig die Vernichtung des Feldes des Generators. Letzterer verliert somit die Spannung, wodurch wieder das Verschwinden des Erregerfeldes im Motor beschleunigt und der Kurzschlußstrom im Entstehen vernichtet wird.

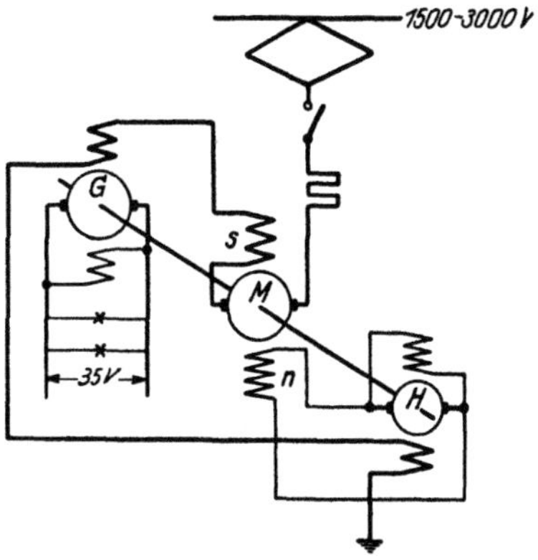

Abb. 323. Schaltung einer Hochspannungs-Niederspannungs-Umformergruppe mit Hilfserregermaschine. (Bauart B. B. C.)

Bei der Schaltung nach Abb. 321 werden die Schwankungen der Fahrdrahtspannung noch mehr oder weniger ungedämpft auf die Niederspannungsseite übertragen und würden dort den Einbau eines automatischen Spannungsreglers erforderlich machen, wenn sie eine gewisse Größe überschreiten. In einfacher Weise läßt sich jedoch der Einfluß von Spannungsschwankungen dadurch von der Niederspannungsseite fernhalten, daß man die Umformergruppe mit einer selbsterregten Hilfserregermaschine versieht, deren Widerstandsgerade mit dem geraden Teil ihrer Spannungskurve zusammenfällt und für welche die konstant zu haltende Drehzahl der Gruppe die kritische Tourenzahl für die Selbsterregung darstellt[1]). Geringe Abweichungen von dieser Drehzahl haben daher bereits große Spannungsänderungen der Hilfserregermaschine zur Folge, die so geschaltet ist, daß diese Spannungsänderungen jeweils einen der Drehzahländerung der Antriebsmaschine entgegenwirkenden Strom erzeugt. Abb. 323 zeigt die Schaltung. *M* ist wieder der Hochspannungsantriebsmotor, *G* die Niederspannungslichtmaschine und *H* die Hilfserregermaschine, die die Zusatzerregung *n* des Motors *M* speist. Durch passende Abstimmung der Wicklungen *s* und *n* hat man es in der Hand, daß einer Zunahme der Drehzahl eine rasche Steigerung des Motorfeldes, einer Abnahme der Drehzahl ebenso eine rasche Verminderung desselben entspricht, so daß wesentliche Änderungen der Drehzahl der Gruppe nicht eintreten können, gleichviel ob als Ursache dieser Drehzahländerungen Änderungen der Netzspannung oder der Belastung der Lichtmaschine in Frage kommen. Letztere wird ebenso wie die Hilfserregermaschine mit einer additiven vom Hauptstrom durchflossenen Kompoundwicklung von wenigen Windungen versehen, um ein rasches Einsetzen der Erregung zu sichern. Abb. 324 zeigt eine derartige Umformergruppe mit Hilfserregermaschine in der Ansicht.

Abb. 324. Hochspannungs-Niederspannungs-Umformergruppe mit Hilfserregermaschine. (Bauart B. B. C.)

Sind die auftretenden Spannungsschwankungen im Netz gering, so daß auf diese nicht Rücksicht genommen werden muß, dann ist die einfachere Schaltung nach Abb. 321 ohne Hilfserregermaschine ausreichend. Es kann sogar in manchen Fällen genügen, die Lichtmaschine

[1]) D. R. P. 366270, Ö. P. 93703, Schweiz. P. 90387 (B. B. C.). — Ähnlich ist die Schaltung der von der S. A. C. M. angegebenen Umformergruppe (F. P. 602406). Der Unterschied gegenüber der Schaltung nach Abb. 323 besteht nur darin, daß die schwachgesättigte von der Lichtmaschine fremderregte Hilfserregermaschine ihrerseits sich selbst, die Lichtmaschine und den Hochspannungsantriebsmotor zusätzlich erregt. Letztere erhält außerdem wie bei Schaltung nach Abb. 321 eine vom Lichtstrom durchflossene Gegenkompoundwicklung.

in sich additiv zu kompoundieren und eine Steigerung der Drehzahl der Gruppe bei zunehmender Entlastung durch ein auf der Umformerwelle angeordnetes Ventilatorflügelrad zu begrenzen, das zweckmäßig zur Kühlung der Motoren und Anfahrwiderstände herangezogen werden kann.

Der Hochspannungsantriebsmotor kann heute bis zu Spannungen von 3000 Volt als Einkollektormaschine ausgeführt werden. Immerhin ist die Ausführung mit zwei Kollektoren und zwei voneinander unabhängigen, in denselben Nuten gebetteten und in Reihe geschalteten Läuferwicklungen bei Spannungen über 1500 Volt heute noch die häufigere und insofern vorteilhaft, als sie gleichzeitig als Spannungsteiler verwendet werden kann und damit den Anschluß der früher erwähnten Hilfsmotoren wenn nötig an die halbe Fahrdrahtspannung ermöglicht.

Bei Lokomotiven, die für Nutzbremsung eingerichtet sind, kann man auch die dann erforderliche besondere Erregermaschine mit dem gemeinsamen Hochspannungsantriebsmotor kuppeln und diesen samt der Niederspannungslichtmaschine zu einer Dreimaschinengruppe vereinigen.

Angelassen wird die Umformergruppe, d. h. der Hochspannungsantriebsmotor von einem Führerstandshilfsschalter, der einen automatischen Schalter betätigt, der den Stufenwiderstand in ein bis zwei Stufen kurzschließt. Die Westinghouse Elc & Mfg Co. läßt die Umformergruppe von der zur Niederspannungsmaschine parallelgeschalteten Batterie in 3 Stufen an. Ein Zurückarbeiten des Motors als Generator bei Ausbleiben oder plötzlichem Sinken der Fahrdrahtspannung verhindert ein Rückstromrelais, das den Vorschaltwiderstand wieder einschaltet. Stufenweise wird der Vorschaltwiderstand auch durch Sicherungen verschieden großer Kapazität bei auftretenden Überströmen vorgeschaltet (Westinghouse).

Die Niederspannungs-Licht- und -Steuerstromkreismaschine bietet als gewöhnliche Kompounddynamo nichts Bemerkenswertes. Die Höhe der verwendeten Spannung ist sehr verschieden. Immerhin sollte nicht über 100 bis 110 Volt gegangen werden, einerseits um dickdrahtige, möglichst unempfindliche Lampen verwenden, andererseits um auch die Betätigungsspulen der Schützen, Relais, Ventile usw. mit wenigen Windungen dickeren Drahtes ausführen zu können. Die amerikanische Praxis trennt die Licht- und Steuerstromkreise ganz oder teilweise in der Art, daß die Niederspannungsdynamo als Doppelstrommaschine ausgeführt wird, die mit 100 Volt Gleichstrom die Steuerstromkreise speist, während die Lokomotivbeleuchtung mindestens aber die hochkerzigen Scheinwerfer an den Lokomotivstirnseiten mit Einphasenwechselstrom von etwa 34 Volt versorgt werden, der unter Zwischenschaltung eines kleinen Transformators von zwei Schleifringen der Niederspannungsdynamo abgenommen wird.

Zumeist wird in Parallelschaltung zur Niederspannungsmaschine eine Akkumulatorenbatterie verwendet, um wenigstens bei der Lokomotivbeleuchtung vom Fahrdraht unabhängig zu sein und im Falle Defektwerdens der Umformergruppe die Nebenstromkreise behelfsweise unter Spannung halten zu können. Für das Zusammenarbeiten von Maschine und Batterie dient die gleiche Apparatur, wie bei den Zugsbeleuchtungseinrichtungen.

Bezüglich der Ausführung und Anordnung der Schalttafeln, Schalter, Sicherungen usw. für die Nebenstromkreise, für die noch wenig Einheitlichkeit besteht, sei auf die Beschreibung ausgeführter Lokomotiven auf S. 412ff. verwiesen.

Schließlich sei darauf hingewiesen, daß die Trennung in direkt und indirekt über die Umformergruppe angeschlossene Nebenstromkreise keine scharfe und bei allen Lokomotiven eindeutig wiederkehrende ist. Namentlich die amerikanische und englichse Praxis schließt auch fast alle Hilfsmotoren an die Umformergruppe an. Diese wird dadurch wohl wesentlich größer, dafür aber werden die nunmehr an Niederspannung anzuschließenden Hilfsmotoren in den Abmessungen beträchtlich kleiner und auch betriebssicherer.

Zweiter Teil.

Lokomotiven für einphasigen Wechselstrom.

Einleitung.

1. Historische Übersicht.

Als man zum ersten Mal in den Neunzigerjahren ernstlich von der Elektrifizierung der Vollbahnen zu sprechen und vor allem dabei die Frage des Stromsystems näher zu studieren begann, drängte sich naturgemäß die Verwendung von Einphasenwechselstrom auf, um bei einpoliger Stromzuführung durch Verwendung hoher Fahrdrahtspannungen lange Strecken mit erträglichem Spannungsabfall überbrücken und betreiben zu können, da bei Gleichstrom die Verwendung höherer Fahrdrahtspannungen als 500 bis 600 Volt auf absehbare Zeit hinaus unmöglich schien.

Der praktischen Verwirklichung der Einphasenlokomotive aber, die unmittelbar, d. h. ohne Umformung, den Einphasenwechselstrom der Fahrleitung nur nach erfolgter Herabminderung der Spannung durch einen Transformator verarbeiten sollte, stellten sich jedoch Schwierigkeiten entgegen, da es einen brauchbaren Einphasenmotor zunächst noch nicht gab. Denn der Einphaseninduktionsmotor konnte als Motor ohne Selbstanlauf und seiner geringen Überlastungsfähigkeit wegen als Lokomotivmotor nicht in Frage kommen und der Reihenschlußmotor, der in geblätterter Ausführung gleich gut auch für Wechselstrom brauchbar schien, zeigte bei Betrieb mit Wechselstrom marktgängiger Frequenz[1]) derart große Funkenbildung am Kollektor unter Einfluß der vom Hauptfeld her in den von den Bürsten kurzgeschlossenen Spulen transformatorisch induzierten Spannungen und derart schlechte Anlaufverhältnisse, daß diese Motorbauart zunächst nur für ganz kleine Leistungen möglich schien, die für Lokomotiven nicht in Frage kommen konnten. Aus diesem Grunde verlor die Vollbahnelektrifizierung mittels Einphasenwechselstrom zunächst ihr Interesse und bei den in der zweiten Hälfte der neunziger Jahre und um die Jahrhundertwende verwirklichten Vollbahnelektrifizierungen wurde das Drehstromsystem angewendet.

Der erste brauchbare Einphasenmotor, der wieder das Einphasensystem oder im besonderen den Bau von Lokomotiven für Einphasenwechselstrom in den Vordergrund treten ließ, war der im Jahre 1901 von G. Winter und F. Eichberg angegebene Motor mit Querbürsten[2]), dessen Eignung als Fahrzeugmotor zunächst in einem sechsachsigen mit zwei Motoren ausgerüsteten Motorwagen auf der 4,1 km langen Strecke *Niederschöneweide—Spindlersfeld* ausprobiert wurde[3]). Die befriedigenden Ergebnisse dieser von der U. E. G. durchgeführten Versuche veranlaßten die Preußisch-Hessischen Staatsbahnen (G. Wittfeld) zu dem Entschluß, einen Versuch im größeren Maßstab zu machen, der über die Eignung des neuen Systems für den schweren Vollbahnbetrieb Aufschluß geben sollte. Gebaut wurde nun eine Lokomotive mit vier Achsen, wovon drei Achsen von Motoren in Tramaufhängung der Bauart Winter-Eichberg angetrieben wurden, die zusammen einstündig eine Zugkraft von 9000 kg bei 31,5 km/h entwickeln konnten. Fahrdrahtspannung war 6000 Volt, die Frequenz 25. Die Inbetriebnahme dieser ersten Einphasenlokomotive in Deutschland erfolgte im Jahre 1906 auf der *Oranienburger Versuchsbahn*[4]).

Inzwischen aber war es in der *Schweiz* gelungen, den Reihenschlußmotor zu einem brauchbaren Einphasenbahnmotor umzugestalten. Dort hatte sich die Maschinenfabrik Oerlikon der Generaldirektion der Schweizerischen Bundesbahnen bereits im Jahre 1902 erbötig gemacht, die Elektrifizierung der 20 km langen Strecke von Seebach nach Wettingen nach dem Einphasensystem auf eigene Rechnung und Gefahr durchzuführen. Der Vorschlag wurde angenommen und führte zu Anfang 1905 zunächst zur Indienststellung einer Einphasen-Gleichstrom-Umformerlokomotive (siehe S. 393), der jedoch noch im selben Jahre eine reine Einphasenlokomotive folgte. Diese erste Einphasenlokomotive der Welt wog 42 t und hatte zwei Drehgestelle, die je durch einen halbhoch im Rahmen gelagerten Motor von 250 PS Stundenleistung über ein Vorgelege und eine Schlitzkuppelstange (siehe Abb. 151 bis 154) angetrieben wurden. Die Motoren waren reine Reihenschlußmotoren mit ausgeprägten Polen, die als Neuerung gegenüber Gleichstrommaschinen der damaligen Bauart die von Ryan und Fischer-Hinnen angegebene Kompensationswicklung und Hilfspole hatten. Zu deren Erregerwicklung war ein Ohmscher Widerstand parallel geschaltet, durch den der Erregerstrom und damit der Hilfspolkraftfluß derart in der Phase gegen den Ankerstrom (Hauptstrom) verschoben wurde, daß die in den kurzgeschlossenen Spulen vom phasenverschobenen Hilfsfeld durch Rotation induzierten Spannungen der Summe aus den vom Hauptfeld transformatorisch und vom Ankerfeld durch Rotation induzierten Spannungen wenigstens bei dem hauptsächlich in Frage kommenden Drehzahlbereich das Gleichgewicht halten. Diese fundamentale Erkenntnis und die geniale Einfachheit ihrer Verwirklichung, die Dr. Behn-Eschenburg zu verdanken ist[5]) und die den Bau der ersten Einphasenlokomotive ermöglicht hat, wurde später bei allen Einphasenbahnmotoren angewendet. Namentlich in der Nachkriegszeit sind wohl ausschließlich nur Einphasenlokomotivmotoren gebaut worden, die, von unwesentlichen Modifikationen abgesehen, genau der Bauart der Motoren jener ersten Einphasenlokomotive entsprechen. Allerdings erkannte Dr. Behn-Eschenburg bereits damals die Zusammenhänge zwischen Kraftfluß, Polzahl, Leistung und Drehzahl einerseits und Höhe der transformatorisch induzierten also der Frequenz linear proportionalen Kurzschlußspannung andererseits, die zu um so günstigeren Abmessungen der Motoren führen mußten, je niedriger die Frequenz ist. Aus diesem Grunde wurde auch mit der Indienststellung der ersten Einphasenlokomotive mit Reihenschlußmotoren auf der Strecke Seebach—Wettingen die Frequenz von 50 Per/s auf 15 Per/s herabgesetzt. Die Fahrdrahtspannung betrug von Anfang an 15000 Volt. Es verdient festgehalten zu werden, daß die zuerst also bei der Versuchsstrecke Seebach—Wettingen angewendete besondere Niederfrequenz, d. h. die Leichtigkeit, mit der man hier und dann später auch gelegentlich der Inangriffnahme der Elektrifizierung von Teilen der Staatsbahnnetze Deutschlands, Österreichs, der Schweiz und der beiden skandinavischen Staaten, auf die auf die Motoren der Lokomotiven zugeschnittene Niederfrequenz unter Inkaufnahme elektrizitätswirtschaftlicher Sonderstellung glaubte übergehen zu können, den Bau von Großlokomotiven für einphasigen Wechselstrom und damit die Erfolge der elektrischen Zugföderung nach dem Wechselstromsystem ermöglicht hat.

Unabhängig von dieser Entwicklung hatte B. G. Lamme als Chefingenieur der Westinghouse Elc. & Mfg. Co. in East Pittsburgh im Jahre 1901 dadurch einen brauchbaren Einphasen-Reihenschlußmotor geschaffen, daß außer einer hier in sich kurzgeschlossenen Kompensationswicklung zwischen Ankerwicklung und Kollektor Verbinder aus Widerstandsmaterial angeordnet und bifilar im Nutgrund eingebaut wurden[6]), die die in den von den Bürsten kurzgeschlossenen Ankerspulen entstehenden Kurzschlußströme begrenzen und damit die von diesen herrührende Funkenbildung vermindern.

Die erste mit Motoren dieser Art ausgerüstete Lokomotive dürfte die B_0—B_0-Lokomotive der Spokane & Inland Ry gewesen sein, die Anfang 1906 in Betrieb kam. Noch im selben Jahre wurde auf der *New York, New Haven & Hartford Ry* die erste der heute 41 Maschinen umfassenden Reihe 01 von 1 B_0—$B_0$1-Lokomotiven in Betrieb gesetzt, die bei 99 t Gesamtgewicht eine Dauerzugkraft von 3750 kg bei 45 km/h ent-

[1]) An die Verwendung einer Sonderfrequenz für die Bahnelektrifizierung dachte man damals bezeichnenderweise noch nicht.

[2]) D. R. P. 153730, 175377, 195553. [3]) ETZ 1903, S. 709 und 833. [4]) ETZ 1908, S. 427.

[5]) Schweiz. P. 30388, D. R. P. 162781. [6]) D. R. P. 190085 (B. G. Lamme).

wickeln[1]). Der Antrieb der Triebachsen erfolgte durch den direkten Hohlwelleneinzelachsantrieb mit Federkupplung (siehe Abb. 80). Die New York, New Haven & Hartford Ry hat sich in der Folge zur bedeutendsten Einphasenbahn in der Union entwickelt, deren Fahrdrahtspannung von 11000 Volt und deren Frequenz von 25 dort zu Standardwerten wurden. Der Lokomotivpark der Bahn umfaßt heute ferner

42 Güter- und Personenzuglokomotiven Achsfolge 1 B_0—B_0 1 der Reihen 069, 071, 072, 073 und 076[2]) mit Antrieb der Triebachsen durch Zwillings- oder Einzelmotoren (Nr. 071 und 072) mit Übersetzungstriebwerk, Hohlwelle und Federkupplung (siehe Abb. 119 und 120). Die Lokomotiven wiegen 105, 127, 112, 107 bzw. 99 t und entwickeln eine Dauerzugkraft von 4860, 4500, 4540, 4850 bzw. 6600 kg bei 74, 85,2, 74, 74,5 und 54,8 km/h.

5 + 12 Schnellzuglokomotiven Achsfolge 1 C_0 1—1 C_0 1 (Reihe 300)[3]) mit Antrieb der Triebachsen durch Zwillingsmotoren mit Übersetzungstriebwerk, Hohlwelle und Federkupplung (siehe Abb. 119 und 120), die 158 bzw. 161 t wiegen und eine Dauerzugkraft von 5600 bzw. 5850 kg bei 98 bzw. 95 km/h entwickeln.

1 + 15 Verschublokomotiven Achsfolge B_0—B_0 (Reihe 0200 und 0201)[4]) mit Antrieb der Triebachsen durch Einzelmotoren mit Übersetzungstriebwerk, Hohlwelle und Federkupplung (siehe Abb. 119 und 120), die 71,6 bzw. 72,5 t wiegen und eine Dauerzugkraft von 6500 kg bei 18,35 bzw. bei 21,7 km/h entwickeln.

1 Güterzuglokomotive Nr. 068 Achsfolge 2 B_0—B_0 2 mit Antrieb der Triebachsen je durch einen halbhoch im Rahmen gelagerten Motor, wobei die Verbindung von der Kurbel des großen Zahnrades je durch eine kurze horizontale Kuppelstange erfolgt. Die Maschine entwickelt eine Dauerzugkraft von 10000 kg bei 42,5 km/h.

1 Güter- und Verschublokomotive Nr. 070[5]) Achsfolge 1 B+B 1 mit Antrieb der je zu zweit gekuppelten Triebachsen durch je einen hochgelagerten langsamlaufenden Motor über Schrägstangen und Blindwellen (siehe Abb. 90). Die Lokomotive wiegt 122 t und entwickelt eine Dauerzugkraft von 5450 kg bei 54,5 km/h.

Die Entwicklung der Einphasenlokomotiven ist in Amerika im wesentlichen auf die New York, New Haven & Hartford Ry beschränkt geblieben, und zwar in erster Linie deshalb, weil die Frequenz von 25 den Bau leistungsfähiger Lokomotivmotoren, nach denen die hohen in Amerika üblichen Triebachsdrücke verlangten, sehr erschwerte, und an die Einführung einer besonderen Frequenz für Bahnzwecke neben den beiden bereits bestehenden Frequenzen von 25 und 60 nicht zu denken war. Allenfalls sind noch die 5 + 2 Lokomotiven Achsfolge 1 B_0—B_0 1 (Reihe 4000 und 4005) der Boston & Maine-Bahn zu erwähnen mit Einzelachsantrieb durch Vorgelege, Hohlwelle und Federkupplung (siehe Abb. 119 und 120), die 118 bzw. 120 t wiegen und eine Dauerzugkraft von 8000 kg bei 41 km/h entwickeln[6]).

Die Weiterentwicklung der elektrischen Zugförderung mit Einphasenwechselstrom führt nach *Deutschland.* Dort hatten die Preußisch-Hessischen Staatsbahnen in den Jahren 1908/1909 auf Veranlassung von G. Wittfeld auf Grund der günstigen Ergebnisse mit der Oranienburger Versuchslokomotive (s. o.) die Hamburger Vorortbahn[7]) von Blankenese nach Ohlsdorf mit Einphasenwechselstrom von 6000 Volt Fahrdrahtspannung und 25 Per/s elektrifiziert, auf deren Motorwagen neben Motoren nach Bauart Winter-Eichberg (A. E. G.) auch Reihenschlußmotoren (S. S. W.) von grundsätzlich ähnlicher Bauart wie jene der Maschinenfabrik Oerlikon verwendet wurden. Kurz vorher war auch auf der seit 1905 mit Einphasenwechselstrom von 5500 Volt Fahrdrahtspannung und $16^2/_3$ Per/s elektrifizierten und mit Motorwagen betriebenen Überlandbahn von Murnau nach Oberammergau eine zweiachsige Lokomotive von 24 t Gewicht in Dienst gestellt worden[8]), die mit zwei Motoren in Tramaufhängung von je 175 PS Stundenleistung ausgerüstet war. Da sich namentlich auch auf Grund der Erfahrungen auf der Hamburger Vorortbahn bereits gezeigt hatte, daß der Winter-Eichberg-Motor mit seiner mehr oder weniger großen Abhängigkeit von der synchronen Drehzahl und seiner vergleichsweise geringen Leistung pro Pol in Zukunft gegenüber dem Reihenschlußmotor mit phasenverschobenem Hilfsfeld als Lokomotivmotor zurücktreten werde, entschieden sich die Preußisch-Hessischen Staatsbahnen im Jahre 1909 die 26 km lange Vollbahnstrecke von Dessau nach Bitterfeld mit 15000 Volt und $16^2/_3$ Per/s zu elektrifizieren. Damit trat an die deutsche elektrotechnische Praxis die Aufgabe heran, ausgesprochene Vollbahnlokomotiven für Einphasenwechselstrom zu bauen. Der Weg, den diese zur Lösung der Aufgabe einschlug, bleib bis zum Kriegsausbruch richtunggebend.

Man war nämlich einerseits aus Gründen der Billigkeit, andererseits in einer gewissen Abhängigkeit von der Dampflokomotive der Meinung, daß die ganze Lokomotivleistung in einem Motor, äußerstenfalls in zwei Motoren untergebracht werden müsse. Bei den immerhin ganz beträchtlichen Lokomotivleistungen ergaben sich hierdurch sehr große langsamlaufende Motoren, deren Kurbeln so hoch über jenen der Triebräder zu liegen kamen, daß zur Überbrückung der Entfernung lange senkrechte oder schräge Stangen und zu Anfang wenigstens durchwegs auch Blindwellen in Triebachshöhe vorgesehen wurden bzw. werden mußten. So entstanden die

3 Schnellzuglokomotiven der Reihe ES 1 (jetzt E 0002) mit der Achsfolge 2 B 1 und Antrieb der in der Mitte zwischen den beiden gekuppelten Triebachsen gelagerten Blindwelle durch eine senkrechte Triebstange (siehe Abb. 89). Die Maschinen wogen 73,6, 71,5 bzw. 72,0 t und entwickelten einstündig eine Zugkraft von 3630, 4100 und 4450 kg am Radumfang bei 75, 79 bzw. 80 km/h[9]).

2 + 11 Schnellzuglokomotiven der Reihe E 0109 Achsfolge 1 C 1 mit schrägem Blindwellenantrieb (siehe Abb. 90) und 81,3, 84,9 und 84 t Dienstgewicht, 6500, 5400 und 10000 kg Einstundenzugkraft bei 79, 85 und 45 km/h.

2 Schnellzug- und Personenzuglokomotiven der Reihe ES 4 und EP 201, Achsfolge 1 D 1 mit schrägem Blindwellenantrieb von zwei Motoren aus (siehe Abb. 124) und 96 und 90 t Dienstgewicht, 4000 und 8200 kg Einstundenzugkraft bei 75 und 70 km/h[10]).

7 Personenzuglokomotiven der Reihe E 3002 Achsfolge 1 C 1 mit schrägem Blindwellenantrieb (siehe Abb. 90), 83 t Dienstgewicht und 10600 kg Einstundenzugkraft bei 45 km/h[11]).

[1]) E. R. J. 1907, II, S. 246.
[2]) E. R. J. 1909, II, S. 462; 1910, I, S. 829; E. K. B. 1910, S. 339; E. R. J. 1912, I, S. 271 und 1085.
[3]) R. E. E. 1923, S. 105. [4]) E. R. J. 1912, I, S. 268; 1914, I, S. 1159; E. K. B. 1913, S. 538.
[5]) E. R. J. 1910, I, S. 830; E. K. B. 1910, S. 339; 1913, S. 534.
[6]) E. R. J. 1911, II, S. 881; E. K. B. 1913, S. 537. [7]) ETZ 1909, S. 1043; E. K. B. 1909, S. 600.
[8]) E. K. B 1909, S. 554. [9]) E. K. B. 1910, S. 281; 1912, S. 253 und 465.
[10]) E. K. B. 1912, S. 495; 1913, S. 114. [11]) ETZ 1919, S. 373.

7 Güterzuglokomotiven[1]) der Reihe E 7002 Achsfolge D mit schrägem Blindwellenantrieb (siehe Abb. 90) und 66, 62, 65,6 und 64 t und 6500, 5400, 5000 und 8500 kg Einstundenzugkraft bei 37,5, 30, 40 und 30 km/h. Die Indienststellung dieser Lokomotiven erfolgte in den Jahren 1911 bis 1914. Schon bald aber nach der Aufnahme des elektrischen Betriebes auf der Strecke Dessau—Bitterfeld im Frühjahr 1911 entschlossen sich die Preußisch-Hessischen Staatsbahnen zur Elektrifizierung der Strecke Lauban—Königszelt. Die Steigungsverhältnisse dieser Strecke führten naturgemäß zu Lokomotiven mit mehrheitlich kleiner Regelgeschwindigkeit, für die im Gegensatz zu den erwähnten D-Güterzuglokomotiven für die Strecke Dessau—Bitterfeld, die beim direkten Antrieb ganz besonders kleine Triebräder erhalten mußten, bereits Entwürfe mit raschlaufenden Motoren und Verwendung von Übersetzungstriebwerken durchgebildet wurden. So entstanden die

2 Personenzuglokomotiven der Reihe E 4900 Achsfolge 2 B+B 1 mit 111,45 t Dienstgewicht, 11000 kg Einstundenzugkraft bei 55 km/h, wobei die je zu zweit durch ein horizontales Kuppelgestänge gekuppelten Triebräder durch je einen halbhoch gelagerten Motor über ein Zahnradvorgelege angetrieben werden.

10 Güterzuglokomotiven der Reihe E 9051 Achsfolge C+C mit 98 t Dienstgewicht, 10500 kg Dauerzugkraft bei 32,3 km/h und Antrieb der je zu dritt gekuppelten Triebachsen durch einen Zwillingmsotor[2]) mit Vorgelege (siehe Abb. 37 und 155).

12 Güterzuglokomotiven der Reihe E 9138 Achsfolge B+B+B mit 100,725 t Dienstgewicht 10500 kg Dauerzugkraft bei 30 km/h und Antrieb der je zu zweit gekuppelten Triebachsen durch je einen halbhoch gelagerten Motor mit Vorgelege[3]).

27 Güterzuglokomotiven[4]) Reihe E 7111 Achsfolge B—B von 67,5 t Dienstgewicht, 6200 kg Dauerzugkraft bei 34,5 km/h und Antrieb der zweiachsigen Drehgestelle je durch einen halbhoch gelagerten schnelllaufenden Motor über ein Vorgelege und die Schlitzkuppelstange (siehe Abb. 151 bis 154).

Hierzu kam zunächst noch eine Personenzuglokomotive der Reihe E 5035 Achsfolge 2 D 1[5]), wobei der Antrieb der Triebachsen von einem großen langsamlaufenden Motor aus je durch zwei Schrägstangen über zwei Blindwellen erfolgt (siehe Abb. 92 und 93).

Dem Beispiel der Preußisch-Hessischen Staatsbahnen waren die Badischen und die Bayerischen Staatsbahnen gefolgt. Die ersteren elektrifizierten zwischen 1911 und 1913 die Wiesen- und Wehratalbahn (Basel—Schopfheim—Zell und Schopfheim—Säckingen zusammen 48,5 km) und wählten gleichfalls 15000 Volt und $16^2/_3$ Per/s. Der Lokomotivpark umfaßte

9 Lokomotiven der Reihe E 6101[6]) Achsfolge 1 C 1 mit 71 t Dienstgewicht, 3000 kg Dauerzugkraft bei 79 km/h und Antrieb der Triebachsen von zwei Motoren aus über zwei auf eine gemeinsame Blindwelle arbeitende Schrägstangen (siehe Abb. 124).

2 Lokomotiven der Reihe E 6121 Achsfolge 1 C 1 mit 70 t Dienstgewicht, 4300 kg Einstundenzugkraft bei 50 km/h und Antrieb der Triebachsen von zwei Motoren aus auf die mittlere Triebachse mittels Zweistangenantrieb (siehe Abb. 100).

Die Bayerischen Staatsbahnen elektrifizierten um dieselbe Zeit die außerordentlich steigungs- und krümmungsreiche 41 km lange Strecke Salzburg—Freilassing—Berchtesgaden und außerdem als Fortsetzung der Österreichischen Mittenwaldbahn (s. u.) die Strecke Garmisch-Partenkirchen—Griesen—Reutte. An Lokomotiven wurden für diese Strecken in Auftrag gegeben:

5 Lokomotiven der Reihe E 6201 Achsfolge 1 C 1 von 70 t Dienstgewicht, 9000 kg Einstundenzugkraft bei 30 km/h und Antrieb der Triebachsen von einem Motor aus mittels Schrägstange und Blindwelle (siehe Abb. 90).

4+4 Lokomotiven der Reihen E 3601 und E 3621 Achsfolge 2 C 1 von 82,3 t bzw. 94 t Dienstgewicht, 3300 kg Dauerzugkraft bei 53 km/h bzw. 80 km/h und Antrieb der Triebachsen von einem Motor aus mittels Schrägstange und Blindwelle (siehe Abb. 90).

3 Lokomotiven der Reihe E 7301 Achsfolge B_0—B_0 von 56 t Dienstgewicht, 4100 kg Dauerzugkraft bei 36 km/h und Antrieb durch Achsmotoren in Tramaufhängung.

2 Lokomotiven der Reihe E 7021[7]) Achsfolge B—B von 65 t Dienstgewicht, 6000 kg Dauerzugkraft bei 30 km/h. Jedes Drehgestell wird von einem halbhoch gelagerten schnellaufenden Motor über ein Zahnradvorgelege und Schlitzkuppelstange angetrieben (siehe Abb. 151 bis 154).

Noch bevor der Großteil der für die mitteldeutsche und schlesische Linie der Preußischen Staatsbahnen bestellten Lokomotiven abgeliefert und probiert werden konnten, brach der Weltkrieg aus, der die Entwicklung in Deutschland jählings unterbrach. Immerhin aber waren bis dahin so viel Betriebserfahrungen gesammelt worden, daß wenigstens in elektrischer Hinsicht von einer grundsätzlichen Eignung der neuen Betriebsform und der Lokomotiven gesprochen werden konnte. Weniger günstig waren die mit dem Triebwerk gemachten Erfahrungen, da auftretende Schüttelschwingungen (siehe S. 81f.), die infolge der großen Maße der Rotoren der langsamlaufenden Motoren in Verbindung mit der damals noch sehr mangelhaften, beträchtliches Lagerspiel zurücklassenden Triebwerkseinstellung besonders heftig waren, in vielen Fällen zu schweren Triebwerksbeschädigungen geführt hatten.

Besonders intensiv gestaltete sich die Entwicklung der Zugförderung mit einphasigem Wechselstrom und damit der Bau von Einphasenlokomotiven in der *Schweiz*. Dort hatte allerdings bei den Schweizerischen Bundesbahnen die Elektrifizierung, die zunächst nicht Bedürfnis schien, keine Fortsetzung erfahren und die Anlagen der Strecke Seebach—Wettingen wurden abgebrochen. Hingegen faßte die Berner-Alpenbahngesellschaft Bern—Lötschberg—Simplon (Lötschbergbahn) im Jahre 1909 den Entschluß, ihre im Bau befindliche Strecke nach Brig durch den Lötschbergtunnel von vornherein elektrisch zu betreiben und als Probestrecke die mit Dampflokomotiven befahrene Zufahrstrecke von Spiez nach Frutigen auf elektrischen Betrieb mit 15000 Volt und 15 Per/s umzustellen. Außer Motorwagen wurde eine Lokomotive mit der Achsfolge C—C beschafft (Nr. 121)[8]), von 86 t Dienstgewicht und 12800 kg Einstundenzugkraft bei 42 km/h, die im Jahre 1910 zur Ablieferung kam. Getreu den bei den ersten Lokomotiven für die Strecke Seebach—Wet-

---

[1]) E. K. B. 1912, S. 489. [2]) E. u. M. 1921, S. 575. [3]) E. K. B. 1913, S. 112; 1919, S. 153.
[4]) AEG-Mitt. 1918, S. 1; 1920, S. 25. [5]) E. K. B. 1918, S. 129; 1920, S. 238; 1921, S. 201.
[6]) E. K. B. 1913, S. 214. [7]) E. u. M. 1921, S. 576.
[8]) Schweiz. Bauzg. 1911, I, S. 75ff.; E. u. M. 1911, S. 206.

tingen angewendeten Baugrundsätzen erhielt die Lokomotive zwei raschlaufende Motoren, die je über ein Zahnradvorgelege in Verbindung mit flachen Schrägstangen auf die Triebräder arbeiten (siehe Abb. 147). Die Lokomotive, die mit einer eingebauten Motorleistung von 2000 PS damals die leistungsfähigste Einphasenlokomotive war, bewährte sich in allen Teilen so sehr, daß die Lötschbergbahn für den Dienst auf der durchgehenden Linie bis Brig im Jahre 1912 13 Lokomotiven mit der Achsfolge 1 E 1 von 13500 kg Zugkraft ($1/1_2$stündig) bei 50 km/h in Auftrag gab, die einheitlich nach Entwürfen der Maschinenfabrik Oerlikon für den elektrischen Teil ausgeführt wurden. Bei diesen Lokomotiven (Reihe 151)[1]) mit 107 t Dienstgewicht, die noch bis vor wenigen Jahren als die leistungsfähigsten Einphasenlokomotiven der Welt galten, erfolgt der Antrieb durch zwei Motoren von je 1250 PS $1^1/_2$ Stundenleistung, die je mit einem Ritzel auf je eine Blindwelle arbeiten, deren Kurbeln durch den flachen Kuppelrahmen verbunden sind, in deren Kulisse der Kurbelzapfen des mittleren Triebrades geführt wird (siehe Abb. 145).

Im Jahre 1926 erfuhr dann der Lokomotivpark der Lötschbergbahn eine interessante Erweiterung durch die zwei Lokomotiven der Reihe 201 mit der Achsfolge 1 C_0—C_0 1 von 141 t Dienstgewicht und 20000 kg Dauerzugkraft bei 50 km/h. Eine ausführliche Beschreibung dieser z. Zt. leistungsfähigsten Einphasenlokomotive (Abb. 429 und Taf. XIV) der Welt findet sich auf S. 436 dieses Buches.

Dem Beispiel der Lötschbergbahn folgte eine weitere größere schweizerische Privatbahn, und zwar die Rhätische Bahn. Diese beschloß im Jahre 1910 ihre damals im Bau befindliche Unterengadiner Linie von Bevers nach Schuls-Tarasp für elektrischen Betrieb einzurichten und gleichzeitig die übrigen Engadinerstrecken Bevers—St. Moritz und Samaden—Pontresina zusammen 62 km auf die neue Betriebsform umzustellen. Gewählt wurde Einphasenwechselstrom von $16^2/_3$ Per/s, nur die Fahrdrahtspannung glaubte man mit Rücksicht auf die engen Tunnelprofile dieser Schmalspurbahn auf 11000 Volt beschränken zu sollen.

Für den Betrieb auf diesen Strecken gelangten in den Jahren 1912/13 zunächst folgende Lokomotiven zur Ablieferung:

7 Lokomotiven der Reihe 201 mit der Achsfolge 1 B 1 von 36,7 t Dienstgewicht und 2800 kg Einstundenzugkraft bei 28 km/h und Antrieb durch einen langsamlaufenden Repulsionsmotor, der mittels Schrägstange auf eine zwischen den beiden gekuppelten Triebachsen gelagerte Blindwelle arbeitet (siehe Abb. 90)[2]).

1 Lokomotive Nr. 301 Achsfolge 1 D 1 von 55,17 t Dienstgewicht, 5600 kg Einstundenzugkraft bei 28 km/h und Antrieb durch zwei langsamlaufende Repulsionsmotoren, die mittels Zweistangenantrieb auf den Kurbelzapfen einer der vier Triebachsen arbeiten (siehe Abb. 100)[2]).

1 Lokomotive Nr. 302 Achsfolge 1 D 1 von 57 t Dienstgewicht 7200 kg Einstundenzugkraft bei 34 km/h und Antrieb durch zwei langsamlaufende Repulsionsmotoren, die mittels Zweistangenantrieb auf einen gelenkig ausgebildeten Punkt des Kuppelgestänges arbeiten (siehe Abb. 101)[3]).

2+3+1 Lokomotiven der Reihen 351, 353 und 391 mit der Achsfolge 1 D 1 von 49,6, 56,4 und 55,4 t Dienstgewicht. 5750 kg, 7400 kg und 5750 kg Einstundenzugkraft bei 28, 30 und 28 km/h[4]). Der Antrieb erfolgt von zwei raschlaufenden Motoren aus über ein gemeinsames Vorgelege und eine Schrägstange auf eine in Triebachshöhe gelagerte Blindwelle (siehe Abb. 143).

Unter dem Eindruck der während der Kriegszeit eingetretenen außerordentlichen Steigerung der Kohlenpreise und der Kohlennot elektrifizierte dann die Rhätische Bahn von 1919 bis 1922 die übrigen 215 km ihres Netzes. Für die Führung der Schnellzüge auf den steigungsreichsten Strecken des Netzes von Chur über Thusis, Filisur nach St. Moritz (Albula-Linie) dann von Chur über Landquart nach Klosters und Davos wurden ab 1922 nach und nach 12 Lokomotiven (Reihe 401) mit der Achsfolge C—C von 66 t Dienstgewicht und 8100 kg Dauerzugkraft bei 30 km/h in Dienst gestellt (siehe Abb. 240)[5]). Der Antrieb der je zu dritt gekuppelten Triebachsen erfolgt genau wie bei der oben erwähnten C—C-Lokomotive Nr. 121 der B. L. S. durch je einen raschlaufenden Motor über ein Zahnradvorgelege und eine je am innersten Triebrad angreifende Schrägstange. Es handelt sich hier um die bis jetzt leistungsfähigste Einphasenlokomotive für Schmalspur.

Die Schweizerischen Bundesbahnen (S. B. B.) begannen erst während des Krieges mit der Elektrifizierung eines Teiles ihrer Linien wieder zunächst wegen des durch die Kriegsverhältnisse eingetretenen Mangels an Kohlen, die zu stets steigenden Preisen restlos aus dem Ausland eingeführt werden mußten. Den deutschen Eisenbahnverwaltungen, der Lötschbergbahn und den Empfehlungen der Schweiz. Studienkommission für elektrischen Bahnbetrieb folgend wurde als Stromsystem Einphasenwechselstrom mit 15000 Volt Fahrdrahtspannung und $16^2/_3$ Per/s gewählt und der Anfang mit der 32 km langen Strecke Bern—Thun gemacht, auf der man die ersten Lokomotiven zunächst auszuprobieren gedachte. Diese bestanden in:

1 Schnellzuglokomotive Nr. 11201 Achsfolge 1 C 1 von 91 t Dienstgewicht, 7400 kg Dauerzugkraft bei 50 km/h und Antrieb der Triebachsen von zwei Motoren aus über je ein Vorgelege und den flachen Kuppelrahmen, in dessen Kulisse der Kurbelzapfen des mittleren Triebrades mittels Gleitklotz geführt wird[6]).

1 Güterzuglokomotive Nr. 14201 Achsfolge 1 C—C 1 von 121 t Dienstgewicht, 13700 kg Dauerzugkraft bei 43 km/h und Antrieb der je zu dritt gekuppelten Triebachsen je von zwei auf ein gemeinsames Vorgelege arbeitenden Motoren und einer hier je an der äußersten Triebachse der Drehgestelle angreifenden flachen Schrägstange[7]).

1 Schnellzuglokomotive Nr. 12301 Achsfolge 1 B—B 1 von 113,5 t Dienstgewicht, 9700 kg Dauerzugkraft bei 50 km/h. Je zwei Triebachsen sind durch eine Schlitzkuppelstange verbunden, in deren Gleitklotz der Kurbelzapfen der von zwei Motoren mittels Ritzel angetriebenen Blindwelle geführt wird.

---

[1]) Schweiz. Bauzg. 1914, I, S. 29ff.; E. u. M. 1912, S. 1071; 1913, S. 956. [2]) E. u. M. 1919, S. 250.

[3]) Die Bauart der Lokomotiven der Reihen 201 und 301 mit reiner Stangenübertragung war bedingt durch die Verwendung von Repulsionsmotoren, die man damals der einfachen Drehzahlregelung wegen noch für eine für den elektrischen Bahnbetrieb aussichtsreiche Motorart hielt. Die wie beim Winter-Eichberg Motor auch beim Repulsionsmotor aus Kommutationsgründen bedingte geringe Leistung pro Pol und die Bindung an die synchrone Drehzahl führen bei einigermaßen größerer Lokomotivleistung zu vielpoligen langsamlaufenden Motoren, die durch ihre Abmessungen und ihre Drehzahl die Verwendung von Übersetzungstriebwerken ausschließen und automatisch zu reinen Stangenübertragung führen.

[4]) E. u. M. 1919, S. 250 und 251; AEG-Mitt. 1919, S. 73. [5]) BBC-Mitt. 1922, S. 106.

[6]) Schweiz. Bauzg. 1918, I, S. 213; 1919, I, S. 110. [7]) BBC-Mitt. 1919, S. 79; ETZ 1922, S. 117ff.

1 Schnellzuglokomotive Nr. 12302 Achsfolge 1 B—B 1 von 107,3 t Dienstgewicht und 8800 kg bei 58 km/h. An Stelle der Schlitzkuppelstange wird hier je zur Kupplung der beiden Triebachsen ein durchgehendes horizontales durch die Blindwellenkurbel gelenkig unterbrochenes Kuppelgestänge verwendet[1]) (Abb. 35).

Die Fertigstellung dieser Probelokomotiven, die sich durch die durch die Kriegsverhältnisse bedingte Materialnot verzögerte, konnte jedoch nicht abgewartet werden und es wurde im Jahre 1918 mit der Vergebung des Lokomotivparkes für die Gotthardstrecke Luzern—Chiasso begonnen. Die Aufnahme des elektrischen Betriebes auf dieser Strecke erfolgte abschnittweise. Am 18. Oktober 1920 wurde der elektrische Betrieb auf der Nordseite von Erstfeld bis Airolo also unter Einschluß des großen Gotthardtunnels aufgenommen, dann folgten der Reihe nach die Abschnitte Airolo—Biasca, Biasca—Bellinzona und Erstfeld—Arth-Goldau. Mit der Aufnahme des elektrischen Betriebes auf der Strecke Arth-Goldau—Luzern am 28. Mai 1922 stand die ganze 225 km lange Strecke von Luzern bis Chiasso in elektrischem Betrieb.

Bereits aber im Jahre 1920 waren die Schweizerischen Bundesbahnen entschlossen, bei der Elektrifizierung der Gotthardstrecke nicht stehen zu bleiben, sondern den elektrischen Betrieb auf allen jenen durch besondere Verkehrsleistung ausgezeichneten Strecken ihres Netzes durchzuführen, auf denen sich dieser unter Zugrundelegung eines bestimmten Kohlenpreises (siehe Abb. 1) dem Dampfbetrieb als wirtschaftlich überlegen erweisen mußte. So entstand das zunächst für eine Bauzeit von 15 Jahren bemessene, später auf 10 Jahre reduzierte, z. Zt. in Durchführung begriffene beschleunigte Elektrifizierungsprogramm der Schweizerischen Bundesbahnen, nach dem diese bis Ende 1928 einschließlich der bereits vorher bestandenen elektrifizierten Strecken (Simplon-Tunnel, Seetalbahn) ein elektrifiziertes Netz von 1594 km einfacher Streckenlänge[2]) besitzen werden.

Der den Schweizerischen Bundesbahnen bis Ende 1928 zur Verfügung stehende Lokomotivpark umfaßt außer den genannten vier Probelokomotiven

40 Schnellzuglokomotiven Reihe 12303 Achsfolge 1 B—B 1 von gleicher Bauart wie die 1 B—B 1-Probelokomotive Nr. 12302[3]).

33 Güterzuglokomotiven Reihe 14251 Achsfolge 1 C—C 1 von 128 t Dienstgewicht und 13100 kg Dauerzugkraft bei 35 km/h (Abb. 41). Der Antrieb der drei Triebachsen der Drehgestelle erfolgt durch je zwei Motoren über ein gemeinsames Vorgelege, an dessen Blindwellenkurbel ein flacher Kuppelrahmen angreift, dessen anderes Ende in einer weiteren außerhalb der äußersten Triebachse in Schwinghebeln gelagerten Blindwelle geführt ist (siehe Abb. 146)[4]).

18 Güterzuglokomotiven Reihe 14301 Achsfolge 1 C—C 1 von 131 t Dienstgewicht und 19000 kg Dauerzugkraft bei 35 km/h. Eine ausführliche Beschreibung dieser Lokomotiven (Abb. 425 und Tafel XII) findet sich auf S. 433 dieses Buches.

3 Güterzuglokomotiven Reihe 15301[5]) Achsfolge C—C von 73,05 t Dienstgewicht, 9000 kg Dauerzugkraft bei 29,2 km/h und Antrieb der Triebachsen wie bei den vorgenannten Lokomotiven der Reihe 14301.

60 Schnellzuglokomotiven Reihe 10401[6]) Achsfolge 2 C 1 von 96 t Dienstgewicht, 7400 Dauerzugkraft bei 70 km/h und Antrieb der Triebachsen von zwei Motoren aus über Vorgelege und den flachen Kuppelrahmen (siehe Abb. 34).

26 Schnellzuglokomotiven Reihe 10201[7]) Achsfolge 1 $C_0$1 von 82,6 t Dienstgewicht, 6300 kg Dauerzugkraft bei 62 km/h und Einzelachsantrieb durch Zwillingsmotoren mit Zahnradübersetzung, Hohlwelle und der Westinghouse-Federkupplung (siehe Abb. 119 und 120).

11 Schnellzuglokomotiven Reihe 10261 Achsfolge 2 $C_0$1 von 90 t Dienstgewicht, 6300 kg Dauerzugkraft bei 62 km/h und Einzelachsantrieb wie bei den vorerwähnten Lokomotiven der Reihe 10201.

6 Schnellzuglokomotiven (Reihe 12501)[8]) Achsfolge 1 $B_0$1—$B_0$1 von 111 t Dienstgewicht, 9600 kg Dauerzugkraft bei 54 km/h und Einzelachsantrieb wie bei den vorerwähnten Lokomotiven (siehe Abb. 39).

114 Schnellzuglokomotiven (Reihe 10601)[9]) Achslage 2 $C_0$1 von 94 t Dienstgewicht, 7600 kg Dauerzugkraft bei 70 km/h und Einzelachsantrieb System Brown Boveri-Buchli (siehe Abb. 38 bzw. Abb. 130 und 131).

24 Schnellzuglokomotiven (Reihe 10901) Achsfolge 2 $D_0$1 von 118 t Dienstgewicht, 10400 kg Dauerzugkraft bei 70 km/h und Einzelachsantrieb System Brown Boveri-Buchli (Abb. 130 und 131). Eine ausführliche Beschreibung dieser Lokomotivtype findet sich auf S. 439 dieses Buches.

1 Schnellzuglokomotive Nr. 11000 Achsfolge 1 $B_0$1—1 $B_0$1 von 133 t Dienstgewicht 9100 kg Dauerzugkraft bei 65 km/h und Einzelachsantrieb System Brown-Boveri-Buchli (Abb. 130 und 131) bei einem Drehgestell und System Tschanz (siehe Abb. 162) beim anderen Drehgestell (Abb. 241).

2 Verschublokomotiven Reihe 16301[10]) Achsfolge 1 C von 48,8 t Dienstgewicht, 4800 kg Dauerzugkraft bei 29,2 km/h und Antrieb der drei gekuppelten Triebachsen von einem Motor aus über Vorgelege und Schrägstange.

16 Verschublokomotiven Reihe 16311 Achsfolge C von 45 t Dienstgewicht, 4800 kg Dauerzugkraft bei 29,2 km/h und Antrieb der Triebachsen wie bei den vorerwähnten Verschublokomotiven der Reihe 16301.

2+3 Verschublokomotiven Reihe 16001 Achsfolge B von 24,5 t Dienstgewicht, 6000 kg Anfahrzugkraft und Antrieb der beiden gekuppelten Triebachsen durch einen auf eine der beiden mittels doppeltem Vorgelege arbeitenden Achsmotor[11]).

[1]) BBC-Mitt. 1919, S. 79; ETZ 1922, S. 117ff.

[2]) Außer der Gotthardstrecke Luzern—Chiasso umfaßt dieses Netz die Strecken (geordnet nach der zeitlichen Reihenfolge der Aufnahme des elektrischen Betriebes): Arth-Goldau—Zug, Immensee—Rotkreuz, Luzern—Zug (1922); Zug—Zürich, Sitten—St. Maurice (1923); Luzern—Olten, St. Maurice—Lausanne, Olten—Basel, Thalwil—Richterswil (1924); Zürich—Olten, Lausanne—Yverdon, Daillens—Vallorbe, Zürich—Winterthur, Olten—Bern, Renens—Genève (1925); Lausanne—Palézieux, Zürich—Rapperswil, Brugg—Basel (1926); Brig—Sitten, Palézieux—Bern, Rapperswil—Wattwil, Rotkreuz—Hendschiken—Rupperswil, Hendschiken—Brugg, Winterthur—St. Gallen—Rorschach, Olten—Yverdon, Richterswil—Sargans—Buchs (1927); Zollikofen—Biel—Grenchen-Delémont, Sargans—Chur, Winterthur—Romanshorn—Rorschach, Oerlikon—Schaffhausen (1928).

[3]) siehe Fußnote[1]).

[4]) Schweiz. Bauzg. 1920, I, S. 229.

[5]) BBC-Mitt. 1927, S. 78.

[6]) Schweiz. Bauzg. 1925, I, S. 277.

[7]) Schweiz. Bauzg. 1923, I, S. 270.

[8]) Schweiz. Bauzg. 1922, II, S. 97.

[9]) BBC-Mitt. 1922, S. 91.

[10]) BBC-Mitt. 1925, S. 223.

[11]) Bull. Tech. de la Suisse Romande 1927, S. 298.

Dem Beispiel der Schweizerischen Bundesbahnen folgten schließlich einzelne der sogenannten Bernischen Dekretsbahnen, die z. T. von der Lötschbergbahn (B. L. S.) betrieben werden (Bern—Belp—Thun, Spiez—Erlenbach—Zweisimmen, Bern—Schwarzenburg) teils von dieser übernommen wurden (Thun—Spiez, Spiez—Interlaken—Bönigen). Der Lokomotivpark besteht aus

7 + 10 Lokomotiven der Reihen 301 und 308[1]) Achsfolge 1 B—B 1 von 68,5 t Dienstgewicht und 6500 kg Dauerzugkraft bei 35 km/h. Je zwei Triebachsen sind durch eine Schlitzkuppelstange verbunden, in deren Gleitklotz der Kurbelzapfen der von je einem Motor mittels Ritzel angetriebenen Blindwelle geführt wird.

In *Schweden* hatten die Schwedischen Staatsbahnen gleichfalls im Jahre 1905 mit Versuchen mit Einphasenlokomotiven (25 Per/s) auf der Strecke Tempteboda—Värtan begonnen, die zunächst der Erprobung der Stromabnahme vom Fahrdraht bei hohen Geschwindigkeiten und Fahrdrahtspannungen dienten. Nach Erwerbung der erforderlichen Wasserkräfte durch den Staat bzw. die Schwedischen Staatsbahnen wurde im Jahre 1910 mit der Elektrifizierung (15000 Volt, 15 Per/s) der vornehmlich dem Erztransport dienenden Strecke Kiruna—Riksgränsen begonnen, eines Teilstückes der schwedisch-norwegischen Ofotbahn. Im Juni 1914 wurde mit den Probefahrten begonnen. Der bald darauf ausbrechende Krieg brachte eine empfindliche Störung aller Arbeiten, so daß erst im März 1915 der elektrische Betrieb im vollem Umfang aufgenommen werden konnte. An Lokomotiven standen zur Verfügung:

13 + 6 Güterzuglokomotiven Achsfolge 1 C+C 1 von 138 t Dienstgewicht und 16200 kg Einstundenzugkraft bei 28,3 km/h. Der Antrieb der drei gekuppelten Triebachsen jedes Drehgestelles erfolgt von einem hochliegenden langsamlaufenden Motor aus mittels Schrägstange und Blindwelle (siehe Abb. 90)[2]).

2 Schnellzuglokomotiven Achsfolge 2 B 2 von 90 t Dienstgewicht und 5400 kg Einstundenzugkraft bei 50 km/h und analogem Antrieb der beiden Triebachsen wie bei den vorerwähnten Güterzuglokomotiven[2]).

Im Jahre 1916 beantragten die Schwedischen Staatsbahnen die Fortsetzung der Elektrifizierung nach Süden, die abschnittweise zuerst bis Gellivare (1920), dann bis Nattavara (1921) und schließlich bis Luleå resp. Svartön (1922) ausgedehnt werden konnte, so daß nunmehr die ganze rund 450 km lange Strecke von Luleå bis Riksgränsen im elektrischen Betrieb steht. Für den Dienst auf dieser Strecke wurden dann noch folgende Lokomotiven beschafft:

10 Güterzuglokomotiven Achsfolge D von 68,5 t Dienstgewicht und 6200 kg Dauerzugkraft bei 36 km/h. Der Antrieb erfolgt durch einen Doppelmotor mit zwei Ritzeln auf ein Blindwellenzahnrad, dessen Kurbelzapfen in der Kulisse einer Schlitzkuppelstange geführt wird, die den mittleren Teil eines die Kurbelzapfen aller vier Räder verbindenden horizontalen Kuppelgestänges bildet[3]).

2 Schnellzuglokomotiven Achsfolge 2 B+B 2 von 123,2 t Dienstgewicht und 5700 kg Dauerzugkraft bei 78 km/h. Der Antrieb der Triebachsen jedes Drehgestelles erfolgt je von einem Doppelmotor mit zwei Ritzeln auf ein Blindwellenzahnrad, dessen Kurbelzapfen den Anschluß für das die Triebachsen verbindende horizontale Kuppelgestänge bildet[4]).

5 Güterzuglokomotiven Achsfolge 1 C+C 1 von 130 t Dienstgewicht, 18500 kg Einstundenkraft bei 39,3 km/h und analogem Antrieb wie bei den vorerwähnten Schnellzuglokomotiven.

11 + 3 Güterzuglokomotiven Achsfolge 1 C+C 1[5]) von 126,8 t Dienstgewicht, 12250 kg Dauerzugkraft bei 45 km/h und analogem Antrieb wie bei den vorerwähnten Schnellzuglokomotiven.

2 Güterzuglokomotiven Achsfolge B—B von 68 t Dienstgewicht, 8900 kg Dauerzugkraft bei 23 km/h und Antrieb der Triebachsen jedes Drehgestelles durch einen raschlaufenden Motor, Zahnradvorgelege und die Schlitzkuppelstange (siehe Abb. 152)[6]).

Auf der südschwedischen, 460 km langen Transversallinie Stockholm—Götheborg, mit deren Elektrifizierung im Jahre 1923 begonnen worden war, wurde der elektrische Betrieb im Juni 1926 aufgenommen, und zwar mit

40 + 10 Personen- und Schnellzuglokomotiven Achslage 1 C 1 von 79,5 t Dienstgewicht und 8800 bzw. 6600 kg Dauerzugkraft bei 49 bzw. 65 km/h[7]). Ein Doppelmotor arbeitet mit zwei Ritzeln auf ein Blindwellenzahnrad, von dessen Kurbel aus die Triebräder durch horizontale Kuppelstangen angetrieben werden.

Für den Verschubdienst dienen 3 Verschublokomotiven Achsfolge C von 46,2 t Dienstgewicht, 7400 kg Dauerzugkraft bei 25 km/h und Antrieb der Triebräder mittels flacher an der Kurbel des Blindwellenzahnrades angreifender Schrägstange.

Unter den mit Einphasenstrom elektrifizierten Privatbahnen ist als bedeutendste die der Uddeholm-Gesellschaft gehörige, 158 km lange Nordmark Klarälfens-Bahn zu nennen, die Skoghall am Vänern See mit Filipstad verbindet. Zum Betrieb der Bahn dienen 15 schmalspurige (891 mm) Lokomotiven[8]) Achsfolge 1 C 1 von 40,55 t Dienstgewicht und 4500 kg Einstundenzugkraft bei 25 km/h. Der Antrieb erfolgt von einem hochgelagerten raschlaufenden Motor aus über ein Vorgelege und eine Schrägstange auf eine in Triebachshöhe gelagerte Blindwelle. Die Fahrdrahtspannung ist 15000 Volt, die Periodenzahl zunächst 25 später $16^2/_3$.

In *Norwegen* wurde der elektrische Betrieb zuerst auf der 53 km langen Strecke Oslo-Drammen aufgenommen (1922). Der Lokomotivpark umfaßt:

22 Lokomotiven Reihe 2001 Achsfolge B—B von 62 t Dienstgewicht und 5500 kg Dauerzugkraft bei 37 km/h und Antrieb der beiden Triebachsen jedes Drehgestelles durch Vorlegemotor und wagerechtes Kuppelgestänge.

2 Lokomotiven Reihe 2023[9]) Achsfolge 1 B—B 1 von 4100 kg Dauerzugkraft bei 59,5 km/h und analogem Antrieb wie bei den vorerwähnten Lokomotiven, wobei das Kuppelgestänge wegen der überhöhten Lagerung des Blindwellen-Zahnrades in Form von Schlitzkuppelstangen ausgebildet ist.

Fast gleichzeitig mit der Elektrifizierung der Strecke Oslo—Drammen wurde mit jener des auf norwegischem Gebiet gelegenen Schlußstückes der Ofotbahn, d. i. der rund 40 km langen Strecke Riksgränsen—Narvik, begonnen und 1925 vollendet. Der Lokomotivpark umfaßt:

2 + 2 Güterzuglokomotiven Reihe 2033[10]) und 2044 Achsfolge 1 C—C 1 von 135 t Dienstgewicht und 15000 kg Dauerzugkraft bei 40 km/h. Der Antrieb der je zu dritt gekuppelten Achsen eines Drehgestelles erfolgt je von einem Doppelmotor aus mittels zweier Ritzel auf ein Blindwellenzahnrad, dessen Kurbelzapfen je mit jenem des innersten Triebrades durch eine flache Schrägstange verbunden ist (siehe Abb. 147).

---

[1]) BBC-Mitt. 1920, S. 172; E. u. M. 1920, S. 504. [2]) E. K. B. 1915, S. 232, 297; Z. V. d. I. 1920, S. 205. [3]) E. u. M. 1923, S. 241. [4]) Siehe Fußnote [3]). [5]) Siemens Z. 1923, S. 120; Z. V. d. I. 1924, S. 74. [6]) E. u. M. 1921, S. 227; AEG-Mitt. 1921, S. 45. [7]) E. u. M. 1926, S. 797. [8]) E. u. M. 1922, S. 25; AEG-Mitt. 1922, S. 83. [9]) BBC-Mitt. 1921, S. 92. [10]) BBC-Mitt. 1924, S. 230.

2 Güterzuglokomotiven Reihe 2025[1]) Achsfolge 1 C—C 1 von 132,7 t Dienstgewicht und 12000 kg Dauerzugkraft bei 45 km/h. Der Antrieb erfolgt von dem in Triebachshöhe gelagerten Blindwellenzahnrad durch ein horizontales Kuppelgestänge.

Schließlich wurden für die Elektrifizierung der Strecke Oslo—Lilleström (Hovedbahn) 9 Lokomotiven Reihe 2035 Achsfolge B—B von 68 t Dienstgewicht, 6550 kg Dauerzugkraft bei 44 km/h in Auftrag gegeben. Die beiden Triebachsen eines Drehgestelles werden über beidseitige Zahnradübersetzungen, Blindwelle und wagerechte Kuppelstangen angetrieben[2]).

Für die private schmalspurige Thamshavenbahn wurden 5 Lokomotiven geliefert, davon

3 mit der Achsfolge B_0—B_0 von 20 t Dienstgewicht, Achsmotoren in Tramaufhängung und 3000 kg Einstundenzugkraft bei 18 km/h[3]).

2 mit der Achsfolge B—B, 42 t Dienstgewicht, 6200 kg Einstundenzugkraft bei 23,2 km/h und Antrieb der Drehgestelle je über beidseitige Zahnradübersetzungen, Blindwelle und Schlitzkuppelstangen.

In *Österreich* wurde im Jahre 1910 der elektrische Betrieb auf der 106 km langen Bahn St. Pölten—Mariazell—Gußwerk aufgenommen (6000 Volt, 25 Per/s), und zwar mit

11 + 5 Lokomotiven Achsfolge C—C von 47 t Dienstgewicht und 5000 kg Einstundenzugkraft bei 35 km/h und Antrieb der je zu dritt durch Schlitzkuppelstangen gekuppelten Triebräder je von einem raschlaufenden Motor über ein Zahnradvorgelege. Unter Berücksichtigung der Spurweite von nur 760 mm geht die Leistungsfähigkeit dieser Lokomotiven[4]) noch über die der oben erwähnten C—C-Lokomotiven Reihe 401 der Rh. B. hinaus.

Im Jahre 1912 wurde die 107 km lange auf bayerischem Gebiet zum Netz der Reichsbahn gehörige Mittenwaldbahn Innsbruck—Garmisch-Partenkirchen—Reutte fertiggestellt und für den österreichischerseits zu betreibenden Streckenteil Innsbruck—Garmisch-Partenkirchen

9 Lokomotiven Reihe 1060 mit der Achsfolge 1 C von 53 t Dienstgewicht 7500 kg Einstundenzugkraft bei 30 km/h in Dienst gestellt[5]), deren Triebräder von einem hochgelagerten langsamlaufenden Motor aus mittels Schrägstange und Blindwelle (siehe Abb. 90) angetrieben werden.

Auf der im Jahre 1914 dem Betrieb übergebenen 69 km langen Überlandbahn Wien—Preßburg, deren Fahrdrahtspannung und Periodenzahl gleichfalls 15000 Volt bzw. $16^2/_3$ Per/s beträgt, wurden außer

3 Lokomotiven ganz gleicher Bauart wie jene der Mittenwaldbahn,

8 Lokomotiven Achsfolge 1 B 1 von 53,3 t Dienstgewicht und 5200 kg Einstundenzugkraft bei 39 km/h in Dienst gestellt[6]). Der Antrieb erfolgt wieder von einem langsamlaufenden Motor mittels Schrägstange und Blindwelle (siehe Abb. 90).

An die Elektrifizierung der staatlichen steigungs- und tunnelreichen Gebirgsstrecken in den österreichischen Alpenländern schritt man jedoch erst, als durch den Kriegsausgang Österreich zu einem Lande ohne nennenswerte Produktion an hochwertiger Kohle wurde und die strategischen Bedenken, die vor dem Kriege gegen die Elektrifizierung sprachen, in Wegfall kamen. Im Jahre 1919 wurde von den Österreichischen Bundesbahnen mehr oder weniger gleichzeitig mit den Arbeiten zur Elektrifizierung der Arlbergstrecke Innsbruck—Buchs (176 km) und Feldkirch—Bregenz (37 km) sowie der Salzkammergutstrecke Attnang-Puchheim—Steinach-Irdning (107 km) begonnen (15000 Volt, $16^2/_3$ Per/s). Auf ersterer wurde der elektrische Betrieb abschnittweise, zunächst von Innsbruck bis Telfs (Juli 1923), dann von dort bis Landeck (Dezember 1923), dann bis St. Anton und schließlich bis Bludenz (Mai 1925) durchgeführt, auf letzterer wurde der elektrische Betrieb im Juli 1924 aufgenommen. Im August 1926 wurde der elektrische Betrieb von Bludenz bis Feldkirch, im Dezember 1926 bis Buchs und im Februar 1927 bis Bregenz ausgedehnt. Bis zum Ende des Jahres 1928 werden bei abschnittweiser Umstellung die Strecken Innsbruck—Wörgl—Bischofshofen—Salzburg, Wörgl—Kufstein und Innsbruck—Brenner (zusammen weitere 303 km) in elektrischem Betrieb stehen.

Der Lokomotivpark umfaßt:

7 + 9 Gebirgsschnellzuglokomotiven der Reihen 1100 und 1100·100 Achsfolge 1 C—C 1[7]) von 115 bzw. 117,6 t Dienstgewicht und 10800 kg bzw. 11000 kg Dauerzugkraft bei 50 km/h bzw. 54 km/h. Je ein Doppelmotor arbeitet mittels zweier Ritzel auf ein Blindwellenzahnrad, von dem aus die Triebachsen durch ein wagerechtes Kuppelgestänge angetrieben werden.

20 Schnellzuglokomotiven der Reihe 1029 Achsfolge 1 C 1[8]) von 72,8 t Dienstgewicht und 6400 kg Dauerzugkraft bei 42 km/h. Der Kurbelzapfen der mittleren der drei durch ein wagerechtes Kuppelgestänge verbundenen Triebachsen ist mit dem des ohne Überhöhung gelagerten Blindwellenzahnrades durch eine hier horizontale Stange verbunden. Das Blindwellenzahnrad wird durch einen Doppelmotor über zwei Ritzel angetrieben.

20 + 10 Güterzuglokomotiven der Reihen 1080 und 1080·100 Achsfolge E[9]) von 75 t bzw. 78,5 t Dienstgewicht und 6400 kg bzw. 8200 kg Dauerzugkraft bei 42 km/h. Drei der fünf durch ein horizontales Kuppelgestänge verbundenen Triebachsen werden von Achsmotoren in Tramaufhängung angetrieben (siehe Abb. 142).

22 Güterzuglokomotiven der Reihe 1280 Achsfolge E[10]) von 80,35 t Dienstgewicht und 9500 kg Dauerzugkraft bei 41,7 km/h. Als Verbindung zwischen dem Kurbelzapfen des mittleren der fünf gekuppelten Triebräder zur Kurbel des von einem Doppelmotor angetriebenen Blindwellenzahnrades dient der Kandósche Dreistangenantrieb, dessen freies Ende in einer zusätzlichen Blindwelle geführt wird (siehe Abb. 103 und S. 120).

10 + 4 Personenzuglokomotiven Reihe 1170 Achsfolge B_0—B_0 von 61,2 t Dienstgewicht und 7400 Dauerzugkraft bei 40 km/h. Die Radachsen werden einzeln von je einem Motor unter Zwischenschaltung von Hohlwelle und Federkupplung in der Bauart Sécheron gemäß Abb. 121 angetrieben.

4 Schnellzuglokomotiven Reihe 1570 Achsfolge 1 D_0 1[11]) von 91,4 t Dienstgewicht und 7800 kg Dauerzugkraft bei 59 km/h. Der Antrieb der Triebachsen erfolgt einzeln durch je einen Motor mit vertikaler Achse, Kegelradübersetzung, Hohlwelle und einer in diese eingebaute Gelenkkupplung (siehe Abb. 140 und 141).

25 Schnellzuglokomotiven Reihe 1670 Achsfolge 1 D_0 1[12]) von 96 t Dienstgewicht und 8500 kg Dauerzugkraft

[1]) Siemens Z. 1925, S. 478; 1927, S. 32. [2]) AEG-Mitt. 1927, S. 223. [3]) E. K. B. 1909, S. 412.
[4]) E. K. B. 1910, S. 294; 1912, S. 296; 1913, S. 332. [5]) E. u. M. 1913, S. 381; E. K. B. 1913, S. 116.
[6]) E. K. B. 1914, S. 553; E. u. M. 1914, S. 813. [7]) E. u. M. 1923, S. 361.
[8]) E. u. M. 1924, S. 541. [9]) E. u. M. 1921, S. 195; 1923, S. 234; 1924, S. 360.
[10]) E. u. M. 1926, S. 361ff.; AEG-Mitt. 1926, S. 166; E. u. M. 1927, S. 587. [11]) ETZ 1925, S. 374.
[12]) Organ Fortschr. Eisenbahnwes. 1927, S. 501.

bei 76 km/h. Der Antrieb der Triebachsen erfolgt einzeln durch zwei Motoren mit vertikaler Achse, zwei Kegelradübersetzungen, Hohlwelle und in diese eingebaute Gelenkkupplung.

5 Verschublokomotiven Reihe 1070 Achsfolge D[1]) von 54,8 t Dienstgewicht und 5800 kg Dauerzugkraft bei 26,7 km/h und Antrieb der vier durch ein wagerechtes Kuppelgestänge verbundenen Triebachsen von einem Motor aus über ein Vorgelege und eine an der dritten Triebachse angreifenden Schrägstange.

5 Verschublokomotiven Reihe 1070.100 Achsfolge D von 55,4 t Dienstgewicht, 7150 kg Dauerzugkraft bei 29,4 km/h und gleichem Antrieb wie bei den vorerwähnten Verschublokomotiven der Reihe 1070.

In *Deutschland* schließlich wurde nach dem Kriege von der Deutschen Reichsbahn-Gesellschaft, die aus der Vereinigung der bundesstaatlichen Eisenbahnen hervorgegangen war, die Elektrifizierung fortgesetzt, und zwar zunächst in Bayern, wo sich im Zusammenhang mit dem Ausbau der Wasserkräfte (Walchenseewerk, Mittlere Isar) der elektrische Bahnbetrieb als besonders lohnend erweisen mußte. So entstand in Bayern nach und nach ein Netz von 467,2 km Länge mit den Strecken München—Garmisch-Partenkirchen, Tutzing—Kochel, Weilheim—Peißenberg, Pasing—Herrsching, München—Regensburg, München Laim—Pasing, München Laim—Moosach, München Ost—Feldmoching und München—Rosenheim—Kufstein.

Aber auch im mitteldeutschen Braunkohlengebiet wurde die klassische Strecke Dessau—Bitterfeld, auf der während der Kriegszeit der elektrische Betrieb völlig ausgeschaltet worden war, wieder in Stand gesetzt und weiter ausgebaut, so daß dort eine selbständige Netzgruppe mit 179 km einfacher Länge in Betrieb steht mit den Strecken Halle—Leipzig—Bitterfeld—Magdeburg, Magdeburg Hauptbahnhof—Magdeburg Rothensee und Wahren—Engelsdorf.

Bedeutend erweitert wurde auch der elektrische Betrieb bei den schlesischen Gebirgsbahnen, der heute die ganze Hauptstrecke Breslau—Königszelt—Hirschberg—Görlitz—Schlauroth (208 km), sowie die Zweiglinie Nieder-Salzbrunn—Halbstadt (35 km), Ruhbank—Liebau (17 km), Hirschberg—Grüntal (53 km), Lauban—Kohlfurt (22 km), Lauban—Marklissa (11 km) und Groß-Mochbern—Mochbern (7 km) zusammen 353 km umfaßt.

Im Bau von Lokomotiven brachte die Unterbrechung durch die Kriegsjahre für die deutsche Praxis die nahezu völlige Abkehr von der Bauart mit hochliegenden langsamlaufenden Motoren. Nur die bereits oben erwähnte 2 D 1-Lokomotive E 5035 mit Antrieb von einem Motor aus mittels zweier Schrägstangen auf zwei Blindwellen (siehe Abb. 92 und 93) wurde des vergleichsweise günstigen dynamischen Verhaltens dieser Antriebsform (siehe S. 85f.) zu einer 1+11+6 = 18 Maschinen umfassenden Reihe erweitert (E 5035, E 5046 und E 5052) von 108,4 t, 114,21 t und 119,7 t Dienstgewicht und 9000 kg, 9000 kg bzw. 7600 kg Dauerzugkraft bei 65 km/h. Außerdem wurden mit dem gleichen Antrieb 7 + 5 Lokomotiven (Reihe E 0601) Achsfolge 2 C 2 gebaut von 118,5 t Dienstgewicht und 5600 kg Dauerzugkraft bei 100 km/h, die ausführlich auf S. 424ff. beschrieben sind.

Außer diesen Fahrzeugen aber wurden nunmehr von der Reichsbahngesellschaft nur Lokomotiven mit raschlaufenden Motoren und Übersetzungstriebwerken in Arbeit gegeben, wobei zunächst etwa bis 1924 fast ausschließlich Antriebsformen unter Vereinigung von Übersetzungstriebwerken mit Kuppelstangen verwendet wurden. So entstanden die

35 Lokomotiven der Reihe E 5201 Achsfolge 2 B—B 2 von 140 t Dienstgewicht, 5600 kg Dauerzugkraft bei 90 km/h und Antrieb der je zu zweit gekuppelten Triebachsen von je zwei auf ein gemeinsames Zahnrad arbeitenden Motoren, dessen Kurbel mit der einer, je zwischen den Triebachspaaren gelagerten, Blindwelle durch eine Schrägstange verbunden ist. Eine ausführliche Beschreibung dieser Lokomotivtype findet sich auf S. 428ff. dieses Buches[2]).

29 Lokomotiven der Reihe E 3206 Achsfolge 1 C 1[3]) von 77,5 t Dienstgewicht, 3800 kg Dauerzugkraft bei 68,5 km/h. Der Antrieb der drei gekuppelten Triebachsen erfolgt in gleicher Weise wie bei den vorerwähnten Lokomotiven Achsfolge 2 B—B 2.

34 + 12 Lokomotiven der Reihe E 9101 Achsfolge C—C[4]) von 122 t Dienstgewicht, 9200 kg Dauerzugkraft bei 55 km/h. Der Antrieb der je zu dritt gekuppelten Triebachsen erfolgt je durch einen Doppelmotor, der mittels Ritzel auf ein gemeinsames Blindwellenzahnrad arbeitet, dessen Kurbel je mit der des innersten Triebrades durch eine flache Schrägstange verbunden ist.

56 + 23 Lokomotiven der Reihen E 7701 bzw. E 7501 Achsfolge 1 B—B 1[5]) von 111 t bzw. 105,2 t Dienstgewicht, 6000 kg Dauerzugkraft bei 65 km/h und Antrieb der je zu zweit gekuppelten Triebachsen durch je einen Motor über Vorgelege und flacher Schrägstange.

2 Lokomotiven der Reihe E 7201 Achsfolge 2 D 1 von 106 t Dienstgewicht, 6400 kg Dauerzugkraft bei 65 km/h und Antrieb von zwei Motoren aus auf ein gemeinsames Zahnrad, von dessen Kurbeln zwei Schrägstangen nach zwei in Höhe der Triebachsen gelagerten Blindwellen ausgehen (siehe Abb. 144).

2 + 5 Güterzuglokomotiven Reihe E 4213 und E 4215[6]) Achsfolge B—B von 73,7 t bzw. 76 t Dienstgewicht und 3800 kg bzw. 5300 kg Dauerzugkraft bei 65 bzw. 39 km/h und Antrieb der je zu zweit gekuppelten Triebachsen von einem raschlaufenden Motor aus, der mittels Ritzel auf ein in Triebachshöhe gelagertes Blindwellenzahnrad arbeitet.

7 Verschublokomotiven Reihe E 6001 Achsfolge 1 C von 74 t Dienstgewicht und 8000 kg Dauerzugkraft im Geschwindigkeitsbereich von 0 bis 33 km/h. Der Antrieb der zu dritt gekuppelten Triebachsen erfolgt durch einen Doppelmotor, der mittels Ritzel auf ein gemeinsames Blindwellenzahnrad arbeitet, dessen Kurbel je mit der des äußersten Triebrades durch eine flache Schrägstange verbunden ist.

Di eLokomotivbestellungen seit 1924 hatten, soweit sie nicht der Ergänzung bestehender Reihen dienten, den ausgesprochenen Zweck, verschiedene Formen des Einzelachsantriebes systematisch zu erproben.

Der Achsmotor in Tramaufhängung findet sich, abgesehen von der aus der Vorkriegszeit stammenden bereits erwähnten B_0—B_0-Lokomotiven der Reihe E 7301 nun zuerst wieder bei den

9 Lokomotiven Reihe E 9271 Achsfolge C_0+C_0 von 114 t Dienstgewicht und 6000 kg Dauerzugkraft bei 45 km/h.

---

[1]) E. u. M. 1926, S. 371. [2]) Siehe auch El. Bahnen 1926, S. 241. [3]) El. Bahnen 1925, S. 181.
[4]) Elektro-Journal 1924, S. 257; El. Bahnen 1925, S. 311. [5]) El. Bahnen 1925, S. 414.
[6]) El. Bahnen 1925, S. 173.

Um die Eignung des Antriebes namentlich für höhere Geschwindigkeit zu erproben, wurde eine

6 Lokomotiven umfassende Reihe E 9501 Achsfolge 1 C_0—$C_0$1 für 65 km/h Höchstgeschwindigkeit, 150 t Dienstgewicht und 16000 kg Dauerzugkraft bei 39 km/h und

2 Lokomotiven Reihe E 1801[1]) und E 1601 Achsfolge 1 B_0—$B_0$1 und 1 $D_0$1 für 110 km/h Höchstgeschwindigkeit, 114,5 t Dienstgewicht und 9000 kg Dauerzugkraft bei 80 km/h in Auftrag gegeben.

Mit dem Einzelachsantrieb der A. G. Brown, Boveri & Cie. (J. Buchli) sind die

10 + 7 Schnellzuglokomotiven Reihe E 1601 Achsfolge 1 D_0 1[2]) von 101 t Dienstgewicht und 7000 kg Dauerzugkraft bei 73,5 km/h ausgerüstet (Abb. 40) und mit dem Westinghouse-Hohlwellenantrieb und Federkupplung die

2 Schnellzuglokomotiven Reihe E 2101 Achsfolge 2 D_0 1[3]) von 119,5 t Dienstgewicht, 9500 kg Dauerzugkraft bei 66 km/h und die

33 Schnellzuglokomotiven Reihe E 1701 Achsfolge 1 $D_0$1 von 115 t Dienstgewicht, 8640 kg Dauerzugkraft bei 77 km/h.

Schließlich wird der in Abb. 159 dargestellte Einzelachsantrieb mit zwei Motoren je Achse und Zwischenzahnrad ausprobiert bei der

Lokomotive Nr. E 2151 Achsfolge 2 $D_0$1[4]) von 121,9 t Dienstgewicht, 10000 kg Dauerkraftzug bei 80 km/h.

2. Grundsätzliche Einteilung der Stromkreise.

Ähnlich wie bei den Gleichstromlokomotiven sind auch hier die Stromkreise in Hauptstromkreise (*A*) und Nebenstromkreise (*B*) zu unterscheiden. Hauptstromkreise (Abb. 325) umfassen erstens den oder die Stromabnehmer mit dem etwa vorhandenen Überspannungs-

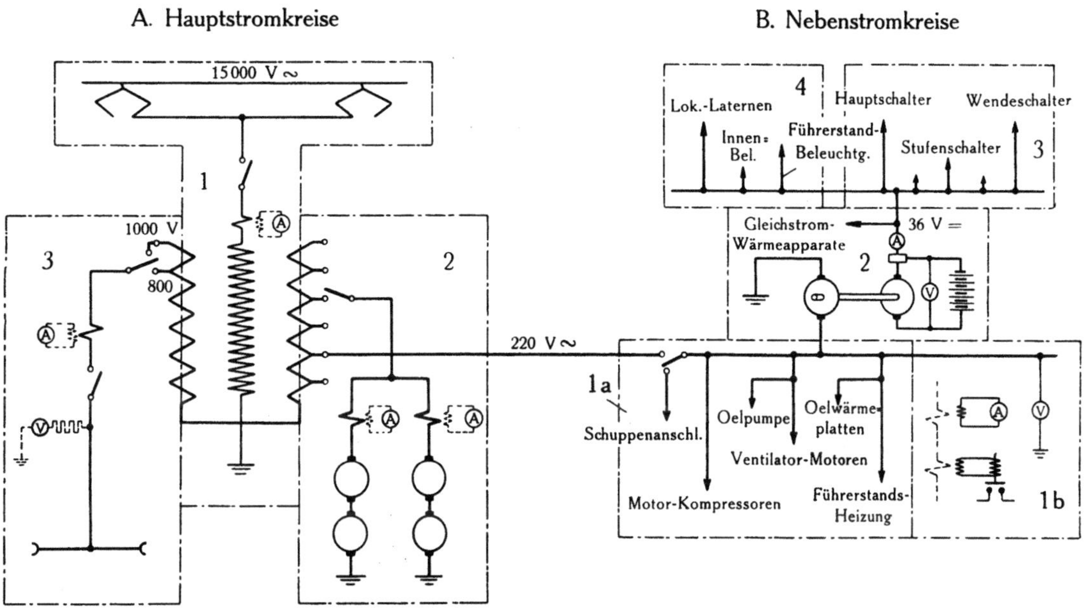

Abb. 325. Grundsätzliche Anordnung der Stromkreise einer Einphasenlokomotive.

A. Hauptstromkreise. *1* Hochspannungs-Stromkreis, *2* Triebmotoren-Stromkreis, *3* Zugheizungs-Stromkreis. B. Nebenstromkreise. *1* Hilfsbetriebs-Stromkreise, a) Schuppenumschalter, Steckdosen, Kompressormotoren, Ventilatormotoren, Ölpumpe, Führerstandheizung und Ölwärmeplatten. b) Meßinstrumente, Meß- und Auslöseleitungen. *2* Motor-Generator-Stromkreis mit Batterie, automat. Anlaßapparat, Gleichstrom-Meß- und Wärmeapparaten. *3* Steuer-Stromkreis, a) Fernbetätigung für Stromabnehmer und Hauptschalter, b) Fernbetätigung für Wendeschalter, c) Fernbetätigung für Stufenschalter oder Hüpfer, d) Hauptschalter-Auslösung. *4* Beleuchtungs-Stromkreis.

schutz, den Hauptschalter und die Hochspannungswicklung des Transformators (*1*), zweitens die Sekundärwicklung des Transformators mit den Anzapfungen für die Motoren, diese selbst und das Steuerorgan zu ihrer Regelung (*2*), drittens die Sekundärwicklung des Transformators mit dem Regulierschalter für die Zugheizung, dem allenfalls vorhandenen Heizölschalter und den an den beiden Lokomotivstirnseiten angebrachten Heizkupplungen (*3*). Die Nebenstromkreise bestehen aus den an eine bestimmte Anzapfung des Haupttransformators (in der Regel 220 Volt) angeschlossenen, also wechselstromgespeisten Hilfseinrichtungen, wie Kompressormotoren, Ventilatormotoren, Motor zum Antrieb der Pumpe für die Kühlung des Transformatoröls, sowie die im Führerstand angeordneten Heizkörper und Fußwärmeplatten (*1a*) und aus den über Strom- und Spannungswandlern aus den Hauptstromkreisen versorgten Meß- und

[1]) Z. E. Z. 1928, S. 2. [2]) El. Bahnen 1927, S. 71; Organ Fortschr. Eisenbahnwes. 1926, S. 111.
[3]) El. Bahnen 1927, S. 41. [4]) El. Bahnen 1926, S. 209; Bergmann-Mitt. 1927, S. 163.

Auslöseleitungen mit den zugehörigen Instrumenten und Signalen (*1b*). Ferner gehört zu den Nebenstromkreisen die Einphasen-Gleichstrom-Umformergruppe mit parallelgeschalteter Reserve-Sekundärbatterie und den an diese angeschlossenen Wärmeapparaten (*2*), dann sämtliche mit Gleichstrom versorgten Hilfseinrichtungen, das sind die Servomotoren für die Betätigung von Hauptschalter, Stufenschalter und Wendeschalter (*3*) und die Lokomotivbeleuchtung (*4*). Diese Gliederung kehrt im Prinzip bei allen Einphasen-Lokomotiven wieder; sie soll daher im großen und ganzen die Disposition für die nun folgende Behandlung der einzelnen Teile der elektrischen Ausrüstung bilden. Auf Vereinfachungen, wie sie namentlich bei den Nebenstromkreisen durch Zusammenlegen einzelner Kreise möglich sind und ausgeführt wurden, wird im Zusammenhang hingewiesen werden. Ebenso sollen mit den Hauptstromkreisen, soweit es zum Verständnis nötig ist, auch die unmittelbar dazugehörigen Hilfsstromkreise miterörtert werden.

A. Hauptstromkreise.

I. Hochspannungsstromkreis.

1. Stromabnehmer.

Der einpoligen Fahrleitung wegen sind die bei Einphasenlokomotiven verwendeten Stromabnehmer mit denen der Gleichstromlokomotiven vollkommen identisch (s. S. 214ff.). Die konstruktiven Schwierigkeiten sind hier insofern geringer, als bei der in Europa zur Regel gewordenen Anwendung zweier Stromabnehmer, die je Stromabnehmer im Dauerbetriebe abzunehmende Maximalstromstärke 80 bis 100 Amp nicht übersteigen dürfte.

2. Dachausrüstung.

a) Trennschalter.

Die beiden Stromabnehmer sind durch eine als Flachschiene oder Rohr ausgebildete, auf Stützisolatoren geführte Leitung miteinander verbunden, in die beidseits des Anschlußpunktes

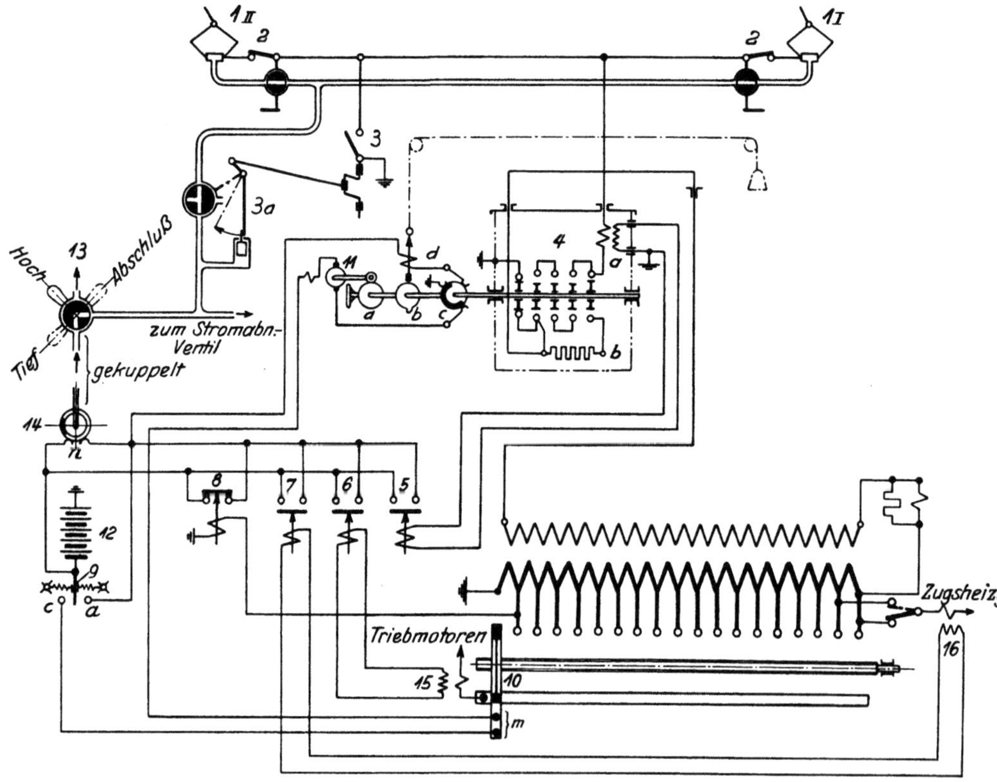

Abb. 326. Grundsätzliche Anordnung der Hauptstromkreise einer Einphasenlokomotive.

zum Hauptschalter Trennmesser (*2* in Abb. 326) eingebaut sind, die von innen her mittels Zug- oder Drehhebel stromlos, d. h. nur bei gesenkten Stromabnehmern bedient werden können und die Abtrennung des einen oder des anderen etwa defekt gewordenen Stromabnehmers ermöglichen. Gleichzeitig mit dem Hebel zur Betätigung des Trennmessers wird die zum zugehörigen Stromabnehmer führende Druckluftleitung entleert.

b) Überspannungsschutz.

Noch vor verhältnismäßig kurzer Zeit wurden hinter der Abzweigung ein bis zwei eisenlose Drosselspulen als Überspannungsschutz angeordnet. Die neuere Praxis, die ja auch in stationären Anlagen besondere Induktanzen vor den Transformatoren als Sprungwellenschutz für dieselben mehr und mehr vermeidet und die Transformatoren selbst sprungwellensicher baut, verwendet auch auf Lokomotiven keinerlei Überspannungsschutz mehr.

c) Erdungsschalter.

Um allen Zufälligkeiten vorzubeugen, wird die Dachleitung der unbenützt stehenden Lokomotive mittels eines besonderen Erdungsschalters (*3* in Abb. 326) direkt geerdet, der natürlich nur bei gesenkten Stromabnehmern zu bedienen ist. Die Verriegelung mit den letzteren erfolgt, parallel mit der über dem Transformator angeordneten Verschalung (s. u.), bei deren Öffnung unter entsprechender zeitlicher Voreilung die Druckluftleitung zu den Stromabnehmern durch ein Ventil entleert wird.

3. Hauptschalter.

Bei den Einphasenlokomotiven der Vorkriegszeit wurde der Hauptschalter in einer besonderen Hochspannungskammer untergebracht. Die neuere Praxis baut der besseren Zugänglichkeit wegen den Hauptölschalter mit seinem Kübel unmittelbar über dem Transformator ins Lokomotivdach ein, das einen dem Kübelprofil entsprechenden Ausschnitt erhält. Dadurch ragen die beiden Durchführungsklemmen des Schalters ins Dach hinaus, von denen

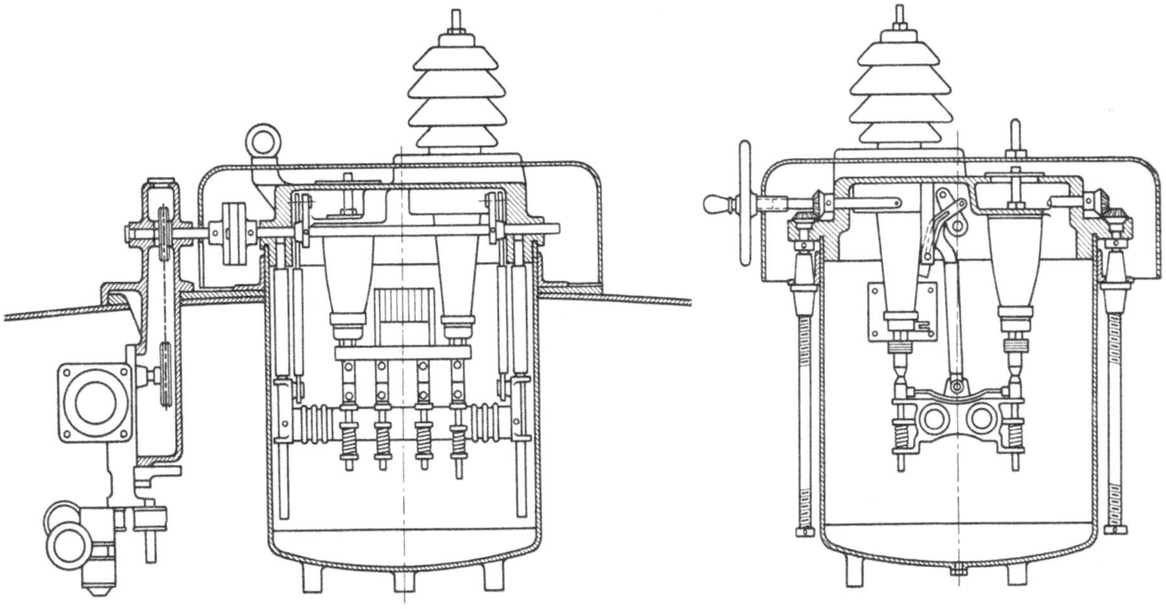

Abb. 327. Lokomotivölschalter (Hauptschalter) von B. B. C.
(Einheitsbauart der D. R. G. und der S. B. B.)

eine den Anschluß für die Bügelleitung bildet, während die andere über einen das Dach durchsetzenden Durchführungsisolator unmittelbar mit der Hochspannungsklemme des Transformators verbunden wird. Auf die Art bleibt auch das bei schweren Abschaltungen durch die im Schalterdeckel angebrachten Explosionsklappen ausgeworfene heiße Öl gleich außerhalb des Lokomotivkastens.

Abb. 327 zeigt im Schnitt den von B. B. C. entwickelten Lokomotivölschalter[1]). Die auf Querträgern angebrachten festen Kontakte werden von vier Isolatoren gehalten. Zwei davon bilden die erwähnten Durchführungen. Die beweglichen Kontakte werden durch eine Brücke

[1]) Siehe auch Oertel, W.: El. Bahnen 1925, S. 332.

getragen, welche von zwei Stangen mit Isolationsauskleidung bewegt wird. Der Schalter arbeitet nach der von B. B. C. geübten Praxis mit Mehrfachunterbrechung, d. h. sechs Unterbrechungsstellen und zwei Vorkontakten. Mit der Zahl der Unterbrechungsstellen unter sechs zu gehen, hat sich auf Grund von Versuchen als nicht empfehlenswert erwiesen, andererseits sind mehr als acht Unterbrechungsstellen kaum von Wert, da weder die gesamte Schalterarbeit in kWsec, noch die je Abschaltung entwickelte Gasmenge noch wesentlich abnehmen. Immer je zwei gegenüberliegende Kontakte sind miteinander nachgiebig verbunden.

Die Kontakte verbinden beim Ein- und Ausschalten die beiden Ölschalteranschlüsse zunächst über einen Widerstand hoher Ohmzahl (ca. 1000 Ohm), der einerseits den Einschaltstromstoß, andererseits die bei Leerlauf-Ein- und -Abschaltungen auftretenden Überspannungen abdämpfen soll[1]). Die neuere Praxis glaubt mit Recht auf den Schutzwiderstand verzichten zu können, von der Erkenntnis ausgehend, daß heute der Transformator für sich so gebaut werden kann, daß er den Beanspruchungen bei unmittelbarem Ein- und Ausschalten gewachsen ist. Für den Schalter bedeutet natürlich der Fortfall des eingebauten Widerstandes eine nicht unwesentliche Vereinfachung[2]).

Ein in den Hauptschalter eingebauter Erdungsschalter erdet die ganze Lokomotive, wenn der Schalter geöffnet ist. Ferner ist in den Ölschalterkübel häufig auch noch der zur Versorgung des Maximalstromrelais (*5* in Abb. 326) dienende Stromwandler (*4a* in Abb. 326) eingebaut.

Die Befestigung des Kübels mit dem Lokomotivdach erfolgt durch einen Ringflansch, der einerseits am Kübelrand angenietet ist und andererseits mit einer Fundamentplatte kräftig verschraubt ist. Bei Revisionen wird der Schalterdeckel samt dem eigentlichen Schalter vom Dach aus nach oben hochgekurbelt. Zu diesem Zwecke wird ein Handrad auf die durch den Deckel gehende Welle gesteckt, welche mit Kegelrädern die Hochwindespindeln antreibt.

Beim Schema nach Abb. 326 (S. B. B.) bringt der Führer beim Einschalten den Handhebel *9* auf die Stellung *c*. Dann wird der kleine Steuermotor *11* an die einpolig geerdete Batterie *12* angeschlossen, der über ein Vorgelege die Schalterwelle im Einschaltsinne betätigt. Am Ende der Schaltbewegung wird der Motorstromkreis durch Ablauf der auf der Schalterwelle sitzenden Kontaktscheibe *11c* unterbrochen und der Schalter durch die Nockenscheibe *11b* und den Relaisanker *11d* verklinkt. Ein Einschalten des Hauptschalters ist jedoch nur möglich, wenn einerseits der hier als Schlittenschalter ausgebildete Steuerschalter *10* in der Nullstellung steht und damit die Kontakte *m* überbrückt, andererseits der Stromabnehmer am Fahrdraht anliegt (Stellung „Hoch" des Stromabnehmerbetätigungshebels im Führerstand). Außer der normalen motorischen Einschaltung vom Führerstand aus kann der Hauptschalter auch im Lokomotivinnern behelfsweise mittels Handrad bedient werden. Die Auslösung des Hauptschalters erfolgt willkürlich, indem der Führer entweder den Handhebel *9* auf Stellung *a* bringt, wodurch die Auslösespule *11d* in der oben angedeuteten Weise zur Wirkung kommt, oder im Notfall durch Betätigung der Handauslösung, die unmittelbar auf den Kern der Auslösespule *11d* wirkt. Die selbsttätige Auslösung des Hauptschalters erfolgt durch die Auslösespule *11d*, entweder durch Relais *5* in Abhängigkeit des Primärstromes (Stromwandler *4a*) oder durch Relais *6* in Abhängigkeit des Triebmotorenstromes (Stromwandler *15*), oder durch Relais *7* in Abhängigkeit des Zugheizungsstromes (Stromwandler *16*), oder durch das Nullspannungsrelais *8*. Fallklappen im Führerstand zeigen an, welches Relais die Abschaltung bewirkt hat, d. h. in welchem Stromkreis die Überlastung aufgetreten ist.

Bei der Einheitsbauart der D. R. G. erfolgt die Einschaltung des Schalters normalerweise mit Druckluft, und zwar mit Hilfe des Knorrschen Führerbügelventils (Abb. 258), wie bereits auf S. 225 des Näheren erläutert wurde.

Mittels eines Zahnstangentriebes erfolgt die Bewegung des Druckkolbens des Antriebsluftmotors in die Drehbewegung der Schalterwelle, wobei als Zwischenübertragung zur letzteren

---

[1]) Der günstigste Wert des Widerstandes ist für Einschalten und für Ausschalten verschieden. Versuche haben aber ergeben, daß mit einem mittleren Widerstand R in beiden Fällen eine günstige Wirkung erreicht werden kann, der etwa gleich ist $R = 0{,}9\,\frac{E}{J_\mu}$, wobei E die primäre Klemmenspannung, J_μ den Magnetisierungsstrom des Transformators bedeutet. Bei Lokomotivtransformatoren für Niederfrequenz schwankt J_μ zwischen 7 und 12%.

[2]) Man begegnet vielfach der Auffassung, daß der in den Ölkübel eingebaute Widerstand für den Schalter eine Quelle der Gefahr bedeute, da es immerhin möglich ist, daß der Schalter auf dem Vorkontakt stehen und der Widerstand längere Zeit eingeschaltet bleiben kann, wodurch das Schalteröl unzulässig erhitzt, ja bis zur Entzündung gebracht werden kann. Demgegenüber ist zu sagen, daß der Schalterantrieb immer so gebaut werden kann, daß ein Stehenbleiben auf den Vorkontakten sicher verhindert wird. Außerdem ist der Widerstand so zu bemessen, daß er bei einer Einschaltdauer von mehr als etwa 10 Sekunden durchschmilzt.

ein in einem besonderen Gußgehäuse untergebrachter Kettentrieb dient. Dieses Gehäuse dient gleichzeitig als Träger für den ganzen Antrieb. Die Verbindung der Schalterwelle mit dem Zwischengetriebe erfolgt zur Vermeidung längerer Arbeiten beim Hochkurbeln des Schalters durch eine Kreuzkupplung, deren Schlitz im ausgeschalteten Zustande genau senkrecht steht.

Der Druckluftantrieb selbst besitzt eine Freilaufkupplung, die verhindert, daß sowohl bei fehlender Spannung im Fahrdraht wie bei bestehendem Kurzschluß der Ölschalter in Einschaltstellung gehalten werden kann. Die Freilaufkupplung wirkt in gleicher Weise, wenn der Ölschalter bei nicht aufgepumptem Druckluftbehälter mit dem Handhebel eingelegt wird. In letzterem Fall ist die totale Einschaltzeit natürlich entsprechend länger; diese beträgt bei einem mittleren Behälterdruck von 6 at nur 0,2 Sekunden.

Die Auslösemöglichkeiten des Ölschalters sind dieselben wie bei dem in Abb. 326 dargestellten Schema.

Da sich aus der Statistik der Betriebsstörungen ergeben hat, daß die Abschaltungen der Lokomotivhauptschalter vorwiegend von Kurzschlüssen im Sekundärkreis des Transformators und nur höchst selten von Kurzschlüssen in der Primärwicklung herrühren, haben die S. B. B. die Abschaltgrenze des Lokomotivölschalters so bestimmt, daß sekundäre Kurzschlüsse von letzterem, primäre Kurzschlüsse dagegen vom Unterwerk abgeschaltet werden[1]). Da nun durchschnittlich mit Spitzenwerten des primären Kurzschlußstromes von 2000 bis 2500 Amp gerechnet werden muß, wurde die Abschaltgrenze der Lokomotivölschalter auf 4000 bis 5000 Amp effektiv und 8000 bis 10000 Amp Spitzenstrom festgesetzt, so daß im äußersten Fall noch eine drei- bis vierfache Sicherheit vorhanden ist.

Demgemäß werden die Relais des Zugheizungs- und Triebmotorenstromkreises auf Momentanauslösung, das Hochspannungsrelais auf Zeitauslösung für zwei bis drei Sekunden eingestellt. Um nun bei den S. B. B.-Lokomotiven ein Abschalten primärer Kurzschlüsse durch den Lokomotivölschalter trotz der eingestellten Zeitauslösung durch das bei etwa 60% der normalen Spannung ansprechende Nullspannungsrelais (Minimalrelais) zu verhindern, war es bei den Lokomotiven der S. B. B. mit Rücksicht auf die Verwendung von Gleichstrom als Steuerstrom für die Apparate nötig, außer einem Minimalrelais ein sog. Blockierrelais vorzusehen, das im Augenblick, in dem ein heftiger Kurzschluß auf der Primärseite einsetzt, den Auslösestromkreis des Nullspannungs- und Maximalstromrelais unterbricht, so daß der Lokomotivölschalter erst nach Verschwinden des Kurzschlußstromes — also nach dessen Ausschaltung durch das Unterwerk und Freigabe des Auslösestromkreises — durch das Nullspannungsrelais ausgelöst wird. Die Blockierung arbeitet vollständig unabhängig von Kurzschlüssen, die im sekundären Stromkreis auftreten.

Bei den neueren Lokomotiven der Schwedischen Staatsbahnen, bei denen Wechselstrom einer bestimmten Transformatoranzapfung als Steuerstrom dient, wirkt die Maximalauslösung normalerweise so, daß der Stromkreis des Auslösemagneten von den Kontakten am Maximalrelais geschlossen und der Ölschalter auf diese Weise ausgelöst wird. Bei kurzschlußartigen Überlastungen oder unmittelbaren Kurzschlüssen sinkt die Auslösespannung entweder unter einen gewissen Wert oder bleibt ganz aus, zur Auslösung des Ölschalters ist keine oder keine ausreichende hohe Spannung vorhanden und die Störung muß vom Unterwerk abgeschaltet werden. Der Unterschied in der Ausbildung der Auslösung besteht darin, daß die Spule des Maximalrelais durch Zwischenschaltung eines Auslösemagneten mit Spannungswicklung zur Wirkung kommt. Die mechanische Ausschaltvorrichtung wirkt derart, daß nach der Abschaltung durch das Unterwerk der Ölschalter beim Zurückfallen eines durch die Maximalspule betätigten Hebels stromlos ausgeschaltet wird[2]).

4. Haupttransformator.

a) Lufttransformator.

Die ersten sowohl in Europa wie in Amerika gebauten Lokomotivtransformatoren waren Lufttransformatoren. Während die Erfahrungen mit Transformatoren dieser Bauart (bei 11000 Volt Oberspannung) in Amerika im allgemeinen gute waren, so daß dort bis in die jüngste Zeit an ihnen festgehalten wurde, traten bei den europäischen Konstruktionen häufig Störungen in Form von Durch- und Überschlägen auf, die ihre Ursache wohl einerseits in der höheren Span-

[1]) Siehe Steiner, F.: El. Bahnen 1925, S. 391.

[2]) Siehe Friebel, P.: El. Bahnen 1925, S. 168. — Grundsätzlich dieselbe Schaltung wurde schon bei den Triebwagen der Hamburger Vorortbahn (Blankenese—Ohlsdorf) angewendet (ETZ 1911, S. 1075).

nung (15000 Volt), andererseits in der vor dem Kriege noch nicht hochentwickelten europäischen Isolationstechnik gehabt haben dürften. Wenn man auch durch bessere Isolation, dann durch peinliche Wartung, periodisches Ausblasen mit Druckluft, Reinigung der Kühlluft durch eingebaute Filter usw. dieser Schwierigkeiten schließlich Herr wurde, ein empfindliches Gebilde bleibt der Lufttransformator für Spannungen über 10000 Volt immer, der infolge seiner geringen Überlastungsfähigkeit und der durch die Unmöglichkeit einer gleichmäßigen Belüftung stets vorhandenen Gefahr des Auftretens örtlicher Übererwärmungen für den schweren und rauhen Lokomotivbetrieb heute noch als minder geeignet angesehen werden muß.

b) Öltransformator.

Vorteilhafter ist der Öltransformator, und zwar nicht nur seiner größeren Isolationsfestigkeit wegen, sondern namentlich infolge seiner hohen Überlastungsfähigkeit, die der Ölmantel mit seiner großen Wärmekapazität aufzunehmen imstande ist. Nachteilig beim Öltransformator ist die Gefahr des Auftretens von Ölgasen bei unter Öl auftretenden Windungskurzschlüssen oder bei vorgeschrittener Eisenkrankheit, die zusammen mit der atmosphärischen Luft ein explosives Gemisch bilden. Man kann aber diese Gefahr durch reichlich bemessene Entlüftung völlig ausschalten, indem man den zwischen Ölspiegel und Kastendeckel verbleibenden Luftraum durch einen oder mehrere Schächte unmittelbar mit der Außenluft verbindet.

So lange es sich um kleine Leistungen bis etwa 500 kVA handelt, genügt die natürliche Ölzirkulation im Kasten selbst, der zur Vergrößerung seiner Oberfläche aus Wellblech besteht, dessen Kühlwirkung gelegentlich wohl auch durch äußere Belüftung gesteigert wurde. Bei großen Leistungen reicht diese Art der Kühlung nicht aus, außerdem erwies sich der dünnwandige Wellblechkasten den Erschütterungen des Bahnbetriebes auf die Dauer nicht gewachsen und wurde leicht undicht. Auf den modernen Vollbahnlokomotiven werden daher heute ausschließlich glatte, aus Kesselblech zusammengenietete oder geschweißte Kästen verwendet. Da eine äußere Belüftung in Verbindung mit glatten Kästen nicht wirksam genug wäre, griff man naheliegenderweise zur inneren und baute direkt in die Ölkübel luftdurchströmte Röhrenkühler ein[1]), denen die Kühlluft aus einem unter der Lokomotivbrücke liegenden durchgehenden Kühlluftkanal durch zwei vertikale Luftschächte zugeführt wird. Weit häufiger aber wird ihrer intensiveren Wirkung wegen Kühlung durch künstliche Ölzirkulation außerhalb des Transformators verwendet, wobei das vom Öl durchflossene Rohrsystem einer natürlichen oder künstlichen Belüftung ausgesetzt wird.

Im ersteren Falle wird der Kühler in Form eines zu beiden Seiten des Lokomotivkastens angeordneten Schlangenrohrsystems ausgeführt, in das das warme Öl von einer Zentrifugalpumpe gedrückt wird, um durch den auf natürlichem Wege bei Fahrt entstehenden Luftstrom abgekühlt dem Transformatorkübel wieder zuzufließen. Bei dieser Kühlerbauart[2]) verzichtet man auf besondere Ventilatoren, allerdings um den Preis einer großen Kühleroberfläche, denn die Kühlwirkung ist intensiv nur bei voller Fahrt, bei Stillstand der Lokomotive aber sehr gering, es kann also nur mit einer sehr geringen mittleren Wärmeübergangsziffer gerechnet werden, so daß schwere Kühler mit großer Oberfläche vorgesehen werden müssen. Bei den erwähnten 1 B—B 1-Lokomotiven (Reihe 12302) der S. B. B. sind in die Kühler zur Abfuhr einer Verlustmenge von 64,5 kW 60 m² Kühlfläche eingebaut, der Pumpenmotor leistet 5 PS, die Pumpe selbst fördert 5 l/s. Der gesamte Ölinhalt des Transformators im Betrage von 2300 kg wird also in 9 Minuten durch die Kühler gepreßt und kühlt sich dabei bei einer mittleren Außentemperatur von 15° um ca. 9° ab.

Eine wesentliche Reduktion der Kühlerfläche läßt sich erreichen, wenn man das heiße Öl außerhalb des Transformators einer besonderen künstlichen Belüftung aussetzt. Dabei werden entweder die relativ dünnwandigen öldurchflossenen Kühlrohre mit rhomboid- oder kreisförmigem Querschnitt in Schichten gegeneinander versetzt in einen rechteckigen Schacht ein-

---

[1]) Ausgeführt bei den 1 C_0 1-Lokomotiven (Reihe 10201) und 1 B_0 1—B_0 1-Lokomotiven (Reihe 12501) der S. B. B. (Schweiz. Bauzg. 1923, I, S. 270 und Schweiz. Bauzg. 1922, II, S. 97), bei den 2 C_0 1-Lokomotiven (Reihe 10261) der S. B. B., bei den B—B-Lokomotiven (Reihe 2001) der Norwegischen Staatsbahnen und bei den 1 C_0—C_0 1-Lokomotiven (Reihe 201) der B. L. S. (El. Bahnen 1927, S. 53).

[2]) Ausgeführt bei den 1 B—B 1-Lokomotiven (Reihe 12302) und der 1 C—C 1-Lokomotive Nr. 14201 der S. B. B. (BBC-Mitt. 1919, S. 79; 1921, S. 191), bei den B—B-Lokomotiven (Reihe E 7111) der D. R. G. (AEG-Mitt. 1920, S. 25); bei den 1 C—C 1-Lokomotiven (Reihe 1100 und 1100·100) und den 1 C 1-Lokomotiven (Reihe 1029 und 1029·500) der Ö. B. B. (E. u. M. 1923, S. 361 bzw. 1924, S. 541). — Als Ergänzung der Kühlwirkung eines Transformators mit Wellblechkasten erstmalig ausgeführt von den S. S. W. bei den 1 C 1-Lokomotiven Reihe E 6101 der D. R. G.

gebaut, der von unten her dem Luftstrom eines besonderen Ventilators ausgesetzt wird[1]) oder der Kühler besteht aus einer runden Trommel, in der das heiße Öl von Schikanen geführt ein eingesetztes, von der Kühlluft durchströmtes Messingrohrbündel umspült und dabei abgekühlt wird[2]). In beiden Fällen wird man zweckmäßig Ölpumpe und Ventilator von einem gemeinsamen Motor antreiben.

Die Berechnung derartiger Ölkühler erfolgt etwa folgendermaßen. Soll sich das Öl (spez. Gewicht = 0,85, spez. Wärme = 0,4) bei Durchgang durch den Kühler, der für eine sekundliche Verlustmenge von W kW zu bemessen ist, um $\Delta t_o{}^0 = t_{o_1} - t_{o_2}$ abkühlen, wobei sich die Kühlluft um $\Delta t_l{}^0 = t_{l_2} - t_{l_1}$ erwärmt, dann führt dabei 1 l Öl bzw. 1 m³ Luft (spez. Gewicht = 1,29, spez. Wärme = 0,24) eine Wärmemenge ab

$$q_o = 0{,}85 \cdot 0{,}4\,(t_{o_1} - t_{o_2})\,\mathrm{WE} \tag{242}$$

$$q_l = 1{,}29 \cdot 0{,}24\,(t_{l_2} - t_{l_1})\,\mathrm{WE} \tag{243}$$

Da nun W kW in der Sekunde eine Wärmemenge in der Stunde von $Q = 860 \cdot W$ Wärmeeinheiten entsprechen, ergibt sich daraus die durch die Ölpumpe und den Ventilator zu fördernde Öl- bzw. Luftmenge in l/s bzw. m³/s.

$$p_o = \frac{Q}{3600 \cdot q_o} = \frac{W}{4{,}2\,q_o} = \frac{W}{1{,}43\,(t_{o_1} - t_{o_2})}\ \mathrm{l/s}, \tag{244}$$

$$p_l = \frac{Q}{3600 \cdot q_l} = \frac{W}{4{,}2\,q_l} = \frac{W}{1{,}3\,(t_{l_2} - t_{l_1})}\ \mathrm{m^3/s}. \tag{245}$$

Die Verlustwärme Q, die beim Durchgang durch den Kühler mit der aktiven Oberfläche F in m² vom heißen Öl auf die Kühlluft übergeht, ist in vereinfachter Form (unter Vernachlässigung der Wärmestrahlung) gegeben durch den Ausdruck:

$$Q = k\,F\,\frac{(t_{o_1} + t_{o_2}) - (t_{l_1} + t_{l_2})}{2} \tag{246}$$

Darin bedeutet k die resultierende Wärmeübergangszahl in WE/m²/h/° C, die sich folgendermaßen zusammensetzt:

$$k = \frac{1}{\frac{1}{\alpha_o} + \frac{1}{\alpha_l} + \frac{\delta}{\lambda}} \tag{247}$$

Dabei bedeuten α_o, α_l und λ beziehungsweise die Wärmeleitzahlen für Öl, Luft und das Material der Kühlrohre und δ deren Wandstärke in m. Der dritte Summand im Nenner des Ausdruckes für k kann in den meisten Fällen vernachlässigt werden.

Für α_o und α_l, die in weitestem Maße von der Kühlerkonstruktion im besonderen aber von der Strömungsgeschwindigkeit v_o und v_l abhängen, sind Erfahrungszahlen einzusetzen. Nach Versuchen mit wasserdurchflossenen Kühlern (für stationäre Transformatoren) gelten etwa folgende Werte für

$v_o =$	0,2	0,4	0,6	0,8	1,0	1,2	m/s,
$\alpha_o =$	149	190	222	250	274	296	WE/m²/h/°C,

die noch um rund 30% erhöht werden können, wenn die Strömungsrichtungen des zu kühlenden Öles und des Kühlmediums aufeinander senkrecht stehen.

In unserem Fall, wobei Luft als Kühlmedium dient und die Ölgeschwindigkeit v_o stets größer als 1 m/s gewählt wird, kann etwa mit 300 als Mittelwert für α_o gerechnet werden.

Für α_l gelten in Abhängigkeit der Luftgeschwindigkeit v_l etwa folgende Werte:

$v_l =$	5	10	15	20	25	30	35	40 m/s,
$\alpha_l =$	41	70	95	117	139	160	179	197 WE/m²/h/°C.

Im allgemeinen wird man den Durchgangsquerschnitt für die berechnete Luftmenge p_l für eine Luftgeschwindigkeit von nicht weniger als 18 m/s bemessen. Damit ist k bestimmt und F kann aus der oben angegebenen Formel für Q berechnet werden. Mit dem gefundenen Wert von F wird der Kühler ausgelegt und hernach der Durchgangsquerschnitt für die Kühlluft kontrolliert. Etwelche Abweichungen vom angenommenen Wert können in Kauf genommen werden, wenn der Ventilator von vornherein reichlich, d. h. für eine etwas größere Luftmenge vorgesehen war, als sie die Formel für p_l verlangt.

Beim eingangs erwähnten, an den Seitenwänden der Lokomotive angeordneten, natürlich belüfteten Kühler ergeben sich Werte von k von höchstens 18 bis 20, während bei künstlicher Belüftung des Kühlrohrsystems Werte von 80 bis 100 erreicht werden. In letzterem Falle ergeben sich somit Kühler von 4 bis 5 mal kleinerer Oberfläche. So erhielt ein nach diesem Prinzip gebauter Ölkühler für eine sekundliche Verlustmenge von 46,6 kW 17,3 m² aktive Kühlfläche. Die Pumpe fördert 2,34 l Öl pro Sekunde, der Ventilator 2 m³/s. Die gesamte Motorleistung beträgt 6 PS, wovon 1,5 PS auf die Ölpumpe und 4,5 PS auf den Ventilator entfallen. In etwa 10 Minuten wird die ganze Ölmenge von 1200 kg durch den Kühler befördert und dabei um 6 bis 8° abgekühlt.

Lokomotivtransformatoren werden sowohl als Kern- wie als Manteltypen gebaut. Die letztere Bauart bietet jedoch nur bei kleineren Leistungen bis höchstens etwa 1200 kVA gewisse Vor-

[1]) D. R. G. M. 767001, Schweiz. P. 81389 (B. B. C.). — Angewendet bei den 1 B—B 1-Lokomotiven (Reihe 308) der Bernischen Dekretsbahnen (BBC-Mitt. 1920, S. 175; E. u. M. 1920, S. 505) und bei den 1 B—B 1-Lokomotiven (Reihe 2023) der Norwegischen Staatsbahnen (BBC-Mitt. 1921, S. 92).

[2]) Angewendet bei den 1 C 1-Lokomotiven (Reihe E 3206) und den 1 $D_0$1-Lokomotiven (Reihe E 1601) der D. R. G. (El. Bahnen 1925, S. 181 und El. Bahnen 1927, S. 71).

teile konstruktiver Natur. Bei größeren Leistungen ist die Kerntype die Regel, und zwar vorteilhafterweise in liegender Anordnung mit der Längsrichtung in der Lokomotivachse, wobei die Wicklungspreßringe lappenartig ausgebildete Angüsse erhalten, die mit dem Ölkübel zur Befestigung verschraubt werden. Werden Röhrenspulen verwendet, dann muß wegen der mit Anzapfungen versehenen Niederspannungswicklung entgegen der bei ortsfesten Transformatoren üblichen Praxis die Oberspannungswicklung innen liegen. Hierin liegt eine gewisse Schwierigkeit bzw. Empfindlichkeit der Anordnung, der man durch reichliche Distanzierung, also unter erheblichem Aufwand an Platz zu begegnen sucht. In letzter Zeit neigt man wieder mehr zur Scheibenwicklung, bei der wenigstens der Außenmantel der einzelnen Oberspannungsspulengruppen ebenso frei liegt wie der der Niederspannungsspulen. Von Nachteil ist hingegen bei der Scheibenanordnung, daß die zur Ausbildung der Niederspannungsanzapfungen vorhandene Fläche jeweils durch die Oberspannungsspulen unterbrochen wird.

Die Ausbildung und Herausführung der Niederspannungsanzapfungen bildet konstruktiv das schwierigste Problem beim Lokomotivtransformator. Da selbst bei dauernder Reihenschaltung zweier Triebmotoren der gesamte durch Anzapfungen zu unterteilende Niederspannungsbereich höchstens bis 1200 Volt geht, handelt es sich dabei um beträchtliche Stromstärken, die bei der Wicklung nur durch eine größere Anzahl parallelgeschalteter, auf beide Säulen zu verteilender Spulenpakete (sechs bis acht) zu beherrschen sind, die je den ganzen Unterspannungsbereich umfassen. Noch schwieriger wird die Sache, wenn die Triebmotoren alle parallelgeschaltet sind, die Unterspannung bis höchstens auf 600 Volt hinaufreicht und die Anzapfungen für dementsprechend höhere Stromstärken zu bemessen sind. Bei Vorhandensein elektrischer Zugheizung wird in diesem Falle überdies eine besondere mit Anzapfungen bei 800 und 1000 Volt versehene Heizwicklung vorzusehen sein. — Vom Standpunkt des Transformators aus sollte jedenfalls aus den angegebenen Gründen die Zahl der Anzapfungen nicht zu hoch gewählt werden. Sonst weicht der Wicklungsaufbau von dem stationärer Transformatoren nicht ab, auch die Dimensionierungsgrundsätze sind im wesentlichen dieselben. Zu beachten ist beim elektrischen Entwurf die örtlich ungleiche AW-Verteilung auf der Ober- und Unterspannungsseite, namentlich beim Arbeiten mit den untersten Spannungsstufen und die daraus resultierenden besonderen Streuungsverhältnisse und elektrodynamischen Kräfte bei Kurzschluß[1]). Auch in dieser Richtung sind Scheibenspulen günstiger als Röhrenspulen.

Die Niederfrequenz führt zu großen Säulenquerschnitten, die man naheliegenderweise des geringeren Platzbedarfes wegen häufig rechteckig ausführt. Rechteckspulen sind allerdings in der Herstellung teuer und machen der ungünstigen Kurzschlußbeanspruchung wegen schwere und komplizierte Abstützkonstruktionen an den Längsseiten nötig. Neuerdings wird deshalb auch hier wieder dem zu kreisrunden Spulen führenden kreuzförmigen Säulenquerschnitt der Vorzug gegeben und der größere inaktive Raum in Kauf genommen.

II. Triebmotorenstromkreis.

1. Fahrstromschaltung.

Der Triebmotorenstromkreis umfaßt in der Hauptsache die **Triebmotoren** selbst, die durch einen **Steuerapparat** (schlechtweg **Steuerung** der Lokomotive genannt) zum Zwecke der Regelung des Drehmomentes und damit der Drehzahl (Fahrgeschwindigkeit) an die verschiedenen Unterspannungsanzapfungen des Haupttransformators angeschlossen werden. Zur Umsteuerung (Änderung der Fahrtrichtung) wird bei den Triebmotoren mittels besonderer Apparate, den **Fahrtwendern**, die Stromrichtung in der Feldwicklung der Motoren umgekehrt.

a) Triebmotoren.

Die Triebmotoren sind wieder den drei verschiedenen praktisch vorkommenden Antriebsformen entsprechend auch in drei verschiedenen Bauformen vertreten, und zwar als hoch im Lokomotivkasten angeordnete Langsamläufer großer Leistung (für direkten Stangenantrieb gemäß S. 84ff.), als halbhoch im Rahmen gelagerte Schnelläufer (für Einzelachsantriebe mit Übersetzung und senkrechter Antriebsrichtung gemäß S. 103ff., oder bei Übersetzungstriebwerken mit Kuppelstangen gemäß S. 118) und schließlich als Untergestellmotoren mit Übersetzung und in Tramaufhängung (Einzelachsantriebe mit wagerechter Antriebsrichtung gemäß S. 100).

[1]) Näheres hierüber siehe Niethammer und Siegel: Streuung von Transformatoren mit Abschaltspulen. E. u. M. 1911, S. 427; ferner Biermanns, J.: Kurzschlußkräfte an Transformatoren. B. S. E. V. 1923, S. 212ff. und Müllner, F.: Stromkräfte in Transformatorwicklungen. E. u. M. 1924, S. 679.

Für den mechanischen Aufbau der hochgelagerten Langsamläufer gelten, im wesentlichen unverändert, die beim Entwurf ortsfester Maschinen dieser Größe maßgebenden Konstruktionsgrundsätze. Abb. 328 zeigt im Schnitt einen Motor dieser Art[1]) für eine Stundenleistung von 3000 PS bei 240 Uml./min und 295 Volt Klemmenspannung. Bemerkenswert ist die Ausbildung der Rotorfederung[2]). Der Rotorkörper sitzt lose auf der Welle unter Zwischenschaltung einer Bronzebüchse. Auf der Kollektorseite erfolgt die federnde Verbindung zur

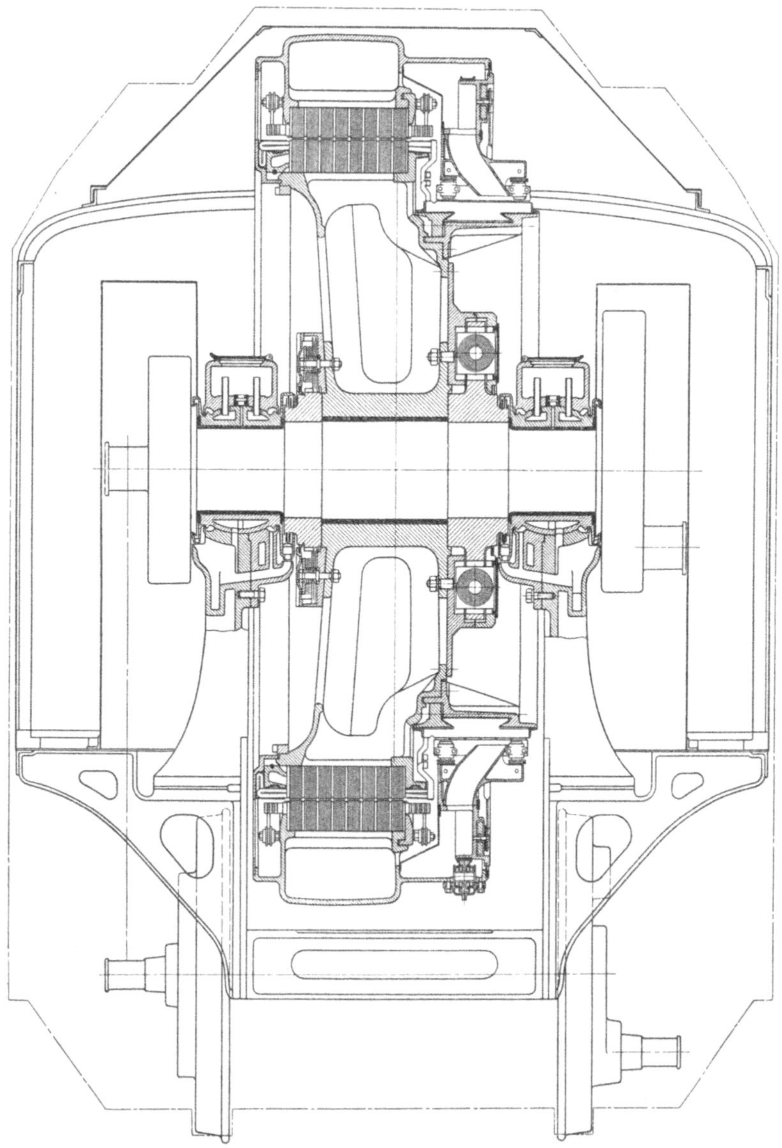

Abb. 328. Langsamlaufender Einphasenlokomotivmotor offener Bauart für direkten Stangenantrieb von 3000 PS Stundenleistung bei 340 Uml./min. (Bergmann Elektrizitätswerke A. G., Berlin.)

Welle, während auf der Blechkörperseite eine Lamellendämpfung der Federung eingebaut ist, um Schwingungen des Federungssystems zum Abklingen zu bringen.

Vergleichsweise die geringste Verbreitung haben bei Einphasenlokomotiven die Achsmotoren in Tramaufhängung gefunden, und zwar in der Vorkriegszeit[3]) vornehmlich wohl

[1]) Eingebaut in die 2 C 2-Lokomotiven (Reihe E 0601) der D. R. G. — Siehe die ausführliche Beschreibung dieser Lokomotive auf S. 424f.

[2]) Siehe die Ausführungen auf S. 83.

[3]) B_0—B_0-Lokomotiven (Reihe A 1) der Spokane & Inland Ry, B_0—B_0-Lokomotiven der Albtalbahn, B_0—B_0-Lokomotiven (Reihe E 7301) der D. R. G., A—A-Lokomotiven der Bahn Murnau-Oberammergau (E. K. B. 1909, S. 554) und B_0—B_0 und A—A-Lokomotiven der Ryukanbahn (E. K. B. 1912, S. 721).

deshalb, weil die Leistung, die man damals zwischen die Räder einbauen konnte, vergleichsweise klein war, einerseits bedingt durch die geringere Baustoffwirtschaft des Einphasenkollektormotors überhaupt, andererseits wegen des Fehlens der künstlichen Belüftung, von der

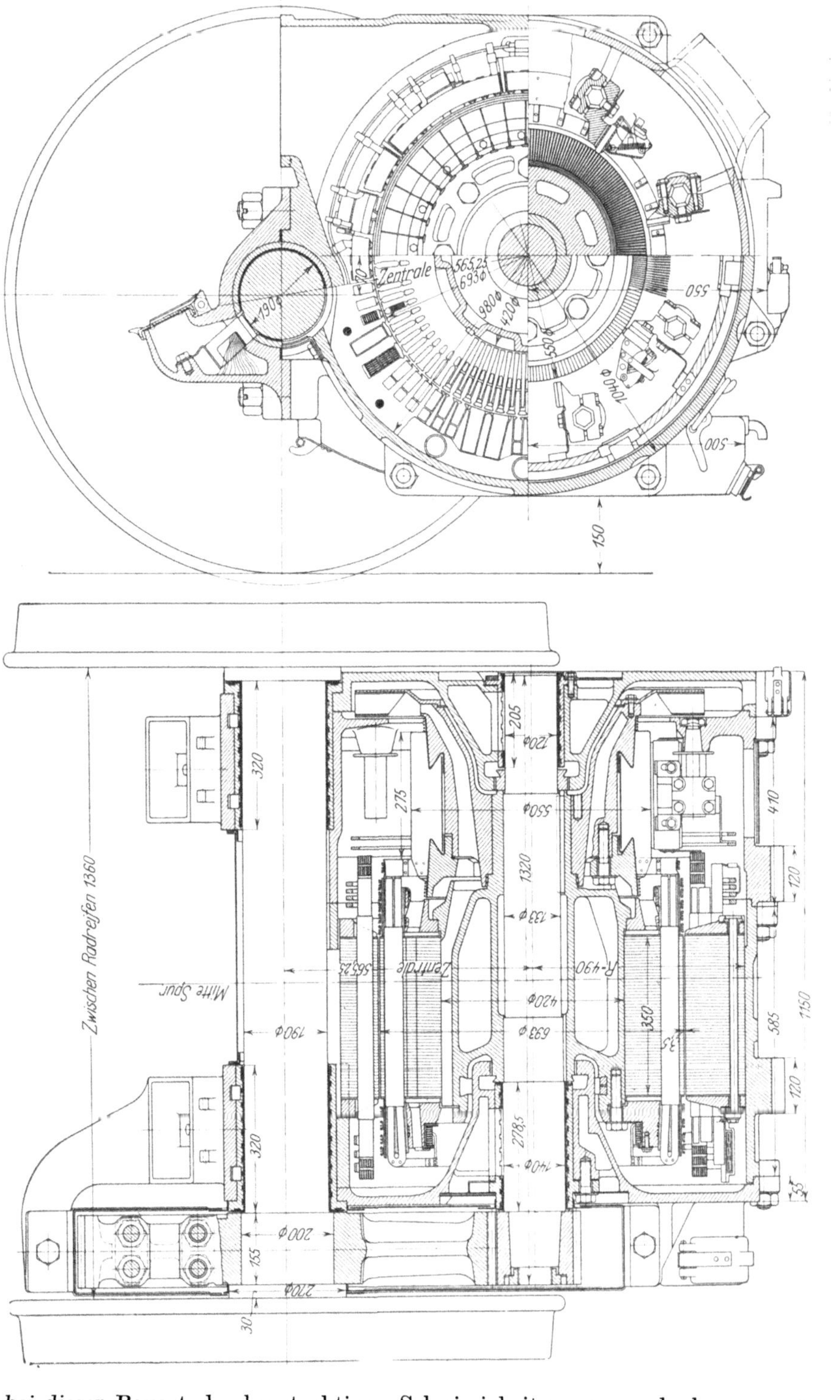

Abb. 329. Künstlich belüfteter schnellaufender Lokomotivmotor in Trammotorenbauart von 275 PS Dauerleistung bei 800 Uml/min. (Siemens Schuckert Werke).

man bei dieser Bauart der konstruktiven Schwierigkeiten wegen absehen zu müssen glaubte. Dazu kam auch noch die verminderte Zugänglichkeit der Motoren im Betrieb, ein Umstand, der vor 15 bis 20 Jahren wesentlich stärker ins Gewicht fiel. Heute hingegen sind alle wirklichen oder vermeintlichen Nachteile mehr oder weniger überwunden und es ist wahrscheinlich, daß der Einphasenkollektormotor dieser Bauart unter Einhaltung der der Antriebsform an sich gezogenen Grenzen[1]) für Lokomotiven für kleinere Geschwindigkeiten, vornehmlich also Güterzuglokomotiven, noch zu größerer Bedeutung kommen wird[2]). Abb. 329 zeigt einen solchen Motor für eine Dauerleistung von immerhin 275 PS bei 800 Uml./min, der allerdings der modernen Praxis entsprechend künstlich ventiliert wird.

Bei den also heute vorwiegend verwendeten halbhoch im Rahmen gelagerten Schnellläufern handelt es sich bei Vollbahnlokomotiven in der Regel um Leistungen von wenigstens 500 PS und im Maximum um solche von 750 PS (Stundenleistung). Bei einzeln angetriebenen Achsen kann über 750 PS Achsleistung der Reibungsgrenze wegen nicht hinausgegangen werden. Bei gekuppelten Achsen kommen gelegentlich wohl auch noch höhere Leistungen von 800[3]) bis 1250 PS[4]) vor, unter Zusammenfassung der gesamten Lokomotivleistung auf nur zwei Motoren. Eine Gewichtsersparnis ist dadurch jedoch kaum mehr zu erzielen, denn die Übersetzungen fallen infolge der naturgemäß geringeren, der Normalgeschwindigkeit entsprechenden Drehzahl dieser Motoren, klein und damit schwer aus.

Durch den angegebenen Leistungsbereich von rund 500 bis 700 PS mit den zugehörigen Drehzahlen von etwa 600 bis 400 Uml./min ist im wesentlichen die Art der konstruktiven Durchbildung charakterisiert. Ein gegenüber stationären Maschinen relativ schmales Stahlgußgehäuse mit ein bis zwei peripheren Versteifungsrippen umschließt das Statorblechpaket, das schon der besonderen Nutung wegen aus einzelnen Segmenten aufgebaut ist und innerhalb des Gehäuses von schwalbenschwanzförmigen Stahlkeilen getragen wird, die, am Gehäuseumfang verteilt, an diesem innen angeschraubt sind und von außen nachgezogen werden können. Die Lagerschilder sind gleichfalls aus Stahlguß. Das rückseitige Lagerschild ladet in dem aus dem Lokomotivrahmen herausragenden Oberteil weit aus und enthält die Eintrittsöffnung für die Kühlluft. Das kollektorseitige Lagerschild wird entweder gleichfalls weitausladend ausgebildet und enthält unmittelbar die Klappdeckel für den Kollektor. Oder die letzteren sind in einem unmittelbar an das Gehäuse anschließenden zylindrischen Zwischenstück untergebracht, an das dann das ganze flach ausgebildete Lagerschild ansetzt (Abb. 330). Die Lager erhalten in der Regel Ringschmierung, doch ist auch bei diesen relativ großen Motoren Dochtschmierung angewendet worden. In jüngster Zeit sind auch Lokomotivmotoren mit Erfolg mit Rollenlagern ausgerüstet worden (Abb. 330).

Der Rotorkörper trägt einerseits die Ankerbleche, andererseits entweder auf einer zylindrischen Verlängerung der Nabe oder auf einem besonderen zylindrischen Ansatz den Kollektorkörper. Die Bürstenbrücke wird mittels Kurbel und Schneckentrieb drehbar ausgeführt, zum Einsetzen oder Nachsehen der Kohlenbürsten.

Die Befestigung der Motoren im Lokomotivrahmen erfolgt entweder durch fußartige Angüsse am Gehäuse oder an den Lagerschildern. Diese Art der Lagerung ist die Regel bei Ausführung der Lokomotive mit Innenrahmen, wobei der Motor unter Ausnützung der vollen Breite (1250 mm bei Normalspur) zwischen den Rahmenblechen durchhängt. Ist der Einbau von Motoren größerer Leistung zwischen den Rahmen nicht möglich, dann sind bei dieser Art der Lagerung, wenn nicht große Überhöhungen der Vorgelegeblindwelle in Kauf genommen werden wollen, tiefe den Lokomotivrahmen schwächende Ausschnitte unvermeidlich. Man kann allerdings deren schwächende Wirkung dadurch wieder unschädlich machen, daß man diese Ausschnitte durch eine seitwärts über den Rahmen hinausgehende massive Stahlgußschale wieder überbrückt und in dieser den Motor stuhlartig lagert[5]). Einfacher umgeht man diese Schwierigkeiten, wenn nötig durch Anwendung des Außenrahmens, der bei Schmalspurlokomotiven größerer Leistung zur Regel geworden ist.

---

[1]) Siehe die Ausführungen auf S. 140f.

[2]) In der Nachkriegszeit wurden zunächst zwei Lokomotivreihen mit Motoren dieser Bauart ausgerüstet, und zwar die C_0+C_0-Lokomotiven (Reihe E 9271) der D. R. G. und die E-Lokomotiven (Reihe 1080 und 1080·100) der Ö. B. B. (E. u. M. 1921, S. 195; 1923, S. 234; 1924, S. 360). Neuerdings hat die D. R. G. eine 6 Stück umfassende Reihe von Güterzuglokomotiven mit der Achsfolge 1 C_0—C_0 1 (Reihe E 9501) für 65 km/h Höchstgeschwindigkeit und zwei Lokomotiven (Reihe E 1801 und E 1601) für 110 km/h Höchstgeschwindigkeit mit der Achsfolge 1 B_0—B_0 1 bzw. 1 D_0 1 in Auftrag gegeben.

[3]) 2 C 1-Lokomotiven (Reihe 10401) der S. B. B. mit 2 Motoren à 800 PS Dauerleistung und 530 Uml./min (Schweiz. Bauzg. 1925, I, S. 277); 1 B—B 1-Lokomotiven (Reihe E 7701 und E 7501) der D. R. G. mit 2 Motoren à 800 PS Dauerleistung bei 325 Uml./min (El. Bahnen 1925, S. 414).

[4]) 1 E 1-Lokomotiven (Reihe 151) der B. L. S. mit 2 Motoren à 1250 PS $1^1/_2$ Stundenleistung bei 445 Uml./min (E. u. M. 1913, S. 956).

[5]) Schweiz. P. 69872 (M. F. O.). Ausgeführt bei den 1 B—B 1-Lokomotiven der Pennsylvania Bahn (E. R. J. 1924, I, S. 133; ETZ 1924, S. 280) mit 4 Motoren à 820 PS Dauerleistung bei 375 Uml./min und 25 Per/s, ferner bei den 1 B—B 1-Lokomotiven (Reihe E 7701 und E 7501), den C—C-Lokomotiven (Reihe

Häufig, namentlich bei Drehgestellokomotiven, arbeiten zwei in der Regel dauernd in Reihe geschaltete Motoren beidseitig auf je ein gemeinsames Blindwellenzahnrad als Vorgelegewelle, wobei, wie schon früher erwähnt wurde, durch Aufteilung der Übertragung auf zwei Eingriffsstellen die Zahnbreite nur halb so groß wird als bei Übertragung durch einen Motor mit einer einzigen Eingriffsstelle. Die beiden Motoren werden dabei mit ihren Gehäusen stumpf aneinandergesetzt[1]) oder als Zwillingsmotor mit gemeinsamem Gehäuse gebaut, in dessen Mitte unten die Vorgelegeblindwelle gelagert wird[2]). Die letztere Bauart bedingt allerdings ein schweres, unhandliches, in der Herstellung wegen der genauen Einhaltung dreier Lagermitten schwieriges Gußgehäuse. Aussichtsreicher erscheint der Zwillingsmotor in gemeinsamem Gehäuse bei Einzelachsantrieben, weil es sich hier je Doppelmotor nur um die Leistung einer einzigen Achse, also bei europäischen Achsdrücken von höchstens 20 t um höchstens 650 bis 700 PS Stundenleistung handelt. Die Aufteilung dieser Leistung auf zwei Motoren macht es möglich, mit der der normalen Fahrgeschwindigkeit entsprechenden Drehzahl relativ hoch zu gehen, so daß ein Doppelmotor in diesem Falle gegenüber dem Einzelmotor gleicher Leistung gleich schwer

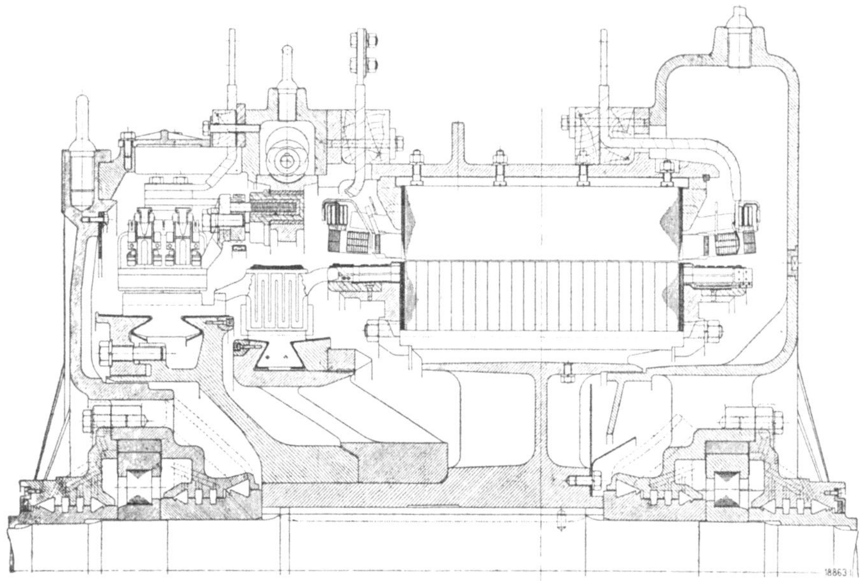

Abb. 330. Schnellaufender Lokomotivmotor mit Rollenlagern und Widerstandsverbindern von 575 PS Dauerleistung bei 550 Uml./min.
(A. G. Brown, Boveri & Cie.)

unter Umständen sogar leichter ausfallen kann[3]). Ein weiterer Vorteil dieser Bauart besteht darin, daß die kleinen, sehr rasch laufenden Zwillingsmotoren relativ wenig in den Lokomotivkasten hineinragen, so daß mit Rücksicht auf den nach unten erfolgenden Ausbau der Motoren mit samt den zugehörigen Radsätzen der Raum im Lokomotivkasten über den Motoren für die Aufnahme der übrigen elektrischen Ausrüstung einschließlich Transformator zur Verfügung steht. Von Nachteil ist allerdings die Verdoppelung der Zahl der Motoranker und Lager, die verminderte Zugänglichkeit der Motoren und für die Lokomotive die etwas tiefere Schwerpunktslage[4]).

E 9101) der D. R. G. (El. Bahnen 1925, S. 414 und Elektro Journ. 1924, S. 257; El. Bahnen 1925, S. 311, bei den 1 C 1-Lokomotiven der Schwedischen Staatsbahnen und bei den 1 D-Verschublokomotiven (Reihe 1070 und 1070.100) und den E-Güterzuglokomotiven (Reihe 1280) der Ö. B. B. (E. u. M. 1926, S. 371 und E. u. M. 1927, S. 587.)

[1]) 1 C—C 1-Lokomotiven (Reihe 14251) der S. B. B. (Schweiz. Bauzg. 1920, I, S. 229).

[2]) Ausgeführt bei den C—C-Lokomotiven (Reihe E 9051) der D. R. G. (E. u. M. 1921, S. 575). Siehe Abb. 155.

[3]) Labberton, J. M.: Single versus twin armature motors. E. J. 1918, S. 404. Werz, J.: Zwillingsmotor oder Einzelmotor für Vollbahnlokomotiven, insbesondere Einphasenlokomotiven mit Einzelachsantrieb. ETZ 1923, S. 660.

[4]) Ausgeführt wurden Zwillingsmotoren in Verbindung mit dem Westinghouse- („quill drive") Einzelachsantrieb (siehe S. 103) bei den 1 B_0—B_0 1-Lokomotiven der Reihen 069, 073, 076 (P. A. I. E. E. Bd. 36, Nr. 8, bzw. El. Railway 1912, I, S. 268 und S. 1085) der New York, New Haven & Hartford Bahn, bei den 1 C_0 1—1 C_0 1 (Reihe 0300) der gleichen Bahngesellschaft, bei den 1 C_0 1-Lokomotiven (Reihe 10201) und 1 B_0 1—B_0 1-Lokomotiven (Reihe 12501) der S. B. B., von denen Abb. 119 und 120 einen Radsatz mit Zwillingsmotor zeigt

Die Statorbleche zeigen die bekannte Nutung für die Aufnahme der Feldwicklung, Kompensationswicklung und Hilfspolwicklung, wie sie schon im wesentlichen bei den kompensierten Gleichstrommaschinen nach Déri zu Anfang des Jahrhunderts ausgeführt wurde und im Prinzip bei allen Einphasen-Reihenschlußmotoren zu finden ist. Bei Haupt- und Hilfspolwicklung führt die Parallelschaltung der Pole in Gruppen zu wickeltechnisch leicht zu verarbeitenden kleinen Querschnitten, die die Ausführung der Spulen auf Schablonen ermöglichen. Bei der Kompensationswicklung wird die Parallelschaltung nicht weit getrieben, da bei dieser auf mehrere Nuten verteilten Wicklung der Steifigkeit wegen große Leiterprofile erwünscht sind, die der Niederfrequenz wegen unbedenklich angewendet werden dürfen. In der Regel enthält hier eine Nut nur einen Stab, der in der Stärke der Nutisolation mit Glimmer umplättet ist und seitlich eingeschoben wird. Die Verbindung der einzelnen Stäbe zur Wicklung erfolgt durch massive Bügel, die zumeist blank gelassen werden und nur einen Lackanstrich erhalten.

Die Rotorwicklung wird als Schleifenwicklung oder auch als Reihenparallelwicklung mit $a = p$ ausgeführt, wobei 4- und 6-Leiteranordnung je Nut in zwei Lagen angewendet werden. Des im allgemeinen hochübersynchronen Drehzahlbereichs wegen sind hohe Leiterprofile mindestens in der oberen Lage unbedingt zu vermeiden.

Große Sorgfalt ist bei der Fabrikation der Kollektoren aufzuwenden, die nach dem Zusammenbau wiederholt angewärmt und nachgezogen werden müssen, um einen absolut „toten", gegenüber den wechselnden Beanspruchungen des Bahnbetriebes unempfindlichen, einem homogenen Körper praktisch gleichwertigen Konstruktionsbestandteil zu bekommen.

Theorie und Vorausberechnung des Einphasen-Reihenschlußmotors seien in diesem Zusammenhang als bekannt vorausgesetzt[1]). Hier sei nur eine einfache Beziehung abgeleitet, aus der die verschiedenen, bei diesen Motoren bestehenden Dimensionierungsprinzipien gewissermaßen abgelesen werden können. Ist K die Lamellenzahl, $2a$ die Zahl der parallelen Zweige der Ankerwicklung, f die Frequenz, f_r die Frequenz der Drehung $= \frac{u p}{60}$ mit u als minutlicher Umdrehungszahl und p als Polpaarzahl, dann ist die bei der Drehzahl u an den Bürsten auftretende Spannung

$$E_a = \frac{K}{2a} \frac{2}{\pi} e_1 \frac{f_r}{f}, \tag{248}$$

wobei e_1 die Spannung pro Windung gegeben ist durch den Ausdruck

$$e_1 = \frac{2\pi}{\sqrt{2}} f \Phi \cdot 10^{-8}, \tag{249}$$

wenn Φ den örtlichen und zeitlichen Maximalwert des Kraftflusses bedeutet. Ist J der Motorstrom, dann ist unter Vernachlässigung der Phasenverschiebung die elektrische Leistung des Ankers in Watt

$$W_a = E_a J = J \frac{K}{2a} \frac{2}{\pi} e_1 \frac{f_r}{f} \tag{250}$$

oder da hier stets je Lamelle nur eine Windung vorhanden ist, also Z (totale Ankerleiterzahl) $= 2K$ und $\frac{J}{2a} \cdot \frac{Z}{\pi D} = AS$ die Amperestabzahl je cm Ankerumfang bedeutet, (D Ankerdurchmesser in cm) ist

$$W_a = e_1 \frac{f_r}{f} AS \cdot D. \tag{251}$$

W_a ist nur um die gesamten Kupferverluste größer als die mechanische Leistung des Motors, daher unmittelbar ein Maß für diese letztere.

Ein für eine gegebene Leistung zu entwerfender Einphasen-Reihenschlußmotor kann also bei gleicher Drehzahl, die im wesentlichen den Durchmesser D bestimmt, entweder mit großem AS, d. h. großer Stromstärke und kleinem e_1, d. h. kleiner Spannung oder umgekehrt entworfen werden.

(Schweiz. Bauzg. 1923, I, S. 270 und Schweiz. Bauzg. 1922, II, S. 97), bei den $2C_0$1-Lokomotiven (Reihe (10261 der gleichen Bahnverwaltung, bei den $1C_0$—$C_0$1-Lokomotiven (Reihe 201) der B. L. S. (El. Bahnen 1927, S. 53), bei der $2D_0$1-Lokomotive (Reihe E 2101) der D. R. G. (El. Bahnen 1926, S. 380; 1927, S. 41) und bei den $1D_0$1-Lokomotiven (Reihe E1701) der D. R. G.

[1]) Döry, Dr. I.: Einphasenbahnmotoren, Sammlung Vieweg, H. 44 und „Kritische Bemerkungen über Einphasenbahnmotoren" in E. u. M. 1927, S. 61; ferner Schweiz. P. 101538 (P. E. A. G.).

Ist e_1 groß, dann wird auch die in den durch die Bürsten kurzgeschlossenen Windungen induzierte Spannung, die sog. Transformatorspannung e_t groß. Denn es ist — wieder bei einer Windung pro Lamelle —

$$e_t = \frac{s_b}{s_s} \frac{p}{a} e_1, \tag{252}$$

wobei s_b die Bürstenbreite, s_s die Lamellenteilung (einschließlich Isolation) bedeutet.

Motoren mit großem AS haben große Stromstärke, daher kleine Klemmenspannung und weisen die gleichen Kommutationsschwierigkeiten auf wie Gleichstrommaschinen für hohe Stromstärken (hohe Reaktanzspannung).

Motoren mit großer Windungsspannung e_1 haben vergleichsweise größere Klemmenspannung und bedingen demzufolge eine leichtere, für eine kleinere Stromstärke zu bemessende Steuerapparatur. Auch die Einbauleistung wird größer als im ersten Falle, wenn der hohe Wert von e_1 oder des Karftflusses Φ durch eine große Eisenbreite und nicht, wie bei den Motoren für die New York, New Haven & Hartford Ry, durch eine große Polteilung (kleine Polzahl) erreicht wird. Bei den letzteren, bei denen überdies f_r/f wegen $f = 25$ vergleichsweise klein war, hat B. G. Lamme, um e_1 besonders hoch wählen zu können, erstmalig im Grunde der Ankernuten verlegte Widerstandsverbinder zwischen den Ankerleitern und dem Kollektor angewendet, um die in den von den Bürsten kurzgeschlossenen Spulen entstehenden Kurzschlußströme zu begrenzen. Die A. G. Brown, Boveri & Cie. hat später die Widerstandsverbinder zu einem eigenen Körper zusammengebaut[1]) und diesen auch örtlich zwischen Wicklung und Kollektor angeordnet (Abb. 330). Die Widerstandsverbinder haben allerdings den Vorteil, unmittelbar, d. h. eben auch bei Stillstand in Wirkung zu treten. Außerdem gestatten sie die Verwendung von Bürsten mit breiter Schleiffläche. Konstruktiv aber sind sie ein in der Herstellung schwieriges und teueres Gebilde und außerdem beeinflussen sie die Stromwendung im Lauf im ungünstigen Sinne.

Die neuere Praxis sucht unter Verzicht auf Widerstandsverbinder die Mitte zwischen den Entwürfen mit extrem hohen und extrem niedrigen Werten von e_1 zu halten und sucht Einbauleistung und Klemmenspannung durch den dritten Leistungsparameter f_r/f, d. h. durch hochübersynchronen Lauf oder, was praktisch dasselbe ist, durch eine hohe Polzahl zu steigern. Der Einphasen-Reihenschlußmotor nähert sich damit im Entwurf immer mehr und mehr der Gleichstrommaschine. Ja sogar die verteilte Kompensationswicklung kann weggelassen werden[2]), weil dem kleinen Polbogen nur wenig Ankernuten gegenüberliegen, das Ankerfeld sich also ohnehin nicht stark ausbilden kann. Die infolgedessen geringe verbleibende Quermagnetisierung bzw. die hieraus resultierende induktive Spannungskomponente wird jedoch als Anteil der Gesamtstreuung des Motors dadurch wieder ausgeglichen, das die Erregerspannung hier infolge Fehlens der den magnetischen Widerstand des Hauptfeldes erhöhenden Nuten der Kompensationswicklung unter Umständen erheblich kleiner ist.

Die Nebenschlußwiderstände zur Hilfspolwicklung der Motoren, in denen im Durchschnitt je etwa 2% der Motorleistung vernichtet werden, werden zweckmäßig in Dachausschnitten der Lokomotive untergebracht.

Bei allen modernen Lokomotivmotoren ist infolge der hohen elektrischen und magnetischen Beanspruchung die künstliche Belüftung zur Regel geworden[3]). Zumeist wird jeder Triebmotor oder wenigstens jede Motorgruppe mit einem Ventilator versehen, eine Anordnung, die wohl eine größere Zahl von Lüftergruppen erforderlich, dafür aber die langen, in der

[1]) D. R. P. 283433, Ö. P. 69209, Schweiz. P. 65986, F. P. 459984, Ital. P. 176322 (L. Modrow), siehe auch U. S. A. P. 771285 (C. P. Steinmetz). — Angewendet bei den Motoren der C—C-Lokomotiven (Reihe E 9051) und bei den B—B-Lokomotiven (Reihe E 7021) der D. R. G. (E. u. M. 1921, S. 575), der 1 B—B 1 (Reihe 12302), der 2 C_0 1 (Reihe 10601), der 1 C—C 1 Nr. 14201 und der 1 B_0 1—1 B_0 1-Lokomotive Nr. 11000 der S. B. B. (ETZ 1922, S. 117ff.), der C—C-Lokomotiven (Reihe 15301) der S. B. B. (BBC-Mitt. 1927, S. 78), der 1 C-Lokomotiven (Reihe 16301) der S. B. B. (BBC-Mitt. 1925, S. 223), der 1 B—B 1-Lokomotiven (Reihe 308) der Bernischen Dekretsbahnen (BBC-Mitt. 1920, S. 161; E. u. M. 1920, S. 504), der 1 B—B 1 und 1 C—C 1-Lokomotiven (Reihe 2023 und 2033) der Norwegischen Staatsbahnen (BBC-Mitt. 1921, S. 92 und BBC-Mitt. 1924, S. 230), der C—C-Lokomotiven (Reihe 401) der Rh. B. (BBC-Mitt. 1922, S. 106), der 1 C 1-Personenzug- (Reihe E 3206) und der 1 D_0 1-Schnellzuglokomotiven (Reihe E 1601) der D. R. G. (El. Bahnen 1925, S. 181 und El. Bahnen 1927, S. 71) und der 1 C—C 1-Lokomotiven (Reihe 1100) der Ö. B. B. (E. u. M. 1923, S. 361).

[2]) Ö. P. 104939, Schweiz. P. 107075 (F. Prantl). — Angewendet bei den Lokomotiven Achsfolge 2 C_0 1 (Reihe 10637) und 2 D_0 1 (Reihe 10901) der S. B. B., ferner bei den 1 C—C 1-Lokomotiven (Reihe 1100.100) der Ö. B. B. und bei den B—B-Lokomotiven (Reihe 2035) der Norwegischen Staatsbahnen.

[3]) Die hoch im Rahmen gelagerten Motoren großer Leistung bei den Lokomotiven der Vorkriegszeit erhielten teilweise keine künstliche Ventilation. Dafür mußte aber in vielen Fällen die Warmluft aus dem Lokomotivkasten durch einen eigenen (in der Regel vertikalen) Deckenventilator abgesaugt werden.

Lokomotive schwer unterzubringenden Luftschächte entbehrlich macht. Man rechnet im Durchschnitt mit einer Luftmenge von rund 2,2 m^3/min und kW Verlust (entsprechend der Stundenleistung), woraus sich die Leistung des Ventilators je Motor ergibt, unter Berücksichtigung, daß der Druck beim Lufteintrittsstutzen in den Motor mindestens etwa 100 mm WS betragen soll. Für die Ventilatoren wählt man raschlaufende Typen von 1800 bis 2000 Uml./min, um kleine Antriebsmotoren zu bekommen, die sich als Einphasen-Reihenschlußmotoren überdies erst in diesem Drehzahlbereich zwanglos für die übliche Spannung der Hilfsbetriebe von 220 Volt bauen lassen. In der Regel erhält jeder Ventilator seinen Antriebsmotor, wobei die ganze Gruppe auf den Hauptmotor auf oder an diesen angebaut wird. Man kann aber auch die Ventilatoren der einzelnen Triebmotoren durch eine durchgehende Welle miteinander verbinden und an deren Ende einen gemeinsamen Antriebsmotor setzen, der überdies noch mit der Ölpumpe für die Transformatorkühlung gekuppelt sein kann[1]).

Für den Isolationszustand der Motoren ist es von außerordentlicher Wichtigkeit, daß die angesaugte Kühlluft möglichst sauber und frei von metallischen Bestandteilen ist. Bei Lokomotiven für Gebirgsstrecken mit starker Bremsstaubablagerung längs der Geleise hat man auch vor den Ventilatoren Filter zur Luftreinigung eingebaut[2]).

b) Motorschalter.

Bei Lokomotiven älterer Bauart wurden vor den Motoren bzw. Motorgruppen (bei zwei dauernd in Reihe geschalteten Motoren) besondere Ölschalter mit Hand- oder servomotorischem Antrieb (Luftmotor, Elektromotor oder Magnet) zum Einschalten und der üblichen Maximalauslösung verwendet. Die neuere Praxis kennt diese schwerfälligen Hochstromschalter nicht mehr und ordnet, wie früher bereits erwähnt, besondere Relais im Motorstromkreis an, die auf den Auslösestromkreis des Hauptölschalters wirken.

c) Fahrtwendeschalter.

Diese sind in ihrem konstruktiven Aufbau mit den analogen, bei Gleichstromlokomotiven verwendeten Apparaten vollkommen identisch (s. S. 246). Auch ihre Anordnung innerhalb der Lokomotive ist dieselbe. Nur sind hier die Stromstärken, für die die Fahrtwender bemessen werden müssen, durchschnittlich wesentlich größer. Um nun nicht unmäßig große Kontaktflächen zu bekommen, werden diese Apparate mit ziemlich hohem spezifischen Kontaktdruck ausgeführt. Dies führt allerdings zu ziemlich großen Verstellkräften, die sich bei elektromagnetischem oder elektromotorischem Antrieb nur unter Zwischenschaltung einer den Schaltprozeß stark verlangsamenden Übersetzung herausbringen lassen. Man zieht deshalb neuerdings vor, die Fahrtwender bei Einphasenlokomotiven entweder von Hand, d. h. unmittelbar durch ein Gestänge von beiden Führerständen aus oder elektropneumatisch zu betätigen.

d) Erdleitung und Erdung.

Hier gilt uneingeschränkt das auf S. 247 bei den Gleichstromlokomotiven Gesagte.

e) Steuerung.

Unter Steuerung versteht man bei Lokomotiven für einphasigen Wechselstrom jenen Apparat oder jene Apparatengruppe, mit deren Hilfe die Triebmotoren zum Zwecke der Drehzahl- und Drehmomentregelung an die aufeinanderfolgenden Stufen des Haupttransformators angeschlossen werden. Je nach der konstruktiven Ausbildung dieses Steuerorgans kann man unterscheiden:

Stufenschaltersteuerungen, d. h. Steuerungen mittels Kontroller mit runder oder gestreckter Kontaktbahn (Steuerwalze oder Schlittenschalter).

Steuerungen mittels Einzelschalter, die entweder konstruktiv voneinander unabhängig als Hüpfer oder Schützen einzeln elektromagnetisch oder elektropneumatisch durch Vermittlung einer Meisterwalze gesteuert werden oder in einer Reihe nebeneinander angeordnet als konstruktive Einheit durch eine mit Nocken oder Kurvenscheiben versehene Schalterwelle aufeinanderfolgend betätigt werden.

Steuerungen unter vereinigter Verwendung eines Stufenschalters mit Einzelschaltern.

---

[1]) Diese Anordnung findet sich bei den 2 $C_0$1-Lokomotiven (Reihe 10601) der S. B. B. (BBC-Mitt. 1926, S. 91).

[2]) Die bei den 1 C—C 1-Lokomotiven (Reihe 1100) der Ö. B. B. verwendeten Luftfilter bestehen in Rahmen, die mit in Stauböl getränkten Eisenringen (Raschig-Ringen) gefüllt sind.

α) **Stufenschaltersteuerungen.** Steuerwalze. Die ersten Stufenschaltersteuerungen sind unmittelbar aus den Kontrollersteuerungen der Motorwagen der Straßenbahnen entstanden. Für Wechselstromlokomotiven kleiner Leistung kann der Straßenbahnkontroller im konstruktiven Aufbau prinzipiell unverändert übernommen werden[1]), nur ist bei Ausbildung seiner Abwicklung dem Umstand Rechnung zu tragen, daß die einzelnen Transformatorstufen abgeschaltet werden und natürlich nicht wie die Widerstände der Gleichstrommotorwagen kurzgeschlossen werden dürfen.

Bei großen Leistungen werden Kontroller, unter denen im deutschen Sprachgebrauch in der Regel Steuerwalzen (Walzenschalter) verstanden werden, infolge der großen zu steuernden Stromstärken sehr schwer, so daß an Stelle der Betätigung von Hand jene durch Servomotor treten muß. Dadurch entfällt aber auch die Notwendigkeit der Aufstellung des Steuerapparates im Führerstand, die die Führung vieler und langer Hochstromkabel nach und vom Führerstand als Ableitung vom Transformator und Zuführung zu den Motoren erforderlich gemacht hätte. Derartige Hochstrom-Walzenschalter wurden namentlich von der Maschinenfabrik Oerlikon entwickelt. Dabei wird das eigentliche Zu- und Abschalten von einer besonderen Hilfswalze mit leicht auswechselbaren Abbrennkontakten besorgt, die mit der Hauptschaltwalze in der Weise gekuppelt ist, daß beim Fortschreiten der letzteren von Stufe zu Stufe die Hilfswalze jedesmal den Motorstromkreis öffnet und schließt. Die Kontakte der Hauptschaltwalze schalten also stromlos.

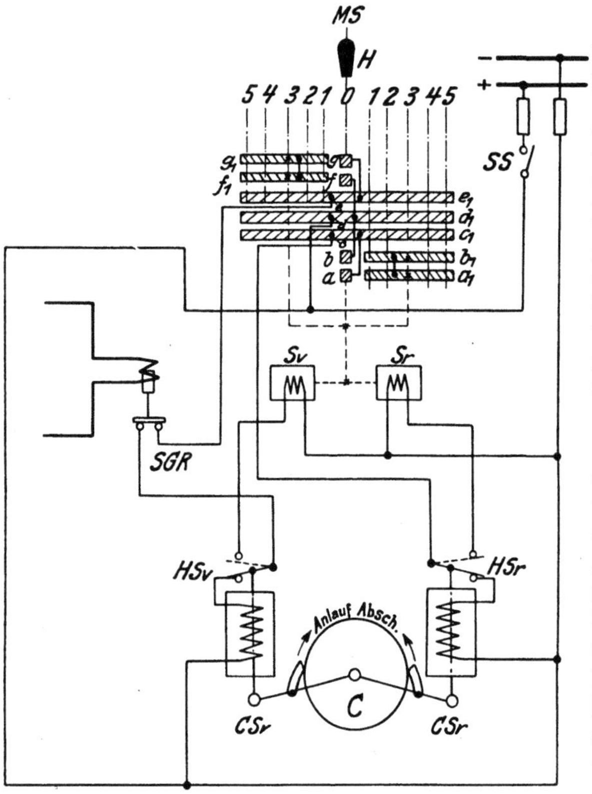

Abb. 331. Kontrollersteuerung durch einen elektromagnetisch betätigten Klinkenmechanismus. (Maschinenfabrik Oerlikon).

Die Betätigung des Steuerapparates erfolgt servomotorisch, und zwar entweder mittels Elektromotor oder mittels elektromagnetisch gesteuertem Luftmotor. Abb. 331 zeigt im Schema eine Steuerung der ersten Art[2]). Der Führerschalter *MS* besteht aus zwei voneinander mechanisch unabhängigen, um die gleiche Achse drehbaren Elementen. Durch die Handkurbel *H* können die Kontaktschienen c_1, d_1, e_1 und die mit diesen mechanisch und elektrisch verbundenen Kontakte *a*, *b*, *f* und *g* in irgendeine der angenommenen fünf Fahrstellungen gedreht werden. Die Teile c_1, d_1, e_1, *a*, *b*, *f* und *g* bilden das eine Element. Die Kontaktschiene d_1 ist mit *b* und *f*, die Schiene c_1 mit *a* und die Schiene e_1 mit *g* elektrisch verbunden. Diese durch die Fahrkurbel *H* drehbaren Kontaktschienen c_1, d_1, e_1 schleifen auf den feststehenden Kontaktfingern *c*, *d*, *e*. Unabhängig von der Handkurbel und den durch sie drehbaren Teilen sind die durch zwei Schaltmagnete *Sv* und *Sr* zu drehenden Kontaktschienen a_1, b_1 und f_1, g_1 angeordnet. Diese bilden das andere drehbare Element. Die Schaltmagnete bestehen aus Elektromagneten, deren beweglicher Kern durch Klinkeneingriff eine Trommel mit den Kontaktschienen a_1, b_1, f_1, g_1 stufenweise um die gleiche Achse dreht, um welche durch die Handkurbel eine Trommel mit den Schienen c_1, d_1, e_1 gedreht wird.

Die die Hauptkontakte tragende Hauptsteuerwalze *C* wird durch den Schaltmagneten *CSv* stufenweise im Sinne des Anlaufs, durch den Schaltmagneten *CSr* stufenweise im Sinne der Abschaltung der Motoren betätigt. Die Schaltmagnete *CSv* und *CSr* sind mit Hilfsumschaltern *HSv* und *HSr* ausgerüstet, die mechanisch in der Ausschaltstellung der

[1]) Wie bei den B-Lokomotiven der Valle-Maggia-Bahn (E. K. B. 1911, S. 413).

[2]) Im wesentlichen ausgeführt bei der C—C-Lokomotive (Nr. 121) und bei den 1 E 1-Lokomotiven (Reihe 151) der B. L. S. (Schweiz. Bauzg. 1911, I, S. 75ff. bzw. Schweiz. Bauzg. 1914, I, S. 29ff.; E. u. M. 1913, S. 956) (D. R. P. 288277, D. R. G. M. 639263 der M. F. O.).

Schaltmagnete in die voll gezeichnete, in der Einschaltstellung in die punktiert gezeichnete Lage gerückt werden.

Zur Erklärung des Schaltvorganges sei angenommen, daß die Handkurbel *H* des Meisterschalters *MS* beispielsweise auf die Stellung *1* links gebracht wird. Dadurch werden die Schleifkontakte c_1, d_1, e_1 zusammen mit den Kontakten *a*, *b*, *f*, *g* um eine Stufenteilung nach links verschoben. Bei geschlossenem Steuerstromschalter *SS* bildet sich ein Stromkreis über *d*, d_1, *f*, f_1, g_1, *g*, e_1, *e* an den Hilfsschalter *HSv* zur Spule des Schaltmagneten *CSv* und zum negativen Pol. Der Schaltmagnet *CSv* zieht seinen Ankerkern an und schaltet dabei den Fahrschalter *C* um eine Stufe vorwärts. In der Einschaltstellung schaltet sich dieser Schaltmagnet *CSv* durch den Hilfsschalter *HSv* selbst ab und schließt dabei den Steuerstrom durch den Schaltmagneten *Sv* an den negativen Pol. Dadurch wird *Sv* erregt und treibt die Walze mit den Kontaktschienen a_1, b_1 und f_1, g_1 in der Richtung des Ablaufs von den Kontakten *f*, *g*, d. h. in der Abb. 331 nach links um eine Stufe weiter, damit wird aber der Steuerstromkreis zwischen f_1, g_1 und *f*, *g* wieder unterbrochen.

Der durch sein Eigengewicht herabsinkende Kern des Schaltmagneten *CSv* drückt den Hilfsschalter *HSv* wieder in die voll gezeichnete Stellung, wodurch die Verbindung von Finger *e* des Meisterschalters zum Schaltmagneten *Sv* unterbrochen wird. Um dem Schaltmagneten *Sv* Zeit zur vollständigen Ausführung seines Hubes zu geben, muß die Umschaltbewegung des Hilfsschalters *HSv* von der punktiert gezeichneten in die voll gezeichnete Stellung zeitlich verzögert werden, was durch bekannte Mittel, z. B. eine Luft- oder Flüssigkeitsdämpfung, erreicht wird.

Wird der Meisterschalter beispielsweise sofort in die Stellung *5* gebracht, so ist der Stromkreis nach Vollführung des ersten Schalthubes des Schaltmagneten *CSv* und des Schaltmagneten *Sv* im Meisterschalter über die Kontakte *f*, f_1, g_1 und *g* immer noch geschlossen. Der Schaltmagnet *CSv* hat den Hilfsschalter *HSv*, wie beschrieben, in die voll gezeichnete Lage zurückgebracht und dadurch sich selbst wieder durch den Finger *e* im Meisterschalter an die Stromquelle angeschlossen. *CSv* wird also wiederum einen Schalthub machen, in der Einschaltstellung den Stromkreis durch den Hilfsschalter *HSv* auf den Schaltmagneten *Sv* schließen, welcher die Kontaktschienen a_1, b_1, f_1 und g_1 eine Stufe weiter nach links drehen wird. Der beschriebene Vorgang wiederholt sich so lange, bis die Kontaktschienen f_1, g_1 von den Kontakten *f*, *g* ablaufen, was für die fünfte Fahrstellung des Meisterschalters nach fünfmaliger Erregung der Schaltmagnete *CSv* und *Sv* erfolgen wird. Der Fahrschalter *C* ist alsdann in die fünfte Fahrstellung gebracht worden.

Soll nun umgekehrt der Fahrschalter um eine Stufe zurückgeschaltet werden, z. B. von Stellung *5* auf Stellung *4*, so wird die Handkurbel *H* des Meisterschalters *MC* um eine Teilung nach rechts gedreht. Dadurch werden die Kontakte *a* und *b* über die Gleitschienen a_1, b_1 leitend verbunden, und der Stromkreis wird über *d*, d_1, *b*, b_1, a_1, *a*, c_1, *c*, den Hilfsschalter *HSr*, die Spule *CSr* an den negativen Pol geschlossen. Der Schaltmagnet *CSr* schaltet den Fahrschalter *C* um eine Stufe zurück und den Steuerstrom in der Einschaltstellung durch den Hilfsschalter *HSr* über die Spule des Schaltmagneten *Sr* an den negativen Pol. Der Schaltmagnet *Sr* dreht die Kontaktschienen a_1, b_1, f_1, g_1 nach rechts um eine Teilung zurück, wodurch die Kontakte *a*, *b* den Stromkreis unterbrechen. Dieser Vorgang wiederholt sich für eine beliebige Stufenzahl der Rückstellung.

Durch Anwendung eines Strombegrenzungsrelais *SGR* wird der Schaltvorgang derart begrenzt, daß die Schaltung erst dann wieder freigegeben wird, wenn der Motorstrom auf eine festgelegte untere Grenze gesunken ist. Dies geschieht durch direkte Einwirkung des Relais *SGR* in dem Sinne, daß der Steuerstromkreis für die Vorwärtsschaltung mit jedem Motorstromstoß unterbrochen wird. Durch die bereits erwähnte zeitliche Dämpfung des Hilfsschalters *HSv* wird auch dem Strombegrenzungsrelais *SGR* Zeit zum sicheren Ansprechen gegeben.

Bei den in Anm.[2]), S. 322 erwähnten Lokomotiven der B. L. S. erfolgt der Antrieb der Steuerwalze *c*, wie erwähnt, durch einen Elektromotor, der unter Zuhilfenahme eines Schneckengetriebes mit Kurbelantrieb den in Abb. 331 angedeuteten Klinkenmechanismus in dauernd hin- und herschaukelnder Bewegung hält. Je nachdem die eine oder andere Klinke durch die Magnete *HSv* und *HSr* betätigt wird, dreht sich, wie oben näher erläutert wurde, die Steuerwalze *C* in der einen oder anderen Richtung[1]). Bei späteren Ausführungen[2]) der M. F. O. trat an Stelle des dauernd laufenden ein nur für die jeweilige Dauer der Ausführung des Schaltprozesses eingeschalteter Elektromotor, dessen Drehrichtung von der Meisterwalze aus je nach Aufwärts-

[1]) D. R. P. 270718 (M. F. O.), siehe auch ETZ 1912, S. 230.

[2]) 1 B—B 1-Lokomotive Nr. 12301 der S. B. B. (Schweiz. Bauzg. 1919, I S. 152) und 1 C—C 1-Lokomotiven (Reihe 14251) der S. B. B. (Schweiz. Bauzg. 1920, I, S. 229 und E. u. M. 1920, S. 373).

und Abwärtsschaltung durch Vertauschen der Ankerklemmen geändert wird und der über eine mehrfache Stirnradübersetzung die Hauptsteuerwalze und die darüber liegende Hilfswalze betätigt. Der Klinkenmechanismus und die beiden Schaltmagnete CSv und CSr werden dabei entbehrlich. Bei Beibehaltung des ersteren kann aber dessen Betätigung auch durch einen Luftmotor erfolgen[1]), dessen beide Zylinder je im Sinne der Aufwärts- oder Abwärtsschaltung durch elektromagnetisch[2]) oder nur pneumatisch[3]) gesteuerte Ventile an die Druckluftleitung angeschlossen bzw. von ihr getrennt werden.

Schlittenschalter. Die vorher besprochenen Steuerwalzen, bei denen runde Kontaktflächen gegeneinander abrollen, können von Hand aus der großen Verstellkräfte wegen kaum betätigt werden. In vielen Fällen ist aber diese einfachste Form der Betätigung erwünscht. Überdies sollte ein universell verwendbarer Steuerapparat in konstruktiv unveränderter Form wahlweise sowohl von Hand wie servomotorisch betätigt werden können. Diese Forderung erfüllt der Stufenschalter mit gestreckter Kontaktbahn, den namentlich die A. G. Brown, Boveri & Cie. zu hoher Vollkommenheit entwickelt hat. Abb. 332 zeigt einen solchen, den bekannten Akkumulatorenzellenschaltern nachgebildeten Apparat schematisch in Verbindung mit einem in Sparschaltung ausgeführten Haupttransformator. Der Antrieb des Stufenschalters erfolgt von Hand von den Führerständen aus über eine auf Kugellagern laufende Transmission. Einer Umdrehung am einklinkbaren Kontrollerhandrad entspricht eine Stufe. Bei der Drehung der Leitspindel G verschiebt sich das aus einer Haupt- und einer Hilfsbürste bestehende Gleit-

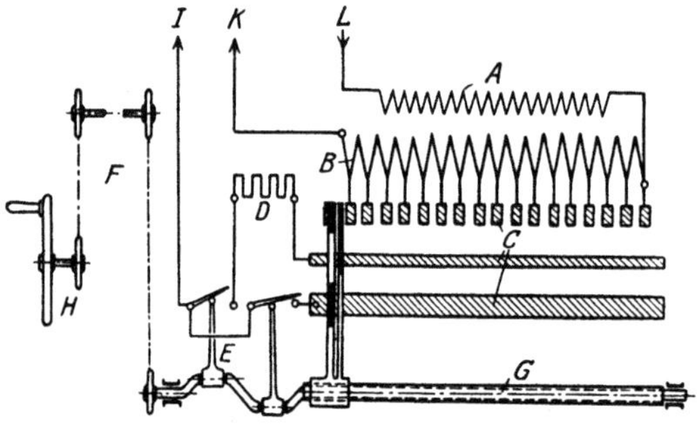

Abb. 332. Von Hand betätigter Stufenschalter mit gestreckter Kontaktbahn (Schlittenschalter). (A. G. Brown, Boveri & Cie.).

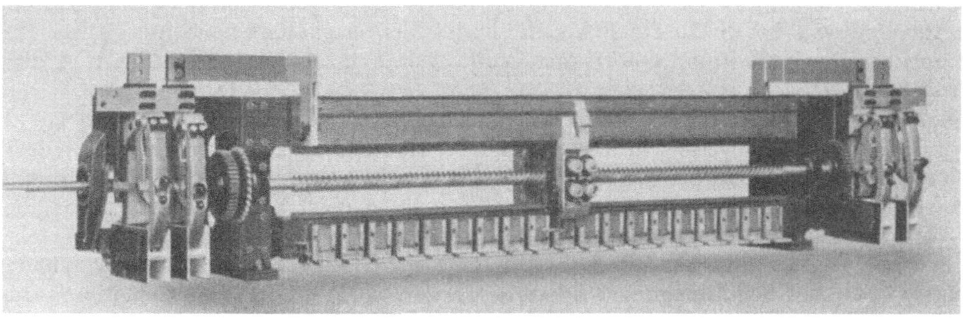

Abb. 333. Doppelstufenschalter mit gestreckter Kontaktbahn. (A. G. Brown, Boveri & Cie.).

bürstensystem über die mit den Transformatoranzapfungen verbundene Kontaktreihe. Beim Übergang von einer Schaltstufe zur nächsten werden vorübergehend zwei nebeneinander liegende Kontakte und damit die zwischen denselben bestehende Stufenspannung durch einen zwischen den beiden Gleitbürsten geschalteten Widerstand D überbrückt. Die Anordnung ist dabei so getroffen, daß die Gleitbürsten von den Kontakten stets stromlos abgleiten, wodurch ein Abbrennen derselben vermieden wird. Das Schaltfeuer wird vielmehr von den mit der Hauptspindel über eine Exzenterwelle zwangläufig gekuppelten Funkenschaltern E übernommen, die leicht auswechselbare Abbrennkontakte und kräftige Blasmagnete besitzen. Der Anschluß der Motoren erfolgt zwischen I und K. Handelt es sich, wie bei den meisten Drehgestellokomotiven, um zwei Motoren oder Motorgruppen, dann kann man das Gleitschienensystem und die an die Transformatorstufen angeschlossene, als Doppelwinkel (_| |_) ausgebildete Kontaktreihe beidseitig von je einem auf gemeinsamer Spindel sitzenden Gleitbürstenpaar bestreichen

[1]) Bei der 1 C 1-Lokomotive Nr. 11201 der S. B. B. (Schweiz. Bauzg. 1919, I, S. 110).

[2]) D. R. P. 301981, Schweiz. P. 73856 (M. F. O.).

[3]) Siehe z. B. Schweiz. P. 70542, D. R. G. M. 642733 und D. R. P. 284485, D. R. P. 289211. D. R. P. 293701, D. R. G. M. 656917 (M. F. O.).

lassen. Abb. 333 zeigt im Bilde einen solchen Doppelstufenschalter mit je einem Funkenschalterpaar (je eines für eine aus zwei in Reihe geschalteten Motoren bestehende Motorgruppe) auf jeder Seite.

Um die durch den Führer bei Betätigung dieses Stufenschalters aufzubringenden Verstellkräfte möglichst gering zu halten, hat man zunächst die großen Reibungsverluste zwischen den Gewindegängen der Spindel zu vermindern gesucht, und zwar durch Zwischenlagerung von Kugeln zwischen die Gänge der Spindel und Mutter[1]). Dadurch ist die gleitende Reibung fast ganz vermieden und nur die viel geringere rollende Reibung der Kugeln muß überwunden werden. Außer diesem praktisch konstanten Anteil des gesamten Bewegungswiderstandes sind bei jeder Umdrehung erhebliche Zusatzmomente aufzubringen, und zwar beim Öffnen der Funkenschalterkontakte, da deren Exzenter die Spannung der Schlittenfeder überwinden müssen. Da nun bei der Rückfederung des Schlittens während des Schließens der Kontakte von jedem einzelnen Funkenschalter die gleichen Drehmomente abgegeben werden, kann offenbar die von Hand aufzubringende Kraft bedeutend verringert werden, wenn man diese freiwerdenden Drehmomente für die Arbeitsleistung heranzieht. Diese Aufgabe wurde durch einen Drehmomentausgleich dadurch gelöst, daß eine Gegenexzenterscheibe auf der Schalterwelle von solcher Form angebracht wurde, daß bei ihrer Drehung Momente aufgewendet oder abgegeben werden, welche den in den Funkenschaltern erzeugten Momenten in jeder Stellung annähernd gleich und entgegengesetzt sind[2]).

Ein Nachteil der Handbetätigung besteht darin, daß sich der Rückgang zur Nullstellung zum Zwecke des raschen Anhaltens der Lokomotive etwa bei geschlossenem Einfahrtsignal zu langsam vollzieht. Um nun die Hauptschalter und Transformator beanspruchende Primärabschaltung oder schwerfällige Hochstromschalter mit Momentauslösung im Motorstromkreis zu vermeiden, werden die zum Stufenschalter gehörigen Funkenschalter mit einer besonderen Auslösung versehen, durch die die Abschaltung der Motoren in jeder Stellung des Stufenschalters möglich wird. Abb. 334 zeigt schematisch eine solche Anordnung. Wird vom Führer der Druckknopfschalter *10* geschlossen, dann wird der Betätigungsmagnet des elektropneumatischen Ventils *9* erregt, dessen Kolben unter Einwirkung des vom Magneten geöffneten Ventils sich nach aufwärts bewegt und damit eine Welle so weit dreht, bis die auf dieser sitzenden Druckhebel die beiden gerade geschlossenen Funkenschalter öffnen und damit den Motorstromkreis unterbrechen. Ein Wiedereinschalten ist nur nach Zurückdrehen des Stufenschalters in die Nullstellung möglich, wobei der Hilfskontakt *ab* geschlossen wird. Damit wird aber durch Erregung des Magneten *X* die Verklinkung des Druckluftantriebes aufgehoben und der Kolben in die Ruhestellung zurückgeführt[3]). Die übrigen in Abb. 334 angedeuteten Steuerstromkreise *cd*, *ef*, *gh* gehören dem Stromabnehmer, dem Hauptschalter und dem Fahrtwender an und ermöglichen deren Betätigung nur bei Nullstellung des Stufenschalters.

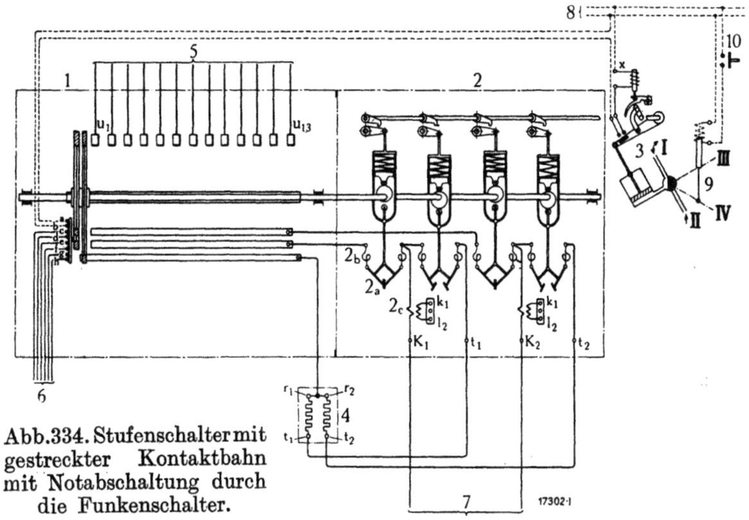

Abb. 334. Stufenschalter mit gestreckter Kontaktbahn mit Notabschaltung durch die Funkenschalter.

---

[1]) D. R. G. M. 925071 (B. B. C.). — Angewendet bei den 1 C 1 Lokomotiven (Reihe E 3206) und 1 D_0 1 Lokomotiven (Reihe E 1601) der D. R. G. (El. Bahnen 1925, S. 181 und El. Bahnen 1927, S. 71). — Siehe ferner Oertel, W.: El. Bahnen 1925, S. 364. — Siehe auch D. R. P. 332614 (Ö. S. S. W.).

[2]) D. R. P. 432871 (Dr. A. Wichert). — Angewendet bei den 1 C 1-Lokomotiven (Reihe E 3206) und den 1 D_0 1-Lokomotiven (Reihe E 1601) der D. R. G. (El. Bahnen 1925, S. 181 und El. Bahnen 1927, S. 71). Siehe auch Oertel, W.: El. Bahnen 1925, S. 366.

[3]) Angewendet bei den 1 C 1-Lokomotiven (Reihe E 3206) und den 1 D_0 1-Lokomotiven (Reihe E 1601) der D. R. G. (El. Bahnen 1925, S. 181 und El. Bahnen 1927, S. 71). Statt der elektropneumatischen wäre auch eine direkte mechanische Betätigung der Funkenschalter zum Zwecke der Notabschaltung der Motoren möglich (D. R. P. 374150, Schweiz. P. 102850). In diesem Falle müßte aber nach jedem Führerstand hin ein besonderer Übertragungsmechanismus geführt werden.

Statt des Handantriebes[1]) tritt bei Lokomotiven, die auch mit Vielfachsteuerung arbeiten sollen, die servomotorische Betätigung des Stufenschalters, und zwar hat die auf S. 259ff. ausführlich beschriebene und in Abb. 287 schematisch dargestellte Vielfachsteuerung mit Antrieb des Stufenschalters durch einen kleinen Gleichstrommotor mit je einer besonderen der Aufwärts- und Abwärtsschaltung entsprechenden Feldwicklung auch bei Einphasenlokomotiven sehr große Verbreitung gefunden[2]).

Die Betätigung des Stufenschalters durch einen Gleichstrommotor, der hier, wie noch bei Behandlung der Hilfsstromkreise näher erläutert wird, an eine kleine Umformergruppe mit parallelgeschalteter Batterie angeschlossen ist, hat den großen Vorteil, von letzterer aus den ganzen Steuerapparat unabhängig von der Fahrleitung, eventuell bei gesenkten Stromabnehmern auf seine Wirkung untersuchen zu können. Es ist jedoch auch grundsätzlich möglich, die Steuerung, wenn nötig, für Betätigung des Stufenschalters durch einen Wechselstrommotor durchzubilden, wobei an Stelle der beiden Steuerrelais des Schemas nach Abb. 287 ein weiterer Sperrmagnet, also insgesamt zwei Sperrmagnetspulen treten[3]).

Es ist naheliegend, auch hier die Betätigung des Steuerschalters statt durch einen Elektromotor durch einen Luftmotor besorgen zu lassen, bestehend aus zwei einander gegenüberstehenden einfachwirkenden Luftzylindern, deren Kolben durch eine auf die Schalter-Antriebswelle wirkende Zahnstange verbunden sind. Die elektromagnetische Steuerung der Ventile kann dabei wieder zur Vielfachsteuerung vereinigt werden. Auch die Ausbildung der Steuerung für selbsttätige, durch ein Strombegrenzungsrelais überwachte Anfahrt ist möglich[4]).

Kennzeichnend für beide Formen der Stufenschaltersteuerungen mit runder oder gestreckter Kontaktbahn ist die durch die Konstruktion bedingte absolute Zwangsläufigkeit, d. h. eine Schaltstufe folgt zwangsläufig auf die andere. Die Zahl der möglichen Schaltstufen entspricht dadurch eindeutig der Zahl der Transformatorstufen, deren Anzahl damit bei Forderung nach sehr feiner Regulierung sehr groß ausfallen kann. Diesem Nachteil glaubte man dadurch begegnen zu können, daß man die Motorgruppen einer Lokomotive je mit einem besonderen Stufenschalter versehen hat, die gegeneinander differenziell gesteuert werden, d. h. die Stufenschalter schalten nicht gleichzeitig, sondern zeitlich hintereinander[5]). Diese Anordnung, die bei Erdung der Transformator-Unterspannungswicklung im Spannungsmittelpunkt[6]) oder bei der früher üblichen Zweiteilung der elektrischen Ausrüstung mit zwei Transformatoren naheliegend war, bedeutet aber nur eine sehr unvollkommene Lösung der Aufgabe, da die einzelnen Motoren oder Motorgruppen infolge Verschiedenheit ihrer jeweiligen Klemmenspannung verschieden große Drehmomente entwickeln, die zu einseitiger Überlastung und zu Stößen im Triebwerk führen kann.

β) Steuerungen mittels Einzelschalter. Allgemeines. Bei diesen Steuerungen werden die einzelnen Transformatoranzapfungen mittels Einzelschalter aufeinanderfolgend mit den Motoren verbunden. Abb. 335 zeigt das grundsätzliche Schema einer solchen Steuerung, die als besonderes Merkmal die Verwendung einer Doppeldrosselspule *D* aufweist, die bei jeder Schaltstellung jeweils zwischen zwei benachbart liegende Anzapfungen des Haupttransformators als Spannungsteiler geschaltet wird und deren Mitte den Anschluß für die Motoren bildet. Die Drosselspule ermöglicht einerseits ein stetiges Fortschalten ohne Leistungsunterbrechung und verhindert andererseits dabei ein Kurzschließen einer durch zwei aufeinanderfolgende Anzapfungen ge-

---

[1]) Ausgeführt bei den 1 B—B 1-Lokomotiven (Reihe 308) der Bernischen Dekretsbahnen (BBC-Mitt. 1920, S. 175; E. u. M. 1920, S. 205), bei den 1 C—C 1-Lokomotiven (Reihe 1100 und 1100·100) der Ö. B. B. (E. u. M. 1923, S. 361), bei den 1 C 1-Lokomotiven (Reihe E 3206) und 1 D_0 1-Lokomotiven (Reihe E 1001) der D. R. G. (El. Bahnen 1925, S. 181 und El. Bahnen 1927, S. 71), bei den C—C-Lokomotiven (Reihe 401) der Rh. B. (BBC-Mitt. 1922, S. 106) und bei den C—C-Lokomotiven (Reihe 15301) der S. B. B. (BBC-Mitt. 1927, S. 78).

[2]) D. R. P. 316598, Schweiz. P. 80160, Ö. P. 84008, F. P. 498933, It. P. 497/90, Schwed. P. 54887, Norweg. P. 30491 (Dr. A. Couwenhoven). — Angewendet bei den Lokomotiven Achsfolge 1 B—B 1 (Reihe 12302), 2 C_0 1 (Reihe 10601), 1 C—C 1 (Nr. 14201), 1 B_0 1—1 B_0 1 (Nr. 11000), 1 C (Reihe 16301), C (Reihe 16311) und 2 D_0 1 (Reihe 10901) der S. B. B. (BBC-Mitt. 1919, S. 79; 1922, S. 91; 1925, S. 223; 1926, S. 23; 1927, S. 25 und ETZ 1922, S. 117ff.), ferner bei den 1 B—B 1- und 1 C—C 1-Lokomotiven (Reihe 2023 und 2033) der Norwegischen Staatsbahnen (BBC-Mitt. 1921, S. 192; 924, S. 230).

[3]) D. R. P. 347473, Schweiz. P. 89490, Ö. P. 90173, Schwed. P. 56339, Norweg. P. 35806 (Dr. A. Couwenhoven). — Siehe ferner Schweiz. P. 94158 (Dr. A. Couwenhoven). — Eine ähnlich arbeitende Vielfachsteuerung für elektromotorisch angetriebene Stufenschalter mit runder Kontaktbahn hat auch die M. F. O. angegeben (D. R. P. 365519).

[4]) D. R. P. 379013, Schweiz. P. 99652, F. P. 559957 (Dr. A. Couwenhoven); siehe ferner D. R. P. 379517, Schweiz. P. 100347, F. P. 564202, Engl. P. 194974.

[5]) Z. B. bei den E-Lokomotiven (Reihe 1080) der Ö. B. B.

[6]) Siehe z. B. D. R. P. 345594 (A. E. G.).

bildeten Transformatorstufe. Die Aufwärtsschaltung vollzieht sich dabei in folgender Weise: Bei Stellung *I* des Fahrschalters werden die Schalter *1* und *2* eingeschaltet und die Motoren erhalten die Mittelspannung zwischen den Anzapfungen *1* und *2*, beim Weiterschalten fällt zuerst Schalter *1* und Schalter *3* wird zugeschaltet, so daß die Motorspannung auf den zwischen *2* und *3* liegenden Spannungswert steigt. Dann fällt wieder zuerst Schalter *2* ab, Schalter *4* wird zugeschaltet usw. Man erhält also bei *n* Transformatoranzapfungen und ebensoviel je für den halben Betriebsstrom zu bemessenden Einzelschaltern allgemein *n—1* Fahrstellungen[1]). Um bei gleicher Zahl der Transformatoranzapfungen bzw. -ausführungen eine größere Anzahl von Fahrstellungen zu bekommen, ist vorgeschlagen worden, jeweils beide Drosselspulenenden an die gleiche Anzapfung zu legen[2]). Bei *n*-Anzapfungen sind hier allerdings *2 n* wieder je für den halben Betriebsstrom zu bemessende Einzelschalter nötig. Die Zahl der Fahrstellungen ist *2 n—1*.

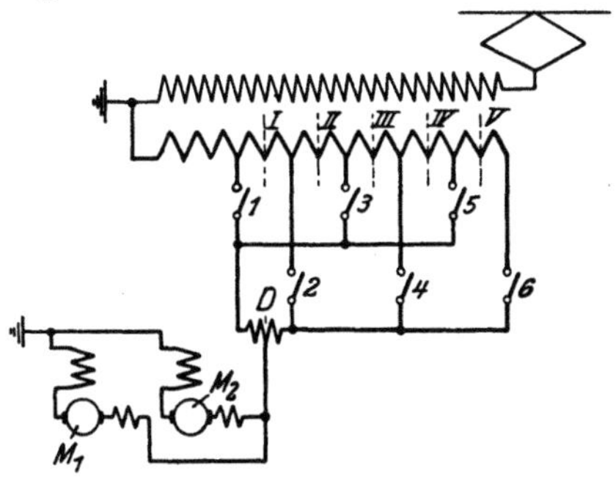

Abb. 335. Grundsätzliches Schema einer Steuerung mit Einzelschaltern.

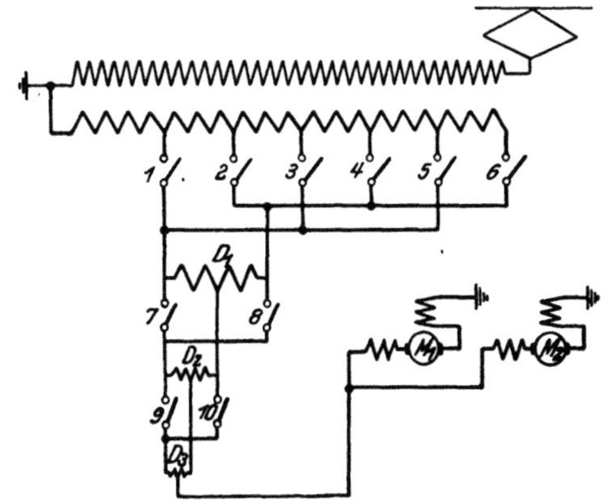

Abb. 336. Steuerung mit Einzelschaltern unter Verwendung dreier Drosselspulen.

Durch Verwendung mehrerer Drosselspulen ist bei gleicher Anzahl der Anzapfungen am Haupttransformator eine weitere Erhöhung der Zahl der Schaltstellungen (Fahrstufen) erreichbar. Abb. 336 zeigt eine Schaltung mit sechs Anzapfungen und drei als Spannungsteiler wirkenden Drosselspulen D_1, D_2, D_3. Bei Aufwärtsschaltung wird zuerst Schalter *1, 2, 7* und *9* geschlossen hierauf *9* geöffnet und *10* geschlossen, dann *7* geöffnet, *8* geschlossen, *10* geöffnet, *9* geschlossen. Hierauf wird *1* geöffnet und *3* geschlossen und die Betätigung der Schalter *7, 8, 9, 10* erfolgt in der gleichen Reihenfolge wie bei eingeschalteten Schaltern *1* und *2*. Wie man sich leicht überzeugen kann, steigt die am Anzapfungspunkt der Drosselspule D_3 verfügbare Spannung mit jeder Schaltoperation um den vierten Teil der durch zwei aufeinanderfolgende Anzapfungen am Haupttransformator begrenzten Spannungsstufe[3]). Bei *n* Anzapfungen am Haupttransformator[4]) und *m* nur in der Mitte angezapften Drosselspulen (Abb. 336) ergeben sich allgemein $(n-1)\cdot(m+1)$ Schaltstellungen (Fahrstufen)[5]).

Sehr vorteilhaft ist eine von der M. F. O. vorgeschlagene Schaltung (Abb. 337), bei der die Anzapfungen nur auf die Hälfte der Niederspannungswicklung aufgeteilt sind[6]). Beim Aufwärtsschalten werden in bekannter Weise aufeinanderfolgend die Stellungen *1—2, 2—3, 3—4, 4—5* und *5—6* durchlaufen. Bei dieser letzten Stellung angelangt, wird der Umschalter *U* über den Widerstand *R* von *A* auf *C* gestellt und dann die Einzelschalter in umgekehrter Reihenfolge, also *5—4, 4—3, 3—2* und *2—1* betätigt. Der Widerstand *R* wird so bemessen, daß der

[1]) Im Moment des Überschaltens erfolgt also nur über einen Schalter Stromzuführung nach dem Spannungsteiler, dessen eine Wicklungshälfte dadurch stromlos ist. Es tritt kurzzeitig eine starke Spannungsdrosselung auf und auch Überspannungserscheinungen können durch die rasche Feldänderung im Spannungsteiler entstehen. Um diesem Übelstand zu begegnen, wird nach dem Vorschlag der B. E. W. parallel zum Spannungsteiler ein Ohmscher Widerstand parallel gelegt und jeweils während und nach erfolgter Überschaltung mittels eines besonderen Schalters ein- und wieder abgeschaltet (D. R. P. 400549).

[2]) D. R. P. 295611, Schweiz. P. 72552, Ö. P. 74261 (A. E. G.). — Siehe ferner Ö. P. 89504, Schweiz. P. 84821, F. P. 504506, It. P. 514/209 (B. B. C.).

[3]) D. R. P. 188848 und 191668 (A. S. E. A.). — Siehe auch D. R. P. 286613 und 338141 (S. S. W.) und Schweiz. P. 115456 (M. F. O.).

[4]) *n* ist in der Regel eine gerade Zahl.

[5]) Es ist auch vorgeschlagen worden, bei Verwendung einer Drosselspule diese mit einer Anzahl Anzapfungen zu versehen, die von einem Schlittenschalter bedient werden. Der Vorteil einer praktisch stetigen Regulierung wird hier durch eine komplizierte Ausbildung der Drosselspule und den zusätzlichen Schlittenschalter erkauft (D. R. P. 292760 der A. S. E. A.).

[6]) Schweiz. P. 99654 (M. F. O.).

um die volle Intervallspannung, die Spannung der Gruppe M_1 jene der Gruppe M_2 nur um bei normalem Betriebsstrom auftretende Spannungsabfall der Größe nach gerade gleich ist einem Spannungsintervall zwischen zwei Anzapfungen am Haupttransformator. Schalterstellung *5—6* entspricht dann zwei aufeinanderfolgenden Fahrstellungen, je nachdem der Umschalter U auf A oder C steht. Bei n Anzapfungen und n Einzelschaltern erhält man hier $2\,(n-1)$ Fahrstellungen.

Eine andere Möglichkeit, die Spannungsregelung feiner zu gestalten, besteht in der Verwendung von Zusatzspannungen, die mit jeder Hauptsstufe in Zu- und Gegenschaltung vereinigt und entweder dem Haupttransformator selbst oder einem besonderen Transformator

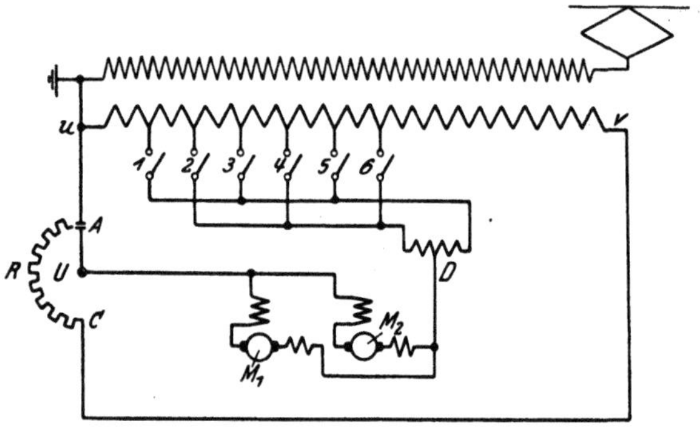

Abb. 337.

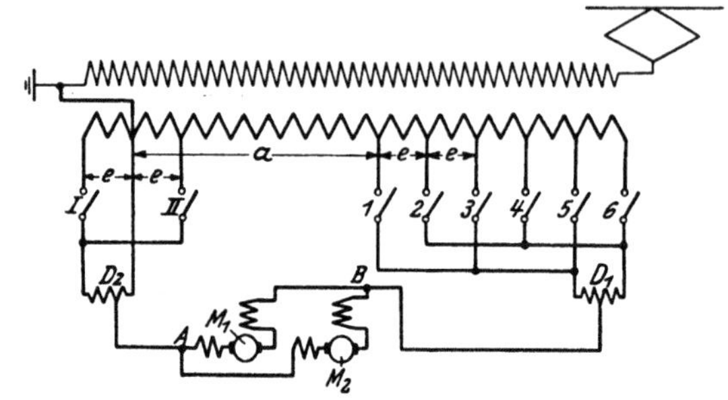

Abb. 338. Steuerung mit Einzelschaltern unter Verwendung einer dem Haupttransformator entnommenen Zusatzspannung.

entnommen werden. Abb. 338 zeigt eine Schaltung der ersteren Art mit sechs Einzelschaltern, die, wie bekannt, fünf Fahrstellungen ergeben würden. Der Anschluß der Motoren $M_1 M_2$ erfolgt einerseits am Spannungsmittelpunkt der Drosselspule D_1, andererseits an der Drosselspule D_2, die durch die beiden Einzelschalter *I* und *II* wahlweise auf die beidseits des Nullpunktes angeordneten Zusatzstufen geschaltet werden kann[1]).

Diese sind untereinander gleich groß und ebenso groß wie die durch die Einzelschalter *1*, *2*, *3* usw. begrenzten Hauptanzapfungen e. Die Drosselspule D_2 ist im Spannungsdrittel angezapft. In der ersten Stellung sind die Schalter *1*, *2* und *II* geschlossen, in der zweiten Schalter *II* geöffnet, in der dritten Schalter *I* geschlossen, in der vierten *1* und *I* geöffnet und *3* und *II* geschlossen, in der fünften *II* geöffnet usw. Die Spannung an den Anschlußklemmen A, B der Motoren steigt von $a + \frac{e}{2} - \frac{e}{3}$ bei jeder Stellung um den konstanten Betrag von $\frac{e}{3}$. Bei allgemein $n + 2$ Anzapfungen ergeben sich $3\,(n + 1)$ Fahrstufen, also beispielsweise 27 Fahrstufen bei insgesamt 10 Anzapfungen am Haupttransformator.

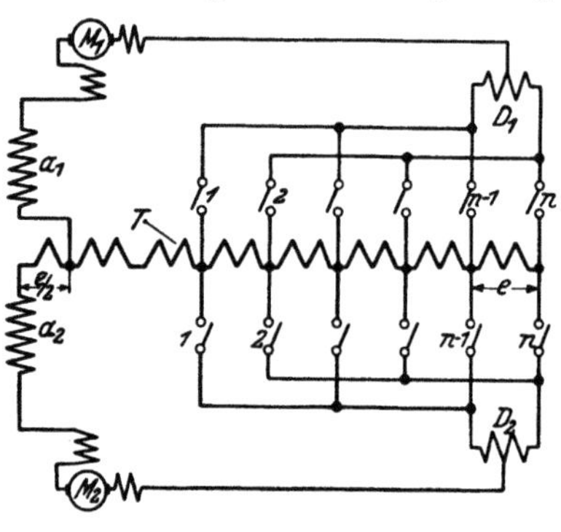

Abb. 339.

Werden, wie bei Drehgestellokomotiven üblich, zwei Motoren oder zwei Motorengruppen parallel aus einem Transformator gespeist, so lassen sich bei zeitlich aufeinanderfolgender Aufwärtsschaltung der beiden Gruppen mit n Anzapfungen des Haupttransformators T und $2n$ Einzelschaltern $2n-3$ Stufen erzielen, wenn man gemäß Abb. 339, in der der Einfachheit halber nur die Unterspannungswicklung des Haupttransformators T gezeichnet wurde, in den Stromkreis der einen Motorgruppe M_2 eine Zusatzspannung von der Größe der halben Intervallspannung e einfügt und Stromgleichheit der beiden Gruppen durch einen Stromtransformator herstellt, dessen Wicklungen $a_1 a_2$ von gleicher Windungszahl je in den Stromkreis einer Gruppe geschaltet werden[2]). Sind beidseitig Schalter derselben Anzapfungen geschlossen, dann ist die Spannung im Kreise des Motors oder der Motorengruppe M_2 um $\frac{e}{2}$ größer als im Kreise des Motors M_1, so daß beim Aufwärtsschalten des Spannungsteilers D_1 um eine ganze Stufe, d. h.

[1]) D. R. P. 387755 (B. E. W.).

[2]) D. R. P. 434975, Schweiz. P. 105587 (S. S. W.). — Angewendet bei den Lokomotiven Achsfolge 2 B—B 2 (Reihe E 5201) und C—C (Reihe E 9101) der D. R. G. (El. Bahnen 1926, S. 241 und El. Bahnen 1925, S. 311; Elektro-Journal 1924, S. 257), ferner bei der $2\,D_0\,1$-Lokomotive (Reihe E 2101) der D. R. G. (El. Bahnen 1927, S. 41).

$\frac{e}{2}$ überwiegt. Der Stromtransformator $a_1 a_2$ braucht daher nur für die Spannung $\frac{e}{2}$ und den vollen Motorstrom I bemessen werden, also der Größe nach für die gleichen kVA, wie die Spannungsteilerspulen D_1 und D_2[1]).

Einen besonderen Zusatztransformator zur Erzeugung von Zu- und Gegenspannungen hat erstmalig Lamme vorgeschlagen. Die Lammesche Schaltung hat später C. Heilfron in der Weise modifiziert, daß die Spannungsteilerspule eine zweite, von besonderen Stufen des Haupttransformators gespeiste Wicklung erhielt und damit selbst zum Zusatztransformator wurde[2]). Sind die Intervallspannungen am Haupttransformator ungleich groß, d. h. aus anfahrtechnischen Gründen (s. o.) im Anfang klein und dann größer, dann muß die Primärwicklung des Zusatztransformators ihrerseits entsprechend der Größe der Abstufungen am Haupttransformator in zwei bis drei Stufen regelbar unterteilt werden, um jeweils passende Gegenspannungen zu geben[3]).

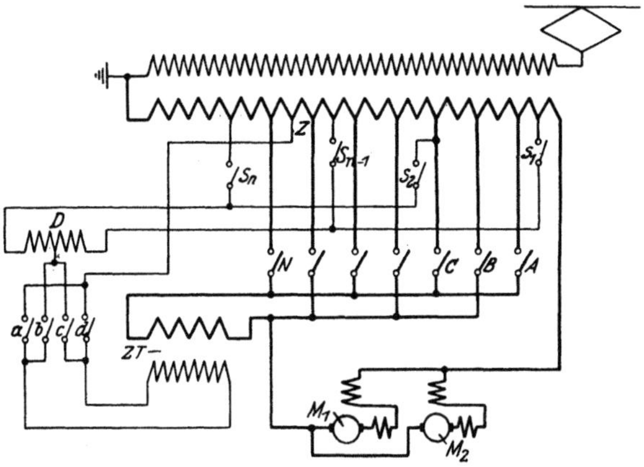

Abb. 340. Steuerung durch Einzelschalter unter Verwendung eines additiv und subtraktiv wirkenden Zusatztransformators. (M. S. W.-Dr. J. Döry.)

Bei der von Dr. J. Döry geschaffenen, sehr sinnreichen Fortbildung der Lammeschen Schaltung (Abb. 340)[4]) wird die Spannung an der Primärwicklung des Zusatztransformators ZT durch die Schalter S_1 bis S_n und die Drosselspule D der Größe nach und durch die Schaltergruppe a bis d der Richtung nach geregelt, während die Sekundärwicklung des Zusatztransformators nacheinander an die verschiedenen durch die Einzelschalter A bis N bedienten Anzapfungen gelegt wird.

Die Spannung an den Klemmen der Motoren $M_1 M_2$ ist dann stets gleich jener Spannung, welche durch die Schalter A bis N am Haupttransformator eingestellt ist, vermehrt oder vermindert um die Spannung des Zusatztransformators.

Durch den ersten Schalter der Reihe A bis N ist eine Spannungsstufe gegeben, während für jede weitere durch Umschaltung der Primärwicklung des Zusatztransformators gewonnene Spannungsstufe zwei Schalter der Reihe A bis N erforderlich sind. Demnach werden durch die Reihe der Schalter A bis N zusammen $1 + \frac{m-1}{2} = \frac{m+1}{2}$ Stufen eingestellt. Jede dieser Stufen aber wird durch die Reihe der Schalter S_1 bis S_n wieder in n-Stufen geregelt, und zwar in n-Stufen nach aufwärts und in n-Stufen nach abwärts. Dadurch werden die durch die Schalter der Reihe A bis N eingestellten Stufen in $2\,n$-Stufen unterteilt, so daß total

$$2\,n \cdot \frac{m+1}{2} = n\,(m+1) \text{ Stufen}$$

mit nur $n + m$ Einzelschaltern erhalten werden. Es seien z. B. $n = 8$ und $m = 3$, dann können mit diesen $n + m = 11$ Schaltern $8\,(3 + 1) = 32$ Stufen erhalten werden. Von diesen 11 Schaltern führen aber nur die $m = 3$ Schalter den vollen Motorstrom, während die $n = 8$ Schalter nur für einen durch das Übersetzungsverhältnis des Zusatztransformators $Z\,T$ gegebenen Bruchteil des vollen Stromes zu bemessen sind.

Bereits ziemlich stetig kann die Spannung von Stufe zu Stufe geregelt werden, wenn man die Spannung des Zusatztransformators über einen Feinregler unmittelbar auf die Spannungsteilerspule wirken läßt, die zu diesem Zwecke eine zweite Wicklung erhält. Abb. 341 zeigt diese

---

[1]) Eine genaue Theorie des nach Abb. 339 geschalteten, als Ausgleichstransformator wirkenden Stromtransformators $a_1 a_2$ hat L. Monath in El. Bahnen 1926, S. 262 gegeben. — Bei Lokomotiven mit einer oder mehreren Motorgruppen, die aus zwei dauernd in Reihe geschalteten Motoren bestehen, die je für sich von Einzelspannungen der Sekundärwicklung des Haupttransformators gespeist werden, ist eine feinere Stufung dadurch möglich, daß man die Verbindungspunkte beider Motoren aller Gruppen gemeinsam zu einem Umschalter führt, den man wahlweise mit dem Spannungsmittelpunkt oder mit einem eine Spannungsstufe von diesem entfernt liegendem Wicklungspunkt der Sekundärwicklung des Haupttransformators verbindet (D. R. P. 453803, F. Prantl).

[2]) D. R. G. M. 575033. [3]) D. R. P. 337093 (B. E. W.).

[4]) D. R. P. 294435 (M. S. W.). — Angewendet bei den 1 C 1-Lokomotiven (Reihe E 0109 und E 3002) der D. R. G. (ETZ 1919, S. 374). — Ähnlich ist eine später von den S. S. W. angegebene Schaltung (D. R. P. 295438) — Siehe auch Schweiz. P. 116721 (M. F. O.).

gleichfalls von den M. S. W. herrührende Schaltung[1]). Der Zusatztransformator ist hier als Autotransformator AT ausgebildet, dessen Anzapfungen zu einem als Stufenschalter F mit runder Kontaktbahn ausgebildetem Feinregler geführt sind, dessen Schleifbürsten auf die Primärwicklung der Spannungsteilerspule geschlossen sind. Das Übersetzungsverhältnis derselben ist so zu bemessen, daß der zwischen den Klemmen AB auftretenden, hier über den ganzen Regelbereich gleichbleibenden Intervallspannung bei Vertikalstellung der Schleifbürsten[2]) von der Spannung des Zusatztransformators das Gleichgewicht gehalten wird. Statt daß dann beispielsweise vom Übergang auf Stellung *III* (Schalter *3* und *4* geschlossen) auf Stellung *IV* (Schalter *4* und *5* geschlossen) unmittelbar nach Öffnen von Schalter *3* Schalter *5* geschlossen wird, wird vorerst das Schleifbürstenpaar des Feinreglers F beispielsweise im Uhrzeigersinn gedreht. Damit nimmt die der Primärwicklung der Spannungsteilerspule D aufgedrückte Spannung sukzessive ab, ebenso die Sekundärspannung, und da diese von Klemme B in Richtung A subtraktiv zu nehmen ist, steigt die Spannung an der Klemme A und damit an der Mittelklemme C proportional der Reglerdrehung, um bei Horizontalstellung der Schleifbürsten die Spannung der Klemme B, die durch den geschlossenen Schalter *4* eindeutig gegeben ist, zu erreichen. Bei Weiterdrehung der Schleifbürsten wird die Zusatzspannung additiv, die Spannung der Klemme A wächst über die der Klemme B hinaus, um schließlich bei Vertikalstellung der Schleifbürsten (nach einer Drehung von 180° aus der Ausgangsstellung) ebensoviel über wie in der Ausgangsstellung unter der Spannung der Klemme B zu liegen. In diesem Moment aber hat auch die Spannung der den Motorenanschluß vermittelnden Klemme C unter proportionaler Spannungsänderung wie die Klemme A den Wert der nächsten Stufenspannung erreicht und Schalter *5* wird geschlossen. Mit der Schaltung kann also eine ziemlich stetige Regelung erzielt werden, deren Feinheit sich durch Erhöhung der Zahl der Anzapfungen am Zusatztransformator und damit der Zahl der Reglerkontakte erheblich steigern läßt. Ist n die Zahl der Einzelschalter (Ausführungen am Haupttransformator), m die Gesamtzahl der Ausführungen am Zusatztransformator einschließlich Anfang und Ende, dann erhält man hier eine Gesamtzahl von

$$(n - 1) + (n - 2)(m - 2) \text{ Stufen.}$$

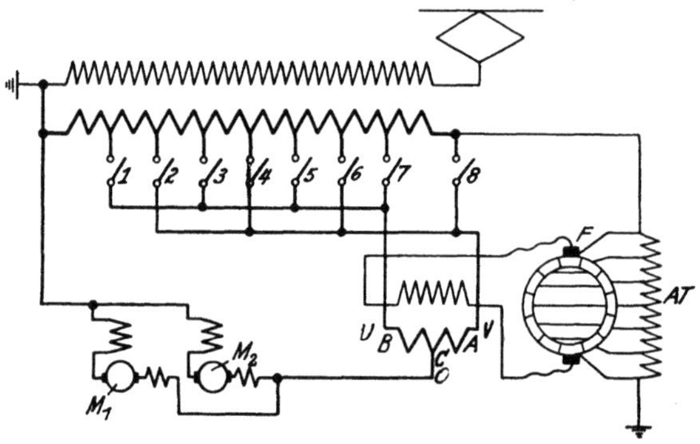

Abb. 341. Steuerung durch Einzelschalter mit Feinregler.

Eine vollkommen stetige Spannungsregelung ließe sich durch Verwendung eines Potentialregulators, auch Drehtransformator oder Induktionsregler genannt, erzielen. Vorübergehend hat man sogar daran gedacht, die ganze Spannungsregelung von der ersten bis zur letzten Stufe unter Vermeidung jeglicher Schalter durch eienn Induktionsregler ausführen zu lassen, der dann für die ganze Triebmotorenleistung bemessen werden müßte und dementsprechend schwer wird[3]). Häufiger wurde der Induktionsregler als Zwischenregler zwischen den einzelnen durch Einzelschalter begrenzten Fahrstufen verwendet, ohne sich jedoch als Element der Steuerung auf die Dauer durchsetzen zu können, und zwar wegen des hohen Gewichtes und wegen der großen Verstellkräfte, deren Reduktion durch ein Übersetzungsgetriebe mit Rücksicht auf die Schaltgeschwindigkeit nur in geringem Maße möglich ist.

Aussichtsvoller ist hingegen der Vorschlag von Dr. Döry, den Induktionsregler mit einem Kollektor zu versehen und seine Spannung durch Bürstenverschiebung zu ändern. Da diese von Hand aus bewerkstelligt werden und der Regler in dieser neuen Form ohne Lager und ohne Luftspalt ausgeführt werden kann, sind die vom motorischen Antrieb und vom Luftspalt herrührenden Nachteile des gewöhnlichen Induktionsreglers hier vermieden[4]). Abb. 342 zeigt schematisch die Schaltung des Reglers mit Bürstenverschiebung, dessen Wicklung an den Punkten E—EE gespeist wird. Die veränderliche Arbeitsspannung wird an den verschiebbaren Bürsten A—AA abgenommen. Die Wicklung kann auch noch als Kompensationswicklung benutzt werden, wenn man sie in einer stets zur Erregerachse elektrisch senkrechten Achse

[1]) Angewendet bei den 2 D 1-Lokomotiven (Reihe E 5047) und B—B-Lokomotiven (Reihe E 4213) der D. R. G.
[2]) Bezogen auf die Darstellung in Abb. 341.
[3]) Ausgeführt bei der D-Güterzugslokomotive Nr. E 7005 der D. R. G. (E. K. B. 1912, S. 489). — Für einphasige Fahrzeuge erstmalig vorgeschlagen von B. G. Lamme (U. S. A. P. 765185).
[4]) D. R. P. 424785 (P. E. A. G.). — Angewendet bei den 2 D 1-Lokomotiven (Reihe E 7901) der D. R. G.

K—KK kurzschließt. Der Regler wird hier von der einen Hälfte der Unterspannungswicklung des Transformators gespeist. Mit der anderen Wicklungshälfte liegt die an den verschiebbaren Bürsten veränderliche Arbeitsspannung in Reihe. Stehen die Bürsten *A—AA* in Richtung *E—EE*, dann sind die beiden Hälften *T′* und *T″* der Transformator-Unterspannungswicklung gegeneinander geschaltet und die Spannung an den Motorklemmen ist Null. Verdreht man die Bürsten *A—AA* gegen den Uhrzeiger, dann nimmt die durch *T″* gelieferte Gegenspannung stetig ab und wird bei Stellung der Bürsten *A—AA* in Richtung *K—KK* Null, die Motoren liegen an der halben Transformatorspannung. Bei Weiterdrehung der Bürsten liefert *T″* eine stetig wachsende Zusatzspannung, bis bei Stellung der Bürsten *A—AA* in Richtung *EE—E* beide Transformatorhälften in Reihe geschaltet mit ihrer Summenspannung auf die Motoren wirken. Der Regler besteht im wesentlichen aus einem ringförmigen, durchgehend bewickelten Eisenkern, dessen Windungsoberfläche als Kollektor ausgebildet ist.

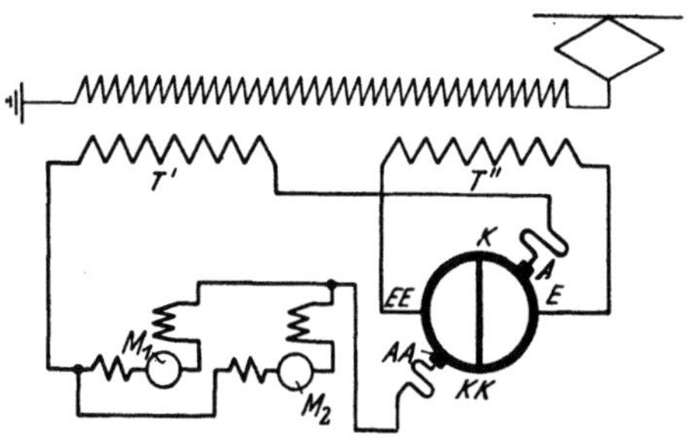

Abb. 342. Steuerung mit Kollektorregler. (P. E. A. G.-Dr. J. Döry.)

In der Schaltung nach Abb. 342 sind Schalter jeder Art vollkommen vermieden. Dafür muß aber auch der Regler für die halbe Motorleistung (Lokomotivleistung) entworfen werden. In der Regel wird es auch hier vorteilhafter sein, die Transformator-Unterspannungswicklung durch Einzelschalter zu unterteilen und den Regler nur zur Überbrückung der Zwischenstufen zu verwenden. Die Zahl der Einzelschalter läßt sich dann unter Verwendung einer der früher beschriebenen Schaltungen entsprechend klein halten[1]). Der Eisenkern des Reglers kann dabei unmittelbar mit den Windungen der hier wieder erforderlich werdenden Spannungsteilerspule versehen werden[2]).

Schützensteuerung.

Werden die Einzelschalter konstrukiv voneinander unabhängig individuell als Schützen (Hüpfer) elektromagnetisch oder elektropneumatisch gesteuert, dann sind, wie ein Blick auf Abb. 335 unmittelbar zeigt, Maßnahmen zu treffen, um ein gleichzeitiges Einschalten der Schützen *1*, *3* und *5* oder der Schützen *2*, *4* und *6* zu verhindern oder mit anderen Worten die einander „feindlichen“ kurzschlußbildenden Schützen sind gegeneinander zu verriegeln. Diese Verriegelung erfolgt, wie Abb. 343 zeigt, in der Weise, daß der Steuerstrom für Schütz *1*

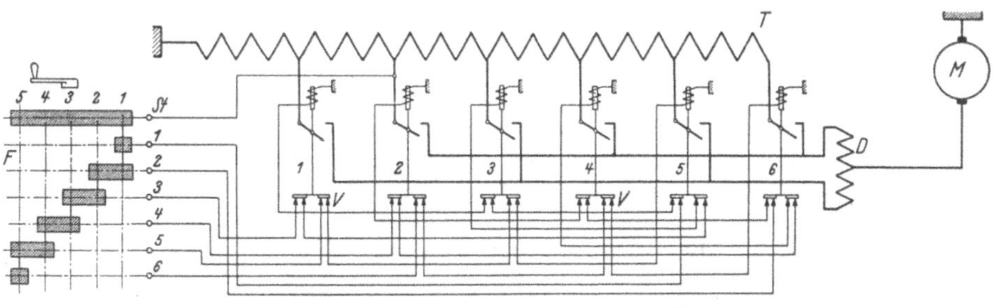

Abb. 343. Anordnung der Verriegelung bei Schützensteuerung.

erst über die Verriegelungskontakte der Schützen *5* und *3* geführt wird, ehe er den Betätigungsmagneten des Schützes *1* erreicht. Solange also eines der Schützen *3* oder *5* geschlossen ist, ist die Einschaltung des Schützes *1* unmöglich. Ebenso ist der Steuerstrom für Schütz *2* über *6* und *4* geführt usw.

Streng genommen müßten zur Erreichung einer vollständigen Schützenverriegelung zum Zwecke der Vermeidung einer Überlastung der Drosselspule sämtliche Schützen so gegeneinander verriegelt sein, daß niemals andere Schützen gleichzeitig eingeschaltet sein könnten, als solche, deren gemeinsames Arbeiten betriebsmäßig vorkommen soll. Es müßte also (Abb. 343) Schütz *1* gegen *3*, *4*, *5* und *6*, Schütz *2* gegen *4*, *5* und *6*, Schütz *3* gegen *1*, *5* und *6* usw., d. h. jedes Schütz gegen alle außer seine Nachbarschützen verriegelt sein. Doch führt eine solche vollkommene Verriegelung zu einer derartig hohen Zahl von Verriegelungsleitungen und -kontakten, daß man sich bei der praktischen Ausführung meist auf die Verriegelung kurzschlußbildender Schützen beschränkt.

[1]) D. R. P. 425337 (P. E. A. G.) und D. R. P. 383078 (P. E. A. G.). [2]) D. R. P. 425338 (P. E. A. G.).

Bei der von den Bergmann Elektrizitätswerken A.G. entwickelten Art der Verriegelung[1]) (Abb. 344) bilden die Schützen *1, 3, 5* eine Gruppe und die Schützen *2, 4, 6* eine zweite Gruppe für sich (bezogen auf die Bezeichnung in Abb. 343). Um zu erreichen, daß in jeder dieser Gruppen stets nur ein einziges Schütz, niemals zwei zu gleicher Zeit eingeschaltet werden können, sind die Spulen einer Gruppe sämtlich an eine gemeinsame Rückleitung *r, r'* gelegt, die bei jedem Schütz dieser Gruppe über je einen Hilfskontakt geht. Die Rückleitung sämtlicher Spulen dieser ersten Gruppe führt in Reihe über sämtliche Kontakte *b*, so daß diese Rückleitung ausgeschaltet ist, sobald nur ein Schütz dieser Gruppe eingeschaltet wird. Es kann also niemals das zweite Schütz dieser Gruppe einschalten, ehe nicht das vorhergehende wieder herausgefallen ist. Damit dieses eine einzuschaltende Schütz aber nicht wieder herausfällt, weil es sich seine eigene Rückleitung unterbricht, ist jede Schützenspule nicht direkt an diese Rückleitung gelegt, sondern über Umschaltkontakte *a*. Hierdurch ist eine volle Verriegelung wenigstens innerhalb jeder Gruppe erreicht, und zwar mit nur drei über sämtliche Schützen einer Gruppe hinwegzuführenden Verriegelungsleitungen. Bei gleichzeitigem, unter Umständen möglichem Einschalten von beispielsweise Schütz *I* und Schütz *IV* bewirkt die starke Spannungssteigerung an der Drosselspule *D* und an dem zu dieser parallelgeschalteten Relaisspule *d* ein Öffnen beider Steuerstromkreise.

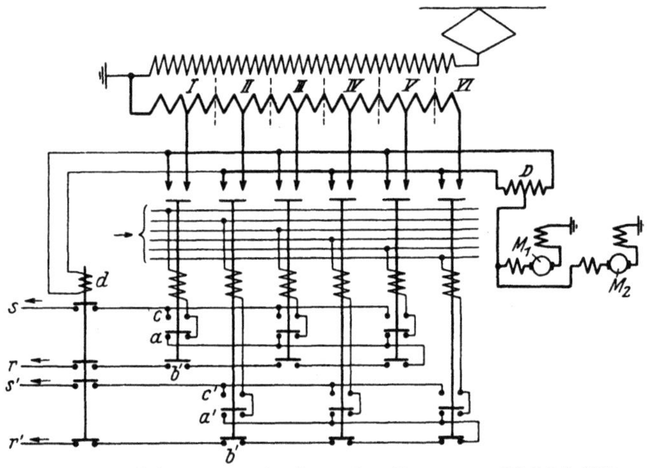

Abb. 344. Schützenverriegelung der Bergmann Elektrizitätswerke A. G.

Die konstruktive Ausbildung der Schützen ist bedingt durch die Art der Betätigung, je nachdem diese elektromagnetisch oder elektropneumatisch erfolgt.

Die elektromagnetisch betätigten Schützen aller Firmen lassen sich auf zwei Grundformen zurückführen[2]). Bei der einen von den S. S. W. herrührenden Form (Abb. 345) greift der Zugmagnet *M* unmittelbar an dem einarmigen Schalthebel *B* an, der in *A* gelagert ist und am freien Ende die Kontaktleiste *K* trägt. Diese berührt im eingeschalteten Zustande des Schützes eine Reihe von federnden Kontakten *H* (senkrecht zur Bildebene) und schließt somit den Hauptstrom. Die mittleren Kontakte sind als Funkenzieher ausgebildet und mit Funkenblasspule versehen. Die Berührung der Kontakte *H* mit der Kontaktleiste *K* erfolgt nur in einer Linie oder wenigstens nur auf einer sehr kleinen Fläche, so daß zur Bewältigung größerer Ströme eine entsprechend große Zahl von Kontakten nebeneinander angeordnet werden muß, wozu dann noch die Funkenkontakte hinzukommen. Außerdem erfordert diese Bauart einen sehr kräftigen Magneten, da dessen Anker den ziemlich schweren Hebel *B* unmittelbar heben muß.

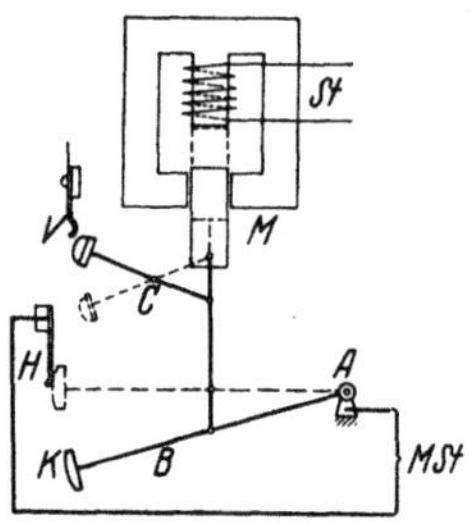

Abb. 345. Grundsätzlicher Aufbau des elektromagnetisch betätigten Schützes der S. S. W.

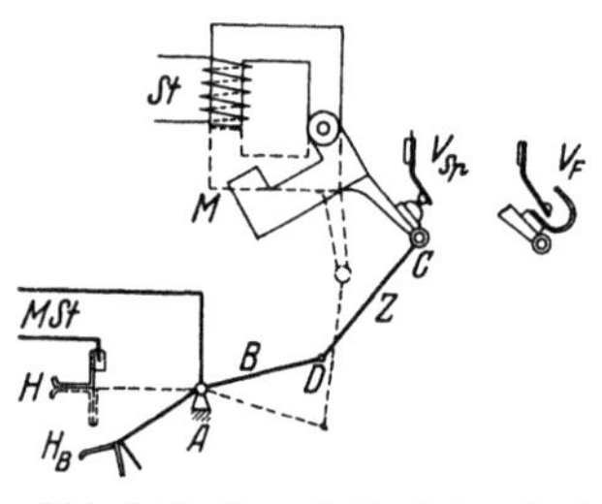

Abb. 346. Grundsätzlicher Aufbau des elektromagnetisch betätigten Schützes der A. E. G.

Vorteilhafter ist in dieser Richtung die zweite von der A. E. G. geschaffene Bauart (Abb. 346), bei der der Magnetanker *M* mittels eines Zwischenhebels *Z* auf den zweiarmigen Schalthebel *B* einwirkt, der in *A* drehbar gelagert ist und am freien Ende die Kontakte H_B trägt[3]). Diese Kontakte sind als bewegliche Wälzkontakte ausgebildet, die aus Kupfer bestehen und mit einem eisernen Schuh ausgerüstet sind. Beim Anziehen des Magneten legen sich zuerst die eisernen Schuhe der Wälzkontakte gegen entsprechend ausgebildete feste Kontakte *H*, dann wälzen sich beide Kontakte aufeinander ab und schließlich berühren sie sich mit einer größeren Fläche,

[1]) D. R. P. 342817 (B. E. W.). [2]) Wachsmuth, W.: G. A. Bd. 79 (1916), H. 10.

[3]) Diese Bauart liegt auch den später von der A. E. G. und den S. S. W. gemeinsam („Wasseg") entwickelten Schützen zugrunde (siehe El. Bahnen 1927, S. 235).

wobei der Druck der Kontakte aufeinander infolge der Kniehebelwirkung verhältnismäßig groß ist. Infolge der großen Berührungsfläche der Wälzkontakte kommt man bei dieser Bauart auch für große Stromstärken mit höchstens drei Paar Wälzkontakten aus. Die für die Kontaktbildung sonst sehr günstige Kniehebelwirkung ist allerdings insofern nachteilig, als durch sie die Geschwindigkeit verringert wird, mit der sich die Kontakte beim Abschalten anfänglich voneinander entfernen.

Ein Nachteil der elektromagnetisch gesteuerten Schützen allgemein ist deren großes Gewicht, in der Hauptsache bedingt durch die Niederfrequenz (große Magnetquerschnitte) und die hohe Amperewindungszahl (großer Schalthub), und der große Energieverbrauch (ca. 2 kW dauernd und mehr bei großen Lokomotiven). Letzterer macht es unmöglich, die Schützen von der Um-

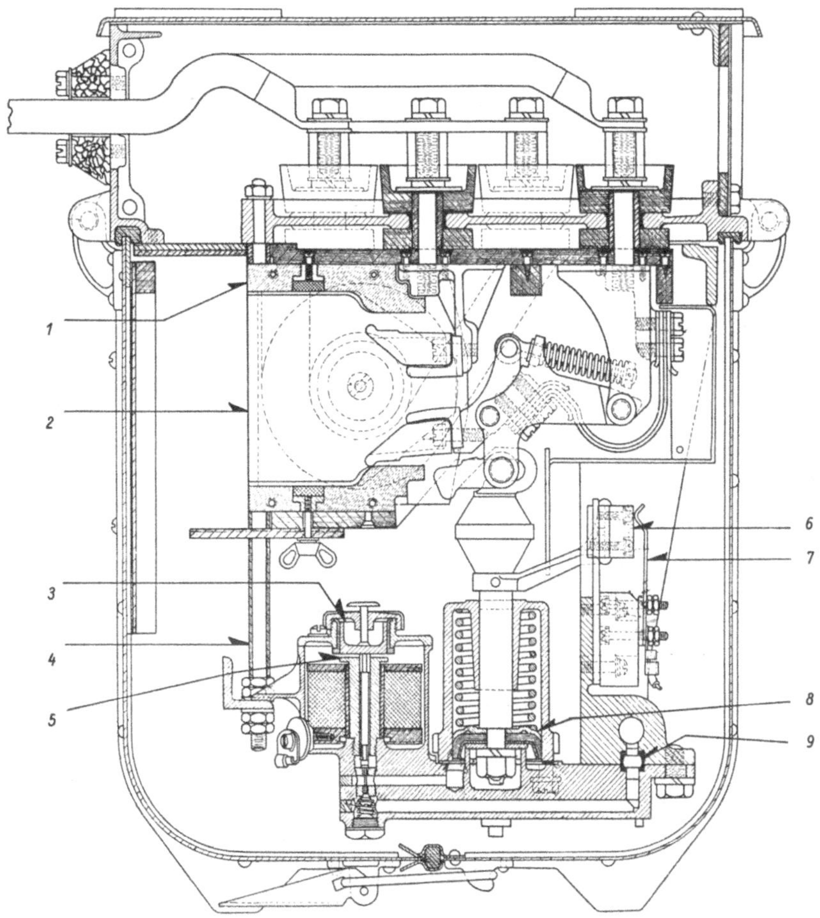

Abb. 347. Elektropneumatisch betätigter Schütz. (Westinghouse El. & Mfg. Co.).
1 Lichtbogenkammer, *2* Lichtbogenkammer-Seitenwand, *3* Anker des Magnetventils, *4* Isolierrohr, *5* Magnetventilkern *6* Verriegelungskontaktstück, *7* Verriegelungsfinger, *8* Kolben, *9* Druckluftzuleitung.

formergruppe, d. h. mit Gleichstrom zu versorgen. Der Anschluß des Steuerstromkreises erfolgt vielmehr an einer besonderen Anzapfung des Haupttransformators in der Regel etwa bei 100 bis 220 Volt. Damit aber ist die Steuerspannung unmittelbar von der Fahrdrahtspannung mit deren Schwankungen abhängig. Um nun den nachteiligen Einfluß der letzteren auf die Magnetspulen der Schützen aufzuheben, sind Einrichtungen vorgeschlagen und angewendet worden, durch die unter Einfluß einer Spannungsspule und einer dieser entgegenwirkenden Feder der Anschluß für die Speisung der Schützen in Abhängigkeit der Änderung der Fahrdrahtspannung nach oben oder unten selbsttätig verschoben wird[1]).

Unstreitig am zuverlässigsten arbeitend und im Aufbau am einfachsten ist das elektropneumatisch betätigte Schütz der Westinghouse Elc. & Mfg. Co. in Pittsburgh[2]). Abb. 347

[1]) D. R. P. 263583 (S. S. W.); siehe auch D. R. P. 271794 (S. S. W.) und D. R. G. M. 599557 (A. E. G.).

[2]) In Europa verwenden die B. E. W. und die S. A. A. S. elektropneumatische Schützen zur Steuerung von Wechselstrom-Lokomotivmotoren.

zeigt einen solchen Schütz im Schnitt. Die Wirkungsweise vollzieht sich in der Art, daß durch ein elektromagnetisch gesteuertes Ventil die Hauptkontakte mittels Druckluft aneinandergepreßt bzw. beim Öffnen nach Entlastung des Druckkolbens unter Einwirkung einer Zugfeder auseinandergezogen werden. Auf die Vorteile der elektropneumatischen Schütze im allgemeinen wurde bereits an anderer Stelle eingegangen (s. S. 254). Als weiterer Vorteil kommt hier die Unabhängigkeit des Anpressungsdruckes der Kontakte von der Fahrdrahtspannung hinzu.

Das beim Schütz nach Abb. 347 verwendete Ventil ist von gleicher Bauart wie das bereits in Abb. 280 auf S. 255 dargestellte. Auch die Anordnung und Konstruktion der Verriegelungskontakte ist die gleiche wie bei den Hochspannungsschützen für Gleichstrom. Statt der üblichen elektrischen Verriegelung ist auch eine unmittelbare pneumatische Verriegelung vorgeschlagen worden[1]), oder aber man läßt die Hilfskontakte Relais betätigen, die pneumatische Verriegelungsleitungen unter Druck setzen[2]).

Steuerung mittels Nockenkontroller. Die Stufenschaltersteuerungen, d. h. die Steuerungen mittels Walze oder Schlitten sind durch ihre Konstruktion zwangsläufig, d. h. jede Stufe folgt eindeutig auf die andere. Läßt man wie bei den Schützensteuerungen die einzelnen Stufen durch selbständige Einzelschalter individuell bedienen, dann müssen, wie wir gesehen haben, zur Wiederherstellung der Zwangsläufigkeit die Betätigungsstromkreise in richtiger Weise voneinander in Abhängigkeit gebracht werden. Vereinigt man hingegen wieder die Schützen konstruktiv zu einem einzigen Apparat, dann wird deren zwangsläufige mechanische Betätigung durch eine durchgehende mit Kurvenscheiben oder Nocken versehene Welle möglich. Die Nockensteuerung ist also nichts anderes als eine konstruktive Vereinigung von Schützen, deren Schaltkontakte nicht unter Einwirkung je eines Betätigungsmagneten oder je eines Druckluftkolbens sondern auf mechanischem Wege zwangsläufig in richtiger Reihenfolge gesteuert werden. Die Ausbildung der Kontakte und des Blasfeldes ist bei jedem Schaltelement ganz gleich wie bei den individuell gesteuerten Schützen.

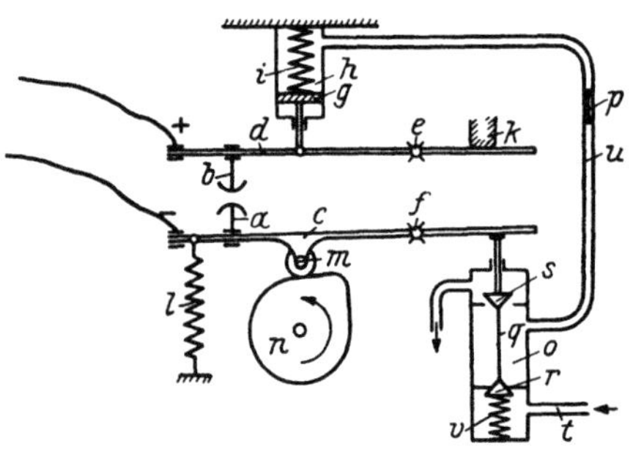

Abb. 348. Schaltelement für einen Nockenkontroller mit konstantem Kontaktdruck. (B. B. C.).

Die Betätigung der durchgehenden Steuerwelle kann wieder von Hand oder servomotorisch, und zwar durch elektromagnetisch gesteuerten Luftmotor oder durch Elektromotor erfolgen. Bei Handbetätigung lassen sich jedoch die Kontaktdrücke oft nur durch Zwischenschaltung einer oder mehrerer Übersetzungen zwischen Führerstandshandrad und Schalterwelle meistern, wodurch zahlreiche Umdrehungen des Handrades für die Betätigung der ganzen Schaltkontaktreihe erforderlich werden. Abb. 348 zeigt prinzipiell eine Anordnung eines Nockenkontrollers, d. h. die Ausbildung eines Kontaktelementes zu einem Nockenkontroller, bei dem während einer einzigen vollen Umdrehung am Führerstandshandrad sämtliche Schaltstellungen durchlaufen werden und dabei dennoch ein für die höchsten vorkommenden Stromstärken ausreichender Kontaktdruck erzielt wird. Dies wird dadurch erreicht, daß für jedes Kontaktelement ein Luftventil vorgesehen ist, welches Druckluft in Luftzylindern mit Kolben derart steuert, daß unmittelbar nach dem Schließen eines Kontaktes der Kontaktdruck erhöht und beim Öffnen erniedrigt wird. *a* und *b* sind die stromführenden Kontaktelemente, von denen jedes an einem zweiarmigen Hebel *c* bzw. *d* befestigt ist, welcher um den Punkt *e* bzw. *f* schwenkbar gelagert ist. Der Hebel *d* ist einerseits mit dem Kolben *g* eines Luftzylinders *h* verbunden und wird durch eine Feder *i* an den auf der anderen Seite seines Drehpunktes befindlichen festen Anschlag *k* gelegt. Der Hebel *c* wird auf der einen Seite durch eine Feder *l* über eine Rolle *m* an die Nockenscheibe *n* angelegt, auf der anderen Seite steuert er ein zweisitziges Luftventil *o*, welches den Luftzylinder *h* entweder mit dem Druckluftbehälter oder mit der freien Atmosphäre in Verbindung bringt. In der das Luftventil mit dem Luftzylinder verbindenden Leitung ist ein regelbares Drosselorgan *p* eingeschaltet, welches dazu dient, die zeitliche Entwicklung des Kontaktdruckes zu regeln.

Die Wirkungsweise dieser Einrichtung ist folgende: Beim Drehen der Nockenscheibe *n* im Sinne des eingezeichneten Pfeiles wird der Hebel *c* mit dem Kontakt *a* gegen den Kontakt *b* gedrückt, wobei die Feder *i* im Luftzylinder *h* einen schwachen Kontaktdruck bewirkt. Bevor die Nase der Nockenscheibe *n* die Leitrolle *m* in die höchste Lage gebracht hat, wird die Ventilstange *q* durch den Hebel *c* nach unten gedrückt und dadurch der Ventilteller *r* abgehoben, der Ventilteller *s* dagegen geschlossen. Hierdurch gelangt Druckluft vom Druck-

[1]) D. R. P. 175621 (A. E. G.). [2]) D. R. P. 292403, D. R. G. M. 649448 (M. F. O.).

luft-Reservoir durch die Leitungen t und u über den Kolben g in den Druckluftzylinder h, wodurch der von seinem Anschlag k abgehobene Kontakthebel d mit seinem anderen den Kontakt b tragenden Ende gegen den Kontakt a gepreßt wird. Die auf diese Weise erreichte Erhöhung des Kontaktdruckes ist von der Bemessung des Luftzylinders und dem zur Anwendung gebrachten Luftdruck abhängig. Sie kann unter Umständen sich in ihrem Vollbetrage einstellen, bevor noch die Rolle m ihre höchste Lage erreicht hat. Um hierbei eine unzulässige Erhöhung des Bewegungswiderstandes beim Drehen der Nockenscheibe zu vermeiden, ist in der zum Druckluftzylinder h führenden Leitung ein regelbares Drosselorgan p eingebaut, welches ermöglicht, den Eintritt der Druckluft in den Zylinder h derart zu verzögern, daß der Höchstwert des Kontaktdruckes erst nach vollständiger Drehung der Nockenscheibe n sich einstellt. Wird durch Weiterdrehen der Nockenscheibe über den höchsten Punkt der Kontakt geöffnet, so wird die Ventilstange q vom Hebel c freigegeben und stellt sich unter der Einwirkung der Feder v so ein, daß der Zylinderraum h mit der freien Atmosphäre verbunden wird und die Druckluft ungedrosselt entweichen kann.

Die Verwendung eines Drosselorganes in der Druckluftleitung u hat betriebstechnisch noch den Vorteil, daß beim raschen Aufschalten sowohl als auch beim Abschalten über mehrere Kontakte bis zu einem bestimmten Kontakt als Ruhepunkt eine Kontaktdruckerhöhung für die dabei rasch durchlaufenen Kontakte nicht auftritt, weil die Druckluft dabei keine Zeit hat, in den Zylinder h einzutreten. Erst bei dem den Ruhepunkt bildenden Kontakt stellt sich die Kontaktdruckerhöhung ein.

Steuerungen mit Nockenschützen oder Nockenkontroller wurden bis jetzt bei Einphasenlokomotiven vergleichsweise selten ausgeführt, dürften aber jedenfalls in Zukunft mehr Beachtung finden, da sie die Vorteile der individuell gesteuerten Schützen besitzen, ohne deren Nachteile aufzuweisen.

Bezüglich der bei den 1 C—C 1-Lokomotiven (Reihe 14301) der S. B. B. und bei den 1 C_0—$C_0$1-Lokomotiven (Reihe 201) der B. L. S. angewendeten Nockenkontroller-Steuerungen sei auf die ausführlichen Beschreibungen dieser Lokomotiven auf S. 433 und S. 436 verwiesen.

γ) Steuerungen unter vereinigter Verwendung eines Stufenschalters mit Einzelschaltern. Steuerungen dieser Art kommen namentlich dort in Frage, wo durch Parallelschaltung aller Lokomotivmotoren, die beim Einzelachsantrieb unvermeidlich wird, die zu schaltenden Stromstärken sehr hohe Werte erreichen. In diesem Falle ist es naheliegend, die Anzapfungen am Lokomotivtransformator, deren Zahl hier aus konstruktiven Gründen besonders klein gehalten werden muß, als Hauptstufen durch einen Stufenschalter zu bedienen, die Zwischenstufen aber, bei denen ja die zu schaltenden Stromstärken geringer sind, durch Einzelschalter zu schalten, die man zu einem Nockenkontroller vereinigt, dessen Welle zwangsläufig mit der Welle des Stufenschalters betätigt wird.

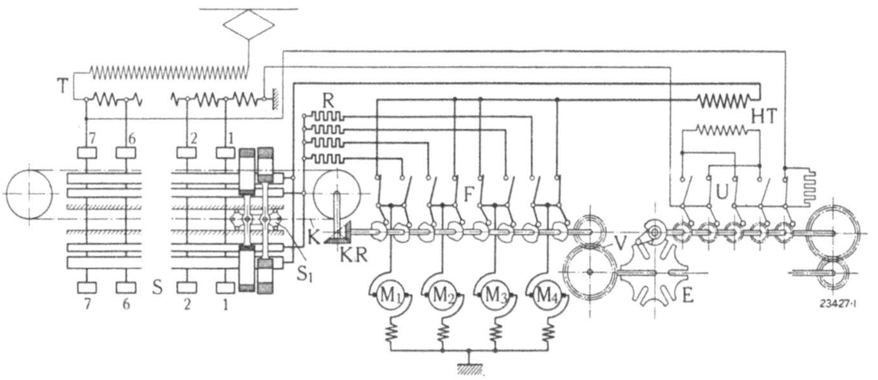

Abb. 349. Steuerung unter vereinigter Verwendung eines Stufenschalters mit Einzelschaltern. (B. B. C.).

Abb. 349 zeigt in schematischer Darstellung ein Steuerorgan dieser Art[1]), wobei vier parallelgeschaltete Motoren $M_1 M_2 M_3 M_4$ aus einem Haupttransformator T mit 7 Anzapfungen in 21 Stufen geregelt werden. Die Zwischenstufen werden durch Zu- und Gegenschaltung eines Hilfstransformators HT hergestellt. Der Apparat besteht aus dem Stufenschalter S mit gestreckter Kontaktbahn, dem Funkenschalter F mit 4 Schalterpaaren, dem Umschalter U für den Hilfstransformator und dem Stufenwiderstand R für alle 4 Motoren.

Der Stufenschalter S unterscheidet sich von dem in Abb. 332 und 333 dargestellten Apparat nur dadurch, daß der die beiden Kontaktbürsten tragende Kontaktschlitten mit Spindeltrieb durch einen auf Rollen geführten Bürstenwagen mit Betätigung durch einen Kettentrieb K ersetzt wurde. Die Gruppe der Funkenschalter F bildet einen selbständigen Nockenkontroller

[1]) Erstmalig ausgeführt bei den 2 D_0 1-Lokomotiven (Reihe 10901) der S. B. B. — Siehe die ausführliche Beschreibung dieser Lokomotive auf S. 439.

für sich, dessen Welle mit dem Kettentrieb des Stufenschalters über eine Kegelradübersetzung KR (3 : 5) verbunden ist; die Arbeitsweise der Funkenschalter in Verbindung mit den Stufenwiderständen R ist die gleiche wie auf S. 324 erläutert. Auch Schnellabschaltung der Motoren ist mit Hilfe der Funkenschalter in grundsätzlich gleicher Weise möglich. Der Umschalter U für den Hilfstransformator HT, zu dem ein Überschaltwiderstand gehört, ist gleichfalls ein aus fünf Schaltelementen bestehender Nockenkontroller, dessen Welle mit der der Funkenschalter über ein Stirnradvorgelege V mit dem Übersetzungsverhältnis 1:2 und einen Einzahnantrieb E gekuppelt ist. Dieser bewirkt die Lösung der Verbindung zum Stufenschalter für die Dauer der Ausführung der subtraktiven, Null- oder Kurzschluß- und additiven Schaltung des Hilfstransformators. Diese drei Schaltoperationen des Umschalters U wiederholen sich in dieser Reihenfolge bei jeder Stellung des Kontaktbürstensystems des Stufenschalters auf einer der Hauptstellungen, so daß die gesamte Stufenzahl das Dreifache der Zahl der Transformatoranzapfungen beträgt. An dem freien Wellenende des Umschalters U greift über ein Vorgelege der servomotorische Antrieb an.

Bemerkenswert ist hier noch die Einschaltung der Sekundärwicklung des Hilfstransformators HT zwischen Stufenschalter und Funkenschalter[1]). Gegenüber der Schaltung des Hilfstransformators zwischen Haupttransformator und Erde besteht der Vorteil, daß die an einer Teilspannung des Haupttransformators angeschlossenen Hilfsbetriebe einseitig geerdet, also unter Ersparnis an Leitungsmaterial nur einseitig angeschlossen werden können. Die Schaltung des Hilfstransformators zwischen Triebmotoren und Erde oder zwischen Funkenschalter und Triebmotoren hätte wieder den Nachteil gehabt, daß letztere auch bei geöffneten Funkenschaltern nicht völlig spannungslos geworden wären.

2. Bremsstromschaltung.

Sollen die Motoren einphasiger Lokomotiven beim Durchfahren starker Gefälle mechanisch von den Radachsen angetrieben als Generatoren zur elektrischen Bremsung verwendet werden, dann ist dies aus den gleichen der bei den Gleichstromlokomotiven angeführten Gründen im allgemeinen nur in geänderter Schaltung gegenüber dem motorischen Betrieb möglich. Diese Umschaltung wird unabhängig von der für die elektrische Bremsung verwendeten Schaltungsart wieder mit den Fahrtwendern vorgenommen, die zu diesem Zweck eine weitere dritte Arbeitsstellung mit der Bezeichnung „Bremse vorwärts" oder auch eine vierte mit der Bezeichnung „Bremse rückwärts" erhalten. Die Regulierung der elektrischen Bremsung soll dabei wieder wenn möglich mit dem Steuerorgan erfolgen, mit dem in gleicher Weise die Regelung des motorischen Drehmomentes vorgenommen wird.

Grundsätzlich ist auch hier zwischen Widerstandsbremsung und Nutzbremsung zu unterscheiden. Im folgenden sollen nun aufeinanderfolgend beide Systeme der elektrischen Bremsung an Hand von verschiedenen teils ausgeführten, teils in Vorschlag gebrachten Schaltungen gelegentlich unter Zuhilfenahme einfacher Vektordiagramme besprochen werden.

a) Widerstandsbremsung.

α) Mit selbsterregten Motoren. Bei dieser Art der elektrischen Bremsung werden die von den Radachsen angetriebenen Triebmotoren zu Gleichstromreihenschlußgeneratoren. Der Bremsvorgang und der Verlauf des Bremsmomentes ist also genau derselbe wie bei der Widerstandsbremsung mit selbsterregten Motoren bei Gleichstromlokomotiven (s. S. 272). Ebenso aber wie bei letzteren ist auch hier diese Art der Bremsung nur gelegentlich angewendet worden[2]), weil eine Regelung der Bremsung, d. h. in diesem Falle die stufenweise Abschaltung der Widerstände mit dem mit dem Transformator untrennbar verbundenen Steuerapparat nicht möglich ist und daher die Aufstellung eines besonderen Bremskontrollers nötig machen würde. Man begnügt sich daher mit einem konstanten Bremswiderstand, dessen Größe für Bremsfahrt auf einem mittleren Gefälle mit mittlerer Geschwindigkeit gemäß S. 273 bemessen wird.

Bei konstantem Bremswiderstand besteht dann in wesentlich höherem Maße als bei Gleichstrommotoren die Schwierigkeit, daß sich die geblätterten und damit remanenzarmen Reihenschlußmotoren als Generatoren nicht zuverlässig, d. h. oft erst bei ziemlich hoher Geschwindigkeit selbst erregen. Abgesehen davon, daß dieser Geschwindigkeitswert gelegentlich überhaupt nicht erreicht werden könnte, tritt die mit der beginnenden Selbsterregung einsetzende Bremsung dann stoßweise ein. Man hat diese Schwierigkeit dadurch zu umgehen gesucht, daß man die Motoren zur Erzeugung einer hinlänglich großen Anfangsspannung dauernd oder vorübergehend aus einer kleinen Batterie erregt. Die Magnetisierungscharakteristik erscheint damit, um den Betrag dieses zusätzlichen Erregerstromes nach links vom Ursprung verschoben und ergibt daher mit der aus dem Ursprung

[1]) D. R. P. 448131, Ö. P. 108370, Schweiz. P. 119615 (J. Kübler).

[2]) Z. B. bei der (Probe)-Lokomotive Achsfolge 1 B—B 1 (Nr. 12302) der S. B. B. (BBC-Mitt. 1919, S. 79).

aufsteigenden Widerstandscharakteristik auch noch im ungesättigten Bereich einen eindeutigen Schnittpunkt[1]). Doch hat trotz dieser Verbesserung, die doch auch wieder nur durch zusätzliche Einrichtungen erkauft wird, die Schaltung keine weitere Verbreitung gefunden, die immerhin den Vorteil für sich hat, vom Fahrdraht unabhängig zu sein.

β) Vorteilhafter wenn auch schaltungstechnisch komplizierter ist die **Fremderregung der Motoren** im Bremsbetrieb. Hier sind nun grundsätzlich zwei Möglichkeiten zu unterscheiden, je nachdem die Erregung der Motoren mit Gleichstrom aus einer besonderen Stromquelle oder über den Haupttransformator vom Netz her mit Wechselstrom erfolgt. Im ersten Fall arbeiten die Motoren bei Bremsung als Gleichstrom-, im zweiten als Wechselstromgeneratoren, da der Kollektor jede in seiner Ankerwicklung durch Rotation induzierte Spannung vermöge seiner Eigenschaft als Frequenzwandler unabhängig von der Drehzahl auf die Frequenz des Erregerstromes transformiert.

Die erstere Form der Bremsung[2]) ist mit der bei den Gleichstromlokomotiven behandelten Widerstandsbremsung mit fremderregten Motoren identisch (s. Abb. 299), abgesehen davon, daß hier die Erregermaschine von einem an einer Anzapfung des Haupttransformators angeschlossenen kleinen Reihenschlußmotor angetrieben wird, auf dessen Welle zweckmäßigerweise noch der Ventilator zur Kühlung der Bremswiderstände sitzt, die hier einen zusätzlichen Bestandteil der elektrischen Lokomotivausrüstung bilden. Hierdurch wird vorteilhafterweise die Belastung der Bremswiderstände und deren Kühlung in vorteilhafter Weise voneinander in Abhängigkeit gebracht, denn eine Belastung der Widerstände bei nicht laufendem Ventilator ist nicht möglich, da die Erregung fehlt. Außerdem verhindert der Ventilator vermöge seiner Belastungscharakteristik ein Durchgehen der Gruppe im Falle der Entlastung bei einer etwa durch einen Defekt entstandenen Unterbrechung im Triebmotorenerregerkreis.

Statt der in Abb. 299 dargestellten Schaltung, die sinngemäß auch hier gilt, könnte man den Einphasen Antriebsmotor, die Gleichstromlichtmaschine und die Erregermaschine zur Fremderregung der Triebmotoren zu einer Dreimaschinengruppe auf gemeinsamer Welle vereinigen[3]). Die Schaltung ist insofern vorteilhaft als auch beim Ausbleiben der Netzspannung die elektrische Bremsung keine Unterbrechung erleidet, da die Lichtmaschine, von der zu dieser parallelgeschalteten Batterie gespeist, als Motor die Rolle des spannungslos gewordenen Einphasenantriebsmotors übernimmt.

Bei der Fremderregung mit Wechselstrom[4]) werden die Motoren vom Haupttransformator aus erregt, wobei zweckmäßigerweise der die Anzapfungen am Haupttransformator bedienende Steuerapparat zur Regelung der Fremderregung und damit zur Regelung der Bremsung benützt wird. Der Vorteil der Anordnung besteht darin, daß hier ein besonderer Bremskontroller entfällt. Der Führer regelt mit dem gleichen Apparat und dadurch auch mit der gleichen Kurbel die Bremsung wie die Fahrt. Allerdings ist hier ein besonderer für die gesamte Erregerleistung zu bemessender Zwischentransformator kaum zu vermeiden, da die Spannungsstufen am Haupttransformator einzeln und in ihrer Gesamtheit, namentlich wenn zwei Motoren dauernd in Reihe geschaltet sind, zu groß sind, um die bei Sättigung höchstens je 100 bis 120 Volt absorbierenden Erregerwicklungen unmittelbar einigermaßen feinstufig regeln zu können.

b) Nutzbremsung[5]).

Die zur Nutzbremsung von Reihenschlußmotoren entwickelten Schaltungen gestatten eine Gruppierung je nach der Art der Erregung des Hauptfeldes während der Bremsperiode. Man unterscheidet Reihenschlußerregung, Nebenschlußerregung und Fremderregung Für die beiden ersten Erregungsformen, bei denen die Erregungsspannung direkt oder indirekt der Netzspannung entnommen wird, ist kennzeichnend, daß die Spannung des als Generator arbeitenden Motors gegen die Netzspannung nur rund 90^0 oder wenig mehr verschoben ist. Das Spannungsgleichgewicht muß daher zur Ergänzung des Spannungsabfalles in der Maschine durch eine zusätzliche Spannungskomponente von einem hochgesättigten Stromtransformator oder einer strombegrenzenden Drosselspule wieder hergestellt werden. Bei der Fremderregung durch eine rotierende Maschine mit einem Strom passender Phase aber sind Generator- und Netzspannung um fast 180^0 gegeneinander phasenverschoben und Widerstand und Streuung der Motoren genügen, um den Strom zu begrenzen.

---

[1]) Schweiz. P. 94797, Ö. P. 94742, Norweg. P. 35808 (J. Buchli).

[2]) Angewendet bei den C—C-Lokomotiven (Reihe 401) der Rh. B. (BBC-Mitt. 1922, S. 106), ferner bei den E-Lokomotiven (Reihe 1080·100) und den B_0—B_0-Lokomotiven (Reihe 1170) der Ö. B. B. (E. u. M. 1926, S. 386 und 387). [3]) Schweiz. P. 86969 (J. Buchli).

[4]) Angewendet bei den 1 B—B 1-Lokomotiven (Reihe 12303) der S. B. B. (BBC-Mitt. 1921, S. 183) und bei den $1C_0$—$C_0 1$-Lokomotiven (Reihe 201) der B. L. S. (El. Bahnen 1927, S. 53).

[5]) Siehe Monath, L.: E. u. M. 1919, S. 461ff., ferner Schenkel, M.: ETZ 1920, S. 541ff., Hibbard, L. J.: J. A. I. E. E. 1923, S. 223.

α) Der Nutzbremsung mit Reihenschlußerregung, d. h. also in unveränderter Motorschaltung (von der Umkehrung der Erregerwicklung abgesehen) liegt die Erkenntnis zugrunde, daß die Netzspannung der Resultierenden aus watt- und wattloser Spannungskomponente der Motoren (Generatoren) gegenübersteht[1]). Der Strom eilt also um mehr als 90° der Netzspannung nach, besitzt also in deren Richtung eine Wattkomponente, d. h. es ist stabiler Generatorbetrieb grundsätzlich möglich, wofern nur Maßnahmen getroffen werden, daß sich die Motoren im Generatorbetrieb nicht als Gleichstrommotoren oder mit Wechselstrom netzfremder Periodenzahl selbst erregen. Eine Selbsterregung als Gleichstromreihenschlußgenerator kann dadurch

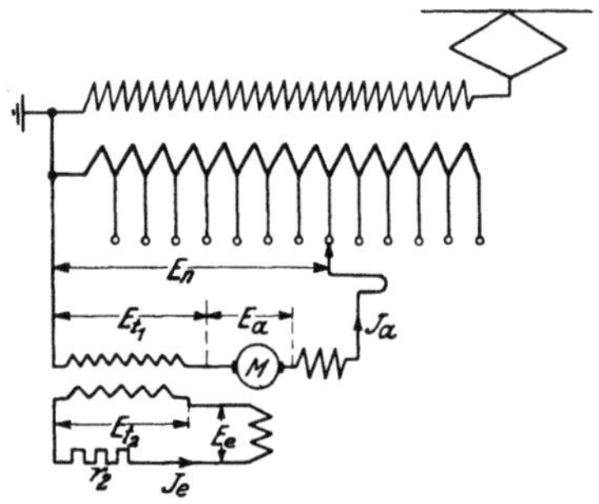

Abb. 350. Nutzbremsschaltung mit Reihenschlußerregung. (Thomson-Houston).

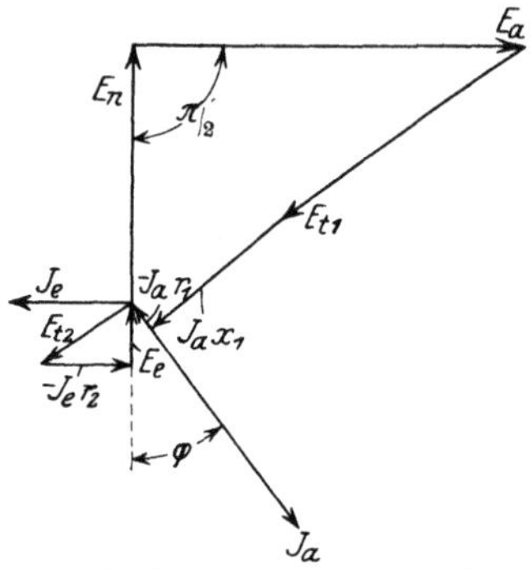

Abb. 351. Vektordiagramm zur Schaltung nach Abb. 350.

wirksam vermieden werden, daß man Ankerstrom- und Erregerstromkreis durch einen Stromtransformator induktiv kuppelt[2]). Um auch Selbsterregung mit Wechselstrom netzfremder Frequenz, für den der Haupttransformator wieder einen Kurzschluß bilden würde, wenigstens innerhalb von Grenzen, zu verhindern, erschwert man die Stromübertragung in die Erregerwicklung dadurch, daß man den Kupplungstransformator durch hohe Sättigung oder Einfügen von Luftwegen in die Kerne mit großem Magnetisierungsstrom ausführt und außerdem in den Erregerkreis Widerstand einschaltet[3]) (Abb. 350).

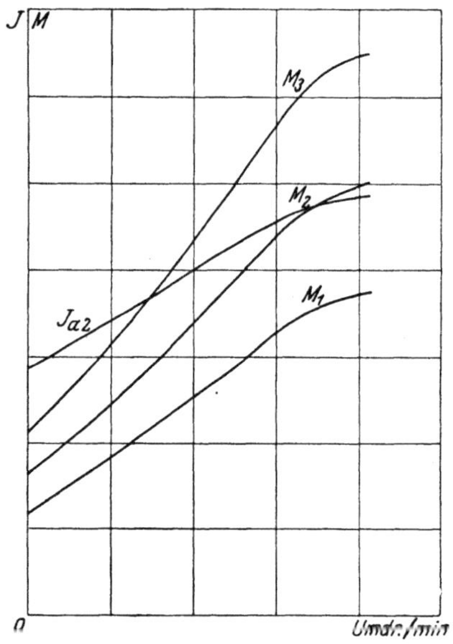

Abb. 352. Kennlinien der Schaltung nach Abb. 350.

Abb. 351 zeigt das Vektordiagramm der Schaltung, für die vor allem charakteristisch ist, daß die Vektoren der Generatorspannung E_a und der Netzspannung E_n stets aufeinander senkrecht stehen. Das Spannungsgleichgewicht wird durch die Primärspannung E_{t1} des Stromtransformators und durch den induktiven Abfall im Ankerstromkreis hergestellt. Aus dem Diagramm ist folgendes abzulesen. Soll viel Leistung zurückgegeben werden, dann muß man den Widerstand r_1 des Ankerkreises klein zu machen suchen. Damit die Phasenverschiebung klein wird, muß man den sekundären Widerstand r_2 recht groß und die sekundäre Selbstinduktion des Erregertransformators klein wählen, also ihm ein großes Übersetzungsverhältnis geben. Die punktweise Auswertung des Diagrammes führt für drei Stufen zu den in Abb. 352 dargestellten Kurven, denn die Regelung der Bremsung erfolgt in gleicher Weise durch Änderung der Spannung am Haupttransformator mit dem Steuerorgan. Man erkennt aus den Kurven, daß die Bremsung unter Beibehaltung des Reihenschlußcharakters der Triebmotoren erfolgt, also stabil ist. Das Bremsmoment fällt mit der Geschwindigkeit stark ab, behält aber bei Stillstand noch einen endlichen Wert bei. Nachteilig ist bei dieser Bremsschaltung die Neigung zur Selbsterregung, die sich allerdings durch passende Abstimmung des Widerstandes r_2 in einen betriebsmäßig nicht vorkommenden Drehzahlbereich hinausrücken läßt, und die Notwendigkeit, einen Transformator mit hohem Leerlaufstrom verwenden zu müssen, wodurch Wirkungsgrad und Leistungsfaktor der ganzen Schaltung ungünstig werden. Der Widerstand r_2 kann ganz oder teilweise entbehrt werden, wenn man in den Erregerkreis unter Beibehaltung der induktiven Kupplung mit dem Ankerstomkreis eine zusätzliche EMK eingefügt, die entweder direkt oder indirekt dem Haupttransformator entnommen wird[4]). Diese Schaltung bildet den Übergang zur

[1]) Vgl. hierzu die auf das Verhalten des Gleichstromreihenschlußmotors bezug habenden Ausführungen auf S. 276.

[2]) Der Übergang vom Motor zum Generatorbetrieb, d. h. das Einschalten des Kupplungstransformators kann durch einen einfachen Umschalter bewerkstelligt werden, wenn man die Erregerwicklung für den Generatorbetrieb am Ankerstromkreis angeschaltet läßt (D. R. P. 384239, Schweiz. P. 96130 der S. S. W.).

[3]) Ausgeführt bei der 1 C 1-Lokomotive Nr. E 3001 der „Chemins de fer du Midi“ (Thomson-Houston).

[4]) D. R. P. 331503, Schweiz. P. 77317 und 78215, F. P. 492214 (M. F. O.).

β) Nutzbremsung mit Nebenschlußerregung[1]), die zum ersten Mal von der M. F. O. angegeben und angewendet wurde). Wie Abb. 353 schematisch zeigt, wird die Feldwicklung E im Nebenschluß erregt und bei a geregelt, während der Ankerkreis unter Einschaltung einer

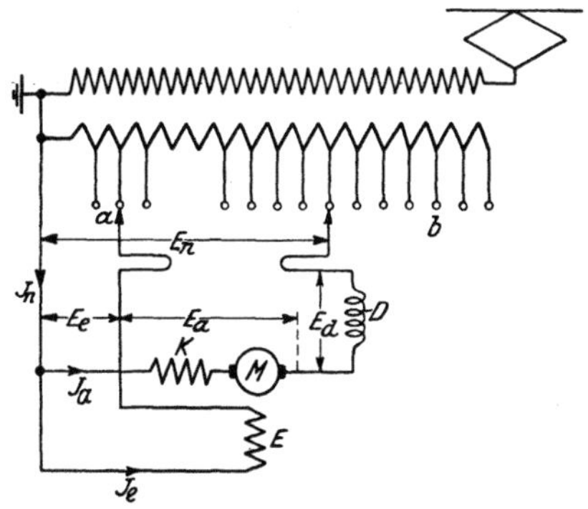

Abb. 353. Nutzbremsschaltung mit Nebenschlußerregung. (M. F. O.).

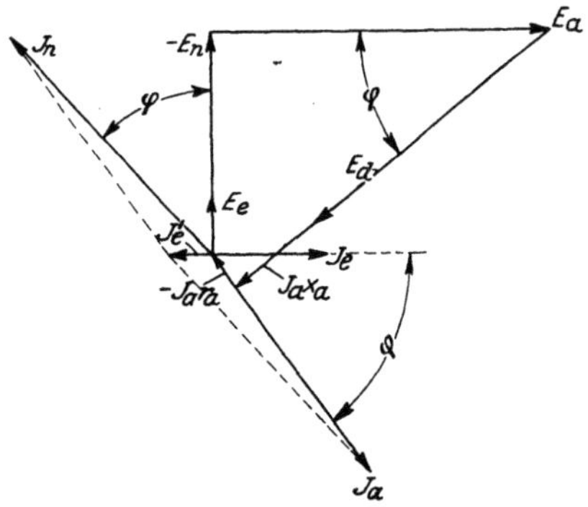

Abb. 354. Vektordiagramm zur Schaltung nach Abb. 353.

strombegrenzenden Drosselspule D mit dem Steuerorgan regelbar auf die einzelnen Stufen b des Haupttransformators geschlossen wird.

Die Ähnlichkeit mit der vorerwähnten Schaltung kommt vor allem im Diagramm zum Ausdruck, in dem wieder (Abb. 354) Netzspannung E_n und Generatorspannung E_a vektoriell aufeinander senkrecht stehen. Die Resultierende der beiden hält dem nahezu rein induktiven Spannungsabfall des Ankerstromes J_a das Gleichgewicht. Die Regelung der Bremsung erfolgt mit dem Steuerorgan bei b und mit der Zusatzanzapfung bei a, die die Speisung der Erregerwicklung vermittelt. Je nach Zahl dieser Erregerstufen a ergeben sich beim Aufwärtsschalten bei b und a übereinanderliegende Kurven des Bremsmomentes in Funktion der Drehzahl. Der Verlauf dieser Kurven ergibt sich unmittelbar aus dem Diagramm. Bei konstantem E_e hängt das Bremsmoment nur von E_n nicht aber von E_a, also nicht von der Drehzahl ab, denn bei einer Änderung von E_a erfährt nur die senkrecht dazu liegende Komponente des Stromes J_a eine Veränderung, welche aber keinen Beitrag zum Drehmoment liefert. Die Stromkomponente in Richtung von E_a bleibt praktisch unverändert und ist nur den Verlusten in der Maschine proportionalen Änderungen unterworfen[2]). Abb. 355 zeigt die aus dem Diagramm abgeleiteten Bremsmomentkurven in ihrem für die Schaltung charakteristischen Verlauf, der insofern von Vorteil ist, als kräftig bis zum Stillstand gebremst werden kann. Ein weiterer Vorteil der Schaltung besteht darin, daß Selbsterregung nicht auftreten kann, da der Schaltungszug der Motorwicklungen beim Motor- wie beim Generatorbetrieb derselbe ist. Weniger vorteilhaft ist der nur schwach stabile Charakter der Bremsung, da bei einer etwa bei Gefällsbrüchen auftretenden nur geringen Änderung der Bremskraft bereits erhebliche Beschleunigungen oder Verzögerungen entstehen können, und der auch bei hohen Drehzahlen immer noch niedrige Leistungsfaktor, der den Strom dauernd hochhält.

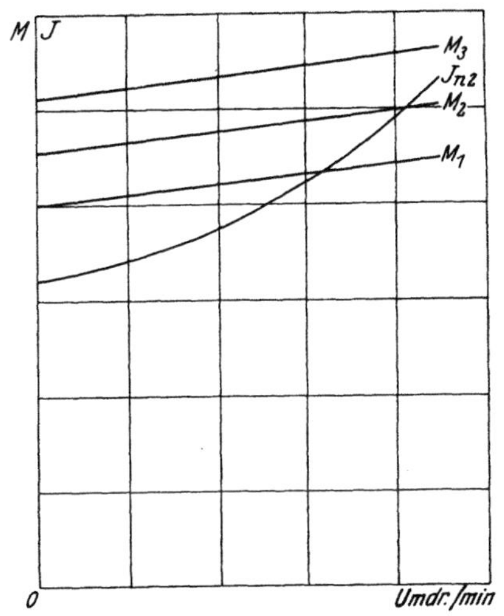

Abb. 355. Kennlinien der Schaltung nach Abb. 353.

Hingegen ist die Drosselspule den bei Nutzbremsung mit Einphasenreihenschlußmotoren nun einmal nicht vermeidbaren zusätzlichen Einrichtungen ziemlich gleichwertig. Ihre Größe ergibt sich überschlägig aus folgender Überlegung[3]). Setzt man in erster Annäherung $J_a x_a = 0$, dann ist die von der Drosselspule absorbierte Spannung $E_d = \frac{E_a}{\cos\varphi}$ und die scheinbare Leistung, für die sie entworfen werden muß,

$$A_d = \frac{E_a J_a}{\cos\varphi}. \tag{253}$$

Die elektrische Leistung des als Generator arbeitenden Motors gemessen an den Ankerbürsten ist

$$N_{g_2} = E_a J_a \sin\varphi \tag{254}$$

und daher

$$A_d = \frac{N_{g_2}}{\cos\varphi \sin\varphi}. \tag{255}$$

[1]) D. R. P. 336551, Schweiz. P. 80016 (Dr. Behn-Eschenburg); siehe E. u. M. 1918, S. 553; ETZ 1918, S. 481; B. S. E. V. 1918, S. 239; R. G. E. 1918, II, S. 877. — Siehe ferner Kummer: Schweiz. Bauzg. 1919, I, S. 13, Schenkel: ETZ 1919, S. 94. — Angewendet bei der 1 B—B 1-Lokomotive Nr. 12301 der S. B. B. und der 1 E 1-Lokomotive Nr. 154 der B. L. S.

[2]) Fleischmann, Dr. L.: ETZ 1919, S. 219. [3]) E. u. M. 1919, S. 172.

Betrachtet man N_{g_2} als gegeben durch Zuggewicht, Gefälle und Geschwindigkeit bei Talfahrt, so ergibt sich für A_d ein Minimum für $\varphi = \frac{\pi}{4}$, dann wird

$$A_d = 2\,N_{g_2}\,.$$

Nun ist aber N_{g_2} in kW

$$N_{g_2} = \frac{Z_g \cdot V_1}{270 \cdot 1{,}36}\,\eta_t\,\eta_m\,, \tag{256}$$

andererseits ist die elektrisch zugeführte Leistung bei Bergfahrt mit gleichem Zuggewicht und gleicher Geschwindigkeit

$$N_{m_1} = \frac{Z_m\,V_1}{270 \cdot 1{,}36 \cdot \eta_t \cdot \eta_m}\,, \tag{257}$$

wobei

$$Z_m = G\,[s + (w_1 + w_k)]\,. \tag{258}$$

Es ist daher

$$\frac{N_{g_2}}{N_{m_1}} = \frac{s - (w_1 + w_k)}{s + (w_1 + w_k)}\,\eta_t^2\,\eta_m^2\,, \tag{259}$$

$\eta_t \cdot \eta_m$ zu 0,8, s zu 26 und $w_1 + w_k = 5$ angenommen ergibt $\frac{N_{g_2}}{N_{m_1}} = 0{,}64\,\frac{21}{31} = 0{,}44$. Die Drosselspule wäre also für $2 \cdot 0{,}44$ d. h. rund 90% der Lokomotivtransformatorenleistung in kVA zu bemessen. Sind die Gefällstrecken vergleichsweise kurz, dann kann die Drosselspule sehr hoch belastet, d. h. in den Abmessungen klein gehalten werden, namentlich wenn man sie als Öldrossel baut und das Öl in Reihe oder parallel mit dem des Haupttransformators kühlt.

Bei den modernen Lokomotivausrüstungen mit mindestens zwei Motoren, deren Erregerwicklungen ihrerseits aus wickeltechnischen Gründen in mehrere parallele Gruppen geschaltet zu werden pflegen, wird es möglich, in der Bremsschaltung alle Erregerwicklungen und deren Gruppen in Reihe und im Nebenschluß zu dem aus den parallel oder in Reihe geschalteten Ankern und der Drosselspule gebildeten Hauptstromkreis mit diesem gemeinsam mit dem Steuerorgan an die Anzapfungen des Haupttransformators zu schalten[1]). Auf Tafel XIII ist die abgeänderte Schaltung zu ersehen. Abgesehen davon, daß die Anzapfstufen bei *a* (Abb. 353), die nur in Form einer besonderen Schaltwalze oder einer besonderen Gruppe von Einzelschaltern hätten ausgeführt werden können, ganz entfallen, besteht der wesentlichste Vorteil der Schaltung darin, daß das Drehmoment in Abhängigkeit der Drehzahl viel stärker ansteigt, da in jeder Stufe beim Aufwärtsschalten gleichzeitig auch die Felderregung verstärkt wird. Die Bremsung hat ausgesprochen stabilen Charakter bekommen. Allerdings wird der Fahrtwender wegen der zahlreicheren inneren Umschaltungen in den Motoren etwas komplizierter.

Um bei zwei dauernd parallelgeschalteten Motoren (Generatoren) Selbsterregung von einem Motor auf den anderen zu verhindern, die unter Einfluß der Wendefelder bei nicht ganz genauer Bürstenstellung eintreten könnte, werden die Verbindungspunkte zwischen den Wendepol- und Kompensationswicklungen und den Motorankern durch einen Ausgleichsleiter überbrückt[2]).

Die Nebenschlußerregung läßt sich hinsichtlich Phase des Erregerstroms dadurch günstiger gestalten, daß die auf die Erregerwicklung wirkende Spannung durch Parallelschaltung von Ohmschem Widerstand zur Erregerwicklung und Dahinterschalten von induktivem Widerstand gegen die Transformatorspannung in der Phase verschoben wird[3]).

Für Lokomotivausrüstungen mit zwei Motoren oder Motorgruppen, wie sie heute bei Drehgestellokomotiven die Regel sind, kann man, allerdings nur unter Verwendung auch zweier Transformatoren, eine Schaltung zur Nutzbremsung in der Weise ausbilden, daß die Erregung der ersten Maschine aus dem zweiten Transformator, die der zweiten Maschine aus dem ersten Transformator gespeist wird[4]). Jeder Anker arbeitet auf seinen eigenen Transformator zurück. Diese Trennung ist deshalb nötig, weil die EMKfte der beiden Motoren beim Generatorbetrieb erheblich in der Phase gegeneinander verschoben werden. Denn die Rotationsspannungen sind gegen die Spannungen an den Erregerwicklungen um 90° verschoben und die Rotationsspan-

[1]) Schweiz. P. 87276 (M. F. O.). — Angewendet bei den 1 C—C 1-Lokomotiven (Reihe 14251) der S. B. B. (Schweiz. Bauzg. 1920, I, S. 229; E. u. M. 1920, S. 373), bei den 1 D 1-Lokomotiven (Reihe 353) der Rh. B. (E. u. M. 1919, S. 251), bei einer der 2 C 1-Lokomotiven (Reihe 10401) der S. B. B. sowie bei den auf S. 433ff. ausführlich beschriebenen 1 C—C 1-Lokomotiven (Reihe 14301) der S. B. B.

[2]) Schweiz. P. 87455 (M. F. O.).

[3]) Schweiz. P. 97204 (S. S. W.). — Noch günstigere Verhältnisse, d. h. Phasengleichheit zwischen Erregerstrom und Netzspannung sowie die Einstellung jeder beliebigen Phasenverschiebung zwischen denselben in Abhängigkeit der Belastung und Geschwindigkeit lassen sich gemäß Schweiz. P. 96373 u. 123111 der S.S.W. dadurch erzielen, daß man die Motorfeldwicklung oder -wicklungen mit je einem Ohmschen und induktiven Widerstand zu einem Sternsystem kombiniert und die durch die letzteren gebildeten freien Enden direkt oder über einen Zwischentransformator regelbar auf den Haupttransformator schließt. (Angewendet bei den 1 C + C 1-Lokomotiven Reihe 2025 der Norwegischen Staatsbahnen. — Siehe Siemens-Zeitschrift 1925, S. 478, 1927, S. 32).

[4]) D. R. P. 334072, Schweiz. P. 89672 (S. S. W.). — Siehe auch D. R. P. 189093 und 228495.

nung der einen Maschine wird aus dem einen Transformator, ihre Erregerspannung aber aus dem anderen Transformator entnommen. Bei verlust- und streuungslosen Maschinen würden daher die Spannungen alle senkrecht zueinander stehen.

Bei dieser Schaltung fehlen vorteilhafterweise zusätzliche Einrichtungen wie Drosselspulen usw. Nur bei ungenauer Bürstenstellung ist durch die Wendepole Selbsterregung möglich, zu deren Abdämpfung jedoch der Maschinenwiderstand in der Regel ausreicht. Von Nachteil ist aber der Umstand, daß die von den beiden zurückarbeitenden Motoren ausgeübten Teilbremsmomente bei höheren Drehzahlen stark ungleich werden, daß bei den unteren Drehzahlen sogar Rückfall einer der Maschinen in den Motorbetrieb eintreten kann und daß zwei Primärtransformatoren erforderlich sind, deren Summenleistung größer ist, als die gesamte Lokomotivleistung.

Schließlich sei in diesem Zusammenhang auf einen wegen seiner Einfachheit immerhin beachtenswerten Vorschlag hingewiesen, die Triebmotoren im Rotor dreiphasig aufzuschneiden und die Wicklungsenden zu drei Schleifringen zu führen, an die ein gemeinsamer Anlaßwiderstand angeschlossen wird. Bei Talfahrt arbeiten dann die Motoren mit der Kompensationswicklung als Erregerwicklung — die mit den Kollektorbürsten verbundene Erregerwicklung

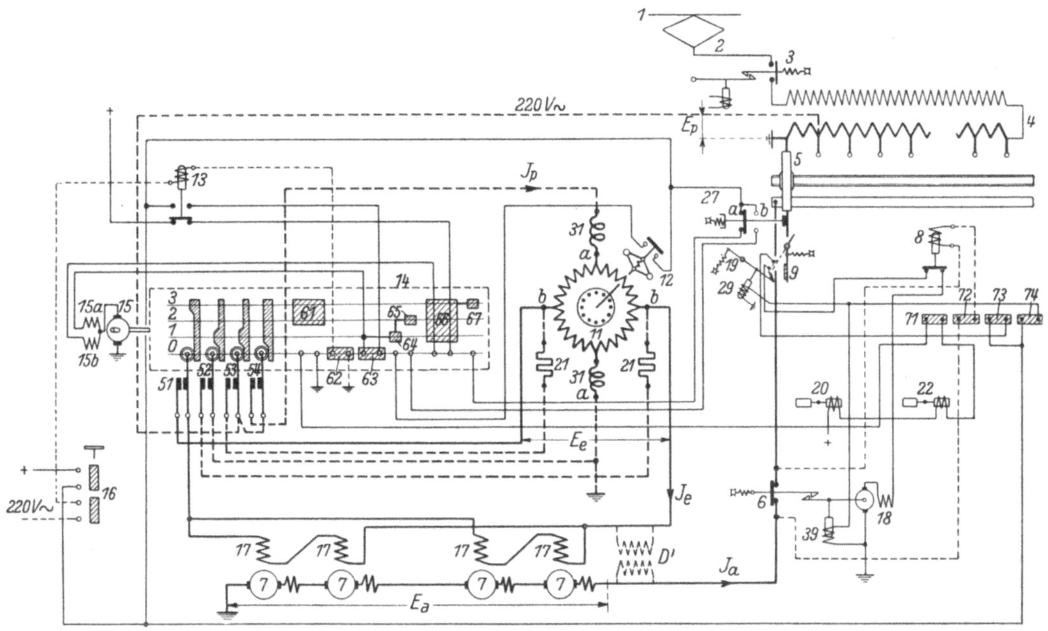

Abb. 356. Nutzbremsschaltung mit Fremderregung durch Phasenumformer. (B. B. C.).

wird abgeschaltet — bei übersynchroner Drehzahl als Einphasenasynchrongeneratoren aufs Netz zurück[1]).

γ) Die vollkommenste Form der Nutzbremsung ist jene mit fremderregten Motoren. Bei der ersten Ausführung[2]) dieser Art von Nutzbremsung wurde zur Fremderregung der als Einphasen-Nebenschlußmotor mit Querbürsten nach Winter, Eichberg und Latour gebaute Kompressormotor verwendet, der zu diesem Zweck im Stator eine zweite Wicklung erhielt, die bei Bremsung auf die Erregerwicklungen der Motoren geschlossen wurde. Bei Lauf entsteht unter Einwirkung des resultierenden Drehfeldes in dieser Zusatzwicklung eine gegen die Netzspannung um 90^0 phasenverschobene Spannung. Wird diese zur Erregung der Hauptmotoren verwendet, so ist offenbar deren Rotationsspannung um abermals 90^0 gegen die Erregerspannung also gegen die Netzspannung um 180^0 in der Phase verschoben, kann also unmittelbar als Rückarbeitungsspannung dienen. Da der Kompressormotor zur Verwendung als Erregermaschine besonders gebaut werden muß und damit auch entsprechend schwerer wird, scheint es zweckmäßiger, als Erregermaschine eine besondere Maschine zu verwenden. Hierzu eignet sich am besten eine Einphasen-Induktionsmaschine mit Kurzschlußanker[3]) und einer um-

[1]) D. R. P. 381046 (Dr. L. Fleischmann).
[2]) Bei der 1 C_0 1-Lokomotive Nr. E 3401 der Franz. Südbahn (ETZ 1912, S. 1073); ausgeführt von den Forges et Ateliers de Constructions Electriques de Jeumont.
[3]) Zur Nutzbremsung von Einphasen-Reihenschlußmotoren erstmalig vorgeschlagen von B. G. Lamme im Jahre 1906 (U. S. A. P. 977641).

laufenden in sich geschlossenen Statorwicklung, die (im zweipoligen Schema) an zwei diametral gegenüberliegenden Punkten an ein passende Anzapfung des Transformators angeschlossen wird, während zwei dagegen um 90^0 versetzte Punkte die Anschlüsse für die Erregerwicklungen der rückarbeitenden Motoren bilden. Auf irgendeine Art mittels Hilfsphase oder Hilfsmotor angeworfen arbeitet eine Maschine dieser Art unter Wirkung des bei Lauf entstehenden resultierenden Drehfeldes als freilaufender Phasenumformer. Abb. 356 zeigt das Schema der Schaltung.

Abb. 357 zeigt das Vektordiagramm der Schaltung. Die dem Haupttransformator entnommene mit der Netzspannung E_n phasengleiche Spannung E_p, die zwischen den Klemmen *aa* wirkend angenommen werden kann, erzeugt den Erregerstrom J_p, gegen E_p im wesentlichen, d. h. unter Vernachlässigung der Eisenverluste um 90^0 nacheilend, der außer dem in Richtung *aa* pulsierenden Hauptfeld durch Vermittlung der Rotorströme ein in Richtung *bb* pulsierendes auch zeitlich um 90^0 verschobenes Querfeld praktisch gleicher Größe erzeugt. Die beiden räumlich und zeitlich um 90^0 gegeneinander verschobenen Felder ergeben zusammen ein kreisförmiges Drehfeld, das zwischen *bb* eine gegen E_p um 90^0 phasenverschobene und, von den Abfällen abgesehen,

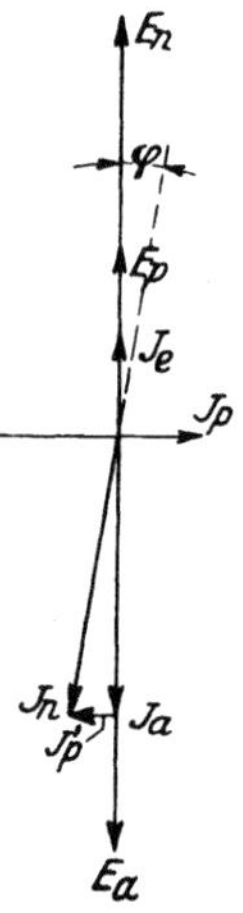

Abb. 357. Vektordiagramm zur Schaltung nach Abb. 499.

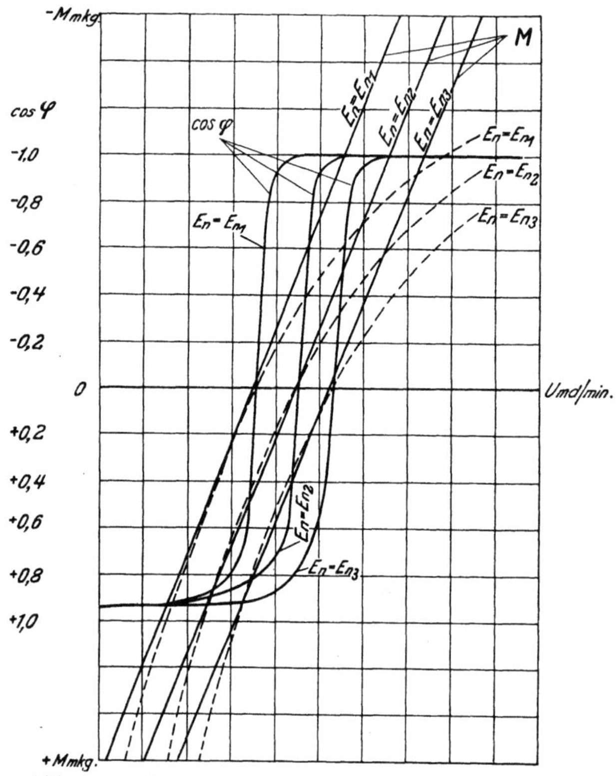

Abb. 358. Kennlinien der Schaltung nach Abb. 356.

praktisch gleich große Spannung E_e erzeugt. Dieser eilt der Erregerstrom J_e und die von diesem durch die Erregerwicklungen *17* der Motoren (Generatoren) erzeugten Felder um 90^0 nach, die in den Motorankern *7* die Rotationsspannung $\frac{Ea}{4}$, d. h. bei Reihenschaltung in Summa gleich E_a bei passendem Anschluß in Phasenopposition zur Netzspannung E_n erzeugen. Mit E_a ist der Ankerstrom J_a im wesentlichen phasengleich, der sich mit J_p (unter Berücksichtigung der entsprechenden Windungszahlen) zum resultierenden Netzstrom J_n zusammensetzt. Die Differenz zwischen E_a und E_n deckt die Ohmschen und induktiven Abfälle im Ankerstromkreis.

Da der Phasenumformer an konstanter Spannung E_p liegt, ist auch E_e konstant, mithin sind E_a und J_a und damit das Bremsmoment bei ein und derselben Anzapfung am Haupttransformator linear von der Drehzahl abhängig. In Funktion derselben erscheint also das Bremsmoment für die einzelnen Transformatorstufen als eine Schar paralleler gegen die Abszissenachse geneigter Geraden (Abb. 358), die sich nach unten, d. h. in den Bereich positiver Momente fortsetzen. Die Schaltung ist also unverändert auch für Motorbetrieb verwendbar. Hierin liegt insofern ein Vorteil, als beim Durchfahren eines längeren Gefälles stark wechselnder Neigung (Durchfahren ohne Halt der in der Horizontalen gelegenen Zwischenstationen) nicht jedesmal von Bremsung auf Fahrt umgeschaltet werden muß.

Der Leistungsfaktor (Abb. 358) ist im praktisch in Betracht kommenden Bremsbereich 1 oder nahezu 1 und läßt sich innerhalb von Grenzen regulieren. Überdies ist es möglich, den Umformer mit Synchronerregung zu versehen und auf diese Art unter allen Belastungsverhältnissen $\cos\varphi = 1$ oder Voreilung einzustellen. Die des einphasigen Primäranschlusses wegen erforderliche Dämpferwicklung dient dann als Kurzschlußwicklung für asynchronen Anlauf oder es kann die Erregermaschine in geblätterter Ausführung als Anwurfsmotor verwendet werden.

Der steile Verlauf der Momentkurven in Funktion der Drehzahl gestattet wohl eine sehr stabile Bremsung, d. h. der Zug wird sich beim Durchfahren eines Gefälles bei jeder Stellung des Steuerorgans ohne jedes Nachregulieren auf eine ganz bestimmte Geschwindigkeit einstellen. Beim Weiterschalten mit der Steuerkurbel hat aber eben diese Eindeutigkeit wie ersichtlich stoßweise Änderungen des Bremsmomentes und damit auch der Stromstärke zur Folge, die gelegentlich störend empfunden werden könnten und dadurch zu beseitigen wären, daß man durch entsprechende Ausbildung der Schaltung der Zunahme des Bremsstromes und damit des Bremsmomentes durch eine Abnahme des Erregerfeldes der rückarbeitenden Motoren entgegenwirkt. Dies wird dadurch erreicht, daß man den Ankerstromkreis und den Erregerstromkreis vor[1]) oder hinter[2]) dem Phasenumformer durch induktive Kupplung mittels eines Kompoundierungstransformators voneinander in differentielle Abhängigkeit bringt. In Abb. 356 ist ein solcher Kompoundierungstransformator D' nach der zuletzt erwähnten Schaltung punktiert eingezeichnet, der die in Abb. 358 punktiert eingezeichneten Drehmomentkurven entsprechen.

Bei der praktischen Ausbildung der Schaltung (Abb. 356)[3]) wird die Nutzbremsung selbsttätig eingeleitet. Hierzu wird der als Schlittenschalter mit gestreckter Kontaktbahn (Abb. 332/333) gezeichnete Stufenschalter *5* in die Nullstellung und der (nicht gezeichnete) Fahrtwendeschalter in die Bremsstellung gebracht, wobei in üblicher Weise die Einstellung des letzteren auf Bremsung durch eine Verriegelung verhindert wird, bevor der Stufenschalter *5* auf Null steht. Durch die Verstellung des Fahrtwendeschalters in die Bremsstellung bei Nullstellung des Stufenschalters *5* wird das Nullspannungsrelais *13* über Kontakt *62* der servomotorisch betätigten Umschaltwalze *14* an Spannung gelegt und es schließt seine oberen Kontakte, wodurch der Hilfsmotor *15* über die Erregerwicklung *15a* und über den Kontakt *63* der Umschaltwalze *14* Strom erhält. Der Hilfsmotor *15* dreht die Anlaß- und Umschaltwalze *14* in die Stellung *1* und der Phasenumformer *11* ist für den Anlauf vorbereitet. In Stellung *1* werden die Schalter *52*, *53*, *54* durch die Nockenscheiben der Umschaltwalze *14* geschlossen. Es fließt nun ein Strom von der 220-Volt-Anzapfung des Haupttransformators *4* über die Kontakte *53* und *54* bzw. *53* und *52* über Ohmsche Widerstände *21* bzw. Drosselspulen *31* zum Stator des Phasenumformers *11*. Durch die Zuführung des Stromes an zwei um 90^0 versetzten Punkten wird ein Drehfeld erzeugt und der Phasenumformer *11* läuft als Einphasenmotor an. Bei einer genügend hohen Drehzahl schließt der Zentrifugalschalter *12* seine Kontakte und der Hilfsmotor *15* ist über den Kontakt *64* der Umschaltwalze *14* an seine Spannungsquelle gelegt, der nunmehr den Anlaß- und Umschalter *14* in Stellung *2* bewegt. Hierbei öffnen die Nockenscheiben die Schalter *52* und *53*, wodurch die Anlaßwiderstände *21* abgeschaltet werden. Der Phasenumformer kann jetzt zur Erregung der Motorfelder *17* auf diese geschaltet werden.

Der Stufenschalter *5* kann nunmehr durch Verstellung des Führerstands-Steuerorgans von der Nullstellung zunächst in die erste Schaltstufe gebracht werden. Dadurch wird der Schalter *27* frei, der sich durch die Federwirkung nach rechts bewegt und dabei die Kontakte *27b* überbrückt, so daß der Hilfsmotor *15* über den Kontakt *65* und Kontakt *27b* Strom erhält und die Umschaltwalze *14* in Stellung *3* bringt. In dieser Stellung wird durch die Nockenscheiben der Schalter *51* geschlossen, wodurch die Feldwicklungen *17* der Motoren *7* an den Phasenumformer *11* angeschlossen werden. Die Motoren *7* werden erregt und erzeugen Spannung je nach Geschwindigkeit der Lokomotive. Bei der Bewegung des Stufenschalters *5* in die erste Schaltstufe ist gleichzeitig der Schalter *9* nach links bewegt worden, wobei er durch Schließung seiner Kontakte den Stromkreis für den Hilfsmotor *18* vorbereitet hat. Der Schalter *9* wird durch die Falle *19* verriegelt.

Der Stufenschalter *5* wird nun so lange verstellt, bis die Transformatorspannung annähernd gleich der Klemmenspannung der Triebmotoren ist, dann fällt das auf Spannungsdifferenz ansprechende Parallelschaltrelais *8* ab, das den Hilfsstromkreis für den Motor *18* schließt. Letzterer schließt den Niederspannungsschalter *6*, der die Triebmotoren *7* über den Haupttransformator *4* an die Fahrdrahtleitung *1* anschließt. Die Nutzbremsung beginnt.

Die in der Bremsstellung des Fahrtwendeschalters überbrückten Kontakte *71*—*74* haben folgenden Zweck. Der Kontakt *71* schließt einen Stromkreis für den nicht gezeichneten Antriebsmotor des Stufenschalters *5*, wenn die Anlaß- und Umschaltwalze *14* in Stellung *2* oder *3* steht, und zwar über Kontakt *61*; die Steuerrelais für diesen Motor sind mit *20*, *22* bezeichnet. Durch den Kontakt *72* wird der Stromkreis für die Erregerspule des Parallelschaltrelais *8* geschlossen. Der Kontakt *73* ist Sicherheitskontakt für den durch das Parallelschaltrelais *8* geschlossenen Steuerstromkreis des Motors *18*, um ein Schließen dieses Stromkreises nur dann zu ermöglichen, wenn der Fahrtwendeschalter auf Bremsung steht. Über den Kontakt *74* ist der Erregerstrom für die parallelgeschalteten Relais *29* und *39* geführt. Letzteres dient dazu, bei Übergang des Fahrtwendeschalters in die Bremsstellung den von dem Hilfsmotor *18* betätigten Schalter *6* freizugeben. Relais *29* dient dazu, in der Bremsstellung die Falle *19* auszulösen und den Schalter *9* freizugeben. Um ein wiederholtes Öffnen des Schalters 9 während der Bremsperiode zu verhindern, sind in bekannter Weise besondere Kontakte vorgesehen.

Zur Unterbrechung der Nutzbremsung wird der Schalter *6* durch einen nicht gezeichneten Druckknopf oder durch Fernsteuerung geöffnet. Der Stufenschalter 5 wird dann auf Null gebracht. Dabei bringt bereits über die Kontakte *27a* und *67* der Motor *15* durch seine Erregerwicklung *15b* die Anlaßwalze *14* von Stellung *3* nach Stellung *2* zurück. Sobald dies geschehen ist, wird der Fahrtwendeschalter auf Vorwärts oder Rückwärts gestellt. Dabei wird das Nullspannungsrelais *13* stromlos, der Anker überbrückt die unteren Kontakte und schließt den Stromkreis für Rückwärtsdrehung des Motors *15* über Kontakt *66* und Erregerwicklung *15b*. Der Motor *15* dreht dann die Anlaß- und Umschalterwalze *14* in die Nullage und bringt damit den Phasenumformer *21* zum Stillstand.

Bei Ausbleiben der Spannung in der Fahrdrahtleitung öffnet sich der Hauptschalter *3* und das Nullspannungsrelais *13* wird stromlos, worauf Motor *15* die Anlaß- und Umschaltwalze *14* gleichfalls in die Nullstellung und den Phasenumformer *11* zum Stillstand bringt. Der Niederspannungsschalter *6* kann dann wieder durch einen Druckknopfschalter geöffnet werden.

Der in Abb. 356 dargestellte Phasenumformer ist an diametral gegenüberliegenden Punkten angezapft, die an den Speisestromkreis und an die Motorfelder angeschlossen sind. Es kommt nun leicht vor, daß der Phasenumformer beim Anlauf bei einer bestimmten Drehzahl stecken bleibt, weil das Anzugsmoment eines Einphasen-Kurzschlußankermotors gering ist. Da außerdem die Drehfeldoberwellen eines derartigen Motors gewöhnlich stark ausgeprägt sind und ein Gegendrehmoment erzeugen, das größer als das Anzugsmoment

[1]) Schweiz. P. 86506 (M. Latour).

[2]) D. R. P. 386705 (B. B. C.). — Siehe Boveri, Th.: BBC-Mitt. 1920, S. 276 und ETZ 1921, S. 518.

[3]) Angewendet bei der 1 C—C 1-Lokomotive Nr. 14201 der S. B. B. (ETZ 1922, S. 117f.) und bei den 1 C—C 1-Lokomotiven (Reihe 2033) der Norwegischen Staatsbahnen (BBC-Mitt. 1924, S. 230).

sein kann, kann der Umformer unter Umständen über eine bestimmte Drehzahl nicht hinauskommen. Durch unsymmetrisches Anzapfen des Stators hat man es aber teilweise in der Hand, die Feldform des Motors zu verbessern und ungünstige Oberwellen zum Verschwinden zu bringen oder doch auf einen unschädlichen Betrag zu verkleinern. Eine symmetrische Speisung des Stators gibt z. B. ein Dreieckfeld, während unsymmetrische Speisung ein der Sinusform nahekommendes Trapezfeld ergibt.

Um dem Führer die Möglichkeit zu geben, den Phasenumformer bereits während der Fahrt anlaufen zu lassen, damit er bei Nutzbremsung gleich volle Spannung bzw. Tourenzahl besitzt, ist der Druckknopf *16* vorgesehen, bei dessen Niederdrücken das Nullspannungsrelais *13* Spannung erhält, das seine oberen Kontakte schließt und in gleicher Weise wie früher beschrieben mit Hilfe des Hilfsmotors *15* die Anlaß- und Umschaltwalze *14* einstellt und somit den Phasenumformer *11* für die Nutzbremsung vorbereitet. Das Laufenlassen des Phasenumformers *11* hat dabei noch den Vorteil, daß er stets ausreichend gekühlt ist. Die eigentliche Nutzbremsung wird wieder dadurch eingeleitet, daß der Transformator-Stufenschalter *5* auf Null durch das Führerstandsteuerorgan zurückbewegt und der Fahrtwendeschalter in die Bremsstellung gebracht wird; dabei wird der Schalter *6* geöffnet, worauf wie vorher beschrieben, der Phasenumformer zunächst auf die Motorfelder und darauf die Motoren selber auf die Fahrdrahtleitung geschlossen werden.

Statt einer einzigen umlaufenden Wicklung kann der Phasenumformer im Stator auch unverkettet zweiphasig gewickelt werden. In diesem Falle muß die mit den Erregerwicklungen der Triebmotoren (Generatoren) in Reihe geschaltete Phase nötigenfalls unter Vermittlung einer Spannungsteilerdrosselspule in ein paar Stufen regelbar an den Haupttransformator angeschlossen werden[1]). Die letzteren übernehmen dann die Aufgabe der, wie erwähnt, zum Ausgleich der Abfälle und $\cos\varphi$-Einstellung dienenden Anzapfungen bei *b* bei der in Abb. 356 dargestellten Ausführung des Phasenumformers mit umlaufender Wicklung. Soll unabhängig von der wechselnden Größe der Bahnneigung während der ganzen Dauer der elektrischen Bremsung mit $\cos\varphi = 1$ oder einer konstanten Voreilung gefahren werden, dann kann die Einstellung der Hauptstufen durch das Steuerorgan durch ein wattmetrisch gesteuertes Relais auch selbsttätig erfolgen[2]).

Es ist auch vorgeschlagen worden, als Phasenumformer eine besondere Kollektormaschine zu verwenden. Diese kann entweder als Querfeldgenerator mit Bürstenkurzschluß in der generatorischen Achse ausgeführt und von einem besonderen Reihenschlußmotor angetrieben werden, dessen Drehzahl vom Rückarbeitungsstrom in Abhängigkeit gebracht werden kann[3]), oder in einem vom Netz her fremd erregten von einer der Radachsen angetriebenen Erregergenerator bestehen, dem die Erregerspannung zur Erregung der Triebmotoren (Generatoren) von der vom Rotor transformatorisch induzierten Querwicklung entnommen werden kann[4]). Abgesehen davon, daß die Verwendung zusätzlicher Kollektormaschinen betriebstechnisch wenig vorteilhaft ist, besteht bei allen diesen Anordnungen der Nachteil, den Einfluß der veränderlichen Drehzahl auf die Erregerspannung durch besondere zusätzliche Regelungseinrichtungen im Erregerkreis der Erregermaschinen wenigstens annähernd ausgleichen zu müssen, wenn man nicht einen sehr raschen Abfall des Bremsmomentes mit der Drehzahl in Kauf nehmen will. Das gleiche gilt auch von der neuerdings wieder in Vorschlag gebrachten Anordnung, für die Dauer der Bremsung einen der Lokomotivmotoren in der Hauptsache als Erregergenerator für die übrigen zu benützen[5]), wenn auch hier das Fehlen einer besonderen Erregermaschine als Vorteil zu werten ist.

III. Zugheizungsstromkreis.

Der Zugheizungsstromkreis umfaßt bei der unmittelbaren elektrischen Heizung, die gemäß früheren Ausführungen hier allein behandelt werden soll, den Wicklungsabschnitt des Haupttransformators mit den Anzapfungen für den Anschluß der Heizstromleitung nach den Wagen, den diese Anzapfungen bedienenden Regulierschalter, den Heiz-Ölschalter, die Heizkupplungen und schließlich die Meßeinrichtung.

1. Heizungsanzapfungen am Haupttransformator.

Die Heizungsanzapfungen am Haupttransformator liegen bei 1200, 1000 und 800 Volt. Dabei wird die Stufe von 1200 Volt nur zum Schnellanheizen der Zugsgarnitur nach deren Zusammensetzung, die Stufen von 1000 und 800 Volt für Dauerheizung je nach Jahreszeit verwendet. Neuerdings haben sich die beiden Nordstaaten, Deutschland, die Schweiz und Österreich auf 1000 Volt Anheiz- und 800 Volt Dauerheizspannung geeinigt. Sind die Triebmotoren je zu zwei dauernd in Reihe geschaltet, reicht also die mit den Anzapfungen zur Regelung der Motoren versehene Unterspannungswicklung des Haupttransformators bis etwa 1200 Volt hinauf, dann erübrigt sich die Unterbringung einer besonderen Heizwicklung mit eigenen Anzapfungen, da die Anzapfungen für die Motoren namentlich im oberen Bereich leicht so gewählt werden können, daß sie mit den genormten Heizspannungswerten zusammenfallen. Ist etwa 600 Volt die höchste Motorspannung (bei Parallelschaltung aller Motoren), dann ist eine besondere Heizwicklung unvermeidlich, die entweder in Sparschaltung mit dem den Triebmotorenstromkreis versorgenden Wicklungsabschnitt in Reihe geschaltet oder als besondere für die ganze Heizleistung zu bemessende Tertiärwicklung ausgebildet sein kann. Bei der Dimensionierung des

[1]) U. S. A. P. 1448410 (J. M. Labberton).
[2]) U. S. A. P. 1440490 (L. M. Perkins). — Siehe auch Schweiz. P. 94144 (Vickers).
[3]) U. S. A. P. 1298704, 1347904, 1360293 (R. E. Hellmund).
[4]) U. S. A. P. 1385996 (R. E. Hellmund).
[5]) D. R. P. 169519 (A. E. G.) und D. R. P. 186781 (F. G. L.).

Haupttransformators kann für die Heizwicklung eine vergleichsweise höhere Beanspruhung zugelassen werden, da sie nur im Winter bei wesentlich intensiverer Wirkung der oben beschriebenen Arten der Transformatorkühlung vollbelastet ist. Die Heizleistung bedeutet also für den Transformator dimensionierungstechnisch keine proportionale Erhöhung über die von den Triebmotoren absorbierte Leistung hinaus. Rechnet man für unsere Winterverhältnisse mit 250 Watt je m^3 Wageninhalt, so ergibt sich für einen vierachsigen D-Zugs-Wagen von rund 100 m^3 Inneninhalt eine zu installierende Heizleistung von 30 kW oder für einen Zug mit 10 derartigen Wagen 300 kW. Bei den Transformatoren der Schnellzuglokomotiven der S. B. B. ist die Heizwicklung für eine Dauerheizleistung von 400 kW bei 800 Volt, also für 500 Amp bemessen.

2. Regulierschalter.

Der Regulierschalter, mit dem die Heizung in drei, neuerdings wie erwähnt, in zwei Stufen reguliert wird, wird entweder als besonderer Stufenschalter mit runder Kontaktbahn in ähnlicher Bauart wie ein Fahrtwender (s. o.), einfacher in Form dreier oder zweier elektromagnetisch oder elektropneumatisch betätigter Schützen gleicher Bauart wie die Schützen der Motoren (s. o.) ausgebildet, die gegeneinander wieder in bekannter Weise verriegelt werden. In der Bauart als Stufenschalter verriegelt man den Regulierschalter mit dem Heiz-Ölschalter (s. u.) in der Weise, daß ersterer nur bei geöffnetem Heiz-Ölschalter also nur stromlos betätigt werden kann, und zwar durch ein Handrad mit Rollenübertragung vom Führerstand aus, während die Heizschützen durch elektrische Fernbetätigung ihrer Magnete bzw. Ventile mittels eines kleinen Kontrollers geschaltet werden.

3. Heiz-Ölschalter.

Die eigentliche Ein- und Abschaltung der Zugheizung erfolgt durch den Heiz-Ölschalter, einem einpoligen im Lokomotivinnern von Hand zu bedienenden Ölschalter, der bei älteren Ausführungen auch seine eigene Maximalauslösung erhielt. Neuerdings verzichtet man auf diese und läßt das vom Heizstrom-Stromwandler gespeiste Relais (in Abb. 326) unter Zwischenschaltung eines Melde-Fallklappenrelais unmittelbar auf die Auslösung des Hauptschalters wirken (s. S. 310). Bei Ausbildung des Regulierschalters in Form von Schützen und Betätigung derselben durch einen Kontroller mit Nullstellung wird der besondere Heiz-Ölschalter überhaupt entbehrlich.

4. Heizkupplungen.

Die an den Lokomotivstirnseiten angeordneten Heizkupplungen sind die gleichen wie sie schon bei Gleichstromlokomotiven beschrieben wurden (s. S. 291). Sie dienen zur Weiterleitung des Heizstromes nach den in den Wagen untergebrachten Heizkörpern.

5. Meßeinrichtung.

Im Sekundärkreis des erwähnten Heizstrom-Stromwandlers liegen noch zwei Amperemeter, die mit den über eine gemeinsame Sicherung und einen gemeinsamen Vorschaltwiderstand primär angeschlossenen Voltmetern in jedem Führerstand je in ein gemeinsames Gehäuse zu einem Voltamperemeter zusammengebaut sind.

B. Nebenstromkreise.

Die Gliederung der Nebenstromkreise wurde bereits auf S. 307f. erläutert. Gesteuert werden dieselben von einer Anzahl Schalttafeln aus, die sämtliche Betätigungsschalter, Relais, Sicherungen usw. enthalten. Zwei der Schalttafeln sind einander gleich und ermöglichen die Bedienung der im nächsten Abschnitt unter 1a angeführten wechselstromgespeisten Hilfseinrichtungen je von beiden Führerständen aus (Führerstandsschalttafeln). An Hand von 5 Schemata[1]) (Abb. 359 bis 362), die mit dem prinzipiellen Schema (Abb. 325) korrespondierend bezeichnet sind und die man sich gewissermaßen übereinandergelegt denken muß, werden die einzelnen Gruppen von Nebenstromkreisen erläutert werden. Die Schemata entsprechen allerdings speziell den 1 B—B 1-Lokomotiven Reihe 12302 der S. B. B., die aber mit ihren weitgehend angewendeten servomotorischen Antrieben gerade hinsichtlich der Nebenstromkreise gewissermaßen den allgemeinsten Fall darstellen und leichter einen Rückschluß auf einfachere Formen gestatten als umgekehrt.

[1]) Entworfen bei der Generaldirektion der S. B. B. in Bern.

1a. Stromkreise der Hülfsbetriebe (Kompressor- und Ventilatormotoren und Lokomotivheizung).

Der für die Hilfsbetriebe nötige Strom fließt (Abb. 325) von einer passenden Anzapfung am Haupttransformator (220 Volt sind heute in den Nordstaaten, Deutschland, der Schweiz und Österreich Norm) über eine Hauptsicherung der Hilfsbetriebe und den als zweipoligen Messerschalter ausgebildeten Schuppenumschalter nach einer Hilfsbetriebssammelleitung. Als unmittelbare Verbraucher sind an diese angeschlossen (Abb. 359): die Kompressormotoren zur Erzeugung der Druckluft für die Bremse und die pneumatischen Apparate, die Ventilatormotoren (Triebmotorkühlung), der Ölpumpen- und Ventilatormotor (Transformatorkühlung), die Führerstandsheizung und die Ölwärmeplatten. Mittels des Schuppenumschalters können diese sowie sämtliche übrigen Hilfsbetriebe in den Schuppen, in denen die 15 kV Fahrleitung aus Sicherheitsgründen nicht eingeführt zu werden pflegt, über besondere Stecker an die

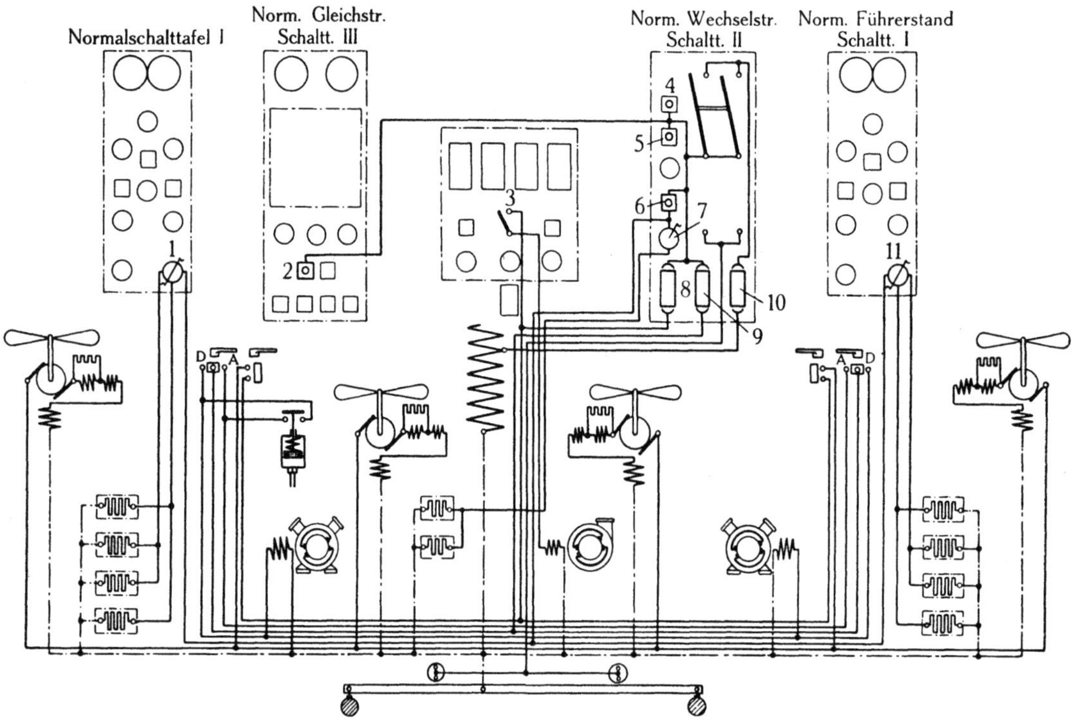

Abb. 359. B. Nebenstromkreise. Hilfsbetriebsstromkreise.
1a. Stromkreise der Kompressor-, Ventilator- und Ölpumpenmotoren sowie der Führerstandsheizkörper.
1 und *11* Handschalter für Führerstandsheizkörper, *2* Nullspannungsrelais, *3* Handschalter für Ölpumpenmotor, *4* Patronensicherung für Meßapparate, *5* Patronensicherung für Umformergruppe, *6* Patronensicherung für Lokomotivheizung, *7* Handschalter für Ölwärmeplatte, *8* Röhrensicherung für Ölpumpenmotor und Ventilatormotoren, *9* Röhrensicherung für Kompressormotoren, *10* Röhrensicherung für übrige Hilfsbetriebe.

220 Volt Schuppenleitung angeschlossen werden, also unabhängig vom Fahrdraht auf ihr richtiges Arbeiten untersucht werden.

α) **Kompressormotoren - Ventilatormotoren - Ölpumpenmotor.** Die Kompressoren für sich wurden bereits an anderer Stelle behandelt (s. S. 148). Als Antriebsmotoren werden sowohl Repulsionsmotoren als Reihenschlußmotoren verwendet. Erstere sind insofern vorteilhaft, als sie sich zwangloser der Tourenzahl raschlaufender Kolbenkompressoren (400 bis 500 Uml./min bei 10 bis 12 PS Leistung) anpassen lassen, während Reihenschlußmotoren dieser geringen Leistung sich erst für wesentliche höhere Drehzahlen rationell dimensionieren lassen und daher fast immer über ein Vorgelege mit den Kompressoren gekuppelt werden (s. Abb. 184 und 185).

Die Motoren zum Antrieb der Ventilatoren sind stets raschlaufende Reihenschlußmotoren.

Der Motor für die Ölpumpe, der zweckmäßig mit den Ventilatormotoren gemeinsam abgesichert wird, ist entweder ein Repulsionsmotor oder ein Reihenschlußmotor, letzteres namentlich dann, wenn von dem gleichen Motor auch der Ventilator zur Belüftung des vom Transformatoröl durchströmten Kühlrohrsystems angetrieben wird.

Die Ein- und Abschaltung der Kompressormotoren und der Ventilatormotoren erfolgt in jedem Führerstand je durch einen Handschalter (Abb. 359), dessen Bedienung Sache des Führergehilfen zu sein pflegt. Die Kompressormotoren werden stets parallel von jedem Führerstande aus durch den Kompressorumschalter betätigt. Dieser hat drei Stellungen, eine mittlere in Abb. 359 nicht näher bezeichnete Nullstellung oder „Aus"-Stellung, rechts die Stellung „*A*" (Automat) und links die Stellung „*D*" (Direkt). In der Stellung „Automat" erfolgt die Stromzuführung über den Druckregler (s. S. 156), in der Stellung „Direkt" mit Umgehung des Druckreglers direkt durch den Kompressorschalter. Diese Schaltung wird beim Versagen des Druckreglers angewendet.

Die Repulsionsmotoren zum Antrieb der Kompressoren, deren Bürsten in der Arbeitsstellung festgeklemmt sind, werden trotz ihrer relativ hohen Leistung unmittelbar ans Netz geschaltet, auch mit den Seriemotoren zum Antrieb der Ventilatoren wird in gleicher Weise verfahren, solange die Leistung derselben klein ist. Treibt aber ein großer Motor die Ventilatoren aller Triebmotoren und vielleicht auch noch die Ölpumpe mittels durchgehender Welle, dann ergibt sich ein Motor von nahezu 30 PS, der über eine Widerstandsvorstufe eingeschaltet wird, die nachher selbsttätig in Abhängigkeit der erreichten Drehzahl kurzgeschlossen wird (s. S. 294).

Bei den Lokomotiven der Bahnverwaltungen, die an Stelle der Druckluftbremse (System Westinghouse) die Luftsaugebremse (System Hardy) verwenden (z. B. die Österreichischen Bundesbahnen und die Rhätische Bahn) kommen noch die Motoren zum Antrieb der Vakuumpumpen dazu (s. S. 176).

β) **Führerstandsheizung.** In jedem Führerstand, und zwar immer an der Rückseite, sind vier Heizkörper je zu etwa 600 Watt in vertikaler Bauart untergebracht, von denen mittels eines Dosenschalters mit 3 Stellungen je nach Jahreszeit zwei oder vier eingeschaltet werden. Außerdem pflegt man in jedem Führerstand in den Fußboden 2 Fußwärmeplatten von je 200 Watt einzulassen.

γ) **Ölwärmeplatten.** Um auch im Winter das Schmieröl in stets richtiger Viskosität zu erhalten, werden die beiden Platten zur Aufnahme der Ölkannen mit elektrischen Heizkörpern von je 400 Watt versehen, die, wieder je nach Jahreszeit, durch Reihen- und Parallelschaltung in der Leistung regelbar eingerichtet werden.

1b. Meßinstrumente. Meß- und Auslöseleitungen.

Die Auslöserrelais und -leitungen wurden bereits zusammen mit den zugehörigen Apparaten behandelt. Aus dem Schema (Abb. 360), das für eine Lokomotive mit zwei dauernd parallelgeschalteten Triebmotoren oder Triebmotorengruppen gilt, sind sämtliche Auslöseleitungen und die zugehörigen Relais mit den Meßinstrumenten und Meßleitungen ersichtlich und bedürfen keiner ausführlichen Erklärung. An elektrischen Meßinstrumenten sind in jedem Führerstand vorhanden, und zwar unmittelbar nebeneinander als Profilinstrumente angeordnet: ein Fahrdrahtvoltmeter, ein Fahrdrahtamperemeter, ferner allgemein so viel Hochstromamperemeter mit Strom- und Zugkraftskala als parallelgeschaltete Triebmotoren oder Triebmotorengruppen vorhanden sind, und das bereits erwähnte Volt- und Amperemeter für die Zugsheizung; außerdem ist ein Kilowattstundenzähler angeschlossen, der entweder noch im Führerstand selbst oder an dessen

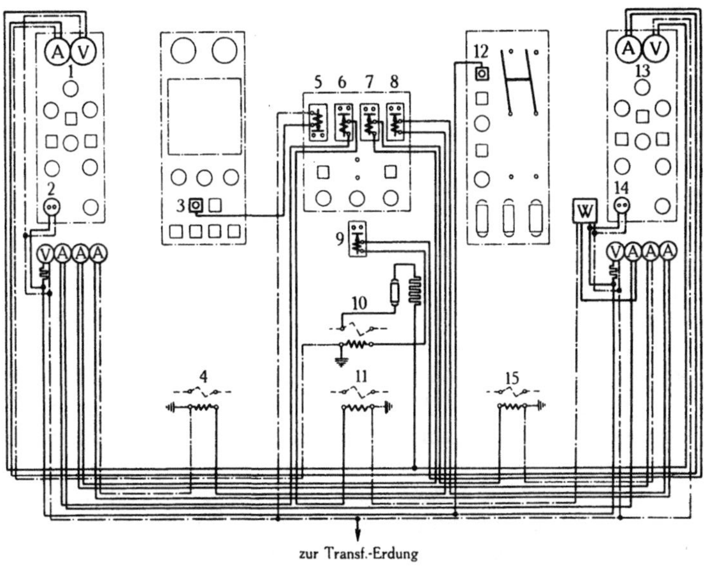

Abb. 360. B. Nebenstromkreise. Hilfsbetriebsstromkreise.
1b. Stromkreise der Meß- und Auslöseleitungen.
1 und *13* Volt- und Amperemeter für Zugsheizung, *2* Stecker für Wechselstrom, *3* Patronensicherung für Nullspannungsrelais, *4* und *14* Stromwandler der beiden Motorgruppen, *5* Nullspannungsrelais, *6* Maximalstromrelais primär, *7* Maximalstromrelais für Motorgruppe 1, *8* Maximalstromrelais für Motorgruppe 2, *9* Maxilmalstromrelais für Zugsheizung, *10* Stromwandler für Zugsheizung, *11* Stromwandler für Primärstrom, *12* Patronensicherung für Meßapparate.

Rückwand im Lokomotivinnern aufgehängt wird. Jede Führerstandsschalttafel enthält noch eine Spannungssteckdose zum Anschluß zusätzlicher Instrumente zur gelegentlichen Vornahme von Spezialmessungen.

2. Motorgeneratorstromkreis.

Dieser (Abb. 361) besteht aus dem hier als Einphaseninduktionsmotor mit Hilfsphase vorausgesetzten Antriebsmotor (ca. 2,5 bis 3 PS), der mit diesem direkt gekuppelten Gleichstromnebenschlußmaschine nebst Meßapparaten, der zum Generator parallelgeschalteten Akkumulatorenbatterie und dem automatischen Anlaßapparat, der auf der im Lokomotivinnern untergebrachten Gleichstromschalttafel angeordnet ist, mit den Anschlüssen zu der Steuerstromsammelleitung und der Beleuchtungssammelleitung.

Diese Leitungen werden entweder vom Generator oder von der Batterie oder von beiden gemeinsam gespeist. Die Batterie vermag bei abgeschaltetem Generator, z. B. wenn die Lokomotive nicht unter der Fahrleitung steht, die Steuerstrom- und Beleuchtungsstromkreise während einiger Zeit allein mit Strom zu versorgen.

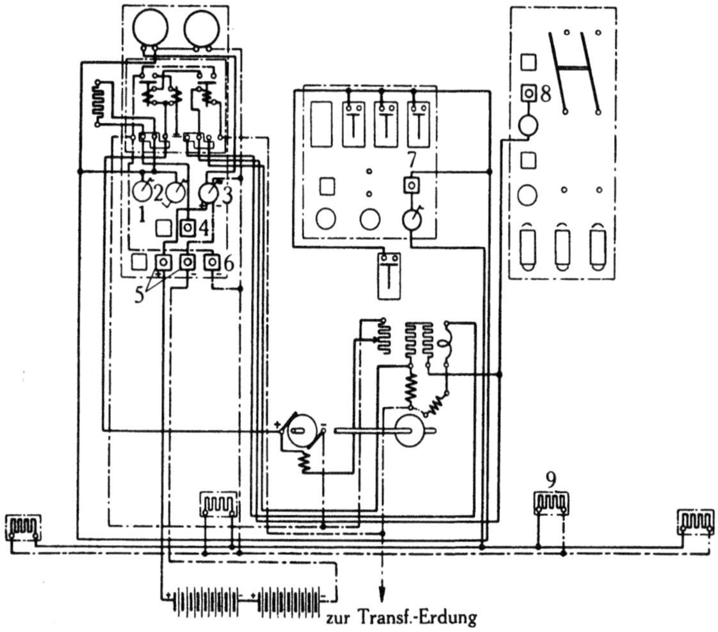

Abb. 361. B. Nebenstromkreise. Motorgeneratorstromkreis.

1 Handschalter für Steuerstrom, *2* Handschalter für Nullspannungsrelais, *3* Handschalter für Batterie, *4* Patronensicherung für Beleuchtungsstromkreis, *5* Patronensicherung für Batterie, *6* Patronensicheruug für Generator, *7* Patronensicherung für Ölbecherwärmer, *8* Patronensicherung für Motor-Generator, *9* Ölbecherwärmer.

Der Generator liefert den Strom mit einer annähernd konstanten Spannung von ca. 45 Volt, mit der die Batterie über den automatischen Anlaßapparat und die Sicherungen aufgeladen wird. Der Beleuchtungssammelleitung wird der vom Generator gelieferte Strom über einen Vorschaltwiderstand unter Zwischenschaltung einer Sicherung zugeführt; durch ersteren wird die Spannung von ca. 45 Volt auf die Entladespannung der Batterie von ca. 36 Volt herabgesetzt.

Bei der Speisung mit dem Generator allein beträgt daher die Spannung der Steuerstromleitung ca. 45 Volt, bei Speisung mit der Batterie allein ca. 36 Volt; die Beleuchtungsspannung beträgt dagegen in beiden Fällen ca. 36 Volt.

Zum Anlasssen des Antriebsmotors der Gruppe wird ein Handschalter geschlossen. Sobald der Generator eine Spannung von ca. 45 Volt erreicht hat, schaltet der Anlaßapparat automatisch um, die Hilfsphase und der zur Erregerwicklung des Motors vorgeschaltete Widerstand des Motors werden ausgeschaltet und der Generator wird auf die Beleuchtungs- und Steuerstromsammelleitung umgeschaltet. Die einpolig gesicherten und geerdeten Akkumulatorenbatterien bestehen aus je zwei Zellengruppen zu 18 Elementen zu je 18 Volt normaler Entladespannung, die in Reihe geschaltet sind und somit eine totale Entladespannung von ca. 36 Volt ergeben. Die Kapazität der Batterie beträgt 100 Ah bei 10stündiger Entladung.

Die M. F. O. baut Einphasenmotor und Gleichstromgenerator in ein Gehäuse zusammen, auf das der die Widerstände und die Drosselspule zum Anlassen des Motors enthaltende Kasten unmittelbar aufgesetzt ist. Diese Umformergruppe wird aber trotzdem recht unförmig und schwer infolge des dimensionierungstechnisch ungünstigen Einphaseninduktionsmotors, durch den überdies die maximal mögliche Tourenzahl der Gruppe auf ca. 950 begrenzt wird. Zur Vereinfachung wäre es möglich, einen der raschlaufenden Ventilatormotoren mit der Gleichstrommaschine zu kuppeln und den Einfluß der Tourenschwankungen des ersteren auf die Spannung der letzteren durch einen Schnellregler auszugleichen. Diese Lösung, die der höheren Drehzahl wegen die Wahl einer kleineren Gleichstrommaschine ermöglicht, ist namentlich dort zweckmäßig, wo ein

Reihenschlußmotor größerer Leistung mittels durchgehender Welle alle Motorventilatoren der Lokomotive antreibt.

Bei Lokomotiven mit Blindwellen, deren Lager eine sehr sorgfältige Schmierung mit Öl richtiger Konsistenz erfordern, werden die Ölbecher dauernd elektrisch gewärmt. Man verwendet für diese Ölbecherheizung Gleichstrom; teils ist die niedere Spannung vorteilhaft, teils sind die Blindwellenlager und -lagerschalen nicht pulsierenden Wechselfedern ausgesetzt und die Gefahr der Anfressung durch Wirbelströme ist vermieden.

3. Steuerstromkreise.

Es sind folgende Steuerstromkreise zu unterscheiden (Abb. 362): a) der Hauptschalter-Steuerstromkreis, b) der Wendeschalter-Steuerstromkreis und c) der Stufenschalter-Steuerstromkreis.

Von der am automatischen Anlaßapparat der Umformergruppe angebrachten Anschlußklemme der Steuerstromleitung fließt der Strom über diese über eine Sicherung und den Steuer-

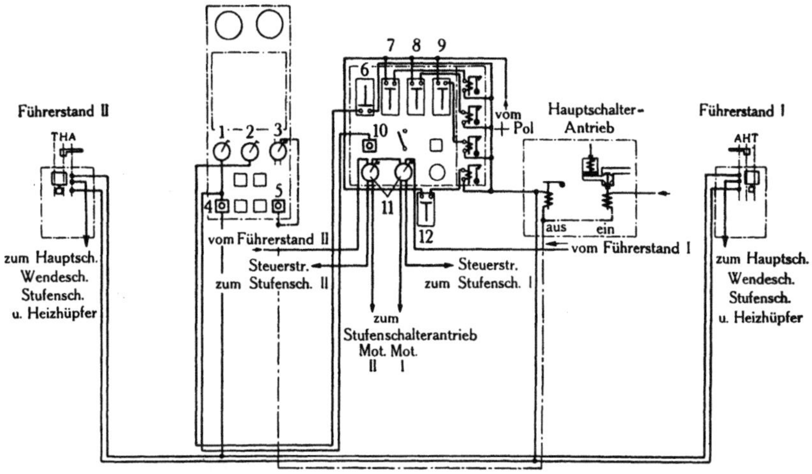

Abb. 362. B. Nebenstromkreise. Steuerstromkreis.

1 Handschalter zum Steuerstromkreis, *2* Handschalter für Nullspannungsrelais, *3* Handschalter für Batterie, *4* Patronensicherung für Steuerstromkreis, *5* Patronensicherung für Generator, 6 Nullspannungsrelais, 7 Maximalstromrelais primär, *8* Maximalstromrelais Motorgruppe I, *9* Maximalstromrelais Motorgruppe II, *10* Patronensicherung für Stufenschaltermotor, *11* Handschalter für Stufenschaltermotor, *12* Maximalrelais für Zugheizung.

stromhauptschalter nach der Steuerstromsammelleitung. Von dieser aus verteilt sich der Strom einerseits nach den in beiden Führerständen angebrachten Steuerstromschaltern, an welche die oben unter a) bis c) genannten Steuerstromkreise angeschlossen sind, andererseits nach dem Steuerorgan des Stufenschalters oder der Hauptleitung der elektropneumatischen Schützen. Bezüglich der Steuerstromkreise des Hauptschalters, des Fahrtwendeschalters und des Stufenschalters bzw. der Schützen siehe die Ausführungen auf S. 310, 321 u. 332.

Bei Lokomotiven, die in Vielfachsteuerung arbeiten, werden die Steuerleitungen auch hier in einem durchgehenden Sammelkabel zur zweiten, von der ersten (Führerlokomotive) gesteuerten Lokomotive geführt. Die hierfür verwendeten, an den Lokomotivenden angebrachten Steuerstromkupplungen sind dieselben wie sie auf S. 256, Abb. 281 bereits beschrieben wurden.

4. Beleuchtungsstromkreise.

Die Beleuchtungsstromkreise (Abb. 363) werden entweder aus der Batterie direkt oder vom Generator der Umformergruppe aus über einen Vorschaltwiderstand oder gemeinsam vom Generator mit vorgeschaltetem Widerstand und der Batterie in Parallelschaltung versorgt. Man unterscheidet drei verschiedene Gruppen: a) Stromkreis für die Lokomotivlaternen, b) Stromkreis für die Innenbeleuchtung mit Steckdosen für die Handlampen c) Stromkreis für die Führerstandslampen.

a) Die sechs Lokomotivlaternen, je drei an jeder Lokomotivstirnseite, sind zu dritt gemeinsam gesichert, sonst aber voneinander unabhängig, d. h. einzeln schaltbar. Es werden in der Regel Lampen von 32 NK verwendet.

b) An jeder Führerstandsschalttafel ist je ein Umschalter für nicht weniger als 6 Lampen (25 NK) und 6 Steckdosen zum Anschluß von Handlampen im Lokomotivinnern vorhanden.

c) Je Führerstand sind ferner zwei 25 NK-Instrumentenlampen mit aufklappbaren Blenden und ein Lichtstecker vorhanden, die gemeinsam gesichert und geschaltet werden.

In manchen Fällen wird auch aus Gründen der Einfachheit namentlich dann, wenn eine Gleichstromquelle für andere Zwecke (servomotorische Antriebe der Steuerorgane) nicht vorhanden ist, die Beleuchtung direkt mit Wechselstrom durchgeführt. Man verwendet dann besondere

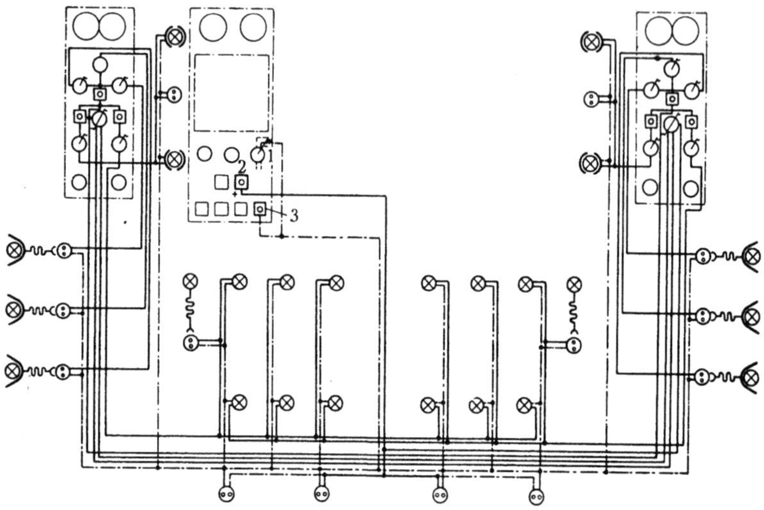

Abb. 363. B. Nebenstromkreise. Beleuchtungsstromkreis.
1 Handschalter für Batterie, *2* Patronensicherung für Beleuchtungsstromkreis, *3* Patronensicherung für Generator.

dickdrahtige Metalldraht- oder Kohlenfadenlampen, deren Glühfaden eine hinreichende Wärmekapazität besitzt, um die durch die Niederfrequenz bedingten Helligkeitsschwankungen für das Auge einigermaßen erträglich zu machen. Die amerikanische Frequenz von 25 ist in dieser Richtung natürlich günstiger als die europäische von $16^2/_3$. Meist wird in diesem Falle ein eigener Lichttransformator mit ca. 24 bis 36 Volt Sekundärspannung verwendet, der primär an die höchste Stufe der Haupttransformator-Unterspannungswicklung angeschlossen wird oder ein besonderer Transformator zur Speisung aller Hilfsbetriebe verwendet mit 220 Volt Unterspannung und einer passenden Lichtanzapfung. Der Hauptnachteil der Wechselstrombeleuchtung liegt in der Abhängigkeit von der Fahrdrahtspannung. In Störungsfällen wird also die Lokomotive lichtlos. Die Lokomotivlaternen an den Stirnseiten werden hier daher stets mit besonderen Azetylen- oder Petrollampen zu versehen sein, ebenso muß für die Lokomotivinnenbeleuchtung für den Notfall durch Mitnahme stets betriebsbereiter Handlaternen Vorsorge getroffen werden.

Die Führung aller Hilfsstromleitungen von und zu den Schalttafeln erfolgt ebenso wie die der Hauptstromkabel bündelweise in Blechröhren von rechteckigem Querschnitt, wobei die einzelnen Stränge mittels Briden voneinander distanziert und gehalten werden.

Als Sicherungen werden nur für Nennstromstärken unter 40 A die gangbaren Schraubstöpsel, darüber nur Röhrensicherungen verwendet.

Statt der offenen oder verschalten Führerstandsschalttafeln verwendet die D. R. G. bei ihren Lokomotiven zur Bedienung der Hilfsbetriebe Schaltkästen (Abb. 364), deren Einsatzteil aus fast übereinstimmenden Einheiten (Elementen) bestehen, die gleichzeitig Schalter und Sicherungen sind[1]). Die Schalter bestehen aus einem kupfernen Flachhebel, der in der Einschaltlage durch eine kräftige Feder gegen den Kontakt gedrückt wird. Durch eine Rastenscheibe, die zur Gegenrast ein Isolierstück auf dem Flachhebel hat, kann der Schalter abgedrückt werden. Je zwei Schalter und Sicherungen sind zu einem Doppelelement mit gemeinsamer Tragstange vereinigt. Sie können so als Doppelausschalter oder als Umschalter mit und ohne Nullstellung verwendet werden.

Anstatt Sicherungen werden auf Lokomotiven mehr und mehr Kleinautomaten verwendet, die heute bereits von verschiedenen Firmen in sehr zuverlässiger Konstruktion gebaut werden

[1]) D. R. G. M. 846522 (B. B. C.). — Siehe El. Bahnen 1925, S. 41.

und auch bereits zu einer Sonderausführung des in Abb. 364 dargestellten Schaltkastens der Einheitsbauart geführt haben[1]).

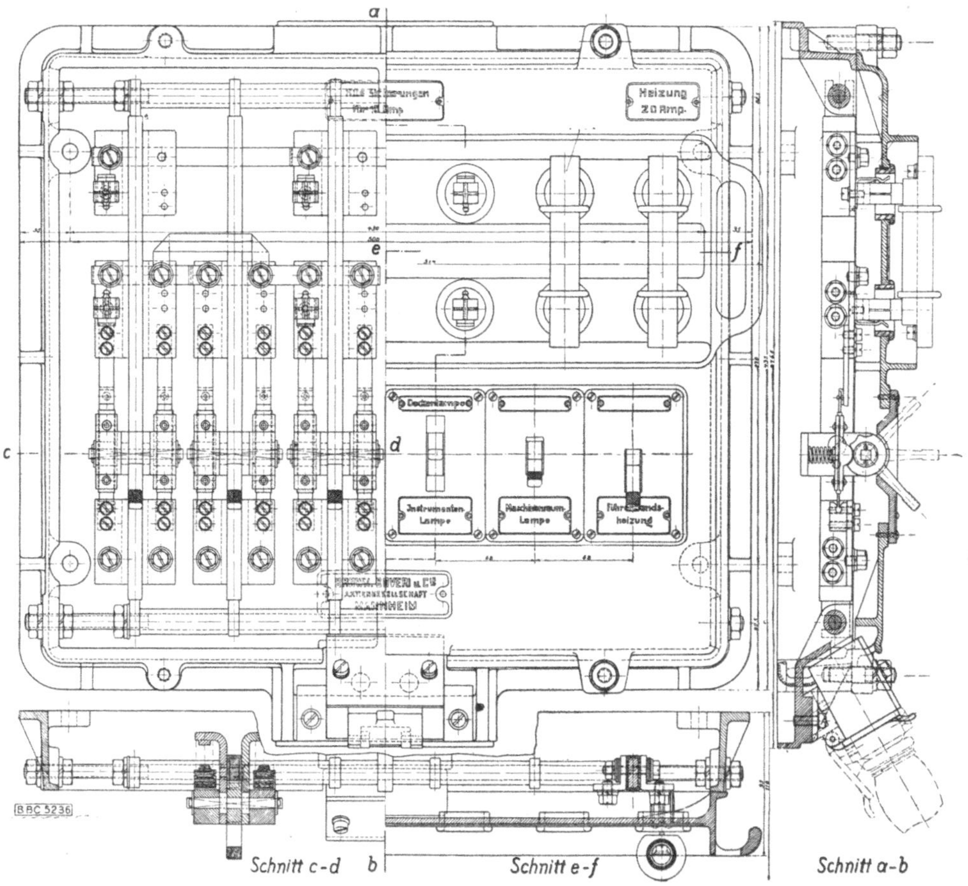

Abb. 364. Einheits-Nebenschaltkasten der D. R. G. (B. B. C.).

Dritter Teil.

Lokomotiven für dreiphasigen Wechselstrom.

Einleitung.

1. Historische Übersicht.

Als um 1890, gestützt auf die Entdeckungen von Ferraris (1885) und Tesla (1886), C. E. L. Brown und M. Dolivo-Dobrowolsky den ersten mehrphasigen Induktionsmotor schufen und dieser in den folgenden Jahren infolge seiner Einfachheit, seiner Betriebssicherheit und seiner vorteilhaften Betriebseigenschaften seinen Siegeslauf um die Welt antrat, dachte man naheliegenderweise auch daran, auch für elektrische Fahrzeuge diese Motorart zu verwenden. In Frage kamen damals lediglich Tramwagen, bei denen ausschließlich Gleichstrommotoren verwendet wurden, die als reversierbare Motoren mit den Bürsten in der neutralen Zone in der damaligen Bauart ohne Wendepole hinsichtlich Kommutation zu wünschen übrig ließen und starken Verschleiß an Kommutator und Bürsten aufwiesen. Die ersten mit dreiphasigen Induktionsmotoren ausgerüsteten Tramwagen waren die der Straßenbahn in Lugano (1896), wobei zum Anlassen und zur Geschwindigkeitsregelung bereits Metallwiderstände im Rotorkreis verwendet wurden, die vom Führerstand aus mittels Kontroller gesteuert wurden. Diese Entwicklung kam aber bald zum Stillstand, die Vorteile des kollektorlosen Motors wurden durch die Nachteile der hier sehr eng beieinander liegenden beiden Fahrdrähte aufgewogen, die Drehzahlregelung war eine unvollkommene, die bei Straßenbahnen vorteilhafte selbsttätige Anpassung der Wagengeschwindigkeit (Motordrehzahl) an das Längenprofil (Belastung) fehlte und außerdem war es gelungen, erst durch Anwendung von Kohlenbürsten auch bei wendepollosen Motoren kleinerer Leistung, später namentlich dann durch Einführung der Wendepole (s. o.) das Kommutationsproblem befriedigend zu

[1]) El. Bahnen 1926, S. 447.

lösen. So kam es, daß gelegentlich der in der zweiten Hälfte der Neunzigerjahre einsetzenden raschen Umstellung der städtischen Pferdebahnen auf elektrischen Betrieb mehrphasiger Wechselstrom nicht mehr ernstlich in Frage kam.

Anders aber lagen die Dinge bei Vollbahnen. An Gleichstrom konnte der niedrigen Spannung wegen, die man damals im Maximum erzeugen und verarbeiten konnte, nicht gedacht werden, einen Einphasenkollektormotor gab es noch nicht und der Einphaseninduktionsmotor mußte seiner ungünstigen Anlauf- und Überlastungsverhältnisse wegen als für den Bahnbetrieb ungeeignet ausscheiden, hingegen erlaubte der eigene Bahnkörper der Vollbahnen die Anordnung der beiden Fahrdrähte bei dreiphasigem Wechselstrom in genügendem Abstand voneinander. Auf Grund dieser Erwägungen regte daher die A. G. Brown, Boveri & Cie.[1]) an, die 41 km lange Bahn von Burgdorf nach Thun, eine zu den Bernischen Dekretsbahnen gehörige Strecke, von vornherein für elektrischen Betrieb, und zwar mit dreiphasigem Wechselstrom einzurichten, der als industrieller Drehstrom marktgängiger Frequenz ($f = 40$) vom Kanderwerk bei Spiez zur Verfügung stand und in dieser Form auch unverändert verwendet wurde. Die Fahrdrahtspannung wurde zu nur 750 Volt gewählt auf Grund eines Gutachtens, das von einer höheren Spannung mit Rücksicht auf die Sicherheit der Mitreisenden abriet. Auf der Burgdorf—Thun-Bahn war es dann, wo im Jahre 1899 außer einigen Motorwagen die erste Drehstromlokomotive in Betrieb gesetzt wurde. Es handelte sich um ein zweiachsiges Fahrzeug, ausgerüstet mit zwei 16poligen Motoren von je 150 PS, die an den beiden Enden einer gemeinsamen Welle saßen, die in der Mitte zwischen den beiden Radachsen in einem kräftigen mit dem Rahmen verschraubten Lagergestell gelagert waren. Auf der Welle saßen lose zwei Zahnkolben, von welchen entweder der eine oder der andere durch Verschieben einer Klauenkupplung mit der Welle gekuppelt wurde. Auf diese Weise wurden zwei wirtschaftliche Fahrstufen von 36 und 18 km/h erzielt. Zur Geschwindigkeitsregelung bei Anfahrt diente ein für beide Motoren gemeinsamer Metallwiderstand.

Die Weiterentwicklung der Zugförderung mit dreiphasigem Wechselstrom (Drehstrom) führt nach Italien. Dort wurde auf Grund der gleichen Erwägungen, die bei der Burgdorf—Thun-Bahn maßgebend waren, für die Elektrifizierung der damals noch einer Privatgesellschaft gehörigen Valtellina Bahn (Lecco-Sondrio und Colico-Chiavenna) gleichfalls Drehstrom gewählt, und zwar von 3000 Volt Spannung Phase gegen Phase, die noch unmittelbaren Anschluß der Motoren ohne Zwischenschaltung eines Transformators ermöglichte. Die Frequenz aber wurde im Gegensatz zur Burgdorf—Thun-Bahn auf 15 Per/s festgesetzt, und zwar hauptsächlich aus dem Grunde, weil sich die Triebmotoren, wollte man diese nicht mit ausnehmend hoher Polzahl und damit Streuung bauen, mit den Triebrädern dann noch ohne Zwischenschaltung von Zahnradübersetzungen kuppeln ließen, von denen man damals — man schrieb 1901 — für Leistungen von 200 PS und mehr besser glaubte absehen zu sollen. So saßen bei den ersten Lokomotiven der Valtellina-Bahn (Gruppe E 340)[2]) mit der Achsanordnung B_0—B_0 von 48,2 t Dienstgewicht und 4800 kg Einstundenzugkraft bei 33 km/h die Motoranker je auf einer die Radachsen konzentrisch umschließender Hohlwelle, die mit den Rädern beidseits durch die früher beschriebene (S. 78) und dargestellte (Abb. 82) elastische Triebstangenkupplung verbunden waren.

Die für die Valtellina-Bahn vor mehr als einem Vierteljahrhundert getroffene Festlegung hinsichtlich Stromart, Spannung und Frequenz wurde später mit der am 1. Juni 1905 erfolgten Zusammenfassung der italienischen privaten Bahngesellschaften zu den Italienischen Staatsbahnen von diesen als Norm übernommen und in den folgenden Jahren eine große Anzahl oberitalienischer Strecken nach diesem System elektrifiziert. Als erste Strecke wurde von den Italienischen Staatsbahnen im Jahre 1912 die 10,4 km lange Strecke von Pontedecimo nach Busalla, das steilste Stück der sogenannten Giovilinie, elektrifiziert, die sich ihrer großen Steigung wegen (26‰ im Mittel, 35‰ im Maximum) und wegen ihrer zahlreichen Tunnel hierzu besonders eignete und in noch ausgedehnterem Maße als auf der Valtellina-Bahn die Anwendung der bei Induktionsmotoren ohne jede zusätzliche Apparatur möglichen Nutzbremsung gestattete.

Von der Giovilinie aus wurde in den folgenden Jahren der elektrische Betrieb sukzessive weiter ausgedehnt, und zwar zuerst nach Süden. Noch im Jahre 1911 wurde über Bivio-Rivarollo Campasso erreicht und im Jahre 1913 Sampierdarena einbezogen, von wo aus der elektrische Betrieb östlich nach Genua, westlich bis Savona ausgedehnt wurde. Von hier aus erfolgte die Elektrifizierung der 46 km langen Gebirgsstrecke nach Ceva (1916). Im Jahre 1915 wurde auch die neue Giovi-Linie (linea succursale) von Sampierdarena über Mignanego nach Ronco elektrifiziert, die die Hauptsteigung durch den über 8 km langen Roncotunnel vermeidet, und die Verbindung mit der alten Giovilinie durch Einbezug der Strecke Busalla—Ronco in die Elektrifizierung hergestellt. Von Ronco nordwärts wurde der elektrische Betrieb einerseits über Tortona nach Voghera, andererseits über Alessandria nach Turin ausgedehnt unter Elektrifizierung der Strecke Alessandria—Tortona (1924). Auf der von Turin im Tal der Dora Riparia zum Mont Cenis aufsteigenden Linie wurde bereits im Jahre 1912 der elektrische Betrieb auf dem obersten Streckenabschnitt von Salbertrand nach Bardonecchia aufgenommen, im Jahre 1915 folgte einerseits der Mont Cenis-Tunnel selber und der Anschluß von Modane auf der französischen Seite, andererseits zu Ende 1919 die Fortsetzung talabwärts nach Turin. Von hier aus folgte in den Jahren 1919/1920 die Elektrifizierung der Strecken nach Torre Pellice über Pinerolo mit der Abzweigung von Bricherasio nach Barge und von Trofarello nach Chieri, sowie der Strecke Bussolena—Susa. Ferner wurde der elektrische Betrieb schon im Jahre 1914 von Lecco aus südwärts bis Monza und in den Jahren 1925 und 1926 von Genua über Sestri, Spezia bis Livorno ausgedehnt.

Anfang 1927 wurde der elektrische Betrieb auf der Strecke Pistoia—Bagni della Porretta aufgenommen, der in der Folge einerseits nach Bologna, andererseits bis Florenz ausgedehnt wurde. Die nächste Zeit wird zunächst in Südtirol die Elektrifizierung der Strecke Bozen—Brenner bringen, dann werden folgen die Strecken Sampierdarena—Ovada—Alessandria, Spezia—bzw. Sarzana—Parma, Voghera—Mailand, Mailand—Monza—Chiasso sowie Bologna—Faenza—Marradi—Florenz.

Hand in Hand mit der Ausdehnung der elektrisch betriebenen Strecken ging die Entwicklung der Lokomotiven. Noch auf der Valtellinabahn wurde bei den aus den Jahren 1904—1907 stammenden 3+2+2-Lokomotiven Achsfolge 1 C 1 der Gruppen E 360[3]), E 380[4]) und E 390 von 63,8 t, 64,6 t und 61 t Dienstgewicht

[1]) Von dieser Firma rührte auch die elektrische Ausrüstung der erwähnten mit dreiphasigem Wechselstrom betriebenen Tramwagen in Lugano her.

[2]) ETZ 1903, S. 327. [3]) Z. f. E. 1905, S. 221. [4]) E. K. B. 1907, S. 101.

und 3500 kg und 6500 kg Einstundenzugkraft bei 64 km/h und 32 km/h, bzw. 6800 kg Einstundenzugkraft bei 32 km/h und 64 km/h bzw. 6800 kg Einstundenzugkraft bei 21 und 42 km/h zum ersten Mal der flache Kuppelrahmen (siehe S. 89) als Übertragungsorgan von den beiden tief im Rahmen federnd gelagerten (siehe S. 139) Motoren aus ausgeführt, der zur meistverwendeten Antriebsform in Italien geworden ist. Zur Geschwindigkeitsregelung wurde bei diesen Lokomotiven ebenfalls als erste Anwendung in der Lokomotivpraxis die schon früher bekannt gewordene Kaskadenschaltung[1]) angewendet, während zur Regulierung der Anfahrt ein pneumatisch gesteuerter Flüssigkeitswiderstand diente. Von den Italienischen Staatsbahnen wurde dann speziell für die Beförderung der schweren Güterzüge auf der Giovi-Linie eine 130 Stück umfassende Reihe Güterzuglokomotiven Achsfolge E (Gruppe E 550)[2]) beschafft, die wegen ihres im Verhältnis zur Leistung besonders kleinen Gewichtes zu klassischer Berühmtheit gelangt sind. Die Maschine, deren beide Motoren wieder mittels des flachen Kuppelrahmens auf die mittlere der 5 Kuppelachsen arbeiten und sowohl in Kaskade (22,5 km/h) als auch parallel (45 km/h) geschaltet werden können, entwickelt einstündig eine Zugkraft von 12000 kg bei beiden Geschwindigkeitsstufen und wiegt dabei nur 62 t. Als interessante Neuerung wird bei dieser Lokomotivtype, die im äußeren Aufbau wie diejenigen der Valtellina-Bahn einen zentralen Lokomotivkasten mit den beiden Führerständen an den Enden und beidseitig flache Vorbauten besitzt, der Flüssigkeitswiderstand selbsttätig auf konstante primäre Stromaufnahme bzw. Leistungsaufnahme bei Anfahrt reguliert. Im Jahre 1914 wurden 16 Schnellzugslokomotiven von 73 t Dienstgewicht Achsfolge 1 C 1 (Gruppe E 330)[3]) entwickelt, deren Motoren auch noch in der Polzahl umschaltbar[4]) sind und in jeder Polzahl in Kaskade geschaltet werden, so daß sich insgesamt 4 Geschwindigkeitsstufen (37,5, 50, 75 und 100 km/h) ergeben, bei denen 9000 kg, 9000 kg, 9500 kg und 6000 kg Zugkraft einstündig entwickelt werden. Der Antrieb erfolgt auf die mittlere der drei Triebachsen wieder durch den dreieckigen Kuppelrahmen, der hier allerdings infolge des größeren Motordurchmessers mit einer Pfeilhöhe von 650 mm ausgeführt ist. Noch im Jahre 1913 erfolgte die Vergebung von 18 + 6 Schnellzuglokomotiven von 92 t Dienstgewicht etwa gleicher Zugkraft und gleicher wieder durch Polumschaltung und Kaskadenschaltung erzielten Geschwindigkeitsstufung mit der Achsfolge 2 C 2 Gruppe E 331[5]) und E 332[6]) und Antrieb von den beiden Motoren über zwei Schrägstangen nach zwei in Triebachshöhe gelagerten Blindwellen.

Die Italienischen Staatsbahnen, die über die ältesten Betriebserfahrungen mit elektrischen Lokomotiven verfügen, haben im ersten Dezennium nach dem Kriege ihre Lokomotiven bereits nach eigenen vereinheitlichten Entwürfen von den Konstruktionsfirmen bauen lassen. Hier ist zu erwähnen eine 183 Stück umfassende Reihe Güter- und Personenzuglokomotiven[7]) Achsfolge E (Gruppe E 551), die bei gleicher Antriebsanordnung wie bei der Gruppe E 550 unter Erhöhung des Gewichtes auf 75 t bei erhöhter Geschwindigkeit (25 und 50 km/h gegenüber 22,5 und 45 km/h) eine erhöhte Zugkraft (11500 und 13500 kg auszuüben imstande sind, ferner 37 Schnellzuglokomotiven[8]) Achsfolge 1 D 1 (Gruppe E 431) von 90 t Dienstgewicht mit der gleichen Geschwindigkeits- und Zugkraftabstufung wie bei den erwähnten 2 C 2-Lokomotiven (Gruppe E 331 und E 332) und 1 C 1-Lokomotiven (Gruppe E 330) der Vorkriegszeit (siehe Abb. 434/435). Mit der Achsanordnung 1 C 1 wurden 28 Personenzuglokomotiven (Gruppe E 333) von 74 t Dienstgewicht geschaffen, mit der wieder durch Polumschaltung und Kaskadenschaltung erzielbaren neuartigen Geschwindigkeitsabstufung von 25, 37,5, 50 und 75 km/h und den zugehörigen Zugkräften von 9500 kg, 6800 kg, 10500 kg und 7200 kg und 15 Güterzuglokomotiven Achsfolge E[9]) (Gruppe E. 552) von 72 t und einer Geschwindigkeitsabstufung entsprechend 16, 25, 33 und 50 km/h und den Zugkräften von 14500 kg, 10300 kg, 16000 kg und 11000 kg (siehe Abb. 442 u. Taf. XIX). Als Besonderheit weisen die beiden zuletzt genannten Lokomotiven die Anordnung einer einzigen Führerkabine an einem Ende der Lokomotive auf. Anstatt des flachen Kuppelrahmens wird bei den E-Lokomotiven (Gruppe E 552) der Dreistangenantrieb nach Kandó verwendet (siehe Abb. 103).

Im Jahre 1927 bzw. 1928 vergaben die FF. SS 75 + 130 Güterzuglokomotiven Achsfolge E (Gruppe E 554) und 20 Schnellzuglokomotiven Achsfolge 1 D 1 (Gruppe E 432). Erstere (Taf. XX) wiegen 75 t und entwickeln bei den beiden durch Kaskaden- und Parallelschaltung der Motoren zu erzielenden Geschwindigkeitsstufen von 25 und 50 km/h eine Dauerzugkraft von 12000 kg, letztere (Taf. XVIII) wiegen 89 t und entwickeln bei den drei unteren Geschwindigkeitsstufen von 37,5, 50 und 75 km/h eine Dauerzugkraft von 12 000 kg und bei der obersten Geschwindigkeitsstufe von 100 km/h eine Dauerzugkraft von 7000 kg. Dabei werden die Geschwindigkeitsstufen von 50, 75 und 100 km/h durch Umschaltung der Motoren von 12 auf 8 bzw. 6 Pole, die erste Geschwindigkeitsstufe von 37,5 km durch Kaskadenschaltung der 8polig geschalteten Motoren erzielt. Bei beiden erwähnten Lokomotivtypen erfolgt der Antrieb der Triebachsen von den beiden Motoren aus durch Vermittlung des Dreistangenantriebs von Bianchi (siehe Abb. 105)[10]).

Die Niederfrequenz von 15 in der Netzgruppe der Valtellina-Bahn, die später für die Genueser und Turiner Netzgruppe auf $16^2/_3$ unter proportionaler Erhöhung der Fahrdrahtspannung von 3000 auf 3300 Volt hinaufgesetzt wurde, zwang in Italien entweder zur Errichtung bahneigener Kraftwerke oder zur Aufstellung besonderer Bahngeneratoren oder Umformergruppen in den privaten Kraftwerken. In Mittelitalien wird nun der Versuch gemacht, die 172 km lange Strecke Rom—Tivoli—Sulmona mit dreiphasigem Wechselstrom marktgängiger Frequenz (dort 45 Per/s) zu elektrifizieren und damit in die allgemeine Energieversorgung einzugliedern. Die für den Betrieb auf diesen Strecken vorgesehenen 4 + 10 bzw. 4 Lokomotiven Achsfolge 1 D 1 und E (Gruppe E 470, E 472 und E 570)[11]) haben nun zum Unterschied von allen übrigen italienischen Fahrzeugen Zahnradübersetzungen und außerdem einen Transformator, da gleichzeitig ein Versuch mit einer Fahr-

[1]) D. R. P. 73050 (Goerges); U. S. A. P. 587340 (Steinmetz).
[2]) R. T. F. I. 1913, I, S. 269; 1914, I, S. 350; 1917, I, S. 129; Z. V. d. I. 1909, S. 1249.
[3]) R. T. F. I. 1915, II, S. 1ff. [4]) Erste Anwendung der Polumschaltung in Italien.
[5]) R. T. F. I. 1916, II, S. 213; BBC-Mitt. 1918, S. 87ff.
[6]) R. T. F. I. 1918, I, S. 97; Period. Mitt. d. M. F. O. Nr. 100 (Sept. 1919); ETZ 1920, S. 138.
[7]) R. T. F. I. 1924, I, S. 128; Organ Fortschr. Eisenbahnwes. 1924, S. 237.
[8]) Siehe die Beschreibung dieser Lokomotive auf S. 442.
[9]) Siehe die Beschreibung dieser Lokomotive auf S. 450.
[10]) Siehe die Beschreibungen dieser Lokomotiven auf S. 447 und S. 452.
[11]) BBC-Mitt. 1923, S. 34 und R. T. F. I. 1926, II, S. 41. — Eine ausführliche Beschreibung der 1 D 1-Lokomotive (Gruppe E 472) findet sich auf S. 453.

drahtspannung von 10000 Volt gemacht wird. Bei beiden Maschinen erfolgt der Antrieb von den Zahnradkurbeln aus unter Vermittlung des flachen Kuppelrahmens auf eines der Triebräder und damit auf das diese verbindende Kuppelgestänge.

So groß und ausgedehnt der elektrische Bahnbetrieb mit dreiphasigem Wechselstrom in Italien ist, so gering ist seine Verbreitung in anderen Ländern. Nur in der Schweiz ist neben einigen Bergbahnen nach der Burgdorf—Thun-Bahn noch der Simplontunnel (Brig—Iselle) im Jahre 1906 mit dreiphasigem Wechselstrom elektrifiziert und von Anfang an, d. h. mit dessen Eröffnung elektrisch betrieben worden, wobei hinsichtlich Spannung und Periodenzahl wegen des unmittelbaren Anschlusses der Tunnelstrecke an das Netz der Italienischen Staatsbahnen deren Festlegungen maßgebend waren. Die ersten 1 C 1-Lokomotiven (Reihe 364)[1], mit denen der Betrieb aufgenommen wurde, glichen im Aufbau ganz den älteren italienischen Fahrzeugen gleicher Achsfolge, nur wurde zur Geschwindigkeitsregelung im Verhältnis 1:2 (34 km/h und 68 km/h) Polumschaltung beider Motoren und nicht Kaskadenschaltung verwendet. Zur Regelung der Anfahrt dienten Metallwiderstände. Die Stundenleistung der Lokomotive betrug etwa 800 PS bei 34 km/h. Abb. 97 zeigte deren Triebwerk. Eine ganz abweichende Bauart (siehe Abb. 98) wiesen die im Jahre 1907 gelieferten Lokomotiven[2]) (Reihe 366) mit der Achsfolge D auf, die von zwei Motoren mit Kurzschlußanker angetrieben werden. Die Wahl der letzteren erfolgte teils aus Gründen der Einfachheit, teils weil die vier verlangten Geschwindigkeitsstufen von 26, 34, 52 und 68 km/h lediglich durch Polumschaltung unter Verwendung zweier Statorwicklungen erzielt werden sollten, wobei von der Eigenschaft des Kurzschlußankers, auf jede vom Stator her induzierte Polzahl anzusprechen, vorteilhaft Gebrauch gemacht werden konnte. Die Lokomotive, deren Triebwerk Abb. 98 zeigt, leistet bei 52 km/h rund 1500 PS einstündig. Die Zahl der Lokomotiven dieser Bauart wurde später auf 4 erhöht, als die S. B. B. im Jahre 1918 den dreiphasigen Simplonbetrieb als Notelektrifizierung das Rhônetal abwärts bis Sitten ausdehnten[3]).

Im Jahre 1909 wurde an die Burgdorf—Thun-Bahn eine Drehgestellokomotive Achsfolge B—B[4]) gleichfalls mit Kurzschlußankermotoren ähnlicher Bauart wie bei den erwähnten Simplonlokomotiven geliefert, und zwar mit den wieder nur durch Polumschaltung erzielbaren Geschwindigkeitsstufen 15,5, 21, 31 und 42 km/h. Die Lokomotive leistet bei jeder dieser Geschwindigkeiten 500 PS einstündig und wiegt 42 t. Der Antrieb jedes Drehgestells erfolgt durch einen halbhoch im Rahmen gelagerten mittels zweier Wicklungen auf 16, 12, 8 und 6 Pole umschaltbaren Motors mit Kurzschlußanker, der sein Drehmoment über ein Vorgelege, auf eine im Rahmen gelagerte Blindwelle überträgt, deren Kurbelzapfen im Kulissenstein einer die beiden Triebräder kuppelnden Schlitzkuppelstange angreift. Eine zu Ende 1918 gelieferte Lokomotive gleicher Bauart[5]) unterscheidet sich von der eben erwähnten nur durch eine geringfügige Änderung in der Geschwindigkeitsabstufung.

Schließlich wurde im Jahre 1914 der Fahrpark der Simplonstrecke um eine weitere Lokomotive[6]) mit der Achsfolge 1 D 1 vermehrt (Nr. 371), die durch Polumschaltung und Kaskadenschaltung der beiden hochliegenden mittels Zweistangenantrieb auf das Kuppelgestänge arbeitenden Motoren (siehe Abb. 102) die gleichen Geschwindigkeitsstufen aufweisen wie die Lokomotiven mit Kurzschlußankermotoren der Reihe 366. Das Gewicht der Lokomotive beträgt 86 t, ihre Stundenleistung 2100 PS bei 52 km/h.

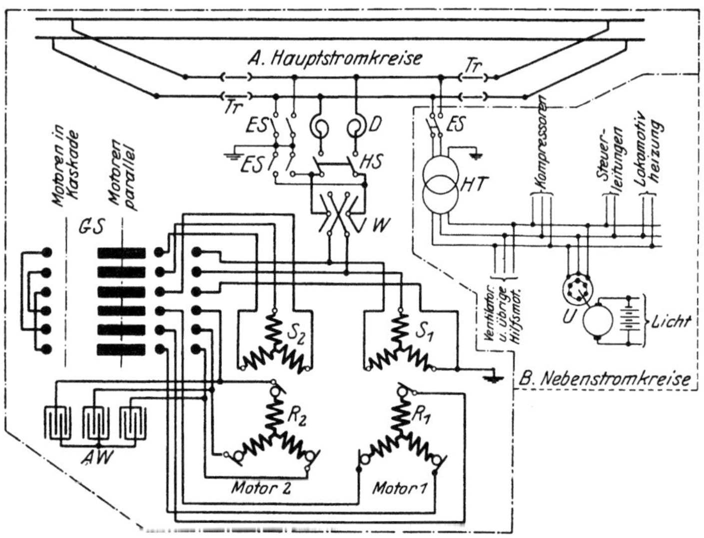

Abb. 365. Grundsätzliche Schaltung einer Drehstromlokomotive für Geschwindigkeitsregelung in zwei Stufen im Verhältnis 1:2 durch Parallelschaltung und Kaskadenschaltung.

2. Grundsätzliche Einteilung der Stromkreise.

Man unterscheidet auch hier Hauptstromkreise (*A*) und Nebenstromkreise (*B*).

Die Hauptstromkreise umfassen als erste Gruppe die Stromabnehmer mit den Trennschaltern, den Erdungsschaltern, dem etwa vorhandenen Überspannungsschutz, den Hauptschalter und den Fahrtwendeschaltern und als zweite Gruppe die Triebmotoren mit dem Geschwindigkeitsschalter und einem Steuerorgan zur Regelung der Anfahrt und zur Erzielung eines stetigen Übergangs von der einen zur anderen Geschwindigkeitsstufe. Diese Gliederung ist grundsätzlich bei allen Drehstromlokomotiven dieselbe, unabhängig von der Bauform der Triebmotoren[7]) und der Art der Geschwindigkeitsregelung. Je nach der Stufenzahl der letzteren ergeben sich innerhalb der angegebenen Gliederung 5 verschiedene Schaltungsformen.

[1]) E. u. M. 1919, S. 214. [2]) Z. V. d. I. 1909, S. 607; E. u. M. 1919, S. 215.

[3]) Die Strecke Brig—Sitten wurde im Jahre 1926 auf Einphasenwechselstrom umgebaut, so daß heute wieder wie vor dem Jahre 1918 der dreiphasige Betrieb auf den Simplontunnel beschränkt ist.

[4]) E. u. M. 1919, S. 246. [5]) BBC-Mitt. 1919, S. 93. [6]) E. u. M. 1919, S. 216.

[7]) Mehr oder weniger als zwei Triebmotoren sind bis jetzt bei Drehstromlokomotiven nicht verwendet worden.

Soll die Geschwindigkeitsregelung in zwei Stufen im Verhältnis 1 : 2 erfolgen, so können die Triebmotoren für die kleinere Geschwindigkeit entweder in Kaskade geschaltet oder für jede Geschwindigkeitsstufe in der Polzahl umgeschaltet werden. Im ersteren Fall, dem das prinzipielle Schema der Abb. 365 entspricht, erfolgt durch den Geschwindigkeitsschalter *GS* in der ersten Stufe beispielsweise der Anschluß des Rotors R_1 des Vordermotors auf den Stator S_2 des Hintermotors und die Verbindung von dessen Rotor mit dem Anfahrwiderstand *AW* als dem eigentlichen Steuerorgan, in der zweiten Stufe der parallele Anschluß der beiden Motorstatoren und -rotoren an die Fahrleitung bzw. den Anfahrwiderstand *AW*[1]). Dem zweiten Fall entspricht Abb. 366. Der Geschwindigkeitsschalter *GS* verbindet die Ausführungen der Statorwicklungen in der Weise, daß beispielsweise in der einen Stellung (kleine Fahrgeschwindigkeit) ein 16poliges Feld in der anderen (große Fahrgeschwindigkeit) ein 8poliges Feld induziert wird. Eine besondere Umschaltung der Rotorwicklungen ist bei der gewählten offenen sechsphasigen Ausführung derselben mit je sechs Schleifringen, wie wir später sehen werden, nicht erforderlich, so daß der Läuferwiderstand dauernd an den beiden parallelgeschalteten Rotoren angeschlossen bleibt. Der Geschwindigkeitsschalter ist hier reiner Polumschalter und wird, wie auch Abb. 366 zeigt, zweckmäßig doppelt, je einer für seinen zugehörigen Motor, ausgeführt, um durch zeitliche Hintereinanderbetätigung der beiden Polumschalter beim Umschalten von einer Stufe zur anderen die Lokomotive nicht völlig zu entlasten[2]).

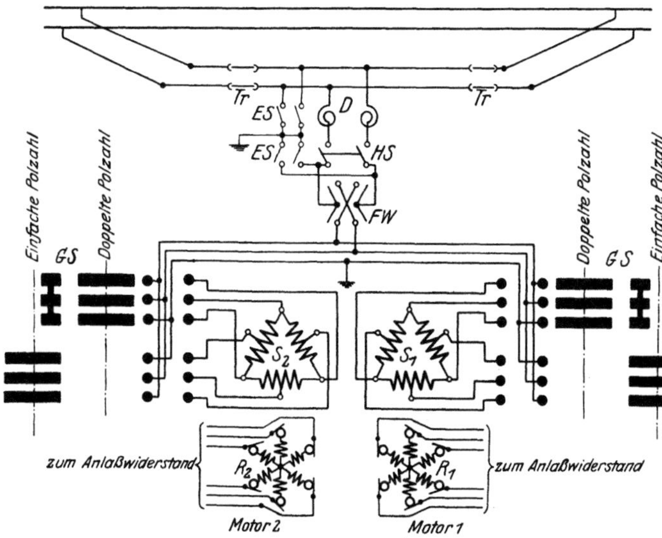

Abb. 366. Grundsätzliche Schaltung einer Drehstromlokomotive für Geschwindigkeitsregelung in zwei Stufen im Verhältnis 1:2 durch Polumschaltung.

Drei Geschwindigkeiten sind am einfachsten zu erzielen, wenn die beiden Motoren (Abb. 365) in der Polzahl ungleich sind. Dann ergibt sich die unterste Geschwindigkeitsstufe durch Kaskadenschaltung der beiden Motoren entsprechend der Summe beider Polzahlen, während die beiden höheren Geschwindigkeiten dadurch erzielt werden, daß jeweils nur ein Motor eingeschaltet wird, während der andere leer mitläuft[3]). Die Schaltung ist also aus dem Schema der Abb. 365 leicht abzuleiten. Der Geschwindigkeitsschalter erhält drei Stellungen, von denen die erste mit der Kaskadenstellung der Abb. 365 übereinstimmt. Statt des gleichzeitigen parallelen Anschlusses beider Motoren werden diese zeitlich nacheinander an die Fahrleitung geschaltet. Die Schaltung wird heute nicht mehr angewendet, einerseits wegen des hohen toten Gewichtes, andererseits wegen des ungünstigen mechanischen Verhaltens des Getriebes hervorgerufen durch die jeweils leer mitlaufende Masse des zweiten Motorankers. Drei Geschwindigkeiten sind auch dadurch zu erreichen, daß man die Motoren im Stator und Rotor auf drei Polzahlen umschaltbar baut. Durch Kaskadenschaltung in einer der drei Polzahlen läßt sich dann eine vierte Geschwindigkeitsstufe erzielen[4]).

Die vierte Schaltform zur Erzeugung von vier Geschwindigkeitsstufen ergibt sich durch Vereinigung von Polumschaltung und Kaskadenschaltung gemäß Abb. 367. Beide Motoren sind auf zwei Polzahlen umschaltbar entsprechend den zwei obersten Geschwindigkeitsstufen und werden zur Erzielung der beiden untersten Fahrstufen jeweils mit den gleichen Polzahlen auf-

[1]) Angewendet bei den E-Lokomotiven (Gruppe E 550, E 551, E 554 und E 570) der FF. SS (R. T. F. I. 1913, I, S. 269; 1914, I, S. 350; Z. V. d. I. 1909, S. 1249 bzw. R. T. F. I. 1924, I, S. 128 bzw. BBC-Mitt. 1923, S. 34). — Die 1 C 1-Lokomotiven (Gruppe E 360) der FF. SS (E. u. M. 1919, S. 213) sind mit zwei Doppelmotoren ausgerüstet. Bei der kleinen Geschwindigkeit arbeiten je die Motorhälften ungleicher Polzahl in Kaskade aufeinander, bei der großen je nur eine Motorhälfte in Parallelschaltung mit der gleichpoligen des zweiten Doppelmotors, während die beiden anderen Motorhälften als tote Last leer mitlaufen. Wegen der komplizierten Konstruktion des Doppelmotors, dann auch wegen des großen Totgewichtes ist diese Anordnung später nicht mehr angewendet worden.

[2]) Angewendet bei den 1 C 1-Lokomotiven (Reihe 364) der S. B. B. (Simplontunnel). — E. u. M. 1919, S. 214).

[3]) Angewendet bei den 1 C 1-Lokomotiven (Gruppe E 380 und E 390) der FF. SS (E. u. M. 1919, S. 214) mit einem 8- und einem 12poligen Motor, so daß sich eine Geschwindigkeitsstufung von 8:12:20 ergibt.

[4]) Angewendet bei den 1 D 1-Lokomotiven (Gruppe E 432) der FF. SS. — Siehe S. 447.

einander in Kaskade geschaltet. Das Verhältnis der durch Umschaltung zu erzielenden Polzahlen muß daher jedenfalls kleiner sein als 2 : 1, ausgeführt worden sind bis jetzt die Verhältnisse 4 : 3 (8/6 Pole) und 3 : 2 (12/8 Pole), woraus sich das Verhältnis der Geschwindigkeitsstufen ergibt zu 3 : 4 : 6 : 8 (37,5 : 50 : 75 : 100 km/h) und zu 4 : 6 : 8 : 12 (25 : 37,5 : 50 : 75 km/h). Wie später noch näher gezeigt werden wird, bedingen Wicklungen zur Umschaltung auf zwei Polzahlen im allgemeinen um so mehr freie durch Polumschalter außen zu verbindende Wicklungsausführungen, je näher die Polzahlen beieinander liegen. Die Polumschalter werden hier damit zu vielfingrigen Schaltern, die man zweckmäßig unmittelbar mit den zugehörigen Motoren zusammenbaut. Außerdem ist ein besonderer Walzenschalter vorhanden, der in der Hauptsache die Kaskadenschaltung der Motoren in beiden Polzahlen ausführt. Der Geschwindigkeitsschalter besteht hier also aus drei besonderen Schaltern, von denen allerdings zwei dieselbe Funktion erfüllen und als konstruktive Trennung eines Schalters anzusehen sind.

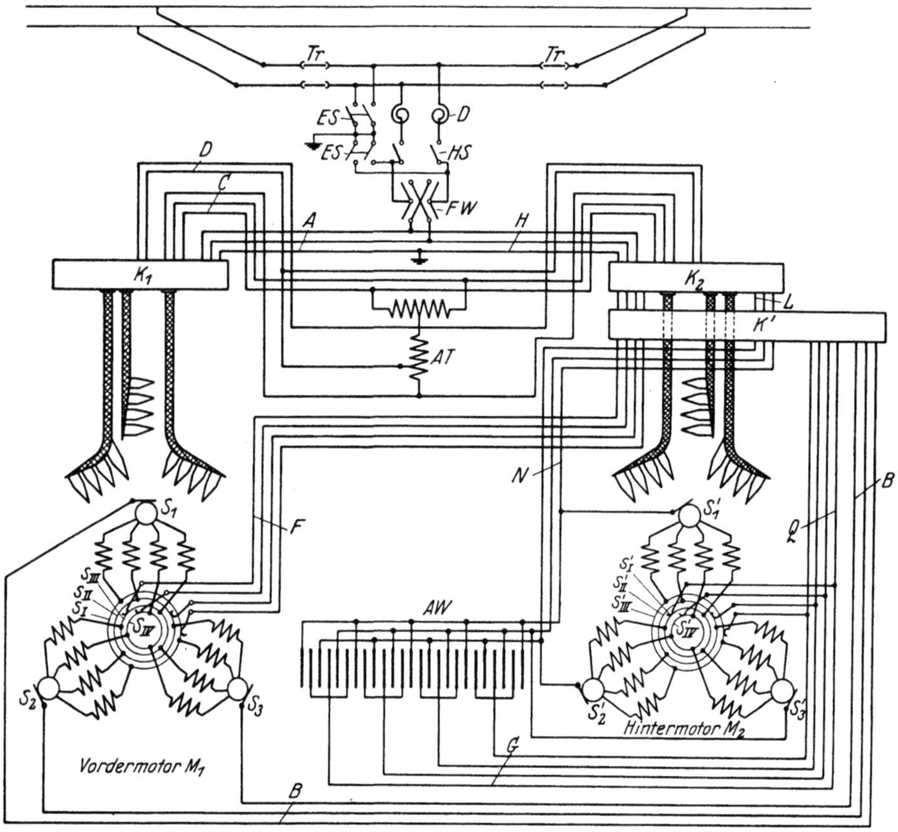

Abb. 367. Grundsätzliche Schaltung einer Drehstromlokomotive für Geschwindigkeitsregelung in vier Stufen durch Polumschaltung und Kaskadenschaltung.

Eine besondere Umschaltung der Rotorwicklungen zur korrespondierenden Änderung ihrer Polzahlen kann, wie später noch näher erläutert werden wird, entweder durch Ausführung derselben mit 7 oder 8 Schleifringen und passender Kombination derselben vermieden werden (Abb. 367), wodurch gleichzeitig mit der Polzahl die Phasenzahl geändert wird[1]). Oder aber die Umschaltung erfolgt bei unveränderter Phasenzahl durch mitrotierende in den Rotor eingebaute Schalter[2]).

Kurzschlußankermotoren mit vier oder weniger Geschwindigkeitsstufen (zwei oder eine Statorwicklung je Motor) bilden die fünfte Schaltform (Abb. 368). Die Umschaltung der Stator-

[1]) 1 C 1-Lokomotiven (Gruppe E 330 und E 333) der FF. SS (R. T. F. I. 1913, I, S. 269ff. und l'Elettrotecnica 1923, S. 379), 2 C 2-Lokomotiven (Gruppe E 332) der FF. SS (R. T. F. I. 1918, I, S. 97; Period. Mitt. der M. F. O. Nr. 100; ETZ 1920, S. 138), 1 D 1-Lokomotiven der Gruppen E 431 (siehe S. 442ff), E 470 (BBC-Mitt. 1923, S. 34) und E 472 (R. T. F. I. 1926, II, S. 41; l'Elettrotecnica 1923, S. 375) der FF. SS, E-Lokomotiven (Gruppe E 552) der FF. SS (l'Elettrotecnica 1923, S. 379) und 1 D 1-Lokomotive Nr. 371 der S. B. B. (E. u. M. 1919, S. 216).

[2]) 2 C 2-Lokomotiven (Gruppe E 331) der FF. SS (R. T. F. I. 1916, II, S. 213; BBC-Mitt. 1918, S. 87ff.).

wicklungen der beiden Motoren erfolgt, wie im Schema der Abb. 366 durch je einen Polumschalter als Geschwindigkeitsschalter, die wieder zeitlich hintereinander betätigt werden. Als Steuerorgan dient ein Anlaßtransformator in V-Schaltung, der auch in zwei parallel betätigte Ein-

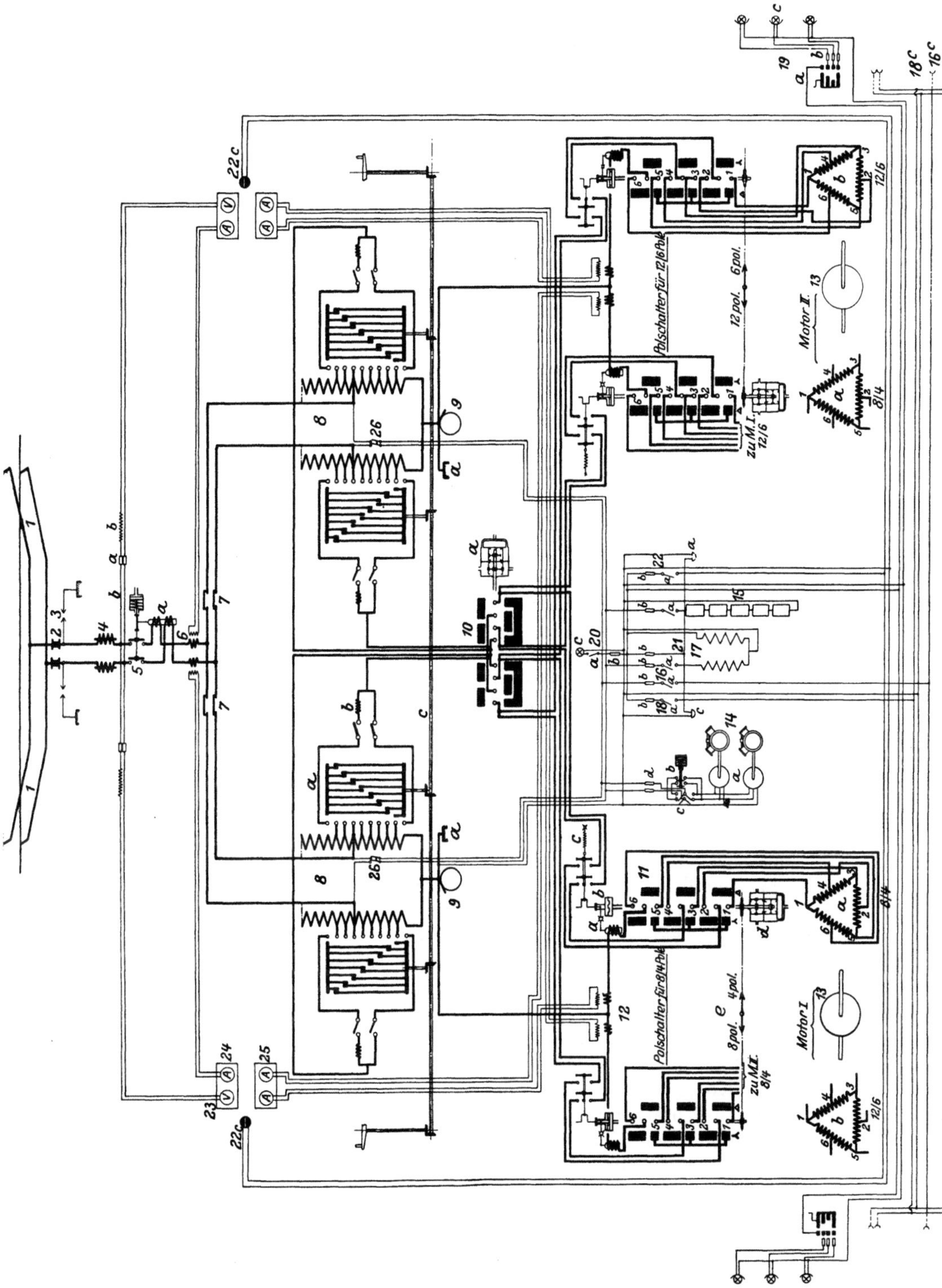

1 Stromabnehmer, *2* Stromeinführung, *3* Blitzschutzapparat, *4* Drosselspule, *5* Hauptölschalter, *a* Maximalauslösung, *b* Luftmotor, *6* Stromwandler für Fahrdrahtamperemeter, *7* Trennschalter, *8* Anlaßtransformator, *a* Stufenschalter, *b* Funkenschalter mit Stufenwiderstand, *c* Handantrieb, *9* Erdungsschleifring, *a* Gestellerdung, *10* Reversierschalter, *a* Vierzylinder-Luftmotor mit Mittelstellung, *11* Polumschalter, *a* Auslösespule für Ölschalter, *b* Klauenkupplung, *c* Ölschalter, *d* Vierzylinder-Luftmotor mit Mittelstellung, *e* Kettenantrieb, *12* Stromwandler für das Motoramperemeter, *13* Triebmotor mit Kurzschlußanker, *a* Statorwicklung für 8/4 Pole, *b* Statorwicklung für 12/6 Pole, *14* Motorkompressor, *a* Dreiphasenmotor mit Kurzschlußanker, *b* Druckregler, *c* Umgehungsschalter, *d* Sicherung, *15* Lokomotivheizung, *a* einpol. Schalter, *b* Sicherung, *16* Zugheizung, *a* Schalter, *b* Sicherung, *c* Steckdose, *17* Einphasen-Öltransformator 800/120 Volt für den Hilfsstromkreis, *a* Schalter, *b* Sicherung, *18* Zugbeleuchtung, *a* Drehschalter, *b* Sicherung, *c* Steckdosen, *19* Lokomotivaußenbeleuchtung, *a* Drehschalter, *b* Sicherungen, *c* Scheinwerfer, *20* Lokomotivinnenbeleuchtung, *a* Drehschalter, *b* Sicherung, *c* Deckenlampe, *21* Tragbare Innenbeleuchtung, *a* Steckdose, *b* Sicherung, tragbare Lampe mit Stecker, *22* Instrumentenbeleuchtung, *a* Drehschalter, *b* Sicherung, *c* Instrumentenlampe, *23* Voltmeter, *a* Sicherung, *b* Vorschaltwiderstand, *24* Amperemeter für Fahrdrahtstrom, *a* Sicherung, *b* Vorschaltwiderstand, *25* Amperemeter für Motorstrom, *26* Zweipoliger Schalter.

Abb. 368. Grundsätzliche Schaltung einer Drehstromlokomotive für Geschwindigkeitsregelung in vier Stufen durch Polumschaltung.

heiten aufgelöst sein kann und durch einen Stufenschalter sukzessive ausgeschaltet wird, so daß die Motoren in der Endstellung an der vollen Fahrdrahtspannung liegen[1]).

[1]) D-Lokomotiven (Reihe 366) der S. B. B. (Simplontunnel) (Z. V. d. I. 1909, S. 607; E. u. M. 1919, S. 215) und B—B-Lokomotiven der Burgdorf—Thun-Bahn (E. u. M. 1919, S. 246; BBC-Mitt. 1919, S. 93).

Die Nebenstromkreise (s. z. B. Abb. 365) werden aus einem Hilfstransformator passender Größe versorgt und umfassen alle Arten von Hilfsmotoren zum Antrieb der Ventilatoren, Kompressoren usw. und allenfalls eine Drehstrom-Gleichstrom-Umformergruppe mit parallelgeschalteter Batterie für die Lokomotivbeleuchtung, wenn diese nicht ebenso wie die Steuerleitungen zur Versorgung der Relais usw. einphasig an den Hilfstransformator angeschlossen wird.

Am Aufbau der Haupt- und Nebenstromkreise ändert sich grundsätzlich nichts, wenn die Höhe der Fahrdrahtspannung die Zwischenschaltung eines Primärtransformators erforderlich macht, der diese auf einen für die Motoren passenden Wert (in der Größenordnung zwischen 800 und 1500 Volt) herabsetzt[1]. Nur rückt in diesem Falle der Hauptschalter auf die Primärseite des Transformators. Die Nebenstromkreise werden dann unter Vermeidung eines besonderen Hilfstransformators aus dem Haupttransformator versorgt, der zu diesem Zwecke entweder eine passende Anzapfung oder eine besondere Tertiärwicklung erhält.

A. Hauptstromkreise.

I. Stromabnehmer.

Die zweidrähtige Ausführung der Fahrleitung bei Drehstrombahnen bedingt für den Stromabnehmer naturgemäß eine von der für Gleichstrom und Einphasenwechselstrom verwendeten Form des Pantographenstromabnehmers grundsätzlich verschiedene Bauart. Abgesehen von der selbstverständlichen Ausbildung des Schleifstückes in Form zweier voneinander isolierter Hälften sind hier, nach den Lokomotivenden zu weitausladende Stromabnehmer erforderlich, um die bei Weichen und Kreuzungen in die Fahrleitungen eingeschalteten relativ langen isolierenden Zwischenstücke zur Vermeidung von Kurzschlüssen beidseitig sicher zu umgreifen.

Von den drei Stromabnehmerformen der Rolle, der Walze und des Bügels sind hier nur die beiden letzteren in Gebrauch. Der Rollenstromabnehmer neigt in doppelpoliger Ausführung leicht zu Entgleisungen, die recht störend empfunden werden und denen man durch Anwendung von zwei Rollen je Fahrdraht, die diesen beidseitig in einer horizontalen Ebene bestreichen, wirksam glaubte begegnen zu können. Eine derartige Konstruktion[2] wird aber sehr kompliziert und vor allem sehr schwer. In dieser Richtung haben auch die ersten Walzenstromabnehmer (bei den Lokomotiven der Gruppen E 340 und E 360 der Valtellinastrecke) nicht befriedigt, wo die Stromabnehmerwalze unmittelbar in den Enden des Traggestänges gelagert war, mit diesem also gewissermaßen ein Ganzes bildete und nur mit diesem zusammen auf und abwärts federte.

Bei den 1 C 1-Lokomotiven der Gruppen E 380 und E 390 der FF. SS wurde daher die Stromabnehmerwalze mit dem Traggestänge in der Weise gelenkig verbunden, daß sie sich für sich allein zwischen der höchsten und niedrigsten Lage des Fahrdrahtes (ca. 6 m und 4,35 m über den Schienen) in einer Senkrechten bewegen kann[3]. Abgesehen von der auf diese Weise erzielten Reduktion der bewegten Masse ist dadurch zum Unterschied gegenüber der erwähnten Erstausführung, wo sich die Walze in einer Fahrtrichtung immer gegen den Fahrdraht anstemmt, mechanische Gleichwertigkeit in beiden Fahrtrichtungen erreicht worden. Die angestrebte Geradführung der von den Lenkern beidseits getragenen Walze wird dadurch erreicht, daß sich die Achsen der beidseits angeordneten Tragstangen genau in der Höhe des eigentlichen Stromabnehmers (Fahrdrahtes) schneiden.

Das Heben oder Senken der Stromabnehmerwalze und das Anpressen derselben an die Fahrleitung erfolgt durch Druckluft, durch einen am Untergestell des Stromabnehmergerüstes angebrachten Zylinder mit zwei Kolben und einer zwischen diesen angeordneten Feder.

Die Stromabnehmerwalze selbst besteht aus den zwei Kontaktwalzen aus Messing oder Hartbronze, die mit ihrem einseitig konischem Ende auf zwei auf einem Metallrohr befestigten Kugellagern gelagert sind, das auf eine isolierende Stange (Holz, Ambroin) aufgeschoben ist. Zwischen den Kontaktwalzen und dem ruhenden Teil des Stromabnehmers stellt die leitende Verbindung ein besonderer ringförmiger als Kohle oder Graphit bestehender Gleitkontakt her, welcher sich an das entsprechend geformte Ende des konischen Stückes anschmiegt und an dasselbe mittels einer Feder angedrückt wird. Die Kugellager sind dadurch von den elektrisch leitenden Teilen der ruhenden wie bewegten Organe isoliert und vor Stromdurchgang geschützt[4]. Die Stange

---

[1] 1 D 1-Lokomotiven (Gruppe E 470 und E 472) und E-Lokomotiven (Gruppe E 570) der FF. SS (BBC-Mitt. 1923, S. 34; l'Elettrotecnica 1923, S. 375; R. T. F. I. 1926, II, S. 41).

[2] D. R. P. 382960 (L. Vallino).

[3] Schweiz. P. 41072 (K. v. Kandó).

[4] D. R. P. 127416 (K. v. Kandó).

verdickt sich in der Mitte zur Distanzierung der beiden Walzen zu einem isolierenden Zwischenstück von gleichem Durchmesser wie die metallischen Walzen.

Der Vorteil des Walzenstromabnehmers liegt in der geringen Meterialabnutzung bedingt einerseits durch die nur rollende Reibung zwischen Walze und Fahrdraht im Gegensatz zur wesentlich höheren gleitenden Reibung beim Bügelstromabnehmer, andererseits dadurch, daß infolge der Drehung der Walze die Punkte des Stromüberganges rasch aufeinander folgen, so daß örtliche Erhitzungen vermieden werden. Nachteilig ist die komplizierte Konstruktion der Walze und deren immerhin noch große Masse.

Man hat deshalb auch bei Drehstromlokomotiven den Walzenstromabnehmer soviel wie verlassen und verwendet heute allgemein einen Bügelstromabnehmer, und zwar wieder zum Zweck der Massenreduktion mit zwei getrennten Wippen[1]).

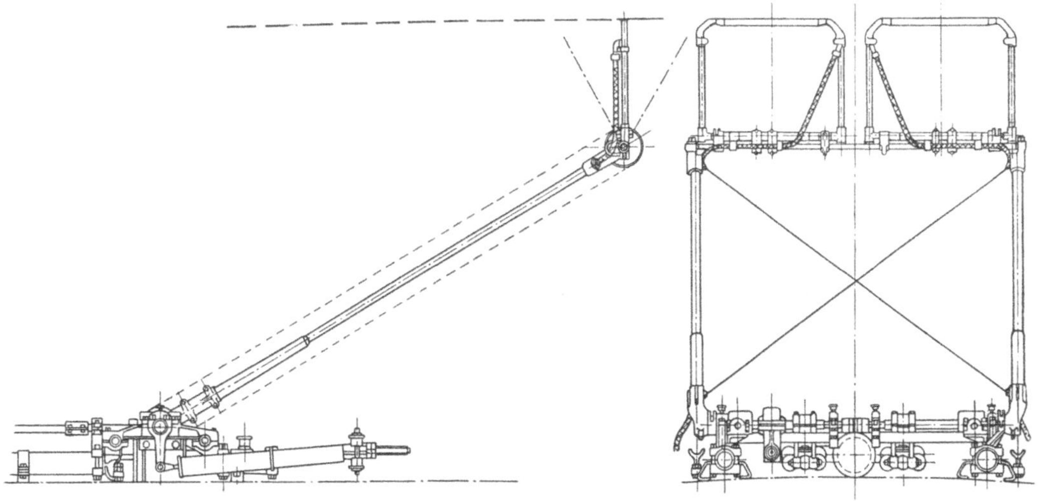

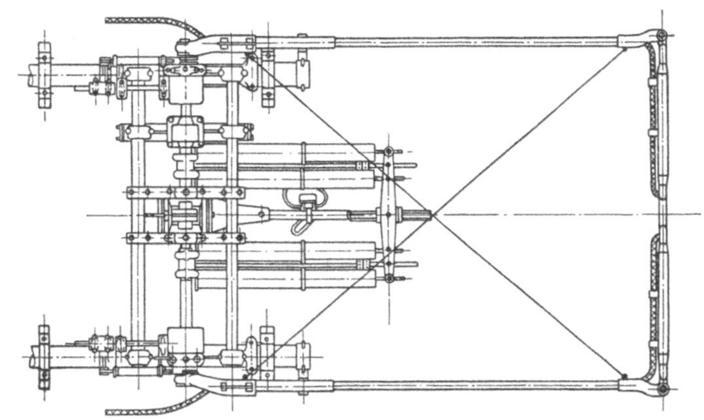

Abb. 369. Einheitsstromabnehmer der Italienischen Staatsbahnen.
(Tecnomasio Italiano Brown Boveri).

Abb. 369 zeigt eine moderne Form des Drehstrom-Bügelstromabnehmers in der Regelbauart der Italienischen Staatsbahnen. Um bei ungleicher Fahrdrahtlage ein differentielles Arbeiten der beiden Wippen zu erleichtern, ist hier die Stromabnehmerwelle zweiteilig ausgeführt und die beiden Hälften sind durch eine Klauenkupplung mit entsprechendem Spiel verbunden. Die Flüssigkeitsdämpfung besteht hier aus einem mit Glyzerin gefüllten Gehäuse mit zwei in einer Geraden angeordneten Zylindern, in denen ein Doppelkolben arbeitet. Durch einen Schwinghebel, der mit der Stromabnehmerwelle unmittelbar verbunden ist, wird je nach Bewegung des Stromabnehmers im Sinne des Hebens oder Senkens bald der eine oder andere Zylinder in seinen Kolben geschoben und dadurch unter Kompression der Glyzerinschicht vor dem Kolben die Dämpfung der Bewegung bewirkt. Um diese beim Senken stärker zur Wirkung kommen zu lassen als beim Heben, wo ein rasches Hochgehen erwünscht ist und nur zuletzt ein Anschlagen an den Fahrdraht vermieden werden soll, werden die beiden Kolben und die Verbindungskolbenstange

[1]) D. R. P. 167466, Ö. P. 26713, Schweiz. P. 34914. It. P. 54/78903 (A. Aichele).

mit einer zentralen Durchbohrung von wenigen mm Durchmesser versehen, die beim Hochgehen des Stromabnehmers noch einen Übergang des Glyzerins, wenn auch unter Drosselung, von der einen nach der anderen Kolbenseite ermöglicht und erst kurz vor der Endstellung durch ein Ventil geschlossen wird, worauf sich unter starker Dämpfung der Stromabnehmer an den Fahrdraht anlegt. Im Senksinne schließt ein anderes Ventil die zentrale Durchbohrung unmittelbar nach dem Abheben. Gesteuert wird die Glyzerindämpfung von einem Hahn, der, in einer die beiden Zylinderräume verbindenden Rohrleitung eingeschaltet, in geöffneter Stellung den ganzen Glyzerinkatarakt kurzschließt und damit unwirksam gemacht. Geöffnet wird der Hahn selbsttätig von der Kolbenstange unmittelbar bei Erreichen der Endstellung, ebenso erfolgt Schließen des Hahnes und damit Einschalten der Dämpfung unmittelbar nach Ablösen des Stromabnehmers von der Fahrleitung.

Die Bewegung der Wippe erfolgt durch ein Kettenradgetriebe. Die Wippen selbst bilden je einen rechteckigen Rahmen, bestehend aus dem Schleifstück, dessen Träger und der Achse. Das eigentliche Schleifstück ist ein hartgezogenes Messingrohr von dreieckigem Profil[1]), das zur Aufnahme des Schmiermittels mit einigen Schlitzen und mit einer satt anliegenden Holzauskleidung versehen zu werden pflegt, damit ein Durchscheuern der Rohrwandung ohne unmittelbare Folgen für die Fahrleitung bleibt. Die Schleifstücke sind drehbar in Haltern aus Rotguß gelagert, in die wieder die Wippenträger aus in Leinöl gekochtem Eschenholz mit ihrem einen Ende eingeschraubt sind, während deren andere Enden mit den Wippenachsen verbunden sind. Diese sind ebenso wie alle übrigen Glieder des Stromabnehmers als Stahlrohr ausgeführt. Abb. 369 zeigt deutlich die Art der Stromführung. Da der ganze Stromabnehmer geerdet ist, wird unmittelbar an je einen Wippenhalter je ein Kabel angeschlossen und je durch das Stromabnehmeruntergestell hindurchgeführt.

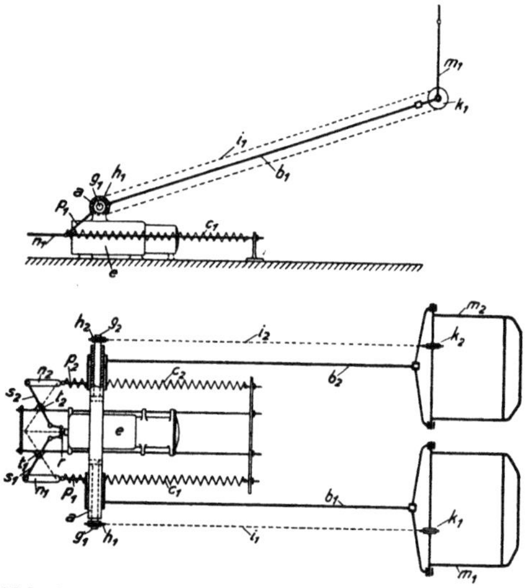

Abb. 370. Stromabnehmer mit getrenntem Unterteil für Drehstromlokomotiven.

Die Wirkung des Winddruckes ist durch die zwangsläufige Verbindung der beiden Stromabnehmer praktisch aufgehoben, denn bei dem ersten in der Fahrtrichtung vorn liegenden Unterteile sucht der Winddruck eine Aufwärtsbewegung, beim zweiten eine Abwärtsbewegung hervorzubringen, so daß sich die Kräfte gegenseitig aufheben und der Winddruck die Unterteile der Stromabnehmer nicht zu bewegen vermag.

Der Stromabnehmer mit zwei getrennten Wippen für die einzelnen Phasen an gemeinsamem Gestänge gestattet wohl innerhalb gewisser Grenzen eine individuelle Einstellbarkeit der Wippen bei wechselnder Fahrdrahthöhe, die den praktischen Bedürfnissen so lange genügt, als zwischen den beiden Fahrdrähten keine wesentlichen Verschiedenheiten im Durchhang bestehen. Um aber auch dann ein gleichmäßiges Anliegen der Wippen und damit eine sichere Stromabnahme zu gewährleisten, müßte für jede Phase ein besonderer Bügel an besonderer Stange angeordnet werden[2]).

Abb. 370 zeigt schematisch einen Stromabnehmer dieser Art[3]), der allerdings bis jetzt nur bei Bergbahnen verwendet wurde, aber auch für Vollbahnlokomotiven eine zweckmäßige Bauform darstellt.

Auf gemeinsamer Welle a sind die beiden Einzelstromabnehmer $b_1 b_2$ schwenkbar gelagert. Sie werden an die Fahrleitungen angelegt, indem man die Kolbenstange r unter Einwirkung der Preßluft aus dem Zylinder e heraustreten läßt. Hierdurch gehen die beiden in den Punkten t_1 und t_2 drehbar gelagerten Hebel s_1 und s_2 in die punktiert gezeichnete Lage. Dabei bewegen sich ihre Endpunkte in den Schlitzen $n_1 n_2$, so daß die Federn $c_1 c_2$ mittels der Hebel p_1 und p_2 die Stromabnehmer $b_1 b_2$ an die Fahrleitungen anlegen. Die beiden Stromabnehmer sind hier mit getrennten Federn c_1 und c_2 ausgerüstet. Durch Anordnung der Schlitze n_1 und n_2 ist die selbständige Beweglichkeit jedes Stromabnehmers für sich und das unabhängige Spiel für die Federn gesichert.

[1]) D. R. P. 115010, Schweiz. P. 20665, F. P. 294388 (B. B. C.).
[2]) Schweiz. P. 19359 (B. B. C.). [3]) It. P. 148314 (B. B. C.).

Auch die Wippen m_1 und m_2 der beiden Stromabnehmer sind einzeln gefedert und völlig unabhängig voneinander beweglich. Ihre Federung wird durch Torsionsfedern g_1 und g_2 bewirkt, welche je mit einem Ende in der hohlen Welle a befestigt sind. Das freie aus der Welle a herausragende andere Ende dieser Federn trägt wieder die Rollen h_1 und h_2, über welche je eine Kette i_1 und i_2 zu den Rollen k_1 und k_2 führt, welche auf den Drehachsen der Wippen $m_1 m_2$ befestigt sind. Auf diese Weise wird eine vollständig freie Beweglichkeit und unabhängige Federung der Stromabnehmer für jede Phase und damit eine gleichmäßige und einwandfreie Stromabnahme auch bei großen Fahrgeschwindigkeiten erzielt.

II. Trennschalter, Erdungsschalter, Überspannungsschutz.

Die kurze Bauart der Drehstromlokomotiven bedingt eine entsprechend kurze Entfernung der Stromabnehmerfußpunkte. Die hier naturgemäß doppelt geführte Stromabnehmerverbindungsleitung mit den Trennschalterpaaren beidseits der Abzweigung zu den Motoren kann daher kaum auf dem Lokomotivdach untergebracht werden. Man vereinigt aus diesem Grunde die Trennschalter, dann die Erdungsschalter, deren Zuleitungen beidseits des Hauptölschalters abzweigen, und diesen selbst in einem „Hochspannungsraum" und verriegelt dessen Türe oder das diesen abschließende Gitter mit der Stromabnehmerluftleitung. Ein Öffnen der Trennschalter bzw. ein Schließen der Erdungsschalter wird damit nur bei gesenkten Stromabnehmern, ein Einschalten des Hauptölschalters nur bei Anliegen der Stromabnehmer am Fahrdraht möglich.

Hinsichtlich Überspannungsschutz gilt dasselbe, was auf S. 309 bei einphasigen Lokomotiven gesagt wurde. Man verwendet wohl häufig Plandrosselspulen unmittelbar nach der Abzweigung von der Stromabnehmerverbindungsleitung als Sprungwellenschutz. Groß ist der Schutzwert dieser Einrichtungen jedoch nicht, da die Induktivität der Spulen nicht groß genug gemacht werden kann. Zur Ableitung von Wanderwellen infolge atmosphärischer Störungen mögen bei der relativ niedrigen Spannung von 3000 Volt Hörner- oder Rollenableiter mit Silitwiderständen vereinigt von Wert sein.

III. Hauptschalter.

Der Hauptschalter wird als zweipoliger Ölschalter mit Mehrfachunterbrechung und Vorkontakten gebaut, für dessen Konstruktion die gleichen Gesichtspunkte maßgebend sind wie bei den einpoligen einphasiger Lokomotiven (s. S. 309). Wenn irgend möglich sollte der Hauptölschalter wieder unmittelbar in einen passenden Ausschnitt des Lokomotivdaches eingebaut werden[1]), bei Aufstellung im Lokomotivkasten muß durch geeignet angebaute Kamine für raschen Abzug der bei schweren Abschaltungen entstehenden Ölgase vorgesorgt werden[2]). Die Betätigung des Hauptschalters erfolgt servomotorisch, und zwar seltener mittels Elektromotor häufiger mittels Luftmotor mit elektropneumatischer oder rein pneumatischer Betätigung. Die Auslösung erfolgt entweder selbsttätig durch unmittelbar auf die Freilaufkupplung des Schalters wirkende Maximal- oder Nullstromrelais oder willkürlich vom Führerstand aus durch Fernbetätigung des Luftmotors im Auslösesinn.

IV. Triebmotorenschalter und Fahrtwendeschalter.

Der allgemeine, allerdings aber seltenere Fall ist der der getrennten Ausführung[3]) von Motorenschalter und Fahrtwendeschalter. Der Motorenschalter ist in diesem Falle ein zweipoliger Ölschalter mit servomotorischer Betätigung (jedoch ohne Maximal- und Nullspannungsauslösung) mit Vorkontaktwiderstand zur Abdämpfung des Einschaltstromstoßes, der bei Einschaltung auf die mit kurzgeschlossenen Rotoren laufenden Motoren ziemlich bedeutend sein kann. Der Fahrtwender wird dann als Walzenschalter mit Vorwärts-, Rückwärts- und Nullstellung ausgeführt, der durch entsprechende Verriegelung mit dem Hauptschalter oder dem Motorenschalter nur stromlos zu betätigen ist.

Einfacher ist die Vereinigung von Motorenschalter und Fahrtwender zu einem einzigen Apparat. Abb. 371 zeigt einen solchen in perspektivischer Darstellung, wie er bei weitaus den meisten der italienischen Drehstromlokomotiven zur Ausführung gekommen ist[4]). Im Kasten-

[1]) Bei Drehstromlokomotiven erstmalig ausgeführt erst bei den Lokomotiven Achsfolge 1 D 1 und E (Gruppe E 470 und E 570) der FF. SS.

[2]) Bei den E-Lokomotiven (Gruppe E 550) der FF. SS (R. T. F. I. 1917, I, S. 129).

[3]) Ausgeführt bei den 2 C 2-Lokomotiven (Gruppe E 332) der FF. SS (R. T. F. I. 1918, I, S. 97; Period. Mitt. der M. F. O. Nr. 100, Sept. 1919; ETZ 1920, S. 138).

[4]) Schweiz. P. 22803 (K. v. Kandó).

deckel sind sechs Porzellanhülsen befestigt, an deren oberen Enden hülsenförmige Kontakte angebracht sind. Die an dem unteren Ende der Schalterwelle *d* befestigte Rosette *c*, welche mit Isolatoren versehen ist, trägt die Stangen *f*, welche beim Emporheben der Schalterwelle *d* in die Hülsen eindringen und damit den Stromkreis schließen. Sind die Stangen *f* untereinander in der angegebenen Weise, die Klemmen *R*, *S*, *T* mit den beiden Zuleitungen vom Stromabnehmer bzw. mit der Erdleitung und die Klemmen *U*, *V*, *W* mit den Zuleitungen zum Motor verbunden, so ist ersichtlich, daß bei Drehung der Rosette um 60⁰ durch den in der Abb. 371 angedeuteten Luftmotor und nachfolgender Einschaltung durch Bewegung der die Schaltkontakte tragenden Rosette vertikal nach aufwärts durch einen dritten (nicht gezeichneten Luftkolben) zwei der Motorzuleitungen jeweils vertauscht werden.

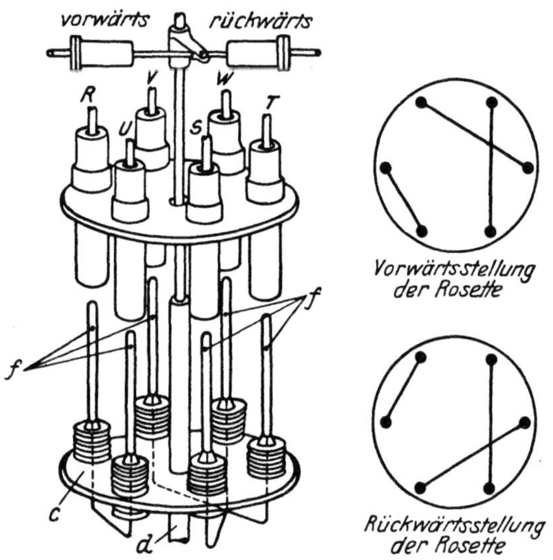

Abb. 371. Vereinigung von Motorschalter und Fahrtwender. (Società Italiana Westinghouse).

V. Triebmotoren und deren Steuerung.

Die Steuerung der Motoren der Gleichstrom- und Einphasenlokomotiven erfolgte lediglich in Form einer mehr oder weniger stetigen Änderung der den Motoren aufgedrückten Klemmenspannung durch eine besondere, von den Motoren elektrisch und konstrutiv unabhängige Apparatur. Bei den Drehstromlokomotiven hingegen erscheint die Steuerung in die Motoren zum Teil eingebaut, da die Geschwindigkeitsregelung, d. h. deren Stufung durch die Bauart der Motoren und deren innere Schaltung ganz eindeutig festliegt. Es ist daher angemessen, hier die Triebmotoren gemeinsam mit deren Steuerung im wesentlichen an Hand der früher (S. 354ff.) angegebenen verschiedenen Schaltungsformen zu behandeln, wobei auf gemeinsame, d. h. bei mehreren derselben wiederkehrende Konstruktionen aufmerksam gemacht werden wird.

1. Geschwindigkeitsregelung im Verhältnis 1:2 durch Kaskaden- und Parallelschaltung der Motoren.

Abb. 365 zeigt vereinfacht das grundsätzliche Schema dieser nahezu bei allen italienischen Güterzugslokomotiven dieser Art mit der Achsfolge E angewendeten Schaltungsart.

Die angenommene unmittelbare Schaltung des Vordermotorrotors auf den Hintermotorstator ist jedoch nur möglich, wenn auch der Rotor eine Stillstandsspannung von der Höhe der Stator-(Fahrleitungs)spannung aufweist (3000 Volt), eine Forderung, deren Verwirklichung sowohl bei den Rotoren als auch beim Anlaßwiderstand sehr erhebliche konstruktive Schwierigkeiten bieten würde. Man hat daher bei den E-Lokomotiven (Gruppe E 550 und E 551) die Statorwicklung S_2 des Hintermotors in 4 Gruppen je Phase unterteilt und diese in der zweiten Fahrstufe (Parallelschaltung der Motoren) alle in Reihe bei Sternverkettung der Phasen, in der ersten Fahrstufe (Kaskadenschaltung) aber alle parallelgeschaltet und die Phasen in Dreieck verbunden[1]). Bezeichnet E die Fahrdrahtspannung, dann ist die Spannung einer Spulengruppe und damit die Spannung, für die die Wicklung der Rotoren (zwischen zwei Schleifringen im Stillstand gemessen) dimensioniert werden muß $\frac{E}{4\sqrt{3}}$ oder 435 Volt für $E = 3000$ Volt. Die Umschaltung der Statorwicklung des Hintermotors erfolgt gleichfalls durch den Kaskadenschalter (Geschwindigkeitsschalter), der damit zu einer vielfingrigen Walze wird.

Schaltet man in der Kaskadenschaltung die beiden Rotoren aufeinander, dann kann man den Stator des Hintermotors unter Zwischenschaltung eines Transformators[2]) auf den Anlaßwiderstand schalten. Der Geschwindigkeitsschalter ist hier wohl wieder einfach, dafür aber muß ein zusätzlicher Transformator in Kauf genommen werden, der allerdings seiner geringen Benutzungsdauer wegen (nur bei Anfahrt) hoch überlastet werden darf und daher relativ klein ausfällt. In manchen Fällen wird es einfacherweise genügen, den Stator des Hintermotors in

[1]) D. R. P. 176418 (K. v. Kandó). [2]) D. R. P. 187082, Ö. P. 22015 (K. v. Kandó).

der Kaskadenschaltung zum Anschluß des Anlaßwiderstandes und damit diesen selbst sechsphasig umzuschalten[1]), da sich damit bei 3000 Volt Fahrdrahtspannung die maximale Spannung für den Anlaßwiderstand auf $\frac{3000}{2\cdot\sqrt{3}} = 870$ Volt reduziert. Bei Kaskadenschaltung von Rotor auf Rotor müssen die Anschlüsse zweier Rotorphasen vertauscht werden, damit beide Rotoren sich in demselben Sinne drehen. Denn der Hintermotor, dem man den Strom im Rotor zuführt und dessen Stator kurzgeschlossen wird, entwickelt ein Drehmoment, dessen Richtung der Drehrichtung des Rotordrehfeldes entgegengesetzt ist.

Bei Verwendung von Metallanlassern sind höhere Spannungen zulässig und dann wäre es bei ausreichender Isolation der Rotorwicklung möglich, bei der Kaskadenschaltung in der üblichen Art von Rotor auf Stator den Vordermotorrotor von Sternserieschaltung in der Kaskade im Parallelbetrieb auf Sternparallelschaltung oder auf Sechsphasenschaltung[2]) oder aber von Stern auf Dreieck[3]) umzuschalten.

Bei Verwendung eines Transformators vor den Motoren, der bei Fahrdrahtspannungen über 4000 Volt zumindest empfehlenswert wird, wählt man dessen Sekundärspannung zur Vereinfachung der Schaltung so, daß die Motoren mit dem Übersetzungsverhältnis 1 : 1 ausgeführt werden können. Dadurch wird es möglich, in der Kaskadenschaltung den Stator des Hintermotors ohne Umschaltung in parallele Gruppen mit dem Rotor des Vordermotors zu verbinden oder aber, den Anlaßwiderstand ohne Zwischenschaltung eines Transformators an den Stator des Hintermotors anzuschließen.

Die Verwendung eines gemeinsamen Anlaßwiderstandes für beide Motoren scheint im Parallelbetrieb auf den ersten Blick bedenklich, da in den durch das Triebwerk starr gekuppelten Rotoren und deren Verbindungsleitungen Ausgleichsströme entstehen könnten. Nun ist aber die Frequenz der Rotorströme bei Vollast und der dabei auftretenden Schlüpfung kaum größer als $^1/_4$ Per/s oder mit anderen Worten bei beispielsweise 8poligen Motoren und $16^2/_3$ Per/s primärer Frequenz wickelt sich eine Rotorperiode während 16,7 Rotorumdrehungen ab. Die beiden Rotoren erzeugen somit Wechselströme, die höchstens um $\frac{1}{16{,}7}$ Periode in der Phase gegeneinander verschoben sein können. Bei Fahrt mit großer Schlüpfung, wo relativ hohe Rotorspannungen auftreten, d. h. hauptsächlich bei Anfahrt mit großen Drehmomenten, sind jedoch unter Umständen bedeutende Ausgleichsströme denkbar. Man muß daher bei Schaltungen dieser Art beim Einpressen der Motorwellen und beim Zusammenbau darauf achten, daß für die beiden Motoren der Lokomotive die Stellung von Stator- und Rotorwicklung zueinander nach dem Einbau in das Triebwerk gleichartig ist.

Der Geschwindigkeitsschalter ist als Schalter, der nur stromlos bedient wird, ein relativ einfacher Apparat. Abb. 372 zeigt beispielsweise die konstruktive Durchbildung eines solchen Schalters, wie er auf den erwähnten E-Lokomotiven (Gruppe E 550) der FF. SS in Verwendung steht. Auf einer mittleren drehbaren Hauptwalze aus Hartpapier oder imprägniertem Holz sitzen nebeneinander aufgereiht die Kontakte, deren Gegenkontakte auf gleichartig ausgebildeten, fixen Walzen je zu beiden Seiten der Hauptwalze angeordnet sind. Zur Umschaltung von Kaskaden- auf Parallelschaltung dienen die 12 je zu 6 an den Walzenenden angeordneten Messerkontakte, während die mittleren 24 Walzenkontakte die erwähnte Umschaltung der Statorphasen des Hintermotors und deren Gruppen besorgen. Ihrer Länge wegen ist die Schalterwelle viermal gelagert. Links und rechts oben ist der Antrieb des Schalters durch elektrisch gesteuerten Luftmotor und die Signal- und Verriegelungskontakte ersichtlich. Durch erstere wird dem Führer die jeweilige Schalterstellung kenntlich gemacht, letztere verhindern ein Einschalten des Motorschalters, solange der Geschwindigkeitsschalter in der Nullstellung steht.

Die eigentliche Anfahrt und der Geschwindigkeitsübergang von der Kaskaden- zur Parallelschaltung wird durch den Anlaßwiderstand (*A W* in Abb. 365) bewerkstelligt, der als Metall- oder Flüssigkeitswiderstand ausgebildet sein kann. Die FF. SS bevorzugen die letztere Form des im allgemeinen kleineren Volumens wegen bei größerer Wärmekapazität und der Möglichkeit der stetigen Regulierung. In der Hauptsache aber dürfte die Stellungnahme der FF. SS durch die von K. v. Kandó im Prinzip schon 1902 angegebene Konstruktion des durch Druckluft geregelten Wasserwiderstandes[4]) beeinflußt worden sein, die sich schon auf den Lokomotiven der Valtellinabahn sehr gut bewährt hat und bis heute grundsätzlich ungeändert blieb. Abb. 373 zeigt schematisch die Konstrutkion. Zwei aus Stahlblech zusammengenietete Kessel

[1]) D. R. P. 286373 (M. F. O.). [2]) D. R. P. 310583, It. P. 568/11 (K. Sachs).
[3]) D. R. P. 354479 (K. v. Kandó). [4]) Schweiz. P. 27826 (K. v. Kandó).

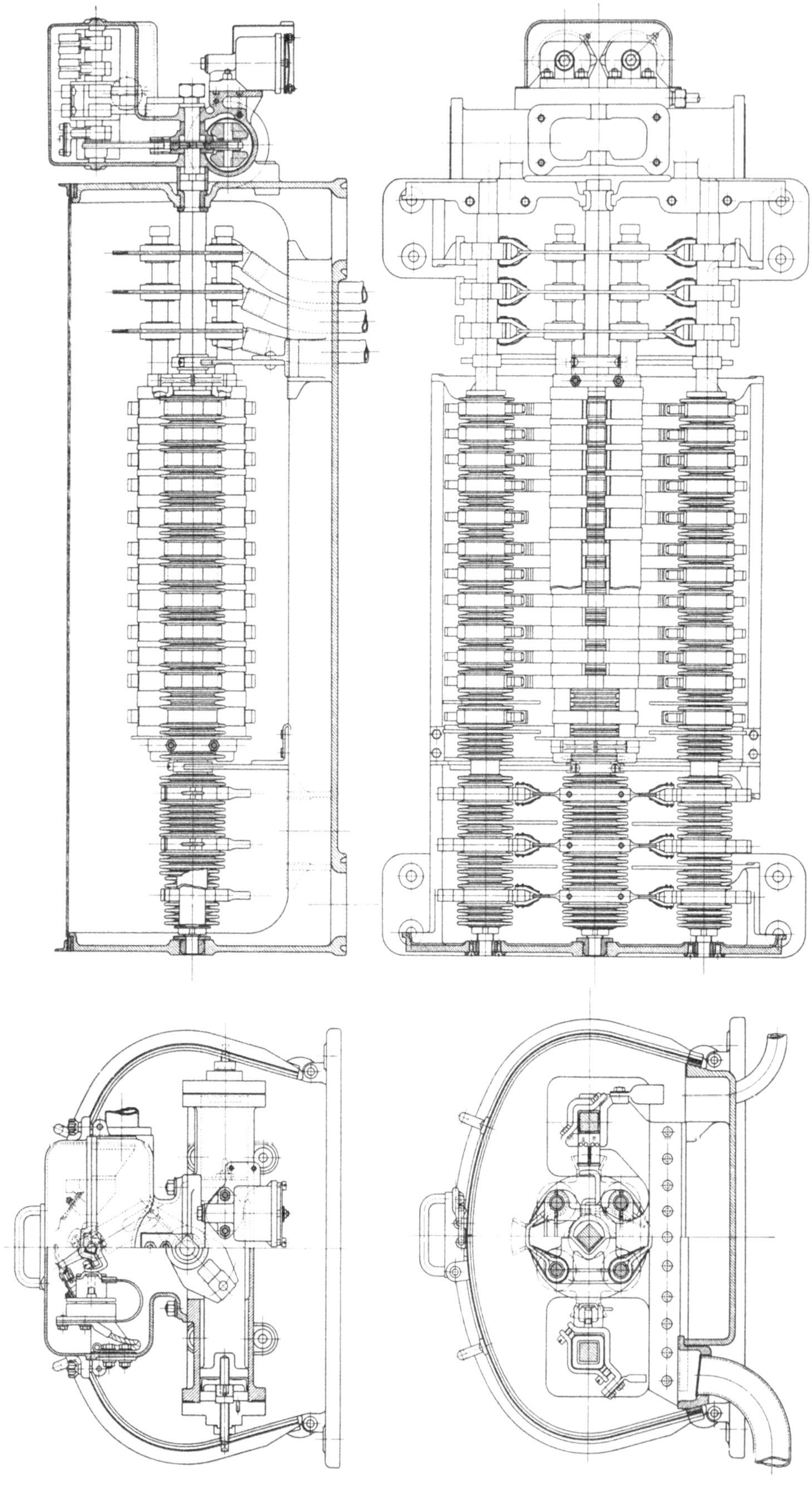

Abb. 372. Geschwindigkeitsschalter zur Geschwindigkeitsregelung in zwei Stufen gemäß Abb. 365. (Società Italiana Westinghouse.)

von rechteckigem Grundriß gleicher Länge jedoch verschiedener Breite sind übereinandergestellt und untereinander durch ein bis nahe an den Boden reichendes Rohr verbunden. Im oberen Kessel sind freihängend die Elektrodenplatten aus Eisenblech untergebracht, der untere

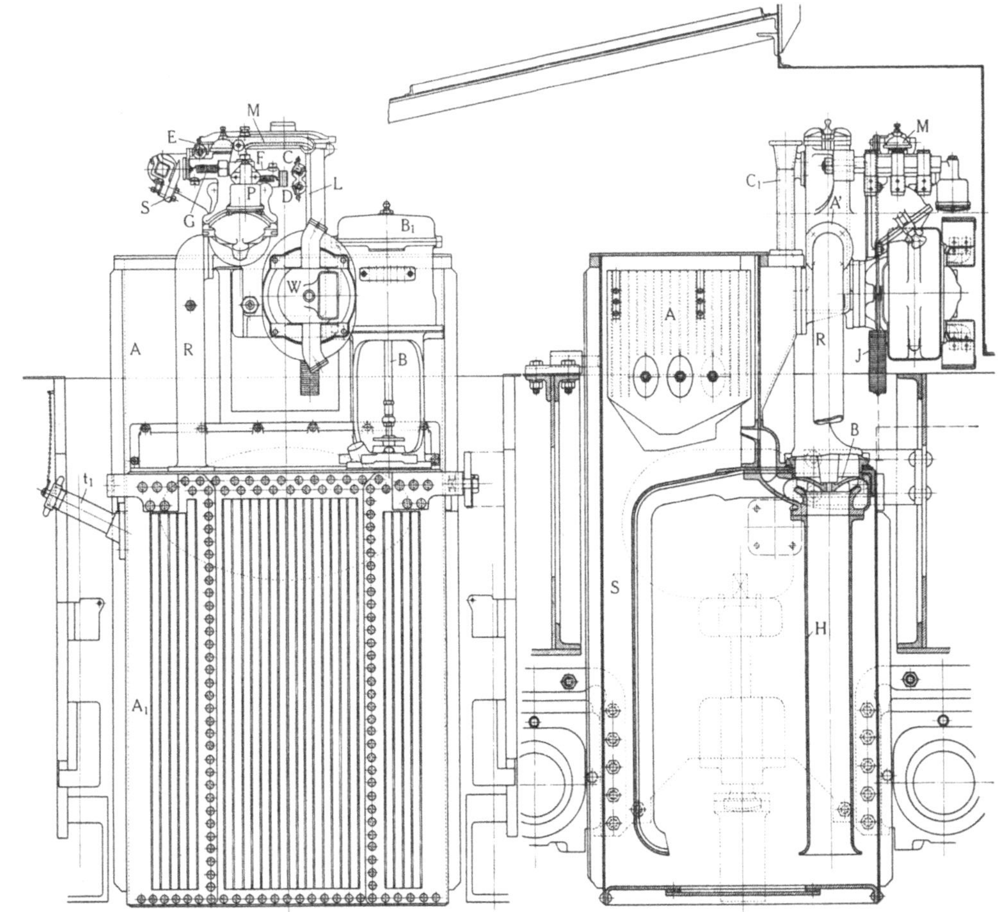

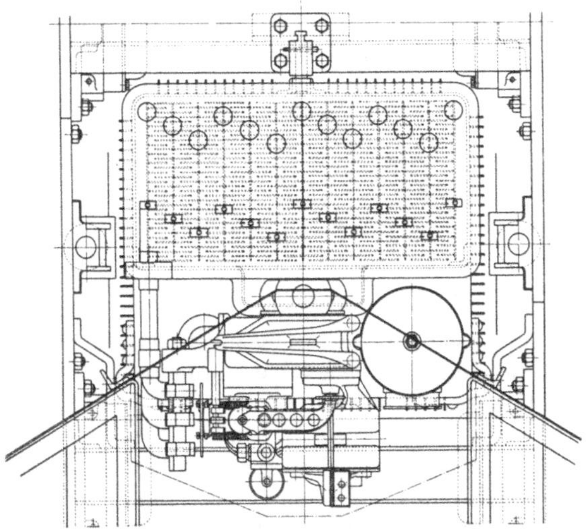

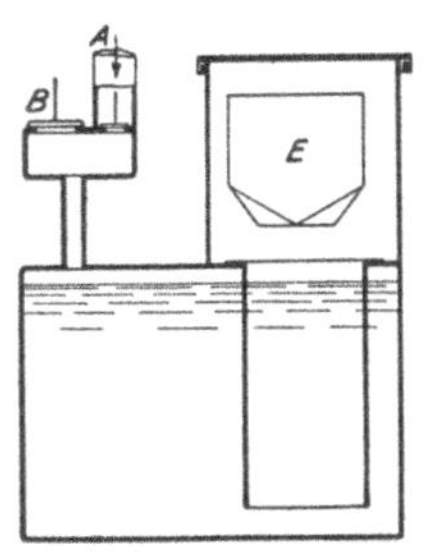

Abb. 373. Mittels Druckluft gesteuerter Wasserwiderstand. (K. v. Kandó.)

Abb. 374. Mittels Druckluft auf konstante Wattaufnahme gesteuerter Wasserwiderstand der E-Lokomotiven Gruppe E 550 der FF. SS. (Società Italiana Westinghouse.)

A Widerstandsbehälter; A_1 Rippenkasten für den Elektrolyten; A_2 Schwimmerkammer; *B* Rotationspumpe; B_1 Antriebsmotor der Pumpe; *F* beweglicher pneumatischer Kontakt; *C* und *D* Kontaktbürsten; *E* Kontaktbürsten; *G* Kolben; *H* Rohr; t_1 Rohr zum Einfüllen des Elektrolyten; *M* Einlaß- und Ablaßhebel des Widerstandskopfes; *L* Steuerstange zum Hebel *M*; J Feder; *N* und *P* Preßluft-Einlaßventile; *S* Kurzschlußbürsten; *O*, *Q* und *R* Preßluftleitungen zum Wasserwiderstand; *Z* Ansaugeventil der Atmosphärenluft; *U* Gabel; *W* Wattmeterregulator; C_1 Auspuffrohr für den Wasserdampf.

Kessel dient als Behälter für den Elektrolyten (eine 2proz. Sodalösung). Wird nun bei A Druckluft eingelassen, so steigt der Flüssigkeitsspiegel in der Kammer der Elektroden mehr und mehr, bis diese schließlich ganz von Flüssigkeit umgeben sind.

Die Steuerung des erwähnten Kandóschen Flüssigkeitswiderstandes kann in sehr sinnreicher Weise in der Art durchgebildet werden, daß die Anfahrt mit einer von Anfang an einstellbaren konstanten Stromstärke erfolgt[1]). Bei Vielfachsteuerung zweier Lokomotiven läßt sich dabei die gesamte Stromaufnahme im beliebigen Verhältnis auf beide Lokomotiven aufteilen bzw. konstant halten.

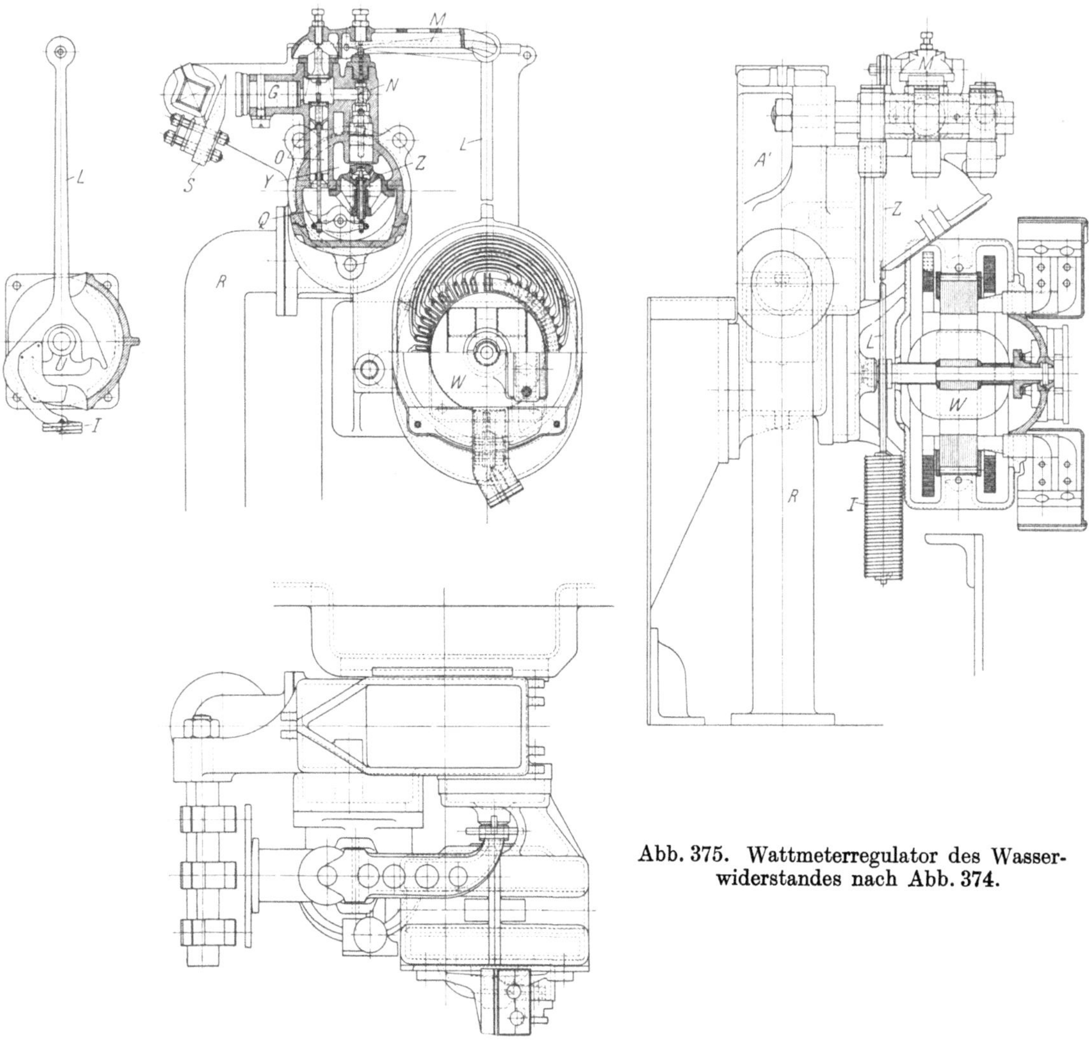

Abb. 375. Wattmeterregulator des Wasserwiderstandes nach Abb. 374.

Dieses System der Steuerung mit einer bestimmten jeder Stellung des Steuerorgans zugeordneten konstanten Stromstärke arbeitet bei konstanter oder nahezu konstanter Primärspannung befriedigend. Bei den großen bei Bahnanlagen unvermeidbaren Spannungsschwankungen erweist sich aber eine Regulierung vorteilhafter, die auf konstante Wattaufnahme während der Dauer der Anfahrt hinarbeitet.

Einen nach dem oben angedeuteten Prinzip gebauten in gleicher Weise mittels Druckluft gesteuerten Zweikesselrheostaten von 700 l Kapazität, wie er für die E-Lokomotiven Nr. 41 bis 85 der Gruppe E 550 der FF.SS entwickelt wurde[2]), zeigen die Abb. 374 und 375.

A ist der obere Kessel mit den Elektrodenplatten, A_1 der untere Kessel und Behälter der Sodalösung. Durch das Rohr R wird dem unteren Kessel über das in Abb. 375 im Schnitt dar-

[1]) D. R. P. 198635, Schweiz. P. 38856 (K. v. Kandó). — Angewendet bei einem Teil der E-Lokomotiven (Gruppe E 550) der FF. SS (R. T. F. I. 1913, I, S. 269ff.).

[2]) R. T. F. I. 1914, I, S. 350.

gestellte Ventil Druckluft zugeführt, worauf die Sodalösung längs *S* zur Elektrodenkammer *A* hochsteigt. Um eine gleichmäßige Erwärmung des Elektrolyten zu erreichen, ist der Anlasser mit einer kleinen Zentrifugalpumpe *B* kombiniert, die im Kreislauf die Lösung an der kühlsten Schicht durch das Rohr *H* ansaugt und gegen die Elektrodenplatten schleudert. Der Antrieb der Pumpe erfolgt durch einen vom Hilfstransformator gespeisten kleinen Motor B_1 mit Kurzschlußanker und vertikaler Welle. Eingeschaltet wird der Motor durch einen Kolben, der sich beim Einströmen der Druckluft in den Ventilkopf also bei Beginn der Anfahrt nach rechts bewegt und die Kontakte *CD* überbrückt. Die Abschaltung des Pumpenmotors erfolgt nach Beendigung der Anfahrt durch den Kolben *G*, der am Ende seiner Bewegung nach links gleichzeitig mit der Herstellung des metallischen Kurzschlusses des Anlassers bei *E* den Sternpunkt der Statorwicklung des Pumpenmotors auflöst.

Die Regulierung der Anfahrt erfolgt durch den Wattmeterregulator *W* (Abb. 375), im wesentlichen ein zweipoliger Einphasenmotor mit einer vom Hauptstrom durchflossenen Statorwicklung, die vom Geschwindigkeitsschalter in der ersten Stufe (Kaskadenschaltung) in Reihe, in der zweiten Stufe in zwei parallele Gruppen geschaltet wird, und einem als Doppel-*T*-Anker ausgebildeten beweglichen Teil, der eine dünndrahtige unmittelbar an einen Hilfstransformator angeschlossene Wicklung trägt. Die Welle des Reglers trägt einen Fortsatz *U* mit zwei Zähnen, die die Kupplung mit der vertikalen Stange *L* vermitteln. Diese ist ihrerseits mit ihrem Ende unmittelbar mit der horizontalen Stange *M* verbunden, die bei Bewegung nach abwärts (Zug an Stange *L*) das Druckluft-Einlaßventil öffnet, also im Sinne zunehmender Belastung der Motoren wirkt. Am unteren Ende der Stange *L* greift die Feder *I* an, die durch Vermittlung einer Hebelübersetzung vom Steuerhebel des Führers gespannt wird. Federspannung und Reglerdrehmoment sind so abgestimmt, daß jeder Steuerhebellage und damit Zug an Stange *L* eine bestimmte aufgenommene Leistung und damit ein bestimmtes Motordrehmoment entspricht. Federspannung und Motordrehmoment sind dabei einander proportional. Wenn aber diese Leistung etwa unter Einfluß einer Spannungserhöhung über den der jeweiligen Steuerhebellage zugeordneten Wert steigt, so dreht sich der Regleranker im Uhrzeigersinn, entlastet mit seinem linken Fortsatzende die Stange *L* vom Federzug und bewirkt durch Heben der Stange *M* ein Abströmen von Druckluft aus dem Rheostaten und damit ein Sinken des Flüssigkeitsspiegels in der Elektrodenkammer. Wenn dagegen die Spannung und damit die aufgenommene Leistung sinkt, kehrt sich der Drehsinn des Regleranker um, der Federzug wirkt vorübergehend ungehemmt und stellt durch Vermittlung der Stange *M*, die nach abwärts gezogen wird und Druckluft in den Rheostaten einströmen läßt, den ursprünglichen Leistungswert wieder her.

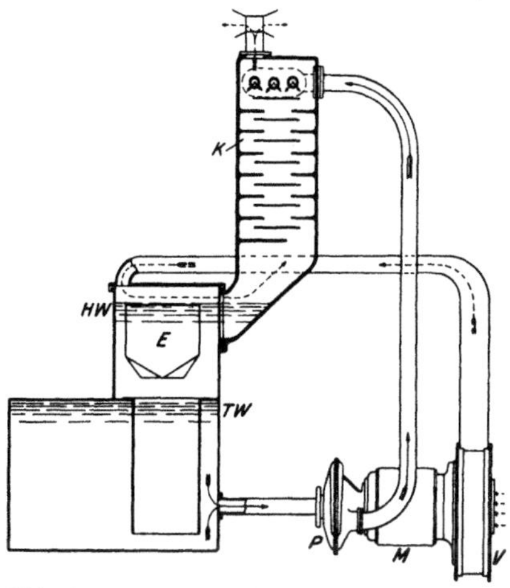

Abb. 376. Wasserwiderstand mit Kühler und Autokondensation. (Servizio Materiale e Trazione der FF. SS).

Bedeutung und Funktion der übrigen Nebenapparate des Anlassers sind aus den Abbildungen und deren Beschriftung verständlich.

Zur Kühlung des Elektrolyten wurde vorerst von dem die Kühlluft der Motoren führenden Schacht ein Kanal abgezweigt, den man über ein Ventil in den Elektrodenraum einmünden ließ. Um zu verhindern, daß bei etwa vorhandenem Überdruck im Elektrodenraum sodahaltige Dämpfe in die Motoren gelangen, kann die Kühlung besser nur dann in Betrieb gehalten werden, wenn die Elektrodenkammer leer ist. Die Kühlung setzt also gerade dann aus, wenn sie am wirksamsten sein sollte. Ein weiteres in Vorschlag gebrachtes und bei den Lokomotiven Nr. 86 bis 130 der E-Lokomotiven (Gruppe E 550) ausgeführtes System der Kühlung besteht in einer unten zwischen den Rahmenblechen angeordneten Rohrschlange von ovalem Querschnitt, die in den durch die Pumpe *B* bewirkten Kreislauf des Elektrolyten eingeschaltet ist. Hierdurch ist wohl eine Erhöhung der Kapazität auf 900 l erzielt worden, die Kühlung ist jedoch nur bei voller Fahrt eine intensive, während der Dauer der Anfahrt aber, wo bei einer Lokomotive mit 2000 kW Triebmotorenleistung mit einer Wärmeproduktion von bis zu 50000 Kalorien je Anfahrt zu rechnen ist, nur in sehr geringem Maße wirksam, außerdem ist die Kühlschlange aus- und einbautechnisch unbequem und erfordert eine umständliche Reinigung in kurzen Zeitabständen. Man hat daher bei den Lokomotiven Nr. 131 bis 150 dieser Gruppe den Rheostaten mit einem besonderen Kühler kombiniert[1]), bestehend aus einem rechteckigen mit 1300 l Wasser gefüllten Kessel mit eingebautem Schlangenrohr von 24 mm lichter Weite und 2 mm Wandstärke und einem eigenen Fassungsvermögen von 560 l, durch das die Sodalösung durch eine besondere Pumpengruppe im Kreislauf gedrückt wird, auf deren Welle überdies ein Ventilator sitzt, der unabhängig von der Motorkühlung die Elektrodenkammer durchlüftet.

[1]) Entwurf des „Servizio Materiale e Trazione" der Italienischen Staatsbahnen (R. T. F. I. 1917, II, S. 118).

Die Anordnung wirkt sehr intensiv, der Verbrauch an Sodalösung ist geringfügig, da deren Erwärmung ganz vom Kühlwasser aufgenommen wird, das in gewissen Zeitabständen auf Stationen leicht erneuert werden kann.

Die Anwendung der zuletzt beschriebenen Kühlerform muß jedoch trotz deren guter Wirkung auf jene Fälle beschränkt bleiben, wo die Unterbringung hinsichtlich Gewicht und Volumen noch möglich ist. Dies war bei den Drehstromlokomotiven der Gruppen E 330 und E 550 der FF. SS tatsächlich der Fall, wo ein gewisser Zuwachs an Gewicht die Ausnützung der vollen Zugkraft der Lokomotive erst möglich machte. Bei den neueren Lokomotiven mußte jedoch ein wesentlich leichterer Kühler für den Elektrolyten des Rheostaten verwendet werden. Abb. 376 zeigt den letzten Entwurf der FF. SS schematisch. Dabei wird zur Kondensation der aufsteigenden Dämpfe der Elektrolyt selber benützt, indem dessen kühlste Schichten durch eine Pumpe in der Nähe des Kübelbodens abgesaugt und dem Dampf- oder Kondensatorraum an dessen oberster Stelle zugeführt werden. Das entstehende Gemisch wird an eingebauten Schikanen hinreichend rückgekühlt, überdies wird eine allzu reichliche Verdampfung durch Kühlung der obersten, d. h. heißesten Schicht der Rheostatenflüssigkeit durch einen besonderen vom Pumpenmotor angetriebenen Ventilator hintangehalten.

In Amerika werden bei den im nächsten Abschnitt behandelten Phasenumformer-Lokomotiven zwei Formen Wasseranlasser von wesentlich anderer Bauart verwendet. Bei der einen derselben[1]), besteht die Verbindung zwischen dem Behälter und der Elektrodenkammer in zwei großen kreisförmigen Öffnungen, in welchen sich zylindrische Wehre ventilartig abgedichtet durch Druckluft gesteuert auf- und abbewegen können[2]). Der Elektrolyt wird wieder durch eine von einem kleinen Motor angetriebene Pumpe in beständigem Kreislauf zwischen Behälter und Elektrodenkammer gehalten, wobei die Abflußhöhe aus der letzteren durch Höher- oder Tieferstellen der Wehre reguliert wird. In der obersten Stellung der Wehre erfolgt unmittelbarer Kurzschluß der Elektrodenplatten. Der lichte Durchmesser der Wehre wird so gewählt, daß bei plötzlichem Heruntersenken derselben die Elektrodenkammer ungefähr in einer Sekunde vollständig entleert wird.

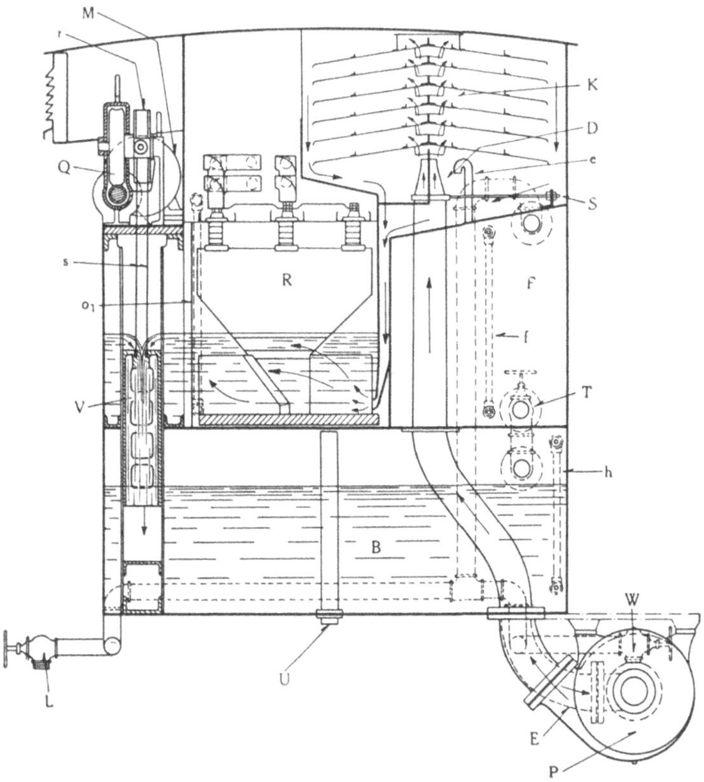

Abb. 377. Wasserwiderstand mit Kühler und elektromotorisch gesteuerten Wehren. (Westinghouse Elc. & Mfg. Co.)

Abb. 377 und 378 zeigen den im wesentlichen nach demselben Prinzip arbeitenden Anlasser der 1 B—B 1-Lokomotiven (Reihe 100) der Virginian Ry. Die von einem Kurzschlußankermotor angetriebene Zentrifugalpumpe *P* hält die Sodalösung in beständigem Kreislauf und fördert sie aus dem Behälter *B* von rund 3000 l Inhalt mit dem Einfüllventil *T*, dem Ablaßventil *Z* und dem Überlaufrohr *U* über die Rohrleitung *E* durch die Düse *D* nach dem Kühlturm *K*, und zwar in zwei getrennten durch den Schieber *S* regelbaren Strömen, die je für sich einer je einem der Triebmotoren zugeordneten Elektrodenkammer R_1 und R_2 zufließen. Von hier gelangt die Lösung immer noch getrennt über je ein in der Höhenstellung regelbares Wehr *V* zurück in den gemeinsamen Behälter *B*, der mit einem Standglas *h* versehen ist. Zur Ergänzung der verdampften Lösung fließt bei *W* Frischwasser dem Kreislauf aus dem Behälter *F* von 1140 l Inhalt zu, der durch das Ventil *L* periodisch nachgefüllt wird und bei *e* mit einem Entlüftungsrohr und bei *f* mit einem Standglas versehen ist. Der Konzentrationsgrad der Lösung bleibt bis zur Erschöpfung des Frischwasservorrats konstant.

Die Elektrodenplatten der beiden Kammern bestehen aus je 6 Einheiten entsprechend den 6 Schleifringen jedes der Triebmotoren und sind derart angeordnet, daß bei den höchsten Stellungen des Wehres *V*, wenn sich die Elektrodenkammer *R* eben erst zu füllen beginnt, die Stromwege zwischen den einzelnen Elektroden durch eingebaute Schikanen aus Speckstein ihre größte Länge aufweisen. Der allen Flüssigkeitsanlassern anhaftende grundsätzliche Nachteil, daß der Endwiderstand unmittelbar vor dem metallischen Kurzschluß immer noch vergleichsweise zu groß ist, um einen stoßfreien Übergang zu ergeben, wird hier dadurch zu vermeiden gesucht, daß zwischen die Elektrodenplatten, die etwa von halber Höhe an sich in zwei parallele Platten gabeln, geeignet distanzierte und gegen die Vertikale geneigte Metallplatten eingeschoben sind, die eine mit steigendem

[1]) Angewendet bei der 1 C—C 1 (Phasenumformer)-Lokomotive Nr. 3931 der Pennsylvania Bahn. Diese Bauart findet sich ferner bei den E-Lokomotiven (Gruppe E 552) und den 1 C 1-Lokomotiven (Gruppe E 333) der FF. SS, ferner bei den (Phasenumformer)-Lokomotiven Achsfolge E der Ungar. Staatsbahnen (E. u. M. 1925, S. 114) und Achsfolge E und 1 D 1 der Ö. B. B. (O. f. F. E. 1924, S. 213; E. u. M. 1926, S. 386).

[2]) D. R. P. 321 949 (Westinghouse Elc. & Mfg. Co.).

Flüssigkeitsspiegel in der Elektrodenkammer zunehmende Verkürzung der Stromwege von Elektrode zu Elektrode bewirken[1]). Der Kurzschluß der Elektrodenplatten und damit der Motorschleifringe erfolgt durch den Kolben *k*, der bei höchstem Flüssigkeitsspiegel in der Elektrodenkammer den Relaisstromkreis des Kurzschlußschalters schließt.

Das Wehr *V* enthält vier rechteckige Öffnungen, hat also in seiner höchsten Stellung den größten Durchgangsquerschnitt, während in seiner untersten Stellung die Elektrodenkammer *R* vom Behälter *B* vollkommen abgesperrt ist. Der Betätigungsmechanismus des Wehres *V* besteht aus dem Motor *M*, der über ein Schneckengetriebe *Q* eine Seilscheibe *r* antreibt, über die Stahlseile *s* geschlungen sind, an denen das Wehr *V* hängt. Wenn durch einen eingedrungenen Fremdkörper die Bewegung des Wehres *V* gebremst wird und daher die Spannung der Seile *s* nachläßt, bewirken die Anschläge *m* die Abschaltung des Antriebsmotors *M*. Dabei wird ein rasches Anhalten desselben durch eine mechanische Bremse bewirkt. Diese besteht aus einer Bremsscheibe, die auf einem der Wellenenden sitzt und deren Bremsschuh über einen Gestängemechanismus von einem federbelasteten Luftkolben betätigt wird. Wird der Antriebsmotor *M* eingeschaltet, dann wird der Luftkolben unter Wirkung eines elektromagnetischen Ventils mit Druckluft gefüllt, die die Federspannung überwindet und damit die Bremse lüftet. Umgekehrt wird bei Abschaltung des Motors *M* der Luftkolben der Bremse mit der Atmosphäre verbunden, die Druckluft entweicht und der Bremsschuh wird durch Federkraft angepreßt. Mit dem Motor *M* ist ferner eine Kontaktscheibe *p* verbunden, die die einzelnen Steuerstromkreise folgerichtig schließt; diese bewirken vor allem ein ruckweises Senken des Wehres *V*, dessen jeweilige Stellung eine Anzeigevorrichtung kenntlich macht.

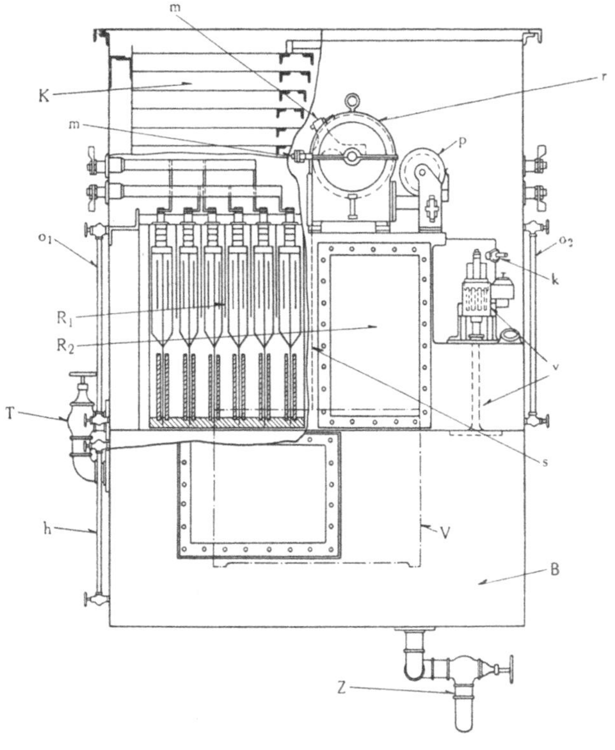

Abb. 378. Wasserwiderstand mit Kühler und elektromotorisch gesteuerten Wehren. (Westinghouse Elc. & Mfg. Co.).

Jede der beiden Elektrodenkammern ist mit Standgläsern o_1 und o_2 und mit einem Plattenventil *v* versehen, das, von einem elektromagnetischen Ventil gesteuert, sich unter Federdruck öffnet und durch Preßluft schließt und in der Offenstellung unabhängig von der jeweiligen Lage des Wehres *V* aus der Elektrodenkammer *R* Sodalösung nach dem Behälter *B* strömen läßt. Dadurch kann durch den Führer stets verhindert werden, daß beim Schleudern der einen von einem der Motoren angetriebenen Triebradgruppe die andere in Mitleidenschaft gezogen wird.

Bei der anderen heute im wesentlichen verlassenen Anlasserbauart[2]) erfolgt die Regelung des Spiegels der Sodalösung durch drehbare Klappen, die je durch Stangen mittels elektromagnetisch gesteuerter Ventile betätigt werden. In der Anfangstellung stehen alle Klappen nach aufwärts geneigt, dann fließt die durch Vermittlung einer Pumpe einströmende Lösung nur unter Berührung der untersten Enden der Elektrodenplatten durch die unterste Klappe wieder ab. Werden nun die einzelnen Klappen in der Reihenfolge von unten nach oben durch Betätigung der korrespondierenden Ventile durch die Meisterwalze im Führerstand in die Horizontalstellung gebracht und dadurch entsprechende Öffnungen im Kübel geschlossen, so steigt die Flüssigkeit sukzessive jeweils bis zur nächsten geöffneten Klappe, um zuletzt beim Schließen der obersten Klappe den ganzen Kübel zu füllen.

Die elektrische Dimensionierung der für Kaskaden- und Parallelbetrieb bestimmten Motoren gleicher Polzahl bietet nichts besonderes und erfolgt nach denselben Gesichtspunkten und Regeln, die für stationäre Motoren gelten[3]). In der Kaskadenschaltung wäre die Leistung der Gruppe theoretisch gerade halb so groß als im Parallelbetrieb. Da aber dabei die Erwärmung des Vordermotors infolge der höheren Wechselzahl und der Stromstärke allgemein wesentlich größer ist als diejenige des Hintermotors, kann bei der üblichen gleichen Bauart beider Motoren der Hintermotor bei der zulässigen Höchstbeanspruchung des Vordermotors nicht voll ausgenutzt werden und die Gruppenleistung in Kaskadenschaltung liegt etwa 15% unter der halben

---

[1]) F. P. 488323, 488753 (Westinghouse Elc. & Mfg. Co.).

[2]) Angewendet bei den 1 B—B 1 (Phasenumformer)-Lokomotiven (Reihe 2500) der Norfolk & Western Bahn (E. R. J. 1915, I, S. 1058; P. A. I. E. E. 1916, S. 116; E. R. J. 1915, I, S. 581, 1058; 1916, I, S. 311, 644; 1918, II, S. 322; 1919, I, S. 552; 1920, I, S. 1202; 1923, II, S. 203. — Siehe El. Journ. 1920, S. 483.

[3]) Bezüglich der Aufstellung richtiger Kreisdiagramme für die Kaskadenschaltung siehe „Die Kaskadenschaltung zweier mehrphasiger Induktionsmaschinen in analytischer und graphischer Behandlung" von H. Kafka (A. f. E. Bd. 8, S. 382), ferner „Diagramma di funzionamento di due motori asincroni in cascata" von E. Pacilli (R. T. F. I. 1921, I, S. 1).

Leistung bei Parallelbetrieb. Dieser Nachteil läßt sich beheben durch Anordnung eines, die Rolle der beiden Motoren als Vorder- und Hintermotor zeitweise wechselnden Umschalters[1]), wodurch die Erwärmung der beiden Motoren unter allen Betriebsverhältnissen annähernd die gleiche ist. Dieser Umschalter wird entweder als besondere Schaltwalze ausgebildet oder mit dem Geschwindigkeitsschalter zu einem einzigen Schalter vereinigt ausgeführt. Im ersteren Fall kuppelt man den Umschalter mittels eines Schaltwerks derart mit dem Motorenschalter, daß entweder beim Abschalten oder beim Einschalten der Motoren der Wechsel der Motoren in ihrer gegenseitigen Funktion erfolgt.

2. Geschwindigkeitsregelung im Verhältnis 1:2 durch Polumschaltung der Motoren.

Abb. 366 zeigt vereinfacht das grundsätzliche Schema dieser praktisch allerdings nur bei den 1 C 1-Lokomotiven (Reihe 364) der S. B. B. (Simplonstrecke)[2]) angewendeten Schaltungsform, die sich von der unter 1. behandelten Kaskadenschaltung in wesentlichen nur durch die innere Schaltung der Motoren und die Funktion des Geschwindigkeitsschalters unterscheidet,

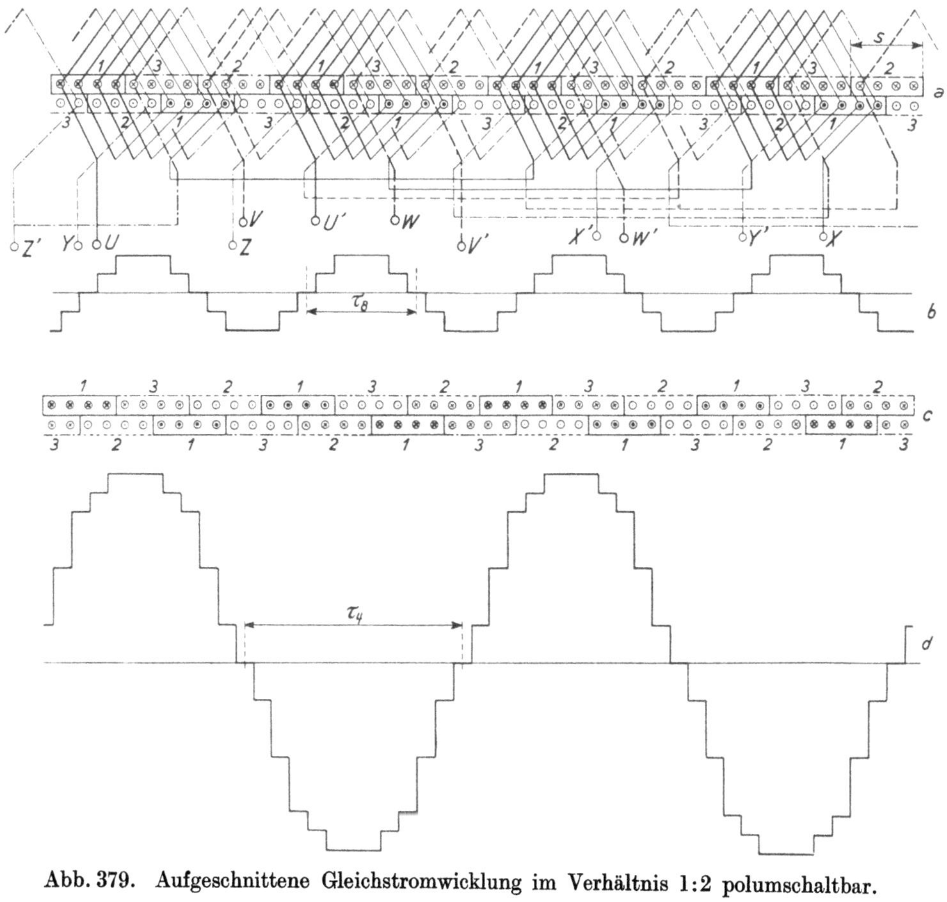

Abb. 379. Aufgeschnittene Gleichstromwicklung im Verhältnis 1:2 polumschaltbar.

der hier doppelt ausgeführt wird und die Statorwicklungsausführungen entsprechend der Polzahl verschieden zusammenzuschalten hat. Der Anlaßwiderstand wird wie früher als Flüssigkeits- oder Metallwiderstand ausgeführt und kann in gleicher Art automatisch reguliert werden.

Das Hauptinteresse konzentriert sich daher hier auf die Motoren und deren Wicklungen im besonderen auf die Ausbildung der letzteren zur Änderung (Umschaltung) der Polzahl[3]) im angenommenen Verhältnis 1 : 2. Die Umschaltung ist dabei immer mit einem Minimum an Wicklungs-

[1]) D. R. P. 345384 (K. v. Kandó). [2]) l. c. S. 354.

[3]) Die Polumschaltung zur Drehzahländerung von Induktionsmotoren wurde, allerdings unter Voraussetzung von Ringwicklungen, erstmalig vorgeschlagen im Jahre 1888 von Tesla (U. S. A. P. 487796) und im Jahre 1890 von Krebs (D. R. P. 54967).

ausführungen so vorzunehmen, daß die den beiden Polzahlen entsprechenden Felder der Sinusform möglichst nahekommen, d. h. einen hohen Wickelfaktor aufweisen. Soll überdies das Drehmoment in beiden Polzahlen gleich sein, dann muß auch die magnetische Beanspruchung im Luftspalt in beiden Fällen annähernd gleich groß sein. Die gleichzeitige Erfüllung aller dieser Forderungen ist allerdings nicht möglich, so daß bei Wahl der Wicklung jedesmal zu überlegen ist, welche Bedingung im Einzelfall gegen die andere zurücktritt.

Abb. 379 zeigt im Schema eine 8polige aufgeschnittene Gleichstromwicklung umschaltbar auf 4 Pole. Gezeichnet ist der Deutlichkeit halber nur die Phase *1*, bestehend aus den Wicklungsabschnitten UX und $U'X'$. Der Schritt entspricht der kleinen Polteilung τ_8, die von der Spulenbreite s zu $^2/_3$ bedeckt wird, so daß sich die Phasen je zur halben Breite überlappen. Werden nun die beiden Phasenhälften gleichsinnig in Reihe geschaltet, also X' mit U' verbunden und in gleicher Weise bei den beiden übrigen nicht gezeichneten Phasen *2* und *3* verfahren, so entsteht bei Verkettung derselben ein 8poliges Drehfeld, dessen Form aus dem bei a) eingezeichneten Stromverlauf leicht bestimmt werden kann (Abb. 379b). Dieser entspricht dem Zeitmoment, wo der Strom in Phase *1* im Maximum ist, während Phase *2* und *3* Ströme je vom halben Maximalwert führen.

Schließt man nun mittels des Polumschalters die Phasenhälften $U'X'$ bzw. $V'Y'$ und $W'Z'$ der nicht gezeichneten Phasen *2* und *3* umgekehrt an, so ergibt sich für den gleichen betrachteten Zeitmoment ein Stromverlauf gemäß Abb. 379c und daraus ein 4poliges Drehfeld von der Form der Abb. 379d. In ganz gleicher Art läßt sich nach dem gezeichnten Schema eine von *12* auf *6*, *16* auf *8* usw. Pole umschaltbare Wicklung entwerfen. Wie ersichtlich, weicht die Feldform in beiden Polzahlen nicht wesentlich von der Sinusform ab. Die Ausnützung der Wicklung ist allerdings keine besonders gute. Unter Annahme unendlich großer Nutzahlen (verteilte Wicklung) bestimmt sich der Wickelfaktor für die einfache Polzahl zu

$$\xi_4 = \frac{1}{\sqrt{2}} \cdot \frac{3}{\pi} = 0{,}675$$

und für die doppelte Polzahl zu

$$\xi_8 = \frac{\sqrt{3}}{2} \frac{3}{\pi} = 0{,}827.$$

Die Zahl der freien zum Polumschalter herauszuführenden Wicklungsenden beträgt je Phase 4 also insgesamt 12. Diese Zahl läßt sich auf die Hälfte reduzieren, wenn man, wie in Abb. 366 bei den Statorwicklungen der beiden Motoren angenommen, die Phasen für die doppelte Polzahl in Dreieck verkettet, für die einfache Polzahl aber die Stromzuleitungen an den Phasenmittelpunkten anschließt und die verbleibenden drei Enden des Wicklungsdreieckes zum gemeinsamen Verkettungspunkt zusammenschließt[1]). Man erhält dann für die einfache Polzahl eine Sternverkettung mit zwei parallelen Gruppen pro Phase, deren eine je im gleichen, deren andere aber im entgegengesetzten Sinne wie in der doppelten Polzahl vom Strom durchflossen wird.

Sind allgemein ξ_1, w_1, p_1 und ξ_2, w_2, p_2 Wickelfaktor, Windungszahl je Phase und Polpaarzahl in der Schaltung für die einfache und doppelte Polzahl, E_1 und E_2 die Phasenspannungen in beiden Fällen, dann ergibt sich für das Verhältnis der magnetischen Beanspruchungen B_1 und B_2 im Luftspalt

$$\frac{B_1}{B_2} = \frac{E_1 \xi_2 w_2 p_1}{E_2 \xi_1 w_1 p_2} \tag{260}$$

da allgemein

$$E = \frac{2\pi}{\sqrt{2}} \xi f w \Phi \cdot 10^{-8} \tag{261}$$

und unter Voraussetzung räumlich sinusförmiger Linienverteilung im Luftspalt

$$\Phi = \frac{2}{\pi} l \tau B = l \frac{D}{p} B, \tag{262}$$

wobei $\tau = \frac{\pi D}{2p}$, D und l Polteilung, Ankerdurchmesser und Länge (Blechpaketbreite) des Motors bedeuten.

In unserem Falle ist

$$p_1 = \frac{p_2}{2}, \quad w_1 = \frac{w_2}{2}, \quad E_1 = \frac{E_2}{\sqrt{3}}, \quad \xi_1 = 0{,}675, \quad \xi_2 = 0{,}827$$

und daher

$$B_1 = 0{,}71\, B_2 .$$

[1]) D. R. P. 147427 und 157899 (M. F. O.).

Die magnetische Beanspruchung im Luftspalt und damit das Drehmoment ist also in der einfachen Polzahl (hohe Geschwindigkeit) um 30% kleiner als in der doppelten oder die Leistung L_1 in der einfachen Polzahl ist gleich das $2 \cdot 0{,}71 = 1{,}42$fache der Leistung L_2 in der doppelten Polzahl (kleine Geschwindigkeit), was für die praktischen Bedürfnisse ohnehin mehr als genügt.

Verkettet man jedoch für die doppelte Polzahl die Phasen in Stern, für die einfache Polzahl aber in Dreieck jetzt aber unter Reihenschaltung der Phasenhälften, dann ist $E_1 = \sqrt{3}\ E_2$ und $w_1 = w_2$ und daher nach Gl. (260) $B_1 = 1{,}06\ B_2$. Bei dieser Art der Verkettung[1]) ist also die Luftinduktion und damit das Drehmoment in beiden Polzahlen praktisch gleich groß und die Leistung bei der einfachen Polzahl zweimal so groß als bei der doppelten. Dafür sind aber pro Phase 4, also insgesamt 12 Wicklungsausführungen erforderlich und die Rückenhöhen im Stator und Rotor sind für den zweifachen der doppelten Polzahl entsprechenden Kraftfluß zu bemessen. Man wird daher der zuerst behandelten Verkettungsart mit Dreieckschaltung in der doppelten Polzahl und Sternschaltung in der einfachen Polzahl mit parallelgeschalteten Phasenhälften den Vorzug geben, zumal von der hohen bei der 2. Geschwindigkeitsstufe verfügbaren Leistung ohnehin praktisch kein Gebrauch gemacht werden kann.

Die eben behandelte Wicklung ist in ihrer Ausführung als Niederspannungs-Stabwicklung besonders als Rotorwicklung geeignet, wobei Anfang und Ende jeder Phase je an einen Schleifring angeschlossen werden. Führt man, wie in Abb. 366 angenommen, die Mitten der drei offenen Phasen zu einem gemeinsamen Verkettungspunkt zusammen und schließt die 6 Schleifringe auf den Anlaßwiderstand und zuletzt kurz, dann wird die Wicklung bei Einschaltung der doppelten Polzahl im Stator als dreiphasige Sternschaltung mit zwei parallelen Zweigen je Phase, bei der doppelten Polzahl aber als sechsphasige Sternschaltung induziert[2]).

Nach demselben Prinzip läßt sich eine einschichtige im Verhältnis 1 : 2 polumschaltbare Spulenwicklung[3]) entwerfen, die als Statorwicklung für Hochspannung begreiflicherweise vorteilhafter ist. Die Wicklung ist im Aufbau einer normalen Spulenwicklung für dreiphasigen Wechselstrom mit einer Spulenweite entsprechend der kleineren Polteilung vollkommen gleich, nur die Verbindungen der einzelnen Phasenspulen sind analog der Zweischichtwicklung (Abb. 379) jeweils mit Überspringen der nächsten der gleichen Phase zugehörigen Spule auszuführen, um zwei magnetisch gleichwertige Phasenhälften zu erhalten. Die Umschaltung durch Stromumkehr je in einer Phasenhälfte durch Dreieck-Sternumschaltung erfolgt genau in gleicher Weise wie bei der Zweischichtwicklung.

Abb. 380 zeigt schematisch eine Wicklung dieser Art umschaltbar von 8 auf 4 Pole unter Verwendung von 24 Spulen (zwei Nuten je Pol und Phase). Links ist Stromverlauf, Feldform und Verkettung für die achtpolige Schaltung eingezeichnet, rechts davon das gleiche für die vierpolige Schaltung. In achtpoliger Schaltung entspricht die Feldform vollkommen jener der normalen dreiphasigen Spulenwicklungen, deren Spulenbreite $^1/_3$ der Polteilung bedeckt $\left(\xi_8 = \frac{3}{\pi} = 0{,}955\right)$. In vierpoliger Schaltung ergibt sich eine von der Sinusform stark abweichende Feldform mit $\xi_4 = \frac{12 \sin 15^0}{\pi \sqrt{2}} = 0{,}699$. Daher ist hier das Verhältnis der magnetischen Beanspruchungen, wenn man in erster Annäherung die räumliche Verteilung der Induktion im Luftspalt und deren Verschiedenheit in beiden Polzahlen außer Betracht läßt,

$$\frac{B_4}{B_8} = \frac{0{,}955}{\sqrt{3} \cdot 0{,}699} = 0{,}8.$$

Die Leistung bei der einfachen Polzahl könnte also theoretisch das $2 \cdot 0{,}8 = 1{,}6$fache der der doppelten Polzahl entsprechenden Leistung betragen. Es ist jedoch unter Berücksichtigung einer ausreichenden Überlastungsfähigkeit empfehlenswert, die Nennleistung nicht so hoch anzusetzen, da hier die Feldoberwellen niederer Ordnung als doppeltverkettete Streuung einen vergleichsweise hohen Anteil zum totalen Streuungskoeffizienten liefern und damit den Kurzschlußstrom stark begrenzen. Die Vorausberechnung der doppeltverketteten Streuung ist daher bei polumschaltbaren Motoren allgemein unerläßlich, wenn man vor unliebsamen Überraschungen sicher sein will; sie ist durch Zerlegung der vom Stator und Rotor erzeugten Felder in ihre Oberwellen auf exaktem Wege[4]), durch Ermittlung eines von der Differenz der beidseitig gegeneinander

---

[1]) D. R. P. 400304, F. P. 510890 (S. S. W.).

[2]) Angewendet bei den Rotoren der Motoren der 1 C 1-Lokomotiven (Reihe 364) der S. B. B. (Simplontunnel). — E. u. M. 1919, S. 214.

[3]) D. R. P. 98417, U. S. A. P. 725415, Schweiz. P. 14112 (R. Dahlander und K. A. Lindström). — Angewendet bei den Statorwicklungen der Motoren der 1 C 1-Lokomotiven (Reihe 364) der S. B. B. (Simplontunnel.) — E. u. M. 1919, S. 214).

[4]) Niethammer, Prof. Dr. F.: E. u. M. 1916, S. 416; E. u. M. 1918, S. 144; E. u. M. 1919, S. 377. Dreyfus, Dr. L.: E. u. M. 1919, S. 149.

wirkenden Amperewindungen erzeugten fiktiven Differenzfeldes[1]) in einer für die Praxis ausreichenden Genauigkeit möglich.

In ganz gleicher Weise werden Wicklungen für höhere im Verhältnis 1 : 2 stehende Polzahlen entworfen, also 12 : 6, 16 : 8 usw. Die Zahl der freien Schaltenden ist von der Polzahl unabhängig.

Die Änderung der Polzahl durch Änderung der Stromrichtung je in einer Phasenhälfte schließt gleichzeitig auch eine Änderung des Umlaufsinnes des Drehfeldes in sich. Der Polumschalter, der wieder als stromlos zu betätigender Walzenschalter mit servomotorischem Antrieb ausgeführt zu werden pflegt, ist daher so auszubilden, daß gleichzeitig mit der Änderung der Verbindungen zur Änderung der Polzahl auch zwei Statorzuleitungen umgekehrt angeschlossen werden.

Die Regelung der als Flüssigkeits- oder Metallwiderstände ausgebildeten Anlasser erfolgt in der gleichen Weise wie im vorhergehenden Abschnitt beschrieben wurde.

Naheliegend wäre es auch, den **Rotor** als **Kurzschlußanker** auszubilden, der ja auf jede vom Stator her induzierte Polzahl anspricht. Um jedoch ein einigermaßen ausreichendes An-

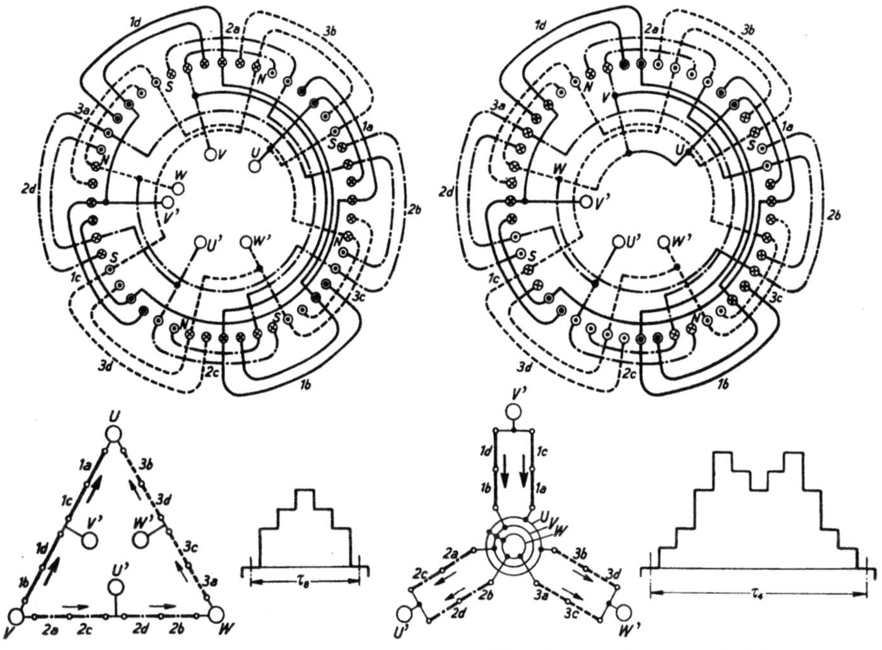

Abb. 380. Dreiphasige Spulenwicklung im Verhältnis 2 : 1 polumschaltbar.
(R. Dahlander und K. A. Lindström.)

zugsmoment zu erzielen, müßte der Wicklungskäfig mit vergleichsweise großem Widerstand ausgeführt werden, der dann wieder die Verhältnisse bei Lauf hinsichtlich Schlupf und Verluste verschlechtert. Es ist daher vorgeschlagen worden, den Rotor außer mit der gewöhnlichen Käfigwicklung mit geringem Widerstand, deren Stäbe oben in der Nut liegen, mit einer Anlaufwicklung von hohem Widerstand zu versehen, die aus einzelnen im Nutgrund untergebrachten, je im Schritt der kleinen Polteilung in sich kurz geschlossenen Spulen bestehen, deren Spulenseiten bei Lauf mit der kleinen Polzahl gleichsinnig induziert werden und daher stromlos bleiben[2]).

Eine konstruktiv bessere Lösung stellt der Kurzschlußanker von A. Aichele dar[3]), bei dem die einzelnen mit geringem Widerstand ausgeführten Spulen im Schritt der großen Polteilung τ_1 in sich kurzgeschlossen und beidseitig über Bänder aus Material von hohem Widerstand an die Kurzschlußringe angeschlossen sind. Wird nun im Stator (beim Anfahren) die doppelte Polzahl (Polteilung τ_2) eingeschaltet, dann haben die in den Stäben einer und derselben Ankerspule induzierten Ströme gleiche Richtung und können sich nur über die Widerstandsverbinder und die vom Nachbarpol induzierten Spulen schließen. Bei Umschaltung aber auf die doppelte Polzahl schließen sich die Rotorströme zum weitaus überwiegenden Teil in den in sich kurz-

[1]) Sachs, Dr. K.: E. u. M. 1918, S. 26. [2]) D. R. P. 173200 (F. M. Lewis).
[3]) Schweiz. P. 80285, F. P. 490893, siehe auch B. S. E. V. 1923, S. 145. — Eine ähnliche Konstruktion hat früher schon M. Déri angegeben (Z. f. E. 1898, S. 285 und D. R. P. 98653, Ö. P. 649, Ö. P. 827). Siehe ferner D. R. P. 383690 und 383693 (R. Richter).

geschlossenen widerstandsarmen Spulen. Der Vorteil des Aicheleschen Ankers liegt darin, daß die Widerstandsverbinder frei zu beiden Seiten des Blechpakets angeordnet sind und dadurch sehr gut gekühlt werden können.

3. Geschwindigkeitsregelung in vier Stufen durch Vereinigung von Polumschaltung und Kaskadenschaltung.

Bei dieser gewissermaßen allgemeinsten Form der Geschwindigkeitsregelung, deren Prinzip bereits auf S. 355 erläutert wurde und auf die sich das Schema der Abb. 367 bezieht, stehen die durch Umschaltung zu erzielenden Polzahlen der Triebmotoren allgemein in einem kleineren Verhältnis als 2 : 1. Am häufigsten angewendet wurden bis jetzt Wicklungen, die sich von 8 auf 6 Pole umschalten lassen (Umschalteverhältnis 4 : 3), die in Verbindung mit Kaskadenschaltung in jeder Polzahl eine Geschwindigkeitsstufung im Verhältnis 3 : 4 : 6 : 8 ergeben. Daneben sind später auch von 12 auf 8 Pole umschaltbare Wicklungen geschaffen worden (Umschalteverhältnis 3 : 2), die eine Geschwindigkeitsstufung im Verhältnis 2 : 3 : 4 : 6 ergeben, die den Bedürfnissen des praktischen Eisenbahnbetriebes besser entspricht. Die Art der Umschaltung kann jedoch in beiden Fällen die gleiche sein, d. h. beide Polzahlverhältnisse lassen sich durch Änderung der Phasenzahl oder bei unveränderter Phasenzahl durch Änderung der Stromrichtung in einzelnen Wicklungsabschnitten erreichen. Beide Arten der Umschaltung wieder können sowohl bei Spulen- wie bei aufgeschnittenen Gleichstrom-Stabwicklungen zur Anwendung kommen, so daß sich eine große Mannigfaltigkeit der ausführbaren Wicklungen ergibt, unter denen jedoch wenigstens für Lokomotivmotoren wieder nur jene in Betracht kommen, die bei geringster Zahl freier Ausführungen in beiden Polzahlen günstige Feldkurven und wenigstens annähernd gleiche Luftinduktion ergeben[1]). Allgemein bedingen die Wicklungen mit gleichzeitiger Phasenzahländerung von 3 oder 6 auf 2 oder 4 (oder umgekehrt) vergleichsweise die geringere Zahl freier Wicklungsenden bzw. wenn es sich um Rotorwicklungen handelt, von Schleifringen, ergeben also eine einfache Schaltapparatur. Soll bei der Umschaltung die Phasenzahl beibehalten werden, so ergeben sich zahlreiche freie Wicklungsenden und schwerfällige Steuerwalzen, dagegen ist es hier leicht, namentlich bei Gleichstromwicklungen durch geeignete Wahl des Wicklungsschrittes und der Spulenbreite und damit in Verbindung der Größe der Phasenüberlappung bei zweischichtiger Ausführung bei beiden Polzahlen günstige Verhältnisse zu schaffen.

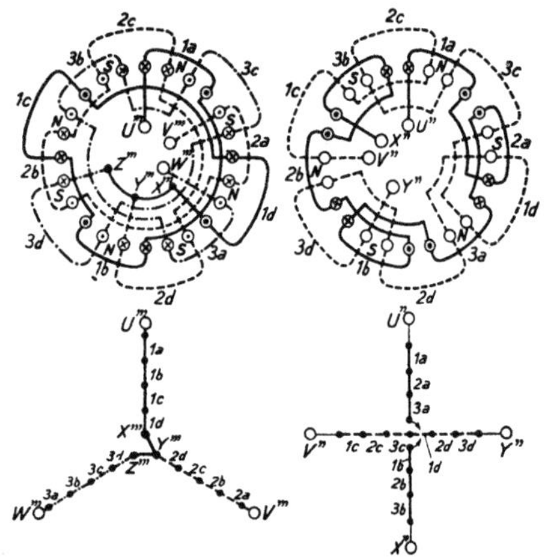

Abb. 381. Dreiphasige Spulenwicklung (Statorwicklung) mit langen Spulen im Verhältnis 4 : 3 polumschaltbar durch Änderung der Phasenzahl. (M. Stern.)

a) Wicklungen zur Änderung der Polzahl im Verhältnis 4:3 oder 3:2 durch Änderung der Phasenzahl.

α) **Statorwicklungen.** Jede normale dreisphasige $8n$-polige Spulenwicklung mit langen Spulen und einer Spulenbreite $s_3 = \frac{\tau_8}{3}$ kann, wie Abb. 381 zeigt, in eine zweiphasige $6n$-polige Wicklung mit $s_2 = \frac{\tau_6}{2}$ umgeschaltet werden. Dabei bilden in $8n$-poliger Schaltung die in Reihe geschalteten Spulen, d. h. besser Spulengruppen $1a$, $1b$, $1c$, $1d$, bzw. $2a$, $2b$, $2c$, $2d$ und $3a$, $3b$, $3c$, $3d$ die drei in Stern verketteten Phasen, während in $6n$-poliger Schaltung die in Reihe geschalteten Spulen $1a$, $2a$, $3a$, $1b$, $2b$, $3b$ und $1c$, $2c$, $3c$, $1d$, $2d$, $3d$ je eine Phase eines unverketteten Zweiphasensystems bilden[2]). In beiden Schaltungen ergeben sich also Felder der normalen drei- oder zweiphasigen Lochwicklungen. Kennzeichnend für die Wicklung ist, daß allgemein in $6n$-poliger Schaltung die Nutenzahl und damit Leiterzahl je Pol und Phase doppelt so groß und die gesamte Leiterzahl je Phase 1,5mal größer ist als in

[1]) Eine systematische Behandlung dieser Wicklungen siehe bei G. M. Pestarini, Contribuzione al problema del motore a induzione a piu velocità di sincronismo, l'Elettrotecnica 1922, S. 8, ferner Bianchi, G.: Riassunto di studi su locomotori con motori asincroni, l'Elettrotecnica 1924, S. 334ff. und H. de Pistoye: Sur l'étude des moteurs asynchrones polyphasés à plusieurs, vitesses R. G. E. 1927, II, S. 725ff. — Siehe auch Guastalla, G.: Note sui motori asincroni trifasi, R. T. F. I. 1918, I, S. 30.

[2]) D. R. P. 200661, Ö. P. 37750, Schweiz. P. 43822, F. P. 390897 (M. Stern). — Angewendet bei den Statoren der Motoren der 1 C 1-Lokomotiven (Gruppe E 330) der FF. SS (R. T. F. I. 1915, II, S. 1ff) und der 1 D 1-Lokomotiven (Gruppe E 431) der gleichen Bahnverwaltung.

$8n$-poliger Schaltung. Unabhängig von n beträgt die Zahl der freien zum Polumschalter zu führenden Wicklungsenden 24.

Soll in beiden Polzahlen die Luftinduktion gleich sein, dann müssen hier, da $w_6 = 1{,}5\,w_8$, $\xi_6 = 0{,}92$, $\xi_8 = 0{,}96$, $p_6 = 3$, $p_8 = 4$ die aufzudrückenden Phasenspannungen nach Gl. (260) im Verhältnis stehen

$$\frac{E_6}{E_8} = \frac{\xi_6 w_6 p_8}{\xi_8 w_8 p_6} = \frac{0{,}92 \cdot 1{,}5 \cdot 4}{0{,}96 \cdot 3} = 1{,}9.$$

Da nun bei $8n$-poliger Sternschaltung der Phasen die Primärspannung ohnehin gleich ist $\sqrt{3} \cdot E_8$, muß diese bei $6n$-poliger Schaltung nur um 10% größer sein, was aber leicht zu machen ist, da für die zweiphasige Speisung in $6n$-poliger Schaltung ohnehin ein Dreiphasen-Zweiphasentransformator (*AT* in Abb. 367) vorhanden sein muß.

Werden statt der üblichen langen Spulen kurze Spulen verwendet, die also immer je zwei Spulen der beiden anderen Phasen übergreifen und dadurch zu der bekannten Anordnung der Spulenköpfe in drei Ebenen führen, dann ergibt sich in $6n$-poliger Schaltung ein offen vierphasiges System[1]), der Zwischentransformator muß also dann als Dreiphasen-Vierphasentransformator ausgebildet sein.

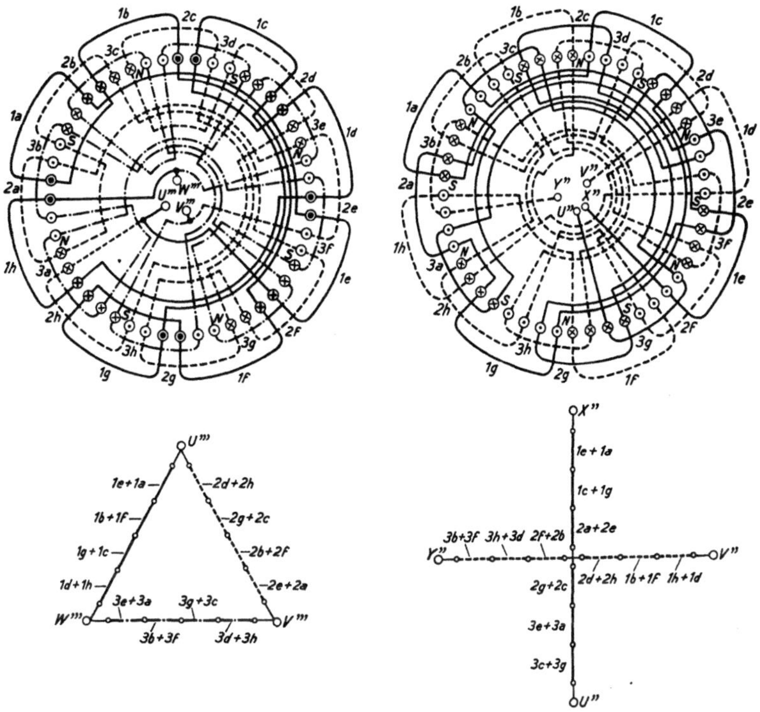

Abb. 382. Dreiphasige Spulenwicklung (Statorwicklung) mit kurzen Spulen im Verhältnis 2:3 polumschaltbar durch Änderung der Phasenzahl. (O. T. Bláthy.)

Die zuletzt erwähnte $8n$-polige Dreiphasenwicklung mit kurzen Spulen läßt sich, wie Abb. 382 zeigt, in ähnlicher Weise, auch im Verhältnis 2:3 auf eine zweiphasige oder vierphasige $12n$-polige Wicklung umschalten[2]), wenn man die in einer jeden Phase der $8n$-poligen Dreiphasenwicklung aufeinanderfolgenden Spulen abwechselnd in die eine oder andere Phase der Zweiphasenwicklung schaltet[3]), wobei bei Wahl der Phasenanfänge nur darauf zu achten ist, daß in zweiphasiger Schaltung (12polig) eine jede Spule zwei, in die g l e i c h e Phase geschaltete Nachbarspulen um eine Spulenseitenbreite übergreift. Da die Stromrichtung immer in je zwei Spulen je Phase (dreiphasig und 8polig) in beiden Polzahlen die gleiche ist, können diese dauernd in Reihe geschaltet bleiben. Dadurch zerfällt jede Phase in 4 Spulengruppen mit 8 Enden, so daß die Zahl der freien zum Polumschalter führenden Wicklungsenden 24 beträgt. In beiden Polzahlen ergeben sich, wie aus dem eingetragenen Stromverlauf ersichtlich ist, wieder reguläre Drehfelder mit den Wicklungsfaktoren $\xi_8 = 0{,}96$ und $\xi_{12} = 0{,}92$. Da ferner $w_{12} = 1{,}5\,w_8$, $p_8 = 4$ und $p_{12} = 6$, müssen bei gleicher Luftinduktion die aufzudrückenden Phasenspannungen nach Gl. (260) im Verhältnis

$$\frac{E_{12}}{E_8} = \frac{\xi_{12} w_{12} p_8}{\xi_8 w_8 p_{12}} = \frac{0{,}92 \cdot 1{,}5 \cdot 4}{0{,}96 \cdot 6} = 0{,}96$$

stehen, d. h. sie sind praktisch einander gleich und der primäre Dreiphasen-Zweiphasen-Transformator kann mit dem Übersetzungsverhältnis 1:1 ausgeführt werden, wenn man gemäß Abb. 382 die Phasen in 8poliger Schaltung in Dreieck verkettet.

[1]) D. R. P. 394043 (K. v. Kandó).

[2]) Da die $8n$-polige Schaltung elektrisch die Ausgangswicklung ist, kann von einer Umschaltung von $8n$ auf $12n$ Pole gesprochen werden. Im praktischen Lokomotivbetrieb wird bei Aufwärtsschaltung natürlich von $12n$ Pole auf $8n$ Pole umgeschaltet.

[3]) D. R. P. 357436, F. P. 534394, Schweiz. P. 97519 (O. T. Bláthy).

Läßt man in der Zweiphasenschaltung die Spulen an der einen Seite mit drei Spulenseiten übergreifen, am anderen Ende aber in dem Abstande einer Spulenseitenbreite aufeinander folgen, so läßt sich die Polumschaltung auch im Verhältnis $4n:3n$ bei nicht ungünstiger Feldform ausbilden[1]).

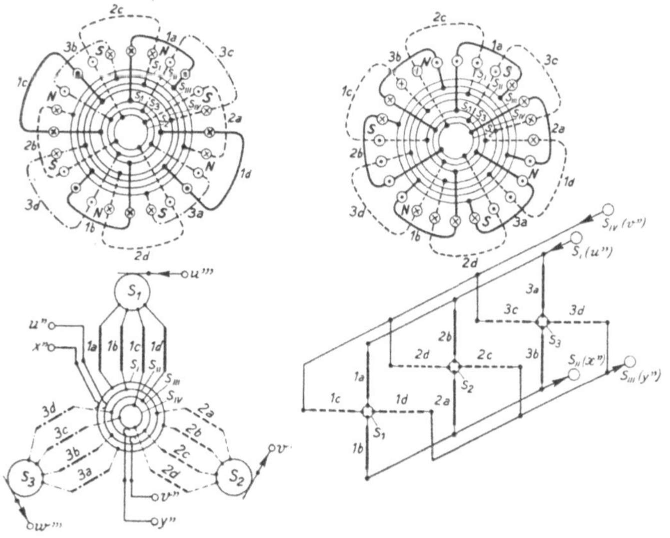

Abb. 383. Dreiphasige Spulenwicklung (Rotorwicklung) mit langen Spulen im Verhältnis 4:3 polumschaltbar durch Änderung der Phasenzahl. (M. Milch.)

Die bisher behandelten Wicklungen waren ausgesprochene Spulenwicklungen, die jedoch ohne Änderung des Prinzips der Schaltung auch als Stabwicklungen (Gleichstromwicklungen) entworfen werden können[2]).

β) **Rotorwicklungen.** Als Rotorwicklungen sind die behandelten Wicklungen nicht unmittelbar brauchbar, da die große Zahl freier Wicklungsenden eine konstruktiv unmögliche Zahl von Schleifringen bedingen würde. Ein Ausweg bestünde wohl darin, die passende Zusammenschaltung der Wicklungsenden im Rotor durch mitrotierende Schalter besorgen zu lassen. Diese bei anderer Gelegenheit (s. u.) auch ausgeführte Art der Umschaltung kann jedoch durch geeignete Abänderung der Wicklungen vermieden werden.

Die Wicklung nach Abb. 383 beispielsweise ist aus der nach Abb. 381 abgeleitet und unterscheidet sich von dieser dadurch, daß die einzelnen Spulen oder Spulengruppen $1a$, $1b$, $1c$, $1d$ bzw. $2a$, $2b$, $2c$, $2d$ bzw. $3a$, $3b$, $3c$, $3d$ je Phase nicht in Reihe sondern parallelgeschaltet und mit Hilfe der Schleifringe S_{I}, S_{II}, S_{III}, S_{IV} zu einer Sternschaltung mit 4 Nullpunkten verkettet werden, deren drei Phasenenden durch die Schleifringe $S_1 S_2 S_3$ gebildet werden. Bei 8poliger Statorschaltung werden diese mit dem Anlaßwiderstand verbunden und zuletzt kurzgeschlossen, während die auf den Ringen $S_{\mathrm{I}}, S_{\mathrm{II}}, S_{\mathrm{III}}, S_{\mathrm{IV}}$ schleifenden Bürsten stromlos sind und abgehoben werden können (Abb. 383 links). Bei 6poliger Statorschaltung hingegen wird der Anlaßwiderstand über $u'' x''$ und $v'' y''$ vierphasig an die Schleifringe S_{I}, S_{II}, S_{III}, S_{IV} angeschlossen. Die Wicklung kann dann als verkettete vierphasige Sternschaltung aufgefaßt werden, bestehend aus den 3 parallelgeschalteten selbständigen Vierphasensystemen $1a$, $1d$, $1b$, $1c$

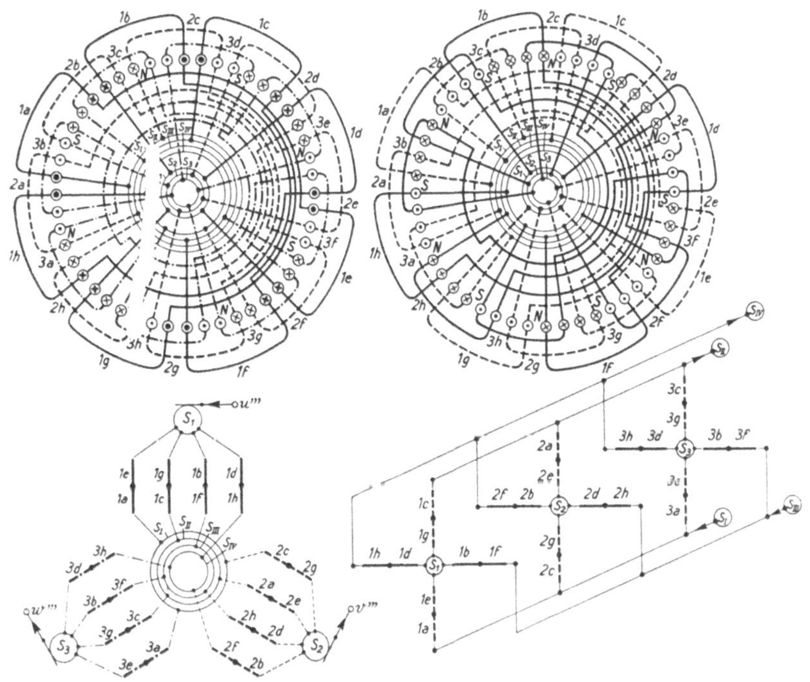

Abb. 384. Dreiphasige Spulenwicklung (Rotorwicklung) mit kurzen Spulen im Verhältnis 2:3 polumschaltbar durch Änderung der Phasenzahl. (O. T. Bláthy.)

[1]) D. R. P. 383691 (O. T. Bláthy). [2]) Siehe auch D. R. P. 374241 (AEG).

bzw. $2b$, $2c$, $2a$, $2d$ bzw. $3a$, $3d$, $3b$, $3c$ je mit S_1, S_2 und S_3 als Sternpunkt (Abb. 383). rechts Die Wicklung wird wie eine gewöhnliche 8polige Dreiphasenwicklung mit langen Spulen ausgeführt und benötigt zur Umschaltung nur 7 Schleifringe[1]). Bei zweiphasiger Verkettung an Stelle der vierphasigen sind 9 Schleifringe erforderlich[2]).

In ähnlicher Weise läßt sich aus der in Abb. 382 dargestellten Wicklung mit kurzen Spulen eine im Verhältnis 3 : 2 (12 und 8 Pole) umschaltbare Rotorwicklung unter Verwendung von 7 Schleifringen entwickeln (Abb. 384)[3]). Bei 8poliger Statorschaltung wird die Wicklung dreiphasig induziert. Jede Phase besteht aus 4 parallelen Gruppen, der Anlaßwiderstand wird an die Schleifringe $S_1 S_2 S_3$ angeschlossen (Abb. 384 links). Bei 12poliger Statorschaltung wird die Wicklung vierphasig induziert, wobei wieder 3 parallelgeschaltete Vierphasensysteme mit S_1, S_2, S_3 als Verkettungspunkte entstehen. Der Anschluß des Anlaßwiderstandes erfolgt an den Schleifringen S_{I}, S_{II}, S_{III} und S_{IV} (Abb. 384 rechts).

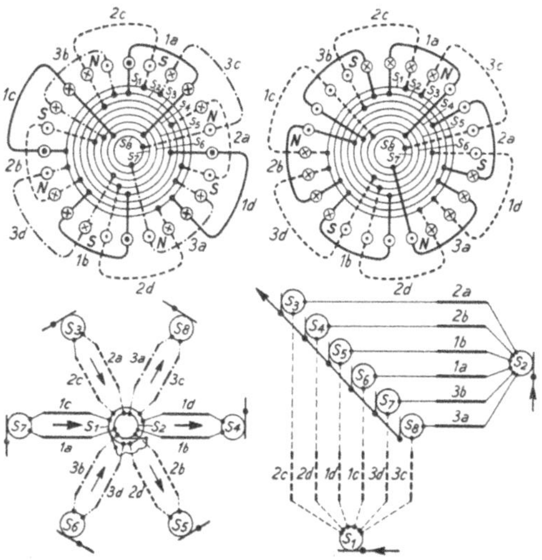

Abb. 385. Dreiphasige Spulenwicklung (Rotorwicklung) mit langen Spulen im Verhältnis 4:3 polumschaltbar durch Änderung der Phasenzahl. (M. F. O.)

Bei der in Abb. 385 schematisch dargestellten Schaltung werden die im Schritt der kleinen Polteilung ausgeführten 12 Spulen bzw. Spulen-

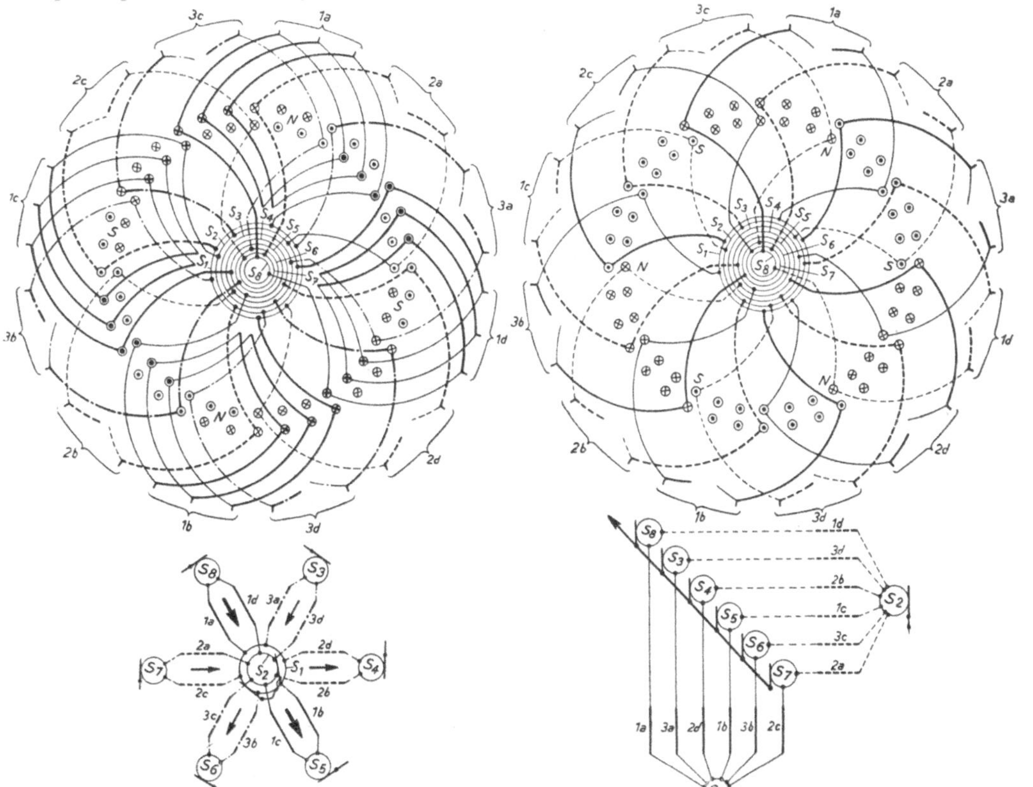

Abb. 386. Dreiphasige zweischichtige Schleifenwicklung (Rotorwicklung) im Verhältnis 2:3 polumschaltbar durch Änderung der Phasenzahl. (Società Italiana Ernesto Breda, Mailand.)

[1]) D. R. P. 237147, Schweiz. P. 54387, E. P. 22717/1910, Ö. P. 47323 (M. Milch). — Angewendet bei den Rotoren der Motoren der 1 C 1-Lokomotiven (Gruppe E 330) (R. T. F. I. 1915, II, S. 1ff.) und der 1 D 1-Lokomotiven (Gruppe E 431 und E 470) der FF. SS.

[2]) D. R. P. 217507, Schweiz. P. 54386 (M. Stern, M. Milch).

[3]) Angewendet bei den Rotoren der 1 C 1-Lokomotiven (Gruppe E 333) und der E-Lokomotiven (Gruppe E 552) der FF. SS.

gruppen sechsphasig in Stern verkettet, indem man die Enden der elektrisch wie räumlich um 60° gegeneinander phasenverschobenen Spulen $1c$, $2c$, $3c$, $1d$, $2d$, $3d$ mit ihrem einen Ende an den Schleifring S_1, die übrigen gleichfalls um 60° gegeneinander verschobenen Spulen $1a$, $2a$, $3a$, $1b$, $2b$, $3b$ einendig an den Schleifring S_2 anschließt, beide Ringe als Verkettungspunkt miteinander verbindet und die verbleibenden freien Spulenenden je zu zweit unter Beachtung der richtigen Phasenlage an die Schleifringe S_3 bis S_8 anschließt[1]). Bringt man einen auf diese Art geschalteten Rotor in einen 8poligen Stator, so bilden die sechsphasig (unter 60° verschoben) induzierten Ströme ein 8poliges Drehfeld aus. Bei 6poliger Umschaltung der Statorwicklung wird die Rotorwicklung zweiphasig induziert und die Rotorströme bilden ein 6poliges Feld aus. Die einzige Umschaltung, die vorgenommen werden muß, besteht in der Lösung der leitenden Verbindung zwischen den Schleifringen S_1 und S_2 und der Herstellung einer solchen unter den Schleifringen S_3 bis S_8. An die so entstandenen drei Enden wird der Anlaßwiderstand zweiphasig angeschlossen, wobei die Ableitungen von S_1 und S_2 die beiden Außenleiter, jene von S_3 bis S_8 den Mittelleiter bilden.

In ähnlicher Weise läßt sich unter Verwendung von 8 Schleifringen eine im Verhältnis von $4n$ auf $6n$ umschaltbare zweischichtige Gleichstromwicklung ausbilden, deren Spulenweite zwischen der großen und kleinen Polteilung liegt. Die Art der Zusammenschließung der 12 Spulengruppen $1a$ bis $1d$, $2a$ bis $2d$, $3a$ bis $3d$ geht unmittelbar aus Abb. 386 hervor. In $4n$-poliger Schaltung ergibt sich ein symmetrisches Sechsphasen-, in $6n$-poliger Schaltung ein symmetrisches Zweiphasensystem[2]).

b) Wicklungen zur Änderung der Polzahl im Verhältnis 4:3 oder 3:2 bei unveränderter Phasenzahl durch Änderung der Stromrichtung in einzelnen Wicklungsteilen.

Eine Gruppierung dieser Wicklungen ist einerseits nach der Phasenzahl andererseits nach der Ausführung als ein- oder zweischichtige (Gleichstrom)-Stabwicklungen oder einschichtige Spulenwicklungen möglich. Theoretisch besteht also hier die größte Mannigfaltigkeit, praktisch aber haben die dreiphasigen Gleichstromwicklungen wegen ihrer leichteren Anpassungsfähigkeit an die bei den einzelnen Fahrstufen geforderten Leistungen die größere Bedeutung, wenn auch deren wickeltechnische Ausführung schon bei 3000 Volt nicht mehr ganz einfach ist s. u.)[3]).

Abb. 387 zeigt beispielsweise oben eine einschichtige Schleifenwicklung, die in 72 Nuten untergebracht und in 18 Wicklungsabschnitte 1 bis 2, 3 bis 4, 5 bis 6 bis und mit 35 bis 36 zu je 4 Nuten mit gleicher Leiterzahl in Reihe unterteilt ist. Es ergeben sich somit theoretisch 36 freie Wicklungsenden. Der Wicklungsschritt umfaßt 9 Nutenteilungen, entspricht also genau der großen Polzahl 8. Werden die Wicklungsenden wie in Abb. 387 oben durch den Polumschalter verbunden, so ergibt sich eine normale 8polige Dreiphasenwicklung mit 3 Nuten je Pol und Phase mit $\xi_8 = 0{,}96$. Für die 6polige Schaltung ergibt sich (Abb. 387 unten) eine Dreiphasenwicklung mit verkürztem Schritt und gleicher in Reihe geschalteter Leiterzahl je Phase ($\xi_6 = 0{,}9$)[4]). Wie sich aus Gl. (260) unmittelbar berechnen läßt, ist bei gleicher Art der Phasenverkettung in beiden Polzahlen die Luftinduktion und damit das Drehmoment in der 6poligen Schaltung im Verhältnis $1 : \frac{0{,}9 \cdot 4}{0{,}96 \cdot 3} = 1 : 1{,}26$ kleiner als in der 8poligen, die Leistungen bei der großen und kleinen Polzahl stehen damit im Verhältnis $1 : \frac{1}{1{,}26} \cdot \frac{8}{6} = 1 : 1{,}06$, sind also praktisch gleich groß, was für die Bedürfnisse der Praxis in der Regel ausreicht. Allenfalls kann in 6poliger

[1]) D. R. P. 286224, Schweiz. P. 70022 (M. F. O.). — Angewendet bei den Rotoren der 2 C 2-Lokomotiven (Gruppe E 332) der FF. SS (R. T. F. I. 1918, I, S. 97; Period. Mitt. der M. F. O. Nr. 100; ETZ 1920, S. 138).

[2]) It. P. 625/28 (Società Italiana Ernesto Breda per Costruzioni Meccaniche). — Angewendet bei den Rotoren der Motoren der 1 D 1-Lokomotiven Gruppe E 472 der FF. SS (R. T. F. I. 1926, II, S. 41 und S. 453ff. dieses Buches). — In gleicher Art läßt sich eine analoge von $6n$ auf $8n$ Pole umschaltbare Wicklung ausbilden mit einer der kleineren Polteilung entsprechenden Spulenweite, die nun in der kleineren Polzahl zweiphasig und in der größeren sechsphasig induziert wird (D. R. P. 415298 der A. E. G.).

[3]) Eine im Verhältnis 3:2 (beispielsweise von 12 auf 8 Pole) umschaltbare in beiden Polzahlen dreiphasige Spulenwicklung hat K. v. Kandó im D. R. P. 383692 angegeben. Die Wicklung ist gleichzeitig nach dem Schema der Abb. 380 auf 6 Pole umschaltbar, da die Spulenweite der großen Polzahl (12) entspricht. Aus dem gleichen Grunde ist allerdings die Feldform bei der kleinen Polzahl (8) eine ungünstige. Durch Kaskadenschaltung zweier derartig bewickelter Motoren in 12poliger Schaltung läßt sich eine Geschwindigkeitsstufung im Verhältnis 1:2:3:4 erzielen.

[4]) It. P. 131888, 152527 (B. B. C.); D. R. P. 289348, Schweiz. P. 79103 (M. F. O.); siehe ferner U.S. A. P. 1170618 (Dudley) u. F. P. 491752 (Lewis). — Angewendet bei den Statoren der Motoren der 2C2-Lokomotiven (Gruppe E 331 und E 332) der FF. SS (R. T. F. I. 1916, II, S. 213; BBC-Mitt. 1918, S. 87ff. bzw. R. T. F. I. 1918, I, S. 97; Period. Mitt. der M. F. O. Nr. 100; ETZ 1920, S. 138).

Schaltung bzw. 6poliger Kaskade die Statorwicklung des Vordermotors in Dreieck-Stern kombiniert geschaltet werden. Die Zahl der freien Schaltenden läßt sich auf 33 reduzieren, wenn man, wie in Abb. 387 angedeutet, in den Phasen *U*, *V*, *W* aus den Enden *10*, *11* und *5* der bei beiden Polzahlen im gleichen Sinne vom Strom durchflossenen Wicklungsabschnitte *9—10*, *12—11* und *6—5* unmittelbar, d. h. innerhalb des Motors den Verkettungspunkt bildet.

Während bei Umschaltung im Verhältnis 4 : 3 der Wicklungsschritt zweckmäßigerweise der größeren Polzahl entspricht, wählt man bei der in gleicher Weise auszubildenden Umschaltung im Verhältnis 3 : 2 den Wicklungsschritt zwischen der großen und kleinen Polzahl. Abb. 388 zeigt das vollständige Schema einer auf 12 und 8 Pole umschaltbaren dreiphasigen zweischich-

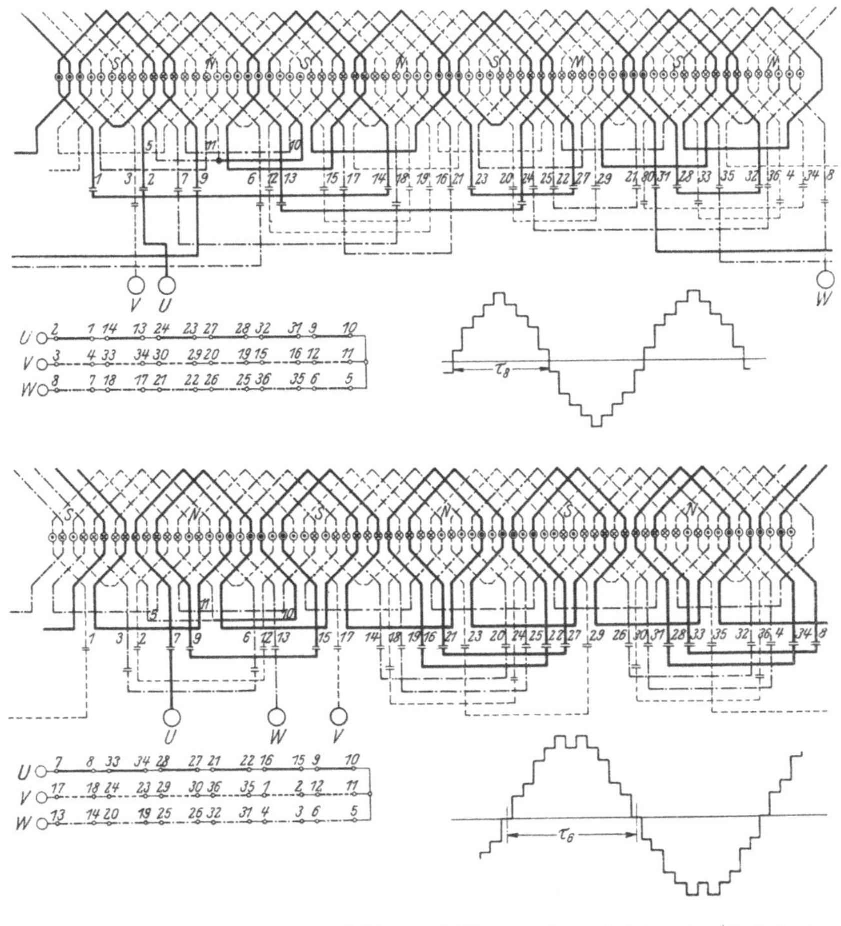

Abb. 387. Dreiphasige einschichtige Schleifenwicklung polumschaltbar im Verhältnis 4:3 bei unveränderter Phasenzahl.

tigen Gleichstromwicklung[1]). In 12poliger Schaltung ist der Schritt um eine halbe Spulenbreite $= {}^1/_6$ der Polteilung verlängert, sämtliche Phasen überlappen sich je zur Hälfte, so daß nur jede 7. Nute in beiden Schichten phasengleiche Ströme führt, in 8poliger Schaltung erscheint der Wicklungsschritt um ${}^2/_3$ der Spulenbreite verkürzt, die Phasen überlappen sich gleichnamig zu ${}^1/_3$ ihrer Breite. $\xi_{12} = 0{,}93$, $\xi_8 = 0{,}9$, die Ausnützung der Wicklung ist also praktisch gleich gut. Bei gleicher Art der Phasenverkettung ist die Luftinduktion und damit das Drehmoment in 8poliger Schaltung wieder im Verhältnis $1:\frac{0{,}9\cdot 6}{0{,}93\cdot 4} = 1:1{,}45$ kleiner als in der 12poligen, d. h. die Leistungen bei der großen und kleinen Polzahl stehen im Verhältnis $1:\frac{1}{1{,}45}\frac{12}{8} = 1:1{,}04$, sind also wieder praktisch gleich groß. Die Zahl der freien Schaltenden ist wieder 33, wenn der Verkettungspunkt innerhalb des Motors gebildet wird.

[1]) It. P. 163984 (B.B.C.). — Angewendet bei den Statoren der Motoren der 1 D 1-Lokomotiven (Gruppe E 472) der FF. SS (R. T. F. I. 1926, II, S. 41).

Die behandelten Wicklungen sind vornehmlich als Statorwicklungen geeignet. Als **Rotorwicklungen** kommen sie der großen Zahl freier Wicklungsenden wegen weniger in Betracht, außer man führt dieselben zu Kontakten, die durch mitrotierende Messerschalter je nach der Polzahl passend verbunden werden[1]).

Zwangloser sind als Rotorwicklungen zwei- und vierphasige Wicklungen verwendbar, die immerhin auch als Statorwicklungen in Frage kommen können, wenn man, wie bei den früher behandelten Wicklungen, bei denen die Umschaltung von 8 n auf 6 n Pole mit einer Änderung der Phasenzahl verbunden war, einen primären Phasentransformator in Kauf nimmt oder die zwei Statorphasen nach der Scott-Schaltung verkettet[2]).

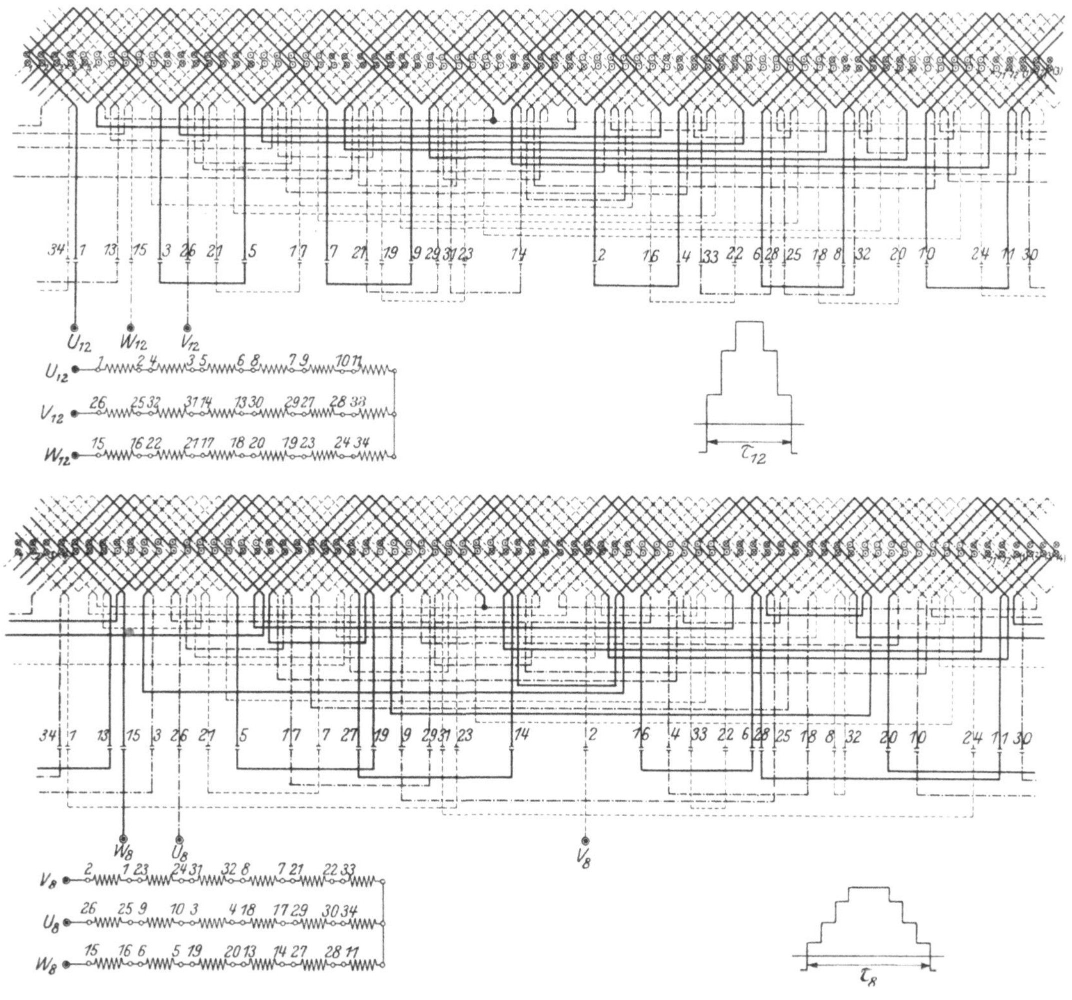

Abb. 388. Dreiphasige zweischichtige Schleifenwicklung polumschaltbar im Verhältnis 2:3 bei unveränderter Phasenzahl.

Abb. 389 zeigt links eine normale 6polige Zweisphasenwicklung mit verkürztem Schritt mit 12 Spulen also 24 Wicklungsenden. Wird nun jede dritte dieser 12 Spulen in zwei Hälften geteilt, so entstehen 32 Enden. Die Enden der geteilten Spulen werden mit den Enden der ganz gebliebenen in der Weise verbunden, daß je zwei nebeneinanderliegende Spulenhälften bei der kleinen Polzahl (hier 6) derselben Phase, bei der größeren Polzahl dagegen verschiedenen Phasen angehören, was dadurch erreicht wird, daß je eine der neu entstandenen Spulenhälften in Reihe mit der zweitnächstliegenden, ganz gebliebenen Spule geschaltet wird. Dadurch sind 8 Spulengruppen mit total 16 Enden entstanden, die unter sich wie eine normale unverkettete Zwei-

[1]) It. P. 144233 (A. Aichele). — Angewendet bei den Rotoren der Motoren der 2C2-Lokomotiven (Gruppe E 331) der FF. SS (R. T. F. I. 1916, II, S. 213; BBC-Mitt. 1918, S. 87ff.).

[2]) D. R. P. 279503, Ö. P. 73207 (J. Jonas).

phasenwicklung mit zwei parallelen Gruppen je Phase verbunden werden. Die eingetragene Stromrichtung ergibt die normale Feldform zweiphasiger Lochwicklungen. Die Umschaltung auf 8 Pole erfolgt durch Anschluß des einen Außenleiters an die Schleifringe S_{III} und S_{VIII}, des anderen Außenleiters an die Schleifringe S_{IV} und S_{VII}, die je mit den Mitten der Phasenhälften verbunden sind, während der Mittelleiter an die Schleifringe S_I, S_{II}, S_V und S_{VI} angeschlossen wird. Die umgeschaltete Wicklung entspricht also, wie Abb. 389 rechts zeigt, einer normalen 8 poligen verketteten Zweiphasenwicklung mit vier parallelen Zweigen[1]). Insgesamt sind also 8 Schleifringe erforderlich oder nur sieben bei Phasenverkettung in 6 poliger Schaltung,

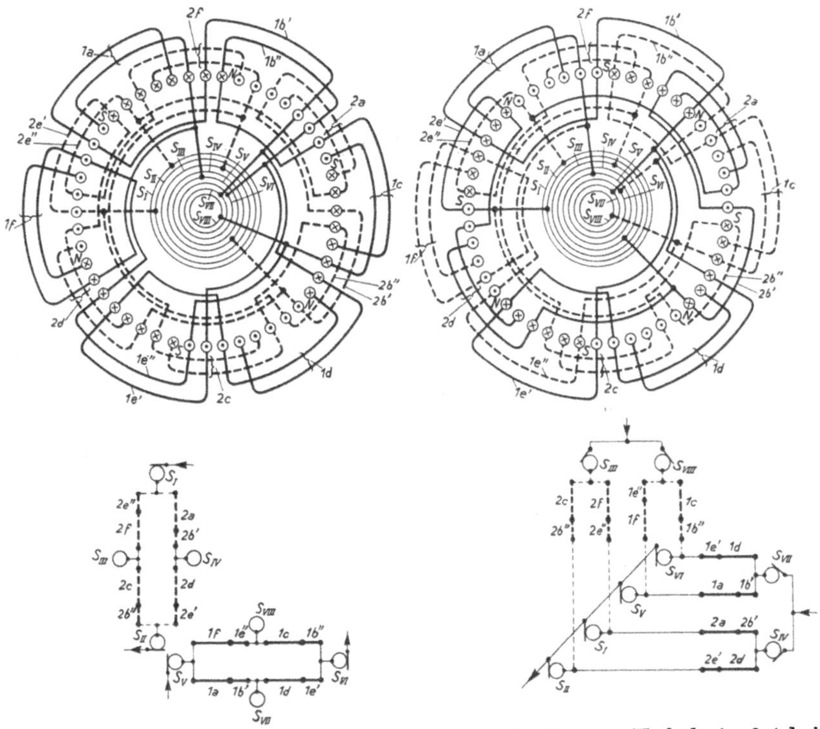

Abb. 389. Zweiphasige Spulenwicklung polumschaltbar im Verhältnis 3:4 bei unveränderter Phasenzahl.

da dann die Schleifringe S_{II} und S_V zu einem einzigen vereinigt werden können. Als Statorwicklung ist die Wicklung weniger geeignet, da $w_8 = \frac{1}{2} w_6$ und daher die Primärspannungen bei der Umschaltung im Verhältnis

$$\frac{E_6}{E_8} = \frac{\xi_6 w_6 p_8}{\xi_8 w_8 p_6} = \frac{0{,}94 \cdot 2 \cdot 4}{0{,}93 \cdot 3} = 2{,}7$$

geändert werden müßten und der große Spannungsunterschied zu vergleichsweise großen Abmessungen des Zwischentransformators trotz dessen Ausführung als Spartransformator führt. Allerdings wäre die geringe Zahl von nur 7 vom Polumschalter zu bedienenden freien Schaltenden von Vorteil. Bei Verwendung als Rotorwicklung kann der große Unterschied in der induzierten Rotorspannung dadurch großenteils ausgeglichen werden, daß man in 6 poliger Schaltung die Rotoren der beiden Motoren, um die es sich ja bis jetzt immer gehandelt hat, parallel, in 8 poliger Schaltung aber in Reihe auf den Anlaßwiderstand schaltet. In praxi wird die Wicklung zweckmäßigerweise als Stabwicklung ausgeführt, da dabei die Wickelköpfe in zwei Ebenen angeordnet werden können, während die Spulenwicklung, wie aus Abb. 389 ersichtlich ist, zu einer Vierebenenwicklung führt.

Die S. S. W. haben eine von 4 auf 6 Pole oder allgemein von $4n$ auf $6n$ Pole umschaltbare Zweiphasenstabwicklung angegeben, deren Spulen aus einem und zwei Stäben bestehen, so daß im ganzen für jede Spule drei Leiter also $1^1/_2$ Windungen vorhanden sind. Diese Spulen sind in den zwei Phasen so angeordnet, daß jeweils auf die Einstabseite der einen Spule die Zweistabseite der nächsten Spule folgt[2]). Zur Umschaltung sind

[1]) Schweiz. P. 73721, D. R. P. 299414 (M. F. O.); Schweiz. P. 88041 (J. Jonas). — Angewendet bei den Rotoren der Motoren der 1 D 1-Lokomotive (Nr. 371) der S. B. B. (Simplontunnel). (E. u. M. 1919, S. 216).

[2]) D. R. P. 324329, Schweiz. P. 87097 (S. S. W.).

16 freie Enden erforderlich, die Wicklung ist also eine ausgesprochene Statorwicklung mit gleicher Stabzahl in Reihe in beiden Polzahlen. Charakteristisch für die Wicklung ist die Dreileiteranordnung ($= 1^1/_2$ Windungen) je Spule, die sie von vornherein als Stabwicklung kennzeichnet. Um sie auch für Spulenwicklungen mit mehreren Leitern in jeder Nut brauchbar zu machen, kann man zu jeder Spule noch eine letzte halbe Windung hinzufügen, wofür besondere Nuten vorgesehen werden müßten. Hierdurch wird allerdings die vollkommene Symmetrie der Stromverteilung in der 6poligen Schaltung etwas gestört. Dasselbe gilt von Stabwicklungen mit Spulen mit mehr als $1^1/_2$ also $2^1/_2$, $3^1/_2$ usw. Windungen.

Als Rotorwicklung kann man die gleiche Wicklung unter Verwendung von 8 Schleifringen in vierphasiger Schaltung verwenden und zwar für $6n$ Pole als Ringsystem, für $4n$ Pole als Sternsystem mit zwei parallelen Gruppen je Phase[1]).

c) Steuerung.

Die Steuerung im besonderen besteht neben den Einrichtungen zur Regelung des Sekundärwiderstandes bei Anfahrt und beim Übergang von einer Stufe zur nächsten aus den beiden Polumschaltern, auch Primärkontrollern genannt, von denen jeder seinem Motor zugehört, und dem Kaskadenschalter oder Sekundärkontroller. Die Funktion dieser Apparate sei an Hand des Schemas Abb. 367 erläutert[2]).

In der ersten Fahrstufe (8polige Kaskade) wird der Stator des Vordermotors M_1 durch den Primärkontroller K_1 in dreiphasiger Sternverkettung über die Leitung A an die Fahrleitung geschaltet und die Ableitungen B von den drei Rotorschleifringen $S_1 S_2 S_3$ über den Sekundärkontroller K', die Leitung L und den Primärkontroller K_2 des Hintermotors M_2 mit der in Dreieck mit 4 parallelen Gruppen je Phase geschalteten Statorwicklung desselben verbunden. Der Rotor desselben ist dreiphasig über die Schleifringe $S_1 S_2 S_3$ unmittelbar auf den Anlaßwiderstand $A\,W$ geschlossen, der hier wieder als Flüssigkeitswiderstand bekannter Konstruktion vorausgesetzt ist und dessen Regelung in derselben Art wie früher angegeben erfolgen kann.

In der zweiten Fahrstufe (6polige Kaskade) wird der Stator des Vordermotors M_1 durch K_1 zweiphasig 6polig umgeschaltet und unter Zwischenschaltung des Dreiphasen-Zweiphasen-Autotransformators $A\,T$ (Leitung C und D) an die Fahrleitung angeschlossen. Die vier von den Schleifringen $S_{\mathrm{I}}\ S_{\mathrm{II}}\ S_{\mathrm{III}}\ S_{\mathrm{IV}}$ abgehenden Rotorableitungen F werden durch K' und K_2 mit dem offen zweiphasig mit 6 parallelen Gruppen je Phase geschalteten Stator des Hintermotors und dessen Rotor über seine Schleifringe $S'_{\mathrm{I}}\ S'_{\mathrm{II}}\ S'_{\mathrm{III}}\ S'_{\mathrm{IV}}$ vierphasig mit dem Anlaßwiderstand verbunden (Leitung G).

In der dritten Fahrstufe werden die Statoren beider Motoren in 8poliger Schaltung (in dreiphasiger Sternverkettung) mittels K_1 und K_2 und die Leitungen A und H an die Fahrleitung angeschlossen, während die beiden Rotoren über ihre Schleifringe $S_1\ S_2\ S_3$ und $S'_1\ S'_2\ S'_3$ und die Leitungen B und N durch den Sekundärkontroller K' parallel mit dem Anlaßwiderstand $A\,W$ verbunden werden.

In der vierten Fahrstufe werden schließlich die beiden Statoren unverkettet zweiphasig über $A\,T$ als Phasentransformator mit Hilfe von K_1 und K_2 auf die Fahrleitung geschlossen, während die von beiden Rotoren abgehenden Vierphasenleitungen durch Vermittlung von K' gemeinsam zum Anlaßwiderstand führen.

Bei Ausführung der Schalter $K_1 K_2$ und K' als Walzenschalter in Luft baut man diese zur Vermeidung langer Kabelverbindungen zweckmäßigerweise liegend unmittelbar auf den Motoren auf, die zu diesem Zwecke mit geeigneten konsolartigen Angüssen versehen werden. Die Betätigung dieser Apparate erfolgt durch Luftmotoren, deren Ventile elektromagnetisch vom Führerstand aus gesteuert werden. Auf die Art wird Folgerichtigkeit der Bewegungen der drei sonst voneinander unabhängigen Walzenschalter gewährleistet. Den vier Geschwindigkeitsstufen entsprechen je 2 Stellungen der Kontroller K_1 und K_2 für jede der beiden Polzahlen und jeder dieser beiden Stellungen entspricht eine Stellung des Kontrollers K'. In der konstruktiven Ausführung sind die drei Schalter, wie schon aus Abb. 367 hervorgeht, ebenso wie die beiden Motoren voneinander verschieden und gegeneinander nicht auswechselbar. Hierin liegt nicht nur eine schaltungstechnische Komplikation, sondern auch insofern ein Nachteil, als bei Kaskadenschaltung immer der gleiche Motor als Vordermotor dient, der dadurch im Betrieb stets wärmer wird als der Hintermotor. Bildet man aber auch hier die Schaltung entsprechend einem bereits früher erwähnten Vorschlag durch Zuhilfenahme eines besonderen automatisch oder willkürlich vom Führer zu betätigenden Schaltapparates in der Weise aus, daß die Rolle

---

[1]) D. R. P. 340367, Schweiz. P. 81039, F. P. 512979 (S. S. W.). — Siehe ferner Schweiz. P. 113625 (S. S. W.).

[2]) Dieses entspricht im wesentlichen der Schaltung der 1 C 1- und 1 D 1-Lokomotiven der Gruppen E 330 und E 431 der FF. SS (R. T. F. I. 1915, II, S. 1), deren Motoren im Stator nach dem in Abb. 381, im Rotor nach dem in Abb. 383 gegebenen Schema in der Polzahl umgeschaltet werden.

der beiden Motoren als Vorder- und Hintermotor in der Kaskadenschaltung geändert werden kann[1]), dann ist es möglich, jeden der beiden nunmehr untereinander gleichen Motoren unter Vermeidung eines besonderen Kaskadenschalters K' je nur mit einem gleichartigen Kontroller mit vier Stellungen entsprechend den vier Geschwindigkeitsstufen zu kombinieren. Wird dabei auf genau gleiche Ausführung der Motoren und auf deren Auswechselbarkeit untereinander verzichtet, dann ist es gemäß einem Vorschlag von G. Bianchi[2]) möglich, die Zahl der Schaltstellungen der beiden Kontrollerwalzen für die vier Geschwindigkeitsstufen auf drei zu reduzieren, wenn jeder Motor in einer der beiden Kaskadenschaltungen immer als Vordermotor in der anderen aber immer als Hintermotor arbeitet. Zweckmäßigerweise werden dabei die Kontroller allerdings unter Beschränkung der Auswechselbarkeit auf deren festen Teil in der Weise ausgebildet, daß eine Stellung etwa der höheren Polzahl entspricht, durch eine Drehbewegung Kaskadenschaltung in dieser Polzahl bewerkstelligt wird, in der der zugehörige Motor beispielsweise immer als Hintermotor arbeitet, und schließlich durch eine Verschiebung der Schalterwelle in der Achsrichtung die Umschaltung auf die kleinere Polzahl für Parallel- und Kaskadenschaltung vorgenommen wird.

Etwas komplizierter wird der schaltungstechnische Aufbau der Steuerung, wenn an Stelle eines Flüssigkeitswiderstandes mit seiner innerhalb weiter Grenzen bestehenden Unabhängigkeit von der Spannung Metallwiderstände verwendet werden, da diese eben nicht nur je nach der auftretenden Anfangsspannung für jede Geschwindigkeitsstufe entsprechend umgeschaltet, sondern überdies durch einen besonderen Stufenschalter (Widerstandskontroller) mehr oder weniger stetig geregelt werden müssen. Allerdings sind Metallwiderstände für die Schaltung insofern wieder vorteilhaft, als sie ohne besondere Schwierigkeiten für Spannungen über 1000 Volt gebaut werden können. Man führt deshalb die Kaskadenschaltung in beiden Polzahlen in diesem Falle stets so aus, daß die Widerstände an die Statorwicklung des Hintermotors angeschlossen werden, wodurch sich die Umschaltung der letzteren auf eine Änderung der Verkettungsart (Umschaltung von Stern auf Dreieck[3]) oder auf eine offene Sechsphasenschaltung[4])) beschränken kann. Zur Erzielung eines symmetrischen Einbaus dieser Apparate in die Lokomotive und zur Vermeidung langer Kabelverbindungen kann man den Kaskadenschalter wieder unmittelbar über dem Widerstandsumschalter und außerdem in gleicher Höhe mit den wieder auf den Motoren aufgebauten Polumschaltern anordnen. Der Vorteil dieser Disposition liegt darin, daß die Wellen der letzteren mit jener des Kaskadenschalters unmittelbar gekuppelt und dadurch mit diesem gemeinsam und folgerichtig von einem Betätigungshebel (Geschwindigkeitsschalter) gesteuert werden können[5]).

Außer der üblichen mechanischen Verriegelung zwischen den Betätigungshebeln des Hauptölschalters, Fahrtwenders, Stromabnehmers, Widerstandskontrollers und Geschwindigkeitsschalters, die in der Weise durchgeführt wird, daß bei Nullstellung des Geschwindigkeitsschalters sämtliche übrige Betätigungshebel gesperrt sind, bestehen zwischen den Polumschaltern, Fahrtwendern und dem Kaskadenschalter einerseits und dem Widerstandskontroller und dem Hauptölschalter und Motorenschalter andererseits noch folgende elektrisch oder pneumatisch ausgeführte Verriegelungen:

a) eine Verriegelung zwischen dem Widerstandskontroller und dem Hauptölschalter, welche verhindert, daß letzterer bei ganz oder teilweise ausgeschaltetem Widerstand eingeschaltet werden kann. Das Ausschalten ist selbstverständlich jederzeit möglich;

b) eine Verriegelung, welche die Umstellung des Fahrtwenders, der Polumschalter und des Kaskadenschalters bei geschlossenem Motorenstromkreis unmöglich macht;

c) eine weitere Verriegelung, welche das Einschalten des Motorenschalters verhindert, falls sich Polumschalter und Kaskadenschalter nicht genau in einer Normalstellung befinden sollten.

Die Betätigung von Fahrtwender, Polumschalter und Kaskadenschalter findet demnach also nur in stromlosem Zustand statt, weshalb deren Ausbildung als Luftschalter ohne weiteres zulässig ist. Es sind aber auch Polumschalter und Kaskadenschalter als Walzenschalter in Öl ausgeführt worden. Für den Widerstandskontroller ist Ausführung in Öl mit

---

[1]) D. R. P. 345384 (K. v. Kandó). — Angewendet bei den E-Lokomotiven (Gruppe E 552) und den 1 C 1-Lokomotiven (Gruppe E 333) der FF. SS.

[2]) l'Elettrotecnica 1922, S. 292.

[3]) 2 C 2-Lokomotiven (Gruppe E 331) der FF. SS (R. T. F. I. 1916, II, S. 213, BBC-Mitt. 1918, S. 87ff.).

[4]) 2 C 2-Lokomotiven (Gruppe E 332) der FF. SS (R. T. F. I. 1918, I, S. 97; Period. Mitt. der M. F. O. Nr. 100; ETZ 1920, S. 138).

[5]) D. R. P. 289074, D. R. G. M. 641423, Schweiz. P. 70232 (M. F. O.). — Angewendet bei den 2 C 2-Lokomotiven (Gruppe E 332) der FF. SS, deren Statoren nach dem Schema der Abb. 387 und deren Rotoren nach dem Schema der Abb. 385 von 8 auf 6 Pole umschaltbar sind.

Hammerkontakten, die von einer mit Kurvenscheiben versehenen Walze aus betätigt werden, die einfachere.

Um eine möglichst große Zahl von Anfahrstellungen bei kleinster Segment- und Fingerzahl am Widerstandskontroller zu erhalten, pflegt man die Widerstandsstufen phasenweise unsymmetrisch ab- und einzuschalten. Die stufenweise Betätigung erfolgt für schrittweise Aus- und Einschaltung durch einen elektrisch oder unmittelbar pneumatisch gesteuerten Luftmotor.

Als Metallwiderstand wird der Anlaßwiderstand wie bei Gleichstromlokomotiven aus einzelnen Gußelementen oder aus gewelltem Nickelinblech ausgeführt und in einen Schacht eingebaut, der in Reihe oder besser im Nebenschluß zu den Motoren belüftet wird. Über die Beanspruchung der Widerstände und die Berechnung der erforderlichen Luftmenge gilt das auf S. 271 Gesagte.

4. Geschwindigkeitsregelung in vier Stufen im Verhältnis 3:4:6:8 oder 2:3:4:6 unter Verwendung polumschaltbarer Kurzschlußankermotoren.

Die einzigen Lokomotiven, bei denen diese Regelungsart verwendet wird, sind die D-Lokomotiven (Reihe 366) der S. B. B.[1]) und die B—B-Lokomotiven der Burgdorf—Thun-Bahn[2]). Den letzteren entspricht das ausführliche Schaltungsschema der Abb. 368. Die Motoren enthalten im Stator zwei voneinander unabhängige Wicklungen, die je für sich in der Polzahl im Verhältnis 2 : 1 beispielsweise also von 16 auf 8 und von 12 auf 6 Pole umschaltbar sind. Da die beiden Wicklungen in denselben Nuten liegen, ist aus wickeltechnischen Gründen nur die Ausführung als aufgeschnittene Gleichstromwicklung gemäß Abb. 379 möglich.

Den wesentlichsten Bestandteil der Steuerung bildet der primäre Stufentransformator, ein Anlaß-(Auto)-transformator in *V*-Schaltung, d. h. mit unbewickelter mittlerer Säule, der zweckmäßigerweise in zwei Einheiten aufgelöst wird, deren Stufenschalter als Walzenschalter in Luft oder Öl gemeinsam von beiden Führerständen aus unmittelbar mechanisch oder servomotorisch gesteuert werden. Den zwei Motoren mit je 2 Wicklungen entsprechend sind insgesamt 4 gleiche Polumschalter vorhanden, die ähnlich wie in Abb. 366 einschließlich der drei Netzklemmen, von denen eine an Erde liegt, 9 Kontakte aufweisen und die je zu zweit gleichsinnig gesteuert werden.

Das Zusammenarbeiten der Polumschalter mit den Anlaßtransformatoren gestaltet sich wie folgt. Zuerst wird durch gemeinsame Betätigung der einen Polumschaltergruppe beispielsweise auf 16 Pole geschaltet und mit dem Stufenschalter die Motorklemmenspannung bis zum Erreichen der Netzspannung hochreguliert. Die Lokomotive wird während dieses Prozesses angefahren sein und die der 16poligen Schaltung entsprechende Geschwindigkeit erreicht haben. Hierauf wird rasch die Spannung herunterreguliert, beim Erreichen der untersten Stufe auf 12 Pole geschaltet und unmittelbar nachher, um eine völlige Leistungsunterbrechung der Lokomotive zu vermeiden, die Anschlüsse für 16 Pole unterbrochen. Hierauf wird wieder die Spannung bis zum Endwert erhöht, nach Erreichen der vollen Fahrgeschwindigkeit (entsprechend 12 Polen) wieder aberregt, hierauf auf 8 Pole geschaltet und wieder erst nachher die 12poligen Anschlüsse unterbrochen usw.

Auf diese relativ sehr umständliche Art erfolgt die Steuerung der beiden obenerwähnten in den Jahren 1907 bis 1909 entworfenen Lokomotiven, die überdies infolge Handantrieb der beiden Steuerwalzen zu den Anlaßtransformatoren vom Führer einen sehr erheblichen Arbeitsaufwand erfordert, um so mehr als das Herunter- und Wiederhinaufregulieren der Spannung mit dazwischen zeitlich aufeinanderfolgend vorzunehmender Polzahländerung durch die pneumatisch betätigten Polumschalter möglichst rasch ausgeführt werden muß, wenn die Lokomotive nicht allzu viel an Zugkraft und damit an Geschwindigkeit verlieren soll.

Heute wird man in einem solchen Falle den Stufenschalter zum Anlaßtransformator servomotorisch betätigen oder zumindest so ausbilden, daß man von der höchsten Stellung (Motorspannung = Netzspannung) durch Nullpunktverschiebung beim Weiterdrehen unmittelbar zur untersten Stufe mit voll eingeschaltetem Anlaßtransformator kommt. Gleichzeitig müßte bei diesem Übergang durch selbsttätige Mitnahme der Polumschalter jeweils auf die nächst höhere Stufe umgestellt werden.

Man kann auch eine einzige normale Dreiphasenwicklung mit kurzen Spulen und im ganzen 14 freien Wicklungsenden auf die Polzahlen 12, 8, 6 und 4 bzw. deren Vielfache umschalten[3]), allerdings unter Änderung der Phasenzahl, die die Verwendung eines primären statischen oder rotierenden Phasentransformators *F* er-

[1]) Z. V. d. I. 1909, S. 607. [2]) BBC-Mitt. 1919, S. 93.

[3]) Schweiz. P. 104181, F. P. 572593 und D. R. P. 421224, F. P. 572593 (K. v. Kandó). — Angewendet bei den 1 D1-Lokomotiven (Gruppe E 471) der FF. SS.

forderlich macht, der die Wicklung in 12 poliger Schaltung zweiphasig, in 6 poliger vierphasig, in 8poliger dreiphasig und in 4poliger sechsphasig zu speisen gestattet. Wie Abb. 390 zeigt, wird die Wicklung in der Weise ausgeführt, daß immer je drei um 120° gegeneinander versetzte Spulen. z. B. die Spulen *1b*, *2h*, *3f* mit ihrem einen Ende mittels des Verbindungsringes *1*, der eine Gruppenzuleitung bildet, zu einer Gruppe vereinigt werden. Aus sämtlichen 24 Spulen der Wicklung sind in dieser Weise mittels der Verbindungsringe *1* bis *8* im ganzen acht Gruppen gebildet. Die anderen Enden der Spulen dieser Gruppen sind an sechs weitere Sammelringe *a*, *b*, *c*, *d*, *e*, *f* angeschlossen, die die oben erwähnten Phasenzuleitungen bilden. Der Anschluß der freien Enden der Spulen einer jeden Gruppe an die Phasenzuleitungsringe ist derart, daß mit den gleichen Phasenzuleitungsringen nur Spulen verbunden sind, die der gleichen Phase der Dreiphasenwicklung angehören. So z. B. sind an den Ring *a* bloß Spulen der mit strichpunktierten Linien gezeichneten Phase angeschlossen. Nicht sämtliche Spulen der gleichen Phase der Dreiphasenschaltung, also im vorliegenden Falle nicht sämtliche strichpunktiert gezeichnete Spulen sind an den gleichen Ring *a* angeschlossen, sondern bloß die Hälfte der Spulen, und zwar zwei aufeinanderfolgende und die diesen diametral gegenüberliegenden Spulen, während die andere Hälfte der Spulen an einen besonderen Phasenzuleitungsring *d* angeschlossen ist.

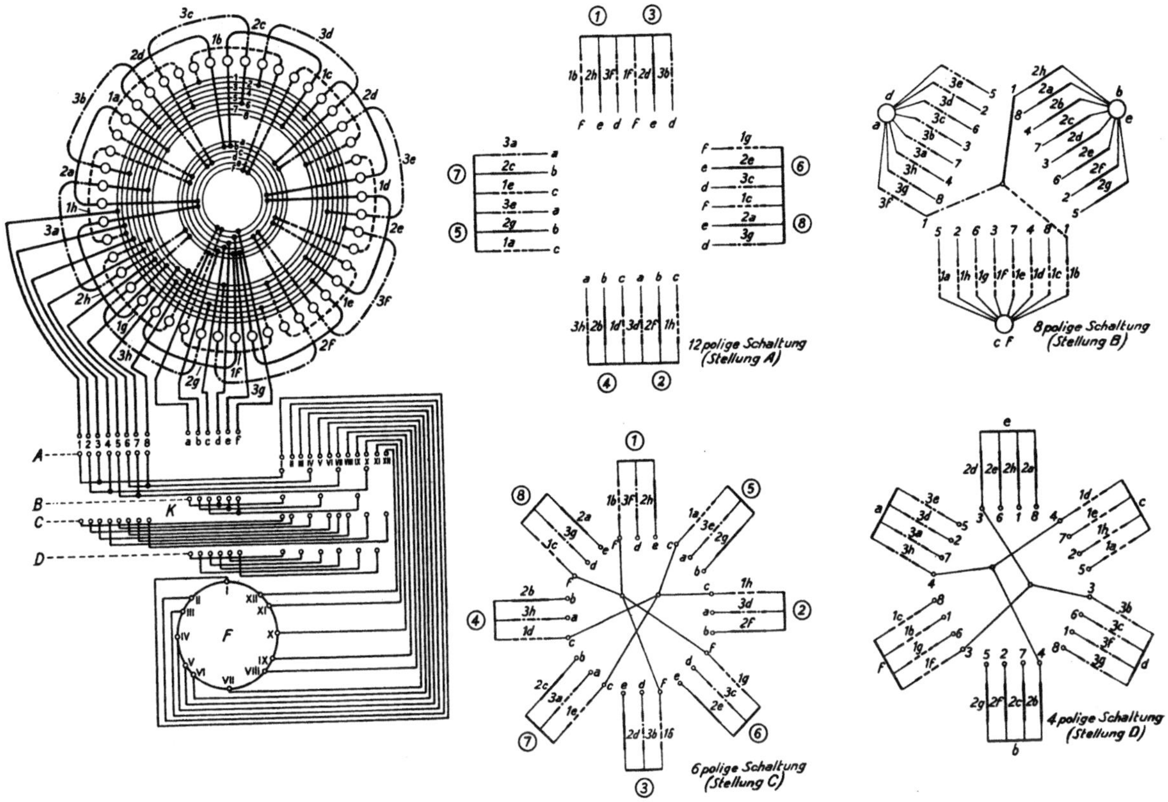

Abb. 390. Dreiphasige Spulenwicklung (Statorwicklung) mit kurzen Spulen polumschaltbar im Verhältnis 2:3:4:6 durch Änderung der Phasenzahl.

In der Stellung *B* des Fahrschalters ist die Wicklung dreiphasig geschaltet, die Klemmen *I*, *V* und *IX* des Phasentransformators *F*, die den Dreiphasenstrom liefern, sind also an die paarweise miteinander verbundenen Phasenzuleitungen *a*—*d*, *b*—*e* und *c*—*f* angeschlossen, während die Gruppenzuleitungsringe *1* bis *8* abgeschaltet sind. Durch die Ringe *a*—*d* sind die einen Enden einer jeden Spule der mit strichpunktierten Linien angedeuteten Phase mit der Klemme *I*, die einen Enden der an die Phasenzuleitungsringe *b*—*e* angeschlossenen Spulen der mit vollen Linien gezeichneten Phase mit der Klemme *V* und die einen Enden der an die Phasenzuleitungsringe *c*—*f* angeschlossenen Spulen der mit gebrochenen Linien angedeuteten Phase mit der Klemme *IX* des Phasentransformators verbunden, während die anderen Enden der verschiedenen Phasen angehörenden Spulen durch die die neutralen Punkte bildenden Ringe *1* bis *8* miteinander verbunden sind. Die Wicklung wirkt demnach als eine achtpolige Dreiphasenwicklung ($\xi_8 = 0{,}957$).

Wird der Fahrschalter *K* in die Stellung *D* gebracht, so werden die Phasenzuleitungen *a*, *b*, *c*, *d*, *e*, *f* einzeln an die sechs Klemmen *I*, *III*, *V*, *VII*, *IX* und *XI* des Phasentransformators *F* angeschlossen, die einen Sechsphasenstrom liefern, während die die anderen Enden der Spulen miteinander verbindenden Ringe *1* bis *8* nach wie vor die neutralen Punkte bilden. Es entsteht dadurch ein symmetrisches, wenn auch oberwellenreiches, vierpoliges Drehfeld ($\xi_4 = 0{,}495$).

Wird der Fahrschalter *K* in die Stellung *C* gebracht, so werden die Phasenzuleitungen *a*, *b*, *c*, *d*, *e*, *f* abgeschaltet und die acht Gruppenzuleitungsringe *1* bis *8* einzeln mit den Klemmen *I*, *II*, *IV*, *VI*, *VII*, *VIII*, *X*, *XII* des Phasentransformators *F* verbunden, denen Vierphasenstrom entnommen werden kann. Die 24 Spulen der Wicklung sind demnach gleichmäßig in vier Phasen verteilt, in deren jede sechs Spulen entfallen, die je einen besonderen Pol erzeugen, so daß in der vierphasigen Schaltung ein gleichmäßiges 6 poliges Feld entsteht ($\xi_6 = 0{,}827$).

Die Stellung A des Fahrschalters K unterscheidet sich nur insofern von der Stellung C, als die Gruppenzuleitungen A paarweise miteinander verbunden und bloß an vier Klemmen I, IV, VII, X einer Zweiphasenstromquelle angeschlossen sind, wodurch die Polzahl gegenüber der Stellung C auf 12 verdoppelt wird ($\xi_{12} = 0{,}906$).

5. Geschwindigkeitsregelung in mehr als vier Stufen.

Die Geschwindigkeitsregelung in vier Stufen im Verhältnis 3 : 4 : 6 : 8 oder 2 : 3 : 4 : 6 und der damit beherrschte Geschwindigkeitsbereich hat sich in der Regel nicht nur als ausreichend sondern zumeist sogar als über die Bedürfnisse der Praxis hinausgehend erwiesen. Es kann aber immerhin der Fall eintreten, daß ein größerer Geschwindigkeitsbereich oder wenigstens eine feinere Unterteilung desselben erwünscht ist.

Diese läßt sich, wie im letzten Abschnitt bereits angedeutet, indirekt durch einen primären Phasentransformator erreichen, der die Polumschaltung der Motoren in ihrem Primärteil innerhalb sehr weiter Grenzen ermöglicht. Einem nach Abb. 391 sekundär geschalteten Transformator läßt sich mit einer für die Bedürfnisse der Praxis hinreichend großen Genauigkeit bei primär dreiphasigem Anschluß Zwölf, Acht-, Sechs-, Vier-, Drei- und Zweiphasenstrom entnehmen. Eine 12fach geschlossene mit 4poligem Schritt ausgeführte Reihenwicklung bildet beispielsweise bei zwei-, sechs-, acht- und zwölfphasiger Speisung der Reihe nach 24, 16, 12, 8, 6, 4 Pole aus. Damit wird eine Geschwindigkeitsregelung im Verhältnis 1 : 6 erzielt. Von F. Creedy sind in Polygon und Stern kombiniert geschaltete Wicklungen[1]) angegeben worden, die bei nur 18 freien Wicklungsenden je nach Zahl der Phasen des speisenden Wechselstromes 6, 8, 10, 12, 14 und 16 Pole ergeben. Es ist nicht ausgeschlossen, daß diese praktisch bis jetzt noch nicht ausgeführten Umschaltmethoden noch einmal zu völlig neuen Bauformen der Drehstromlokomotiven führen werden, um so mehr als dabei an der Zweizahl der Motoren nicht mehr starr festgehalten werden muß.

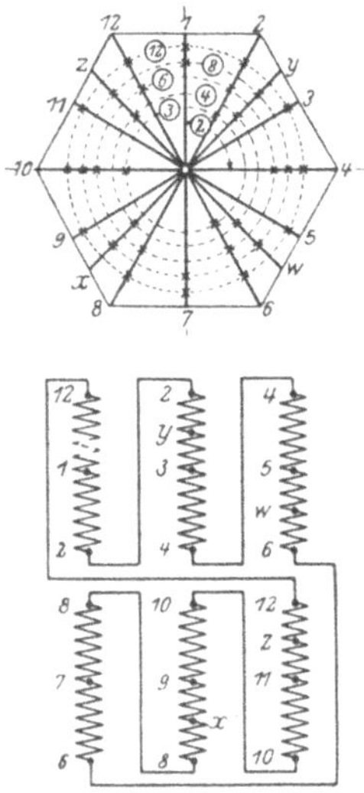

Abb. 391. Schaltung eines Dreiphasentransformators zur Entnahme von Zwölf-, Acht-, Sechs-, Vier-, Drei- und Zweiphasenstrom.

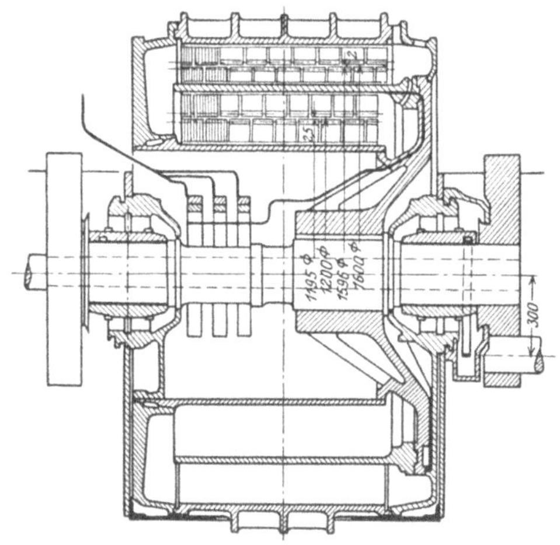

Abb. 392. Glockenmotor von K. v. Kandó in der Drehzahl regelbar im Verhältnis 1:2:3:4:6:8.

Eine praktisch beliebige und genaue Phasenspaltung erhält man durch einen rotierenden Phasenumformer mit gleichstromerregtem Polrad, der die Motorklemmenspannung auf das Maximum des Motorwirkungsgrades einzustellen und überdies den ganzen von der Lokomotive absorbierten Blindstrom durch Übererregung zu decken gestattet[2]).

Sechs im Verhältnis 24 : 16 : 12 : 8 : 6 : 4 stehende Geschwindigkeitsstufen erhält man, wenn man unter Verwendung der Wicklung nach Abb. 390 die Motoren bei den beiden größten Polzahlen auch noch in Kaskade schaltet.

Im Rotor könnten die gleichen Wicklungen wie im Stator unter Verwendung mitrotierender Schalter oder aber Kurzschlußanker eventuell mit besonderen Anlaufwicklungen verwendet werden. Die Wicklung nach Abb. 390 könnte als Rotorwicklung mit 14 Schleifringen ausgeführt werden.

K. v. Kandó hat schließlich durch konzentrischen Ineinanderbau zweier Motoren zu einer konstruktiven Einheit einen innerhalb weiter Grenzen in der Geschwindigkeit regelbaren Motor geschaffen, der, wie Abb. 392 zeigt, aus dem äußeren sogenannten Hauptmotor und aus dem inneren sogenannten Hilfsmotor besteht Die Ständer beider Motoren sind unter entsprechendem Abstand voneinander angeordnet und kehren einander ihre Wicklung zu, zwischen beiden Statoren wird glockenartig der Rotor eingeschoben, der beidseits

[1]) Siehe z. B. E. P. 18887/1914, 143600, 175306, 123395, 175583, F. P. 547021 u. a. — Siehe ferner Eng. 1923, I, S. 49; El. 1917, I, S. 545; 1923, I, S. 35; Engg. 1923, I, S. 87 u. 156; J.I.E.E. Bd. 61, S. 309.

[2]) Angewendet bei den 1 D 1-Lokomotiven Gruppe E 471 der FF. SS. — Bei einphasigem Primäranschluß führt diese Anordnung zu den ausgesprochenen Phasenumformerlokomotiven, von denen im Vierten Teil die Rede sein wird.

je ein Eisenpaket mit Bewicklung trägt. Ist beispielsweise der (äußere) Hauptmotor 18polig, der (innere) Hilfsmotor 6polig, so sind, wenn die Lokomotive mit zwei Doppelmotoren dieser Art ausgerüstet ist, folgende Geschwindigkeitsstufen möglich:

α) Beide Doppelmotoren in sich und untereinander in Kaskade; Geschwindigkeit entsprechend $2 \cdot (18 + 6) = 48$ Pole.

β) Beide Hauptmotoren in Kaskade bei ausgeschalteten Hilfsmotoren; Geschwindigkeit entsprechend $18 + 18 = 36$ Pole.

γ) Jeder Doppelmotor in sich in Kaskade, die beiden Gruppen parallelgeschaltet; Geschwindigkeit entsprechend $18 + 6 = 24$ Pole.

δ) Beide Hauptmotoren parallel bei ausgeschalteten Hilfsmotoren; Geschwindigkeit entsprechend 18 Pole.

ε) Beide Hilfsmotoren in Kaskade bei ausgeschalteten Hauptmotoren; Geschwindigkeit entsprechend $6 + 6 = 12$ Pole.

ζ) Beide Hilfsmotoren parallel bei ausgeschalteten Hauptmotoren; Geschwindigkeit entsprechend 6 Pole.

So geistreich der Kandósche Glockenmotor auch ist, er bleibt in seinem Aufbau eine in Fabrikation, Montage und Unterhalt komplizierte Konstruktion. Von Nachteil ist auch der besonders schlechte Leistungsfaktor bei der mehrfachen Kaskadenschaltung, der die Verwendung dieser Art von Motoren auf Lokomotiven mit primärem rotierenden Phasenspalter mit Synchronerregung beschränken dürfte (siehe S. 397).

6. Triebmotoren (elektro-mechanischer Aufbau).

Für den elektrischen Entwurf der Drehstromlokomotivmotoren gelten im wesentlichen die gleichen Gesichtspunkte wie für die ortsfesten Motoren. Die Hauptabmessungen ergeben sich aus der bekannten Dimensionierungsformel

$$D^2 l_i = \frac{8{,}6 \cdot 10^{11}}{\xi_1 B_l \cdot AS} \cdot \frac{kVA}{n_1} \tag{263}$$

in der D den Ankerdurchmesser, l_i die ideelle Ankerlänge[1]), kVA die totale zugeführte Scheinleistung, ξ_1 den Wickelfaktor bezogen auf das sinusförmige Grundfeld, B_l dessen räumlichen und zeitlichen Amplitudenwert, AS die lineare Strombelastung je cm Ankerumfang und n_1 die synchrone Drehzahl bedeutet. Maßgebend für die magnetische und elektrische Beanspruchung des Motors sind die Größen von B_l und AS. Beide Faktoren, namentlich aber die Amperestabzahl sind bei Lokomotivmotoren mit künstlicher Belüftung wesentlich höher als bei stationären Motoren.

Besondere Sorgfalt erfordert bei diesen Motoren die Ausführung und Isolation der Statorwicklung, die bei den Lokomotiven des oberitalienischen Netzes unmittelbar für die Fahrdrahtspannung von 3000 bis 3600 Volt zu bemessen ist. Bei den Motoren der Lokomotiven der Gruppen E 550, E 551 und E 554 einerseits mit Kaskadenschaltung in einer Polzahl und der Gruppen E 330, E 431, E 333 und E 552 der FF.SS mit Kaskadenschaltung in zwei Polzahlen liegen die Verhältnisse insofern einfacher, als die einzelnen Leiter einer Nut derselben Phase angehören, also keine wesentliche Spannungsdifferenz gegeneinander aufweisen. Die Ausführung der Statorwicklung war daher, teilweise bedingt durch die angewendete Art der Polumschaltung, als gewöhnliche Spulenwicklung auszuführen. Allerdings haben bei diesen den verfügbaren Platz extrem ausnützenden Motoren, wie die Abb. 393 und 394 zeigen, die Wickelköpfe einen so geringen Abstand vom Gehäuse, daß der ganze die Wickelköpfe ausfüllende Raum unter völliger Abdichtung gegen den Rotor hin mit Kompound[2]) ausgegossen werden mußte. Diese Konstruktion bietet wohl eine ausreichende Isolation, bedingt aber eine Verschlechterung der Kühlung der Statorwicklung und erschwert deren Reparatur bei auftretenden Defekten. Außerdem wird der Kompound bei Temperaturen um 100^0 schon recht plastisch und bei nur wenig höheren Temperaturen bereits tropfbar flüssig, ein Umstand, der das Problem der Abdichtung konstruktiv noch schwieriger macht als es ohnehin ist. Bei den Wicklungen, bei denen in der Nut die Stäbe der oberen und unteren Lage verschiedenen Phasen angehören, ist für reichliche Isolation der beiden Lagen gegeneinander innerhalb des Eisens und an den Köpfen durch genügenden Abstand voneinander Sorge zu tragen. Die einzelnen stabweise mit Mikaleinen oder Mikaseide isolierten Drahtbündel werden sorgfältig mit Baumwollband eingebunden und mit Lack getränkt (gespritzt) oder gleich mit Lackband eingebunden.

Im allgemeinen weniger Schwierigkeiten in der Ausführung bereiten die Rotorwicklungen, die ja zumeist als Niederspannungswicklungen ausgeführt zu werden pflegen. Die Wickelköpfe werden entweder nach Art normaler Gleichstromwicklungen in einer horizontalen Ebene abgekröpft oder als Evolventenverbinder nach abwärts gebogen.

---

[1]) Unter ideeller Ankerlänge versteht man die Eisenlänge zuzüglich der Hälfte der Breite aller Luftkanäle.

[2]) Kompound ist eine Mischung von Naturasphalt (Gilsonit) und Vaselin etwa im Verhältnis 4:1.

Innerhalb des elektromechanischen Aufbaues beansprucht die Anordnung der Schleifringe besonderes Interesse. Die halbhohe Anordnung der Motoren in der Lokomotive bedingt für erstere die Dimensionierung mit kleinem Durchmesser und damit großer Eisenbreite, so daß

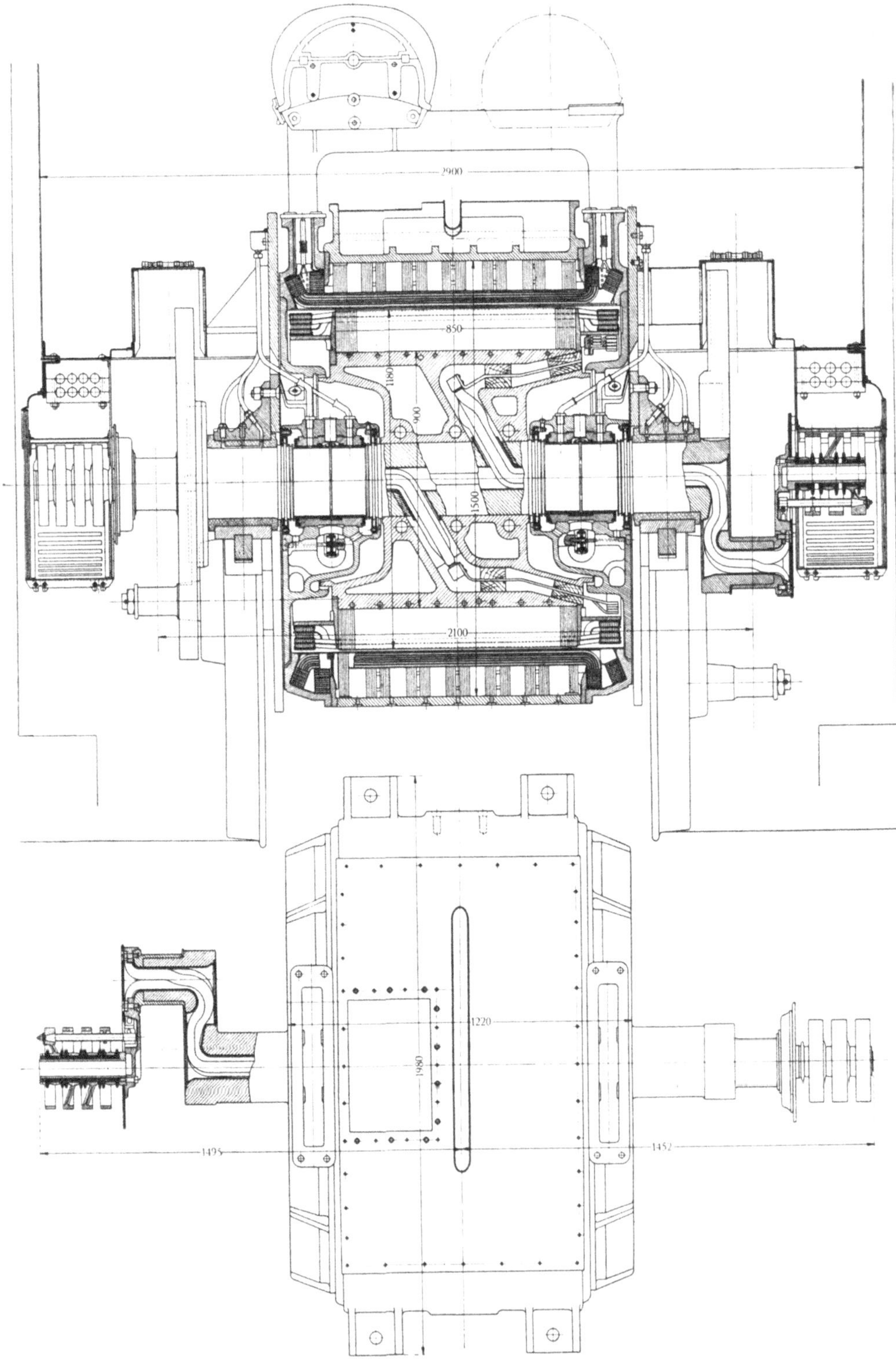

Abb. 393. Lokomotivmotor für 1375 PS/h bei 244 Uml./min und für 1160 PS/h bei 326 Uml./min, 3300 Volt, $16^2/_3$ Per/s der 1 D 1-Lokomotiven (Gruppe E 431) der FF. SS. (Tecnomasio Italiano Brown Boveri.)

man die Schleifringe nach außen verlegen mußte, wo sie durch eine Blechhaube abgedeckt sind. Dadurch wird wohl eine gute Zugänglichkeit derselben im Betriebe erreicht, allerdings aber, wie die Abb. 393 zeigt, auch eine sehr teuere und komplizierte Kabelführung durch den Ankerkörper und die hohle Welle und Kurbel hindurch erforderlich[1]). Bei den Motoren nach Abb. 394 und 395 sind die 7 bzw. 8 Schleifringe beidseitig je zu dritt und zu viert innerhalb des Motors angeordnet, allerdings unter einer sehr weitgehenden Verkürzung der Ankernabe und unter Verzicht auf gute Zugänglichkeit.

Im **mechanischen Aufbau** bieten die Motoren nichts Bemerkenswertes gegenüber den stationären Motoren gleicher Art, abgesehen von der Lagerung. Diese macht hier, wenn man nicht Rollenlager verwendet, insofern Schwierigkeiten, als die Beanspruchung der Lagerschalen eine ungleich höhere ist, so daß diese sich rascher abnützen und mit Rücksicht auf den kleinen Luftspalt und zur Erhaltung einer gleichmäßigen Größe desselben rechtzeitig ausgewechselt, vor allem aber von Anfang an sehr genau eingestellt werden müssen. Man hat diesen Schwierigkeiten, wie namentlich Abb. 393 zeigt, durch eine Doppellagerung der Motorwelle in vier Lagern zu begegnen gesucht. Die inneren Lager in den Motorschildern haben ausschließlich dafür zu sorgen, daß der umlaufende und der feststehende Teil gleichachsig sind, wogegen die äußeren Lager, die in den Lokomotivrahmen eingebaut sind, das Gewicht des Rotors tragen und die Rückwirkung der Schubstangenkräfte aufnehmen.

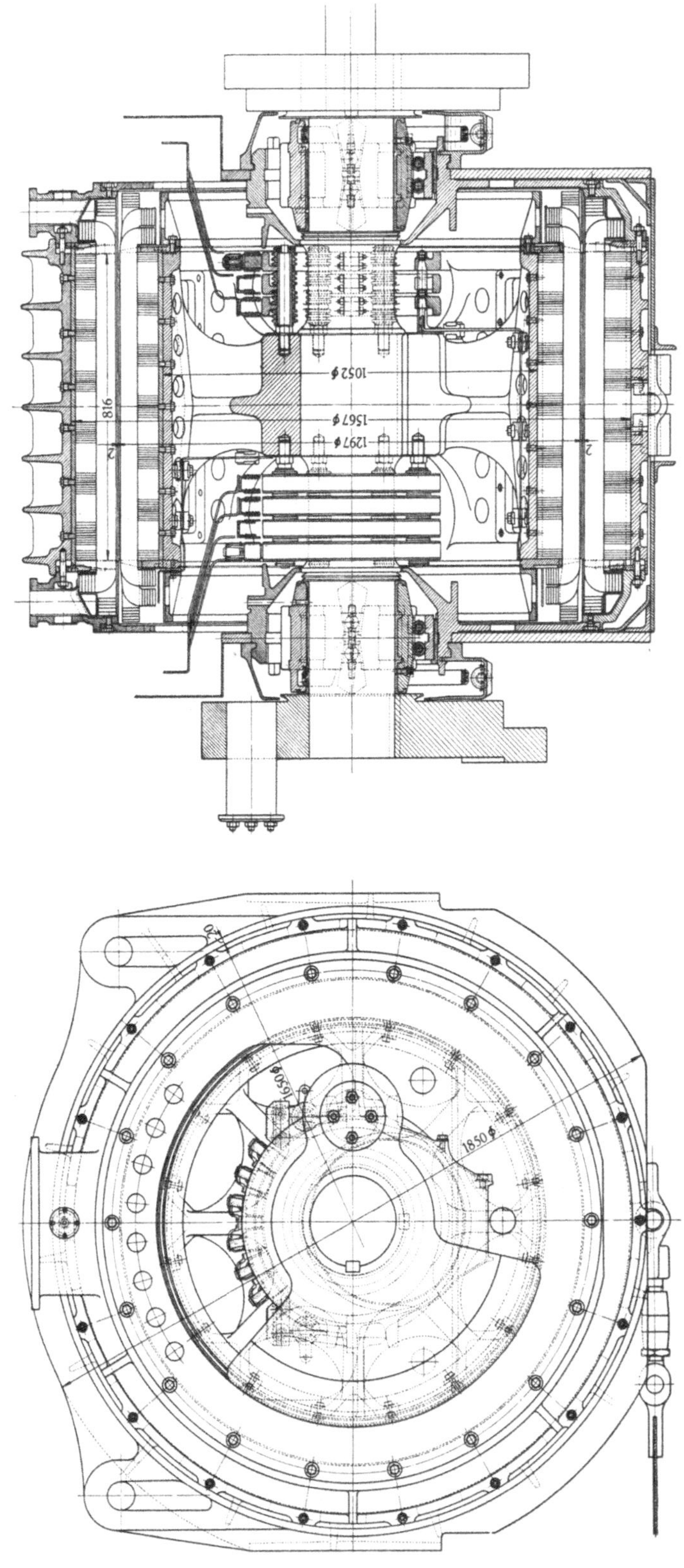

Abb. 394. Lokomotivmotor für 1000 PS/h bei 244 und 163 Uml./min, 3300 Volt, $16^2/_3$ Per/s der 1 C 1-Lokomotiven (Gruppe E 333) und E-Lokomotiven (Gruppe E 552) der FF. SS. (Società per Costruzioni Elettromeccaniche di Saronno.)

[1]) Statt den Schleifringkörper außen zu einer Gegenkurbel auszubilden, könnte man auch die Schleifringe unmittelbar auf die Kurbel selbst aufziehen (D. R. G. M. 536930 von J. Buchli).

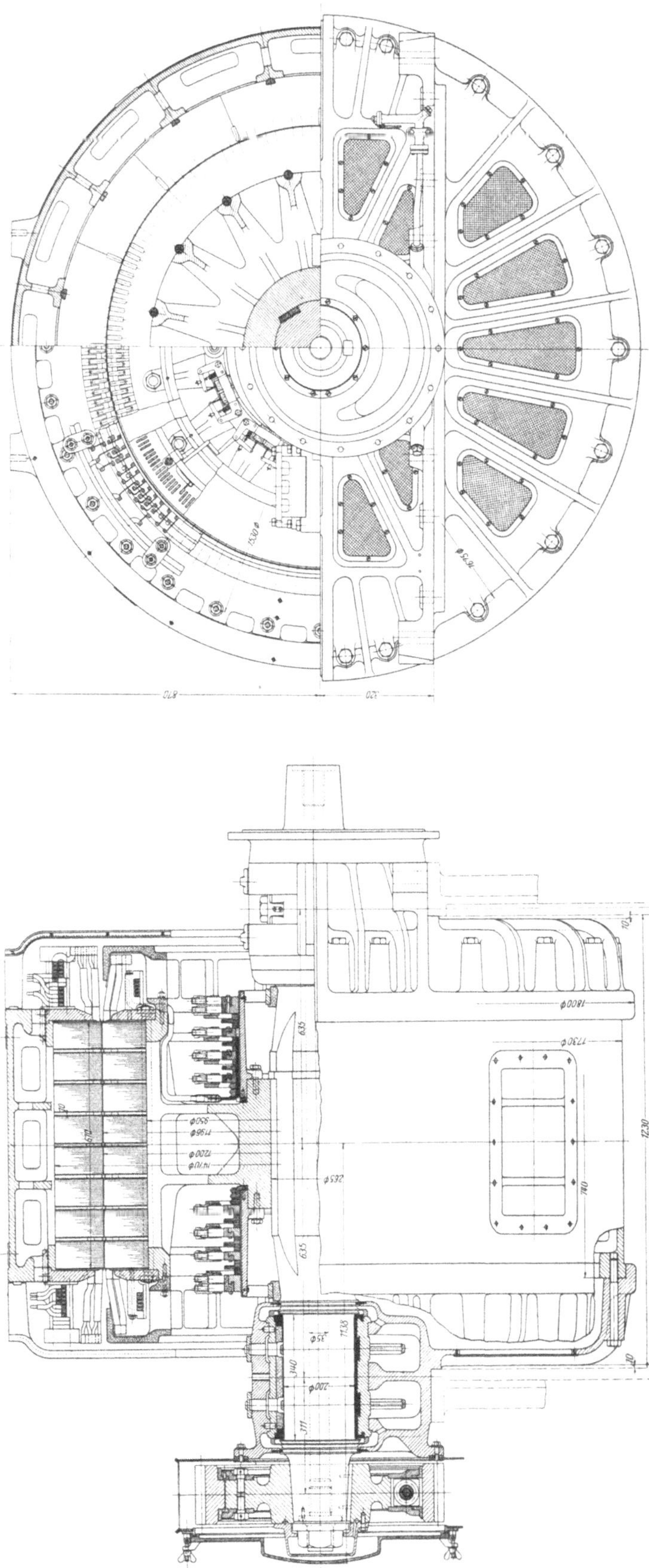

Abb. 395. Lokomotivmotor für 1250 PS/h bei 440 Uml./min und für 1315 PS/h bei 660 Uml./min, 1600 Volt, 45 Per/s der 1 D 1-Lokomotiven (Gruppe E 472) der FF. SS. (Soc. Italiana Ernesto Breda.)

Durch die vollständige Entlastung der inneren Lager, die durch federnde Lagerung oder besser Aufhängung des ganzen Motors im Lokomotivrahmen nach einer der früher (auf S. 139ff.) beschriebenen Konstruktionen erreicht wird, ist auch deren Abnutzung praktisch auf Null verringert und die Verwendung eines kleinen Luftspaltes von 2 mm und weniger ohne weiteres möglich.

Abb. 396 zeigt schematisch die Konstruktion eines Motorlagers[1]), das vermöge seiner leichten, während des Betriebes möglichen Nachstellbar-

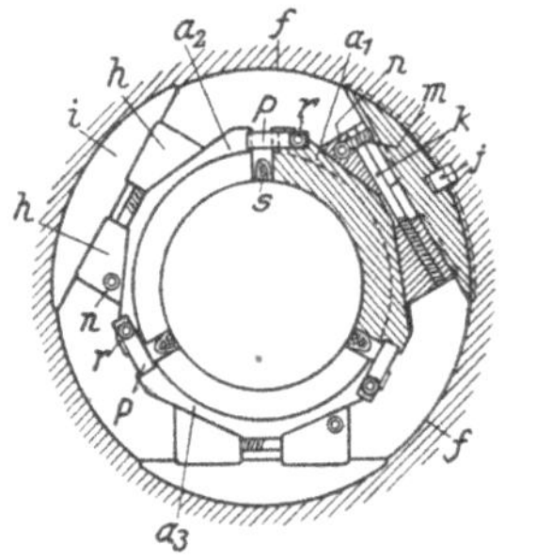

Abb. 396. Nachstellbares Lager für Lokomotivmotoren. (K. v. Kandó.)

keit sich besonders für Motoren mit kleinem Luftspalt eignet. Die Lagerschale ist dreiteilig ausgeführt, zwischen je zwei benachbarten Lagerschalenteilen liegt je eine bis zum Lagerzapfen der Welle reichende Durchbrechung von bestimmter Breite. Gegenüber diesen Durchbrechungen sind im Lagerschild feste Flächen f vorgesehen, die von außen zugänglich sind und die alle in gleichem Abstande von der Maschinenachse liegen. Gegenüber einer jeden Schale ist eine Widerlagerplatte i angebracht, die

[1]) D.R.P. 360702, Schweiz. P. 94757, F. P. 535329 (K. v. Kandó). — Angewendet bei den Motoren der 1 C 1-Lokomotiven (Gruppe E 333) und der E-Lokomotiven (Gruppe E 552) der FF. SS sowie auch bei den Motoren der 2 B—B 2 (Gleichstrom)-Lokomotiven (Reihe E 401) der Paris — Orléans - Bahn (R. G. C. F. 1927, I, S. 291).

durch einen Keil *j* in ihrer Lage gesichert ist. Zwischen der Widerlagerplatte *i* und den an der Außenseite der betreffenden Lagerschale vorgesehenen Auflageflächen sind Keile *h* eingelegt, die durch die Schraubenspindel *k* miteinander verbunden sind, deren Kopf zum Schneckenrad *m* ausgebildet ist, das wieder mittels der Schraube *n* gedreht wird. Eine jede der drei Lagerschalen ist mit einem gleichen Stellwerk ausgerüstet. Das Nachstellen wird durch Drehen der Spindeln *n* mittels eines geeigneten Schlüssels bewirkt, wodurch die mit den Spindeln *k* verbundenen Keilpaare *hh* je für sich einander genähert oder voneinander entfernt werden und so je für sich mittels ihrer Auflagefläche die betreffende Lagerschale gegen die Lagermitte drücken oder ein Entfernen derselben von der Lagermitte zulassen. Beim Nachstellen des Lagers kann durch die Durchbrechungen zwischen den Lagerschalenteilen der jeweilige Abstand des Wellenumfanges von der betreffenden Abstandsfläche gemessen und nachgeprüft werden. Da sämtliche Abstandsflächen *f* in gleicher Entfernung von der Maschinenachse, also genau gleichachsig mit der Statorbohrung liegen, so genügt es, die Einstellung der Lagerschalen derart vorzunehmen, daß der Abstand zwischen der Welle und den Abstandflächen *f* überall der gleiche ist, um den Luftspalt auf den ganzen Rotorumfang gleichmäßig zu erhalten. Die äußere Ausbildung der Lagerung ist so, daß die Lagerschalen ohne Zerlegen der Maschine ausgewechselt werden können, wenn die Keile *h* bei jedem Paar genügend voneinander entfernt sind. Das Schneckengetriebe *m, n* bildet gleichzeitig eine selbstsperrende Sicherung für jede Schale. Zwischen je zwei Lagerschalen ist ferner ein Keil *p* eingeschoben und durch eine Schraube *r* festgehalten. Dieser Keil hat den Zweck, die Lagerschalen in ihrer auseinandergeschobenen Stellung zu halten und ihr Lockerwerden zu verhindern, selbst wenn ihre Abnutzung bereits merkbar ist und sie von der Welle nicht mehr gehalten werden. In die Durchbrechungen zwischen je zwei Lagerschalen ist außerdem ein Streifen *s* aus nachgiebigem und ölbeständigem Stoff, z. B. aus Filz eingesetzt, der den Schlitz verstopft und auf diese Weise das Herausrinnen des Öles verhindert.

Bei den Kurzschlußankern der Motoren der D-Simplonlokomotive[1]) und der B—B-Lokomotiven der Burgdorf—Thun-Bahn[2]) sind die Stäbe hohl ausgeführt und mit den im Durchmesser wesentlich kleineren Kurzschlußringen durch radiale Bänder aus Bronze von höherem Widerstand verbunden. Durch Abdichtung der Statorwicklung gegen den Rotor hin durch beidseitig angeordnete Trommeln aus Aluminiumblech konnte letzterer ganz offen gebaut und damit durch die als Flügelräder wirkenden Verbinder zu den Kurzschlußringen vorzüglich gekühlt werden.

B. Nebenstromkreise.

In der Anordnung und im schaltungstechnischen Aufbau der Nebenstromkreise besteht be- Drehstromlokomotiven kein grundsätzlicher Unterschied gegenüber den Lokomotiven für Eini phasenwechselstrom. Auch hier kann zwischen unmittelbar wechselstrom- und mittelbar gleichstromgespeisten Nebenstromkreisen unterschieden werden. Fehlt, wie beispielsweise bei allen Drehstromlokomotiven des oberitalienischen Netzes einschließlich des schweizerischen Simplonbetriebes ein primärer Haupttransformator, dann dienen (s. Abb. 365) zur Versorgung der Nebenstromkreise in der Regel zwei besondere Hilfstransformatoren von je 20 bis 30 kVA und dem Übersetzungsverhältnis 3000/110 V, von denen einer als Reserve dient und die primär über je einen Ölschalter mit Überstrom- und Nullspannungsauslösung vor dem Lokomotivhauptschalter an die Hochspannungseinführung angeschlossen werden. Bei Vorhandensein eines primären Haupttransformators, wie bei den mit industrieller Frequenz und 100000 Volt Fahrdrahtspannung arbeitenden Lokomotiven auf der mittelitalienischen Versuchsstrecke (s. o.), verzichtet man aus Gründen der Gewichtsersparnis auf die Aufstellung besonderer Hilfstransformatoren und versieht den Haupttransformator unterspannungsseitig mit einer passenden Anzapfung oder einer besonderen Tertiärwicklung. Nachteilig ist dabei nur, daß bei Herausfallen des Lokomotivölschalters etwa infolge eines Motordefektes auch die Nebenstromkreise spannungslos werden.

Die Unterspannungsableitungen der beiden Hilfstransformatoren werden zu einer Schalttafel geführt, von wo aus über Handschalter und Sicherungen die Verteilung nach den einzelnen Hilfsmotoren und Apparaten geführt wird, deren Anordnung und Gliederung im wesentlichen die gleiche ist wie bei den Einphasenlokomotiven (s. S. 345) und daher hier nur kurz behandelt zu werden braucht.

Die Hilfsmotoren zum Antrieb der Kompressoren und Ventilatoren für die Triebmotoren und die Widerstände, sowie der Pumpenmotor bei Ausbildung des letzteren als Flüssigkeitswiderstand sind sämtlich Kurzschlußankermotoren, die in der Regel unmittelbar seltener über eine durch einen Vorschaltwiderstand gebildete Zwischenstufe eingeschaltet werden. Bei Niederfrequenz ($16^2/_3$ Per/s) ist die Beschränkung der Motorendrehzahl auf max 960 ein gewisser Nachteil, der zu großen Abmessungen der verwendeten Pumpen und Ventilatoren führt.

Die in der Lokomotive untergebrachten Heizkörper werden je nach Größe dreiphasig oder einphasig angeschlossen. Auch wahlweise einphasiger und dreiphasiger Anschluß kommt in Frage, wodurch eine Regelung der Heizleistung je nach der Außentemperatur erzielt werden kann.

[1]) Siehe Fußnote [2]) S. 354. [2]) Siehe Fußnoten [4]) und [5]) S. 354.

Die Lokomotivbeleuchtung wird bei allen italienischen Lokomotiven unmittelbar mit Wechselstrom durchgeführt, wodurch sich eine besondere Lichtumformergruppe erübrigt. Vorhanden ist diese mit 36 Volt Sekundärspannung beispielsweise bei der 1 D 1-Lokomotive Nr. 371[1]) für den Simplontunnel, wobei ein Regelapparat den Beleuchtungsstromkreis bei Sinken der Generatorspannung unter einen bestimmten Wert an die parallelgeschaltete Batterie schaltet.

An elektrischen Meßinstrumenten sind im Führerstand vorhanden zwei Amperemeter für die Motoren, ein Voltmeter für die Fahrdrahtspannung und ein Wattmeter.

Sonst gilt für die Nebenstromkreise, zu denen auch noch die bei den zugehörigen Apparaten erwähnten Auslösestromkreise gehören, sinngemäß das bei Einphasenlokomotiven Gesagte (s. S. 345ff.).

Vierter Teil.

Umformerlokomotiven.

Einleitung.

Unter Umformerlokomotiven seien in diesem Zusammenhang jene Fahrzeuge verstanden, auf denen die über die Fahrleitung zugeführte elektrische Energie außer einer Spannungstransformation eine elektrische Umformung unter Änderung auf eine für die Triebmotoren geeignetere Stromart erfährt. Die Lokomotiven mit eigener primärer Kraftquelle in Form eines mit einem Wärmemotor (Dampfturbine, Verbrennungsmaschine) gekuppelten elektrischen Generators oder einer Akkumulatorenbatterie, die gleichfalls als Umformerlokomotiven angesprochen werden können, fallen also hier außer Betracht. Damit verbleiben gemäß der gemachten Eingrenzung als elektrische Umformerlokomotiven im eigentlichen Sinne die sogenannten Phasenumformerlokomotiven und die Einphasen-Gleichstromlokomotiven.

Bei den ersteren wird der einphasige Fahrdrahtstrom in einem als Einankermaschine gebauten rotierenden Umformer in Mehrphasenstrom umgeformt und dieser den Triebmotoren zugeführt, die als mehrphasige Induktionsmotoren in der gleichen Weise angelassen und in der Drehzahl geregelt werden wie bei den Drehstromlokomotiven mit unmittelbar dreiphasiger Speisung.

Bei den Einphasen-Gleichstromlokomotiven wird der hochgespannte einphasige Fahrdrahtstrom in einem Motorgenerator in Gleichstrom niedriger Spannung (500 bis 700 Volt) umgeformt und dieser den Gleichstromtriebmotoren zugeführt, die unter Vermittlung der an die Umformergruppe angebauten Erregermaschine in Leonardschaltung angelassen und geregelt werden.

Der grundsätzliche Unterschied gegenüber den bisher behandelten Lokomotivarten besteht also darin, daß hier die durch den Fahrdraht zugeführte elektrische Energie in einer zusätzlichen rotierenden Maschine ganz oder teilweise umgeformt wird.

Interessant ist die historische Entwicklung, die die beiden Arten von Umformerfahrzeugen genommen haben. Das Prinzip der Phasenumformung oder besser Phasenspaltung, das den Phasenumformerlokomotiven zugrunde liegt, ist identisch mit dem von G. Ferraris und R. Arnó schon im Jahre 1895 angegebenen Verfahren[2]), zwei- oder dreiphasige Induktionsmotoren von einem Einphasennetz unter Vermittlung eines leerlaufenden Einphasenmotors zu betreiben, in dessen Rotorphasen von dem bei Lauf entstehenden resultierenden Drehfeld symmetrische Mehrphasenspannungen erzeugt werden und demgemäß Mehrphasenströme fließen. Die ersten, die daran dachten, dieses System auf die elektrische Zugförderung zu übertragen, um die Vorteile der Zuleitung mit hochgespanntem Einphasenwechselstrom mit denen der robusten, kollektorlosen, überaus betriebsicheren Induktionsmotoren vereinigen zu können, waren P. Boucherot und P. Bunet. Ihre Vorschläge[3]) blieben jedoch unbeachtet. Die ersten praktischen Versuche zur Erprobung der Brauchbarkeit des Systems für den schweren Lokomotivbetrieb wurden zu Ende des Jahres 1911 von der Westinghouse Elc. & Mfg. Co. in Pittsburgh auf Veranlassung von R. E. Hellmund durchgeführt. Hellmund verwendete bei seinen Versuchen als Phasenumformer einen Induktionsmotor mit Käfiganker, in dessen Statornuten zwei um 90 elektrische Grade nach Art eines Zweiphasensystems gegeneinander versetzte Wicklungen angeordnet waren. Auf irgendeine Art angeworfen, lief die Maschine selbsttätig mit nahezu synchroner Drehzahl weiter und an den Wicklungsenden der Statorwicklung konnte verketteter oder unverketteter Zweiphasenstrom bzw. verketteter Vierphasenstrom also Mehrphasenstrom zum Betrieb der Verbrauchermotoren abgenommen werden. Während die Hellmundschen Versuche in jeder Richtung befriedigten, hatten die etwa gleichzeitig von der G. E. Co. unter Leitung von F. W. Alexanderson durchgeführten Versuche[4]) keinen so durchgreifenden Erfolg, ein Umstand, der wesentlich dazu beitrug, daß die Firma die späteren Vollbahn-Elektrifizierungsprojekte alle nach dem Gleichstromsystem verwirklichte. Die ersten Phasenumformerlokomotiven, zu denen die Hellmundschen Versuche die Grundlagen lieferten, waren die von der Westinghouse Elc. & Mfg. Co. für die 90 km lange Strecke Vivian-Bluefield der Norfolk & Western Bahn im Jahre 1915 gelieferten 24 Lokomotiven Achsfolge 1 B—B 1 (Reihe 2500), die bei einer Länge über Puffer von 16100 mm 137 t wiegen und bei 23 km/h eine Dauerzugkraft von 15000 kg entwickeln. In Doppeltraktion vermögen dieselben Züge bis zu 4300 t Gewicht auf 20 ‰ Steigung mit einer Geschwindigkeit von 22,5 km/h zu

---

[1]) Siehe Fußnote [6]) S. 354. [2]) D. R. P. 96970, 101109.

[3]) F. P. 431235 vom 5. Sept. 1909. — Siehe ferner Bunet, P.: Systèmes de traction par courant alternatif monophasé et diverses machines à courant alternatif, L'Industrie Electrique 1925, S. 224.

[4]) P. A. I. E. E. 1911, S. 1243; E. u. M. 1911, S. 648; ETZ 1913, S. 1392. — Siehe auch D. R. P. 263896, 297059 (A. E. G.).

ziehen[1]). Im Jahre 1924 wurde der Fahrpark um 8 Lokomotiven gleicher Achsfolge erweitert (Reihe 2512), bei denen jedoch zum Unterschied gegenüber den Lokomotiven der Reihe 2500 die Drehgestelle je durch einen einzigen Motor angetrieben werden, der über ein Zahnradvorgelege und Schrägstange je auf das der Lokomotivmitte zunächst gelegene Triebräderpaar arbeitet. Die Lokomotiven der zweiten Lieferungsreihe messen 14810 mm über Puffer, wiegen 189 t, entwickeln eine Dauerzugkraft von 20500 kg bei 22,7 km/h und sind mit einem synchronen Phasenumformer (mit gleichstromerregtem Polrad) ausgerüstet[2]).

In der Achsfolge, Antriebsdisposition und elektrischen Ausrüstung ganz ähnlich sind die im Jahre 1925 gelieferten 36 1 B—B 1-Lokomotiven der Virginian Ry[3]), die zu dritt zu einem Fahrzeug vereinigt werden. Die Lokomotiven messen pro Einheit 15,5 m über Puffer, wiegen 196 t und entwickeln einstündig eine Zugkraft von 26000 kg bei 21,5 km/h. Die Zugkraft von zwei Triplexlokomotiven dieser Art beträgt also einstündig 156000 kg.

Die erste Phasenumformerlokomotive mit Synchron-Phasenumformer war bereits die im Jahre 1917 der Pennsylvania-Bahn gelieferte 1 C—C 1-Lokomotive Nr. 3931, die ursprünglich für die Strecke Altoona—Johnstown bestimmt war, deren Elektrifizierung in Aussicht stand, nunmehr aber den Güterzugsdienst auf der Strecke Philadelphia—Paoli versieht. Diese bis heute immer noch leistungsfähigste elektrische Lokomotive der Welt[4]) mißt 23,02 m über Puffer, wiegt 236 t und entwickelt einstündig eine Zugkraft von 40000 kg bei 34,5 km/h, was einer Stundenleistung von 5100 PS entspricht.

Bei allen amerikanischen Phasenumformerlokomotiven beträgt die Fahrdrahtspannung und -frequenz 11000 Volt bzw. 25 Per/s ebenso wie bei nahezu allen einphasigen Bahnen in Amerika. Auf die Möglichkeit der Übertragung des Zugförderungssystems mit Phasenumformerlokomotiven auf europäische Verhältnisse unter Einfügung derselben in die allgemeine Energieversorgung bei Benützung der Normalfrequenz von 50 haben erstmalig Prof. M. Beck und A. Buchleitner in einem im Jahre 1918 in Innsbruck erschienenen Flugblatt und dann Dr. K. Sachs und Dr. A. Couwenhoven in ihrer Arbeit „Die Phasenumformerlokomotive und ihre Verwendungsmöglichkeit in Europa"[5]) hingewiesen, in der bereits ein baureifer Entwurf einer Phasenumformerlokomotive für 2000 PS bei einer Geschwindigkeit von 60 km/h veröffentlicht wurde.

Im Jahre 1924 begannen die Versuchsfahrten[6]) mit einer von Ganz & Cie. nach Entwürfen von K. v. Kandó gebauten 80 t schweren Phasenumformerlokomotive für 2700 PS Stundenleistung bei 50 km/h auf der 14 km langen Probestrecke von Budapest Westbahnhof nach Dunakeszi-Alag, die mit 50periodigem Einphasenwechselstrom (15000 Volt Fahrdrahtspannung) aus einem der allgemeinen Energieversorgung dienenden Kraftwerk gespeist wurde. Die besondere von v. Kandó herrührende Ausbildung des synchronen Phasenumformers[7]) und die den Bedürfnissen des Netzes und der angeschlossenen Motoren gleich gut angepaßte Erregungsregelung, von der später ausführlich die Rede sein wird, hat dann eine weitere Anwendung bei den beiden Phasenumformerlokomotiven für $16^2/_3$ Per/s Achsfolge E und 1 D 1 der Österreichischen Bundesbahnen[8]) gefunden. Erstere mißt 10800 mm über Puffer, wiegt einschließlich Wasservorrat für den Anlaßwiderstand und die Wasserstrahlvakuumpumpe 73,25 t und entwickelt bei den Geschwindigkeitsstufen von 16, 25 und 33 km/h einstündig eine Zugkraft von 15000 kg, bei 50 km/h und 67 km/h eine Zugkraft von 10800 kg bzw. 8000 kg. Die 1 D 1-Lokomotive mißt 13000 mm über Puffer, wiegt einschließlich Wasservorrat 81,45 t und entwickelt bei 25, 37 und 50 km einstündig eine Zugkraft von 10800 kg, und bei 75 km/h und 100 km/h eine Zugkraft von 7200 kg bzw. 5400 kg. Ebenso wie bei der Versuchslokomotive Achsfolge der Ungar. Staatsbahnen erfolgt auch bei den Phasenumformerlokomotiven der Österreichischen Bundesbahnen die Übertragung des Drehmomentes von den beiden halbhoch gelagerten Motoren auf die Triebachsen unter Vermittlung des von v. Kandó angegebenen Dreistangenantriebs (s. Abb. 103).

Die erste Einphasen-Gleichstromumformermaschine war die im Jahre 1904 zwischen Seebach und Affoltern in Betrieb gesetzte erste Lokomotive[9]) der einphasigen Versuchsstrecke Seebach—Wettingen der Maschinenfabrik Oerlikon. Es handelte sich um eine Drehgestellokomotive in B—B-Anordnung. In der Mitte eines jeden Drehgestelles war halbhoch der Antriebsmotor gelagert, der über ein Vorgelege und flacher Schlitzkuppelstange sein Drehmoment auf das zugeordnete Triebräderpaar übertrug. Der hochgespannte, damals zuerst 50periodige Einphasenwechselstrom wurde durch zwei luftgekühlte Transformatoren auf 700 Volt herabtransformiert und einem 6poligen asynchronen Wechselstrommotor von 650 PS Leistung zugeführt, der mit einer Gleichstrommaschine von 400 kW und 600 Volt Maximalspannung gekuppelt war, die in Leonard-Schaltung auf die Triebmotoren arbeitete. Die Erregung für den Generator und die zwei Gleichstrom-Nebenschluß-Triebmotoren von je 200 PS Leistung lieferte eine auf der Umformerwelle sitzende geblätterte Gleichstrommaschine, die gleichzeitig als Anwurfsmotor der Umformergruppe diente. So einfach und feinstufig die Geschwindigkeits- und Zugkraftregelung der Lokomotive lediglich mit Hilfe zweier Nebenschlußrheostaten sich auch gestaltete, so mußte damals der Umbau der Lokomotive auf ein reines Einphasenfahrzeug unter unmittelbarer Verarbeitung des einphasigen Fahrdrahtstromes in den Triebmotoren in dem Augenblick beschlossene Sache sein, als es gelang, diese letzteren als Einphasenkollektormotoren wenigstens für Niederfrequenz zu bauen, d. h. deren Kommutation mit Hilfe phasenverschobener Hilfsfelder[10]) zu beherrschen, da

[1]) E. R. J. 1915, I, S. 1058; P. A. I. E. E. 1916, S. 116; E. R. J. 1915, I, S. 581, 1058; 1916, I, S. 311, 644; 1918, II, S. 322; 1919, I, S. 522; 1920, I, S. 1202; 1923, II, S. 203.

[2]) E. R. J. 1922, II, S. 1012; E. u. M. 1923, S. 288; R. E. E. 1923, S. 137, 367; E. J. 1924, S. 281.

[3]) R. E. E. 1923, S. 131.

[4]) E. u. M. 1917, S. 583; 1918, S. 122; ETZ 1918, S. 478; E. R. J. 1917, I, S. 1048; El. Bd. 80 (1918), S. 700, 722.

[5]) E. u. M. 1919, S. 437.

[6]) Verebély, L. v.: Über die Elektrifizierungsarbeiten der Kgl. Ungar. Staatsbahnen. E. u. M. 1923, S. 41, ferner Versuche der Kgl. Ungar. Staatsbahnen mit einem neuen Elektrisierungssystem, Organ Fortschr. Eisenbahnwes. 1924, S. 215.

[7]) Verebély, L. v.: Die elektrotechnischen Grundlagen eines neuen Phasenumformersystems zur Elektrisierung von Hauptbahnen, ETZ 1925, S. 37; Verebély, L. v.: Die Phasenumformerlokomotive für 50periodigen Wechselstrom der Kgl. Ungar. Staatsbahnen, E. u. M. 1925, S. 119.

[8]) Z. V. d. I. 1924, S. 239; Organ Fortschr. Eisenbahnwes. 1924, S. 213.

[9]) E. u. M. 1906, S. 959; 1919, S. 247. [10]) Schweiz. P. 30388 (Dr. Behn-Eschenburg).

der für die ganze Lokomotivleistung zu bemessende Umformer bei der damaligen Dimensionierungstechnik sehr schwer ausfiel. Es ist daher verständlich, daß man der Einphasen-Gleichstromlokomotive heute, wo elektrische Maschinen gegenüber der Zeit vor 20 Jahren für die gleiche Leistung fast halb so schwer ausfallen, wieder erhöhte Aufmerksamkeit schenkt. Auf der im Besitz der Ford Motor Co. in Dearborn befindlichen Detroit, Toledo & Ironton-Bahn wurde im Jahre 1925 eine aus zwei Einheiten bestehende Einphasen-Gleichstromlokomotive[1]) (Nr. 501) in Betrieb gesetzt. Jede Halblokomotive von der Achsanordnung $D_0 - D_0$ mißt 17,83 m über Puffer, wiegt 168 t und leistet 4200 PS einstündig bei 27,5 km/h. Abgesehen von der höheren Fahrdrahtspannung von 22000 Volt, unterscheiden sich diese Lokomotiven im schaltungstechnischen Aufbau von der erwähnten Versuchslokomotive auf der Strecke Seebach—Wettingen nur durch den Ersatz des asynchronen Antriebsmotors durch einen solchen mit Synchronerregung, durch die nicht nur der Eigenbedarf der Lokomotive an Blindstrom gedeckt ($\cos\varphi = 1$), sondern darüber hinaus die Zentrale von der Blindstromlieferung teilweise entlastet werden kann.

Ebenso hat die New York, New Haven & Hartford Bahn ihrem großen Park an Einphasenlokomotiven 7 Einphasen-Gleichstromlokomotiven[2]) zugefügt, die zu Anfang 1926 zur Ablieferung kamen. Fünf davon sind Güterzuglokomotiven mit der Achsfolge $1\,B_0—B_0\,1$, die 16,2 m über Puffer messen und eine Dauerzugkraft von 7700 kg bei 39,5 km/h zu entwickeln vermögen. Die restlichen zwei Lokomotiven sind Lokomotiven für den Verschiebedienst mit der Achsanordnung $B_0—B_0$. Beide Maschinentypen sind mit einer synchronen Einphasen-Gleichstromumformergruppe ausgerüstet. Die Geschwindigkeits- und Zugkraftregelung der Motoren erfolgt in Leonardschaltung.

Im Jahre 1927 erfolgte die Inbetriebnahme von zwei analog gebauten Einphasen-Gleichstromlokomotiven Achsfolge $1\,D_0\,1 + 1\,D_0\,1$ auf der rund 40 km langen Strecke von Skykomish nach Cascade (Wash.) der Great Northern Bahn[3]), die bei 325 t Dienstgewicht eine Dauerzugkraft von 40000 kg bei 25 km/h zu entwickeln vermögen.

In diesem Zusammenhang sei schließlich noch auf eine vor einigen Jahren vorgeschlagene Umformerlokomotive zur Umformung von hochgespanntem Gleichstrom in solchen niederer Spannung zur Speisung der Motoren hingewiesen[4]), wobei für die Fremderregung des Hochspannungsantriebsmotors die gleiche Schaltanordnung verwendet wird, die auf S. 296 für Lichtumformer beschrieben und in Abb. 321 dargestellt wurde. Trotz der geistreichen Durchbildung der Schaltung hat jedoch die Maschine heute kaum mehr Existenzberechtigung, da man ja heute bereits Gleichspannungen von 4000 Volt in Motoren und Apparaten sicher beherrscht und überall dort, wo sehr feinstufige Regelung verlangt wird, die Einphasen-Gleichstromumformerlokomotive die vorteilhaftere Lösung sein dürfte.

A. Phasenumformerlokomotiven.

Das grundsätzliche Schema einer Phasenumformerlokomotive mit asynchronem Phasenumformer zeigt Abb. 397. Zum Unterschied gegenüber der in der Einleitung erwähnten Schaltung wird dabei der primäre Einphasenwechselstrom nicht in Zwei- oder Vierphasen-, sondern in Dreiphasenwechselstrom umgeformt oder besser gespalten, und zwar dadurch, daß die beiden Wicklungsphasen I und II des Phasenumformers nicht mit einem Windungszahlverhältnis von 1 : 1, sondern mit einem solchen von $w : \frac{\sqrt{3}}{2} w$ ausgeführt und nach Art der Scottschen Schaltung derart verkettet werden, daß die Wicklungsphase II mit der Windungszahl $w \cdot \frac{\sqrt{3}}{2}$ an den Spannungsmittelpunkt der Sekundärwicklung des Haupttransformators angeschlossen wird. Bei Lauf des Phasenumformers entstehen dann an den drei freien Wicklungsenden drei gleiche und gegeneinander um 120° phasenverschobene Spannungen, die in vektorieller Darstellung ein gleichseitiges Dreieck bilden und an die unmittelbar die Triebmotoren angeschlossen werden. Diese sind als mehrphasige Induktionsmotoren von genau derselben Bauart wie die Motoren der im Dritten Teil behandelten Lokomotiven für dreiphasigen Wechselstrom und werden in gleicher Weise wie dort mittels Sekundärwiderständen angelassen und durch Polumschaltung und Kaskadenschaltung in der Drehzahl geregelt. Die folgende Darstellung kann sich daher im wesentlichen auf den Phasenumformer selbst in seiner schaltungstechnischen Verbindung mit Haupttransformator und Triebmotoren beschränken. Bezüglich der letzteren beiden Aus-

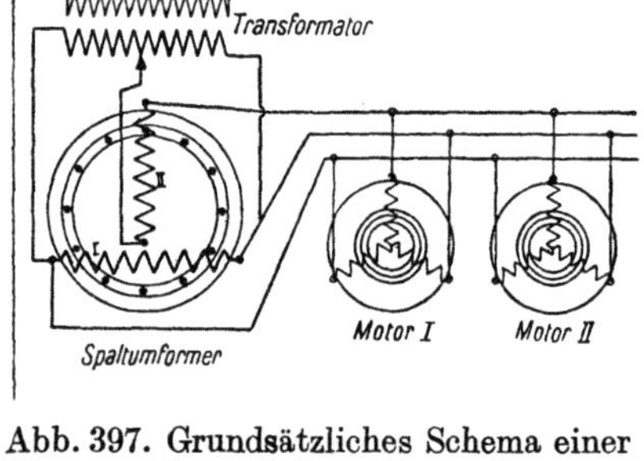

Abb. 397. Grundsätzliches Schema einer Phasenumformerlokomotive mit asynchronem Phasenumformer.

[1]) R. E. E. 1924, S. 429; 1925, S. 672; E. R. J. 1924, II, S. 707; 1925, II, S. 352. — Eine Beschreibung dieses Fahrzeugs findet sich auch auf S. 455. Siehe Tafel XXII.

[2]) R. E. E. 1924, S. 429; E. R. J. 1924, II, S. 705. [3]) R. E. E. 1927, S. 53.

[4]) Amsler, P.: Elektrische Zugförderung mit hochgespanntem Gleichstrom. ETZ 1914, S. 493. — Siehe auch D. R. P. 290430, Ö. P. 73913, Schweiz. P. 69392, F. P. 470174 (B. B. C.). — Siehe ferner D. R. P. 433733 (J. E. A. Michel).

rüstungsteile dieser Lokomotivbauart sowie der Stromabnehmer, Hauptölschalter, Sekundäranlasser und der Hilfsstromkreise sei auf die bezüglichen Ausführungen in den früheren Kapiteln verwiesen.

Wird der Phasenumformer belastet, dann wird das gleichseitige Spannungsdreieck, wie die genaue Theorie dieser Maschinen[1]) lehrt, unter Einfluß der Ohmschen und induktiven Spannungsabfälle in den Wicklungen *I* und *II* zu einem mehr oder weniger schiefwinkligen verzerrt, aus dem symmetrischen Dreiphasensystem bei Leerlauf entsteht ein unsymmetrisches Dreiphasensystem mit ungleichen Spannungen bei Belastung. Ein solches läßt sich nun mit Hilfe einer einfachen graphischen Konstruktion[2]) immer in ein symmetrisches rechtsläufiges und in ein symmetrisches linksläufiges Spannungssystem zerlegen. Letzteres erzeugt ein gegenläufiges Drehfeld, das seinerseits erhebliche Zusatzverluste und Bremsmomente in den an den Umformer angeschlossenen Motoren verursacht[3]). Wirken diese durch übersynchronen Antrieb als Generatoren (bei Talfahrt der Lokomotive), handelt es sich also um die Umformung von Dreiphasen- in Einphasenwechselstrom, dann kehren sich infolge Umkehr der Stromrichtung auch die Abfälle in ihrer Richtung um und das schiefwinklige Spannungsdreieck erscheint etwa um denselben Winkel gegen die Vertikale nach links geneigt, um den es bei motorischem Betrieb nach rechts geneigt war.

Es sind nun zur Kompensation des Spannungsabfalles als Ursache der Verzerrung des Spannungssystems eine große Zahl mehr oder weniger brauchbarer Schaltungen[4]) angegeben worden. Für Verwendung auf Lokomotiven aber können jedoch nur solche Schaltungen von praktischer Bedeutung sein, bei denen die zur Anwendung kommenden Hilfsmittel vor allem ruhende Apparate sind, die, wenn möglich, ganz automatisch oder wenigstens durch einfache Schaltmanipulationen zur Wirkung kommen sollen, deren zeitgerechte Vornahme dem Führer ohne weiteres zugemutet werden kann. Damit reduzieren sich aber die überhaupt möglichen Schaltungen[5]) auf eine sehr beschränkte Zahl, von denen wieder die praktisch wichtigsten hier kurz erwähnt seien.

Was zunächst die Schaltungen mit automatischer Kompensation des Spannungsabfalls anbelangt, so wäre die naheliegendste und einfachste Anordnung offenbar die, daß man die Windungszahl der Wicklungsphase *II* nicht genau im Verhältnis $\frac{\sqrt{3}}{2} : 1$ kleiner wählt als die Windungszahl der Wicklungsphase *I* und überdies die erstere nicht genau im Spannungsmittelpunkt der letzteren anschließt[6]). Man erhält dann im Leerlauf ein unsymmetrisches, und in einem bestimmten Belastungsfall ein symmetrisches Spannungssystem. Hierin liegt aber auch die Unvollkommenheit der Anordnung. Denn Symmetrie der erzeugten Dreiphasenspannung ist über den ganzen Belastungsbereich erwünscht und nötig, nicht zuletzt gerade auch bei unbelastetem Umformer, an den außer den Triebmotoren noch nahezu alle Hilfsmotoren angeschlossen sind. Völlig selbsttätig wirkt übrigens die Schaltung in der Form noch nicht, da beim Übergang vom Motor zum Generatorbetrieb der Anschluß der Wicklungsphase *II* in der entgegengesetzten Richtung vom Spannungsmittelpunkt von Wicklungsphase *I* verschoben erfolgen muß, was entweder von Hand durch den Führer oder durch ein polarisiertes Relais oder einen kleinen Motor bewerkstelligt werden kann, dessen Drehrichtung von der Stromrichtung in Abhängigkeit gebracht wird.

Ohne Beeinflussung durch den Führer, also ganz ohne jede Schaltmanipulation gelingt es, das dreiphasige Spannungssystem von Leerlauf bis Vollast mehr oder weniger symmetrisch

---

[1]) Nouguier A.: La distribution électrique monotriphasé. R. G. E. 1917, II, S. 403f.; Sachs, Dr. K.: u. Dr. A. Couwenhoven: Die Phasenumformerlokomotive und ihre Verwendungsmöglichkeit in Europa. E. u. M. 1919, S. 437; Hellmund, R. E.: No load conditions of single-phase induction motors and phase converters. P. A. I. E. E. 1918, S. 317; Fortescue, C. G.: Method of symmetrical coordinates applied to the solution of polyphase networks. P. A. I. E. E. 1918, S. 629; Lamme, B. G.: A physical conception of the operation of the single-phase induction motor. P. A. I. E. E. 1918, S. 403; Della Salda: Convertitori di corrente trifase in monofase, l'Elettrotecnica 1918, S. 118; Della Salda: Convertitori di corrente monofase in trifase, l'Elettrotecnica 1919, S. 702; Brüderlin, Dr. R.: Die Induktionsmaschine als Phasenumformer. E. u. M. 1921, S. 361.; Gerstmann, B.: Über die Dimensionierung von Phasenspaltern. E. u. M. 1925, S. 653.

[2]) Müller, P.: Unsymmetrische Mehrphasensysteme. ETZ 1918, S. 343.

[3]) Slepian, J.: Induction motors on unbalanced voltages. El. World 1920, S. 313.

[4]) U. S. A. P. 1281955, F. P. 485986, Schweiz. P. 75916; U. S. A. P. 1275969, 1275970, 1296287, 1257349, 1284412, 1376428, 1376430, 1376429, 1376417 u. a.

[5]) Sachs, Dr. K.: Über einige Schaltungsmöglichkeiten rotierender und statischer Phasenspalter. E. u. M. 1923, S. 293.

[6]) D. R. P. 347474 (B. B. C.).

zu erhalten, wenn man die einzelnen Stromkreise induktiv miteinander kuppelt, d. h. voneinander in Abhängigkeit bringt[1]), was ebenso wie in einem anderen Falle (s. Abb. 356) mit Hilfe von Doppeldrosselspulen (Compoundierungstransformatoren) am vollkommensten gelingt. Abb. 398 zeigt eine einfache Schaltung dieser Art[2]), wobei die Ströme J_a und J_b die beiden Wicklungen einer Drosselspule D durchfließen. Verfolgt man die Schaltung vektordiagrammatisch[3]), so ergibt sich, daß die Spannungen e_1, e_2, e_3 bei Belastung gegenüber den Spannungen bei Leerlauf phasenverschoben, untereinander aber nahezu völlig gleich bleiben, also ein gleichseitiges Dreieck bilden. Nur in der Größe sind die Spannungen gegenüber den Leerlaufwerten etwas gesunken. Außer Aufhebung der Verzerrung läßt sich auch noch praktisch Unveränderlichkeit der Spannungen der Größe nach von Leerlauf bis Vollast durch die Schaltung[4]) nach Abb. 399 erzielen. Hier hat überdies der Phasenumformer zwei um 90° versetzte Wicklungen gleicher Windungszahl erhalten.

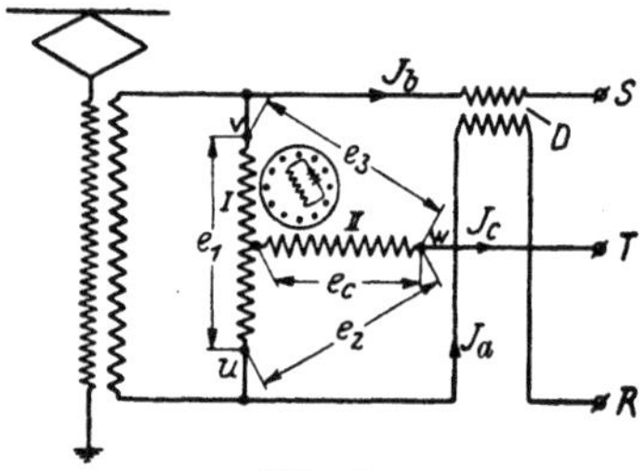

Abb. 398.

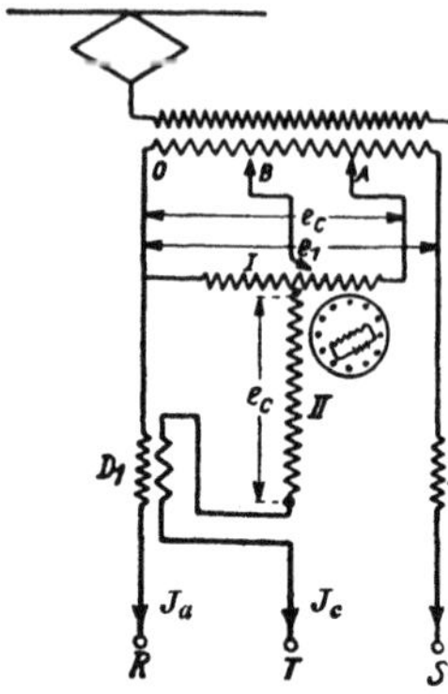

Abb. 399.

Zur Erreichung symmetrischer Dreiphasenspannungen bei Leerlauf ist daher die Wicklung I nicht an der ganzen Unterspannungswicklung des Haupttransformators, sondern an Punkt A derselben angeschlossen, so zwar, daß sich die Windungszahl O bis B zur gesamten Unterspannungswindungszahl verhält wie $\frac{\sqrt{3}}{2}$ zu 1. Der Anschlußpunkt B der Wicklung II käme zwecks Halbierung des Spannungsintervalles von O bis A in die Mitte zwischen O und A zu liegen. D_1 ist ein Compoundierungstransformator mit zwei gleichsinnig magnetisierenden Wicklungen, deren Übersetzungsverhältnis von der Größe des Magnetisierungsstromes der angeschlossenen Motoren abhängt. Im Mittel wird die vom Strom J_a durchflossene Wicklung etwa die dreifache Windungszahl bekommen müssen wie die von J_c durchflossene. D_2 ist eine Drosselspule passend abgestimmter Windungszahl, die vom Phasenstrom J_b durchflossen wird. Man kann die Schaltung nach Abb. 399 insofern modifizieren, daß man die Drosselspule D_2 als Doppeldrosselspule wie D_1 mit dem Übersetzungsverhältnis von ca. 1 : 3 ausbildet, deren Sekundärwicklung in Reihe zur Sekundärwicklung von D_1 geschaltet wird. Wie eine einfache Überlegung zeigt, muß jedoch die Sekundärwicklung von D_2 umgekehrt angeschlossen werden, d. h. die beiden Wicklungen von D_2 magnetisieren gegensinnig.

Es ließen sich so noch eine Reihe von Schaltungen mit Kombinationen von Ein- und Mehrfachdrosselspulen angeben[5]), die in der Wirkung, wie die zugehörigen Vektordiagramme ergeben, einander mehr oder weniger ebenbürtig sind. Eine sehr brauchbare Schaltung ergibt sich, wenn man eine einzige Drosselspule mit drei passend abgestimmten und geschalteten Spulen vorsieht, die man je in den Stromkreis der drei Phasenströme schaltet.

Es ist jedoch bezeichnend, daß die eben erwähnten Schaltungen von der amerikanischen Praxis, aus der sie hervorgegangen sind, nur versuchsweise angewendet wurden. Bei den amerikanischen Phasenumformerlokomotiven erfolgt die Kompensation des Spannungsabfalls einfach in der Weise, daß die auf die Wicklungsphase I aufgedrückte Spannung mit zunehmender Belastung in ein bis zwei Stufen erhöht wird. Im Schaltbild nach Abb. 399 würde also (unter Hinweglassung der Drosselspulen D_1 und D_2) der Anschluß von A und damit auch jener von B mit zunehmender Belastung stufenweise nach rechts verschoben werden[6]), und zwar entweder willkürlich durch den Führer oder selbsttätig in Funktion der Belastung[7]).

Der asynchrone Phasenumformer mit Kurzschlußanker hat den Vorteil der Einfachheit für sich. In konstruktiver Hinsicht bestehen keine besonderen Schwierigkeiten und im Betrieb kommen die Vorteile der Induktionsmaschine voll zur Wirkung, die unmittelbar ohne Synchronisierung aufs Netz geschaltet wird. Von Nachteil hingegen ist der Umstand, daß der Umformer in dieser Bauart zu seiner Erregung selbst wattlosen Strom aufnimmt, der Leistungs-

[1]) U. S. A. P. 1242936/37, Schweiz. P. 69548 (R. E. Hellmund), U. S. A. P. 1280007 (C. G. Fortescue).
[2]) U. S. A. P. 1249782 (R. R. Lawrence). [3]) Siehe Sachs, Dr. K.: E. u. M. 1923, S. 294/295.
[4]) U. S. A. P. 1323271 (R. E. Hellmund).
[5]) Siehe z. B. U. S. A. P. 1365691, 1381303 (R. E. Hellmund).
[6]) U. S. A. P. 1243307, 1246617 (B. G. Lamme); U. S. A. P. 1243430, Schweiz. P. 69394 (B. G. Lamme).
[7]) U. S. A. P. 1248531 (S. G. Nottage).

faktor eines solchen Fahrzeuges ist daher z. T. wesentlich niedriger als der einer mit den gleichen Motoren ausgerüsteten Drehstromlokomotive. Man baut allerdings den Phasenumformer möglichst zwei- oder höchstens vierpolig, und sucht dadurch dessen Magnetisierungsstrom niedrig zu halten. Doch fallen diese niedrigpoligen Maschinen axial sehr lang aus, dürfen keinen zu kleinen Luftspalt bekommen und zudem macht die Abfuhr der Verlustwärme aus dem langen Blechpaket Schwierigkeiten. Bei den Umformern der 1 B—B 1-Lokomotiven der Norfolk & Western-Bahn (Reihe 2500) ist das Blechpaket aus diesem Grunde bis hinunter zur Ankernabe in der Mitte geteilt[1]), so daß gewissermaßen zwei Maschinen, allerdings mit gemeinsamer Wicklung mit einem Zwischenraum von etwa 10 cm in gemeinsamem Gehäuse nebeneinander sitzend angeordnet erscheinen. Empfehlenswert ist bei diesen Maschinen mindestens eine einmalige Unterteilung der Rotorstäbe[2]), da das, wie erwähnt, bei Spannungsverzerrung entstehende gegenläufige Komponentaldrehfeld in den Ankerleitern zusätzliche Ströme von nahezu doppelter Netzfrequenz erzeugt, die ihrerseits wieder erhebliche (Zusatz-) Verluste durch Stromverdrängung zur Folge haben.

Wenn auch wenigstens die Selbstkompensierung des asynchronen Phasenumformers auf $\cos\varphi = 1$ durch Ausbildung des Umformerankers als Schleifringläufer mit einem an die Schleifringe angeschlossenen Phasenkompensator[3]) oder durch eine mit dem Umformer direkt gekuppelte Dreiphasenkollektormaschine[4]) grundsätzlich möglich ist, so hat man doch in Amerika bei den späteren Lokomotiven dieses Systems den Umformer als Synchronmaschine ausgebildet, deren Erregung in Abhängigkeit der Belastung so reguliert werden kann, daß auf der Lokomotive mindestens der eigene Bedarf an Blind-kVA erzeugt wird. Oberspannungsseitig, d. h. zwischen Stromabnehmer und Schiene gemessen kann also der Leistungsfaktor stets auf eins gehalten werden. Bei schwacher Belastung der Lokomotive (Fahrt in der Ebene oder auf mäßiger Steigung) wird dabei der Umformer überregt, was auf verschiedene Weise leicht selbsttätig bewirkt werden kann. Naheliegenderweise wird man die mit dem Umformer direkt gekuppelte Erregermaschine geblättert ausführen, um sie unter entsprechender Umschaltung als Einphasen-Reihenschlußmotor auch als Anwurfsmotor für den Phasenumformer verwenden zu können. Im Normalbetrieb als Erregermaschine wird diese zweckmäßigerweise von einer Hilfserregermaschine fremd erregt, um die Regelung der Erregung des Phasenumformers möglichst stabil und feinstufig im Erregerkreis der Erregermaschine vornehmen zu können. Zum Unterschied gegenüber der Schaltung bei Verwendung eines asynchronen Umformers ist hier die Schaltung noch so auszubilden, daß ein Wiedereinschalten des synchronen Umformers bei Außertrittfallen desselben selbstredend nur nach Synchronisieren mit der Fahrdrahtspannung erfolgen kann, was heute gleichfalls selbsttätig mit Hilfe eines automatischen Parallelschaltapparates erfolgen kann.

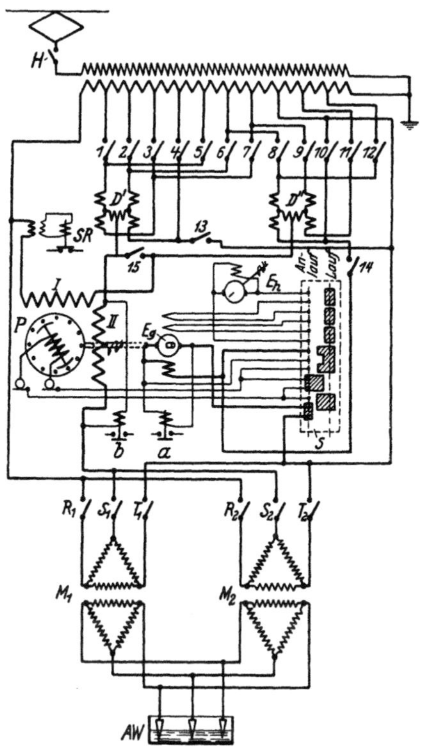

Abb. 400. Grundsätzliches Schaltungsschema einer Phasenumformerlokomotive mit synchronem Phasenumformer.

Abb. 400 zeigt vereinfacht das grundsätzliche Schema[5]) der Hauptstromkreise einer mit synchronem Phasenumformer ausgerüsteten Lokomotive. Das Zusammenarbeiten mit den in Abb. 401 dargestellten Steuerstromkreisen vollzieht sich wie folgt. Um zunächst den Phasenumformer P zum Anlaufen zu bringen, wird nach Einlegen des Hauptschalters H der Handschalter s (Abb. 401) geschlossen und damit die Betätigungsspule von Schütz *14* von der die Steuerstromkreise speisenden Batterie B aus erregt. Dadurch wird Schütz *14* geschlossen und ein Hauptstromkreis schließt sich von der Sekundärwicklung des Haupttransformators über einen das Strombegrenzungsrelais SR speisenden Stromwandler, die Wicklung I des Phasenumformers P, die Drosselspule D'', Schütz *14*, Erregermaschine E_g und über den Stellungsschalter S, der in der Anlaufstellung steht, nach dem Haupttransformator zurück.

---

[1]) U. S. A. P. 1318756 (R. E. Hellmund u. J. V. Dobson), U. S. A. P. 1318741 (E. Fornander).
[2]) U. S. A. P. 1311510 (R. E. Hellmund).
[3]) Siehe z. B. U. S. A. P. 1376434 (R. E. Hellmund).
[4]) E. P. 241860, F. P. 588044 (S. S. W.).
[5]) U. S. A. P. 1519284 (J. R. Wilson). — Entspricht ungefähr der 1 C—C 1-Lokomotive (Nr. 3931) der Pennsylvania-Bahn. Siehe Fußnote [4]) S. 393.

Wenn nun E_g als Anwurfsmotor mit wachsender Drehzahl einen bestimmten Wert der Gegen-EMK erreicht hat, schließt Relais *a*. Damit aber wird die Betätigungsspule von Schütz *15* an die Batterie *B* angeschlossen. Der Stromkreis führt von dieser über Schalter *s*, die vom Relais *a* und Schütz *14* überbrückten Hilfskontakte nach der in der „Aus"-Stellung stehenden Steuerwalze *S W* und von dort einerseits über die Betätigungsspule von Schütz *15* andererseits über ein Paar vom geöffneten Schütz *10* überbrückten Verriegelungskontakte und der Betätigungsspule von Schütz *1* nach der Batterie *B* zurück. Die Wicklung *I* des Phasenumformers *P* wird damit über Schütz *15*, einem Teil der Drosselspulengruppe *D'* und Schütz *1* an die erste Stufe des Haupttransformators angeschlossen und ersterer dadurch so weit erregt, daß er mit der im Rotor vorgesehenen Dämpferwicklung als Asynchronmaschine nicht über Synchronismus hinauskommen kann. Ist dieser aber erreicht, dann schließt Relais *b* und bewirkt dadurch (Abb. 401) die Erregung des Umformer-Hilfsrelais *h*, das den Betätigungsstromkreis von Schütz *14* unterbricht und damit den Anwurfsmotor E_g abschaltet. Schütz *14* bleibt nunmehr in der Offenstellung, außer der Handschalter *s* wird geöffnet und wieder geschlossen. Die Aufgabe des Hilfsrelais *h* besteht darin, ein unvollkommenes Wiederanlassen des Phasenumformers nach Außertrittfallen oder kurzzeitigem Ausbleiben der Netzspannung zu verhindern.

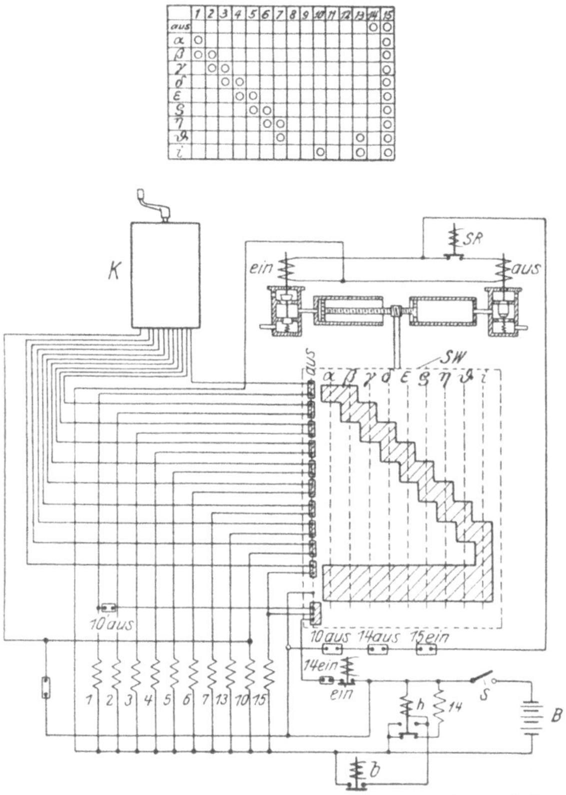

Abb. 401. Steuerstromkreise einer Phasenumformerlokomotive mit synchronem Phasenumformer.

Schütz *14* schließt nun in seiner Offenstellung einen Stromkreis, der vom Pluspol der Batterie *B* über den Handschalter *s*, die Verriegelungskontakte „10 aus", „14 aus", „15 ein" und über die Erregerwicklungen der beiden Magnetventile des die Steuerwalze *S W* betätigenden Luftmotors nach dem Batterieminuspol zurückführt. Damit wird dem linken Zylinder des Luftmotors Preßluft zugeführt, der rechte Zylinder, der in der gezeichneten „Aus"-Stellung der Steuerwalze *S W* unter Druck stand, mit der Atmosphäre verbunden und die Steuerwalze aus der „Aus"-Stellung in die α-Stellung gebracht. Damit wird ein Steuerstrom von *B* aus über *s*, den Steuerschalter *S W* und die parallelgeschalteten Betätigungsspulen der Schützen *1* und *15* nach *B* zurück geschlossen. Die letzteren bleiben also noch eingeschaltet, obwohl gleichzeitig der Steuerstrom, der früher durch Relais *a* geschlossen wurde, nunmehr unterbrochen wird. Durch den Luftmotor wird die Steuerwalze *S W* schließlich in die Stellung *i* gebracht und damit die Wicklung *I* des Phasenumformers *P* stufenweise an höhere Spannung gelegt. Wenn dabei der aufgenommene Strom einen gewissen Höchstwert überschreitet, unterbricht das Strombegrenzungsrelais *S R* den Erregerstrom des Ventils des rechten Zylinders des Luftmotors. Damit kommt dieser gleichfalls unter Druck, die beiden Kolben halten einander das Gleichgewicht und ein Weiterschalten des Luftmotors wird gesperrt. Sinkt der vom Phasenumformer aufgenommene Strom wieder auf einen zulässigen Wert, dann schließt Relais *S R* wieder den Erregerstrom des linken „Aus"-Ventils, das den zugehörigen Zylinder wieder mit der Außenluft verbindet und damit das Weiterschalten ermöglicht.

Wenn schließlich in der Endstellung *i* Schütz *10* geschlossen wird, verlieren die Ventile beider Zylinder ihre Erregung und die Steuerwalze *S W* wird unter Wirkung des rechten nunmehr unter Druck stehenden Zylinders in die „Aus"-Stellung zurückgeführt. Schütz *10* bleibt allerdings unter Wirkung eines besonderen durch den Verrieglungskontakt „10 ein" gebildeten Haltestromkreises geschlossen. Die Steuerung der Schützen *1* bis *15*, mit Ausnahme von *10* und *14* erfolgt nunmehr nach einmal vollzogenem Anlauf des Phasenumformers unmittelbar durch den Führer durch den Meisterschalter *K*, wobei nun die Betätigungsstromkreise dieser Schützen sich alle über den Verriegelungskontakt „10 ein" schließen. Sollte also Schütz *10* aus irgendeinem Grunde ausschalten, dann wird der Meisterschalter *K* stromlos. Der mit der Betätigungsspule von Schütz *1* in Reihe geschaltete Verriegelungskontakt „10 aus" verhindert die Parallelschaltung der Schützen *1* und *15* durch die Steuerwalze in ihrer „Aus"-Stellung.

Sobald Schütz *10* geschlossen ist, wird der Umschalter *S* selbsttätig aus seiner Anlaufstellung in die Laufstellung gebracht und damit der Anwurfsmotor E_g zur Umformererregermaschine umgeschaltet, die von der besonders angetriebenen Hilfserregermaschine E_h fremd erregt wird.

Die Verwendung von Synchronphasenumformern ist heute die üblichere geworden, sie ist aber naturgemäß komplizierter, da die Gleichstromerregung dazu kommt, die selbsttätig in Abhängigkeit der Belastung geändert werden soll, um stets den Leistungsfaktor auf 1 zu halten. Außerdem soll ein Außertrittfallen des Umformers, wenn möglich, überhaupt vermieden werden, mindestens aber soll sich ein Außertrittfallen für den Lokomotivbetrieb so störungsfrei wie möglich gestalten, und das Wiedersynchronisieren mit dem Netz soll ebenso wie beim ersten Anlauf des Phasenumformers bei Dienstaufnahme selbsttätig vor sich gehen.

Es sind nun eine ganze Anzahl von Schaltungen angegeben worden, welche die gestellten Forderungen mehr oder weniger vollkommen erfüllen. Eine Anzahl derselben seien nachstehend behandelt.

Von R. E. Hellmund rührt eine Schaltung[1]) her, nach der ein besonderer Anwurfsmotor und eine besondere Erregermaschine für den Phasenumformer verwendet wird. Letztere wird von einem Repulsionsmotor angetrieben, der im Stator zwei um 90 elektrische Grade gegeneinander versetzte Wicklungen trägt, die je parallel zu den beiden Wicklungen des Phasenumformers angeschlossen sind. Damit wird nun erreicht, daß erst bei nahezu synchroner Drehzahl des Phasenumformers das volle Gleichstromfeld vorhanden ist, denn erst dann entwickelt der Repulsionsmotor als Antriebsmotor der Erregermaschine bei der Art des Anschlusses seiner Statorwicklungen sein volles Drehmoment. Selbsttätige Änderung der Erregung in Abhängigkeit der Belastung erfolgt durch ein vom Hauptstrom beeinflußtes Relais. Wird als Antriebsmotor der Erregermaschine ein Reihenschlußmotor verwendet, dann wird dessen Anker an die bisher mit *II* bezeichnete Wicklung des Phasenumformers, an die mit *I* bezeichnete Wicklung aber dessen Feldwicklung angeschlossen, und deren Strom von dem der ersteren durch einen Stromwandler in Abhängigkeit gebracht. Auch hier hat der Phasenumformer erst unmittelbar vor Erreichen der synchronen Drehzahl sein volles Feld, außerdem aber wird ohne zusätzlichen Apparat die Erregung selbsttätig in richtiger Abhängigkeit der Belastung geändert, denn bei wachsender Belastung wird die Erregung des Antriebsmotors verstärkt, damit sinkt aber die Drehzahl der Erregergruppe und damit Spannung und Strom der Erregermaschine. Umgekehrt hat ein Sinken der Belastung eine Verstärkung der Erregung zur Folge.

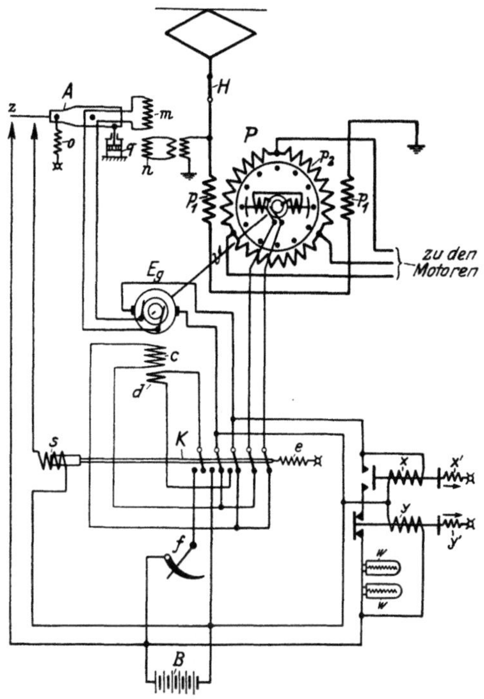

Abb. 402. Schaltung mit selbsttätiger Stabilisierung des synchronen Phasenumformers. (K. v. Kandó.)

Vollkommener genügt den oben ausgesprochenen Forderungen die in Abb. 402 dargestellte Schaltung[2]). Der dabei verwendete synchrone Phasenumformer *P* ist hier von besonderer Bauart, von der noch die Rede sein wird. Da Ein- und Mehrphasenwicklung p_1 bzw. p_2 zwei voneinander unabhängige Systeme bilden, kann erstere unmittelbar für Hochspannung bemessen und unter Hinweglassung eines Transformators an die Fahrleitung angeschlossen werden. Abb. 402 zeigt die normale Betriebsschaltung, bei der der Phasenumformer, von der direkt gekuppelten Erregermaschine E_g erregt, im synchronen Lauf arbeitet. Die Verbindung zwischen Phasenumformer *P* und Erregermaschine E_g wird durch den Umschalter *K* unter Wirkung der Feder *e* hergestellt.

Der Schalter *A* erhält eine bewegliche Spule *m* und eine feststehende Spule *n*, deren gegenseitige Wirkung die Stellung des Schalters gegen eine Feder *o* bestimmt. Die Spule *n* wird unter Zwischenschaltung eines Stromwandlers von einem dem Primärstrom proportionalen Strom durchflossen, während Spule *m* von einem Wechselstrom durchflossen wird, der von zwei Schleifringen der Erregermaschine abgenommen wird. Hat letztere die gleiche Polzahl wie der Phasenumformer *P*, dann ist bei der angenommenen direkten Kupplung beider Maschinen bei synchroner Drehzahl der die Spule *m* durchfließende Wechselstrom von gleicher Frequenz wie der Netzstrom in Spule *n* und beide Spulen ziehen sich so weit an, daß der Kontakt *z* unterbrochen gehalten wird. Zur Dämpfung der Bewegung des unter der gegenseitigen Wirkung der stromdurchflossenen Spulen *m* und *n* schwingenden Schalters *A* ist eine Luft- oder Flüssigkeitsbremse *q* vorgesehen.

Wird der Phasenumformer *P* primär durch den Hauptschalter *H* abgeschaltet und zum Stillstand gebracht, so sind die Spulen *n*, *m* des Schalters *A* stromlos, so daß dieser unter der Wirkung der Feder *o* die Kontakte *z* schließt. Damit wird das Solenoid *s* von der Batterie *B*

[1]) U. S. A. P. 1320050. [2]) D. R. P. 344723 (K. v. Kandó).

aus erregt und der Umschalter K wird entgegen der Wirkung der Gegenkraft e nach links umgelegt.

Soll nun der Umformer angelassen werden, so wird zunächst der Primärschalter H nicht geschlossen, sondern nur mittels des Anlaßwiderstandes f die Batterie B stufenweise auf die Erregermaschine E_g geschaltet, die bei Linksstellung des Umschalters K als Reihenschlußmotor mit d als Erregerwicklung samt dem Phasenumformer P anläuft. Hierauf wird der Hauptschalter H geschlossen. Je mehr sich nun mit wachsender Drehzahl Frequenz und Phase des in der Spule m fließenden Wechselstromes jener des in der Spule n fließenden dem Primärstrom proportionalen Stromes nähert, um so stärker wirkt die Anziehungskraft der Spule n auf die bewegliche Spule m des Schalters A. Bei Phasengleichheit überwiegt die Anziehungskraft der Spulen m, n die Gegenkraft der Feder o und der Kontakt z wird unterbrochen. Wenn der Läufer des Phasenumformers diejenige Geschwindigkeit erreicht hat, bei der er von selbst in Phase einzuspringen vermag, werden die Zeitabschnitte der Phasengleichheit schon genügend groß, um auch gegen die verzögernde Wirkung des Kataraktes q den Kontakt z zu öffnen. Durch die Unterbrechung des Kontaktes z wird das Solenoid s stromlos, der Umschalter K wird durch die Gegenkraft e in die gezeichnete Stellung umgelegt und der Generator E_g wirkt wieder als Erregermaschine des Phasenumformers.

Bei kürzerem oder längerem Ausbleiben der Netzspannung ermöglicht die Schaltung auch die regelmäßige Inbetriebhaltung des Phasenumformers. Beim Sinken der Umlaufzahl nimmt auch der durch die Spulen m und n fließende Strom rasch ab, so daß die Kraft o die Kraft der Spulen m, n überwiegt und der Schalter A durch Schließen des Kontaktes z den Umschalter K in der oben beschriebenen Weise umlegt.

Bei Ausbleiben der Netzspannung in der Dauer weniger Sekunden spricht die Umschaltung in der beschriebenen Weise nicht an. Während der Dauer des Fehlens der Netzspannung erhält die Spule n des Schalters A den Einphasenwechselstrom, den die Feldwicklung des Läufers in der Primärwicklung p_1 des Umformers induziert. Befindet sich nun bei Wiederkehr der Primärspannung der Primärstrom nicht in Phase mit dem in p_1 induzierten Strome, so wird der in Spule n fließende Wechselstrom unterdrückt, der Kontakt z wird geschlossen und der Umschalter K hält die Erregermaschine G so lange als Motor zum Antrieb des Umformers geschaltet, bis die Phasengleichheit hergestellt ist.

Die Batterie B wird auf folgende Weise von der Erregermaschine E_g aus stets in geladenem Zustand gehalten. Von dem Anker der Erregermaschine E_g sind vor dem Umschalter K Ladeleitungen abgezweigt, in die die Kontakte der beiden Stromwächter x, y in Reihe geschaltet sind. Stromwächter x ist mit seiner Wicklung an die Ankerklemmen der Erregermaschine E_g angeschlossen und überbrückt seine Kontakte, sobald die Klemmenspannung der als Stromerzeuger arbeitenden Erregermaschine eine für das Laden der Batterie B geeignete Grenzspannung erreicht hat. Umgekehrt wird der Kontakt durch die Gegenkraft der Feder x' unterbrochen, sobald der Grenzwert der Ankerspannung unterschritten wird.

Der zweite Stromwächter y wird durch eine ständige Kraft geschlossen gehalten und steht unter Wirkung der Batteriespannung. Zwischen die Anschlußstellen der Solenoide x und y an die Ladeleitung sind zu diesem Zwecke die Hitzdrahtwiderstände (Variatoren) w, w geschaltet. Sobald die Batterie B auf die normale Spannung aufgeladen ist, wird sie von dem Stromwächter y von der Ladeleitung abgeschaltet.

Den gleichen Zweck des selbsttätigen Anlassens und der selbsttätigen Herstellung des Synchronismus eines Synchronphasenumformers bei Außertrittfallen desselben erfüllt eine von K. v. Kandó herrührende Schaltung[1]) die sich die Tatsache zunutze macht, daß die Drehzahl eines außer Tritt gefallenen und unbelasteten Phasenumformers nur sehr langsam abnimmt, so daß der Umformer selbst nach mehreren Minuten noch eine genügend hohe Drehzahl besitzt, um ohne besondere Anlaßvorrichtungen wieder in den Synchronismus gebracht werden zu können, wenn der Netzanschluß wieder hergestellt wird. Das Wiederanschalten an das Netz ist ohne Stromstoß möglich, wenn der Umformer mit großer Eigenreaktanz ausgeführt wird (s. u.).

Die Verwendung von Synchronphasenumformern macht es möglich, die sekundäre Klemmenspannung in Abhängigkeit der wechselnden Belastung durch Änderung der Gleichstromerregung derart einzustellen, daß die angeschlossenen Drehstrommotoren über dem ganzen Belastungsbereich stets mit dem höchsten Wirkungsgrad arbeiten[2]). Voraussetzung dabei ist, daß die

---

[1]) D. R. P. 424961, Schweiz. P. 115406, Ö. P. 102503, E. P. 226118 (K. v. Kandó).

[2]) Bei reinen Drehstromlokomotiven hätte dieses Regelungsverfahren die Verwendung eines Stufentransformators für die volle Lokomotivleistung erforderlich gemacht, für den bei Fahrdrahtspannungen bis 4000 Volt dort kein Bedürfnis vorlag. Denn lediglich zur Verbesserung des Wirkungsgrades hätte das beträchtliche Mehrgewicht des Stufentransformators nicht in Kauf genommen werden dürfen. — Bezüglich der Drehstromlokomotiven mit synchronem Phasenumformer siehe die Ausführungen auf S. 385.

Spannungsregelung auf der Sekundärseite nicht auf die Primärseite zurückwirkt, eine Bedingung, die durch Einbau einer Reaktanz genügender Größe auf der Einphasenseite erfüllt werden könnte. Um diese zu vermeiden, verlegt K. v. Kandó die Reaktanz unmittelbar in den Umformer selbst[1]), indem Einphasenwicklung p_1 und Dreiphasenwicklung p_2 zunächst vollständig voneinander getrennt und außerdem nicht unmittelbar nebeneinander in gemeinsamen Nuten, sondern übereinander angeordnet werden, wie Abb. 403 schematisch zeigt. Dem Luftspalt zunächst liegt die in normaler Weise ausgeführte, in Stern oder Dreieck verkettete Dreiphasenwicklung p_2[2]) und darüber die Einphasenwicklung p_1 in besondere Nuten verteilt[3]). Die letzteren stehen mit den die Dreiphasenwicklung tragenden Nuten durch enge Schlitze in Verbindung. Da die Einphasenwicklung auf zwei Drittel des Umfangs verteilt ist, umfaßt sie nur zwei Phasen der Dreiphasenwicklung, in welchen ihr Streufeld EMKfte induziert. Die dritte Phase bleibt von einer solchen Beeinflussung frei. Um die hieraus bei Belastung auftretende Spannungsunsymmetrie auf der Drehstromseite zu beseitigen, sind außerhalb des Phasenumformers zwei Stromwandler s und r vorgesehen, deren Primärwicklungen vom primären Einphasenstrom durchflossen werden, während deren Sekundärwicklungen in Reihe mit den zwei beeinflußten Phasen der Dreiphasenwicklung geschaltet sind. Hierdurch werden in die letzteren Korrekturspannungen eingefügt, deren Größe sich durch passende Abstimmung des Übersetzungsverhältnisses der beiden Stromwandler so einstellen läßt, daß der Einfluß der Streuspannungen bei jeder Belastung aufgehoben wird.

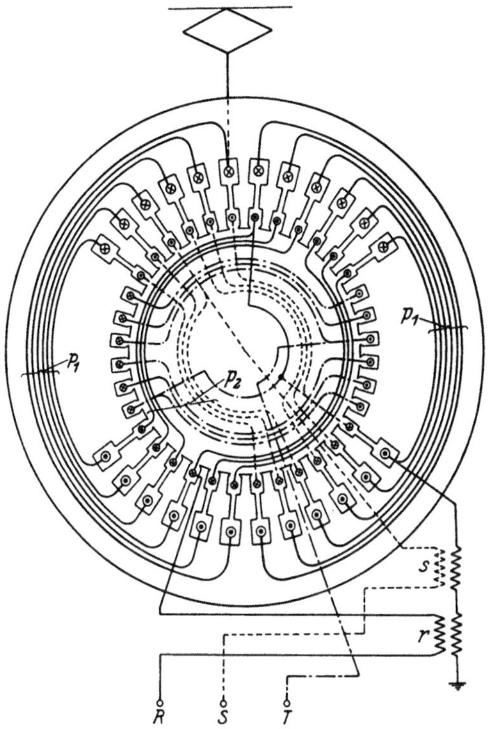

Abb. 403. Synchron-Phasenumformer Bauart K. v. Kandó.

Durch die besondere Anordnung der Einphasenprimärwicklung wird erreicht, daß ein Teil des Kraftflusses lediglich mit dieser allein verkettet, also für die Umformung unwirksam ist, oder mit anderen Worten die Eigenreaktanz des Umformers genügt, um von der Primärseite den Einfluß der sekundären Spannungsregelung fernzuhalten. Diese letztere hätte nun zur Erreichung des Wirkungsgradmaximums auf der Drehstromseite, wie sich leicht zeigen läßt, unter Vernachlässigung des Einflusses der Sättigung proportional der $^1/_2$ten Potenz der Motorenleistung also nach einer Parabel zu erfolgen. Dabei ist nun auch gleichzeitig die Phasenverschiebung im primären Stromkreis des Phasenumformers bei allen Belastungen innerhalb weiter Grenzen sehr klein und der Leistungsfaktor des Umfromers annähernd = 1. Wenn nun umgekehrt die Gleichstromerregung des Umformers über den ganzen Belastungsbereich so geregelt wird, daß die primäre Phasenverschiebung genau ausgeglichen oder sogar überkompensiert wird (Lieferung von wattlosem Strom ans Netz), dann wird die sekundär sich einstellende Kemmenspannung ungefähr auch der Bedingung für das Wirkungsgradmaximum genügen. Unter Vernachlässigung der Sättigung würde die sekundäre Klemmenspannung für primäre Phasenkompensation in Abhängigkeit der Leistung nach einer Hyperbelfunktion geregelt werden Hyperbel und Parabel haben nun bestenfalls zwei Schnittpunkte, für die also allein gleich-

[1]) D. R. P. 406876, Ö. P. 99294, U. S. A. P. 1542426, Schweiz. P. 98421, F. P. 539237 (K. v. Kandó). — Angewendet bei der E-(Versuchs-)Lokomotive der Ungar. Staatsbahnen (E. u. M. 1925, S. 114) und bei den Lokomotiven Achsfolge E (Nr. 1180) und 1 D 1 (Nr. 1470) der Österr. Bundesbahnen (Organ Fortschr. Eisenbahnwes. 1924, S. 214). — Siehe ferner F. P. 608418, Ö. P. 105963.

[2]) In Abb. 403 sind die Spulenköpfe der Dreiphasenwicklung p_2 nur der Deutlichkeit halber nach abwärts gebogen.

[3]) Die unmittelbar an Fahrdraht bzw. an Erde liegenden Windungen der Einphasenwicklung p_1 sind in den der Polachse zunächstliegenden Nuten untergebracht, die eine stärkere Isolationsauskleidung erhalten und dementsprechend weniger Drähte führen als die übrigen Nuten (E. P. 248709, F. P. 608417 von K. v. Kandó). — Durch die Abstufung der Windungszahl gegen Polmitte zu erhält man überdies sehr günstige nahezu sinusförmige Felder (siehe Sachs, Dr. K.: E. u. M. 1915, S. 517).

zeitig beide Bedingungen, d. h. primäre Phasenkompensation und höchster Wirkungsgrad sekundär, erfüllt wären. In Wirklichkeit aber bewirkt die bald einsetzende magnetische Sättigung der Zwischenstege zwischen den die primäre Einphasenwicklung und die sekundäre Dreiphasenwicklung tragenden Nuten ein Abbiegen beider Regulierungskurven vom rein parabolischen bzw. hyperbolischen Verlauf und dadurch praktisch fast ein Zusammenfallen derselben.

Abb. 404 zeigt vereinfacht die Schaltung zur selbsttätigen Kompensation der primären Phasenverschiebung unter Verwendung des in Abb. 403 dargestellten Phasenumformers mit getrennter Ein- und Mehrphasenwicklung p_1 bzw. p_2. Den wesentlichsten Bestandteil der Schaltung bilden der wattmetrisch gesteuerte Regelapparat K und die besonders ausgebildete Erregermaschine E_g, deren Wirkungsweise folgende ist. Wenn der durch p_1 fließende Primärstrom des Umformers mit der Fahrdrahtspannung in Phase ist, so üben Strom- und Spannungsspule h_3 und n_3 des Regelapparates K keine dynamische Wirkung aufeinander aus, da der Strom in der Spannungsspule n_3 unter Wirkung der vorgeschalteten Drosselspule D gegen die Primärspannung um 90° in der Phase nacheilt, und der Schaltarm von K wird in seiner Mittelstellung verharren. Die Spannungsspule n_3 wird von einer in den gleichen Nuten wie p_1 liegenden und mit dieser induktiv verketteten Hilfswicklung l gespeist. Der Einfluß des Ohmschen Widerstandes im Kreis der Spannungsspule n_3 wird durch den zur Stromspule h_3 parallelgeschalteten halbinduktiven Shunt s ausgeglichen. Je nachdem aber zwischen Netzspannung und Netzstrom eine Phasenvor- oder -nacheilung eintritt, entsteht zwischen den Spulen h_3, n_3 eine Anziehung oder Abstoßung, so daß der im entsprechenden Sinne ausschwingende Kontaktarm die Kontakte k_1 oder k_2 schließt und durch Vermittlung der Schützen r_1, r_2 sowie des Steuermotors S den Nebenschlußwiderstand a der Erregermaschine E_g so lange ändert, d. h. die Erregung bei Phasennacheilung verstärkt, bei Phasenvoreilung vermindert, bis die Phasenverschiebung im Primärstromkreise des Umformers wieder aufgehoben ist.

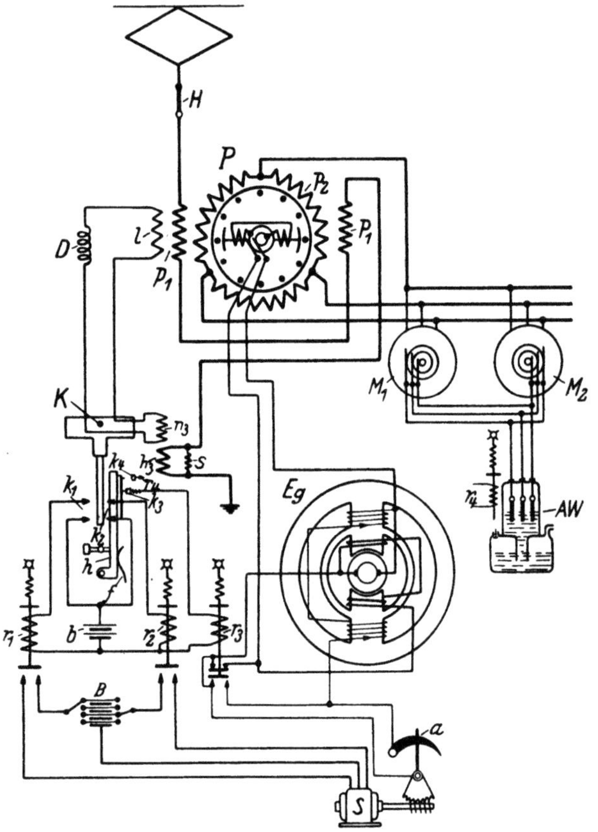

Abb. 404. Schaltung einer Phasenumformerlokomotive mit Phasenumformer Bauart Kandó.

Die hohe Selbstinduktion der Primärseite des Phasenumformers, die erforderlich ist, um die Spannungsregelung in der gewünschten Weise bewirken zu können, ist mit dem Nachteil verbunden, daß der Umformer bei den kleineren Spannungen nur eine geringe Überlastungsfähigkeit besitzt. Dies wird jedoch im vorliegenden Fall gewöhnlich nicht zur Auswirkung kommen, wenn die Spannung durch die Regelung entsprechend der Zunahme der Belastung rasch erhöht wird. Wenn jedoch die Belastung plötzlich so rasch ansteigt, daß die Spannungsregelung der Belastungszunahme nicht zu folgen vermag, so ist ein Außertrittfallen des Umformers unausweichlich. Diese Gefahr ist hier um so mehr zu befürchten, als die Spannungsregelung durch Beeinflussung der Erregung der Erregermaschine erfolgt, die Zeitkonstanten der beiden Erregerkreise also zeitlich hintereinander zur Wirkung kommen. Diesem Übelstand wird dadurch gesteuert, daß die Erregermaschine E_g außer der Nebenschlußwicklung noch eine diese unterstützende Seriewicklung erhält, die im Normalbetrieb durch ein Schütz r_3 kurzgeschlossen gehalten wird. Die Magnetschenkel der Erregermaschine sind zwischen der Nebenschluß- und der Hauptstromwicklung durch einen magnetischen Nebenschluß in Form von Stegen aus lamelliertem Eisen miteinander verbunden, durch den sich im Normalbetrieb, wenn also nur die Nebenschlußwicklung wirksam ist, ein Teil des magnetischen Kraftflusses schließt. Tritt nun eine plötzliche Überlastung ein, so spricht der Schütz r_3 an, der einerseits den Nebenschlußwiderstand a kurzschließt, andererseits den Kurzschluß der Hauptstromwicklung unterbricht, deren EMK das Feld im magnetischen Nebenschluß in der Richtung umkehrt. Das resultierende Feld bildet sich jetzt unter Ausschaltung der Drosselwirkung der Nebenschlußwicklung aus und ist nun wenigstens um den doppelten Betrag des früheren Stegfeldes sprungweise verstärkt.

Die Spule des Schützes r_3 ist derart geschaltet, daß sie erst bei einer Überlastung anspricht, die durch die selbsttätige Spannungsregelung unter Vermittlung des Wattmeterrelais K nicht rechtzeitig ausgeglichen werden kann. Schütz r_3 wird daher stufenweise mit Schütz r_2 in der Art betätigt, daß die den Schütz r_2 beherrschenden Kontakte k_2 auf einem Hebel h angeordnet sind, der nur bei Überlastung dem Drucke einer Feder f ausweicht und damit den Kontakt k_3 für den Schütz r_3 schließt.

Bei noch stärkeren Überlastungen, bei denen auch die Zuschaltung der Serieerregung bei der Erregermaschine ein Außertrittfallen des Phasenumformers nicht verhindern würde, wird der Anlaßwiderstand AW der Triebmotoren $M_1 M_2$ allmählich eingeschaltet und damit die Belastung stufenweise vermindert. Damit diese Schaltoperation in zeitlicher Folge zur Betätigung von Schütz r_3 ausgeführt wird, ist der Kontakt k_3 nachgiebig gelagert und ein weiterer Kontakt k_4 vorgesehen, der den Stromkreis für den Schütz r_4 schließt, wenn die Einschaltung von Schütz r_3 nicht die erforderliche Wirkung hatte. Schütz r_4 öffnet bei Erregung ein Ventil, durch das Druckluft aus dem Druckluftbehälter des Anlaßwiderstandes so lange entweicht, bis durch Sinken der Flüssigkeit in der Elektrodenkammer genügend Widerstand eingeschaltet worden ist.

Die mit der Batterie B vereinigten Zellenschalter ermöglichen es, den Steuermotor S auf verschiedene Geschwindigkeiten für den Vorwärts- und Rückwärtslauf einzustellen.

Bei der praktisch-konstruktiven Ausbildung der in Abb. 404 schematisch dargestellten Anordnung erscheint der auf dem Wattmeterprinzip beruhende Regler K in Form eines zweipoligen Einphasenmotors, dessen Rotor die Stromspule und dessen Stator die Spannungsspule trägt, die an eine aus vier Stäben bestehende in vier Nuten der Einphasenwicklung p_1 liegende Hilfswicklung angeschlossen ist. Damit das von der Spannungsspule im Wattmeterregler erzeugte Feld genau 90° Phasenverschiebung gegenüber der Linienspannung erhält, werden einerseits die erwähnten vier Nuten entsprechend gewählt, andererseits in den Stromkreis der Spannungsspule ein regelbarer Ohmscher Widerstand und die Sekundärspule eines kleinen Stromwandlers geschaltet, dessen Primärspule im Einphasenstromkreis, d. h. in Reihe zu Wicklung p_1 liegt und daher stets eine mit der Belastung proportionale Komponente liefert. Bei Vorhandensein einer wattlos vor- oder nacheilenden Stromkomponente erfolgt eine Drehung des Reglerankers in einem oder anderem Sinne, die auf einen kleinen Kolben übertragen wird, der den Zufluß von Drucköl in die beiden Ventilkammern eines Betätigungszylinders steuert. Die Kolbenstange des letzteren ist als Zahnstange ausgebildet, deren Verschiebung mittels Zahnradübersetzung den Arm des Nebenschlußwiderstandes verdreht. Bei stoßweise auftretenden Überlastungen entsteht infolge der Massenträgheit des mechanischen Übertragungsmittels ein Überdruck, welcher in gleicher Weise wie Schütz r_3 im Schema Abb. 404 zum Einschalten der zusätzlichen Serieerregung der Erregermaschine und zum Kurzschließen des Nebenschlußwiderstandes benützt wird.

Soll statt Null irgendeine andere Phasenverschiebung im Primärstromkreis konstant gehalten werden, so kann dieser Forderung ohne weiteres durch sinngemäße Verstellung des erwähnten regelbaren Ohmschen Widerstandes im Stromkreis der Spannungsspule entsprochen werden.

Bei einer zweiten Ausführungsform wird der Arm des Nebenschlußwiderstandes von einem Einphasenkollektormotor betätigt, dessen Anker unter Zwischenschaltung eines Stromwandlers vom Primärstrom und dessen Feldwicklung ebenso wie die Spannungsspule des Wattmeterregulators K in Abb. 404 von einer mit der Wicklung p_1 des Phasenumformers koaxialen Hilfswicklung gespeist wird. Mit dem erwähnten Einphasensteuermotor ist eine als Zahnradölpumpe ausgebildete Flüssigkeitsbremse mit drehbarem Gehäuse direkt gekuppelt. So lange der Leistungsfaktor im Primärstromkreise gleich 1 ist, verharrt der Steuermotor in Ruhe, weil dabei die im Anker und in der Feldwicklung desselben fließenden Ströme gegeneinander um 90° in der Phase verschoben sind. Ändert sich aber die Belastung der Triebmotoren, so beginnt sich je nach der mit der Belastungsänderung verbundenen Phasenvor- oder -nacheilung im Primärstromkreis der Steuermotor zu drehen, der damit die Erregung des Phasenumformers verstärkt oder schwächt. Bei stetigen Belastungsänderungen wird die Mitnahme des drehbaren Pumpengehäuses durch eine Feder verhindert. Nimmt jedoch die Belastung der Triebmotoren plötzlich so stark zu, daß die Erregungsverstärkung durch Ausschaltung des Nebenschlußwiderstandes nicht mehr genügen würde, so steigt die Geschwindigkeit des Steuermotors und damit auch der in der Pumpe auftretende Reibungswiderstand gleichfalls plötzlich an. Das auf das Gehäuse wirkende Drehmoment überwindet die rückhaltende Kraft der Feder, bewegt ersteres im Sinne der Drehrichtung des Steuermotors und ein mit dem Pumpengehäuse verbundener Kontaktarm hebt einerseits den Kurzschluß der zusätzlichen Serieerregung der Erregermaschine auf, schließt den gesamten Nebenschlußwiderstand kurz und bewirkt in zeitlicher Folge zu den genannten Operationen eine Entlastung der Triebmotoren durch Einschalten der ersten Stufe des Anlaßwiderstandes[1]).

Die selbsttätige Erregungssteigerung, wie sie an Hand der Abb. 404 erläutert wurde, reicht jedoch nicht aus, um auch die Stabilität des Phasenumformers auch bei Anfahrt aufrecht zu erhalten, namentlich wenn diese unter Verwendung eines Flüssigkeitsrheostaten ebenso wie bei den Lokomotiven für dreiphasigen Wechselstrom wattmetrisch auf eine bestimmte Leistungsaufnahme reguliert wird. Grundsätzlich wurde dabei das Druckluftventil des Flüssigkeitsanlassers als eigentliches Steuerorgan unter die Wirkung eines von der Belastung der Triebmotoren beeinflußten Wattmeters und einer Feder gestellt, deren Spannung vom Führer willkürlich, d. h. in Abhängigkeit des Zuggewichtes verändert wurde. Der Ruhezustand des Steuerorgans wurde durch das Gleichgewicht der auf dasselbe entgegengesetzt wirkenden beiden Kräfte bestimmt.

So lange die Federspannung dem Zuggewicht wirklich angemessen verändert wird, ist diese Regelungsmethode auch bei Phasenumformerlokomotiven mit Synchronumformer anwendbar. Wird jedoch der Anlaßwiderstand unter Einwirkung zu hoher Federspannung zu rasch vermindert, so steigt die Belastung so plötzlich an, daß trotz der durch den selbsttätigen Regler sofort eingeleiteten Erhöhung der Erregerspannung der Erregerstrom nicht rasch genug verstärkt wird, um der Belastung nachzukommen. Denn bei einem gegebenen Widerstand des Anlassers nimmt die Belastung mit dem Quadrat der Spannung zu, infolgedessen steigt bei Erhöhung der Spannung die Belastung des Motors und des Phasenumformers in höherem Grade als der Stabilitätsbereich des Phasenumformers, die Steigerung der Erregung vermag also die Zunahme der Belastung niemals einzuholen.

Bei der Schaltung nach Abb. 405, bei der wegen des leichteren Verständnisses und der einfacheren zeichnerischen Darstellung ein Metallrheostat als Anlaßwiderstand angenommen wurde, wird diese Schwierigkeit dadurch umgangen, daß die durch den Fahrschalterhebel d angespannte Feder C so bemessen d. h. um so viel schwächer gehalten wird, daß sie auch bei stärkstem Anspannen der Gegenkraft des Wattmeters F schon bei Stromstärken, die niedriger sind als der Vollaststrom, nicht Gleichgewicht zu halten vermag. Die auf diese Weise fehlende Kraft wird statt der Feder durch ein gleichfalls auf den Steuerhebel b dem Wattmeter F entgegenwirkendes Solenoid h ausgeübt, das von der Dreiphasensekundärwicklung p_2 des Phasenumformers gespeist wird und damit eine nach Maßgabe der Motorklemmenspannung selbsttätig veränderliche Regelkraft h erzeugt[2]).

[1]) D. R. P. 400027 (K. v. Kandó).

[2]) D. R. P. 425868, Schweiz. P. 114581, F. P. 595002, E. P. 231057 (K. v. Kandó).

Die Wirkung dieser selbsttätigen Regelkraft veranschaulicht Abb. 406, in welcher in Abhängigkeit der Belastung w der Triebmotoren die den Steuerhebel b beeinflussenden Kräfte aufgetragen sind. Würde man bei Abwesenheit der zusätzlichen selbsttätigen Regelkraft h der Feder C die Spannung c_1 erteilen, so müßte die Belastung der Motoren den Wert w_1 erreichen, um der Wirkung des Wattmeters F das Gleichgewicht zu halten. Wirkt aber auf den Steuerhebel b noch die zusätzliche Kraft h, so gestalten sich die Verhältnisse wie folgt:

Wenn die selbsttätige Spannungsregelung die Klemmenspannung des Motors derart ändert, daß das Quadrat der Klemmenspannung proportional der jeweiligen Belastung ist, oder so, was praktisch, wie wir gesehen haben, etwa dasselbe ist, daß der Leistungsfaktor im primären Stromkreise des Phasenumformers über den ganzen Belastungsbereich gleich eins ist, so nimmt die Spannung unter Berücksichtigung der Sättigung und demnach auch die zusätzliche Gegenkraft h mit der Belastung gemäß der Kurve h zu.

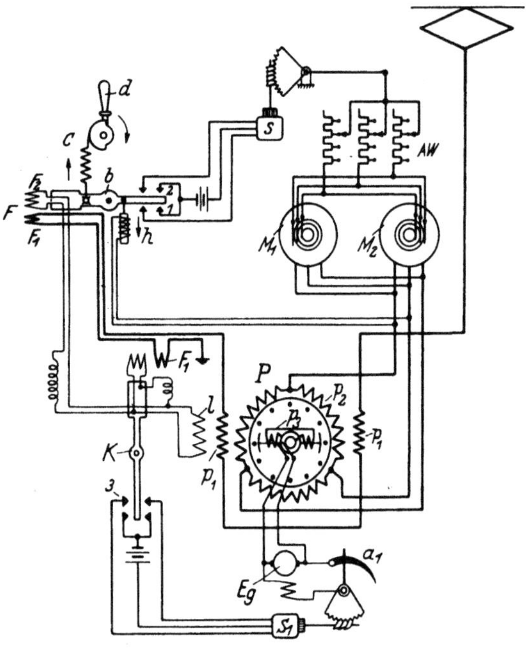

Abb. 405. Schaltung einer Phasenumformerlokomotive mit Phasenumformer Bauart Kandó und Regelung auf konstante Leistungsaufnahme.

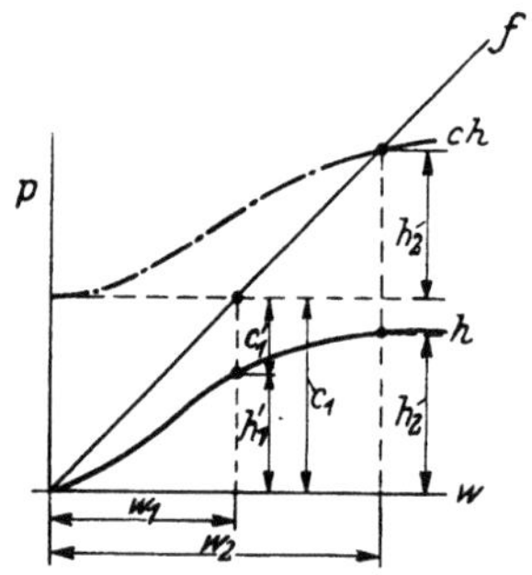

Abb. 406.

Addiert man nun die Wirkung der Kraft h und die der Feder c, wie dies durch die strichpunktierte Kurve ch dargestellt ist, so kommt das Wattmeter F mit der gemeinschaftlichen Wirkung $c_1 + h_2$ des Spannungswertes c_1 der Feder C und dem Werte h_2 der Regelkraft h bei dem Werte w_2 der Belastun g ins Gleichgewicht, d. h. es hat die Feder für den Wert w_1 der Belastung bloß den Wert c_1' zu erhalten, um mit dem Wert h_1' der Gegenkraft h zusammen dem Wattmeter F bei der Belastung w_1 das Gleichgewicht zu halten. Man kann also die Feder C so schwach bemessen, daß selbst, wenn man mittels des Anlaßhebels d der Feder C gleich am Anfang des Anlassens ihre größte Spannung erteilen würde, die dieser Federspannung das Gleichgewicht haltende Belastung des Motors bzw. des Phasenumformers innerhalb des Stabilitäsbereiches des letzteren fällt. Der Phasenumformer kann also auch bei plötzlicher Einschaltung der größten Spannung der Feder C und der durch diese bedingten Belastung nicht außer Tritt fallen, denn die Belastung kann niemals der Erregung voreilen, da das an die veränderliche Drehstromspannung angeschlossene Solenoid nur dann jene eine bestimmte Mehrbelastung zulassende zusätzliche Anziehungskraft ausüben kann, wenn bereits an seinen Klemmen die dieser Mehrbelastung entsprechende Spannung vorhanden ist. Der Phasenumformer bleibt somit automatisch innerhalb seines Stabilitätsbereiches, wobei seine Erregung und infolgedessen auch die Klemmenspannung der Triebmotoren allmählich selbsttätig zunimmt. Damit wächst aber auch die Regelkraft h, welche die Spannung der Feder C unterstützt und läßt denjenigen Wert der Belastung w, der der vereinigten Wirkung der Spannung der Feder C und der zusätzlichen Regelkraft h das Gleichgewicht hält, allmählich steigen. Die Steigerung der Regelkraft h schreitet so lange fort, bis die Belastung denjenigen Höchstwert erreicht hat, der der Spannung der Feder C und dem durch diese bedingten Höchstwert der zusätzlichen Regelkraft h entspricht.

Der erreichbare Höchstwert der Belastung wird also durch zwei Größen bestimmt, erstens durch die willkürlich veränderbare Spannung der Feder C und zweitens durch die proportional der jeweiligen Motorklemmenspannung sich selbsttätig ändernde zusätzliche Regelkraft h. Um den Höchstwert der Belastung ändern zu können, kann man entweder die Federspannung oder den Anfangswert der Regelkraft h oder aber beide Größen willkürlich ändern. Der Anfangswert der Regelkraft h (Leerlauf) wird durch eine ihr entgegenwirkende (in Abb. 405 nicht gezeichnete) zusätzliche Feder ausgeglichen, deren Kraft somit proportional dem Quadrat des Normalwertes der Dreiphasenspannung ist.

Erhalten die Triebmotoren Kurzschlußanker, dann werden die immerhin etwas verwickelten Einrichtungen zur selbsttätigen Phasenkompensation entbehrlich[1]).

Durch die Bauart des Phasenumformers mit hoher primärer Selbstinduktion nach Abb. 403 wird das Synchronisierungsproblem vollkommen ausgeschaltet. Einmal in die Nähe der synchronen Drehzahl gebracht kann die Einphasenprimärwicklung p_1 des Umformers unmittelbar an den Fahrdraht angeschaltet werden, da der selbst bei Phasenopposition entstehende Kurzschlußstrom höchstens die Größe des Normalstromes erreicht oder diesen nur wenig übertrifft. Trotzdem aber ist es wünschenswert, den Umformer während nicht zu langer Betriebspausen

[1]) D. R. P. 447306, Schweiz. P. 121240 (K. v. Kandó).

nicht abzuschalten, d. h. leerlaufen zu lassen. Die Leerlaufarbeit des Umformers ist jedoch keineswegs unbedeutend. Um diese nun auf ein Mindestmaß herabzudrücken, werden mit dem zwischen Umformer und Triebmotoren liegenden Schalter zwei Hilfsschalter zwangsläufig gekuppelt, von denen einer gleichzeitig mit der Abschaltung der Motoren etwa bei Aufenthalt in Stationen der primären Einphasenwicklung eine Reaktanz passender Größe vorschaltet, d. h. den Umformer an eine um den Spannungsabfall in der vorgeschalteten Reaktanz reduzierten Spannung anschließt, während der andere auch die Erregung des Umformers durch Einschalten eines Widerstandes in den Erregerkreis der Erregermaschine entsprechend schwächt[1]).

Der geringe Kurzschlußstrom bedingt allerdings auch gerade die geringe Überlastungsfähigkeit des Umformers, die durch die beschriebenen Schaltungen ausgeglichen werden mußte. Die hohe Eigenreaktanz des Umformers, die einer Vereinigung, d. h. einem Zusammenbau des Umformers mit einer Drosselspule gleichkommt, bedingt ferner zusammen mit der gleichzeitigen Verwendung des Umformers als Transformator eine ganz erhebliche Steigerung der Abmessungen gegenüber einem Umformer ohne gleichzeitige Spannungstransformation und mit nur zwei gegeneinander um 90° versetzten Wicklungen. Denn jener war nur für die einfache Lokomotivleistung zu dimensionieren, für diesen aber ist, wie sich leicht zeigen läßt, rund die dreifache Lokomotivleistung maßgebend[2]). Dazu kommt die Schwierigkeit, die unmittelbar für die Fahrdrahtspannung (15000 Volt) bemessene Einphasenwicklung p_1 bei den im Bahnbetrieb unvermeidlichen Ablagerungen von Staub, Öl usw. auf die Dauer betriebsicher zu halten.

Zur Umgehung derselben bildet K. v. Kandó das Ständergehäuse zu einem die Ständerwicklung einschließenden Ölbehälter aus, der vom Läuferraum durch ein auch die innere Polfläche des Ständereisens bekleidendes Rohr getrennt ist, das mit seinen beiden Enden in Stopfbüchsen der Stirnwände des Ständergehäuses eingesetzt wird[3]). Zur Kühlung des Öl dienen die gleichen Einrichtungen, wie sie bei den Transformatoren der Einphasenlokomotiven verwendet werden und dort behandelt wurden (s. S. 312). Allerdings ist der öldichte Abschluß des Stators gegen den Rotor konstruktiv ein schwieriges Problem, namentlich im Zusammenhang mit den im Lokomotivbetrieb dauernd auftretenden Erschütterungen, die man vom Umformer dieser Bauart durch nachgiebige Aufhängung mittels allseitig gelenkiger, gegen dessen Schwerpunkt zusammenlaufender Glieder möglichst fernzuhalten sucht[4]).

Die selbständige Sekundärwicklung bei der Bauart des Phasenumformers nach Abb. 403 kann vorteilhafterweise als Gleichstromwicklung ausgebildet werden, aus der durch geeignet verteilte Anzapfpunkte Ströme nahezu jeder beliebigen Phasenzahl zur Speisung der Motoren abgenommen werden können. Für die letzteren ergeben sich damit weitere Möglichkeiten der Polumschaltung, auf die bei anderer Gelegenheit (s. S. 386) bereits hingewiesen wurde.

Alle übrigen Steuerapparate, d. h. die Schalter zur Änderung der Polzahl der Motoren, zur Ausführung der Kaskadenschaltung sowie die Anlaßwiderstände sind grundsätzlich von ganz gleicher Bauart wie diejenigen der Drehstromlokomotiven. Auch bezüglich der Nebenstromkreise sei auf die Drehstromlokomotiven verwiesen.

Die konstruktive Vereinigung von Phasenumformer und Motor zu einer Maschine führt zum Motor von L. Schön und F. Punga[5]). Dieser besteht aus einem einphasigen Stator und einem dreiphasigen Rotor, zwischen welchen ein auf der Welle mittels Kugellager drehbar gelagerter Zwischenrotor angeordnet ist, der außer einer Käfigwicklung eine über Schleifringe mit Gleichstrom gespeiste Erregerwicklung trägt. Wird die mit einer Hilfsphase in üblicher Weise kombinierte einphasige Statorwicklung an das Netz angeschlossen, so läuft zunächst der Zwischenrotor als Kurzschlußanker asynchron hoch, um nach Anschluß der Erregerwicklung an die Gleichstromquelle (Erregermaschine oder Batterie) in Synchronismus zu kommen. Stator und Zwischenrotor liefern nun ein resultierendes Kreisdrehfeld, mit dem der dreiphasige Innenrotor einen gewöhnlichen Dreiphasen-Induktionsmotor bildet, der über einen an die Schleifringe angeschlossenen Widerstand in üblicher Weise angelassen wird. Gegenüber einem gewöhnlichen, durch dreiphasigen Primäranschluß erzeugten Drehfeld besteht der Unterschied darin, daß hier vom primären (Einphasen-)Netz nur der Wirkstrom geliefert wird, während der Blindstrom über den Zwischenrotor als Gleichstrom zugeführt wird, der so geregelt werden kann, daß die Maschine bei allen Belastungen primär mit $\cos\varphi = 1$ arbeitet.

---

[1]) D. R. P. 365305, U. S. A. P. 1517117 (K. v. Kandó). [2]) Gerstmann, B.: E. u. M. 1925, S. 653.

[3]) D. R. P. 408113, F. P. 538242, Schweiz. P. 93096 (K. v. Kandó). — Angewendet bei der E-Lokomotive der Ungar. Staatsbahnen (E. u. M. 1925, S. 114). [4]) D. R. P. 345478 (K. v. Kandó).

[5]) Schweiz. P. 113623 und D. R. P. 429051 (Friedrich Krupp A. G., Essen). — Siehe Kruppsche Monatshefte 1925, S. 238; ETZ 1926, S. 842ff.; E. u. M. 1927, S. 901.

Da die polumschaltbare Ausbildung der drei Wicklungen aus konstruktiven Gründen praktisch kaum in Frage kommt, ist neben der Kaskadenschaltung zweier derartiger Maschinen mit der auf das Verhältnis 1 : 2 beschränkten Drehzahlstufung vorgeschlagen worden, die zweite als Hintermotor dienende Maschine als gewöhnlichen, jedoch in der Polzahl umschaltbaren Drehstrommotor zu bauen. Macht man den Vordermotor der betrachteten Sonderbauart beispielsweise 8polig, den Hintermotor auf 4 und 6 Pole umschaltbar, so ergeben sich durch Aneinanderreihen der Betriebsformen

1. Vorder- und Hintermotor in Kaskade,
2. Hintermotor allein, gespeist von dem als Phasenumformer (Phasenspalter) wirkenden Vordermotor,
3. Vordermotor allein

fünf wirtschaftliche Geschwindigkeitsstufen, z. B. die Werte 100, 83,3, 66,6, 45 und 37 km/h. Ist der Hintermotor auf 4 und 8 bzw. 6 und 12 Pole umschaltbar, so könnten beispielsweise folgende wirtschaftliche Geschwindigkeitsstufen erzielt werden: 24, 31,5, 37, 45,5, 50, 67, 83,3 und 100 km/h.

Wenn bei den höheren Geschwindigkeiten die Leistung des Vordermotors stets ausreicht und die aus der Abschaltung des Hintermotors sich ergebenden dynamischen Auswirkungen auf das Triebwerk zu überwinden sind, und wenn vor allem die konstruktive Ausbildung der Maschine namentlich im Zusammenhang mit der Lagerung des Zwischenrotors in einer den Anforderungen des schweren Lokomotivbetriebes genügenden Weise durchgeführt werden kann, dann ist es nicht ausgeschlossen, daß das von Schön und Punga vorgeschlagene System bzw. deren Motor für elektrische Vollbahnlokomotiven Zukunft hat.

Bei einem von den S. S. W. vorgeschlagenen Umformersystem, das hier erwähnt sein möge, ist der im Stator nach Kandó bewickelte Phasenumformer als Induktionsmaschine mit gewickeltem Anker ausgebildet, an dessen Schleifringe zum Zwecke der Phasenkompensation eine Dreiphasen-Kollektormaschine angeschlossen ist[1]). An die Unterspannungs-Zwei- oder -Dreiphasenwicklung des Phasenumformers werden wieder die Triebmotoren angeschlossen, die auch Einphasen-Kollektormotoren sein könnten, die dann gleichmäßig auf die einzelnen Phasen verteilt werden.

Verwendet man einen Umformersatz, bestehend aus einem als Phasenumformer gewickelten Einphasen-Synchronmotor und einem mit diesem gekuppelten Mehrphasen-Synchrongenerator, dann kann man letzteren zum Zwecke der Erhöhung der Zahl der wirtschaftlichen Fahrstufen zur Erzeugung von Mehrphasenstrom netzfremder Frequenz in der Polzahl umschaltbar und außerdem in der Spannung regelbar ausbilden. Dann können die Triebmotoren, ohne Schwierigkeiten beim Anlassen hervorzurufen, mit Kurzschlußankern ausgerüstet werden, was deren Bauart vereinfacht und deren Ausbildung als polumschaltbare Motoren sehr erleichtert. Arbeiten letztere für die Netzperiodenzahl, d. h. bei Betrieb des Einphasen-Synchronmotors als Phasenumformer mit viererlei Polzahlen, beispielsweise für 100, 66, 50 und 33 km/h, dann wird man den Mehrphasengenerator für $^4/_5$ der Netzfrequenz und umschaltbar auf $^4/_{10}$ derselben wählen. Damit ergeben sich für die Triebmotoren die synchronen Geschwindigkeiten von 80, 53, 40, 26,5 km/h und 40, 26,5, 20 und 13,25 km/h oder die zehn Geschwindigkeitsstufen: 13,25, 20, 26,5, 33, 40, 50, 53, 66, 80 und 100 km/h[2]). Diese feine Geschwindigkeitsstufung wird allerdings durch den zusätzlichen polumschaltbaren Mehrphasengenerator für nahezu die volle Lokomotivleistung teuer erkauft.

B. Einphasen-Gleichstrom-Umformerlokomotiven.

Die grundsätzliche Schaltung der Hauptstromkreise einer modernen Einphasen-Gleichstrom-Umformerlokomotive sei an Hand der Abb. 407 erläutert[3]), die im wesentlichen auch den erwähnten D_0—D_0+D_0—D_0-Lokomotiven (Reihe 501) der Detroit, Toledo & Ironton-Bahn[4]) zugrunde liegt. Auf gemeinsamer Welle sitzen der Einphasen-Synchronmotor U, die Steuerdynamo G mit Fremd- (*7*) und Selbst- (Serie) Erregung (*6*), die Haupterregermaschine E_g, gleichfalls mit Selbst- (Serie) Erregung (*10*) und Fremderregung (*11*) und die ausschließlich fremderregte (*14*) Hilfserregermaschine E_h. Die Steuerdynamo G arbeitet unmittelbar auf

[1]) Schweiz. P. 116895; E. P. 241860, 244410; F. P. 599044, 612729 (S. S. W.). — Siehe auch D. R. P. 451354 (S. S. W.).

[2]) Schweiz. P. 116495, 118639 (M. F. O.). [3]) E. P. 241660 (Vickers).

[4]) R. E. E. 1924, S. 426; 1925, S. 272; E. R. J. 1924, II, S. 707; 1925, II, S. 352. — Siehe auch die ausführliche Beschreibung dieser Lokomotive (Abb. 446 u. Tafel XXII) auf S. 455.

die dauernd parallelgeschalteten Triebmotoren. Der Einfachheit halber sind nur zwei derselben, M_1 und M_2, eingezeichnet.

Die Statorwicklung des Synchronmotors *U* ist über den Hauptschalter *L* und die Betätigungsspule des Strombegrenzungsrelais *90* auf die Sekundärwicklung des Haupttransformators *T* geschaltet. Außerdem ist eine Batterie *B* entsprechender Größe vorhanden, die zwischen die Sammelschienen *24, 25* geschaltet ist. Eine Hilfssammelschiene *29* ist über den Leiter *33*, die Hauptschlußwicklung *10* der Haupterregermaschine E_g und Leiter *34* mit der positiven Sammelschiene *24* verbunden. Die Erregerwicklung des Synchronmotors *U* sowie die Nebenschluß-

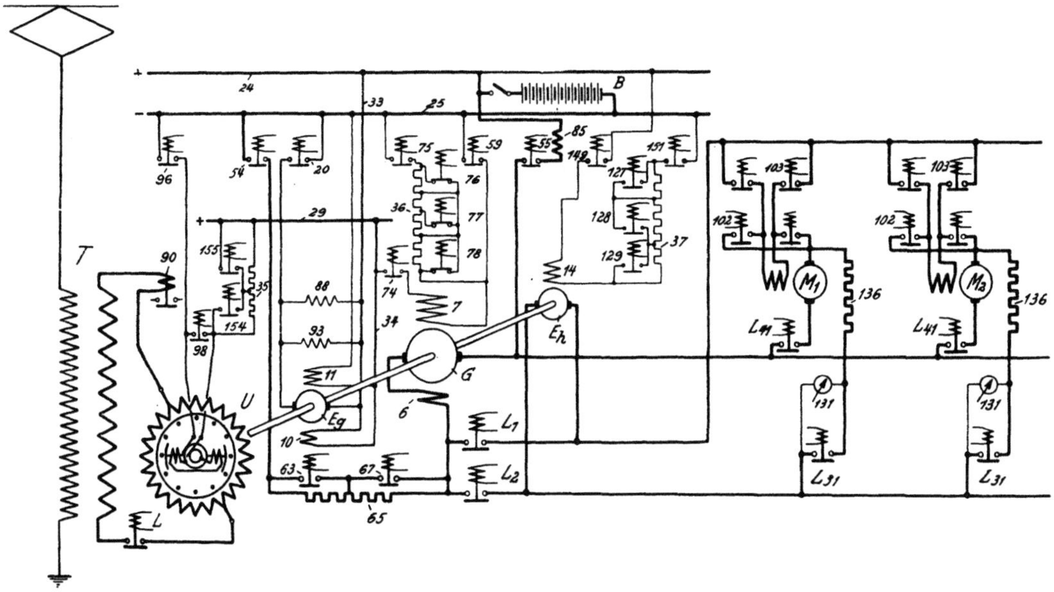

Abb. 407. Grundsätzliches Schema der Hauptstromkreise einer Einphasen-Gleichstrom-Umformerlokomotive.

wicklungen *7* und *11* von Steuerdynamo und Haupterregermaschine sind an die Schienen *25* und *29* angeschlossen. Regelbare Widerstände *35, 36, 37* sind beziehungsweise in den Erregerkreisen von Motor *U*, Steuerdynamo *G* und Hilfserregermaschine E_h eingeschaltet, ferner zwischen die Ankerklemmen der Haupterregermaschine E_g die Betätigungsspulen *88* und *93* zweier Synchronisierungsrelais.

Abb. 408 zeigt im besonderen die Steuerstromkreise, für die die Batterie *B* die speisende Stromquelle bildet und die im wesentlichen von vier Walzenschaltern bedient werden, und zwar von dessen „Anlaufschalter *39*" mit den drei Kontaktbelegungen *41, 42, 43*, dem Geschwindigkeitsschalter *44*" mit den Kontaktbelegungen *45* und *45a*, dem „Erregungsumschalter *46*" mit Kontaktsegment *47* und der Fahrtwendewalze *48* mit den beiden Belegungen *49* und *51*. Als eigentliche Steuerorgane sind elektromagnetisch betätigte Schützen mit den üblichen Verriegelungskontakten vorausgesetzt.

Angelassen wird die Gruppe von der Batterie *B* aus mit dem Steuergenerator *G* als Motor. Zu diesem Zwecke wird erstere zwischen die Sammelschienen *24* und *25* geschaltet und der Anlaufschalter *39* in die Stellung *a* gebracht. Damit wird ein Stromkreis gebildet, der sich vom Pluspol der Batterie über den Leiter *P*, den Steuerstromschalter *52*, Leiter P_1, Verriegelungskontakt „*L aus*", Kontaktsegment *41* einerseits über die Betätigungsspule von Schütz *59*, andererseits über Leiter *69* und die Betätigungsspulen *1* der Schützen *74* und *75* nach dem Minuspol der Batterie schließt. Damit werden die Schützen *59, 74* und *75* eingeschaltet und die Nebenschlußwicklung *7* mit kurzgeschlossenem Vorschaltwiderstand *36* zwischen die Batteriesammelschienen *25* und *29* geschaltet. Da nun gleichzeitig vom Kontaktsegment *41* abzweigend über Leiter *53* auch die Betätigungsspulen der Schützen *54* und *55* erregt und diese damit geschlossen werden, läuft die Steuerdynamo *G* als Compoundmotor von der Batterie *B* aus gespeist unter Vorschaltung des Widerstandes *65* samt der ganzen Gruppe an. In der Stellung *b* und *c* des Anlaufschalters *39* werden durch Kontaktsegment *41* über Leiter *62* und *66* aufeinanderfolgend die Betätigungsspulen der Schützen *63* und *67* erregt und damit der Vorschaltwiderstand *65* stufenweise kurzgeschlossen. In Stellung *c* des Anlaufschalters *39* werden überdies durch die Leiter *71, 72* und *73* die Betätigungsspulen der Schützen *76, 77* und *78* erregt und diese angehoben.

Der Kurzschluß des Vorschaltwiderstandes *36* im Erregerkreis der Steuermaschine G wird jedoch erst in Stellung d des Anlaufschalters *39* aufgehoben, bei der der Stromkreis der Betätigungsspule von Schütz *59* unterbrochen wird. Doch kann während der folgenden, den Anlauf vervollständigenden Stufen e, f und g mit stufenweisem Kurzschluß des Widerstandes *36* Schütz *59* durch Relais *85* jederzeit selbsttätig wieder eingeschaltet und damit Widerstand *36* plötzlich kurzgeschlossen werden. Denn die Betätigungsspule von Relais *85* liegt im Ankerstromkreis der Steuerdynamo G und schützt damit diesen sowie die Batterie B gegen die Aufnahme bzw. Abgabe zu hoher Ströme während der Anlaufperiode.

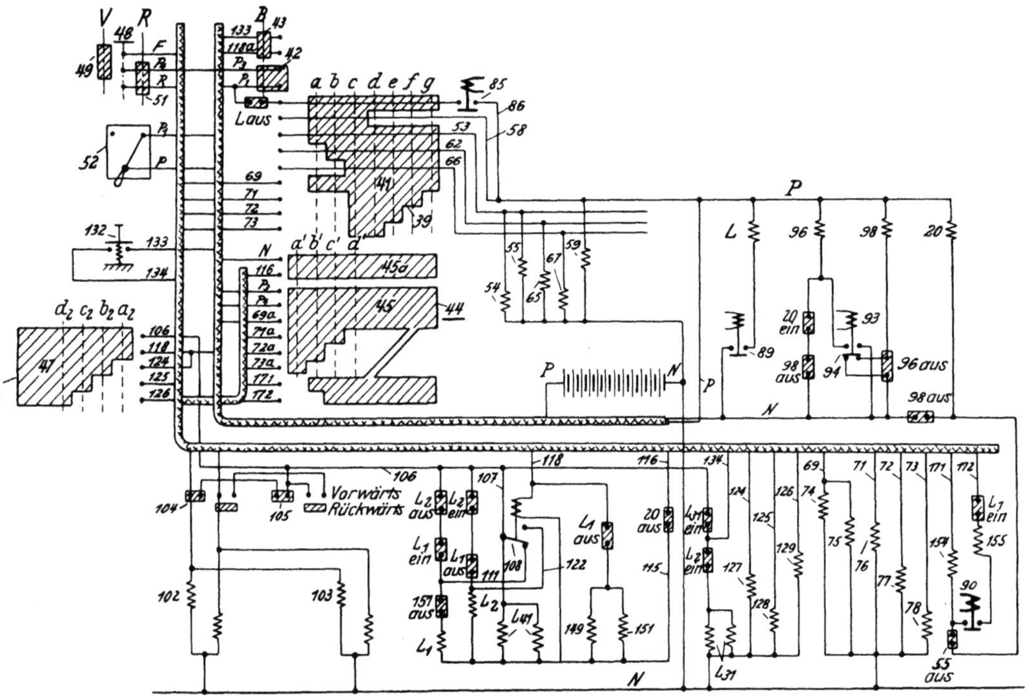

Abb. 408. Grundsätzliches Schema der Hilfsstromkreise einer Einphasen-Gleichstrom-Umformerlokomotive.

Sobald die Umformergruppe etwa $60^0/_0$ der synchronen Drehzahl erreicht hat, spricht das Synchronisierungsrelais *88* an und schließt den Stromkreis der Betätigungsspule des Hauptschalters L. Die Statorwicklung des Synchronmotors U wird damit auf die Sekundärwicklung des Haupttransformators geschaltet. Im eingeschalteten Zustand des Hauptschalters L wird jedoch durch den Verriegelungskontakt „*L aus*" die Kontaktbelegung *41* des Anlaufschalters *39* stromlos, und die Schützen *54*, *55*, *59*, *63*, *67*, *74* und *75* schalten durch Unterbrechung ihrer Betätigungsstromkreise aus. Der Anlaufschalter *39* wird daher in die Nullstellung gebracht und die Gruppe wird nunmehr, von U als Induktionsmotor angetrieben, weiter beschleunigt. Ist der Synchronismus nahezu erreicht, dann spricht das Synchronisierungsrelais *93* an, wodurch Schütz *96* eingeschaltet und die Erregerwicklung von Motor U unter Vorschaltung von Widerstand *35* an die Sammelschienen *25* und *29* angeschlossen wird, da gleichzeitig ein früher bestandener Stromkreis vom Leiter P über die Betätigungsspule von Schütz *98* und den Verriegelungskontakt „*96 aus*" unterbrochen und der Kurzschluß der Erregerwicklung von U, der während der Anlaufperiode bestand, aufgehoben wird. Schütz *96* und *98* sind wechselseitig gegeneinander verriegelt, d. h. Schütz *98* schaltet erst aus, nachdem Schütz *96* eingeschaltet hat. Während der Dauer des Schaltvorganges kommt daher vorübergehend ein durch Widerstand *35* begrenzter Kurzschlußstrom zum Fließen. Schütz *96* bleibt in der Folge durch den die Verriegelungskontakte „*96 ein*" und „*98 aus*" gebildeten Haltestromkreis eingeschaltet. Schütz *98* schließt im geöffneten Zustand den Stromkreis der Betätigungsspule von Schütz *20*, wodurch die Haupterregermaschine E_g mit der Batterie B parallelgeschaltet wird. Damit ist der Anlaufvorgang der Umformergruppe beendet.

Um nun die Lokomotive in Gang zu setzen, wird zunächst die Fahrtwendewalze *48* beispielsweise in die Vorwärtsstellung und dann der Geschwindigkeitsschalter *44* in die Stellung a' gebracht. Damit wird ein Stromkreis geschlossen vom Leiter P über Schalter *52*, Leiter P_1,

Kontaktsegment *42* des Anlaufschalters *39*, Leiter P_3, Kontaktsegment *45* des Geschwindigkeitsschalters *44*, Leiter P_4, Kontaktsegment *49* der Fahrtwendewalze *48*, Leiter *F* und die Betätigungsspulen der Fahrtwendeschützen *102* und *103* nach dem Leiter *N*. Damit werden die Motoren M_1 und M_2 zu Reihenschlußmotoren mit der durch die Fahrtwendewalze *48* bestimmten Drehrichtung geschaltet. Gleichzeitig wird ein Stromkreis gebildet durch Leiter *F*, Verriegelungskontakte *104* und *105*, Leiter *106* und *107*, Kontaktbrücke *108*, Leiter *111*, Verriegelungskontakt „*151 aus*“, Betätigungsspule von Schütz L_1, Leiter *115*, Verriegelungskontakt „*20 ein*“, Leiter *116* und Kontaktsegment *45a* zu Leiter *N*. Damit wird Schütz L_1 eingeschaltet und durch den durch die Verriegelungskontakte „L_2 *aus*“ und „L_1 *ein*“ gebildeten Haltestromkreis in der Einschaltstellung gehalten. Gleichzeitig werden auch die Schützen *L 41* geschlossen durch einen Stromkreis, der vom Leiter *106* abzweigt und über Leiter *107*, die Betätigungsspulen der Schützen *L 41* in Parallelschaltung, über Leiter *15* und weiter wie oben sich zum Minuspol der Batterie schließt. Schließlich werden noch die Schützen *74* und *75* eingeschaltet durch einen Stromkreis, der vom Kontaktsegment *45* abzweigt und sich über die Leiter *69a* und *69* und die Betätigungsspulen der Schützen *74* und *75* schließt. Damit wird die Erregerwicklung der Steuerdynamo *G* unter Vorschaltung des Widerstandes *36* an die Sammelschienen *25* und *29* angeschlossen.

Die Motoren M_1 und M_2 laufen nun von der Steuerdynamo *G* gespeist als Reihenschlußmotoren an und werden in den Stellungen $b' c' d'$ des Geschwindigkeitsschalters durch Erhöhung ihrer Klemmenspannung weiter beschleunigt, was durch stufenweises Kurzschließen des Vorschaltwiderstandes *36* im Erregerkreis der Steuerdynamo *G* erreicht wird.

Zur weiteren Geschwindigkeitserhöhung des Fahrzeugs werden die Motoren $M_1 M_2$ usw. ohne Unterbrechung des Hauptstromes auf Fremderregung vonseiten der Hilfserregermaschine E_h umgeschaltet. Dies wird zunächst bewerkstelligt durch Drehung des Erregungsumschalters in Stellung a_2, solange noch der Geschwindigkeitsschalter *44* in einer seiner Arbeitsstellungen also beispielsweise in d' steht. Damit wird ein Stromkreis gebildet, der von Leiter *106* ausgehend über Leiter *107*, Kontaktbrücke *108*, Leiter *122*, Beetätigungsspule von Schütz L_2, Leiter *115* und weiter wie oben sich zum Minuspol der Batterie schließt. Schütz L_2 wird geschlossen, gleichzeitig aber Schütz L_1 geöffnet, da der Strom durch dessen Betätigungsspule mit der Einschaltung von L_1 unterbrochen wird. Ein Haltestromkreis, der sich von Leiter *106* über die Verriegelungskontakte „L_2 *ein*“ und „L_1 *aus*“, die Betätigungsspule von L_2, den Leiter *115* und weiter wie oben zum Batterieminuspol schließt, hält Schütz L_2 in der Einschaltstellung. Gleichzeitig mit der Ausschaltung von Schütz L_1 werden die Schützen *149* und *151* eingeschaltet (Hilfsstromkreis Leiter *118*, Verriegelungskontakt „L_1 *aus*“, Betätigungsspulen der Schützen *149* und *151* in Parallelschaltung, Leiter *115* usw.) und damit die Erregerwicklung *14* der Hilfserregermaschine E_h mit dem vollen Vorschaltwiderstand *37* an die Batteriesammelschienen *24* und *25* angeschlossen. Zur stoßfreien Umschaltung von Serie- auf Fremderregung wird die Erregung der Erregermaschine E_h durch stufenweises Kurzschließen des Widerstandes *37* so weit verstärkt (Stellungen $b_2 c_2 d_2$ des Geschwindigkeitsschalters), bis die polarisierten Voltmeter *131* auf Null zurückgehen und damit Spannungsgleichgewicht anzeigen. In diesem Moment betätigt der Führer den Druckknopf *132* und bringt die die Belege *42* und *43* tragende Walze des Anlaufschalters *39* in die Stellung „*B*“. Damit wird wieder ein Stromkreis geschlossen, abzweigend von Kontaktsegment *47* des Erregungsumschalters *46*, Leiter *118a*, Kontaktsegment *43*, Leiter *133*, Druckknopf *132*, Leiter *134*, Verriegelungskontakt „L_2 *ein*“ und über die Betätigungsspulen der Schützen *L 31* zum Batterieminuspol. Mit der Einschaltung der letzteren ist die Umschaltung der Motoren auf Fremderregung vollzogen, wobei gleichzeitig bei jedem Motor zu der aus Feldwicklung und dazu in Reihe geschaltetem Anker der Hilfserregermaschine E_h gebildeten Gruppe ein Stabilisierungswiderstand *136* parallel geschaltet wird. Es handelt sich also um die von der Behandlung der Schaltungen zur Nutzbremsung von Gleichstromlokomotiven her bekannte Westinghouse-Schaltung (s. S. 281, Abb. 307), die in gleicher Weise auch für motorischen Betrieb brauchbar ist und hier schon deshalb angewendet wurde, um bei Übergang vom Motorbetrieb auf Bremsung unter Stromrückgabe ans Netz keine weitere Umschaltung vornehmen zu müssen. Der Stabilisierungswiderstand führt im Motorbetrieb die Differenz zwischen Feld- und Ankerstrom, bei Nutzbremsung bekanntlich deren Summe. Schütz *L 31* wird durch einen Haltestromkreis in der Einschaltstellung gehalten (Leiter *106*, Verriegelungskontakte „*L 31 ein*“ und „*L 2 ein*“, Betätigungsspule von Schütz *L 31*, Leiter *N*).

Soll die Lokomotive in der Schaltung mit fremderregten Motoren vom Stillstand beschleunigt werden, dann wird der Geschwindigkeitsschalter zunächst in Stellung a_1 gebracht, dann wird die Umschaltung der Motoren in der beschriebenen Weise vorgenommen und die Maschine durch Betätigung des Geschwindigkeitsschalters *44* stufenweise beschleunigt. Nach Erreichen von Stufe d' kann das Fahrzeug durch Betätigung des Erregungsumschalters *46* (Stufe b_2 bis d_2) weiter beschleunigt werden. Bremsung bei Vollast unter Stromrückgabe ans Netz vollzieht sich in der Schaltung mit Fremderregung der Triebmotoren unter gleichzeitiger Umkehr der Funktionen der Steuerdynamo G und des Motors U ganz selbsttätig und bedarf im Zusammenhang mit dem auf S. 287 Gesagten keiner weiteren Erläuterung.

Die Schützen *154* und *155* des Synchronmotors U waren in Stellung a' des Geschwindigkeitsschalters zunächst noch eingeschaltet, wodurch der ganze Widerstand *35* im Erregerkreis des Synchronmotors U zunächst noch vorgeschaltet blieb. In Stellung b' wird die zur Aufrechterhaltung eines hohen Leistungsfaktors auf der Primärseite nötige Verstärkung der Erregung durch Einschalten von Schütz *154* mit teilweisem Kurzschließen des Widerstandes *35* bewirkt (Hilfsstromkreis von Kontaktsegment *45*, über Leiter *171*, Betätigungsspule von Schütz *154*, Verriegelungskontakte „*55 aus*", „*98 aus*"). Eine weitere Erregungssteigerung wird in den Stufen c' und d' des Geschwindigkeitsschalters selbsttätig bewirkt, wenn dabei Überlastungen in der Größenordnung von etwa 25% auftreten. Dann wird das vom Hauptstrom erregte Schütz *90* angehoben und damit ein Stromkreis über die Betätigungsspule von Schütz *155* geschlossen, der eingeschaltet den Rest vom Widerstand *35* kurzschließt.

Sinkt die Drehzahl der Umformergruppe infolge kurzzeitigen Ausbleibens der Netzspannung auf nicht mehr als 90% der synchronen Drehzahl, dann fällt das Synchronisierungsrelais *93* und bewirkt Ausschaltung von Schütz *96* und Einschalten von Schütz *98*. Die Erregerwicklung des Motors U ist damit selbsttätig kurzgeschlossen. Erscheint die Spannung rasch wieder, dann vollzieht sich infolge Wiederansprechens von Relais *93* die Schaltfolge in der umgekehrten, eingangs beschriebenen Reihenfolge. Sinkt die Drehzahl auf etwa 50% der synchronen, dann löst auch Relais *88* aus, bewirkt Ausschaltung des Hauptschalters L und die Gruppe kann nur wieder vonseiten der Batterie mit G als Motor wieder beschleunigt werden.

Die Umformerlokomotive besitzt in ihrer Schaltung eine Reihe von Vorteilen, die mit gewöhnlichen Gleichstromlokomotiven nicht erreicht werden können. Vor allem ist die sehr feinstufige Geschwindigkeitsregelung hervorzuheben, die lediglich durch Änderung der Erregung der Steuerdynamo und der Hilfserregermaschine bewerkstelligt wird. Es sind also Ströme von nur wenigen Ampere zu steuern, was die Ausbildung der Apparatur ungemein vereinfacht. Der Geschwindigkeitsbereich, der mit dieser Art der Steuerung beherrscht werden kann, ist so umfangreich, daß auf die Änderung der Gruppierung der Motoren durch Serie-, Serie-Parallel- und Parallelschaltung verzichtet werden kann, was eine weitere nicht zu unterschätzende Vereinfachung bedeutet. Die Motoren werden von der Steuerdynamo in dauernder Parallelschaltung gespeist, alle die Unzukömmlichkeiten, wie sie beim Schleudern einzelner mechanisch nicht gekuppelter Radsätze auftreten können, die von Motoren angetrieben werden, die dauernd in Reihe geschaltet sind, sind hier vermieden.

Die Maximalspannung der Steuerdynamo beträgt bei voller Erregung zweckmäßigerweise nicht über 600 Volt, was um so eher gerechtfertigt ist, als sich die Apparatur im Hauptstromkreis auf zwei Hauptschützen und die Fahrtwendeschalter oder -schützen beschränkt, die alle nicht unter Strom geschaltet werden. Die Unterspannung des Haupttransformators wird etwa zwischen 1000 und 1500 Volt, die der Haupterregermaschine am besten zu *110* Volt gewählt. Für die Hilfserregermaschine wird sich bei voller Erregung eine Klemmenspannung in der Größenordnung von etwa 10 bis 12 Volt ergeben.

In der Anordnung der Hilfsbetriebe besteht kein Unterschied gegenüber den Lokomotiven anderer Bauweise. Zweckmäßigerweise wird man die meisten zu den Hilfsbetrieben zu zählenden Verbraucher gleichstromseitig anschließen, um durch die Batterie wenigstens vorübergehend vom Fahrdraht unabhängig zu sein. Lediglich die Lokomotivbeleuchtung soll wahlweise auf die Batterie, d. h. an eine Anzahl Zellen derselben oder an einen besonderen kleinen Lichttransformator angeschlossen werden können.

An Stelle der unmittelbaren Umformung des dem Fahrzeug über die Fahrleitung zugeführten Einphasenwechselstromes in einem Synchron-Motor-Generator gewöhnlicher Bauart wäre auch eine mittelbare Umformung zunächst in Mehrphasenstrom und dann in Gleichstrom denkbar[1]), und zwar gleichfalls durch einen Zweimaschinensatz. Dieser könnte entweder als Kaskadenumformer ausgebildet werden, dessen Gleichstrommaschine im Ständer zwei verteilte Gleichstromwicklungen enthält. Eine derselben ist als Nebenschlußwicklung in Selbsterregung geschaltet und erregt das Hauptfeld. Die zweite Wicklung dient als querfelderregende Wicklung zum Regeln der Gleichspannung und wird von einer besonderen auf der Umformerwelle sitzenden Erregermaschine gespeist, die gleichzeitig auch zur Erregung der Triebmotoren herangezogen wird. Die Drehzahlregelung derselben erfolgt wieder durch Änderung der Gleichstromspannung des Umformers und in zweiter Stufe durch Änderung der Felderregung der Motoren. Die Verwendung eines Kaskadenumformers ist insofern

[1]) D. R. P. 449636, Ö. P. 103273, F. P. 607954, Schweiz. P. 120976 (Ö. S. S. W.).

von Vorteil, als die Sekundärfrequenz nur halb so groß ist als die primäre, ein Umstand, der für den Gleichstromteil des Umformers günstigere Kommutationsbedingungen schafft. Allerdings ist dadurch wieder beispielsweise bei einer Primärfrequenz von 50 die maximale Drehzahl des Umformers auf 1500 begrenzt. Dieser Nachteil wird vermieden, wenn man als Primärmaschine einen Phasenumformer in der Bauart nach Abb. 403 verwendet und dessen zweckmäßig offen sechsphasig ausgeführte Dreiphasenwicklung auf die mit sechs Schleifringen nach Art eines Einankerumformers gebaute Gleichstrommaschine des Umformersatzes schließt. Die Spannungsänderung der letzteren zum Zwecke der Drehzahländerung der Motoren könnte auch hier durch eine neben der Haupterregerwicklung angeordnete Querfelderregerwicklung bewerkstelligt werden. Es könnte aber auch die Schleifringspannung des Einankerumformers durch Umschalten der speisenden Mehrphasenwicklung des primären Phasenumformers in parallele Wicklungszweige stufenweise verändert werden. Eine sehr einfache und zweckmäßige Spannungsregelung ist hier übrigens durch Verdrehen eines der beiden Maschinenständer ausführbar, wobei ähnlich wie bei der Spannungsregelung mittels Querfelderregerwicklung die Feldachse des Einankerumformers gegen dessen Bürstenachse um einen Winkel verschoben wird. Die den Triebmotoren aufzudrückende Spannung kann auf diese Weise stetig von Null bis zu einem Maximalwert gesteigert werden, die Regelung ist also eine sehr feinstufige[1]).

In der Ausführung als synchroner Phasenumformer[2]) mit Außenpolerregung erhält der Rotor zwei Wicklungen, und zwar eine Einphasenwicklung, die einerseits über einen Schleifring mit der Fahrdrahtleitung in Verbindung steht, andererseits über der Maschinenwelle an Erde liegt, und eine mit der Einphasenwicklung magnetisch verkettete Dreiphasenwicklung. Letztere ist auf die parallelgeschalteten Rotorwicklungen zweier auf der gleichen Welle sitzender Einankerumformer geschlossen, deren Bürstensätze so verstellt werden können, daß jede Maschine immer den wattlosen Strom erzeugt, den die andere aufnimmt. Der Phasenumformer ist also vom wattlosen Strom entlastet. Die gleichstromseitig in Reihe geschalteten Einankerumformer arbeiten auf die Triebmotoren, deren Feldspulen ebenso wie die des Phasenumformers von einer gleichfalls auf der Welle des Umformersatzes sitzenden Hilfserregermaschine gespeist werden. Ist die Drehrichtung des Umformersatzes eine solche, daß die von den Läuferwicklungen der Einankerumformer erzeugten Felder im Raume stillstehen, dann sind besondere Erregerwicklungen in den Statoren der Einankerumformer entbehrlich und nur Wendepolwicklungen erforderlich. Damit nun die Wirkung der Wendepole bei Verdrehung der Bürsten erhalten bleibt, sind auch die Statoren der beiden Einankerumformer zusammen mit deren Bürstensätzen durch ein und dasselbe Betätigungsorgan verdrehbar eingerichtet. Die Hilfserregermaschine wird zweckmäßig als selbsterregter Einankerumformer ausgebildet, dessen Rotorwicklung gleichfalls vom Phasenumformer gespeist wird.

Der Phasenumformer und die beiden Einankerumformer lassen sich auch zu einer Maschine vereinigen, die sich von einem gewöhnlichen Einphaseneinankerumformer nur durch die zusätzliche einpolig an den Fahrdraht angeschlossene Einphasenwicklung im Rotor unterscheidet, die in den gleichen Nuten wie die Gleichstromrotorwicklung liegt, mit dieser also induktiv verkettet ist. Der sonst nötige Vordertransformator ist hier also vermieden. Die Maschine erhält Spaltpole in der Anordnung nach Miles Walker, um die Spannung gleichstromseitig zum Zwecke der Drehzahländerung der Motoren regeln zu können.

---

[1]) Versuchsweise ausgeführt bei der E-Güterzuglokomotive Nr. 1080.110 der Ö. B. B.

[2]) Ö. P. 105627 (Ö. S. S. W.).

Vierter Abschnitt.

Beschreibung ausgeführter Lokomotiven.

I. B_0—B_0-Güterzuglokomotive Reihe E 101 der „Cie. du Chemin de fer de Paris à Orléans".

Bauanstalt für die elektrische Ausrüstung:
Société Oerlikon, Ornans.

Bauanstalt für den mechanischen Teil:
Société de Construction des Batignolles, Paris.

Die Lokomotiven dieser Reihe (80 Stück) waren ursprünglich für den Güterzugsdienst auf der Strecke Paris—Vierzon vorgesehen und als solche in Auftrag gegeben worden. Es wurde jedoch von Anfang an festgelegt, daß dieselben auch für Personenzugsdienst, im speziellen für den Nah-Schnellverkehr Paris—Juvisy mit einer maximalen Geschwindigkeit von 100 km/h verwendet werden müssen. Mit der weiteren Ausdehnung des elektrischen Betriebes auf dem Netz der Paris—Orléans-Bahn sollen diese Maschinen auch auf Strecken mit Maximalsteigungen von 35‰ und mit 150 m Minimalradius gebraucht werden können.

Abb. 409. B_0—B_0-Güterzuglokomotive Reihe E 101 der „Cie. du Chemin de fer de Paris à Orléans".

Die wichtigsten Daten der Lokomotive, die Tafel I im Schnitt, Abb. 409 in der Ansicht zeigt, enthält die nachstehende Zusammenstellung.

Spurweite		1435 mm
Länge über Puffer		12400 mm
Gesamtradstand		8450 mm
Fester Radstand		2800 mm
Abstand zwischen den Drehzapfen (geführte Länge)		5650 mm
Kastenbreite		2950 mm
Dachhöhe		4128 mm
Triebraddurchmesser		1350 mm
Laufraddurchmesser		—
Übersetzungsverhältnis		1:3,47
Stundenleistung am Radumfang bei künstlicher Ventilation der Motoren	(bei 1350 Volt mittlerer Fahrdrahtspannung)	1730 PS
Stundenleistung am Radumfang ohne künstliche Ventilation der Motoren		1200 PS

Stundenzugkraft am Radumfang bei künstlicher Ventilation der Motoren und 1350 Volt mittlerer Fahrdrahtspannung	10400 kg
entsprechende Geschwindigkeit	45 km/h
Dauerzugkraft am Radumfang bei künstlicher Ventilation der Motoren und 1350 Volt mittlerer Fahrdrahtspannung	7240 kg
entsprechende Geschwindigkeit	49 km/h
Höchstgeschwindigkeit	100 km/h
Höchstzugkraft bei Anfahrt	21600 kg
Gewicht der elektrischen Ausrüstung	29 t
Gewicht des mechanischen Teiles	46 t
Gesamtgewicht	75 t
Achsdruckverteilung	4×18,75 t
Fahrdrahtspannung	1500 Volt
Stromart: Gleichstrom	

1. Mechanischer Teil.

Die Lokomotive setzt sich zusammen aus 2 Drehgestellen und dem Kasten, der mit seinem Rahmen (Brücke) auf den beiden Drehgestellen ruht. Die Drehgestelle selbst bestehen aus kräftigen Längsträgern aus Stahlbarren von 70 mm Dicke, die seitlich versteift sind; Mittel- und Endtraverse sind ebenfalls kräftig dimensioniert. Die Drehzapfen ruhen auf einer Wiege, die durch zwei Gruppen von Bügelfedern an der Mitteltraverse befestigt ist. Das gesamte Drehgestell wird durch Lamellenfedern, deren Spannung regulierbar ist, auf den Achsbüchsen abgestützt; an jedem Drehgestell sind 2 Sandstreuvorrichtungen sowie ein selbständiges Bremsgestänge angebracht.

Der Kastenrahmen besteht in der Hauptsache aus 2 Längsträgern aus Stahlblech, die durch solide Querverbindungen versteift sind. Letztere nehmen auch die Lagerpfannen der Drehzapfen auf. Die Endbleche tragen die Zug- und Stoßvorrichtungen, die den allgemeinen Bedingungen der französischen Eisenbahnen entsprechen. Der Lokomotivkasten aus Stahlblech enthält in der Mitte den Apparateraum und an beiden Enden die Führerstände. Die elektrische Apparatur ist zu beiden Seiten eines breiten Mittelganges sowie in einem Dachaufbau untergebracht und durch Gitter abgeschlossen, die eine gefahrlose Kontrolle auch während des Betriebes erlauben. Die Führerstände sind durch zentrale Türen vom Apparateraum abgeschlossen, die Anfahrwiderstände sind sowohl vom Mittelgang sowie von außen, d. h. außerhalb der Lokomotive zugänglich. Klappen im Boden des Mittelganges gestatten eine gute Kontrolle sowie Schmierung der Triebmotoren.

Die Lokomotive ist mit automatischer und nicht automatischer Westinghouse-Bremse (siehe S. 159ff.) ausgerüstet; dieselbe ist mit einer Handbremse kombiniert, die von jedem der beiden Führerstände auf das zugehörige Drehgestell wirkt. Die Bremszylinder sind auf der Unterseite des Lokomotivrahmens befestigt und gestatten 85% des totalen Lokomotivgewichtes abzubremsen.

In jedem der beiden Führerstände ist ein Geschwindigkeitsmesser „Teloc" eingebaut. Der eine derselben, der gleichzeitig registrierend ist, ist mit einer Sicherheits-Signaleinrichtung vereinigt und zeichnet zudem noch die Unterbrechungen in der Fahrdrahtspannung auf.

2. Elektrische Ausrüstung.

(Tafel II.)

a) Hauptstromkreis.

Die elektrische Ausrüstung ist für eine minimale Spannung von 1100 und eine mittlere Spannung von 1350 Volt an der dritten Schiene oder am Fahrdraht gebaut; die höchste Spannung ist 1500 Volt oder ausnahmsweise 1800 Volt. Jedes der beiden Drehgestelle ist mit 2 Triebmotoren (künstlich ventilierte Achsmotoren in Tramaufhängung) ausgerüstet, die symmetrisch zwischen Achse und Drehzapfen gelagert und für die volle Fahrdrahtspannung gebaut sind. Um trotz der geforderten Anfahrzugkräfte die maximale Geschwindigkeit von 100 km/h zu erhalten, sind die Motoren für Feldschwächung mit bis zu 50% des normalen Feldes vorgesehen, die in üblicher Weise durch Windungsabschaltung bei den Feldspulen erzielt wird. Die Auswechslung abgenützter Kohlen, sowie die Kontrolle der Bürstenhalter erfolgt durch die Klappen der im Kastenboden vorgesehenen Öffnungen.

Die zwei Pantographen-Stromabnehmer werden elektropneumatisch von den Führerständen aus betätigt; jeder derselben kann von der Fahrleitung einen Strom von 1200 A abnehmen, bei einer maximalen Geschwindigkeit von 100 km/h. Für diese hohe Stromstärke mußte eine zweiteilige Wippe vorgesehen werden, die mittels Federdruck die geringen Unebenheiten des Fahrdrahtes ausgleicht und eine funkenfreie Stromabnahme sichert. Der Kontaktdruck schwankt zwischen 12 bis 14 kg und wird durch zwei zylindrische Federn erzeugt, ohne sich von der tiefsten bis zur größten Fahrdrahthöhe nennenswert zu ändern. Die Druckluft im Zylinder dient lediglich zur Steuerung und Entriegelung der Niederhalt-Feder. Zur Stromabnahme von der dritten Schiene dienen 4 Kontaktschuhstromabnehmer, die auf Holzbalken befestigt sind, die auf den Achsbüchsen ruhen. Das eiserne Kontaktstück wird durch Federdruck angepreßt; die Abnahmekapazität des Stromabnehmerschuhes ist die gleiche wie die der Fahrdrahtstromabnehmer. Mit Hilfe eines speziellen, isolierten Schlüssels können die Kontaktschuhe von der Schiene abgehoben werden.

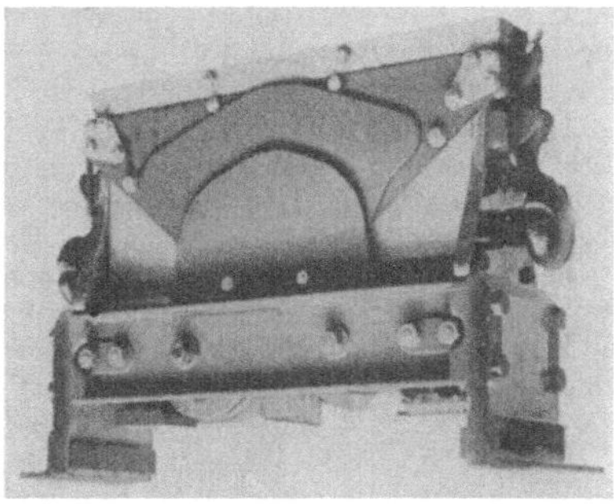

Abb. 410. Hauptstromsicherung mit magnetischer Blasung. (M. F. O.)

Die gesamte elektrische Ausrüstung ist durch Hauptsicherungen mit magnetischer Blasung für 110 A Dauerstrom (Abb. 410) geschützt, und zwar sind deren 4 vorhanden, je eine in einer Gruppe von 2 Kontaktschuhstromabnehmern und je eine in jeder Pantographen-Stromabnehmerleitung. Eine Gruppe von 4 mechanisch betätigten Trennmessern gestattet jede der erwähnten Gruppen und Leitungen von der Apparatur abzuschalten. Verriegelungskontakte verhindern eine Betätigung bei eingeschalteter Apparatur, d. h. bei Stromdurchgang durch die Trennmesser.

Sämtliche Hauptapparate werden elektro-pneumatisch vom Steuerkontroller aus betätigt. Die Haupt- oder Linienhüpfer, die in doppelter Anordnung vorgesehen wurden, schützen jeden der 4 Motorkreise und gestatten ein sicheres Abschalten der vorkommenden Ströme. Bei Versuchen wurden bis 6000 A bei 1350 Volt Linienspannung mit den in der Lokomotive eingebauten Hüpfern abgeschaltet, ohne daß die Kontakte unzulässige Abnützung aufwiesen.

Die Kontakte sämtlicher elektro-pneumatisch betätigten Hüpfer — die Widerstandshüpfer sind identisch mit den Haupthüpfern — sind für einen 1 h Strom von 275 A und eine maximale Spannung von 1800 Volt gebaut (siehe Abb. 279). Die Umsteuerung der Drehrichtung der Motoren erfolgt durch 2 Doppelwendeschalter. Diese Doppelwendeschalter (Abb. 411) sind derart konstruiert, daß durch Zurückdrehen der Schalterhälfte in die Nullstellung der zugehörige Motor im Defektfalle außer Betrieb gesetzt werden kann, ohne daß die

Funktion der übrigen Einrichtungen gestört wird. Die Gruppenumschaltung der Motoren erfolgt durch den elektropneumatisch gesteuerten Gruppierungsschalter, der aus 9 zu einem Nockenschalter vereinigten Hüpferschaltern besteht. Die Konstruktion derselben entspricht genau den Haupt- und Widerstandshüpfern (siehe Abb. 279).

Die Anfahrwiderstände bestehen aus 82 Kasten Gußelementen; um für die Lokomotive allein ein sanftes Anfahren zu erzielen, ist noch ein zusätzlicher Widerstand in der ersten Fahrstufe vorgeschaltet. Die aus Grauguß bestehenden Widerstandselemente sind auf mikaisolierten Bolzen aufgereiht, die unter Zwischenschaltung einer zweiten Mikaisolation an den Kastenträgern befestigt sind. Die zulässige Erwärmung dieser Elemente beträgt 350° C.

Abb. 411. Doppelwendeschalter. (M. F. O.)

Die Umschaltung der Motoren von Serie auf Serieparallel und Parallel erfolgt in Brückenschaltung (siehe S. 249). Nachdem genügend Anfahrwiderstände in den Motorkreis geschaltet sind, wird ein Teil der Motoren durch den Gruppierungsschalter kurzgeschlossen, während der übrige Teil allein an der Fahrdrahtspannung liegt. Darauf unterbrechen die Hüpfer SS' (siehe Tafel II links oben) des Gruppierungsschalters, so daß der Kurzschluß aufgehoben wird. Die zwei Schaltvorgänge folgen einander unmittelbar, wenn sich die Nockenwelle des Gruppierungsschalters von der Serie in die Serie-Parallelstellung dreht. Sobald die Fahrkurbel am Steuerkontroller auf die erste Stellung dieser neuen Gruppierung kommt, so schalten die Linienhüpfer $T_3 T'_3$ ein und die Schaltung ist vollständig.

Die Feldschwächung durch Windungsabschaltung an den Feldspulen der 4 Triebmotoren erfolgt durch den elektro-pneumatisch gesteuerten Feldschwächschalter, der aus 8 zu einem Nockenschalter vereinigten Hüpferschaltern besteht.

b) Steuerstromkreis.

Die Lokomotiven sind für Vielfachsteuerung ausgerüstet. Dabei sind die den Steuerstrom liefernden Akkumulatorenbatterien aller gekuppelten Lokomotiven parallel geschaltet.

Der Steuerkontroller wird durch folgende Handgriffe betätigt: 1 Kurbel für Anfahrt und Regulierung der Geschwindigkeit und 1 Handgriff für die Betätigung der Wendeschalter und des Feldschwächschalters. Kurbel und Handgriff sind derart verriegelt, daß ein falsches Manöver ausgeschlossen ist. Im besonderen sei erwähnt, daß mit feldgeschwächten Motoren in Serie- oder Serie-Parallelstellung nie aufgeschaltet werden kann. Der Wendeschalter-Handgriff kann nur in die Nullstellung gebracht werden, wenn sich die Fahrkurbel in der Nullstellung befindet und umgekehrt. Die Fahrkurbel kann nur bewegt werden, wenn sich der Handgriff des Wendeschalters auf Stellung „Fahrt" vorwärts oder rückwärts befindet. Eine besondere mechanische Verriegelung verhindert den Führer an einer allzu raschen Aufschaltung; diese Vorrichtung ist hingegen für die Abschaltung nicht wirksam.

Der Steuerkontroller ist gebaut für 30 Anfahr- und Fahrstufen, 12 in Serie-, 10 in Serie-Parallel- und 8 in Parallelschaltung der Motoren. Durch die Anzahl der Motorgruppierungen allein hat die Lokomotive 3 ökonomische Fahrstufen. Um die Anzahl derselben zu erhöhen, sind noch je 2 Feldschwächstufen in jeder Gruppierung vorhanden, so daß die Gesamtzahl der ökonomischen Geschwindigkeiten 9 ist.

Die verschiedenen Hüpfer und Apparate werden durch die einzelnen Kontaktfinger der Hauptwalze gesteuert. Ist die Fahrkurbel in der Nullstellung, so sind sämtliche Hüpfer abgeschaltet. Ein Hilfskontakt an der Hauptwalze verhindert für den Fall, daß durch irgendeinen Grund die Apparatur abgeschaltet wird, ein Wiedereinschalten derselben, wenn die Fahrkurbel nicht zuerst in die Nullstellung zurückgedreht wird. Dieser Kontakt steht in Verbindung mit dem Unterbrechungsrelais.

Alle Haupt- und Widerstandshüpfer können durch die Maximalstrom- und Nullspannungsrelais automatisch abgeschaltet werden, d. h. der Steuerstrom dieser Hüpfer wird durch die Hilfskontakte dieser Relais unterbrochen. Ein besonderer Hauptschalter mit Maximalstrom- und Nullspannungsauslösung ist damit vermieden. Die Maximalstromrelais, 4 in den Motorstromkreisen und eines im Hauptstromkreis sind mit Spulen, die im 1500-Volt-Stromkreise liegen, ausgerüstet. Die 4 Motor-Maximalrelais sind als Momentanrelais ausgebildet, während im Hauptstromrelais noch eine Zeitdämpfung vorhanden ist. Wird also eine gewisse Stromgrenze erreicht, so zieht die Magnetspule den Magnetkern an und schließt dadurch die Hilfskontakte. Durch Schließen dieser Kontakte wird das primäre Unterbrechungsrelais erregt und dasselbe unterbricht die negative Ableitung im Steuerstromkreis der Widerstandshüpfer sowie die Erregung des sekundären Relais.

Das Nullspannungsrelais ist ebenfalls in den Hochspannungskreis von 1500 Volt geschaltet, und zwar in Reihe mit einem Vorschaltwiderstand. Ist die Magnetspule unter Spannung, so ist der Magnetkern angezogen, d. h. die Hilfskontakte sind unterbrochen. Verschwindet die Fahrdrahtspannung, so fällt der Magnetkern und schließt die Hilfskontakte, wodurch der gleiche Schaltvorgang wie bei den Maximalstromrelais hervorgerufen wird. Damit jedoch nicht auch kurzzeitige Unterbrechungen zur Abschaltung führen, ist eine Dämpfungsvorrichtung der Anzugsbewegung des Relaiskernes vorgesehen.

Das sekundäre Unterbrechungsrelais verhindert, wie früher schon bemerkt, ein Einschalten auf irgendeiner Fahrstufe. Beim Ausbleiben der Fahrdrahtspannung oder Auslösen durch Maximalrelais ist der Führer gezwungen, mit seiner Fahrkurbel in die Nullstellung zu gehen, bevor eine neue Anfahrt eingeleitet werden kann. Beide Unterbrechungsrelais sind in den 32-Volt-Steuerstromkreis geschaltet und dienen dazu, den

Steuerstromkreis zu unterbrechen, da mit den Maximal- und Nullspannungsrelais keine Ströme über 0,5 A unterbrochen werden können, ohne daß die Einstellgenauigkeit darunter leidet.

Die zwei Doppelwendeschalter werden durch einen Handgriff am Steuerkontroller gesteuert; derselbe hat eine Stellung für Fahrt rückwärts und 3 Stellungen für Fahrt vorwärts. Damit sich sämtliche Wendeschalterwalzen immer in den entsprechenden richtigen Stellungen befinden, sind Hilfskontakte angebracht, die ein Einschalten der Hüpfer verhindern, wenn sich eine Walze in falscher Stellung befindet.

Mit dem gleichen Handgriff, mit welchem die Wendeschalter gesteuert werden, wird auch der Feldschwächschalter betätigt. Derselbe wird ebenfalls durch Druckluft angetrieben und von 3 Ventilen gesteuert.

Während die Kontaktschuhstromabnehmer nicht vom Führerstand aus abgehoben werden können, erfolgt die Betätigung der Pantographenstromabnehmer durch 2 Elektroventile, die durch einen Schalter im Führertisch einzeln oder beide zusammen gesteuert werden. Die Sandstreuvorrichtung wird ebenfalls elektropneumatisch betätigt.

Die Steuerung der Hüpfer erfolgt auch in Vielfachsteuerung vom Steuerkontroller aus, und sämtliche Spulen der Elektroventile der Hüpfer sowie die übrige Apparatur arbeiten in Parallelschaltung, d. h. die Spulen sind für eine Mittelspannung von 32 Volt gebaut. Die Hüpfer selbst sind mit den üblichen Verriegelungskontakten ausgerüstet, um falsche Schaltungen zu verhindern und um ein eindeutig zwangläufiges Funktionieren derselben zu garantieren. Beispielsweise ist es unmöglich, den Wendeschalter zu betätigen, wenn einer der Haupthüpfer eingeschaltet ist, da bei eingeschaltetem Hüpfer ein Hilfskontakt die Rückleitung der Elektroventile des Wendeschalters unterbricht. Andererseits werden bei Beginn des Schaltvorganges durch Hilfskontakte an den Hüpfern die Elektroventile der Wendeschalter abgeschaltet, so daß dieselben nicht kontinuierlich unter Spannung sein müssen.

Um den Verlauf des Steuerstromes an einem Beispiel darlegen zu können, sei angenommen, der Stromabnehmerschalter werde auf P_1, der Wendeschalterhandgriff auf „Fahrt vorwärts AV“ und der Steuerkontroller auf die erste Stufe gestellt. Der Verlauf ist dann folgender (siehe Taf. II).

Vom positiven Pol der Akkumulatorenbatterie wird der Stromabnehmerschalter direkt gespeist, und es erhalten somit die Stromabnehmerventile Spannung; sie funktionieren aber nur wenn die entsprechenden Trennmesser eingeschaltet sind. Wird bei auf „Hoch“ stehenden Stromabnehmern das Trennmesser betätigt, so wird der negative Pol von den Elektroventilen abgetrennt, d.h. die Stromabnehmer werden sofort niedergehen. Die Wendeschalterwalze am Steuerkontroller erhält erst Spannung, wenn der Haupt-Steuerstromschalter eingeschaltet ist. Bei der oben angegebenen Stellung des Handgriffes teilt sich die Spannung den entsprechenden Elektroventilspulen am Wendeschalter mit; die Ableitung erfolgt über die Hilfskontakte an den Hüpfern zum negativen Pol. Im weiteren bekommt die Verbindungsleitung zur Hauptwalze sowie die Leitungen *2* und *5* Spannung. Leitung *2* ist die Zuleitung zum Elektroventil für Seriestellung am Gruppierungsschalter und Leitung *5* erregt über die Hilfskontakte am Gruppierungsschalter die Elektroventile der als Hauptschalter dienenden Haupthüpfer T_1 und T'_1, die Rückleitung geht über die Verriegelungskontakte des Wendeschalters zum negativen Pol. Die Leitung *35*, von der Wendeschalterwalze am Steuerkontroller ausgehend, erregt das sekundäre Unterbrechungsrelais und dessen Hilfskontakte sind infolgedessen geschlossen, so daß die Schaltung für ein automatisches Ausschalten vorbereitet ist.

3. Hilfsbetriebe.

a) Ventilatoren und Kompressoren.

Zur Ausrüstung der Lokomotiven gehören je 2 Ventilatorgruppen zur Kühlung der Triebmotoren und 2 Kompressorgruppen für die Druckluft der Bremsen und der Apparate. Die Motoren dieser Gruppen sind für die volle Netzspannung von 1350 Volt gebaut, bei einer einstündigen Leistung von 9,5 PS bei 1650 Uml./min. Die Ventilator- sowie Kompressormotoren werden durch zwei elektromagnetisch betätigte Hüpfer direkt an Netzspannung gelegt; die Steuerung der Kompressorgruppe erfolgte automatisch durch den Druckregler. In diesen Stromkreisen wurden elektromagnetisch gesteuerte Hüpfer vorgesehen, um diese Gruppen auch bei leerem Luftbehälter steuern zu können. Die Akkumulatorenbatterie ist erdseitig in den Stromkreis der Ventilator- und Kompressormotoren eingeschaltet. Durch Umschalttrennmesser können jedoch diese Motoren auch direkt an den — Pol gelegt werden, wenn die Batterie durch Vermittlung einer Steckdose im Schuppen aufgeladen werden soll.

b) Beleuchtung und Heizung.

Die Lokomotivbeleuchtung erfolgt hier unmittelbar mit Fahrdrahtspannung. Um Glühlampen gebräuchlicher Spannung (120 Volt) anwenden zu können, sind in jedem Stromkreise 7 Lampen in Reihe mit einem Vorschaltwiderstand geschaltet. Um bei Lampenbrüchen eine gewisse Reserve zu haben, ist jeder Stromkreis doppelt ausgeführt, d. h. die Signallaternen sind mit je 2 Lampen ausgerüstet. Die Handlampe ist an die Batteriespannung von 32 Volt gelegt, so daß damit eine gewisse Reservebeleuchtung vorhanden ist.

Die Heizung in den Führerständen erfolgt durch je 2 Heizkörper, die in Reihe geschaltet an die Netzspannung von 1350 Volt angeschlossen sind. Die Zu- und Abschaltung erfolgt durch 2 Dosenschalter.

II. 2 B_0—B_0 2-Schnellzuglokomotive Reihe 242. BE der „Chemins de fer de Paris à Lyon et à la Méditerranée“.

Bauanstalt für die elektrische Ausrüstung:

Société Oerlikon, Ornans.

Bauanstalt für den mechanischen Teil:

Société de Construction des Batignolles, Paris.

Diese Lokomotive gehört zur Gruppe der vier von der P. L. M.-Bahn im Jahre 1922 bei verschiedenen Firmen in Auftrag gegebenen Schnellzuglokomotiven für den Dienst auf der 135 km langen Strecke Culoz—

Modane, die in ihrem oberen Teil Steigungen bis zu 30‰ und Krümmungen mit bis zu 120 m Radius aufweist. Gemäß der Ausschreibung müssen diese Lokomotiven imstande sein, im Dauerbetrieb Züge von 500 t Gewicht mit einer Geschwindigkeit von 75 km/h auf einer Steigung von 5‰ und mit einer Geschwindigkeit von 50 km/h auf einer Steigung von 15‰ im einstündigen Betrieb zu befördern, und zwar bei einer mittleren Fahrdrahtspannung von 1350 Volt.

Abb. 412. 2 B_0—B_0 2-Schnellzuglokomotive Reihe 242. BE der „Chemins de fer de Paris à Lyon et à la Méditerranée“.

Die wichtigsten Daten der Lokomotive, die Tafel III im Schnitt, Abb. 412 in der Ansicht zeigt, enthält die nachstehende Zusammenstellung:

Spurweite		1435 mm
Länge über Puffer		20000 mm
Gesamtradstand		17000 mm
Fester Radstand		2800 mm
Abstand zwischen den Drehzapfen (geführte Länge)		11700 mm
Kastenbreite		2950 mm
Dachhöhe		4150 mm
Triebraddurchmesser		1600 mm
Laufraddurchmesser		1010 mm
Übersetzungsverhältnis		1:3,9
Stundenleistung am Radumfang	bei 1350 Volt mittlerer Fahrdrahtspannung	2400 PS
Stundenzugkraft am Radumfang	bei 1350 Volt mittlerer Fahrdrahtspannung	13000 kg
entsprechende Geschwindigkeit		50 km/h

Dauerleistung am Radumfang	bei 1350 Volt mittlerer Fahrdrahtspannung	1600 PS
Dauerzugkraft am Radumfang	bei 1350 Volt mittlerer Fahrdrahtspannung	6200 kg
entsprechende Geschwindigkeit		70 km/h
Höchstgeschwindigkeit		110 km/h
Höchstzugkraft bei Anfahrt		18800 kg
Gewicht der elektrischen Ausrüstung		45,966 t
Gewicht des mechanischen Teiles		79,746 t
Gesamtgewicht		125,712 t
Achsdruckverteilung		2 · 12,8 + 4 · 18,6 + 2 · 12,8 t
Fahrdrahtspannung		1500 Volt
Stromart: Gleichstrom		

1. Mechanischer Teil.

Die Lokomotive besteht aus zwei identischen miteinander kurzgekuppelten Drehgestellen, die in Dreipunktaufhängung von zwei Triebachsen und je zwei zu einem Laufdrehgestell vereinigten Laufrädern getragen werden. Die Drehgestelle werden gebildet aus je zwei außerhalb der Räder angeordneten Rahmenlängsblechen, die an ihren Enden durch Querbalken verbunden sind, die einerseits die Zug- und Stoßorgane tragen, andererseits durch eine die Zugkräfte unmittelbar übertragende Kurzkupplung miteinander verbunden sind. Außerdem sind Versteifungsquerträger je zwischen jeder Triebachse eingezogen.

Jede Triebachse wird von einem im Rahmen festgelagerten Zwillingsmotor angetrieben, dessen beide einseitig angeordnete Ritzel auf ein auf einer Hohlwelle sitzendes großes Zahnrad arbeiten, das mit dem zugekehrten Triebrad durch die auf S. 108 beschriebene und in Abb. 127 dargestellte Kupplung verbunden ist. Abb. 128 zeigte einen vollständigen Triebradsatz dieser Lokomotive.

Der Lokomotivkasten baut sich auf einer besonderen aus Längs- und Querträgern gebildeten Brücke auf und ruht mittels zweier Drehzapfen mit seitlichen Druckstützen auf den Drehgestellen. Er wird gebildet von den beiden Führerstandsabteilen, die durch zwei Seitengänge miteinander verbunden sind, die wieder den Apparateraum begrenzen.

Die nötige Kühlluft wird durch einen Doppelschraubenventilator mit vertikaler Welle durch Jalousien in den Kastenwänden angesaugt und den Motoren durch Schächte, die zwischen den Längsträgern der Brücke angeordnet sind, und Faltenbälge zugeführt. Die Anfahrwiderstände sind in Aufbauten des Lokomotivdaches untergebracht, mit denen sie aus- und einbautechnisch eine Einheit bilden.

Mit den Drehgestellen verbunden sind zwei den Führerständen unmittelbar vorgebaute flache Hauben, von denen die eine zwei Kompressorgruppen, während die andere die Umformergruppe enthält.

Die Lokomotive ist mit automatischer und nichtautomatischer Westinghouse-Bremse ausgerüstet, die auf jedes Triebrad mit zwei Bremsklötzen, auf jedes Laufrad mit einem Bremsklotz wirkt und 80% des Adhäsionsgewichtes abzubremsen gestattet. Die Handbremse in jedem Führerstand wirkt auf die beiden zugekehrten Triebräder. Druckluftsandstreuer sowie die übrigen Hilfsapparate vervollständigen die mechanische Ausrüstung.

2. Elektrische Ausrüstung.

(Tafel IV.)

Sämtliche Steuerapparate werden elektropneumatisch betätigt. Die wichtigsten Hochspannungsapparate sind in einer vergitterten Kammer untergebracht, die in üblicher Weise mit den Stromabnehmern verriegelt ist. Alle Kabel sind in Kanälen aus Aluminiumblech verlegt und so vor mechanischer Beschädigung geschützt.

Jeder der vier Triebachsen wird von einem unmittelbar darüber liegenden, künstlich ventilierten Zwillingsmotor angetrieben, dessen einseitig angeordnete Ritzel in ein gemeinsames mit der Hohlwelle fest verbundenes Zahnrad eingreifen.

Die Kühlluft für die Motoren und Widerstände im Betrage von 480 und 300 m^3/min wird von einem Doppelflügelrad geliefert, das von einem in der Mitte der Lokomotive angeordneten Motor mit vertikaler Welle angetrieben wird, der unter Vermittlung dreier elektromagnetisch gesteuerter Schützen stufenweise angelassen und schließlich an die Netzspannung angeschlossen wird.

Die mit einer Batterie zusammenarbeitende Umformergruppe zur Speisung der Hilfsstromkreise und zur Lieferung des Erregerstromes beim Nutzbremsbetrieb besteht aus einem Hochspannungsantriebsmotor von 60 PS Leistung und einem Niederspannungsgenerator, bemessen für 1000 A bei 32 Volt Klemmenspannung. Auch diese Gruppe wird hochspannungsseitig in drei Stufen angelassen.

Die Druckluft zur Betätigung der Bremsen, Schützen, Sandstreuer und Pfeifen liefern 2 Kompressorgruppen System Oerlikon (siehe Abb. 185) von je 1450 l/min Ansaugeleistung. Die Ein- und Ausschaltung der Antriebsmotoren dieser Gruppen erfolgt in bekannter Weise durch den Druckregler in Abhängigkeit des zwischen 6 und 8 at schwankenden Behälterdruckes.

Abb. 413. Feldschwächungsschalter. (M. F. O.)

Abb. 414. Führertisch (Draufsicht). (M. F. O.)

Alle Apparate zur Geschwindigkeitsregelung, d. h. zur Bedienung der Anfahrwiderstände und zur Änderung der Motorgruppierung werden elektro-pneumatisch betätigt (32 Volt Speisespannung der Magnetventile). Im besonderen bestehen diese aus

2 Doppel-Fahrtwendeschaltern mit vier Stellungen für Fahrt vorwärts, Fahrt rückwärts je mit und ohne Nutzbremsung. Außerdem kann jeder Fahrtwendeschalter von Hand in die „Nullstellung“ gebracht werden, in der der zugehörige Doppelmotor im Falle eines Defektes abgeschaltet wird.

1 Gruppierungsumschalter zur Ausführung der drei verschiedenen Gruppenschaltungen der Motoren.

1 Feldschwächungsschalter (Abb. 413) mit drei Stellungen (Feldstrom = 100, 75 und 50% der Ankerstromstärke).

1 Bremsumschalter mit vier Stellungen (normale Fahrt, Fahrt mit Nutzbremsung in Reihenschaltung der Motoren, in Reihen-Parallelschaltung und in Parallelschaltung).

Insgesamt 31 individuell gesteuerten Schützen zur willkürlichen bzw. selbsttätigen Ein- und Ausschaltung der Triebmotoren, zur Bedienung der Stromabnehmer und der Anfahrwiderstände.

Die Pantographenstromabnehmer sind im wesentlichen von der in Abb. 253 dargestellten Bauart und werden durch Preßluft angehoben und mit 8 bis 12 kg an den Fahrdraht angedrückt und durch Federkraft gesenkt. Die Stromabnehmer für dritte Schiene werden normalerweise mit 30 kg, im Winter bei vereister Stromschiene mit bis zu 200 kg angedrückt.

Der Führertisch (Abb. 414) enthält die Handgriffe der Betätigungshebel für den Stromabnehmer, für die Geschwindigkeitsregelung, für die Fahrtrichtung, Feldschwächung und Nutzbremsung und für die Zusatzregelung der Nutzbremsung, die alle mechanisch gegeneinander verriegelt sind. Die elektrische Verriegelung der zugehörigen Apparate gegeneinander verbürgt absolute Folgerichtigkeit der Betätigung.

Zur Nutzbremsung wird die in Abb. 310 dargestellte Schaltung der Motoren verwendet, deren Wirkungsweise bereits auf S. 286 ausführlich erläutert wurde. Die zur praktischen Durchführung der Schaltung erforderliche zusätzliche Apparatur umfaßt außer der bereits erwähnten Erregergruppe mit Compoundmotor und Nebenschlußgenerator

2 Zusatzwalzen an den Fahrschaltern für die Regulierung dieser Erregerdynamo bzw. der Triebmotorerregung;

je 1 Satz Stabilisierwiderstände pro Motor;

2 Wendeschalter mit Fahr- und Bremsstellungen;

1 Bremsumschalter mit Fahr- und Bremsstellung;
1 Überspannungslelais;
4 Sicherheits- und 2 Isolierungselektroventile in Verbindung mit der Luftdruckbremse.

Das Gewicht der zusätzlichen Einrichtung beträgt rund 2,7 t, d. h. 6% der gesamten rund 45 t wiegenden elektrischen Ausrüstung.

Die Fahrschalter besitzen gegenüber reinem Motorbetrieb keine zusätzliche Kurbeln außer der unwesentlichen Kurbel für Zusatzregulierung. Die „Réglage"-Kurbel, die beim Motorbetrieb zum Abschalten des Anfahrwiderstandes und zur Umgruppierung der Triebmotoren benützt wird, wird auch bei Nutzbremsung, aber nur zur Widerstandsregulierung im Hauptstromkreis und im Feldstromkreis der Erregerdynamo benützt. Die „Régime"-Kurbel, die bei Motorbetrieb für die Umstellung der Fahrrichtung und zur Feldschwächung der Triebmotoren benützt wird, wird bei Nutzbremsung für den Gruppierungswechsel der Triebmotoren verwendet.

Der Übergang von Motorbetrieb auf Nutzbremsung macht sich folgendermaßen: Rückstellen der „Réglage"-Kurbel von Fahrstellung auf *0*, Einstellen der „Régime"-Kurbel auf die Motorgruppierung, die der vorhandenen Geschwindigkeit entspricht. Einschalten ohne Spannungsgleichheit zwischen Fahr- und Motorspannung, dann Hochfahren mit der „Réglage"-Kurbel, wobei stufenweise der Vorschaltwiderstand im Bremsstromkreis abgeschaltet und die Triebmotorfelder durch stärkere Erregung der Erregerdynamo verstärkt werden. Je auf der letzten, d. h. 11. Stufe jeder Motorgruppierung ist aller Vorschaltwiderstand aus dem Bremsstromkreis herausgenommen und Erregerdynamo bzw. Triebmotoren sind voll erregt.

Beim Einschalten mit der Regulierkurbel ergibt sich je nach der Höhe der Geschwindigkeit ein motorischer oder generatorischer Stromstoß. Ist zufällig Netzspannung und EMK der Motoren beim Einschalten in Übereinstimmung, so fließt auf der 1. Stufe weder motorisch noch generatorisch ein Strom.

Muß im Verlaufe des Nutzbremsvorganges die Motorgruppierung zwecks Senkung oder Erhöhung der Bremsgeschwindigkeit geändert werden, so muß die „Réglage"-Kurbel auf *0* zurückgedreht und die „Régime"-Kurbel umgestellt werden. Der Motorstrom muß also ganz unterbrochen werden im Gegensatz zum Aufschalten bei Motorbetrieb. Ist die „Régime"-Kurbel auf die gewünschte Stellung gebracht, so kann mit der „Réglage"-Kurbel wieder hochgefahren werden.

Der Wendeschalter trennt in Bremsstellung die Motorfelder von den Ankern zwecks besonderer Erregung ab und der Bremsschalter schaltet die Erregerdynamo an die Felder. Die Erregergruppe für 38 kW Generatordauerleistung bei 38 Volt liefert bei Nutzbremsung den Erregerstrom für die Hauptmotoren. Die Regelung derselben geschieht durch Spannungsänderung des Generators mittels Rheostat durch die Hauptkurbel des Fahrschalters. Es wird also nicht bei konstanter Generatorspannung im Feldstrom der Triebmotoren reguliert. Da infolgedessen dieser Generator bei Nutzbremsung nicht zur Lieferung des Steuer- und Lichtstromes herangezogen werden kann, wird dieselbe von einer Akkumulatorenbatterie von 132 Ah übernommen, die nötigenfalls in Reihe zu einem Teil der Hilfsmotoren geschaltet werden kann. Im Motorbetrieb arbeitet der Generator über einen Regler auf Batterie und Steuer- und Lichtstromkreis. Mit besonderen Elektroventilen wird in Nutzbremsschaltung verhütet, daß die Lokomotivräder mit Druckluft gebremst werden können; andererseits wird bewirkt, daß bei Ausbleiben der Nutzbremsung die Druckluftregulierbremse selbsttätig in Funktion tritt.

III. 1 D_0 1-Schnellzuglokomotive Reihe 3001 der Niederländisch-Indischen Staatsbahnen.

Bauanstalt für die elektrische Ausrüstung:

A. G. Brown, Boveri & Cie., Baden (Schweiz).

Bauanstalt für den mechanischen Teil:

Schweiz. Lokomotiv- und Maschinenfabrik, Winterthur.

Diese Lokomotiven ziehen auf den auf Java gelegene nschmalspurigen Strecken Meester Cornelis—Passar Senen—Priok, Priok—Batavia, Batavia—Passar Senen, Batavia—Weltevreden—Manggarai—Meester Cornelis Züge von 300 t Anhängelast in der Ebene mit 85 km/h, auf 10‰ Steigung mit 57 km/h. Die wichtigsten Daten der Lokomotive, die Tafel V im Schnitt, Abb. 415 in der Ansicht zeigt, enthält die nachstehende Zusammenstellung:

Spurweite		1067 mm
Länge über Puffer		12530 mm
Gesamtradstand		8960 mm
Fester Radstand		1800 mm
Abstand zwischen den Drehzapfen		4440 mm
Kastenbreite		2650 mm
Dachhöhe		3340 mm
Triebraddurchmesser		1500 mm
Laufraddurchmesser		777 mm
Übersetzungsverhältnis		1:2,79
Stundenleistung am Radumfang bei künstlicher Ventilation der Motoren	bei 1350 Volt mittlerer Fahrdrahtspannung	1410 PS
Stundenzugkraft an Radumfang bei künstlicher Ventilation der Motoren		6900 kg
entsprechende Geschwindigkeit		55,5 km/h

Dauerzugkraft am Radumfang bei künstlicher Ventilation der Motoren und 1350 Volt mittlerer Fahrdrahtspannung	5000 kg
entsprechende Geschwindigkeit	61,5 km/h
Höchstgeschwindigkeit	90 km/h
Höchstzugkraft bei Anfahrt	13000 kg
Gewicht der elektrischen Ausrüstung	27 t
Gewicht des mechanischen Teiles	42 t
Gesamtgewicht	69 t
Achsdruckverteilung	8,8 t + 4 · 13 t + 9,13 t
Fahrdrahtspannung	1500 Volt
Stromart	Gleichstrom

1. Mechanischer Teil.

Die beiden mittleren Triebachsen sind im Rahmen festgelagert, die beiden äußeren mit den benachbarten Laufachsen je zu einem Drehgestell von der besonderen in Abb. 69 dargestellten und auf S. 63 beschriebenen Bauart vereinigt. Der Drehzapfen liegt also nicht zwischen den Drehgestellachsen, sondern außerhalb, und zwar unmittelbar hinter der äußeren Triebachse.

Der Hauptrahmen ruht auf diesem Drehgestell in drei Punkten, einmal mit Hilfe einer zentralen Stütze mit Kugelpfanne auf dem Führungsstück der Laufachse und durch kugelig abgestützte Blattfedern auf den beiden Seiten der Doppelachskiste der äußeren Triebachse.

Die vier Motoren sitzen im Lokomotivhauptrahmen. Jeder von ihnen treibt die unter ihm liegende Achse unter Zwischenschaltung einer Zahnradübersetzung mit gefedertem Ritzel und des Einzelachsantriebes System Brown Boveri-Buchli, der unter Hinweis auf die Ausführungen auf S. 109ff. in diesem Zusammenhang keiner weiteren Erläuterung bedarf.

Der Lokomotivkasten gliedert sich in drei Hauptteile: d. h. in den eigentlichen Maschinenraum und in die beiden Führerstände. Der mittlere Kastenteil ist durch Unterteilung der Seitenwände in einzelne Felder und des Daches in drei Abschnitte für die Beförderung vollständig zerlegbar gemacht worden. Die beiden Führerstände sind aus Seitenwänden und Dach je zu einem Kasten zusammengenietet und werden auf das

Abb. 415. 1 D_0 1-Schnellzuglokomotive (Reihe 3001) der Niederländisch-Indischen Staatsbahnen.

Bodenblech festgeschraubt. Ihr Dach ist als Doppeldach ausgebildet. Der Raum zwischen den beiden Dachblechen dient als Ventilationsschacht, der an der Stirnwand des Führerstandes durch eine einstellbare Klappe und auf der Maschinenraumseite durch ein feinmaschiges Drahtnetz abgeschlossen ist. Diese Dachventilation, die bei Regenwetter gegen außen abgeschlossen werden kann, soll das Führerpersonal gegen die Einwirkung der Tropensonne schützen. Die beiden äußeren Teile des Maschinenraumdaches bestehen aus 20 mm voneinander abstehenden Blechen, ebenfalls zum Zwecke der Luftzirkulation. Der mittlere Dachaufsatz ist als kräftiges Traggestell zur Befestigung des Hauptschalters ausgebildet. Das Innere des Maschinenraumkastens enthält die Gerüste für die Aufnahme der elektrischen Ausrüstung. Sämtliche Motoren, Hilfsmaschinen und Apparate sind in diesem Kastenraum untergebracht, während die Akkumulatorenbatterie, die Druckluft- und Vakuumbehälter seitlich unter dem Lokomotivkasten aufgehängt sind. In den Seitenwänden des Kastens sind ebenfalls Luftschächte eingebaut, die zum Fernhalten von Ungeziefer durch Drahtnetze abgedeckt sind. Diese Schächte vermitteln den Eintritt der Kühlluft in den Kasten und in die Triebmotoren. Die Kühlluft wird nach Durchströmen der Motoren über die Anlaß- und Bremswiderstände geleitet und unter dem Lokomotivkasten ausgestoßen.

An mechanischen Bremsen erhielt die Lokomotive eine selbsttätige Vakuumbremse, die auf alle Trieb- und Laufachsen wirkt, und eine Handbremse in jedem Führerstand, die auf die jedem Führerstand zugeordneten Triebachsen und auf die Laufachsen wirkt.

Der Bremsdruck der Vakuumbremse beträgt 87% vom Adhäsionsgewicht und 30% vom Laufachsdruck. Die entsprechenden Zahlen jeder Handbremse sind 80% des halben Adhäsionsgewichtes und 25% des Laufachsdruckes. Jeder Führerstand enthält einen Geschwindigkeitsmesser System Teloc. Die übrige Ausrüstung des mechanischen Teiles der Lokomotive, wie Zug- und Stoßvorrichtung, Signale, Kuhfänger usw., entspricht den Normalien der Bahn. Erwähnt sei noch die Verriegelung der Hochspannungskammer und die Sandstreuvorrichtung.

Die Hochspannungskammer ist gewöhnlich durch zwei Türen abgeschlossen. In der Druckleitung zum Stromabnehmer liegt ein Hahn, dessen Schlüssel auf „offen" steht. Um diesen Schlüssel abnehmen zu können, muß der Hahn geschlossen werden. Die Druckluftleitung zu den Stromabnehmern wird damit geöffnet und diese senken sich. Mit diesem Schlüssel können sodann die Hochspannungstüren geöffnet werden.

Nach Öffnen ist der Schlüssel vom Türschloß nicht wegnehmbar und der Stromabnehmer kann nicht mehr hochgestellt werden. Zur weiteren Sicherheit sind in abnehmbaren Schutzhauben auf dem Lokomotivdache zwei Trennschalter in die Leitungen, die den Strom von den zwei Stromabnehmern zum Hauptschalter führen, eingebaut. Ihre Betätigungswellen reichen durch das Dach ins Innere der Lokomotive. Ein allfällig defekter Stromabnehmer kann mit dem zugehörigen Trennschalter abgetrennt werden. Vor Betreten des Hochspannungsraumes zur Vornahme von Revisionen oder Reparaturen werden beide Trennschalter geöffnet. Damit sind alle Leitungen von den Stromabnehmern abgetrennt und spannungslos, mit Ausnahme von Leitungen unter Batteriespannung, die ungefährlich ist. Die Trennschalter sind mechanisch mit dem Lokomotivhauptschalter verriegelt. Sie können nur stromlos geöffnet werden, wenn der Hauptschalter offen ist. Die Sandstreuvorrichtung gestattet in jeder Fahrrichtung die vordere und die dritte Triebachse zu sanden, und zwar durch vier elektropneumatische Sandstreuventile, die durch Pedale im Führerstand betätigt werden. Die Leitungen zu diesen Ventilen sind so über die Reversierschalter geführt, daß das Sanden jeweils in der im Führerstand eingestellten Fahrrichtung erfolgt.

2. Elektrische Ausrüstung.

(Tafel VI).

Die vier Triebmotoren bleiben je zu zweien dauernd in Reihe geschaltet. Die beiden so entstehenden Gruppen werden zum Anlassen in Reihe-Parallel verbunden. Das Umschalten von Reihe auf Parallel vollzieht sich nach der Brückenschaltung. Zur Erreichung einer weiteren wirtschaftlichen Fahrstufe erhielten die Motoren eine Feldanzapfung. Diese wird jedoch nur in der Parallelschaltungstellung der beiden Motorgruppen benützt.

Die Triebmotoren sind 6polige Reihenschlußmotoren mit Hilfspolen, einteiligem Stahlgußgehäuse mit seitlichen Stahlgußlagerschildern, die Gleitlager mit Ringschmierung tragen. Das Gewicht eines Motors ohne Ritzel und ohne zugehörige Ventilationsgruppe beträgt rund 4055 kg.

Der Kontrollerantrieb erfolgt auf mechanischem Wege von den beiden Führerständen aus, während alle übrigen Apparate und Maschinen elektrisch oder elektropneumatisch gesteuert werden. Einzig die Notauslösung des Maximalschalters von den beiden Führerständen aus erfolgt mechanisch.

Die Lokomotiven wurden ferner mit einer elektrischen Bremse ausgerüstet. Zu diesem Zwecke werden die vier Felder der Motoren durch einen besonderen Motorgenerator in Reihenschaltung erregt und die Anker auf die Anfahrwiderstände geschaltet. Der Erregergenerator wird seinerseits von der Batterie aus erregt. Durch Veränderung seiner Erregung mit Hilfe eines Feldwiderstandes kann die Wirkung der elektrischen Bremse beliebig fein abgestuft werden (siehe S. 274 und Abb. 299/300).

Die Anfahr- und Bremswiderstände bestehen aus verzinkten Gußelementen, die in 21 Kasten an der der Antriebsseite gegenüberliegenden Längswand des Fahrzeuges untergebracht sind. Die Widerstände werden durch den gleichen Luftstrom, der die Triebmotoren durchströmt, künstlich gekühlt, und zwar mit Hilfe zweier Motorventilatorgruppen, die auf den Triebmotoren sitzen und die Kühlluft zuerst durch diese, dann durch die Widerstände drücken. Die aufgenommene Dauerbremsleistung der Widerstände beträgt 300 kW bei einem Bremsstrom von 255 A. Die dieser Leistung und den verschiedenen Geschwindigkeiten am Radumfang der Lokomotive entsprechenden Bremskräfte sind:

Fahrgeschwindigkeit in km/h	Bremskraft kg	Fahrgeschwindigkeit in km/h	Bremskraft kg
90	1550	60	2350
80	1750	50	2800
70	2000		

Auf allen Fahr- und Bremsstellungen sind die Ventilatorgruppen zwangsweise eingeschaltet. Die Betätigung der Widerstandsbremse kann nur auf der Nullstellung des Kontrollers erfolgen. Sie kann von jedem Führertisch aus eingeleitet werden, indem die Bremskurbel von Stellung „aus" in Stellung „ein" gebracht wird. Dadurch wird der Bremsschalter, ein pneumatisch gesteuerter Stromlosumschalter, betätigt, der die Widerstandsschaltung herstellt und den Bremsumformer anläßt. Nach so vollzogener Bereitstellung gestattet ein Verriegelungsmagnet das Weiterschalten der Bremskurbel zur Betätigung des Magnetregulators des Bremserregergenerators. Der Bremsumformer besteht aus einem Reihenschlußmotor von 1350 Volt, Leistung 3 kW dauernd, Drehzahl 1500 und einem mit ihm gekuppelten, fremderregten Generator für 3 bis 15 Volt, 3 kW, Drehzahl 1500. Dem Motor ist dauernd ein Pufferwiderstand für etwa 3% der Motorleistung vorgeschaltet.

Die beiden Ventilatorgruppen bestehen je aus einem Reihenschlußmotor von 12 kW Dauerleistung bei 1350 Volt, Drehzahl 2400 und zwei direkt gekuppelten Ventilatoren für je 100 m³/min Luftlieferung bei 100 mm Wassersäulendruck. Jeder Motor erhält ebenfalls einen dauernd vorgeschalteten Pufferwiderstand.

Um mit der Lokomotivbeleuchtung und den übrigen mit Gleichstrom gespeisten Nebenbetrieben von der Kontaktleitung unabhängig zu sein, um also diese Stromkreise auch bei gesenkten Stromabnehmern speisen zu können, wurden die Lokomotiven mit Akkumulatorbatterien ausgerüstet. Jede Batterie wird geladen durch eine Motor-Generatorgruppe, bestehend aus einem Hochspannungsmotor, einem Niederspannungsgenerator und einem kleinen Hilfserreger in der in Abb. 323 dargestellten Schaltung.

Der Hochspannungsmotor der Umformergruppe ist, wie alle übrigen Hochspannungsnebenbetriebe, hinter dem Lokomotivhauptschalter angeschlossen. Dadurch konnte ein besonderer Schalter für diesen Motor vermieden werden. Wird der Hauptschalter geschlossen, so läuft der Umformer an.

IV. $2\,D_0\,2$-Schnellzuglokomotive Reihe E 501 der „Cie. du Chemin de fer de Paris à Orléans“.

Bauanstalt für die elektrische Ausrüstung:
A. G. Brown, Boveri & Cie. Baden (Schweiz).
Bauanstalt für den mechanischen Teil:
Schweiz. Lokomotiv- und Maschinenfabrik, Winterthur.

Abb. 416. $2\,D_0\,2$-Schnellzuglokomotive (Reihe E 501) der „Cie. du Chemin de fer de Paris à Orléans“.

Diese Lokomotiven, von denen in den Jahren 1925/26 zunächst zwei Stück gebaut wurden, dienen zur Beförderung von Personenzügen von 650 t und von Schnellzügen von 530 t Anhängegewicht zwischen Paris und Vierzon. Die wichtigsten Daten dieser Lokomotivtype, die Abb. 416 in der Ansicht und Tafel VII im Schnitt zeigt, enthält die folgende Zusammenstellung:

Spurweite	1435 mm
Länge über Puffer	17780 mm
Gesamtradstand	14150 mm
Fester Radstand	2050 mm
Abstand zwischen den Drehzapfen	11450 mm
Kastenbreite	3000 mm
Dachhöhe	4165 mm
Triebraddurchmesser	1750 mm
Laufraddurchmesser	970 mm
Übersetzungsverhältnis	1:2,55

Stundenleistung am Radumfang	bei künstlicher Ventilation und 1350 Volt mittlerer Fahrdrahtspannung	3800 PS
Stundenzugkraft am Radumfang		15800 kg
entsprechende Geschwindigkeit		65 km/h
Dauerleistung am Radumfang		3160 PS
Dauerzugkraft am Radumfang		12200 kg
entsprechende Geschwindigkeit		70 km/h
Höchstgeschwindigkeit		130 km/h
Höchstzugkraft bei Anfahrt		21600 kg
Gewicht der elektrischen Ausrüstung		43,4 t[1]
Gewicht des mechanischen Teiles		75,2 t
Gesamtgewicht		118,6 t[2]
Achsdruckverteilung		$10{,}5 + 13 + 4 \cdot 18 + 13 + 10{,}5$ t
Fahrdrahtspannung		1500 Volt
Stromart		Gleichstrom

1. Mechanischer Teil.

Der Lokomotivkasten wird von einem Hauptrahmen getragen, der aus zwei dreiteiligen Hauptrahmenblechen als Längsträger besteht, die innerhalb der Triebräder liegen und miteinander durch kräftige Querbleche verbunden sind, namentlich zwischen den Triebachsen, über den Drehzapfen und an den Enden. Der ganze Rahmen wird von den vier Triebachsen und über jedem Drehgestell durch den Drehzapfen und zwei seitliche Abstützungen getragen. Jedes Mittelstück des Längsrahmens wird ferner durch einen außerhalb der Triebräder angebrachten Hilfsrahmen verstärkt, der durch Stahlgußstücke und Verbindungsbleche mit dem

[1]) Bei Lokomotive E 502, die mit Nutzbremseinrichtung versehen ist, 49,5 t. [2]) Bei Lokomotive E 502: 124,7 t.

Hauptrahmen verbunden ist und die Außenlager für die Motorwellen und jene der großen Zahnräder aufnimmt (siehe S. 110).

Die Triebradsätze laufen in Achskisten üblicher Ausführung. An den Achsstummeln der Laufräder sind die Stromabnehmerbalken der Schleifkontakte für die dritte Schiene befestigt. Die Blattfedern, an denen der Lokomotivrahmen hängt, sind hier unterhalb der Achskisten der Triebräder angeordnet.

Die besondere hier erstmalig zur Anwendung gekommene Drehgestellbauart ist bereits auf S. 69 ausführlich erläutert worden (siehe die Abb. 73 und 74).

Der Antrieb der Triebachsen erfolgt durch den Einzelachsantrieb System Brown Boveri-Buchli, der unter Hinweis auf die früheren Ausführungen (siehe S. 109ff.) keiner weiteren Erklärungen bedarf. Der hohen Motorleistung wegen wird der Antrieb bei dieser Lokomotive beidseitig angewendet. Demgemäß liegen die Motorwellen in vier Lagern, zwei davon sind in den Motorschildern, die übrigen zwei in den erwähnten Hilfsrahmenblechen angeordnet.

Auf jeder Seite eines jeden Drehgestelles ist ein doppelter Bremszylinder vorhanden, der über einen einfachen Hebel auf die benachbarten zwei Bremsklötze einwirkt. Für die Bremsung der Triebachsen dienen zwei größere Bremszylinder, von denen jeder über Gestänge auf die vier Bremsklötze zweier Triebachsen drückt. Bei Annahme eines Bremsdruckes von 3,5 kg/cm² wird der auf sämtliche Bremsklötze ausgeübte Druck 84000 kg entsprechend 70% des Gewichtes der betriebsbereiten Lokomotive. Die Druckluftbremse ist die übliche Schnell- und Regulierbremse, System Westinghouse; der dreiteilige Bremsluftbehälter faßt rund 1000 l. Ein weiterer Luftbehälter von 300 l dient zur Betätigung der Apparate. Zwei Kolbenkompressoren Bauart BBC liefern die Preßluft. Eine Handspindelbremse wirkt von jedem Führerstand aus auf die nächstliegenden Triebachsen unter Verwendung derselben Bremsklötze und Bremsgestänge, die auch für die Druckluftbremse dienen. Zur Verhinderung des Schleuderns bei Anfahrt werden die Triebachsen vor jedem Ausschalten einer Widerstandsstufe, also vor jeder Zugkrafterhöhung mit geringem Druck leicht gebremst[1]).

Die Zug- und Stoßvorrichtungen entsprechen der Bauart der französischen Bahnen, nur die Pufferplatten erhielten Rechteckform, um in engen Kurven ein Überhaken der zusammenstoßenden Puffer zu vermeiden.

Der Lokomotivkasten besteht aus dem im Mittelteil liegenden Maschinenraum und den an den Enden befindlichen Führerständen. Die Blechtafeln der Seitenwände als auch die beiden Dachmittelteile, die die Anfahrwiderstände tragen, sind zur Erleichterung des Ausbaues von Apparaten und Motoren abnehmbar. Unter den Vorbauten zwischen Führerständen und Puffer sind ebenfalls Apparate, Hilfsmaschinen und Batterie, sowie die Motorkompressoren untergebracht.

2. Elektrische Ausrüstung.

(Tafel VIII).

Die Triebmotoren sind 6polige Reihenschlußmotoren von 790 PS Dauerleistung bei 500 Uml./min, die für die volle Fahrdrahtspannung gebaut sind. In der letzten der drei Gruppierungen sind also alle vier Motoren parallel geschaltet. In allen drei Gruppierungen besteht außerdem die Möglichkeit weitgehender Geschwindigkeitsänderung durch Feldschwächung mit Hilfe von Feldanzapfung und Teilshuntung. Bei 1500 Volt Klemmenspannung sind zwei Feldschwächstufen, entsprechend 61 und 78% der vollen Amperewindungszahl und bei 750 und 375 Volt drei Feldschwächstufen entsprechend 43, 61 und 78% der vollen Amperewindungen vorhanden. Auf diese Weise entstehen mit Hilfe der Serie-, Serie-Parallel- und Parallelschaltung der Motoren 11 wirtschaftliche Fahrstufen.

Abb. 417. Gruppierungsschalter. (B. B. C.)

Zwischen je zwei Motoren ist ein Wendeschalter eingebaut, der aus zwei Kontaktgruppen besteht, von denen jede einem Motor zugeordnet ist. Der Antrieb der Schaltwalze erfolgt durch einen elektropneumatisch gesteuerten Luftmotor.

Der Gruppierungsschalter (Abb. 417) ist als Kurvenscheibenschalter mit Einzelschaltelementen ausgebildet, die sich durch die Kraft der in Abb. 417 ersichtlichen Federn schließen und sich durch die Hebelwirkung der Kurvenscheiben öffnen. Jedes Element hat seine eigene Blasspule (siehe Abb. 285). Die Umstellung der Nockenwelle auf die drei Stellungen geschieht durch einen vierzylindrigen Luftmotor mit elektrisch gesteuerten Ein- und Auslaßventilen. Zwei der Zylinder dienen zum Einstellen der Mittelstellung, die übrigen zwei für die Endstellungen. In der ersten Stellung sind alle vier Motoren und die beiden Hälften der Anfahrwiderstände in Reihe geschaltet. In der zweiten Stellung werden die vier Motoren in Serie-Parallelschaltung mit den beiden Widerstandshälften in Reihe geschaltet und in der dritten Stellung liegen alle vier Motoren und die beiden Widerstandsgruppen parallel.

[1]) Schweiz. P. 100610 (B. B. C.).

Die Anfahrwiderstände bestehen aus zwei gleichen Gruppen, jede wieder aus 17 Kasten. Jeder Kasten enthält zwei Reihen von Widerstandselementen aus Gußeisen, die auf isolierten Bolzen aufgereiht sind. Der Ohmsche Widerstand einer Hälfte beträgt 3,22 Ohm, so daß auf der ersten Kontrollerstufe bei rund 7 Ohm Gesamtwiderstand des Motorstromkreises und 1350 Volt mittlerer Fahrdrahtspannung ein Stromstoß von etwa 200 A entsteht, entsprechend einer Zugkraft von rund 2500 kg am Radumfang.

Das Ein-, Zu- und Abschalten der Widerstandsstufen geschieht durch zwei Hauptkontroller, von denen jeder einer Widerstandshälfte zugeordnet ist. Damit verbunden ist auch die Feldschwächung der Motoren. Jeder Kontroller (Abb. 418) besteht aus einer Anzahl Einzelschaltelementen genau gleicher Art wie beim Gruppierungsschalter, die durch eine Nockenwelle gesteuert werden. Die beiden Halbkontroller befinden sich in den Hochspannungskästen derselben Lokomotivlängsseite und sind durch eine auf Rollen gelagerte Welle miteinander gekuppelt. Der Antrieb dieser Welle und somit der beiden Halbkontroller erfolgt vom Führerstands-Meisterschalter aus durch einen besonderen Steuermotor in der in Abb. 287 bis 289 dargestellten und dort ausführlich erläuterten Schaltung.

Die Stromabnahme erfolgt entweder durch zwei Pantographenstromabnehmer mit Doppelwippen oder durch Schleifkontakte für dritte Schiene. Letztere sind als Doppelschleifkontakte ausgebildet und auf einem seitlich am Drehgestell angebrachten Stromabnehmerbalken aus Eschenholz befestigt. Sowohl Pantographen als Schienenstromabnehmer werden pneumatisch betätigt. Durch einen Umschalter können entweder Oberleitung oder dritte Schiene oder beide gleichzeitig mit den Motoren verbunden werden. Erst in der Nullstellung des Umschalters, wenn also keiner der beiden Stromabnehmer anliegt, kann von denselben ein Schlüssel abgezogen werden, der die Türe zum Hochspannungshauptschalter öffnet.

Der Hauptschalter mit Maximalstrom- und Nullspannungsrelais ist von der in Abb. 264 und 265 dargestellten und auf S. 233 beschriebenen Bauart und Schaltung. Er ist für einen Stundenstrom von 2100 A, einen Dauerstrom von 1850 A bemessen und kann für einen Auslösestrom von 2400 bis 4000 A eingestellt werden. Angebrachte Hilfskontakte dienen zum Teil zur Rückmeldung durch Lampen, zum Teil zum Abschalten von Hilfsmaschinen.

Abb. 418. Hauptkontroller. (B. B. C.)

Die Hilfsstromkreise, welche an 1500 Volt liegen, sind mit Einschluß von Voltmetern, Wattmetern und Nullspannungsrelais alle nach dem Hauptschalter angeschlossen; alle Nebenbetriebe sind also bei geöffnetem Hauptschalter ausgeschaltet.

Jeder Triebmotor ist mit einem Ventilator unmittelbar zusammengebaut, der bei 100 mm Wassersäulendruck 120 m³ Luft pro Minute fördert. Je zwei Ventilatoren werden von einem gemeinsamen für 12 kW bei 2100 Uml./min bemessenen Motor angetrieben, der mit einem Vorschaltwiderstand von einem elektromagnetisch betätigten Hüpfer an 1350 Volt angeschlossen wird. Zum Schutze des Stromkreises dient eine Hochspannungsröhrensicherung mit Silberdrahteinsatz.

Die Druckluft wird von zwei Motorkompressoren von je 1200 l/min Ansaugeleistung in der in Abb. 186 dargestellten Bauart geliefert. Die für eine Stundenleistung von 8 kW bei 500 Uml./min bemessenen Motoren sind gleichfalls für 1350 Volt gebaut und werden durch einen elektromagnetischen Schütz zu- und abgeschaltet, der seinerseits durch den Druckregler gesteuert wird. Letzterer ist von der in Abb. 191 dargestellten und auf S. 157 ausführlich beschriebenen Bauart.

Die Umformergruppe zur Versorgung der Licht- und Steuerstromkreise mit Gleichstrom niederer Spannung besteht aus einem Hochspannungsserienmotor, 5 kW und 1600 Uml./min und einem mit einem Zugbeleuchtungsregler und einer alkalischen Nickeleisenbatterie von 54 Elementen zu 72 Ah zusammenarbeitenden Nebenschlußgenerator von 2 kW bei 72 bis 90 Volt. Auch dieser Umformer wird primär durch einen elektromagnetischen Schütz unter Zwischenschaltung eines dauernd eingeschalteten Vorschaltwiderstandes an 1350 Volt angeschlossen.

Die Lokomotiven sind mit den üblichen Kontroll- und Meßinstrumenten versehen. Bemerkenswert ist die Ausbildung des einen der beiden Geschwindigkeitsmesser System Teloc, der außer mit einer Registriervorrichtung (siehe S. 195) mit einer Wachsamkeits- und Signalmarkierungsvorrichtung versehen ist, die das Überfahren geschlossener Signale, die Stromunterbrechungen und auch die vom Führer beobachteten Signale verzeichnet. Außer der Geschwindigkeit wird durch das Uhrwerk des Apparates die Zeit markiert, so daß jederzeit auf dem Streifen der Zeitpunkt festgestellt werden kann, in welchem ein bestimmter Punkt der Strecke durchfahren worden ist und wieviel Zeit zum Durchfahren einer Strecke benötigt wurde. Um überfahrene, geschlossene Streckensignale zu verzeichnen, bedarf es eines äußeren Stromkreises mit besonderer, aus galvanischen Elementen bestehenden Stromquelle, die durch das geschlossene Signal und eine zwischen den Schienen liegende Kontaktvorrichtung auf eine Drahtspule auf der Lokomotive wirkt. Dadurch wird auf dem Papierstreifen ein dreieckiges Zeichen eingedrückt und zugleich ertönt ein Alarmsignal, das erst zur Ruhe kommt, wenn ein bestimmter Schalter vom Führer umgestellt wird. Der Führer ist auch verpflichtet, vor einem geschlossenen Signal auf einen Knopf zu drücken, was ebenfalls auf dem Papierstreifen vermerkt wird.

Die zweite Lokomotive (E 502) dieser Reihe ist mit Nutzbremseinrichtung versehen, der im wesentlichen die in Abb. 307 dargestellte Schaltung zugrunde liegt. Zur Erregung der Motoren dient eine besondere

Umformergruppe, bestehend aus einem Hochspannungsmotor von 22 kW Dauerleistung bei 1350 Volt und zwei Generatoren für Niederspannung von 12 bis 25 Volt. Die Nebenschlußerregung dieser Generatoren besteht aus zwei Teilen. Der eine nicht regelbare Teil erzeugt die Grundspannung von etwa 12 Volt bei normaler Drehzahl. Die Erregerenergie liefert der Beleuchtungsumformer in Verbindung mit der Batterie. Da der Stromkreis für die Erregung der Traktionsmotoren geschlossen ist, sobald die Nutzbremsschaltung hergestellt und der Umformer in Betrieb gesetzt ist, ergibt sich sofort eine bestimmte kleinste Erregung, die durch die Reguliereinrichtungen nicht unterschritten werden kann. Diese Erregung der Triebmotoren kann noch dadurch verstärkt werden, daß der regulierbare Teil des Stabilisierungswiderstandes verkleinert wird, und dann noch dadurch, daß man die Spannung der Erregergeneratoren erhöht. Dies geschieht durch die Eigenerregung, wodurch die Klemmenspannung bei normaler Drehzahl auf 25 Volt ansteigt. Bei Serie- und Serie-Parallelschaltung der Motoren sind die zwei Erregergeneratoren hintereinander, bei der Parallelschaltung ebenfalls parallel geschaltet.

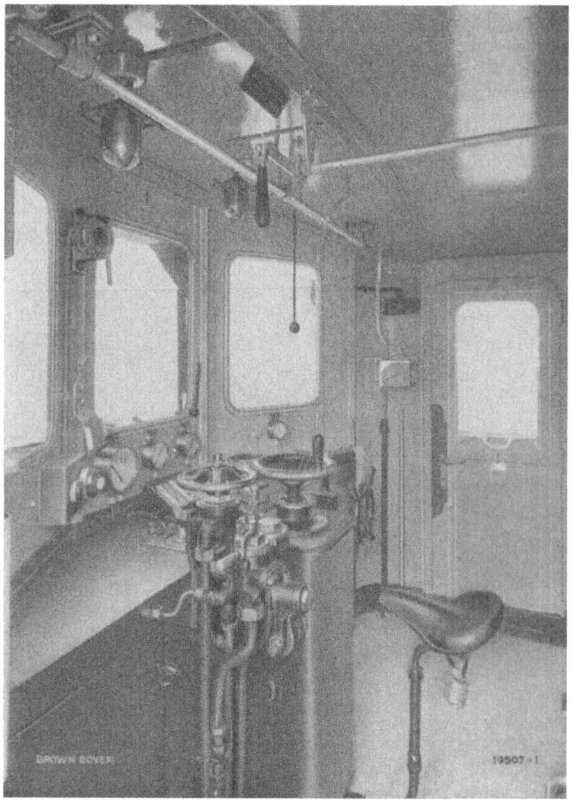

Abb. 419. Ansicht des Führerstandes. (B. B. C.)

Alle Umschaltungen der Triebmotoren bei der Rückgewinnung, auch das Zuschalten der Erregergruppe werden durch die besondere Umschaltwalze am Führerkontroller eingeleitet, der zu diesem Zweck einen besonderen Hebel mit zwei Stellungen hat. Sobald dieser Hebel von der Ruhestellung (Traktion) in die Arbeitsstellung (Rekuperation) gedreht wird, werden durch einen Schütz die Umformergruppe und die Ventilatorgruppe für die Kühlung der Bremswiderstände eingeschaltet und durch einen elektropneumatischen, nach Art eines Fahrtwendeschalters gebauten Spezialumschalter, die Motorschaltung für Rückgewinnung hergestellt.

Außer dem Stabilisierungswiderstand, von welchem ein Teil fest, der andere regulierbar ist, sind jedem Motor bei Serie-Parallel- oder Parallelbetrieb noch Schutzwiderstände zur Dämpfung von Stromstößen vorgeschaltet, die durch eine besondere Ventilatorgruppe gekühlt werden.

Die Nutzbremsung wird nun folgendermaßen eingeleitet: Der Führerkontroller wird auf Null, hierauf der Wendeschaltergriff auf „vorwärts" und je nach zulässiger Geschwindigkeit auf *I*, *II* oder *III* gestellt und der Rekuperationsgriff auf „*R*" umgedreht, wodurch die Motoren durch die Umformergruppe erregt werden. Man schaltet nun den Kontroller auf die erste Bremsstufe und reguliert die Spannung der Erregermaschine, bis der die Triebmotoren durchfließende Strom Null oder doch nahezu Null ist, worauf die Anlaßwiderstände durch Weiterdrehen des Handrades bis zur Stellung *13* vollständig abgeschaltet werden können. Durch weitere Erhöhung der Erregung oder Vergrößerung der Geschwindigkeit tritt Stromrückgewinnung ein und damit die gewünschte Bremsung.

Abb. 419 zeigt schließlich den Führerstand der mit Nutzbremseinrichtung versehenen Lokomotive dieser Reihe.

V. 2 C 2-Schnellzuglokomotive Reihe E 0601 der Deutschen Reichsbahn-Gesellschaft.

Bauanstalt für die elektrische Ausrüstung:

Bergmann-Elektricitäts-Werke A. G., Berlin.

Bauanstalt für den mechanischen Teil:

Berliner Maschinenbau A. G., vorm. L. Schwartzkopff.

Diese Lokomotive beansprucht deshalb ein besonderes Interesse als sie zu der einzigen nach dem Kriege von der Reichsbahn in Auftrag gegebenen Reihe von Lokomotiven mit direktem Stangenantrieb gehört. Die gesamte Lokomotivleistung ist in einem hochliegenden langsamlaufenden Motor zusammengefaßt, von dem aus zwei Schrägstangen nach zwei Blindwellen führen, die mit den drei Triebrädern durch wagerechte Kuppelstangen verbunden sind. Es handelt sich also um die auf S. 85 in anderem Zusammenhang behandelte Antriebsform. Tafel IX zeigt die Lokomotive im Schnitt, Abb. 420 in der Ansicht.

Die wichtigsten Daten der Lokomotive enthält die nachstehende Zusammenstellung:

Spurweite	1435 mm
Länge über Puffer	15750 mm
Gesamtradstand	12450 mm
Fester Radstand	4650 mm
Abstand zwischen den Drehzapfen (geführte Länge)	10650 mm
Kastenbreite	3100 mm
Dachhöhe (ohne Haube)	3850 mm
Triebraddurchmesser	1600 mm
Laufraddurchmesser	1000 mm
Stundenleistung { an der Motorwelle gemäß REM mit Δt für Kollektor = 75°	3000 PS
Dauerleistung { an der Motorwelle gemäß REM mit Δt für Kollektor = 75°	2250 PS
Stundenzugkraft am Radumfang	10000 kg
entprechende Geschwindigkeit	75 km/h
Dauerzugkraft am Radumfang 5600 kg	7500 kg
entsprechende Geschwindigkeit 100 km/h	75 km/h

Höchstgeschwindigkeit	110 km/h
Höchstzugkraft bei Anfahrt	16500 kg
Gewicht der elektrischen Ausrüstung	42 t
Gewicht des mechanischen Teiles (Dienstgewicht)	76,5 t
davon Heizkessel leer	3,5 t
halbe Betriebsvorräte mit Kesselfüllung	3,5 t
Gesamtgewicht mit Heizkessel und halben Vorräten	118,5 t
Adhäsionsgewicht	56 t
Achsdruck je Triebachse	18,6 t
Achsdruck je Laufachse	15,6 t
Stromart	Einphasenwechselstrom
Fahrdrahtspannung	15000 Volt
Frequenz	16⅔ Per/s.

1. Mechanischer Teil.

Die Führung der Lokomotive in der Geraden erfolgt einerseits durch die beiden amerikanischen Drehgestelle, deren Mittellinien mit Rücksicht auf das Durchfahren von Krümmungen von 180 m gegenüber dem am Hauptrahmen befestigten Führungszapfen um 80 mm nach jeder Seite verschiebbar sind, andererseits durch die drei mittleren Kuppelachsen, die in einem festen Achsstand von 4,65 m angeordnet sind. Die Krümmungsbeweglichkeit wird durch die erwähnten starken Ausschläge der amerikanischen Drehgestelle und durch Verschwächung der Spurkränze der mittleren Kuppelachse ermöglicht.

Die Kraftübertragung vom Motor zu den Triebrädern durch einen Doppelparallelkurbeltrieb und zwei Blindwellen führte zur Zusammenziehung der Anker- und Blindwellenlager jeder Lokomotivseite in ein umfangreiches Stahlgußstück, in welches auch in sehr bemerkenswerter Weise die Lagerung der zwischen den Blindwellen liegenden Kuppelachsen einbezogen wurde. An dieses Stahlgußstück sind beiderseits die Bleche des Hauptrahmens angeschraubt, wodurch ein gemischter Stahlgußblechrahmen entstanden ist.

Abb. 420. 2 C 2-Schnellzuglokomotive Reihe E 0601 der Deutschen Reichsbahn-Gesellschaft.

2. Elektrische Ausrüstung.

(Tafel X.)

Der von der Oberleitung durch die Stromabnehmer der Einheitsbauart der Reichsbahn (siehe Abb. 254) der Lokomotive zugeführte Strom wird über: Trennschalter, eine Drosselspule, den Hauptölschalter der Einheitsbauart der Reichsbahn (siehe Abb. 327) der Hochspannungsseite des Haupttransformators zugeführt. Von der sekundären Wicklung des Transformators fließt der Strom über: elektropneumatisch gesteuerte Schützen und dem Stromteiler dem Anker des Motors und von dort zum Transformator (Erde) zurück. Die vom Transformator abgenommene Leistung wird, wie früher (siehe S. 331ff.) allgemein erläutert, immer über 2 gleichzeitig eingeschaltete Schützen geleitet, und die Einzelströme von den Schützen durch den Stromteiler zu einem gemeinsamen den Motor speisenden Strome vereinigt.

Der Vorwärts- bzw. der Rückwärtslauf der Lokomotive wird hier ohne Zuhilfenahme eines Fahrtwenders allein durch Verschiebung der Bürsten um etwa 1 Polteilung erreicht (s. u.), und zwar durch Betätigung eines Handrades, das noch außerdem dazu dient, nach Erreichen der höchsten Motorspannung durch weitere Bürstenverschiebung auf höhere Geschwindigkeit zu kommen.

Zur Steuerung der Lokomotive sind auf jedem Führerstand 2 Handräder vorgesehen, ein kleines zur Kontrollerbetätigung und damit zur Steuerung der Schützen, und dazu konzentrisch angeordnet ein großes zur Betätigung der Bürstenverschiebung.

Bei Inbetriebnahme der Lokomotive wird zuerst das große Handrad von der absoluten Nullstellung in die Vorwärts- bzw. Rückwärts-Nullage gedreht, wodurch die Bürsten in die richtige Betriebsstellung gebracht werden. Das Anfahren der Lokomotive erfolgt erst dann, wenn der Steuerstrom durch Betätigung des Kontrollers geschlossen wird, wenn also die der jeweiligen Spannungsstufe entsprechenden Schützen einfallen.

Das große Handrad bleibt während der ganzen Fahrt in der vorhin gebrachten Lage stehen, sofern die Fahrtrichtung nicht gewechselt werden muß. Erst wenn mit dem kleineren Rad die höchste Fahrstufe erreicht ist, kann durch Weiterdrehen des großen Rades in derselben Richtung eine weitere Bürstenverschiebung und damit Steigerung der Fahrgeschwindigkeit erreicht werden.

Die beiden Handräder können nur in der richtigen Reihenfolge bedient werden; sie sind derart gegeneinander mechanisch verriegelt, daß die Bürstenverschiebung aus der Nullage sich nur betätigen läßt, wenn der

Kontroller auf Null steht. Soll nun z. B. vorwärts gefahren werden, so wird die Bürstenverschiebung in die Vorwärtslage gebracht, die, ebenso wie die Rückwärtslage, durch eine Marke gekennzeichnet und durch einen Anschlag begrenzt ist, dann erst kann der Kontroller bedient werden. Die Bürstenverschiebung wird erst wieder freigegeben, wenn die höchste Fahrstufe, die 16., erreicht ist; sie läßt sich dann zum Zwecke weiterer Geschwindigkeitssteigerung weiter vorwärts drehen.

Außerdem besteht noch die bekannte Verriegelung zwischen Kontroller und Führerbügelhahn (siehe S. 224 ff.) wie bei allen neueren Lokomotiven der Reichsbahn; der Kontroller läßt sich demnach nur dann betätigen, wenn sich der Führerbügelhahn auf Stellung „Bügel nieder" „Ölschalter aus" oder „Bügel hoch", nicht aber in Abschlußstellung befindet.

Der Triebmotor — ein 36poliger Reihenschlußmotor (Abb. 328) — wird durch 2 besondere Motorventilatoren mit gemeinsamem Antriebsmotor von 9,5 kW Dauerleistung künstlich gekühlt; die zu beiden Seiten des Transformators angebauten Ölkühler werden ebenfalls durch einen Ventilator künstlich gekühlt.

Die Schaltung ist so angeordnet, daß bei Stillstand der Lokomotive diese Ventilatoren nicht laufen, beim Schalten auf die 7. Kontrollerstufe jedoch Strom bekommen, so daß bei Fahrt der Lokomotive mit Strom der Transformator, sowie der Motor fortwährend gekühlt werden. Im Führerstand ist je ein besonderer Handschalter zur Betätigung der Lüftermotoren angebracht; dadurch ist es dem Führer ermöglicht, nach angestrengtem Betrieb den Motor sowie Transformator auch beim Stillstand der Lokomotive künstlich zu kühlen.

Der Fortfall der selbsttätigen Kühlung bei Stillstand wurde deshalb angeordnet, damit das Lokomotivpersonal beim Rangieren auf Bahnhöfen nicht durch das Geräusch der Ventilatoren im Hören der Signale behindert wird. Das Einschalten dieser Hilfsmotoren erfolgt über einen Anlaßwiderstand, der einer Vorstufe entspricht und automatisch nach Einschalten des betreffenden Schützes eingeschaltet und nach einer gewissen Zeit kurzgeschlossen wird. Die Motorluftpumpe (Einheitsbauart der D. R. G. gemäß Abb. 254) liefert die zum Bremsen des Zuges und für die sonstigen mit Luft betätigten Apparate notwendige Druckluft und kann vom Führer mittels Handschalter ein- und ausgeschaltet werden.

Auf jedem Führerstand sind Heizkörper angebracht; auf dem vorderen Führerstand befindet sich ein Wärmeschrank von 1,6 kW Leistung, der gleichzeitig zur Heizung dient, während auf dem hinteren Führerstand nur ein Heizkörper von 1,6 kW Leistung eingebaut ist.

Der Steuerstrom zur Betätigung der Schützen wird einem besonderen Hilfstransformator mit 60 Volt Sekundärspannung entnommen, der primär an die 200 Volt Anzapfung des Transformators angeschlossen ist. Der Hilfstransformator speist neben den beiden Steuerstromkreisen auch den Beleuchtungsstromkreis, für den 18 Volt Spannung gegen Erde vorgesehen ist.

Sämtliche Hilfsstromkreise werden von der durch die ganze Lokomotive hindurchgehenden Leitung *102* über den „Strecke-Schuppen"-Schalter gespeist. Im Betriebe, Stellung „Strecke" des Umschalters, erhalten diese über Leitung *100* von Anschluß „*L*" des Transformators eine Spannung von etwa 200 Volt. Durch Umlegen des Umschalters in die Stellung „Schuppen" wird Leitung *102* mit Leitung *123*, die zu den Steckdosen führt, verbunden. Die Steckdosen erhalten bei gesteckten Steckern ihren Strom von der Schuppenleitung und man kann auf diese Weise die Hilfsstromkreise mit den daranliegenden Mortoren und Apparaten durchschalten, ohne daß der Transformator Spannung erhält.

Durch Umlegen des Schalters auf „Strecke" wird der Stromkreis vom Anschluß „*L*" des Transformators über Leitung *100* gespeist; der Strom fließt dann über Leitung *101* zur Hauptsicherung und zur durchgehenden Leitung *102*. Von dieser Leitung werden die Heizkörper, Steuerstromkreis 200 Volt, der Hilfstransformator und über die zugehörigen Schalter die Motorluftpumpe und die Kühlgebläse gespeist. Die Schaltungen der Heizung, des Hilfstransformators, der Ölpumpe und des Heizkesselgebläses sind ohne weiteres klar und bedürfen keiner Erläuterung. Die Einschaltung der Motorluftpumpe der Kühlgebläse für Motor und Transformator erfolgt mittels Steuerstrom über selbsttätige Anlaßschützen. Die Einschaltung der Kühlgebläse kann auf zwei Arten erfolgen. Erstens durch den Fahrschalter selbsttätig auf der vierten Fahrstufe. Über Leitung *1* speist der Finger *w* ein Kupfersegment auf der Schaltwalze, das wiederum leitend mit dem Schaltring *x* verbunden ist; die Finger *x* auf beiden Führerständen sind durch Leitung *3* miteinander verbunden. Zweitens durch die parallel zu den Schaltringen *w* und *x* angeordneten Handschalter. Das Anlassen der Kühlgebläse und der Luftpumpe erfolgt dabei, wie oben erwähnt, selbsttätig mit einer Widerstandsstufe mit Hilfe eines Druckluftschützes.

Von der durchgehenden Leitung *102* wird auch der Hilfstransformator gespeist, also mit 200 Volt. Dieser besitzt auf der Primärseite, abgesehen von dieser Speisestellung und der Erdleitung, eine weitere Anzapfung bei 18 Volt. Der 18-Volt-Anschluß dient zur Speisung der Beleuchtung. Die Sekundärseite speist ohne Erdung mit 60 Volt die Steuerstromkreise.

a) Mit 200 Volt wird von Leitung *102* über eine Sicherung die Leitung *103* und damit die Nullspannungsspule des Ölschalters gespeist, ferner die Finger „*A*" der Bügel-Ölschalterventile. Bei Betätigung des Bügel-Ölschalterventils in die Stellung „Ölschalter aus" wird über den Finger „*B*" die Leitung *104* und damit die Abschaltspule gespeist.

b) Der 60 Volt Steuerstromkreis geht aus von der einen Klemme der Sekundärseite des Hilfstransformators über die Leitung *75*, eine Sicherung und die Leitung *1* und von der anderen Klemme über die Leitung *74*, eine Sicherung und die Leitung *72*, so daß zwischen diesen beiden Leitungen *1* und *72* sämtliche Steuerstromkreise verlaufen müssen. Zunächst speist die Leitung *1* die in beiden Führerständen eingebauten Handschalter zur Betätigung der Motorluftpumpe und der Ventilatormotoren. Wird z. B. der Ventilatormotorenschalter eingelegt, so fließt der Steuerstrom über die Betätigungsspule des betreffenden Schützes und von da über Leitung *72* zum Transformator zurück.

Der eigentliche Steuerstrom zum Bedienen der Fahrschützen fließt über die Steuerstromausschalter, Leitung *71* zum Kontakt „*i*" des Fahrschalters.

Soll nun angefahren werden, so wird, je nachdem ob vom vorderen oder hinteren Führerstand gefahren wird, der betreffende Fahrschalter aus der Stellung „*O*" in die Vorstufe gedreht. Dabei werden die Kontakte *i*, *n*, *o*, *q* überbrückt. Es kann also ein Strom fließen über Leitung *71*, die betreffenden Beläge der Walze nach Kontakt *n* und *o* des Fahrschalters und von Kontakt *q* über Leitung *5* durch die Spule des Sicherheitsschützes und von da über Leitung *33*, Kontakte des Maximalrelais zu Leitung 72, also zum anderen Pol zurück. Das Sicherheitsschütz spricht also an und es fließt nun Steuerstrom vom Kontakt *n* des Fahrschalters aus direkt über Leitung *4*, ferner über die jetzt geschlossenen Kontakte des Sicherheitsschützes nach Leitung *5* und damit zu Kontakt *q* des Fahrschalters.

Dreht man nun die Schaltwalze auf die erste Fahrstufe, so wird die Verbindung *o—q* unterbrochen und der Steuerstrom muß nun über Leitung *4*, Kontakt des Sicherheitsschützes, Leitung *5*, Kontakt *q* des Fahrschalters der Walze zufließen. Betätigt man nun den Steuerstromknopf oder wird der Steuerstrom durch Ansprechen des Maximalrelais oder Ausbleiben der Fahrdrahtspannung unterbrochen, so schaltet das Sicherheitsschütz ab, unterbricht also durch Aufheben der Verbindung von Leitung *4* mit *5* den je nach der Fahrstufe zugeführten Steuerstrom für die Schützen. Tritt der eine der eben geschilderten Fälle ein, so muß die Fahrschaltwalze auf Stellung „*O*“ zurückgedreht und auf der Vorstufe des Sicherheitsschützes wieder eingeschaltet werden.

Von Kontakt *q* wird der Steuerstrom zur Verriegelung der einander feindlichen Schützen dann je nach Stellung des Kontrollers durch die Kontakte *a*, *b*, *c*, *d* usw. in die Leitungen *6*, *7*, *8*, *9* usw. geführt und von diesen Leitungen in die betreffenden Bedienungsspulen der Schützen *A*, *B*, *C* usw., so daß diese je nach Fahrstufe ansprechen.

Durch langsames Schalten auf die zweite Fahrstufe wird ein ruckweises Anfahren vermieden, da die dem Motor zugeführte Spannung durch die auf der ersten und zweiten Stufe nacheinander eingeschalteten Schützen „*A*“ und „*B*“ stufenweise erhöht wird.

Verfolgen wir nun auf der ersten Fahrstufe den Stromverlauf zur Steuerung der Lokomotive: Der Steuerleiste *q* wird der Steuerstrom, wie vorher erwähnt, zugeführt, fließt über Finger *a*, Leitung *6*, durch die Magnetspule des Schützes „*A*“, Verriegelungskontakte *d*, *e*, über sämtliche Verriegelungskontakte *b* der Schützengruppe *B*, *D*, *F*, *H*, *L*, *P*, *S* und *U*, von hier über die Kontakte *f*, *g*, der Gruppe *A*, *C*, *E*, *G*, *K*, *M*, *R* und *T* Leitung *72* zum Hilfstransformator über Leitung *74* zurück. Beim Durchfließen des Stromes durch die Magnetspule wird der Magnetkern (Anker) angezogen, dadurch wird das Lufteintrittsventil geöffnet, das Schütz „*A*“ schaltet ein, die Kontakte *d*, *e* werden getrennt und dafür die Verbindung *e*, *f* hergestellt. Der Steuerstrom geht nun über den *f* Kontakt zurück zur Klemme des Hilfstransformators.

Auf der zweiten Fahrstufe erhalten die Schaltringe *a* und *b* über *q* Steuerstrom. Schütz „*A*“ ist ja bereits eingeschaltet; von Ringleiste *b* fließt der Strom über Leitung *7*, die Spule des Schützes „*B*“, Kontakte *d*, *e*, Kontakte *c* und *b* des Schützes „*A*“, nun wieder über sämtliche *b*-Kontakte der Schützengruppe *C*, *E*, *G*, *K*, *M*, *R* und *T*, über Verriegelungskontakte *f*, *g* der Schützengruppe *B*, *D*, *F*, *H*, *L*, *P*, *S* und *U*, Leitung *72*, *74* zum anderen Pol; Schütz „*B*“ schaltet ein. Der Strom, der von der Magnetspule kommt, wird nun über Kontakt *f* zur Leitung *72* usw. geleitet.

Beim Weiterschalten auf die dritte Fahrstufe wird Leitung *6* stromlos, Schütz „*A*“ fällt heraus, dafür erhält Leitung *8* Strom über Finger *c*. Der Steuerstrom fließt dann über die Spule des Schützes „*C*“, Verriegelungskontakte *d*, *e*, Verriegelungskontakte *a*, *b* des Schützes „*B*“, sämtliche *b*-Kontakte der Gruppe *B*, *D*, *F*, *H*, *L*, *P*, *S* und *U*, über die Verriegelungskontakte *f*, *g*, der Gruppe *A*, *C*, *E*, *G*, *K*, *M*, *R* und *T*, Leitung *72* und *74* zum anderen Pol; Schütz „*C*“ schaltet ein und der Steuerstrom der Magnetspule fließt nun über Kontakt *f*, Leitung *72* und *74* zum Transformator zurück.

Auf den weiteren Fahrschalterstufen sind immer zwei Schützen eingeschaltet, und zwar ein Schütz der „*A*“-Gruppe und ein Schütz der „*B*“-Gruppe, wodurch ein allmähliches Anwachsen der aufzudrückenden Motorspannung erreicht wird; die Zunahme beträgt bis zur 9. Fahrstufe ca. 15 Volt, von der 10. Stufe 21 Volt.

Um eine Überlastung von Transformator- und Stromteilerspulen zu verhindern, wie sie beispielsweise bei gleichzeitiger Einschaltung von Schütz „*A*“ und „*D*“ eintreten würde, sind auch die freundlichen Schütze in gleicher Weise gegeneinander verriegelt.

Ferner liegen im Steuerstromkreis zwischen den Leitungen *33* und *72* die Ausschaltkontakte des Maximalrelais, das im Motorstromkreis zwischen dem Stromteiler und der Feldwicklung liegt. Das Relais schaltet bei zu großer Motorstromstärke die Kontakte im Steuerstromkreis aus, so daß der ganze Stromkreis unterbrochen ist.

Zur Messung der Hochspannung dienen die beiden Voltmeter, die mit Leitung *212* über eine Sicherung mit der Anzapfung „*L*“ des Transformators, also 200 Volt, verbunden sind.

Der dem Transformator hochspannungsseitig zugeführte Strom wird durch einen Stromwandler gemessen, der über Leitung *207* und *208* die in Reihe geschalteten Amperemeter auf den beiden Führerständen speist.

Weiterhin wird noch der Motorstrom gemessen; hierzu ist ein Schienenstromwandler in die Leitung vom Motor zum Stromteiler eingebaut, der den Strom über Leitung *209* bzw. *210* den Niederspannungsamperemetern zuführt.

Auf jedem Führerstand sind weitere 3 kleine Amperemeter eingebaut, die aber nicht als Amperemeter geeicht sind, sondern nur anzeigen sollen, ob die Motorventilatoren und der Transformatorventilator laufen und deshalb nur die Stellungen „Aus“ und „Ein“ tragen. Diese Amperemeter sind an Stromwandler des betreffenden Hilfsmotors angeschlossen, messen also den Strom des betreffenden Motors. Bekommen aus irgendeinem Grunde, also bei nichtaufliegenden Bürsten, bei durchgebrannten Sicherungen, die Motoren keine Energie zugeführt, läuft also der betreffende Hilfsmotor nicht, so zeigen diese Amperemeter keinen Strom an, die Stellungsmarke zeigt „Aus“.

Der Beleuchtungsstromkreis ist an 18 Volt des Hilfstransformators angeschlossen und wird über Leitung *300*, die Hauptsicherung, Leitung *301* gespeist. Leitung *301* führt zu den Führerständen, und zwar einmal über 2 Sicherungen zu den unteren und oberen Signallaternen, die durch Doppelschalter betätigt werden; außerdem führt der Strom über die Innenbeleuchtungssicherung, nach der eine Stromverzweigung eintritt: eine Leitung geht zum Schalter für die Führerstandbeleuchtung, die andere zu den Steckdosen im Maschinenraum.

Durch einen kleinen Lichttransformator (Reduktor) wird die Spannung von 18 Volt auf 3 Volt zur Beleuchtung der Heizkesselmanometer herabtransformiert. Die Führerstände werden durch 18voltige Lampen beleuchtet. Der Innenstromkreis dient zur Maschinenraumbeleuchtung und schließt Motorlagerbeleuchtung und Schützenbeleuchtung beiderseits des Transformators ein. Das Ein- und Ausschalten kann von jedem Führerstand aus erfolgen, unabhängig von der Stellung des Schalters im anderen Führerstand. Eine genauere Beschreibung der Schaltungsweise der einzelnen Teilstromkreise erübrigt sich, da sie aus dem Schaltbild ohne weiteres klar wird.

VI. 2 B—B 2-Personenzuglokomotive Reihe E 5201 der Deutschen Reichsbahn-Gesellschaft[1]).

Bauanstalt für die elektrische Ausrüstung:

Allgemeine Elektricitäts-Gesellschaft, Berlin und Siemens-Schuckertwerke, A. G. Berlin-Siemensstadt.

Bauanstalt für den mechanischen Teil:

Lokomotivfabrik I. A. Maffei, München.

Diese Lokomotive, die Tafel XI im Schnitt und Abb. 421 in der Ansicht zeigt, ist bestimmt zur Beförderung von Personen- und Schnellzügen von durchschnittlich 500 t Gewicht. Die Gesamtanordnung der Lokomotive ist bestimmt durch die Antriebsart. Je zwei zu einer Gruppe vereinigte Motoren arbeiten beidseitig mittels Ritzel auf eine Vorgelegewelle, deren Kurbeln durch ein Schrägstangenpaar je mit der zwischen den beiden Triebachsen gelagerten Blindwelle verbunden sind, von der aus erstere durch ein wagerechtes Gestänge angetrieben werden. Es handelt sich also um die auf S. 119 behandelte Antriebsform.

Abb. 421. 2 B—B 2-Personenzuglokomotive Reihe E 5201 der Deutschen Reichsbahn-Gesellschaft.

Die wichtigsten Daten der Lokomotive enthält die nachstehende Zusammenstellung:

Spurweite		1435 mm
Länge über Puffer		17210 mm
Gesamtradstand		13600 mm
Fester Radstand		—
Abstand zwischen den Drehzapfen (geführte Länge)		11750 mm
Kastenbreite		3100 mm
Dachhöhe		3850 mm
Triebraddurchmesser		1400 mm
Laufraddurchmesser		1000 mm
Übersetzungsverhältnis		1:2,866
Stundenleistung	an der Motorwelle gemäß REM	2300 PS
	mit Δt für Kollektor = 75°	1960 PS
Stundenzugkraft am Radumfang		12000 kg
entsprechende Geschwindigkeit		23 km/h bis 49 km/h

Dauerzugkraft am Radumfang	9300 kg	5600 kg
entsprechende Geschwindigkeit	54 km/h	90 km/h
Höchstgeschwindigkeit		90 km/h
Höchstzugkraft bei Anfahrt bis 23 km/h		17600 kg
Gewicht der elektrischen Ausrüstung		64,5 t
Gewicht des mechanischen Teils		75,5 t
Gesamtgewicht		140 t
Adhäsionsgewicht		78 t
Achsdruck je Triebachse		19,5 t
Achsdruck je Laufachse		15,5 t
Stromart		Einphasenwechselstrom
Fahrdrahtspannung		15000 Volt
Frequenz		16⅔ Per/s.

1. Mechanischer Teil.

Die vier Triebachsen sowie die Drehzapfen der vorn und hinten angeordneten amerikanischen Drehgestelle sind in dem durchgehenden Rahmen gelagert. Die Querverbindung und die notwendige Querversteifung des Rahmens ergab sich hier zwanglos aus den für die Motoren und Transformator erforderlichen Tragkonstruktionen, die sich unmittelbar aneinander reihen und an beiden Enden nur je 1,5 m lange Stücke der Rahmenwangen freilassen. Diese Tragkonstruktionen sind hier in Form von rechteckigen Gußrahmen mit Aussparungen und Rippenversteifungen ausgeführt, deren Längswände mit den Rahmenblechen verschraubt und vernietet sind. Für jeden Doppelmotor ist je ein solcher Rahmen vorgesehen, während zur Unterstützung des Transformators ein Doppelrahmen dient, der aus gußtechnischen Gründen in der Mitte geteilt ist. Der letztere ist nach unten zu durch Deckbleche abgeschlossen, bildet also einen nur nach oben offenen Trog, der als Luftsammelkasten für die Kühlung des Transformators verwendet wird.

Im Rahmen der Drehgestelle ist das stark ausgeführte Lager für den tief herabreichenden Drehzapfen senkrecht zur Rahmenlängsachse verschiebbar und wird durch zwei Rückstellfedern (Blattfedern) zentriert.

[1]) Siehe El. Bahnen 1926, S. 241.

Die beiden Motoren jeder Motorgruppe sind in einem gemeinsamen Stahlgußstück, „Motorwanne“ genannt, untergebracht[1]), das auf dem durchgehenden Lokomotivrahmen steht, mit dem es fest verbunden ist, und auch die Lager der Ankerwellen und der Vorgelegewelle aufnimmt.

Die Lager der Blindwellen sind ebenfalls in je einem Stahlgußgehäuse untergebracht, das zwischen den Rahmenblechen liegt; anschließend sind kräftige Stahlgußrippen bis zur Wanne hochgezogen und verbinden diese kraftschlüssig mit dem Blindwellenlager.

Auf dem Rahmen ist der Wagenkasten aufgebaut, der sich in üblicher Weise in den Maschinenraum und die beiden Führerstände teilt.

Die Motorwellen- und die Vorgelegewellenlager sind Gleitlager mit kugelbeweglichen, die Blindwellen ebensolche mit zylindrischen Lagerschalen. Um die Abnützung der Lager jederzeit in einfacher Weise nachprüfen zu können, sind in der Wanne je drei Schaulöcher für jeden Motor zur Prüfung des Luftspaltes zwischen Ständer und Läufer angebracht.

Sämtliche Stangenlager sind als einfache, nicht nachstellbare Büchsenlager ausgeführt, das obere Triebstangenlager ausgenommen, das geteilte Lagerschalen und Keilnachstellung besitzt.

Für die Schmierung der Vorgelegewellen- und der Blindwellenlager sowie der Federung und Dämpfung der Ritzel ist für jeden Doppelmotor eine Bosch-Ölpresse vorgesehen, die von einer Triebachse aus angetrieben wird.

Im Inneren der Zahnradschutzkästen sind besondere Zahnradschmierpumpen angeordnet, die das Öl bei jeder Fahrtrichtung zwischen Ritzel und großes Zahnrad schleudern.

Als Luftpumpe dient der Motor-Kompressor der Einheitsbauart der D. R. G. (siehe Abb. 184). Die erzeugte Druckluft dient zur Betätigung des Ölschalter- und Stromabnehmerantriebes (siehe S. 224), der Sandstreuer, der Luftpfeifen und der Druckluftbremse (Einkammerdruckluftbremse, Bauart Knorr, mit Zusatzbremse (siehe S. 224ff.). Sämtliche Achsen werden durch einseitig angeordnete in Radmitte liegende Bremsklötze abgebremst. Bei Betriebsbremsung mit 3,5 at werden 98% des Triebachsdruckes und 66,5% des Laufachsdruckes abgebremst; die Abbremsung der Triebachsen bei Zusatzbremsung beträgt bis 140% des Triebachsdruckes.

An der Rückwand jedes Führerstandsraumes befindet sich ein Handrad mit umlegbarem Griff, das mittels Spindel auf das Bremsgestänge arbeitet. Diese Handbremse wirkt jedoch lediglich auf die vier Bremsklötze der darunter befindlichen Antriebsgruppe.

2. Elektrische Ausrüstung.

1. Stromabnehmer.
2. Hauptschalter.

{ Es handelt sich hier um die Einheitsbauarten der D. R. G. die bereits auf S. 222ff. und S. 309ff. ausführlich beschrieben wurden.

3. Der Haupttransformator steht in der Mitte des Wagenkastens auf dem Hauptrahmen und ist als Manteltransformator in Sparschaltung und mit Scheibenwicklung ausgeführt. An den Transformatorkessel sind zur Vergrößerung der die Wärme abstrahlenden Kastenoberfläche mit Kühltaschen versehene Henkelrohre angeschweißt, in denen das warme Öl im natürlichen Kreislauf strömt. Außen sind die Henkelrohre von einem Blechmantel umgeben. Die Kühlwirkung wird noch intensiver gestaltet einerseits durch Einschaltung einer von einem besonderen Motor von 2,3 kW Leistung angetriebenen Kreiselpumpe in den Ölkreislauf, andererseits durch künstliche Belüftung des durch den Blechmantel und den Transformatorkessel gebildeten und von den Henkelohren durchsetzten Schachtes in der Richtung von oben nach unten. Die Luft gelangt sodann in einen Sammelraum unter dem Transformator, aus dem sie durch einen Ventilator mit zwei Flügelrädern abgesaugt und durch Luftführungsschächte über das Dach hinausgeblasen wird.

Die Dauerleistung des Transformators beträgt 2050 kVA, 250 kVA für die Zugsheizung mit eingeschlossen. Außer 10 Anzapfungen zur Drehzahlregelung der Motoren sind in gleicher Ausführung noch eine für den Steuerstrom und drei für die Zugheizung vorgesehen (s. u.). Der Spannungsunterschied zwischen je zwei Anzapfungen für die Motoren beträgt 88 Volt. Das Anschalten der einzelnen Anzapfungen an die später beschriebenen Stromteiler und damit an die Fahrmotoren erfolgt durch die

4. Stufenschützen, die elektromagnetisch betätigt werden.

An jeder Längsseite des Transformatordeckels sind zehn solcher Schütze aufgestellt, so daß im ganzen zwanzig Stufenschütze vorhanden sind. Jede Schützreihe ist einem der beiden Doppelmotoren zugeordnet. Jede der zehn erwähnten Transformatoranzapfungen ist an zwei gegenüberliegende Schütze angeschlossen (Abb. 422). Die Schütze jeder Reihe sind an zwei Sammelschienen angelegt, die auf dem Transformatordeckel in Form von flachen Kupferschienen fest verlegt und isoliert durch den Deckel in den Transformatorkessel geführt und an je einen der bereits erwähnten

5. Stromteiler angeschlossen sind. Von den Mittelanzapfungen der Stromteiler fließt der Strom zu den Doppelmotoren, die aus je zwei dauernd hintereinander geschalteten Einzelmotoren bestehen. Die Stromschienen für jeden Doppelmotor sind durch je einen

6. Motorstromwandler geführt, der die Maximalrelais und die Amperemeter speist. Jeder

7. Triebmotor besteht aus Ständer, Läufer und Bürstenring. Diese Hauptteile werden erst durch den Einbau in die bereits erwähnte Stahlgußwanne, welche auch die Läuferlager trägt, zu einem betriebsfähigen Motor vereinigt. Der Ständer ruht im Unterteil der Wanne, wobei ein an der Unterseite des Ständers in einer Nut liegender Flachkeil den Ständer gegen Verdrehen sichert. Ein Wannenoberteil aus Stahlguß umfaßt jeden Ständer von oben her und ist mit dem Unterteil durch Schrauben verbunden. Die Wendepol-Shuntwiderstände für jede Motorgruppe sind auf den Wannenoberteilen unmittelbar hinter den Führerstandsrückwänden aufgestellt.

Zur Kühlung der Motoren ist für jede Motorgruppe eine eigene Ventilatorgruppe vorgesehen, bestehend aus je zwei Flügelrädern, die durch einen Motor von 13,7 kW Leistung angetrieben werden. Die Kühlluft wird aus dem Maschinenraum entnommen, durch die Motoren hindurchgesaugt und über das Dach der Lokomotive ins Freie gedrückt.

8. Der Fahrtwender besteht für jeden Doppelmotor aus vier Schützen, die auf dem dem Transformator zunächstliegenden Wannenoberteil des betreffenden Doppelmotors angeordnet sind. Diese zeigen dieselbe

---

[1]) Siehe S. 317.

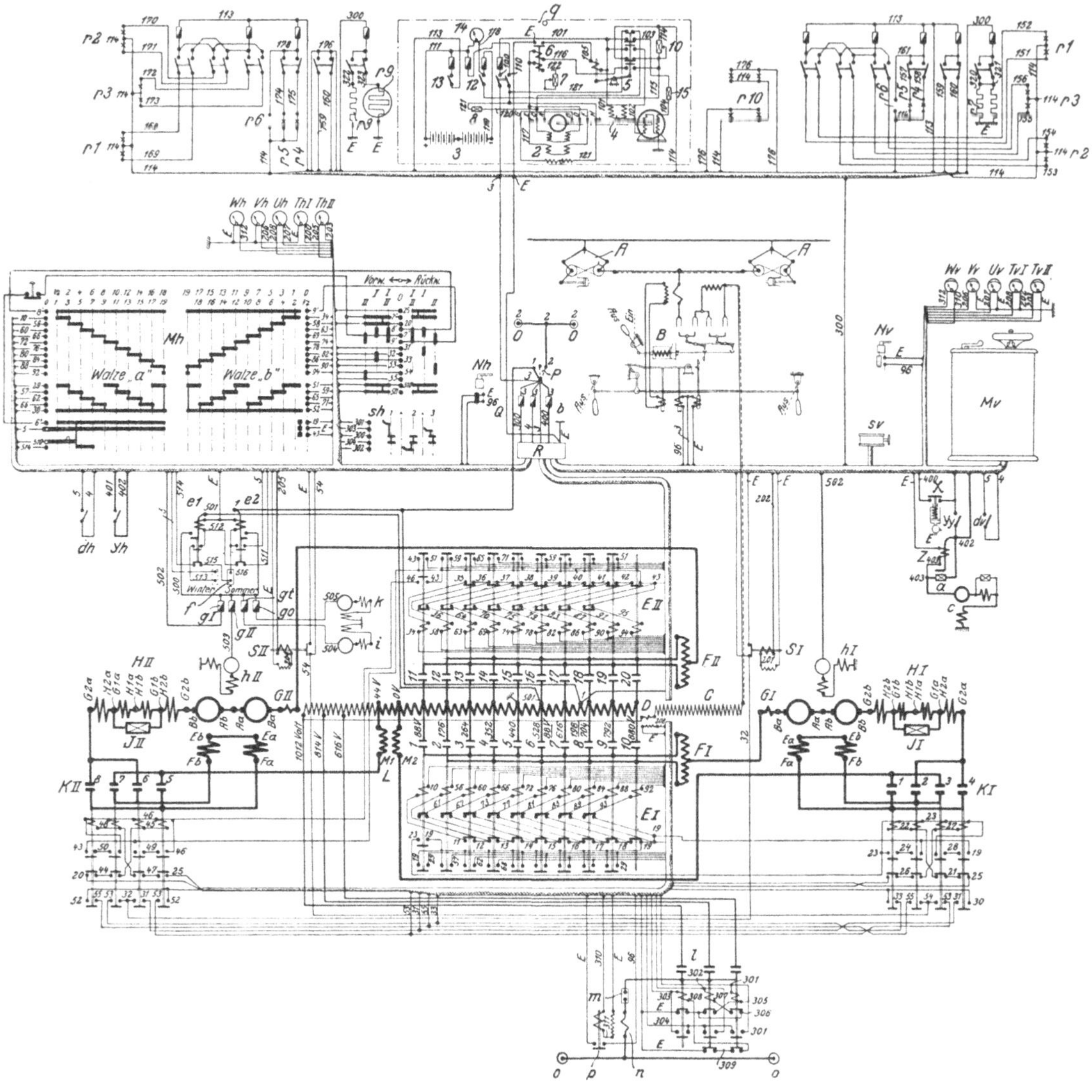

Abb. 422. Schaltungsschema der 2 B—B 2-Personenzuglokomotive Reihe E 5201 der Deutschen Reichsbahn-Gesellschaft.

A Stromabnehmer, *B* Ölschalter mit Antrieb und Auslösungen, *C* Hochspannungswicklung des Haupttransformators, *D* Hochspannungs-Stromwandler, E_{I} Stufenschütze für Motorgruppe I, E_{II} Stufenschütze für Motorgruppe II, F_{I} Spannungsteiler für Motorgruppe I, F_{II} Spannungsteiler für Motorgruppe II, G_{I} Stromwandler für Motorgruppe I, G_{II} Stromwandler für Motorgruppe II, H_{I} Motorgruppe I, H_{II} Motorgruppe II, J_{I} Nebenschlußwiderstand für Motorgruppe I, J_{II} Nebenschlußwiderstand für Motorgruppe II, K_{I} Fahrtwendeschützgruppe für Motorgruppe I, K_{II} Fahrtwendeschützgruppe für Motorgruppe II, *L* Ausgleichtransformator, M_{v} Fahrschalter auf dem vorderen Führerstand, M_{h} Fahrschalter auf dem hinteren Führerstand, N_{v} Führerbügelventil auf dem vorderen Führerstand, N_{h} Führerbügelventil auf dem hinteren Führerstand, *O* Prüfsteckdosen, *P* Schuppen-Strecken-Schalter, *Q* Steuerstromsicherung, *R* Klemmbrett, S_{I} Höchststromauslöser für Motorgruppe I, S_{II} Höchststromauslöser für Motorgruppe II, T_{vI} Zugkraft- und Stromzeiger für Motorgruppe I auf dem vorderen Führerstand, T_{vII} Zugkraft- und Stromzeiger für Motorgruppe II auf dem vorderen Führerstand, T_{hI} Zugkraft- und Stromzeiger für Motorgruppe I auf dem hinteren Führerstand, T_{hII} Zugkraft- und Stromzeiger für Motorgruppe II auf dem hinteren Führerstand, U_{v} Hochspannungsstromzeiger auf dem vorderen Führerstand, U_{h} Hochspannungsstromzeiger auf dem hinteren Führerstand, V_{v} Hochspannungszeiger auf dem vorderen Führerstand, V_{h} Hochspannungszeiger auf dem hinteren Führerstand, W_{v} Amperemeter für Zugheizung auf dem vorderen Führerstand, W_{h} Amperemeter für Zugheizung auf dem hinteren Führerstand, *X* Druckregler, *Z* Hilfsschütz für Luftpumpenmotor, *a* Anlaßwiderstand für Luftpumpenmotor, *b* Sicherung für Luftpumpenmotor, *c* Luftpumpenmotor, d_{v} Handschalter für Lüfter und Steuerstrom auf dem vorderen Führerstand, d_{h} Handschalter für Lüfter und Steuerstrom, auf dem hinteren Führerstand, e_{1} Lüfterschütz 88 Volt („Winter“-Schütz), e_{2} Lüfterschutz 198 Volt („Sommer“-Schütz), *f* Klemme für „Sommer“- und „Winter“-Schaltung, g_{I} Sicherung für Lüftermotor I, g_{II} Sicherung für Lüftermotor II, g_{t} Sicherung für Transformatorlüftermotor, g_{o} Sicherung für Ölpumpenmotor, h_{I} Lüftermotor für Motorgruppe I, h_{II} Lüftermotor für Motorgruppe II, *i* Lüftermotor für Transformator, *k* Ölpumpenmotor, *l* Schützen für Zugheizung, *m* Trennklemme für Zugheizung, *n* Stromwandler für Zugheizung, *o* Zugheizkupplung, *p* Höchststromauslöser für Zugheizung, *q* Gleichstromanlage, *1* Einphasenmotor mit Hilfswicklung, *2* Gleichstromgenerator, *3* Sammlerbatterie (52 Ah), *4* Anlaßdrosselspule, *5* Umschaltrelais, *6* Spannungs- und Rückstromrelais, *7* Einstellwiderstand, *8* Nebenschlußwiderstand, *10* Schutzwiderstand, *11* Motorschalter, *12* Batterieschalter, *13* Lampenschalter, *14* Spannungszeiger, *15* Anlaufwiderstand, r_{v} Lichtschalttafel auf dem vorderen Führerstand, r_{h} Lichtschalttafel auf dem hinteren Führerstand, r_{1} linke Bahnbeleuchtungslaterne, r_{2} rechte Bahnbeleuchtungslaterne, r_{3} obere Signallaterne, r_{4} Führerstandslampe, r_{5} Apparatelampe, r_{6} Steckdose, r_{7}, r_{8} Heizkörper, r_{9} Wärmeschrank, r_{10} Maschinenraumlampe, s_{v} Zugheizkontroller auf dem vorderen Führerstand, s_{h} Zugheizkontroller auf dem hinteren Führerstand, y_{v} Handschalter für die Luftpumpe auf dem vorderen Führerstand, y_{h} Handschalter für die Luftpumpe auf dem hinteren Führerstand.

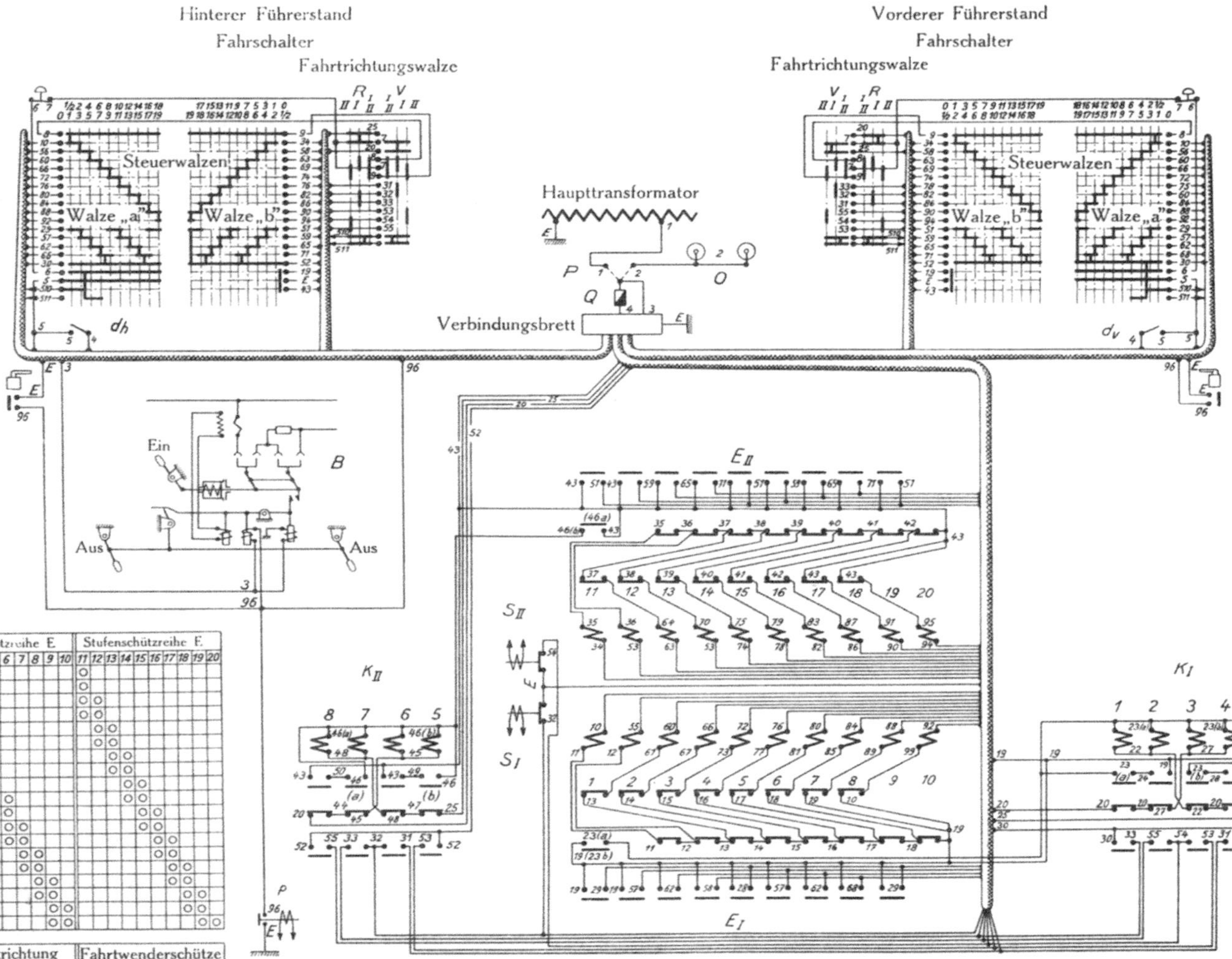

	Stufenschützreihe E										Stufenschützreihe E									
	1	2	3	4	5	6	7	8	9	10	11	12	13	14	15	16	17	18	19	20
1	○										○									
2	○	○									○									
3	○	○									○	○								
4		○	○								○	○								
5		○	○									○	○							
6			○	○								○	○							
7			○	○									○	○						
8				○	○								○	○						
9				○	○									○	○					
10					○	○								○	○					
11					○	○									○	○				
12						○	○								○	○				
13						○	○									○	○			
14							○	○								○	○			
15							○	○									○	○		
16								○	○								○	○		
17								○	○									○	○	
18									○	○								○	○	
19									○	○									○	○

Fahrtrichtung		Fahrtwenderschütze							
vom vorderen	hinteren Führerstand aus	K I				K II			
		1	2	3	4	5	6	7	8
Vorwärts	Rückwärts	○	○					○	○
Rückwärts	Vorwärts			○	○	○	○		

○ Schütz eingeschaltet

Abb. 423. Schaltbild der Steuerleitungen der 2 B—B 2-Personenzuglokomotive Reihe E 5201 der Deutschen Reichsbahn-Gesellschaft.

B Ölschalter, *O* Prüfsteckdosen, *P* Schuppen-Strecken-Schalter, E_I Stufenschütze für Motorgruppe I, E_{II} Stufenschütze für Motorgruppe II, K_I Fahrtwendeschütze für Motorgruppe I, K_{II} Fahrtwendeschütze für Motorgruppe II, N_v Führerbügelventil, vorderer Führerstand, N_h Führerbügelventil, hinterer Führerstand, *Q* Steuerstromsicherung, S_I Höchststromauslöser für Motorgruppe I, S_{II} Höchststromauslöser für Motorgruppe II, d_v Lüfterschalter, vorderer Führerstand.

Bauart wie die Stufenschützen, sind jedoch mit Rücksicht auf die höheren Stromstärken mit je 4 Kontaktpaaren versehen. Je zwei Schütze arbeiten jeweils zusammen. Bezüglich der

9. Schaltung der Spannungsstufen für beide Motorgruppen im Zusammenhang mit dem hier verwendeten Ausgleichtransformator sei auf die Ausführungen auf S. 328 und auf Abb. 339 verwiesen.

10. Steuerung. Der Steuerstrom 198 Volt Spannung wird im Betriebe einer besonderen Hilfsstromanzapfung des Transformators entnommen. Bei sämtlichen Lokomotiven der D. R. G. ist einheitlich die Einrichtung des Schuppenstreckenschalters eingeführt, der es ermöglicht, die Steuerung und einige Hilfsbetriebe im Lokomotivschuppen auszuprobieren, ohne daß die Lokomotive hochspannungsseitig unter Spannung gesetzt zu werden braucht. An diesem Schalter ist die Steuerstromanzapfung des Transformators und eine Leitung zu 2 Prüfsteckdosen angeschlossen, die außen zu beiden Seiten der Lokomotive unterhalb des Wagenkastens angeordnet sind.

Der Steuerstrom gelangt vom Schuppenstreckenschalter aus zu den beiden Führerständen. Der Lüfterschalter dient gemeinsam zur Betätigung der Lüfter und zur Einschaltung des Steuerstromes, so daß es nur möglich ist, bei eingeschalteten Lüftern die Lokomotive zu bedienen. Von diesem Schalter ist die Steuerleitung zum Fahrschalter herabgeführt. Entsprechend der Trennung der Steuerung für beide Motorgruppen sind in dem Fahrschalter zwei Schaltwalzen vorhanden, deren jede eine der genannten Steuerungshälften bedient. Das liegende Handrad bewegt mittels eines Zahnradgetriebes abwechselnd eine der beiden Walzen. Eine Fahrstufe entspricht jeweils einer halben Handradumdrehung. Die links von den beiden Steuerwalzen angeordnete Fahrtwenderwalze mit Motorabschaltung ist mit den Schaltwalzen in üblicher Weise verriegelt. In der Mitte des Handrades ist ein Auslöseknopf angeordnet, der auf jeder Fahrstufe die Unterbrechung des Steuerstromes und damit die Abschaltung der Motoren gestattet. Er ist mechanisch derart mit dem Steuerwalzenantrieb verriegelt, daß er den Steuerstromweg nach stattgefundener Betätigung erst wieder in der Nullstellung des Handrades freigibt.

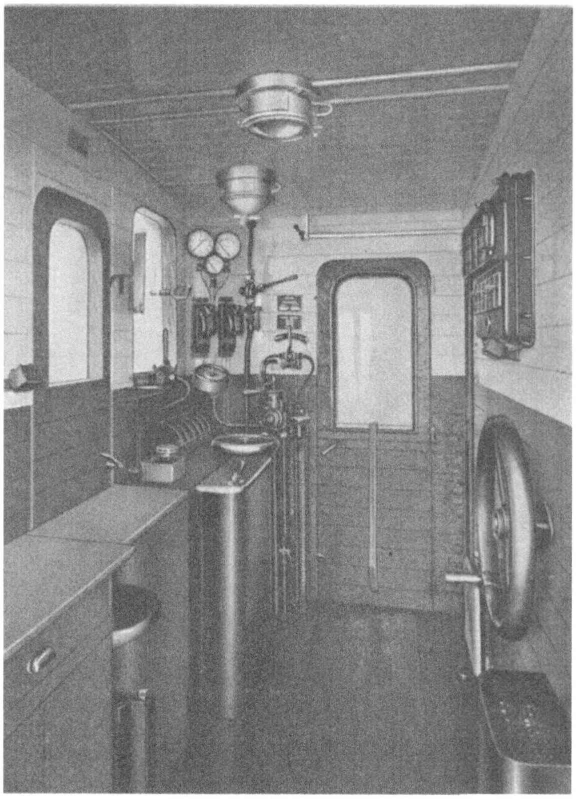

Abb. 424. Führerstand der 2 B—B 2-Personenzuglokomotive Reihe E 5201 der Deutschen Reichsbahn-Gesellschaft.

Abb. 423 zeigt den gesamten Verlauf der Steuerleitungen. Da hieraus die Steuerung im einzelnen verfolgt werden kann, so sei hier nur auf einige Hauptpunkte hingewiesen. Die Steuerleitungen für die Fahrtwendeschützen sind parallel in den Stromkreis für die Stufenschützen und in deren Verriegelungssystem eingebunden. Sie springen erst nach Betätigung der Stufenschützen an, wodurch ein wirksamer Schutz gegen Selbsterregung der Motoren gewährleistet ist. Da zum Zwecke der notwendigen Nullspannungsverriegelung die Steuerströme sämtlicher Schützen über Haltekontakte geführt sind, ist ein besonderer Einschaltstromweg erforderlich, der durch einen kurzen Flügelkontakt an einer der beiden Schaltwalzen gebildet wird. Die beiden Steuerungshälften sind in der Hauptsache unabhängig voneinander. Lediglich am Ende des Steuerstromlaufes ist eine gegenseitige Abhängigkeit in der Weise vorgesehen, daß der Steuerstrom einer Hälfte jeweils über Haltekontakte an den Fahrtwendeschützen der anderen Hälfte geführt ist. Bei Fahrt mit nur einer Motorgruppe werden diese Kontakte an der Fahrtwendewalze überbrückt.

11. Hilfsbetriebe. Die drei Lüfter- und der Ölpumpenmotor sind über Sicherungen an eine gemeinsame Speiseleitung angeschlossen, die wahlweise über je ein elektromagnetisches Schütz entweder an die 198-Volt-Hilfsstromanzapfung oder an die Anzapfung der Stufenschützen *6* und *16* mit 88 Volt (gegen Erde) angelegt werden kann. Der Erregerstromlauf der beiden Schützen ist in die Fahrsteuerung mit eingebunden (vgl. Abb. 422). Die Lüfterleistung ist derart regelbar, daß im Winter nur eine Speisung der Motoren mit 88 Volt in Frage kommt, während im Sommer nach vorübergehender Speisung mit dieser Spannung von Fahrstufe *4* ab selbsttätig das 88 Volt-Schütz ausgeschaltet wird und hierfür das Schütz an der 198 Volt Anzapfung die Stromzuführung übernimmt. Die Umschaltung von der einen auf die andere Betriebsweise erfolgt durch Einsetzen einer Lasche in eines der als „Winter“- und „Sommerklemmen“ bezeichneten Klemmenpaare.

Die elektrische Beleuchtung der Lokomotive erfolgt mit Gleichstrom von 24 Volt. Zur Erzeugung des Stromes dient ein kleines Umformeraggregat, das auf gemeinsamer Grundplatte auf dem Laufblech zwischen Transformator und Motorgruppe II untergebracht ist. Eine Batterie von 52 Ah Kapazität bei dreistündiger Entladung dient als Reserve und zur Pufferung. Die Motor- und Batterieschaltung erfolgt automatisch durch eine Relaisanordnung, Bauart AEG-SSW. Der zugehörige Schaltkasten sowie die Lichtschalttafeln, die an den Rückwänden beider Führerstände angeordnet sind, sind nach der Einheitsbauart (B. B. C.) ausgeführt (siehe Abb. 364).

Die drei Transformatoranzapfungen für die Heizung sind an 3 elektromagnetische Schütze geführt. Sie werden durch Steuerstrom betätigt. Auch dieser Stromkreis beginnt am Schuppenstreckenschalter und ist über Heizkontroller geführt, die in die Rückwände der Führerstände eingelassen sind.

Die Heizung der Führerstände erfolgt durch Hilfsstrom von 198 Volt Spannung, der der Steuerstromleitung für die Heizschütze entnommen wird. Jeder Führerstand hat eine Heiz- und Speisewärmeeinrichtung für 1,6 kW Leistung erhalten, die durch einen Schalter an der Lichtschalttafel eingeschaltet werden kann.

12. Führerstandseinrichtung. Vor der Stirnwand (Abb. 424) rechts ist der Fahrschalter mit dem Handrad und dem Fahrtrichtungshebel angeordnet. Unterhalb des Fensters sind die Meßinstrumente eingebaut, die nach der Einheitsbauart der D. R. G. in der Form gewölbter Profilinstrumente zu einer Einheit zusammengefaßt sind. Das Hochspannungsvoltmeter ist an die 198-Volt-Hilfsstromanzapfung des Transformators angeschlossen und in kV geeicht; das Hochspannungsamperemeter wird von einem zwischen Hoch- und Niederspannungswicklung des Transformators liegenden Stromwandler gespeist. Die beiden Zugkraftmesser für die Motorgruppen zeigen neben der Skala Tonnenzugkraft auch die Motorstromstärke in Ampere. Der Meßstrom wird jeweils den Motorstromwandlern entnommen, die zwischen die Spannungsteiler und die Motoren eingebaut sind und die auch den Strom für die Niederspannungshöchststromauslöser liefern.

An der schrägen Eckwand sind die beiden, ebenfalls nach Einheitsbauart erstellten Handschalter für die Luftpumpe und für den Steuerstrom samt den Lüftern befestigt, oberhalb derer sich die drei Manometer für die Druckluftbremse befinden. Unterhalb der Handschalter ist der Geschwindigkeitsmesser, Bauart Deuta, angeordnet. Das Knorr-Bremsventil liegt, wie üblich, zur rechten Hand des Führers, darüber ist der Zusatzbremshahn angeordnet.

In Abb. 424 führt rechts von den Manometern die Leitung für die Luftpfeife herab, an der das Pfeifenventil sichtbar ist. Rechts oben von diesem ist der Handauslösehebel für den Ölschalter zu erkennen. Links vom Fahrschalter ist das Führerbügelventil, darüber der Sandstreuhahn untergebracht.

Die Führerstandsrückwand trägt in der Mitte die Lichtschalttafel, unter welcher das Handrad der Handbremse angeordnet ist. Diese wirkt nur auf die beiden Triebräder der betreffenden Führerstandsseite. Auf der rechten Seite neben der Eingangstür zum Maschinenraum ragt aus der Rückwand der kleine Griff des Heizkontrollers hervor, während der Heizofen an der Rückwand am Fußboden Platz gefunden hat. Die linke Seite des Führerstandsraumes wird durch ein Schreibpult eingenommen, das durch einen Klapptisch vor der Stirnwandtüre erweitert werden kann. Die beiden Stirnwandfenster sind mit Fensterwischern, Bauart Littrow, versehen. Zwei Klappsitze vervollständigen die Einrichtung.

VII. 1 C—C 1-Güterzuglokomotive Reihe 14301 der Schweizerischen Bundesbahnen.

Bauanstalt für die elektrische Ausrüstung:

Maschinenfabrik Oerlikon.

Bauanstalt für den mechanischen Teil:

Schweizerische Lokomotiv- und Maschinenfabrik Winterthur.

Diese im Jahre 1926 entwickelte Lokomotivtype, die Tafel XII im Schnitt und Abb. 425 in der Ansicht zeigt, bildet die Einheits-Güterzuglokomotive der S. B. B. Sie vermag eine Anhängelast von 1400 t auf $10\,^0/_{00}$ Steigung mit 35 km/h, auf $5\,^0/_{00}$ mit 45 km/h, auf $2\,^0/_{00}$ mit 55 km/h und in der Ebene mit 65 km/h zu ziehen.

Abb. 425. 1 C—C 1-Güterzuglokomotive Reihe 14301 der Schweizerischen Bundesbahnen.

Die wichtigsten Daten der Lokomotive enthält die nachstehende Zusammenstellung:

Spurweite	1435 mm	Dauerzugkraft am Radumfang	19000 kg
Länge über Puffer	20060 mm	entsprechende Geschwindigkeit	35 km/h
Gesamtradstand	17000 mm	Höchstzugkraft bei Anfahrt	32000 kg
Fester Radstand	4700 mm	Höchstgeschwindigkeit	65 km/h
Abstand zwischen den Drehzapfen	6320 mm	Gewicht der elektrischen Ausrüstung	53,4 t
Kastenbreite	3100 mm	Gewicht des mechanischen Teiles	77,0 t
Dachhöhe	3806 mm	Dienstgewicht	131 t
Triebraddurchmesser	1350 mm	Adhäsionsgewicht	108,4 t
Laufraddurchmesser	950 mm	Achsdruckverteilung	
Übersetzungsverhältnis	1:4,03		11,3 + 17 + 4 · 18,8 + 16,2 + 11,3 t
Stundenleistung am Radumfang	2700 PS	Stromart	Einphasenwechselstrom
Stundenzugkraft am Radumfang	22000 kg	Fahrdrahtspannung	15000 Volt
entsprechende Geschwindigkeit	33 km/h	Frequenz	$16^2/_3$ Per/s.
Dauerleistung am Radumfang	2500 PS		

1. Mechanischer Teil.

Dieser besteht aus drei Hauptteilen, zwei miteinander kurz gekuppelten Triebgestellen und der darauf sitzenden Brücke mit dem Kasten. Jedes Triebgestell ruht auf drei miteinander gekuppelten Triebachsen, von denen je die mittlere 2×25 mm Seitenspiel besitzt, und einer Bissel-Laufachse mit je 2×83 mm Auslenkung. Die Rückführung der letzteren in ihre Mittellage wird durch Blattfedern bewirkt. Zum Zwecke des Ausgleichs der Achsdrücke sind einerseits die Tragfedern der zweiten und der dritten Triebachse sowie die der ersten Triebachse mit der Laufachsabstützung durch Ausgleichhebel miteinander verbunden.

Die vier Triebmotoren der Lokomotive sind je paarweise zwischen der ersten und zweiten Triebachse im Triebgestellrahmen angeordnet. Die Übertragung des Drehmomentes auf die im Rahmen gelagerte Vorgelegewelle erfolgt mittels beidseitig angeordneter einfacher als Schrägverzahnung ausgebildeter Zahnradübersetzung.

Die durchbohrte Blindwelle ist beiderseits in einem kräftigen, mit dem Rahmen fest verschraubten Stahlgußbock gelagert, welcher zugleich als Radkasten und zur Befestigung der aus geschweißtem Blech zusammengesetzten Zahnradverschalungen dient.

Von der Blindwellenkurbel aus erfolgt die Übertragung nach den je zu dritt gekuppelten Triebrädern je durch eine flache Schrägstange. Es handelt sich also um die auf S. 121ff. ausführlich erläuterte Antriebsform.

Die Lokomotivbrücke ruht auf jedem Triebgestell in einer Drehpfanne und überdies auf federnden, innerhalb des Rahmens zu beiden Seiten des Drehzapfens angeordneten Druckstützen. Die eine Drehpfanne ist im Verbindungsträger des Triebgestelles fest gelagert, während die andere ein beschränktes Spiel in der Längsrichtung gestattet. Der auf der Brücke fest sitzende kurze Lokomotivkasten dient in der Hauptsache zur Aufnahme des Transformators mit den beiden Stufenschaltern, des Ölkühleraggregates und des Hauptschalters, sowie der an beiden Enden angeordneten Führerstände. Jeder Führerstand ist durch eine Seitentüre (rechts in Fahrrichtung) und eine Türe in der Schrägwand (links in Fahrrichtung) zugänglich. Die rechte Längswand (Gangwand) ist als ganzes mit dem Boden und den beiden Führerständen vernietet, während die linke Seitenwand aus zwei einzeln wegnehmbaren Teilen besteht. In der rechten Seitenwand ist ein mittleres Schiebefenster mit zwei darunter angebrachten Jalousien vorhanden.

Die Triebmotoren mit aufgebauten Ventilatorgruppen, sowie die übrige im vorderen Teile der Triebgestelle angeordnete elektrische Ausrüstung sind durch niedrige, vom Gestellrahmen leicht abnehmbare Vorbauten überdeckt.

Sämtliche Triebräder werden einseitig gebremst. Mit Druckluft sind höchstens 80% des gesamten Reibungsgewichtes der Lokomotive abzubremsen; mit der auf nur ein Triebgestell wirkenden Handbremse ca. 90% des halben Reibungsgewichtes. Pro Triebgestell sind vier Sandkasten vorhanden, welche außerhalb des Rahmens befestigt sind und das Sanden der beiden Endkuppelachsen gestatten; in jeder Fahrrichtung werden je die erste und vierte Kuppelachse gesandet.

Die Druckluft für die Betätigung der Bremse und der verschiedenen Apparate wird von einem Motorkompressor in der in Abb. 185 dargestellten Bauart der M. F. O. erzeugt.

2. Elektrische Ausrüstung.

(Tafel XIII und Abb. 426.)

Jeder der beiden Pantographenstromabnehmer von der grundsätzlichen Bauart der Abb. 248 kann bei Bedarf elektrisch durch einpolige vom Lokomotivinnern aus bedienbare einpolige Hochspannungstrennmesser

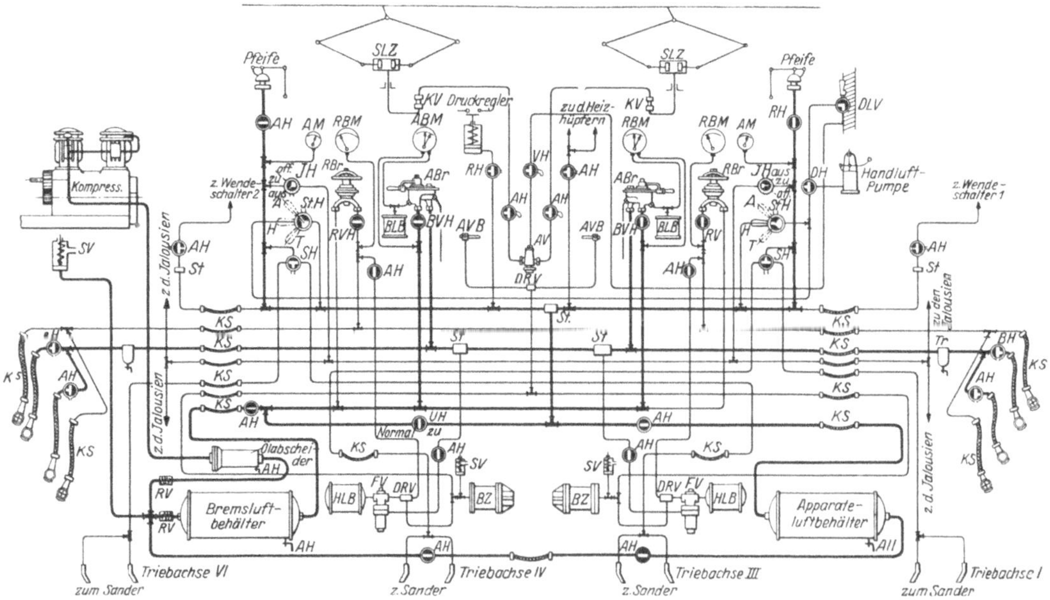

Abb. 426. Luftleitungsplan der 1 C—C 1-Güterzuglokomotive Reihe 14301 der S. B. B.

und pneumatisch mittels Abschlußhahn von der übrigen Leitungsanlage abgetrennt werden. Je ein Kugelventil *KV* (Abb. 426) dient zur Drosselung des Luftaustrittes aus den Stromabnehmerzylindern zwecks Erzielung eines gedämpften und stoßfreien Niederganges des Stromabnehmers. Ferner ist die beiden Stromabnehmern gemeinsame Luftzuleitung mit einem selbsttätigen Ausströmventil *AV* (Abb. 426) versehen, durch welches die Druckluft beim Senken der Stromabnehmer ins Freie geleitet wird, ohne erst die ganze Luftleitungsanlage einschließlich Betätigungshähne der Führerstände durchströmen zu müssen. Dem Ausströmventil ist ein mit Signalpfeife versehener Verriegelungshahn *VH* (Abb. 426) vorgeschaltet, dessen Bedienungsgriff nur in der Verriegelungsstellung abnehmbar ist, d. h. sofern die Stromabnehmerzuleitungen durch den Hahn mit dem Freien verbunden sind, wodurch die allfällig noch hochgehobenen Stromabnehmer gesenkt und außerdem das Bedienungspersonal durch das Geräusch der ausströmenden Luft aufmerksam gemacht und zur Nachkontrolle gemahnt wird. Der genannte Verriegelungsgriff wird verwendet zur Betätigung der nur für stromloses Schalten vorgesehenen Hochspannungstrennmesser und des zum Hauptschalter gehörenden zweipoligen Erdungstrennmessers. Dieses ist derart mit einer mechanischen Verriegelung zum Hauptschalterölkessel gekuppelt, daß letzterer nur herabgelassen werden kann, wenn durch das Erdungstrennmesser beide Schalterpole (Zu- und Ableitung) geerdet sind. Die Wegnahme des Verriegelungsgriffes vom Erdungstrennmesser ist andererseits nur möglich bei hochgehobenem Hauptschalterölkessel und geöffnetem Trennmesser. Der verwendete Hauptschalter entspricht der grundsätzlich identischen Einheitsbauart der S. B. B. und der D. R. G. (siehe Abb. 327), nur erfolgt der Antrieb (Ein- und Ausschalten) hier von beiden Führerständen aus auf mechanischem Wege mittels Gestänge und mit am Lokomotivdach befestigtem Antriebsapparat. Dieser überträgt die hin- und hergehende Gestängebewegung auf das Antriebszahnrad des Schalters und enthält die übliche Freilaufkupplung nebst einer Auslösespule und zugehöriger Kontaktvorrichtung für die elektrische Auslösung des Schalters von den verschiedenen Relais aus. Die sonst auf den S. B. B.-Fahrzeugen und auch andernorts bei elektromotorischem bzw. elektropneumatischem Hauptschalterfernantrieb vorhandene mechanische Notauslösung wurde hier entbehrlich.

Im Zusammenhang mit der S. B. B.-Einheitsausführung des Hauptstromauslösesystems gelangte hier erstmals das von der M. F. O. geschaffene und inzwischen ebenfalls vereinheitlichte einfache Maximalstromzeitrelais des Hauptstromauslösekreises mit stromunabhängiger Zeiteinstellung zur Anwendung (Abb. 427). Wie auf S. 311 ausführlich erläutert wurde, wirkt die Auslösung des Hauptschalters derart, daß sämtliche von der Sekundärseite des Stufentransformators herrührenden Kurzschlüsse oder Fehlströme mittels Maximalstrommomentanrelais der Triebmotoren- und Zugheizungsstromkreise durch den Hauptschalter unterbrochen werden.

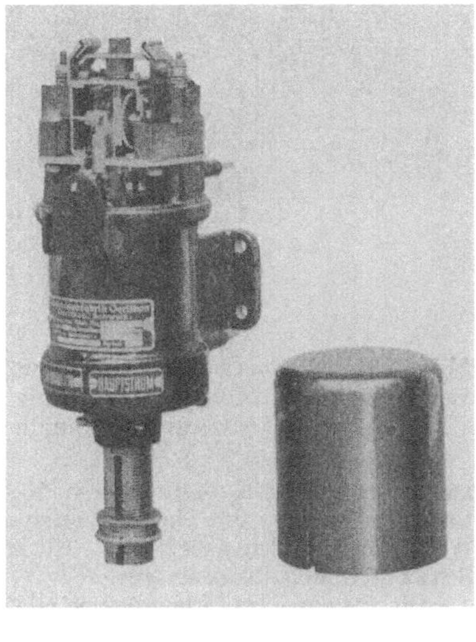

Abb. 427. Hauptstromzeitrelais mit abgenommener Schutzhaube. (M. F. O.)

Dagegen wird aus Sicherheitsgründen das Maximalstromzeitrelais des Hauptstromauslösekreises bei primärseitigen Kurzschlüssen ab ca. 2500 Amp Spitzenwert durch ein Blockierrelais unwirksam gemacht, und damit die Unterbrechung des Kurzschlusses nach dem nächst gelegenen Speisepunkt- oder Unterwerksschalter zu verlegt. Das Blockierrelais ist so gebaut, daß dessen Kontaktvorrichtung bei der angegebenen Ansprechstromstärke von ca. 2500 Amp primär bereits den Auslösekreis des ungedämpften Nullspannungsrelais unterbrochen hat, bevor dieses infolge des durch den Kurzschluß bewirkten Spannungsabfalles hat ansprechen können. Der Kern des Nullspannungsrelais wird bei einer Spannung von ca. 70% des Normalwertes angezogen und damit der Auslösekreis unterbrochen, während das Abfallen des Kernes und Schließen des Auslösekreises bei ca. 60% der normalen Spannung erfolgt.

Der als Kerntype mit liegendem Eisenkörper und Scheibenwicklung ausgeführte Stufentransformator besitzt künstliche Kühlung mittels Ölkreislaufpumpe mit separatem Kühler. Hochspannungs- und Zugheizungswicklung sind in Sparschaltung miteinander verbunden, während die Niederspannungswicklung getrennt in Plus-Minus-Schaltung mit geerdetem Mittelpunkt angeordnet ist.

Die Abschlußschieber für den Abfluß des warmen und den Zufluß des gekühlten Öles befinden sich beide unten am Transformatorkessel in gleicher Höhe. Der erstere ist mit einem im Innern des Kessels vorhandenen Steigrohr verbunden und der letztere mit einem mit vielen Löchern versehenen Verteilrohr.

Der betriebsfertige Transformator hat ein Gewicht von rd. 11,5 t. Die Transformatorkühlgruppe besteht aus einem Einphasenmotor von 16 kW (22 PS) Dauerleistung bei 220 Volt Klemmenspannung und rd. 2000 Uml./min, einem Ventilator für eine Fördermenge von rd. 165 m^3/min bei einem Druck von rd. 230 mm W.-S. zur Lieferung der vom direkt angebauten Ölkühler benötigten Luft, sowie einer Zentrifugalölpumpe von rd. 2,6 kW (3,5 PS) Kraftbedarf zur Förderung von rd. 350 l Öl pro Minute.

Die Pumpe ist unmittelbar mit einem zur Speisung der Beleuchtungs- und Steuerstromkreise dienenden Gleichstromgenerator zusammengebaut, der von dem Motor der Kühlgruppe mit angetrieben wird.

Der zylinderförmige Ölkühler enthält eine größere Anzahl glatter Röhren, durch welche die vom Ventilator aus dem Fahrzeuginnern angesaugte Luft streicht und damit das um die Röhren geleitete Öl kühlt.

Die Steuerung der beiden zur Geschwindigkeitsregelung der Triebmotoren dienenden Stufenschalter (Abb. 428) ist eine kombinierte elektromechanische, die so eingerichtet ist, daß die Stufenschalter nach Wahl des Führers entweder elektrisch oder von Hand betätigt werden können. Der Antrieb besteht aus einem für beide Stufenschalter gemeinsamen Gleichstromreihenschlußmotor mit teilweiser Fremderregung, dessen Drehmoment auf die Nockenwellen der Stufenschalter übertragen wird mittels Verbindungswellen, Zahn- und Kettenrädern, welche auch bei Handbetrieb benützt werden, und die gleichzeitig für die mechanische Rückmeldung der Stufenschalterstellungen in den Steuerkontrollern dienen. Beim Übergang von der einen zur nächstfolgenden Stufe schaltet abwechslungsweise nur der eine oder andere Stufenschalter. Jeder Stufenschalter besitzt 12 Stufen, woraus sich bei der gewählten wechselweisen Betätigung der elektrisch in Reihe geschalteten Stufenschalter insgesamt 23 Fahrstufen und eine Vorstufe ergeben. Auf der Vorstufe wird nur der eine Stufenschalter an die entsprechende Transformatorstufe gelegt, es sind daher die Triebmotoren zunächst noch stromlos, da der Stromkreis erst nach Einschaltung des zweiten Stufenschalters geschlossen ist.

In weiterer Verfolgung der Triebmotorenstromkreise gelangt man von den Stufenschaltern zu den bereits kurz erwähnten Überschaltdrosselspulen, ferner zu den Wendeschaltern und schließlich zu den Triebmotoren.

Abb. 428. Stufenschalter (Nockenkontroller) mit aufgeklapptem Kamin der rechtseitigen Funkenlöschvorrichtung mit aufgesetztem Steckschlüssel für direkte Handbetätigung. (M. F. O.)

Die Überschaltdrosselspulen sind zweischenklig, für liegende Montage und natürliche Luftkühlung gebaut und besitzen Scheibenwicklung. Ihre Schaltung ist aus Tafel XIII ersichtlich. Da die Lokomotiven für elektrische Nutzbremsung nach der Schaltung der Maschinenfabrik Oerlikon (Abb. 353) eingerichtet sind, besitzen die beiden Wendeschalter die zur Umschaltung auf Bremsbetrieb notwendigen Stellungen und Kontakte. Der Antrieb erfolgt elektropneumatisch mittels je 3 Steuerventilen und einem unmittelbar an die Schaltwalze angebauten Luftmotor mit Differentialkolben. Die Wendeschalter können auch direkt mittels Handgriff bedient und in Bedarfsfällen in deren Nullstellung gebracht und verriegelt werden, womit die betreffende Triebmotorengruppe außer Tätigkeit gesetzt wird.

Die Triebmotoren sind Einphasenreihenschlußmotoren normaler Bauart. Je zwei zu einem Drehgestell gehörige Motoren jedes Drehgestelles werden durch einen unmittelbar auf die Ventilationsöffnungen der Gehäuse aufgesetzten Ventilator gekühlt, dessen Antriebsmotor mit Ausnahme der Welle genau gleich ausgeführt ist wie die Antriebsmotoren der vereinheitlichten Kolbenkompressoren der Schweizerischen Bundesbahnen.

Die aus einer Umformergruppe mit parallelgeschalteter Batterie versorgten Hilfsstromkreise für Steuerung und Beleuchtung, die Meß- und Auslösestromkreise und der Heizstromkreis bieten nichts Bemerkenswertes. Ihre Schaltung ist unmittelbar aus Tafel XIII ersichtlich.

VIII. 1 C_0—C_0 1-Güterzuglokomotive Reihe 201 der Berner Alpenbahngesellschaft Bern-Lötschberg-Simplon.

Bauanstalt für die elektrische Ausrüstung:
S. A. des Ateliers de Sécheron, Genève.

Bauanstalt für den mechanischen Teil:
Società Italiana Ernesto Breda per Costruzioni Meccaniche, Mailand.

Diese um die Mitte 1926 in Dienst gestellte Lokomotivtype fördert auf der Lötschbergstrecke mit 27‰ Steigung Züge von 550 t Gewicht (Anhängelast) mit 50 km/h.

Abb. 429. 1 C_0—C_0 1-Schnellzuglokomotive Reihe 201 der Berner Alpenbahngesellschaft Bern-Lötschberg-Simplon.

Die wichtigsten Daten der Lokomotive, die Tafel XIV im Schnitt und Abb. 429 in der Ansicht zeigt, enthält die nachstehende Zusammenstellung:

Spurweite	1435 mm	Dauerleistung am Radumfang	3700 PS
Länge über Puffer	20260 mm	Dauerzugkraft am Radumfang	20000 kg
Gesamtradstand	16800 mm	entsprechende Geschwindigkeit	50 km/h
Fester Radstand	4100 mm	Höchstgeschwindigkeit	75 km/h
Abstand zwischen den Drehzapfen	9200 mm	Höchstzugkraft bei Anfahrt	34000 kg
Kastenbreite	3000 mm	Gewicht der elektrischen Ausrüstung	64 t
Dachhöhle	3780 mm	Gewicht des mechanischen Teiles	77 t
Triebraddurchmesser	1350 mm	Dienstgewicht	141,6 t
Laufraddurchmesser	960 mm	Adhäsionsgewicht	114,6 t
Übersetzungsverhältnis	1:5,866	Stromart	Einphasenwechselstrom
Stundenleistung am Radumfang	4500 PS	Fahrdrahtspannung	15000 Volt
Stundenzugkraft am Radumfang	24300 kg	Frequenz	16⅔ Per/s.
entsprechende Geschwindigkeit	50 km/h		

1. Mechanischer Teil.

Die Lokomotive setzt sich aus zwei kurzgekuppelten Drehgestellen und dem auf denselben mittels Brücke aufgesetzten Kasten zusammen (Abb. 430). Jedes Drehgestell besteht aus drei Triebachsen und einer Bisselachse. Jede Triebachse wird durch einen Doppelmotor angetrieben, in dessen Gehäuse eine Hohlwelle gelagert ist, von der aus das Drehmoment auf die Triebräder durch die Federkupplung der Bauart Sécheron (siehe Abb. 121) übertragen wird. Die Doppelmotoren sind derart auf Stahlbarren montiert, daß sie nach dem Lösen der Verschraubung durch Verschieben der letzteren in der Richtung gegen die Hohlwelle nach unten ausgebaut werden können. Bei abgehobenem Kasten können die Motoren auch nach oben ausgebaut werden. Die beiden Drehgestelle sind mit einer gefederten Kurzkupplung gekuppelt. Ein gelenkiges Quergestänge erzwingt die gute Einstellung der Drehgestelle in den Kurven.

Abb. 430. Drehgestelle und abgehobener Kasten der 1 C_0—C_0 1-Güterzuglokomotive Reihe 201 der Berner Alpenbahngesellschaft Bern-Lötschberg-Simplon.

Die als ⊔⊓⊔-Träger mit kräftigen Querbalken ausgebildete Brücke, die ihrerseits den Kasten trägt, ruht in zwei Drehzapfenlagern auf den Drehgestellen. Das eine Drehzapfenlager ist feststehend, während das andere ein Längsspiel in der Lokomotivachse aufweist.

Eine Rollenabstützung des Kastens zwischen der Bisselachse und der benachbarten Drehachse dient zur richtigen Lastverteilung auf die Räder.

An mechanischen Bremsen sind vorhanden:

a) eine Handbremse mit Bremsspindeln in jedem Führerstand, von denen jede die Bremsklötze des zugehörigen Drehgestelles betätigt.

b) die automatische Westinghouse- und Regulierbremse, bemessen für 90% des Reibungsgewichtes. Es werden nur die Triebachsen gebremst und zwar jede durch 4 Bremsklötze.

Die pneumatische Sandstreuvorrichtung wirkt beidseitig auf jedes Triebrad.

2. Elektrische Ausrüstung.

(Tafel XV.)

Die hier verwendeten Bügelstromabnehmer sind durch die Verwendung von nur zwei Zugfedern gekennzeichnet, welche ebenso wie der Luftzylinder gegen Witterungseinflüsse durch eine Blechhaube geschützt sind. In der Zuleitung von den beiden Stromabnehmern zum Ölschalter sind zwei vom Lokomotivinnern aus bedienbare Trennmesser eingebaut. Der im Dach eingebaute Ölschalter ist mit elektro-pneumatischer Fernsteuerung und Handnotauslösung von den Führerständen aus und mit Handeinschaltung am Apparat selbst versehen.

Der Hochspannungstransformator ist in Sparschaltung mit 12 niederspannungsseitigen Anzapfungen gebaut. In den Kastendeckel sind in das Ölbad eintauchende Stahlröhren eingewalzt, durch die zur Ölkühlung Luft getrieben wird. Dieses System bietet den Vorteil, daß die Ölpumpe, sowie alle Rohrdichtungen, welche praktisch nie vollständig für heißes Öl gedichtet werden können, in Wegfall kommen.

Die **Steuerung** der sechs Triebmotoren erfolgt durch 24 pneumatisch betätigte Schützen, die derart zu einer konstruktiven Einheit zusammengebaut sind, daß die einzelnen Ventile unmittelbar durch eine von den Führerständen aus unter Zwischenschaltung von Übersetzungen betätigte Nockenwelle umgestellt werden können (Abb. 431). Diese samt dem mechanischen Verriegelungssystem bereits auf S. 257 beschriebene und in Abb. 283 grundsätzlich dargestellte mechanisch-pneumatische Steuerung verbindet die Vorzüge der elektropneumatischen Einzelschaltersteuerung, wie: große Kontaktdrücke, große Schaltgeschwindigkeiten, Unabhängigkeit der Schaltgeschwindigkeit von der Bewegung des Führerschalters, geringe Schaltkräfte und Schaltwege des Führerschalters, mit dem Vorteil der reinen Handsteuerung, wie: übersichtliche Anordnung, leichte Kontrolle, Wegfall von Verriegelungskontakten und von Kontaktanschlüssen.

Da der Ventilhub sehr klein ist, erfolgt die Betätigung der Ventile durch die Nocken unter einem sehr kleinen Drehwinkel der Nockenwelle. Dadurch ist es für den Führer praktisch unmöglich, die Einzelschalter in einer Zwischenstellung zu halten, d. h. die Einzelschalterkontakte sind entweder ganz geschlossen oder ganz geöffnet und der volle Kontaktdruck sowie die normale Schaltgeschwindigkeit ist unabhängig von der Geschwindigkeit der Betätigung des Handantriebes durch den Führer gewährleistet.

Die Übersetzung des Handantriebes ist so gewählt, daß der Führer pro Schaltstufe das Handrad um 90^0 drehen muß.

Das Ausschalten der Triebmotoren in irgendeiner Schaltstellung erfolgt durch eine Druckknopfauslösung auf dem Führerstand, welche das plötzliche und gleichzeitige Ausschalten der momentan geschlossenen Einzelschalter bewirkt. Durch den Druckknopf wird ein Magnetventil geöffnet, welches aus einem Zylinder, der entgegen einer Federwirkung die Nockenwelle in der Ventilebene hält, die Luft ausströmen läßt, wodurch unter der Wirkung der genannten Feder die Nockenscheiben aus der Wirkungsebene der Ventile gedrückt werden.

Abb. 431. Mechanisch-pneumatische Steuerung von Einzelschaltern (Schützen). (S. A. A. S.)

Nach der Rückführung der Nockenwelle in die Nullstellung durch den Führer schließt sich das Magnetventil selbsttätig wieder, d. h. der Druckzylinder wird an die Druckluft gelegt und bringt die Nockenscheiben wieder in die Wirkungsebene der Ventile.

Im Handantrieb ist eine Druckkupplung eingeschaltet, welche eine Überlastung der Übertragungsorgane durch den Führer beim Ansprechen der Einzelschalterverriegelung verhindert. Das Ausrücken dieser Kupplung löst gleichzeitig den Hochspannungsölschalter aus.

Zur Verminderung der Reibung in den Übertragungselementen von den Führerständen bis zu den Einzelschaltern wird durch Umkuppeln diejenige Antriebsseite, welche nach dem unbesetzten Führerstande geht, außer Wirkung gesetzt. Diese Umkupplung erfolgt pneumatisch und selbsttätig von den Führerständen aus durch den Stromabnehmergriff, der gleichzeitig den ganzen Fahrschalter verriegelt.

Die Einzelschalter sind von gleicher Bauart wie die elektropneumatisch betätigten Schützen. In den normalen Schaltstellungen sind vier Einzelschalter gleichzeitig eingeschaltet, so daß ein Einzelschalter nur ¼ des Gesamtstromes führt.

Die Fahrtwender sind in zwei Gruppen von je 3 Apparaten angeordnet. Jeder Apparat ist für einen Doppelmotor gebaut und für die vier Stellungen: Vorwärts, Null, Bremse, Rückwärts, vorgesehen. Der Antrieb erfolgt für je 3 Fahrtwender pro Drehgestell gemeinsam durch einen im Fahrtwendergestell montierten elektropneumatischen Servomotor. Durch einen einfachen Handgriff kann jeder Doppelmotor durch seinen Fahrtwender in der Nullstellung des Antriebes abgeschaltet und mechanisch verriegelt werden.

Die **Triebmotoren** sind als Zwillingsmotoren gebaut, bestehend aus je zwei 6poligen dauernd in Reihe geschalteten Reihenschlußmotoren, in deren gemeinsamem Gehäuse die die zugehörige Triebachse mit Spiel umgebende Hohlachse gelagert ist.

Die Lokomotive ist mit elektrischer Widerstandsbremsung für das Lokomotivgewicht eingerichtet. Die Bremsschaltung ist derart, daß die Motoren von der Fahrleitung her fremderregt werden, wobei die Erregerspannung durch die normalen Einzelschalter reguliert wird. Es sind im ganzen 13 Bremsstufen vorhanden. Die also als fremderregte Wechselstromkollektor-Generatoren arbeitenden Triebmotoren geben ihren Strom auf gußeiserne Widerstände ab, welche in einem Schacht oberhalb des Luftkanals über dem Drehgestell *II* angeordnet sind. In diesen Schächten sind gleichzeitig auch die Hilfspol-Shuntwiderstände untergebracht.

In der Bremsstellung der Fahrtwender wird selbsttätig durch einen Schieberost, welcher vom Fahrtwenderantrieb mechanisch betätigt wird, Kühlluft aus dem Ventilationskanal in den Widerstandsschacht gelassen. Der Übergang von Motorfahrt in Bremsfahrt erfolgt durch Rückstellung des Einzelschalterhandantriebes in die Nullstellung, Umstellung der Fahrtwenderkurbel in die Bremsstellung und erneutes Zuschalten der Einzelschalter, bis durch geeignete Erregung der gewünschte Bremseffekt an den Amperemetern der Triebmotoren abgelesen werden kann.

Um das Umstellen der Fahrtwender von Vorwärts auf Rückwärts während der Fahrt zu verhindern, werden die Betätigungsstromkreise des Fahrtwenderantriebes über die Kontakte einer vom Tachometerantrieb angetriebenen Ölpumpe geführt. Die Wirkung dieser Ölpumpe auf die Kontaktvorrichtung ist derart, daß die Fahrtwender nur im Stillstand der Ölpumpe, d. h. auch des Fahrzeuges betätigt werden können.

Im Lokomotivkasten ist über jedem Drehgestell eine Ventilatorgruppe angeordnet. Der Antrieb dieser Ventilatoren erfolgt durch beidseitig des Ventilatorgehäuses angeordnete, an 220 Volt angeschlossene Reihenschlußmotoren. Diese Anordnung ergibt die Möglichkeit des Anlassens in Serie-Parallelschaltung bzw. des Betriebes der Ventilatoren mit ca. halber und voller Drehzahl. Die eine Ventilatorgruppe gibt die Luft in einen Luftkanal ab, an welchen die drei Triebmotoren des Drehgestelles *I* mittels Faltenbälgen und das halbe Kühlsystem des Transformators angeschlossen sind. Das gleiche ist der Fall für die andere Ventilatorgruppe über dem Drehgestell *II* mit dem Zusatz der Luftentnahme für die Kühlung der Bremswiderstände bei Bremsfahrt.

Die Druckluftanlage besteht aus zwei Kolbenkompressoren für eine Leistung von ca. je 1500 l/min zur Versorgung der Westinghouse-Bremsen und für die pneumatische Steuerung der Apparatur und der Stromabnehmer. Die Steuerung der Kompressorgruppe erfolgt entweder selbsttätig durch den Druckregler oder durch direktes Einschalten von den Führerständen aus.

Eine Umformergruppe liefert Gleichstrom von 36 Volt für die Beleuchtung und die Steuerung. Zur Gleichstrommaschine parallel ist eine Akkumulatorenbatterie geschaltet.

Die Lokomotive ist für direkte Zugheizung nach dem Einheitssystem ausgerüstet. Zwei elektropneumatische Heizhüpfer ermöglichen das wahlweise Einschalten des Heizstromes von 1000 oder 800 Volt von den Führerständen aus.

Die Steuerungsfunktionen sind in jedem Führerstand in einem Meisterkontroller (Abb. 431 links) zusammengefaßt, welcher das Handrad für die Motorensteuerung, sowie die Hebel für die Steuerung der Pantographenstromabnehmer, der Fahrtwender und des Hochspannungsschalters aufweist. Desgleichen trägt die Kontrollerplatte 1 Voltmeter für die Fahrdrahtspannung, 1 Amperemeter für den Primärstrom des Transformators und 6 Amperemeter für die 6 parallelgeschalteten Zwillings-Triebmotoren.

Der Hochspannungsstromkreis ist durch ein direkt auf den Hochspannungsschalter wirkendes, auf einer Klemme desselben montiertes Maximalstromrelais gesichert. Jeder Triebmotorstromkreis ist durch ein Maximalstromrelais geschützt. Direkt wirkende Maximalstromrelais verhindern während der Widerstandsbremsung ein allzu großes Ansteigen der Bremsströme. Sämtliche Relais einschließlich des an die 220 Volt Stufe des Haupttransformators angeschlossenen Nullspannungsrelais wirken beim Ansprechen direkt auf die Auslösespule des Hochspannungsschalters. Ein über einen Stromwandler in der Zugheizungsleitung angeschlossenes Maximalstromrelais löst bei Übertrsom oder Kurzschluß den Hochspannungsschalter aus. Die Relais sind mit einem Klappensystem derart kombiniert, daß nach jeder Störung sofort festgestellt werden kann, welches Relais angesprochen hat bzw. in welchem Stromkreis die Störung aufgetreten ist.

IX. 2 D_0 1-Schnellzuglokomotive Reihe 10901 der Schweizerischen Bundesbahnen.

Bauanstalt für die elektrische Ausrüstung:

A. G. Brown, Boveri & Cie., Baden (Schweiz).

Bauanstalt für den mechanischen Teil:

Schweizerische Lokomotiv- und Maschinenfabrik Winterthur.

Diese zu Anfang 1927 in Dienst gestellte Schnellzuglokomotive vermag eine Anhängezuglast von 600 t auf $2^0/_{00}$ Steigung mit einer Geschwindigkeit von 90 km/h und auf $12^0/_{00}$ Steigung mit einer Geschwindigkeit von 65 km/h zu fördern. Abb. 432 zeigt die Lokomotive in der Ansicht und Tafel XVI im Schnitt. Die wichtigsten Daten der Lokomotive enthält die nachstehende Zusammenstellung:

Spurweite	1435 mm	Dauerleistung am Radumfang	2470 PS
Länge über Puffer	16700 mm	Dauerzugkraft am Radumfang	10000 kg
Gesamtradstand	12650 mm	entsprechende Geschwindigkeit	66 km/h
Fester Radstand	5860 mm	Höchstzugkraft bei Anfahrt	20000 kg
Kastenbreite	2950 mm	Höchstgeschwindigkeit	100 km/h
Dachhöhe	3800 mm	Gewicht der elektrischen Ausrüstung	54 t
Triebraddurchmesser	1610 mm	Gewicht des mechanischen Teils	63,5 t
Laufraddurchmesser	950 mm	Dienstgewicht	117,5 t
Übersetzungsverhältnis	1:2,57	Adhäsionsgewicht	80 t
Stundenleistung am Radumfang	2800 PS	Stromart	Einphasenwechselstrom
Stundenzugkraft am Radumfang	11600 kg	Fahrdrahtspannung	15000 Volt
entsprechende Geschwindigkeit	65 km/h	Frequenz	16⅔ Per/s.

1. Mechanischer Teil.

Der Lokomotivrahmen üblicher Ausführung wird von vier Trieb- und drei Laufachsen getragen. Die ersteren werden von den unmittelbar darüber gebauten Triebmotoren einseitig durch den Einzelachsantrieb System Brown Boveri (J. Buchli) angetrieben, dessen große, die einzelnen Organe des Antriebes enthaltenden Zahnräder in einem durchgehenden mit dem Lokomotivrahmen fest verschraubten Stahlgußhilfsrahmen gelagert sind (siehe Fußnote[2]) auf S. 110). Auf eine nähere Beschreibung des Antriebes kann unter Hinweis auf die Ausführungen auf S. 109 ff. und die Abb. 130 und 131 verzichtet werden.

Zwei Laufradachsen sind auf der einen dem Transformator zugeordneten Seite zu einem amerikanischen Drehgestell üblicher Bauart vereinigt (siehe Abb. 72), während die dritte Laufachse am anderen Lokomotivende mit der benachbarten Triebachse zu einem Drehgestell mit hinter derselben angeordnetem Drehzapfen in der Bauart Brown Boveri (J. Buchli) vereinigt ist, und zwar in der von Weiß modifizierten Bauart (siehe Abb. 70), bei der die Laufachse durch Ausbildung als Adamsachse für sich noch radial einstellbar ist.

Abb. 432. 2 D_0 1-Schnellzuglokomotive Reihe 10901 der Schweizerischen Bundesbahnen.

Von den vier Triebachsen besitzen die zwei inneren Seitenspiel, daher der vergleichsweise große feste Radstand von 5860 mm. Auf dem Rahmen baut sich der Lokomotivkasten auf, der an den beiden Enden die Führerstandskabinen und in der Mitte den eigentlichen Maschinenraum enthält. Letzterere enthält nur einen Bedienungsgang auf der den Antrieben entsprechenden Seite. Zum Ausgleich der Gewichte derselben ist die ganze elektrische Apparatur mehr gegen die gegenüberliegende bedienungsganglose Kastenseite verlegt, die aus diesem Grunde keine Fenster enthält und von außen durch Klappen zugänglich ist.

Die Anordnung der Bremse und des Bremsgestänges geht aus Abb. 182 hervor. Die Kompressoren zur Drucklufterzeugung sind teils Kolbenkompressoren in der Bauart nach Abb. 185 teils Zellengebläse gemäß Abb. 190.

2. Elektrische Ausrüstung.

(Tafel XVII.)

Der Stromabnehmer entspricht der Bauart gemäß Abb. 255, der Hauptölschalter der Einheitsbauart, den Abb. 327 in der etwas abgeänderten Reichsbahnbauart zeigte. Neu ist der Fortfall des eingebauten Schutzwiderstandes und die Vereinigung des das Maximalrelais des Hochspannungsstromkreises speisenden Stromwandlers mit dem Durchführungsisolator.

Den interessantesten Teil der elektrischen Ausrüstung bildet hier die Steuerung, von deren Apparatur für die vier parallelgeschalteten Motoren von 2960 PS Stundenleistung Ströme von 6000 Amp zu meistern sind. Um die Zahl der für diese hohen Ströme zu bemessenden Ausführungen aus dem Haupttransformator möglichst klein zu halten, werden hier die durch diese gebildeten sieben Spannungsintervalle durch einen additiv und subtraktiv schaltbaren Zusatztransformator in drei Teile geteilt und damit die Zahl der Schaltstufen auf 21 erhöht. Die 7 Hauptstufen werden durch einen Stufenschalter mit gestreckter Kontaktbahn bedient, während die Zu- und Gegenschaltung des Zusatztransformators durch einen mit dem Stufenschalter und seinen Funkenschaltern *13a* und Dämpfungswiderständen zusammengebauten und mit diesem durch einen Einzahnantrieb gekuppelten Nockenkontroller *13c* ausgeführt wird. Abb. 349 zeigte schematisch den Aufbau des hier verwendeten Steuerorgans.

Der Antrieb des Stufenschalters (siehe Tafel XVII) erfolgt auf Seite der Schaltergruppe *13c* durch einen 36 Volt Gleichstromreihenschlußmotor, der mit der zugehörigen Rutschkupplung, den Übertragungsrädern, Sperrmagnet und Sperrmagnetschalter ein in sich geschlossenes Aggregat bildet. Gegenüber der in Abb. 287 und 288 dargestellten Art des Stufenschalterantriebes besteht der Unterschied, daß der Rückmeldeschalter, der den Strom zum Stufenschalterantriebsmotor zeitgerecht unterbricht, in den Führerstandssteuerkontroller selbst verlegt wurde.

Der Steuerungsvorgang vollzieht sich folgendermaßen: Wird das Handrad *150a* des Steuerkontrollers z. B. auf Stufe *3* gebracht, so gelangt der Steuerstrom über Leitung *43* nach dem Fernschalter für Wendeschalter *140*, von hier einerseits über den lose auf der Hohlwelle des Steuerkontrollers gelagerten Einschaltkontakt *150e* und die Leitung *44* nach der Spule zum Sperrmagnet für Stufenschalter *162* und der Erdleitung *50*. Andererseits fließt der Steuerstrom vom Fernschalter *140* über den ebenfalls auf der Steuerkontrollerhohlwelle gelagerten, in Stellung *E* befindlichen Umschaltkontakt *150d* und Leitung *45* nach der Erregerwicklung für Vorwärtsgang des Stufenschaltermotors und über den Einschaltkontakt der Sperrklinke ebenfalls nach der Erdleitung *50*. Die Folge ist, daß der Sperrmagnet die Sperrklinke anzieht und den mit der Klinke verbundenen Einschaltkontakt schließt. Da gleichzeitig die Wicklung für Vorwärtsgang des Steuermotors über Leitung *45* Strom erhält, so läuft der Steuermotor an und setzt den Stufenschalter in Bewegung.

Abb. 433. Führerstand der 2 D_0 1-Schnellzuglokomotive Reihe 10901 der Schweizerischen Bundesbahnen.

1 Regulierbremsventil, *2* Führerbremsventil für automatische Bremse, *3* Handbremse, *4* Auslöseventil, *5* Abschlußhahn R. V. zum Regulierventil, *6* Abschlußhahn B. V. zum Führerbremsventil, *7* Signalpfeife, *8* Absperrhahn zur Signalpfeife, *9* Drahtzug zur Signalpfeife, *10* Sandstreuhahn, *11* Manometer für Regulierbremse, *12* Manometer für automatische Bremse, *13* Geschwindigkeitsmesser, *14* Fensterwischer, *15* Fahrplanhalter, *16* Werkzeugkasten, *17* Sandkasten, *18* Schmierung für Laufachse, *19* Handrad zum Steuerkontroller, *20* Fernschalter für Wendeschalter, *21* Wellenende für Handrad zum Notantrieb des Stufenschalters, *22* Voltmeter für Hochspannung, *23* Amperemeter für Hochspannung, *24* 4 Amperemeter für Triebmotoren, *25* Stromabnehmerventil, *26* Fernschalter für Hauptschalter, *27* Schalter für Ventilator- und Ölpumpen-Aggregat, *28* Kompressorschalter, *29* Fernschalter für Heizhüpfer, *30* Mechanische Notauslösung für Hochspannungsschalter, *31* Einschalthebel zum Hochspannungsschalter (Notantrieb), *32* Wellenende zum Notantrieb des Wendeschalters, *33* Führerstand- und Instrumentenlampe, *34* Führerstandsschalttafel für Beleuchtung und Heizung, *35* Fußwärmeplatte mit darüber liegendem Holzrost.

Die Hohlwelle des Steuerkontrollers ist über ein Differentialgetriebe mechanisch mit dem Stufenschalter verbunden, und zwar so, daß die vom Stufenschalter auf die Steuerkontrollerhohlwelle übertragene Bewegung der Schaltbewegung des Steuerkontrollerhandrades entgegengerichtet ist.

Da beim Aufschalten das Handrad des Steuerkontrollers nur kurzzeitig auf Stufe *1* und *2* belassen wird, kommt der auf der Blindwelle des Steuerkontrollers entgegen der Aufschaltrichtung drehende Rollenhebel nicht zum Eingriff; der vom Rollenhebel angetriebene Einschaltkontakt zum Sperrmagnet *150e* bleibt daher geschlossen. Erst wenn das Handrad in der gewünschten Stellung *3* belassen wird, kommt der entgegen der Aufschaltrichtung drehende Rollenhebel zum Eingriff und unterbricht den Einschaltkontakt für den Sperrmagnet, dessen Spule stromlos wird. Der Steuermotor bleibt aber noch unter Strom, bis die Klinke des Sperrades einfällt, sobald die Lücke die höchste Stellung erreicht hat. Durch das Einfallen der Klinke unterbricht deren Schaltkontakt den Stromkreis zum Steuermotor; der noch stromlos sich drehende Anker wird durch seine Rutschkupplung abgebremst, während der Stufenschalter bereits durch die Sperrmagnetscheibe in der gewünschten Stufe blockiert wird.

Wird das Steuerhandrad auf höhere Fahrstufen, z. B. auf Stufe *10* weitergedreht, so dreht sich der vom Stufenschalter entgegengesetzt der Aufschaltrichtung angetriebene Rollenhebel frei und kommt erst, kurz bevor der Stufenschalter die Stellung *10* erreicht hat, zum Eingriff, wodurch wieder der Einschaltkontakt zum Sperrmagnet unterbrochen und der Motor zum Stillstand gebracht wird.

In ähnlicher Weise vollzieht sich der Schaltvorgang, wenn das Handrad des Steuerkontrollers von einer höheren auf eine tiefere Stufe zurückgedreht wird, z. B. von der 3. auf die 2. Stufe. Durch Drehen des Handrades nach Stellung *2* wird der Einschaltkontakt für den Sperrmagnet geschlossen, mit ihm aber auch der als Schleppschalter ausgebildete Umschaltkontakt für Stufenschaltermotor *150d* in Stellung *A* gebracht. Dadurch erhält nun die Erregerwicklung für Rückwärtsgang des Steuermotors Strom, so daß der Stufenschalter in rücklaufende Bewegung versetzt wird. Sobald der Stufenschalter Stufe *2* erreicht hat, wird der Steuermotorstrom genau wie oben beschrieben durch den vom Stufenschalter mechanisch angetriebenen Einschaltkontakt unterbrochen und der Stufenschalter bleibt in Stellung *2* blockiert.

In einfacher Weise ist ferner der auf der Kontrollerplatte angeordnete Stellungszeiger mit der mechanischen Rückmeldung des Stufenschalters in Verbindung gebracht.

Die hier angewendete Schnellabschaltung der Triebmotoren (Notabschaltung) wird ähnlich wie bei Anordnung nach Abb. 334 durch die Funkenschalter *13a* bewerkstelligt.

Der Haupttransformator ist als Kerntype mit Scheibenwicklung und liegend angeordneten Säulen ausgebildet. Zur Kühlung wird das Öl durch eine Pumpe durch einen auf der Nichtantriebsseite unterhalb des Kastenbodens angebrachten Röhrenkühler gedrückt, der unter Einfluß des bei Fahrt entstehenden Luftstromes steht. Ein besonderer Ventilator fehlt.

Der für eine Leistung von 118 kVA bemessene Zusatztransformator mit glattem Kessel, dessen Kühlfläche durch beidseitig angebrachte Kühltaschen vergrößert wird, ist primär an die volle Unterspannungswicklung angeschlossen, sekundär mit dieser in Reihe geschaltet.

Die Triebmotoren sind 16polige Reihenschlußmotoren, die sich von Motoren üblicher Bauart durch das Fehlen der verteilten Kompensationswicklung unterscheiden (siehe S. 320). Jeder Triebmotor ist unmittelbar mit seinem Fahrtwendeschalter zusammengebaut. Die vier Fahrtwendeschalter sind durch kurze Stangen mit einer durchgehenden von einem zweizylindrigen Luftmotor angetriebenen Welle verbunden, dessen Ventile von den beiden Führerständen aus elektromagnetisch gesteuert werden. Daneben ist unmittelbare Betätigung der durchgehenden Welle möglich.

An der 220-Volt-Klemme des Stufentransformators sind die verschiedenen Hilfsbetriebe, speziell die Ventilatormotoren und die Heizeinrichtung für die Lokomotive angeschlossen. Von den beiden Ventilatormotoren treibt der eine die Ventilatoren für die Triebmotorkühlung, der andere neben 2 Triebmotorventilatoren die Ölzirkulationspumpe und den Gleichstromgenerator für den 36-Volt-Steuerstromkreis. Es war üblich, den Gleichstromgenerator von einem kleinen Einphasenasynchronmotor anzutreiben. Da nun der Generator mit dem Ventilatoraggregat direkt gekuppelt wird, fällt der Asynchronmotor mit seinem nicht gerade einfachen Anlaßapparat weg. Die Einphasenmotoren sind je für eine Dauerleistung von 28 PS bei 2200 Uml./min und 220 Volt Klemmenspannung gebaut und werden durch den einpoligen Ventilatorschalter auf dem Führerstand über einen Vorschaltwiderstand angelassen. Durch ein Schütz, dessen Betätigungsspule unter Einfluß der Bürstenspannung steht, wird der Vorschaltwiderstand etwa bei der halben Betriebsdrehzahl kurzgeschlossen. Jeder der vier Triebmotorventilatoren fördert bei 2200 Uml./min eine Luftmenge von 150 m³/min bei 100 mm Wassersäule.

Sehr reichlich ist die Heizung der Führerstände bemessen; außer 4 Heizkörpern zu 600 Watt sind auf jedem Führerstand noch zwei versenkt eingebaute Fußwärmeplatten von je 200 Watt vorhanden.

Alle 220-Volt-Stromkreise können mit Hilfe eines Umschalters im normalen Betrieb an die 220-Volt-Klemme des Stufentransformators, im Schuppen zur Prüfung der Hilfsbetriebe über 2 seitlich an der Lokomotive montierte Steckvorrichtungen an die 220-Volt-Schuppenleitung gelegt werden. Der Schuppenumschalter in der Lokomotive ist so angeordnet, daß ein zufälliges Anschließen der Sekundärwicklung des Transformators an die Schuppenleitung und damit ein Herauftransformieren im Stufentransformator ausgeschlossen ist.

Von der 800- und 1000-Volt-Klemme des Stufentransformators führen 2 von den Führerständen aus gesteuerte Schützen über den Heizstromwandler nach den beiden Zugheizungskupplungen der Einheitsbauart (siehe Abb. 317). Sämtliche Beleuchtungs- und Steuerstromkreise werden mit 36 Volt Gleichstrom betrieben. Abb. 433 zeigt den Führerstand dieser Lokomotivtype.

X. 1 D 1-Schnellzuglokomotive Gruppe E 431 der Italienischen Staatsbahnen.

Bauanstalt für den elektrischen und mechanischen Teil:

Tecnomasio Italiano Brown Boveri, Mailand und Vado Ligure.

Diese Lokomotiven (37 Stück) wurden aus den 1 C 1-Lokomotiven (Gruppe E 330) der gleichen Bahnverwaltung entwickelt und während der Jahre 1922—1924 geliefert.

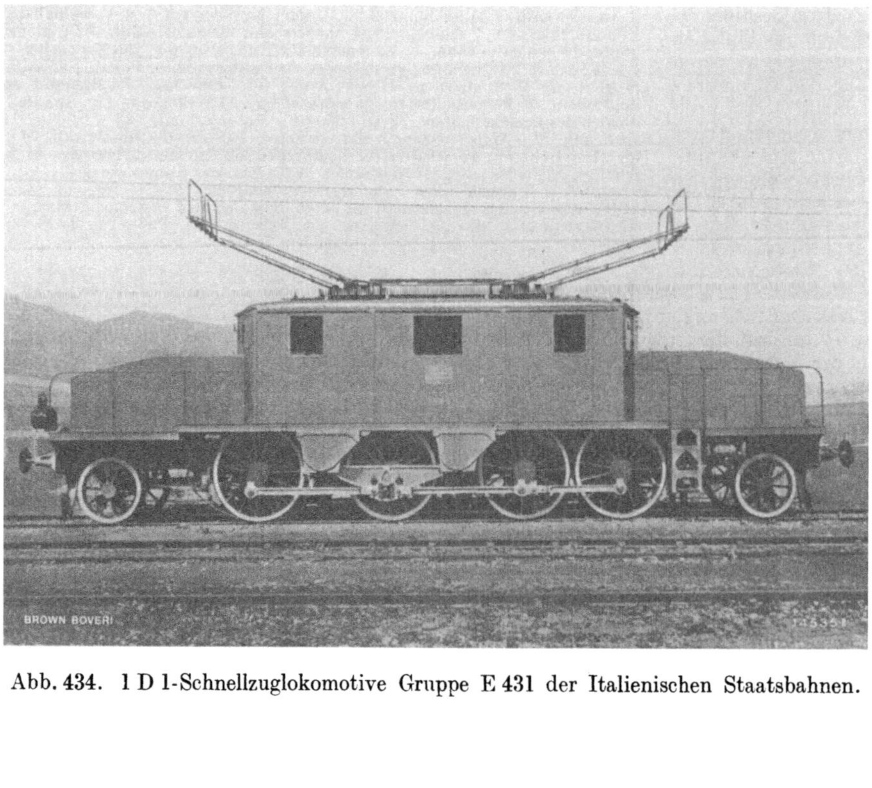

Abb. 434. 1 D 1-Schnellzuglokomotive Gruppe E 431 der Italienischen Staatsbahnen.

Die wichtigsten Daten der Lokomotive, die Abb. 434 in der Ansicht und Abb. 435 im Schnitt zeigt, enthält die nachstehende Zusammenstellung:

Spurweite	1435 mm
Länge über Puffer	14510 mm
Gesamtradstand	11610 mm
Fester Radstand	2350 mm
Kastenbreite	2900 mm
Dachhöhe	4200 mm
Triebraddurchmesser	1630 mm
Laufraddurchmesser	1110 mm

Stundenzugkraft am Radumfang
entsprechende Geschwindigkeit

9000 kg	9500 kg	6000 kg
37,5 u. 50 km/h	75 km/h	100 km/h

Höchstgeschwindigkeit	100 km/h
Höchstzugkraft bei Anfahrt	18000 kg
Gewicht der elektrischen Ausrüstung	41,1 t
Gewicht des mechanischen Teiles	46,4 t
Dienstgewicht	90 t
Stromart	Drehstrom
Fahrdrahtspannung	3300 Volt
Frequenz	16⅔ Per/s.

1. Mechanischer Teil.

Der einteilige in üblicher Weise durch Längsbleche und Quersversteifungen gebildete Lokomotivrahmen ruht auf vier Triebrad- und zwei Laufradsätzen. Die letzteren sind je mit den benachbarten Triebradachsen zu einem Drehgestell der Bauart Zara (Abb. 68) verbunden. Zwischen der zweiten und dritten Triebachse sind die beiden Motoren halbhoch im Rahmen gelagert, deren Kurbelzapfen durch den flachen Kuppelrahmen verbunden sind, in dessen Kulisse der Kurbelzapfen der dritten Triebachse geführt wird. An den Kuppelrahmen ist beidseitig der Kulisse das die übrigen Triebräder verbindende Kuppelgestänge angelenkt (siehe Abb. 96/97). Die Motoren sind hier nicht fest, sondern unter Zwischenschaltung von Spiralfedern mit dem Lokomotivrahmen verbunden. Um bei der hierdurch erreichten Verschiebbarkeit des Motors in vertikaler und horizontaler Richtung eine Drehung des Stators für sich zu vermeiden, ist hier der in Abb. 175 dargestellte Gelenkmechanismus angewendet.

Auf den Rahmen baut sich unmittelbar der Lokomotivkasten auf, der beidseits des Mittelteils zwei den Führerständen vorgelagerte Vorbauten enthält, in dem einerseits der Flüssigkeitswiderstand mit Kühlwasserbehälter und Verdampfer sowie ein elektrischer Heizkessel, andererseits die die Kühlluft für die Triebmotoren liefernde Ventilatorgruppe, die Druckluftbehälter und der Motorkompressor untergebracht sind. Letzterer liefert im Verein mit einem Triebwerkskompressor der FF. SS-Bauart die Druckluft für die automatische und nicht automatische Westinghouse-Bremse sowie für die elektropneumatisch betätigten Apparate.

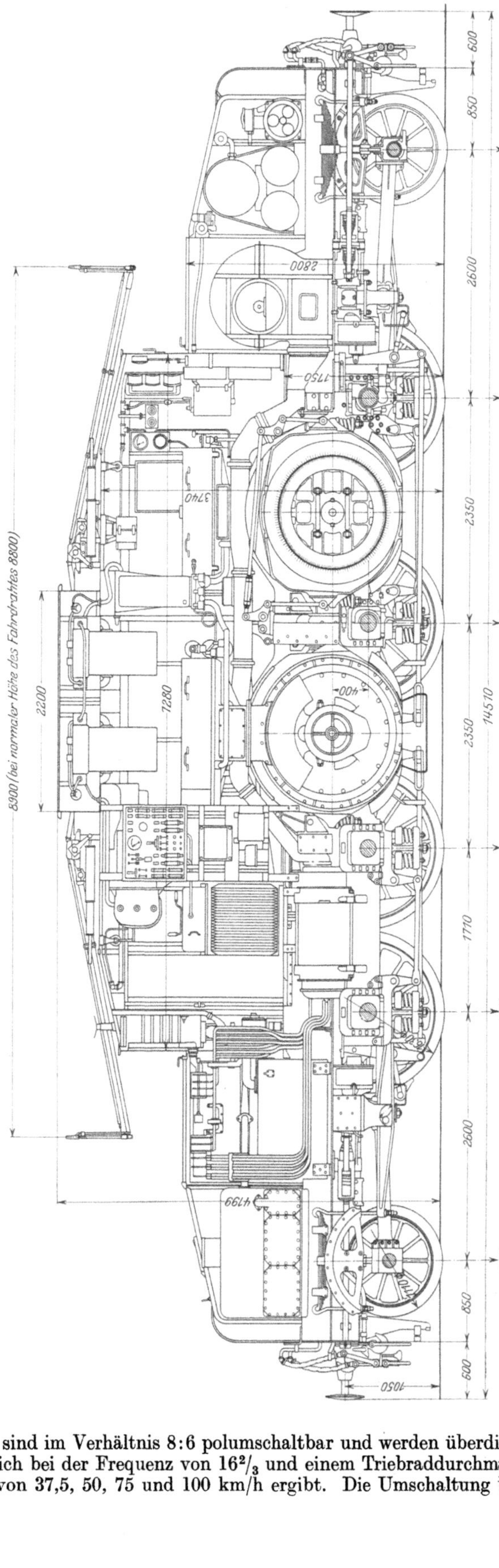

Abb. 435. 1 D 1-Schnellzuglokomotive Gruppe E 431 der Italienischen Staatsbahnen. (Tecnomasio Italiano Brown Boveri, Mailand und Vado Ligure.)

2. Elektrische Ausrüstung.

(Abb. 436 und 437.)

Die beiden Triebmotoren der Lokomotive sind im Verhältnis 8:6 polumschaltbar und werden überdies in jeder Polzahl in Kaskade geschaltet, so daß sich bei der Frequenz von $16^2/_3$ und einem Triebraddurchmesser von 1630 mm eine Geschwindigkeitsstufung von 37,5, 50, 75 und 100 km/h ergibt. Die Umschaltung beim

Übergang von 8 auf 6 Pole erfolgt bei den Statoren unter Änderung der Phasenzahl von 3 auf 2 nach der in Abb. 381, bei den Rotoren nach der in Abb. 383 dargestellten Schaltung, so daß das grundsätzliche Schema der Abb. 367 gilt, dessen praktische Erweiterung Abb. 436 zeigt.

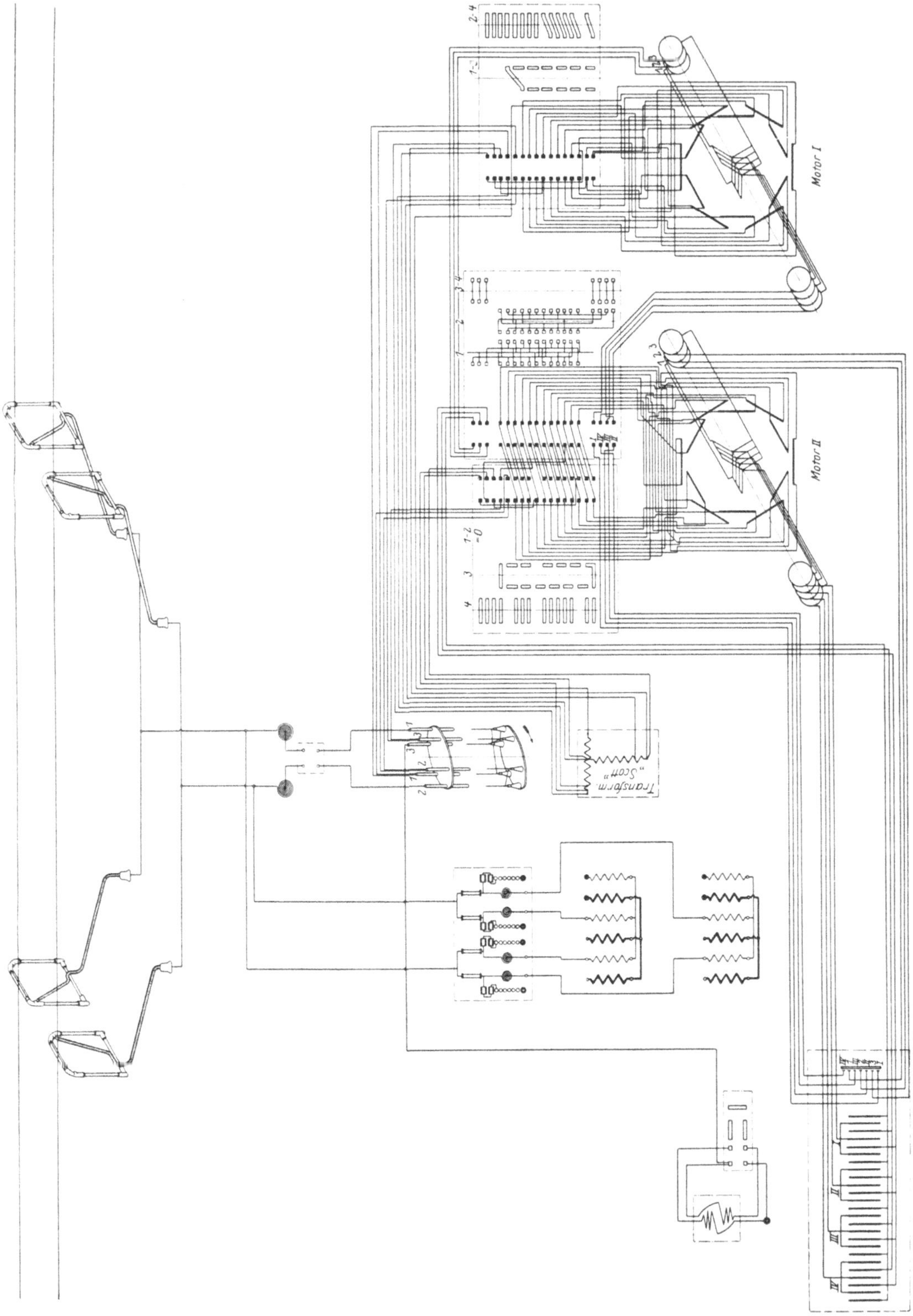

Abb. 436. Hauptstromkreise der 1 D 1-Schnellzuglokomotive Gruppe E 431 der Italienischen Staatsbahnen.

Von den beiden Stromabnehmern der Einheitsbauart der FF. SS (Abb. 369) führt der Hauptstromkreis einerseits über je einen Ölschalter O_1 und O_2 mit Maximalauslösung nach den Triebmotoren und nach einem elektrischen Heizkessel, andererseits unter Zwischenschaltung von Trennschaltern und Schutzdrosseln (mit Rollenblitzableitern kombiniert) nach zwei sämtliche Hilfs- und Nebeneinrichtungen versorgenden Hilfstransformatoren von je 12 kVA und 100 Volt Sekundärspannung.

Im Stromkreis der Triebmotoren folgt unmittelbar hinter dem Hauptölschalter der sogenannte Motorschalter, ein stromlos zu betätigender Luftschalter mit Fingerkontakten (Abb. 371), der außer der Abtrennung der Motoren auch deren Anschluß umzukehren gestattet, also gleichzeitig als Fahrtwender dient. Gesteuert wird der Motorschalter *H* oder auch Primärschalter genannt, durch drei elektropneumatische Ventile R_5, R_6 und R_7, von denen eines die Einschaltung bewirkt, während die beiden anderen der Stellung „Vorwärts" oder „Rückwärts" entsprechen.

Die vom Motorschalter abgehenden Kabel führen zu drei elektropneumatisch gesteuerten Walzenschaltern (siehe Abb. 372), von denen einer auf dem Primärmotor und zwei auf dem Sekundärmotor unmittelbar aufgebaut sind. Mit diesen Walzenschaltern werden die den vier Geschwindigkeitsstufen 1, 2, 3, 4 entsprechenden Umschaltungen der Triebmotoren in der Polzahl, von Kaskadenschaltung in Parallelschaltung und die Vorschaltung des der Umformung von Dreiphasen- in Zweiphasenstrom dienenden Scotttransformator vorgenommen, und zwar von den Führerstandsmeisterschaltern aus, deren Handhebel vier Vorwärtsstellungen entsprechend allen vier Geschwindigkeitsstufen und zwei nur den unteren beiden Geschwindigkeitsstufen zugeordnete Rückwärtsstellungen aufweist.

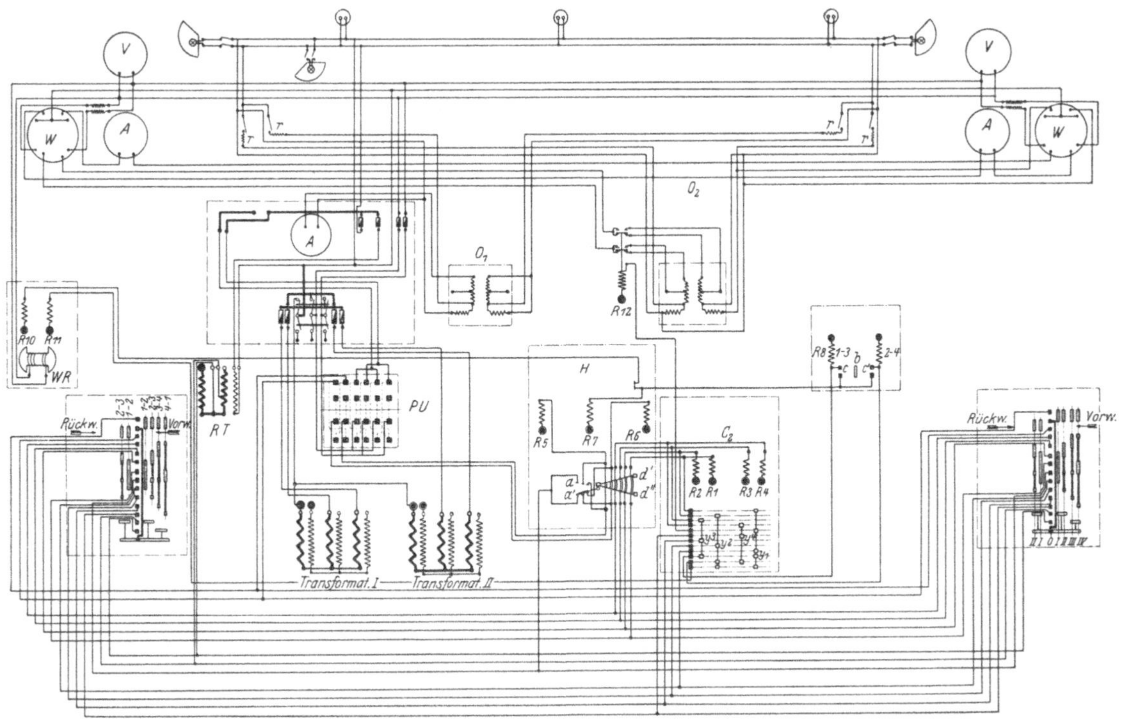

Abb. 437. Steuerstromkreise der 1 D 1-Schnellzuglokomotive Gruppe E 431 der Italienischen Staatsbahnen.

Wird beispielsweise der Führerstandsschalter in die erste Vorwärtsstellung gebracht, so wird zunächst vom Relaistransformator *RT* aus (siehe Abb. 437) Relais R_5 erregt und damit der Motorschalter *H* im Vorwärtssinne eingeschaltet. Damit wird auch der mit dem Motorschalter verbundene Kontaktarm umgelegt und die Relais R_1 und R_2 erregt, die den Polumschalter des Hintermotors M_2 in die Stellung *1* bringen, in der dessen Stator 8polig und in Dreieck geschaltet wird (Abb. 436). Gleichzeitig wird erregt Relais R_8, das den Polumschalter des Primärmotors in die Stellung *1—3* bringt, Relais R_{11} des Umschalters für die feste Spule des wattmetrischen Reglers, Relais R_{12}, das das Übersetzungsverhältnis des die Meßinstrumente speisenden Meßwandlers entsprechend einstellt, Relais R_7, durch das der Motorschalter *H* in dem durch Relais R_5 festgelegten Richtungssinne eingeschaltet wird und schließlich Relais R_{10}, das Preßluft nach dem Anlaßwiderstand strömen läßt und damit den Flüssigkeitsspiegel in der Elektrodenkammer zum Steigen bringt. Die Lokomotive fährt in 8poliger Kaskadenschaltung an und erreicht die volle Geschwindigkeit von 37,5 km/h nach vollzogenem Kurzschluß des Anlaßwiderstandes. Letzterer ist grundsätzlich von gleicher Bauart wie sie Abb. 374 darstellt und wird durch den angebauten wattmetrischen Regler auf konstante Leistungsaufnahme geregelt in der auf S. 367 ausführlich beschriebenen Weise.

Abb. 393 zeigte einen der Triebmotoren dieser Lokomotive im Schnitt. Bemerkenswert sind die im Interesse der Zugänglichkeit außerhalb der Kurbeln angeordneten Schleifringe, die allerdings damit die sehr komplizierte und teuere Wellenkonstruktion erforderlich machen.

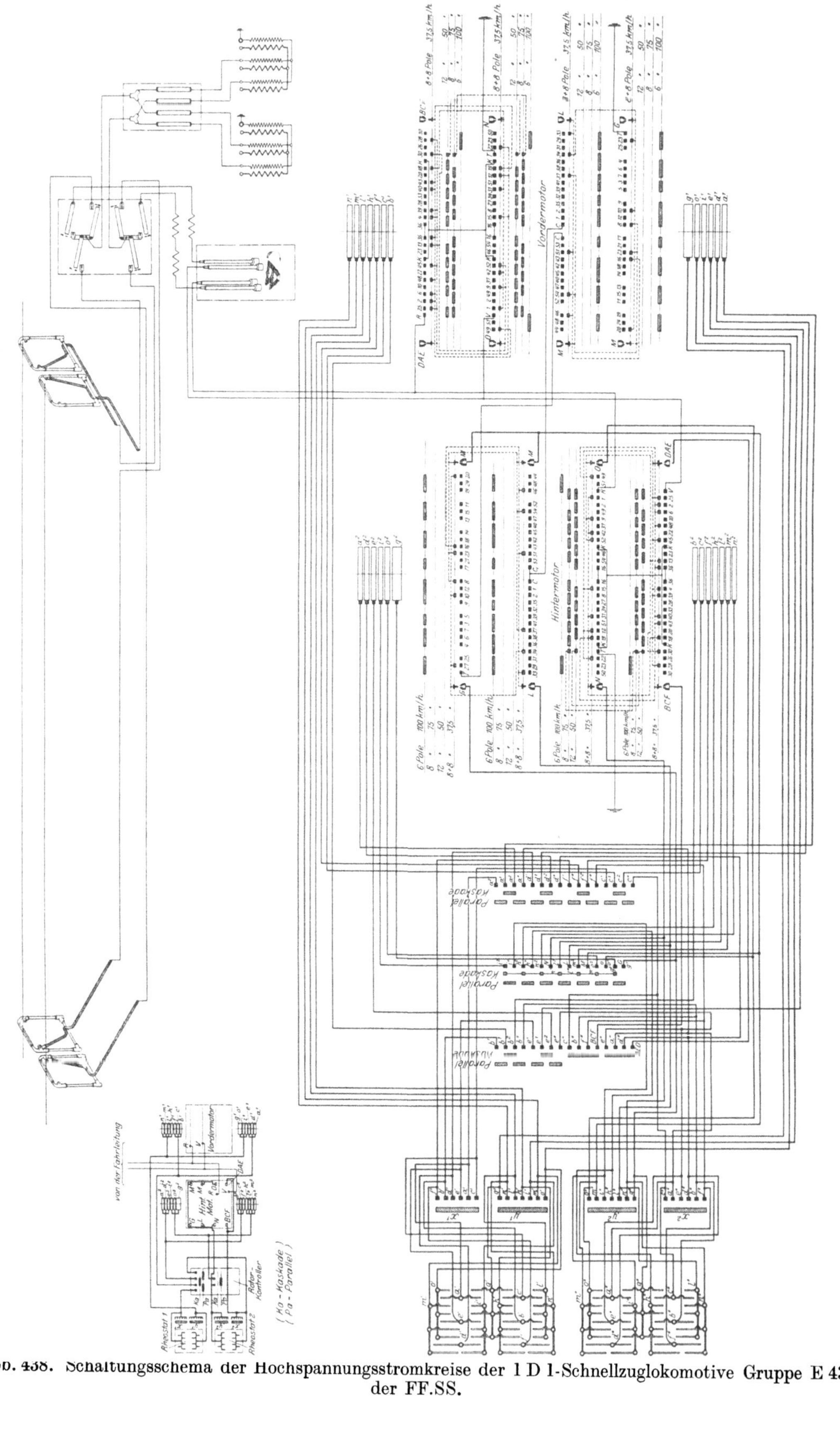

Abb. 438. Schaltungsschema der Hochspannungsstromkreise der 1 D 1-Schnellzuglokomotive Gruppe E 432 der FF.SS.

XI. 1D1-Schnellzuglokomotive Gruppe E 432 der Italienischen Staatsbahnen.

Bauanstalt für den elektrischen und mechanischen Teil:

Società Italiana Ernesto Breda per Costruzioni Meccaniche, Mailand.

Von dieser elektrisch wie mechanisch vollständig vom „Servizio Materiale e Trazione" der Italienischen Staatsbahnen entworfenen Lokomivtype, die Tafel XVIII im Schnitt zeigt, wurden im Jahre 1927 zunächst 20 Stück in Auftrag gegeben. Die wichtigsten Daten der Lokomotive enthält die nachstehende Zusammenstellung:

Spurweite	1435 mm	Entsprechende Geschwindigkeit 37,5 km/h, 50 km/h, 75 km/h, 100 km/h.	
Länge über Puffer	13910 mm	Höchstgeschwindigkeit	100 km/h
Gesamtradstand	12810 mm	Gesamtgewicht (Dienstgewicht)	89 t
Fester Radstand	2100 mm	Stromart	Drehstrom
Triebraddurchmesser	1630 mm	Fahrdrahtspannung	3600 V
Laufraddurchmesser	1110 mm	Frequenz	16⅔ Per/s.
Dauerzugkraft am Radumfang 12000 kg, 12000 kg, 12000 kg, 7000 kg.			

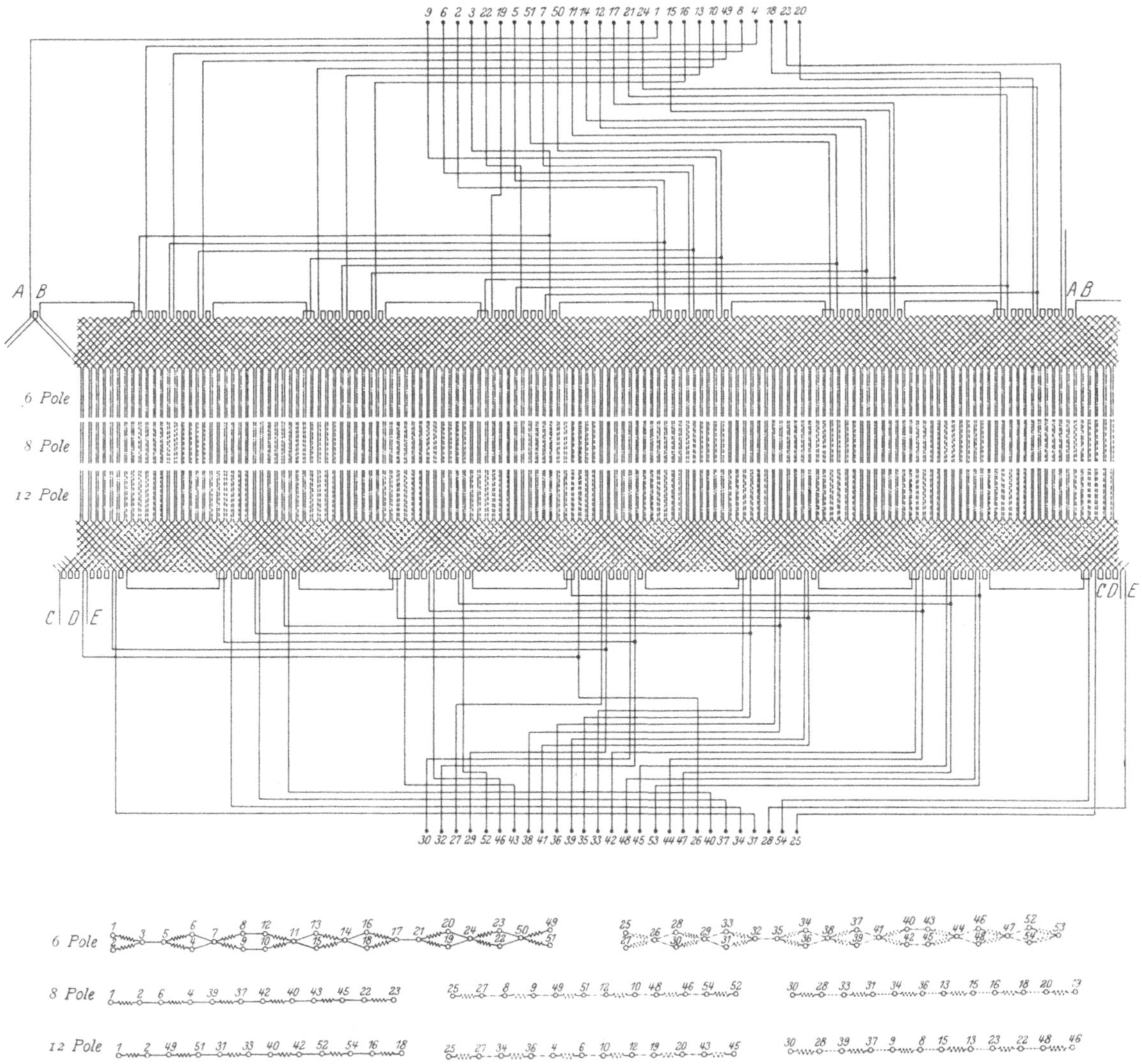

FF.SS.

1. Mechanischer Teil.

Im mechanischen Aufbau unterscheidet sich diese Lokomotive von der vorbeschriebenen Lokomotive gleicher Achsfolge (Gruppe E 431) im wesentlichen nur durch den Antrieb. An Stelle des an den Kurbelzapfen der beiden Motoren angreifenden flachen Kuppelrahmens tritt hier der Dreistangenantrieb von Bianchi

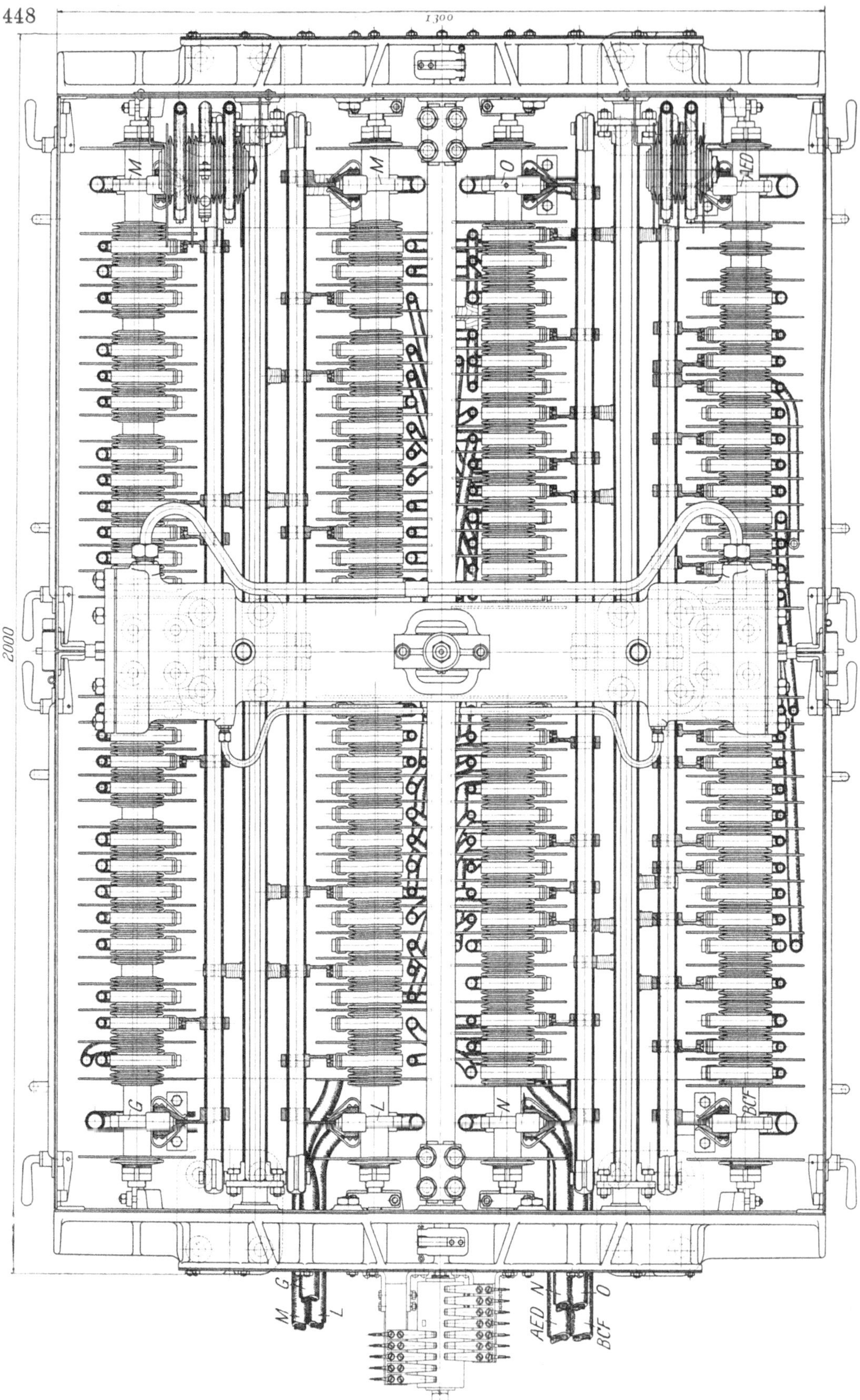

Abb. 440. Polumschalter des Hintermotors der 1 D 1-Schnellzuglokomotive Gruppe E 432 der FF. SS.

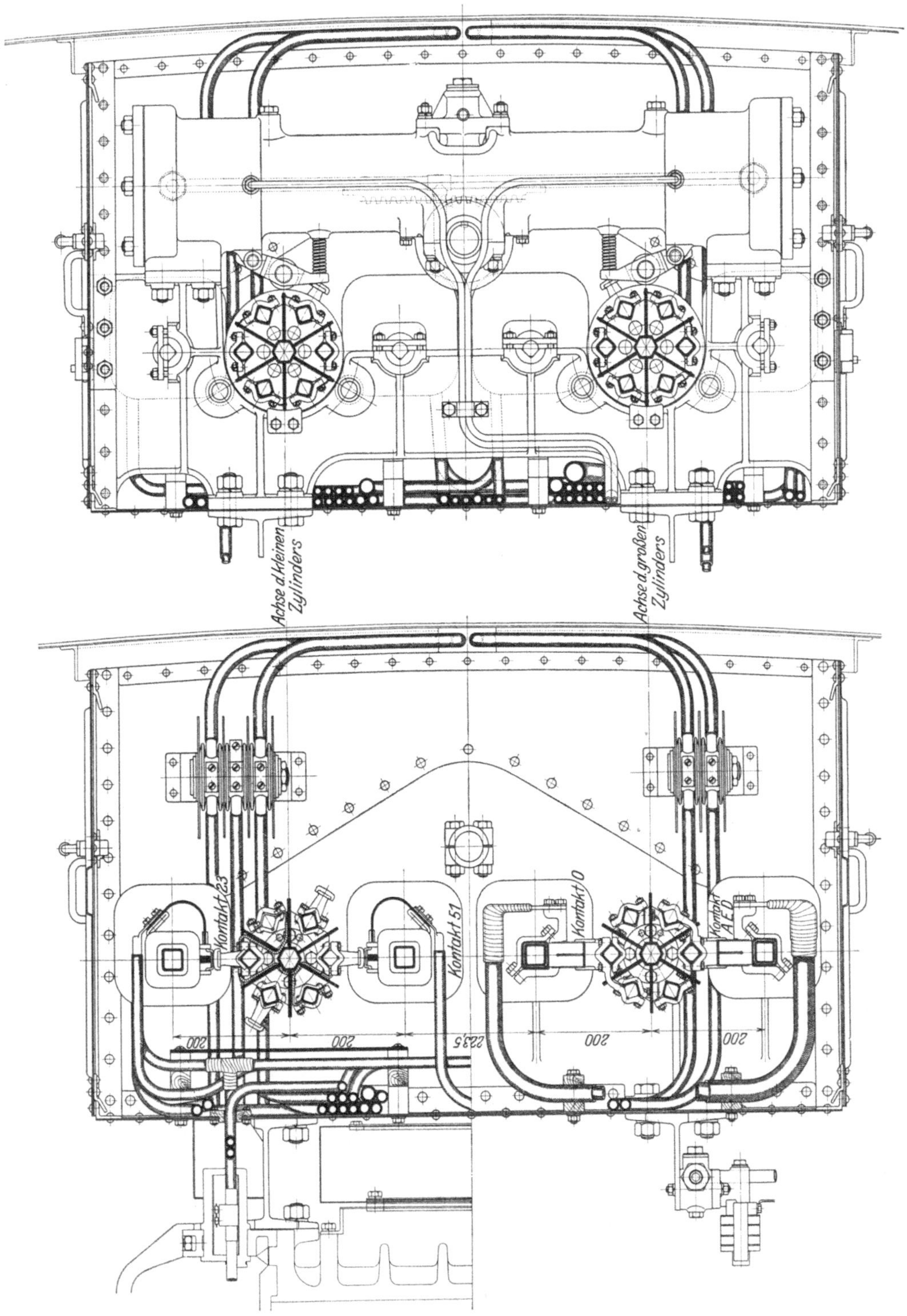

Abb. 441 a. Polumschalter des Hintermotors der 1 D 1-Schnellzuglokomotive Gruppe E 432 der FF. SS.

(siehe Tafel XVIII rechts unten), der sich von der in Abb. 105 dargestellten Bauform dieses Antriebs durch die besondere Ausbildung des Hebels *W* unterscheidet. Hierdurch kommt der Anlenkungspunkt *h* unterhalb der Achse des Kuppelgestänges *K* zu liegen, zu dem der Lenker *L* mit seinen beiden Enden nunmehr symmetrisch ist. In der Wirkung sind jedoch die beiden Bauformen vollkommen identisch, die auf S. 93 gegebene Erklärung paßt uneingeschränkt auf die Bauart nach Tafel XVIII.

2. Elektrische Ausrüstung.

Abb. 438 zeigt das Schaltungsschema der Hochspannungsstromkreise. Von den vier Geschwindigkeitsstufen von 37,5, 50, 75 und 100 km/h wird hier nur die unterste von 37,5 km durch Kaskadenschaltung der beiden achtpolig geschalteten Motoren, die drei anderen Stufen aber durch Umschaltung der Motoren von 12 auf 8 und 6 Pole erreicht.

Im Stator erhalten die Motoren, wie Abb. 439 zeigt, eine aufgeschnittene Gleichstrom-Zweischichtwicklung, deren Umschaltung in der Polzahl von 12 auf 8 bei unveränderter Phasenzahl (3) im wesentlichen nach dem in Abb. 388 gegebenen Schema erfolgt. In sechspoliger Schaltung werden die beiden Statoren zweiphasig geschaltet und zu einem Dreiphasensystem zum Anschluß an das Primärnetz kombiniert. Die Wicklung bedingt 53 freie Wicklungsenden, die je von einem auf den beiden Motoren unmittelbar darüber gebauten Polumschalter gesteuert werden, dessen Aufbau die Abb. 440 und 441 zeigen.

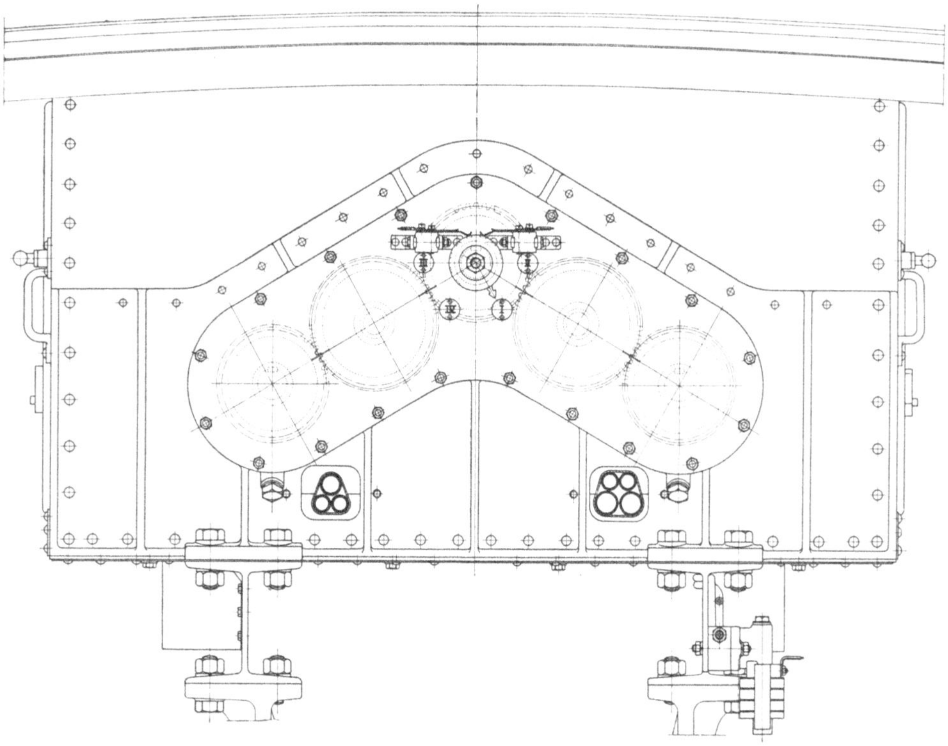

Abb. 441 b. Polumschalter des Hintermotors der 1 D 1-Schnellzuglokomotive Gruppe E 432 der FF. SS.

Im Rotor erhalten die Motoren eine geschlossene Gleichstrom-Zweischichtwicklung, die nach der auf S. 386 erwähnten Schaltung von Creedy an 48 Punkten aufgeschnitten ist und so unter Verwendung von 13 Schleifringen von einem zwölfpoligen Drehfeld zweiphasig, von einem achtpoligen dreiphasig und von einem sechspoligen vierphasig induziert wird.

Die Kaskadenschaltung wird durch den besonderen Kaskadenschalter, einen stromlos zu betätigenden Walzenschalter, bewirkt.

Die übrige elektrische Ausrüstung der Lokomotive ist von der der vorbeschriebenen gleicher Achsfolge (Gruppe E 431) grundsätzlich nicht verschieden.

XII. E-Güterzuglokomotive Gruppe E 552 der Italienischen Staatsbahnen.

Bauanstalt für den elektrischen und mechanischen Teil:

Società per Costruzioni Elettromeccaniche di Saronno.

Diese im Jahre 1923 entworfene Lokomotivtype zeigt Abb. 442 in der Ansicht und Tafel XIX im Schnitt. Die wichtigsten Daten der Lokomotive enthält die nachstehende Zusammenstellung:

Spurweite	1435 mm	Höchstgeschwindigkeit	50 km/h
Länge über Puffer	9700 mm	Höchstzugkraft bei Anfahrt	18000 kg
Gesamtradstand	6100 mm	Gewicht der elektrischen Ausrüstung (einschließlich Kühlwasser)	40,77 t
Fester Radstand	3600 mm	Gewicht des mechanischen Teils	29,42 t
Kastenbreite	2900 mm	Gesamtgewicht (Dienstgewicht)	72 t
Triebraddurchmesser	1070 mm	Stromart	Drehstrom
Stundenzugkraft am Radumfang 14500 kg 10300 kg 16000 kg 11000 kg		Fahrdrahtspannung	3600 Volt
entsprechende Geschwindigkeit 16,5 km/h, 25 km/h, 33 km/h, 50 km/h.		Frequenz	16⅔ Per/s.

1. Mechanischer Teil.

Der einteilige durchgehende Lokomotivrahmen, der in üblicher Weise aus Längs- und Querträgern besteht, ruht auf den fünf Triebachsen, von denen die beiden äußeren und die mittlere 20 mm Seitenspiel besitzen, so daß Bahnkrümmungen bis zu 150 m Radius durchfahren werden können. Auf den Rahmen baut sich der Lokomotivkasten auf, der aus drei Teilen besteht. Der äußerste rechts (Tafel XIX) enthält den Anfahrwiderstand, der mittlere die Motoren mit den beiden Kontrollern und Kaskadenschaltern, die Ölschalter und alle übrigen unter Fahrdrahtspannung stehenden Apparate und der äußerste links den hier nur einmal vorhandenen Führerstand.

Die Kurbeln der beiden mit dem Rahmen fest verbundenen Motoren sind mit dem horizontalen Kuppelgestänge bei der mittleren Triebachse durch den Dreistangenantrieb nach Kandó (siehe S. 92) verbunden, der sich hier von der in Abb. 141 dargestellten Form durch die geringere Pfeilhöhe unterscheidet, bedingt durch vergleichsweise tiefe Lagerung der Motoren.

Abb. 442. E-Güterzuglokomotive Gruppe E 552 der Italienischen Staatsbahnen.

2. Elektrische Ausrüstung.

Der Hochspannungsstromkreis umfaßt:

die beiden Stromabnehmer, die der Einheitsbauart (Abb. 369) der FF. SS entsprechen,

zwei je in eine der von den Stromabnehmern kommenden Ableitungen geschalteten Schutzdrosselspulen,

zwei Ölschalter mit Maximalauslösung, von denen einer dem hier zur Zugheizung dienenden elektrischen Heizkessel, während der andere dem Triebmotorenstromkreis vorgeschaltet ist,

den gleichzeitig als Fahrtwendeschalter ausgebildeten Motorenschalter (siehe Abb. 371) und

die beiden Triebmotoren mit den zugehörigen Kontrollern.

Die Triebmotoren (Abb. 394) sind von 12 auf 8 Pole umschaltbar, und zwar im Stator bei unveränderter Phasenzahl (siehe Fußnote[3]) auf S. 378) und im Rotor nach dem in Abb. 384 dargestellten Schema unter gleichzeitiger Änderung der Phasenzahl von vier auf drei. Sowohl im Stator wie im Rotor gelangen gewöhnliche Spulenwicklungen zur Anwendung.

Zu den Triebmotoren gehören zwei Kontroller, die als Walzenschalter für vier Schaltstellungen untereinander ganz gleich ausgebildet sind und zur Umschaltung der Motoren in der Polzahl, zur Kaskadenschaltung derselben und zur Verbindung der Rotorschleifringe mit dem Anlaßwiderstand dienen. Betätigt werden die Kontroller von der Führerstandsmeisterwalze aus unter Vermittlung elektropneumatischer Ventile. Die Kaskadenschaltungen werden in der Weise ausgeführt, daß bei beiden derselben abwechselnd beide Motoren die Funktion des Vordermotors übernehmen (siehe S. 383). Bemerkenswert sind auch noch die nachstellbaren Lager dieser Motoren, eine Konstruktion, auf die bereits früher (S. 390, Abb. 396) aufmerksam gemacht wurde.

Der Anfahrwiderstand wird, wie auf S. 367ff. erläutert wurde, wattmetrisch auf konstante primäre Leistungsaufnahme geregelt. Die als Elektrolyt dienende Sodalösung wird durch eine Pumpe in beständigem Kreislauf gehalten und durch eine in einen Frischwasserbehälter eingebettete Rohrschlange rückgekühlt.

Die elektrische Ausrüstung umfaßt ferner zwei Transformatoren à 12 kW, welche mit 100 Volt Sekundärspannung die Hilfsstromkreise und die Lokomotivbeleuchtung und -heizung versorgen,

zwei Motorkompressoren mit 1000 l/min Ansaugeleistung in üblicher Weise von einem Durckregler gesteuert und unterstützt von einem Triebwerkskompressor in der Einheitsbauart der FF. SS.

zwei Motorventilatoren zur Belüftung der Triebmotoren;

eine zum Anlaßwiderstand gehörige Motorpumpe und schließlich die Licht- und Meßstromkreise.

XIII. E-Güterzuglokomotive Gruppe E 554 der Italienischen Staatsbahnen.

Bauanstalten für den elektrischen und mechanischen Teil:
Tecnomasio Italiano Brown Boveri, Mailand,
Società per Costruzioni Elettromeccaniche di Saronno,
Officine Meccaniche gia Miani & Silvestri,
Società Anonima „Ansaldo", Genua (Officine di Cornigliano),
Officine di Savigliano,
Officine Meccaniche di Napoli,
„Terni", Società per l'Industria e l'Elettricità (Officine della Spezia).
Compagnia Generale di Elettricità.

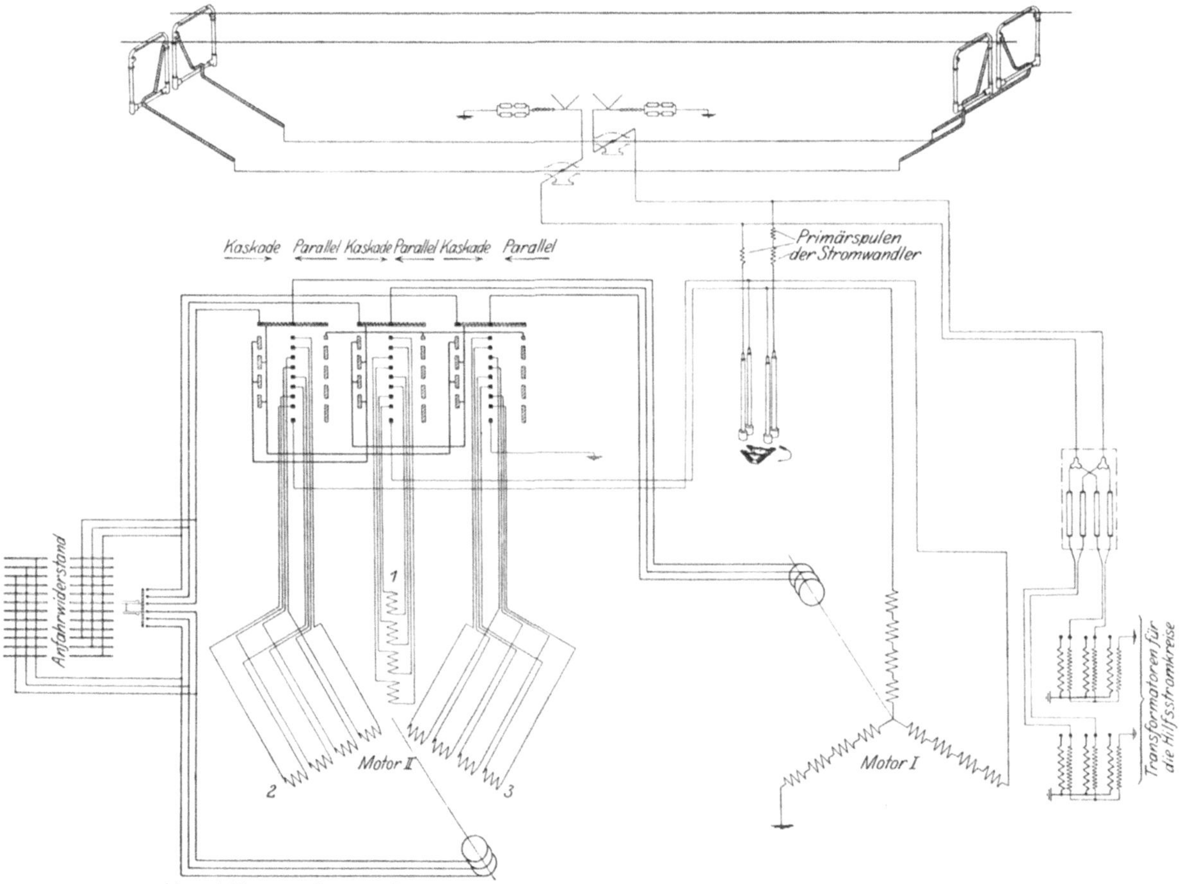

Abb. 443. Schaltungsschema der Hochspannungsstromkreise der E-Güterzuglokomotive Gruppe E 554 der FF. SS.

Von dieser wieder vollständig vom „Servizio Materiale e Trazione" der Italienischen Staatsbahnen entworfenen Lokomotive, die Tafel XX im Schnitt zeigt, wurden in den Jahren 1927 und 1928 den obengenannten Firmen 75 + 130 Stück in Auftrag gegeben:

Spurweite	1435 mm	Entsprechende Geschwindigkeit	25 km/h, 50 km/h
Länge über Puffer	10800 mm	Höchstgeschwindigkeit	50 km/h
Gesamtradstand	6600 mm	Gesamtgewicht (Dienstgewicht)	75 t
Fester Radstand	3700 mm	Stromart	Drehstrom
Kastenbreite	3020 mm	Fahrdrahtspannung	3600 V
Triebraddurchmesser	1070 mm	Frequenz	16⅔ Per/s.
Dauerzugkraft am Radumfang	12000 kg, 12000 kg		

1. Mechanischer Teil.

Im mechanischen Aufbau unterscheiden sich diese Lokomotiven von den vorher beschriebenen gleicher Achsfolge (Gruppe E 552) durch den im wesentlichen symmetrischen Kastenaufbau mit zwei Führerständen und den hier angewendeten Dreistangenantrieb von Bianchi, dessen hier angewendete Bauart an Hand der Abb. 105 auf S. 92 ausführlich erklärt wurde.

2. Elektrische Ausrüstung.

Abb. 443 zeigt das Schaltungsschema der Hochspannungsstromkreise, aus der die ganze elektrische Ausrüstung schematisch ersichtlich ist. Die Lokomotive weist nur zwei Geschwindigkeitsstufen auf. Bei der unteren werden die beiden achtpoligen Triebmotoren derart in Kaskade geschaltet, daß der Rotor des Vordermotors auf den Stator des Hintermotors unter Umschaltung des letzteren auf vier parallele Gruppen je Phase und Dreieckverkettung geschlossen wird und zwar mit Hilfe eines auf dem Hintermotor unmittelbar aufgebauten elektropneumatisch gesteuerten Walzenschalters, der auch die Parallelschaltung der in Stern verketteten Statoren beider Triebmotoren und die Anschaltung der Rotoren je auf eine Hälfte des Anfahrwiderstandes bei der oberen Geschwindigkeitsstufe ausführt. Dieser ist ein Flüssigkeitswiderstand von der grundsätzlichen Bauart der Abb. 376 und ist in einem der beiden, den Führerständen vorgelagerten Vorbauten untergebracht. Im anderen findet ein Heizkessel für Naphthafeuerung Aufstellung.

XIV. 1D1-Schnellzuglokomotive Gruppe E 472 der Italienischen Staatsbahnen.

Bauanstalt für den elektrischen und mechanischen Teil:

Società Italiana Ernesto Breda per Costruzioni Meccaniche, Mailand.

Diese im Jahre 1926 fertiggestellte Lokomotive, die Abb. 444 in der Ansicht und Tafel XXI im Schnitt zeigt, ist bestimmt zur Beförderung von Schnellzügen auf der 172 km langen Strecke Rom—Tivoli—Sulmona, auf der von den Italienischen Staatsbahnen versuchsweise das Dreiphasensystem mit 10000 Volt Fahrdrahtspannung und der industriellen Frequenz von 45 Per/s. angewendet wird. Gegenüber allen anderen Lokomotiven der Italienischen Staatsbahnen bedingt hier die Fahrdrahtspannung von 10000 Volt die Anordnung eines

Abb. 444. 1 D 1-Schnellzuglokomotive Gruppe E 472 der Italienischen Staatsbahnen.

Haupttransformators für die volle Leistung auf der Lokomotive ähnlich wie bei Einphasenlokomotiven, und die Frequenz von 45 die Verwendung von Zahnradübersetzungen zwischen den Motoren und den Triebachsen, da hochpolige direkt kuppelbare Motoren neben sehr hohem Blindstromverbrauch eine für den Lokomotivbetrieb viel zu geringe Überlastungsfähigkeit aufweisen würden.

Die wichtigsten Daten der Lokomotive enthält die nachstehende Zusammenstellung:

Spurweite	1435 mm
Länge über Puffer	14800 mm
Gesamtradstand	11600 mm
Fester Radstand	2300 mm
Abstand zwischen den Drehzapfen	8500 mm
Kastenbreite	2800 mm
Dachhöhe	3745 mm
Triebraddurchmesser	1360 mm
Laufraddurchmesser	960 mm
Übersetzungsverhältnis	1:2,25
Stundenzugkraft am Radumfang	12000 kg 12000 kg 8500 kg
entsprechende Geschwindigkeit	37,5 km/h, 50 km/h 75 km/h
Höchstgeschwindigkeit	75 km/h
Höchstzugkraft bei Anfahrt	19200 kg
Gewicht der elektrischen Ausrüstung	43 t
Gewicht des mechanischen Teils	50 t
Gesamtgewicht (Dienstgewicht)	94,4 t
Stromart	Drehstrom
Fahrdrahtspannung	10000 Volt
Frequenz	45 Per/s.

1. Mechanischer Teil.

Der einteilige durchgehende Lokomotivrahmen, der in üblicher Weise aus Längs- und Querträgern besteht, ruht auf vier Triebachsen und zwei Laufachsen. Letztere sind mit den benachbarten Triebachsen zu einem Drehgestell Bauart Zara (siehe Abb. 68) vereinigt. Die beiden halbhoch angeordneten mit dem Rahmen festverbundenen Motoren arbeiten je über ein Zahnradvorgelege auf je eine Blindwelle, deren Kurbeln durch den flachen Kuppelrahmen verbunden sind, in dessen Gleitklotz der Kurbelzapfen der dritten Triebachse geführt ist. An den Kuppelrahmen ist in der üblichen Weise das horizontale Kuppelgestänge angelenkt.

Der einteilige Lokomotivkasten enthält in seinem Mittelteil in der Hauptsache die beiden Motoren mit den Führerständen. Letzteren sind Vorbauten vorgelagert, von denen der eine den Haupttransformator und die Hilfstransformatoren mit ihren Umschaltern, der andere den wieder als Flüssigkeitswiderstand ausgebildeten Anfahrwiderstand aufnimmt. Da die Vorbauten in ihrem mittleren Teil die ganze Kastenhöhe einnehmen, ist der freie Ausblick von den Führerständen nur an den Vorbauten vorbei möglich. Letzteren vorgelagert also unmittelbar der Atmosphäre ausgesetzt sind einerseits die beiden Kompressorgruppen, andererseits der Ölkühler des Haupttransformators.

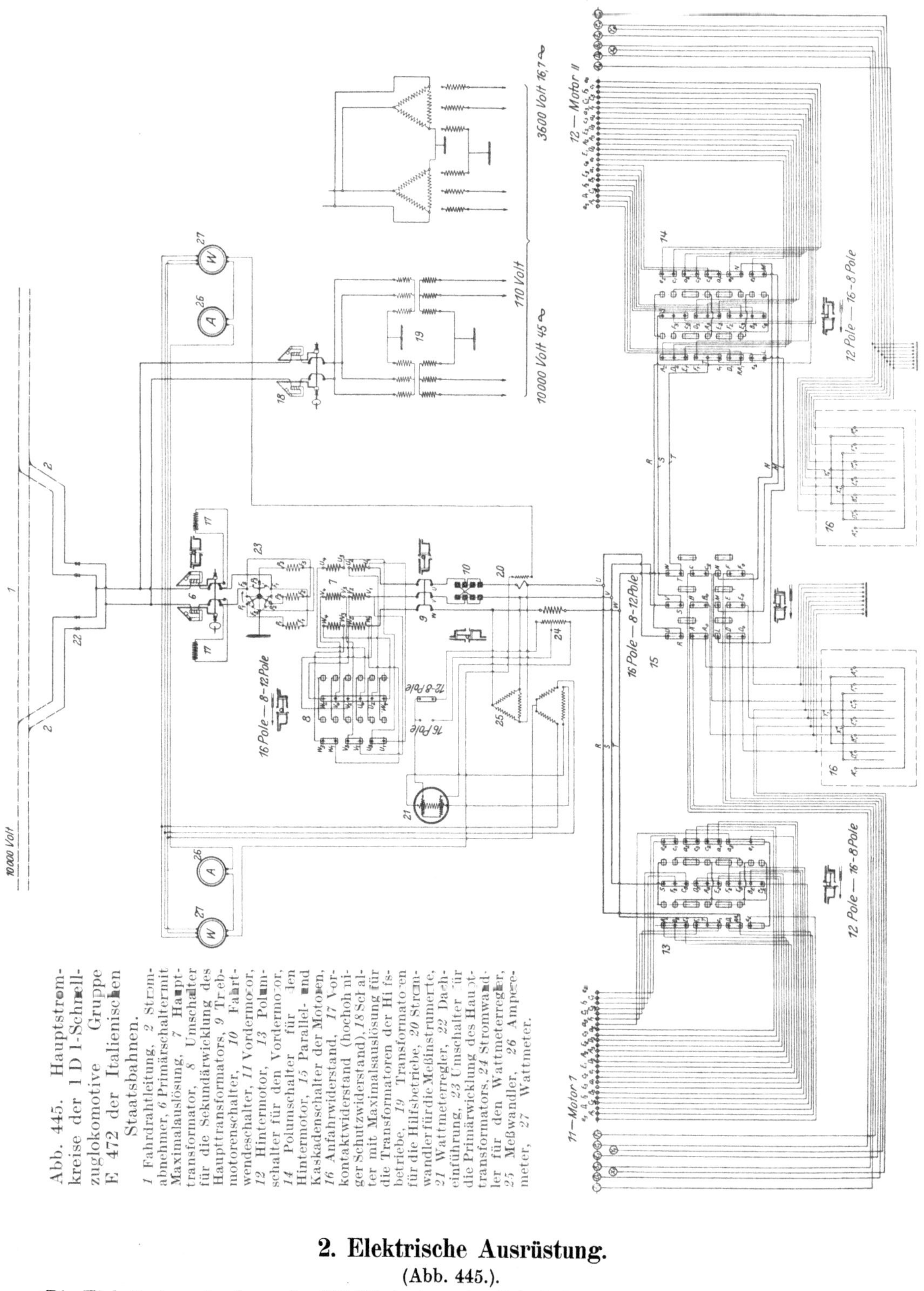

Abb. 445. Hauptstromkreise der 1 D 1-Schnellzuglokomotive Gruppe E 472 der Italienischen Staatsbahnen.

1 Fahrdrahtleitung, *2* Stromabnehmer, *6* Primärschalter mit Maximalauslösung, *7* Haupttransformator, *8* Umschalter für die Sekundärwicklung des Haupttransformators, *9* Triebmotorenschalter, *10* Fahrtwendeschalter, *11* Vordermotor, *12* Hintermotor, *13* Polumschalter für den Vordermotor, *14* Polumschalter für den Hintermotor, *15* Parallel- und Kaskadenschalter der Motoren, *16* Anfahrwiderstand, *17* Vorkontaktwiderstand (hochohmiger Schutzwiderstand), *18* Schalter mit Maximalauslösung für die Transformatoren der Hilfsbetriebe, *19* Transformatoren für die Hilfsbetriebe, *20* Stromwandler für die Meßinstrumente, *21* Wattmeterregler, *22* Dacheinführung, *23* Umschalter für die Primärwicklung des Haupttransformators, *24* Stromwandler für den Wattmeterregler, *25* Meßwandler, *26* Amperemeter, *27* Wattmeter.

2. Elektrische Ausrüstung.

(Abb. 445.).

Die Einheitsstromabnehmer der FF. SS genügen der Fahrdrahtspannung von 10000 Volt nicht mehr. Man war daher gezwungen, Parallelogrammstromabnehmer zu verwenden, von denen je zwei — der doppelpoligen Oberleitung wegen mit besonders schmalem Schleifbügel — nebeneinander gesetzt wurden. Bei dem für die kurzschlußsichere Befahrung von Weichen und Kreuzungen hier notwendigen Abstand der Stromabnahmestellen mußten die beiden Stromabnehmerpaare über den Lokomotivvorbauten auf besonderen Traggestellen aus Gasrohr aufgesetzt werden.

Von der Dacheinführung aus verzweigt sich der Hauptstromkreis nach dem Transformator für die Triebmotoren und den beiden parallelgeschalteten Kleintransformatoren, die mit 110 Volt die Hilfsstromkreise versorgen. Beiden Abzweigen ist je ein zweipoliger Ölschalter (*6* bzw. *18*) mit Maximalauslösung vorgeschaltet, der Ölschalter des Haupttransformators ist mit Vorkontaktwiderständen (hochohmigen Schutzwiderständen) versehen. Ein unmittelbar vor dem Haupttransformator eingebauter stromlos zu betätigender Umschalter gestattet dessen Hochspannungswicklung von Stern auf Dreieck bei Betrieb mit 6000 Volt Fahrdrahtspannung umzuschalten.

Der Haupttransformator *7* von 2250 kVA Stundenleistung ist als Öltransformator gebaut, dessen Ölfüllung von einer Pumpe durch einen Röhrenkühler gedrückt wird, der dem bei Fahrt entstehenden Luftzug ausgesetzt ist. Die Sekundärwicklung des im elektrischen Aufbau als Manteltype gebauten Transformators ist durch einen elektromagnetisch betätigten Walzenschalter auf 1840 und 1600 Volt umschaltbar, je nachdem die Triebmotoren in Kaskaden- oder Parallelschaltung arbeiten.

Unmittelbar hinter dem Transformator liegt in der Schaltung der elektropneumatisch betätigte Motorenschalter *9* und der Fahrtwendeschalter *10*. Dahinter sind noch die verschiedenen Strom- und Spannungswandler zur Versorgung der Meßinstrumente und des wattmetrischen Reglers eingebaut, dann verzweigt sich der Hauptstrom zu den

Triebmotoren. Diese (Abb. 395) sind in der Polzahl von 12 auf 8 umschaltbar, und zwar im Stator bei unveränderter Phasenzahl nach dem grundsätzlichen Schema der Abb. 388, im Rotor nach dem in Abb. 368 dargestellten Schema. Bei Anfahrt sind die Motoren 8polig und derart in Kaskade geschaltet[1]), daß der sechsphasige Rotor des Vordermotors auf den sechsphasigen Stator des Hintermotors, während dessen Rotor auf den Anlaßwiderstand geschlossen ist. Der Stator des Vordermotors ist in Sternschaltung und zwei parallelen Gruppen je Phase an die auf 1600 Volt geschaltete Unterspannungswicklung des Transformators *7* angeschlossen. Bei den beiden weiteren Stufen sind die Statoren der Motoren zunächst 12polig geschaltet und je in Dreieckschaltung an die Sekundärwicklung des Transformators *7* angeschlossen, während die Rotoren zweiphasig mit dem Anlaßwiderstand verbunden sind. In der dritten (letzten Stufe) sind die Motoren primär in Stern und zwei parallelen Gruppen je Phase, sekundär wieder sechsphasig geschaltet.

Alles diese Schaltungen werden einerseits durch den zwischen den beiden Motoren eingebauten Kaskaden- und Parallelschalter *15* und die unmittelbar auf den Motoren aufgebauten Polumschalter *13, 14* ausgeführt, die als stromlos schaltende Walzenschalter ausgebildet sind und durch elektropneumatische vom Führerstand aus mittels Meisterwalze gesteuerte Ventile betätigt werden. Die üblichen Verriegelungen sichern ein folgerichtiges Arbeiten der einzelnen Walzenschalter.

Sämtliche Hochspannungsapparate sind in einer Hochspannungskammer untergebracht, die in üblicher Weise nur bei gesenkten Stromabnehmern begangen werden kann.

Hilfs-, Meß- und Lichtstromkreise bieten nichts Bemerkenswertes.

XV. D_0—D_0+D_0—D_0-Güterzuglokomotive Reihe 501 der Detroit, Toledo & Ironton Ry.

Bauanstalt für die elektrische Ausrüstung:

Westinghouse Electric & Manufacturing Co., East Pittsburgh.

Bauanstalt für den mechanischen Teil:

Ford Motor Company, Dearborn.

Abb. 446. D_0—D_0+D_0—D_0-Güterzuglokomotive Reihe 501 der Detroit, Toledo & Ironton Ry.

Diese Lokomotive[2]), die Abb. 446 in der Ansicht und zur Hälfte Tafel XXII im Schnitt zeigt, erhält durch vier Stromabnehmer einphasigen Wechselstrom von 25 Per/s unter 22000 Volt zugeführt, der nach Transformierung auf 1250 Volt mittels eines Einphasen-Gleichstrom-Synchronumformersatzes in Gleichstrom verschiedener Spannung umgeformt wird, mit dem die acht Gleichstromtriebmotoren gespeist werden. Nachstehend die wichtigsten Daten der Lokomotive:

---

[1]) Die Kaskadenschaltung in 12poliger Schaltung wird hier nicht benutzt.

[2]) Siehe auch El. Bahnen 1927, S. 259.

Spurweite	1435 mm	Stundenzugkraft am Radumfang	41000 kg
Länge über Puffer	35,6 m	entsprechende Geschwindigkeit	27,5 km/h
Fester Radstand	3,355 m	Dauerleistung am Radumfang	3600 PS
Triebraddurchmesser	1065 mm	Dauerzugkraft am Radumfang	24200 kg
Übersetzungsverhältnis	98:22	entsprechende Geschwindigkeit	40 km/h
Stundenleistung am Radumfang	4200 PS	Höchstzugkraft bei Anfahrt	114000 kg
		Gesamtgewicht	335 t

1. Mechanischer Teil.

Die Lokomotive besteht aus zwei dauernd durch ein Kugelgelenk gekuppelten halben Triebeinheiten, von denen jede eine vollständige Ausrüstung besitzt.

Der Rahmen jeder Triebeinheit besteht aus einem Mittel- und zwei Seitenrahmen. Der Mittelrahmen ist ein schwerer schachtelförmiger Stahlgußhohlkörper, welcher als das Rückgrat der Lokomotive angesehen werden kann. Er ist mit passenden Verlängerungen versehen, auf denen die schweren Teile der Ausrüstung

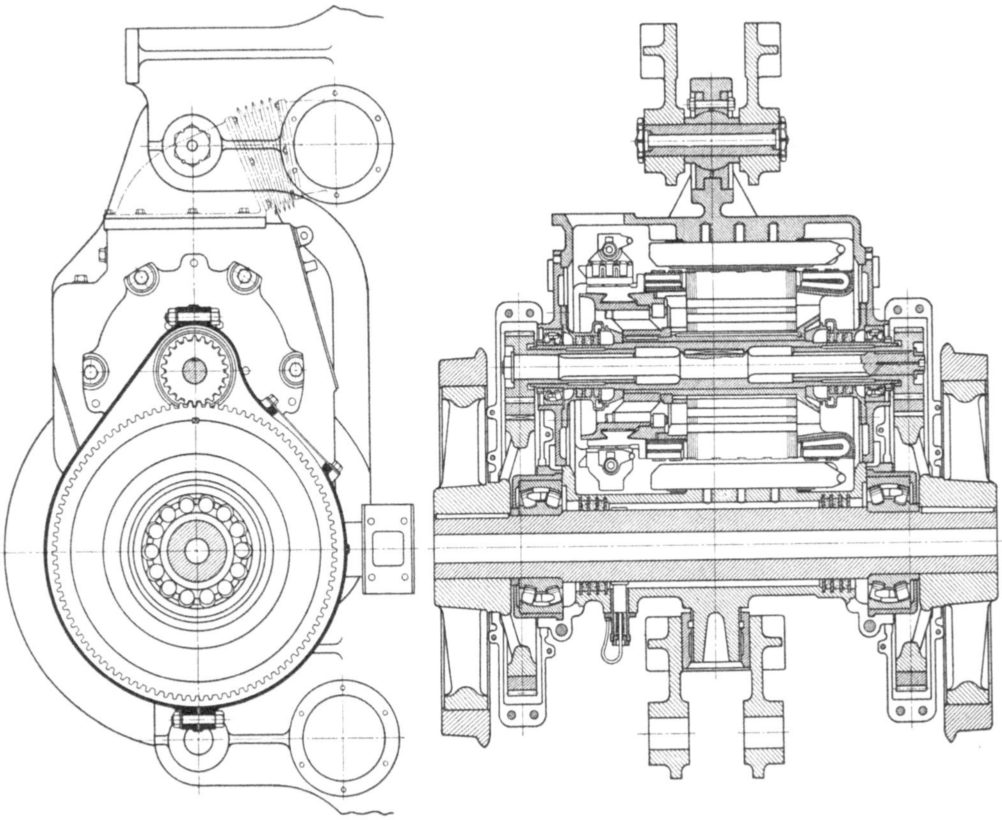

Abb. 447. Radsatz mit Antriebsmotor.

aufgebaut sind, während das Innere des Gußkörpers derart abgeteilt ist, daß ein Hauptluftspeicher und ein Luftzuführungskanal für die Triebmotorenlüftung entsteht. Vom Luftspeicher wird die Luft durch metallene bewegliche Bälge den einzelnen Motoren zugeführt. Ein großer biegsamer Luftschlauch aus imprägnierter Leinwand neben der Kurzkupplung zwischen den Radgestellen verbindet die Hohlräume der beiden anstoßenden Rahmen.

An dieses mittlere Gußgestell sind beiderseits parallel zwei kanalförmige Gußstücke mittels Bolzen angeschraubt, welche das äußere Seitengestell bilden und als Stützen der eisernen Bodenfläche dienen. Die Außenseite dieser Teile ist durch eine gebogene abnehmbare Blechhaube abgedeckt.

Der Wagenkasten ist in der gewöhnlichen Weise, jedoch aus stärkerem Material als sonst üblich gebaut. Die Außenwände bestehen aus 6,5 mm starkem Blech. Die Abteil- und Innenwände für den doppelwandigen Führerstand sind ca. 5 mm stark. Die beiden Wagenhälften einer Triebeinheit sind durch eine bewegliche Zwischenwand aus imprägniertem Zeltstoff verbunden und mit sechs durch je zwei Kugelgelenke vom Wagendach getragene Falzrahmen versteift. Der mittlere Teil einer jeden Wagenkastenhälfte kann abgehoben werden, während der Führerstand und das Abteil nächst der Gelenkführung stehen bleiben. Diese Anordnung erleichtert die Arbeit bei einer späteren durchgreifenden Ausbesserung. Die Doppelwände der Wagenkästen jeder Halblokomotive enthalten je acht Sandbehälter, die vom Dach aus gefüllt werden.

Jeder der acht Triebradsätze wird durch einen künstlich belüfteten Achsmotor in Tramaufhängung mit beidseitig angeordneter Zahnradübersetzung angetrieben (Abb. 447). Der Zahnkranz des großen Zahnrades besitzt 98 Zähne und ist unmittelbar auf die entsprechend ausgebildete Nabe des Triebrades aufgesetzt. Die hohle Motorwelle trägt den Anker und ruht in zwei Rollenlagern. In die hohle Ankerwelle ist, in der Mitte verkeilt, die bewegliche Zahnradtriebwelle eingelassen. Auf der Zahnradtriebwelle sitzt die ebenfalls in die hohle Ankerwelle eingreifende Nabe des kleinen Zahnrades, das 22 Zähne hat. Diese Anordnung[1]) gestattet, daß die Ritzel, sowohl der Ankerwelle gegenüber als auch gegeneinander, Relativbewegungen ausführen und während der Fahrt auftretende Stöße aufnehmen können, wodurch ein sicheres Eingreifen der Getriebe gewährleistet wird. Die Tatzenlager des Motorgehäuses sind gleichfalls als Rollenlager ausgebildet, um die Axialdrücke der Räder aufzunehmen. Die Lagerzapfen sind reichlich bemessen, um ruhigen Lauf der Getriebe zu sichern.

Jeder Motor ist in drei Punkten gelagert und in einem vierten Punkt senkrecht geführt. Der Gegendruck des Triebwerks und Motors wird von einer am Lokomotivgestell befestigten Kugel und Muffenverbindung aufgenommen. Auf beiden Seiten der Motorgehäuse sind Seitenträger angeordnet, auf welchen über Tragfedern und Bolzen mit besonderen Längsträgern das Lokomotivgestell ruht.

Die seitliche Verschiebung der Motoren verhindert eine gegenüber der Aufhängung senkrecht zur Achse angeordnete Nase, die im Gestell senkrecht geführt ist. Bei jeder Halblokomotive haben nur sechs Motoren diese Nase, während die Motoren der geführten und gezogenen Achse gefederte Führungen haben, um ein seitliches Spiel von rund 50 mm nach jeder Richtung zu ermöglichen.

Von der gebräuchlichen Luftbremsanordnung, nach welcher ein Bremszylinder mittels eines gemeinsamen Gestänges den Bremsdruck auf die einzelnen Räder überträgt, ist hier abgewichen worden. Die neue Ausführung sieht je einen kleinen Bremszylinder über jedem Rade vor, welcher auf einer Verlängerung des Motorgehäuses sitzt (siehe Abb. 183 auf S. 147).

2. Elektrische Ausrüstung.

Jedes Wagenkastenvorderteil einer halben Triebeinheit enthält einen Ölschalter, einen 2000 kVA-Transformator, eine Luftpumpe für die Zugbremsen, einen Lüfter für die Triebmotoren und für den Ölkühler des Transformators. Die Kreiselpumpe für den Umlauf des Transformatoröls wird von der Lüfterwelle aus angetrieben. — In der zweiten Wagenkastenhälfte befindet sich der Umformersatz, der aus einem Synchronmotor für 1565 kW und 1240 Volt Spannung und 60 Perioden, einer Gleichstrommaschine für 1500 kW und 600 Volt, einer Haupt-Erregermaschine von 75 kW und 125 Volt und einer Lademaschine von 25 kW und 10 Volt Spannung besteht. Die Umlaufzahl der Gruppe ist 750. Der fremderregte Gleichstromgenerator des Umformersatzes ist mit Wendepolen und Kompensationswicklung versehen. Die Haupt-Erregermaschine dient zur Erregung des Motor- und Generatorfeldes des Umformers, ferner der Lademaschine, sowie zur Speisung sämtlicher Hilfsmotoren und Hilfsstromkreise. Die 25-kW-Lademaschine dient auch zur Erregung der Felder der während der Stromrückgewinnung als Stromerzeuger laufenden Triebmotoren. Bei der Stromrückgewinnung laufen die fremderregten Triebmotoren als Stromerzeuger und treiben unter der Wirkung der aufgedrückten Spannung den Stromerzeuger des Umformersatzes als Motor an. In jede Triebeinheit sind acht Gleichstrom-Bahnmotoren von 600 Volt Spannung in hängender Ausführung von je 225 PS eingebaut.

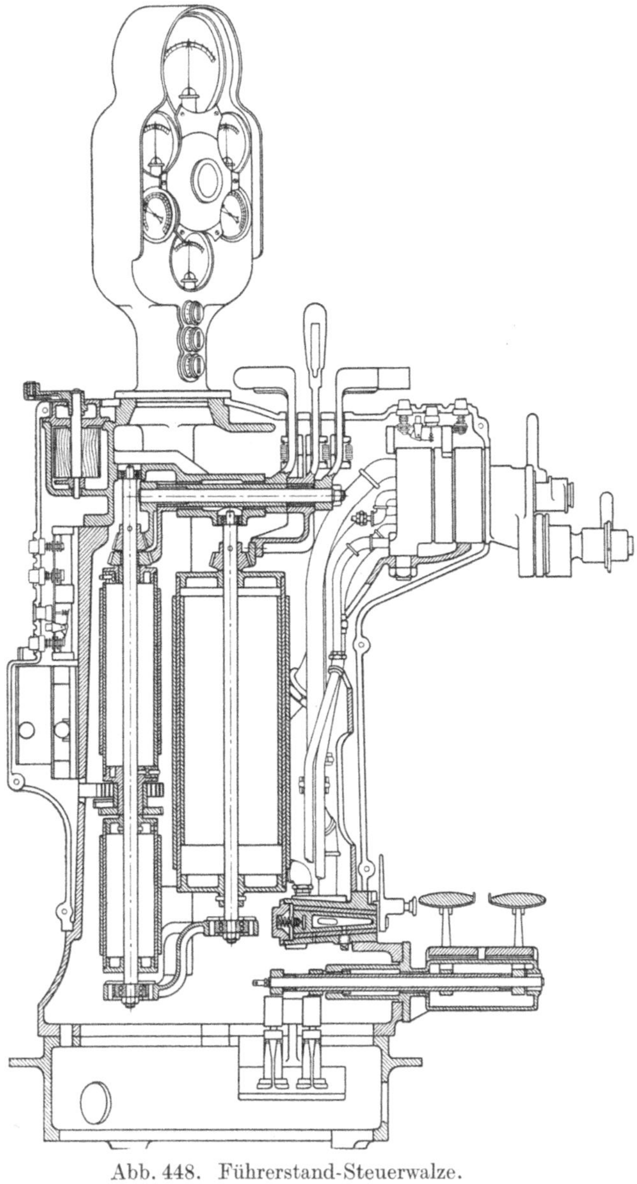

Abb. 448. Führerstand-Steuerwalze.

Die Drehzahl der Triebmotoren kann in 45 Stufen sehr weitgehend geregelt werden. Vom Stillstand der Lokomotive bis zu einer Geschwindigkeit von 27,5 km/h erfolgt die Drehzahlregelung durch Veränderung der Spannung des Umformergenerators und bei einer Geschwindigkeit von 27,5 bis 42 km/h durch veränderliche Erregung der Motoren. Die Feldwicklungen der Triebmotoren werden vom Beginn der Anfahrt bis zu einer Geschwindigkeit von 27,5 km/h in Reihe geschaltet, von 27,5 km/h ab bis zur Höchstgeschwindigkeit werden die

[1]) U. S. A. P. 1602021 (Henry Ford).

Motoren parallel erregt. Der Übergang von Reihenerregung zur Parallelerregung und umgekehrt geschieht ohne Stromunterbrechung. Somit kann die Umschaltung der Erregung bei Vollast durchgeführt werden, ohne die Zugkraft der Motoren während des Schaltvorganges zu unterbrechen oder sonst ungünstig zu beeinflussen. Dies ist insbesondere dann vorteilhaft, wenn mit der Umschaltung die Feldschwächung der Triebmotoren erreicht werden soll. Der Umformersatz wird durch eine Hilfsbatterie mit 60 Zellen von der Stromerzeugerseite aus angelassen und auf halbe Drehzahl gebracht. Der Synchronmotor wird bis zur vollen Geschwindigkeit vollkommen selbsttätig in Synchronismus gebracht.

Abb. 407 und 408 zeigten die grundsätzliche Schaltung der Haupt- und Steuerstromkreise der Lokomotive, deren Zusammenarbeiten auf S. 407ff. ausführlich erläutert wurde.

Der schwerste Teil der Ausrüstung, der Umformersatz, ist in drei Punkten des Mittelgestells gelagert. Die beiden Erregermaschinen sitzen auf den Wellenverlängerungen. Die Kühlluft wird durch die Endschilde eingezogen und in einen Kanal, in der Mitte des Gestelles ausgeblasen. Die Zu- und Abluftklappen können von Hand oder selbsttätig bedient werden, um die heiße Luft bei kaltem Wetter in das Wageninnere oder ins Freie zu befördern.

Der Transformator von 2000 kVA, der zweitschwerste Teil der Ausrüstung, hat einen gewellten Ölbehälter aus 19 mm starkem Kesselblech. Es ist mit dem Ölschalter zusammengebaut in der Weise, daß Transformatormantel und Ölschaltergehäuse ein Ganzes bilden. Im Innern des Kessels sind Reihen- und Parallelverbindungen angeordnet, um die Primärspannung von 22000 auf 11000 Volt umklemmen zu können; sie sind durch das Mannloch in dem Gehäuse leicht zugänglich. Strom- und Spannungswandler für Meß- und Auslösestromkreise sind ebenfalls im Innern untergebracht. Die Kabelverbindung zwischen dem Ölschalter und der Transformatorhochspannungsseite ist verdeckt, während das Kabel, welches von dem Stromabnehmer zum Schalter führt, dem letzteren durch den Deckel zugeführt wird. Der Vorschaltwiderstand für den Schalter ist in den Ölbehälter eingebaut, letzterer kann zur Untersuchung mittels Schraubenkupplungen und Kurbel heruntergelassen werden. Transformator und Ölschalter sind für einen höchsten Grad von Sicherheit gegen vorkommende Ölgasexplosionen bemessen und beide mit Sicherheitsventil (durch das Wagendach) versehen. — Der Ventilator für die Triebmotoren saugt die Kühlluft doppelseitig an und bläst sie durch das Wagendach aus. Sein Aluminiumflügelkörper wird durch einen Gleichstrommotor mit 1650 Uml./min angetrieben. Eine Umschaltevorrichtung gestattet, den Motor mit halber Geschwindigkeit laufen zu lassen.

In beiden Führerständen ist ein Hauptfahrschalter aufgestellt, den Abb. 448 im Schnitt zeigt. Er enthält die erforderlichen Kontakttrommeln, drei auf teleskopartig ineinandergeschobenen Wellen aufgesetzte Steuerhebel, das Bremsventil in wagerechter Anordnung auf einem Ausleger zur Rechten und den Sandstreuhebel für Fußbetätigung. Eine Anzahl von Hilfshebeln, wie Pfeife, Glocke, Lichtschalter, Doppelbremsventile sind ebenfalls vorgesehen. Eine Schalttafel mit Beleuchtungs- und Zugsignallichtschaltern ist oben am Rahmengerüst montiert.

Autorenverzeichnis.

Sachverzeichnis.

Additional information of this book

(Elektrische Vollbahnlokomotiven; 978-3-642-51807-2) is provided:

EXTRA MATERIALS extras.springer.com

http://Extras.Springer.com

Elektrische Zugförderung

Handbuch für Theorie und Anwendung der elektrischen Zugkraft auf Eisenbahnen

Von

Baurat Dr.-Ing. E. E. Seefehlner

a. o. Professor an der Technischen Hochschule in Wien, Vorsitzender der Direktion der A. E. G.-Union, Elektrizitäts-Gesellschaft, Wien

Mit einem Kapitel über Zahnbahnen und Drahtseilbahnen

von

Ingenieur **H. H. Peter**, Zürich

Zweite, vermehrte und verbesserte Auflage

Mit 751 Abbildungen im Text und auf einer Tafel

XI, 659 Seiten. 1924

Gebunden RM 48.—

Die Lokomotivantriebe bei Einphasenwechselstrom. Eine Untersuchung über Zusammenhänge von Motordimensionierung, Getriebeanordnung und Grenzleistung bei Einphasen-Vollbahnlokomotiven. Von Prof. Dr.-Ing. **Engelbert Wist**, Wien. Mit 48 Textabbildungen. 100 Seiten. 1925. RM 5.40

Diesellokomotiven und ihre Antriebe. Von Dipl.-Ing. **W. Bauer**, Heidelberg. Mit 50 Abbildungen im Text. VIII, 96 Seiten. 1925. Steif kartoniert RM 8.70
(Verlag von C. W. Kreidel, München)

Ausrüstung der elektrischen Fahrzeuge. Von Prof. Dr. **W. Kummer**, Zürich. (Erster Band der „Maschinenlehre der elektrischen Zugförderung".) Zweite, umgearbeitete Auflage. Mit 92 Abbildungen im Text. VI, 168 Seiten. 1925. Gebunden RM 9.60

Die Energieverteilung für elektrische Bahnen. Von Prof. Dr. **W. Kummer**, Zürich. (Zweiter Band der „Maschinenlehre der elektrischen Zugförderung".) Mit 62 Abbildungen im Text. IV, 158 Seiten. 1920. Gebunden RM 5.—

Neuere Kraftwerke der Preußisch-Hessischen Staatseisenbahnen. Im Auftrage des Ministers der öffentlichen Arbeiten in Berlin nach amtlichen Quellen bearbeitet von Baurat **C. Guillery**. (Zweites Heft von: „Das Maschinenwesen der Preußisch-Hessischen Staatseisenbahnen".) Mit 67 Textabbildungen. VI, 116 Seiten. 1914. RM 8.40

GPSR Compliance

The European Union's (EU) General Product Safety Regulation (GPSR) is a set of rules that requires consumer products to be safe and our obligations to ensure this.

If you have any concerns about our products, you can contact us on ProductSafety@springernature.com

In case Publisher is established outside the EU, the EU authorized representative is:

Springer Nature Customer Service Center GmbH
Europaplatz 3
69115 Heidelberg, Germany

Batch number: 10684806

Printed by Printforce, the Netherlands